Berichtigung

S. 1: Zu Gl. (1) muß als Bedingung für die Gültigkeit hinzutreten:
(grad $\varepsilon = 0$ in der Umgebung von Q)

S. 483, 3. Zeile der Legende zu Abb. 187: lies links statt rechts

S. 546, Z. 7 v. u.: lies: Focussing statt Froussing.

Buchholz, Potentialfelder

Elektrische und magnetische Potentialfelder

Elektrische und magnetische Potentialfelder

Von

Herbert Buchholz
Apl. Professor an der Technischen Hochschule Darmstadt
Wissenschaftlicher Mitarbeiter und Referent beim Fernmeldetechnischen Zentralamt
der Deutschen Bundespost Darmstadt

Mit 202 Abbildungen

Springer-Verlag
Berlin / Göttingen / Heidelberg
1957

ISBN-13: 978-3-642-48065-2 e-ISBN-13: 978-3-642-48064-5
DOI: 10.1007/978-3-642-48064-5

Softcover reprint of the hardcover 1st edition 1957

Vorwort und Anweisung

Das vorliegende Buch wendet sich in erster Linie an die Studierenden der Elektrotechnik und an den theoretisch forschenden Ingenieur, um ihm an einzelnen Beispielen zu zeigen, wie er auf dem Gebiet der Potentialtheorie zu den Lösungen seiner Aufgaben gelangen kann.

Zu den elektrischen und magnetischen Potentialfeldern rechnet man für gewöhnlich das elektrostatische und magnetostatische Feld, sei es nun von zeitlich unabhängigen Strömen oder von permanenten Magneten erzeugt, und das stationäre elektrische Strömungsfeld in flächenhaften oder körperlichen Leitern. Um die Jahrhundertwende fand aber M. ABRAHAM heraus, daß die Fortpflanzung eingeschwungener elektromagnetischer Wellen längs metallischer Leitungen, wenn das System der Ströme ausgeglichen ist und vom Leitungswiderstand abgesehen wird, nicht länger von der Wellengleichung, sondern von der einfacheren LAPLACEschen Gleichung beherrscht wird, der auch sonst die Potentialfunktionen genügen müssen. Wenngleich diese Theorie demnach nur näherungsweise richtig ist, so leistet sie doch ausgezeichnete Dienste, und ein Buch über elektrische und magnetische Potentialfelder, das auf diese Möglichkeit, die Potentialtheorie auch auf zeitlich veränderliche Felder anzuwenden, nicht einginge, wiese in diesem Punkt eine schmerzliche Lücke auf.

In jedem der oben erwähnten Fälle hängt die endgültige Lösung einer diesen Gebieten zugehörenden Aufgabe von zwei Faktoren ab: Nämlich 1. von der Art und Weise, wie das Feld angeregt wird, und 2. von der Form und der Natur der Grenzen, die dem Feld für die Ausdehnung von seinen Quellen aus gesetzt sind. In den einfachsten Fällen sind diese Quellen: Zum Beispiel eine Punktladung, ein Liniendipol, eine kugelförmige Elektrode oder zwei Stromfäden. Die analytischen Ausdrücke, die bei jeder dieser verschiedenen Arten der Erzeugung eines Potentialfeldes gewählt werden müssen, werden in den Elementen der theoretischen Elektrizitätslehre hergeleitet. Sie sind in dem vorliegenden Buch in den beiden ersten mehr referierenden Kapiteln in zwangloser Folge zusammengestellt. Erstreckt sich der Raum, in dem die Quellen liegen, bei homogener Erfüllung durch eine isotrope

Materie bis ins Unendliche, so ist in diesem einfachsten Falle die Anregungsfunktion identisch mit der vollständigen Lösung. Ein Beispiel für einen solchen Fall bietet die im Abschn. 6.1 behandelte Aufgabe, das magnetische Feld einer stromdurchflossenen Spirale zu berechnen. Von dem Raum, in dem sie eingebettet liegt, wird nämlich angenommen, daß er bei immer gleichen Werten von μ unendlich ausgedehnt ist. Auf Grenzbedingungen braucht dann keine Rücksicht genommen zu werden. Das Interesse beschränkt sich in diesem Falle ausschließlich auf die durch die besondere Art der Anregung hervorgerufene Struktur des Feldes.

Die Entwicklung und der Einsatz besonderer mathematischer Lösungsmethoden wird erst erforderlich, wenn der Raum, der für die Ausbreitung des Potentialfeldes zur Verfügung steht, an gewissen im Endlichen gelegenen Flächen seine Materialbeschaffenheit, soweit sie für das betreffende Feld von Bedeutung ist, etwa in sprunghafter Weise verändert. Bei den oben genannten Feldern betreffen diese Änderungen die Größen ε oder μ oder $\varkappa$. Die Fälle, wo etwa der Übergang von einem Wert von ε oder $\varkappa$ zu einem anderen, verschiedenen Wert in genügender Schärfe längs einer bestimmten, geometrisch einfachen Fläche sprunghaft erfolgt, finden sich praktisch selten verwirklicht. Am ehesten können sie noch bei elektrischen Strömungsfeldern im Küstengebiet oder bei felsigem Untergrund auftreten. Ein Beispiel dieser Art behandelt in diesem Buch die Aufgabe von Abschn. 5.61. Auf den historischen Hintergrund dieser Aufgabe hinsichtlich des Lösungsverfahrens wird noch in anderem Zusammenhang die Rede kommen. Bei den meisten praktisch bedeutsamen Fällen handelt es sich bei den sprunghaften Änderungen der Materialkonstanten ε und μ um den Übergang von endlichen zu unendlich großen Werten, d. h. die Grenzfläche, an der die sprunghafte Änderung erfolgt, ist in dem ersten Fall die Oberfläche eines metallischen Leiters, in dem zweiten Fall die Oberfläche eines vollkommen permeablen Körpers. Eine Ausnahme bildet nur die Aufgabe des Abschn. 5.61.

Mit der Annahme, daß in dem elektrischen oder magnetischen Potentialfeld die Inhomogenitäten nur aus metallisch leitenden oder vollkommen permeablen Körpern bestehen, vereinfacht sich die Lösung der Aufgaben nicht unerheblich: Bei ebenen Feldern tut sich die Möglichkeit auf, die Methoden der konformen Abbildung heranzuziehen. Bei räumlichen Feldern kann der in den Greenschen Sätzen zum Ausdruck kommende Lösungsformalismus eingesetzt werden. Von beiden Möglichkeiten wird in den Aufgaben der Kapitel 3 bis 8 ausgiebig Gebrauch gemacht. Über die Greenschen Sätze selbst wird im Kapitel 2 berichtet. Das bei den Randwertaufgaben benutzte Lösungsverfahren wird in der Hauptsache in der Methode der Partikularlösungen bestehen. Zum besseren Verständnis für die Angaben im Text möge es an dieser Stelle ein für allemal ausführlicher erläutert werden.

Nach dem schon oben Gesagten ist bei den Aufgaben in der Regel ein durch die Art der Anregung bestimmter analytischer Ausdruck als gegeben anzusehen, die sogenannte Anregungsfunktion oder primäre Potentialfunktion. Gesucht ist die vollständige Potentialfunktion, die nicht nur wie die Anregungsfunktion außerhalb der Quellen bis an die Grenzen des Feldes der Differentialgleichung von LAPLACE genügen muß, sondern sich auch auf gewissen Flächen, die im Wirkungsbereich des Feldes liegen, in vorgeschriebener Weise zu verhalten hat. Da im allgemeinen die Anregungsfunktion selbst auf den Begrenzungsflächen diese vorgeschriebenen Werte nicht von sich aus aufweisen wird, so muß offenbar zu der primären Potentialfunktion eine weitere, die sekundäre Potentialfunktion hinzutreten, die die Anpassung der primär erzeugten Potentialwerte an die auf der Grenzfläche vorgeschriebenen Werte übernimmt. Es versteht sich, daß im übrigen auch diese sekundäre Potentialfunktion die Differentialgleichung von LAPLACE befriedigen muß.

Ein in vielen Fällen bereits genügend allgemeiner Lösungsansatz für die gesuchte sekundäre Potentialfunktion kann nun nach dem Vorgehen von J. BERNOULLI dadurch gewonnen werden, daß man von einer Partikularlösung der Differentialgleichung von LAPLACE in Produktform ausgeht. Darunter soll hier und weiterhin eine Lösung verstanden werden, die sich aus dem Produkt dreier Funktionen zusammensetzt, von denen jede nur von einer der drei Raumkoordinaten abhängt. Allenfalls kann hierzu noch ein vierter, stets gleichbleibender Faktor hinzutreten, der selbst wieder von zwei oder drei Koordinatenvariablen abhängt, wie das zum Beispiel bei den bipolaren Koordinaten mit dem Unsymmetriefaktor der Fall ist. Für gewöhnlich treten in einer solchen Partikularlösung noch ein oder mehrere willkürliche Parameter auf, deren Werte ganz beliebig gewählt werden können, ohne daß das Produkt aufhört, die Differentialgleichung von LAPLACE zu befriedigen. Durch Summation über eine unendliche Folge diskreter Parameterwerte oder durch eine Integration über eine kontinuierliche Folge solcher Werte ist es dann möglich, von einer einzelnen Partikularlösung in Produktform zu einer wesentlich allgemeineren Lösung aufzusteigen, in der, sollte sie überhaupt in geschlossener Form auswertbar sein, im allgemeinen keineswegs mehr die drei Koordinatenvariablen in separierter Form als einzelne Argumente von Funktionen auftreten.

Ehe nun die Möglichkeit, auf diese Weise einen Lösungsansatz für die sekundäre Potentialfunktion zu gewinnen, weiter verfolgt wird, ist es zweckmäßig, sich zunächst einmal zu überlegen, wie die Anpassung der gesuchten sekundären Potentialfunktion an die auf den Begrenzungsflächen vorgeschriebenen Werte unter diesen Umständen vor sich geht, denn dabei kommt ja notwendig auch noch die Anregungsfunktion ins Spiel. Es liegt auf der Hand, daß dieser Anpassungsprozeß mit einem allgemeinen Ansatz überhaupt erst dann durchgeführt werden kann, nachdem es gelungen ist, die Anregungsfunktion, die ja gerade in den einfachen Fällen häufig genug ein geschlossener mathematischer Ausdruck ist, auf dieselbe äußere mathematische Form zu bringen wie die sekundäre Potentialfunktion. In Wirklichkeit bestimmen sich natürlich beide gegenseitig, und sollte es z. B. nur gelingen, für die Anregungsfunktion eine Integraldarstellung mit einem Integranden in der erwähnten Produktform zu finden, so wird man natürlich dieselbe Darstellungsform für den Lösungsansatz des sekundären Potentials wählen.

Nach dieser Umgestaltung der Anregungsfunktion läßt sich an die Anpassung der Summe aus der primären und der sekundären Potentialfunktion an die auf den Begrenzungsflächen des Feldes vorgeschriebenen Werte der vollständigen Potentialfunktion unter wesentlich einfacheren Verhältnissen herangehen. Am leichtesten wird sich dieser Anpassungsprozeß gestalten, wenn die vollständige Potentialfunktion auf der Begrenzung durchweg verschwinden soll. Diese besondere Potentialfunktion trägt den Namen der GREENschen Funktion, falls die Anregung des Feldes durch eine einzelne punkt- oder linienförmige Quelle erfolgt, und sie heißt normiert, wenn die Ergiebigkeit der Quelle gleich der Einheit ist. Bedenkt man nun noch, daß mit Hilfe dieser GREENschen Funktion dann auch die Lösung in dem allgemeineren Falle einer beliebigen Verteilung der Potentialwerte auf den Begrenzungsflächen gewonnen werden kann, so wird die wichtige Rolle, die die GREENsche Funktion in der Lösungstheorie der Potentialgleichung spielt, vollauf verständlich.

Wegen der großen praktischen Bedeutung, die hiernach in den einzelnen Koordinatensystemen sowohl der Grundlösung der LAPLACEschen Gleichung in der Produktform als auch der Darstellung der von einer punktförmigen Quelle verursachten Anregung etwa durch ein Integral über die Produktlösung zukommt, sind im Kapitel 2.1 im Anschluß an die in dem jeweiligen Koordinatensystem gültige Formel für $\Delta\Phi$ auch stets die nötigen Angaben über die Produktlösung oder über die Beziehung für $1/(4\pi R)$ gemacht worden. Ferner ist zu beachten, daß bei jedem räumlichen Koordinatensystem nicht bloß ein Ausdruck für die Anregungsfunktion $1/(4\pi R)$ in Form einer unendlichen Reihe oder eines Integrals über die Produktform besteht, sondern im ganzen deren drei. Den drei Formen ist gemeinsam, daß sie den Absolutbetrag der Differenz aus einer der drei Quellpunkts- und der entsprechenden Aufpunktskoordinate enthalten. Die Differenzbildung erfolgt aber in jeder Form mit einem anderen Koordinatenpaar.

Der Methode der Partikularlösungen wurde in diesem Buch bei der Lösung der Aufgaben der Vorzug gegeben, weil sie bei einfachster praktischer Handhabung sehr leistungsfähig ist. Bei der Lösung des Keilproblems schien sie allerdings zunächst selbst auch in dem einfacheren, potentialtheoretischen Falle zu versagen. Dies bildete seinerzeit bekanntlich den Anlaß, daß A. SOMMERFELD die nach ihm benannte Methode der verzweigten Potentiale entwickelte. Später konnte aber J. DOUGALL zeigen, daß auch bei diesem Problem die Methode der Partikularlösungen mit Erfolg eingesetzt werden kann, wenn man nur für die Anregungsfunktion wie im Abschn. 5.51 eine geeignete Integraldarstellung verwendet. Die im Abschn. 5.61 behandelte Aufgabe über das Strömungsfeld in einem keilförmig geschichteten Erdreich zeigt, daß diese Aufgabe sogar noch nach der Methode der Partikularlösungen bewältigt werden kann, wenn die beiden Leitfähigkeiten bei endlichen Werten verschieden sind.

Eine Lösung einzelner Aufgaben auf der Grundlage der Theorie der Integralgleichungen oder der Theorie der Transformierten ist nicht versucht worden, weil der Zwang, Raum zu sparen, die Besprechung mehrerer Lösungsmethoden nebeneinander verbot. Bei allen Zwischenrechnungen, bei der Auswertung von Integralen und der Umformung von Reihen ist mit voller Absicht stets von funktionentheoretischen Methoden Gebrauch gemacht worden. Es ist durchaus möglich, daß unter Umständen dieses oder jenes Problem auch ohne Zuhilfenahme der Funktionentheorie hätte gelöst werden können, aber es sollte keinesfalls die Gelegenheit versäumt werden, dem angehenden jungen Forscher an den hier gebrachten Beispielen zugleich zu zeigen, daß er in dieser Disziplin für seine eigenen Untersuchungen ein Rüstzeug in die Hand bekommt, das sich anzueignen der Mühe lohnt.

Das *Zitieren* der Gleichungen geschieht innerhalb einer und derselben Aufgabe einfach durch Angabe der Gleichungsnummer, etwa in der Form (2α). Gehört die zitierte Gleichung einer anderen Aufgabe an, so steht vor der stets eingeklammerten Gleichungsnummer zunächst die Nummer des Kapitels. Ihr folgt, durch einen Punkt getrennt, die Nummer der Aufgabe innerhalb des Kapitels. Diese stimmt überein mit der zweiten Ziffer der stets dreistelligen Zahl vor den rechten Seitenüberschriften. Die Gl. 3.4 (2α) ist also auf S. 105 zu finden.

Es bleibt mir dann nur noch die angenehme Pflicht, mich meiner Dankesschuld gegenüber meinen Mitarbeitern zu entledigen. In allererster Linie spreche ich meinen größten Dank Fräulein INGE MOLL, der jetzigen Frau INGE GROHE, aus. Sie hat mit ungewöhnlichem

Fleiß, größtem Eifer und einer in diesem Ausmaß seltenen Zuverlässigkeit die zahlreichen Kurvendarstellungen in diesem Buch berechnet und entworfen. Mancher störende Fehler konnte durch ihre Mithilfe auf diese mehr visuelle Weise aus den Formeln entfernt werden. Auch die Zahlentafeln im Text sind von Frau GROHE berechnet worden. An zweiter Stelle gebührt in dieser Hinsicht mein Dank ihrer Nachfolgerin Fräulein OCHSENREITHER. Sie hat ebenfalls eine große Zahl von Kurvendarstellungen fertiggestellt. Von ihr stammen auch die Zahlentafeln im Anschluß an den mathematischen Anhang. Besonders wertvoll war mir ihre Hilfe bei dem mühevollen Lesen der Korrekturen.

Ferner sage ich Herrn Professor Dr. WERNER NÜRNBERG an der Technischen Universität Berlin meinen aufrichtigen Dank für die verschiedenen Anregungen, die er vornehmlich zu den in den Kapiteln 6 bis 8 behandelten Themen und zu einigen allgemeinen Fragen gegeben hat. Aus ähnlichen Gründen fühle ich mich Herrn Dr. KARL POHLHAUSEN in Dayton (Ohio) zu großem Dank verpflichtet.

Dem Springer-Verlag danke ich für die gute Ausstattung des Buches und für das bereitwillige Eingehen auf meine Wünsche.

Herrn Staatssekretär Professor Dr. Dr. Ing. e. h. FR. GLADENBECK und dem Leiter des Fernmeldetechnischen Zentralamtes Herrn Präsidenten Dr.-Ing. e. h. K. HERZ sage ich meinen aufrichtigen Dank für das große Verständnis, das sie der Arbeit entgegengebracht haben.

Darmstadt, im Oktober 1956

H. Buchholz

Inhaltsverzeichnis

1 Physikalische Grundgesetze

2 Mathematische Hilfsmittel für die Integration der Gleichung von Laplace

5 Räumliche elektrische Felder

6 Räumliche magnetische und hochfrequente Felder

7 Ebene magnetische Felder

M Mathematischer Anhang

Zusammenstellung der ständig in gleicher Bedeutung gebrauchten Symbole

A. Mathematische Zeichen

Zeichen	Bedeutung
1. $J_\nu(z)$	die Besselsche Funktion
$I_\nu(z) = e^{-\pi i \nu/2} J_\nu(iz)$	die modifizierte Besselsche Funktion
$Y_\nu(z) = J_\nu(z)\,\mathrm{ctg}\,\pi\nu - \dfrac{J_{-\nu}(z)}{\sin \pi\nu}$ . .	die Neumannsche Funktion
$H_\nu^{(1,2)}(z) = J_\nu(z) \pm i\,Y_\nu(z)$	die Hankelsche Funktion 1. und 2. Art
$K_\nu(z) = \pi i/2 \cdot e^{\pi i \nu/2} H_\nu^{(1)}(iz)$ . . .	die modifizierte Hankelsche oder die Kelvinsche Funktion
$i = \sqrt{-1}$	imaginäre Einheit
2. $P_\nu^\mu(x)$, $Q_\nu^\mu(x)$	die Kugelfunktion 1. und 2. Art vom Grade ν und Range μ. $(-1 \lessgtr x \leqq +1)$
$\mathfrak{P}_\nu^\mu(z)$, $\mathfrak{Q}_\nu^\mu(z)$	die Kugelfunktion 1. und 2. Art für beliebiges komplexes z oder einem reellen $z \equiv x \geqq +1$ oder $\leqq -1$. In der Regel ist dann $z = \mathfrak{Cof}\,\eta$ oder $z = \mathfrak{Cotg}\,\eta$ mit $0 \lessgtr \lvert\eta\rvert < \infty$
3. $\mathrm{sn}(u,k)$, $\mathrm{cn}(u,k)$, $\mathrm{dn}(u,k)$	die drei elliptischen Funktionen Jacobis mit dem Argument u und dem Modul k
$k' = (1-k^2)^{1/2}$	der zu k konjugierte Modul
$\mathrm{ns}(u,k)$, $\mathrm{nc}(u,k)$, $\mathrm{nd}(u,k)$	die reziproken Werte der drei elliptischen Funktionen
$\mathrm{sc} \equiv \mathrm{sn}/\mathrm{cn}$, $\mathrm{sd} \equiv \mathrm{sn}/\mathrm{dn}$, $\mathrm{cs} \equiv \mathrm{cn}/\mathrm{sn}$, $\mathrm{cd} \equiv \mathrm{cn}/\mathrm{dn}$, $\mathrm{ds} \equiv \mathrm{dn}/\mathrm{sn}$, $\mathrm{dc} \equiv \mathrm{dn}/\mathrm{cn}$ . . .	die sechs verschiedenen Quotientenpaare der drei elliptischen Funktionen
4. $F(\varphi,k) = \int\limits_0^\varphi (1 - k^2 \sin^2\vartheta)^{-1/2}\,d\vartheta$	das elliptische Normalintegral erster Gattung
5. $K = K(k) = F(\pi/2, k)$, $K' = K(k') = F(\pi/2, k')$	das vollständige elliptische Normalintegral erster Gattung
6. $E = E(k)$, $E' = E(k')$	das vollständige elliptische Normalintegral zweiter Gattung
7. $\vartheta_1(v,\tau)$, $\vartheta_2(v,\tau)$, $\vartheta_3(v,\tau)$, $\vartheta_4(v,\tau)$	die vier Thetafunktionen mit dem Argument v und dem Modul τ
$q = \exp(\pi i \tau)$, $q' = \exp(\pi i \tau')$, $\tau = iK'/K$, $\tau' = iK/K'$,	Zusammenhang zwischen τ, τ', k, k'
$v = u/2K$	Zusammenhang zwischen u in 3. und v in 7. beim Modul k oder τ
8. $\mathrm{zn}(u,k) \equiv (1/2K) \cdot \vartheta_4'(v,\tau)/\vartheta_4(v,\tau)$	die Jacobische Zetafunktion
9. $\Gamma(z)$	die Eulersche Gamma-Funktion
10. $\Psi(z) = \Gamma'(z)/\Gamma(z)$	die Eulersche Psi-Funktion

Symbol	Bedeutung
11. $\operatorname{arc} z$	der Phasenwinkel der komplexen Zahl z
$\operatorname{Arc} z$	Anfangswert des $\operatorname{arc} z$ bei Umläufen
$\lvert z - z' \rvert$	Betrag von $z - z'$
$\mathfrak{Re}(f(z))$ $\mathfrak{Im}(f(z))$	Realteil oder Imaginärteil von $f(z)$
12. $\bar{z}$, $\overline{f(z)}$, $f(\bar{z})$	der konjugiert komplexe Wert von z, $f(z)$ oder allein von z in $f(z)$
13. $\zeta(s)$, $\zeta(s, a)$	die RIEMANNsche und die verallgemeinerte RIEMANNsche Zeta-Funktion
14. $\mathfrak{A} \cdot \mathfrak{B}$ oder $\mathfrak{A}\mathfrak{B}$, $\mathfrak{A} \times \mathfrak{B}$	das Punktprodukt (inneres Produkt) und das Kreuzprodukt (äußeres Produkt) zweier Vektoren $\mathfrak{A}$ und $\mathfrak{B}$
15. $\mathfrak{m}, \mathfrak{n}, \mathfrak{t}$ oder $\mathfrak{e}_1, \mathfrak{e}_2, \mathfrak{e}_3$, $\mathfrak{z}_1, \mathfrak{z}_2, \mathfrak{z}_3$ u. ä.	Einheitsvektoren
16. $d\mathfrak{F} = \mathfrak{N}\, dF$ $\quad (\lvert\mathfrak{N}\rvert = 1,\ \mathfrak{N} \perp dF)$	gerichtetes Flächenelement, bei geschlossenen Flächen nach *außen* gerichtet
$\delta_{ik} = \begin{cases} 0 & (i \neq k) \\ 1 & (i = k) \end{cases}$	der KRONECKERsche Zahlenfaktor
$\operatorname{sgn} x = \begin{cases} +1 & > 0 \\ 0 \text{ für } & x = 0 \\ -1 & < 0 \end{cases}$	das KRONECKERsche Symbol
$f(x) = O((x-a)^n)$ $\quad x \to a$	d. h. es ist $\lvert f(x) \rvert < A \lvert x - a \rvert^n$ für x in der Nähe von a
$\zeta \equiv \zeta' (\operatorname{mod} a)$ . . . . $\mathfrak{Im}\, a = 0$	d. h. es ist: $\zeta = \zeta' \pm a \cdot \lambda$ mit $\lambda = 0, 1, 2,$ und somit darf sich ζ modulo a beliebig ändern

Als Argumente der Funktionen kommen selbstverständlich auch andere Zeichen vor als in dieser Zusammenstellung. Die Zeichen einiger nur selten auftretender Funktionen werden im Text erklärt.

B. Physikalische Zeichen

Für Vektoren werden kleine oder große Frakturbuchstaben benutzt

Symbol	Dimension	Bedeutung
$\mathfrak{K}$,	$[\mathfrak{K}] = \mathrm{N} = \mathrm{Joule/m}$ . .	die mechanische Kraft
$\mathfrak{A}(x, y, z)$,	$[\mathfrak{A}] = \mathrm{Vs/m} = \mathrm{Wb/m}$ . .	das Vektorpotential elektrischer Ströme
$\mathfrak{B}(x, y, z)$,	$[\mathfrak{B}] = \mathrm{Vs/m^2} = \mathrm{Wb/m^2}$.	die magnetische Induktion
$\mathfrak{H}(x, y, z)$,	$[\mathfrak{H}] = \mathrm{A/m}$	die magnetische Feldstärke
$\mathfrak{D}(x, y, z)$,	$[\mathfrak{D}] = \mathrm{As/m^2}$	die dielektrische Verschiebung
$\mathfrak{E}(x, y, z)$,	$[\mathfrak{E}] = \mathrm{V/m}$	die elektrische Feldstärke
$\mathfrak{i}(x, y, z)$,	$[\mathfrak{i}] = \mathrm{A/m^2}$	die elektrische Stromdichte
$\mathfrak{J}(x, y, z)$	$[\mathfrak{J}] = \mathrm{A/m}$	die flächenhafte Strömung oder der Strombelag in der Grenzfläche zweier Medien, gemessen je m Länge $\perp$ zu $\mathfrak{J}$
$\Psi^{(e)}$	$[\Psi^{(e)}] = \mathrm{As} = \mathrm{Cb}$	der elektrische Fluß
$\Psi^{(m)}$	$[\Psi^{(m)}] = \mathrm{Vs} = \mathrm{Wb}$	der magnetische Fluß
B_x, B_ϱ, B_ϑ		die als Skalare zu wertenden Komponenten etwa des Vektors $\mathfrak{B}$ in Richtung zunehmender Werte z. B. von x, ϱ, ϑ
w_e, w_m	$[w_{e,m}] = \mathrm{Joule/m^3} = \mathrm{N/m^2}$	die elektrische, magnetische Energiedichte

Symbol	Einheit	Bedeutung
W_e, W_m	$[W_{e,m}] =$ Joule $=$ Ws . . .	die elektrische, magnetische Energie
$\varkappa$,	$[\varkappa] =$ S/m	die elektrische Leitfähigkeit
ε,	$[\varepsilon] =$ F/m $=$ N/V^2. . .	die Dielektrizitätskonstante (für Luft $\varepsilon = \varepsilon_0 = 1/36\pi \cdot 10^{-9}$)
μ,	$[\mu] =$ H/m $=$ N/A^2 . .	die Permeabilität (für Luft $\mu = \mu_0 = 4\pi \cdot 10^{-7}$)
I, J	$[I, J] =$ A	der Strom
U	$[U] =$ V	die Spannung
C, C_L,	$[C] =$ F . . . . . . $[C_L] =$ F/m	Kapazität und Kapazitätsbelag
$\mathfrak{L}, \mathfrak{L}_L$	$[\mathfrak{L}] =$ H . . . . . . $[\mathfrak{L}_L] =$ H/m	Induktivität und Induktivitätsbelag
$\mathfrak{R}, \mathfrak{R}_L$,	$[\mathfrak{R}] =$ Ohm . . . . . $[\mathfrak{R}_L] =$ Ohm/m	Widerstand und Widerstandsbelag stets reellwertig
Z_0	$[Z_0] =$ Ohm	Wellenwiderstand
q_L, q_F, q_V		elektrische Ladung je Längen-, Flächen- oder Volumeneinheit
Q,	$[Q] =$ As	Punkt- oder Leiterladung
$\varphi(x, y, z)$,	$[\varphi] =$ V	die Potentialfunktion des elektrostatischen Feldes oder des Strömungsfeldes
$\Phi(x, y, z)$,	$[\Phi] =$ A	die magnetische Potentialfunktion
$\chi_p(z)$ mit	$z = x + i y$	die komplexe Potentialfunktion des elektrischen Feldes ($p = e$), des magnetischen Feldes ($p = m$), des Hochfrequenzfeldes ($p = H$)
$\varphi_H(x, y)$,	$[\varphi_H] =$ V	die Potentialfunktion des elektrischen Feldanteils im Hochfrequenzfeld
$\Psi_p(x, y)$	$[\Psi_e] =$ V	die Strömungsfunktion als der Imaginärteil von $\chi_p(z)$ ($p = e, H$)
l_z	$[l_z] =$ m	bei ebenen Feldern die Länge des Feldausschnitts senkrecht zur xy-Ebene, die die Feldlinien enthält.

Auch in anderen Fällen als in den schon erwähnten beziehen die Zeiger L, F, V die zugehörige physikalische Größe auf die Längen-, Flächen- oder Volumeneinheit.

Für die Aufpunktskoordinaten werden stets ungestrichene Buchstaben, für die Quell- oder Wirbelpunktskoordinaten die entsprechenden gestrichenen Buchstaben verwendet: Also P und P', x, y, z und x', y', z' u. ä.

Einige weniger schnell greifbare Zahlenwerte

1. Die kritische Durchbruchsfeldstärke: $E_G = 3 \cdot 10^6$ V/m.
2. Die mittlere elektrische Feldstärke an der Erdoberfläche: $E_r = 300$ V/m.
3. Das magnetische Feld an der Erdoberfläche im Rhein-Main-Gebiet:

   $B_r = -0{,}1780 \cdot 10^{-4}$ Wb/m^2, $B_\theta = +0{,}0793 \cdot 10^{-4}$ Wb/m^2,

   $B_\varphi = +0{,}0130 \cdot 10^{-4}$ Wb/m^2. $\mathfrak{B} = \mathfrak{k}_1 B_r + \mathfrak{k}_2 B_\theta + \mathfrak{k}_3 B_\varphi$, Abb. 23.
4. Ladung des Elektrons: $e = 1{,}6020 \cdot 10^{-19}$ Cb,

   Ruhmasse des Elektrons: $m_0 = 9{,}1066 \cdot 10^{-31}$ kg,

   $e/m_0 = 1{,}7592 \cdot 10^{11}$ Cb/kg.
5. Elektrische Leitfähigkeit des trockenen Erdbodens $\varkappa = 10^{-4} \cdots 10^{-6}$ S/m,

   feuchten Erdbodens $\varkappa = 10^{-2} \cdots 10^{-3}$ S/m,

   Seewassers: $\varkappa = 3 \cdots 5$ S/m.
6. 1 cal $= 4{,}18684$ Joule

1 Physikalische Grundgesetze

1.1 Die verschiedenen Potentialfelder der Elektrotechnik und ihre Grundgesetze
Die homogene und die inhomogene Gleichung von Laplace

1.11 Das elektrostatische Feld. Um die Vorstellung zu fixieren, gehen wir aus von einer beliebigen Anordnung voneinander isolierter metallischer Leiter mit den Ladungen Q_i As, $i = 1 \ldots m$, und von Punktladungen Q_ν As, $\nu = 1 \ldots n$. Kommen die elektrischen Ladungen in kontinuierlicher Verteilung vor, so kann von einer Ladungsdichte q_V in As/m³ gesprochen werden. Der zwischen den Leitern gelegene Raum sei entweder leer oder von Luft oder von einem idealen polarisierbaren Dielektrikum mit isotropen Eigenschaften erfüllt. Die Rückwirkung der Materie auf das elektrostatische Feld der primären Ladungen infolge ihrer Polarisierbarkeit werde im Sinne der MAXWELLschen Theorie durch eine besondere Stoffkonstante erfaßt, die sogenannte Dielektrizitätskonstante ε mit der Dimension F/m. Späterhin werden wir ε in der Regel in einzelnen Raumteilen als eine Konstante ansehen, die Raumerfüllung durch das Dielektrikum mithin als homogen. Vorerst möge jedoch an den allgemeineren inhomogenen Fall gedacht werden und ε demgemäß als eine reelle differenzierbare Funktion der drei Raumkoordinaten x, y, z angesehen werden.

Auf jede elektrische Ladung Q As wirkt in einem elektrostatischen Feld, das durch den Feldvektor $\mathfrak{E}$ gekennzeichnet wird, eine Kraft $\mathfrak{K}$, die nach Größe und Richtung durch die einfache Formel

$$\mathfrak{K} = Q\,\mathfrak{E} \qquad (1)$$

gegeben ist. Hierin ist $\mathfrak{E}$ genauer die elektrische Feldstärke, wie sie die Ladungen Q_i, Q_ν und q_V am Orte der Ladung Q nach Größe und Richtung erzeugen. Die Feldstärke $\mathfrak{E}$ ist damit wie die Kraft ein Vektor, und zwar die Kraft auf die Ladungseinheit. Ist die Ladung Q frei beweglich, so wird sie sich unter dem Einfluß des elektrischen Feldes in Bewegung setzen. Wird die Gl. (1) zur Definition von $\mathfrak{E}$ benutzt, so muß die Probeladung $Q \ll Q_i, Q_\nu$ sein.

Es zählt zu den für das elektrostatische Feld charakteristischen Eigenschaften, daß es ohne Energiezufuhr beliebig lange bestehen kann. Dann muß das Innere metallischer Leiter in einem elektrostatischen Feld notwendig feldfrei und damit auch ladungsfrei sein, denn anderenfalls würde das innere Feld die stets vorhandenen freien Metallelektronen in Bewegung setzen und der entstehende Strom würde Verluste verursachen, die durch von außen zugeführte Energie ersetzt werden müßten. Im Innern der metallischen Leiter muß also überall $\mathfrak{E} = 0$ sein, und die elektrische Ladung kann somit in einem Leiter nur an der Oberfläche sitzen.

Es mögen am Fuße von Integralzeichen, die in der Mitte einen Kreis tragen, R eine beliebige geschlossene Wegschleife und H eine beliebige Hüllfläche bedeuten; dann lassen sich die beiden Grundgesetze der Elektrostatik am anschaulichsten und allgemeinsten in der Form ausdrücken:

$$\oint_R \mathfrak{E}\, d\mathfrak{s} = 0, \qquad (2a) \qquad\qquad \oint_H (\varepsilon\mathfrak{E})\, d\mathfrak{F}_a = \int_V q_V\, dV. \qquad (2b)$$

$\mathfrak{E}\, d\mathfrak{s}$ und $\mathfrak{E}\, d\mathfrak{F}_a$ sind darin skalare oder innere Produkte des Vektors $\mathfrak{E}$ mit dem Wegelement $d\mathfrak{s}$ oder dem nach *außen* gerichteten Oberflächenelement $d\mathfrak{F}_a$.

Liegt die Hülle H nicht im Innern einer Ladungswolke, sondern umhüllt sie nur eine einzige Punktladung Q_1, so reduziert sich gewissermaßen in Gl. (2b) die Integration auf ein einziges Volumenelement dV am Orte dieser Punktladung, und es ist dort

$$\lim_{dV \to 0} (q_V\, dV) = Q_1$$

zu setzen. Wir bevorzugen zunächst die Gl. (2b) mit $q_V \neq 0$.

Wir sehen die Gl. (2a, b) bei ganz beliebiger Größe und Form von R und H und bei ganz beliebigem Verlauf des Weges R als gültig an. In der Nähe von Unstetigkeitsflächen von ε und damit auch von $\mathfrak{E}$ kann R oder H teils auf der einen, teils auf der anderen Seite dieser Fläche verlaufen.

R und H mögen z. B. beliebig klein sein. Wir wenden dann auf Gl. (2a) den Satz (3a) von STOKES, auf Gl. (2b) den Satz (3b) von GAUSS an:

$$\oint_R \mathfrak{E}\, d\mathfrak{s} = \int_F \operatorname{rot} \mathfrak{E}\, d\mathfrak{F}, \quad (3\text{a}) \qquad \oint_H \varepsilon\, \mathfrak{E}\, d\mathfrak{F}_a = \int_V \operatorname{div}(\varepsilon\, \mathfrak{E})\, dV. \quad (3\text{b})$$

In Gl. (3a) zählt die Richtung von $d\mathfrak{F}$ positiv, falls ihr der Umlaufsinn um R in derselben Weise zugeordnet ist wie die Drehbewegung der Vorwärtsbewegung bei einer Rechtsschraube. Die Symbole der vektoriellen Differentialoperatoren rot und div sind bei Benutzung rechtwinkliger und rechtshändiger Koordinaten mit den Einheitsvektoren $\mathfrak{e}_1$, $\mathfrak{e}_2$, $\mathfrak{e}_3$ in den Richtungen zunehmender Werte von x, y, z bekanntlich durch die Gleichungen definiert:

$$\operatorname{rot} \mathfrak{E} = \begin{vmatrix} \mathfrak{e}_1 & \mathfrak{e}_2 & \mathfrak{e}_3 \\ \dfrac{\partial}{\partial x} & \dfrac{\partial}{\partial y} & \dfrac{\partial}{\partial z} \\ E_x & E_y & E_z \end{vmatrix}, \quad (4\text{a}) \qquad \operatorname{div} \mathfrak{A} = \frac{\partial A_x}{\partial x} + \frac{\partial A_y}{\partial y} + \frac{\partial A_z}{\partial z}. \quad (4\text{b})$$

Die Gültigkeit der Gl. (3a, b) ist also an die Voraussetzung gebunden, daß die 3 Komponenten E_x, E_y und E_z von $\mathfrak{E}$ in allen Punkten von F und V selbst stetig sind und stetige erste Ableitungen besitzen und die Hüllflächen und Randkurven sogenannte normale Bereiche umschließen. Dann aber folgt aus ihnen, falls R und $H \to 0$ gehen, daß in allen Punkten solcher Bereiche

$$\operatorname{rot} \mathfrak{E} = 0, \quad (3\alpha) \qquad \operatorname{div}(\varepsilon\, \mathfrak{E}) = q_V \quad (3\beta)$$

wird. Nun ist laut Definition

$$\operatorname{grad} \varphi = \frac{\partial \varphi}{\partial x} \mathfrak{e}_1 + \frac{\partial \varphi}{\partial y} \mathfrak{e}_2 + \frac{\partial \varphi}{\partial z} \mathfrak{e}_3, \quad (4\text{c})$$

und also gemäß Gl. (4a) stets

$$\operatorname{rot} \operatorname{grad} \varphi \equiv 0, \quad (5\text{a}) \qquad \operatorname{div} \operatorname{rot} \mathfrak{E} \equiv 0. \quad (5\text{b})$$

In einem elektrostatischen Feld darf also im Einklang mit Gl. (3α) unter Zuhilfenahme einer skalaren Potentialfunktion $\varphi(x, y, z)$ stets gesetzt werden:

$$\mathfrak{E}(x, y, z) = -\operatorname{grad} \varphi(x, y, z), \quad (6)$$

und im Hinblick auf Gl. (3β) ist dann auch in jedem Punkt (x, y, z) des Feldes, in dem die Funktion φ Ableitungen bis zur zweiten Ordnung hat:

$$\begin{aligned} -\operatorname{div}(\varepsilon\, \mathfrak{E}) &= \operatorname{div}(\varepsilon \operatorname{grad} \varphi) \\ &= \frac{\partial}{\partial x}\left(\varepsilon \frac{\partial \varphi}{\partial x}\right) + \frac{\partial}{\partial y}\left(\varepsilon \frac{\partial \varphi}{\partial y}\right) + \frac{\partial}{\partial z}\left(\varepsilon \frac{\partial \varphi}{\partial z}\right) = -q_V. \end{aligned} \quad (7\text{a})$$

Das ist eine lineare, inhomogene und selbstadjungierte partielle Differentialgleichung (D.Gl.) zweiter Ordnung vom elliptischen Typus. Sie geht in die inhomogene D.Gl. von LAPLACE oder die POISSONsche D.Gl.

$$\frac{\partial^2 \varphi}{\partial x^2} + \frac{\partial^2 \varphi}{\partial y^2} + \frac{\partial^2 \varphi}{\partial z^2} \equiv \triangle \varphi = -\frac{q_V}{\varepsilon} \tag{7b}$$

über, wenn ε konstant und etwa in dem betrachteten Raumteil der Dielektrizitätskonstanten ε_0 des luftleeren oder praktisch des lufterfüllten Raums gleich ist. Finden sich die elektrischen Ladungen nur auf der Oberfläche metallischer Leiter oder in einzelnen Punkten, so ist außerhalb dieser Ladungsstellen überall $q_V = 0$, und die Potentialfunktion $\varphi(x, y, z)$ hat dann im Falle der Gl. (7a) die selbstadjungierte partielle elliptische D.Gl.

$$\operatorname{div}(\varepsilon \operatorname{grad} \varphi) = 0 \tag{7α}$$

oder im Falle der Gl. (7b) die LAPLACEsche Gleichung

$$\frac{\partial^2 \varphi}{\partial x^2} + \frac{\partial^2 \varphi}{\partial y^2} + \frac{\partial^2 \varphi}{\partial z^2} = 0, \tag{7c}$$

ohne das Störungsglied zu befriedigen. Am Orte der Punktladung selbst wird offenbar $\mathfrak{E}$ und damit auch φ auf später noch genauer anzugebende Weise unendlich groß. Auf der Oberfläche metallischer Leiter und in ihrem Innern ist wegen $\mathfrak{E} = 0$ die Funktion φ konstant. Hat in einem Punkt die Funktion $\varphi(x, y, z)$ drei stetige zweite Ableitungen, die die Gl. (7c) erfüllen, so heißt sie eine in diesem Punkt harmonische Funktion.

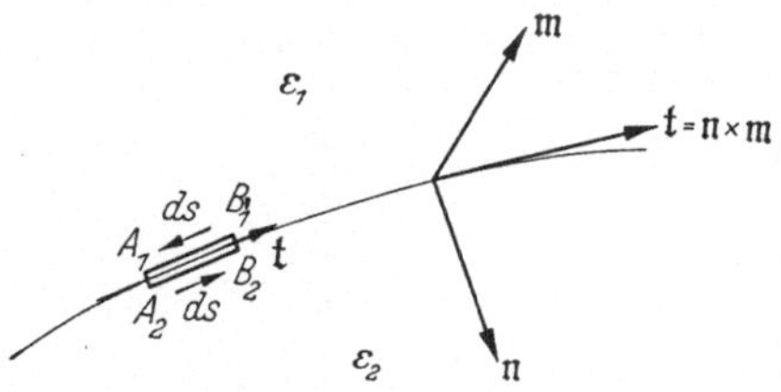

Abb. 1. Die Einheitsnormale $\mathfrak{n}$ zur Grenzfläche zwischen den Medien mit den Dielektrizitätskonstanten ε_1 und ε_2 weist vom Medium 1 zum Medium 2. $\mathfrak{m}$ und $\mathfrak{t}$ sind zwei Einheitsvektoren in der Tangentialebene zur Grenzfläche am Orte der Wegschleife. Der beliebige, geschlossene Weg R in Gl. (2a) ist hier ein Rechteckig, dessen Ebene $\perp$ zur $\mathfrak{m}$, t-Ebene steht

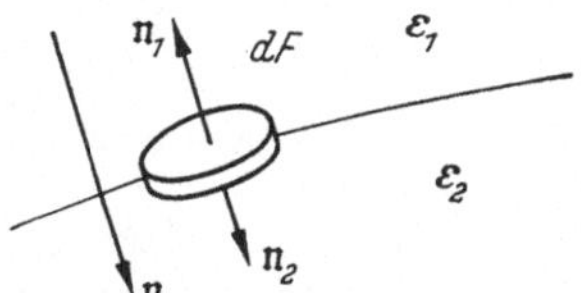

Abb. 2. Die Einheitsnormale $\mathfrak{n}$ weist auch hier vom Medium 1 in das Medium 2. Als Hüllfläche H in Gl. 2(b) dient eine flache zylindrische Büchse, die in Richtung $\mathfrak{n}$ unendlich klein höherer Ordnung ist

Das Verhalten von $\mathfrak{E}$ und φ an Flächen der Unstetigkeit von ε kann ebenfalls aus den Gl. (3a, b) erschlossen werden. Wir wenden Gl. (3a) auf die Wegschleife $A_2B_2B_1A_1$ von Abb. 1 an. A_2B_2 und A_1B_1 mögen die differenzielle Länge ds haben und ganz in dem Körper mit der Konstanten ε_2 oder ε_1 liegen. Die Abstände A_1A_2, B_1B_2 seien unendlich klein höherer Ordnung gegenüber ds. Dann schreibt sich mit $\mathfrak{t}$ als dem Einheitsvektor in der Richtung der Tangente an die Unstetigkeitsflächen die Gl. (3a) wie folgt:

$$ds(\mathfrak{t} \cdot \mathfrak{E}^{(2)} - \mathfrak{t} \cdot \mathfrak{E}^{(1)}) = 0.$$

Wegen des willkürlichen Wertes von $\mathfrak{t}$ oder $\mathfrak{m}$ muß daher, da $\mathfrak{t} \cdot \mathfrak{A} = (\mathfrak{n} \times \mathfrak{m}) \cdot \mathfrak{A} = (\mathfrak{A} \times \mathfrak{n}) \cdot \mathfrak{m}$ ist, durchweg gelten:

$$\mathfrak{n} \times (\mathfrak{E}^{(2)} - \mathfrak{E}^{(1)}) = 0. \tag{8a}$$

Im Falle der Gl. (3b) wählen wir als Hüllfläche eine sehr flache zylindrische Büchse, deren Grund- und Deckfläche gemäß Abb. 2 auf verschiedenen Seiten der Unstetigkeitsflächen liegen sollen, während ihr Abstand wieder unendlich klein höherer Ordnung angenommen werden möge. Dann ist bei Vorhandensein einer Flächenladung in der Grenzfläche nach Gl. (3b)

$$(\varepsilon_2 \mathfrak{E}^{(2)} \mathfrak{n}_2 + \varepsilon_1 \mathfrak{E}^{(1)} \mathfrak{n}_1)\, dF = q_F\, dF.$$

In der Tat hat die von der Büchse eingeschlossene Ladung jetzt den Charakter einer Flächenladung. Es ist somit

$$\mathfrak{n}\,(\varepsilon_2 \mathfrak{E}^{(2)} - \varepsilon_1 \mathfrak{E}^{(1)}) = q_F. \tag{8b}$$

Normalerweise ist an der Grenzfläche zweier Dielektrika $q_F = 0$. Der Fall eines $q_F \neq 0$ findet sich aber realisiert an der Oberfläche eines elektrischen Leiters, denn es ist im Innern eines Leiters $\mathfrak{E}^{(2)} = 0$. An der Oberfläche eines jeden Leiters gelten also im elektrostatischen Feld nach Gl. (8a, b) die beiden folgenden wichtigen Beziehungen:

$$\mathfrak{n} \times \mathfrak{E} = \mathfrak{E}_t = 0, \quad (8a') \qquad \varepsilon(\mathfrak{n}\cdot\mathfrak{E}) = q_F = \varepsilon E_n. \quad (8b')$$

Man beachte, daß dort in der Regel nicht etwa q_F bekannt ist, sondern nur die gesamte Ladung

$$Q_i = \oint_{\text{Ltr. } i} q_F\, dF. \tag{8}$$

In (8a′, b′) bedeutet $\mathfrak{n}$ den Einheitsvektor in Richtung der vom Leiter ins Dielektrikum weisenden Normalen. Drückt man in den Gl. (8a, b) und (8a′, b′) im Hinblick auf Gl. (6) den Vektor $\mathfrak{E}$ durch die Ableitungen von ϕ aus, so lauten die entsprechenden Formeln:

$$\phi^{(1)} = \phi^{(2)}, \quad (8\alpha) \qquad \varepsilon_1 \frac{\partial \phi}{\partial n_1} + \varepsilon_2 \frac{\partial \phi}{\partial n_2} = -q_F, \quad (8\beta)$$

$$\phi = \text{const}, \quad (8\alpha') \qquad \varepsilon \frac{\partial \phi}{\partial n} = -q_F. \quad (8\beta')$$

$\partial\phi/\partial n$ ist hierin die Normalableitung mit Richtung in den Außenraum. Aus Gl. (8a) folgt zwar zunächst statt Gl. (8α) mit derselben Berechtigung: $\phi^{(1)} = \phi^{(2)} + \text{const}$. Ein Potentialsprung tritt aber nur an einer Doppelschicht elektrischer Ladungen auf, deren Auftreten wir hier ausschließen. Die Kombination von Gl. (8a) und (8b) führt für $q_F = 0$ zu dem Brechungsgesetz

$$\operatorname{tg}\varphi_1 : \operatorname{tg}\varphi_2 = \varepsilon_1 : \varepsilon_2 \tag{9}$$

der elektrischen Kraftlinien, das in Abb. 3 graphisch veranschaulicht ist.

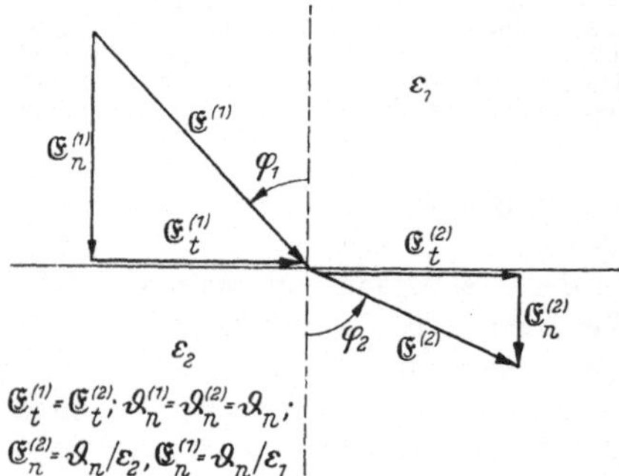

Abb. 3. Zerlegt man in der Grenzfläche zwischen den Räumen mit den *DK*-Konstanten ε_1 und ε_2 das Feld $\mathfrak{E}$ auf beiden Seiten in die vektoriellen Komponenten $\mathfrak{E}_t$ und $\mathfrak{E}_n$, so entsteht infolge der Gl. (8a, b) auch im Falle $q_F = 0$ in der Regel eine Brechung der Feldlinien

Der Energieinhalt eines elektrostatischen Feldes, wie er uns nachweisbar in einem Kondensator entgegentritt, ist nach den Vorstellungen der MAXWELLschen Theorie nicht etwa in den Raumteilen anzutreffen, wo Ladungen sitzen, sondern die Energie ist in jedem Volumenelement aufgespeichert, in dem das elektrische Feld nicht verschwindet, d. h. gerade im Dielektrikum, und zwar mit einer Dichte, die sich nach der Formel

$$w_e = \varepsilon\, \mathfrak{E}^2/2 = \varepsilon E^2/2 \qquad \text{Joule/m}^3 \tag{10}$$

berechnet.

Die auf der Oberfläche eines Leiters ausgebreitet liegende Ladung mit der Oberflächendichte q_F von Gl. (8b′) ist von seiten des Feldes $\mathfrak{E}$ einer Kraft unterworfen. Hier darf man nun nicht den Fehler begehen und annehmen, ihre Größe berechne sich im Hinblick auf Gl. (1) je m² Oberfläche nach der Formel $q_F\, E_n = \varepsilon E_n^2$. Dieser Betrag ist offenbar zu groß, denn im Falle der Gl. (1) und (8b′) wird die Ladung Q auf allen Seiten vom Feld $\mathfrak{E}$ umgeben, im vorliegenden Falle aber nur auf einer Hälfte. In der Tat zeigt sich, daß jetzt für die Kraftwirkung nur der halbe Betrag angesetzt werden darf, so daß für die Kraft auf den m² Oberfläche eines geladenen Leiters die Formel

$$K_F = \varepsilon\, E_n^2/2 = \varepsilon\, E^2/2 \qquad \left(\frac{\text{Joule/m}}{\text{m}^2}\right) \tag{11}$$

gilt. Diese Kraft hat stets die Richtung der Normalen vom Leiter fort und ist nach Gl. (10) der Dimension und Größe nach gleich der Energiedichte unmittelbar vor der Oberfläche des Leiters. Die Formel, die die Kraft je m² Oberfläche eines Dielektrikums angibt, wird in der Elektrizitätslehre hergeleitet unter Benutzung des MAXWELLschen Spannungstensors. Bedeutet in Abb. 4 dF ein beliebig im Raum angeordnetes Flächenelement mit der Normalenrichtung $\mathfrak{n}$, $\mathfrak{E}$ nach Größe und Richtung den Feldvektor am Orte des Flächenelementes und $\mathfrak{e} = \mathfrak{E}/E$ einen Einheitsvektor, so ist die Kraft, die das Medium zur Seite der positiven $\mathfrak{n}$ auf das Medium zur Seite der negativen $\mathfrak{n}$ ausübt, durch den Ausdruck

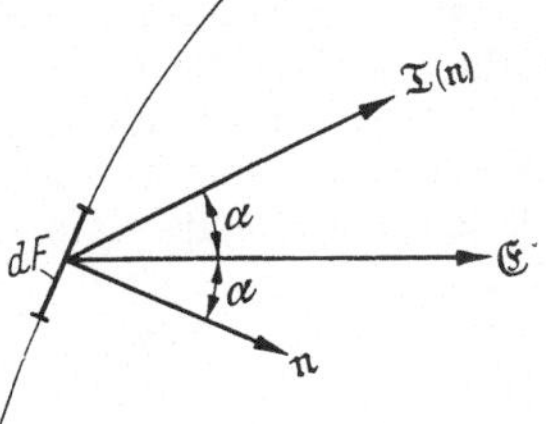

Abb. 4. dF ist ein Flächenelement innerhalb einer beliebigen Trennfläche in einem Raumteil mit der Feldstärke $\mathfrak{E}$, und $\mathfrak{T}(n) \cdot dF$ ist darin die vom Orte und von der Richtung abhängende Kraft, mit der der rechts von dF gelegene Raumteil auf den links davon gelegenen wirkt. Das Bild stellt den einfachen Zusammenhang dar, der in diesem Fall zwischen den drei Richtungen $\mathfrak{T}(n)$, $\mathfrak{E}$ und $\mathfrak{n}$ besteht

$$\delta\mathfrak{K}_F \equiv \mathfrak{T}(\mathfrak{n})\, dF = \varepsilon\, E^2/2\, \{\mathfrak{e} \times (\mathfrak{e} \times \mathfrak{n}) + \mathfrak{e} \cdot \mathfrak{e}\,\mathfrak{n}\}\, dF$$

$$(\mathfrak{e} \| \mathfrak{E},\ |\mathfrak{e}| = 1) \tag{12}$$

gegeben. Darin hat, wie man sich leicht überzeugt, die geschweifte Klammer den Betrag 1. Da an der Oberfläche eines Leiters von selbst $\mathfrak{e} = \mathfrak{n}$ ist, so wird man für diesen Fall auf die Gl. (11) zurückgeführt. Eine wichtige Eigenschaft der Gl. (12) liegt darin, daß ein Vorzeichenwechsel von $\mathfrak{e}$ und damit von $\mathfrak{E}$ die Richtung der Kraft nicht verändert. Die Formel (12) gilt auch — und darin liegt gerade ihr besonderer Vorteil — an Unstetigkeitsflächen des Feldes. Bei ihrer Anwendung auf diesen Fall ist dann jedoch darauf zu achten, daß die in derselben Bedeutung wie in Gl. (12) genommene Kraft $\delta\mathfrak{K}_F$ sich jetzt nach der Formel

$$\delta\,\mathfrak{K}_F = [\mathfrak{T}^{(2)}(\mathfrak{n}) - \mathfrak{T}^{(1)}(\mathfrak{n})]\, dF \tag{12′}$$

berechnet, wobei $\mathfrak{n}$ nach wie vor vom Medium 1 zum Medium 2 weist.

Die Differentialgleichung der Feldlinien folgt am einfachsten aus der Beziehung $\mathfrak{E} = \lambda\, d\mathfrak{s}$, worin $d\mathfrak{s}$ ein Bogendifferential einer Feldlinie und λ eine skalare, im allgemeinen aber ortsabhängige Größe bedeutet. Geht man zur Komponentendarstellung über, so folgt bei orthogonalen, krummlinigen Koordinaten in der Bezeichnung von Gl. (2.11) als D.Gl.

$$\frac{d s_1}{E_1} = \frac{d s_2}{E_2} = \frac{d s_3}{E_3}. \tag{13}$$

Von den Formeln für die einfachsten Potentialfunktionen wird im Abschn. 1.2 im Zusammenhang die Rede sein.

1.12 Das stationäre elektrische Strömungsfeld. Die Grundgesetze des zeitlich unveränderlichen elektrischen Strömungsfeldes lassen sich durch die beiden Formeln

$$\oint_R \mathfrak{E}\, d\mathfrak{s} = 0, \quad (14\text{a}) \qquad \oint_H (\varkappa \mathfrak{E})\, d\mathfrak{F}_a \equiv \oint_H \mathfrak{i}\, d\mathfrak{F}_a = 0 \quad (14\text{b})$$

ausdrücken, die im Hinblick auf die Gl. (2a, b) schon rein äußerlich die enge Verwandtschaft des Strömungsfeldes mit dem elektrostatischen Feld erkennen lassen. Die Wegschleife R und die Hülle H können wiederum in dem von der Strömung durchflossenen Bereich jede beliebige Gestalt und Größe haben. Zum Unterschied gegenüber Gl. (3b) tritt in Gl. (14b) als im allgemeinen auch ortsveränderliche Materialkonstante jetzt die elektrische Leitfähigkeit $\varkappa$ mit der Dimension S/m auf, und da in jedem wirklichen Strömungsfeld weder punktförmige noch kontinuierlich verteilte Stromquellen vorkommen können, so verschwindet in solchen Feldern die rechte Seite der Gl. (14) in jedem Falle, während dies im elektrostatischen Feld nur außerhalb der Ladungen zutrifft. Physikalisch gesehen, stellen die Gl. (14a, b) die sinngemäße Verallgemeinerung der beiden Kirchhoffschen Sätze in linearen Netzwerken auf den Fall einer räumlichen Strömung dar, und die Gl. (14b) im besonderen ist Ausdruck für die Möglichkeit, daß jedes stationäre Strömungsfeld aus Stromröhren zusammengesetzt werden kann.

Aus Gl. (14a) folgt, wie in Abschn. 1.11, daß auch der Feldvektor $\mathfrak{E}$ einer elektrischen Strömung gemäß Gl. (4c) aus einer skalaren Potentialfunktion $\varphi(x, y, z)$ ableitbar ist, die für ein $\operatorname{grad}\varkappa \neq 0$ der linearen partiellen D.Gl.

$$\frac{\partial}{\partial x}\left(\varkappa \frac{\partial \varphi}{\partial x}\right) + \frac{\partial}{\partial y}\left(\varkappa \frac{\partial \varphi}{\partial y}\right) + \frac{\partial}{\partial z}\left(\varkappa \frac{\partial \varphi}{\partial z}\right) = 0 \qquad (15)$$

genügen muß und für $\operatorname{grad}\varkappa = 0$ der gewöhnlichen Laplaceschen Gl. (7c).

Wendet man die Gl. (14a, b) wie vordem auf eine Unstetigkeitsfläche der Funktion $\varkappa(x, y, z)$ an, so resultieren jetzt wegen $q_F = 0$ die beiden Formeln

$$\mathfrak{n} \times (\mathfrak{E}^{(2)} - \mathfrak{E}^{(1)}) = 0, \quad (16\text{a}) \qquad \mathfrak{n}(\varkappa_2 \mathfrak{E}^{(2)} - \varkappa_1 \mathfrak{E}^{(1)}) = 0 \quad (16\text{b})$$

und das Brechungsgesetz

$$\operatorname{tg}\varphi_1 : \operatorname{tg}\varphi_2 = \varkappa_1 : \varkappa_2 \qquad (16)$$

der Strömungslinien. Im Gegensatz zu Gl. (8b) kann in Gl. (16b) $\varkappa_2 = 0$ werden, wenn etwa der Leiter 1 an einen Isolator grenzt. Es muß dann $E_n^{(1)} = 0$ sein, d. h., die Strömungslinien verlaufen parallel zur Grenzfläche. Das Nichtverschwinden von $\mathfrak{E}$ im Innern des durchströmten Leiters hat aus dem schon vorher erwähnten Grunde eine fortwährende Wärmeproduktion zufolge. Sie berechnet sich, bezogen auf die Volumeneinheit, nach der Formel

$$p_w = \mathfrak{i}\,\mathfrak{E} = \varkappa E^2 \qquad [p_w] = \text{VA/m}^3, \qquad (17)$$

denn in der elementaren Länge ds einer Stromröhre vom Querschnitt F ist die je sec erzeugte Wärme $\delta P_w = I^2 R\, ds = |\mathfrak{i}|^2 F^2 ds/(\varkappa F) = |\mathfrak{i}|\, |\mathfrak{E}|\, F\, ds$.

Da punktförmige Stromquellen im Innern eines leitenden Körpers, wie es etwa das Erdreich vorstellt, mit dem Grundgesetz (14b) nicht ohne weiteres verträglich sind, so muß der Strom dem leitenden Körper an seiner Oberfläche zugeführt werden. Die Stellen, die die Stromzufuhr oder Stromabnahme vermitteln, werden kurz Elektroden genannt. Da die Spannungsabfälle in den Elektroden dabei nicht weiter interessieren, so denkt man sich die Elektroden im allgemeinen als vollkommene Leiter, die auf der Oberfläche des Körpers aufsitzen oder auch in ihn eindringen. Die Oberfläche der Elektroden ist dann eine Fläche konstanten Potentials. Für die Berechnung der Potentialfunktion des Strömungsfeldes kann es jedoch mitunter einfacher sein, die punktförmige Elektrode zunächst in das Innere des leitenden Körpers zu verlegen und sie erst nach der Herstellung der Lösung gedanklich wieder in die Begrenzungsfläche hineinrücken zu lassen. Den Widerspruch mit dem Grundgesetz (14b) kann man sich bei einer im Innern des Leiters angeordneten punktförmigen Elektrode dadurch vermieden denken, daß man vorübergehend eine hypothetische, isoliert geführte Zuleitung zu der Elektrode annimmt. Rückt die Elektrode später in die Oberfläche hinein, so wird die Zuleitung von selbst entbehrlich.

1.13 Das magnetostatische Feld stationärer elektrischer Ströme und permanenter Magnete. Machen wir hier die für unsere Zwecke ausreichende Annahme, daß die im allgemeinen ortsabhängige magnetische Permeabilität μ in H/m in keinem Fall von der magnetischen Feldstärke $\mathfrak{H}$ abhängt, so lassen sich die Grundgesetze des magnetostatischen Feldes in der Form aussprechen:

$$\oint_R \mathfrak{H}\, d\mathfrak{s} = \int_F \mathfrak{i}\, d\mathfrak{F}, \quad (18\text{a}) \qquad \oint_H \mathfrak{B}\, d\mathfrak{F} = \oint_H \{\mathfrak{M} + \mu\,\mathfrak{H}\}\, d\mathfrak{F}_a = 0. \quad (18\text{b})$$

Es überlagert sich dann das Magnetfeld $\mathfrak{H}''$ der Ströme ungestört dem Feld $\mathfrak{H}'$ der permanenten Magnete. Der Vektor $\mathfrak{M}$ in Gl. (18b) heißt der Vektor der permanenten Magnetisierung, von dem man bei hartem Stahl voraussetzen darf, daß $\mathfrak{M} = \text{const}$ ist für $\mu = \text{const}$. Er hat wie $\mathfrak{B}$ die Dimension Wb/m² und H die Dimension A/m.

In Bereichen, in denen $\mathfrak{H}$, $\mathfrak{M}$ und $\mathfrak{i}$ in ihren drei Komponenten stetig und differenzierbar sind, folgt aus Gl. (18a, b) mit Hilfe der Sätze von Stokes und Gauss als Differentialform der beiden Grundgesetze

$$\operatorname{rot}\mathfrak{H} = \mathfrak{i}, \quad (18\alpha) \qquad \operatorname{div}\mathfrak{B} = \operatorname{div}\{\mathfrak{M} + \mu\,\mathfrak{H}\} = 0. \quad (18\beta)$$

Wegen $\mathfrak{H} = \mathfrak{H}' + \mathfrak{H}''$ folgt hieraus weiter auf Grund der Bedeutung von $\mathfrak{H}'$ und $\mathfrak{H}''$:

$$\operatorname{rot}\mathfrak{H}' = 0, \quad (18\alpha_1) \qquad \operatorname{div}(\mu\,\mathfrak{H}') = -\operatorname{div}\mathfrak{M} = m_V, \quad (18\beta_1)$$

$$\operatorname{rot}\mathfrak{H}'' = \mathfrak{i}, \quad (18\alpha_2) \qquad \operatorname{div}(\mu\,\mathfrak{H}'') = 0. \quad (18\beta_2)$$

In Gl. $(18\beta_1)$ ist m_V eine räumliche Dichte magnetischer Mengen mit der Dimension Wb/m³.

Für das Feld $\mathfrak{H}'$ der permanenten Magnete ergibt sich daraus sofort im Hinblick auf die Gl. $(3\alpha, \beta)$ und die darauffolgenden Gleichungen: Es kann stets gesetzt werden

$$\mathfrak{H}'(x, y, z) = -\operatorname{grad}\Phi(x, y, z), \tag{19}$$

und die skalare Funktion $\Phi(x, y, z)$ hat hierin für $\operatorname{grad}\mu \neq 0$ der D.Gl.

$$\frac{\partial}{\partial x}\left(\mu\frac{\partial\Phi}{\partial x}\right) + \frac{\partial}{\partial y}\left(\mu\frac{\partial\Phi}{\partial y}\right) + \frac{\partial}{\partial z}\left(\mu\frac{\partial\Phi}{\partial z}\right) = \operatorname{div}\mathfrak{M} \tag{19a}$$

oder für $\operatorname{grad}\mu = 0$ der Laplaceschen Gleichung

$$\frac{\partial^2\Phi}{\partial x^2} + \frac{\partial^2\Phi}{\partial y^2} + \frac{\partial^2\Phi}{\partial z^2} = 0 \tag{19b}$$

zu genügen.

Das magnetische Feld $\mathfrak{H}''$ der Ströme, dessen Gesetzmäßigkeiten die Gl. $(18\alpha_2, \beta_2)$ formulieren, kann im Hinblick auf Gl. (5b) durch die vektorielle

Hilfsfunktion $\mathfrak{A}(x, y, z)$, das sogenannte Vektorpotential, beschrieben werden, indem man setzt:

$$\operatorname{rot}\mathfrak{A} = \mu\,\mathfrak{H}'', \quad (21\,\mathrm{a}) \qquad \operatorname{div}\mathfrak{A} = 0; \quad (21\,\mathrm{b})$$

denn damit ein Vektor $\mathfrak{A}$ eindeutig bestimmt ist, müssen sowohl seine Wirbel als auch seine Quellen bekannt sein. Daß dabei gerade über die Quellen im Sinne der Gl. (21b) verfügt werden kann, folgt aus der Möglichkeit, $\mathfrak{A}$ durch Gl. 1.2 (15a, b) darzustellen. Mittels der beiden Beziehungen [*15*]

$$\operatorname{rot}\left(\frac{1}{\mu}\mathfrak{C}\right) = \left(\operatorname{grad}\frac{1}{\mu}\times\mathfrak{C}\right) + \frac{1}{\mu}\operatorname{rot}\mathfrak{C}, \tag{22a}$$

$$\operatorname{rot}\operatorname{rot}\mathfrak{A} = \operatorname{grad}\operatorname{div}\mathfrak{A} - \triangle\,\mathfrak{A} \tag{22b}$$

ergibt sich dann nach dem Einsetzen von Gl. (21a) in Gl. ($18\alpha_2$) in Rücksicht auf Gl. (21b) für $\mathfrak{A}$ die Vektordifferentialgleichung:

$$\triangle\,\mathfrak{A}(x, y, z) = -\mu\,\mathfrak{i}(x, y, z) + \mu\left(\operatorname{grad}\frac{1}{\mu}\times\mu\,\mathfrak{H}''\right). \tag{23}$$

Der zweite Summand in der letzten Gleichung fällt bei allen praktischen Anwendungen heraus, da örtliche Änderungen von μ in den Aufgaben fast nur in Form von Unstetigkeiten an einzelnen Flächen aufzutreten pflegen. Für $\mu(x, y, z) = \text{const}$ befriedigt dann nach Gl. (23) jede der drei Komponenten A_p des Vektorpotentials in stromdurchflossenen Gebieten die Poissonsche D.Gl.

$$\frac{\partial^2 A_p}{\partial x^2} + \frac{\partial^2 A_p}{\partial y^2} + \frac{\partial^2 A_p}{\partial z^2} = -\mu\,\mathfrak{i}_p(x, y, z) \qquad (p = x, y, z), \tag{23a}$$

und in strömungsfreien Gebieten die Laplacesche D.Gl.

$$\frac{\partial^2 A_p}{\partial x^2} + \frac{\partial^2 A_p}{\partial y^2} + \frac{\partial^2 A_p}{\partial z^2} = 0 \qquad (p = x, y, z). \tag{23b}$$

An Unstetigkeitsflächen der Permeabilität $\mu(x, y, z)$ muß für das Feld $\mathfrak{H}'$ auf Grund der nämlichen Überlegungen, die früher zur Gl. (8a) geführt haben, jetzt die Beziehung bestehen:

$$\mathfrak{n}\times(\mathfrak{H}'^{(2)} - \mathfrak{H}'^{(1)}) = 0. \tag{24a$_1$}$$

Auch für das Feld $\mathfrak{H}''$ bleibt die Aussage dieser Gleichung über den stetigen Durchgang der Tangentialkomponente von $\mathfrak{H}$ richtig, solange man nur an die wirklich vorkommenden Verhältnisse denkt. Gerade an den Unstetigkeitsflächen von μ rechnet man aber oft bequem mit der Annahme, daß eine dort vorhandene körperliche Wicklung als eine flächenhafte Strömung gewertet werden kann. Bedeutet etwa h die wirkliche Höhe dieser Wicklung normal zur Unstetigkeitsfläche und $\mathfrak{i}$ die Stromdichte, so ist dann die als Vektor aufzufassende flächenhafte Strömung

$$\mathfrak{J} = \lim_{i=\infty,\, h=0} (\mathfrak{i}\,h). \tag{25}$$

Die Anwendung der Gl. (18a) auf diesen Fall ergibt dann aber für den Stromfluß durch das Rechteck $A_2B_2B_1A_1$ von Abb. 1 nicht wieder Null, sondern den Wert $ds(\mathfrak{J}\,\mathfrak{m})$. Da die Richtung von $\mathfrak{m}$ ganz beliebig gewählt werden kann, so folgt mithin für das Feld $\mathfrak{H}''$ bei Vorhandensein eines flächenhaften Strombelags die allgemeinere Beziehung:

$$\mathfrak{n}\times(\mathfrak{H}''^{(2)} - \mathfrak{H}''^{(1)}) = \mathfrak{J}. \tag{24a$_2$}$$

Fehlt die flächenhafte Strömung, so geht auch im Feld $\mathfrak{H}''$ die Tangentialkomponente von $\mathfrak{H}''$ stetig durch die Unstetigkeitsflächen von μ. Bei den Normalkomponenten von $\mathfrak{H}'$ und $\mathfrak{H}''$ erfolgt auf Grund der Gl. (18β_1, β_2) der Durchgang durch die Grenzfläche von μ_1 und μ_2 im Hinblick auf die früheren Rechnungen zu Gl. (8b) nach den Formeln:

$$\mathfrak{n}(\mu_2 \mathfrak{H}'^{(2)} - \mu_1 \mathfrak{H}'^{(1)}) = m_F, \quad (24\mathrm{b}_1) \qquad \mathfrak{n}(\mu_2 \mathfrak{H}''^{(2)} - \mu_1 \mathfrak{H}''^{(1)}) = 0. \quad (24\mathrm{b}_2)$$

In Gl. (24b$_1$) ist m_F in Analogie zu m_V eine magnetische Flächendichte mit der Dimension Wb/m^2. Ist in Gl. (24a$_2$) $\mathfrak{J} = 0$, so gilt für die beiden Felder $\mathfrak{H}'$ und $\mathfrak{H}''$ an der Fläche einer sprunghaften Änderung von μ wiederum das Brechungsgesetz der magnetischen Kraftlinien:

$$\mathrm{tg}\,\varphi_1 : \mathrm{tg}\,\varphi_2 = \mu_1 : \mu_2. \tag{24}$$

Das Verschwinden der rechten Seite für $\mu_2 \to \infty$ kann links entweder erreicht werden durch die Wahl $\varphi_1 = 0$ oder durch die Wahl $\varphi_2 = \pi/2$. Im ersten Fall setzen alle aus dem Medium 1 kommenden Kraftlinien senkrecht auf die Oberfläche des unendlich permeablen Körpers auf, und die Wirbel des Feldes liegen dann offenbar außerhalb dieses Körpers. Im zweiten Fall verlaufen die magnetischen Kraftlinien innerhalb des permeablen Körpers streifend zur Oberfläche. Die das Feld erzeugenden Stromleiter liegen dann innerhalb des Körpers.

In einem magnetostatischen Feld, dessen Permeabilität μ von $\mathfrak{H}$ nicht abhängt und dessen Magnetisierung ein konstanter Vektor ist, berechnet sich die magnetische Energiedichte w_m in Analogie zu Gl. (10) nach der Formel

$$w_m = \int_0^{\mathfrak{H}} \mathfrak{H}\, d\mathfrak{B} = \int_0^{\mathfrak{H}} \mathfrak{H}\, d(\mathfrak{M} + \mu\,\mathfrak{H}) = \mu \int_0^{\mathfrak{H}} \mathfrak{H}\, d\mathfrak{H} = \mu\,\mathfrak{H}^2/2, \tag{26}$$

und hierin kann $\mathfrak{H} = \mathfrak{H}'$ oder $\mathfrak{H} = \mathfrak{H}''$ oder $\mathfrak{H} = \mathfrak{H}' + \mathfrak{H}''$ sein. Die gesamte magnetische Energie des Feldes setzt sich dann additiv aus der magnetischen Energie der Felder $\mathfrak{H}'$ und $\mathfrak{H}''$ einzeln zusammen, denn in W_m verschwindet das über die gesamte Ausdehnung des Feldes genommene Integral über $\mu\,\mathfrak{H}'\,\mathfrak{H}''$, weil in $\mathfrak{H}'$ nach Gl. (18α_1) ein wirbelfreies, in $\mathfrak{H}''$ nach Gl. (18β_2) ein quellenfreies Feld vorliegt.

Die Berechnung der gesamten magnetischen Energie aus der Energiedichte durch Integration über den ganzen vom Feld erfüllten Raum ist in der Regel sehr mühsam. Handelt es sich um das von Strömen erzeugte Feld $\mathfrak{H}''$, so nimmt man besser eine Formel zu Hilfe, die sich auf dem folgenden Wege beweisen läßt. Auf Grund der aus der Vektoranalysis bekannten Formel

$$\mathrm{div}\,(\mathfrak{A} \times \mathfrak{H}) = \mathfrak{H}\,\mathrm{rot}\,\mathfrak{A} - \mathfrak{A}\,\mathrm{rot}\,\mathfrak{H} \tag{27}$$

ist nach Gl. (21a) und (18α)

$$W_m = \frac{1}{2}\int_V \mathfrak{H}''\,\mu\,\mathfrak{H}''\,dV = \frac{1}{2}\int_V \mathfrak{H}''\,\mathrm{rot}\,\mathfrak{A}\,dV = \frac{1}{2}\int_V \mathrm{i}\,\mathfrak{A}\,dV + \frac{1}{2}\int_V \mathrm{div}\,(\mathfrak{A}\times\mathfrak{H}'')\,dV.$$

Die Gl. (3b) ergibt dann die Formel:

$$W_m = \frac{1}{2}\int_V (\mathrm{i}\,\mathfrak{A})\,dV + \frac{1}{2}\oint (\mathfrak{A}\times\mathfrak{H})\,d\mathfrak{F}_a. \tag{28}$$

Da späterhin diese Beziehung auch auf ganz im Endlichen gelegene Felder angewendet werden wird, so ist in Gl. (28) absichtlich das Hüllenintegral stehengelassen worden. In unbegrenzten Feldern verschwindet es wegen $|\mathfrak{A}|\cdot|\mathfrak{H}| = O(r^{-3})$ für $r \to \infty$. Das Volumenintegral in Gl. (28) braucht wegen des Auftretens von i unter dem Integralzeichen stets nur über die durchströmten Bereiche erstreckt zu werden.

Ist der magnetische Fluß durch eine von der geschlossenen Wegschleife R berandete offene Fläche F zu berechnen, so geschieht dies mit Hilfe der einfachen Beziehung

$$\int_F \mathfrak{B}''\, d\mathfrak{F} = \int_F \operatorname{rot}\mathfrak{A}\, d\mathfrak{F} = \oint_R \mathfrak{A}\, d\mathfrak{s}. \tag{29}$$

Sie führt die Berechnung des Flusses auf die Auswertung eines Kurvenintegrals zurück, und, wie wir noch sehen werden, ist in den meisten praktischen Fällen diese Aufgabe sehr leicht zu bewältigen.

An Flächen, an denen sich die Permeabilität μ sprunghaft ändert, muß das Vektorpotential gewissen Forderungen genügen, die sich am bequemsten den Gl. ($24a_1$) und (29) entnehmen lassen. Wir setzen hier die späteren Ausführungen des Abschn. 2.11 ausnahmsweise als schon bekannt voraus, um gleich die allgemein gültigste Formulierung dieser Bedingungen angeben zu können. Es mag danach die Grenzfläche, an der sich μ sprunghaft ändert, die Fläche $u_3 = C$ in ihrer ganzen Ausdehnung sein, und A_1, A_2, A_3 mögen die drei Komponenten des Vektorpotentials in Richtung zunehmender Werte von u_1, u_2, u_3 bedeuten. Lassen wir dann die Wegschleife R in Gl. (29) einmal parallel zur Richtung u_1 und das andere Mal parallel zur Richtung u_2 verlaufen, und zwar so, daß die eine Weghälfte in dem Medium μ mit $u_3 > C$ und die andere Weghälfte in dem Medium μ' mit $u_3 < C$ zu liegen kommt, während die Querverbindungen dieser beiden Wege als unendlich klein höherer Ordnung angesehen werden, so folgt aus Gl. (29) sofort, daß jedenfalls

$$A_1 = A_1', \quad (29a) \qquad\qquad A_2 = A_2' \quad (u_3 = C) \quad (29b)$$

für beliebige Werte von u_1 und u_2 sein muß. Nach Gl. ($24a_1$) müssen aber auch die Tangentialkomponenten von $\mathfrak{H} = \operatorname{rot}\mathfrak{A}/\mu$ stetig durch die Fläche $u_3 = C$ gehen. Das führt im Hinblick auf die Gl. 2.1(11) auf die folgenden beiden Forderungen:

$$\frac{1}{\mu'}\left[\frac{\partial}{\partial u_2}\left(\frac{A_3'}{h_3}\right) - \frac{\partial}{\partial u_3}\left(\frac{A_2'}{h_2}\right)\right]_{u_3=C_-} = \frac{1}{\mu}\left[\frac{\partial}{\partial u_2}\left(\frac{A_3}{h_3}\right) - \frac{\partial}{\partial u_3}\left(\frac{A_2}{h_2}\right)\right]_{u_3=C_+} \tag{29α}$$

$(u_{1;2}$ bel.)

$$\frac{1}{\mu'}\left[\frac{\partial}{\partial u_1}\left(\frac{A_3'}{h_3}\right) - \frac{\partial}{\partial u_3}\left(\frac{A_1'}{h_1}\right)\right]_{u_3=C_-} = \frac{1}{\mu}\left[\frac{\partial}{\partial u_1}\left(\frac{A_3}{h_3}\right) - \frac{\partial}{\partial u_3}\left(\frac{A_1}{h_1}\right)\right]_{u_3=C_+}. \tag{29β}$$

Die beiden Gleichungszeilen stellen die Komponenten von $\operatorname{rot}\mathfrak{A}$ nach den Richtungen zunehmender Werte von u_1 und u_2 dar. Bei der Anwendung auf konkrete Fälle muß vor allem im Hinblick auf die Gl. (29α, β) strikte darauf geachtet werden, daß bei der Zuordnung einander entsprechender Koordinaten die Reihenfolge der $u_{1,2,3}$ die Eigenschaft der Rechtshändigkeit zeigen muß.

Die Anwendung des Vektorpotentials als eine für die Berechnung magnetischer Felder stationärer Ströme geeignete Hilfsfunktion scheint zunächst dadurch stark beeinträchtigt zu sein, daß das Vektorpotential wie die zu berechnenden Feldvektoren $\mathfrak{H}$ und $\mathfrak{B}$ selbst eine vektorielle Größe und nicht wie die Hilfsfunktion φ des elektrostatischen Feldes ein Skalar ist. In den beiden technisch wichtigen Fällen der sehr langen parallelen Doppelleitung und des Kreisstroms entfällt dieser Nachteil, weil in beiden Fällen von den drei Komponenten des Vektors zwei verschwinden. Für die sehr lange Doppelleitung, die sich in Richtung der z-Achse eines räumlich rechtwinkligen Koordinatensystems erstreckt, ist dies leicht einzusehen, denn es ist offenbar in diesem Fall der Verlauf der Feldlinien in allen Querschnittsebenen der gleiche, und es wird also die Induktion nur die Komponenten B_x und B_y haben, die obendrein nur Funktionen von x und y sind. Soll aber B_z identisch verschwinden, so kann dies nach Gl. (4a) im allgemeinen nur erreicht werden, wenn A_x und A_y überall Null sind. Im Falle der Doppelleitung hat also das Vektorpotential die einzige nicht verschwindende Komponente A_z, und es ist dann

$$B_x = \frac{\partial A_z}{\partial y}, \quad (30\text{a}) \qquad B_y = -\frac{\partial A_z}{\partial x}. \quad (30\text{b})$$

Späterhin werden wir noch eine andere, mehr geometrische Begründung für diese Tatsache angeben.

1.14 Das elektromagnetische Hochfrequenzfeld einer langgestreckten Doppelleitung als Potentialfeld. Die Fortpflanzung elektromagnetischer Wellen an langgestreckten metallischen Leitern von sehr großer Länge, die in einem homogenen Dielektrikum mit den Materialkonstanten ε_0 und μ_0 eingebettet liegen, erfolgt bekanntlich für die Hauptwelle mit einer Geschwindigkeit, die der des Lichtes in der Größe $c_0 = (\mu_0 \varepsilon_0)^{-\frac{1}{2}}$ um so näher liegt, je größer die Leitfähigkeit des verwendeten Leitermaterials ist. Für den exakt nicht erreichbaren Grenzfall vollkommener Leiter stimmte sie mit c_0 überein. Wir untersuchen [*1, 9, 14*] wie sich diese idealisierende Annahme über die Leitfähigkeit auf die Beziehung des Feldes zwischen den Leitern auswirkt. Dabei beschränken wir uns auf die Ausbreitung einer einfarbigen Welle im eingeschwungenen Zustand längs der beiden als Führung dienenden Leitern der Doppelleitung. Wie üblich werde dabei die zeitliche Abhängigkeit der elektrischen und magnetischen Feldstärken durch die Multiplikation der beiden nur von den Raumkoordinaten (x, y, z) abhängenden Feldgrößen $\mathfrak{E}^*$ und $\mathfrak{H}^*$ mit dem Zeitfaktor $e^{-i\omega t}$ beschrieben. Die vier Feldgleichungen, die hier nur für den Raum zwischen den Leitern benötigt werden, da im Innern der vollkommenen Leiter beide Feldstärken verschwinden, haben dann die folgende Form:

$$\operatorname{rot}\mathfrak{E}^* = +i\,\omega\,\mu_0\,\mathfrak{H}^*, \quad (31\text{a}) \qquad \operatorname{rot}\mathfrak{H}^* = -i\,\omega\,\varepsilon_0\,\mathfrak{E}^*, \quad (31\text{b})$$

$$\operatorname{div}\mathfrak{D}^* = \operatorname{div}(\varepsilon_0\,\mathfrak{E}^*) = 0, \quad (31\alpha) \qquad \operatorname{div}\mathfrak{B}^* = \operatorname{div}(\mu_0\,\mathfrak{H}^*) = 0. \quad (31\beta)$$

$\mathfrak{E}^*$, $\mathfrak{H}^*$ usw. mögen hierin der Kürze halber für $\mathfrak{E}(x, y, z)$, $\mathfrak{H}(x, y, z)$ stehen und stets die Amplituden dieser Feldgrößen bedeuten.

Um das Gleichungssystem (31) auf geeignete Hilfsfunktionen zurückzuführen, machen wir gemäß der früheren Gl. (21a) den Ansatz:

$$\mu_0\,\mathfrak{H}^* = \operatorname{rot}\mathfrak{A}^*. \quad (32\text{a})$$

Dann ist damit jedenfalls der Gl. (31β) Genüge getan. Aus Gl. (31a) aber folgt nach dem Einsetzen von Gl. (32a), daß sich schreiben lassen muß

$$\mathfrak{E}^* = i\,\omega\,\mathfrak{A}^* - \operatorname{grad}\phi^*, \quad (32\text{b})$$

worin ϕ^* neben dem Vektorpotential $\mathfrak{A}^*$ eine weitere noch unbekannte skalare Hilfsfunktion bedeutet. Es sind jetzt nur noch die Gl. (31b, α) bei der Auflösung zu berücksichtigen. Aus Gl. (31b) folgt nach Multiplikation mit μ_0 im Hinblick auf Gl. (22b) die Darstellung:

$$\triangle\,\mathfrak{A}^* + k^2\,\mathfrak{A}^* = \operatorname{grad}\left(\operatorname{div}\mathfrak{A}^* - \frac{i\,k^2}{\omega}\,\phi^*\right),$$

und nach (31α) ist

$$\triangle\,\phi^* + k^2\,\phi^* = k^2\,\phi^* + i\,\omega\operatorname{div}\mathfrak{A}^* = i\,\omega\left(\operatorname{div}\mathfrak{A}^* - \frac{i\,k^2}{\omega}\,\phi^*\right)$$

mit der Abkürzung

$$k = \omega\sqrt{\varepsilon_0\,\mu_0} = \omega/c_0 = 2\pi\cdot f/c_0 = 2\pi/\lambda_0. \quad (33)$$

Wird jedoch über die Quellen des Hilfsvektor $\mathfrak{A}^*$ im Gegensatz zu der Gl. (21b) jetzt in der Weise verfügt, daß

$$\operatorname{div}\mathfrak{A}^* - \frac{i\,k^2}{\omega}\,\phi^* = 0 \tag{34}$$

gesetzt wird, so sind die gemäß Gl. (32a, b) aus den Hilfsgrößen $\mathfrak{A}^*$ und ϕ^* berechenbaren Feldstärken $\mathfrak{E}$ und $\mathfrak{H}$ tatsächlich Lösungen der Feldgleichungen (31), wenn $\mathfrak{A}^*$ und ϕ^* der Wellengleichung

$$\frac{\partial^2 P}{\partial x^2} + \frac{\partial^2 P}{\partial y^2} + \frac{\partial^2 P}{\partial z^2} + k^2 P \equiv \triangle P + k^2 P = 0 \qquad (P \equiv \mathfrak{A}^* \text{ oder } \phi^*) \tag{35}$$

genügen.

Bei den bisherigen Ergebnissen ist nur die Voraussetzung verarbeitet worden, daß die zeitliche Änderung gemäß einer reinen Sinusfunktion verläuft. Wir berücksichtigen nun die anderen beiden grundlegenden Annahmen, nämlich daß sich das elektromagnetische Feld, wie in Abb. 5 angedeutet ist, längs einer Doppelleitung als führendem System ausbreitet und die Art der Ausbreitung im eingeschwungenen Zustand wellenförmig vor sich gehen soll. Da der Strom nur in Richtung der z-Achse fließt, so hat nach dem am Schluß des vorigen Abschnitts Gesagten das Vektorpotential [des Magnetfeldes der Doppelleitung] nur eine z-Komponente. Die Beziehung (34) nimmt auf Grund dessen die Form an

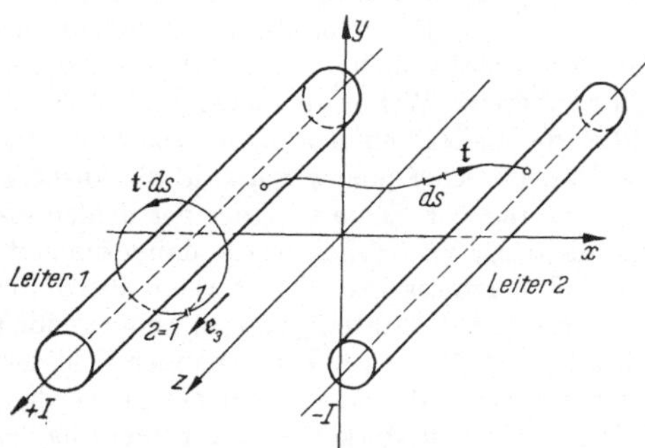

Abb. 5 stellt die Wegdifferentiale $\mathfrak{t}\cdot ds$ in den Gl. (43b, c) längs der Wege zwischen verschiedenen Punktepaaren 1 und 2 dar

$$\frac{\partial A_z^*}{\partial z} - \frac{i\,k^2}{\omega}\,\phi^* = 0.$$

Soll aber überdies die Ausbreitung in Gestalt einer in Richtung der positiven oder negativen z-Achse sich ausbreitenden Welle vor sich gehen, die wegen der vollkommenen Leitfähigkeit ohne Dämpfung der Wellenamplituden erfolgt, so muß die Abhängigkeit von z bei allen Feldkomponenten und auch bei den Funktionen A_z^* und ϕ^* von der Form sein:

$$\{A_z^*(x, y, z),\ \phi^*(x, y, z)\} = \{A_z(x, y),\ \phi(x, y)\}\, e^{\pm i\alpha z} \qquad (\Im\mathfrak{m}(\alpha) = 0). \tag{35'}$$

Nach Hinzunahme des Zeitfaktors $e^{-i\omega t}$ tritt dann insgesamt in allen Feldgrößen der Exponentialfaktor $\exp(i(-\omega t \pm \alpha z))$ auf. Er beschreibt eine Welle mit der Ausbreitungsgeschwindigkeit $c = \omega/\alpha$. Da nun bei der Ausbreitung längs vollkommener Leiter diese Geschwindigkeit gleich der Lichtgeschwindigkeit c_0 ist, so wird in diesem Fall $\alpha = k$, und der Zusammenhang zwischen A_z und ϕ wird durch die einfache Gleichung

$$A_z(x, y) = \pm\sqrt{\mu_0\,\varepsilon_0}\,\phi(x, y) \tag{36}$$

beschrieben, worin das obere Zeichen für die in Richtung der positiven z-Achse wandernde Welle und das untere im entgegengesetzten Fall zu nehmen ist. Das elektromagnetische Feld der Doppelleitung läßt sich also durch die einzige Hilfsfunktion A_z oder ϕ in allen Einzelheiten beschreiben.

Berücksichtigt man die besondere Form der z-Abhängigkeit von A_z und ϕ in Gestalt des Faktor $e^{\pm ikz}$ in Gl. (35), so ergibt sich, daß unter den eingangs gemachten Voraussetzungen die Hilfsfunktionen $A_z(x, y)$ oder $\phi(x, y)$, trotzdem sie hier zur Beschreibung eines hochfrequenten Feldes dienen, lediglich der Potentialgleichung

$$\frac{\partial^2 P}{\partial x^2} + \frac{\partial^2 P}{\partial y^2} = 0 \qquad (P \equiv A_z, \phi) \tag{37}$$

zu genügen brauchen, so daß also auch dieser Fall zum Anwendungsbereich der Potentialtheorie gehört.

Für die Feldgrößen selbst ergeben sich aus den letzten Gleichungen ebenfalls sehr einfache und durchsichtige Beziehungen. Im Hinblick auf die Abhängigkeit dieser Größen von z gilt natürlich auch hier die Darstellung

$$\{\mathfrak{E}^*(x, y, z), \mathfrak{H}^*(x, y, z)\} = \{\mathfrak{E}(x, y), \mathfrak{H}(x, y)\}\, e^{\pm ikz}. \tag{38}$$

Dann ist wegen $A_x = A_y = 0$ nach Gl. (21a)

$$\mu_0 H_x(x, y) = \frac{\partial A_z}{\partial y}, \ (39\text{a}) \quad \mu_0 H_y(x, y) = -\frac{\partial A_z}{\partial x}, \ (39\text{b}) \quad H_z(x, y) = 0, \ (39\text{c})$$

und nach Gl. (32b)

$$E_x(x, y) = -\frac{\partial \phi}{\partial x}, \ (40\text{a}) \quad E_y(x, y) = -\frac{\partial \phi}{\partial y}, \ (40\text{b}) \quad E_z(x, y) = 0, \ (40\text{c})$$

Mithin hat man wegen Gl. (36)

$$E_x : E_y = -H_y : H_x. \tag{41a}$$

Die elektrischen und magnetischen Kraftlinien verlaufen mithin im Außenraum der Doppelleitung ganz innerhalb der einzelnen Querschnittsebenen. Sie stehen senkrecht aufeinander und bilden eine TEM-Welle. Die aus der Elektrostatik bekannten Niveaulinien des elektrischen Feldes, das sind die Linien konstanten Betrags von A_z oder ϕ, sind also im vorliegenden Fall mit den magnetischen Feldlinien identisch. Zwischen den absoluten Beträgen von $\mathfrak{E}$ und $\mathfrak{H}$ besteht der einfache Zusammenhang:

$$E = \sqrt{E_x^2 + E_y^2} = \sqrt{\frac{\mu_0}{\varepsilon_0}}\, H = \sqrt{\frac{\mu_0}{\varepsilon_0}}\, \sqrt{H_x^2 + H_y^2}. \tag{42}$$

Die Aussagen der Gl. (41a) und (42) lassen sich noch verschärfen, denn wegen $\text{rot}(A_z \mathfrak{e}_3) = -\mathfrak{e}_3 \times \text{grad} A_z$ ergibt sich mit Hilfe von Gl. (36) zwischen $\mathfrak{H}$ und $\mathfrak{E}$ sofort der Zusammenhang:

$$\sqrt{\frac{\mu_0}{\varepsilon_0}}\, \mathfrak{H} \equiv Z_0 \mathfrak{H} = \pm(\mathfrak{e}_3 \times \mathfrak{E}), \quad (41\text{b}_1) \qquad \mathfrak{E} = \pm Z_0 (\mathfrak{H} \times \mathfrak{e}_3), \quad (41\text{b}_2)$$

worin Z_0 den auch später in Gl. (48b) auftretenden Wellenwiderstand der Leitung bedeutet.

Für das Linienintegral der *elektrischen* Feldstärke zwischen den vorläufig beliebig gelegenen Punkten (x_1, y_1, z) und (x_2, y_2, z), d. h. für die Spannung $U_{12}(z)$ zwischen diesen Punkten, ergibt sich etwa aus Gl. (40a, b) die einfache Beziehung:

$$U_{12}^{(e)}(z) \equiv \int_1^2 \mathfrak{E}^* \, d\mathfrak{s} = [\phi(x_1, y_1) - \phi(x_2, y_2)]\, e^{\pm ikz}. \tag{43a}$$

Die Unabhängigkeit der linken Gleichungsseite vom Wege folgt physikalisch aus dem Verschwinden der z-Komponente von $\mathfrak{H}$. Die Berechnung des Linienintegrals der *magnetischen* Feldstärke ergibt zunächst, wenn $\mathfrak{e}_3$ der Einheitsvektor in der Richtung zunehmender Werte von z bedeutet und $d\mathfrak{s} = \mathfrak{t}\, ds$ gesetzt wird:

$$\int_1^2 \mathfrak{H}^* d\mathfrak{s} = \frac{1}{\mu_0}\int_1^2 \operatorname{rot}(\mathfrak{e}_3 A_z^*)\, d\mathfrak{s} = -\frac{1}{\mu_0}\int_1^2 (\mathfrak{e}_3 \times \operatorname{grad} A_z^*)\, \mathfrak{t}\, ds \qquad (|\mathfrak{t}| = 1).$$

Man kann also endgültig schreiben:

$$U_{12}^{(m)}(z) \equiv \int_1^2 \mathfrak{H}^* d\mathfrak{s} = \frac{1}{\mu_0} e^{\pm ikz}\int_1^2 (\mathfrak{n} \operatorname{grad} A_z)\, ds \quad (\mathfrak{n} = \mathfrak{e}_3 \times \mathfrak{t}). \tag{43b}$$

Andererseits berechnet sich der *elektrische* Kraftlinienfluß, der einen zwischen den Punkten (x_1, y_1, z) und (x_2, y_2, z) verlaufenden Streifen von der Länge 1 parallel zur z-Achse in der Richtung $\mathfrak{n} = \mathfrak{e}_3 \times \mathfrak{t}$ durchsetzt, nach der Formel:

$$\Psi_{12}^{(e)}(z) = \int_1^2 \varepsilon_0 \mathfrak{E}^* (\mathfrak{e}_3 \times \mathfrak{t})\, ds = -\varepsilon_0 e^{\pm ikz}\int_1^2 (\mathfrak{n} \operatorname{grad} \phi) ds = \mp \sqrt{\varepsilon_2 \mu_2}\, U_{12}^{(m)}(z). \tag{43c}$$

Schließlich erhält man für den *magnetischen* Kraftlinienfluß zwischen den genannten Punkten und durch den nämlichen Streifen hindurch:

$$\Psi_{12}^{(m)}(z) = \int_1^2 \mathfrak{B}^* (\mathfrak{e}_3 \times \mathfrak{t})\, ds = \int_1^2 (\operatorname{grad} A_z^* \times \mathfrak{e}_3)(\mathfrak{e}_3 \times \mathfrak{t})\, ds$$

$$= \int_1^2 \operatorname{grad} A_z^* (\mathfrak{e}_3 \times (\mathfrak{e}_3 \times \mathfrak{t}))\, ds = -\int_1^2 (\operatorname{grad} A_z^*\, d\mathfrak{s}),$$

d. h. es ist

$$\Psi_{12}^{(m)}(z) = [A_z(x_1, y_1) - A_z(x_2, y_2)]\, e^{\pm ikz} = \pm\sqrt{\mu_0 \varepsilon_0}\, U_{12}^{(e)}(z). \tag{43d}$$

Wir ziehen aus den letzten Gleichungen im Hinblick auf die späteren Rechnungen einige wichtige Schlußfolgerungen. Es möge der Weg 12 mit $z = \text{const}$ in seiner ganzen Länge in der Oberfläche eines einzigen Leiters liegen. Da wegen der vollkommenen Leitfähigkeit die magnetischen Kraftlinien nicht in das Innere des Leiters eindringen, sondern ihn nur umschlingen, so muß längs 12 $\Psi_{12}^{(m)} = 0$ sein. Nach Gl. (36) und (43d) haben daher auf dem Rande eines jeden Leiters $A_z(x, y)$ und $\phi(x, y)$ konstante Werte.

Liegen die Punkte 1 und 2 mit $z = \text{const}$ in den Oberflächen verschiedener Leiter, dann ist es nach der eben gemachten Feststellung gleichgültig, wo sie dort liegen, es kann daher kürzer $\phi(x_1, y_1) = \phi_1$ und $\phi(x_2, y_2) = \phi_2$ gesetzt werden. Die Größe $U_{12}^{(e)}(z)$ von Gl. (43a) bezeichnet dann die Spannung zwischen den beiden Leitern 1 und 2 im Querschnitt z. Mit der Bedeutung von q_L als dem Amplitudenwert der auf der Längeneinheit liegenden Ladung der Leiter ist dann gemäß der üblichen Definition der Kapazität C

$$\frac{q_L}{C_L} = \phi_1 - \phi_2. \tag{44}$$

Dieser Beziehung steht als Definitionsgleichung für die äußere Induktivität je Längeneinheit die Gleichung

$$J\, \mathfrak{L}_L^{(a)} = A_z^{(1)} - A_z^{(2)} = \pm\sqrt{\mu_0 \varepsilon_0}\, (\phi_1 - \phi_2) \tag{45}$$

gegenüber mit J als Amplitudenwert des Leiterstroms. Die Elimination von $\mathfrak{P}_1 - \mathfrak{P}_2$ aus Gl. (44) und (45) ergibt die Formel:

$$\pm q_L = \frac{J}{\sqrt{\mu_0 \varepsilon_0}} C_L \mathfrak{L}_L^{(a)} = c_0 J C_L \mathfrak{L}_L^{(a)}. \tag{46}$$

Wird nun das Linienintegral der magnetischen Feldstärke längs einer Kurve genommen, die etwa den Leiter 1 im mathematisch positiven Sinne umhüllt, so ist nach Gl. (18a) $U_{12}^{(m)}(z) = J\, e^{\pm ikz}$. Nach Gl. (43c) ist aber, da $\mathfrak{n}$ bei dem Umlauf um den Leiter 1 die innere Normale darstellt, wegen Gl. (2b) $\Psi_{12}^{(e)}(z) = +q_L\, e^{\pm ikz}$. Im Hinblick auf Gl. (36) folgt daraus:

$$\pm q_L = J\sqrt{\mu_0 \varepsilon_0} = \frac{J}{c_0}. \tag{47}$$

Die Vereinigung der Gl. (46) und (47) führt zu der wichtigen Beziehung

$$C_L \mathfrak{L}_L^{(a)} = \varepsilon_0 \mu_0 = \frac{1}{c_0^2}, \quad (48\text{a}) \qquad Z_0 = \left(\frac{\mathfrak{L}_L^{(a)}}{C_L}\right)^{\frac{1}{2}} = c_0 \mathfrak{L}_L^{(a)} = \frac{1}{c_0} C_L. \quad (48\text{b})$$

Hiernach sind also die beiden Fundamentalkonstanten C_L und $\mathfrak{L}_L^{(a)}$ bekannt, sobald es eine von ihnen ist. Für $\mathfrak{L}_L^{(a)}$ ist aber z. B. nach Gl. (45) und (43b), wenn der Punkt 2 nach einem vollen Umlauf um den Leiter mit dem Strom $+J$ wieder mit dem Punkt 1 zusammenfällt:

$$\mathfrak{L}_L^{(a)} = \frac{A_{z_1} - A_{z_2}}{J} = \frac{A_{z_1} - A_{z_2}}{\oint \mathfrak{H}\, d\mathfrak{s}} = \mu_0 \frac{A_{z_1} - A_{z_2}}{\oint (\mathfrak{n} \operatorname{grad} A_z)\, ds}.$$

Somit hat man endgültig für $\mathfrak{L}_L^{(a)}$ die folgende Berechnungsformel erhalten:

$$\mathfrak{L}_L^{(a)} = \mu_0 \frac{A_{z_1} - A_{z_2}}{\oint\limits_{\text{Ltr. 1}} (\mathfrak{e}_3 \times \mathfrak{t}) \operatorname{grad} A_z\, ds} = \mu_0 \frac{\mathfrak{P}_1 - \mathfrak{P}_2}{\oint\limits_{\text{Ltr. 1}} (\mathfrak{e}_3 \times \mathfrak{t}) \operatorname{grad} \mathfrak{P}\, ds}. \tag{49}$$

Das Integral in Gl. (49) ist über eine den Leiter 1 umschlingende geschlossene Kurve zu erstrecken. $\mathfrak{e}_3 \times \mathfrak{t}$ ist dann die nach innen gerichtete Normale in jedem Punkte dieser Kurve. Die Berechnung von $\mathfrak{L}_L^{(a)}$ nach Gl. (49) setzt die Kenntnis der Feldstärken im Felde der Doppelleitung voraus.

Der von den beiden Wellen in Richtung $\pm z$ mitgeführte Energiestrom ist erwartungsgemäß durch die Formel

$$\tilde{S}_z(z) = \frac{1}{2} J(\mathfrak{P}_1 - \mathfrak{P}_2) = \frac{1}{2} J^2 Z_0 = \frac{1}{2} \frac{U_{12}^2}{Z_0} \tag{50}$$

gegeben, worin der Faktor $\frac{1}{2}$ wegen der zeitlichen Mittelwertbildung auftritt.

Was die Berechnung der Verluste anbetrifft und damit der beiden noch fehlenden Fundamentalkonstanten R und A, so wird darauf erst an späterer Stelle eingegangen werden, wenn einige konkrete Fälle betrachtet werden.

1.141 Anwendung auf die unendlich ausgedehnte Plattenleitung. Wir machen von diesen allgemeinen Rechnungen eine Anwendung auf den einfachen Fall einer Leitung, bei der die beiden die Führung der Welle übernehmenden Leiter gemäß Abb. 6 aus zwei parallelen, vollkommen leitenden Platten bestehen, die nicht nur in Richtung der Ausbreitung der Welle, d. h. in Richtung der z-Achse, sondern auch noch in einer der beiden in der Querschnittsebene liegenden Richtungen, etwa in Richtung der v-Achse, unendlich ausgedehnt sind. Das zwischen den Platten liegende Dielektrikum sei verlustfrei und habe die Materialkonstante ε_0, μ_0. In der linken Platte fließe der hochfrequente und hinsichtlich v gleichmäßig über die Platte verteilte Strom in Richtung der positiven z-Achse. In der rechten Platte fließe er in entgegengesetzter Richtung. Die magnetischen Kraftlinien verlaufen dann parallel zur v-Achse von unten nach oben und die elektrischen Kraftlinien von links nach rechts. Wegen der vollkommenen Leitfähigkeit und der hohen Frequenz fließt der Strom in jeder der beiden Platten auf den einander zugewandten Seiten nur in einer äußerst dünnen Schicht.

Bedeutet dann I die Amplitude des Stroms, der in einem Stück Plattenleitung von der Höhe l_v fließt, dann ist nach Gl. 1.1 (18a) $H_v = I/l_v$, nach Gl. 1.1 (41b$_2$) $E_u = \sqrt{\mu_0/\varepsilon_0}\, H_v = \sqrt{\mu_0/\varepsilon_0}\, I/l_v$, nach Gl. 1.1 (39a, b) $A_z(x, y) \equiv A_z(u, v) = -u\, H_v$ und schließlich nach Gl. 1.1 (36) $\phi(u, v) = -\sqrt{\mu_0/\varepsilon_0}\, I/l_v \cdot u$. In der Tat ist

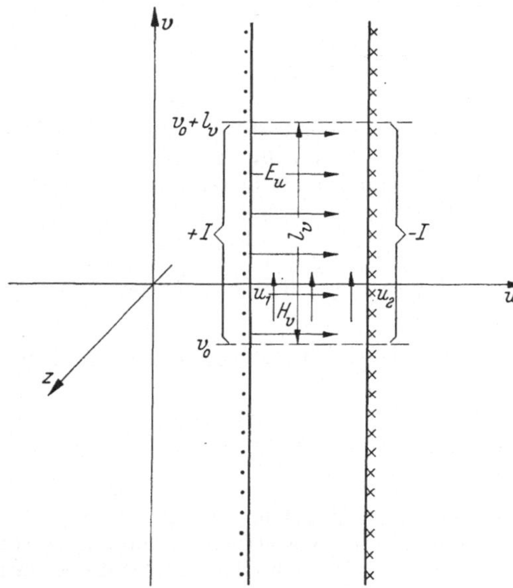

Abb. 6. Zwischen den beiden zur zv-Ebene parallelen ebenen Platten breitet sich in Richtung der z-Achse eine elektromagnetische Welle aus. Diese Plattenleitung wird hier als eine besonders einfache „Normal"-Leitung verwendet, auf die kompliziertere Zweileiter-Systeme bequem konform abgebildet werden können

z. B. $-\partial \phi/\partial u = E_u$. Für die Kapazität, die Induktivität und den Wellenwiderstand errechnen sich nach Gl. 1.1 (45) und (48a, b) auf Grund von Abb. 6 die einfachen Formeln

$$C_L = \varepsilon_0 \frac{l_v}{u_2 - u_1}, \qquad (51\,\mathrm{a}) \qquad \mathfrak{L}_L^{(a)} = \mu_0 \frac{l_v}{u_2 - u_1}, \qquad (51\,\mathrm{b})$$

$$Z_0 = \sqrt{\frac{\mu_0}{\varepsilon_0}}\, \frac{u_2 - u_1}{l_v} = \sqrt{\frac{\mathfrak{L}_L^{(a)}}{C_L}} = \sqrt{\frac{\mu_0}{\varepsilon_0}}\, \frac{\Re\mathrm{e}\,(w_2 - w_1)}{l_v}. \qquad (51\,\mathrm{c})$$

Die Fundamentalkonstanten $\mathfrak{L}_L^{(a)}$ und C_L können auch ohne Bezugnahme auf die früheren Angaben hier unmittelbar aus der elektrischen oder magnetischen Energie berechnet werden. So ist z. B. je Längeneinheit in Richtung der z-Achse im zeitlichen Mittel

$$\widetilde{W}_e = \frac{1}{4}\, \varepsilon_0\, E_u^2\, (u_2 - u_1)\, l_v = \frac{1}{4}\, C_L\, U_{12}^2 = \frac{1}{4}\, C_L\, E_u^2\, (u_2 - u_1)^2,$$

woraus sich sofort der Ausdruck (51a) berechnet. Die Kapazität C_L von Gl. (51a) bestimmt sich mithin im vorliegenden Fall auf die gleiche Weise wie die statische Kapazität eines Plattenkondensators mit dem Plattenabstand $u_2 - u_1$ und der Plattengröße $l_v \cdot 1$.

Zunächst scheint es so, als könnte für das Weitere mit diesen Angaben über die Plattenleitung nicht viel angefangen werden. Wir werden aber sehen, daß sie sich unter Zuhilfenahme der Methode der konformen Abbildung sehr gut dazu eignet, auch bei schwierigeren Leitergebilden schnell bis zur Berechnung von Kapazität und Induktivität vorzudringen. Im übrigen findet sich die Plattenleitung nahezu realisiert in einem konzentrischen Kabel. Hat nämlich dessen Innenleiter einen nicht zu kleinen Radius und ist der Außenleiter nur wenig größer, so spielt sich in dem Raum zwischen beiden Zylinderoberflächen gesetzmäßig fast alles genauso ab wie in dem Raum zwischen den Platten.

1.2 Beispiele einfachster Potentialfunktionen. Ihre Stellung zur Differentialgleichung. Unstetigkeiten der Potentialfunktion

Nach diesem Überblick über die allgemeinen physikalischen Grundlagen mögen zunächst für die einfachsten Ladungsanordnungen die zugehörigen Potentialfunktionen aufgestellt werden. Dabei werden gleichzeitig die mathematischen Eigenschaften der Potentialfunktionen genauer ins Auge gefaßt und ihr Verhalten beim Durchgang durch ausgezeichnete Flächen diskutiert. Da sich in einigen dieser Fragen räumliche und ebene Felder wesentlich unterscheiden, werden in diesem Teil beide Felder getrennt behandelt.

1.21 Räumliche Felder. 1.211 Die Potentialfunktionen von stetig verteilten und von punktförmigen Ladungen. Wir betrachten eine *einzelne Punktladung* Q in einem homogenen und nach allen Seiten unbegrenzten Raum. Die von ihr ausgehenden elektrischen Feldlinien verlaufen dann senkrecht zu jeder beliebigen Kugelfläche, deren Mittelpunkt mit der Punktladung zusammenfällt, und sie haben überall darauf die gleiche Dichte. Bezeichnet E_r die Komponente von $\mathfrak{E}$ in Richtung eines beliebigen, von Q ausgehenden Fahrstrahls, so ist $|\mathfrak{E}| = E_r$, und die Größe von E_r ist sicher nur von r abhängig. Dieselbe Richtung wie $\mathfrak{E}$ hat bei positiver Ladung in Gl. 1.1 (3b) die Flächennormale $d\mathfrak{F}_a$. Somit ist in dieser Gleichung die linke Seite identisch mit $4\pi r^2 E_r \varepsilon_0$, falls die Hülle H eine Kugel mit dem Radius r ist. Auf der rechten Seite steht aber im vorliegenden Falle allein die Größe Q. Da nun $E_r = -d\phi(r)/dr$ ist, so errechnet sich für die Potentialfunktion einer einzelnen Punktladung Q in einem homogenen, isotropen Medium der Ausdruck:

$$\phi(r) = \frac{Q}{4\pi\varepsilon_0}\frac{1}{r} = \frac{Q}{4\pi\varepsilon_0}\{(x-x')^2+(y-y')^2+(z-z')^2\}^{-\frac{1}{2}} = \phi(P, P'), \quad (1)$$

falls die Integrationskonstante so bestimmt wird, daß $\phi(r) \to 0$ strebt für $r \to \infty$. Die zweite Schreibweise der Gl. (1) erfordert die Bezugnahme auf ein rechtwinkliges, rechthändiges Koordinatensystem, und von der Punktladung ist dabei angenommen, daß sie an der Stelle (x', y', z') steht. Eine räumliche Potentialfunktion mit der Eigenschaft

$$\lim_{r=\infty} \{r\,\phi(r)\} = \text{const}$$

nennt man eine im Unendlichen reguläre harmonische Funktion.

Bei einem *elektrischen Dipol*, zu dessen Potentialfunktion wir nunmehr übergehen, handelt es sich um eine elektrische Doppelladung $\pm Q$ in einem sehr kleinen gegenseitigen Abstand h. Für $h \to 0$ ist eine Wirkung nach außen nur dadurch zu erreichen, daß gleichzeitig Q dabei gegen immer größere Werte strebt, und zwar so, daß

$$\lim_{h=0} (Q\,h) = p^{(e)} \qquad [p^{(e)}] = \text{Cb} \cdot \text{m} = \text{As m} \tag{2}$$

wird mit $p^{(e)}$ als dem Moment des elektrischen Dipols. Nach dieser Definition ist unter Bezugnahme auf Abb. 7 bei noch beliebigem Wert von h

$$\varphi(x, y, z) = \frac{Q}{4\pi\,\varepsilon_0}\left\{\frac{1}{\sqrt{\varrho^2 + z^2}} - \frac{1}{\sqrt{\varrho^2 + (z+h)^2}}\right\} \qquad (\varrho^2 = x^2 + y^2).$$

Läßt man hierin $h \to 0$ streben, so wird die geschweifte Klammer gleich $h\,z/(\varrho^2 + z^2)^{3/2} + O(h^2)$. Man erhält also als Potentialfunktion eines im Punkte (0, 0, 0) stehenden elektrischen Dipols im Punkte (x, y, z) den Ausdruck:

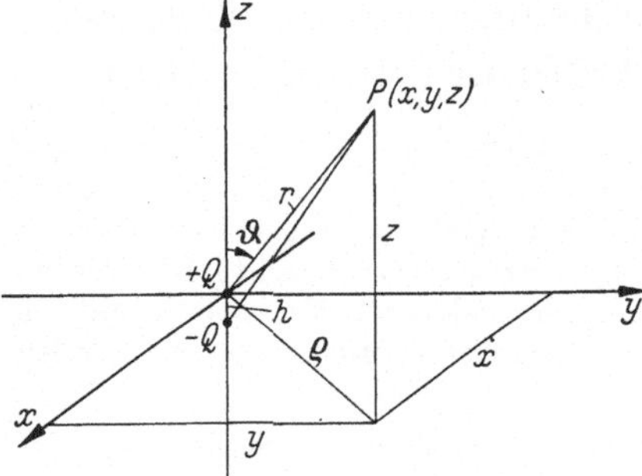

Abb. 7. Die Potentialfunktion des Dipols nach Gl. (2a) gilt nur für die in dem obigen Bild angenommene Lage des Dipols zum Kugelkoordinatensystem. Eine davon unabhängige Form für die Potentialfunktion gibt die Gl. (2b), wenn r allgemein der Abstand zwischen Dipol und Aufpunkt ist

$$\begin{aligned}\varphi(x, y, z) &= \frac{p^{(e)}}{4\pi\,\varepsilon_0}\,\frac{z}{r^3} \\ &= \frac{p^{(e)}}{4\pi\,\varepsilon_0}\,\frac{\cos\vartheta}{r^2} \\ &= \frac{p^{(e)}}{4\pi\,\varepsilon_0}\,\frac{P_1(\cos\vartheta)}{r^2}.\end{aligned} \tag{2a}$$

Bedeutet $\mathfrak{p}^{(e)}$ das als Vektor aufgefaßte elektrische Moment des Dipols, wobei dann die Richtung dieses Vektors von der negativen zur positiven Ladung weisen soll, und $\mathfrak{r}$ den Fahrstrahl vom Dipol zum Aufpunkt (x, y, z), so kann auch geschrieben werden:

$$\varphi(x, y, z) = +\frac{(\mathfrak{p}^{(e)}\,\mathfrak{r})}{4\pi\,\varepsilon_0\,r^3} = -\frac{\mathfrak{p}^{(e)}}{4\pi\,\varepsilon_0}\,\text{grad}\left(\frac{1}{r}\right). \tag{2b}$$

Dem elektrischen und ebenso dem magnetischen Dipol kommt weitgehend eine physikalische Realität zu. So ist dieser der Repräsentant eines der zahllosen Elementarmagnete, aus denen sich nach einer bekannten physikalischen Vorstellung die permanenten Magnete aufbauen. Wird analog zu Gl. (2) unter dem magnetischen Moment des Dipols der Grenzwert des Produktes

$$\lim_{h=0} (M\,h) = p^{(m)} \qquad [p^{(m)}] = \text{Wb} \cdot \text{m} = \text{Vs m} \tag{3}$$

verstanden, so lautet die Beziehung für die Potentialfunktion eines *magnetischen Dipols* in einem homogenen Medium:

$$\Phi(x, y, z) = +\frac{p^{(m)}}{4\pi\,\mu_0}\,\frac{z}{r^3} = \frac{(\mathfrak{p}^{(m)}\,\mathfrak{r})}{4\pi\,\mu_0\,r^3} = -\frac{\mathfrak{p}^{(m)}}{4\pi\,\mu_0}\,\text{grad}\left(\frac{1}{r}\right). \tag{3a}$$

Wir merken noch an, daß im Falle des Dipols

$$\lim_{r=\infty} \{r^2\,\varphi(r),\; r^2\,\Phi(r)\} = \text{const}$$

ist.

Neben den Dipolen betrachtet man mitunter auch noch elektrische und magnetische Ladungsanhäufungen, die durch das nach bestimmten Vorschriften erfolgende Zusammenrücken von mehr als zwei Punktladungen verschiedenen Vorzeichens zustande kommen. Bei 4 Ladungen spricht man von Quadrupolen, bei 8 von Oktopolen, usw. Sie sind zuerst von J. C. MAXWELL [*21*] eingehend untersucht worden. Auf die Potentialfunktionen solcher Ladungsaggregate höherer Ordnung wird in Abschn. 2.3b eingegangen.

Das Gegenstück zu dem Grenzübergang (2), der zu der Potentialfunktion eines Dipols führt, bildet der Grenzübergang $a \to \infty$, bei dem die beiden entgegengesetzten elektrischen Ladungen mit dem jeweiligen Abstand $2a$ etwa längs der x-Achse von Abb. 8 immer mehr auseinanderrücken. Man spricht dann auch von einem *unendlich fernen Dipol*. Anfänglich ist das elektrische Feld einer solchen Ladungsanordnung nur unmittelbar links und rechts von der Mittelebene nahezu homogen und parallel zur x-Achse gerichtet. Mit dem Auseinanderrücken der beiden Ladungen breitet sich auch der mittlere, fast homogene Teil des Feldes mehr und mehr nach beiden Seiten aus. Es wird aber zugleich immer schwächer, denn man erhält für große Werte von a in Aufpunkten $x < a$ für φ den Näherungsausdruck:

$$\varphi(x, y, z) = -\frac{Q}{2\pi\varepsilon_0}\frac{x}{a^2} + O\left(\frac{r^2}{a^2}\right). \tag{4}$$

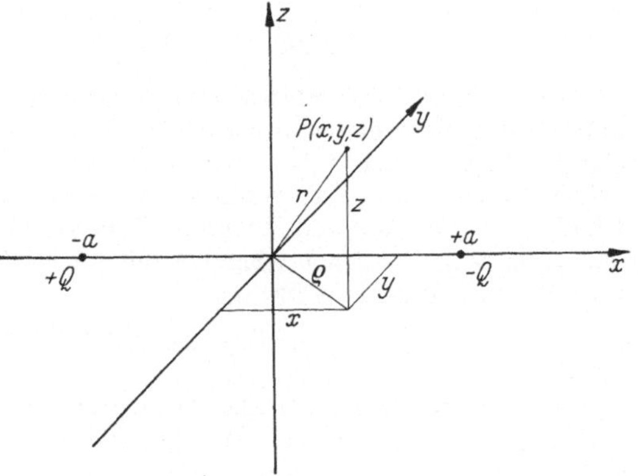

Abb. 8. Der unendlich ferne Dipol entsteht nach diesem Bild aus zwei entgegengesetzt gleichen Punktladungen $\pm Q$ in den Punkten $(\mp a, 0, 0)$, wenn für $a \to \infty$ sich Q gemäß Gl. (5) verhält

Will man also etwa erreichen, daß durch zwei derartige auseinanderrückende Punktladungen im Grenzfall $a \to \infty$ in jedem endlichen Bereich des Raumes ein homogenes Feld der gegebenen Größe E_x dargestellt wird, so hat man in dem Ausdruck für die Potentialfunktion

$$Q = 2\pi\varepsilon_0 a^2 E_x \qquad \text{für} \quad a \to \infty \tag{5}$$

zu setzen. Von diesem Verfahren kann man mit großem Vorteil Gebrauch machen, wenn z. B. das Feldbild einer Leiteranordnung in einem homogenen Feld bestimmt werden soll und durch vorausgegangene Rechnungen das Feld derselben Leiteranordnung unter der Einwirkung einer einzelnen, beliebig im Endlichen gelegenen Punktladung bereits bekannt ist.

Handelt es sich um die stationäre Strömung in einem unbegrenzt großen, räumlichen Leiter, dem an einer beliebigen Stelle im Innern des Leiters durch eine punktförmige Elektrode der Strom $2I$ zugeführt wird, so lautet die zugehörige Potentialfunktion in diesem Fall:

$$\varphi(x, y, z) = \frac{2I}{4\pi\varkappa}\{(x-x')^2 + (y-y')^2 + (z-z')^2\}^{-\frac{1}{2}}. \tag{6}$$

Zerlegt man durch eine durch die Elektrode gehende Schnittebene den ganzen Raum in zwei Halbräume, so wird die durch Gl. (6) beschriebene Strömung in keiner Weise geändert, und der Halbraum nimmt jetzt den Strom I auf. Jede der Potentialfunktionen der Gl. (1), (2a), (3a), (4) und (6) erfüllt, wie man sich leicht überzeugen kann, die LAPLACEsche Gl. 1.1 (7c) bis auf die Stellen $r = 0$ oder $x = x'$, $y = y'$, $z = z'$. Dasselbe gilt von der Potentialfunktion

$$\varPhi(x, y, z) = \frac{1}{4\pi\varepsilon_0} \sum_{i=1}^{n} \frac{Q_i}{r_i}, \qquad r_i^2 = (x - x_i)^2 + (y - y_i)^2 + (z - z_i)^2 \tag{7}$$

der n-Punktladungen in (x_i, y_i, z_i), $i = 1, \ldots, n$, in dem homogen erfüllten Raum, solange der Aufpunkt nicht mit einem der n Quellpunkte zusammenfällt.

Erfüllt die Ladung innerhalb eines endlichen Volumens V den Raum stetig bei im übrigen homogener Raumerfüllung durch die Materie, so besteht für die Potentialfunktion $\varPhi(x, y, z)$ die für $r \to \infty$ verschwindende Lösung

$$\varPhi(x, y, z) = \frac{1}{4\pi\varepsilon_0} \int_V \frac{q_V(x', y', z')}{r(x, y, z; x', y', z')} \, dV', \tag{8}$$

worin ist

$$r^2(x, y, z; x', y', z') = (x - x')^2 + (y - y')^2 + (z - z')^2.$$

Wie in der Potentialtheorie [*12*] nachgewiesen wird, konvergieren das Integral (8) und seine ersten Ableitungen nach x, y oder z bei einer stückweisen, stetigen Ladungsdichte q_V sowohl innerhalb als auch außerhalb V. Sie sind in beiden Raumteilen auch überall stetig. Außerhalb V erfüllt $\varPhi$ in der Tat die Gl. (7c) von LAPLACE und innerhalb V die Gl. (7b) von POISSON, vorausgesetzt, daß q_V in seiner örtlichen Abhängigkeit für zwei zusammenrückende Punkte P und P' die HÖLDERsche Bedingung

$$|q_V(P) - q_V(P')| \leqq \text{const}\, \overline{PP'}^{\alpha} \qquad (\alpha > 0, \quad P \to P')$$

erfüllt.

Bei einer stetigen flächenhaften Verteilung der Ladung auf einer offenen Fläche F in einem homogen erfüllten Raum besteht analog für die Potentialfunktion $\varPhi(x, y, z)$ die Beziehung:

$$\varPhi(x, y, z) = \frac{1}{4\pi\varepsilon_0} \int_F \frac{q_F(x', y', z')}{r(x, y, z; x', y', z')} \, dF'. \tag{10}$$

Das Potential $\varPhi$ dieser flächenhaften Ladungsverteilung existiert in jedem Punkt von F und ist im ganzen Raum stetig. In einem Stetigkeitspunkte A von q_F auf der Fläche F nähert sich die Normalableitung von $\varPhi$ längs der Normalen im Punkte A von beiden Seiten her einer festen Grenze. Ist $\mathfrak{n}$ die positiv gezählte Normalenrichtung im Punkt A und sind A_2, A_1 zwei Punkte, die gemäß Abb. 9 auf dieser Normalen dicht oberhalb oder unterhalb A liegen, so gelten für die Grenzwerte die folgenden beiden Beziehungen:

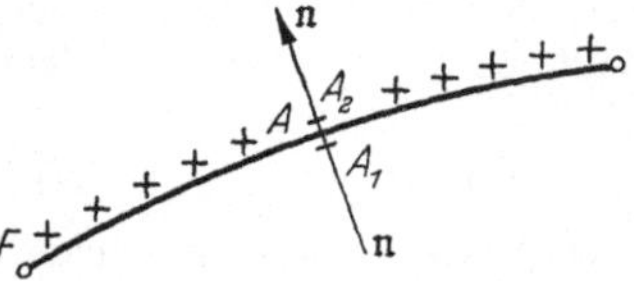

Abb. 9. Die Normalableitungen der Funktion $\varPhi$ von Gl. (10) unterscheiden sich in den beiden Punkten A_1 und A_2 einer einfachen Schicht positiver Ladungen, die auf der Fläche F ausgebreitet liegt, gemäß den Gl. (11a, b)

$$\varepsilon_0 \left(\frac{\partial \varPhi}{\partial \mathfrak{n}}\right)_{A_2} = -\frac{1}{2} q_F(A) + \frac{1}{4\pi} \int_F q_F(x', y', z') \frac{\partial}{\partial \mathfrak{n}} \left(\frac{1}{r}\right) dF', \tag{11a}$$

$$\varepsilon_0 \left(\frac{\partial \varPhi}{\partial \mathfrak{n}}\right)_{A_1} = +\frac{1}{2} q_F(A) + \frac{1}{4\pi} \int_F q_F(x', y', z') \frac{\partial}{\partial \mathfrak{n}} \left(\frac{1}{r}\right) dF'. \tag{11b}$$

Beim Durchgang durch die Fläche F erfährt also das Potential der einfachen Flächenbelegung q_F in seiner Ableitung nach der Normalenrichtung $\mathfrak{n}$ eine sprunghafte Änderung von der Größe

$$+\varepsilon_0\left(\frac{\partial \phi}{\partial n}\right)_{A_1} - \varepsilon_0\left(\frac{\partial \phi}{\partial n}\right)_{A_2} = +q_F(A), \tag{11}$$

während die tangentiellen Ableitungen und das Potential ϕ selbst beim Durchgang durch die Fläche stetig bleiben. Die Gl. (11) entspricht den Aussagen der Gl. 1.1 (8b).

Im magnetostatischen Feld tritt der andere interessante Fall auf, daß in der Fläche F eine Schicht magnetischer Dipole oder, anders ausgedrückt, eine Doppelschicht magnetischer Ladungen beiderlei Vorzeichens etwa in der Dichte $p_F^{(m)}$ Wb/m ausgebreitet liegt. Ist $p_F^{(m)}$ von der Lage des Flächenelementes abhängig, so ist nach Gl. (3a) die Potentialfunktion einer solchen Doppelschicht in einem sonst homogenen Medium durch die Beziehung

$$\begin{aligned}\Phi(x, y, z) &= \frac{1}{4\pi\mu_0}\int_F \frac{\mathfrak{p}_F^{(m)}\,\mathfrak{r}}{r^3}\,dF' = -\frac{1}{4\pi\mu_0}\int_F \frac{\mathfrak{p}_F^{(m)}\,\mathfrak{r}'}{r^3}\,dF' \\ &= \frac{1}{4\pi\mu_0}\int_F p_F^{(m)}\frac{\mathfrak{n}\,\mathfrak{r}'}{r^3}\,dF' = -\frac{1}{4\pi\mu_0}\int_F p_F^{(m)}(x', y', z')\,\frac{dF_r}{r^2} \\ &\qquad [p_F^{(m)}] = \mathrm{Wb/m}\end{aligned} \tag{12'}$$

gegeben. Das dF_r in der letzten Gleichungszeile ist, wie es die Abb. 10 erläutert, die Projektion des in der Fläche F gelegenen Flächenelementes dF auf die durch den Fußpunkt von $\mathfrak{n}$ auf dF gehende Kugelschale mit dem Mittelpunkt in (x, y, z). Dann ist aber dF_r/r^2 der körperliche Winkel $d\Omega$, unter dem das Flächenelement dF vom Punkte (x, y, z) aus erscheint, und zwar muß dieser Winkel offenbar negativ gezählt werden, wenn man vom Aufpunkt aus auf die positive Ladungsschicht sieht. Mit dieser Festsetzung über das Vorzeichen des körperlichen Winkels ist damit die Beziehung

$$\Phi(x, y, z) = -\frac{1}{4\pi\mu_0}\times \times\int_F p_F^{(m)}(x', y', z')\,d\Omega'(P', P) \tag{12}$$

für die Potentialfunktion einer magnetischen Doppelschicht in einem homogenen Medium entstanden.

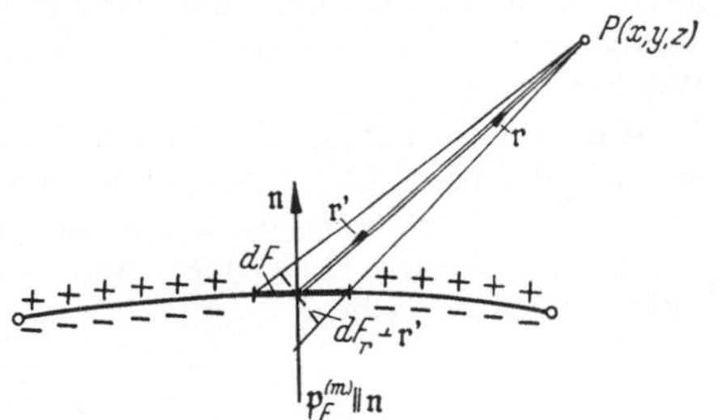

Abb. 10. Liegt auf der Fläche eine Doppelschicht magnetischer Ladungen mit der Dichte $p_F^{(m)}(P')$ ausgebreitet, so ist die Potentialfunktion durch Gl. (12) gegeben. $d\Omega'$ ist darin der räumliche Winkel, unter dem vom Aufpunkt aus das einzelne Flächenelement erscheint. Dieser Winkel zählt negativ, wenn man vom Aufpunkt aus auf die positive Ladungsschicht blickt.

Im Falle eines Blattmagneten, wie man eine solche Doppelschicht magnetischer Ladungen auch nennt, ist also wegen $\mathfrak{H} = -\operatorname{grad}\Phi$ im Hinblick auf Abb. 11 bei zunächst konstantem Wert von $p_F^{(m)}$

$$\int_A^E \mathfrak{H}\,d\mathfrak{s} = \Phi(A) - \Phi(E) = \frac{p_F^{(m)}(A, E)}{\mu_0} = \oint \mathfrak{H}\,d\mathfrak{s}, \tag{13a}$$

denn vom Punkte A aus, der unmittelbar vor der Seite der Fläche mit den positiven magnetischen Ladungen liegt, erscheint das dortige Flächenelement dF unter dem körperlichen Winkel -2π, vom Punkte E unter dem Winkel $+2\pi$.

Die Gl. (13a) bleibt unverändert bestehen, wenn $p_F^{(m)}$ mit dem Punkt (x', y', z') auf der Fläche F variiert. Man kann sich nämlich die Fläche F bestehen denken aus einer kleinen Scheibe dF, auf deren beiden Seiten die Punkte A und E liegen, und dem restlichen Teil der Fläche F. Der Beitrag dieser Fläche zur linken Seite der Gl. (13a) ist dann jedenfalls Null. Für das scheibenförmige Stück bleiben aber die obigen Überlegungen bestehen, nur ist jetzt offenbar für $p_F^{(m)}$ der Wert dieser Größe in A oder E selbst einzusetzen. Man pflegt das obige Ergebnis auch noch in der Form auszusprechen: Nähert sich der Aufpunkt der Fläche der Doppelschicht längs einer Normalen von A oder E, so ist

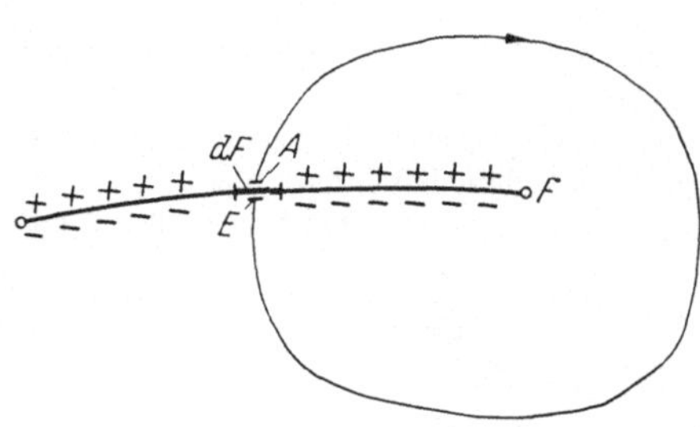

Abb. 11. Auf Grund von Gl. (12) und (13a) tritt bei einer Doppelschicht elektrischer Ladungen zwischen zwei gegenüberliegenden Punkten ein Potentialsprung auf. Er berechnet sich nach derselben Formel, gleichgültig ob $p_F^{(m)}$ konstant ist oder mit dem Orte variiert.

$$\left.\begin{array}{l}\Phi(A)\\ \Phi(E)\end{array}\right\} = \pm\frac{1}{2}\,\frac{p_F^{(m)}(A,E)}{\mu_0} + \Phi(A,E). \tag{13b}$$

Der Wert der Potentialfunktion in der Doppelschicht selbst ist hiernach definiert als der Mittelwert aus den beiden Grenzwerten $\Phi(A)$ und $\Phi(E)$.

Aus Gl. (13a) geht hervor, daß die Potentialfunktion einer magnetischen und damit auch einer elektrischen Doppelschicht eine unendlich vieldeutige Funktion ist, denn man kann ja zu dem gerade betrachteten Punkt P gelangt sein, nachdem man vorher beliebig oft den die Fläche F durchstoßenden Weg durchlaufen hat.

Während die Potentialfunktion (12) beim Durchgang durch die Fläche sich sprunghaft ändert, bleibt die erste Ableitung von Φ in Richtung der Flächennormalen stetig. Dahingegen sind die Tangentialableitungen von Φ in der Fläche F wiederum unstetige Funktionen, und zwar ist für $\mathfrak{H}$ selbst im Hinblick auf Abb. 11 in der Fläche F

$$\mathfrak{H}(A) - \mathfrak{H}(E) = -\frac{1}{\mu_0}\operatorname{grad} p_F^{(m)}(x, y, z). \tag{14}$$

Nach diesem Überblick über die Stetigkeitseigenschaften der durch Volumen- oder Flächenintegrale definierten Potentialfunktionen wenden wir uns noch kurz dem Vektorpotential $\mathfrak{A}(x, y, z)$ eines von Strömen in körperlichen oder in linearen Leitern erzeugten Magnetfeldes zu. Nach den Angaben im Abschn. 1.13 befriedigt jede der drei Komponenten A_x, A_y, A_z die Gleichung $\triangle A_p = -\mu_0\, \mathfrak{i}_p(x, y, z)$ mit $p = x$ oder y oder z. Zufolge der Gl. 1.1 (7b) und den daran angeschlossenen Bemerkungen ist aber eine im Unendlichen verschwindende, durchweg stetige und differenzierbare Lösung der Gleichung $\triangle \phi = -q_V/\varepsilon_0$ durch den Ausdruck (8) gegeben. Unter denselben Bedingungen ist demnach eine Lösung der Gl. 1.1 (23a) durch die Formel

$$A_p(x, y, z) = \frac{\mu_0}{4\pi}\int\limits_V \frac{\mathfrak{i}_p(x', y', z')}{r(x, y, z; x', y', z')}\, dV' \qquad (p = x, y, z) \tag{15a}$$

darstellbar. Über die Stetigkeitseigenschaften des Integrals (15a) gelten die früher im Anschluß an die Gl. (8) gemachten Bemerkungen.

Wird das Feld von einer linearen Stromschleife mit dem Strom I erzeugt, so ist nach (15a) vektoriell geschrieben:

$$\mathfrak{A}(p) = \frac{\mu_0 I}{4\pi} \oint \frac{d\mathfrak{s}'(p')}{r(p, p')}. \tag{15b}$$

Die Integration ist hierin über den geschlossenen Stromfaden zu erstrecken. Verlaufen alle Ströme parallel zur z-Achse, so ist auch nach (15b) $A_x = A_y \equiv 0$, Im übrigen ist in dem einen wie im anderen Falle die Gl. 1.1 (21b) erfüllt.

1.22 Ebene Felder. 1.221 Die Potentialfunktion einzelner und zusammengesetzter Linienladungen. Sollen durch eine Anordnung von Ladungen ebene Felder zustande kommen, so ist es notwendig, daß die Ladungen über eine oder mehrere etwa zur z-Achse parallele Geraden in gleichmäßiger Dichte verteilt sind. Bezeichnet q_L den konstanten Ladungsbelag einer einzigen) mit der z-Achse zusammenfallenden Geraden, so wählen wir, um wieder die Gl. 1.1 (3b) anwenden zu können, diesmals als Hüllfläche H die Oberfläche eines Kreiszylinders mit dem Radius ϱ. Die Grund- und Deckfläche, die auf der z-Achse senkrecht stehen, mögen den beliebigen Abstand L haben. Die nämlichen Überlegungen, wie sie der Gl. (1) vorangingen, führen dann jetzt zu der Beziehung $\varepsilon_0 E_\varrho \cdot 2\pi \varrho L = q_L L$. Wegen $E_\varrho = -\partial \phi/\partial \varrho$ lautet also die Potentialfunktion für eine einzelne Linienladung im homogenen Raum:

$$\phi(\varrho) = + \frac{q_L}{2\pi\varepsilon_0} \ln\left(\frac{\text{const}}{\varrho}\right). \tag{16a}$$

Für $\varrho \to \infty$ strebt das Potential einer Linienladung selbst $\to \infty$. Wir werden es aus diesem Grunde in der Regel vermeiden, mit einer einzigen Linienladung oder späterhin mit einem einzigen linearen Leiter zu arbeiten, sondern wir werden für gewöhnlich deren zwei betrachten und überdies voraussetzen, daß die Summe ihrer Ladungsbeläge verschwindet. Man spricht dann von einem ausgeglichenen System von Ladungen. Haben wir es etwa mit den beiden Linienladungen $\pm q_L$ von Abb. 12 zu tun, so lautet dann ihre Potentialfunktion:

$$\begin{aligned}\phi(x, y) &= \frac{q_L}{2\pi\varepsilon_0} \ln\frac{\varrho_-}{\varrho_+} = \frac{q_L}{2\pi\varepsilon_0} \ln\sqrt{\frac{(x-a)^2+y^2}{(x+a)^2+y^2}}\\ &= -\frac{q_L}{\pi\varepsilon_0}\int_0^\infty e^{-|y|v}\,\frac{\sin a v \sin x v}{v}\,dv.\end{aligned} \tag{16}$$

Die Potentialfunktion für einen Liniendipol in einem homogenen Raum ist bei der Anordnung nach Abb. 13 durch den Ausdruck

$$\begin{gathered}\phi(x, y) = \frac{p_L^{(e)}}{2\pi\varepsilon_0}\frac{x}{\varrho^2} = \frac{p_L^{(e)}}{2\pi\varepsilon_0}\frac{\cos\varphi}{\varrho} = \frac{\mathfrak{p}_L^{(e)}\mathfrak{s}}{2\pi\varepsilon_0\varrho_2} = -\frac{1}{2\pi\varepsilon_0}\left(\mathfrak{p}_L^{(e)}\operatorname{grad}\left(\frac{1}{\varrho}\right)\right)\\ \text{mit}\quad p_L^{(e)} = \lim_{h=0,\,q_L=\infty}(q_L h)\end{gathered} \tag{17}$$

gegeben. Gegenüber Gl. (16a) strebt in Gl. (16) und (17) $\phi(x, y)$ für $\varrho \to \infty$ wie $1/\varrho \to 0$. Ein solches Verhalten zeigen zwei oder mehrere Linienladungen für $\varrho \to \infty$ immer dann, wenn in jeder Querschnittsebene die Summe aller Ladungen oder auch, wenn es sich um lineare Stromfäden handelt, die Summe aller Ströme, die durch einen Querschnitt hindurchtreten, verschwindet. Liegen z. B. die drei Linienladungen q_1, q_2, q_3 As/m in den Ecken eines gleichseitigen Dreiecks und wird die Lage des Aufpunktes durch seine drei Abstände ϱ_1, ϱ_2 und ϱ_3 von den drei Ecken angegeben, so läßt sich der Potentialfunktion dieser Ladungsanordnung, falls $q_1 + q_2 + q_3 = 0$ ist, die Form geben:

$$\varphi(x, y) = \frac{q_1}{2\pi\varepsilon_0} \ln\frac{\varrho_3}{\varrho_1} + \frac{q_2}{2\pi\varepsilon_0} \ln\frac{\varrho_3}{\varrho_2}, \tag{18}$$

und $\varphi(x, y)$ strebt tatsächlich für $\varrho_{1,2,3} \to \infty$ selbst gegen Null.

Läßt man schließlich in Abb. 12 die beiden Linienladungen $\pm q_L$ längs der x-Achse nach rechts oder links ins Unendliche wandern, so erzeugt dieser Dipol an der Stelle ∞ im endlichen Bereich der x, y-Ebene ein zur x-Achse paralleles,

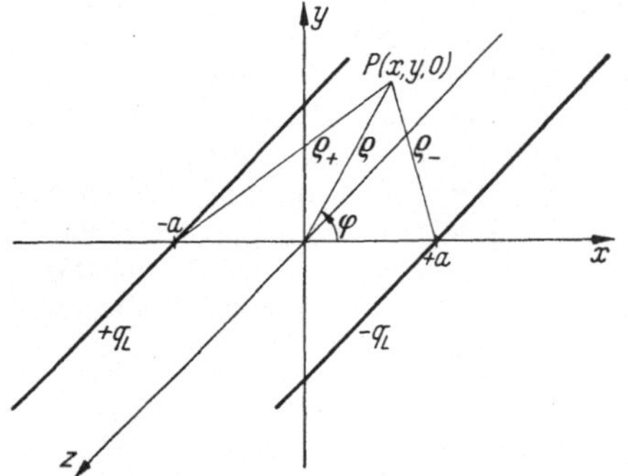

Abb. 12. Die Längen ϱ_i, die in Formel (16) auftreten, entsprechen den Abständen des Aufpunktes von den beiden Linienladungen $\pm q_L$. Diese Abstände sind in der Querschnittsebene zu messen

Abb. 13
Die Potentialfunktion (17) des Liniendipols berechnet sich mutatis mutandis auf die gleiche Weise wie die des räumlichen Dipols

homogenes elektrisches Feld von der Stärke E_x, wenn q_L gleichzeitig mit a gemäß der Formel

$$q_L = \pi\,\varepsilon_0\, a\, E_x \qquad \text{für} \quad a \to \infty \tag{19}$$

ins Unendliche wächst.

Selbstverständlich kann man auch bei ebenen Feldern an Stelle der bisherigen punktförmigen Ladungsverteilungen im Querschnitt stetige Verteilungen in Betracht ziehen. Es sind dann wieder drei Fälle zu unterscheiden:

a) Die Ladungen oder die Linienquellen sind in der Querschnittsebene über einen im Endlichen gelegenen Flächenbereich F verteilt. Dann lautet die hierfür zuständige Potentialfunktion:

$$\varphi(x, y) = \frac{1}{2\pi\varepsilon_0} \int_F q_{L,F}(x', y') \ln\frac{1}{\varrho(x, y; x', y')}\, dF' \qquad [q_{L,F}] = \mathrm{As/m^3}. \tag{20a}$$

b) Die Ladungen oder die Linienquellen sind in der Querschnittsebene längs einer ganz im Endlichen gelegenen offenen oder geschlossenen Kurve R stetig verteilt. Es ist dann:

$$\varphi(x, y) = \frac{1}{2\pi\varepsilon_0} \int_R q_{L,L}(x', y') \ln\frac{1}{\varrho(x, y; x', y')}\, ds' \qquad [q_{L,L}] = \mathrm{As/m^2}. \tag{20b}$$

In Gl. (20a, b) strebt für $\varrho \to \infty$ nur dann $\varphi \to 0$, wenn die gesamte Ladung in F oder auf R verschwindet.

c) In der Querschnittsebene liegt auf einer im Endlichen gelegenen offenen oder geschlossenen Kurve R eine stetige Verteilung von Liniendipolen. Denken wir dabei an den magnetischen Fall, so lautet hierfür im Hinblick auf Gl. (17) und auf Abb. 14 die Potentialfunktion

$$\Phi(x, y) = \frac{1}{2\pi\mu_0}\int_R \frac{\mathfrak{p}^{(m)}_{L,L}\,\mathfrak{s}}{\varrho^2}\,ds' = -\frac{1}{2\pi\mu_0}\int_R p^{(m)}_{L,L}\frac{\mathfrak{n}\,\mathfrak{s}'}{\varrho^2}\,ds'$$
$$= -\frac{1}{2\pi\varepsilon_0}\int_R p^{(m)}_{L,L}\frac{ds_\varrho}{\varrho} = -\frac{1}{2\pi\mu_0}\int_R p^{(m)}_{L,L}\,d\chi.\quad [p^{(m)}_{L,L}] = \mathrm{Wb/m}. \tag{20c}$$

Hierin ist jedoch ds_ϱ/ϱ gleich dem Winkel $d\chi$, unter dem vom Punkt P aus das Bogenstück ds' erscheint. Dieser Winkel ändert sich beim Übergang vom Punkt A zum Punkt E, diesmal jedoch nur um 2π. Da aber jetzt vor dem Integral auch nur der Faktor $1/2\pi\mu_0$ steht, so ist jetzt analog zu Gl. (13)

$$\int_A^E \mathfrak{H}\,d\mathfrak{s} = \Phi(A) - \Phi(E) = \frac{p^{(m)}_{L,L}(A, E)}{\mu_0}$$
$$\equiv \oint_R \mathfrak{H}\,d\mathfrak{s}. \tag{21}$$

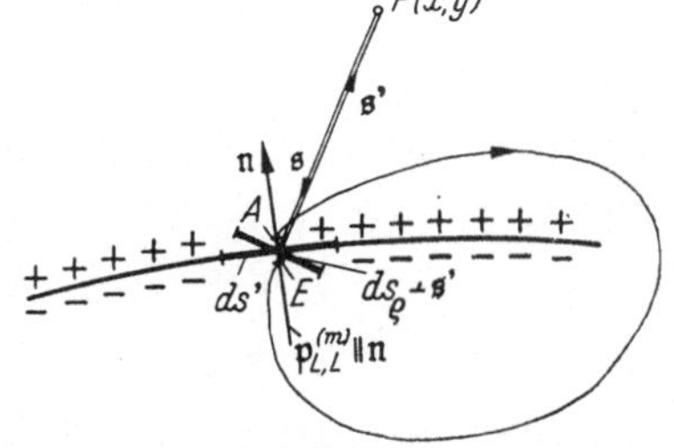

Abb. 14. Die Potentialfunktion Gl. (20c) für eine stetige Verteilung magnetischer Liniendipole ist das Analogon zur Gl. (12) für die Potentialfunktion des räumlichen Dipols. Statt des körperlichen Winkels Ω tritt aber jetzt der gewöhnliche Sehwinkel χ auf

Auch beim ebenen Feld ist also die Funktion $\Phi(x, y)$ unendlich vieldeutig. Die früheren Angaben über die Stetigkeitseigenschaften der drei, den Fällen a), b) und c) entsprechenden Potentialfunktionen bleiben qualitativ erhalten. Die quantitativen Änderungen an den Gl. (8), (10) und (12) sind aus Gl. (20a, b, c) zu ersehen, und in Gl. (11a, b) ist lediglich auf der rechten Seite $\pi/4\;\partial(1/r)/\partial n$ zu ersetzen durch $\pi/2\;\partial(1/\varrho)/\partial n$.

Der wichtigste Repräsentant eines vom Strom erzeugten, ebenen Magnetfeldes ist das Feld einer etwa zur z-Achse parallelen Doppelleitung. Von den drei Komponenten des Vektorpotentials $\mathfrak{A}$ existiert dann nur noch die Komponente $A_z(x, y)$, und in einem homogenen Medium genügt sie außerhalb der stromführenden Leiter der Gleichung von Laplace

$$\frac{\partial^2 A_z}{\partial x^2} + \frac{\partial^2 A_z}{\partial y^2} = 0, \tag{22a}$$

und innerhalb dieser Leiter der Poissonschen Gleichung

$$\frac{\partial^2 A_z}{\partial x^2} + \frac{\partial^2 A_z}{\partial y^2} = -\mu_0\,\mathfrak{i}_z(x, y).$$

Aus der für den ebenen Fall umgeschriebenen Gl. (15′) für $A_z(x, y)$ folgt aus den obigen allgemeinen Bemerkungen, daß A_z beim Übertritt von einem strömungsfreien in einen durchströmten Bereich sich stetig verhalten muß.

Denkt man sich in Abb. 12 die beiden Linienladungen $\pm q_L$ durch die Stromfäden $\pm I$ ersetzt, so läßt sich für dieses Leiterpaar nach Gl. (15′) das Vektorpotential aus der Gleichung

$$A_z(x, y, z)$$
$$= \frac{I\mu_0}{4\pi} \lim_{l\to\infty} \int\limits_{-l}^{+l} \left\{ \frac{1}{\sqrt{(x+a)^2 + y^2 + (z-z')^2}} - \frac{1}{\sqrt{(x-a)^2 + y^2 + (z-z')^2}} \right\} dz'$$

berechnen, in der das Integral in der angegebenen Weise als CAUCHYscher Hauptwert zu nehmen ist. Die Integration ist elementar ausführbar und ergibt für das Vektorpotential zweier zur z-Achse parallelen, linearen Leiter den bekannten Ausdruck:

$$\begin{aligned} A_z(x, y) &= \frac{I\mu_0}{2\pi} \ln\frac{\varrho_-}{\varrho_+} = \frac{I\mu_0}{2\pi} \ln\sqrt{\frac{(x-a)^2 + y^2}{(x+a)^2 + y^2}} \\ &= \frac{I\mu_0}{2\pi} \int\limits_0^\infty \frac{e^{-|x+a|v} - e^{-|x-a|v}}{v} \cos(y\,v)\, dv. \end{aligned} \tag{23}$$

Wegen der Bedeutung von ϱ_-, ϱ_+ vergleiche man Abb. 12. Die Beziehung (23) ist sehr ähnlich der Gl. (16) für die Potentialfunktion zweier zur z-Achse parallelen Linienladungen. Das dort stehende Integral kann auch in Gl. (23) benutzt werden und umgekehrt.

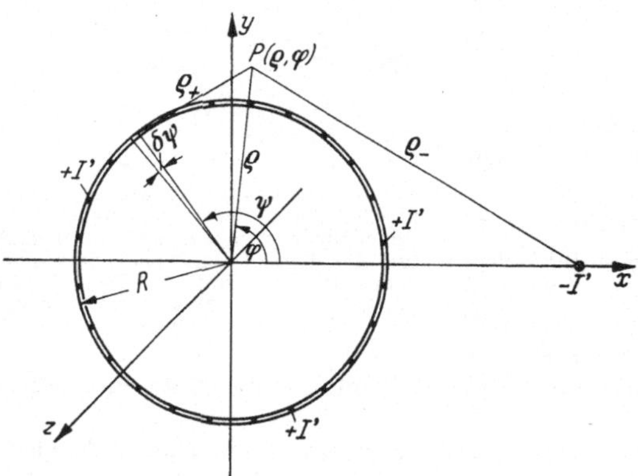

Abb. 15. Dieses besonders einfache Leitersystem besteht aus einem sehr dünnwandigen kreiszylindrischen Leiter als Hinleitung und einem außerhalb davon gelegenen linearen Leiter als Rückleitung. Es wird hier dazu herangezogen, um damit kompliziertere Zweileiter-Systeme zusammenzusetzen

Wir gehen von der aus zwei linearen Leitern gebildeten Doppelleitung zu einer Hin- und Rückleitung über, die aus einem linearen Leiter und einem sehr dünnwandigen kreiszylindrischen Leiter vom Radius R besteht. Die Anordnung der Leiter zueinander geht aus Abb. 15 hervor. Bei Gleichstrom ist der Strom I' gleichmäßig über den Umfang des Hüllenleiters verteilt. Wir greifen den Teilstrom $I'\,d\psi/2\pi$ heraus, zu dem es natürlich im linearen Leiter den Gegenstrom $-I'\,d\psi/2\pi$ gibt, und haben dann als Beitrag zum Vektorpotential von seiten dieser linearen Stromschleife die Größe:

$$\frac{\mu_0 I'\,d\psi}{(2\pi)^2} \ln\frac{\varrho_-}{\varrho_+} = \mu_0 \frac{I'\,d\psi}{(2\pi)^2} \ln\frac{\varrho_-}{\sqrt{R^2 + \varrho^2 - 2R\varrho\cos(\varphi - \psi)}}.$$

Im ganzen ist daher das gesuchte Vektorpotential gegeben durch die Formel:

$$A_z(\varrho, \varphi) = \frac{I'\mu_0}{(2\pi)^2} \int\limits_{-\pi}^{+\pi} \ln\frac{\varrho_-}{\sqrt{R^2 + \varrho^2 - 2R\varrho\cos(\varphi - \psi)}}\, d\psi. \tag{24}$$

Nun ist

$$\ln\left(\frac{1}{\sqrt{1+x^2-2x\cos\varphi)}}\right)=\sum_{\lambda=1}^{\infty}\frac{\cos\lambda\varphi}{\lambda}x^{\lambda}\qquad(x<1).\tag{25}$$

Außerhalb des Hüllenleiters ist $\varrho > R$, und es muß in Gl. (24) ϱ vor die Wurzel gezogen werden, wenn man Gl. (25) will anwenden können. Umgekehrt muß R für $\varrho < R$ vor die Wurzel gezogen werden. Bei der nachfolgenden Integration geben alle Glieder mit $\cos\lambda\,\varphi$ verschwindende Beiträge. Im ganzen erhält man also

$$A_z(\varrho,\varphi)=-\frac{\mu_0 I'}{2\pi}\begin{cases}\ln(\varrho/\varrho_-) & (\varrho\geqq R),\\ \ln(R/\varrho_-) & (\varrho\leqq R).\end{cases}\tag{26}$$

Geht der Aufpunkt (ϱ,φ) durch den Hüllenleiter hindurch, so ändert sich dabei A_z nach Gl. 1.1 (29a, b) stetig. Für $\varrho < R$ ist $A_z(\varrho,\varphi)$ von ϱ und φ unabhängig.

Danach macht es keine Mühe, auch das Vektorpotential $A_z(\varrho,\varphi)$ für die in Abb. 16 dargestellte Leiterkombination zu berechnen. Sie besteht aus einem linearen Leiter als Rückleitung und einem Leiter mit *kreisringförmigem* Querschnitt als Hinleitung. Liegt der Aufpunkt $P(\varrho,\varphi)$ außerhalb des Querschnitts, so haben alle Hüllenleiter von Abb. 16, aus denen der kreisringförmige Leiter zusammengesetzt gedacht werden kann, Radien, die kleiner sind als ϱ. Beachtet man, daß überdies der Strom in jedem dieser Hüllenleiter mit dem Radius R und der Wandstärke dR bei gleichförmiger Stromverteilung jetzt den Wert $I\cdot 2R\,dR/(a_2^2-a_1^2)$ hat, so ist nach Gl. (26) wegen

$$\varrho\geqq a_2\geqq R$$

$$A_z(\varrho,\varphi)=-\frac{\mu_0 I}{\pi}\,\frac{\ln(\varrho/\varrho_-)}{a_2^2-a_1^2}\times\int_{a_1}^{a_2}R\,dR.$$

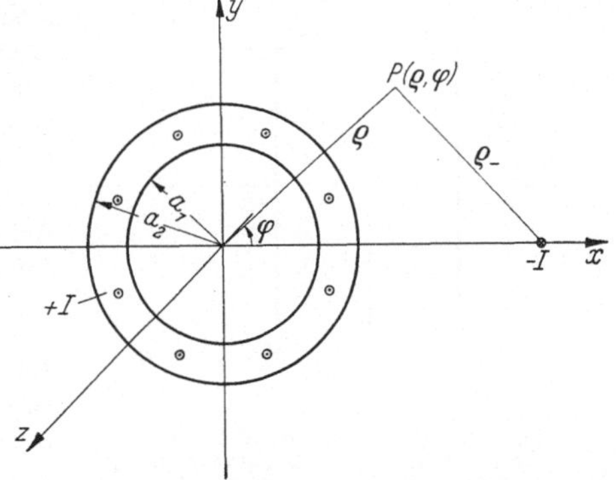

Abb. 16. Die Hinleitung des Zweileiter-Systems mit dem Strom $+I$ bildet der Leiter mit dem kreisringförmigen Querschnitt, die Rückleitung der eingezeichnete lineare Leiter, der etwa auf der x-Achse außerhalb der Hinleitung liegt

Ist $a_1\leqq\varrho\leqq a_2$, so ist für alle Hüllenleiter mit $a_1\leqq R\leqq\varrho$ die obere Zeile der Gl. (26) zu wählen und für alle Hüllenleiter mit $\varrho \gtreqless R\leqq a_2$ die untere Zeile. Mithin erhält man für diesen Fall

$$A_z(\varrho,\varphi)=-\frac{\mu_0 I}{\pi}\left\{\frac{\ln(\varrho/\varrho_-)}{a_2^2-a_1^2}\cdot\int_{a_1}^{\varrho}R\,dR+\int_{\varrho}^{a_2}\ln\left(\frac{R}{\varrho_-}\right)\frac{R\,dR}{a_2^2-a_1^2}\right\}.$$

Für $\varrho < a_1$ umschlingen alle Hüllenleiter mit den Radien R den Aufpunkt, und es ist daher wieder

$$A_z(\varrho,\varphi)=-\frac{\mu_0 I}{\pi(a_2^2-a_1^2)}\int_{a_1}^{a_2}R\ln\left(\frac{R}{\varrho_-}\right)dR.$$

Die Integration ist in allen drei Fällen leicht auszuführen, und man erhält die

Schlußformel:

$$A_z(\varrho, \varphi) = -\frac{\mu_0 I}{2\pi}\begin{cases} \ln\left(\frac{a_1}{\varrho_-}\right) + \frac{a_2^2}{a_2^2 - a_1^2}\ln\left(\frac{a_2}{a_1}\right) - \frac{1}{2} & (0 \gtrless \varrho \leqq a_1), \\ \ln\left(\frac{\varrho}{\varrho_-}\right) + \frac{a_2^2}{a_2^2 - a_1^2}\ln\left(\frac{a_2}{\varrho}\right) - \frac{1}{2}\,\frac{a_2^2 - \varrho^2}{a_2^2 - a_1^2} & (a_1 \gtrless \varrho \leqq a_2), \\ \ln\left(\frac{\varrho}{\varrho_-}\right) & (a_2 \gtrless \varrho). \end{cases} \tag{27}$$

Man beachte wieder das stetige Verhalten von A_z beim Durchgang durch die Zylinderflächen $\varrho = a_1$ und $\varrho = a_2$ gemäß Gl. 1.1 (29a, b).

Hat der Leiter einen vollen *kreisförmigen* Querschnitt mit dem Radius a, so gelten für das Vektorpotential einer aus einem solchen Leiter und einem linearen Leiter bestehenden Doppelleitung in einem homogenen Medium die Formeln:

$$A_z(\varrho, \varphi) = \frac{\mu_0 I}{2\pi}\begin{cases} \ln\left(\frac{\varrho_-}{a}\right) + \frac{1}{2}\left(1 - \frac{\varrho^2}{a^2}\right) & (0 \leqq \varrho \leqq a), \\ \ln\left(\frac{\varrho_-}{\varrho}\right) & (a \gtrless \varrho < \infty). \end{cases} \tag{28}$$

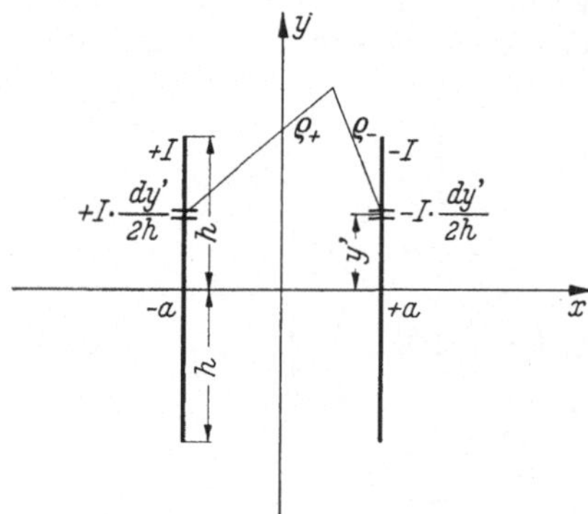

Abb. 17. Um das Vektorpotential des aus Hin- und Rückleitung bestehenden bandförmigen Sammelschienenpaars zu berechnen, werden beide Sammelschienen in eine Vielzahl übereinanderliegender, linearer Leiterschleifen aufgelöst

Eine andere, praktisch wichtige Ausführungsform einer Doppelleitung besteht aus zwei Leitern von *rechteckigem* Querschnitt, die etwa wie in Abb. 17 zueinander angeordnet sind. Wir besprechen nur den Fall, daß beide Leiter die Form sehr schmaler Bänder haben, so daß ihre Dicke in Richtung der x-Achse vernachlässigt werden kann. Denken wir uns aus jedem Band zwei sehr schmale Streifen mit der Höhe dy' herausgeschnitten, so lassen sich diese beiden Streifen als zwei lineare Leiter auffassen, die den Strom $\pm I\, dy'/2h$ führen. Ihr Beitrag zum Vektorpotential beider Bandleiter ist demnach im Hinblick auf Gl. (16) oder (23) durch

$$\begin{aligned} dA_z(x, y) &= \frac{I\mu_0\, dy'}{4\pi h}\int_0^\infty \left[e^{-|x+a|v} - e^{-|x-a|v}\right]\frac{\cos(y-y')\,v}{v}\,dv \\ &= -\frac{I\mu_0\, dy'}{2\pi h}\int_0^\infty e^{-|y-y'|v}\,\frac{\sin a v \sin x v}{v}\,dv \end{aligned}$$

gegeben. Das gesamte Vektorpotential folgt hieraus durch Integration nach y' zwischen den Grenzen $-h \cdots +h$. Man erhält danach im Endergebnis:

$$A_z(x, y) = \begin{cases} \frac{\mu_0 I}{2\pi h}\int_0^\infty \left[e^{-|x+a|v} - e^{-|x-a|v}\right]\frac{\sin v h \cos y v}{v^2}\,dv & (-h \gtrless y \leqq h) \\ \text{oder} & \\ -\frac{\mu_0 I}{\pi h}\int_0^\infty \begin{bmatrix} 1 - e^{-hv}\mathfrak{Cos}\, y v \\ e^{-|y|v}\,\mathfrak{Sin}\, v h \end{bmatrix}\frac{\sin x v \sin a v}{v^2}\,dv & \begin{matrix}(-h \gtrless y \leqq h) \\ (h \gtrless |y|).\end{matrix} \end{cases} \tag{29}$$

Selbstverständlich hätte auch in der Beziehung für dA_z anstatt der Integraldarstellung der in Gl. (16) oder in (23) auftretende logarithmische Term benutzt werden können. Im besonderen spricht dafür zunächst, daß sich dann auch noch die Integration nach y' durchführen läßt und somit ein von Integralen ganz freier Ausdruck entsteht. Die weiteren Rechenoperationen, die jedoch mit dem Ausdruck (29) noch ausgeführt werden müßten, wenn etwa noch die Induktivität berechnet werden soll, gestalten sich mit den Integralen wesentlich einfacher als mit der elementaren Formel. Selbst die noch erforderliche Auswertung der Integrale tritt dagegen an Schwierigkeit zurück.

1.23 Die Darstellung des Magnetfeldes linearer Ströme durch das Potential magnetischer Doppelschichten. Den Gl. (13a) und (20c) ist zu entnehmen, daß unabhängig davon, ob es sich um eine magnetische Doppelschicht auf einem endlichen Flächenstück oder um eine Doppelschicht auf einer unbegrenzt langen, streifenförmigen Fläche handelt, doch stets

$$\oint \mathfrak{H}\, d\mathfrak{s} \equiv \int_A^E \mathfrak{H}\, d\mathfrak{s} = \Phi(A) - \Phi(E) = \frac{p_F^{(m)}(A, E)}{\mu_0}$$

ist, wenn $p_F^{(m)}(A, E)$ das Moment der Schicht an der Stelle der beiden sich gegenüberliegenden Punkte A und E von Abb. 18 bedeutet. Wird nun in den Rand der Fläche, der in dem einen Fall von einer geschlossenen Wegschleife, in dem anderen Fall von zwei unbegrenzt langen, parallelen Geraden gebildet wird, gleichzeitig ein linearer Stromfaden eingezogen und der Stromfluß darin so gewählt, daß der Umlaufsinn um die Fläche und die von der negativen zur positiven Ladungsschicht gerichtete Flächennormale $\mathfrak{n}$ in derselben Beziehung zueinander stehen wie der Drehsinn zur Vorwärtsbewegung einer Rechtsschraube, so ist jetzt nach Gl. 1.1 (18a)

$$\oint \mathfrak{H}\, d\mathfrak{s} \equiv \int_A^E \mathfrak{H}\, d\mathfrak{s} = I.$$

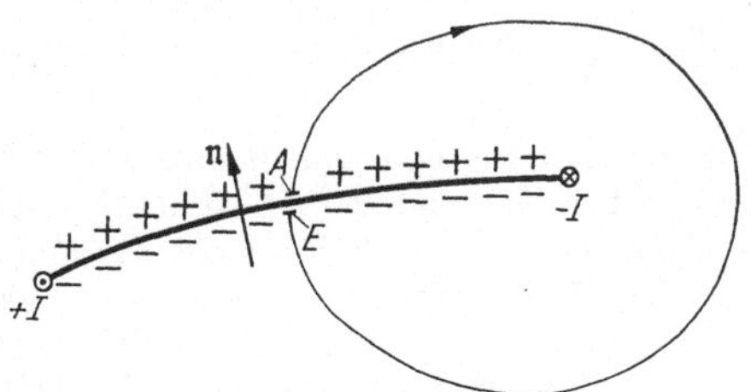

Abb. 18. Die von einem linearen Leiter gebildete Leiterschleife mit dem Strom I und der von diesem linearen Leiter berandete Blattmagnet mit der Belegungsdichte $p_{\mp}^{(m)} = \mu_0 I$ magnetischer Dipole erzeugen dasselbe äußere magnetische Feld.

Soll also das äußere Magnetfeld einer in sich geschlossenen Stromschleife mit dem Strom I und das einer magnetischen Doppelschicht mit dieser Stromschleife als Randkurve in jedem Raumpunkt übereinstimmen, so muß für das auf die Flächeneinheit bezogene magnetische Moment der Doppelschicht die Beziehung

$$p_F^{(m)}(A, E) = \mu_0 I = \mu_0[\Phi(A) - \Phi(E)] \qquad [p_F^{(m)}] = \mathrm{Wb/m} \tag{30}$$

bestehen, und es muß obendrein die Verteilungsdichte des magnetischen Momentes auf der ganzen Fläche dieselbe sein. Das magnetische Feld linearer Stromschleifen kann also auch durch eine skalare Potentialfunktion beschrieben werden. Wie aber schon hervorgehoben wurde, ist dieses skalare magnetische Potential eine unendlich vieldeutige Funktion. Überdies versagt diese Art der Darstellung gänzlich im Innern durchströmter Leiter.

Im Hinblick auf das Ergebnis der Gl. (30) kann die Gl. (12) für die Potentialfunktion einer einzelnen linearen Leiterschleife, die den Strom I führt, endgültig auf die anschauliche Form

$$\Phi(x, y, z) = -\frac{I}{4\pi}\,\Omega(x, y, z) \tag{30a}$$

gebracht werden, und hierin ist nun $\Omega(x, y, z)$ der körperliche oder räumliche Winkel, unter dem vom Aufpunkt (x, y, z) aus die gesamte Leiterschleife erscheint. Wegen der Berechnung einiger räumlicher Winkel vergleiche man Abschnitt 2.45. Handelt es sich wie bei ebenen Feldern um ein bandförmiges magnetisches Blatt, so kann wegen Gl. (30) und (20c) für die Potentialfunktion einer aus zwei parallelen Leitern bestehenden Leiterschleife geschrieben werden:

$$\Phi(x, y) = -\frac{I}{2\pi}\,\omega(x, y).$$

ω ist jetzt der gewöhnliche Sehwinkel, unter dem dieses Band vom Aufpunkt (x, y) aus in ein und derselben Querschnittsebene erscheint.

Da es in einzelnen Fällen durchaus vorteilhaft sein kann, das magnetische Feld einer aus linearen Leitern gebildeten Stromschleife durch das skalare Potential Φ zu beschreiben — ein solcher Fall wird in der Tat späterhin auftreten —, so wollen wir hier auch gleich noch den dieser Darstellungsweise entsprechenden Ausdruck für die magnetische Energie des von der Stromschleife erzeugten magnetischen Feldes angeben. Er lautet für ein homogenes Medium von der Permeabilität μ_0 im Hinblick auf Gl. (30)

$$W_m = \frac{1}{2}\int\limits_V \mathfrak{H}\,\mathfrak{B}\,dV = \mu_0/2\int\limits_F H_N(A)\,\{\Phi(A) - \Phi(E)\}\,dF = I/2\cdot\int\limits_F B_N(A)\,dF. \tag{31}$$

Hierin ist die Integration über die von dem Strom als Randkurve begrenzte Fläche zu erstrecken, und $H_N(A)$ ist die Normalkomponente der magnetischen Feldstärke etwa auf der Seite A der Fläche F. Der Beweis der Formel gestaltet sich ganz einfach, indem man etwa $\mathfrak{H} = -\operatorname{grad}\Phi$ setzt und von der Möglichkeit Gebrauch macht, wegen $\operatorname{div}\mathfrak{B} = 0$ den ganzen Raum außerhalb der Stromschleife in geschlossene Induktionsröhren zu zerlegen.

Für einen einzelnen Stromfaden wird W_m in Gl. (31) allerdings unendlich groß. Ist aber der Str.m I flächenhaft verteilt, so bedarf die Gl. (31) mit δW_m und δI an Stelle von W_m und I noch einer weiteren Integration, und W_m bleibt dann endlich.

2 Mathematische Hilfsmittel für die Integration der Gleichung von Laplace

2.1 Das Hilfsmittel des zweckmäßigsten Koordinatensystems

2.11 Krummlinige orthogonale Koordinaten. Es mögen x_1, x_2, x_3 die drei für gewöhnlich mit x, y, z bezeichneten rechtwinkligen, rechtshändigen Koordinaten eines Punktes im Raum bedeuten. Die krummlinigen Koordinaten u_1, u_2, u_3, die natürlich keineswegs immer Längen zu sein brauchen, sollen mit den x über die Gleichungen

$$x_1 = f_1(u_1, u_2, u_3), \quad x_2 = f_2(u_1, u_2, u_3), \quad x_3 = f_3(u_1, u_2, u_3) \tag{1}$$

zusammenhängen. Die drei Funktionen f_1, f_2, f_3 werden hierin für alle in Frage kommenden Werte der Variablen u_1, u_2, u_3 als stetig und differenzierbar vorausgesetzt. Auch sollen sie stets nach diesen drei Variablen auflösbar sein. Diese

Bedingung ist bekanntlich als erfüllt anzusehen, wenn die Funktionaldeterminante aus dem $\partial f_i/\partial u_k$ nicht verschwindet.

Ändert sich in der Gl. (1) allein u_1, so werden die x_i unter den obigen Voraussetzungen einen zusammenhängenden Kurvenzug beschreiben, ändert sich allein u_2, so kommt ein anderer zusammenhängender Kurvenzug zustande. Diese beiden Kurvenzüge spannen bei einer genügend dichten Aufeinanderfolge der Werte von u_1 und u_2 eine gekrümmte Fläche auf. Für diese Fläche ist charakteristisch, daß allen ihren Punkten derselbe Wert von u_3 zukommt. Auf analoge Weise gelangt man auch zu Flächen, auf denen sich u_1 oder u_2 nicht ändern. Der Punkt, in dem sich die drei Flächen u_i, $i = 1, 2, 3$, schneiden, ist der Punkt mit den krummlinigen Koordinaten u_1, u_2, u_3.

Die Änderungen dx_i, die zu den Änderungen du_i mit $i = 1, 2, 3$ gehören, hängen wie folgt zusammen:

$$dx_i = \frac{\partial f_i}{\partial u_1} du_1 + \frac{\partial f_i}{\partial u_2} du_2 + \frac{\partial f_i}{\partial u_1} du_3 \qquad (i = 1, 2, 3). \tag{2}$$

Mit den Definitionsgleichungen,

$$\frac{1}{h_i^2} = \left(\frac{\partial f_1}{\partial u_i}\right)^2 + \left(\frac{\partial f_2}{\partial u_i}\right)^2 + \left(\frac{\partial f_3}{\partial u_i}\right)^2 \qquad (i = 1, 2, 3), \tag{3a}$$

$$\frac{1}{h_{ik}^2} = \frac{\partial f_1}{\partial u_i}\frac{\partial f_1}{\partial u_k} + \frac{\partial f_2}{\partial u_i}\frac{\partial f_2}{\partial u_k} + \frac{\partial f_3}{\partial u_i}\frac{\partial f_3}{\partial u_k}, \qquad \begin{matrix}(i, k = 1, 2, 3)\\(i \neq k)\end{matrix} \tag{3b}$$

wie sie in dem Buch [8] benutzt werden, berechnet sich dann aus Gl. (2) für das Quadrat des Bogendifferentials der Ausdruck:

$$\sum_{i=1}^{3} dx_i^2 = \left(\frac{du_1}{h_1}\right)^2 + \left(\frac{du_2}{h_2}\right)^2 + \left(\frac{du_3}{h_3}\right)^3 + 2\frac{du_2\,du_3}{h_{23}^2} + 2\frac{du_3\,du_1}{h_{31}^2} + 2\frac{du_1\,du_2}{h_{12}^2}. \tag{4}$$

Nun bestehen für die cos der Winkel α_{23}, α_{31}, α_{12} zwischen den Richtungen der drei Tangenten an diejenigen Kurven, längs denen sich allein u_1, u_2 oder u_3 ändern, die Formeln:

$$\cos\alpha_{ik} = h_i h_k / h_{ik}^2 \qquad (i, k = 1, 2, 3). \tag{5}$$

Bei einem krummlinigen, aber gleichzeitig orthogonalen Koordinatensystem müssen also die drei Ausdrücke (3b) verschwinden, falls die Eigenschaft der Orthogonalität tatsächlich vorhanden ist, und es ist dann in diesem Falle im besonderen

$$dx_1^2 + dx_2^2 + dx_3^2 = ds^2 = \left(\frac{du_1}{h_1}\right)^2 + \left(\frac{du_2}{h_2}\right)^2 + \left(\frac{du_3}{h_2}\right)^2. \tag{6}$$

Hierin bedeuten die

$$ds_i = du_i/h_i \qquad (i = 1, 2, 3) \tag{7}$$

die Bogenlängen, die auf den Kurven, längs denen sich allein u_1, u_2 oder u_3 ändern, deren unendlich kleinen Zunahmen entsprechen. Das Volumenelement ist demnach in den krummlinigen Koordinaten durch die Formel

$$dV = ds_1\,ds_2\,ds_3 \tag{8}$$

gegeben, und mit den Einheitsvektoren $\mathfrak{s}_1$, $\mathfrak{s}_2$, $\mathfrak{s}_3$ in den Richtungen zunehmender Werte von u_1, u_2, u_3 am Orte (u_1, u_2, u_3) besteht für die Komponenten von $\operatorname{grad}\phi$ in Richtung $\mathfrak{s}_i$ die Beziehung:

$$\mathfrak{s}_i \operatorname{grad}\phi(u_1, u_2, u_3) = \frac{\partial\phi}{\partial s_i} = h_i \frac{\partial\phi(u_1, u_2, u_3)}{\partial u_i} \qquad (i = 1, 2, 3). \tag{9}$$

Der Ausdruck für die Divergenz in krummlinigen Koordinaten leitet sich folgendermaßen her. Durch die Fläche $OBCA'$ in Abb. 19 strömt nach außen, falls A_1, A_2, A_3 die Komponenten des Vektors $\mathfrak{A}(u_1, u_2, u_3)$ in Richtung zunehmender Werte von u_1, u_2, u_3 bedeuten,

$$\{-A_1\, d s_2\, d s_3\}_{u_1},$$

und durch die gegenüberliegende Fläche $AB'C'O'$ strömt nach außen

$$\{A\, d s_2\, d s_3\}_{u_1 + d u_1}.$$

Durch diese beiden Flächen strömt also insgesamt in den Außenraum:

$$\{-A_1\, d s_2\, d s_3\}_{u_1} + \left[\{A_1\, d s_2\, d s_3\}_{u_1} + \left\{\frac{\partial}{\partial u_1}(A_1\, d s_2\, d s_3)\right\}_{u_1} d u_1\right]$$
$$= \frac{\partial}{\partial u_1}\left(\frac{A_1}{h_2 h_3}\right) d u_1\, d u_2\, d u_3.$$

Demnach ist im ganzen:

$$\operatorname{div}\mathfrak{A}(u_1, u_2, u_3) = \left[\frac{\partial}{\partial u_1}\left(\frac{A_1}{h_2 h_3}\right) + \frac{\partial}{\partial u_2}\left(\frac{A_2}{h_1 h_3}\right) + \frac{\partial}{\partial u_3}\left(\frac{A_3}{h_1 h_2}\right)\right] h_1 h_2 h_3. \quad (10)$$

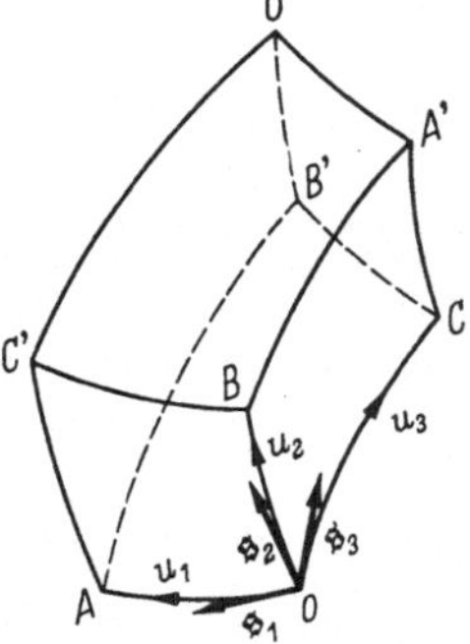

Abb. 19. Das Bild stellt ein Parallelepiped in den orthogonalen krummlinigen Koordinaten u_1, u_2, u_3 dar. Die drei zugehörigen Einheitsvektoren $\mathfrak{s}_i$ mit $i = 1, 2, 3$ zeigen in die Richtungen zunehmender Werte von u_i

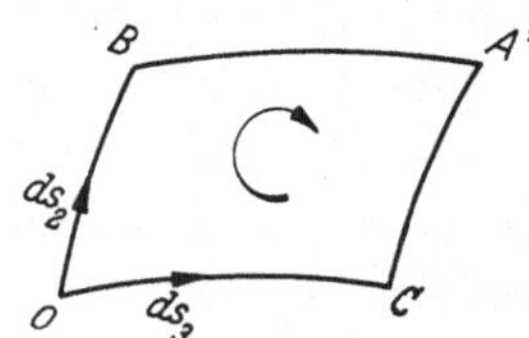

Abb. 20. Die Komponente von rot $\mathfrak{A}$ in Richtung $\mathfrak{s}_1$ bestimmt sich definitionsgemäß aus dem Umlauf mit $\mathfrak{A} \cdot d\mathfrak{s}$ um ein elementares Viereck, das in einer Ebene $u_1 = \text{const}$ liegt. Bei krummlinigen Koordinaten hängen die Bogenlängen $d\mathfrak{s}_i$ nicht bloß von den unabhängigen, unendlich kleinen Änderungen $d u_i$ ab, sondern im allgemeinen auch von den u_i selbst

Von dem Vektor rot $\mathfrak{A}(u_1, u_2, u_3)$ leiten wir etwa die Komponente $\mathfrak{s}_1$ rot $\mathfrak{A}$ her. Dazu benutzen wir unter Bezugnahme auf Abb. 20 die bekannte Definition:

$$\mathfrak{s}_1 \operatorname{rot}\mathfrak{A} \cdot d s_2\, d s_3 = \int\limits_{OCA'BO} \mathfrak{A}\, d\mathfrak{s} = (\mathfrak{s}_1 \operatorname{rot}\mathfrak{A})\, \frac{d u_2\, d u_3}{h_2 h_3}.$$

Nun ist

$$\int\limits_{OCA'BO} \mathfrak{A}\, d\mathfrak{s} = (A_2\, d s_2)_{u_2, u_3} + (A_3\, d s_3)_{u_2 + d u_2, u_3} - (A_2\, d s_2)_{u_2, u_3 + d u_3} - (A_3\, d s_3)_{u_2, u_3}$$
$$= \frac{\partial}{\partial u_2}(A_3\, d s_3) - \frac{\partial}{\partial u_3}(A_2\, d s_2).$$

Die entsprechenden Ausdrücke für die anderen beiden Komponenten folgen daraus durch zyklische Vertauschung der Zeiger. Im ganzen kommt mithin die

Darstellung zustande:

$$\operatorname{rot}\mathfrak{A}(u_1, u_2, u_3) = h_1 h_2 h_3 \begin{vmatrix} \dfrac{\mathfrak{s}_1}{h_1} & \dfrac{\mathfrak{s}_2}{h_2} & \dfrac{\mathfrak{s}_3}{h_3} \\ \dfrac{\partial}{\partial u_1} & \dfrac{\partial}{\partial u_2} & \dfrac{\partial}{\partial u_3} \\ \dfrac{A_1}{h_1} & \dfrac{A_2}{h_2} & \dfrac{A_3}{h_3} \end{vmatrix}. \tag{11}$$

Wegen $\triangle \Phi \equiv \operatorname{div}\operatorname{grad}\Phi(u_1, u_2, u_3)$ folgt dann aus Gl. (9) und (10) die weitere Formel:

$$\triangle \Phi = h_1 h_2 h_3 \left\{\frac{\partial}{\partial u_1}\left(\frac{h_1}{h_2 h_3}\frac{\partial \Phi}{\partial u_1}\right) + \frac{\partial}{\partial u_2}\left(\frac{h_2}{h_1 h_3}\frac{\partial \Phi}{\partial u_2}\right) + \frac{\partial}{\partial u_3}\left(\frac{h_3}{h_1 h_2}\frac{\partial \Phi}{\partial u_2}\right)\right\}. \tag{12}$$

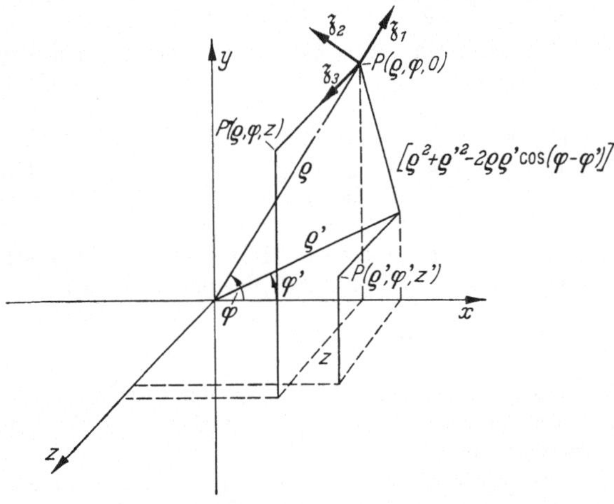

Abb. 21. Die drei Einheitsvektoren $\mathfrak{z}_i$ mit $i = 1, 2, 3$ haben die Richtungen zunehmender Werte von ϱ, φ und z und bilden in dieser Reihenfolge ein rechtshändiges System.

Ferner teilen wir noch für den Übergang von den Vektorkomponenten A_{x_1}, A_{x_2}, A_{x_3} zu den Vektorkomponenten A_1, A_2, A_3 die nützliche Transformationsformel

$$A_i = h_i \sum_{k=1}^{3} A_{x_k} \frac{\partial f_k}{\partial u_i} = \frac{1}{h_i} \sum_{k=1}^{3} A_{x_k} \frac{\partial u_i}{\partial x_k} \qquad (i = 1, 2, 3) \tag{13}$$

mit. Sollte die Auflösung des Gleichungssystems (13) nach den A_{x_k} erforderlich sein, so ist dabei die Gleichung

$$\left|\frac{\partial(x_1, x_2, x_3)}{\partial(u_1, u_2, u_3)}\right| = \frac{1}{h_1 h_2 h_3} \tag{14}$$

zu beachten.

2.111 Das Zylinderkoordinatensystem. Das einfachste krummlinige orthogonale Koordinatensystem ist das Zylinderkoordinatensystem $(\varrho, \varphi, z) \equiv (u_1, u_2, u_3)$. Es hängt, wie aus Abb. 21 zu ersehen ist, mit den rechtwinkligen kartesischen Koordinaten mittels der Gleichungen

$$x \equiv x_1 = \varrho\cos\varphi, \qquad y \equiv x_2 = \varrho\sin\varphi, \qquad z \equiv x_3 = z \qquad \text{(15a, b, c)}$$

zusammen. Aus Gl. (3a) folgt dann, daß im vorliegenden Fall

$$h_1 = 1, \qquad h_2 = 1/\varrho, \qquad h_3 = 1 \qquad (15\alpha, \beta, \gamma)$$

ist. Im Hinblick auf die Gl. (9), (10) und (11) ergibt sich weiter, wenn $\mathfrak{z}_1$, $\mathfrak{z}_2$, $\mathfrak{z}_3$

die Einheitsvektoren in Richtung zunehmender Werte von ϱ, φ, z sind,

$$\operatorname{grad}\Phi(\varrho,\varphi,z)=\mathfrak{z}_1\frac{\partial\Phi}{\partial\varrho}+\mathfrak{z}_2\frac{1}{\varrho}\frac{\partial\Phi}{\partial\varphi}+\mathfrak{z}_3\frac{\partial\Phi}{\partial z},\tag{16a}$$

$$\operatorname{div}\mathfrak{A}(\varrho,\varphi,z)=\frac{1}{\varrho}\frac{\partial}{\partial\varrho}(\varrho A_\varrho)+\frac{1}{\varrho}\frac{\partial A_\varphi}{\partial\varphi}+\frac{\partial A_z}{\partial z},\tag{16b}$$

$$\operatorname{rot}\mathfrak{A}(\varrho,\varphi,z)=\begin{vmatrix}\mathfrak{z}_1 & \mathfrak{z}_2 & \mathfrak{z}_3\\ \frac{\partial}{\partial\varrho} & \frac{1}{\varrho}\frac{\partial}{\partial\varphi} & \frac{\partial}{\partial z}\\ A_\varrho & A_\varphi & A_z\end{vmatrix},\tag{16c}$$

$$\triangle\Phi(\varrho,\varphi,z)=\frac{1}{\varrho}\frac{\partial}{\partial\varrho}\left(\varrho\frac{\partial\Phi}{\partial\varrho}\right)+\frac{1}{\varrho^2}\frac{\partial^2\Phi}{\partial\varphi^2}+\frac{\partial^2\Phi}{\partial z^2}.\tag{16d}$$

Bildet man mittels Gl. (16c) $\operatorname{rot}\operatorname{rot}\mathfrak{A}$, so erhält man, wenn gleichzeitig $\operatorname{div}\mathfrak{A}=0$ ist, den folgenden Ausdruck:

$$\begin{aligned}\operatorname{rot}\operatorname{rot}\mathfrak{A}=&-\mathfrak{z}_1\triangle A_\varrho-\mathfrak{z}_2\triangle A_\varphi-\mathfrak{z}_3\triangle A_z+\\&+\mathfrak{z}_1\left[\frac{A_\varrho}{\varrho^2}+\frac{2}{\varrho^2}\frac{\partial A_\varphi}{\partial\varphi}\right]+\mathfrak{z}_2\left[\frac{A_\varphi}{\varrho^2}-\frac{2}{\varrho^2}\frac{\partial A_\varrho}{\partial\varphi}\right]\qquad(\operatorname{div}\mathfrak{A}=0).\end{aligned}\tag{17}$$

Nach Gl. 1.1 (22c) ist wegen $\operatorname{div}\mathfrak{A}=0$ die rechte Seite von Gl. (17) identisch mit dem Ausdruck, den der Operator $\triangle$ von Gl. (16d) bei der Operation

$$-\triangle\{\mathfrak{z}_1A_\varrho+\mathfrak{z}_2A_\varphi+\mathfrak{z}_3A_z\}$$

aus dem Inhalt der geschweiften Klammer macht, wenn bei der Durchrechnung beachtet wird, daß die Einheitsvektoren $\mathfrak{z}_1$ und $\mathfrak{z}_2$ sich mit der Lage des Aufpunktes in ihrer Richtung verändern.

Wir könnten damit die Besprechung der Zylinderkoordinaten beenden. Wegen der besseren Übersicht wollen wir aber hier und späterhin jeweils an dieser Stelle noch die Beziehungen folgen lassen, die für den reziproken Abstand $1/R$ von Aufpunkt $p(x,y,z)$ und Quellpunkt $p'(x',y',z')$ gelten. Dabei ist in erster Linie an solche Reihenentwicklungen und Integraldarstellungen gedacht, in denen die einzelnen Reihenglieder oder der Integrand sich aus Faktoren zusammensetzen, von denen jeder allein von x, y, z abhängt. Der Abstand von p und p' wird im folgenden stets durch $R(p,p')$ bezeichnet.

Beachtet man die beiden Gleichungen

$$\frac{1}{\sqrt{a^2+b^2}}=\int\limits_0^\infty e^{-at}J_0(bt)\,dt=\frac{2}{\pi}\int\limits_0^\infty\cos au\,K_0(bu)\,du\qquad(a\geqq0,\ b>0)\tag{18}$$

sowie das Additionstheorem der BESSELschen Funktion $J_0(t\omega)$ und das der modifizierten KELVINschen Zylinderfunktion $K_0(t\omega)$ von Gl. (21a) mit ω in der Bedeutung $\omega^2=\varrho^2+\varrho_1^2-2\varrho\varrho'\cos(\varphi-\varphi')$, so hat man nebeneinander die beiden Darstellungen:

$$\begin{aligned}\frac{1}{R(p,p')}&\equiv\{(z-z')^2+\varrho^2+\varrho'^2-2\varrho\varrho'\cos(\varphi-\varphi')\}^{-1/2}\\&=\sum_{\lambda=0}^\infty\frac{2}{1+\delta_{0\lambda}}\cos\lambda(\varphi-\varphi')\int\limits_0^\infty e^{-|z-z'|t}J_\lambda(\varrho t)\,J_\lambda(\varrho't)\,dt\\&\qquad(p=(\varrho,\varphi,z),\ p'=(\varrho',\varphi',z')),\end{aligned}\tag{19}$$

$$\frac{1}{R(p,p')} = \frac{2}{\pi}\sum_{\lambda=0}^{\infty}\frac{2}{1+\delta_{0\lambda}}\cos\lambda(\varphi-\varphi')\times$$
$$\times\int_0^\infty \cos(z-z')\,u\begin{bmatrix}K_\lambda(u\varrho)\,I_\lambda(u\varrho')\\ K_\lambda(u\varrho')\,I_\lambda(u\varrho)\end{bmatrix}du \quad \begin{matrix}(\varrho'<\varrho)\\ (\varrho<\varrho').\end{matrix} \tag{20}$$

In Gl. (19) und (20) kann die Summation über λ auch von $-\infty\cdots+\infty$ laufen, wenn man den Faktor $2/(1+\delta_{0\lambda})$ unterdrückt und $\exp(i\,\lambda(\varphi-\varphi'))$ für $\cos\lambda(\varphi-\varphi')$ setzt. Wählt man in Gl. (19) unter dem Integralzeichen die Schreibweise

$$\exp(-(z-z')\,t)\quad(z>z'),\qquad \exp(-(z'-z)\,t)\quad(z<z')$$

an Stelle der angewendeten Kurzform $e^{-|z-z'|t}$, so tritt dadurch ein gewichtiger Unterschied zwischen den beiden Darstellungen (19) und (20) hervor. Die erste Form nämlich verlangt eine Unterscheidung nach den Fällen $z \gtrless z'$, die zweite eine Unterscheidung nach den Fällen $\varrho \gtrless \varrho'$. Die praktische Bedeutung dieses Faktums für die Möglichkeit, z. B. die GREENsche Funktion zu ermitteln, wird später noch deutlich hervortreten. Aber abgesehen von dieser praktischen Seite der Sache stellt sich in diesem Zusammenhang sofort die Frage, ob es auch noch eine Darstellungsform für $1/R$ gibt, bei der nun eine Unterscheidung nach den Fällen $\varphi \lessgtr \varphi'$ notwendig wird. Die Antwort auf diese Frage ist zu bejahen.

Da diese Formel nur wenig bekannt ist, leiten wir sie im folgenden her. Nach dem Residuensatz kann man schreiben:

$$\begin{aligned} &K_0\left(u\sqrt{\varrho^2+\varrho'^2-2\varrho\,\varrho'\cos(\varphi-\varphi')}\right)\\ &=\sum_{\lambda=0}^{\infty}\frac{2}{1+\delta_{\lambda 0}}\cos\lambda(\varphi-\varphi')\,K_\lambda(u\varrho)\,I_\lambda(u\varrho') \qquad (\varrho>\varrho')\\ &=-\frac{\pi}{2\pi i}\int_{\mathfrak{C}_2}\frac{\cos s(\pi-|\varphi-\varphi'|)}{\sin\pi s}K_s(u\varrho)\,I_s(u\varrho')\,ds, \end{aligned} \tag{21a}$$

worin $\mathfrak{C}_2$ der in Abb. 22 dargestellte doppelte Integrationsweg ist. Da nun für $s\to\infty$, solange $|\mathrm{arc}\,s| \lesseqgtr \pi/2$ ist, die asymptotische Darstellung [23]

$$|I_s(a)\,K_s(b)| \sim \frac{1}{(2|s|)}\exp\left[-|s|\cos\sigma\cdot\ln\left(\frac{b}{a}\right)\right] \quad \begin{pmatrix}\sigma=\mathrm{arc}(s)\\ |\sigma|\lesseqgtr\pi/2\end{pmatrix}$$

gilt, so ist es erlaubt, den Integrationsweg so weit zu öffnen, bis er parallel zur imaginären Achse der s-Ebene verläuft, solange wenigstens $0<\varphi-\varphi'<2\pi$ ist. Die zweite Zeile der obigen Gleichung lautet dann mit der Bedeutung von $\mathfrak{W}$ gemäß Abb. 22 für $\varrho>\varrho'$:

$$-\frac{\pi}{2\pi i}\int_{\mathfrak{W}}\frac{\cos s(\pi-|\varphi-\varphi'|)}{\sin\pi s}K_s(a\varrho)\,I_s(u\varrho')\,ds. \tag{21b}$$

Der neue doppelte Integrationsweg $\mathfrak{W}$ verläuft überall in der imaginären Achse der s-Ebene. Nur in der Höhe des Ursprungs umläuft er diesen Punkt auf je einem kleinen, nach rechts oder links offenen Halbkreis mit dem Radius r. Für $r\to 0$ reduzieren sich dann die Beiträge dieser beiden Kreisbögen zum Gesamtwert des Integrals auf Null, und es ist jetzt

$$\lim_{r\to 0}\left\{\int_{-i\infty}^{-ir}\frac{\cos s(\pi-|\varphi-\varphi'|)}{\sin\pi s}K_s(u\varrho)\,I_s(u\varrho')\,ds+\right.$$
$$\left.+\int_{ir}^{+i\infty}\frac{\cos s(\pi-|\varphi-\varphi'|)}{\sin\pi s}K_s(u\varrho)\,I_s(u\varrho')\,ds\right\}i.$$

Setzt man aber im ersten Integral $s = -s'$ und faßt beide Integrale zusammen, so erhält man:

$$i\int\limits_0^{i\infty} \cos s(\pi - |\varphi - \varphi'|)\, K_s(u\,\varrho)\, \frac{I_s(u\,\varrho') - I_{-s}(u\,\varrho')}{\sin \pi\, s}\, d s .$$

Hierin definiert aber der letzte Bruch im Integranden die Funktion $-2/\pi \cdot K_s(u\,\varrho')$.

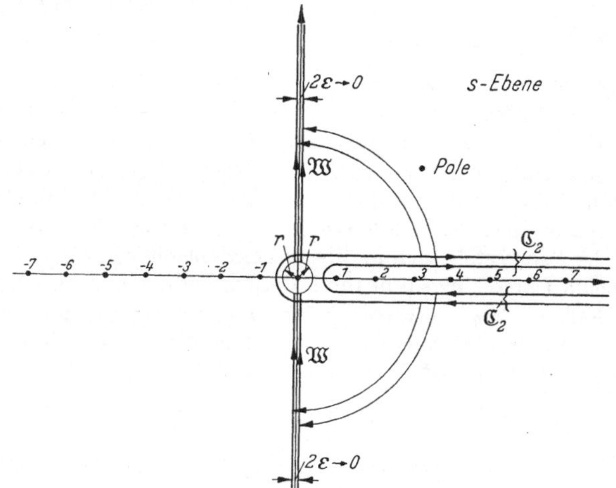

Abb. 22. Für den Übergang von dem Schleifenweg $\mathfrak{C}_2$ in den zur imaginären Achse parallelen Weg $\mathfrak{W}$ muß das asymptotische Verhalten des Integranden in der s-Ebene für

$0 \gtreqless \operatorname{arc} s \leqq \pi/2$

bekannt sein. Der hier gewählte Doppelweg links und rechts der imaginären Achse wird immer dort vorteilhaft benutzt, wo in der ursprünglichen Reihe wie in Gl. (20) der erste Term den Faktor

$2/(1 + \delta_{0\lambda})$ hat.

Nach dem Übergang von s zu $i\,t$ ist damit die Formel entstanden:

$$\begin{aligned} &K_0(u\sqrt{\varrho^2 + \varrho'^2 - 2\varrho\,\varrho' \cos(\varphi - \varphi')}) \qquad (u, \varrho, \varrho' > 0,\ 0 < |\varphi - \varphi'| < 2\pi) \\ &\quad = \frac{4}{\pi}\int\limits_0^{\infty} \mathfrak{Cof}\, t(\pi - |\varphi - \varphi'|)\, K_{it}(u\,\varrho)\, K_{it}(u\,\varrho')\, dt \\ &|K_{is}(x)| < K_0(x) \binom{x > 0}{s \text{ fest}} \qquad K_{is}(x) = O(e^{-\pi s/2}) \quad (s \to \infty). \end{aligned} \tag{21 c}$$

Die dritte Darstellungsmöglichkeit für die reziproke Entfernung $1/R$, von der oben die Rede war, lautet also:

$$\frac{1}{R(p, p')} = \frac{2}{\pi^2}\int\limits_0^{\infty} \cos u(z - z') \int\limits_0^{\infty} \begin{bmatrix} \mathfrak{Cof}\, t(\pi - (\varphi - \varphi')) \\ \mathfrak{Cof}\, t(\pi - (\varphi' - \varphi)) \end{bmatrix} K_{it}(u\,\varrho)\, K_{it}(u\,\varrho')\, dt\, du \tag{23}$$

ob. Zeile: $(0 < \varphi - \varphi' < 2\pi)$, unt. Zeile: $(0 < \varphi' - \varphi < 2\pi)$,

und tatsächlich verlangt sie eine Unterscheidung der Fälle $\varphi \gtrless \varphi'$. Im Gegensatz zu den Formeln (19) und (20) ist die Formel (23) in φ nicht mehr periodisch. Gerade dieser Umstand macht sie geeignet, ohne viel Mühe etwa die Greensche Funktion des ebenen Strömungsfeldes bei keilförmiger Struktur des durchströmten Bereichs zu ermitteln, wie es im Abschnitt 5.6 geschieht.

Die Zusammensetzung der einzelnen Reihenglieder oder der Integranden in den Ausdrücken (19), (20) und (23) aus Faktoren, die allein von ϱ oder φ oder z abhängen, entspricht dem allgemeinen Aufbau einer Lösung der Gleichung von

LAPLACE in Zylinderkoordinaten in der Form der beiden Produktansätze:

$$\mathit{\Phi}(\varrho, \varphi, z) = [A\, I_\nu(u\,\varrho) + B\, K_\nu(u\,\varrho)]\,[C\, e^{i\nu\varphi} + D\, e^{-i\nu\varphi}]\,[E\, e^{iuz} + F\, e^{-iuz}], \tag{24a}$$

$$\mathit{\Phi}(\varrho, \varphi, z) = [A\, J_\nu(u\,\varrho) + B\, Y_\nu(u\,\varrho)]\,[C\, e^{i\nu\varphi} + D\, e^{-i\nu\varphi}]\,[E\, e^{uz} + F\, e^{-uz}], \tag{24b}$$

worin A, B, C, D, E und F willkürliche Konstanten sind. Wird eine periodische Lösung verlangt, so muß in Gl. (24) ν natürlich ganzzahlig sein.

Bei ebenen Feldern, bei denen keine Abhängigkeit von z auftritt, gehen die Formeln für die Operatoren grad, div, rot und Δ aus den entsprechenden Gl. (16a, b, c, d) dadurch hervor, daß man darin die Terme mit $\partial/\partial z$, $\partial^2/\partial z^2$ usw. streicht. Dem reziproken Abstand $1/R$ entspricht im ebenen Falle z. B. in der Beziehung für die Potentialfunktion zweier ausgeglichener Linienladungen der Ausdruck $\ln(\varrho_-/\varrho_+)$. Die hier geltende Reihenentwicklung ist nach Gl. 1.1 (25) durch die Formel gegeben:

$$\ln\frac{\varrho_-}{\varrho_+} = \frac{1}{2}\ln\frac{\varrho^2 + a^2 - 2a\,\varrho\cos\varphi}{\varrho^2 + a^2 + 2a\,\varrho\cos\varphi} = -2\sum_{\lambda=0}^{\infty}\frac{\cos(2\lambda+1)\,\varphi}{2\lambda+1}\begin{cases}(\varrho/a)^{2\lambda+1}\\ (a/\varrho)^{2\lambda+1}\end{cases} \tag{25}$$

ob. Zeile: $\varrho < a$, unt. Zeile: $\varrho > a$.

Der Ansatz für eine einfache Lösung der Gleichung $\Delta\mathit{\Phi} = 0$ in den ebenen Zylinderkoordinaten folgt aus Gl. (24a, b), wenn man darin $u \to 0$ gehenläßt. Man erhält dann als einfachsten Lösungsansatz in der Produktform

$$\mathit{\Phi}(\varrho, \varphi) = (A\,\varrho^\nu + B\,\varrho^{-\nu})\,(C\, e^{i\nu\varphi} + D\, e^{-i\nu\varphi}) \tag{26}$$

mit beliebigen Werten von ν. Die Form der Reihenglieder in Gl. (25) paßt sich diesem Schema an.

2.112 Das Kugelkoordinatensystem. Wir gehen danach zu den Kugelkoordinaten $(r, \Theta, \varphi) \equiv (u_1, u_2, u_3)$ über. Sie hängen mit den Koordinaten x, y, z auf Grund von Abb. 23 über die Gleichungen

$$x \equiv x_1 = r\sin\Theta\cos\varphi, \quad y \equiv x_2 = r\sin\Theta\sin\varphi, \quad z \equiv x_3 = r\cos\Theta \tag{27a, b, c}$$

zusammen. Aus Gl. (3a) folgt dann:

$$h_1 = 1, \quad h_2 = \frac{1}{r}, \quad h_3 = \frac{1}{r\sin\Theta}, \tag{27α, β, γ}$$

$$dV = r^2\sin\Theta\, dr\, d\Theta\, d\varphi, \tag{25δ}$$

und es wird im besonderen

$$\operatorname{grad}\mathit{\Phi}(r, \Theta, \varphi) = \mathfrak{k}_1\frac{\partial\mathit{\Phi}}{\partial r} + \mathfrak{k}_2\frac{1}{r}\frac{\partial\mathit{\Phi}}{\partial\Theta} + \mathfrak{k}_3\frac{1}{r\sin\Theta}\frac{\partial\mathit{\Phi}}{\partial\varphi}, \tag{28a}$$

$$\operatorname{div}\mathfrak{A}(r, \Theta, \varphi) = \frac{1}{r^2}\frac{\partial}{\partial r}(r^2 A_r) + \frac{1}{r\sin\Theta}\frac{\partial}{\partial\Theta}(\sin\Theta\, A_\Theta) + \frac{1}{r\sin\Theta}\frac{\partial A_\varphi}{\partial\varphi}, \tag{28b}$$

$$\operatorname{rot}\mathfrak{A}(r, \Theta, \varphi) = \frac{1}{r\sin\Theta}\begin{vmatrix}\frac{1}{r}\mathfrak{k}_1 & \mathfrak{k}_2 & \sin\Theta\,\mathfrak{k}_3\\ \frac{\partial}{\partial r} & \frac{\partial}{\partial\Theta} & \frac{\partial}{\partial\varphi}\\ A_r & r\,A_\Theta & r\sin\Theta\, A_\varphi\end{vmatrix}, \tag{28c}$$

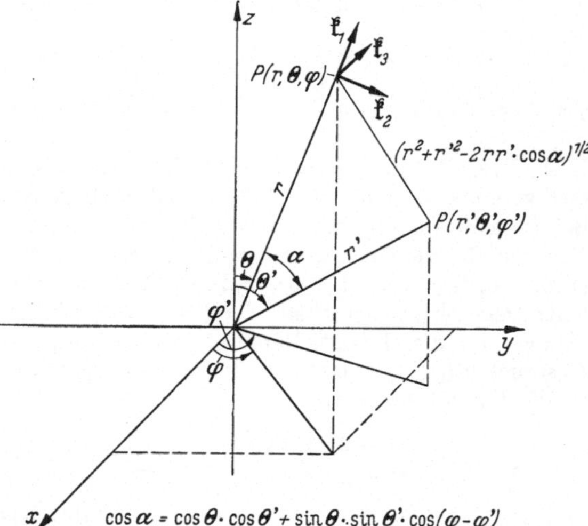

Abb. 23. Die drei Einheitsvektoren $\mathfrak{k}_i$ mit $i = 1, 2, 3$ weisen in die Richtungen zunehmender Werte von r, Θ und φ und bilden in dieser Reihenfolge ein rechtshändiges System

$$\triangle \phi(r,\Theta,\varphi) = \left\{ \begin{matrix} \dfrac{1}{r^2}\dfrac{\partial}{\partial r}\left(r^2\dfrac{\partial \phi}{\partial r}\right) \\ \text{oder} \\ \dfrac{1}{r}\dfrac{\partial^2 (r\phi)}{\partial r^2} \end{matrix} \right\} + \frac{1}{r^2 \sin\Theta}\frac{\partial}{\partial\Theta}\left(\sin\Theta \frac{\partial \phi}{\partial\Theta}\right) + \frac{1}{r^2\sin^2\Theta}\frac{\partial^2\phi}{\partial\varphi^2}. \tag{28d}$$

Für den reziproken Abstand zweier beliebiger Punkte $p(r,\Theta,\varphi)$ und $p'(r',\Theta',\varphi')$ besteht im Hinblick auf Abb. 23 zunächst die Formel:

$$\frac{1}{R(p,p')} = \{r^2 + r'^2 - 2rr'\cos\alpha\}^{-1/2} = \begin{cases} \dfrac{1}{r}\displaystyle\sum_{n=0}^{\infty}\left(\frac{r'}{r}\right)^n P_n(\cos\alpha) & \left(\dfrac{r'}{r}<1\right) \\ \dfrac{1}{r'}\displaystyle\sum_{n=0}^{\infty}\left(\frac{r}{r'}\right)^n P_n(\cos\alpha) & \left(\dfrac{r}{r'}<1\right). \end{cases} \tag{29}$$

Hierin ist bekanntlich [*16*]:

$$\cos\alpha = \cos\Theta\cos\Theta' + \sin\Theta\sin\Theta'\cos(\varphi-\varphi') \tag{30}$$

und außerdem

$$P_\nu(\cos\alpha) = \sum_{\lambda=0}^{\infty}\frac{2}{1+\delta_{0\lambda}}(-)^\lambda P_\nu^{-\lambda}(\cos\Theta)\,P_\nu^{+\lambda}(\cos\Theta')\cos\lambda(\varphi-\varphi') \quad (0 \lesseqgtr \Theta,\ \Theta' \leq \pi), \quad (\Theta+\Theta'<\pi) \tag{31a}$$

oder auch

$$P_\nu(-\cos\alpha) = \sum_{\lambda=0}^{\infty}\frac{2}{1+\delta_{0\lambda}} P_\nu^{+\lambda}(-\cos\Theta)\,P_\nu^{-\lambda}(\cos\Theta')\cos\lambda(\varphi-\varphi') \quad (\Theta>\Theta'). \tag{31b}$$

Für ganzzahliges $\nu = n$ verschwindet $P_n^{\pm\lambda}$ für $\lambda > n$.

Bedeutet c einen beliebigen Bezugsradius und wird dann

$$\frac{r}{c} = e^\tau, \tag{32a}$$ $$\frac{r'}{c} = e^{\tau'} \tag{32b}$$

gesetzt, so erhält man als *erste* Darstellungsform mit der Unstetigkeit in der Variablen τ oder r:

$$\frac{\sqrt{r\,r'}}{R(p,p')} = \sum_{n=0}^{\infty} e^{-(\frac{1}{2}+n)|\tau-\tau'|} \sum_{m=0}^{n} \frac{2(-)^m}{1+\delta_{0m}} P_n^{-m}(\cos\Theta)\, P_n^{+m}(\cos\Theta') \cos m(\varphi-\varphi'). \tag{33}$$

Es kann nun aber die Gl. (29) mit der Bedeutung von $\mathfrak{C}_2$ in Abb. 22 auch noch in der Form geschrieben werden:

$$\frac{\sqrt{r\,r'}}{R} = \sum_{n=0}^{\infty} e^{-(n+\frac{1}{2})|\tau-\tau'|} P_n(\cos\alpha) = \sum_{n=0}^{\infty} (-)^n e^{-(n+\frac{1}{2})|\tau-\tau'|} P_n(-\cos\alpha)$$

$$= -\frac{\pi}{2\pi i} \int_{\mathfrak{C}_2} e^{-|\tau-\tau'|(s+\frac{1}{2})} \frac{P_s(-\cos\alpha)}{\sin\pi s}\, ds,$$

und da für $|s| \to \infty$ und $|\operatorname{arc}(s)| \leqq \pi/2$

$$P_s^m(-\cos\alpha) \sim \frac{\Gamma(s+1+m)}{\Gamma\left(s+\frac{3}{2}\right)} \left(\frac{\pi}{2}\sin\alpha\right)^{-\frac{1}{2}} \times \left[\cos\left(\left(s+\frac{1}{2}\right)(\pi-\alpha) - \frac{\pi}{4} + \frac{\pi m}{2}\right) + O(s^{-1})\right] \tag{34}$$

ist, so darf der Integrationsweg $\mathfrak{C}_2$ wieder so weit auseinandergebogen werden, bis er parallel zur imaginären Achse verläuft. Mit $s = -\frac{1}{2} + w$ wird dann:

$$\frac{\sqrt{r\,r'}}{R(p,p')} = \frac{\pi}{2\pi i} \int_{-i\infty}^{+i\infty} e^{-|\tau-\tau'|w} \frac{P_{-\frac{1}{2}+w}(-\cos\alpha)}{\cos(\pi w)}\, dw$$

$$= \int_0^{\infty} \cos(\tau-\tau')\, v \frac{P_{-\frac{1}{2}+iv}(-\cos\alpha)}{\operatorname{Cof} \pi v}\, dv. \tag{34'}$$

Wendet man nun noch die Gl. (31b) an, so resultiert als *zweite* Darstellungsform mit der Unstetigkeit in der Variablen Θ

$$\frac{\sqrt{r\,r'}}{R(p,p')} = \sum_{m=0}^{\infty} \frac{2}{1+\delta_{0m}} \cos m(\varphi-\varphi') \int_0^{\infty} \frac{\cos(\tau-\tau')\,t}{\operatorname{Cof}\pi t} \times$$
$$\times P^{-m}_{-\frac{1}{2}+it}(-\cos\Theta)\, P^{+m}_{-\frac{1}{2}+it}(\cos\Theta')\, dt \tag{35}$$
$$(0 < \Theta < \Theta' < \pi,\ \mathfrak{Im}(\tau,\tau') = 0).$$

Für $\Theta > \Theta'$ muß in Gl. (35) das negative Vorzeichen in den Argumenten der beiden Kugelfunktionen vor $\cos\Theta'$ stehen.

Die dritte Beziehung für den reziproken Abstand $1/R$ kann im Hinblick auf die Gl. (34') angegeben werden, sobald es gelungen ist, das Additionstheorem (31b) etwa gemäß dem Übergang von Gl. (21a) zu (21b) auf eine komplexe Form zu bringen. Nun ist Gl. (31b) identisch mit dem Ausdruck:

$$\begin{aligned}
P_\nu(-\cos\alpha) &= \sum_{\lambda=0}^{\infty} \frac{2(-)^\lambda}{1+\delta_{0\lambda}} \cos\lambda(\varphi-\varphi') \frac{\Gamma(\nu+\lambda+1)}{\Gamma(\nu-\lambda+1)} \times \\
&\qquad \times P_\nu^{-\lambda}(\cos\Theta')\, P_\nu^{-\lambda}(-\cos\Theta) \qquad (\Theta>\Theta') \\
&= -\frac{\sin\pi\nu}{\pi} \sum_{\lambda=0}^{\infty} \frac{2(-)^\lambda}{1+\delta_{0\lambda}} \cos\lambda(\pi-\varphi+\varphi') \times \\
&\qquad \times \Gamma(\nu+\lambda+1)\,\Gamma(\lambda-\nu)\, P_\nu^{-\lambda}(\cos\Theta')\, P_\nu^{-\lambda}(-\cos\Theta) \\
&= +\frac{\sin\pi\nu}{2\pi i} \int_{\mathfrak{C}_2} P_\nu^{-t}(-\cos\Theta)\, P_\nu^{-t}(\cos\Theta') \times \\
&\qquad \times \Gamma(\nu+t+1)\,\Gamma(t-\nu) \frac{\cos t(\pi-|\varphi-\varphi'|)}{\sin\pi t}\, dt \qquad (\Theta>\Theta').
\end{aligned} \tag{31c}$$

Im Hinblick auf die asymptotische Darstellung

$$\begin{aligned}
P_\nu^{-t}(-\cos\Theta)\, P_\nu^{-t}(\cos\Theta') &\sim (\operatorname{tg}(\Theta'/2)/\operatorname{tg}(\Theta/2))^t\, [\Gamma(1+t)\,\Gamma(1+t)]^{-1} \\
& |t|\to\infty, \qquad (|\operatorname{arc}(t)| \leqq \pi/2)
\end{aligned} \tag{36}$$

ist es mithin erlaubt, den Integrationsweg $\mathfrak{C}_2$ wieder zu dem Doppelweg $\mathfrak{W}$ parallel der imaginären Achse auseinanderzubiegen. Die weiteren Umformungen entsprechen den früheren Angaben vor Gl. (21b). Damit hat sich für das Additionstheorem der Kugelfunktion $P_\nu(-\cos\alpha)$ die folgende Integraldarstellung ergeben:

$$\begin{aligned}
P_\nu(-\cos\alpha) &= \frac{\sin\pi\nu}{2\pi i} \int_{-\infty}^{+\infty} P_\nu^{-it}(-\cos\Theta)\, P_\nu^{-it}(\cos\Theta') \times \\
&\qquad \times \Gamma(it+\nu+1)\,\Gamma(it-\nu) \frac{\mathfrak{Cos}\, t(\pi-|\varphi-\varphi'|)}{\mathfrak{Sin}\,\pi t}\, dt \\
&\qquad (\nu \text{ beliebig}, \ \Theta \gtrless \Theta',\ 0<\varphi-\varphi'<2\pi).
\end{aligned} \tag{31d}$$

In Gl. (31d) könnte man auch noch zu einem Integral mit den Grenzen $0\ldots\infty$ übergehen. Dadurch würde dann auch der Faktor $1/i$ vor dem Integralzeichen verschwinden. Der Integrand wird dann aber unbequem lang, da er aus der Differenz der vier ersten Faktoren des Integranden von Gl. (31d) bestände, die mit den entgegengesetzten Vorzeichen von t zu nehmen sind. Eine Rückkehr zu der Funktion $P_\nu^{+it}(\cos\Theta')$, die das Produkt aus den beiden Gammafunktionen zum Verschwinden brächte, ist jetzt nicht mehr ohne weiteres möglich. Ferner darf in Gl. (31d) gemäß Gl. (36) Θ in der Tat auch kleiner als Θ' werden, ohne daß die Konvergenz dadurch gefährdet würde.

Die angekündigte *dritte* Darstellungsform für $1/R$, die nun die Unstetigkeit in der Variablen φ aufweist, hat danach im Hinblick auf Gl. (34′) das folgende Aussehen:

$$\begin{aligned}
\frac{\sqrt{r r'}}{R(p,p')} &= \frac{i}{2\pi} \int_0^\infty \cos(\tau-\tau')\, v \int_{-\infty}^{+\infty} P_{-\frac12+iv}^{-it}(-\cos\Theta)\, P_{-\frac12+iv}^{-it}(\cos\Theta') \times \\
&\quad \times \frac{\mathfrak{Cos}\, t(\pi-|\varphi-\varphi'|)}{\mathfrak{Sin}\,\pi t}\, \Gamma\left(it+iv+\frac12\right) \Gamma\left(it-iv+\frac12\right) dt\, dv \\
&\qquad (\Theta \gtrless \Theta',\ 0<|\varphi-\varphi'|<2\pi).
\end{aligned} \tag{37}$$

Die einfachste Lösung der Gleichung $\triangle \Phi = 0$ in Kugelkoordinaten, die die bekannte Produktform hat, nimmt im vorliegenden Fall die Form an:

$$\Phi(r, \vartheta, \varphi) = [A\, r^{\nu} + B\, r^{-\nu-1}]\,[C P_\nu^\mu(\cos\vartheta) + D P_\nu^\mu(-\cos\vartheta)] \times \\ \times [E\, e^{i\mu\varphi} + F\, e^{-i\mu\varphi}]. \tag{38}$$

Für ganzzahlige Werte von μ und ν muß in der zweiten Klammer an Stelle von $P_n^m(-\cos\vartheta)$ die Funktion $Q_n^m(\cos\vartheta)$ treten, da in diesem besonderen Falle nur P_n^m und Q_n^m linear unabhängige Lösungen sind.

2.113 Die drei Koordinatensysteme auf der Basis zweier ebener, orthogonaler Kreisbüschel. Wir kommen nun zu drei Koordinatensystemen, bei denen jedesmal zwei von den drei Koordinaten eines Raumpunktes von den beiden Parametern ξ und η gebildet werden, die die einzelnen Kreise zweier sich senkrecht schneidender Kreisbüschel festlegen. Um Wiederholungen zu vermeiden, beschäftigen wir uns zunächst mit diesen in allen drei Koordinatensystemen auftretenden Kreisbüscheln und mit ihrer Beschreibung durch die Größen ξ und η, da in der Literatur darüber meist nur recht knapp gehaltene Angaben zu finden sind. Mit $Z = x + i\,y$ ist nach Abb. 24

$$\varrho_A\, e^{i\varphi_A} - a = Z, \qquad \varrho_B\, e^{i\varphi_B} + a = Z.$$

Mit den ständigen Abkürzungen

$$e^{\eta} = \frac{\varrho_A}{\varrho_B}. \tag{38a}$$

$$\xi = -\varphi_A + \varphi_B \tag{38b}$$

ist dann

$$\frac{Z+a}{Z-a} = e^{\eta - i\xi} = e^{-i(\xi + i\eta)} = e^{-i\zeta}, \tag{39a}$$

$$Z = a\, i \operatorname{ctg}\frac{\zeta}{2}. \tag{39b}$$

Trennt man in Gl. (39b) nach Real- und Imaginärteil, so erhält man für den Zusammenhang der Koordinaten $\xi \equiv u_1$ und $\eta \equiv u_2$ mit X und Y das Formelpaar:

$$x = a\,\frac{\operatorname{Sin}\eta}{\operatorname{Cof}\eta - \cos\xi}, \tag{40a}$$

$$y = a\,\frac{\sin\xi}{\operatorname{Cof}\eta - \cos\xi}. \tag{40b}$$

Eliminiert man hieraus ξ oder η, so entstehen die beiden Gleichungen

$$(x - a\operatorname{Cotg}\eta)^2 + y^2 = \left(\frac{a}{\operatorname{Sin}\eta}\right)^2, \tag{41a}$$

$$x^2 + (y - a\operatorname{ctg}\xi)^2 = \left(\frac{a}{\sin\xi}\right)^2. \tag{41b}$$

Die Gl. (41a) beschreibt ein Büschel von apollonischen Kreisen, deren Mittelpunktskoordinaten und Radien durch

$$x_m^{(\eta)} = a\operatorname{Cotg}\eta, \quad y_m^{(\eta)} = 0, \tag{41α_1}$$

$$R_\eta = \frac{a}{\operatorname{Sin}|\eta|} \tag{41α_2}$$

gegeben sind. Dahingegen stellt die Gl. (41b) ein Büschel von Kreisen mit den Mittelpunktskoordinaten

$$x_m^{(\xi)} = 0, \quad y_m^{(\xi)} = a\operatorname{ctg}\xi, \tag{41β_1}$$

$$R_\xi = \frac{a}{|\sin\xi|} \tag{41β_2}$$

dar. Auf jedem dieser Kreise ist $\xi = \text{const}$, weil es sich dabei um Kreise über demselben Bogen handelt.

Von besonderer praktischer Wichtigkeit ist die Aufgabe, aus den gegebenen Radien $R_\eta^{(a)}$ und $R_\eta^{(b)}$ zweier Kreise und aus ihrem Mittelpunktsabstand D die zugehörigen Werte von a, η_a und η_b zu berechnen. Am bequemsten geschieht dies mittels eines imaginären Hilfswinkels δ, der durch

$$\mathfrak{Cof}\,\delta = \left|\frac{D^2 - (R_\eta^{(a)})^2 - (R_\eta^{(b)})^2}{2\,R_\eta^{(a)}\,R_\eta^{(b)}}\right| = \mathfrak{Cof}\,(\eta_b - \eta_a) \quad \begin{pmatrix} \eta_b > 0 \\ -\infty < \eta_a < \eta_b \end{pmatrix} \qquad (42\alpha)$$

oder durch

$$\mathfrak{Sin}\,\delta = \frac{1}{2\,R_\eta^{(a)}\,R_\eta^{(b)}}\left\{\left(D^2 - (R_\eta^{(a)} + R_\eta^{(b)})^2\right)\left(D^2 - (R_\eta^{(a)} - R_\eta^{(b)})^2\right)\right\}^{\frac{1}{2}} \qquad (42\beta)$$

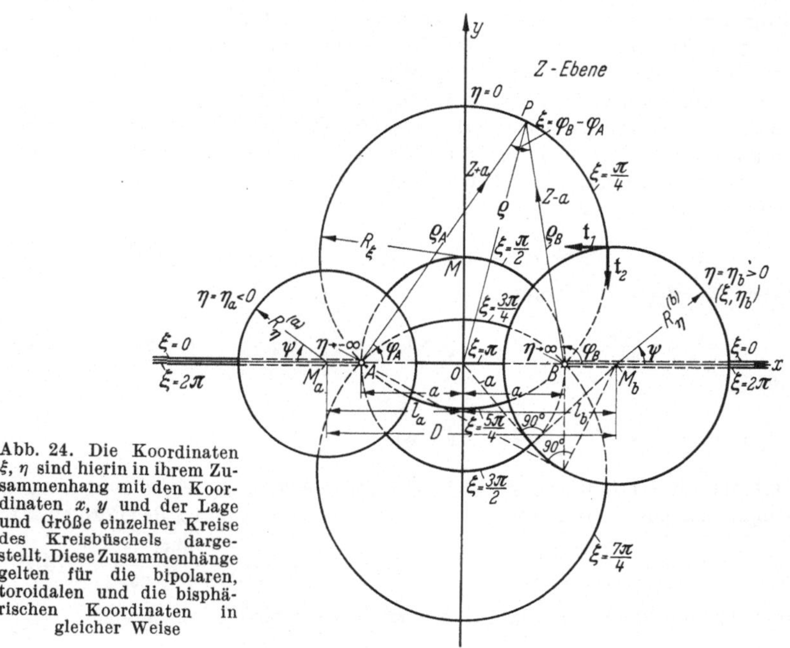

Abb. 24. Die Koordinaten ξ, η sind hierin in ihrem Zusammenhang mit den Koordinaten x, y und der Lage und Größe einzelner Kreise des Kreisbüschels dargestellt. Diese Zusammenhänge gelten für die bipolaren, toroidalen und die bisphärischen Koordinaten in gleicher Weise

definiert ist. Dann ist nämlich

$$\mathfrak{Sin}\,|\eta_a| = \frac{R_\eta^{(b)}}{D}\,\mathfrak{Sin}\,\delta, \qquad (42\text{a}) \qquad\qquad \mathfrak{Sin}\,\eta_b = \frac{R_\eta^{(a)}}{D}\,\mathfrak{Sin}\,\delta, \qquad (42\text{b})$$

$$a = \frac{R_\eta^{(a)}\,R_\eta^{(b)}}{D}\,\mathfrak{Sin}\,\delta, \qquad (42\text{c}) \qquad\qquad l_b = \frac{D^2 + (R_\eta^{(b)})^2 - (R_\eta^{(a)})^2}{2D}. \qquad (42\text{d})$$

In Gl. (42β) ist der Radikand stets positiv, gleichgültig ob die Kreise mit den Radien $R_\eta^{(a)}$ und $R_\eta^{(b)}$ getrennt liegen oder sich umhüllen.

Sind umgekehrt a, $\eta_b > 0$ und $-\infty < \eta_a < \eta_b$ gegeben, so berechnet sich $R_\eta^{(a,b)}$ aus der Gl. $(41\alpha_2)$ und D aus der Formel

$$\frac{D}{a} = |\mathfrak{Cotg}\,\eta_b - \mathfrak{Cotg}\,\eta_a|. \qquad (42\text{d})$$

Diese Formeln vereinfachen sich erheblich, wenn die beiden gegebenen Kreise $R_\eta^{(a)}$ und $R_\eta^{(b)}$, wie es z. B. beim toroidalen System stets der Fall ist, die gleiche Größe haben. Es ist dann

$$\eta_b = \mathfrak{Ar}\mathfrak{Cof}\,(D/2\,R), \qquad (43\alpha) \qquad\qquad a/R = \sqrt{(D/2\,R)^2 - 1}. \qquad (43\beta)$$

Ferner möge hier noch an die Beziehung

$$\overline{AM_b} \cdot \overline{BM_b} = (l_b + a)\,(l_b - a) = l_b^2 - a^2 = (R_\eta^{(b)})^2 \tag{44}$$

erinnert werden, die nach Abb. 24 unmittelbar aus dem Euklid folgt. Die Kreise $\xi = \mathrm{const}$ dieses Bildes können leicht konstruiert werden, da sie ja alle durch die Punkte A und B gehen. Die Kreise $\eta = \mathrm{const}$ lassen sich am bequemsten in der Weise finden, daß man nach Wahl des Mittelpunktes M_b, der rechts von B oder links von A liegen muß, über der Strecke AM_b oder M_aB einen Halbkreis konstruiert und in A oder B ein Lot zur Strecke AB errichtet. Die Gerade, die den Schnittpunkt von Lot und Halbkreis mit M_b verbindet, ist gleich dem gesuchten Radius.

Zuweilen ist es in graphischen Darstellungen erwünscht, die Lage eines Punktes auf einem beliebigen Kreis $\eta = \mathrm{const}$ durch Angabe des Winkels ψ festzulegen, den der zu diesem Punkt gezogene Kreisradius mit der Achse $\xi = 0$ oder $\xi = 2\pi$ bildet. Nach Abb. 24 findet man für diesen Winkel die Beziehung:

$$\sin\psi = \frac{\sin\xi\,\mathfrak{Sin}\,|\eta|}{\mathfrak{Cof}\,\eta\,\cos\xi}. \tag{45}$$

Mit Hilfe der oben mitgeteilten allgemeinen Formeln läßt sich auch leicht der Nachweis führen, daß, wenn man den Quellpunkt (ξ', η') z. B. an dem Kreisbogen $\xi = \alpha$ spiegelt, der Bildpunkt an der Stelle $(2\alpha - \xi', \eta')$ liegt, gleichgültig ob $\xi' \gtrless \alpha$ ist. Zu diesem Zweck genügt es, dem Quellpunkt eine für die Rechnung möglichst günstige Lage zu geben, indem man ihn etwa auf die Mittelachse zwischen den beiden Fixpunkten legt.

Hat ferner ein Punkt in bezug auf das Achsenkreuz von Abb. 24 den sehr großen Abstand ϱ vom Ursprung 0 und bildet der Fahrstrahl von 0 zu diesem Punkt den Winkel χ mit der x-Achse, so gehört zu diesem weit entlegenen Punkt wegen

$$\varrho/a = \{(\mathfrak{Cof}\,\eta + \cos\xi)/(\mathfrak{Cof}\,\eta - \cos\xi)\}^{\frac{1}{2}}, \qquad \sin\xi/\mathfrak{Sin}\,\eta = \mathrm{tg}\,\chi$$

ein Wertepaar (ξ, η), für das sich ξ und η gemäß den beiden Grenzwertgleichungen

$$\xi \to 2a/\varrho \cdot \sin\chi, \quad (46\alpha) \qquad\qquad \eta \to 2a/\varrho \cdot \cos\chi \quad (46\beta)$$

verhalten, sobald $\varrho \to \infty$ strebt.

1. Die bipolaren Koordinaten. Dieses erste der hier zu besprechenden drei Koordinatensysteme ist wohl das unter ihnen am meisten bekannte. Die Fixierung eines Raumpunktes geschieht hier in jeder zur z-Achse senkrechten Ebene durch die soeben eingeführten Koordinaten ξ und η und in Richtung der z-Achse durch Angabe des entsprechenden Wertes von z. Es wird praktisch hauptsächlich verwendet, um das ebene Feld einer zur z-Achse parallelen Doppelleitung zu beschreiben. Wir werden es aber später auch für den Fall heranziehen, um das elektrische Feld zwischen einer Linienladung und einem bandförmigen Leiter von der Breite $2a$ zu beschreiben, denn so gut wie wir die Flächen $\eta = \mathrm{const}$ als Flächen gleichen Potentials auffassen können, um damit die Verhältnisse an einer Doppelleitung wiederzugeben, können wir auch die Flächen $\xi = \mathrm{const}$ zu Potentialflächen machen. Das führt dann auf einen bandförmigen Leiter, dessen Ränder von den beiden Geraden A und B parallel zur z-Achse gebildet werden, und der vom Außenraum her etwa von den beiden schalenförmigen Leitern $\xi = \pi/2$ und $\xi = 3\pi/4$ begrenzt wird. Werden die ξ-Werte einander gleich, so hat man einen echten bandförmigen Leiter mit der Querschnittskontur eines zwischen den Punkte A und B verlaufenden Kreisbogens. Hat man mit einem solchen Fall zu tun, so ist es dann allerdings in dem eben gewählten Beispiel notwendig, ξ von dem positiven, über B hinausgehenden Teil der x-Achse aus im Gegenzeiger Sinne von $0 \cdots \pi/2$ und im umgekehrten Sinne von $0 \cdots -5\pi/4$ zu zählen. Bei dem ebenen bandförmigen Leiter zwischen A und B würde ξ zwischen den Grenzen $-\pi \cdots +\pi$ liegen müssen. Die obigen Gleichungen erfahren hierdurch keine Änderung.

Der Zusammenhang zwischen den Koordinaten (x, y, z) und $(\xi, \eta, z) \equiv (u_1, u_2, u_3)$ ist demnach durch die Gleichungen

$$x = a \frac{\mathfrak{Sin}\,\eta}{\mathfrak{Cof}\,\eta - \cos\xi}, \quad (47\text{a}) \qquad y = a \frac{\sin\xi}{\mathfrak{Cof}\,\eta - \cos\xi}, \quad (47\text{b}) \qquad z = z \quad (47\text{c})$$

gegeben. Damit alle Raumpunkte erfaßt werden, müssen ξ, η und z den Bereichen

$$0 \gtreqless \xi \leqq 2\pi, \qquad -\infty < \eta < +\infty, \qquad -\infty < z < +\infty$$

angehören. Nach Gl. (3a) ergibt sich dann weiter

$$h_1 = \frac{1}{a}(\mathfrak{Cof}\,\eta - \cos\xi), \quad (48\text{a}) \qquad h_2 = \frac{1}{a}(\mathfrak{Cof}\,\eta - \cos\xi) \quad (48\text{b}) \qquad h_3 = 1. \quad (48\text{c})$$

Demnach sind die drei Bogenelemente in Richtung zunehmender Werte von ξ, η und z, das sind zugleich die Richtungen der Einheitsvektoren $\mathfrak{b}_1, \mathfrak{b}_2$ und $\mathfrak{b}_3$ von Abb. 25

$$ds_1 = \frac{a\,d\xi}{\mathfrak{Cof}\,\eta - \cos\xi}, \quad (48\alpha) \qquad ds_2 = \frac{a\,d\eta}{\mathfrak{Cof}\,\eta - \cos\xi}, \quad (48\beta) \qquad ds_3 = dz. \quad (48\gamma)$$

Ferner ergibt sich aus den Gl. (9), (10) und (12), wobei wir den Ausdruck rot hier übergehen wollen:

$$\operatorname{grad}\varphi(\xi,\eta,z) = \mathfrak{b}_1 \frac{\mathfrak{Cof}\,\eta - \cos\xi}{a}\frac{\partial\varphi}{\partial\xi} + \mathfrak{b}_2 \frac{\mathfrak{Cof}\,\eta - \cos\xi}{a}\frac{\partial\varphi}{\partial\eta} + \mathfrak{b}_3 \frac{\partial\varphi}{\partial z}, \quad (49\text{a})$$

$$\operatorname{div}\mathfrak{A}(\xi,\eta,z) = \frac{(\mathfrak{Cof}\,\eta - \cos\xi)^2}{a}\left\{\frac{\partial}{\partial\xi}\left(\frac{A_\xi}{\mathfrak{Cof}\,\eta - \cos\xi}\right) + \frac{\partial}{\partial\eta}\left(\frac{A_\eta}{\mathfrak{Cof}\,\eta - \cos\xi}\right)\right\} + \frac{\partial A_z}{\partial z}, \quad (49\text{b})$$

$$\triangle\varphi(\xi,\eta,z) = \frac{(\mathfrak{Cof}\,\eta - \cos\xi)^2}{a^2}\left\{\frac{\partial^2\varphi}{\partial\xi^2} + \frac{\partial^2\varphi}{\partial\eta^2}\right\} + \frac{\partial^2\varphi}{\partial z^2}. \quad (49\text{c})$$

Im Falle ebener Felder fallen natürlich in diesen Gleichungen die Ableitungen nach z heraus.

Für den in einer beliebigen Querschnittsebene gemessenen Abstand $\varrho(P, P')$ zweier Punkte $P(\xi, \eta)$ und $P'(\xi', \eta')$ berechnet sich der Ausdruck

$$\ln\frac{a}{\varrho(P,P')} = \frac{1}{2}\ln\frac{(\mathfrak{Cof}\,\eta - \cos\xi)(\mathfrak{Cof}\,\eta' - \cos\xi')}{2[\mathfrak{Cof}(\eta - \eta') - \cos(\xi - \xi')]}. \quad (50\alpha)$$

Nun ist im Hinblick auf die Gl. 1.2 (25)

$$\ln\{(\mathfrak{Cof}\,\alpha - \cos\beta)\} = +\alpha - \ln 2 - 2\sum_{\lambda=1}^{\infty}\frac{\cos\lambda\beta}{\lambda}e^{-\alpha\lambda} \quad (\alpha > 0), \quad (51)$$

so daß sich auch schreiben läßt

$$\ln\frac{a}{\varrho(P,P')} = \frac{1}{2}[|\eta| + |\eta'| - |\eta + \eta'|] - \ln 2 - \\ - \sum_{\lambda=1}^{\infty}\left\{\frac{\cos\lambda\xi}{\lambda}e^{-\lambda|\eta|} + \frac{\cos\lambda\xi'}{\lambda}e^{-\lambda|\eta'|} - \frac{\cos\lambda(\xi - \xi')}{\lambda}e^{-\lambda|\eta - \eta'|}\right\}. \quad (50\beta)$$

In der Tat erfüllt hierin jeder Summand in den unendlichen Reihen die Gleichung von LAPLACE, die nach Gl. (49c) für ebene Felder in den Koordinaten ξ und η angeschrieben genau dieselbe äußere Form hat wie in den rechtwinkligen Koordinaten x, y. Es erübrigt sich daher, hier noch auf den Aufbau der einfachsten Produktlösung der Gleichung $\triangle \phi = 0$ einzugehen. Sie ist aus Gl. (50β) sofort zu ersehen.

2. Die toroidalen Koordinaten. Das toroidale oder das Ringkoordinatensystem weist eine achsiale Symmetrie um die y-Achse auf. Innerhalb der Meridianebene

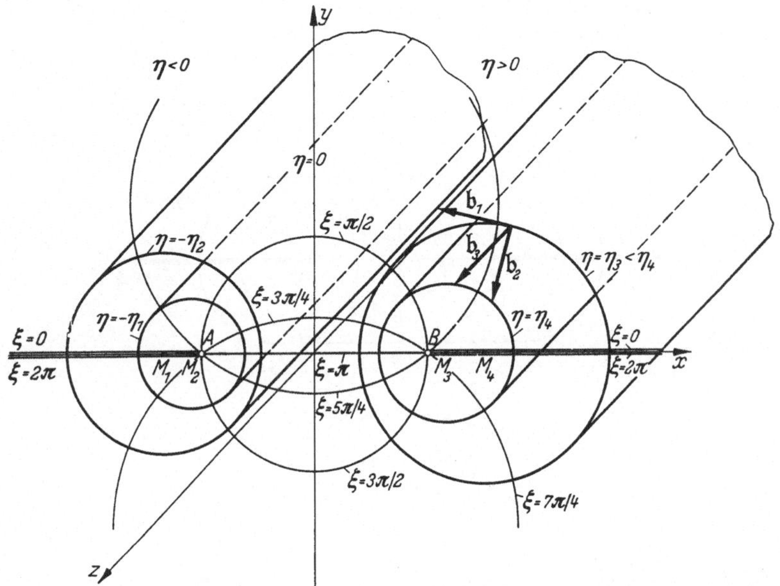

Abb. 25. Die drei Einheitsvektoren $\mathfrak{b}_i$ mit $i = 1, 2, 3$ weisen in die Richtungen zunehmender Werte von ξ, η und z und bilden in dieser Reihenfolge ein rechtshändiges System Das bipolare System

wird ein Punkt durch die Koordinaten ξ, η festgelegt. Die Stellung der Meridianebene selbst wird wie bei den Zylinder- und den Kugelkoordinaten durch den Winkel φ fixiert, den die Meridianebene, wie es die Abb. 26 andeutet, mit der x, y-Ebene bildet. Der Zusammenhang zwischen den Koordinaten (x, y, z) und den Toruskoordinaten $(\xi, \eta, \varphi) \equiv (u_1, u_2, u_3)$ wird mithin durch die Gleichungen

$$x = \varrho \cos\varphi, \qquad (52\text{a}) \qquad\qquad y = a \frac{\sin\xi}{\operatorname{Cof}\eta - \cos\xi}, \qquad (52\text{b})$$

$$z = \varrho \sin\varphi, \qquad (52\text{c}) \qquad\qquad \varrho = a \frac{\operatorname{Sin}\eta}{\operatorname{Cof}\eta - \cos\xi} \qquad (52\text{d})$$

beschrieben. Wenn der ganze Raum durch diese Koordinaten lückenlos erfaßt werden soll, so müssen ξ, η, φ die Bereiche

$$0 \gtreqless \xi \leqq 2\pi, \quad 0 \gtreqless \eta < \infty, \quad 0 \gtreqless \varphi \leqq 2\pi$$

durchlaufen. Nach Abb. 26 bildet die Fläche $\eta = \text{const}$ die Oberfläche eines Ringes von kreisförmigem Querschnitt, wie er durch die Rotation eines Kreises um eine in seiner Ebene, aber außerhalb seiner Fläche gelegene Achse entsteht. Die Flächen $\xi = \text{const}$ bilden Kugelkappen, die alle den in der x, z-Ebene gelegenen und durch die Punkte A, B gehenden Kreisring als ein für allemal festliegende Berandung haben. Zwei Entartungsformen dieser Kugelkappen sind besonders bemerkenswert: Für $\xi = \pi$ geht die Kugelkappe in eine Kreisscheibe vom Radius a über, und für $\xi = 0$ oder π geht die Kugelkappe in die unendlich ausgedehnte x, z-Ebene über mit der zwischen A und B gelegenen Kreisfläche vom Radius a als kreisförmigem Loch in dieser Ebene.

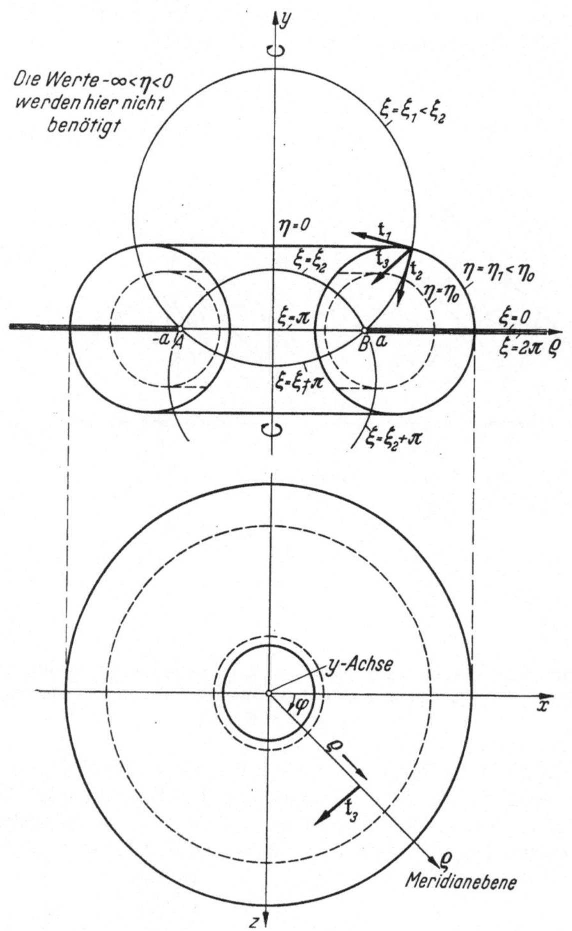

Abb. 26. Die drei Einheitsvektoren t_i mit $i=1, 2, 3$ weisen in die Richtungen zunehmender Werte von ξ, η und φ und bilden in dieser Reihenfolge ein rechtshändiges System
Das toroidale System

Nach den Gl. (3a) ist dann im vorliegenden Falle:

$$h_1 = \frac{\mathfrak{Cof}\,\eta - \cos\xi}{a}, \quad (53\text{a}) \qquad h_2 = \frac{\mathfrak{Cof}\,\eta - \cos\xi}{a}, \quad (53\text{b})$$

$$h_3 = \frac{\mathfrak{Cof}\,\eta - \cos\xi}{a\,\mathfrak{Sin}\,\eta}, \quad (53\text{c})$$

und mithin gelten für die drei Bogenelemente in Richtung zunehmender Werte von ξ, η und φ die Formeln:

$$ds_1 = \frac{a\,d\xi}{\mathfrak{Cof}\,\eta - \cos\xi}, \quad (54\alpha) \qquad ds_2 = \frac{a\,d\eta}{\mathfrak{Cof}\,\eta - \cos\xi}, \quad (54\beta)$$

$$ds_3 = \frac{a\,\mathfrak{Sin}\,\eta}{\mathfrak{Cof}\,\eta - \cos\xi}\,d\varphi. \tag{54γ}$$

Die zugehörigen Einheitsvektoren, die in Abb. 26 eingetragen sind, werden hier mit $\mathfrak{t}_1$, $\mathfrak{t}_2$ und $\mathfrak{t}_3$ bezeichnet. Ferner ist nach den Gl. (9), (10) und (12)

$$\begin{aligned} \operatorname{grad}\Phi(\xi,\eta,\varphi) = {} & \mathfrak{t}_1 \frac{\mathfrak{Cof}\,\eta - \cos\xi}{a}\,\frac{\partial\Phi}{\partial\xi} + \mathfrak{t}_2 \frac{\mathfrak{Cof}\,\eta - \cos\xi}{a}\,\frac{\partial\Phi}{\partial\eta} + \\ & + \mathfrak{t}_3 \frac{\mathfrak{Cof}\,\eta - \cos\xi}{a\,\mathfrak{Sin}\,\eta}\,\frac{\partial\Phi}{\partial\varphi}, \end{aligned} \tag{55a}$$

$$\begin{aligned} \operatorname{div}\mathfrak{A}(\xi,\eta,\varphi) = {} & \frac{(\mathfrak{Cof}\,\eta - \cos\xi)^3}{a\,\mathfrak{Sin}\,\eta} \left\{ \frac{\partial}{\partial\xi}\left(\frac{\mathfrak{Sin}\,\eta\cdot A_\xi}{(\mathfrak{Cof}\,\eta - \cos\xi)^2} \right) + \right. \\ & \left. + \frac{\partial}{\partial\eta}\left(\frac{\mathfrak{Sin}\,\eta\cdot A_\eta}{(\mathfrak{Cof}\,\eta - \cos\xi)^2} \right) + \frac{1}{(\mathfrak{Cof}\,\eta - \cos\xi)^2}\,\frac{\partial A_\varphi}{\partial\varphi} \right\}, \end{aligned} \tag{55b}$$

$$\begin{aligned} \triangle\Phi(\xi,\eta,\varphi) = {} & \frac{(\mathfrak{Cof}\,\eta - \cos\xi)^3}{a^2\,\mathfrak{Sin}\,\eta} \left\{ \frac{\partial}{\partial\xi}\left(\frac{\mathfrak{Sin}\,\eta}{\mathfrak{Cof}\,\eta - \cos\xi}\,\frac{\partial\Phi}{\partial\xi} \right) + \right. \\ & \left. + \frac{\partial}{\partial\eta}\left(\frac{\mathfrak{Sin}\,\eta}{\mathfrak{Cof}\,\eta - \cos\xi}\,\frac{\partial\Phi}{\partial\eta} \right) + \frac{1/\mathfrak{Sin}\,\eta}{\mathfrak{Cof}\,\eta - \cos\xi}\,\frac{\partial^2\Phi}{\partial\varphi^2} \right\}. \end{aligned} \tag{55c}$$

Zu Gl. (55c) bemerken wir noch, daß die Funktion

$$F(\xi,\eta,\varphi) = \Phi(\xi,\eta,\varphi)/\sqrt{\mathfrak{Cof}\,\eta - \cos\xi}$$

die partielle Differentialgleichung

$$\frac{1}{\mathfrak{Sin}\,\eta}\,\frac{\partial}{\partial\eta}\left(\mathfrak{Sin}\,\eta\,\frac{\partial F}{\partial\eta}\right) + \frac{\partial^2 F}{\partial\xi^2} + \frac{1}{\mathfrak{Sin}^2\eta}\,\frac{\partial^2 F}{\partial\varphi^2} + \frac{1}{4}F(\xi,\eta,\varphi) = 0 \tag{55γ}$$

erfüllt.

Für den Abstand zweier Punkte $p(\xi,\eta,\varphi)$ und $p'(\xi',\eta',\varphi')$ errechnet sich mit Hilfe von Gl. (52) ohne Mühe zunächst der Ausdruck:

$$\frac{a}{R} = \left\{ \frac{(\mathfrak{Cof}\,\eta - \cos\xi)\,(\mathfrak{Cof}\,\eta' - \cos\xi')/2}{\mathfrak{Cof}\,\eta\,\mathfrak{Cof}\,\eta' - \mathfrak{Sin}\,\eta\,\mathfrak{Sin}\,\eta'\cos(\varphi-\varphi') - \cos(\xi-\xi')} \right\}^{\frac{1}{2}}. \tag{56}$$

Nun besteht die Formel

$$(x - \cos\varphi)^{-\frac{1}{2}} \begin{cases} = \dfrac{2\sqrt{2}}{\pi} \displaystyle\sum_{n=0}^{\infty} \frac{\cos n\varphi}{1 + \delta_{0n}}\,\mathfrak{Q}_{-\frac{1}{2}+n}(x) & (x > 1) \\ = -\dfrac{\sqrt{2}}{2\pi i} \displaystyle\int_{\mathfrak{W}} \frac{\cos s(\pi - |\varphi|)}{\sin\pi s}\,\mathfrak{Q}_{-\frac{1}{2}+s}(x)\,ds & (0 < |\varphi| \leqq \pi) \\ = 2^{-\frac{1}{2}} \displaystyle\int_{-\infty}^{+\infty} \frac{\mathfrak{Cof}\,t(\pi - |\varphi|)}{\mathfrak{Cof}\,\pi t}\,\mathfrak{P}_{-\frac{1}{2}+it}(x)\,dt & (0 < |\varphi| \leqq \pi). \end{cases} \tag{57}$$

Das erste Integral entsteht hierin aus der unendlichen Reihe auf die nämliche Weise wie der Ausdruck (34′) aus Gl. (29), und auch hier darf hinterher vom

Integrationsweg $\mathfrak{C}_2$ von Abb. 22 zu dem Intergationsweg $\mathfrak{W}$ übergegangen werden. Schließlich gelangt man von der zweiten zur dritten Darstellungsform, indem man in dem Integral mit der Funktion $\mathfrak{Q}$ zunächst von der Variablen $+s$ zur Variablen $-s$ übergeht, die beiden Integrale addiert und von der Formel

$$\mathfrak{Q}_{-\frac{1}{2}+s}(x) - \mathfrak{Q}_{-\frac{1}{2}-s}(x) = -\pi \tan(\pi s) \cdot \mathfrak{P}_{-\frac{1}{2}+s}(x) \qquad (x > 1) \qquad (58)$$

Gebrauch macht. Da in dem entstehenden neuen Integral der Integrand an der Stelle $s = 0$ regulär ist, so kann der Doppelweg $\mathfrak{W}$ zu einem einfachen Weg längs der imaginären Achse zusammengezogen werden. Ersetzt man dann s durch $i\,t$, so kommt das angeschriebene Integral zustande, das natürlich auch als Integral zwischen den Grenzen $0 \cdots \infty$ geschrieben werden könnte.

Für Umrechnungen der Art, wie sie dem eben vollzogenen Übergang von der Reihen- zur Integraldarstellung entsprechen, merke man noch die folgenden beiden asymptotischen Ausdrücke für $\nu \to \infty$ an:

$$\mathfrak{P}_\nu^\mu(\mathfrak{Cof}\,\eta) \sim \frac{2}{\sqrt{2\pi\,\mathfrak{Sin}\,\eta}}\, e^{(\mu-\frac{1}{2})[\ln\nu - \pi i/2]} \mathfrak{Cof}\left(\eta\left(\nu+\frac{1}{2}\right) + \frac{\pi i}{2}\left(\mu - \frac{1}{2}\right)\right), \qquad (60\alpha)$$

$$\mathfrak{Q}_\nu^\mu(\mathfrak{Cof}\,\eta) \sim \frac{\pi}{\sqrt{2\pi\,\mathfrak{Sin}\,\eta}}\, e^{(\mu-\frac{1}{2})\ln\nu + \pi i \mu - \eta(\nu+\frac{1}{2})} \qquad \left(\mathfrak{Im}\,\mu = 0,\ |\mathrm{arc}\,\nu| \leqq \frac{\pi}{2}\right). \qquad (60\beta)$$

Dann ist z. B. $e^{-\eta(\nu+\frac{1}{2})} = e^{-\eta\nu_1 - i\eta\nu_2}$ für $\nu = -\frac{1}{2} + \nu_1 + i\,\nu_2$, $\nu_2 \to \pm\infty$.

Benutzen wir zunächst die unendliche Reihe in Gl. (57) und beachten noch die Entwicklung

$$\mathfrak{Q}_\nu(v v' - \sqrt{v^2-1}\,\sqrt{v'^2-1}\cos\chi) = \sum_{n=0}^{\infty} \frac{2(-)^n}{1+\delta_{0n}} \mathfrak{P}_\nu^{-n}(v')\,\mathfrak{Q}_\nu^n(v)\cos n\chi$$

$$= [(v^2-1)(v'^2-1)]^{-\frac{1}{4}} e^{-\pi i(\nu+\frac{1}{2})} \sum_{n=0}^{\infty} \frac{2}{1+\delta_{0n}} \mathfrak{Q}_{-\frac{1}{2}+n}^{\nu+\frac{1}{2}}\left(\frac{v'}{\sqrt{v'^2-1}}\right) \times \qquad (59)$$

$$\times\, \mathfrak{P}_{-\frac{1}{2}+n}^{-\nu-\frac{1}{2}}\left(\frac{v}{\sqrt{v^2-1}}\right)\cos n\chi \qquad \left(\begin{matrix}\mathfrak{Im}\,(v, v') = 0,\ 1 < v' < v; \\ \nu \neq -1, -2, \ldots;\ \chi \text{ reell}\end{matrix}\right),$$

so gelangen wir sofort zu der Darstellung

$$\frac{a}{R(p,p')} = \frac{4}{\pi}\{(\mathfrak{Cof}\,\eta - \cos\xi)(\mathfrak{Cof}\,\eta' - \cos\xi')\}^{\frac{1}{2}} \times$$

$$\times \sum_{n=0}^{\infty}\sum_{m=0}^{\infty}(-)^m \frac{\cos n(\xi-\xi')\cos m(\varphi-\varphi')}{(1+\delta_{0n})(1+\delta_{0m})} \times \qquad (61\,\mathrm{a})$$

$$\times\, \mathfrak{Q}_{-\frac{1}{2}+n}^{m}(\mathfrak{Cof}\,\eta)\,\mathfrak{P}_{-\frac{1}{2}+n}^{-m}(\mathfrak{Cof}\,\eta') \qquad (0 < \eta' < \eta < \infty).$$

Dieser Ausdruck für a/R zeigt eine Unstetigkeit hinsichtlich der Variablen η. Mittels der zweiten Integraldarstellung in Gl. (57) läßt sich aber auch sofort ein Ausdruck für a/R angeben, der eine Unstetigkeit hinsichtlich der Variablen φ aufweist. Man gelangt dazu, indem man in Gl. (56) den Faktor $\mathfrak{Sin}\,\eta\,\mathfrak{Sin}\,\eta'$

aus dem Nenner herauszieht und dann die s-Form von Gl. (57) anwendet. Die entstandene Formel lautet dann

$$\frac{a}{R(p, p')} = -\left\{\frac{(\mathfrak{Cos}\,\eta - \cos\xi)\,(\mathfrak{Cos}\,\eta' - \cos\xi')}{\mathfrak{Sin}\,\eta\,\mathfrak{Sin}\,\eta'}\right\}^{\frac{1}{2}} \times$$

$$\times \frac{1}{2\pi i}\int\limits_{\mathfrak{W}} \frac{\cos s(\pi - |\varphi - \varphi'|)}{\sin \pi s}\,\mathfrak{Q}_{-\frac{1}{2}+s}\left(\mathfrak{Ctg}\,\eta\,\mathfrak{Ctg}\,\eta' - \frac{\cos(\xi - \xi')}{\mathfrak{Sin}\,\eta\,\mathfrak{Sin}\,\eta'}\right) ds \qquad (61\,\text{b})$$

$$(|\varphi - \varphi'| < \pi).$$

Schließlich läßt sich die Gl. (57) auf (56) auch noch in der Weise anwenden, daß $\cos\varphi$ mit $\cos(\eta - \eta')$ identifiziert wird. Dann ergibt sich aus der s-Form

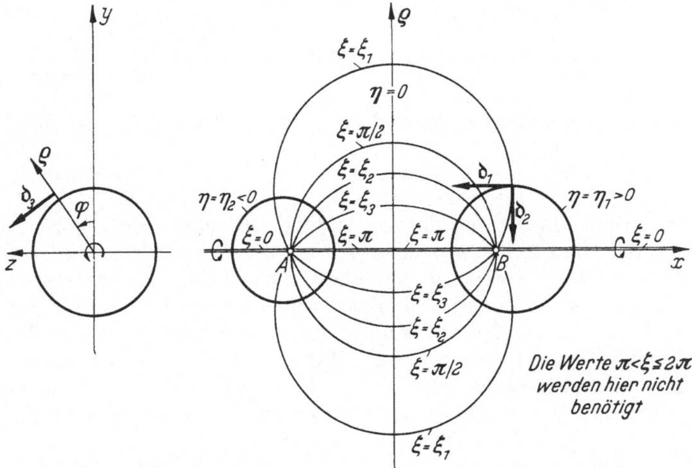

Abb. 27. Die drei Einheitsvektoren $\mathfrak{b}_i$ mit $i = 1, 2, 3$ weisen in die Richtungen zunehmender Werte von ξ, η und φ und bilden in dieser Reihenfolge ein rechtshändiges System Das bisphärische System

von Gl. (57) die Darstellung

$$\frac{a}{R(p, p')} = -\{(\mathfrak{Cos}\,\eta - \cos\xi)\,(\mathfrak{Cos}\,\eta' - \cos\xi')\}^{\frac{1}{2}}\,\frac{1}{2\pi i}\int\limits_{\mathfrak{W}} \frac{\cos s(\pi - |\xi - \xi'|)}{\sin\pi s} \times$$

$$\times\,\mathfrak{Q}_{-\frac{1}{2}+s}(\mathfrak{Cos}\,\eta\,\mathfrak{Cos}\,\eta' - \mathfrak{Sin}\,\eta\,\mathfrak{Sin}\,\eta'\cos(\varphi - \varphi'))\,ds \quad (|\xi - \xi'| < \pi). \qquad (61\,\text{c})$$

Der Ausdruck (61a) läßt andererseits sofort erkennen, daß der Produktansatz, um eine Lösung von (55c) zu sein, die Form haben muß:

$$\Phi(\xi, \eta, \varphi) = [A\,\mathfrak{Q}^{m}_{-\frac{1}{2}+n}(\mathfrak{Cos}\,\eta) + B\,\mathfrak{P}^{m}_{-\frac{1}{2}+n}(\mathfrak{Cos}\,\eta)]\,[C\sin n\,\xi + D\cos n\,\xi] \times$$
$$\times\,[E\cos m\,\varphi + F\sin m\,\varphi]\,\sqrt{\mathfrak{Cos}\,\eta - \cos\xi}\,. \qquad (62)$$

Das Auftreten der Wurzel in Gl. (62), der sogenannte Unsymmetriefaktor, ist für eine Lösung der Gl. (55c) typisch.

3. Die dipolaren oder bisphärischen Koordinaten. Die von den hier zu besprechenden drei Koordinatensystemen wohl am wenigsten bekannten dipolaren Koordinaten haben die x-Achse mit den beiden Fixpunkten A und B zur Rotations- oder Symmetrieachse. Innerhalb der durch die x-Achse gehenden Meridianebene wird die Lage eines Raumpunktes durch Angabe der ξ- und η-Werte beschrieben, und die Meridianebenen selbst werden durch den Winkel φ festgelegt, den sie mit der x, y-Ebene bilden. Die Abb. 27 veranschaulicht die drei zugehörigen Koordinatenflächen $\xi = \text{const}$, $\eta = \text{const}$, $\varphi = \text{const}$ mit den Koordinatenrichtungen der drei Einheitsvektoren $\mathfrak{d}_1, \mathfrak{d}_2, \mathfrak{d}_3$. Der Zusammenhang der Koordinaten (x, y, z) einerseits und der dipolaren Koordinaten $(\xi, \eta, \varphi) \equiv (u_1, u_2, u_3)$ andererseits ist dann durch das Gleichungstripel

$$x = a \frac{\operatorname{Sin} \eta}{\operatorname{Cos} \eta - \cos \xi}, \quad (63\text{a}) \qquad y = \varrho \cos \varphi, \quad (63\text{b})$$

$$z = \varrho \sin \varphi, \quad (63\text{c}) \qquad \varrho = a \frac{\sin \xi}{\operatorname{Cos} \eta - \cos \xi} \quad (63\text{d})$$

gegeben. Der Schwankungsbereich der drei Koordinaten (ξ, η, φ) beträgt:

$$0 \leqq \xi \leqq \pi, \qquad -\infty < \eta < +\infty, \qquad 0 \gtreqless \varphi \leqq 2\pi.$$

Die praktische Bedeutung der dipolaren Koordinaten liegt in der Tatsache begründet, daß die Flächen $\eta = \text{const}$ Kugeln darstellen, die entweder den Fixpunkt A oder den Fixpunkt B einhüllen. Die Flächen $\xi = \text{const}$ haben für Werte von ξ in der Nähe von π die Form von Spindeln, für Werte von ξ in der Nähe von Null sehen sie Kugeln ähnlich, die an den gegenüberliegenden Polen trichterförmige Vertiefungen aufweisen. Wir werden im folgenden hauptsächlich wegen der ersten Eigenschaft von diesen Koordinaten Gebrauch machen.

Die metrischen Koeffizienten h_1, h_2, h_3 sind nach Gl. (3a) durch die Formeln

$$h_1 = \frac{\operatorname{Cos} \eta - \cos \xi}{a}, \quad (64\text{a}) \qquad h_2 = \frac{\operatorname{Cos} \eta - \cos \xi}{a}, \quad (64\text{b})$$

$$h_3 = \frac{\operatorname{Cos} \eta - \cos \xi}{a \sin \xi} \quad (64\text{c})$$

gegeben, und somit gelten für die drei Bogendifferentiale nach den Richtungen zunehmender Werte von ξ, η, φ, das sind die Richtungen der Einheitsvektoren $\mathfrak{d}_1, \mathfrak{d}_2, \mathfrak{d}_3$, die Beziehungen

$$d s_1 = \frac{a\, d\xi}{\operatorname{Cos} \eta - \cos \xi}, \quad (64\alpha) \qquad d s_2 = \frac{a\, d\eta}{\operatorname{Cos} \eta - \cos \xi}, \quad (64\beta)$$

$$d s_3 = \frac{a \sin \xi\, d\varphi}{\operatorname{Cos} \eta - \cos \xi}. \quad (64\gamma)$$

Daraus folgen dann wie früher die Gleichungen

$$\begin{aligned} \operatorname{grad} \phi(\xi, \eta, \varphi) = \mathfrak{d}_1 \frac{\operatorname{Cos} \eta - \cos \xi}{a} \frac{\partial \phi}{\partial \xi} + \mathfrak{d}_2 \frac{\operatorname{Cos} \eta - \cos \xi}{a} \frac{\partial \phi}{\partial \eta} + \\ + \mathfrak{d}_3 \frac{\operatorname{Cos} \eta - \cos \xi}{a \sin \xi} \frac{\partial \phi}{\partial \varphi}, \end{aligned} \quad (65\text{a})$$

$$\operatorname{div}\mathfrak{A}(\xi,\eta,\varphi)=\frac{(\operatorname{Cof}\eta-\cos\xi)^3}{a\sin\xi}\left[\frac{\partial}{\partial\xi}\left(\frac{\sin\xi\cdot A_\xi}{(\operatorname{Cof}\eta-\cos\xi)^2}\right)+\right.$$
$$\left.+\frac{\partial}{\partial\eta}\left(\frac{\sin\xi\cdot A_\eta}{(\operatorname{Cof}\eta-\cos\xi)^2}\right)+\frac{1}{(\operatorname{Cof}\eta-\cos\xi)^2}\frac{\partial A_\varphi}{\partial\varphi}\right], \tag{65b}$$

$$\triangle\Phi(\xi,\eta,\varphi)=\frac{(\operatorname{Cof}\eta-\cos\xi)^3}{a^2\sin\xi}\left[\frac{\partial}{\partial\xi}\left(\frac{\sin\xi}{\operatorname{Cof}\eta-\cos\xi}\frac{\partial\Phi}{\partial\xi}\right)+\right.$$
$$\left.+\frac{\partial}{\partial\eta}\left(\frac{\sin\xi}{\operatorname{Cof}\eta-\cos\xi}\frac{\partial\Phi}{\partial\eta}\right)+\frac{1/\sin\xi}{\operatorname{Cof}\eta-\cos\xi}\frac{\partial^2\Phi}{\partial\varphi^2}\right]. \tag{65c}$$

Die Frage nach dem Ausdruck für die reziproke Entfernung $1/R$ zweier Punkte $p(\xi,\eta,\varphi)$ und $p'(\xi',\eta',\varphi')$ läßt sich hier ebenfalls ohne grundsätzliche Schwierigkeiten entscheiden, indem man von der Beziehung $R^2=(x-x')^2+(y-y')^2+$ $+(z-z')^2$ ausgeht und die Gl. (63) benutzt. Nach einfacher Rechnung ergibt sich

$$R^2/a^2=e^{|\eta-\eta'|}\{1+e^{-2|\eta-\eta'|}-2e^{-|\eta-\eta'|}\cos\zeta\}/[(\operatorname{Cof}\eta-\cos\xi)(\operatorname{Cof}\eta'-\cos\xi')] \tag{66}$$

mit

$$\cos\zeta=\cos\xi\cos\xi'+\sin\xi\sin\xi'\cos(\varphi-\varphi'). \tag{66a}$$

Von hier aus führt dann die Reihenentwicklung (29) und das Additionstheorem (31a) sofort zu der Beziehung

$$\frac{a}{R(p,p')}=2\sqrt{(\operatorname{Cof}\eta-\cos\xi)(\operatorname{Cof}\eta'-\cos\xi')}\sum_{\lambda=0}^{\infty}\sum_{m=0}^{\infty}\frac{(-)^m}{1+\delta_{0m}}\times$$
$$\times\cos m(\varphi-\varphi')\,e^{-(\frac{1}{2}+\lambda)|\eta-\eta'|}P_\lambda^{-m}(\cos\xi)\,P_\lambda^{+m}(\cos\xi'). \tag{67}$$

Wir haben hierin für a/R eine Darstellungsform gewonnen, die eine Unstetigkeit für $\eta=\eta'$ aufweist. Die im Anschluß an Gl. (33) gemachten Angaben erlauben es aber ohne neue Rechnung auch sofort, eine Darstellung anzuschreiben, bei der eine gleichartige Unstetigkeit bei der Variablen ξ auftritt. Sie lautet:

$$\frac{a}{R(p,p')}=2\sqrt{(\operatorname{Cof}\eta-\cos\xi)(\operatorname{Cof}\eta'-\cos\xi')}\sum_{m=0}^{\infty}\frac{2}{1+\delta_{0m}}\cos m(\varphi-\varphi')\times$$
$$\times\int_0^\infty\frac{\cos(\eta-\eta')t}{\operatorname{Cof}\pi t}P_{-\frac{1}{2}+it}^{-m}(-\cos\xi)\,P_{-\frac{1}{2}+it}^{m}(\cos\xi')\,dt. \tag{68}$$

Schließlich läßt sich auch noch eine in der Variablen φ unstetige Darstellung gewinnen mittels Überlegungen, wie sie zur Gl. (31d) geführt haben. Aus Raummangel soll jedoch darauf hier nicht eingegangen werden.

Die D.Gl. $\triangle\Phi=0$ mit einem $\triangle\Phi$ gemäß Gl. (65c) wird im Hinblick auf Gl. (67) von einem Produktansatz der Form

$$\Phi(\xi,\eta,\varphi)=\sqrt{\operatorname{Cof}\eta-\cos\xi}\,[A\,e^{-(\frac{1}{2}+n)\eta}+B\,e^{+(\frac{1}{2}+n)\eta}]\,[C\,P_n^{-m}(\cos\xi)+$$
$$+D\,Q_n^{-m}(\cos\xi)]\,[E\cos m\varphi+F\sin m\varphi] \tag{69}$$

befriedigt.

2.2 Das klassische Hilfsmittel der Greenschen Sätze und der Greenschen Funktion

2.21 Die Greenschen Sätze. Da mitunter die Kenntnis der GREENschen Sätze auch für die Herleitung der Lösung spezieller Aufgaben von großem Nutzen ist, so sollen die wichtigsten Beziehungen, die unter dieser Bezeichnung verstanden werden, hier mitsamt ihren Gültigkeitsbedingungen aufgeführt werden. Es kann natürlich nicht davon die Rede sein, sie hier exakt zu beweisen, da das auch gar nicht der Zweck dieses Buches ist. Wir verweisen dieserhalb auf die einschlägigen Lehrbücher [*12*].

Als *erster* GREENscher Satz wird eine Formel bezeichnet, die unmittelbar aus der Gl. 1.1 (3b) hervorgeht, falls darin $\mathfrak{F}$ mit dem Ausdruck $U_1(x, y, z) \cdot \operatorname{grad} U_2(x, y, z)$ identifiziert wird. Da

$$\operatorname{div}(\varepsilon U_1 \operatorname{grad} U_2) = U_1 \operatorname{div}(\varepsilon \operatorname{grad} U_2) + \varepsilon \operatorname{grad} U_1 \operatorname{grad} U_2 \qquad (\varepsilon \equiv \varepsilon(x, y, z))$$

ist, so nimmt bei dieser Spezialisierung der GAUSSsche Satz die Gestalt an

$$\begin{aligned} \int U_1 \operatorname{div}(\varepsilon \operatorname{grad} U_2)\, dV + \int \varepsilon \operatorname{grad} U_1 \operatorname{grad} U_2\, dV &= \oint_H \varepsilon U_1 (\operatorname{grad} U_2\, d\mathfrak{F}_a) \\ &= \int \operatorname{div}(\varepsilon U_1 \operatorname{grad} U_2)\, dV. \end{aligned} \tag{1}$$

Damit diese Formel gültig ist, müssen ε, U_1 und U_2 innerhalb und auf H mitsamt ihren ersten partiellen Ableitungen stetig sein, und U_2 muß dort auch noch stetige Ableitungen zweiter Ordnung besitzen.

U_2 möge im besonderen eine harmonische Funktion sein. Für eine solche Funktion U_2 folgt aus Gl. (1) mit $U_1 = 1$ und $\varepsilon = \text{const}$ die bekannte Beziehung

$$\int_H \operatorname{grad} U_2\, d\mathfrak{F}_a = \int_H \frac{\partial U_2}{\partial n_a}\, dF = 0. \tag{1a}$$

Erfüllt $U_2 = U_1 = U$ die D.Gl. 1.1 (7α), so erhält man die wichtige Relation

$$\int \varepsilon \left\{ \left(\frac{\partial U}{\partial x}\right)^2 + \left(\frac{\partial U}{\partial y}\right)^2 + \left(\frac{\partial U}{\partial z}\right)^2 \right\} dV = \int_H \varepsilon U(x, y, z) (\operatorname{grad} U(x, y, z)\, d\mathfrak{F}_a) \qquad (\varepsilon = \varepsilon(x, y, z)). \tag{1b}$$

Ist auf der geschlossenen Fläche $U = 0$ oder $\partial U/\partial n = 0$, so muß zufolge der linken Seite von Gl. (1b) U eine Konstante sein, und da U stetig ist, so muß es sogar identisch verschwinden. Dieser Satz zeigt, daß, wenn die Funktion U innerhalb H harmonisch ist, so ist sie eindeutig bestimmt, wenn auf H *entweder* sie selbst *oder* ihre Normalableitung gegeben ist.

Sind die beiden Funktionen $U_1(x, y, z)$ und $U_2(x, y, z)$ in H stetig und differenzierbar und haben sie beide stetige partielle Ableitungen zweiter Ordnung in H, so gilt die Gl. (1) nicht nur in der angeschriebenen, sondern auch in der aus Gl. (1) dadurch entstehenden Form, daß U_1 und U_2 miteinander vertauscht werden. Dies führt unmittelbar zu dem *zweiten* GREENschen Satz:

$$\begin{aligned} &\int [U_1 \operatorname{div}(\varepsilon \operatorname{grad} U_2) - U_2 \operatorname{div}(\varepsilon \operatorname{grad} U_1)]\, dV \\ &= \oint_H \varepsilon [U_1 \operatorname{grad} U_2 - U_2 \operatorname{grad} U_1]\, d\mathfrak{F}_a \qquad (\operatorname{div} \operatorname{grad} \equiv \triangle,\ \varepsilon \equiv \varepsilon(x, y, z)). \end{aligned} \tag{2}$$

Sind also im besonderen U_1 und U_2 harmonische Funktionen, die auch noch innerhalb H und auf H stetig differenzierbar sind, dann ist im besonderen

$$\int_H \varepsilon (U_2 \operatorname{grad} U_1 - U_1 \operatorname{grad} U_2)\, d\mathfrak{F}_a = 0. \tag{2a}$$

In allen bisher formulierten Sätzen handelt es sich um endliche, von der Hülle H begrenzte Bereiche. Diese Sätze behalten aber ungeändert auch für unbegrenzte Bereiche ihre Gültigkeit, wenn die darin eingehenden Funktionen U für $r \to \infty$ die weitere Bedingung erfüllen

$$U(r) = O\left(\frac{1}{r}\right), \quad (3\alpha) \qquad |\text{grad}\, U(x, y, z)| = O\left(\frac{1}{r^2}\right). \quad (3\beta)$$

Solche Funktionen sind dann auch in einem unendlichen Bereich harmonisch.

Schließlich führen wir hier noch eine Beziehung an, die vor allen Dingen wegen ihrer physikalischen Aussage im Rahmen dieses Buches Interesse hat. Sie geht aus Gl. (2) hervor, wenn darin etwa die Funktion U_2 mit $1/R$ identifiziert wird, wobei R der Abstand zwischen dem Punkt (x', y', z') und einem beliebigen festen Punkt (x, y, z) ist, der innerhalb des zunächst endlichen Bereichs H liegt. Da die Funktion $U_2 = 1/R$ die für die Anwendbarkeit von Gl. (2) notwendigen Voraussetzungen nicht erfüllt, da ja an der Stelle $(x, y, z) \to (x', y', z')$ die Stetigkeit und Differenzierbarkeit aufhört, so muß der Punkt (x, y, z) zunächst durch eine kleine, um ihn herumgelegte Kugel vom Integrationsbereich ausgeschlossen bleiben. Zu den Begrenzungsflächen des Raumes H muß dann aber noch die Oberfläche dieser sehr kleinen Kugel gerechnet werden. Nach dem leicht durchführbaren Grenzübergang ergibt sich dann ohne Schwierigkeit der *dritte* GREENsche Satz:

$$U(x, y, z) = -\frac{1}{4\pi}\int \frac{\triangle' U}{R}\, dV' + \frac{1}{4\pi}\oint\limits_H \frac{1}{R}\,(\text{grad}' U\, d\mathfrak{F}_a') - \\ - \frac{1}{4\pi}\oint\limits_H U\left(\text{grad}'\frac{1}{R}\, d\mathfrak{F}_a'\right) \quad (4)$$

$$\left(\triangle' \equiv \frac{\partial^2}{\partial x'^2} + \cdots, \quad \text{grad}' \equiv \mathfrak{e}_1 \frac{\partial}{\partial x'} + \cdots, \quad dV' = dx'\, dy'\, dz'\right).$$

In Gl. (4) müssen U und seine partiellen Ableitungen erster Ordnung in H stetig sein und die partiellen Ableitungen der zweiten Ordnung zumindest im Innern von H existieren. Das Volumenintegral muß konvergieren, falls $R \to \infty$ geht. Vergleicht man die rechte Seite von Gl. (4) mit den Gl. 1.2 (8, 10, 12'), so ersieht man, daß der erste Summand der rechten Seite etwa die Potentialfunktion einer Ladungswolke mit der räumlichen Dichte $q_V = -\triangle' U/\varepsilon_0$, der zweite die Potentialfunktion einer mit der Dichte $1/\varepsilon_0 \cdot \partial U/\partial n_a$ auf der Fläche F verteilt liegenden Flächenladung und der dritte Summand die Potentialfunktion einer mit der Dichte $-U/\varepsilon_0$ auf der Fläche F verteilt liegenden Doppelschicht elektrischer Ladungen darstellt.

Die obigen Sätze gelten mit Ausnahme von Gl. (3) und (4) auch für ebene Potentialfelder, solange es sich um endliche Bereiche handelt. Es tritt dann nur an Stelle der flächenhaften Hülle H um ein Volumen eine geschlossene Randkurve um eine offene Fläche und damit dF an Stelle von dV. Hingegen geht das frühere F als Zeichen für eine geschlossene Fläche in eine geschlossene Randkurve R oder L über, und die Integration erfolgt jetzt über die Wegelemente der Randkurve. Wegen der Form der Gl. (4) für ebene Felder vergleiche man Abschn. 2.34.

Auf weitere Einzelheiten, wie z. B. auf die Frage nach der Eindeutigkeit von Ladungsverteilungen, die ein vorgegebenes Potential erzeugen, kann hier nicht eingegangen werden.

2.22 Die primäre Anregungsfunktion im homogenen unbegrenzten Raum für gewisse Normalformen von Feldsingularitäten. Eine harmonische Funktion für den ganzen unbegrenzten, homogen erfüllten Raum ist nach Gl. (1b) notwendig eine Konstante. Ein örtlich variables elektrostatisches Feld muß singuläre Stellen haben. Die einfachste derartige Singularität entspricht dem Verhalten der Potentialfunktion bei Annäherung an eine punktförmige Ladung im elektrostatischen Falle oder an eine punktförmige Elektrode im Falle der stationären Strömung. Die Punktladung oder die punktförmige Elektrode erscheinen bei dieser Betrachtungsweise als die Quellen oder als die Stellen der Anregung des primären Potentialfeldes. Wir werden in diesem übertragenen Sinne mitunter auch von den Stromfäden, die ein magnetisches Feld erzeugen, als von den Quellen dieses Feldes reden, obgleich sie in der Sprache der Vektoranalysis seine Wirbel sind.

In den meisten später behandelten Aufgaben, mögen sie nun der Elektrostatik, der Magnetostatik oder einer der anderen, eingangs besprochenen Gattungen von Potentialfeldern angehören, werden wir immer von gewissen einfachsten Formen von Feldsingularitäten auszugehen haben. Es empfiehlt sich daher, für sie eine Definition zu wählen, die von dem späteren Anwendungsgebiet unabhängig ist. Wir vereinbaren zu diesem Zweck:

Unter der *normierten Anregungsfunktion* einer punktförmigen Quelle im homogenen unbegrenzten Raum soll die Funktion

$$g_P(p, p') = -\frac{1}{4\pi R(p, p')} = -\frac{1}{4\pi R(x, y, z;\, x', y', z')} \tag{5}$$

verstanden werden, worin $R(p, p')$ den Abstand des Quellpunktes p' (x', y', z') vom Aufpunkt p (x, y, z) bedeutet. Diese Funktion befriedigt offenbar im ganzen Raum mit Ausnahme der Stelle $p = p'$ die D.Gl. von Laplace, und da sie sich im Unendlichen gemäß Gl. (3α, β) verhält, so ist sie eine bis auf die Stelle (x', y', z') überall reguläre harmonische Funktion der Variablen (x, y, z). Sie wird als normiert bezeichnet, weil sie die Bedingung

$$\oint_H \operatorname{grad} g_P(p, p')\, d\mathfrak{F}_a = \frac{1}{4\pi}\oint \frac{\mathfrak{r}^{(0)} d\mathfrak{F}_a}{R^2} = +1 \qquad |\mathfrak{r}^{(0)}| = 1 \tag{5a}$$

erfüllt, wenn die geschlossene Fläche H den Punkt p' einhüllt und $R \to 0$ strebt.

Handelt es sich um ein ebenes Feld, so werde definitionsgemäß

$$g_L(p, p') = -\frac{1}{2\pi}\ln\frac{1}{\varrho(p, p')} \qquad (p \equiv p(x, y),\; p' \equiv p'(x', y')) \tag{6}$$

gesetzt, worin nun $\varrho(p, p')$ der in einer Querschnittsebene gemessene Abstand der Punkte p und p' dieser Ebene ist. Wiederum erfüllt g_L mit Ausnahme der Stelle $p = p'$ die D.Gl. von Laplace. Aber für $\varrho \to \infty$ ist das Verhalten von g_L nicht mehr das einer harmonischen Funktion im Punkte ∞. Da aber in der unmittelbaren Nachbarschaft des Punktes p'

$$\oint \frac{\partial g_L}{\partial \varrho}\, \varrho\, d\varphi = 1 \tag{6a}$$

ist, so liegt in g_L wiederum eine normierte Funktion vor.

Der Vergleich mit den verschiedenen, im Abschn. 1.1 besprochenen Fällen zeigt, daß sich mit diesen neuen Abkürzungen die folgenden Darstellungen ergeben: Es ist die *räumliche* Potentialfunktion

a) einer einzelnen Punktladung

$$\varPhi(x, y, z) = -\frac{Q}{\varepsilon_0} g_P(p, p'), \tag{7a}$$

b) einer einzelnen punktförmigen Elektrode

$$\varPhi(x, y, z) = -\frac{2I}{\varkappa} g_P(p, p') \tag{7b}$$

und bei ebenen Feldern die Potentialfunktion

α) einer einzelnen Linienladung q_L

$$\varPhi(x, y) = -\frac{q_L}{\varepsilon_0} g_L(p, p'), \tag{7α}$$

β) eines einzelnen in Richtung $+z$ vom Strom durchflossenen Stromfadens

$$A_z(x, y) = -\mu_0 I\, g_L(p, p'). \tag{7β}$$

Die anderen Normalformen von Feldsingularitäten in Gestalt von Dipolen, Quadrupolen, die bereits früher erwähnt wurden, interessieren an dieser Stelle noch nicht. Es ist jedoch an der Zeit, auf eine bisher außer acht gelassene Anregungsform einzugehen, die aber praktisch häufig vorkommt, und zwar handelt es sich um die axialsymmetrische Anregung durch einen gleichmäßig mit Ladung belegten Ring oder um die Anregung magnetischer Felder durch Stromringe. Hier definieren wir gemäß der Gleichung

$$\begin{aligned} g_R^{(0)}(P, P') \equiv g_R^{(0)}(\alpha, \beta; \alpha', \beta') &= \frac{1}{2\pi} \int\limits_{\chi_0}^{\chi_0+2\pi} g_P(\alpha, \beta, \varphi; \alpha', \beta', \varphi')\, d\varphi' \\ &= -\frac{1}{8\pi^2} \int\limits_{\chi_0}^{\chi_0+2\pi} \frac{d\varphi'}{R(\alpha, \beta, \varphi; \alpha', \beta', \varphi')} \end{aligned} \tag{8}$$

als Mittelwert von g_P über den Kreisumfang. Dabei ist die Funktion g_R nur noch von zwei Koordinaten abhängig, die in Gl. (13) mit α, β bezeichnet worden sind, denn wegen der axialen Symmetrie hat g_R in allen Punkten, die auf dem Umfang eines zur Rotationsachse senkrechten, koaxialen Kreises liegen, die gleichen Werte. In anderer Ausdrucksweise sind (α, β) die ebenen Koordinaten des Schnittpunktes eines dieser Kreise mit einer beliebigen Meridianebene. Handelt es sich z. B. bei Anwendung von Gl. (8) um einen Ladungsring mit der Gesamtladung Q_R, so gilt für die Potentialfunktion dieser Anordnung im homogenen Raum die Beziehung

$$\varPhi(\alpha, \beta) = -\frac{Q_R}{\varepsilon_0} g_R^{(0)}(\alpha, \beta; \alpha', \beta'). \tag{8a}$$

Bei einem in einen allseitig unbegrenzten Leiter mit der Leitfähigkeit $\varkappa$ eingebetteten Stromring, aus dem längs des Umfangs radial der Strom $2I$ austritt, steht in Gl. (8a) für Q_R/ε_0 der Faktor $2I/\varkappa$.

Zu einer Anregungsfunktion mit anderer Mittelwertsbildung führt der wichtige Fall eines ebenen Stromrings, wenn dessen Magnetfeld durch das Vektorpotential beschrieben wird. Der Kreisring habe den Radius a und liege in der x, y-Ebene eines Zylinderkoordinatensystems. Dann ist nach Gl. 1.2 (15b) von vornherein sicher, daß $A_z = 0$ ist. Für die anderen beiden Komponenten ist nach derselben Gleichung im Hinblick auf Abb. 28

$$A_x = -\frac{\mu_0 I}{4\pi} a \int\limits_{\alpha}^{\alpha+2\pi} \frac{\sin\varphi'\, d\varphi'}{R(\varrho, \varphi, z; \varrho', \varphi', z')}, \quad A_y = \frac{\mu_0 I}{4\pi} a \int\limits_{\alpha}^{\alpha+2\pi} \frac{\cos\varphi'\, d\varphi'}{R(\varrho, \varphi, z; \varrho', \varphi', z')}.$$

Wegen $A_\varrho = A_x \cos\varphi + A_y \sin\varphi$ und $A_\varphi = A_y \cos\varphi - A_x \sin\varphi$ folgt aber daraus

$$A_\varrho = -\frac{\mu_0 I a}{4\pi} \int\limits_{\varphi}^{\varphi+2\pi} \frac{\sin(\varphi' - \varphi)}{[(z - z')^2 + \varrho^2 + \varrho'^2 - 2\varrho\varrho' \cos(\varphi - \varphi')]^{\frac{1}{2}}} d\varphi' \equiv 0, \tag{9a}$$

$$A_\varphi(\varrho, z) = \frac{\mu_0 I a}{4\pi} \int\limits_{0}^{2\pi} \frac{\cos\chi\, d\chi}{[(z - z')^2 + \varrho^2 + \varrho'^2 - 2\varrho\varrho' \cos\chi]^{\frac{1}{2}}}. \tag{9b}$$

Auch in diesem Falle hat mithin das Vektorpotential nur eine einzige Komponente A_φ.

Definieren wir also jetzt als Gegenstück zu Gl. (8) die Anregungsfunktion

$$\begin{aligned} g_R^{(1)}(P, P') \equiv g_R^{(1)}(\alpha, \beta; \alpha', \beta') &= \frac{1}{2\pi} \int\limits_{\chi_0}^{\chi_0+2\pi} g_P(\varrho, \varphi, z; \varrho', \varphi', z') \cos\varphi'\, d\varphi' \\ &= -\frac{1}{8\pi^2} \int\limits_{0}^{2\pi} \frac{\cos\chi\, d\chi}{[(z - z_0)^2 + \varrho^2 + \varrho'^2 - 2\varrho\varrho' \cos\chi]^{\frac{1}{2}}}, \end{aligned} \tag{10}$$

so besteht für die Vektorkomponente $A_\varphi(\varrho, z)$ die Formel

$$A_\varphi(\varrho, z) = -2\pi a \mu_0 I g_R^{(1)}(\alpha, \beta; \alpha', \beta'). \tag{11}$$

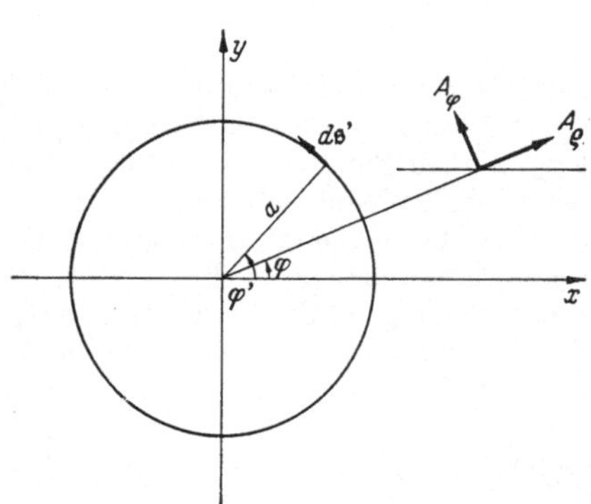

Abb. 28. In der Ebene des Stromrings hat an der gekennzeichneten Stelle das Vektorpotential in Richtung zunehmender Werte von ϱ und φ die oben eingezeichneten Komponenten. Wird die Summe der Beiträge aller Elemente des Stromrings zu dem Vektorpotential in dem eingezeichneten Punkt auf die dort geltenden Richtungen von A_ϱ und A_φ umgerechnet, so ergeben sich die Gl. (9a, b)

Während die drei rechtwinkligen Koordinaten A_x, A_y, A_z im stromfreien Gebiet die D.Gl. von Laplace befriedigen, genügt der Ausdruck $A_\varphi(\varrho, z)$ von Gl. (11) in einem ebensolchen Gebiet keineswegs der Gl. $\triangle A_\varphi = 0$ mit dem Operator $\triangle$ von Gl. 2.1 (16d).

Vielmehr geht aus Gl. 2.1 (17) hervor, da im stromfreien Gebiet $\mathrm{rot}\,\mathfrak{B} = \mathrm{rot}\,\mathrm{rot}\,\mathfrak{A} = 0$ und außerdem auch $\mathrm{div}\,\mathfrak{A} = 0$ ist, daß die Komponente A_φ die D.Gl.

$$\triangle A_\varphi(\varrho, z) - \frac{1}{\varrho^2} A_\varphi(\varrho, z) \equiv \frac{\partial^2 A_\varphi}{\partial \varrho^2} + \frac{1}{\varrho}\frac{\partial A_\varphi}{\partial \varrho} + \frac{\partial^2 A_\varphi}{\partial z^2} - \frac{1}{\varrho^2} A_\varphi = 0 \tag{12}$$

befriedigen muß.

Für die Anregungsfunktionen (5), (8) und (10) ist es im Hinblick auf die Lösung der verschiedenen Aufgaben überdies nützlich, über Darstellungen in Form von Reihen oder Integralen zu verfügen, in denen die einzelnen Reihenglieder oder der Integrand in der bekannten Form eines Produktes erscheinen, dessen Faktoren jeweils nur von einer der drei Raumvariablen abhängen. Im Abschn. 2.1 wurden bereits in jedem der Koordinatensysteme, soweit sie in diesem Buch Verwendung finden, für den reziproken Abstand $1/R(p, p')$ solche Entwicklungen angegeben. Damit sind sie auch für die Funktion g_R bekannt. Die noch fehlende Darstellung dieser Art für die Funktionen $g_R^{(0)}$ und $g_R^{(1)}$ oder allgemeiner für die Funktion

$$g_R^{(k)}(\alpha, \beta; \alpha', \beta') = \frac{1}{2\pi} \int_0^{2\pi} g_P(\alpha, \beta, \varphi; \alpha', \beta', \varphi') \cos k\chi \, d\chi \quad \begin{pmatrix} \chi = \varphi' - \varphi \\ k = 0, 1, 2, \ldots \end{pmatrix} \tag{13}$$

kann aber nach der durch Gl. (13) gegebenen Vorschrift leicht aus den Gleichungen 2.1 (19, 20, 33, 61a, 67) berechnet werden, da sie ja hinsichtlich der Variablen φ Fourier-Reihen darstellen, die nach dem cos eines ganzzahligen Vielfachen von $\varphi - \varphi'$ fortschreiten. Da

$$\int_0^{2\pi} \cos k\chi \cos m\chi \, d\chi = \pi (1 + \delta_{0,k}) \, \delta_{k,m} \tag{14α}$$

ist, so erhält man z. B. im Falle des Zylinderkoordinatensystems für das Potential eines Ringes mit dem Radius ϱ' in der Ebene $z = z'$ die Formel

$$g_R^{(k)}(\varrho, z; \varrho', z') = -\left(\frac{1}{\pi}\right) \int_0^\infty \cos u(z - z') \begin{Bmatrix} K_k(u\varrho) \, I_k(u\varrho') \\ K_k(u\varrho') \, I_k(u\varrho) \end{Bmatrix} du \quad \begin{matrix} (\varrho > \varrho') \\ (\varrho < \varrho'). \end{matrix} \tag{14a}$$

Das hierin auftretende Integral läßt sich aber auswerten. Man kommt auf direktem Wege zu dem von einem Integral freien Resultat, indem man in Gl. (13) auf den Ausdruck für $1/R$ die Gl. 2.1 (57) anwendet. Auf diese Weise ergibt sich die Formel

$$g_R^{(k)}(\varrho, z; \varrho', z') = -\frac{1}{4\pi^2 \sqrt{\varrho \varrho'}} \mathfrak{Q}_{-\frac{1}{2}+k}\left(1 + \frac{(z - z')^2 + (\varrho - \varrho')^2}{2\varrho\varrho'}\right) \tag{14b}$$
$$(k = 0, 1, 2, \ldots).$$

Diese Beziehung beantwortet zugleich die naheliegende Frage, in welcher Weise $g_R^{(k)}$ unendlich wird, wenn sich der Ring der Aufpunkte dem Ring der Quellpunkte unbegrenzt nähert, d. h. $z \to z'$ und $\varrho \to \varrho'$ strebt. Aus der für $\mathfrak{Q}_{-\frac{1}{2}+k}(z)$ in der Nähe der Stelle $z = 1$ geltenden Formel ist nämlich sofort abzulesen, daß das Unendlichwerden logarithmisch erfolgt. Für $k = 0$ und 1 lassen sich die Funktionen $\mathfrak{Q}_{-\frac{1}{2}+k}$ in einen einfachen Zusammenhang mit den beiden vollständigen elliptischen Normalintegralen $K(k)$ und $E(k)$ bringen. So gilt z. B.

$$\mathfrak{Q}_{-\frac{1}{2}}(\mathfrak{Cof}\,\eta) = 2e^{-\eta/2} K(e^{-\eta}), \quad (15\text{a}) \qquad \mathfrak{Q}_{+\frac{1}{2}}(\mathfrak{Cof}\,\eta) = 2e^{\eta/2}\{K(e^{-\eta}) - E(e^{-\eta})\}. \quad (15\text{b})$$

Die Herleitung der Formeln für $g_R^{(k)}$ in anderen rotationssymmetrischen Koordinaten muß dem Leser überlassen bleiben.

2.23 Die Greenschen Funktionen erster und zweiter Art für räumliche Bereiche. Im folgenden werden wir besonders häufig der Aufgabe begegnen, für einen sich ins Unendliche erstreckenden räumlichen Bereich eine harmonische Funktion zu finden, die an einzelnen Begrenzungsflächen des Raums entweder selbst oder mit ihrer ersten Normalableitung verschwindet. In der Tat ist ja nach dem, was im Anschluß an Gl. (1b) gesagt wurde, eine harmonische Funktion bereits durch die eine oder die andere Art von Randwerten bestimmt. Wir besprechen das bekannte Lösungsverfahren für diese beiden Aufgaben, das auf der Verwendung der GREENschen und der NEUMANNschen Funktion beruht.

Wir wenden uns zunächst der *ersten Randwertaufgabe* zu und nehmen für die folgenden Überlegungen unseren Ausgang von der Gl. (4), in der jetzt $U(x, y, z) = \varphi(x, y, z)$ eine in dem endlichen Bereich H harmonische Funktion sein soll. Dann lautet diese Gleichung etwas einfacher und in etwas veränderter Schreibweise:

$$\varphi(x, y, z) = -\oint_F \left\{\frac{\partial \varphi}{\partial n_a'}\left(-\frac{1}{4\pi R(p, p')}\right) - \varphi \frac{\partial}{\partial n_a'}\left(-\frac{1}{4\pi R(p, p')}\right)\right\} dF'. \quad (16\text{a})$$

Hierin bezeichnet $\partial/\partial n_a'$ eine Differentiation in Richtung der äußeren Normalen in bezug auf den von F eingeschlossenen Raum, und zwar hinsichtlich der dabei ins Spiel kommenden Variablen des Punktes $p'(x', y', z')$.

Bedeutet $\psi(x, y, z)$ neben $\varphi(x, y, z)$ eine zweite harmonische Funktion, so ist hier nach Gl. (2) für denselben Raum und für dieselbe Begrenzung wie in Gl. (16a)

$$0 = -\oint_F \left\{\frac{\partial \varphi}{\partial n_a'} \psi - \varphi \frac{\partial \psi}{\partial n_a'}\right\} dF'. \quad (16\text{b})$$

In Gl. (16a) gehen nun zwar die Randwerte der Funktion φ auf F bereits selbst ein, aber zugleich auch die der Normalableitung. Bei der ersten Randwertaufgabe sind aber nur die ersteren bekannt. Wir können nun aber aus Gl. (16a) den unbekannten Term $\partial\varphi/\partial n_a'$ entfernen, wenn wir die Gl. (16b) zu Gl. (16a) hinzufügen und über die noch willkürliche Funktion ψ in der Weise verfügen, daß auf der Oberfläche F die Funktion

$$G(p, p') = -\frac{1}{4\pi R(p, p')} + \psi(p, p') = G(p', p) \qquad (p = p(x, y, z)) \quad (17)$$

überall verschwindet. Dann ist nach Gl. (16a) die gesuchte Funktion $\varphi(x, y, z)$ mit den Randwerten $\varphi(x', y', z')$ durch die Formel

$$\varphi(x, y, z) = \int_F \varphi(x', y', z') \frac{\partial G(p, p')}{\partial n_a'} dF' \quad (18)$$

gegeben. Auf Grund der Herleitung ist die Funktion $G(p, p')$ von Gl. (17) eine innerhalb der Fläche F mit Ausnahme der Stelle $p = p'$ harmonische Funktion, die auf der Fläche F selbst verschwindet. Die Existenz dieser Funktion ist zwar nicht unter allen Umständen gesichert, aber sie besteht unter sehr allgemeinen Voraussetzungen, die in unseren Fällen immer erfüllt sein werden. Auch leistet sie tatsächlich das Verlangte, d. h. die nach Gl. (18) berechnete Funktion $\varphi(x, y, z)$ geht bei Annäherung an irgendeinen Punkt der Begrenzungsfläche in der Tat in den dort herrschenden Wert der in gewissen Grenzen willkürlich wählbaren Funktion $\varphi(x', y', z')$ über.

Die GREENsche Funktion von Gl. (17) ist eine normierte Funktion dieser Art, denn man hat nach Gl. (5), (5a) und (1a)

$$\oint \frac{\partial G(p, p')}{\partial n_a'} dF' = +1 \quad (17\text{a})$$

für jede den Punkt p' einhüllende Fläche. Eine andere wichtige Eigenschaft stellt die bereits in Gl. (17) zum Ausdruck gebrachte und ohne jede Wertänderung verlaufende Vertauschbarkeit von Quellpunkt und Aufpunkt dar. Wegen der exakten Beweise der verschiedenen hier aufgezählten Eigenschaften der GREENschen Funktion wird auf die einschlägige Literatur [*12*] verwiesen.

Enthält der Bereich H den Punkt ∞, so daß es sich also um den äußeren Bereich der Fläche F handelt, so bleiben die obigen Bemerkungen im wesentlichen gültig. Es kommt dann nur zu den schon bisher an die GREENsche Funktion gestellten Forderungen die weitere hinzu, daß sie im Unendlichen wie const/R verschwindet, und damit sie eindeutig bestimmt werden kann, muß der Wert von const bekannt sein. Im elektrostatischen Falle ist dies der Fall, wenn die Gesamtladung bekannt ist. Auch muß sich $G(p, p')$ für $p' \to \infty$ nach Art von Gl. (3α, β) verhalten.

Bei den *Randwertaufgaben zweiter* Art führt die Addition der Gl. (16a, b) mit der Abkürzung

$$N(p, p') = -\frac{1}{4\pi R(p, p')} + \psi(p, p') = N(p', p) \tag{19}$$

für die NEUMANNsche Funktion, wie man auch die GREENsche Funktion zweiter Art nennt, zu der Beziehung:

$$\varPhi(x, y, z) = -\oint\limits_F \left\{N(p, p')\frac{\partial \varPhi}{\partial n'_a} - \varPhi\frac{\partial N(p, p')}{\partial n'_a}\right\} dF'.$$

Dabei soll in Gl. (19) $\psi(p, p')$ wiederum eine innerhalb F harmonische Funktion sein. Nun läßt es sich aber diesmal, wollte man auch jetzt den Term mit $\varPhi$ zum Verschwinden bringen, durch keine Wahl von ψ erreichen, daß an jeder Stelle der Oberfläche F die Normalableitung $\partial N/\partial n'_a$ verschwindet, denn damit stände im Widerspruch, daß in Wirklichkeit im Hinblick auf die Gl. (1a)

$$\oint\limits_F \left\{\frac{\partial}{\partial n'_a}\left(-\frac{1}{4\pi R(p, p')} + \psi(p, p')\right\} dF' \equiv \oint\limits_F \frac{\partial N(p, p')}{\partial n'_a} dF' = 1 \tag{20}$$

ist. Es genügt aber im vorliegenden Falle bereits, wenn in jedem Punkt der Fläche F mit dem Flächeninhalt $\varDelta$

$$\frac{\partial}{\partial n'_a}\left\{-\frac{1}{4\pi R(p, p')} + \psi(p, p')\right\} = \text{const} = \frac{1}{\varDelta} \tag{21}$$

ist, denn man bekommt dann zur Bestimmung der Funktion $\varPhi$ mit der gegebenen Normalableitung $\partial\varPhi/\partial n'_a$ am Rande die Formel

$$\varPhi(x, y, z) = -\oint\limits_F \frac{\partial \varPhi}{\partial n'_a} N(p, p')\, dF' + \left(\oint\limits_F \varPhi(x', y', z')\, dF'\right)\Big/\varDelta, \tag{22}$$

in der das letzte Glied auf der rechten Seite eine Konstante ist, die für die Lösung der Aufgabe ohne Belang ist. Der Wert von const $= 1/\varDelta$ in Gl. (21) ergibt sich zwangsläufig aus Gl. (20). Auch die NEUMANNsche Funktion ist in dem Variablentripel p und p' symmetrisch.

Über die Existenzbedingungen der Funktion N und über die Einschränkungen, denen die willkürlich wählbare Funktion $\partial\varPhi/\partial n'_a$ unterworfen ist, damit die obigen Formeln Geltung behalten, muß wiederum auf die einschlägige Literatur [*12*] verwiesen werden.

Schließlich bleibt noch zu erwähnen, daß, wenn es sich um die erste oder zweite Randwertaufgabe bei der inhomogenen D.Gl. von LAPLACE etwa in der Form

$$\triangle \phi(x,y,z) = \frac{\partial^2 \phi}{\partial x^2} + \frac{\partial^2 \phi}{\partial y^2} + \frac{\partial^2 \phi}{\partial z^2} = -\frac{1}{\varepsilon} q_V(x,y,z) \tag{23}$$

handelt, so lautet die Lösung für die erste *inhomogene* Randwertaufgabe nach Gl. (4)

$$\phi(x,y,z) = \frac{1}{4\pi\varepsilon} \int\limits_H \frac{q_V(x',y',z')}{R(p,p')} dV' + \int\limits_F \phi(x',y',z')\, G(p,p')\, dF'. \tag{24}$$

Die in erster Linie formalen Änderungen, die die hier angeführten Formeln erfahren, wenn es sich um den ebenen Fall handelt, werden kurz im Abschn. 2.34 zur Sprache kommen.

2.3 Das Hilfsmittel der Funktionentheorie und der konformen Abbildung bei ebenen Feldern

2.31 Die verschiedenen komplexen Potentialfunktionen und ihr Zusammenhang mit den Feldgrößen. Da bei ebenen Feldern die Potentialfunktion $\phi(x,y)$ des elektrostatischen oder des stationären Strömungsfeldes oder die Funktionen $\Phi(x,y)$ und $A_z(x,y)$, die die magnetischen Felder von permanenten Magneten oder von Strömen beschreiben, der zweidimensionalen D.Gl. von LAPLACE

$$\frac{\partial^2 U}{\partial x^2} + \frac{\partial^2 U}{\partial y^2} = 0 \qquad (U = \phi, \Phi, A_z) \tag{1}$$

genügen, so muß es möglich sein, sie außerhalb ihrer singulären Stellen als die Real- oder Imaginärteile regulärer analytischer Funktionen aufzufassen. Bezeichnet $\chi(z) = \chi(x + iy)$ eine solche reguläre Funktion, so können und wollen wir setzen: im Falle

des elektrostatischen oder des Strömungsfeldes

$$\chi_e(z) = \phi(x,y) + i\Psi_e(x,y), \tag{1α}$$

des magnetischen Feldes elektrischer Ströme

$$\chi_m(z) = A_z(x,y) + i\mu_0 \Phi(x,y) \tag{1β}$$

und des Hochfrequenzfeldes

$$\chi_H^{(e)}(z) = \phi_H(x,y) + i\Psi_H(x,y), \quad (1\gamma_1) \qquad \chi_H^{(m)}(z) = A_z(x,y) + i\mu_0 \Omega(x,y). \quad (1\gamma_2)$$

Nach Gl. 1.1 (36) ist dann

$$\chi_H^{(m)}(z) = \pm\sqrt{\mu_0\varepsilon_0}\, \chi_H^{(e)}(z). \tag{1γ}$$

Das Magnetfeld permanenter Magnete bleibe hier außer Betracht.

Zufolge der beiden D.Gl. von CAUCHY und RIEMANN

$$\frac{\partial u}{\partial x} = \frac{\partial v}{\partial y}, \quad (2a) \qquad \frac{\partial u}{\partial y} = -\frac{\partial v}{\partial x}, \quad (2b)$$

denen der Real- und Imaginärteil jeder analytischen Funktion $w(z) = u(x,y) + i v(x,y)$ in ihrem Regularitätsbereich genügt, folgt dann in Rücksicht auf die Gl. 1.1 (4c) und (6)

$$-\frac{d\chi_e}{dz} = -\frac{\partial \phi}{\partial x} - i\frac{\partial \Psi_e}{\partial x} = -\frac{\partial \phi}{\partial x} + i\frac{\partial \phi}{\partial y} = E_x(x, y) - i E_y(x, y), \qquad (3\text{a})$$

und in Rücksicht auf die Gl. 1.1 (30a, b)

$$-\frac{d\chi_m}{dz} = -\frac{\partial A_z}{\partial x} + i\frac{\partial A_z}{\partial y} = B_y(x, y) + i B_x(x, y) = i[B_x(x, y) - i B_y(x, y)]. \qquad (3\text{b})$$

Die doppelte Darstellungsmöglichkeit der Feldkomponenten gemäß den Gl.

$$E_x = -\frac{\partial \phi}{\partial x} = -\frac{\partial \Psi_e}{\partial y}, \quad (4\alpha_1) \qquad E_y = -\frac{\partial \phi_e}{\partial y} = +\frac{\partial \Psi_e}{\partial x}, \quad (4\alpha_2)$$

$$B_x = +\frac{\partial A_z}{\partial y} = -\mu_0\frac{\partial \Phi}{\partial x}, \quad (4\beta_1) \qquad B_y = -\frac{\partial A_z}{\partial x} = -\mu_0\frac{\partial \Phi}{\partial y} \quad (4\beta_2)$$

zeigt im Falle des zweiten Gleichungssatzes $(4\beta_{1,\,2})$, daß die imaginäre Komponente $\Phi(x, y)$ der komplexen Funktion $\chi_m(z)$ im Hinblick auf Gl. 1.1 (19) die Rolle des skalaren magnetischen Potentials spielt. Ferner ist nach Gl. (3a)

$$E_x^2 + E_y^2 = \frac{d\chi_e}{dz}\,\overline{\frac{d\chi_e}{dz}} = \left|\frac{d\chi_e}{dz}\right|^2. \qquad (4)$$

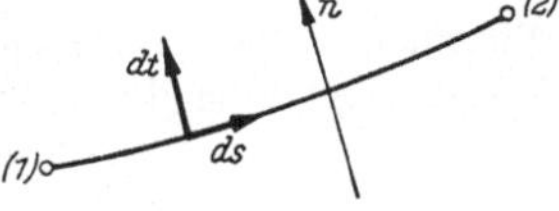

Abb. 29. Sind Φ und Ψ in (5a, b) Real- und Imaginärteil einer analytischen Funktion, so hängen die Ableitungen von Φ und Ψ nach den zueinander senkrechten Richtungen s und t gemäß Gl. (5a, b) zusammen

Eine Aufgabe, die bei Untersuchung von Feldern ständig auftritt, zielt ab auf die Berechnung des elektrischen oder magnetischen Flusses durch ein zwischen den Punkten *1* und *2* ausgespanntes Kurvenstück, d. h. durch eine zu diesem Kurvenstück gehörende und sich in Z-Richtung ausdehnende Fläche. Je Längeneinheit in Richtung der Z-Achse beträgt dieser Fluß im Hinblick auf Abb. 29

$$\varepsilon_0 \int_1^2 E_t\, ds = -\varepsilon_0 \int_1^2 \frac{\partial \phi}{\partial t}\, ds = \varepsilon_0 \int_1^2 \frac{\partial \Psi}{\partial s}\, ds = \varepsilon_0\,\{\Psi(z_2) - \Psi(z_1)\}. \qquad (5\alpha)$$

Darin bedeuten s und n oder t zwei Richtungen in der komplexen z-Ebene, die hinsichtlich des Drehsinns in derselben Weise wie die Richtungen der x und y einander zugeordnet sind. So gilt bekanntlich in Analogie zu Gl. (2a, b) auch das Gleichungspaar:

$$\frac{\partial \phi}{\partial s} = \frac{\partial \Psi}{\partial t}, \quad (5\text{a}) \qquad \frac{\partial \phi}{\partial t} = -\frac{\partial \Psi}{\partial s}, \quad (5\text{b})$$

und ds, dt sind hierin zwei in Richtung der Pfeile zunehmende Bogenlängen entsprechend der Gl. 2.1 (7). Aus Gl. (5) geht damit hervor, daß die imaginären Teile der Funktionen $\chi_e(z)$ und $\chi_H(z)$ von Gl. $(1\alpha, \gamma)$, die zunächst keine Bedeutung haben, in höchst einfacher Weise dazu herangezogen werden können, eine so wichtige Kenngröße des elektrischen Feldes wie den zwischen zwei Punkten hindurchtretenden Fluß berechnen zu helfen. Man nennt aus diesem Grunde die Funktionen $\Psi_e(x, y)$ oder $\Psi_H(x, y)$ dieser Gleichungen die Stromfunktionen.

In der Gl. (1β) kommt die Bedeutung als Stromfunktion der reellen Komponenten $A(x, y) = A_z(x, y)$ zu, wie bereits aus der Gl. 1.1 (43d) hervorgeht.

Jedoch ist hier nach Gl. ($4\beta_2$) und (6a, b) im Gegensatz zu Gl. (5)

$$\int_1^2 B_t\,ds = -\int_1^2 \frac{\partial A}{\partial s}\,ds = A(z_1) - A(z_2). \tag{5β}$$

In der Gl. (1β) ist also die Stromfunktion der Realteil und die eigentliche Potentialfunktion der Imaginärteil. Dieser Unterschied in der Bedeutung der Realteile und Imaginärteile in den Gl. ($1\alpha, \beta, \gamma$) ließe sich natürlich durch eine im Falle der Gl. (1β) geänderte Definition leicht beseitigen. Dies soll aber hier nicht geschehen, da die unendliche Vieldeutigkeit der Funktion Φ, die sich bereits früher ergeben hatte, wie wir noch sehen werden, in ganz ungezwungener Weise der unendlichen Vieldeutigkeit entspricht, die der Imaginärteil von $\ln z$ besitzt.

Handelt es sich um die Gl. ($1\gamma_{1,2}$) für das Hochfrequenzfeld, so lassen sich diese Zusammenhänge noch weitertreiben. Wird etwa die Formel ($1\gamma_2$) benutzt, so ist nach Gl. (3b) mit $d\mathfrak{s} = \mathfrak{t}\,ds$:

$$\begin{aligned}(B_y + i B_x)\,dz &= -\frac{d\chi_H^{(m)}}{dz}\,dz = B_y\,dx - B_x\,dy + i(B_x\,dx + B_y\,dy)\\ &= i(\mathfrak{B}\cdot\mathfrak{t})\,ds - \mathfrak{e}_3(\mathfrak{B}\times\mathfrak{t})\,ds = i(\mathfrak{B}\cdot\mathfrak{t})\,ds + \mathfrak{B}(\mathfrak{e}_3\times\mathfrak{t})\,ds.\end{aligned}$$

Nimmt man hier nun noch die Gl. 1.1 (36) und (43) zu Hilfe, so ergibt sich nach kurzer Rechnung die wichtige Beziehung

$$-\int_{(1)}^{(2)} \frac{d\chi_H^{(m)}}{dz}\,dz = \chi_H^{(m)}(1) - \chi_H^{(m)}(2) = \Psi_{12}^{(m)} + i\mu_0 U_{12}^{(m)} = \sqrt{\mu_0\varepsilon_0}\left[U_{12}^{(e)} - \frac{i}{\varepsilon_0}\Psi_{12}^{(e)}\right]. \tag{6}$$

Entsprechend erhält man, falls die Darstellung ($1\gamma_1$) herangezogen wird, den Zusammenhang

$$\begin{aligned}-\int_{(1)}^{(2)} \frac{d\chi_H^{(e)}}{dz}\,dz &= \int_{(1)}^{(2)} (E_x - i E_y)\,dz = \chi_H^{(e)}(1) - \chi_H^{(e)}(2)\\ &= U_{12}^{(e)} - \frac{i}{\varepsilon_0}\Psi_{12}^{(e)} = \frac{1}{\sqrt{\mu_0\varepsilon_0}}\left[\Psi_{12}^{(m)} + i\mu_0 U_{12}^{(m)}\right].\end{aligned} \tag{7}$$

Die Bedeutung der Größen $U_{12}^{(e,m)}$ und $\Psi_{12}^{(e,m)}$ entspricht auch hinsichtlich des positiven Zählsinnes der elektrischen und magnetischen Flüsse den darüber in Abschn. 1.14 gemachten Angaben. Die Fortlassung des Argumentes z hinter diesen vier Größen in Gl. (6) und (7) soll besagen, daß jetzt der Faktor $\exp(i k_0 z)$, der in Abschn. 1.14 bei den vier Größen noch vorkommt, zu unterdrücken ist. Mit der physikalischen Dimension besteht der Zusammenhang:

$$[U_{12}^{(e)}] = \mathrm{V}, \quad [U_{12}^{(m)}] = \mathrm{A}, \quad [\Psi_{12}^{(e)}] = \mathrm{As/m}, \quad [\Psi_{12}^{(m)}] = \mathrm{Vs/m}.$$

Die Gl. (6) und (7) zeigen in besonders eindrucksvoller Weise den Einfluß der Verkettung der elektrischen und magnetischen Feldgrößen in einem Hochfrequenzfeld.

2.311 Die komplexe Form der einfachsten Anregungsfunktionen. Um diese allgemeinen Ausführungen zu beleben, wollen wir sogleich darangehen, für die einfachsten Ladungsanordnungen, soweit sie ebene Felder erzeugen, die ihnen entsprechenden Anregungsfunktionen in komplexer Form herzustellen.

Es bestehe ein homogenes elektrisches Feld von der Größe E_α mit einer Richtung, die den Winkel α mit der reellen Achse bildet. Da $E_x = -\partial\varphi/\partial x = E_\alpha \cos\alpha$

und $E_y = -\partial \varphi / \partial y = E_\alpha \sin\alpha$ ist, so muß bis auf eine willkürliche Integrationskonstante $\varphi = -E_\alpha(x \cos\alpha + y \sin\alpha)$ sein. Demnach lautet die komplexe Anregungsfunktion für ein homogenes Feld der Größe E_α und der Richtung α

$$\alpha(z; E_\alpha) = -E_\alpha z e^{-i\alpha}. \tag{8}$$

Der reelle Teil dieser Funktion entspricht in der Tat dem obigen Ausdruck für φ.

In die ebene Anregungsfunktion $g_L(p, p')$ von Gl. 2.2 (6) geht der Abstand ϱ der beiden Punkte p und p' ein. Die Lage dieser beiden Punkte ist in der komplexen z-Ebene durch die komplexen Zahlen z und z' eindeutig festgelegt, und es ist $\varrho(p, p') = |z - z'|$. Für die normierte Anregungsfunktion läßt sich dann in komplexer Form schreiben

$$\alpha(z; z') = -\frac{1}{2\pi} \ln \frac{1}{(z - z')} \qquad (\operatorname{arc}|z - z'| = 0 \text{ für } x > x'). \tag{9}$$

Für den Dipol mit dem Moment 1 und dem Richtungswinkel δ', der von der negativen zur positiven Ladung gezogenen Strecke gegen die positive Richtung der x-Achse lautet die Anregungsfunktion:

$$\alpha^{(D)}(z; z') = -\frac{1}{2\pi} \frac{e^{i\delta'}}{z - z'} \qquad (q_L b) = 1. \tag{10a}$$

Liegen gemäß Abb. 30 n Linienquellen mit der Ergiebigkeit 1 auf dem Umfang eines Kreises mit dem Radius a in den Punkten $a\,e^{i(\delta' + 2\pi k/n)}$ mit $k = 0, 1, \ldots, n-1$ und n Linienquellen mit der Ergiebigkeit -1 im Mittelpunkt des Kreises an der Stelle $z = 0$, so lautet nach Gl. (9) die Anregungsfunktion unter Zuhilfenahme eines bekannten Satzes der Algebra

$$\alpha^{(n)}(z; a; 0) = \frac{1}{2\pi} \ln \left\{ \frac{\prod\limits_{k=0}^{n-1} \left(z - a\,e^{i(\delta' + 2\pi k/n)}\right)}{z^n} \right\} = \frac{1}{2\pi} \ln\left(1 - \left(\frac{a\,e^{i\delta'}}{z}\right)^n\right). \tag{10b}$$

Handelt es sich bei den Linienquellen im besonderen um Linienladungen der Stärke q_L, so lautet auf Grund von Gl. (10b) die reelle Form der Potentialfunktion

$$\begin{aligned} \varphi(x, y) &= -\frac{q_L}{2\pi\varepsilon_0} \Re\left\{\ln\left(1 - \left(\frac{a\,e^{i\delta'}}{z}\right)^n\right)\right\} \\ &= \frac{q_L}{2\pi\varepsilon_0} \Re\left\{\sum_{\lambda=1}^{\infty} \left(\frac{a\,e^{i\delta'}}{z}\right)^{n\lambda}\right\} \qquad (|z| > a) \quad (10c) \\ &= \frac{q_L}{2\pi\varepsilon_0} \sum_{\lambda=1}^{\infty} \left(\frac{a}{\varrho}\right)^{n\lambda} \cos(n\lambda(\varphi - \delta')) \qquad (|z| = \varrho > a). \end{aligned}$$

Strebt hierin $a \to 0$ und $q \to \infty$ in der Weise, daß

$$\lim (a^n q_L) = p_n \tag{11}$$

endlich bleibt, so haben wir in dem Ausdruck

$$\varphi(x, y) = \frac{p_n}{2\pi\varepsilon_0} \frac{\cos n(\varphi - \delta')}{\varrho^n} \tag{11a}$$

die Potentialfunktion eines Linien-n-Pols vor uns, der im Ursprung des Koordinatensystems liegt. Liegt der Linien-n-Pol im Punkte z', so ist die komplexe Anregungsfunktion dieses n-Pols für die Einheit des Dipolmomentes p_n durch die

Formel

$$\alpha^{(n)}(z;0,z') = -\frac{1}{2\pi}\left(\frac{e^{i\delta'}}{z-z'}\right)^n \quad (n = 1, 2, \ldots) \qquad (11\,\mathrm{b})$$

gegeben. Sie stellt eine sinngemäße Verallgemeinerung von Gl. (10a) dar. Die Bedeutung von δ' ist in Abb. 30 erläutert.

Wir bestimmen ferner die Anregungsfunktion einer unbegrenzten Kette von Linienladungen mit der entgegengesetzt gleichen Ergiebigkeit ± 1. Die positiven Linienquellen mögen, wie es die Abb. 31 zeigt, an den Stellen $z' + a\lambda$, die negativen Quellen an den Stellen $z'' + a\lambda$ stehen mit $\lambda = 0, \pm 1, \pm 2, \ldots$ Dann ist zunächst nach Gl. (1)

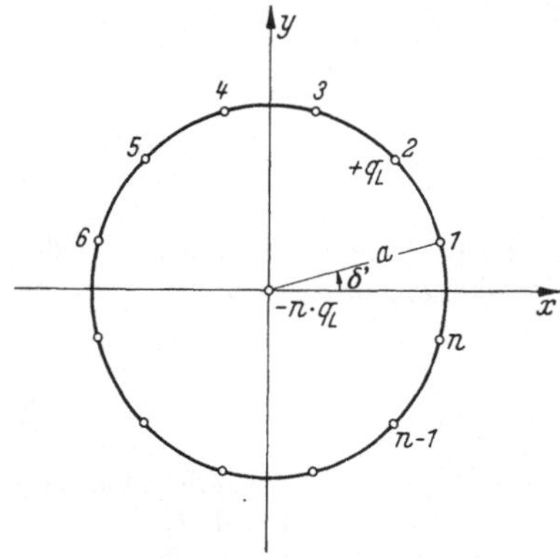

Abb. 30. Ein Linien-n-Pol im Ursprung (0, 0) des Koordinatensystems kann durch einen Grenzprozeß aus einer Ladungsanordnung entstanden gedacht werden, die gemäß diesem Bilde aus n Paaren von Linienladungen in den Punkten (0, 0) und $a \cdot \exp(i(\delta' + 2\pi \cdot k/n))$, $k = 0, 1, \ldots, n-1$, besteht

$$\alpha(z; z'_+, z''_-) = \frac{1}{2\pi} \ln \frac{\prod\limits_{\lambda=-\infty}^{+\infty} (z - z' - a\lambda)}{\prod\limits_{\lambda=-\infty}^{+\infty} (z - z'' - a\lambda)}$$

$$= \frac{1}{2\pi} \ln \left\{ \frac{z - z'}{z - z''} \frac{\prod\limits_{\lambda=1}^{\infty}\left(1 - \left(\frac{z-z'}{a\lambda}\right)^2\right)}{\prod\limits_{\lambda=1}^{\infty}\left(1 - \left(\frac{z-z''}{a\lambda}\right)^2\right)} \right\}.$$

Nun besteht aber die Produktdarstellung:

$$\sin v = v \prod_{\lambda=1}^{\infty} \left(1 - \frac{v^2}{\pi^2 \lambda^2}\right). \qquad (12)$$

Mithin hat die gesuchte komplexe Anregungsfunktion die Gestalt:

$$\alpha(z; z'_+, z''_-) = \frac{1}{2\pi} \ln \frac{\sin\left(\pi \frac{z - z'}{a}\right)}{\sin\left(\pi \frac{z - z''}{a}\right)}. \qquad (13)$$

Die Funktion hat, wie es sein muß, in z die Periode a.

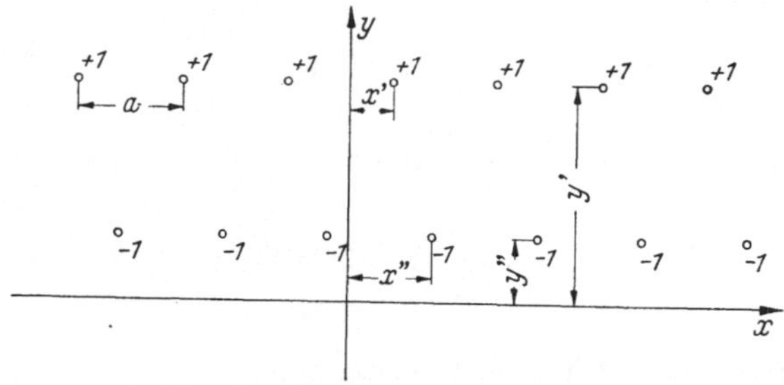

Abb. 31. Die Anregungsfunktion in Gl. (13) bezieht sich auf eine Anordnung von Einheitslinienquellen, die nach dem obigen Bilde in den Punkten $z' + a\lambda$ und $z'' + a\lambda$ mit $\lambda = 0, \pm 1, \pm 2 \ldots$ angeordnet sind

Wird in Gl. (13) $z'' = z' - h$ mit $h = |h|\, e^{i\delta'}$ gesetzt und dann der Grenzübergang $h \to 0$ vollzogen, so folgt durch Entwicklung von Gl. (13) nach Potenzen von h für die komplexe Anregungsfunktion einer unbegrenzten Kette von Dipolen mit dem Moment 1, die im Abstand y' parallel zur x-Achse angeordnet sind und deren positive Dipolrichtungen den Winkel δ' mit der x-Achse bilden, der Ausdruck:

$$\alpha^{(D)}(z;z') = -\frac{e^{i\delta'}}{2a}\operatorname{ctg}\left(\pi\frac{z-z'}{a}\right). \tag{13a}$$

Stehen die Richtungen der Dipole alle senkrecht zur x-Achse, so ist in Gl. (13a) $\delta' = \pi/2$, stehen sie parallel zur x-Achse, so ist $\delta' = 0$.

Ist andererseits in Gl. (13) $x'' = x'$ und $y'' = -y'$, so ist $z'' = \bar{z}'$ und demnach in diesem Falle

$$\alpha(z;z'_+,\overline{z'_-}) = \frac{1}{2\pi}\ln\frac{\sin\left(\pi\frac{z-z'}{a}\right)}{\sin\left(\pi\frac{z-\bar{z}'}{a}\right)}. \tag{13b}$$

Für $z = 0$ stehen im Zähler und Nenner des Bruches unter dem Zeichen ln zwei konjugiert komplexe Größen, so daß der Realteil der Funktion α verschwindet. Gehen wir demnach jetzt in Gl. (13b) nach Multiplikation mit $-q_L/\varepsilon_0$ zu dem Fall elektrischer Linienladungen über, so stellt sie die komplexe Potentialfunktion einer unbegrenzten Kette positiver Linienladungen q_L mit dem gegenseitigen Abstand a und dem Abstand y' von einer ebenfalls unbegrenzten leitenden Ebene dar, die auf dem Potential 0 steht. In der reellen Form lautet diese Potentialfunktion

$$\begin{aligned}\varphi(x,y) &= \frac{q_L}{2\pi\varepsilon_0}\,\Re\left\{\ln\frac{\sin\left(\pi\frac{z-\bar{z}'}{a}\right)}{\sin\left(\pi\frac{z-z'}{a}\right)}\right\}\\ &= \frac{q_L}{2\pi\varepsilon_0}\ln\left\{\frac{\operatorname{Cof}\left(\pi\frac{y+y'}{a}\right)-\cos\left(\pi\frac{x-x'}{a}\right)}{\operatorname{Cof}\left(\pi\frac{y-y'}{a}\right)-\cos\left(\pi\frac{x-x'}{a}\right)}\right\}.\end{aligned} \tag{13c}$$

Aus ihr kann wiederum sofort das Verschwinden für $y = 0$ abgelesen werden.

Steht die Linienladung $+q_L$ in der Ebene der komplexen Variablen z, die irgendeine der Querschnittsebenen $Z = \text{const}$ sein kann, am Orte $z \equiv p = p' + i\,p''$ einem metallischen Zylinder (Hüllenleiter) gegenüber mit dem Radius $c_m < |m - p|$ und dem Mittelpunkt $m = m' + i\,m''$, so läßt sich mittels der im Punkte $b = b' + i\,b'' = m - c_m^2/(\overline{m} - \overline{p})$ gelegenen, entgegengesetzt gleichen Bildladung die komplexe Potentialfunktion dieser Ladungsanordnung durch die Beziehung

$$\chi_m(z;p,m) = \frac{q_L}{2\pi\varepsilon_0}\ln\frac{z-m-c_m^2/(\overline{p}-\overline{m})}{z-p} \qquad (|z-m| > c_m) \tag{14}$$

wiedergeben. Ist $c_m > |m - p|$, liegt also die primäre Linienladung innerhalb des Hüllenleiters, so bleibt die Gl. (14) ohne jede Änderung gültig.

2.32 Die Bedeutung der konformen Abbildung. Bei einer eindeutigen analytischen Funktion $w = u + i\,v = f(z) = f(x + i\,y)$ entspricht jedem Punkt, jedem Kurven- oder Flächenstück der z-Ebene ein gleichartiges geometrisches Element in der w-Ebene, und diese Art der Abbildung der z- auf die w-Ebene heißt konform, weil dabei die Winkel, die zwei in einem Punkt z zusammenlaufende Kurvenstücke miteinander bilden, sich in der gleichen Größe und ohne Änderung des Drehsinnes zwischen den entsprechenden Kurvenstücken der

w-Ebene wiederfinden. Stehen also die Geraden $x = \text{const}$ und $y = \text{const}$ in der z-Ebene in dem Verhältnis von Feld- und Potentiallinien zueinander, so kann den ihnen entsprechenden Kurven in der w-Ebene dieselbe Bedeutung gegeben werden, da sie sich dort ebenfalls rechtwinklig schneiden. Diese Behauptungen folgen fast von selbst aus der Existenz der Ableitung einer regulären Funktion und der Tatsache ihrer Richtungsunabhängigkeit, wenn man sie in der Form

$$dw = |dw| e^{i\omega} = f'(z)\,dz = |f'(z)| e^{i\tau} |dz| e^{i\zeta} \tag{15}$$

schreibt und dann zwei verschiedene Kurvenstücke dw_1 und dw_2 betrachtet, die von einem und demselben Punkt ausgehen. Gleichzeitig geht aus Gl. (15) hervor, daß ein Flächenstück dF_z der z-Ebene zu dem entsprechenden Flächenstück dF_w der w-Ebene hinsichtlich der Größe in dem Verhältnis

$$dF_w : dF_z = |f'(z)|^2 = \left(\frac{\partial u}{\partial x}\right)^2 + \left(\frac{\partial u}{\partial y}\right)^2 = \left(\frac{\partial v}{\partial x}\right)^2 + \left(\frac{\partial v}{\partial y}\right)^2 \tag{16}$$

zueinander stehen. Ist nun $\chi_e(z)$ die in Gl. (1) eingeführte komplexe Potentialfunktion des elektrostatischen Feldes und $\chi_e(w)$ die Potentialfunktion desselben Feldes nach dem Ersatz von $z = x + i\,y$ durch $w = u + i\,v$, so ist nach Gl. (4)

$$E_x^2 + E_y^2 = |\chi_e'(z)|^2 = |\chi_e'(w)|^2 \left|\frac{dw}{dz}\right|^2 = (E_u^2 + E_v^2)\left|\frac{dw}{dz}\right|^2, \quad \left(\frac{dw}{dz} = f'(z)\right) \tag{17}$$

und also ist in Rücksicht auf Gl. (16) und (17) mit $F(z)$ und $F(w)$ in der Bedeutung der aufeinander abgebildeten Bereiche der z- und w-Ebene

$$\int\limits_{F(z)} (E_x^2 + E_y^2)\,dF_z = \int\limits_{F(z)} (E_u^2 + E_v^2)\left|\frac{dw}{dz}\right|^2 dF_z = \int\limits_{F(w)} (E_u^2 + E_v^2)\,dF_w. \tag{18}$$

Das links oder rechts stehende Integral, das physikalisch den Energieinhalt des elektrostatischen Feldes in dem einen oder dem anderen Bereich angibt, ist also wie der Winkel zwischen zwei Richtungen durch einen regulären Punkt der Funktion $w = f(z)$ gegenüber konformen Abbildungen invariant.

Eine andere Invarianzeigenschaft betrifft die Erhaltung der Größe einer Ladung in einem Punkt oder auf einer isolierten Oberfläche. Dies folgt sofort teils aus der Gl. (5 α), wenn sie auf eine den Leiter umschlingende geschlossene Kurve angewendet wird, und teils aus der Tatsache, daß bei einer konformen Abbildung das Innere eines Bereichs wieder in das Innere des abgebildeten Bereichs übergeführt wird, sofern sich in diesem Bereich die abbildende Funktion regulär verhält.

Die bisherigen Überlegungen haben gezeigt, daß die wesentlichen Eigenschaften eines Potentialfeldes, wie es etwa im elektrostatischen Feld vorliegt, erhalten bleiben, wenn der von dem Feld erfüllte Bereich der z-Ebene durch eine reguläre Funktion auf einen anderen Bereich der w-Ebene konform abgebildet wird. Nun gibt es gewisse einfache Bereiche, die weiterhin als *Normal*-Bereiche bezeichnet werden sollen, für die es ohne weiteres möglich ist, etwa den Verlauf der Potentiallinien oder der Feldlinien oder die Größe der Kapazität anzugeben. Als solche Bereiche bieten sich am häufigsten an: Der Parallelstreifen, das Rechteck und der Kreisring. Beim Rechteck ist natürlich an das homogene Feld des idealen Plattenkondensators ohne Randverzerrung gedacht. Soll es bei der Abbildung wirklich erreicht werden, so muß das eine Paar gegenüberliegender Rechteckseiten zwei Potentialflächen entsprechen, das andere Paar elektrischen Feldlinien. Die Abbildung auf den Kreisring führt zu dem bekannten Feldbild des Zylinderkondensators. Der Kreisring ist aber ein zweifach zusammenhängender Bereich, und wenn man nicht zu dem Kunstgriff seine Zuflucht nehmen kann, den Ring aufzuschneiden, so muß der Bereich, der auf den Ring abgebildet werden soll, die gleichen Zusammenhangsverhältnisse zeigen. Man erkennt daraus, daß in jedem Fall noch besondere Gesichtspunkte bei der Wahl eines geeigneten Normalbereichs berücksichtigt werden müssen. Bei den später behandelten Aufgaben werden sie jeweils zur Sprache gebracht werden.

Zwei weitere Normalbereiche entsprechen nicht so sehr physikalischen Vorbildern, sondern es liegen für ihre Wahl besondere mathematische Gründe vor. Der eine dieser Bereiche ist die obere Halbebene und der andere der Einheitskreis. Die Abbildung auf die obere Halbebene ist deshalb von besonderer Bedeutung, weil die einzige allgemeine Abbildungsformel, über die wir verfügen,

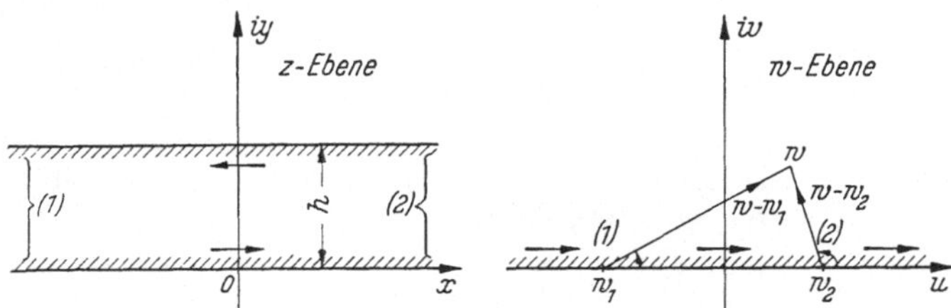

Abb. 32. Die Funktionen $z = f(w)$ und $w = F(z)$ nach Gl. (19a, b) vermitteln in der einen oder anderen Richtung die konforme Abbildung des Streifens $0 \gtreqless \Im\mathrm{m}\, z \leqq h$ auf die Halbebene $\Im\mathrm{m}\, w \geqq 0$

gerade die Abbildung eines Polygons der z-Ebene auf die obere w-Halbebene herzustellen gestattet. Der Einheitskreis als Normalbereich ist aber wieder aus dem anderen Grunde nützlich, als er es erlaubt, unmittelbar mit Hilfe der Formeln von POISSON auch den Einfluß veränderlicher Randwerte auf das Potentialfeld zu untersuchen. Wir werden daher bei der Angabe einiger einfacher Abbildungsfunktionen auch die beiden zuletzt erwähnten Normalbereiche mit einbeziehen. Auf die Herleitung der jeweiligen Abbildungsfunktion wird hier nicht eingegangen. Sie ist in jedem Lehrbuch der Funktionentheorie zu finden.

1. Die Funktion, die den Streifen der z-Ebene in Abb. 32[1] auf die obere w-Halbebene abbildet, ist durch die beiden Gleichungen

$$z = ih + \frac{h}{\pi} \ln \frac{w - w_1}{w - w_2}, \quad (19\mathrm{a}) \qquad w = [w_2 e^{\pi z/2h} + w_1 e^{-\pi z/2h}] \Big/ \left(2 \operatorname{Cof} \frac{\pi z}{2h}\right) \quad (19\mathrm{b})$$

gegeben. Die Zählweise der Phasenwinkel in Gl. (19a) von $w - w_{1,2}$ ist aus Abb. 32 zu ersehen.

Läßt man den unendlich fernen Punkt (1) der z-Ebene mit $z = -\infty$ dem Punkt $w_1 = -\infty$ entsprechen, so lautet das Gleichungspaar im besonderen

$$z = ih + \frac{h}{\pi} \ln \frac{1}{w - w_2}, \qquad (19\alpha) \qquad w - w_2 = +e^{-\pi[-i + z/h]}. \qquad (19\beta)$$

Denkt man sich den parallelen Streifen um den Punkt 0 gedreht, so daß der Punkt (1) in $+i\infty$, der Punkt (2) in $-i\infty$ zu liegen kommt, so braucht man nur in den beiden Abbildungsfunktionen (19a, b; α, β) z durch iz zu ersetzen.

[1] In den Bildern, die Abbildungen von Bereichen aufeinander darstellen, wird in diesem Abschnitt 2.32 die Schraffur stets entlang den Grenzen des Bereichs angebracht, und zwar liegt sie auf der Seite, die noch zu dem abzubildenden Bereich gehört.

2. Die Abbildung der *oberen* w-Halbebene auf das *Innere* des Einheitskreises der ζ-Ebene liefert das Gleichungspaar

$$w = \frac{w' e^{i\alpha} - \zeta \overline{w}'}{e^{i\alpha} - \zeta}, \quad (20\text{a}) \qquad \zeta = e^{i\alpha} \frac{w - w'}{w - \overline{w}'} \quad (\mathfrak{Im}(\alpha) = 0). \quad (20\text{b})$$

Die Zuordnung einzelner markanter Punkte ist aus Abb. 33 zu ersehen. Wie im ersten Bild ist jedesmal der Umlaufsinn um den vorgelegten Bereich so gewählt, daß er zur Linken liegt. Die Abbildungsfunktion (20) enthält drei willkürliche Konstanten, nämlich die reelle und imaginäre Komponente von w' und die reelle Konstante α.

Handelt es sich um die untere w-Halbebene, so hat in Gl. (20a, b) $\overline{w}'$ das entgegengesetzte Vorzeichen.

Ein besonderer Fall von Gl. (20a, b) liegt in $w' = i$ vor. Die Gl. (20) nehmen dann die Form an

$$w = i\,\frac{e^{i\alpha} + \zeta}{e^{i\alpha} - \zeta}, \quad (20\alpha) \qquad \zeta = e^{i\alpha} \frac{w - i}{w + i}. \quad (20\beta)$$

Die Abbildung der *oberen* w-Halbebene auf das *Äußere* des Einheitskreises der ζ_1-Ebene vermittelt das Formelpaar

$$w = i\,\frac{\zeta_1 + e^{-i\alpha}}{\zeta_1 - e^{-i\alpha}}, \quad (20\alpha') \qquad \zeta_1 = e^{-i\alpha} \frac{w + i}{w - i}. \quad (20\beta')$$

Die einander entsprechenden Punkte der beiden Ebenen lassen sich aus diesen Gleichungen leicht ablesen.

3. Die Abbildung eines längs eines Radius aufgeschnittenen Kreisringes auf ein Rechteck ist in Abb. 34 in Rücksicht auf die verschiedenen Anwendungen,

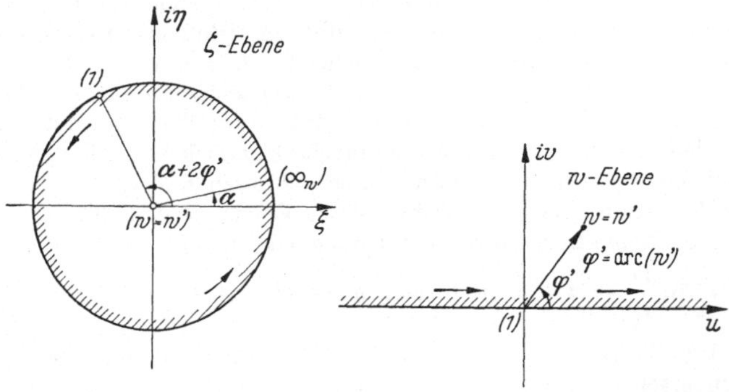

Abb. 33. Die Funktionen $w = f(\zeta)$ und $\zeta = F(w)$ nach Gl. (20a, b) vermitteln in der einen oder anderen Richtung die konforme Abbildung des Kreises $|\zeta| \lesseqgtr 1$ auf die Halbebene $\mathfrak{Im}\, w \geqq 0$

die davon gemacht werden sollen, für die beiden Fälle dargestellt, daß bei der Transformation die beiden Kreisumfänge entweder in zwei zur imaginären Achse oder in zwei zur reellen Achse der z-Ebene parallele Geraden übergehen. Zur Unterscheidung wird bei der ersten Art der Abbildung von der z_1-Ebene, bei der zweiten Art von der z_2-Ebene gesprochen. Die Abbildungsfunktionen lauten dann:

$$z_1 - z_1(1) = d\,\frac{\ln(\zeta/R \cdot e^{-i\tau_0})}{\ln(R_2/R_1)} = \frac{d}{\alpha}\,[\sigma + i(\tau - \tau_0)], \quad (21\text{a})$$

$$z_2 - z_2(1) = i d\,\frac{\ln(\zeta/R \cdot e^{-i\tau_0})}{\ln(R_2/R_1)} = \frac{i d}{\alpha}\,[\sigma + i(\tau - \tau_0)] \quad (\zeta = |\zeta| e^{i\tau}). \quad (21\text{b})$$

Dabei ist gesetzt worden

$$R_2/R_1 = e^{\alpha}, \quad (21\alpha) \qquad |\zeta|/R = e^{\sigma}, \quad (21\beta) \qquad R^2 = R_1 R_2. \quad (21\gamma)$$

In Gl. (21 a, b) sind aber die Größen d, h und α keineswegs unabhängig voneinander. Das erkennt man sofort, wenn man mit Gl. (21 a) oder (21 b) die Differenzen $z_1(0) - z_1(2)$ oder $z_2(0) - z_2(2)$ bildet, die nach Abb. 34 die Werte $i\,h$ oder d haben müssen, und die für die Punkte (0) und (2) gültigen z-Werte einsetzt.

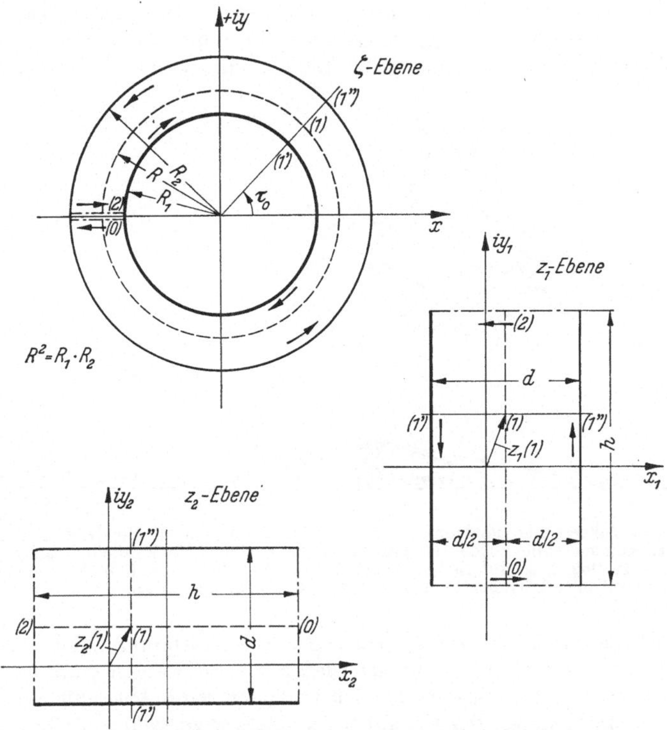

Abb. 34. Der längs der x-Achse von den Punkten (0) und (2) aus aufgeschnittene Kreisring der ζ-Ebene wird auf ein Rechteck abgebildet. In der z_1-Ebene (Gl. (21a)) geht der innere Kreis auf eine zur imaginären Achse parallele Rechteckseite über. In der z_2-Ebene (Gl. (21b) verläuft die dem inneren Kreis entsprechende Rechteckseite parallel zur reellen Achse

Dabei kommt natürlich dem Punkt (0) in der ζ-Ebene der Wert $e^{-i\pi}$, dem Punkt (2) der Wert $e^{+i\pi}$ zu. Auf diese Weise ergibt sich für die Kopplungsgleichung zwischen α, d und h

$$d/h = \alpha/2\pi = (1/2\pi)\ln(R_2/R_1) \qquad (R_2 > R_1). \quad (21)$$

Die hier erörterte Abbildung entspricht dem häufig bei der Lösung von Aufgaben angewendeten Verfahren, ein ebenes und axialsymmetrisches Problem, bei dem sich das physikalische Geschehen wie in den elektrischen Maschinen in einer schmalen Zone zwischen zwei Kreiszylindern abspielt, durch „Abwickeln auf eine Gerade“ zu idealisieren. Dabei entsteht dann aus dem Kreisring ein paralleler Streifen.

2.33 Die Schwarz-Christoffelsche Abbildungsformel. Wir gehen nun dazu über, in aller Kürze die verschiedenen von SCHWARZ und CHRISTOFFEL unabhängig voneinander gefundenen Abbildungsformeln zu besprechen. Sie lösen bekanntlich die Aufgabe, ein gradlinig begrenztes, etwa n-seitiges Polygon mit bekannter Lage in der z-Ebene auf die obere w-Halbebene abzubilden, und zwar in der Form, daß die Ableitung dz/dw der Abbildungsfunktion explizite angegeben wird. Der Aufbau dieser Formel hängt davon ab, ob es sich um die Abbildung des Inneren oder des Äußeren des vorgelegten Polygons handelt und ob bei der Abbildung ein Eckpunkt des Polygons in den Punkt ∞ der w-Ebene übergeht oder nicht. Demnach sind bei der Angabe der Abbildungsformel vier Fälle zu unterscheiden.

Es versteht sich von selbst, daß hier nicht der Ort ist, diese Formeln abzuleiten, wohl aber wird es nützlich sein, die eine oder die andere Formel zu verifizieren, weil dabei manche für die praktische Handhabung wichtige Einzelheit klarer

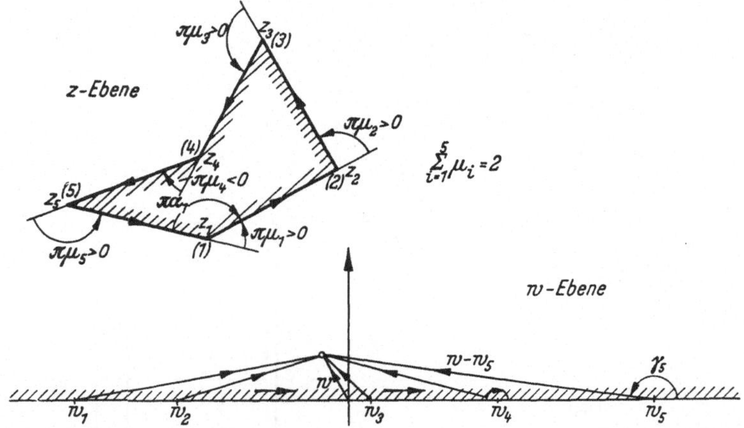

Abb. 35. Das *Innere* eines Polygons der z-Ebene wird konform auf die Halbebene $\mathfrak{Im}\, w \geqq 0$ abgebildet. Kommen alle Ecken des gegebenen Polygons auf im Endlichen gelegene Punkte der w-Achse zu liegen, so gilt für die Abbildungsfunktion die D. Gl. (22). Fällt ein Eckpunkt des gegebenen Polygons in den Punkt ∞ der w-Ebene, so gilt die D. Gl. (26)

hervortritt als durch eine weitläufige allgemeine Erörterung. Eine stets einzuhaltende Vereinbarung, an die immer wieder erinnert werden muß, betrifft den Sinn, in dem der abzubildende Bereich umlaufen wird. Hier gilt ausnahmslos die gleiche Verabredung: Der Umlaufsinn ist stets so zu wählen, daß der abzubildende Bereich zur Linken liegt. Da nun bei der konformen Abbildung die Randpunkte stets wieder in Randpunkte übergehen, so kommen bei der Abbildung auf die w-Halbebene alle Punkte der Polygonseiten auf die reelle Achse der w-Ebene zu liegen, und infolge der Übereinkunft über den Umlaufsinn wird diese Gerade in allen Fällen in Richtung von $-\infty$ auf $+\infty$ durchlaufen.

A.1. Wir betrachten an *erster* Stelle den Fall, daß das vorgelegte n-seitige Polygon zunächst ganz im endlichen Teil der z-Ebene liegt und daß bei der Abbildung seines *Innern* auf die obere w-Halbebene keine dieser n Ecken in den Punkt ∞ der w-Ebene zu liegen kommt. Dann wird die Abbildung dieses Polygons auf die w-Halbebene von der Funktion $w \equiv w(z)$ geleistet, deren Ableitung nach w aus der D.Gl.

$$\frac{dz}{dw} = A \prod_{k=1}^{n} (w - w_k)^{-\mu_k} \qquad (\mathfrak{Im}(w_k) = 0,\ w_k < w_{k+1}) \tag{22}$$

zu bestimmen ist. Die Größen μ_i haben dann die aus Abb. 35 hervorgehende Bedeutung. Danach ist z. B. $\pi \mu_1$ der Winkel, um den beim Durchgang durch eine Polygonecke in der Richtung des positiven Umlaufs die zuletzt durchlaufene

Polygonseite gedreht werden muß, um in die Richtung der darauffolgenden Polygonseite zu gelangen. Dieser Winkel zählt positiv, wenn die Drehung im mathematisch positiven Sinne vorgenommen werden muß. Die Größen $w = w_k$ in Gl. (22) entsprechen den Eckpunkten des Polygons und sind alle reellwertig. In der Tat vermehrt sich der Phasenwinkel der in Gl. (22) rechts stehenden komplexen Größe, wenn man etwa den Punkt w_4 auf einem sehr kleinen Halbkreis *oberhalb* des Punktes umläuft, um die Größe $\pi\,\mu_4$. Das entspricht aber gerade der Änderung von $\operatorname{arc}(dz)$ in der z-Ebene, wenn der Punkt (4) passiert wird.

In den sehr weit entfernten Punkten der w-Ebene kann für die rechte Seite von Gl. (22) angenähert geschrieben werden

$$\frac{dz}{d(1/w)} = A'\, w^{2-\sum\limits_1^n \mu_k}\,[1 + O(w^{-1}), \tag{23a}$$

$$z = B + \frac{A}{1-\sum\limits_1^n \mu_k}\, w^{1-\sum\limits_1^n \mu_k}\,[1 + O(w^{-1})]. \tag{23b}$$

Andererseits ist, wenn $\pi\,\alpha_i$ die inneren Winkel des Polygons bedeuten, wegen $\alpha_k + \mu_k = 1$

$$\sum_{k=1}^{n} \alpha_k = n - 2, \quad (24a) \qquad \sum_{k=1}^{n} \mu_k = 2. \quad (24b)$$

Wegen Gl. (24b) entspricht also dem Durchgang von w durch den Punkt ∞ längs eines sehr großen Halbkreises, der sich in der oberen Halbebene vom Punkt $+\infty$ der reellen Achse zum Punkt $-\infty$ dieser Achse herüberzieht, nach Gl. (23a) keine Polygonecke, und nach Gl. (23b) ist der zugehörige Punkt z ein durchaus regulärer Punkt der Abbildung, der auf einer Polygonseite liegt. Im ganzen nimmt der $\operatorname{arc}(dz)$ bei seiner Wanderung über die ganze reelle Achse der w-Ebene bis zurück zum Ausgangspunkt um den Phasenwinkel 2π zu. In unmittelbarer Nähe eines der Punkte w_k ändert sich nur $w - w_k$ merklich, während die Änderungen der anderen Differenzen in erster Näherung übergangen werden können. Mithin ist in der Umgebung der Stelle $w - w_k$ nach Gl. (22)

$$z = A'(w - w_k)^{1-\mu_k} + B \quad (\mu_k \neq 1), \quad (25a) \qquad z = A' \ln(w - w_k) + B' \quad (\mu_k = 1). \quad (25b)$$

Für $\mu_k < 1$ entspricht demnach dem Punkt $w = w_k$ auf der reellen Achse eine im Endlichen gelegene Polygonecke. Für $\mu_k = 1$ ist das Bild des Punktes w_k eine im Unendlichen gelegene Ecke des z-Polygons, in der zwei parallele Halbgeraden zusammenlaufen. Für $\mu_k > 1$ besteht in der z-Ebene die w_k entsprechende Ecke aus einem unendlich fernen Kreisbogen.

Nach der Integration enthält die Gl. (22) an Unbekannten die komplexen Größen A, die komplexe Integrationskonstante B, die n reellen Größen w_k und die $n - 1$ Größen μ_k, das sind im ganzen $2n + 3$ relle Konstanten. Andererseits stehen zur Bestimmung dieser Konstanten die $2n$ Gleichungen zur Verfügung, die zum Ausdruck bringen, daß z für $w = w_k$ die entsprechenden n komplexen Werte in den Polygonecken annehmen muß. Es bleiben also drei reelle Konstanten frei wählbar, d. h. aber, daß man drei von den Ecken w_k auf der reellen Achse der w-Ebene willkürlich festlegen kann. Unter praktischen Verhältnissen sind in der Regel mit dem Polygon auch sofort die $n - 1$ Größen μ_i bekannt. Dann müssen unter den obenerwähnten $2n$ Gleichungen $n - 1$ von ihnen zu Identitäten führen.

A.2. Im *zweiten* Fall möge es sich wiederum um die Abbildung des Inneren eines n-seitigen Polygons auf die obere w-Halbebene handeln, nur falle diesmal die Ecke $z = z_n$ in den unendlich fernen Punkt der w-Ebene. Dann ist jetzt die Ableitung der Abbildungsfunktion durch die Formel

$$\frac{dz}{dw} = A \prod_{k=1}^{n-1} (w - w_k)^{-\mu_k} \tag{26}$$

gegeben, in der die w_k und μ_k die nämliche Bedeutung wie früher haben. Der Unterschied in den beiden Abbildungsfunktionen liegt also lediglich darin, daß jetzt auf der rechten Seite von Gl. (22) nur $n - 1$ lineare Faktoren auftreten. Für die Integration bringt diese Abnahme der höchsten Potenz von w in dem rechts stehenden Produkt der Gl. (26) unter Umständen einen großen Vorteil mit sich, und aus diesem Grunde macht man sehr oft von dem Kunstgriff Gebrauch, eine der Ecken des gegebenen Polygons bei der Abbildung ins Unendliche zu verlegen. Selbstverständlich kann dann nur noch über die Lage zweier weiterer Punkte w_k auf der reellen Achse willkürlich verfügt werden. Man kann im übrigen die Gl. (26) leicht aus Gl. (22) herleiten, indem man durch die lineare Transformation $w = w_n - 1/W$ in Gl. (22) den Punkt w_n in den unendlich fernen Punkt der W-Ebene transformiert.

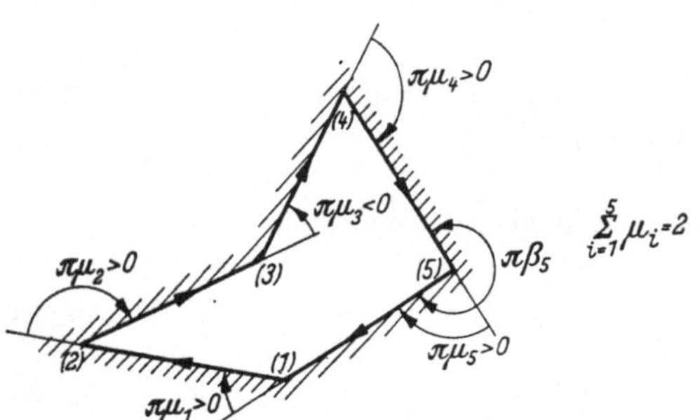

Abb. 36. Das *Äußere* eines Polygons wird konform auf die Halbebene $\Im\mathfrak{m}\, w \geqq 0$ abgebildet. Kommen alle Ecken des Polygons auf im Endlichen gelegene Punkte der reellen w-Achse zu liegen, so gilt für die Abbildungsfunktion die D. Gl. (27). Fällt aber ein Punkt des gegebenen Polygons in den Punkt ∞ der w-Ebene, so gilt die Gl. (31). Es sind außer dem die zusätzlichen Gl. (30a, b) zu beachten

Auf die Art der Ecken des z-Polygons, die den Ecken w_k entsprechen, kann auf dieselbe Weise wie im Anschluß an die Gl. (25a, b) geschlossen werden, da ja diese Gleichungen unverändert auf den jetzigen Fall übernommen werden können. In den Gl. (25a, b) läuft aber nunmehr die Summation über die μ_k nur von $1 \ldots n - 1$, so daß in Gl. (25a) der Exponent in der Potenz von w nicht mehr verschwindet. Das hat dann aber zufolge, daß beim Umlaufen der Stelle ∞ in der w-Ebene auf dem unendlich fernen Halbkreis eine Änderung von $\operatorname{arc}(dz)$ vorkommen wird, so daß in der Tat dem Punkt ∞ der w-Ebene eine Ecke des z-Polygons entspricht. Besonders interessant ist dabei der Fall, wenn diese Ecke z_n des z-Polygons selbst im Unendlichen liegt. Das wird dann der Fall sein, wenn nach Gl. (25b) $\sum_{k=1}^{n-1} \mu_k < 1$ ist.

B.1. Der *dritte* Fall betrifft die Abbildung des *Äußeren* eines n-seitigen Polygons, wobei zunächst wieder keine der n Ecken in den Punkt ∞ der w-Ebene zu liegen kommen soll. Für die Ableitung der zugehörigen Abbildungsfunktion besteht jetzt die Formel

$$\frac{dz}{dw} = \frac{A}{(1 + w^2)^2} \prod_{k=1}^{n} (w - w_k)^{+\mu_k} \quad (w_k < w_{k+1}). \tag{27}$$

Hierin bedeuten die $\pi\,\mu_k$ nach Abb. 36 wiederum die Winkel, um die die in der Umlaufsrichtung zuerst passierte Polygonseite gedreht werden muß, um in die Richtung der darauffolgenden Seite zu gelangen. Nur wird jetzt ein solcher Winkel positiv gezählt, wenn die Drehung im mathematisch negativen Sinne vorgenommen wird. Hat man auf der reellen w-Achse alle n Punkte $w_1, w_2, \ldots, w_n$ passiert, so hat der $\operatorname{arc}(dz)$ im Gegensatz zu A.1 um $\sum_{k=1}^{n} \mu_k$ abgenommen. Sind $\pi \beta_k$ die einzelnen Außenwinkel, so ist bekanntlich

$$\sum_{k=1}^{\infty} \beta_k = n + 2 \quad (28\text{a}) \qquad \text{und also wie vorher} \qquad \sum_{k=1}^{n} \mu_k = 2. \quad (28\text{b})$$

In der Nachbarschaft des unendlich fernen Punktes der w-Ebene wird nun

$$\frac{dz}{d(1/w)} = A' \, w^{-2+\sum_1^n \mu_k} \left[1 + O\left(\frac{1}{w}\right)\right], \quad (29\text{a}) \qquad z = \frac{A}{\sum_1^n \mu_k - 3} \, w^{-3+\sum_1^n \mu_k} + B. \quad (29\text{b})$$

Wegen Gl. (29a) entspricht also dem halben Umlauf um die Stelle $w = \infty$ keine Änderung von $\operatorname{arc}(dz)$, und es ist auch z selbst an dieser Stelle regulär. Die Stelle $w = +i$ ist nach Gl. (27) offenbar derjenige Punkt der w-Ebene, in den sich der Punkt ∞ der z-Ebene transformiert. In der unmittelbaren Umgebung von $w = i$ ist mit $w - i = v$ nach Entwicklung von Gl. (27) nach Potenzen von v der Faktor von $1/v$

$$+i - \sum_{k=1}^{n} \frac{\mu_k (i + w_k)}{1 + w_k^2}.$$

Wegen des zu fordernden eindeutigen Verhaltens der Funktion $z(w) \equiv z(v)$ in der Umgebung der Polstellen müssen demnach die beiden Gleichungen bestehen:

$$\sum_{k=1}^{n} \frac{\mu_k}{1 + w_k^2} = 1, \quad (30\text{a}) \qquad \sum_{k=1}^{n} \frac{\mu_k w_k}{1 + w_k^2} = 0. \quad (30\text{b})$$

Hinsichtlich der Zahl der willkürlichen Konstanten gelten die früheren Bemerkungen.

B.2. Der *vierte Fall*, der sich auf die Abbildung des Äußeren eines n-seitigen Polygons bezieht, wenn etwa die Ecke w_n dabei in den Punkt ∞ der reellen w-Achse transformiert wird, steht hinsichtlich der Veränderungen, die durch diese Voraussetzungen bewirkt werden, dem eben behandelten Falle in der gleichen Weise gegenüber wie der Fall A.2. dem Fall A.1. Die Beziehung für die Abbildung lautet

$$\frac{dz}{dw} = \frac{A}{(1 + w^2)^2} \prod_{k=1}^{n-1} (w - w_k)^{+\mu_k}. \quad (31)$$

Auch hier kommen noch gewisse zusätzliche Bedingungen gemäß der Gl. (30) hinzu. Nur erstrecken sich natürlich jetzt die Summationen in den beiden Gleichungen nur auf $k = 1 \ldots n - 1$. Im übrigen vergleiche man noch die Bemerkungen zu A.2.

Die in Gl. (27) und (31) auftretenden Singularitäten außerhalb der reellen Achse der w-Ebene erschweren zuweilen die Anwendungen der Transformationen B.1 und B.2.

Mitunter ist es vorteilhafter, das n-seitige Polygon auf das Innere oder das Äußere des Einheitskreises abzubilden. Die Transformation des *Inneren* eines Polygons in das *Innere* des Einheitskreises $|\zeta| < 1$ ist nach der Formel

$$\frac{dz}{d\zeta} = A \prod_{k=1}^{n} (\zeta_k - \zeta)^{-\mu_k} \qquad \left(|\zeta_k| = 1, \ \sum_1^n \mu_k = 2\right) \quad (32)$$

zu vollziehen. Die Bedeutung der μ_k in Gl. (32) entspricht der von Fall A.1. Sie ist auch nochmals aus Abb. 37 zu ersehen.

Wird das *Äußere* eines Polygons auf das *Äußere* des Einheitskreises $|\zeta| > 1$

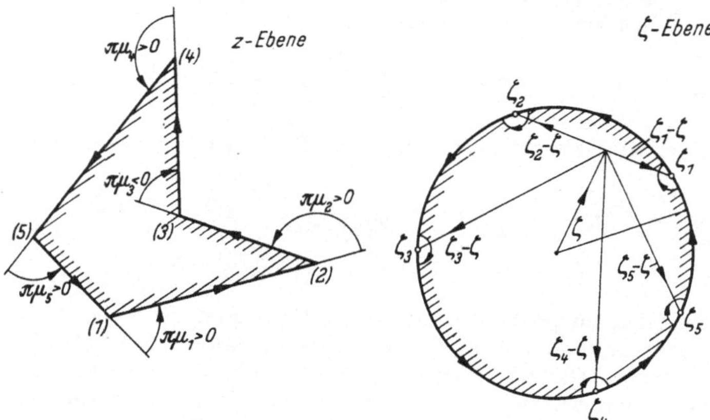

Abb. 37. Das *Innere* eines Polygons wird konform auf den Kreis $|\zeta| \lesseqgtr 1$ abgebildet. Die D. Gl. für die Abbildungsfunktion gibt die Gl. (32) an

abgebildet, so kommt die Gleichung

$$\frac{dz}{d\zeta} = \frac{A}{\zeta^2} \prod_{k=1}^{n} (\zeta - \zeta_k)^{+\mu_k} \qquad \left(|\zeta_k| = 1,\ \sum_1^n \mu_k = 2\right) \tag{33}$$

in Frage. Die positive Zählrichtung der Winkel μ_k ist für diesen Fall aus Abb. 38 zu ersehen. Damit die Abbildungsfunktion eindeutig ist, d. h. kein logarithmischer

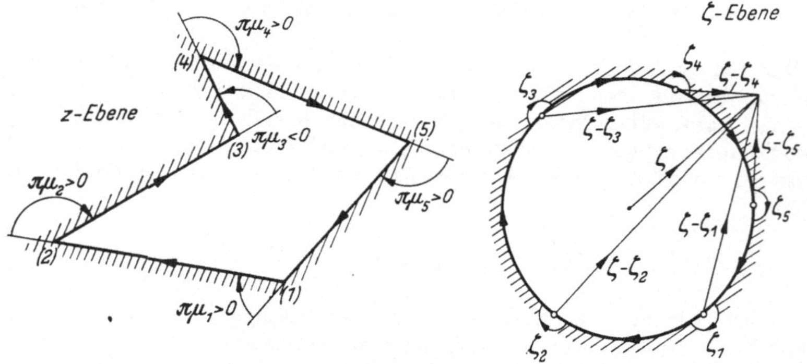

Abb. 38. Das *Äußere* eines Polygons wird konform auf den Kreis $|\zeta| \gtreqless 1$ abgebildet. Dann ist die D. Gl. für die Abbildungsfunktion die Gl. (33). Ferner besteht noch die zusätzliche Bedingung (33a)

Term auftritt, muß noch die zusätzliche Bedingung

$$\sum_{k=1}^{n} \zeta_k \mu_k = 0 \tag{33a}$$

erfüllt sein. Die Gl. (32) und (33) können natürlich aus den früheren Gl. (22) und (27) gewonnen werden, indem man darin für w und w_k die Ausdrücke (20a, b) oder (20α', β') einsetzt.

2.34 Die komplexe Greensche und Neumannsche Funktion für ebene Bereiche. Um bei ebenen Bereichen die beiden Randwertaufgaben aufzulösen, kann man in der nämlichen Weise wie im Raum zwei besondere Hilfsfunktionen heranziehen, die man auch hier die GREENsche oder die NEUMANNsche Funktion nennt. Als Ausgangspunkt möge die auf den ebenen Fall umgeschriebene Gl. 2.2 (4) dienen. Sie nimmt, wenn $U(x, y)$ eine zweimal differenzierbare stetige Funktion von x und y ist, die Form an

$$U(x, y) = -\frac{1}{2\pi}\int\limits_F \triangle U \cdot \ln\frac{1}{\varrho(P, P')}\,dF' + \frac{1}{2\pi}\oint\limits_R \ln\frac{1}{\varrho(P, P')}\frac{\partial U(P')}{\partial n'_a}\,ds' -$$

$$-\frac{1}{2\pi}\oint\limits_R \frac{\partial}{\partial n'_a}\left(\ln\frac{1}{\varrho(P, P')}\right)\cdot U(P')\,ds', \tag{34}$$

und $\varrho(P, P')$ beschreibt hierin den Abstand des Aufpunktes $P(x, y)$ vom Punkte $P'(x', y')$ am Orte des Integrationselementes, F ist ein Flächenstück in der x, y-Ebene und R seine Randkurve.

In Analogie zu der früheren Verfahrensweise definiert man durch die Gleichungen

$$G(P, P') = -\frac{1}{2\pi}\ln\frac{1}{\varrho(P, P')} + \omega(P, P') = G(P', P), \tag{35a}$$

$$\oint \frac{\partial G}{\partial \varrho}\,ds' = +1 \tag{35b}$$

eine normierte GREENsche Funktion der Ebene, die überall innerhalb F harmonisch ist mit Ausnahme der Stelle $P = P'$, wo sie es allein infolge des logarithmischen Terms nicht ist. Am Rand R des Bereichs F verschwindet sie. Sie ist wie früher in den Variablen P und P' symmetrisch.

Wird die Fläche F als die GAUSSsche Zahlenebene aufgefaßt, so lassen sich die beiden Punkte P und P' durch die Angabe der beiden komplexen Zahlen z und z' ihrer Lage nach eindeutig beschreiben, und in Gl. (35) ist dann $\varrho(P, P')$ identisch mit $|z - z'|$. Wir bestimmen dann zu der in Gl. (35) auftretenden harmonischen Funktion $\omega(P, P')$ über die D.Gl. von CAUCHY-RIEMANN die zu ihr konjugiert harmonische Funktion und fügen sie nach Multiplikation mit i zu der rechten Seite von Gl. (35) hinzu. Die Funktion

$$G(z, z') = -\frac{1}{2\pi}\ln\frac{1}{z - z'} + f(z, z') \tag{36}$$

wird dann die komplexe GREENsche Funktion des vorgelegten Bereichs genannt. Sie ist eine bis auf die Stelle $z = z'$ im Bereich F reguläre, aber in ihrem imaginären Teil unendlich vieldeutige Funktion, deren Realteil an den Grenzen des Bereichs verschwindet. Die komplexe GREENsche Funktion von Gl. (36) werde fortan von der reellen GREENschen Funktion der Gl. (35a, b) durch die Verwendung der Zeichen z, z' an Stelle von P, P' unterschieden. In den späteren Beispielen wird sich stets die Funktion $G(z, z')$ von vornherein in der komplexen Form ergeben, so daß eine besondere Berechnung des imaginären Bestandteils der in F regulären analytischen Funktion $f(z, z')$ von z gar nicht notwendig ist. Für den Einheitskreis ist z. B.

$$G(\zeta, \zeta') = -\frac{1}{2\pi}\ln\left(\frac{1 - \zeta\,\bar{\zeta}'}{\zeta - \zeta'}\right) \tag{37a}$$

oder in der reellen Form

$$G(P, P') = -\frac{1}{4\pi} \ln \left\{ \frac{1 + 2\varrho\varrho' \cos(\varphi - \varphi') + \varrho^2\varrho'^2}{\varrho^2 + \varrho'^2 - 2\varrho\varrho' \cos(\varphi - \varphi')} \right\}, \tag{37b}$$

worin dann (ϱ, φ) und (ϱ', φ') die Polarkoordinaten der Punkte P und P' sind. In den Variablen ζ und ζ' ist die Funktion $G(\zeta, \zeta')$ nicht mehr symmetrisch. Auch ist sie in ζ' keine reguläre analytische Funktion.

Mit der GREENschen Funktion (37a) des Einheitskreises ist auch die GREENsche Funktion eines anderen Bereichs D der z-Ebene bekannt, sobald diejenige Funktion $\zeta = f(z)$ angegeben werden kann, die den Bereich D auf den Kreis $|\zeta| \gtreqless 1$ abbildet. Mit dieser Funktion $f(z)$ ist die komplexe GREENsche Funktion, deren Realteil der reellen Funktion $G(P, P')$ entspricht, im Bereich D durch den Ausdruck gegeben:

$$G(z, z') = -\frac{1}{2\pi} \ln \frac{1 - \overline{f(z')}\, f(z)}{f(z) - f(z')}. \tag{38}$$

Wir betrachten mit $\varrho' < 1$ die Linienladung mit dem Ladungsbelag q_L am Orte $\zeta' = \varrho' e^{i\varphi'}$ innerhalb eines metallischen Kreiszylinders und lassen hierin $\varrho' \to \left(1 - \frac{\delta}{2}\right)$ streben, worin δ sehr klein ist. Entwickelt man den entstehenden Ausdruck in eine nach Potenzen von δ fortschreitende Reihe, so kommt für die komplexe Potentialfunktion nach Übergang zu einem Kreis mit dem Radius R der Ausdruck

$$\chi(\zeta) = -\frac{(q_L\,\delta)}{4\pi\varepsilon R}\,\frac{\zeta + R\,e^{i\varphi'}}{\zeta - R\,e^{i\varphi'}} \tag{39}$$

heraus. Er entspricht, wie ein Blick auf Abb. 39 lehrt, dem Potential eines Dipols vom Moment $(q_L\,\delta)$, der auf dem Umfang des Kreises mit dem Radius R an der durch den Winkel φ' festgelegten Stelle angeordnet ist.

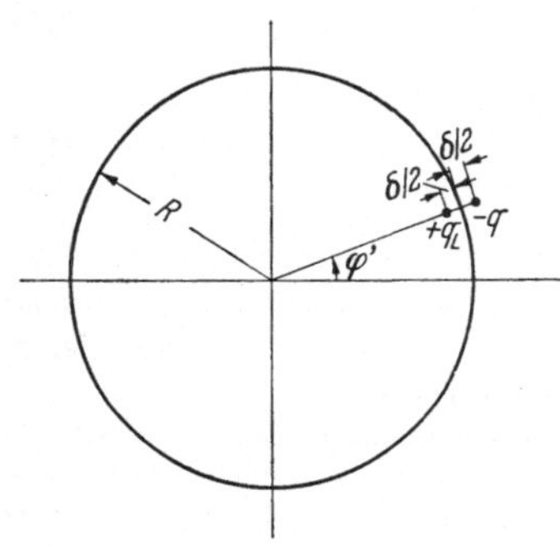

Abb. 39. Nähert sich eine einzelne Linienladung q_L unbegrenzt der Mantelfläche eines metallischen Kreiszylinders, so wird mit ständig kleiner werdendem radialem Abstand $\delta/2$ von der Zylinderwandung aus der Linienladung ein radial angeordneter elektrischer Dipol mit dem Moment $q_L\delta$ und mit der Potentialfunktion von Gl. (39).

Da es sich bei dem rechts stehenden Quotienten um eine gebrochene lineare Funktion von ζ handelt, so sind die Linien konstanter Realteile von $\chi(\zeta)$ Kreise. Wird der Realteil von Gl. (39) mit C bezeichnet, so gilt für die Niveaulinien die Gleichung:

$$(x - R\cos\varphi'\, C')^2 + (y - R\sin\varphi'\, C')^2 = R^2(C' - 1)^2 \qquad (C' = C/(C-1)).$$

Der Mittelpunkt aller dieser Kreise liegt also auf dem Radius vom Mittelpunkt des Kreises $|\zeta| = R$ zum Punkt φ' auf dessem Umfang.

Ist nun auch die Funktion $U(x, y)$ in Gl. (34) wie die Funktion $\omega(P, P')$ insbesondere eine harmonische Funktion, so gilt in Rücksicht auf Gl. 2.2 (16b) die Beziehung

$$0 = -\int\limits_R \omega_g(P, P')\,\frac{\partial U(P')}{\partial n_a'}\,ds' + \int\limits_R U(P')\,\frac{\partial\omega_g(P, P')}{\partial n_a'}\,ds',$$

und nach Addition dieser Gleichung zu Gl. (34) berechnet sich dann die harmonische Funktion $U(x, y)$ aus den vorgegebenen Randwerten $U(P')$ gemäß der

Beziehung

$$U(x, y) = \int_R U(P') \frac{\partial G(P, P')}{\partial n'_a} ds'. \tag{40}$$

Für den Einheitskreis führt Gl. (40) zu der bekannten Formel von POISSON

$$U(\varrho, \varphi) = \frac{1}{2\pi} \int_0^{2\pi} \frac{1 - \varrho^2}{1 - 2\varrho \cos(\varphi - \varphi') + \varrho^2} U(\varphi') \, d\varphi' \quad (|\varrho| \leqq 1). \tag{41a}$$

Im Zusammenhang mit der Frage, inwieweit durch den Realteil einer regulären analytischen Funktion ihr Imaginärteil bereits mitbestimmt ist, wird in der Funktionentheorie die Formel

$$\begin{aligned} f(\zeta) &= U(\varrho, \varphi) + i V(\varrho, \varphi) \\ &= \frac{1}{2\pi} \int_0^{2\pi} P_r(\varphi') \frac{e^{i\varphi'} + \zeta}{e^{i\varphi'} - \zeta} d\varphi' + \frac{1}{2} [f(0) - \overline{f(0)}] \quad (\zeta = \varrho e^{i\varphi}) \end{aligned} \tag{42}$$

bewiesen. Hierin bedeutet $P_r(\varphi')$ den als bekannt vorausgesetzten Realteil der im Innern des Einheitskreises und auf seinen Rändern regulären analytischen Funktion $f(z)$. Das konstante Glied stellt den Imaginärteil von $f(z)$ im Mittelpunkt des Einheitskreises dar. Ist allgemeiner, wie in allen praktischen Fällen, $P_r(\varphi')$ eine beliebige, stückweise stetige Funktion, so ist die durch Gl. (42) definierte Funktion in allen inneren Punkten des Einheitskreises regulär und analytisch. Zerlegt man in Gl. (42) links wie rechts die komplexen Größen in Real- und Imaginärteil und beachtet, daß für ein $\zeta = \varrho e^{i\varphi}$

$$\frac{e^{i\varphi'} + \zeta}{e^{i\varphi'} - \zeta} = \frac{1 - \varrho^2 + 2i\varrho \sin(\varphi - \varphi')}{1 + \varrho^2 - 2\varrho \cos(\varphi - \varphi')} \tag{42a}$$

ist, so entsteht einmal die bereits oben zitierte Gl. (41a) mit $U(\varphi') \equiv P_r(\varphi')$ und zum anderen die Formel

$$\begin{aligned} V(\varrho, \varphi) &= \mathfrak{Im}\{f(\zeta)\} \\ &= \frac{1}{2i} [f(0) - \overline{f(0)}] + \frac{1}{2\pi} \int_0^{2\pi} P_r(\varphi') \frac{2\varrho \sin(\varphi - \varphi')}{1 - 2\varrho \cos(\varphi - \varphi') + \varrho^2} d\varphi'. \end{aligned} \tag{41b}$$

Wenn $\Phi(\varphi')$ die vorgegebenen reellen Randwerte etwa einer elektrostatischen Potentialfunktion bedeuten, so ist die im Falle der ersten Randwertaufgabe durch

$$\chi(\zeta) = \Phi(\varrho, \varphi) + i\psi(\varrho, \varphi) = i\psi(0) + \frac{1}{2\pi} \int_0^{2\pi} \Phi(\varphi') \frac{e^{i\varphi'} - \zeta}{e^{i\varphi'} + \zeta} d\varphi' \quad (\zeta = \varrho e^{i\varphi}; \ \varrho \lesseqgtr 1) \tag{43}$$

definierte Funktion $\chi(\zeta)$ regulär und analytisch, und sie besitzt tatsächlich die Eigenschaft, daß ihr Realteil für $\varrho \to 1$ gegen die gegebenen Randwerte $\Phi(\varphi')$ strebt.

Da es mitunter bequemer ist, die Funktion $\chi(\zeta)$ unter Bezugnahme auf die obere w-Halbebene zu berechnen, so führen wir auch noch die in diesem Falle gültige Formel an. Man gelangt zu ihr, indem man das Innere des Einheitskreises auf die obere Halbebene abbildet und demgemäß in Gl. (43) für $e^{i\varphi'}$ und z die Gl. (20 α, β) benutzt. Auf diese Weise ergibt sich die Beziehung:

$$\begin{aligned}\chi(w) &= \Phi(u, v) + i\,\psi(u, v)\\ &= i\,\psi(0, 1) + \frac{1}{\pi i}\int\limits_{-\infty}^{\infty} \frac{1 + u' w}{(1 + u'^2)(u' - w)}\,\Phi(u')\,du' \quad \begin{matrix}(\mathfrak{Im}\, w > 0)\\ (\mathrm{Arc}\,(u' - w) = +\pi),\end{matrix}\end{aligned} \tag{44}$$

in der nun $\Phi(u')$ die gegebenen reellen Randwerte der Funktion $\chi(w)$ sind.

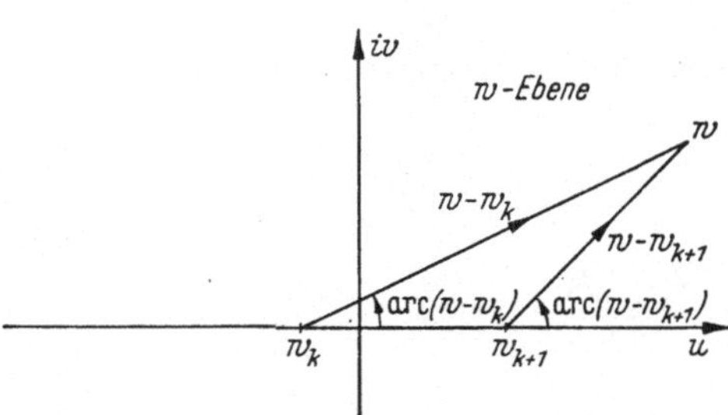

Abb. 40. Das Bild erläutert die Phasenlage von $w - w_k$ und $w - w_{k+1}$ bei Benutzung der Gl. (44a)

Ist am Einheitskreis in Gl. (43) $\Phi(\varphi')$ überall gleich Null und nur im Winkelraum $\alpha_k \gtreqless \varphi' \leqq \alpha_{k+1}$ gleich der Konstanten $A_{k,k+1}$, so lautet der Beitrag des Integrals auf der rechten Seite zum Werte von $\chi(\zeta)$

$$\delta\chi(\zeta) = -A_{k,k+1}\frac{\alpha_{k+1} - \alpha_k}{2\pi} + \frac{A_{k,k+1}}{\pi i}\ln\frac{e^{i\alpha_{k+1}} - \zeta}{e^{i\alpha_k} - \zeta}. \tag{43a}$$

Ist in der w-Ebene auf der reellen Achse $\Phi(w)$ allein im Bereich $w_k \gtreqless w \leqq w_{k+1}$ von Null verschieden und gleich $U_{k,k+1}$, so liefert dieser Teil der reellen Achse zur komplexen Potentialfunktion von Gl. (44) den Beitrag

$$\delta\chi(w) = \frac{U_{k,k+1}}{\pi i}\ln\left\{\frac{w - w_{k+1}}{w - w_k}\sqrt{\frac{1 + w_k^2}{1 + w_{k+1}^2}}\right\}. \tag{44a}$$

Wegen der Phasenlage der w und w_k vergleiche man Abb. 40.

Die NEUMANNsche Funktion, die bei der Lösung räumlicher Randwertaufgaben zweiter Art neben der GREENschen Funktion eine durchaus selbständige Rolle spielt, kann bei der Berechnung ebener Felder entbehrt werden, denn es ist in diesem Fall in der Regel möglich, wie das auch einzelne Beispiele im 7. und 8. Abschn. zeigen, eine Randwertaufgabe zweiter Art etwa für die Funktion Ψ mit Hilfe der dazu konjugierten Funktion Φ zu formulieren. Es erübrigt sich daher, an dieser Stelle auf die NEUMANNsche Funktion selbst einzugehen.

2.4 Allgemeine Anwendungen

2.41 Einige allgemeine Sätze für stationäre Felder. Mittels der GREENschen Sätze des Abschn. 2.21 lassen sich mit großer Leichtigkeit eine Reihe allgemeiner Sätze für stationäre Felder beweisen.

a) Es handele sich im ersten Fall um ein System metallischer Leiter mit den Ladungen Q_i und den Potentialen Φ_i $i = 1 \ldots n$. Bei derselben unveränderten Anordnung der Leiter und der gleichen Raumerfüllung mögen sie nach einer Umladung neuerdings die Ladungen Q_i' und die Potentiale Φ_i' haben. Die beiden Fällen entsprechenden regulären Potentialfunktionen mögen das eine Mal mit $\Phi(x, y, z)$, das andere Mal mit $\Phi'(x, y, z)$ bezeichnet werden. Identifizieren wir in Gl. 2.2 (2) U_1 mit Φ und U_2 mit Φ', so ist die linke Seite nach Gl. 1.1 (7 α) gleich Null. Es muß also Gl. (2a) gelten, und die Integration ist darin über alle im Endlichen gelegenen Leiteroberflächen zu erstrecken. Die Integration über die unendlich ferne Kugel liefert keinen Beitrag, da φ wie $1/r$, grad φ wie $1/r^2$ verschwindet, während dF nur wie r^2 selbst wächst. An den Leiteroberflächen sind aber φ oder φ' konstant gleich den gegebenen Potentialen, und es gilt dort Gl. 1.1 (8b'). Man erhält dann das nach GREEN benannte Reziprozitätstheorem der Elektrostatik:

$$\sum_{i=1}^{n} Q_i \varphi_i' = \sum_{i=1}^{n} Q_i' \varphi_i. \tag{1}$$

Es gilt auf Grund dieses Beweises auch bei inhomogener stetiger Raumerfüllung und damit nach einer bekannten Schlußweise auch bei sprunghaft unstetiger Verteilung von ε. Mit Hilfe von Gl. (1) läßt sich leicht zeigen, daß die Matrix der Gleichungssysteme

$$\varphi_i = \sum_{k=1}^{n} \alpha_{ik} Q_k \quad \text{(2a)} \qquad Q_i = \sum_{p=1}^{n} k_{ip} \cdot \varphi_p \qquad (i = 1, 2, \ldots, n), \quad \text{(2b)}$$

in denen die Potentiale jedes der n Leiter linear durch deren Ladungen oder umgekehrt ausgedrückt werden, tatsächlich symmetrisch ist. Verschwinden nämlich einmal alle Ladungen Q mit Ausnahme von Q_i und das andere Mal alle Ladungen Q' mit Ausnahme von Q_k', so folgt aus Gl. (2a) und Gl. (1) $\alpha_{ik} = \alpha_{ki}$.

b) Wir betrachten wieder ein System von Leitern mit den Ladungen Q_i und den Potentialen φ_i mit $i = 1 \ldots n$. Die in dem inhomogen erfüllten Raum zwischen den Leitern aufgespeicherte Energie ist nach Gl. 1.1 (10), (6) und 2.2 (1b) demnach auch durch die Formel

$$\begin{aligned} \frac{1}{2}\int_H \varepsilon\left\{\left(\frac{\partial\varphi}{\partial x}\right)^2 + \left(\frac{\partial\varphi}{\partial y}\right)^2 + \left(\frac{\partial\varphi}{\partial z}\right)^2\right\} dV &= \frac{1}{2}\sum_{\lambda=1}^{n} \varphi_\lambda \int_{F_\lambda} \varepsilon \frac{\partial\varphi_\lambda}{\partial n}\, dF_\lambda \\ &= \frac{1}{2}\sum_{\lambda=1}^{n} \varphi_\lambda Q_\lambda \qquad \varepsilon \equiv \varepsilon(x, y, z) \end{aligned} \tag{3}$$

gegeben.

c) Auf ganz dieselbe Weise läßt sich zeigen, daß, wenn einem leitenden Körper von endlicher oder unendlicher Ausdehnung über n vollkommen leitende Elektroden, die auf den Potentialen φ_i stehen, die Ströme I_i zugeführt werden, so ist die im ganzen durchströmten Gebiet in der Zeiteinheit erzeugte Wärmemenge durch den Ausdruck

$$P_w = \sum_{\lambda=1}^{n} \varphi_\lambda I_\lambda \qquad \varkappa \equiv \varkappa(x, y, z) \tag{4}$$

gegeben.

d) Die Formel 1.1 (50) für das zeitliche Mittel der Leistung, die eine an einer vollkommen leitenden Doppelleitung entlangeilende Welle mit sich führt, wurde a. a. O. ohne Beweis mitgeteilt. Allerdings benötigt sie in der angegebenen Form auch kaum einer Begründung, da dann die Spannung zwischen den Leitern und der Strom in den Leitern in der bekannten Produktform auftreten, die für die elektrische Leistungsabgabe charakteristisch ist. Man kann aber einen von den Feldgrößen ausgehenden Beweis dafür angeben, der zu dem gleichen Ausdruck führt. Das zeitliche Mittel des Energiestroms, der die unbegrenzte Fläche F einer beliebigen Querschnittsebene außerhalb der beiden Leiterkonturen durchsetzt, berechnet sich bekanntlich nach der Gleichung

$$\tilde{\mathfrak{S}}_z(z) = \tfrac{1}{2}\int_F (E_x \overline{H}_y - E_y \overline{H}_x)\, dx\, dy. \tag{5}$$

Benutzt man hierin die Gl. 1.1 (39), (40) und gibt noch auf Gl. 1.1 (36) acht, so erhält man zunächst

$$\tilde{\mathfrak{S}}_z(z) = \frac{1}{2}\sqrt{\frac{\varepsilon_0}{\mu_0}}\int\limits_F \left\{\frac{\partial^2 \Phi}{\partial x^2} + \frac{\partial^2 \Phi}{\partial y^2}\right\} dx\, dy = \frac{1}{2}\sqrt{\frac{\varepsilon_0}{\mu_0}}\left\{\int\limits_R \Phi \frac{\partial \Phi}{\partial n_a} ds - \int\limits_F \Phi \triangle \Phi\, dx\, dy\right\},$$

worin der letzte Term aus dem mittleren Glied auf Grund des ersten GREENschen Satzes hervorgeht. Das Flächenintegral verschwindet dann wegen $\triangle \Phi = 0$. Das Kurvenintegral erstreckt sich über alle Ränder des Bereichs, wozu auch ein genügend großer Kreis zählt. Sein Beitrag kann aber zum Verschwinden gebracht werden, wenn man den Kreis nur genügend weit hinausrückt, denn von der gesamten Strömung durch den Querschnitt ist ausdrücklich vorausgesetzt worden, daß sie verschwindet. Für die Randkurven um die beiden Leiterquerschnitte herum folgen aber aus den Gl. 1.1 (44, 47) nacheinander die Darstellungen:

$$\begin{aligned}\tilde{\mathfrak{S}}_z(z) &= -\frac{1}{2}\sqrt{\frac{\varepsilon_0}{\mu_0}}\left\{\Phi_1 \oint\limits_{\text{Ltr. 1}} (\mathfrak{e}_3 \times \mathfrak{t})\, \mathfrak{E}\, ds + \Phi_2 \oint\limits_{\text{Ltr. 2}} (\mathfrak{e}_3 \times \mathfrak{t})\, \mathfrak{E}\, ds\right\} \\ &= \frac{1}{2}\,\frac{q(\Phi_1 - \Phi_2)}{\sqrt{\mu_0 \varepsilon_0}} = \frac{1}{2} J (\Phi_1 - \Phi_2).\end{aligned} \tag{6}$$

Die ursprüngliche Formel 1.1 (50) hat sich damit bestätigt.

2.42 Die Berechnung von Kräften und Drehmomenten mittels der komplexen Potentialfunktion. Der im Abschn. 2.31 erörterte Zusammenhang der Ableitung einer komplexen Potentialfunktion mit den beiden Komponenten der Feldstärke läßt sich noch weiter ausbauen, so daß es sogar möglich wird, die in den elektrostatischen oder magnetostatischen ebenen Feldern auf Leiter oder auf unendlich permeable Körper wirkenden Kräfte und Drehmomente unmittelbar durch komplexe Größen darzustellen.

Beziehen wir uns auf das elektrostatische Feld, so gelten nach Gl. 1.1 (11) für die beiden Komponenten der nach außen gerichteten Kraft, die je Längeneinheit der Z-Achse auf das Stück ds der Oberfläche wirkt, und den Winkel α mit der positiven x-Achse bildet, die Beziehungen:

$$\delta K_x = \tfrac{1}{2}\varepsilon_0 E_N^2 \cdot ds \cdot \cos\alpha, \quad (7\text{a}) \qquad \delta K_y = \tfrac{1}{2}\varepsilon_0 E_N^2 \cdot ds \cdot \sin\alpha. \quad (7\text{b})$$

Da nun $ds \cos\alpha = dy$ und $ds \sin\alpha = -dx$ ist, so läßt sich im ganzen für die zwischen den Punkten A und B auf den Körper wirkende Kraft die Formel

$$K_y + i K_x = -\int\limits_A^B \tfrac{1}{2}\varepsilon_0 E_N^2 (dx - i\,dy) = -\int\limits_A^B \tfrac{1}{2}\varepsilon_0 (E_x^2 + E_y^2)(dx - i\,dy) \tag{7}$$

angeben. Wegen der senkrechten Richtung von $\mathfrak{E}$ zu ds ist dann aber auch wegen $a/b = c/d = (a + \alpha c)/(b + \alpha d)$

$$\frac{dy}{E_x} = -\frac{dx}{E_y} = -i\frac{dx + i\,dy}{E_x + i E_y} = +i\frac{dx - i\,dy}{E_x - i E_y}, \tag{8a}$$

und also wird

$$(E_x - i E_y)(dx + i\,dy) = -(E_x + i E_y)(dx - i\,dy), \tag{8b}$$

$$(E_x^2 + E_y^2)(dx - i\,dy) = -(E_x - i E_y)^2 (dx + i\,dy). \tag{8c}$$

In Rücksicht auf Gl. 2.3 (3a) besteht also zwischen der gesamten Kraft, die längs des Bogens AB von seiten des Feldes auf den Körper ausgeübt wird, und der

Potentialfunktion $\chi_e(z)$ der Zusammenhang

$$K_y + i K_x = \frac{1}{2} \varepsilon_0 \int\limits_A^B \left(\frac{d\chi_e}{dz}\right)^2 dz. \tag{9}$$

Für das auf die Achse durch den Punkt c bezogene Drehmoment der Feldkräfte ergibt sich als Beitrag des Bogenelementes ds

$$\begin{aligned} \delta M_\varphi &= -\delta K_x (y-c_2) + \delta K_y (x-c_1) = -\tfrac{1}{2} \varepsilon_0 (E_x^2 + E_y^2) [(x-c_1)\, dy + (y-c_2)\, dx] \\ &= -\tfrac{1}{2} \varepsilon_0 \Re\mathfrak{e}\{(E_x^2 + E_y^2)(z-c)(dx - i\, dy)\}. \end{aligned}$$

Im Hinblick auf Gl. (8c) gilt also für das Drehmoment der Feldkräfte, die längs des Bogens AB auf den Körper wirken, bezogen auf die durch den Punkt c gehende Drehachse, die Beziehung

$$M_\varphi(A, B) = \frac{1}{2} \varepsilon_0 \Re\mathfrak{e}\left\{\int\limits_A^B \left(\frac{d\chi_e}{dz}\right)^2 (z-c)\, dz\right\}. \tag{10}$$

Der Imaginärteil von δM_φ, nämlich die Größe

$$-\tfrac{1}{2} \varepsilon_0 (E_x^2 + E_y^2) [(y-c_2)\, dx - (x-c_1)\, dy]$$

scheint keine physikalische Bedeutung zu haben.

2.43. Der Linien-n-Pol innerhalb und außerhalb eines Hüllenleiters. Hat im Falle der ebenen Zylinderkoordinaten (ϱ, φ) das Potentialfeld eine periodische Struktur, so hat nach Gl. 2.1 (26) ein einzelner Term der Partikularlösung der LAPLACE-Gleichung die Form $\cos(n\varphi)/\varrho^n$ oder $\sin(n\varphi)/\varrho^n$ mit $n = 1, 2, 3, \ldots$. Soll das Potentialfeld durch diesen Term allein beschrieben werden können, so muß die Anregung des Feldes durch einen Linien-n-Pol erfolgen, der aus der Ladungsanordnung von Abb. 30 hervorgeht, nachdem der Grenzübergang $a \to 0$ bei endlich bleibendem Wert von $q_L a^n$ vollzogen worden ist. Von einer notfalls unendlichen Zahl derartiger n-Pole, $n = 1, 2, 3, \ldots$, von geeignet bemessener Stärke läßt sich jedes beliebige ebene Potentialfeld nachbilden.

Von dieser Möglichkeit wird Gebrauch gemacht, wenn z. B. die Kapazitäten komplizierter Leiteranordnungen berechnet werden sollen, wie sie etwa in mehradrigen Kabeln vorliegen, in denen die Querschnittdimensionen der einzelnen Adern nicht mehr als vernachlässigbar klein behandelt werden dürfen. Man pflegt dann so vorzugehen, daß man sich die Wirkung der einzelnen Kabeladern auf das Innenfeld des Kabels durch Linien-n-Pole erzeugt denkt, die in den Mittelachsen der Adern angeordnet sind. Ihre Stärke wird dann hinterher so berechnet, daß die auf den verschiedenen Oberflächen vorgeschriebenen Potentialwerte auch wirklich zustande kommen. Die Randbedingungen lassen sich auf diese Weise mit um so größerer Genauigkeit erfüllen, je höher man mit der Ordnung n der Linien-n-Pole geht. Die Momente der n-Pole bestimmen sich nach diesem Verfahren letzten Endes aus einem System von unendlich vielen Gleichungen mit unendlich vielen Unbekannten, wobei diese den Momenten der n-Pole entsprechen.

Das Grundproblem, mit dem man es bei diesen Rechnungen zu tun bekommt, besteht in der Berechnung des Rückwirkungspotentials, das ein einzelner Hüllenleiter hervorruft, wenn ihm entweder im Außenraum oder in seinem inneren Hohlraum ein n-Pol beliebiger Stärke gegenübersteht. Wir wollen an dieser Stelle für die letztgenannten beiden Fälle die zugehörige komplexe Potentialfunktion bestimmen.

Zu diesem Zweck denken wir uns den Linien-n-Pol gemäß Abb. 30 aus n-Polpaaren entstanden. In die Abb. 41 und 42 ist nur das k-te dieser Polpaare eingetragen. Die negative Ladung dieses Polpaares falle in den Punkt p der komplexen Zahlenebene, die positive Ladung $+q_L$ in den Punkt $p + a_k$ mit $a_k = a \exp(2\pi i\, k/n)$, worin a selbst komplex sein kann. Nach dem Grenzübergang $a \to 0$ liegt also der n-Pol im Punkt p. Der Einfluß des metallischen Hohlleiters läßt sich in beiden Fällen mittels der beiden Bildladungen des Polpaares berücksichtigen, und nach Gl. (14b) besteht dann für die komplexe Potentialfunktion, gleichgültig ob es sich um das Innen- oder Außenraumproblem handelt, die Beziehung

$$\chi_k(z, p) + \chi_k(z, p + a_k) = \frac{q_L}{2\pi\varepsilon_0} \ln\left[\frac{z-p}{z-p-a_k} \cdot \frac{z - m + R^2/(\overline{m} - \overline{p} - \overline{a}_k)}{z - m + R^2/(\overline{m} - \overline{p})}\right] \quad (a_k = a\, e^{2\pi i k/n}). \tag{11}$$

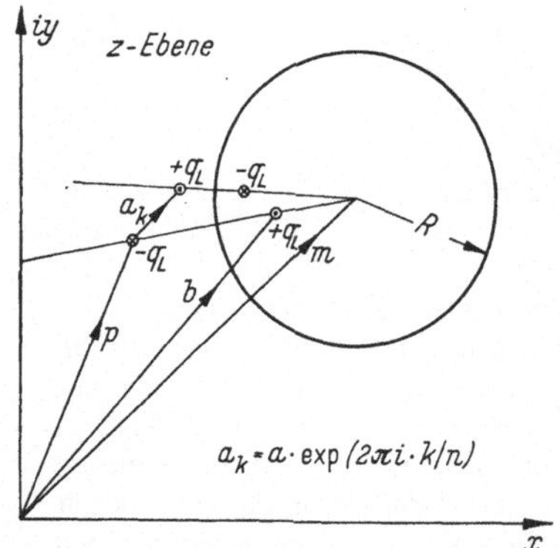

Abb. 41. Das in p und $p + a_k$ liegende Paar von Linienladungen ist eines der n Linienladungspaare, aus denen in Bild 30 nach dem Grenzübergang $a \to 0$ der Linien-n-Pol entsteht. Es liegt hier außerhalb des Hüllenleiters mit kreisförmigem Querschnitt

Abb. 42. In diesem Bild ist a_k der innerhalb des Kreises von $-q_L$ nach $+q_L$ verlaufende Zeiger. Sonst gilt von diesem Linienladungspaar dasselbe wie in der nebenstehenden Abbildung

Hierin bedeutet m die komplexe Mittelpunktskoordinate des Hüllenleiters und R seinen Radius. Offenbar besteht der Zusammenhang

$$R^2 = |m - p|\,|m - b| = (\overline{m} - \overline{p})(m - b) = (m - p)(\overline{m} - \overline{b}). \tag{11a}$$

Bei der weiteren Behandlung der Gl. (11) wollen wir nun unterscheiden nach den beiden Fällen eines außerhalb oder innerhalb gelegenen Linien n-Pols.

Liegt wie in Abb. 41 der n-Pol *außerhalb* des Hüllenleiters, so beseitigt man zweckmäßig in Gl. (11) zunächst die beiden Nenner in dem zweiten Bruch hinter dem Zeichen ln und faßt die Glieder ohne den Faktor a_k und mit diesem Faktor zusammen. Dann ergibt sich nach rein elementaren Rechnungen

$$\chi_k(z, p) + \chi_k(z, p + a_k) = \frac{q_L}{2\pi\varepsilon_0} \ln\left\{\frac{1 - \dfrac{\overline{a}_k}{\overline{m} - \overline{p} + R^2/(z - m)}}{\left(1 - \dfrac{a_k}{z - p}\right)\left(1 - \dfrac{\overline{a}_k}{\overline{m} - \overline{p}}\right)}\right\}. \tag{12a}$$

Von dieser Form aus läßt sich dann auch sofort mit $k = 0, 1, 2, \ldots, n - 1$

die Potentialfunktion für die n-Polpaare $(p, p + a_k)$ angeben. Da nämlich

$$\prod_{k=0}^{n-1} (1 - a_k/x) = 1 - (a/x)^n$$

ist, so ergibt sich sofort

$$\sum_{k=0}^{n-1} [\chi_k(z, p) + \chi_k(z, p + a_k)] = \frac{q_L}{2\pi\,\varepsilon_0} \ln \left\{ \frac{1 - \left(\dfrac{\bar{a}}{\bar{m} - \bar{p} + R^2/(z - m)}\right)^n}{\left(1 - \dfrac{a}{z - p}\right)^n \left(1 - \left(\dfrac{\bar{a}}{\bar{m} - \bar{p}}\right)^n\right)} \right\}. \tag{12b}$$

Läßt man hierin noch $a \to 0$ und $q_L \to \infty$ streben in der Weise, daß dabei

$$\lim (q_L\, a^n) = M_n \tag{13}$$

wird, worin M_n die Bedeutung des Momentes des n-Pols hat, so entsteht für die komplexe Potentialfunktion eines Linien-n-Pols außerhalb des Hüllenleiters der Ausdruck:

$$\chi(z;\, p, m) \begin{cases} = \dfrac{1}{2\pi\,\varepsilon_0} \left\{ \dfrac{M_n}{(z - p)^n} + \dfrac{\bar{M}_n}{(\bar{m} - \bar{p})^n} - \dfrac{\bar{M}_n}{\left(\bar{m} - \bar{p} + \dfrac{R^2}{z - m}\right)^n} \right\} \\[2ex] = \dfrac{1}{2\pi\,\varepsilon_0} \left[\dfrac{M_n}{(z - p)^n} + \dfrac{\bar{M}_n}{(\bar{m} - \bar{p})^n} - \dfrac{\bar{M}_n}{(\bar{m} - \bar{p})^n} \dfrac{(z - m)^n}{\left(z - m + \dfrac{R^2}{(\bar{m} - \bar{p})}\right)^n} \right]. \end{cases} \tag{14a}$$

Mit Hilfe der Gl. (11a) kann man schließlich an Stelle von Gl. (14a) auch noch schreiben:

$$\chi(z;\, p, m) = \frac{1}{2\pi\,\varepsilon_0} \left\{ \frac{\bar{M}_n}{(z - p)^n} + \frac{\bar{M}_n}{(\bar{m} - \bar{p})^n} \left[1 - \left(1 - \frac{m - b}{z - b} \right)^n \right] \right\}. \tag{14b}$$

Der Nachweis, daß der Realteil der komplexen Potentialfunktion (14a) für $z - m = R \exp(i\,\varphi)$, d. h. an der Oberfläche des Hüllenleiters, zum mindesten unabhängig von z oder φ ist, läßt sich am einfachsten dadurch erbringen, daß man in Gl. (14a) zu einer Reihenentwicklung übergeht. Zu dem Zweck gibt man zunächst der Gl. (14a) noch die andere Form

$$\begin{aligned} \chi(z;\, p, m) = \frac{1}{2\pi\,\varepsilon_0} \Bigg\{ & \frac{M_n}{(m - p)^n} \left(1 + \frac{z - m}{m - p} \right)^{-n} + \\ & + \frac{\bar{M}_n}{(\bar{m} - \bar{p})^n} \left[1 - \left(1 + \frac{R^2}{(z - m)\,(\bar{m} - \bar{p})} \right)^{-n} \right] \Bigg\}. \end{aligned} \tag{14c}$$

Da hierin die beiden von 1 verschiedenen Summanden in den beiden runden Klammern ihrem absoluten Betrage nach für alle in Frage kommenden Werte von z kleiner als 1 sind, so ist die Reihenentwicklung nach dem binomischen Lehrsatz erlaubt, und man erhält

$$\begin{aligned} \chi(z;\, p, m) = \frac{1}{2\pi\,\varepsilon_0} \Bigg\{ & \frac{M_n}{(m - p)^n} + \frac{M_n}{(m - p)^n} \sum_{\lambda=1}^{\infty} \binom{-n}{\lambda} \frac{(z - m)^\lambda}{(m - p)^\lambda} - \\ & - \frac{\bar{M}_n}{(\bar{m} - \bar{p})^n} \sum_{\lambda=1}^{\infty} \binom{-n}{\lambda} \frac{R^{2\lambda}}{(z - m)^\lambda\,(\bar{m} - \bar{p})^\lambda} \Bigg\}. \end{aligned} \tag{14d}$$

Für $z - m = R \exp(i\,\varphi)$ sind aber die beiden letzten Summanden in der geschweiften Klammer konjugiert komplexe Größen, und somit hat ihre Differenz einen verschwindenden Realteil. Die Hülle des Schirmleiters hat also nach Gl. (14d) den konstanten Potentialwert:

$$\frac{1}{2\pi\varepsilon_0}\,\Re\mathrm{e}\left(\frac{M_n}{(m-p)^n}\right).$$

Wir gehen nun zu dem Fall von Abb. 42 über. Das Paar der Linienquellen in p, $p + a_k$ liege jetzt *innerhalb* des kreisförmigen Schirmleiters. Im übrigen ist auch in dieser Abbildung der Punkt p der komplexen Zahlebene nach dem Grenzübergang a_k oder $a \to 0$ die Lage des jetzt innen liegenden n-Pols und b die Lage der jetzt außen liegenden Bildladung. Zwischen m, p, b und R besteht dann wieder die Gl. (11a), und auch die Gl. (11) für die komplexe Potentialfunktion der Linienladung in p und $p + a_k$ nebst den zugehörigen Bildladungen bleibt im Falle des Innenproblems in der früher angeschriebenen Form gültig. Daraus folgt dann notwendig, daß auch die frühere Gl. (14a, b) jetzt noch zutrifft.

Der Nachweis der Richtigkeit der Gleichungen im vorliegenden Fall läßt sich am einfachsten von der zweiten Form der Gl. (14a) aus führen. Setzt man nämlich darin $z - m = R\exp(i\varphi)$, so erkennt man wiederum ohne Schwierigkeit, daß der Realteil der Funktion $\chi(z; p, m)$ längs des Umfangs des Hüllenleiters überall den konstanten Wert

$$\frac{1}{2\pi\varepsilon_0}\,\Re\mathrm{e}\left(\frac{\overline{M}_n}{(\overline{m}-\overline{p})^n}\right)$$

hat.

2.44 Der metallische Zylinder von beliebiger Querschnittsform im homogenen elektrostatischen Felde. Wir machen eine beliebige Querschnittsebene des als sehr lang anzusehenden Zylinders zur Gaussschen Zahlenebene der komplexen Variablen z. Der Bereich $\mathfrak{B}'$ des Querschnitts enthalte den Ursprung $z = 0$ der Zahlenebene. Der Komplementbereich $\mathfrak{B}$ mit der Randkurve C von $\mathfrak{B}$ und $\mathfrak{B}'$, die dem Umfang des Zylinderquerschnitts entspricht, enthält dann den Punkt ∞ der z-Ebene. Die Funktion

$$w = f(z) = a_1 z + a_0 + \sum_{\lambda=1}^{\infty} a_{-\lambda} z^{-\lambda} \qquad (a_1 > 0,\ |z| \geqq 1) \tag{15}$$

möge den Bereich $\mathfrak{B}$ mit der Randkurve C und dem Punkt ∞ auf das Äußere des Einheitskreises $|w| = 1$ der w-Ebene eineindeutig und konform abbilden. Nach einem bekannten Satz von B. Riemann [8] existiert jedenfalls eine solche Funktion. Längs der Randkurve C ist dann nach Gl. (15)

$$f(z)\,\overline{f(z)} = |f(z)|^2 = 1 \qquad (z \in C). \tag{15a}$$

In der z-Ebene liegen nun an der Stelle $-z'$ die Ladung $+q_L$ und an der Stelle $+z'$ die Ladung $-q_L$ mit $|z'| > 1$. Späterhin lassen wir $|z'| \to \infty$ streben. Dann besteht in Rücksicht auf den schon öfter hervorgehobenen Zusammenhang zwischen der Greenschen Funktion von Gl. 2.3 (38) und der komplexen Potentialfunktion der am Orte $\pm z'$ angeordneten Linienladung $\mp q_L$ die folgende Darstellung:

$$\chi_e(z; \pm z') = \frac{q_L}{2\pi\varepsilon_0}\ln\left[\frac{1-\overline{f(-z')}\,f(z)}{f(z)-f(-z')}\;\frac{f(z')-f(z)}{\overline{f(z')}\,f(z)-1}\right]. \tag{16}$$

Für $|z'| \to \infty$ strebt $f(z') \to a_1 z'$, und daher ist dann

$$\chi_e(z; \pm\infty) = \frac{q_L}{2\pi\varepsilon_0}\ln\left[\frac{1+1/(a_1\overline{z}'f(z))}{1+(f(z)/a_1 z')}\;\frac{1-f(z)/a_1 z'}{1-1/(a_1 z' f(z))}\right]$$

$$= \frac{q_L}{2\pi\varepsilon_0}\left\{\frac{1}{\overline{z}'\cdot f(z)} - \frac{f(z)}{z'}\right\}.$$

Sollen nun die mehr und mehr auseinanderrückenden Ladungen $\pm q_L$ für $|z'| \to \infty$ zu einem von Null verschiedenen homogenen Feld führen, dessen positive Richtung mit der x-Achse den Winkel α bildet, so muß nach Gl. 1.2 (19) im vorliegenden Falle

$$q_L = \pi \varepsilon_0 |z'| E_\alpha$$

gesetzt werden mit $z' = |z'| \exp(i\alpha)$. Es ergibt sich dann im ganzen der folgende Ausdruck für die komplexe Potentialfunktion:

$$\chi_e(z;\alpha) = -\frac{E_\alpha}{a_1}\{f(z)\,e^{-i\alpha} - [f(z)]^{-1}e^{+i\alpha}\}. \tag{17}$$

Für $z \to \infty$ ergibt sich aus Gl. (17) im Hinblick auf Gl. (15) der schon früher hergeleitete Ausdruck 2.3 (8). Für ein $z \in C$ wird wegen Gl. (15a) $\Re\{\chi_e(z;\alpha)\} = 0$. Sobald also die Funktion (15) bekannt ist, die den Bereich $\mathfrak{B}$ der z-Ebene auf das Äußere des Einheitskreises abbildet, ist auch damit zugleich diejenige Potentialfunktion bekannt, die das resultierende elektrostatische Feld eines metallischen und ungeladenen Zylinders innerhalb eines homogenen Feldes bestimmt. In den ersten drei Entwicklungsgliedern hat die Gl. (17) das Aussehen

$$\chi_e(z;\alpha) = -E_\alpha\left\{z\,e^{-i\alpha} + \frac{a_0}{a_1}e^{-i\alpha} + \left(\frac{a_{-1}}{a_1}e^{-i\alpha} - \frac{1}{a_1^2}e^{+i\alpha}\right)z^{-1} + O(z^{-2})\right\}. \tag{18}$$

Wir berechnen die elektrostatische Energie des Rückwirkungsfeldes, das der metallische Zylinder hervorruft. Sein komplexes Potential ist durch den Ausdruck

$$\chi_e^{(r)}(z;\alpha) = \chi_e(z,\alpha) + E_\alpha z\,e^{-i\alpha} = \phi^{(r)}(x,y;\alpha) + i\,\psi^{(r)}(x,y;\alpha) \tag{19}$$

bestimmt. Dann ist im Hinblick auf Gl. 2.2 (1b)

$$W_e^{(r)}(\alpha) = \frac{1}{2}\varepsilon_0\int\left[\left(\frac{\partial\phi^{(r)}}{\partial x}\right)^2 + \left(\frac{\partial\phi^{(r)}}{\partial y}\right)^2\right]dt = \frac{1}{2}\varepsilon_0\int\limits_C \phi^{(r)}\frac{\partial\phi^{(r)}}{\partial n_a}\,ds, \tag{20a}$$

und wegen Gl. 2.3 (5a, b) und (19) kann dafür geschrieben werden

$$W_e^{(r)}(\alpha) = \frac{1}{2}\varepsilon_0\int\limits_C \phi^{(r)}\,d\psi^{(r)} = \frac{\varepsilon_0}{8i}\int\limits_C [\chi_e^{(r)} + \overline{\chi_e^{(r)}}]\,[d\chi_e^{(r)} - \overline{d\chi_e^{(r)}}]. \tag{20b}$$

Wegen der Stetigkeit von $\chi_e^{(r)}$ auf dem Rande C ist aber

$$\int\limits_C \chi_e^{(r)}\,d\chi_e^{(r)} = \int\limits_C \overline{\chi_e^{(r)}}\,\overline{d\chi_e^{(r)}} = 0 \quad \text{und} \quad \int\limits_C \chi_e^{(r)}\,\overline{d\chi_e^{(r)}} = -\int\limits_C \overline{\chi_e^{(r)}}\,d\chi_s^{(r)}$$

und somit ergibt sich vorläufig die Formel:

$$W_e^{(r)}(\alpha) = \frac{\varepsilon_0}{4i}\int\limits_C \overline{\chi_e^{(r)}}\,d\chi_e^{(r)} = \frac{\varepsilon_0}{4i}\int\limits_C [\overline{\chi_e} + E_\alpha e^{i\alpha}\overline{z}]\,[d\chi_e + E_\alpha e^{-i\alpha}dz]. \tag{20c}$$

Nun ist auf der äußersten rechten Seite dieser Gleichung längs der Randkurve C die Funktion χ_e rein imaginär, und wegen der Eindeutigkeit und Stetigkeit von χ_e ist demnach

$$\int\limits_C \overline{\chi_e}\,d\chi_e = -\int\limits_C \chi_e\,d\chi_e = 0 \tag{21}$$

Wegen des rein imaginären Wertes von χ_e auf C ist aber auch

$$\int\limits_C \bar z\, d\chi_e = -\int\limits_C \bar z\, d\bar\chi_e = \int\limits_C \bar\chi_e\, d\bar z = \int\limits_C \overline{\chi\, dz} = 2\pi i\, E_\alpha \left[\overline{\frac{a_{-1}}{a}\, e^{-i\alpha} - \frac{1}{a_1^2}\, e^{+i\alpha}}\right],$$

und ebenso ist

$$\int\limits_C \bar\chi_e\, dz = -\int \chi_e\, dz = 2\pi i\, E_\alpha \left[\frac{a_{-1}}{a}\, e^{-i\alpha} - \frac{1}{a_1^2}\, e^{+i\alpha}\right].$$

Schließlich wird mit F in der Bedeutung des Flächeninhaltes des Leiterquerschnittes

$$\int\limits_C \bar z\, dz = \int\limits_C [x\, dx + y\, dy] + i \int\limits_C [x\, dy - y\, dx] = -2i \int\limits_C y\, dx = -2iF.$$

Für den Energieinhalt des Rückwirkungsfeldes errechnet sich also im ganzen der folgende Ausdruck:

$$W_e(\alpha) = \frac{1}{2}\, \varepsilon_0 E_\alpha^2 \left\{ 2\pi \cdot \Re\mathrm{e} \left(\frac{a^{-1}}{a_1}\, e^{-\lambda i \alpha} \right) - \frac{2\pi}{a_1^2} - F \right\}. \tag{22}$$

Was schließlich die Kraft anbelangt, die das elektrostatische Feld auf den Zylinder ausübt, so ergibt sich dafür zunächst mit Hilfe der Gl. (9) im Hinblick auf Gl. (17) die Beziehung

$$K_y + i K_x = \frac{1}{2}\, \varepsilon_0 \int (\chi_e'(z;\alpha))^2\, dz. \tag{23}$$

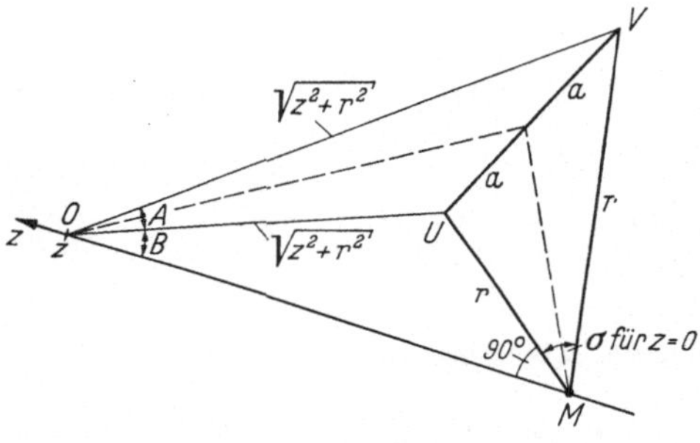

Abb. 43. Das stark ausgezogene gleichschenklige Dreieck in diesem Bild ist eines der n Teildreiecke, in die ein regelmäßiges n-Eck stets zerlegt werden kann. Die z-Achse steht in der Spitze des Dreiecks senkrecht auf dessen Fläche

Nimmt man hier die Gl. (18) zu Hilfe, so erkennt man sofort, daß in der Entwicklung für $\chi_e'(z;\alpha)$ nur die Terme mit $z^0, z^2, z^3, \ldots$ auftreten. Das Umlaufintegral der Gl. (23) führt also wegen des verschwindenden Residuums zu dem Wert Null, und somit wirken auf den metallischen Zylinder in einem homogenen Feld, er mag eine symmetrische oder unsymmetrische Querschnittsform haben, keinerlei Kräfte.

2.45 Die körperlichen Winkel einiger einfacher Leiterschleifen. Die konstruktive Ausführung magnetischer Spulen erlaubt es fast immer, als Grundelement der Spule eine geschlossene, ebene Leiterschleife anzusehen, die von einem linearen Leiter gebildet wird und eine einfache geometrische Form hat. Es überwiegt als Leiterform der Kreis; es kommen aber auch Querschnitte vor, die die Form eines regelmäßigen n-Ecks haben mit $n = 3, 4, 6$ und 8. Die Berechnung des magnetischen Feldes in der Achse solcher Spulen stellt einen der Fälle dar, in denen man mit Vorteil vom skalaren magnetischen Potential Gebrauch macht. Nach Gl. 1.2 (30a) ist danach vor allem der mathematische Ausdruck für den räumlichen Winkel erforderlich, unter dem von einem Punkt der Achse aus das n-Eck mit seiner Randkurve erscheint. Unter der Achse des n-Ecks ist dabei in diesem Fall die durch den Mittelpunkt des n-Ecks gehende und auf dessen ebener Fläche senkrecht stehende Gerade zu verstehen. Um die Größe dieses Winkels zu ermitteln, lassen sich die Formeln der sphärischen Trigonometrie verwenden.

Wir gehen aus von dem gleichschenkligen Dreieck MUV von Abb. 43. In Dreiecke dieser Art läßt sich jedes zum Mittelpunkt M symmetrische n-Eck zerlegen. Die z-Achse stehe senkrecht zur Fläche des Dreiecks und gehe hier durch die Ecke M. Sind r die beiden gleichen Schenkel des Dreiecks, die in M zusammenstoßen, und 2a die M gegenüberliegende Dreieckseite, so hat der Punkt O, der im Abstand z von der Dreiecksfläche auf der z-Achse liegt, von den Punkten U und V den Abstand $(z^2 + r^2)^{1/2}$. Die Strahlen OU und OV schließen bei O den Winkel A miteinander ein. Der Winkel, den sie beide bei O mit OM bilden, werde mit B bezeichnet. Die durch die drei Geraden OU, OV, OM bestimmten Dreiecksebenen schneiden aus der durch die Punkte U und V gehenden Kugel mit dem Mittelpunkt in O drei zu größten Kreisen gehörenden Kreisbögen aus, die ein Kugeldreieck mit den Seiten A, B und B bilden, und so ist

$$\cos B = \frac{z}{\sqrt{z^2 + r^2}}, \qquad (24\text{a}) \qquad\qquad 4a^2 = 2(z^2 + r^2)(1 - \cos A) \qquad (24\text{b})$$

oder anders ausgedrückt

$$\sin^2 B = \frac{r^2}{z^2 + r^2}, \qquad (24\alpha) \qquad\qquad \sin^2\frac{A}{2} = \frac{a^2}{z^2 + r^2}. \qquad (24\beta)$$

Nun ist nach den Lehren der sphärischen Trigonometrie der Inhalt eines Kugeldreiecks, das auf einer Kugel mit dem Radius 1 ausgebreitet liegt, gleich dem sphärischen Exzeß σ, der, wenn die drei Seiten A, B, C des Kugeldreiecks als die bekannten Stücke anzusehen sind, durch die Formel

$$4\sin\left(\frac{\sigma}{2}\right)\Big/\left(\cos\frac{A}{2}\cos\frac{B}{2}\cos\frac{C}{2}\right) = [1 - \cos^2 A - \cos^2 B - \cos^2 C + 2\cos A\cos B\cos C]^{\frac{1}{2}} \qquad (25)$$

gegeben ist. Im vorliegenden einfacheren Fall ist mithin

$$\sin\left(\frac{\sigma}{2}\right) = \operatorname{tg}\frac{A}{2}\Big/(1 + \cos B)\cdot\sqrt{\sin^2 B - \sin^2\frac{A}{2}} \qquad (26)$$

oder in Rücksicht auf die Gl. (24a, b)

$$\sigma(\triangledown) = 2\arcsin\left[\frac{a}{\sqrt{z^2 + r^2 - a^2}}\,\frac{\sqrt{r^2 - a^2}}{z + \sqrt{z^2 + r^2}}\right]. \qquad (27\text{a})$$

Für $z \to \infty$ strebt $\sigma \to 0$. Hingegen ist $\sin(\sigma/2) = a/r$ für $z = 0$. In diesem Grenzfall ist also der sphärische Exzeß gleich dem der Seite $2a$ gegenüberliegenden Dreieckswinkel.

Ist die Kontur der Leiterschleife gleich der eines Rechtecks mit den Seiten $2a$ und $2b$, so setzt sich das Rechteck zusammen aus zwei gleichschenkligen Dreiecken mit den Seiten r, r und $2a$ und aus zwei gleichschenkligen Dreiecken r, r und $2b$, und es ist überdies $r^2 = a^2 + b^2$. Man berechnet dann ohne Mühe

$$\sigma(\boxdot) = 4\arcsin\left(\frac{a}{\sqrt{z^2 + a^2}}\cdot\frac{b}{\sqrt{z^2 + b^2}}\right). \qquad (27\text{b})$$

Für das regelmäßige n-Eck mit dem Umkreisradius r und der Achse durch den Mittelpunkt wird

$$\sigma(n) = 2n \arcsin\left(\sin\frac{\pi}{n}\cdot\frac{\sqrt{1+z^2/r^2}-z/r}{\sqrt{1+z^2\Big/\left(r^2\cos^2\left(\frac{\pi}{n}\right)\right)}}\right). \tag{27c}$$

Strebt hierin $n \to \infty$, so ergibt sich für den körperlichen Winkel eines Kreises mit dem Radius r, von dem Punkt z der Achse aus gesehen, die Beziehung

$$\sigma(\odot) = 2\pi\left[1 - z/r\cdot(1+z^2/r^2)^{-\frac{1}{2}}\right]. \tag{27d}$$

Schließlich ist für das Quadrat im besonderen

$$\sigma(\boxdot) = 4\arcsin\left(\frac{a^2}{z^2+a^2}\right). \tag{27e}$$

Da nach dem oben Gesagten der körperliche Winkel Ω, unter dem vom Punkte z aus das n-Eck erscheint, σ unmittelbar gleich ist, so ist damit auch die Potentialfunktion des stromdurchflossenen n-Ecks in seiner Abhängigkeit von z nach Gl. 1.2 (30a) bekannt.

3 Ebene elektrische Felder

3.11 Linienquellen im Parallelstreifen. Wir gehen von zwei Reihen von Linienquellen mit der entgegengesetzt gleichen Ergiebigkeit ± 1 aus, die in den Punkten $z' + i\,b'\,\lambda$ und $z'' + i\,b''\,\lambda$ mit $=0, \pm 1, \pm 2 \ldots$ und $\mathfrak{Im}(b', b'') = 0$ angeordnet sind und also parallel zur y-Achse verlaufen. Einen Hinweis auf den Aufbau der zu dieser Ladungsanordnung gehörenden Anregungsfunktion gibt die Gl. 2.3 (13). Da im vorliegenden Falle die Quellen parallel zur y-Achse stehen, so muß in Gl. (13) z durch $\pm i\,z$ ersetzt werden. Es kommt dann unter dem Logarithmus die Funktion $\mathfrak{Sin}$ zu stehen. Somit wird jetzt die Gleichung

$$\alpha(z; z'_+, z''_-) = \frac{1}{2\pi}\ln\frac{\mathfrak{Sin}\left(\pi\,\frac{z-z'}{b'}\right)}{\mathfrak{Sin}\left(\pi\,\frac{z-z''}{b''}\right)} \tag{1}$$

gelten, und in der Tat verhält sich z. B. in unmittelbarer Nähe der Punkte $z = z' + i\,b'\,\lambda$, wo die Ergiebigkeit der Quellen der positiven Einheit entspricht, die Funktion α wie $\pi/2\cdot\ln(z - z' - i\,b'\,\lambda)$, wie es die Gl. 2.3 (9) verlangt.

Die hier in Rede stehende Aufgabe, die Potentialfunktion einer Linienladung zu bestimmen, die gemäß Abb. 44 im Punkte $z = z'$ zwischen den beiden als geerdete metallische Platten aufzufassenden Ebenen $y = 0$ und $y = b$ angeordnet ist, läßt sich nun auf die Berechnung des Feldes einer solchen Doppelreihe von Linienladungen zurückführen. Für den Fall, daß nur die untere Platte $y = 0$ mit dem Potential Null vorhanden ist, ist das Feld zwischen Linienladung und Platte dasselbe wie das zweier entgegengesetzt gleicher Linienquellen in den Punkten (x', y') und $(x', -y')$. Ist nur die obere Platte allein vorhanden, so stimmt das resultierende Feld überein mit dem zweier entgegengesetzt gleicher Linienquellen in den Punkten (x', y') und $(x', -y' + 2b)$. Sind aber beide Ebenen gleichzeitig vorhanden, so kann das Verschwinden der Potentialfunktion in beiden Ebenen zugleich nur dann erreicht werden, wenn außer der gegebenen Linienladung in (x', y') auch das erste Paar Bildladungen in $(x', -y')$ und $(x', -y' + 2b)$ und dann auch deren Bildladungen usf. immer wieder an den beiden Ebenen

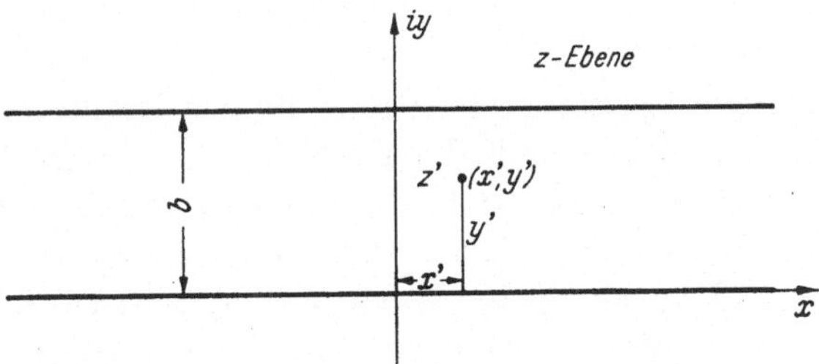

Abb. 44. In dem Streifen $0 \lesseqgtr \mathfrak{Im}\, z \leqq b$ liegt an der Stelle $z' = x' + i\,y'$ eine Einheitslinienquelle. Die zugehörige normierte GREENsche Funktion gibt die Gl. (2a) in der komplexen Form an, die Gl. (2b) in der reellen Form

$y = 0$ und $y = b$ gespiegelt werden. Dabei kehrt sich nach jeder Spiegelung das Vorzeichen der Ladung um. Die Linienquellen positiver Ergiebigkeit kommen infolge dieser ununterbrochenen Kette von Spiegelungsprozessen in die Punkte mit den Ordinaten $(y' + 2b\,\lambda)$ und die negativen Linienquellen in die Punkte $(-y' + 2b\,\lambda)$ mit $\lambda = 0, \pm 1, \pm 2 \ldots$ zu liegen. In der Bezeichnung der Gl. (1) ist also für diese beiden Reihen von Linienladungen zu setzen: $z'' = \bar{z}'$ und $b' = b'' = 2b$.

Die so gewonnene Potentialfunktion ist identisch mit der normierten GREENschen Funktion des Streifens, und nach Gl. (1) besteht für sie die Beziehung:

$$G(z; z') = \frac{1}{2\pi} \ln \frac{\mathfrak{Sin}\left(\pi \dfrac{z - z'}{2b}\right)}{\mathfrak{Sin}\left(\pi \dfrac{z - \bar{z}'}{2b}\right)}. \tag{2a}$$

In der Tat verschwindet der Realteil von $G(z, z')$ sowohl für $z = x$ als auch für $z = x + i\,b$ infolge der rein imaginären Periode $i \cdot 2b$ des hinter dem Zeichen ln stehenden Quotienten. In reeller Schreibweise ergibt sich die Darstellung:

$$\mathfrak{Re}\{G(z;z')\} = +\frac{1}{4\pi}\ln\frac{\mathfrak{Cof}\left(\pi\frac{x-x'}{b}\right)-\cos\left(\pi\frac{y-y'}{b}\right)}{\mathfrak{Cof}\left(\pi\frac{x-x'}{b}\right)-\cos\left(\pi\frac{y+y'}{b}\right)}. \tag{2b}$$

Handelt es sich bei den Linienquellen um das elektrostatische Feld einer Linienladung $+q_L$, so geht die zugehörige komplexe Potentialfunktion $\chi_e(z)$ nach Abschn. 2.311 aus Gl. (2a) durch Multiplikation mit $-q_L/\varepsilon_0$ hervor, und es ist also

$$\chi_e(z) = -\frac{q_L}{2\pi\varepsilon_0}\ln\frac{\mathfrak{Sin}\left(\pi\frac{z-z'}{2b}\right)}{\mathfrak{Sin}\left(\pi\frac{z-\bar{z}'}{2b}\right)}. \tag{3}$$

Die Linienladung möge durch einen sehr dünnen Draht vom Radius ϱ_0 materialisiert sein. Dann muß die Drahtoberfläche eine Fläche konstanten Potentials sein. Die etwa durch den Punkt $z = z' + \varrho_0$ hindurchgehende Äquipotentialfläche wird dann zwar im allgemeinen kein Kreis sein. Für sehr kleine Werte von ϱ_0 wird sie sich aber nur wenig von einem Kreis unterscheiden. Nun ist $z - \bar{z}' = z' + \varrho_0 - \bar{z}' = 2iy' + \varrho_0 \approx 2iy'$, wenn nicht y' selbst sehr klein ist. Mithin ist nach Gl. (3) für ein z auf dieser kreisähnlichen Niveaufläche

$$\chi_e(z) \approx -\frac{q_L}{2\pi\varepsilon_0}\ln\frac{\pi\varrho_0/2b}{i\sin(\pi y'/b)}.$$

Der Realteil dieses Ausdrucks bestimmt die Größe des Potentials auf dem Draht. Für die Kapazität des Drahtes gegenüber den beiden als geerdet anzusehenden Platten in $y = 0$ und $y = b$ ergibt sich daraus die Beziehung

$$C_L = 2\pi\varepsilon_0\ln\frac{\sin(\pi y'/b)}{(\pi\varrho_0/2b)}\ \text{F/m} \qquad (y' \gg \varrho_0,\ 0 < y' < b). \tag{4}$$

Wir geben noch für spätere Zwecke unter Bezugnahme auf den elektrostatischen Fall die Potentialfunktion eines Liniendipols zwischen den beiden leitenden Ebenen an, und zwar wollen wir uns hier für die reelle Darstellungsform entscheiden. Liegt die positive Linienladung am Orte (x', y'), die negative am Orte $(x', y' - \Delta y')$, so ist die Potentialfunktion des Liniendipols durch die Beziehung

$$\varphi_e^{(D)}(x, y; x', y') = \varphi_e(x, y; x', y') - \varphi_e(x, y; x', y' - \Delta y')$$

gegeben, worin im Hinblick auf Gl. (2b)

$$\varphi_e(x, y; x', y') = -q_L/\varepsilon_0 \cdot \mathfrak{Re}\{G(z;z')\}$$

zu setzen ist. Das führt nach kurzer Rechnung im Falle eines Liniendipols mit dem Moment $q_L\Delta y'$ und mit der Richtung der positiven

y'-Achse am Orte (x', y') für die zugehörige Potentialfunktion zu der Formel

$$\varphi_e^{(D)}(x, y; x', y') = \frac{(q_L \Delta y')}{4 b \varepsilon_0} \times \tag{3a}$$

$$\times \left[\frac{\sin\left(\pi \frac{y-y'}{b}\right)}{\mathfrak{Cof}\left(\pi \frac{x-x'}{b}\right) - \cos\left(\pi \frac{y-y'}{b}\right)} + \frac{\sin\left(\pi \frac{y+y'}{b}\right)}{\mathfrak{Cof}\left(\pi \frac{x-x'}{h}\right) - \cos\left(\pi \frac{y+y'}{b}\right)} \right].$$

Wir erweitern das Ergebnis (2a) auf eine Aufeinanderfolge von zunächst $2N + 1$ Einheitslinienquellen mit dem gleichbleibenden Abstand $2a$ in Richtung der x-Achse mit dem Ziele, die diesem Fall entsprechende Potentialfunktion $\chi(z)$ für $N \to \infty$ zu erhalten. Offenbar gehört zu den $2N + 1$ Linienquellen die komplexe Potentialfunktion

$$\chi_N(z) = \frac{1}{2\pi} \ln \frac{\prod\limits_{n=-N}^{+N} \mathfrak{Sin} \frac{\pi}{2b}(z - z' + 2a\lambda)}{\prod\limits_{n=-N}^{+N} \mathfrak{Sin} \frac{\pi}{2b}(z - \bar{z}' + 2a\lambda)}. \tag{5}$$

Andererseits ist aber mit den Zeichen

$$q = e^{\pi i \tau} < 1, \quad \text{(5a)} \qquad \zeta = e^{\pi i v} \quad \text{(5b)}$$

das Produkt

$$\prod_{n=1}^{N} (1 - q^{2n}\zeta^{-2}) \prod_{n=1}^{N} (1 + q^{2n}\zeta^2) = \prod_{n=-N}^{+N}{}' q^{|n|} (-)^N (q^{-n}\zeta - q^n \zeta^{-1})$$

$$= (-)^N \prod_{n=-N}^{+N}{}' q^{|n|} (e^{\pi i v - \pi i \tau n} - e^{-i\pi v + i\pi\varepsilon n}) = 2^{2N} \prod_{n=-N}^{+N}{}' q^{|n|} \sin\pi(v - n\tau),$$

worin das Zeichen $'$ hinter dem $\prod$ besagen soll, daß in dem Produkt der Faktor $n = 0$ auszulassen ist. Es läßt sich also schreiben:

$$\sin\pi v \prod_{\lambda=1}^{N} (1 - q^{2\lambda}\zeta^{-2}) \prod_{\lambda=1}^{N} (1 - q^{2\lambda}\zeta^2) = 2^{2N} \prod_{\lambda=-N}^{+N} q^{|\lambda|} \sin\pi(v + \lambda\tau). \tag{6}$$

Vergleicht man hier die rechte Seite mit dem Zähler und Nenner von Gl. (5), so ist offenbar $\tau = i\,a/b$ und $q = \exp(-\pi\, a/b) < 1$ und im Falle des Zählers $v = i(z - z')/2b$ und des Nenners $v = i(z - \bar{z}')/2b$. Für die Thetafunktion $\vartheta_1(v; \tau)$ besteht nun die Definitionsgleichung

$$\begin{gathered} \vartheta_1(v; \tau) = 2 q^{1/4} q_0 \sin\pi v \prod_{n=1}^{\infty} (1 - q^{2n}\zeta^{-2}) \prod_{n=1}^{\infty} (1 - q^{2n}\zeta^2) \\ \text{mit} \quad q_0 = \prod_{n=1}^{\infty} (1 - q^{2n}). \end{gathered} \tag{7}$$

Im Grenzfall $N \to \infty$ lassen sich demnach Zähler und Nenner von Gl. (5) durch die Funktion $\vartheta_1(v; \tau)$ ausdrücken. Die Argumente dieser

Funktion sind im Zähler und Nenner verschieden. Ihr Modul τ aber ist der gleiche. Damit sind wir dann für die komplexe und normierte Anregungsfunktion der in Abb. 45 dargestellten Anordnung von äquidistanten Linienquellen mit der durchweg gleichen Ergiebigkeit $+1$ zu der wichtigen Beziehung

$$\alpha(z; a, b) = \frac{1}{2\pi} \ln \frac{\vartheta_1\left(i\frac{z-z'}{2b}; i\frac{a}{b}\right)}{\vartheta_1\left(i\frac{z-\bar{z}'}{2b}; i\frac{a}{b}\right)} \tag{8a}$$

gelangt. Geht man in Gl. (8a) in den Thetafunktionen zum konjugiert komplexen Modul $-1/\tau$ über, so errechnet sich nach einer bekannten

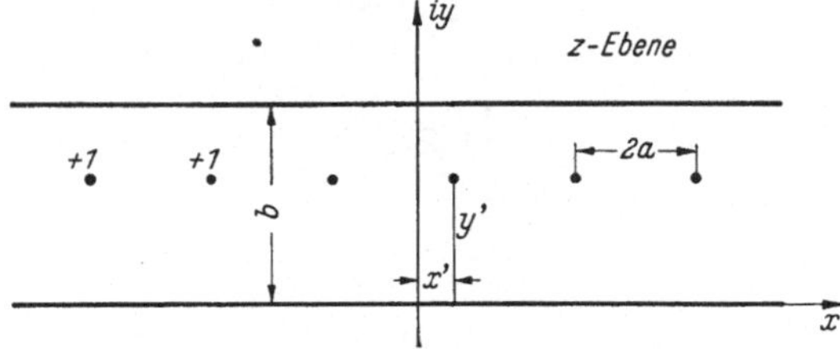

Abb. 45. In dem Streifen $0 \lesseqgtr \Im m\, z \leq b$ liegt eine unendliche Kette von Einheitslinienquellen in den Punkten $z \equiv z'$ (mod $2a$). Die zugehörige normierte und komplexe Anregungsfunktion stellt für den Modul $\tau = ia/b$ die Gl. (8a) und für den Modul $\tau' = ib/a$ die Gl. (8b) dar

Transformationsformel [22] der der Gl. (8a) gleichwertige Ausdruck:

$$\alpha(z; a, b) = -i\frac{zy'}{2ab} + \frac{1}{2\pi} \ln \frac{\vartheta_1\left(\frac{z-z'}{2a}; i\frac{b}{a}\right)}{\vartheta_1\left(\frac{z-\bar{z}'}{2a}; i\frac{b}{a}\right)} \quad (2iy' = z' - \bar{z}'). \tag{8b}$$

Das Verschwinden von χ in $z = x$ und $z = x + b$ für beliebige reelle Werte von x kann am bequemsten an Hand der letzten Gleichung bestätigt werden. Für $z = x$ steht nämlich unter dem Zeichen ln ein Bruch aus zwei konjugiert komplexen Zahlen, dessen Realteil mithin verschwindet. Ist aber $z = i\,b$, so gilt mit $\tau' = i\,b/a$

$$\vartheta_1\left(\frac{ib - z'}{2a}; \tau'\right) = \vartheta_1\left(\frac{\tau'}{2} - \frac{z'}{2a}; \tau'\right) = i\,q^{-1/4}\, e^{+\pi i z'/2a}\, \vartheta_4\left(\frac{z'}{2a}; \tau'\right).$$

Man erhält also wiederum unter dem Logarithmus einen Bruch aus zwei konjugiert komplexen Zahlen und außerdem außerhalb des Logarithmus noch ein weiteres Glied, das den ersten Summanden auf der rechten Seite von Gl. (8b) gerade kompensiert.

Ist der Träger der einzelnen Linienladung ein dünner Draht vom Radius ϱ_0, so ist jetzt natürlich die Kapazität je Längeneinheit eines der Drähte im allgemeinen eine andere als nach Formel (4). Im vorliegenden Falle gilt nämlich für diese Kapazität die Beziehung:

$$C_L = 2\pi\varepsilon_0 \ln \frac{\vartheta_1(y'/b;\tau)}{2q^{1/4}\pi\varrho_0/2b} \qquad (\tau = i\,a/b). \tag{9}$$

Sie ergibt sich sofort aus den Reihenentwicklungen

$$\ln\left(\pi\frac{\vartheta_1(v;\tau)}{\vartheta_1'(0;\tau)}\right) = \ln\sin\pi v + 2\sum_{\lambda=1}^{\infty}\frac{q^{2\lambda}}{1-q^{2\lambda}}\,\frac{1-\cos(2\pi\lambda v)}{\lambda}, \tag{9a}$$

$$\vartheta_1'(0;\tau) = 2\pi q^{1/4}\{1 - 3q^2 + 5q^6 - + \cdots\}, \tag{9b}$$

$$\vartheta_1(v;\tau) = 2q^{1/4}\{\sin\pi v - q^2\sin 3\pi v + q^6 \sin 5\pi v \pm \cdots\}. \tag{9c}$$

In der Entwicklung (9a) für $\ln\vartheta_1(i\,\varrho_0/2b)$ kann man sich wegen des als sehr klein angenommenen Wertes von ϱ_0 auf jeden Fall auf den ersten Term beschränken. Für $a/b \gg 1$ wird in dieser Reihe auch $q = \exp(-\pi\,a/b)$ sehr klein, und man darf dann die Funktion im Zähler von Gl. (9) durch das erste Glied von Gl. (9a) ersetzen. Damit geht aber die Gl. (9) in die frühere Gl. (4) über. Dieses Resultat leuchtet ein, denn der Wert C_L von Gl. (9) wird sich von dem Wert C_L von Gl. (4) nur merklich unterscheiden, wenn die Drähte dicht nebeneinanderliegen und also a/b klein ist.

Wir erörtern zum Schluß noch die Frage, von welcher Größe der elektrische Verschiebungsfluß ist, den die Linienladung q_L am Orte $z' = x' + i\,y'$ über die Periodenlänge $2a$ zur unteren oder oberen Platte in $y = 0$ oder $y = b$ hinüberschickt. Bei der Beantwortung dieser Frage zeigt sich in überzeugender Weise der große Vorteil, den das Rechnen mit komplexen Potentialfunktionen mit sich bringt. Benutzt man hier zweckmäßigerweise die Gl. (8b), so lautet die insbesondere auf den elektrostatischen Fall umgeschriebene komplexe Potentialfunktion

$$\chi_e(z;a,b) = \frac{q_L}{2\pi\varepsilon_0}\left\{\pi i\frac{zy'}{ab} + \ln\frac{\vartheta_1\left(\dfrac{z-\bar{z}'}{2a};\, i\dfrac{b}{a}\right)}{\vartheta_1\left(\dfrac{z-z'}{2a};\, i\dfrac{b}{a}\right)}\right\} = \Phi_e + i\Psi_e. \tag{8β}$$

Nach Gl. 2.3 (5) ist dann der elektrische Fluß zwischen den Punkten (1) und (2) von Abb. 29, denen die Punkte $z = z_0$ und $z = z_0 + 2a$ entsprechen mögen, in Richtung auf die obere Platte durch die Formel

$$\varepsilon_0\{\Psi_e(z+2a) - \Psi_e(z)\} \equiv \Psi_e(2a) = q_L\frac{y'}{b} \tag{10}$$

gegeben. Diesem Fluß entspricht eine auf der oberen Platte über die Länge der Periode $2a$ verteilt liegende elektrische Ladung von der Größe $-q_L\,y'/b$. Die Abhängigkeit von der Höhe gehorcht also einem sehr einfachen plausiblen Gesetz, und da eine Abhängigkeit von der

Periodenlänge nicht vorhanden ist, so gilt dieses Gesetz in der gleichen Form bei einer einzelnen Linienladung im Streifen.

3.21 Linienquellen im Rechteck. Der Grenzfall des Halbstreifens. Von den Formeln 3.1 (8a, b) aus gelangen wir sofort zu der Lösung der Aufgabe, die Potentialfunktion für eine Linienquelle der Ergiebigkeit $+1$ aufzustellen, die im Innern eines von leitenden Wänden eingeschlossenen Kanals von rechteckigem Querschnitt steht, denn nach dem nun schon öfter angewendeten Spiegelungsprinzip ist das Feld der einzigen Linienquelle an der Stelle $z = z'$ im Innern des Rechtecks von Abb. 46 dasselbe wie das zweier unbegrenzter Ketten von Linienladungen, die alle im Parallelstreifen der Höhe b liegen und von denen die Quellen mit der Ergiebigkeit $+1$ in den Punkten

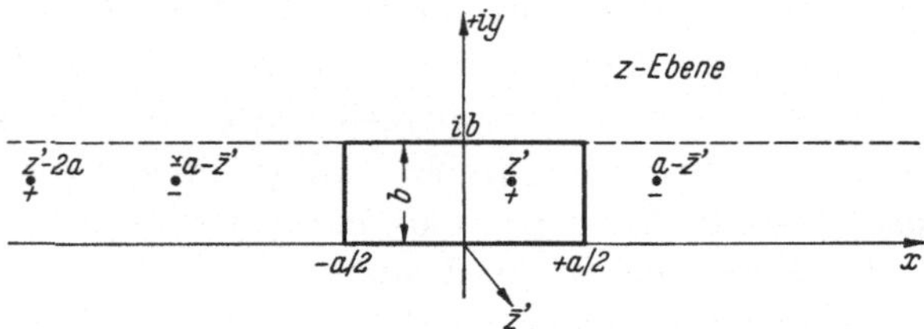

Abb. 46. Zu der hier gewählten Einlagerung des Rechtecks mit den Seiten a, b in der z-Ebene gehören die normierten GREENschen Funktionen der Gl. (1a), (1b) und (1c)

$z' + 2a$ und die mit der negativen Ergiebigkeit -1 in den Punkten $-\bar{z}' + (2\lambda + 1)a$ mit $\lambda = 0, \pm 1, \pm 2 \ldots$ angeordnet sind. Die komplexe Potentialfunktion, die zu der ersten Reihe von Linienquellen gehört, entspricht genau der Gl. 3.1 (8b). Die Potentialfunktion der zweiten Reihe von Linienquellen hat das entgegengesetzte Vorzeichen von Gl. (8b) und überdies ist darin z' mit $a - \bar{z}'$ und also $\bar{z}'$ mit $a - z'$ zu identifizieren. Das ergibt im ganzen für die gesuchte komplexe Potentialfunktion, die jetzt mit der normierten GREENschen Funktion eines Rechtecks übereinstimmt, die folgende erste Beziehung:

$$G(z; z') = \frac{1}{2\pi} \ln \left\{ \frac{\vartheta_1\left(\frac{z - z'}{2a}; i\frac{b}{a}\right) \vartheta_1\left(\frac{z + z'}{2a} - \frac{1}{2}; i\frac{b}{a}\right)}{\vartheta_1\left(\frac{z - \bar{z}'}{2a}; i\frac{b}{a}\right) \vartheta_1\left(\frac{z + \bar{z}'}{2a} - \frac{1}{2}; i\frac{b}{a}\right)} \right\}. \qquad (1a)$$

Das in Gl. 3.1 (8b) auftretende, vom Logarithmus freie Glied fehlt nunmehr wieder. In Gl. (1a) kann man in Zähler und Nenner das Argument der zweiten ϑ_1-Funktionen in der Form $v + \frac{1}{2}$ mittels einer Transformationsformel aus der Theorie der Thetafunktionen in die Funktion ϑ_2 mit dem Argument v verwandeln. Das ergibt die neue Darstellungsform

$$G(z; z') = \frac{1}{2\pi} \ln \left\{ \frac{\vartheta_1\left(\frac{z - z'}{2a}; i\frac{b}{a}\right) \vartheta_2\left(\frac{z + z'}{2a}; i\frac{b}{a}\right)}{\vartheta_1\left(\frac{z - \bar{z}'}{2a}; i\frac{b}{a}\right) \vartheta_2\left(\frac{z + \bar{z}'}{2a}; i\frac{b}{a}\right)} \right\}. \qquad (1b)$$

Denkt man sich hierin Zähler und Nenner mit $\vartheta_3(0;\tau)\,\vartheta_4(0;\tau)$ multipliziert, wobei τ an Stelle von $i\,b/a$ stehen möge, so läßt sich z. B. der Zähler von Gl. (11b) zunächst nach dem Additionstheorem der Thetafunktionen auf die Form

$$\vartheta_3\left(\frac{z'}{2a}\right)\vartheta_4\left(\frac{z'}{2a}\right)\cdot\vartheta_1\left(\frac{z}{2a}\right)\vartheta_2\left(\frac{z}{2a}\right)-\vartheta_1\left(\frac{z'}{2a}\right)\vartheta_2\left(\frac{z'}{2a}\right)\cdot\vartheta_3\left(\frac{z}{2a}\right)\vartheta_4\left(\frac{z}{2a}\right)$$

bringen, worin alle Thetafunktionen den Modul τ haben. Nach Anwendung der quadratischen Transformation der Thetafunktionen wird aber daraus mit $\dot{\tau}=2\tau$:

$$\begin{aligned}&(\vartheta_4(o;\dot{\tau}))^2\left[\vartheta_4\left(\frac{z'}{a};\dot{\tau}\right)\vartheta_1\left(\frac{z}{a};\dot{\tau}\right)-\vartheta_4\left(\frac{z}{a};\dot{\tau}\right)\vartheta_1\left(\frac{z'}{a};\dot{\tau}\right)\right]\\&\qquad=(\vartheta_4(o;\dot{\tau}))^2\,\vartheta_4\left(\frac{z'}{a};\dot{\tau}\right)\vartheta_4\left(\frac{z}{a};\dot{\tau}\right)\sqrt{\dot{k}}\left[\operatorname{sn}\left(2\dot{K}\frac{z}{a};\dot{k}\right)-\operatorname{sn}\left(2\dot{K}\frac{z'}{a};\dot{k}\right)\right].\end{aligned}$$

Da nun $\vartheta_4(z'/a;\dot{\tau})$ und $\vartheta_4(\bar{z}'/a;\dot{\tau})$ konjugiert komplexe Größen sind, so hat man bis auf einen anderen rein imaginären Bestandteil die weitere Darstellung:

$$G(z;z')=\frac{1}{2\pi}\ln\left\{\frac{\operatorname{sn}\left(2\dot{K}\frac{z}{a};\dot{k}\right)-\operatorname{sn}\left(2\dot{K}\frac{z'}{a};\dot{k}\right)}{\operatorname{sn}\left(2\dot{K}\frac{z}{a};\dot{k}\right)-\operatorname{sn}\left(2\dot{K}\frac{\bar{z}'}{a};\dot{k}\right)}\right\}. \qquad (1\,\mathrm{c})$$

Dabei liegt das Rechteck zu dem Bezugssystem wie in Abb. 46. Der Modul $\dot{k}$ der Funktion sn berechnet sich wegen $\dot{q}=\exp(\pi\,i\,\dot{\tau})$ $=\exp(-\pi\dot{K}'/\dot{K})$ aus der Beziehung

$$\dot{K}'/\dot{K}=2b/a. \qquad (1\gamma)$$

Ist das Rechteck dem Bezugssystem wie in Abb. 47 eingelagert, so hat man in Gl. (1a) z durch $z-a/2$ und z' durch $z'-a/2$ zu ersetzen, und es wird dann

$$G(z;z')=\frac{1}{2\pi}\ln\left\{\frac{\vartheta_1\left(\frac{z-z'}{2a};i\frac{b}{a}\right)\vartheta_1\left(\frac{z+z'}{2a};i\frac{b}{a}\right)}{\vartheta_1\left(\frac{z-\bar{z}'}{2a};i\frac{b}{a}\right)\vartheta_1\left(\frac{z+\bar{z}'}{2a};i\frac{b}{a}\right)}\right\}. \qquad (1\,\mathrm{d})$$

Nach Erweiterung des Bruches hinter dem Zeichen ln mit $\vartheta_4^2(0;\tau)$ und $\tau=i\,b/a$ läßt sich aber z. B. für den Zähler schreiben:

$$\begin{aligned}&\vartheta_4^2\left(\frac{z'}{2a}\right)\vartheta_1^2\left(\frac{z}{2a}\right)-\vartheta_1^2\left(\frac{z'}{2a}\right)\vartheta_4^2\left(\frac{z}{2a}\right)\\&\qquad=k\,\vartheta_4^2\left(\frac{z}{2a}\right)\vartheta_4^2\left(\frac{z'}{2a}\right)\left[\operatorname{sn}^2\left(\frac{K}{a}z,k\right)-\operatorname{sn}^2\left(\frac{K}{a}z',k\right)\right].\end{aligned}$$

Bis auf einen anderen imaginären und von z unabhängigen Bestandteil kann daher statt Gl. (1d) auch wie folgt geschrieben werden:

$$G(z; z') = \frac{1}{2\pi} \ln \left\{ \frac{\mathrm{sn}^2\left(\frac{K}{a} z; k\right) - \mathrm{sn}^2\left(\frac{K}{a} z'; k\right)}{\mathrm{sn}^2\left(\frac{K}{a} z; k\right) - \mathrm{sn}^2\left(\frac{K}{a} \bar{z}'; k\right)} \right\} \tag{1e}$$

und hierin ist k nach der Formel

$$K'/K = b/a \tag{1ε}$$

zu berechnen.

Führt man schließlich noch an der in Gl. (1e) auftretenden Funktion sn die Transformation von GAUSS durch, wobei wegen der Transformationsformeln auf [*4,22*] verwiesen werden muß, so erhält man die weitere Darstellung

$$G(z; z') = \frac{1}{2\pi} \ln \left\{ \frac{\mathrm{dn}\left(\hat{K} \frac{z}{a}; \hat{k}\right) - \mathrm{dn}\left(\hat{K} \frac{z'}{a}; \hat{k}\right)}{\mathrm{dn}\left(\hat{K} \frac{z}{a}; \hat{k}\right) - \mathrm{dn}\left(\hat{K} \frac{\bar{z}'}{a}; \hat{k}\right)} \right\} \tag{1f}$$

mit der Berechnungsvorschrift

$$\hat{K}'/\hat{K} = b/2a \tag{1ζ}$$

für den Modul $\hat{k}$. Bei der Unterscheidung der Formeln (1a, b, c) von den Formeln (1d, e, f) ist wohl zu beachten, daß zu den ersten drei eine Einlagerung des Rechtecks in die z-Ebene gemäß Abb. 46 gehört, zu den letzten drei eine Einlagerung gemäß Abb. 47. Den angegebenen 6 Gleichungen (1a...f) können sofort 6 andere Gleichungen derselben Art und mit denselben Unterscheidungsmerkmalen an die Seite gestellt werden, wenn man an

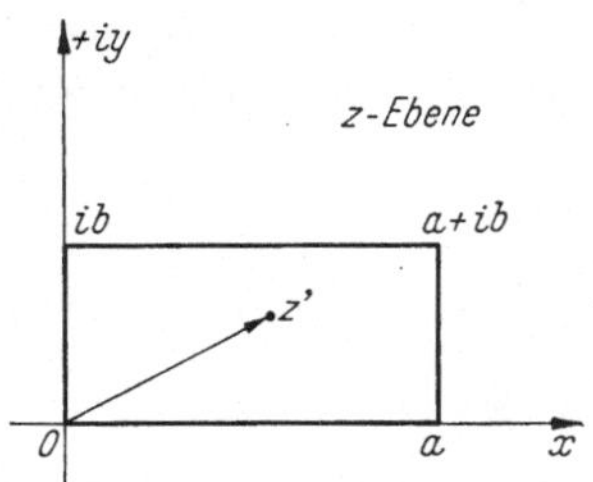

Abb. 47. Bei der Einlagerung des Rechtecks mit den Seiten a, b in die z-Ebene gemäß obigem Bild sind die normierten GREENschen Funktionen durch die Gl. (1d), (1e) und (1f) gegeben

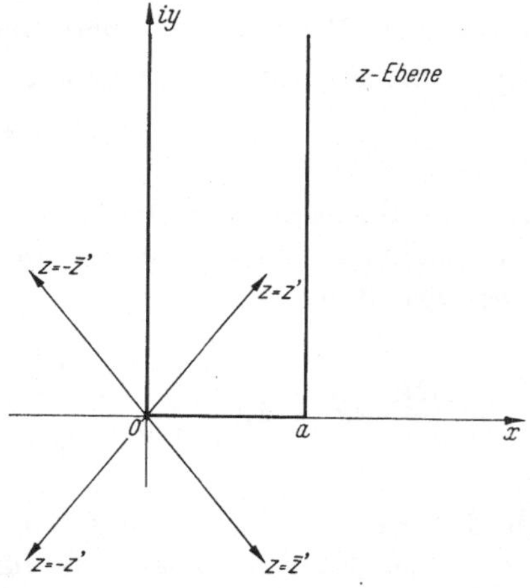

Abb. 48. Die normierte GREENsche Funktion des oben dargestellten Streifens $0 \lesseqgtr \Re\, z \leq a$, $\Im\, z \geq 0$, gibt die Gl. (2) wieder

ihnen durchweg die imaginäre Transformation ausführt. Aus Gründen der Raumersparnis muß jedoch darauf verzichtet werden, diese Gleichungen explizite anzugeben.

Als Sonderfall des Rechtecks ist der *Halbstreifen* zu betrachten. Der vertikal stehende Halbstreifen geht aus dem Rechteck für $b \to \infty$ hervor. Soll er etwa die in Abb. 48 gezeichnete Lage in der z-Ebene haben, so geht man, um die zugehörige Beziehung für $G(z, z')$ zu finden, am bequemsten von Gl. (1d) aus. Dem Grenzübergang $b \to \infty$ entspricht wegen $q = \exp(-\pi b/a)$ der Grenzfall eines verschwindend kleinen Wertes von q. Folglich reduziert sich $\ln \vartheta_1(v; \tau)$ auf $\ln(\sin \pi v) + \text{const.}$ Die zugehörige GREENsche Funktion lautet also

$$G(z; z') = \frac{1}{2\pi} \ln \left\{ \frac{\sin\left(\pi \frac{z - z'}{2a}\right) \sin\left(\pi \frac{z + z'}{2a}\right)}{\sin\left(\pi \frac{z - \bar{z}'}{2a}\right) \sin\left(\pi \frac{z + \bar{z}'}{2a}\right)} \right\}. \tag{2}$$

An wirklichen Polen hat diese Funktion im Innern des Halbstreifens nur die Stelle $z = z'$. Im übrigen läßt sich an dieser Gleichung leicht nachweisen, daß sie in der Tat längs der 3 Bereichsgrenzen $x = 0$, $x = a$ und $y = 0$ verschwindet, denn sowohl für $z = x$ oder $z = i\,y$ oder $z = a + i\,y$ treten immer im Zähler und Nenner zwei Paare konjugiert komplexer Größen auf.

Handelt es sich bei den Linienquellen um eine Linienladung der Größe q_L As/m an der Stelle z' des Querschnitts, so erhält man die zugehörige komplexe Potentialfunktion aus den Gl. (1) durch Multiplikation mit $-q_L/\varepsilon_0$, und bei einem sehr kleinen Drahtradius lautet dann die allgemeine Formel für den Kapazitätsbelag dieses Drahtes auf Grund von Gl. (11d) und (10)

$$C_L = 2\pi\varepsilon_0 \Re e \left\{ \ln \frac{\vartheta_1\left(\frac{i y'}{a}; i\frac{b}{a}\right) \vartheta_1\left(\frac{x'}{a}; i\frac{b}{a}\right)}{2 q^{1/4} \frac{\pi \varrho_0}{2a} \vartheta_1\left(\frac{z'}{a}; i\frac{b}{a}\right)} \right\} \quad \left(\begin{array}{c} \frac{b}{a} > 1 \\ x' \gg \varrho_0,\ y' \gg \varrho_0 \\ \varrho_0 \approx 0 \end{array} \right). \tag{3}$$

Von extremen Fällen abgesehen, wird man in dieser Formel im allgemeinen noch vorteilhaft von den hochkonvergenten Reihenentwicklungen für die Thetafunktionen Gebrauch machen können. Jedoch soll wegen der verschiedenen Fallunterscheidungen, die dabei gemacht werden müßten, davon abgesehen werden, die resultierenden Formeln explizite anzugeben. Wegen des einfachsten möglichen Falles, bei dem $a = b$ und $x' = y' = a/2$ ist, vergleiche man das Buch [*18*].

3.31 Linienquellen im Kreisringsektor und im Keil. Ein Fall, der zunächst schwieriger zu sein scheint, als er in Wirklichkeit ist, liegt in dem in Abb. 49 dargestellten Querschnitt der ζ-Ebene in Form eines Kreisringsektors vor. Ihm kommt besondere praktische

Bedeutung zu, denn er entspricht mit großer Annäherung dem Querschnittsbild einer geschlossenen Nut in einer elektrischen Maschine. Als gegebene Stücke sind die Größen R_1, R_2 und β anzusehen sowie der Wert von $\zeta' = \varrho' e^{i\varphi'}$, der die Lage der Linienquelle im Innern des Querschnitts festlegt.

Man definiert zweckmäßig

$$\frac{R_1}{R} = \frac{R}{R_2} = e^{-\alpha/2}, \quad (1\,\mathrm{a}) \qquad \frac{R_2}{R_1} = e^{\alpha}, \quad (1\,\mathrm{b}) \qquad \frac{\varrho}{R} = e^{\sigma}, \quad (1\,\mathrm{c}) \qquad \zeta = \varrho e^{i\varphi}. \quad (1\,\mathrm{d})$$

Dann läßt sich mit diesen Abkürzungen der Bereich der ζ-Ebene in Form eines Kreisringsektors mittels der Gleichungen

$$\zeta/R = e^{\sigma+i\varphi} \equiv e^{\nu}, \quad (2\,\mathrm{a}) \qquad \nu = \ln(\zeta/R), \quad (2\,\mathrm{b})$$

auf dem in Abb. 49 wiedergegebenen rechteckigen Bereich der ν-Ebene

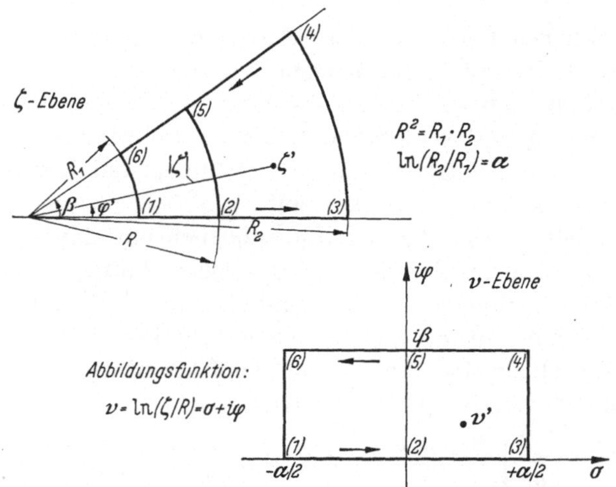

Abb. 49. Wird der Kreisringsektor mit dem vollen Öffnungswinkel β und den Begrenzungsradien $R_{1,2}$ gemäß dem obigen Bild konform auf die ν-Ebene abgebildet, so ist die normierte GREENsche Funktion durch Gl. (3) gegeben. Liegen nach der Transformation die Ecken in den Punkten (0, 0), (α, 0), (α, $i\beta$) und (0, $i\beta$) mit $\alpha = \ln(R_2/R_1)$, so gilt für die normierte GREENsche Funktion die Gl. (5)

konform abbilden. Die Gl. 3.2 (1 c) liefert dann sofort für die GREENsche Funktion den Ausdruck

$$G(\zeta;\zeta') = \frac{1}{2\pi}\ln\left\{\frac{\mathrm{sn}\left(\frac{2\dot{K}}{\alpha}\ln\left(\frac{\zeta}{R}\right)\right) - \mathrm{sn}\left(\frac{2\dot{K}}{\alpha}\ln\left(\frac{\zeta'}{R}\right)\right)}{\mathrm{sn}\left(\frac{2\dot{K}}{\alpha}\ln\left(\frac{\zeta}{R}\right)\right) - \mathrm{sn}\left(\frac{2\dot{K}}{\alpha}\ln\left(\frac{\bar{\zeta}'}{R}\right)\right)}\right\}. \quad (3)$$

Der Modul k der elliptischen Funktion sn in Gl. (3) ist nach Gl. 3.2 (1γ) durch die Beziehung

$$\dot{K}'/\dot{K} = 2\beta/\alpha = 2\beta/\ln(R_2/R_1) \quad (3\,\mathrm{a})$$

gegeben.

Bildet man den Kreisringsektor derart auf die ν-Ebene ab, daß die Punkte (1), (3), (4) und (6) der ζ-Ebene von Abb. 49 in die Punkte (0, 0), (α, 0), (α, $i\beta$) und (0, $i\beta$) zu liegen kommen, so ist der Zusammenhang zwischen ζ und ν durch die Beziehungen

$$R_2/R_1 = e^{\alpha}, \quad (4\text{a}) \qquad \varrho/R_1 = e^{\sigma}, \quad (4\text{b}) \qquad \zeta = R_1 e^{\sigma + i\varphi} = R_1 e^{\nu} \quad (4\text{c})$$

gegeben, und es wird neuerdings etwa unter Bezugnahme auf Gl. 3.2 (1e):

$$G(\zeta;\zeta') = \frac{1}{2\pi}\ln\left\{\frac{\operatorname{sn}^2\left(\frac{K}{a}\ln\left(\frac{\zeta}{R_1}\right)\right) - \operatorname{sn}^2\left(\frac{K}{a}\ln\left(\frac{\zeta'}{R_1}\right)\right)}{\operatorname{sn}^2\left(\frac{K}{a}\ln\left(\frac{\zeta}{R_1}\right)\right) - \operatorname{sn}^2\left(\frac{K}{a}\ln\left(\frac{\bar{\zeta}'}{R_1}\right)\right)}\right\}. \tag{5}$$

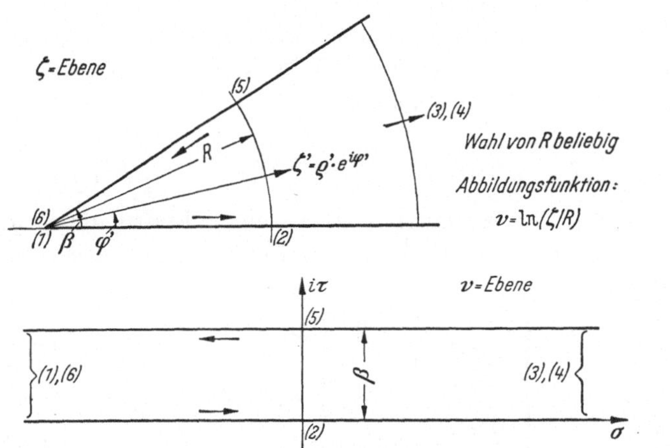

Abb. 50. Die offene Keilfläche mit dem Öffnungswinkel β wird in den Streifen $0 \lesseqgtr \Re\,\nu \leqq \beta$ der ν-Ebene transformiert. Die zugehörige normierte GREENsche Funktion stellt die Gl. (6) dar

Der Modul k in Gl. (5) berechnet sich dabei gemäß der Formel:

$$K'/K = \beta/\alpha. \tag{5a}$$

Ein besonders interessanter Fall liegt für $\beta = 2\pi$ vor. Aus dem Kreisringsektor wird dann nach Abb. 49 ein voller Kreisring, der jedoch an der Stelle $\varphi = 0$, $\varphi = 2\pi$ eine leitende Scheidewand besitzt, die die beiden Zylinderflächen $\varrho = R_1$ und $\varrho = R_2$ miteinander verbindet. Ist dann obendrein α selbst klein, so ist nach Gl. (5a) k ein Wert in der Nähe von 1, und es kann zweckmäßig werden, in Gl. (5) zu der Funktion sn mit imaginärem Argument überzugehen.

Einen anderen wichtigen Sonderfall bildet die in Abb. 50 dargestellte offene Keilfläche mit dem Öffnungswinkel β. Sie entsteht aus dem Kreisringsektor von Abb. 49, wenn man darin $R_1 \to 0$ und $R_2 \to \infty$ streben läßt, wobei dann R nunmehr beliebig gewählt werden kann. Der der Keilfläche entsprechende Bereich in der ν-Ebene ist der zur σ-Achse parallele Streifen. Wegen $\nu = \ln(\zeta/R)$ und $b = \beta$ ist daher nach Gl. 3.1 (2a) die normierte GREENsche Funktion durch die Formel

$$G(\zeta;\zeta') = \frac{1}{2\pi}\ln\left\{\frac{\mathfrak{Sin}\left(\frac{\pi}{2\beta}\ln\left(\frac{\zeta}{\zeta'}\right)\right)}{\mathfrak{Sin}\left(\frac{\pi}{2\beta}\ln\left(\frac{\zeta}{\bar{\zeta}'}\right)\right)}\right\} = \frac{1}{2\pi}\ln\left\{\frac{1-\left(\frac{\zeta}{\zeta'}\right)^{-\pi/\beta}}{1-\left(\frac{\zeta}{\bar{\zeta}'}\right)^{-\pi/\beta}}\right\} + i\cdot\mathrm{const} \qquad (6)$$

gegeben. Als Grenzwert von Gl. (3) ergibt sie sich in der gleichen Form durch die folgenden Überlegungen: Für $\alpha \to \infty$ muß nach Gl. (3a), da $\dot{K}'$ nicht Null werden kann, dann $\dot{K}$ selbst unendlich werden, d. h. es muß $\dot{k} \to 1$ streben, und nach Gl. (3a) ist in diesem Grenzfall $\dot{K}/\alpha = \dot{K}'/2\beta = \pi/4\beta$. Außerdem geht für $\dot{k} \to 1$ die Funktion $\mathrm{sn}(v, \dot{k})$ in die Funktion $\mathfrak{Tg}\, v$ über, und in der Tat führt die Berücksichtigung dieser Angaben von Gl. (3) sofort zu Gl. (6).

Da in Gl. 3.1 (2b) im jetzigen Falle z. B.

$$\pi\frac{x-x'}{b} \equiv \pi\frac{\sigma-\sigma'}{\beta} = \frac{\pi}{\beta}\ln\left|\frac{\zeta}{\zeta'}\right| = \frac{\pi}{\beta}\ln\left(\frac{\varrho}{\varrho'}\right)$$

ist, so nimmt die Potentialfunktion einer Linienladung q_L, die in dem keilförmigen Raumteil an der Stelle (ϱ', φ') angeordnet ist, die Gestalt an

$$\phi(\varrho,\varphi) = \begin{cases} -\dfrac{q_L}{4\pi\varepsilon_0}\ln\dfrac{\mathfrak{Cof}\left(\frac{\pi}{\beta}\ln\left(\frac{\varrho}{\varrho'}\right)\right) - \cos\frac{\pi}{\beta}(\varphi-\varphi')}{\mathfrak{Cof}\left(\frac{\pi}{\beta}\ln\left(\frac{\varrho}{\varrho'}\right)\right) - \cos\frac{\pi}{\beta}(\varphi+\varphi')} \\ \text{oder} \\ +\dfrac{q_L}{4\pi\varepsilon_0}\ln\dfrac{\left(\frac{\varrho}{\varrho'}\right)^{\pi/\beta} + \left(\frac{\varrho'}{\varrho}\right)^{\pi/\beta} - 2\cos\left(\pi\frac{\varphi+\varphi'}{\beta}\right)}{\left(\frac{\varrho}{\varrho'}\right)^{\pi/\beta} + \left(\frac{\varrho'}{\varrho}\right)^{\pi/\beta} - 2\cos\left(\pi\frac{\varphi-\varphi'}{\beta}\right)}. \end{cases} \qquad (7)$$

Liegt die Ladung q_L auf einem dünnen metallischen Draht mit dem sehr kleinen Radius ϱ_0, so ergibt sich der diesem Draht zukommende Potentialwert angenähert aus Gl. (7), wenn man darin $\varrho = \varrho' + \varrho_0$ und etwa $\varphi = \varphi'$ setzt, und es wird dann angenähert für dieses ϱ_0

$$2\cdot\mathfrak{Cof}\left(\frac{\pi}{\beta}\ln\frac{\varrho}{\varrho'}\right) \approx 2 + \left(\frac{\pi\varrho_0}{\beta\varrho'}\right)^2.$$

Somit erhält man für die Kapazität des Drahtes gegenüber den Wandungen der Keilfläche mit dem Öffnungswinkel β die Formel

$$C_L(\varrho', \varphi') = 2\pi\varepsilon_0\Big/\ln\left\{\frac{\beta\varrho'}{\pi\varrho_0}\sqrt{4\sin^2\left(\frac{\pi\varphi'}{\beta}\right) + \left(\frac{\pi\varrho_0}{\beta\varrho'}\right)^2}\right\}. \qquad (8)$$

Es liege die Größe des Keilwinkels β in dem Bereich $\pi \gtreqless \beta \leqq 2\pi$ und der Draht als Träger der Linienladung gleite auf einer Geraden entlang, die gemäß Abb. 51 den Abstand h von der Kante MB des

Keils hat. Die Lage des Drahtes auf dieser Geraden werde nach wie vor durch den Winkel φ' beschrieben. Dann ist in Gl. (8) $\varrho' = h/\sin\varphi'$ zu setzen, und man bekommt neuerdings

$$C_L(\varphi') = 2\pi\,\varepsilon_0 \Big/ \ln\left\{\frac{2h}{\varrho_0}\sqrt{\left(\frac{\sin(\pi\,\varphi'/\beta)}{(\pi/\beta)\cdot\sin\varphi'}\right)^2 + \left(\frac{\varrho_0}{2h}\right)^2}\right\}. \tag{9}$$

Für $\varphi' = 0$ liegt der Draht einer unbegrenzt großen metallischen Platte gegenüber, und aus Gl. (9) entsteht dann wegen $\varrho_0/2h \ll 1$ die bekannte Formel:

$$C_L(0) = 2\pi\,\varepsilon_0/\ln(2h/\varrho_0). \tag{9a}$$

Die Gl. (9) kann hiermit auch in der Form

$$\frac{C_L(\varphi')}{C_L(0)} = \left\{1 + \frac{\ln\left[\left(\frac{\sin(\pi\,\varphi'/\beta)}{(\pi/\beta)\sin\varphi'}\right)^2 + \left(\frac{\varrho_0}{2h}\right)^2\right]}{2\ln\left(\frac{2h}{\varrho_0}\right)}\right\}^{-1} \tag{10}$$

geschrieben werden.

In den vier Abb. 51—54 ist der Verlauf der linken Seite von Gl. (10) in Abhängigkeit von φ' im Bereich $0 < \varphi' \leqq \pi$ graphisch dargestellt, und zwar gemäß den vier Werten $\varrho_0/2h = 0{,}075$; 0,05; 0,01; 0,001. In jedem der vier Bilder ist überdies der Kurvenverlauf für fünf verschiedene β-Werte von $\pi \ldots \pi/4 \ldots 2\pi$ berechnet worden. Dem Wert $\beta = \pi$ entspricht die unendlich ausgedehnte Ebene. Für sie hat das Verhältnis auf der linken Seite von Gl. (10) für jedes φ' den Wert 1. Für $\beta = 2\pi$ liegt eine leitende Halbebene vor, die sich von M aus nach rechts ins Unendliche erstreckt. Bis zu dem Wert $\varphi' = \pi/2$ ist nach den Bildern die Abnahme von $C_L(\varphi')$ gegenüber $C_L(0)$ noch verhältnismäßig gering und jedenfalls um so kleiner, je größer h/ϱ_0 ist.

3.41 Linienquellen im vollen Kreisring. Um die Greensche Funktion des vollen Kreisrings zu gewinnen, ziehen wir die schon im Abschn. 2.32 betrachtete Abbildung des längs eines Radius aufgeschnittenen Kreisrings auf einen Parallelstreifen heran. Auf die einfacheren Verhältnisse von Abb. 55 übertragen, wird im vorliegenden Falle nach den früher mitgeteilten Formeln die Abbildung des aufgeschnittenen Kreisrings auf das Rechteck der ν-Ebene durch die Funktion

$$\nu = \ln(\zeta/R_1) = \ln(\varrho/R_1) + i\,\varphi \equiv \sigma + i\,\varphi \tag{1}$$

geleistet. Die bei ζ' gelegene Linienquelle der ζ-Ebene liege in der ν-Ebene im Punkt ν'. Um jedoch die periodischen Eigenschaften des Feldes im Kreisring bei der Abbildung auf den Streifen richtig wiederzugeben, müssen wir auch in der ν-Ebene ein periodisches System

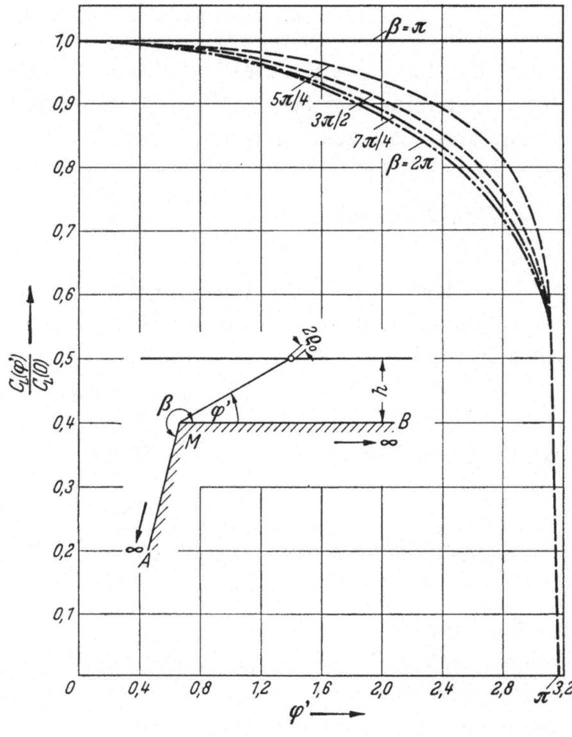

β = π
5π/4
3π/2
7π/4
β = 2π
$\frac{C_1(\varphi')}{C_1(0)}$
φ'
ρ₀
β
M
A
B
h
∞
π

Abb. 51

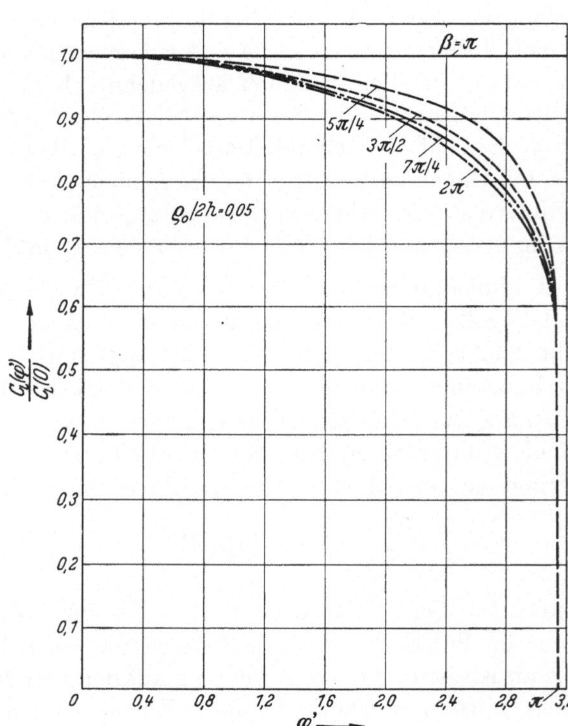

β = π
5π/4
3π/2
7π/4
2π
ρ₀/2h = 0,05
$\frac{C_1(\varphi')}{C_1(0)}$
φ'
π

Abb. 52

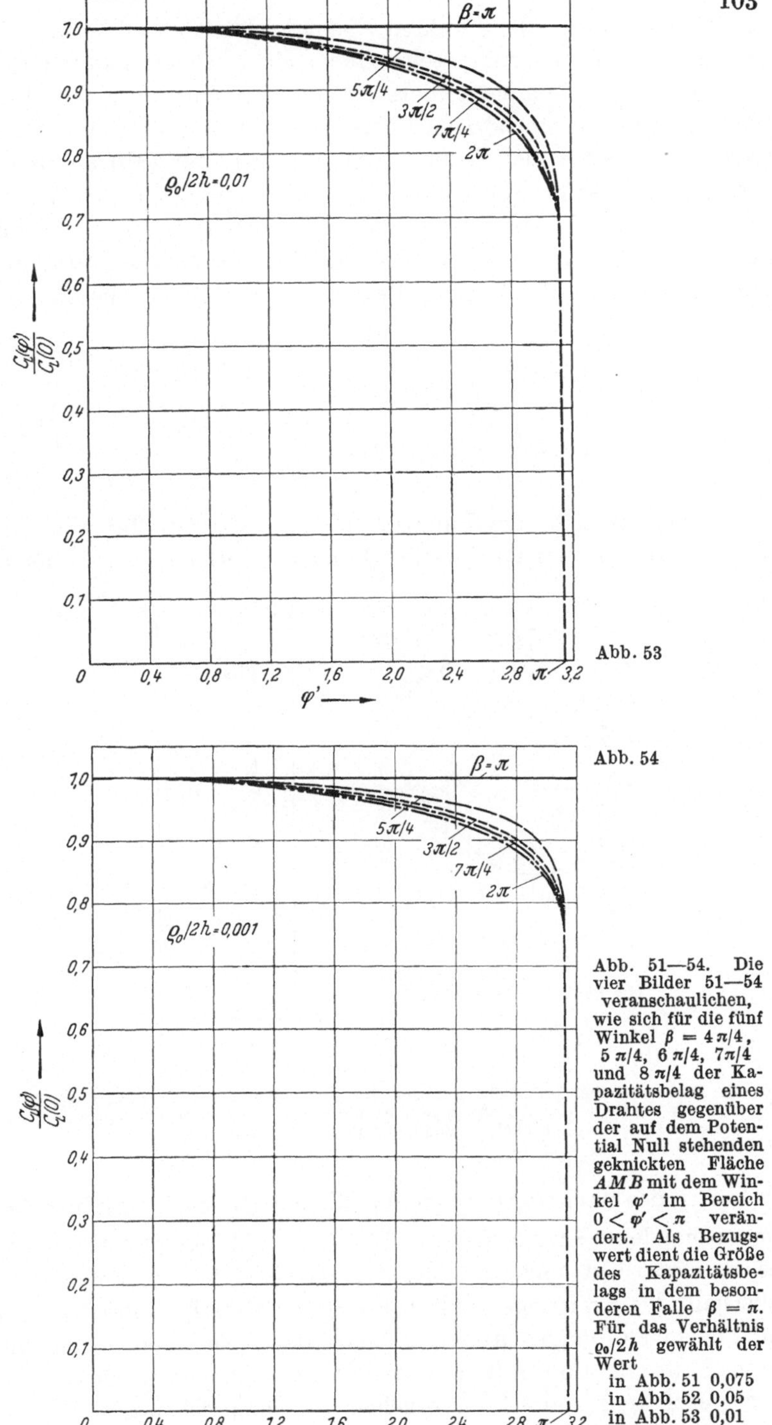

Abb. 53

Abb. 54

Abb. 51—54. Die vier Bilder 51—54 veranschaulichen, wie sich für die fünf Winkel $\beta = 4\pi/4$, $5\pi/4$, $6\pi/4$, $7\pi/4$ und $8\pi/4$ der Kapazitätsbelag eines Drahtes gegenüber der auf dem Potential Null stehenden geknickten Fläche AMB mit dem Winkel φ' im Bereich $0 < \varphi' < \pi$ verändert. Als Bezugswert dient die Größe des Kapazitätsbelags in dem besonderen Falle $\beta = \pi$. Für das Verhältnis $\varrho_0/2h$ gewählt der Wert
in Abb. 51 0,075
in Abb. 52 0,05
in Abb. 53 0,01
in Abb. 54 0,001

von Linienquellen in den Punkten $\nu' + 2\pi i \lambda$ mit $\lambda = 0, \pm 1, \pm 2 \ldots$ voraussetzen. Nun wurde bereits die zu einer solchen Ladungsanordnung gehörende komplexe Potentialfunktion im Abschn. 3.11 hergeleitet. In der dazugehörigen Abb. 44 verläuft allerdings der Streifen horizontal. Ersetzt man jedoch in Gl. 3.1 (8a) oder (8b) z durch $i\nu$, so erhält man sofort die entsprechende Beziehung für den Vertikalstreifen in der ν-Ebene. Dabei hat man offenbar in Gl. (8a) a mit π und b mit α zu identifizieren. Die gesuchte GREENsche Funktion des Kreisrings nimmt dann unter Beachtung von Gl. (1) die Form an:

$$G(\zeta; \zeta') = \frac{1}{2\pi} \ln \left| \frac{\vartheta_1\left(\frac{1}{2\alpha} \ln\left(\frac{\zeta}{\zeta'}\right); \tau\right)}{\vartheta_1\left(\frac{1}{2\alpha} \ln\left(\frac{\zeta\bar{\zeta}'}{R_1^2}\right); \tau\right)} \right| \quad \begin{pmatrix} \ln(R_2/R_1) = \alpha \\ \tau = i\pi/\alpha, \; \zeta = \varrho\, e^{i\varphi} \\ |\varphi - \varphi'| \leqq \pi \end{pmatrix}. \tag{2a}$$

In der Tat zeigt die Funktion $G(\zeta; \zeta')$ von Gl. (2a) alle Eigenschaften, die von der GREENschen Funktion verlangt werden müssen.

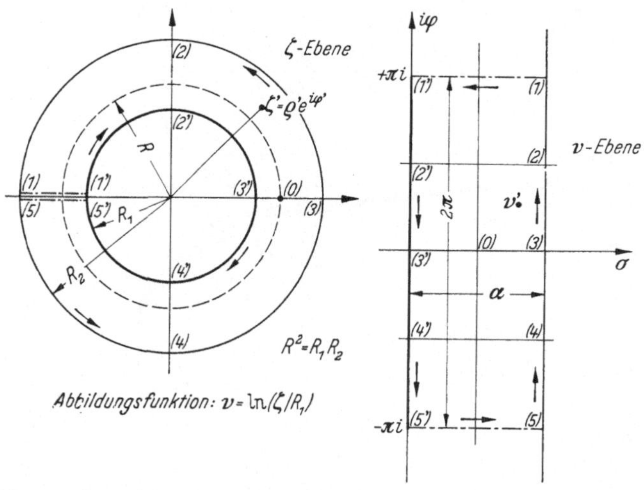

Abb. 55. Die normierte GREENsche Funktion für den vollen Kreisring gemäß Gl. (2a) oder (2b) wird im Text aus der Beziehung (8a, b) für die Anregungsfunktion einer unendlichen Kette von Einheitslinienquellen in einem Streifen hergeleitet

Im Innern des Kreisrings hat sie nur die einzige, auch in Wirklichkeit nur vorhandene Singularität in $\zeta = \zeta'$. Die Singularität $\zeta = R_1^2/\bar{\zeta}'$ des Nenners liegt innerhalb des Innenkreises, also jedenfalls schon außerhalb des Kreisrings, und ebenso liegen außerhalb des Kreisrings alle diejenigen Singularitäten, die aus den beiden eben genannten durch Multiplikation mit irgendeiner ganzzahligen positiven oder negativen Potenz von $e^{2\alpha}$ hervorgehen. Sie entsprechen den unendlich vielen Bildladungen, die aus der Ladung in ζ' durch fortgesetzte Spiegelung an den beiden Kreisen $|\zeta| = R_1, R_2$ hervorgehen. Liegt andererseits ζ auf dem Innenkreis, so lautet das Argument der beiden Thetafunktionen von Gl. (2a) ohne den Faktor $1/2\alpha$ im Zähler $\ln(R_1/\varrho') + i(\varphi - \varphi')$ und im Nenner $\ln(\varrho'/R_1) + i(\varphi - \varphi')$. Liegt ζ aber auf dem äußeren Kreise, so sind die beiden Argumente $\ln(R_2/\varrho') + i(\varphi - \varphi')$ und $\ln(R_2\,\varrho'/R_1^2) + i(\varphi - \varphi') = \ln(\varrho'/R_2) + i(\varphi - \varphi') + 2\alpha$. In beiden Fällen haben also die Argumente der im Zähler und im Nenner stehenden Thetafunktionen konjugiert komplexe Werte, denn es ist $\vartheta_1(v + 1;\tau) = -\vartheta_1(v;\tau)$.

Sorgt man in Gl. (2a) dafür, daß im Argument des Nenners an derselben Stelle nicht R_1^2, sondern $R^2 = R_1 R_2$ auftritt, so geht Gl. (2a) in die Darstellung

$$G(\zeta;\zeta') = \frac{1}{2\pi}\ln\left\{\frac{\vartheta_1\left(\frac{1}{2\alpha}\ln\left(\frac{\zeta}{\zeta'}\right);\tau\right)}{\vartheta_2\left(\frac{1}{2\alpha}\ln\left(\frac{\zeta\bar{\zeta}'}{R^2}\right);\tau\right)}\right\} \qquad (\tau = i\pi/\alpha) \qquad (2\text{b})$$

über. Im vorliegenden Falle lohnt es sich, neben den beiden Formen (2a, b) auch die durch die imaginäre Transformation aus ihnen entstehenden beiden Formen zu betrachten. Nach den dafür gültigen Formeln erhält man dafür

$$G(\zeta;\zeta') = \frac{1}{2\pi}\left\{\frac{1}{\alpha}\ln\left(\frac{\varrho'}{R_1}\right)\left[\ln\left(\frac{\varrho}{R_1}\right) + i(\varphi-\varphi')\right] + \ln\frac{\vartheta_1\left(\frac{1}{2\pi i}\ln\left(\frac{\zeta}{\zeta'}\right);\tau'\right)}{\vartheta_1\left(\frac{1}{2\pi i}\ln\left(\frac{\zeta\bar{\zeta}'}{R_1^2}\right);\tau'\right)}\right\}$$

$$(\tau' = i\,\alpha/\pi), \qquad (2\alpha)$$

$$G(\zeta;\zeta') = \frac{1}{2\pi}\left\{\frac{1}{\alpha}\ln\left(\frac{\varrho'}{R}\right)\left[\ln\left(\frac{\varrho}{R}\right) + i(\varphi - \varphi')\right] + \ln\frac{\vartheta_1\left(\frac{1}{2\pi i}\ln\left(\frac{\zeta}{\zeta'}\right);\tau'\right)}{\vartheta_4\left(\frac{1}{2\pi i}\ln\left(\frac{\zeta\bar{\zeta}'}{R^2}\right);\tau'\right)}\right\}. \qquad (2\beta)$$

Die Form (2β) entspricht dem Ausdruck für die Greensche Funktion des Kreisrings, der sich bei Courant-Hilbert [5] angegeben findet, und dort auf Grund rein mathematischer Schlußfolgerungen gewonnen wird.

Neben diesen vier geschlossenen Darstellungen geben wir hier auch noch die vor allem für numerische Zwecke weit geeigneteren Reihenentwicklungen für $G(\zeta, \zeta')$ an. Für den Modul τ lautet diese Entwicklung

$$G(\zeta;\zeta') = \frac{1}{2\pi}\left\{\frac{1}{2}\ln\frac{\mathfrak{Cof}\frac{\pi}{\alpha}(\varphi-\varphi') - \cos\left(\frac{\pi}{\alpha}\ln\frac{\varrho}{\varrho'}\right)}{\mathfrak{Cof}\frac{\pi}{\alpha}(\varphi-\varphi') - \cos\left(\frac{\pi}{\alpha}\ln\frac{\varrho\varrho'}{R_1^2}\right)} + \right. \tag{2A}$$

$$+ i\left[\operatorname{arc\,tg}\left(\frac{\mathfrak{Tg}\frac{\pi}{2\alpha}(\varphi-\varphi')}{\operatorname{tg}\left(\frac{\pi}{2\alpha}\ln\frac{\varrho}{\varrho'}\right)}\right) - \operatorname{arc\,tg}\left(\frac{\mathfrak{Tg}\frac{\pi}{2\alpha}(\varphi-\varphi')}{\operatorname{tg}\left(\frac{\pi}{2\alpha}\ln\frac{\varrho\varrho'}{R_1^2}\right)}\right)\right] +$$

$$+ 4\sum_{\lambda=1}^{\infty}\frac{q^{2\lambda}/\lambda}{1-q^{2\lambda}}\sin\left(\frac{\pi\lambda}{\alpha}\ln\frac{\varrho'}{R}\right)\left[\sin\left(\frac{\pi\lambda}{\alpha}\ln\frac{\varrho}{R_1}\right)\mathfrak{Cof}\frac{\pi\lambda}{\alpha}(\varphi-\varphi') + \right.$$

$$\left.\left. + i\cos\left(\frac{\pi\lambda}{\alpha}\ln\frac{\varrho}{R_1}\right)\mathfrak{Sin}\frac{\pi\lambda}{\alpha}(\varphi-\varphi')\right]\right\} \qquad \left(\begin{matrix} q = e^{i\pi\tau} = e^{-\pi^2/\alpha}, \\ |\varphi-\varphi'| \leqq \pi, \end{matrix}\right)$$

und für den Modul τ' erhält man auf Grund von Gl. (2α)

$$G(\zeta;\zeta') = \frac{1}{2\pi}\left\{\frac{1}{2}\ln\left(\frac{\varrho^2+\varrho'^2-2\varrho\varrho'\cos(\varphi-\varphi')}{R^2+\left(\frac{\varrho\varrho'}{R}\right)^2-2\varrho\varrho'\cos(\varphi-\varphi')}\right) + \right.$$

$$+ i\left[\operatorname{arc\,tg}\left(\frac{\mathfrak{Tg}\left(\frac{1}{2}\ln\left(\frac{\varrho\varrho'}{R^2}\right)\right)}{\operatorname{tg}\frac{(\varphi-\varphi')}{2}}\right) - \operatorname{arc\,tg}\left(\frac{\mathfrak{Tg}\left(\frac{1}{2}\ln\frac{\varrho}{\varrho'}\right)}{\operatorname{tg}\frac{(\varphi-\varphi')}{2}}\right)\right] - \tag{2B}$$

$$- 4\sum_{\lambda=1}^{\infty}\frac{q'^{2\lambda}/\lambda}{1-q'^{2\lambda}}\mathfrak{Sin}\left(2\lambda\ln\left(\frac{\varrho'}{R}\right)\right)\left[\cos\lambda(\varphi-\varphi')\,\mathfrak{Sin}\left(2\lambda\ln\frac{\varrho}{R}\right) + \right.$$

$$\left.\left. + i\sin\lambda(\varphi-\varphi')\,\mathfrak{Cof}\left(2\lambda\ln\frac{\varrho}{R}\right)\right]\right\} \qquad (q' = e^{\pi i\tau'} = e^{-\alpha}).$$

Wir bilden mit Hilfe von Gl. (2a) für $\zeta = \omega\, e^{i\varphi'}$ mit $R_1 \gtreqless \omega < \varrho'$ und $\varrho' < \omega \leqq R_1$ die Differenz und erhalten dafür:

$$G(\omega\, e^{i(\varphi'+\pi)};\zeta') - G(\omega\, e^{i(\varphi'-\pi)};\zeta')$$

$$= \frac{1}{2\pi}\ln\frac{\vartheta_1\left(\frac{1}{2\alpha}\ln\frac{\omega}{\varrho'}+\frac{\tau}{2};\tau\right)\vartheta_1\left(\frac{1}{2\pi}\ln\frac{\omega\varrho'}{R_1^2}-\frac{\tau}{2};\tau\right)}{\vartheta_1\left(\frac{1}{2\alpha}\ln\frac{\omega}{\varrho'}-\frac{\tau}{2};\tau\right)\vartheta_1\left(\frac{1}{2\pi}\ln\frac{\omega\varrho'}{R_1^2}+\frac{\tau}{2};\tau\right)} \tag{3}$$

$$= \frac{i}{\alpha}\ln\left(\frac{\varrho'}{R_1}\right) \qquad \left(\tau = i\frac{\pi}{\alpha}\right).$$

Die rein imaginäre Differenz der beiden G-Funktionen in Gl. (3) beweist, daß der Realteil von $G(\zeta;\zeta')$ nach einem vollen Umlauf innerhalb des Kreisrings wieder denselben Wert annimmt, wie es erforderlich ist.

Wir benutzen die oben hergeleiteten Formeln dazu, die Kapazitätsgleichungen für einen Meßdraht aufzustellen, der in dem Dielektrikum eines koaxialen Kabels mit der Dielektrizitätskonstanten ε nach

Abb. 56 an der Stelle $\zeta = \varrho'$ zwischen dem Innenleiter mit dem Radius R_1 und dem Außenleiter mit dem Radius R_2 eingebettet liegt. Es bezeichne ϕ_D das reelle Potential des Meßdrahtes mit dem sehr kleinen Radius ϱ_0, ϕ_i das reelle Potential des Innenleiters. Das Potential ϕ_a des Außenleiters werde gleich Null gesetzt. Bedeuten ferner $q_L^{(m)}$ und $q_L^{(i)}$ die Ladungsbeläge von Meßdraht und Innenleiter, so besteht zwischen den Potentialen und den Ladungen der lineare Zusammenhang

$$\phi_i = p_{ii} q_L^{(i)} + p_{iD} q_L^{(m)}, \quad (4a) \qquad \phi_D = p_{Di} q_L^{(i)} + p_{DD} q_L^{(m)}, \quad (4b)$$

worin die Koeffizienten die sogenannten Potentialkoeffizienten sind mit der Eigenschaft $p_{iD} = p_{Di} < 0$ und p_{ii}, $p_{DD} > 0$.

Es werde zunächst der innere Leiter geerdet und der Meßdraht auf das Potential ϕ_D gebracht. Der innere und der äußere Zylinder haben dann beide das Potential Null, und damit sind die Bedingungen die gleichen wie bei der eben durchgeführten Berechnung der GREENschen Funktion. Das komplexe Potential des Meßdrahtes ist also in diesem Falle unmittelbar durch die Gleichung

$$\chi_e(\zeta) = -\frac{q_L^{(m)}}{\varepsilon} G(\zeta; \zeta') \quad (5)$$

gegeben. Zu der einem Kreis sehr ähnlichen Potentiallinie, die den Punkt ζ' umschlingt,

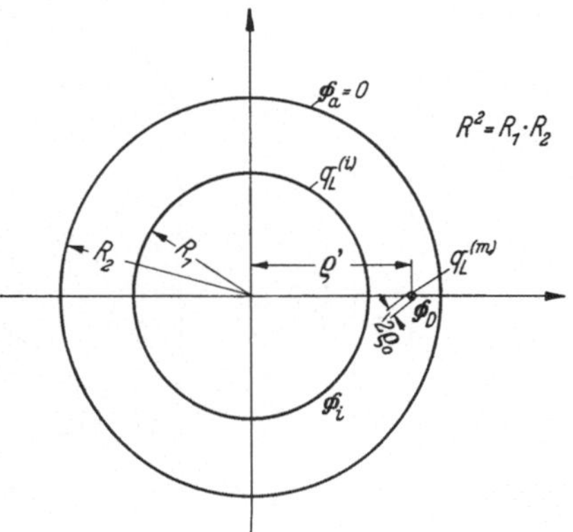

Abb. 56. Die Anordnung eines Meßdrahtes im Abstand ϱ' von der Achse im Dielektrikum eines koaxialen Kabels

zähle auch der Punkt $\zeta' = \varrho' + \varrho_0$ mit $\varphi = \varphi' = 0$. Dann folgt aus Gl. (4b) und aus Gl. (2A) als Zusammenhang zwischen der Ladung $q_L^{(m)}$ und dem Wert des Realteils von $\chi_e(\zeta)$ im Punkte $\zeta' = \varrho' + \varrho_0$

$$\phi_D = \frac{q_L^{(m)}}{2\pi\varepsilon} \left\{ \ln \frac{\sin\left(\frac{\pi}{\alpha} \ln \frac{\varrho'}{R_1}\right)}{\left(\frac{\pi \varrho_0}{2\alpha \varrho'}\right)} - 2 \sum_{\lambda=1}^{\infty} \frac{q^{2\lambda}/\lambda}{1 - q^{2\lambda}} \left(1 - \cos\left(\frac{2\pi\lambda}{\alpha} \ln \frac{\varrho'}{R_1}\right)\right) \right\}$$

$$= q_L^{(m)} \left[p_{DD} + p_{Di} \frac{q_L^{(i)}}{q_L^{(m)}} \right]. \quad (6a)$$

Nun läßt sich aber für $\phi_i = 0$ auch sofort die Ladung $q_L^{(i)}$ berechnen, die in diesem Falle auf dem Innenleiter liegt, denn nach Gl. 2.31 (5) und 1.1 (3b) ergibt sich hierfür auf Grund von Gl. (2α)

$$q_L^{(i)} = q_L^{(m)} \frac{\ln\left(\frac{\varrho'}{R_1}\right)}{\ln\left(\frac{R_1}{R_2}\right)} = q_L^{(m)}/\alpha \cdot \ln(\varrho'/R_1) = -q_L^{(m)} \frac{p_{iD}}{p_{ii}}. \quad (6b)$$

In einer anderen Schaltung erhalte der innere Leiter das Potential $\varPhi_i$, während der Meßdraht isoliert bleibt. Er nimmt dann das Potential seiner Umgebung an, und da alle auf ihn auftreffenden Kraftlinien ihn auch wieder verlassen, so ist in diesem Falle $q_L^{(m)} = 0$. Das Feld im Inneren des Kabels entspricht dann dem gewöhnlichen Feld in einem koaxialen Kabel, und es gilt

$$p_{ii} = 1/2\pi\,\varepsilon \cdot \ln(R_2/R_1) = \alpha/2\pi\,\varepsilon. \tag{6c,γ}$$

Für die beiden anderen Potentialkoeffizienten ergeben sich daraus

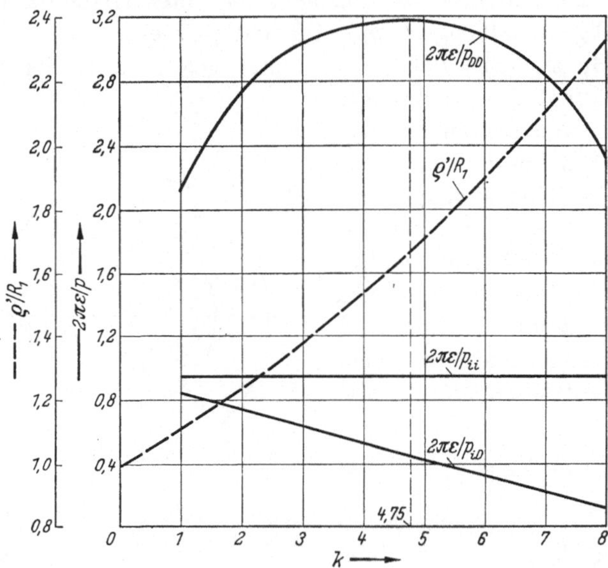

Abb. 57. Das Bild stellt im Fall des Meßdrahtes von Abb. 56 den Verlauf der reziproken Werte der drei Potentialkoeffizienten in Abhängigkeit der Hilfsgröße k dar, die definiert ist durch die Beziehung $k/9 = \ln(\varrho'/R_1)/\ln(R_2/R_1)$. Nach Gl. (6$\beta$) ist $2\pi\varepsilon/p_{iD}$ negativ

die Formeln

$$p_{iD} = -1/2\pi\,\varepsilon \cdot \ln(\varrho'/R_1) = p_{Di}. \tag{6β}$$

$$p_{DD} = \frac{1}{2\pi\,\varepsilon}\left\{\ln\frac{\sin\left(\frac{\pi}{\alpha}\ln\frac{\varrho'}{R_1}\right)}{\left(\frac{\pi\,\varrho_0}{2\alpha\,\varrho'}\right)} - \ln\left(\frac{\varrho'}{R_1}\right)\frac{\ln\left(\frac{\varrho'}{R_1}\right)}{\ln\left(\frac{R_2}{R_1}\right)} - \right. \tag{6α}$$

$$\left. -\,2\sum_{\lambda=1}^{\infty}\frac{q^{2\lambda}/\lambda}{1-q^{2\lambda}}\left[1-\cos\left(\frac{2\pi\,\lambda}{\alpha}\cdot\ln\left(\frac{\varrho'}{R_1}\right)\right)\right]\right\} \qquad \begin{pmatrix} q = e^{-\pi^2/\alpha} \\ \alpha = \ln(R_2/R_1)\end{pmatrix}.$$

In Abb. 57 sind die drei Potentialkoeffizienten $2\pi\,\varepsilon/(p_{ii}, p_{iD}, p_{DD})$ in Abhängigkeit von k in der Beziehung in $\varrho'/R_1 = e^{\alpha k/9}$ dargestellt worden. Die vierte Kurve zeigt den Verlauf von $\varrho'/R_1 = \exp[0{,}106 \cdot k]$

selbst in Abhängigkeit von k. Dabei wurden die folgenden Zahlenwerte zugrunde gelegt:

$$R_1 = 1{,}35\,\text{cm}, \qquad \ln R_2/R_1 = \alpha = 0{,}954,$$
$$R_2 = 3{,}05\,\text{cm}, \qquad \varrho_0 = 0{,}07\,\text{cm}.$$

Der Verlauf von $p_{D,D}$ weist ein ausgesprochenes Maximum auf, das etwa für $\varrho'/R_1 = \exp(0{,}503) = 1{,}66$ erreicht wird.

Selbstverständlich hätte für die rechnerische Auswertung von Φ_D auch die Entwicklung (2B) herangezogen werden können, deren Verwendung an und für sich insofern näherliegt, als es sich dabei um eine Fourier-Reihe handelt. In der Regel ist es aber bei schmalen Kreisringen für die numerische Berechnung wesentlich zweckmäßiger, die dann viel schneller konvergente Reihe (2A) zu benutzen. Im vorliegenden Fall hat z. B. q den enorm kleinen Wert $\exp(-10)$, so daß es in Gl. (6α) genügt, allein die logarithmischen Terme in Betracht zu ziehen.

3.42 Der Integralsatz von H. Villat. Die Kenntnis der Greenschen Funktion für den Kreisring ermöglicht es nach den in Abschn. 2.34 ausgesprochenen Sätzen, auch eine Beziehung für diejenige harmonische Funktion $U(\varrho, \varphi)$ anzugeben, die auf dem inneren und auf dem äußeren Begrenzungskreis des Ringes vorgeschriebene Werte annimmt [25]. Da diese Formel später benötigt wird, so soll sie hier hergeleitet und explizite angegeben werden. Ersetzt man in Gl. 2.3 (43) die reelle Greensche Funktion $G(P, P')$ sogleich durch die komplexe Greensche Funktion $G(\zeta, \zeta')$ für den Kreisring, so ist die komplexe Potentialfunktion $\chi(\zeta)$, deren Realteil auf dem inneren Kreis die Werte $U_i(\varphi')$ und auf dem äußeren Kreis die Werte $U_a(\varphi')$ annimmt, durch die Formel

$$\chi(\zeta) = \int_{-\pi}^{+\pi} U_a(\varphi') \left(\frac{\partial G(\zeta, \zeta')}{\partial \varrho'}\right)_{\varrho'=R_2} R_2\, d\varphi' - \int_{-\pi}^{+\pi} U_i(\varphi') \left(\frac{\partial G(\zeta, \zeta')}{\partial \varrho'}\right)_{\varrho'=R_1} R_1\, d\varphi' \tag{7}$$

gegeben. Benutzt man die Gl. (2a) für $G(\zeta, \zeta')$, so erhält man im einzelnen

$$\frac{\partial G(\zeta, \zeta')}{\partial \varrho'} = \frac{1}{2\pi} \frac{\partial}{\partial \varrho'} \ln \frac{\vartheta_1\left(\frac{1}{2\alpha} \ln \frac{\varrho}{\varrho'} + i\,\frac{\varphi - \varphi'}{2\alpha}\,;\ \tau\right)}{\vartheta_1\left(\frac{1}{2\alpha} \ln\left(\frac{\varrho\varrho'}{R_1^2}\right) + i\,\frac{\varphi - \varphi'}{2\alpha}\,;\ \tau\right)}$$

$$= -\frac{1}{4\pi\alpha\varrho'} \left\{ \frac{\vartheta_1'\left(\frac{1}{2\alpha}\ln\left(\frac{\zeta}{\zeta'}\right);\ \tau\right)}{\vartheta_1\left(\frac{1}{2\alpha}\ln\left(\frac{\zeta}{\zeta'}\right);\ \tau\right)} + \frac{\vartheta_1'\left(\frac{1}{2\alpha}\ln\left(\frac{\zeta\bar{\zeta}'}{R_1^2}\right);\ \tau\right)}{\vartheta_1\left(\frac{1}{2\alpha}\ln\left(\frac{\zeta\bar{\zeta}'}{R_1^2}\right);\ \tau\right)} \right\} \qquad \left(\tau = i\,\frac{\pi}{\alpha}\right)$$

für noch beliebiges ϱ' aus dem Bereich $R_1 \gtrless \varrho' \leqq R_2$. Die Ableitungsstriche an den Funktionszeichen ϑ_1 sind jeweils auf das gesamte Argument zu beziehen. Beachtet man nun weiter die wichtige Relation

$$\frac{\vartheta_\nu'(v+m+n\tau;\tau)}{\vartheta_\nu(v+m+n\tau;\tau)} = \frac{\vartheta_\nu'(v;\tau)}{\vartheta_\nu(v;\tau)} - 2\pi i n \qquad (\nu = 1, 2, 3, 4) \tag{8}$$

$$(m, n = 0, \pm 1, \pm 2 \ldots),$$

die die logarithmischen Ableitungen der Thetafunktionen als einfach periodische Funktionen charakterisiert, so findet man, daß

$$\left(\frac{\partial G(\zeta,\zeta')}{\partial\varrho'}\right)_{\varrho'=R_2} = -\frac{1}{2\pi\alpha R_2}\frac{\vartheta_1'(v_2;\tau)}{\vartheta_1(v_2;\tau)}\,;\; v_2 = \frac{1}{2\alpha}\left\{\ln\left(\frac{\varrho}{R_2}\right) + i(\varphi-\varphi')\right\}, \tag{9a}$$

$$\left(\frac{\partial G(\zeta,\zeta')}{\partial\varrho'}\right)_{\varrho'=R_1} = -\frac{1}{2\pi\alpha R_1}\frac{\vartheta_1'(v_1;\tau)}{\vartheta_1(v_1;\tau)}\,;\; v_1 = \frac{1}{2\alpha}\left\{\ln\left(\frac{\varrho}{R_1}\right) + i(\varphi-\varphi')\right\} \tag{9b}$$

ist. Wegen $R_2/R_1 = e^\alpha$ ist jedoch $v_1 = v_2 + \frac{1}{2}$. Andererseits gilt aber die Beziehung

$$\frac{\vartheta_\nu'(v+\frac{1}{2};\tau)}{\vartheta_\nu(v+\frac{1}{2};\tau)} = \frac{\vartheta_{\nu\pm1}'(v;\tau)}{\vartheta_{\nu\pm1}(v;\tau)} \quad \left(\nu = 1, 2, 3, 4;\ \pm\right\}\ \text{für}\ \nu = \left\{\begin{matrix}1,3\\2,4\end{matrix}\right). \tag{10}$$

Im ganzen ergibt sich dann für die komplexe Potentialfunktion, deren Realteil auf dem äußeren oder dem inneren Kreis die vorgeschriebenen Werte $U_a(\varphi')$ oder $U_i(\varphi')$ annimmt, der folgende Ausdruck:

$$\chi(\zeta) = \frac{1}{2\pi\alpha}\left\{\int_{-\pi}^{+\pi} U_i(\varphi')\frac{\vartheta_2'(v;\tau)}{\vartheta_2(v;\tau)}d\varphi' - \int_{-\pi}^{+\pi} U_a(\varphi')\frac{\vartheta_1'(v;\tau)}{\vartheta_1(v;\tau)}d\varphi'\right\}$$

$$\left(v = \frac{1}{2\alpha}\ln\left(\frac{\zeta}{R_2}e^{-i\varphi'}\right),\ \tau = \pi i/\alpha,\ \alpha = \ln\frac{R_2}{R_1}\right). \tag{11}$$

Man ersetze in Gl. (11) ζ durch $\zeta\, e^{2i\pi n}$ und beachte die Gl. (8). Es ergibt sich dann, daß die Funktion $\chi(\zeta)$ in Gl. (11) nur dann nach dieser Substitution wieder denselben Wert annimmt, wenn die vorgegebenen Funktionen $U_a(\varphi')$ und $U_i(\varphi')$ die Bedingungsgleichung

$$\int_{-\pi}^{+\pi} U_i(\varphi')\,d\varphi' = \int_{-\pi}^{+\pi} U_a(\varphi')\,d\varphi' \tag{11a}$$

erfüllen. Wünscht man in Gl. (11) an den Thetafunktionen die imaginäre Transformation zu vollziehen, so sind dabei die Formeln

$$\frac{\vartheta_\nu'(v;\tau)}{\vartheta_\nu(v;\tau)} = -\frac{2\pi i}{\tau}v + \frac{1}{\tau}\frac{\vartheta_\nu'\left(\frac{v}{\tau}; -\frac{1}{\tau}\right)}{\vartheta_\nu\left(\frac{v}{\tau}; -\frac{1}{\tau}\right)} \qquad (\nu = 1, 2, 3, 4) \tag{12}$$

zu verwenden.

Mitunter kann es zweckmäßiger sein, bereits in die Gl. (11) die elliptischen Funktionen einzuführen. Dies gelingt mittels der Gleichungen

$$\frac{\vartheta_\nu'(v;\tau)}{\vartheta_\nu(v;\tau)} = 2K\left\{\mathrm{zn}(2Kv,k) + \left(\frac{d}{du}\ln f_\nu(u)\right)_{u=2Kv}\right\} \quad \begin{pmatrix}\nu = 1,2,3,4;\\ \tau = i\,K'/K\end{pmatrix} \tag{13}$$

mit

$$f_1(u) = \mathrm{sn}(u,k),\quad f_2(u) = \mathrm{cn}(u,k),\quad f_3(u) = \mathrm{dn}(u,k),\quad f_4(u) = \mathrm{const.}$$

Die verschiedenen Formen, auf die die rechte Seite von Gl. (11) durch Anwendung der Gl. (12) und (13) gebracht werden kann, brauchen nach diesen Hinweisen wohl nicht besonders angeschrieben zu werden.

3.51 Zwei parallele Kreiszylinder ungleicher Größe und mit ungleichen Ladungsbelägen einerlei Vorzeichens. Im folgenden soll die Potentialfunktion zweier zur z-Achse paralleler Kreiszylinder berechnet werden, die verschiedene Größe haben und verschiedene Ladungsbeläge tragen. Sind die Ladungen gleich groß und von entgegengesetztem Vorzeichen, so läßt sich bekanntlich das elektrische Feld, das sich zwischen ihnen ausbildet, selbst bei ungleicher Größe der Zylinder auf elementarem Wege ermitteln. Die Aufgabe ist jedoch wesentlich schwieriger, wenn die Ladungen das gleiche Vorzeichen haben. Für zwei gleich große Zylinder ist dieser Fall zuerst von F. J. W. Whipple [26] behandelt worden. Der allgemeine Fall ist nur um ein geringes schwieriger. Er soll nachstehend mit Hilfe der Greenschen Funktion erledigt werden.

3.511 Die Herstellung der Greenschen Funktion und der komplexen Potentialfunktion. Wir ziehen zu diesem Zweck die im Abschn. 2.114 besprochenen bipolaren Koordinaten heran. Gemäß Abb. 58 habe der ursprünglich in der Z-Ebene rechts liegende Zylinder das Potential $\varPhi = \varPhi_2$ und den Ladungsbelag $q_L^{(2)}$, und der links liegende Zylinder das Potential $\varPhi = \varPhi_1$ und den Ladungsbelag $q_L^{(1)}$. Dann bildet die Funktion

$$Z = i\,a\,\mathrm{ctg}\frac{\zeta}{2} = i\,a\,\mathrm{ctg}\frac{\xi + i\eta}{2}, \quad (1\mathrm{a}) \qquad \zeta = \xi + i\eta = i\ln\frac{Z+a}{Z-a} \quad (1\mathrm{b})$$

den Umfang des rechten Zylinders auf die zur reellen ξ-Achse parallel verlaufende Gerade $\eta = \eta_2 > 0$ ab und den Umfang des linken Zylinders auf die Gerade $\eta = \eta_1 < 0$, und zwar genauer auf das Stück dieser beiden Geraden zwischen $\xi = 0$ und $\xi = 2\pi$. Der Zusammenhang zwischen $\eta_{1,2}$ einerseits und den gegebenen Zylinderradien und dem Abstand der Zylinderachsen andererseits ist im Abschn. 2.114 angegeben worden. Der Bereich der ζ-Ebene hat nach Abb. 58 die Gestalt eines Rechtecks oder, richtiger gesagt, eines Streifens. Da die

Abbildungsfunktion hinsichtlich ξ die Periode 2π hat, so ist das Abbild der Z-Ebene nicht bloß das eine eingezeichnete Rechteck, für das $0 \gtreqless \xi \leqq 2\pi$ ist, sondern auch jedes der unendlich vielen, links oder rechts davon gelegenen Rechtecke mit der Länge 2π in Richtung der ξ-Achse. Die Abbildung ist also nur in Richtung von der ζ-Ebene auf die Z-Ebene eindeutig.

Mit dieser Eigenschaft hängt es zusammen, daß der ursprünglich gegebene Bereich der Z-Ebene zweifach zusammenhängend ist. Wir

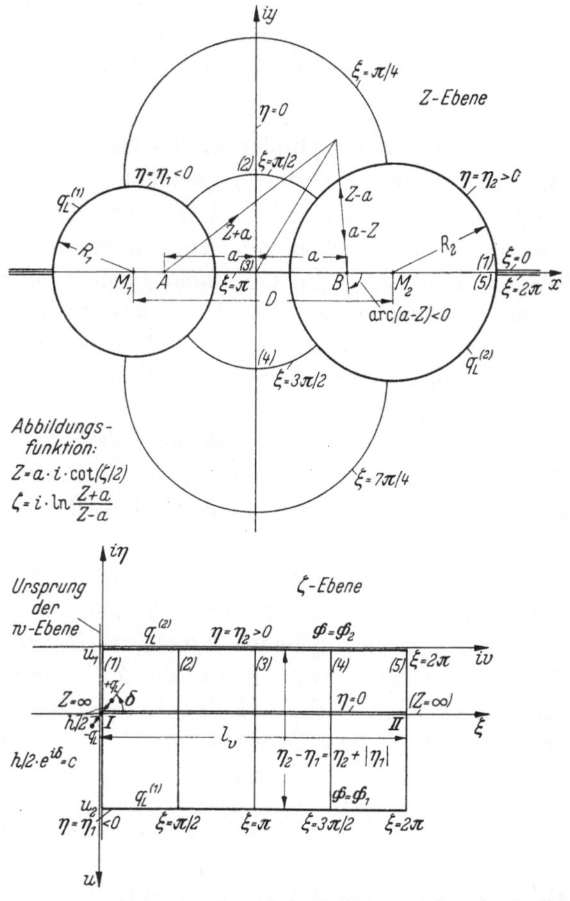

Abb. 58. Der zweifach zusammenhängende Bereich der Z-Ebene zwischen den Kreisen $\eta = \eta_2 > 0$ und $\eta = \eta_1 < 0$ wird durch die Gl. (1a, b) auf das Rechteck der ζ-Ebene mit den Ecken $(0, \eta_1)$, $(2\pi, \eta_1)$, $(2\pi, \eta_2)$ und $(0, \eta_2)$ konform abgebildet. Er ist zu diesem Zweck längs der x-Achse im Bereich $\eta_1 < \eta < \eta_2$, $\xi = 0$ oder 2π aufgeschnitten zu denken

wollen deshalb, wenn es auch für das Folgende entbehrlich ist, nicht bei der Abbildung dieses Bereichs auf den Streifen der ζ-Ebene stehenbleiben, sondern den Streifen der ζ-Ebene seinerseits auf den ebenfalls zweifach zusammenhängenden Bereich des Kreisrings der t-Ebene abbilden. Im Hinblick auf Abb. 59 läßt sich die dafür geeignete Abbildungsfunktion sofort angeben, sobald die drei willkürlich wählbaren Punkte in zweckmäßiger Weise festgelegt worden sind. Wir verfügen darüber im Sinne der Formeln

$$\zeta = i \ln (t/r \cdot e^{-\pi i}), \qquad (2a) \qquad \eta_{1,2} = \ln (r_{1,2}/r) \qquad (2b)$$

$$\eta_2 - \eta_1 = \ln (r_2/r_1) = 2\gamma. \qquad (2c)$$

Wegen der dadurch bewirkten Zuordnung einzelner Punkte wird auf die Abb. 58 verwiesen. Beachtet man nun noch die Gl. (1b), so errechnet sich als unmittelbare Beziehung zwischen den Variablen Z und t die Formel

$$t/r = (Z + a)/(Z - a)\, e^{+\pi i}. \qquad (1c)$$

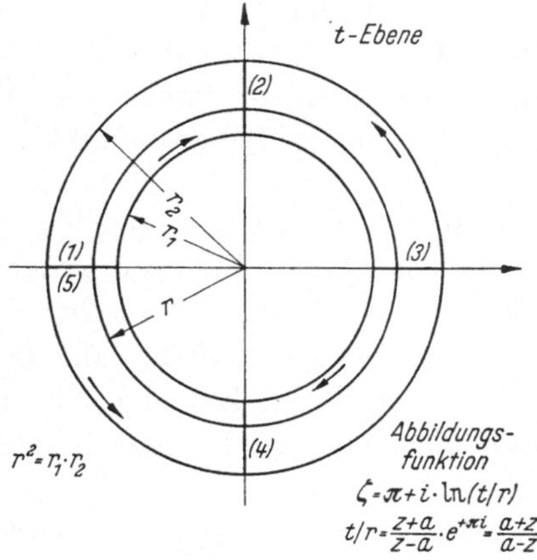

Abb. 59. Das Rechteck der ζ-Ebene von Abb. 58 wird durch die Funktion (2a) konform auf den zwischen (1, 5) aufgeschnittenen zweifach zusammenhängenden Bereich des Kreisrings der t-Ebene abgebilder mit den Punkten 1 2 3 4 5 auf Kreis r_2

Die Beziehung für die normierte Greensche Funktion der Z-Ebene kann damit im Hinblick auf Gl. 3.4 (2α) sofort angeschrieben werden In der Ebene des Kreisrings der t-Ebene geht sie aus Gl. (2α) hervor, wenn in dieser Formel in Rücksicht auf die andere Bedeutung von ζ in Abb. 55 gesetzt wird:

$$\zeta/R = t/r,\ \zeta'/R = t'/r,\ \ln(R_{1,2}/R) = \eta_{1,2},\ \tau' \equiv \tau = i\frac{2\gamma}{\pi},\quad \alpha \equiv 2\gamma.$$

Mithin lautet sie in der t-Ebene von Abb. 59

$$G(t, t') = \frac{1}{2\pi}\left\{\frac{\ln|t'/r| - \eta_1}{2\gamma}\left[\ln\left(\frac{t}{t'}|t'/r|\right) - \eta_1\right] + \ln\frac{\vartheta_1\left(\frac{\ln(t/t')}{2\pi i}; \tau\right)}{\vartheta_1\left(\frac{\ln(t\bar{t}'/r_1^2)}{2\pi i}; \tau\right)}\right\} \qquad (3a)$$

$$(\tau = 2\gamma i/\pi)$$

und in der ζ-Ebene von Abb. 58

$$\alpha(\zeta, \zeta') = \frac{1}{2\pi}\left\{i\frac{\eta_1 - \eta'}{2\gamma}[\zeta - i\eta_1 - \xi'] + \ln\frac{\vartheta_1\left(\frac{\zeta - \zeta'}{2\pi}; \tau\right)}{\vartheta_1\left(\frac{\zeta - \bar{\zeta}' - 2i\eta_1}{2\pi}; \tau\right)}\right\} \qquad (3b)$$

$$(\tau = 2\gamma\, i/\pi).$$

Für $\zeta = \xi + i\,\eta_{1,2}$ ist das Verschwinden des Realteils von Gl. (3b) leicht nachzuweisen. Für den Streifen der ζ-Ebene stellt die Gl. (3b) nicht eigentlich die Greensche Funktion selbst dar, da ja die Einheitsquelle nicht bloß in einem Punkt des Streifens vorhanden ist, sondern in den unendlich vielen Punkten $\zeta \equiv \zeta' (\mathrm{mod}\, 2\pi)$.

Für das uns nun eigentlich interessierende Hauptproblem, bei dem es sich um zwei gleichartig geladene Zylinder in der Z-Ebene handelt, genügt es keineswegs, nur mit der elektrischen Ladung zu rechnen, die auf den beiden Mänteln der Zylinder ausgebreitet liegt. Es muß auch die im Unendlichen als Gegenladung befindliche Linienladung von der Größe $-q_L^{(1)} - q_L^{(2)}$ in Betracht gezogen werden. Diese Gegenladung liegt in der ζ-Ebene im Punkt $\zeta' = 0$, denn es entspricht ja dieser Punkt dem Punkt ∞ der Z-Ebene. Die dieser Lage zugehörige Potentialfunktion geht dann aus Gl. (3b) dadurch hervor, daß darin $\zeta' = \xi' + i\,\eta' = 0$ gesetzt wird und außerdem eine Multiplikation mit $+(q_L^{(1)} + q_L^{(2)})/\varepsilon_0$ erfolgt. Dann verschwindet aber diese Potentialfunktion immer noch mit ihrem Realteil auf den Mänteln der beiden metallischen Zylinder.

Um nun zu erreichen, daß die Potentialfunktion mit ihrem Realteil auf den beiden Zylindern die reellen Werte Φ_1 und Φ_2 annimmt, muß zu dem derart umgestalteten Ausdruck (3b) noch das Glied

$$\frac{i}{2\gamma}[\Phi_1 \cdot (\zeta - i\eta_2) - \Phi_2 \cdot (\zeta - i\eta_1)]$$

hinzutreten, und darnach heißt dann der bisher gewonnene Ausdruck für die Potentialfunktion der ζ-Ebene:

$$\chi_e(\zeta) \equiv \Phi_e(\xi, \eta) + i\Psi_e(\xi, \eta) = \frac{i}{2\gamma}[\Phi_1 \cdot (\zeta - i\eta_2) - \Phi_2 \cdot (\zeta - i\eta_1)] + \\ + \frac{q_L^{(1)} + q_L^{(2)}}{2\pi\varepsilon_0}\left[\frac{i\eta_1}{2\gamma}(\zeta - i\eta_1) + \ln\frac{\vartheta_1\left(\frac{\zeta}{2\pi}; \tau\right)}{\vartheta_1\left(\frac{\zeta - 2i\eta_1}{2\pi}; \tau\right)}\right] \quad (4)$$

$$(2\gamma = \eta_2 - \eta_1, \ \tau = 2\gamma\, i/\pi).$$

Es fehlt uns jetzt noch der Zusammenhang zwischen den beiden Potentialen $\Phi_{1,2}$ und den Ladungen $q_L^{(1,2)}$. Zu diesem Zweck berechnen wir den elektrischen Fluß, der etwa zwischen den Punkten $\zeta = 0 + i\,\eta_1$ und $\zeta = 2\pi + i\,\eta_1$ in Richtung zunehmender Werte von η hindurchtritt. Von ihm wissen wir einmal, daß er gleich $q_L^{(1)}$ sein muß. Andererseits ist aber auch $q_L^{(1)}$ nach Gl. 1.1 (8b') durch die Formel gegeben:

$$\int_0^{2\pi} \varepsilon_0 E_\eta(\xi, \eta_1)\, d\xi = -\varepsilon_0 \int_0^{2\pi} \frac{\partial \Phi}{\partial \eta} d\xi = \varepsilon_0 \int_0^{2\pi} \frac{\partial \Psi}{\partial \xi} d\xi$$

$$= \varepsilon_0\, \mathfrak{Im}[\chi_e(2\pi + i\eta_1) - \chi_e(+ i\eta_1)].$$

Im Hinblick auf Gl. (4) ist aber

$$\varepsilon_0 \mathfrak{Im}\{\chi_e(\xi + i\eta_1)\} = \frac{\varepsilon_0 \xi}{2\gamma}(\varphi_1 - \varphi_2) + \frac{q_L^{(1)} + q_L^{(2)}}{2\pi} \frac{\eta_1 \xi}{2\gamma} + \frac{q_L^{(1)} + q_L^{(2)}}{2\pi} \mathfrak{Im}\left[\ln \frac{\vartheta_1\left(\frac{\xi + i\eta_1}{2\pi}\right)}{\vartheta_1\left(\frac{\xi - i\eta_1}{2\pi}\right)}\right],$$

$$\varepsilon_0 \mathfrak{Im}\{\chi_e(\xi + i\eta_2)\} = \frac{\varepsilon_0 \xi}{2\gamma}(\varphi_1 - \varphi_2) + \frac{q_L^{(1)} + q_L^{(2)}}{2\pi} \frac{\eta_2 \xi}{2\gamma} + \frac{q_L^{(1)} + q_L^{(2)}}{2\pi} \mathfrak{Im}\left[\ln \frac{\vartheta_1\left(\frac{\xi + i\eta_2}{2\pi}\right)}{\vartheta_1\left(\frac{\xi - i\eta_2}{2\pi}\right)}\right].$$

Da nun

$$\ln \frac{\vartheta_1\left(\frac{\xi + i\eta}{2\pi}; \tau\right)}{\vartheta_1\left(\frac{\xi - i\eta}{2\pi}; \tau\right)} = 2\,i \operatorname{arc\,tg}\left(\frac{\mathfrak{Tg}\frac{\eta}{2}}{\operatorname{tg}\frac{\xi}{2}}\right) + 4i \sum_{\lambda=1}^{\infty} \frac{1}{\lambda} \frac{q^{2\lambda}}{1 - q^{2\lambda}} \sin \lambda \xi \,\mathfrak{Sin}\, \lambda \eta \tag{5}$$

$$\left(q = e^{\pi i \tau}, \quad \operatorname{arc\,tg}\left(\frac{\mathfrak{Tg}\,\eta/2}{\operatorname{tg}\xi/2}\right) = 0 \text{ für } \xi = \pi\right)$$

ist, so berechnen sich aus Gl. (5) sofort die beiden folgenden Formeln:

$$\mathfrak{Im}\left[\ln \frac{\vartheta_1\left(\frac{\xi + i\eta_2}{2\pi}\right)}{\vartheta_1\left(\frac{\xi - i\eta_2}{2\pi}\right)}\right]\Bigg|_0^{2\pi} = -2\pi \qquad (\eta_2 > 0), \tag{5a}$$

$$\mathfrak{Im}\left[\ln \frac{\vartheta_1\left(\frac{\xi + i\eta_1}{2\pi}\right)}{\vartheta_1\left(\frac{\xi - i\eta_1}{2\pi}\right)}\right]\Bigg|_0^{2\pi} = +2\pi \qquad (\eta_1 < 0). \tag{5b}$$

Damit ergibt sich dann im ganzen für die gesuchte Beziehung der Ausdruck:

$$\frac{2\pi}{2\gamma}\varepsilon_0(\varphi_1 - \varphi_2) + (q_L^{(1)} + q_L^{(2)})\frac{\eta_2}{2\gamma} = q_L^{(1)}. \tag{6a}$$

Analog berechnet sich für den elektrischen Fluß, der zwischen den Punkten $\xi = 0$ und $\xi = 2\pi$ aus der Platte $\eta = \eta_2$ austritt, die Relation:

$$\frac{2\pi}{2\gamma}\varepsilon_0(\varphi_1 - \varphi_2) + (q_L^{(1)} + q_L^{(2)})\frac{\eta_1}{2\gamma} = -q_L^{(2)}. \tag{6b}$$

Die Subtraktion der Gl. (6a, b) führt zu einer Identität. Die durch Addition aus Gl. (6a, b) folgende Beziehung

$$\varphi_2 - \varphi_1 = \frac{\eta_1}{2\pi\varepsilon_0} q_L^{(1)} + \frac{\eta_2}{2\pi\varepsilon_0} q_L^{(2)}, \tag{6c}$$

ist kaum mehr als eine andere Schreibweise dieser Gleichungen. Aus ihr ergibt sich: Liegen die beiden exzentrisch angeordneten Zylinder auf einem und demselben Potential, so tragen sie bei gleicher Größe auch die gleichen Ladungsbeläge. Sind aber die beiden, auf gleich hohem Potential stehenden Zylinder ungleich an Größe, so verteilen sich die Ladungen gemäß der Gleichung:

$$\frac{q_L^{(1)}}{q_L^{(2)}} = \frac{\eta_2}{(-\eta_1)} > 0. \tag{6α}$$

Das entspricht genau der Feststellung, die am Schluß von Abschn. 3.11 gemacht wurde.

Die Summe der beiden Gl. (6a, b) kann auch auf die Form

$$\frac{4\pi}{2\gamma}\varepsilon_0(\varphi_2 - \varphi_1) = q_L^{(2)} - q_L^{(1)} + (q_L^{(1)} + q_L^{(2)})\frac{\eta_1 + \eta_2}{2\gamma} \tag{6d}$$

gebracht werden. Wir stellen ihr die bekannte Beziehung

$$\frac{2\pi}{2\gamma}\varepsilon_0(\varphi_2 - \varphi_1) \equiv q_L(\pm) = (\varphi_2 - \varphi_1)\cdot 2\pi\varepsilon_0 \Big/ \mathfrak{Ar}\,\mathfrak{Cof}\left(\frac{D^2 - R_1^2 - R_2^2}{2R_1R_2}\right) \tag{6δ}$$

gegenüber, die den Zusammenhang zwischen der Potentialdifferenz der beiden Zylinder und den auf ihnen liegenden *entgegengesetzt* gleichen Ladungen angibt. Die Gl. (6d) geht in diese Formel über, wenn

$$(q_L^{(1)} + q_L^{(2)})\frac{\eta_2 + \eta_1}{\eta_2 - \eta_1} = q_L^{(2)} - q_L^{(1)} \quad (2\gamma = \eta_2 - \eta_1)$$

ist und also die Gl. (3a) befriedigt wird.

3.512 Die beiden Zylinder der Z-Ebene im homogenen Feld. Im Abschn. 1.2 war sowohl für ein räumliches als auch für ein ebenes Feld gezeigt worden, wie das Feld zweier entgegengesetzt gleicher Punkt- oder Linienladungen in ein homogenes Feld übergeführt werden kann, wenn man bei gleichzeitiger Vergrößerung der Ladungen die beiden Linienladungen immer mehr auseinanderrücken läßt. Wenden wir dieses Prinzip auf den vorliegenden Fall an, so hätten wir also in der Z-Ebene von zwei entgegengesetzt gleichen Linienladungen auszugehen, die etwa symmetrisch zum Ursprung der Z-Ebene angeordnet sind, und hätten sie in Richtung ihrer Verbindungslinie nach beiden Seiten hin sich immer mehr voneinander entfernen zu lassen. In der ζ-Ebene entspricht diesem Vorgang die Bewegung zweier

Linienladungen in Richtung auf die Punkte I und II der ζ-Ebene, die dem Punkte $Z \to \infty$ entsprechen. Da wir uns aber in Wirklichkeit an das eine gezeichnete Rechteck der ζ-Ebene links und rechts unzählige weitere Rechtecke angesetzt denken müssen, so können wir auch sagen, daß den beiden weit auseinander gerückten Linienquellen der Z-Ebene in der ζ-Ebene unendlich viele Paare von Linienquellen entsprechen, die sich immer mehr auf die Punkte $I \bmod 2\pi$ zusammenziehen und dann dort den Charakter von Dipolen annehmen.

Demgemäß stellen wir uns zunächst mit Hilfe von Gl. (3b) den Ausdruck für eine einzelne Linienladung q_L her, die in der sehr kleinen Entfernung $h/2$ und in der Richtung $\delta, \delta \pm \pi$ vom Punkte I aus, das ist der Punkt $\zeta = 0$, angeordnet ist. Um diesen Ausdruck zu erhalten, brauchen wir in Gl. (3b) nur $\zeta' = c = (h/2)\, e^{i\delta}$ zu setzen und im übrigen $h/2$ als so klein zu behandeln, daß in den einzelnen Gliedern von Gl. (3b) zu Reihenentwicklungen übergegangen werden kann, die nach der Potenz c^1 abgebrochen werden können. η' in Gl. (3b) ist dann offenbar mit $h/2 \cdot \sin\delta$ identisch. Da die im Punkte $-c$ stehende Linienquelle entgegengesetztes Vorzeichen hat, so erhält man nach Übergang zu der Potentialfunktion für das Potential des im Punkte $\zeta = 0$ stehenden Dipols den Ausdruck

$$\chi_e^{(D)}(\zeta;0) = +\frac{q_L h}{4\pi^2 \varepsilon} \times \qquad (\tau = 2i\gamma/\pi)$$

$$\times \left\{ 2\pi i \sin\delta \cdot \frac{\zeta - i\eta_1}{\eta_2 - \eta_1} + e^{i\delta} \frac{\vartheta_1'\left(\frac{\zeta}{2\pi};\tau\right)}{\vartheta_1\left(\frac{\zeta}{2\pi};\tau\right)} - e^{-i\delta} \frac{\vartheta_1'\left(\frac{\zeta - 2i\eta_1}{2\pi};\tau\right)}{\vartheta_1\left(\frac{\zeta - 2i\eta_1}{2\pi};\tau\right)} \right\}. \tag{7a}$$

Für $h \to 0$ liegt in dem Faktor $q_L h$ von Gl. (7a) das Dipolmoment vor.

Um nun bequem herauszufinden, zu welchem homogenen Feld in der Z-Ebene der Dipol $(q_L h)$ mit dem Stellungswinkel δ in der ζ-Ebene führt, nehmen wir für einen Augenblick an, es strebten $\eta_2 \to +\infty$ und $\eta_1 \to -\infty$. Dann schrumpfen in der Z-Ebene die beiden Zylinder auf zwei Linien durch die Fixpunkte A und B zusammen, und es kann sich also jetzt in dieser Ebene das homogene Feld frei entwickeln. Nun ist

$$\frac{\vartheta_1'(v)}{\vartheta_1(v)} = \pi \operatorname{ctg} \pi v + 4\pi \sum_{n=1}^{\infty} \frac{q^{2n}}{1 - q^{2n}} \sin(2\pi n v). \tag{8}$$

Für $\eta_2 \to \infty$ strebt aber $q \to 0$. Läßt man zunächst etwa $\eta_2 \to \infty$ und dann $\eta_1 \to -\infty$ gehen, so ergibt sich für den genannten Grenzfall

$$[\chi_e^{(D)}(\zeta;0)]_{\substack{\eta_2 = +\infty \\ \eta_1 = -\infty}} = \frac{q_L h}{4\pi\varepsilon} \left\{ e^{i\delta} \operatorname{ctg}\frac{\zeta}{2} - i\, e^{-i\delta} \right\}$$

oder in Rücksicht auf die Abbildungsfunktion $Z = a\,i\,\mathrm{ctg}(\zeta/2)$

$$\lim_{\substack{\eta_2\to\infty\\ \eta_1\to-\infty}} \{\chi_e^{(D)}(\zeta,0)\} = \frac{q_L h}{4\pi\varepsilon} e^{-i\left(\frac{\pi}{2}-\delta\right)} \frac{Z}{a} \equiv \frac{q_L h}{4\pi\varepsilon a} e^{i\left(\frac{3\pi}{2}+\delta\right)}. \tag{7α}$$

Der Vergleich von Gl. (7α) mit Gl. 2.3 (8) liefert dann sofort das Ergebnis, daß die oben besprochene Dipolanordnung in der ζ-Ebene zu einem homogenen Feld in der Z-Ebene führt, dessen Betrag $E_\alpha = q_L h/(4\pi\,\varepsilon\,a)$ ist und das unter dem Winkel α gegen die X-Achse der Z-Ebene geneigt ist, wenn man $\delta = -\pi/2 - \alpha$ macht.

Werden diese Angaben in der Gl. (7a) berücksichtigt, so lautet jetzt die komplexe Potentialfunktion für das durch die beiden ungleichen Zylinder der Z-Ebene gestörte homogene Feld der Z-Ebene mit dem Betrag E_α und dem Richtungswinkel α gegen die X-Achse

$$\begin{aligned}\chi_e(\zeta;\,E_\alpha) = \frac{a\,E_\alpha}{\pi i}\Bigg\{& 2\pi\cos\alpha\cdot\frac{\zeta - i\eta_1}{\eta_2-\eta_1} + e^{-i\alpha}\frac{\vartheta_1'\left(\frac{\zeta}{2\pi};\tau\right)}{\vartheta_1\left(\frac{\zeta}{2\pi};\tau\right)} + \\ &+ e^{i\alpha}\frac{\vartheta_1'\left(\frac{\zeta-2i\eta_1}{2\pi};\tau\right)}{\vartheta_1\left(\frac{\zeta-2i\eta_1}{2\pi};\tau\right)}\Bigg\} \quad \left(\begin{aligned}\tau &= i(\eta_2-\eta_1)/\pi\\ \zeta &= i\ln\frac{Z+a}{Z-a}\end{aligned}\right).\end{aligned} \tag{7}$$

Gemäß Gl. (7) ist nun für $\zeta = \xi + i\,\eta_1$

$$\chi_e(\xi + i\eta_1;\,E_\alpha) = \frac{a E_\alpha}{\pi i}\left\{2\pi\cos\alpha\cdot\frac{\xi}{\eta_2-\eta_1} + A_1 + \bar{A}_1\right\}, \tag{9a}$$

und für $\zeta = \xi + i\,\eta_2$ ergibt sich

$$\chi_e(\xi + i\eta_2;\,E_\alpha) = \frac{a E_\alpha}{\pi i}\left\{2\pi\cos\alpha\cdot\left(\frac{\xi}{\eta_2-\eta_1} + i\right) - 4\pi i\,e^{i\alpha} + A_2 + \bar{A}_2\right\}. \tag{9b}$$

Hierin bedeutet mit $p = 1, 2$:

$$A_p = e^{-i\alpha}\,\vartheta_1'\left(\frac{\xi + i\eta_p}{2\pi};\tau\right)\Big/\vartheta_1\left(\frac{\xi+i\eta_p}{2\pi};\tau\right) \qquad (\tau = i(\eta_2-\eta_1)/\pi).$$

Dabei wurde noch von der Gl. (31) Gebrauch gemacht. Aus diesen Gleichungen geht hervor:

1. Auf dem Leiter $\eta = \eta_1$ ist das Potential $\varPhi_e = \Re(\chi_e)$ konstant gleich Null.

2. Auf dem Leiter $\eta = \eta_2$ ist das Potential $\varPhi_e = \Re(\chi_e) = -2\,a\cos\alpha\,E_\alpha$, also ebenfalls konstant, aber von Null verschieden.

Der Unterschied in den Potentialwerten 1. und 2. entspricht genau der Spannung, die zwei durch die Fixpunkte A und B gehende Meßdrähte gegeneinander aufwiesen, wenn sie voneinander isoliert und ohne fremde Ladung in dem homogenen Feld E_α lägen.

3. Der elektrische Fluß $\Psi_2^{(e)}$, der auf die Leiteroberfläche $\eta = \eta_2$ aufsetzt, beträgt nach Gl. 2.3 (5)

$$\begin{aligned}\Psi_2^{(e)} &= \varepsilon_0\, \mathfrak{Im}\{\chi_e(\xi + 2\pi + i\eta_2;\, E_\alpha) - \chi_e(\xi + i\eta_2;\, E_\alpha)\}\\ &= -\frac{4\pi a\, \varepsilon_0 E_\alpha}{\eta_2 - \eta_1}\cos\alpha .\end{aligned} \tag{10}$$

Der mit dem entgegengesetzten Vorzeichen genommene Wert der rechten Seite von Gl. (10) entspricht der Ladung, die auf dem Leiter $\eta = \eta_2$ liegt und dort durch die gleich große, aber entgegengesetzte Ladung auf dem Leiter $\eta = \eta_1$ gebunden wird. Dividiert man sie durch die oben errechnete Potentialdifferenz zwischen den beiden Leitern, so wird man wieder auf die Kapazität C_L von Gl. ($6\,\delta$) geführt. Bildet man mittels Gl. (9a, b) die Differenz

$$\chi_e(\xi + i\,\eta_2;\, E_\alpha) - \chi_e(\xi + i\,\eta_1;\, E_\alpha),$$

so kommt der rein reelle Wert $-2a\,E_\alpha \cos\alpha$ heraus. Er bestätigt das unter 2. ausgesprochene Ergebnis und belehrt darüber hinaus, daß der Raum zwischen den beiden Zylindern weder in der einen noch in der anderen Richtung von einem elektrischen Fluß durchsetzt wird.

3.513 Die Änderung der Glimmspannung durch Übergang vom einfachen zum Doppelleiter. Bei den Hochspannungsleitungen werden neuerdings, um die Koronaverluste auf ein Mindestmaß zu beschränken, für die einzelne Phase an Stelle eines einzigen dicken Seils zwei oder gar vier dünnere Seile verwendet, die durch äquidistant angeordnete metallische Querstege in gleichem Abstand gehalten werden. Die zwei oder vier Leiter stehen daher zwangsläufig auf gleichem Potential.

Wir betrachten den Leitungsstrang einer einzigen Phase. Er möge aus zwei Einzelleitern von kreisförmigem Querschnitt bestehen. Der Einfluß der Erde auf das Feld werde der Einfachheit halber vernachlässigt. Der Radius der beiden Leiter sei R, ihr Achsenabstand D. Nach Abschn. 3.511 sind dann auch die Ladungen, die auf den beiden Leitern liegen, einander gleich. Wegen $\varphi_1 = \varphi_2 = V$, $\eta_2 = -\eta_1$ und $q_L^{(1)} = q_L^{(2)} = q_L$ ist dann nach Gl. (4)

$$\chi_e(\zeta) = V + \frac{q_L}{\pi\varepsilon_0}\left[-\frac{i}{2}(\zeta + i\eta_2) + \ln\frac{\vartheta_1\left(\dfrac{\zeta}{2\pi};\tau\right)}{\vartheta_1\left(\dfrac{\zeta + 2i\eta_2}{2\pi};\tau\right)}\right] \tag{11}$$

$$\left(\tau = i\frac{2\gamma}{\pi} = i\frac{2\eta_2}{\pi}\right)$$

$$= V + \frac{q_L}{\pi\varepsilon_0}\left\{-\pi i/2 + \ln\left[\sqrt{k}\,\mathrm{sn}\left(\zeta\frac{K}{\pi},\, k\right)\right]\right\} \quad (\tau = 2i\gamma/\pi = i\,2\eta_2/\pi),$$

denn es ist

$$\vartheta_1(v + \tau/2;\tau) = \exp\left[\pi i\left(\frac{1}{2} - \frac{\tau}{4} - v\right)\right]\cdot\vartheta_4(v,\tau).$$

Durch das Verhältnis ϑ_1/ϑ_4 kommt dann die Funktion sn hinein, und es wird im Hinblick auf Gl. 3.4 (13)

$$\frac{d\chi_e(\zeta)}{d\zeta} = \frac{q_L}{\pi\varepsilon_0}\left\{-\frac{i}{2} + \frac{1}{2\pi}\frac{\vartheta_1'\left(\frac{\zeta}{2\pi}\right)}{\vartheta_1\left(\frac{\zeta}{2\pi}\right)} - \frac{1}{2\pi}\frac{\vartheta_1'\left(\frac{\zeta}{2\pi}+\frac{\tau}{2}\right)}{\vartheta_1\left(\frac{\zeta}{2\pi}+\frac{\tau}{2}\right)}\right\}$$

$$= \frac{q_L}{\pi\varepsilon_0}\frac{1}{2\pi}\left[\frac{\vartheta_1'\left(\frac{\zeta}{2\pi}\right)}{\vartheta_1\left(\frac{\zeta}{2\pi}\right)} - \frac{\vartheta_4'\left(\frac{\zeta}{2\pi}\right)}{\vartheta_4\left(\frac{\zeta}{2\pi}\right)}\right]$$

$$= \frac{q_L}{\pi^2\varepsilon_0}K\,\mathrm{cs}\left(\frac{K}{\pi}\zeta,\ k\right)\mathrm{dn}\left(\frac{K}{\pi}\zeta,\ k\right).$$

Hierin ist der Modul k bestimmt durch die Gleichung

$$\pi\frac{K'}{K} = 2\eta_2 = \mathfrak{Ar}\mathfrak{Cof}\left(\frac{D^2}{2R^2} - 1\right), \quad (11') \qquad \mathfrak{Cof}\left(\frac{\pi K'}{2K}\right) = \frac{D}{2R}. \quad (11'')$$

Auf dem Umfang des Leiters $\eta = \eta_2$ ist nun $(\zeta/\pi)\,K = (\xi/\pi)\,K + i\,(K'/2)$, und mithin ist in der Fläche $\eta = \eta_2$ der ζ-Ebene von Abb. 58 nach Gl. (11) und Gl. 2.3 (3a)

$$-\frac{d\chi_e(\zeta)}{d\zeta} = E_\xi - iE_\eta = +i(1+k)\frac{2K}{\pi}\frac{1 - k\,\mathrm{sn}^2\left(\frac{\xi}{\pi}K\right)}{1 + k\,\mathrm{sn}^2\left(\frac{\xi}{\pi}K\right)}\frac{q_L}{2\pi\varepsilon_0}, \quad (12)$$

denn nach bekannten Transformationsformeln gilt die Beziehung

$$\mathrm{cs}\left(\alpha + i\frac{K'}{2}\right)\mathrm{dn}\left(\alpha + i\frac{K'}{2}\right) = -i(1+k)\frac{1 - k\,\mathrm{sn}^2\alpha}{1 + k\,\mathrm{sn}^2\alpha}. \quad (13)$$

Nach Gl. 2.3 (17) und 2.1 (64a) verteilt sich also die elektrische Feldstärke an der Oberfläche des Leiters $\eta = \eta_2$ in der Z-Ebene von Abb. 58 gemäß der Formel:

$$E_\xi - iE_\eta = +i\frac{\frac{D}{2R} - \cos\xi}{\sqrt{\left(\frac{D}{2R}\right)^2 - 1}}\frac{q_L}{2\pi\varepsilon_0 R}(1+k)\frac{2K}{\pi}\frac{1 - k\,\mathrm{sn}^2\left(\frac{\xi}{\pi}K\right)}{1 + k\,\mathrm{sn}^2\left(\frac{\xi}{\pi}K\right)}. \quad (14)$$

Hierin ließe sich noch die Koordinate ξ durch den Winkel ψ in Gl. 2.1 (45) ersetzen. Wie es sein muß, ist nach Gl. (14) an der Oberfläche des Leiters überall $E_\xi = 0$. Für die drei besonderen Werte $\xi = 0, \pi/2$

und π errechnet sich unter Zuhilfenahme der Gl. (11″):

$$\left.\begin{array}{l} E_\eta(0,\eta_2) \\ E_\eta\left(\frac{\pi}{2},\eta_2\right) \\ E_\eta(\pi,\eta_2) \end{array}\right\} = -\frac{2q_L}{2\pi^2\varepsilon_0 R}(1+k)K \left\{\begin{array}{l} \mathfrak{Tg}\left(\frac{\pi K'}{4K}\right)\cdot 1, \\ \mathfrak{Cotg}\left(\frac{\pi K'}{2K}\right)\cdot\left[1-\sqrt{\frac{1-k'}{1+k'}}\right]:\left[1+\sqrt{\frac{1-k'}{1+k'}}\right], \\ \mathfrak{Cotg}\left(\frac{\pi K'}{4K}\right)\cdot\frac{(1-k)}{(1+k)}. \end{array}\right.$$

Gemäß dem negativen Vorzeichen in den drei Gleichungszeilen hat die Feldstärke an der Leiteroberfläche durchweg die Richtung vom Leiter fort. Vergleicht man in den drei Zeilen die letzten Faktoren, so zeigt sich, daß sie in abnehmender Größe untereinanderstehen. Diese einfache Gesetzmäßigkeit wird jedoch dadurch wieder verwickelter, daß im Gegensatz dazu die vorletzten Faktoren in der gleichen Reihenfolge an Größe zunehmen. Für $D/2R \gg 1$ sind die Schwankungen der Faktoren in beiden Reihen nur klein.

Die Suche nach der Lage und Größe des Maximums von E_η an der Leiteroberfläche führt auf eine schwer lösbare und undurchsichtige transzendente Gleichung. Es ist aber möglich, auf anderem Wege ein Urteil über das Maximum von E_η zu gewinnen, und zwar dadurch, daß man zunächst nach demjenigen Wert von k fragt, für den E_η an den Stellen $\xi = 0$ und $\xi = \pi$ gleich groß wird. Nach den obigen Angaben ist dazu die Gleichheit von

$$\mathfrak{Tg}^2\left(\frac{\pi K'}{4K}\right) = \frac{1-k}{1+k}$$

erforderlich. Im Hinblick auf die Gl. (11″) errechnet sich daraus als Bestimmungsgleichung für k die Relation:

$$k = \frac{1}{\mathfrak{Cof}(\pi K'/2K)} = \frac{2R}{D}, \quad (15\text{a}) \qquad \mathfrak{Cotg}\left(\frac{\pi K'}{2K}\right) = \frac{1}{k'}. \quad (15\text{b})$$

Für diesen Wert von k wird dann

$$E_\eta\left(\frac{\pi}{2},\eta_2\right) = -\frac{2q_L}{2\pi^2\varepsilon_0 R}(1+k)K\frac{1}{1+k} \equiv E_\eta^{(m)},$$

$$E_\eta(0,\eta_2) = E_\eta(\pi,\eta_2) = -\frac{2q_L}{2\pi^2\varepsilon_0 R}(1+k)K\frac{k'}{1+k} = k' E_\eta^{(m)}.$$

Bedeutet E_k die Größe der Feldstärke an der Leiteroberfläche, bei der die Glimmerscheinungen beginnen, so ist bei einem einzelnen Leiter mit dem Ladungsbelag $2q_L$ der zugehörige kritische Radius R_k

$$E_k = \frac{2q_L}{2\pi\varepsilon_0}\frac{1}{R_k}. \quad (15\text{c})$$

Werden statt dieses Einzelleiters zwei galvanisch gekoppelte Leiter mit dem kleineren Radius R verwendet, so wird nach den obigen

Angaben der nahezu maximale Wert

$$E_\eta^{(m)} = -E_k \frac{R_k}{2R} \frac{K(k)}{\pi/2}. \tag{15d}$$

Da bereits das Verhältnis $K/(\pi/2) > 1$ ist, so müßte hiernach $2R$ nicht unwesentlich größer als R_k gemacht werden, wenn $E_\eta(\pi/2, \eta_2)$ kleiner

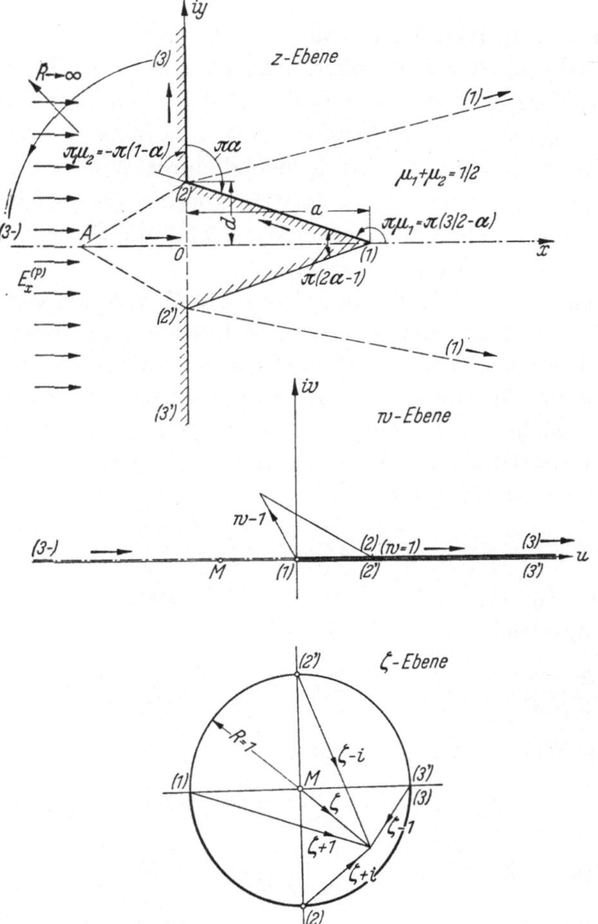

Abb. 60. Der innerhalb des Geradenzuges (3—, 0, 1, 2, 3, 3—) gelegene Bereich der z-Ebene wird durch die Gl. (3b) oder (3c) konform auf die obere w-Halbebene abgebildet, die zwischen den Punkten $0 \cdots \infty$ aufgeschnitten zu denken ist

bleiben soll als E_k. Dieses Resultat kann jedoch bei anderer Verfügung über den Wert von k u. U. etwas günstiger werden.

3.61 Das homogene Feld vor einer leitenden Platte mit vor- und einspringenden Kanten. Fallen die elektrischen Kraftlinien eines homogenen elektrischen Feldes senkrecht auf eine leitende Ebene, aus der längs zweier paralleler Kanten zwei schräg liegende ebene und leitende Flächen nach der einen oder anderen Seite herausragen und nach ihrer Vereinigung in einer vorspringenden Kante einen mehr oder weniger spitzwinklig gebogenes Blech miteinander bilden, so wird dadurch die gleichmäßige Feldverteilung vor dem vorspringenden Teil erheblich gestört. Liegt die vorspringende Kante auf der Seite des einfallenden Feldes, so drängen sich die Kraftlinien gegen das spitzwinklige Dach zusammen, und die Kraftliniendichte in der Nähe der Kante wird erheblich größer als im ursprünglichen homogenen Feld Liegt die Kante auf der dem einfallenden Feld abgewandten Seite, so geht die Kraftliniendichte zurück. Wir wollen diese Veränderung des Feldes durch die vor- oder einspringende Kante für einen beliebigen Winkel zwischen den Platten eingehender untersuchen.

In Abb. 60 stellen die Geraden (2′), (3′) und (2), (3) die Schnittlinien der Bildebene mit der leitenden Platte dar. Das homogene eingeprägte Feld $E_x^{(p)}$ fällt von links her senkrecht auf die Platte. Die im Bild gezeichnete einspringende Kante (1) wird von den beiden Platten (2), (1) und (2′), (1) gebildet. Denken wir uns die Größe α in dem Bereich $0 \cdots \frac{3}{2}$ variabel, so sind damit alle sinnvollen Fälle erfaßt: für $\alpha = 0$ der Fall einer Ebene mit einem Spalt von der Breite $2d$, für $\alpha = \frac{1}{2}$ der Fall einer Ebene, an deren Spaltkanten zwei parallel verlaufende Wände ansetzen, so daß eine Art Kamin gebildet wird. Für $\alpha = 1$ handelt es sich schließlich um die volle Ebene, und für $\alpha > 1$ springt aus der unbegrenzten ebenen Platte nach links eine spitze Kante vor. Zunächst werde angenommen, daß $\frac{1}{2} < \alpha < \frac{3}{2}$ ist.

Da die ganze Leiteranordnung symmetrisch zur x-Achse ist, so genügt es, wenn wir uns vorerst auf die Abbildung des uneigentlichen Vierecks $(3, 3-, 1, 2, 3)$ auf die obere w-Halbebene beschränken. Dabei wollen wir es absichtlich so einrichten, daß eine der Ecken des Polygons der z-Ebene, nämlich die unendlich ferne Ecke (3), (3 —) in den unendlich fernen Punkt der reellen Achse der w-Ebene zu liegen kommt. Die Ecke (1) möge in der w-Ebene in den Punkt $w = 0$, die Ecke (2) in den Punkt $w = 1$ zu liegen kommen. Die Außenwinkel μ_1, μ_2 haben die in Abb. 60 angegebene Größe. Nach der Abbildungsformel 2.3 (30), die in diesem Fall herangezogen werden muß, ist dann

$$\frac{dz}{dw} = i\,A\,w^{\alpha - 3/2}(w - 1)^{1 - \alpha}. \tag{1}$$

Für alle Punkte der negativ-reellen Achse der w-Ebene ist nach Gl. (1) $\operatorname{arc}(dz) = 0$. Wir integrieren Gl. (1) zwischen den Grenzen $0 \cdots w$

und erhalten, da der Punkt $w = 0$ dem Punkt $z = a$ entspricht

$$z - a = iA\int_0^w t^{\alpha-3/2}(t-1)^{1-\alpha}dt = iA\,w^{\alpha-1/2}e^{+\pi i(1-\alpha)}\int_0^1 s^{\alpha-3/2}(1-ws)^{1-\alpha}ds.$$

Nun ist aber nach der Definition der hypergeometrischen Funktion von GAUSS

$$\Gamma(b)\,\Gamma(c-b)/\Gamma(c)\cdot{}_2F_1(a,b;c;z) = \int_0^1 t^{b-1}(1-t)^{c-b-1}(1-tz)^{-a}dt \qquad (2)$$
$$\big(\Re e(c) > \Re e(b) > 0\big).$$

Mithin ist im vorliegenden Falle

$$(z-a) = iA\,e^{+\pi i(1-\alpha)}w^{\alpha-\frac{1}{2}}/(\alpha-\tfrac{1}{2})\cdot{}_2F_1(\alpha-1,\alpha-\tfrac{1}{2};\alpha+\tfrac{1}{2};w) \qquad (3\text{a})$$
$$(\tfrac{1}{2}<\alpha<\tfrac{3}{2}).$$

Für $w = 1$ ist allgemein

$${}_2F_1(a,b;c;1) = \Gamma(c)\,\Gamma(c-a-b)/\big(\Gamma(c-a)\,\Gamma(c-b)\big) \qquad (4)$$
$$\big(\Re e(c-a-b) > 0\big).$$

Im vorliegenden Fall ist aber $\Re e(c-a-b) = 2\alpha > 0$. Somit kann in Gl. (3a) $w = 1$ gesetzt werden, und da $z = i\,d$ für $w = 1$ sein soll, so haben wir als Bedingungsgleichung für A im Hinblick auf Gl. (4)

$$i\,d - a = -iA[\cos\pi\alpha - i\sin\pi\alpha]\,2\pi^{-\frac{1}{2}}\Gamma(\alpha-\tfrac{1}{2})\,\Gamma(2-\alpha). \qquad (5)$$

Das ergibt für $\frac{1}{2}<\alpha<\frac{3}{2}$

$$d = -2A\,\pi^{-\frac{1}{2}}\,\Gamma(\alpha-\tfrac{1}{2})\,\Gamma(2-\alpha)\cos\pi\alpha, \qquad (6\text{a})$$

$$a = \frac{2A}{\sqrt{\pi}}\,\Gamma\!\left(\alpha-\frac{1}{2}\right)\Gamma(2-\alpha)\sin\pi\alpha. \qquad (6\text{b})$$

Die Größe A kann daraus berechnet werden, und gleichzeitig folgt für das Verhältnis der beiden Größen a und d zueinander

$$a/d = -\operatorname{tg}\pi\alpha = \operatorname{tg}(1-\alpha)\,\pi. \qquad (6\text{c})$$

Geht man mit dem aus Gl. (6a) oder (6b) errechneten Wert von A in Gl. (3a) ein, so kommt als endgültige Beziehung für die Abbildungsfunktion heraus:

$$\frac{z-a}{\sqrt{a^2+d^2}} = -\frac{\sqrt{\pi}}{2}\,\frac{(w\,e^{-\pi i})^{\alpha-\frac{1}{2}}}{\Gamma(\alpha+\frac{1}{2})\,\Gamma(2-\alpha)}\,{}_2F_1\!\left(\alpha-1,\alpha-\frac{1}{2};\alpha+\frac{1}{2};w\right) \qquad (3\text{b})$$
$$(\tfrac{1}{2}<\alpha<\tfrac{3}{2}).$$

Für $\alpha<\frac{1}{2}$ versagt diese Darstellung, weil dann der rechts stehende Ausdruck für $w\to 0$ unendlich wird.

Um zu erkennen, ob sich dieses Versagen vermeiden läßt, ersetzen wir in Gl. (3b) die hypergeometrische Reihe mit dem Argument w durch eine hypergeometrische Reihe mit dem Argument $1 - w$. Nach einer bekannten Transformationsformel besteht in der Tat ein solcher Zusammenhang in der Form

$$
\begin{aligned}
&{}_2F_1\left(\alpha - 1, \alpha - \frac{1}{2}; \alpha + \frac{1}{2}; w\right) = \\
&\frac{\Gamma(\alpha + \frac{1}{2})\,\Gamma(2 - \alpha)}{\Gamma(\frac{3}{2})\,\Gamma(1)}\,{}_2F_1\left(\alpha - 1, \alpha - \frac{1}{2}; \alpha - 1; 1 - w\right) + \qquad (7)\\
&\quad + \frac{\alpha - \frac{1}{2}}{\alpha - 2}(1 - w)^{2-\alpha}\,{}_2F_1(\tfrac{3}{2}, 1; 1 - \alpha; 1 - w).
\end{aligned}
$$

Die erste der beiden rechts auftretenden hypergeometrischen Funktionen ist aber identisch mit $w^{\frac{1}{2}-\alpha}$. Damit erhält man vorläufig für die rechte Seite von Gl. (3b)

$$
\begin{aligned}
&-e^{-\pi i(\alpha - \frac{1}{2})} + \frac{\sqrt{\pi}}{2}\,\frac{(w\,e^{-\pi i})^{\alpha - \frac{1}{2}}}{\Gamma(\alpha - \frac{1}{2})\,\Gamma(3 - \alpha)}(1 - w)^{2-\alpha}\,{}_2F_1\left(\frac{3}{2}, 1; 3 - \alpha; 1 - w\right)\\
&= -i\,e^{-\pi i\alpha} + i\,\frac{\sqrt{\pi}}{2}\,\frac{e^{-i\pi\alpha}}{\Gamma(\alpha - \frac{1}{2})\,\Gamma(3 - \alpha)}(1 - w)^{2-\alpha} \times\\
&\qquad \times {}_2F_1(\tfrac{3}{2} - \alpha, 2 - \alpha; 3 - \alpha; 1 - w)\\
&= -i\cos\alpha - \sin\alpha + i\frac{\sqrt{\pi}}{2}\,\frac{(w - 1)^{2-\alpha}}{\Gamma(\alpha - \frac{1}{2})\,\Gamma(3 - \alpha)}\,{}_2F_1\left(\frac{3}{2} - \alpha, 2 - \alpha; 3 - \alpha; 1 - w\right).
\end{aligned}
$$

Da nun $\sin\pi\alpha = a/\sqrt{a^2 + d^2}$ und $d/\sqrt{a^2 + d^2} = -\cos\pi\alpha$ ist, so entsteht als zweite Darstellungsmöglichkeit für die Abbildungsfunktion der Ausdruck

$$
z - i\,d = \frac{i\,d}{2\sqrt{\pi}}\,\frac{\Gamma(\frac{3}{2} - \alpha)}{\Gamma(3 - \alpha)}(w - 1)^{2-\alpha}\,{}_2F_1\left(\frac{3}{2} - \alpha, 2 - \alpha; 3 - \alpha; 1 - w\right) \qquad (3\text{c})
$$
$$
(0 \lesseqgtr \alpha < \tfrac{1}{2}).
$$

Die Form (3c) bleibt auch noch brauchbar für ein α aus dem Bereich $0 \cdots \frac{1}{2}$. Nach Abb. 60 liegt für solche Werte von α der Punkt (1) in der z-Ebene überhaupt nicht mehr auf der x-Achse, sondern er liegt dann im Unendlichen auf einem von Punkt (2) ausgehenden Strahl, aber im Gegensatz zu Punkt (3) entspricht diesem unendlich fernen Punkt der z-Ebene der Ursprung der w-Ebene. In der Tat wird auch nach Gl. (3c) die rechte Seite für $w \to 1$ unendlich groß, und zwar ist genauer für ein $w = \varrho\,e^{i\varphi}$ mit $\varrho \to 1$:

$$
z - i\,d \to \frac{d}{2\sqrt{\pi}}\,\frac{\Gamma(\frac{1}{2} - \alpha)}{\Gamma(2 - \alpha)}\,\varrho^{\alpha - \frac{1}{2}}\,e^{i(\pi - \varphi)(\frac{1}{2} - \alpha)}.
$$

Für $\varphi = 0$ ist also $\operatorname{arc}(z - i\,d) = \pi(\frac{1}{2} - \alpha)$, und nach einem vollen Umlauf um den Punkt $w = 0$ ist $\operatorname{arc}(z - i\,d) = -\pi(\frac{1}{2} - \alpha)$. Das Verhalten der Abbildungsfunktion im Punkt $w = 0$ entspricht also den gestellten Anforderungen, und sie bildet den uneigentlichen, geschlossenen Bereich (3′), (2′), (1), (2), (3), (3 —) auf die längs der reellen Achse von $0 \cdots +\infty$ aufgeschnittene volle w-Ebene ab. Um die Abbildung auf die obere t-Halbebene zu bekommen, hat man nur noch nötig, in Gl. (3c) im Hinblick auf Gl. 2.3 (22a) $w = t^2$ zu setzen. Die Abbildung der oberen t-Halbebene auf das Innere des Einheitskreises der ζ-Ebene erfolgt dann gemäß Gl. 2.3 (20a) durch das Formelpaar:

$$t = w^{\frac{1}{2}} = i\,\frac{1+\zeta}{1-\zeta}, \quad (8a) \qquad 1 - w = 2\,\frac{(\zeta - i)(\zeta + i)}{(\zeta - 1)^2}, \quad (8b)$$

denn es ist offenbar dann $\alpha = 0$ und $w' = i$ zu setzen.

Es ist für das Folgende nicht nötig, in die Gl. (3c) die Variable ζ explizite einzuführen. Wohl aber müssen wir noch angeben, weshalb überhaupt die Abbildung auf den Einheitskreis vorgenommen worden ist. Das hängt damit zusammen, daß noch das homogene Feld eingeführt werden muß. Dabei nutzen wir wieder die Möglichkeit aus, daß man sich wie in Gl. 1.2 (19) ein homogenes Feld durch zwei lineare Ladungen, die immer weiter auseinanderrücken, zustande gebracht denken kann. Nun entspricht dem Punkt ∞ in der z-Ebene der Punkt $+1$ der ζ-Ebene. In dieser Ebene wirkt aber eine gegen den Kreisumfang rückende Linienquelle nach den Ausführungen im Abschn. 2.34 wie ein Liniendipol, und seine komplexe Potentialfunktion ist unmittelbar durch Gl. 2.3 (39a) gegeben. Im vorliegenden Falle ist darin $R = 1$ und $\varphi' = 0$ zu setzen, so daß

$$\chi_e(\zeta) = \frac{q_L\,\delta}{4\pi\,\varepsilon_0}\,\frac{1+\zeta}{1-\zeta} \qquad (9)$$

wird. Wir übertragen diese Funktion auf die z-Ebene und erhalten für dasselbe $\chi_e(\zeta) \equiv \chi_e(z)$ als Funktion von z

$$\frac{d\chi_e(z)}{dz} = \frac{d\chi_e}{d\zeta}\,\frac{d\zeta}{dw}\,\frac{dw}{dz}.$$

Nun ist aber

$$\frac{d\chi_e}{d\zeta} = \frac{q_L\,\delta}{2\pi\,\varepsilon_0}\,\frac{1}{(1-\zeta)^2}, \quad (10a) \qquad \frac{dw}{d\zeta} = 4\,\frac{1+\zeta}{(\zeta-1)^3} \quad (10b)$$

und schließlich

$$\begin{aligned}
\frac{dz}{dw} &= \frac{i\,d}{2\sqrt{\pi}}\,\frac{\Gamma(\frac{3}{2}-\alpha)}{\Gamma(3-\alpha)}\Big\{(2-\alpha)(w-1)^{1-\alpha}\,{}_2F_1\Big(\frac{3}{2}-\alpha,\, 2-\alpha;\, 3-\alpha;\, 1-w\Big) - \\
&\quad - (w-1)^{2-\alpha}\,\frac{(\frac{3}{2}-\alpha)(2-\alpha)}{3-\alpha}\,{}_2F_1\Big(\frac{5}{2}-\alpha,\, 3-\alpha;\, 4-\alpha;\, 1-w\Big)\Big\} \\
&= \frac{i\,d}{2\sqrt{\pi}}\,\frac{\Gamma(\frac{3}{2}-\alpha)}{\Gamma(2-\alpha)\,(3-\alpha)}\,(w-1)^{1-\alpha}\,\times \\
&\quad \times\Big\{(3-\alpha)\,{}_2F_1\Big(\frac{3}{2}-\alpha,\, 2-\alpha;\, 3-\alpha;\, 1-w\Big) + \\
&\quad + \Big(\frac{3}{2}-\alpha\Big)(1-w)\,{}_2F_1\Big(\frac{5}{2}-\alpha,\, 3-\alpha;\, 4-\alpha;\, 1-w\Big)\Big\} \\
&= \frac{i\,d}{2\sqrt{\pi}}\,\frac{\Gamma(\frac{3}{2}-\alpha)}{\Gamma(2-\alpha)}\,(w-1)^{1-\alpha}\,{}_2F_1\Big(\frac{3}{2}-\alpha,\, 3-\alpha;\, 3-\alpha;\, 1-w\Big).
\end{aligned}$$

Hierin reduziert sich die hypergeometrische Funktion auf die elementare Funktion $w^{\alpha-3/2}$, und es hat sich damit schließlich ergeben

$$\frac{dz}{dw} = \frac{i\,d}{2\sqrt{\pi}} \frac{\Gamma(\frac{3}{2}-\alpha)}{\Gamma(2-\alpha)} (w-1)^{1-\alpha} w^{\alpha-3/2}. \tag{10c}$$

Im ganzen ist also

$$\frac{d\chi_e(z)}{dz} = -\frac{(q_L\,\delta)}{4d\,\varepsilon_0\sqrt{\pi}} \frac{\Gamma(2-\alpha)}{\Gamma(\frac{3}{2}-\alpha)} \left\{2\frac{1+\zeta^2}{(1+\zeta)^2}\right\}^{\alpha-1}. \tag{10}$$

Für $x \to -\infty$ muß nun $E_x = E_x^{(p)} = -d\Phi_e/dx = -\Re\mathrm{e}(d\chi_e/dz)$ werden. Dem Grenzübergang $x \to -\infty$ entspricht aber in der ζ-Ebene der Grenzübergang $\zeta \to +1$. Mithin erhält man als Bestimmungsgleichung für das Dipolmoment

$$\frac{q_L\,\delta}{4\pi\,\varepsilon_0} = \frac{d}{\sqrt{\pi}} \frac{\Gamma(\frac{3}{2}-\alpha)}{\Gamma(2-\alpha)} E_x^{(p)}, \tag{11}$$

und es lautet in der ζ-Ebene die unsere Aufgabe lösende komplexe Potentialfunktion

$$\chi_e(\zeta) = \frac{d}{\sqrt{\pi}} \frac{\Gamma(\frac{3}{2}-\alpha)}{\Gamma(2-\alpha)} \frac{1+\zeta}{1-\zeta} E_x^{(p)}. \tag{12}$$

Nach Gl. 2.3 (5) berechnet sich daraus der elektrische Fluß durch den Spalt (2, 2′) der Platte in Richtung der positiven x-Achse gemäß der Formel

$$\Psi_e(2, 2') = \varepsilon_0\,\Im\mathrm{m}\{\chi_e(2') - \chi_e(2)\} = \frac{2d}{\sqrt{\pi}}\varepsilon_0\,E_x^{(p)} \frac{\Gamma(\frac{3}{2}-\alpha)}{\Gamma(2-\alpha)}. \tag{12a}$$

Für die graphische Darstellung empfiehlt es sich, diesen Fluß ins Verhältnis zu setzen zu dem idealen Fluß, der auf den Spalt (2, 2′) aufträfe, wenn die Oberfläche glatt wäre und keinen Spalt enthielte. Dieser Fluß beträgt $2\varepsilon_0\,dE_x^{(p)}$, und so wird

$$\frac{\Psi_e(2, 2')}{2\varepsilon_0\,dE_x^{(p)}} = \pi^{-\frac{1}{2}} \frac{\Gamma(\frac{3}{2}-\alpha)}{\Gamma(2-\alpha)}. \tag{13}$$

In Abb. 61 ist der Verlauf der linken Seite von Gl. (13) in dem Bereich $0 \gtreqless \alpha < \frac{3}{2}$ in Abhängigkeit von $\alpha\pi$ aufgezeichnet worden. Für $\alpha = 0$ tritt demnach durch den Spalt (2, 2′) nur die Hälfte des Flusses hindurch, der zwischen 2 ... 2′ auftrifft, wenn die Ebene glatt ist. Für $\alpha = 1$ geht die Kurve durch die Ordinate 1, und erst danach setzt eine immer schnellere Zunahme des Flusses ein. In diesem Bereich macht sich mehr und mehr die Spitzenwirkung geltend, die immer mehr elektrische Kraftlinien auf sich zieht.

3.611 Der Sonderfall der leitenden Ebene mit einer unmittelbar aufsitzenden Rippe. Läßt man in Abb. 60 etwa für ein α aus dem Bereich $1 < \alpha < \frac{3}{2}$ die Länge d gegen Null streben, so entsteht eine leitende Ebene mit einer darauf senkrecht stehenden metallischen Rippe von der Höhe a. Der Punkt 1 als der höchste Punkt dieser Rippe hat dann die Koordinaten $(-a, 0)$. Die Punkte (2), (2′) in Abb. 60 fallen in den Punkt (0, 0) zusammen.

Die Funktion, die diesen Bereich $z < 0$ der z-Ebene auf die w- und ζ-Ebene abbildet, geht am einfachsten direkt aus Gl. (3c) hervor,

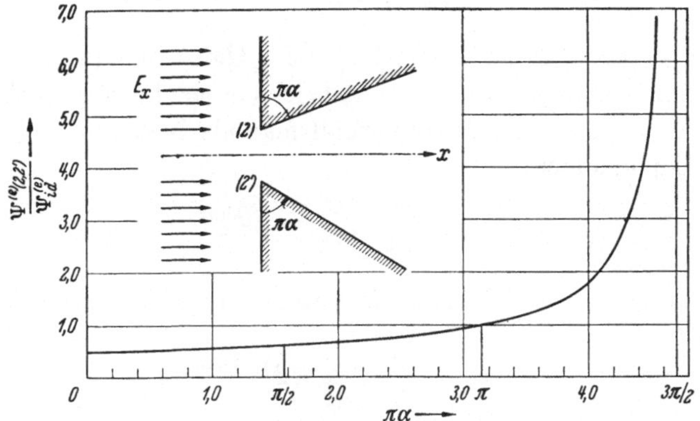

Abb. 61. Auf die schlitzartige Öffnung einer leitenden Ebene zwischen den Punkten (2)···(2′) trifft von links her ein homogenes elektrisches Feld. An die Kanten des Schlitzes setzen trichterartig zwei leitende Ebenen an. Der Winkel $\pi\alpha$, der die Stellung der Trichterwände beschreibt, sei im Bereich $0 \gtreqless \alpha \leqq 3/2$ variabel. Die Kurve im obigen Bild stellt dann die Größe des zwischen den Punkten (2)···(2′) nach rechts eintretenden elektrischen Flusses dar, bezogen auf die Größe dieses Flusses beim Fehlen des Schlitzes

wenn man darin $\alpha = \frac{3}{2}$, $d = 0$ und $\lim\limits_{d=0} \left(d\,\Gamma(\frac{3}{2} - \alpha)\right) = \pi\, a$ setzt. Es wird dann

$$z = i\,a\sqrt{w-1} = \frac{a\sqrt{2}}{(\zeta-1)}\,[(\zeta - i)\,(\zeta + i)]^{\frac{1}{2}}, \tag{14}$$

worin für $\zeta = 1$ im Hinblick auf Abb. 60 $\operatorname{arc}(\zeta \mp i) = \pm\pi/4$ zu setzen ist. Mittels Gl. (14) läßt sich dann auch leicht unter Zuhilfenahme der Gl. 2.3 (38) etwa die komplexe Potentialfunktion einer einzelnen, zur Rippe parallelen Linienladung nachgeben. Auf diese Weise kann die Schirmwirkung von hohen Mauern oder Baumreihen gegen fremde elektrische Felder untersucht werden.

3.71 Der Widerstand einer Flüssigkeitssäule zwischen einer Platte und einem konzentrischen Metallzylinder. Unter den galvanischen Elementen gibt es Ausführungsformen, bei denen eine Elektrode die Gestalt einer dünnen Platte, die andere die Form eines dünnwandigen metallischen Kreiszylinders hat. Unter Vernachlässigung der Polarisationsspannungen, die an den Grenzflächen zwischen der Flüssigkeit und der Leiteroberfläche auftreten, soll der Ohmsche Widerstand dieses Flüssigkeitskörpers berechnet werden. Sollte die Lösung der

Aufgabe diesem einzigen Zwecke dienen, so würde es sich freilich kaum der Mühe lohnen. Die Abbildungsaufgabe, auf die sie führt, wird uns jedoch auch noch bei der Berechnung der Hochfrequenzfelder von elektrischen Leitungen und bei der Berechnung von magnetischen Feldern in den elektrischen Maschinen begegnen, und so handelt es sich nur um eine andere physikalische Einkleidung einer und derselben mathematischen Aufgabe, wenn schon in diesem Zusammenhang darauf eingegangen wird.

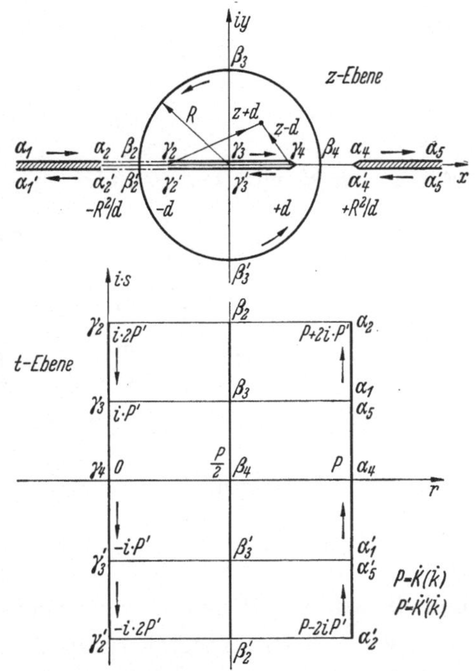

Abb. 62. Die konforme Abbildung der längs der x-Achse zwischen $\alpha_1 \ldots \gamma_4$ und $\alpha_4 \ldots \alpha_5$ aufgeschnittenen z-Ebene auf ein Rechteck der t-Ebene

In der z-Ebene von Abb. 62 sei vorgelegt der Kreis mit dem Radius R und die dazu symmetrisch angeordnete sehr dünne Platte von der Länge $2d$ mit $d < R$. Da der Bereich zwischen der Platte und dem Kreis zweifach zusammenhängend ist, so kommt nur die Abbildung auf einen ebenfalls zweifach zusammenhängenden Bereich in Frage, das ist der Kreisring in der ζ-Ebene. Wird die Platte am Kreis mit dem Radius R gespiegelt, so gehen die Endpunkte $\pm d$ der Platte in die Punkte $\pm R^2/d$ der x-Achse über, und der Mittelpunkt γ_3 der Platte in die Punkte α_1, α_5 in $\pm\infty$.

Um zu der Abbildungsfunktion selbst zu gelangen, machen wir wieder von dem Kunstgriff Gebrauch und schneiden die z-Ebene von $-\infty \cdots +d$ und von $R^2/d \cdots +\infty$ längs der x-Achse auf und versuchen nun, die so aufgeschnittene z-Ebene auf das Innere eines Rechtecks abzubilden, denn sobald dies geglückt ist, läßt sich gemäß Abb. 34 verfahren. Mittels der Formel 2.3 (26) macht es aber keine Mühe, etwa diejenige Abbildungsfunktion herzustellen, die das Rechteck der t-Ebene mit den Ecken $\alpha_2, \gamma_2, \alpha_4, \gamma_4$ in die obere z-Halbebene überführt. Nach Gl. 2.3 (26) wird diese Abbildung von der Funktion

$$t = A \int\limits_d^z \frac{dz}{\sqrt{(z^2 - d^2)(z^2 - R^4/d^2)}} \tag{1}$$

geleistet. Dabei berücksichtigt diese Gleichung bereits, daß für $z = d$ nach Abb. 61 $t = 0$ ist. Wir lassen in Gl. (20) $z \to 0$ streben. Dann strebt $t \to +i\,P'$, und mit $z^2 - d^2 = (d^2 - z^2)\,e^{+\pi i}$ erhält man in diesem Falle

$$P' = -i A \frac{d}{R^2} \int_0^1 \frac{dv}{\sqrt{(1-v^2)\left(1 - \frac{d^4}{R^4} v^2\right)}}$$

$$= -i A \frac{d}{R^2} K\left(\frac{d^2}{R^2}\right) \equiv -i A \frac{d}{R^2} K'\left(\sqrt{1 - \frac{d^4}{R^4}}\right).$$

Für $z = R^2/d$ wird $t = P$ und damit

$$P = -i A \frac{d}{R^2} \int_1^{R^2/d^2} \frac{du}{\sqrt{(u^2-1)\left(1 - \frac{d^4}{R^4} u^2\right)}}$$

$$= -i A \frac{d}{R^2} K'\left(\frac{d^2}{R^2}\right) = -i A \frac{d}{R^2} K\left(\sqrt{1 - \frac{d^4}{R^4}}\right).$$

Setzt man also noch willkürlich $A = +i\,R^2/d$, so ist mithin

$$P \equiv \dot{K}(\dot{k}), \quad (1\text{a}) \qquad P' \equiv \dot{K}'(\dot{k}), \quad (1\text{b})$$

$$\dot{k}^2 = 1 - \frac{d^4}{R^4}, \quad (1\text{c}) \qquad \dot{k}' = \frac{d^2}{R^2}, \quad (1\text{d})$$

und die Größen P und P' sind somit nichts anderes als die beiden elliptischen Normalintegrale erster Gattung für die Module $\dot{k}$ und $\dot{k}'$.

Führt man nun in Gl. (1) nacheinander die Substitutionen $z = wd$ und $w = R^2/d^2 \cdot W$ durch und beachtet das Formelpaar

$$u = \int_y^1 \frac{dt}{\sqrt{(1-t^2)\,(t^2 - \dot{k}'^2)}}, \quad (2\text{a}) \qquad y = \operatorname{dn}(u, \dot{k}) \quad (2\text{b})$$

aus dem hervorgeht, daß für $y = \dot{k}'$ die Variable $u = \dot{K}(\dot{k}) = P$ ist, so nimmt die Abbildungsfunktion (1) die folgende erste Form

$$\frac{z}{d} = \frac{1}{\operatorname{dn}(t, \dot{k})} = \frac{1}{\dot{k}'} \operatorname{dn}(t + \dot{K}, \dot{k}) \quad (3\text{a})$$

an. Die Richtigkeit dieser Formel läßt sich an Hand von Abb. 61 leicht überprüfen. Obwohl bei der Herleitung von Gl. (3a) nur die untere Hälfte des Rechtecks in der t-Ebene herangezogen wurde, wird durch Gl. (3a) auch die obere Hälfte des Rechtecks richtig erfaßt und, wie erforderlich, auf die untere z-Halbebene abgebildet, wobei das Stück $\gamma_4\,\alpha_4$ der z-Ebene in die reelle Spiegelungsachse der t-Ebene übergeht.

Man kann die Abbildungsfunktion Veränderungen unterwerfen, mit denen sich in einzelnen Fällen vorteilhafter arbeiten läßt. Setzt man z. B. $t = +i\dot{K}' + iW$ und führt dann die imaginäre Transformation durch, so erhält man als zweite Darstellungsform

$$\frac{z}{d} = \operatorname{sn}(i t + \dot{K}', \dot{k}') = \operatorname{sn}(i W, \dot{k}'). \tag{3b}$$

Eine noch wieder andere Form entsteht aus Gl. (3a), indem man an der elliptischen Funktion dn die Transformation von LANDEN ausführt. Sie verwandelt die elliptischen Funktionen mit dem Modul $\dot{k}$ und $\dot{k}'$ und den zugehörigen vollständigen Normalintegralen $\dot{K}$ und $\dot{K}'$ mittels der Formeln

$$k = \frac{1-\dot{k}'}{1+\dot{k}'} = \frac{1-(d/R)^2}{1+(d/R)^2}, \quad (4\text{a}) \qquad k' = \frac{2\sqrt{\dot{k}'}}{1+\dot{k}'} = \frac{2d/R}{1+(d/R)^2}, \quad (4\text{b})$$

$$K(k) = \frac{1+\dot{k}'}{2} K(\dot{k}), \quad (4\text{c}) \qquad K'(k) = (1+\dot{k}')\, K'(\dot{k}) \quad (4\text{d})$$

in elliptische Funktionen mit dem Modul k und k', und zwar ist im besonderen

$$\begin{aligned} \operatorname{sn}(w, k) \equiv \operatorname{sn}\big((1+\dot{k}')\, t, k\big) &= (1+\dot{k}')\operatorname{sd}(t, \dot{k})\operatorname{cn}(t, \dot{k}) \\ &= -\frac{1}{1-\dot{k}'}\frac{d}{dt}\ln\operatorname{dn}(t, \dot{k}). \end{aligned} \tag{4}$$

Wird diese Gleichung auf beiden Seiten zwischen den Grenzen 0 und t integriert, so erhält man

$$\begin{aligned} \ln\operatorname{dn}(t, \dot{k}) &= -(1-\dot{k}')\int_0^t \operatorname{sn}(w, k)\, dt = -k\int_0^w \operatorname{sn}(u, k)\, du \\ &= \ln\frac{\operatorname{dn}(w, k) + k\operatorname{cn}(w, k)}{1+k} \qquad (w = (1+\dot{k}')\, t). \end{aligned}$$

Es entsteht damit als dritte Form die Abbildungsfunktion

$$z/R = \{\operatorname{dn}(w, k) - k\operatorname{cn}(w, k)\}/k'. \tag{3c}$$

Auch diese Gleichung kann an Hand von Abb. 63 leicht nachgeprüft werden. In allen drei Fällen ist die Periodizität der Abbildungsfunktion so beschaffen, daß längs der beiden Ufer des Schnittes zwischen den Punkten α_2 und γ_2 dieselben Funktionswerte auftreten.

Die noch fehlende Abbildung auf die Ebene des Kreisrings vermittelt auf Grund der Gl. 2.3 (21) und im Hinblick auf Abb. 63 die Funktion

$$w = \frac{2K'}{\pi}\ln\left(\frac{\zeta}{\varrho_i}\right). \tag{5}$$

Die Radien ϱ_a, ϱ_m und ϱ_i der drei eingezeichneten Kreise stehen dabei in dem Zusammenhang

$$\varrho_m^2 = \varrho_a \varrho_i, \quad \text{(5a)} \qquad \ln\left(\frac{\varrho_a}{\varrho_i}\right) = \pi \frac{K(k)}{K'(k)}. \quad \text{(5b)}$$

Um die direkte Beziehung zwischen den Variablen z und ζ zu erhalten, braucht nur noch die Gl. (5) in Gl. (3d) eingesetzt zu werden.

3.711 Allgemeine Diskussion der Niveaulinien des Feldes. Die bisher aufgestellten Formeln setzen uns bereits in den Stand, die eingangs skizzierte Strömungsaufgabe zu lösen. Im Hinblick auf die weiteren Anwendungen der damit zusammenhängenden Abbildungsaufgabe wollen wir jedoch zuvor noch genauer den Verlauf der Niveaulinien der Leiteranordnung Kreis und Platte untersuchen, um festzustellen, ob sich vielleicht darunter noch weitere Leiterprofile befinden, die von praktischer Bedeutung sind.

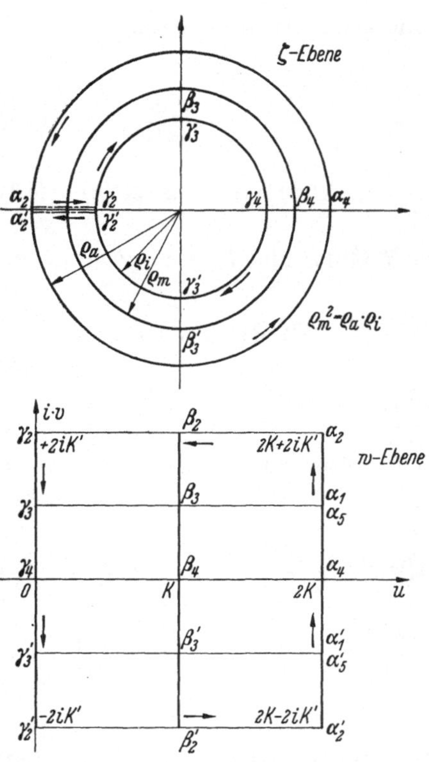

Abb. 63. Die konforme Abbildung des zwischen den Punkten α_2, γ_2 aufgeschnittenen Kreisrings der ζ-Ebene auf ein Rechteck der w-Ebene

Obwohl wir ursprünglich von der Leiteranordnung Kreis und Platte ausgegangen sind, ist es für diese Untersuchungen zweckmäßiger, als die gegebene, am Ausgangspunkt stehende Leiteranordnung die beiden leitenden Halbebenen α_1, α_2 und α_4, α_5 zu betrachten, in deren streifenförmigen Zwischenraum α_2, α_4 die Platte γ_2, γ_4 symmetrisch und koplanar eingesetzt ist. Der Kreis, von dem anfangs die Rede war, spielt hierbei zunächst lediglich die Rolle einer besonders einfach verlaufenden Niveaulinie. Um nun den Verlauf der anderen Niveaulinien zu finden, ist es lediglich erforderlich, in Gl. (3c) w durch $u_0 + i\,v$ zu ersetzen, daraufhin die Gleichung in ihren Real- und Imaginärteil zu zerlegen und aus der entstehenden Doppelgleichung die Veränderliche v zu eliminieren. Der Verlauf der Potentiallinien wird danach durch die Gleichung vierten Grades

$$(x^2 + y^2)^2 - L R^2 (x^2 + y^2) + N R^2 x^2 + R^4 = 0 \qquad (6)$$

beschrieben, worin L und N durch das Gleichungspaar

$$L = 2(\mathrm{cn}^2 u_0 + \mathrm{dn}^2 u_0)/(k'^2 \mathrm{sn}^2 u_0), \quad (6\mathrm{a}) \qquad N = 4\,\mathrm{cn}^2 u_0\,\mathrm{dn}^2 u_0/(k'^2 sn^2 u_0) \quad (6\mathrm{b})$$

definiert ist. Offenbar verläuft die Kurve sowohl zur x- wie zur y-Achse symmetrisch. Der Modul k der in Gl. (6a, b) auftretenden elliptischen Funktionen ist durchweg der gleiche. Für $u_0 = K$ wird $N = 0$ und $L = 2$, und die Gl. (6) zerfällt in das Produkt von $x^2 + y^2 - R^2$ mit sich selbst. Die Schnittpunkte von Gl. (6) mit der x- und y-Achse ergeben sich aus den Gleichungen

$$\frac{x_m}{R} = \pm\left(\frac{1}{k'}\right)(\mathrm{dn}\,u_0 \pm k\,\mathrm{cn}\,u_0), \quad (7\mathrm{a}) \qquad \frac{y_m}{R} = \pm\left\{\frac{\mathrm{dn}\,u_0 \mp \mathrm{cn}\,u_0}{\mathrm{dn}\,u_0 \pm \mathrm{cn}\,u_0}\right\}^{\frac{1}{2}}. \quad (7\mathrm{b})$$

In der letzten Gleichung gehören dabei unter der Wurzel jeweils die unteren und die oberen Vorzeichen zusammen. Wird ein beliebiger, innerhalb des Kreises gelegener Punkt (x, y) am Kreis gespiegelt, so hat das außerhalb dieses Kreises gelegene Spiegelbild dieses Punktes die Koordinaten

$$x' = R^2 \frac{x}{x^2 + y^2}, \qquad y' = R^2 \frac{y}{x^2 + y^2},$$

und die Gl. (6) wird auch von dem Punkt (x', y') erfüllt. Die durch 4.1 beschriebene biquadratische Kurve besteht also für alle u_0 des Bereichs $0 \gtreqless u_0 \leqq 2K$, von $u_0 = K$ abgesehen, aus zwei völlig voneinander getrennt verlaufenden Kurvenzügen, die spiegelbildlich zur x- und zur y-Achse und zum Kreis mit dem Radius R verlaufen.

Die durch Gl. (6) beschriebene Kurve läßt sich auch rein geometrisch definieren. Sie ist nämlich der geometrische Ort aller Punkte, von dem aus eine Ellipse stets unter dem gleichen Winkel erscheint. Sind a und b die Achsenabschnitte dieser Ellipse auf der x- und y-Achse und bedeutet γ den Sehwinkel, unter dem die Ellipse erscheint, so zeigt sich, daß der oben näher definierte geometrische Ort eine Kurve mit der Gl. (6) erfüllt, wobei dann jetzt für die drei Konstanten L, N und R^2 die Beziehungen

$$L R^2 = 2(a^2 + b^2) + 4a^2 \mathrm{ctg}^2\gamma, \quad (8\mathrm{a}) \qquad N R^2 = 4(a^2 - b^2)\,\mathrm{ctg}^2\gamma, \quad (8\mathrm{b})$$

$$R^4 = (a^2 - b^2)^2 + 4a^2 b^2/\sin^2\gamma \quad (8\mathrm{c})$$

gelten. Jeder Kurve (6) kann daher eine bestimmte Wertekombination in den R, u_0 und k oder eine bestimmte Kombination in den Werten a, b und γ zugeordnet werden. Daher muß auch ein direkter Zusammenhang zwischen den beiden Wertegruppen bestehen. Er wird von den Gleichungen

$$\frac{a}{R} = \sqrt{\frac{1-k}{1+k}}\,(1 - k\,\mathrm{sn}^2 u_0)^{-\frac{1}{2}}, \quad (9\mathrm{a}) \qquad \frac{b}{R} = \sqrt{\frac{1-k}{1+k}}\,\frac{\sqrt{k}\,\mathrm{sn}\,u_0}{\sqrt{1-k\,\mathrm{sn}^2 u_0}}, \quad (9\mathrm{b})$$

$$\mathrm{tg}\,\gamma = \frac{(1-k)\,\mathrm{sn}\,u_0}{\mathrm{cn}\,u_0\,\mathrm{dn}\,u_0} \quad (9\mathrm{c})$$

beschrieben, in denen die elliptischen Funktionen durchweg den Modul k haben. Da ferner $a^2 - b^2 = d^2$ ist, so fallen die Brennpunkte der Ellipse in die Kanten der Platte. Für die kreisförmige Niveaulinie von Gl. (6) ist im besonderen $u_0 = K$. Wegen $\operatorname{cn} K = 0$ erscheint demnach von hier aus die zugehörige Ellipse mit den Halbachsen $a/R = (1-k)^{\frac{1}{2}}(1+k)$ und $b = a\,k^{\frac{1}{2}}$ unter einem rechten Winkel. Der Sehwinkel ist demnach für alle innerhalb des Kreises verlaufenden Niveaulinien ein stumpfer Winkel und für deren Spiegelbild am Kreis der zugehörige spitze Supplementwinkel. In Abb. 63 sind diese Verhältnisse graphisch wiedergegeben. Die darin eingezeichneten fünf Niveaulinien entsprechen in der w-Ebene des Rechtecks den fünf vertikalen Geraden mit den Abszissen $u = 0,\ K/2,\ K,\ 3K/2$ und $2K$. Zum Aufzeichnen der Kurven schreibt man am besten die Gl. (6) in der Form

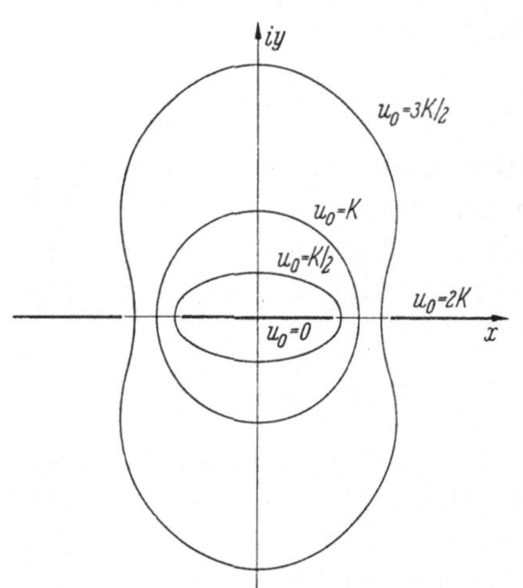

Abb. 64. Die hier dargestellten fünf Leiterkonturen (Niveaulinien) in der z-Ebene entsprechen den fünf vertikalen Geraden in der w-Ebene von Abb. 63 für die Werte $u_0 = 0$, $u_0 = K/2$, $u_0 = K$, $u_0 = 3\,K/2$ und $u_0 = 2\,K$

$$\cos 2\varphi = -\frac{2}{N}\left[\left(\frac{\varrho}{R}\right)^2 + \left(\frac{R}{\varrho}\right)^2 - L\right] - 1$$

$$(z = x + i\,y = \varrho\, e^{i\varphi}). \qquad (6')$$

Der Verlauf der Niveaulinien ist nach Gl. (6) eindeutig bestimmt, sobald die drei Größen R, L und N als bekannt anzusehen sind. Beim Entstehen dieser Kurven aus der Abbildung des Rechtecks auf die z-Ebene ist dies nach den zu Gl. (6) gehörenden Erklärungsgleichungen der Fall, wenn R, d und u_0 gegeben sind. Beim Erzeugen der Kurve von der Ellipse her müssen nach Gl. (8) a, b und γ gegeben sein. Der Radius des Kreiszylinders ist dann nicht mehr frei wählbar.

Keine dieser beiden Bestimmungsmöglichkeiten der Niveaulinienschar ist aber vom praktischen Standpunkt aus befriedigend zu nennen, weil sie nicht zugleich über die Abmessungen der beiden Leiter ins Bild setzen. Die einzigen drei Bestimmungsstücke, die dies in ausreichender Weise tun, sind der Radius R des Kreiszylinders und die beiden Hauptachsenabschnitte x_m und y_m von Gl. (7a, b) oder deren Verhältnisse

$$\xi_m = \frac{x_m}{R} = e^{-\alpha}, \qquad (10\text{a}) \qquad\qquad \eta_m = \frac{y_m}{R} = e^{-\beta}, \qquad (10\text{b})$$

$$\begin{pmatrix} 0 < u_0 < K\colon & 1 > \xi_m > \eta_m, & 0 < \alpha < \beta; \\ K < u_0 < 2K\colon & 1 < \xi_m < \eta_m; & 0 < -\alpha < -\beta \end{pmatrix}$$

zum Radius. Es kommt also darauf an, die bisher benutzten Bestimmungsstücke R, d und u_0 mit diesen neuen Größen in Verbindung zu bringen. Mit den in Gl. (10a, b) eingeführten neuen Abkürzungen ergibt sich der folgende Gleichungssatz

$$k = \frac{\mathfrak{Tg}\,\alpha}{\mathfrak{Tg}\,\beta}, \quad (11\,a) \qquad k'^2 = \frac{\mathfrak{Sin}(\beta-\alpha)\,\mathfrak{Sin}(\beta+\alpha)}{\mathfrak{Cof}^2\alpha\,\mathfrak{Cof}^2\beta}, \quad (11\,b)$$

$$\left(\frac{d}{R}\right)^2 = \frac{\mathfrak{Sin}(\beta-\alpha)}{\mathfrak{Sin}(\beta+\alpha)}, \quad (11\,c) \qquad \operatorname{sn}(u_0, k) = \frac{\mathfrak{Cof}\,\alpha}{\mathfrak{Cof}\,\beta}, \quad (11\,d)$$

$$\operatorname{cn}(u_0, k) = \operatorname{sgn}(\alpha, \beta)\,\frac{\sqrt{\mathfrak{Sin}(\beta-\alpha)\,\mathfrak{Sin}(\beta+\alpha)}}{\mathfrak{Cof}\,\beta}; \quad (11\,e)$$

$$\operatorname{dn}(u_0, k) = \frac{\sqrt{\mathfrak{Sin}(\beta-\alpha)\,\mathfrak{Sin}(\beta+\alpha)}}{\mathfrak{Sin}|\beta|}. \quad (11\,f)$$

Wird außerdem in Übereinstimmung mit der üblichen Bezeichnungsweise

$$F(k, \chi) = \int_0^{\chi} \frac{d\varphi}{\sqrt{1-k^2\sin^2\varphi}} \qquad \left(0 < \chi < \frac{\pi}{2}\right), \quad (12\,a)$$

$$F\left(k, \frac{\pi}{2}\right) \equiv K(k) \geqq F(k, \chi) \quad (12\,b)$$

gesetzt, so folgt aus der Umkehrung von Gl. (11d) für u_0 die Darstellung

$$F(k, \chi) = F\left(k, \arcsin\left(\frac{\mathfrak{Cof}\,\alpha}{\mathfrak{Cof}\,\beta}\right)\right)$$
$$= \begin{cases} u_0 & \\ & \text{für} \\ 2K - u_0 & \end{cases} \begin{matrix} (0 < u_0 < K; \quad 0 < \alpha < \beta) \\ \\ (K < u_0 < 2K; \quad 0 < -\alpha < -\beta). \end{matrix} \quad (13)$$

Die obigen Definitionsgleichungen (10) bis (13) sind unabhängig davon, ob nun in Gl. (10) unter x_m, y_m die inneren oder die äußeren Achsenabschnitte verstanden werden. Die Gl. (6) der Niveaulinien selbst läßt sich dann auch in der symmetrischen Form

$$(\xi^2+\eta^2)^2 - \xi^2\cdot 2\,\mathfrak{Cof}\,2\alpha - \eta^2\cdot 2\,\mathfrak{Cof}\,2\beta + 1 = 0 \quad (\xi = x/R;\ \eta = y/R) \quad (14)$$

schreiben. Sie stellt nach unserer jetzigen Auffassung die Gleichung für die Berandungskurve desjenigen inneren oder äußeren Leiters dar, dessen Achsenabschnitte ξ_m und η_m sind. In der Tat wird die Gl. (14) für die Wertepaare $\eta = 0$, $\xi = \xi_m$ und $\xi = 0$, $\eta = \eta_m$ befriedigt. Ist schließlich $\xi_m = \eta_m$ mit $\xi_m^{-2} + \xi_m^{+2} = 2\,\mathfrak{Cof}\,2\alpha$, so kann sie gemäß der Gleichung

$$(\xi^2+\eta^2-e^{-2\alpha})(\xi^2+\eta^2-e^{+2\alpha}) = 0$$

in der Form eines Produktes geschrieben werden. Sie zerfällt demnach in diesem Falle in die Gleichung zweier Kreise mit den Radien $e^{\pm\alpha} R$, die spiegelbildlich zu dem Grundkreis mit dem Radius R

liegen. Lassen wir daher η_m bei festen Werten von R und $\xi_m < 1$ in stetiger Weise von $0 \ldots \xi_m$ wachsen, so wird dadurch eine stetige Aufeinanderfolge von Leiterformen beschrieben, die bei unveränderlicher Größe des äußeren Kreiszylinders mit der Anordnung Kreis—Platte beginnt und mit dem gewöhnlichen Querschnittsbild zweier koaxialer Zylinder endet.

Wird hingegen bei festen Werten von R und $\xi_m > 1$ die Größe η_m von einem Anfangswert $\eta_m > \xi_m$ stetig auf den Wert $\eta_m = \xi_m$ zurückgeführt, so entsteht eine Reihe von Leiterkonturen, in der der äußere Leiter anfangs bei gleichbleibender Größe des inneren kreisförmigen Leiters eine längliche ovale Gestalt und am Schluß der Reihe wiederum kreisförmige Gestalt hat. Von den Niveaulinien, die außerhalb des Kreises verlaufen, sind vom Standpunkt der Realisierung als Leiterkonturen nur diejenigen von Interesse, die noch keine solche Einschnürung aufweisen wie etwa die Niveaulinie für $u_0 = +K/2$. Da der Kreis als Niveaulinie der Schar mit $u_0 = K$ noch keine Einschnürung hat, so muß es wegen des stetigen Verlaufs unter den dazwischenliegenden Niveaulinien eine als Grenzkurve haben, von der aber alle innerhalb gelegenen frei von einer Einsattelung sind. Nun ist eine solche Einsattelung sicherlich nicht vorhanden, wenn diejenige zur y-Achse parallele Gerade, die durch den Schnittpunkt der äußeren Niveaulinie mit der x-Achse geht, außer diesem Punkt selbst keine weiteren Punkte mit der Niveaulinie gemeinsam hat. Ersetzen wir demnach in Gl. (14) ξ durch $\xi_m = e^{\alpha'}$ mit $\alpha' > 0$ und lösen die Gleichung nach η auf, so darf die daraus entstehende Gleichung

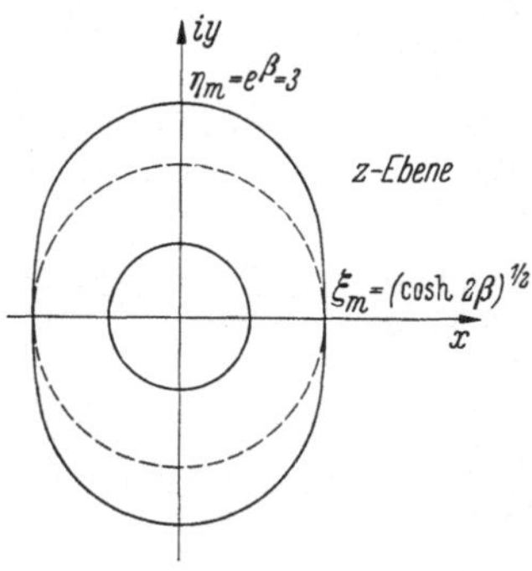

Abb. 65. Die äußere stark gezeichnete Leiterkontur ist die äußerste der Niveaulinien, die noch keine solche Einschnürung aufweist wie z. B. die Kontur $u_0 = 3K/2$ in Abb. 64

$$\eta^4 + 2\eta^2(e^{2\alpha'} - \operatorname{Cof} 2\beta') = 0 \qquad (\beta' = -\beta,\ \alpha' = -\alpha) \tag{15}$$

hinsichtlich η keine anderen Wurzeln als $\eta = 0$ haben. Dies ist immer dann der Fall, wenn die Ungleichung

$$\operatorname{Cof} 2\beta' \leqq e^{2\alpha'} \tag{15a}$$

erfüllt ist. Im Gleichheitsfalle sind die Achsenabschnitte dieser Niveaulinie durch die Beziehungen

$$\xi_m = (\operatorname{Cof} 2\beta')^{\frac{1}{2}} \qquad (\eta_m = e^{\beta'} > \xi_m) \tag{15b}$$

gegeben. Das Querschnittsbild eines Leitersystems, dessen äußere

Randkurve für $\mathfrak{Cof}\, 2\beta' = e^{2\alpha'}$ in Rücksicht auf Gl. (14) der Gleichung

$$\eta^2 = \mathfrak{Cof}\, 2\beta' - \xi^2 + \frac{\mathfrak{Sin}\, 2\beta'}{\sqrt{\mathfrak{Cof}\, 2\beta'}} \sqrt{\mathfrak{Cof}\, 2\beta' - \xi^2} \qquad (15\text{c})$$

gehorcht, ist für $e^\beta = 3$ in Abb. 65 dargestellt.

Schließlich erwähnen wir noch der Vollständigkeit halber, daß die Strömungslinien der Leiteranordnung Kreis—Platte, wie man auf die gleiche Art wie früher herausfindet, einer ganz ähnlichen Gleichung wie Gl. (6) genügen. Wenn man L durch L' und N durch N' ersetzt, so ist im Falle der Strömungslinien

$$L' = -2\frac{1 + \mathrm{dn}^2(v_0, k')}{k'^2\, \mathrm{sn}^2(v_0, k')}, \quad (16\text{a}) \qquad N' = -\frac{4}{k'^2} \frac{\mathrm{dn}^2(v_0, k')}{\mathrm{cn}^2(v_0, k')\mathrm{sn}^2(v_0, k')}. \quad (16\text{b})$$

Dann spielt jetzt v_0 die Rolle des Parameters. Die Bedeutung dieses Resultats läßt sich sofort übersehen, wenn man in den letzten beiden Gleichungen vorübergehend $u_0 = i\, v_0$ setzt. Für L' und N' erhält man dann dieselben Ausdrücke wie für L und N in Gl. (6a, b) mit dem einzigen Unterschied, daß statt des reellen u_0 das rein imaginäre v_0 als Argument auftritt.

3.72 Die Formel für den Widerstand der Flüssigkeitssäule. Aus der voranstehenden Erörterung des Verlaufs der Potentiallinien, die sich zwischen Kreiszylinder und Platte ausbilden, werden wir allerdings erst später wesentlichen Nutzen ziehen. Hier wollen wir sie nur insofern verwerten, als wir die anfangs formulierte Aufgabe etwas verallgemeinern und nach dem Widerstand des Flüssigkeitskörpers zwischen einer beliebigen, die Platte einhüllenden Potentialfläche und dem sie umgebenden metallischen Kreiszylinder fragen. Nachdem es gelungen ist, den Bereich der z-Ebene zwischen Platte und Kreis auf den rechteckigen Bereich der w-Ebene konform abzubilden, stehen wir jetzt vor der viel einfacheren Aufgabe, den Widerstand des rechteckigen Strömungsbettes zwischen den Platten $u = K$ und $u = u_0$ zu berechnen mit $0 \gtreqless u_0 \leqq K$. Für den besonderen Fall Platte—Kreis hat u_0 den Wert $+K$. Bezeichnet h die Höhe des Flüssigkeitskörpers in dem galvanischen Element, so ist dessen Widerstand in der w-Ebene im Hinblick auf Gl. (13):

$$\mathfrak{R} = \frac{K - u_0}{\varkappa h \cdot 4K'} = \frac{K(k) - F(k, \arcsin(\mathfrak{Cof}\,\alpha/\mathfrak{Cof}\,\beta))}{\varkappa\, h \cdot 4K'} \qquad (0 < \alpha < \beta), \quad (17)$$

denn es ist in der Tat $K - u_0$ die Länge des Strombettes, $4K'\, h$ sein Querschnitt und $\varkappa$ die elektrische Leitfähigkeit der Flüssigkeit. Der Widerstand beträgt im Grenzfall Platte—Zylinder

$$\mathfrak{R} = \frac{1}{\varkappa h \cdot 4K'/K} \quad \text{mit} \quad k = \frac{1 - d^2/R^2}{1 + d^2/R^2}. \qquad (17\text{a})$$

Ist die Breite der Platte nur wenig kleiner als der Durchmesser des Kreiszylinders, so läßt sich durch Übergang zu den Thetafunktionen aus Gl. (17a) eine Beziehung ableiten, in die die unmittelbar gegebenen Größen eingehen. Nach der Theorie der Thetafunktionen ist nämlich $2K'/K = 2/\pi \cdot \ln(1/q)$. Andererseits steht q wegen $q = k^2/16 + k^4/32 + \cdots$ mit $\delta = 1 - d/R$ in der Verbindung

$$q = \frac{1}{16}\left\{\delta^2 + \delta^3 + \frac{3}{4}\delta^4 + \cdots\right\}. \tag{18}$$

Selbst für ein $\delta = 0{,}1$ ist q noch eine sehr kleine Zahl, und es wird mit völlig ausreichender Annäherung

$$\mathfrak{R} \approx \frac{\pi}{4\varkappa h}\left\{2\ln\left(\frac{4}{\delta}\right) - \delta - \frac{1}{4}\delta^2 - \cdots\right\}^{-1} \quad \left(\delta = 1 - \frac{d}{R}\right). \tag{17b}$$

Für $\beta \to \alpha$ liegt der Grenzfall zweier koaxialer Zylinder vor. Nach Definition gemäß Gl. (12a) ist zunächst

$$K(k) - F\left(k, \arcsin\left(\frac{\mathfrak{Cof}\,\alpha}{\mathfrak{Cof}\,\beta}\right)\right) = \int\limits_{\chi}^{\pi/2} \frac{d\varphi}{\sqrt{1 - k^2 \sin^2\varphi}} \qquad \left(\chi = \arcsin\left(\frac{\mathfrak{Cof}\,\alpha}{\mathfrak{Cof}\,\beta}\right)\right),$$

Setzen wir nun $\beta = \alpha + \varepsilon$ bei einem sehr kleinen Wert von ε, so ist mit $\chi = \pi/2 - \chi'$

$$\sin\chi = \frac{1}{(1 + \varepsilon\,\mathfrak{Tg}\,\alpha)} \approx 1 - \varepsilon\,\mathfrak{Tg}\,\alpha = \cos\chi' \approx 1 - \frac{1}{2}\chi'^2$$

und also

$$\chi' \approx \varepsilon^{\frac{1}{2}}\sqrt{2\,\mathfrak{Tg}\,\alpha}\,.$$

Nach Gl. (11a) ist andererseits

$$k = \frac{\mathfrak{Tg}\,\alpha}{\mathfrak{Tg}(\alpha + \varepsilon)} \approx 1 - \varepsilon\frac{2}{\mathfrak{Sin}\,2\alpha}, \qquad 1 - k^2 \approx \varepsilon\frac{4}{\mathfrak{Sin}\,2\alpha}.$$

Dann wird

$$\int\limits_{\chi}^{\pi/2} \frac{d\varphi}{\sqrt{1 - k^2\sin^2\varphi}} = \int\limits_{0}^{\chi'} \frac{d\varphi'}{\sqrt{1 - k^2\cos^2\varphi'}} \approx \int\limits_{0}^{\chi'} \frac{d\varphi'}{\sqrt{1 - k^2 + k^2\varphi'^2}}$$

$$= \lim_{\varepsilon \to 0} \frac{\chi' + [\chi'^2 + 4\varepsilon/\mathfrak{Sin}\,2\alpha]^{\frac{1}{2}}}{(4\varepsilon/\mathfrak{Sin}\,2\alpha)^{\frac{1}{2}}} = \alpha = \ln\left(\frac{R}{x_m}\right).$$

Da aber für $k \to 1$ und $k' \to 0$ $K' \to \pi/2$ strebt, so beträgt der elektrische Widerstand des Flüssigkeitskörpers zwischen zwei konzentrischen Zylindern mit den Radien x_m und R

$$\mathfrak{R} = \frac{\ln(R/x_m)}{2\pi h \cdot \varkappa}. \tag{17c}$$

In Abb. 66 ist $\mathfrak{R}\,\varkappa\,h$ in Abhängigkeit von y_m/x_m im Bereich $0 \gtreqless y_m/x_m \leqq 1$ graphisch aufgetragen worden.

Mit dem eben berechneten Widerstand $\mathfrak{R}$ der Flüssigkeitssäule zwischen den metallisierten Platten u_0 und K steht die Kapazität des Kondensators, der diese beiden Niveauflächen zu Belägen hat, bekanntlich in dem einfachen Zusammenhang:

$$\mathfrak{R}\, C = \varepsilon/\varkappa\,, \tag{19}$$

worin ε die Dielektrizitätskonstante des zwischen den Kondensatorplatten befindlichen Isoliermaterials bedeutet. Es genügt also, eine von diesen beiden Größen zu kennen. Der Vollständigkeit halber wurde in die Abb. 66 auch zugleich der Verlauf von $C/\varepsilon\, h$ eingetragen [24].

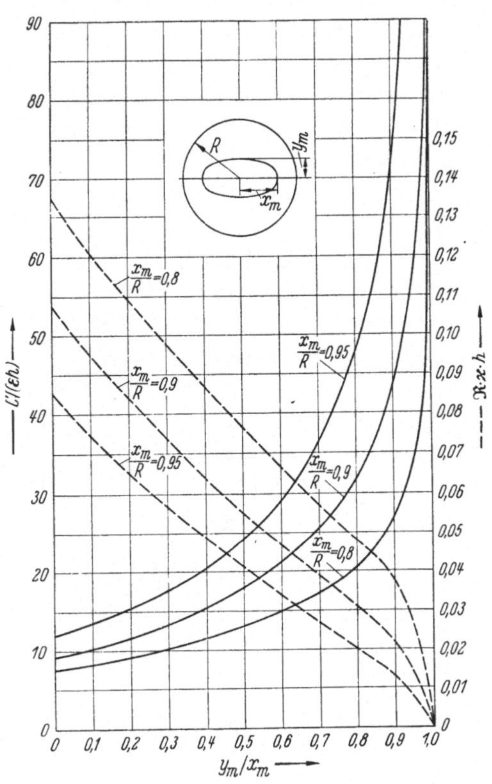

Abb. 66. Die Kapazität C oder der Widerstand $\mathfrak{R}$ zwischen dem Kreiszylinder mit dem Radius R und dem ovalen Zylinder mit den Achsenabschnitten x_m, y_m von der Höhe h ist dargestellt in Abhängigkeit von dem Verhältnis y_m/x_m für die drei Verhältnisse $x_m/R = 0{,}8;\ 0{,}9;\ 0{,}95$
$\mathfrak{R}$ (– – – – –), C (———)

4 Ebene elektrische Felder von Hochfrequenzleitern

4.11 Breitbandkabel mit einem einfachen Längsschlitz im Schirmleiter. Bei einer der beiden wichtigsten Ausführungsformen von Breitbandkabeln besteht der Außenleiter aus einem durchgehenden, zum Rohr geformten Kupferband. Es wird dadurch nahezu die ideale Form eines geschlossenen Rohrleiters erzielt, jedoch entsteht in der Regel an der Stoßstelle des Kupferbandes ein Längsschlitz, der die sonst ideale Abschirmung, wie sie bei einem vollkommen geschlossenen Hüllenleiter vorliegt, beeinträchtigt. Der Querschnitt durch ein solches Kabel hat etwa das in Abb. 67 dargestellte Aussehen. Natürlich ist die Breite des Schlitzes in diesem Bild stark vergrößert wiedergegeben. Um den Einfluß des Schlitzes auf das Feldbild eines solchen Kabels zu ermitteln, benötigen wir den Ausdruck 2.3 (1 γ) für die komplexe Potentialfunktion des Hochfrequenzfeldes, wobei es im Hinblick auf die Verkoppelung des elektrischen und magnetischen Feldes, wie sie in den in Abschn. 1.14 formulierten Gesetzen zum Ausdruck kommt, gleichgültig ist, ob wir uns an das elektrische Feld der Ladungen halten und also die Erregung des Feldes einer Linienladung zuweisen, oder ob wir von dem magnetischen Feld der Ströme ausgehen und also die Erregung des Feldes linearen Stromfäden zuschreiben. Jede der beiden Betrachtungsweisen verlangt jedenfalls zunächst die Bestimmung der GREENschen Funktion. Dabei soll der größeren Allgemeinheit wegen angenommen werden, daß die Linienquelle eine zunächst beliebige Lage im Querschnitt hat und nicht von vornherein in der Achse des Kabels liegt.

Um diese Funktion herzustellen, ziehen wir das bipolare Koordinatensystem 2.114 heran.

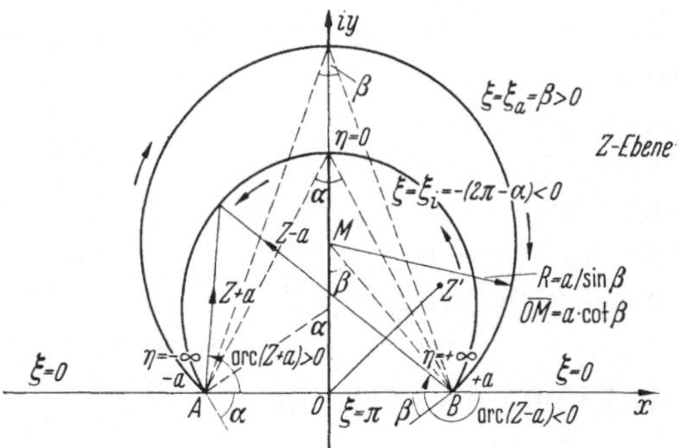

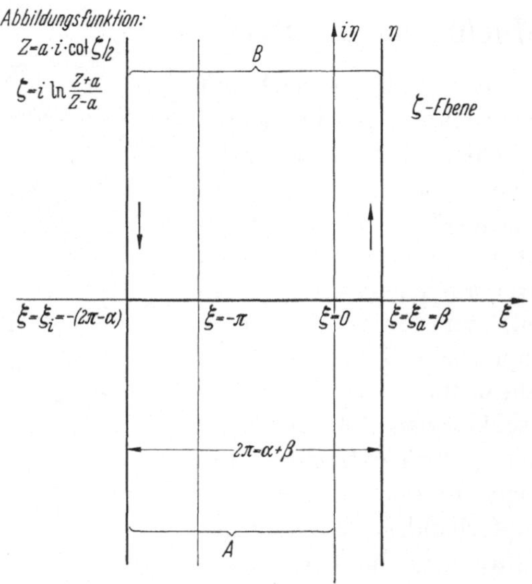

Abb. 68. Die Leiterkonturen des koaxialen Kabels mit einfachem Längsschlitz befinden sich unter den Flächen ξ = const des bipolaren Koordinatensystems. Im Hinblick auf Abschnitt 2. 114, Abb 25, ist damit zugleich die Abbildung des Bereichs außerhalb der Leiterkonturen $\xi = \xi_{i,a}$ auf einen vertikalen Streifen der ζ-Ebene bekannt

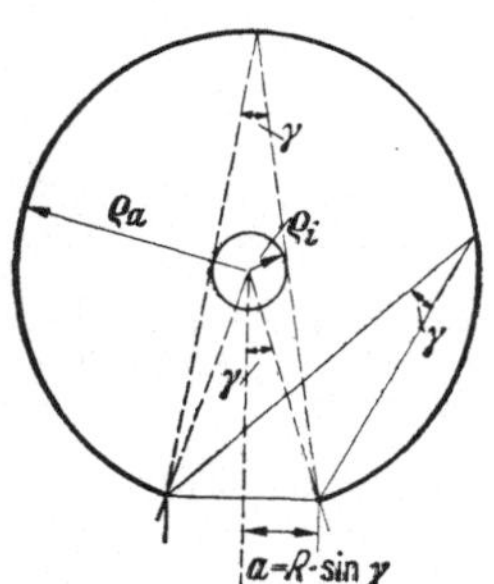

Abb. 67. Die Hauptabmessungen eines koaxialen Kabels, dessen äußere Hülle einen einzelnen Schlitz von der Breite $2a$ aufweist

In Abb. 68 ist es noch einmal dargestellt. Jedoch sind in dieser Abbildung absichtlich die Linien $\eta = \text{const}$ ganz herausgelassen worden. Von den Linien $\xi = \text{const}$ sind nur zwei eingezeichnet worden, nämlich eine, für die $\xi = \xi_a > 0$, und eine zweite, für die $\xi = \xi_i < 0$ ist. Zudem ist gegenüber der Abb. 25 eine Änderung in der Zählweise von ξ

vorgenommen worden. Es wird nämlich von dem Strahl $+a \cdots +\infty$ aus ξ bei einer Bewegung im Gegenzeigersinne bis zum Kreisbogen $\xi = \xi_a$ positiv gezählt und bei einer Bewegung im Uhrzeigersinne bis zum Kreisbogen $\xi = \xi_i$ negativ gerechnet. Fallen diese beiden Kreisbogen zusammen, so ist auf der äußeren Seite der zugehörigen Zylinderfläche $\xi = \xi_a = \beta$ und auf der inneren Seite $\xi = \beta - 2\pi < 0$. Werden nun wieder die Transformationsgleichungen

$$Z = a\,i\,\mathrm{ctg}\left(\frac{\zeta}{2}\right), \quad (1\,\mathrm{a}) \qquad \zeta = i \ln \frac{Z+a}{Z-a} \quad (1\,\mathrm{b})$$

herangezogen, mit deren Hilfe seinerzeit die bipolaren Koordinaten definiert wurden, so wird dadurch gemäß Abb. 68 das Äußere des sichelförmigen Bereichs der Z-Ebene zwischen den beiden Kreisen $\xi_a = \beta$ und $\xi = \xi_i = -(2\pi - \alpha)$ auf einen vertikalen Streifen der ζ-Ebene abgebildet, der links von der Geraden $\xi = \xi_i$ und rechts von der Geraden $\xi = \xi_a$ begrenzt wird. Die Fixpunkte A und B in der Z-Ebene gehen in die beiden unendlich fernen Punkte des Streifens über.

Nun besteht bei einem horizontalen Streifen in der Anordnung von Abb. 43, wenn b die Breite des Streifens ist, für die Greensche Funktion die Gl. 3.1 (2a). Für einen vertikalen Streifen in der Z_1-Ebene, der links von der Geraden $X_1 = 0$ und rechts von der Geraden $X_1 = a$ begrenzt wird, lautet dann die zugehörige Greensche Funktion

$$G(Z_1; Z_1') = \frac{1}{2\pi} \ln \frac{\sin\left(\pi \dfrac{Z_1 - Z_1'}{2a}\right)}{\sin\left(\pi \dfrac{Z_1 + \bar{Z}_1'}{2a}\right)}. \qquad (1')$$

In der Tat besitzt diese Funktion als einzige, wirklich im Innern des Streifens vorhandene Singularität die Stelle $Z_1 = Z_1'$, und ihr Realteil verschwindet für $Z_1 = i\,Y_1$ und $Z_1 = i\,Y_1 + a$, Y_1 beliebig. Tritt nun jetzt an die Stelle der Z_1-Ebene die ζ-Ebene von Abb. 68, so hat man, da im vorliegenden Fall $\alpha = \beta = \gamma$ ist, $Z_1 = 2\pi - \gamma + \zeta$ und $a = 2\pi$ zu setzen. Für die auf die ζ-Ebene bezogene Greensche Funktion wird also gemäß Gl. (1')

$$G(\zeta; \zeta') = \frac{1}{2\pi} \ln \frac{\sin\frac{1}{4}(\zeta - \zeta')}{\sin\frac{1}{4}(-2\gamma + \zeta + \bar{\zeta}')}. \qquad (1)$$

Wir vollziehen nunmehr mittels der Gl. (1 b) den Übergang zur Z-Ebene von Abb. 68. Danach ist

$$\sin\frac{1}{4}(-2\gamma + \zeta + \bar{\zeta}') = \sin\frac{1}{4}\left(-2\gamma + i \ln\left(\frac{Z+a}{Z-a}\,\frac{\bar{Z}'-a}{\bar{Z}'+a}\right)\right)$$

$$= \frac{1}{2i}\left\{\left(\frac{Z-a}{Z+a}\,\frac{\bar{Z}'+a}{\bar{Z}'-a}\right)^{1/4} e^{-i\gamma/2} - \left(\frac{Z+a}{Z-a}\,\frac{\bar{Z}'-a}{\bar{Z}'+a}\right)^{1/4} e^{+i\gamma/2}\right\}$$

$$= \frac{1}{2i}\,\frac{[(Z-a)(\bar{Z}'+a)\,e^{-i\gamma}]^{1/2} - [(Z+a)(\bar{Z}'-a)\,e^{+i\gamma}]^{1/2}}{[(Z^2-a^2)(\bar{Z}'^2-a^2)]^{1/4}},$$

und auf dieselbe Weise ergibt sich

$$\sin\frac{1}{4}(\zeta - \zeta') = \frac{1}{2i}\,\frac{[(Z-a)(Z'+a)]^{1/2} - [(Z+a)(Z'-a)]^{1/2}}{[(Z^2-a^2)(Z'^2-a^2)]^{1/4}}.$$

Das führt im ganzen für die auf die Z-Ebene bezogene GREENsche Funktion bis auf einen anders lautenden Imaginärteil zu dem Ausdruck

$$G(Z;Z') = \frac{1}{2\pi}\ln\left\{\frac{[(Z-a)(Z'+a)]^{1/2} - [(Z+a)(Z'-a)]^{1/2}}{[(Z-a)(\bar{Z}'+a)e^{-i\gamma}]^{1/2} - [(Z+a)(\bar{Z}'-a)e^{+i\gamma}]^{1/2}}\right\} \tag{2a}$$

oder in anderer Schreibweise

$$G(Z,Z') = \frac{1}{2\pi}\ln\left\{\frac{[(Z'+a)/(Z'-a)]^{1/2} - [(Z+a)/(Z-a)]^{1/2}}{[(\bar{Z}'+a)/(\bar{Z}'-a)]^{1/2} - [(Z+a)/(Z-a)]^{1/2}e^{i\gamma}}\right\}. \tag{2b}$$

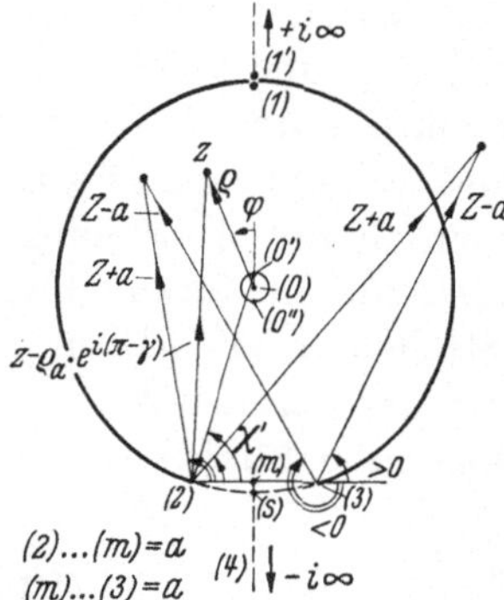

Abb. 69. Dieses Bild erläutert die Berechnung der Phasenwinkel von $Z \pm a$ für einzelne Punkte innerhalb und außerhalb der Leiterkontur

An der letzten Formel erkennt man sofort aus der in Abb. 69 nochmals kenntlich gemachten Zählweise der Phasenwinkel von $Z \pm a$, daß tatsächlich der Realteil von $G(Z,Z')$ sowohl auf der Außenseite als auch auf der Innenseite des Kreises verschwindet, denn im ersten Fall heißt der zweite Summand im Zähler und Nenner $e^{-i\gamma/2}$ und $e^{+i\gamma/2}$ und im zweiten Fall $e^{+\pi i - i\gamma/2}$ und $e^{-\pi i + i\gamma/2}$. Im übrigen ergibt sich im Hinblick auf Abb. 69 die folgende Zusammenstellung: Liegt der Aufpunkt an der Stelle

	(∞)	(1′)	(3)	(2)	(m)	(0)	(1)
so ist $\sqrt{\dfrac{Z+a}{Z-a}} =$	1	$e^{-i\gamma\pi/2}$	∞	0	$e^{i\pi/2}$	$e^{i(\pi-\gamma)}$	$e^{i(\pi-\gamma/2)}$.

Wir wählen nun, da im vorliegenden Fall unser Interesse hauptsächlich auf das magnetische Feld gerichtet ist, als komplexe Potentialfunktion

$$\chi_H^{(m)}(Z) = -\mu_0 I\cdot G(Z,Z') = A_H(x,y) + i\,\mu_0\,\Omega(x,y). \tag{3}$$

Danach berechnet sich dann unter Zuhilfenahme von Gl. 2.3 (7) und im Hinblick auf die aus Abb. 69 abgeleiteten Beziehungen für den magnetischen Fluß zwischen den Punkten

$$(i\infty)\cdots(1'):\; A_H(i\infty) - A_H(1') = \mu_0 I/2\pi\cdot\ln[1/\cos(\gamma/2)]$$

$$(0)\cdots(1):\; A_H(0') - A_H(1) = \mu_0 I/2\pi\cdot\ln[(\varrho_a/\varrho_i)(1/\cos(\gamma/2))]$$

$$(0)\cdots(-i\infty):\; A_H(0') - A_H(-i\infty) = \mu_0 I/2\pi\cdot\ln(\varrho_a/\varrho_i).$$

Dabei zählen die beiden Flüsse, die zwischen den Punkten $(i\infty)\ldots(1')$ und $(0)\ldots(-i\infty)$ hindurchtreten, positiv von links nach rechts, hingegen der Fluß, der zwischen $(0)\ldots(1)$ hindurchtritt, positiv von rechts nach links. Der Winkel χ', unter dem die vom Punkt (2) zum Punkt (0′) gezogene Gerade gegen die Strecke $(2)\ldots(3)$ geneigt ist, berechnet sich nach der Gleichung

$$\operatorname{tg}\chi'\cdot\sin\gamma=\cos\gamma+(\varrho_i/\varrho_a),$$

in der nun aber nicht ϱ_i/ϱ_a allgemein als klein gegenüber $\cos\gamma$ betrachtet werden darf, wenn hinterher die Formeln für beliebige Winkel γ zwischen 0 und $\pi/2$ in Anspruch genommen werden sollen.

Bevor die oben zusammengestellten Ergebnisse über die magnetischen Flüsse durch die einzelnen Strecken hindurch auf ihre physikalische Bedeutung hin besprochen werden, soll zunächst noch der Ausdruck für die magnetische Feldstärke im Leiterquerschnitt aufgestellt werden. Für diesen Zweck ist die Formel (2b) unnötig allgemein. Es genügt, wenn in diesem Fall von dem Stromfaden angenommen wird, daß er im Mittelpunkt des Kabels, d. h. im Punkte (0) liegt. Nach der obigen Zusammenstellung ist dann in Gl. (2b)

$$\{(Z'+a)(Z'-a)\}^{1/2}=\exp\big(i(\pi-\gamma)\big)$$

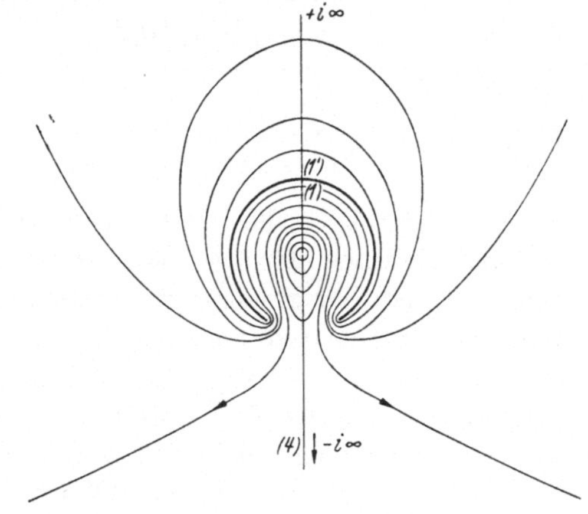

Abb. 70. Der Verlauf der magnetischen Kraftlinien um den Innen- und den Außenleiter beim koaxialen Kabel mit Längsschlitz

zu setzen. Ferner ist es im Hinblick auf die Reihenentwicklungen, die aufgestellt werden sollen, zweckmäßiger, in der Z-Ebene den Ursprung in den Mittelpunkt des Innenleiters zu verlegen. Wir setzen dementsprechend in Gl. (2b)

$$Z=iz+i\varrho_a\cos\gamma, \quad (4\text{a}) \qquad Z\pm a=iz+i\varrho_a e^{\mp i\gamma} \quad (z=\varrho e^{i\varphi}) \quad (4\text{b})$$

und erhalten dann im Hinblick auf Gl. (3) und 2.3 (3b) nach kurzer Rechnung

$$\begin{aligned}-\frac{d\chi_H^{(m)}}{dz}e^{i\varphi}&=[B_y(\varrho,\varphi)+iB_x(\varrho,\varphi)]\,e^{i\varphi}=B_\varphi(\varrho,\varphi)+iB_\varrho(\varrho,\varphi)\\&=\frac{\mu_0 I}{2\pi\varrho}\,\frac{1}{2}\left[1-\frac{z+\varrho_a}{\sqrt{z^2+\varrho_a^2+2z\varrho_a\cos\gamma}}\right],\end{aligned} \qquad (5)$$

und hierin ist

$$\begin{aligned} z^2 + \varrho_a^2 + 2z\varrho_a\cos\gamma &= (z + \varrho_a e^{i\gamma})(z + \varrho_a e^{i\gamma}) \\ &= (z - \varrho_a e^{i(\pi-\gamma)})(z - \varrho_a e^{-i(\pi-\gamma)}), \end{aligned} \tag{5a}$$

$$\operatorname{arc}(z^2 + \varrho_a^2 + 2z\varrho_a\cos\gamma) = \operatorname{arc}\{(Z + a)(Z - a)\} - \pi. \tag{5b}$$

Wir wenden die Gl. (5) auf solche Punkte der Querschnittsebene des Leiters an, die in Abb. 69 auf dem Strahl (0″) . . . (4) liegen. Hier ist $z = -\varrho$ und die Phase von Gl. (5b) $= -2\pi$. Demnach ist die rechte Seite von Gl. (5) reell und in allen Punkten des angegebenen Strahls $B_\varrho \equiv 0$. Im übrigen erhält man

$$H_\varphi(\varrho) = \frac{I}{2\pi\varrho}\frac{1}{2}\left[1 + \frac{1-\lambda}{\sqrt{1+\lambda^2-2\lambda\cos\gamma}}\right] \quad \left(\lambda = \frac{\varrho}{\varrho_a},\ 0 \lesseqgtr \lambda < \infty\right). \tag{6a}$$

Auf dem Strahl $(1') \cdots + i\infty$ außerhalb des Schirmleiters ist in Gl. (5) $z = \varrho$ mit $\varrho \gtreqless \varrho_a$ und die Phase von Gl. (5b) $= 0$. Mithin ist nach Gl. (5) auch in diesem Fall $B_\varrho \equiv 0$ und im übrigen

$$H_\varphi(\varrho) = \frac{I}{2\pi\varrho}\frac{1}{2}\left[1 - \frac{1+\lambda}{\sqrt{1+\lambda^2+2\lambda\cos\gamma}}\right] \quad \left(\lambda = \frac{\varrho}{\varrho_a},\ 1 \lesseqgtr \lambda < \infty\right). \tag{6b}$$

Aus der Tatsache einer verschwindenden Radialkomponente in allen Punkten der Strecke $-i\infty \cdots + i\infty$ von Abb. 69 ist zu schließen, daß der gesamte magnetische Fluß, der im Kabel zwischen dem inneren linearen Leiter und dem äußeren Schirmleiter erzeugt wird, gemäß Abb. 70 für jeden Öffnungswinkel in einen Flußanteil, der nur den inneren Leiter umfaßt, und in einen zweiten Flußanteil um den ganzen Schirmleiter herum zerlegt werden kann. Denkt man sich den Schirmleiter durch stetige Vergrößerung eines im Punkte (1), (1′) liegenden linearen Leiters entstanden, so wirkt diese Aussage fast trivial. Geht man aber von dem entgegengesetzten Grenzfall des vollkommen geschlossenen Schirmleiters aus, so neigt man anfangs weit eher der Auffassung zu, daß die aus dem Innern hervorquellenden Feldlinien den Schirmleiter sichelförmig umklammern müßten. Ein solcher Feldlinienverlauf würde aber längs der Strecke $(1') \cdots + i\infty$ keine zu ihr senkrechte Komponente ergeben.

Der Verlauf von $H_\varphi(\varrho)/(I/2\pi\varrho)$ gemäß den beiden Gl. (6a, b) ist in Abb. 71 und 72 in Abhängigkeit von λ graphisch dargestellt worden, und zwar für verschiedene Öffnungswinkel γ aus dem Bereich $0 \ldots \pi$. Für sehr kleine Öffnungswinkel sinkt die Feldstärke beim Durchgang des Aufpunktes durch die verlängert gedachte Kontur des Schirmleiters sehr rasch auf Null ab.

Die oben zusammengestellten Angaben über die magnetischen Flüsse senkrecht zu den Strecken $(\infty) \ldots (1')$, $(0) \ldots (1)$ und $(4) \ldots (0)$ bestätigen diese Auffassung. Nach der quantitativen Seite hin werden in der Tat bei gleicher Zählrichtung der Flüsse die Flüsse zwischen den Punkten (0) ... (1) entgegengesetzt gleich der Summe der beiden Flüsse zwischen den Punkten (∞i) ... (1′) und (0) ... ($-i\infty$). Man kann sogar ohne Schwierigkeit die Lage desjenigen Punktes auf der Strecke (1) ... (0) mit dem Abstand ϱ_0 von der Leiterachse an-

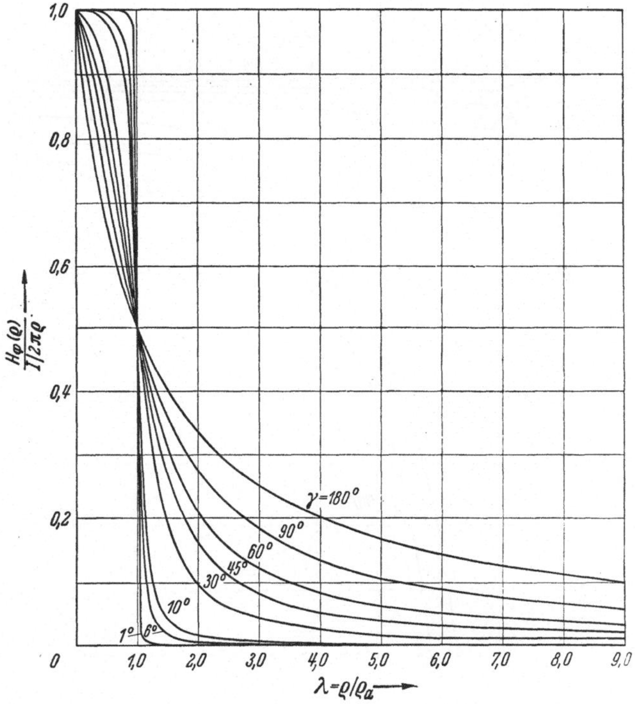

Abb. 71. Der Verlauf von $H_\varphi(\varrho)/(I/2\pi\varrho)$ längs der Geraden von der Oberfläche des Innenleiters durch die Mitte des Schlitzes hindurch zum Punkt $-i\infty$ von Abb. 70. Der Parameter in der Kurvendarstellung ist der halbe Öffnungswinkel γ des Schlitzes

geben, der diejenigen beiden magnetischen Flüsse voneinander trennt, von denen der am Leiter gelegene außen um den Schirmleiter herumholt und der andere lediglich aus dem Schirmleiter herausgreift; denn es ist offenbar ϱ_0 durch die Bedingung bestimmt, daß der durch (0′) ... ϱ_0 hindurchtretende Fluß absolut genommen dieselbe Größe hat wie der Fluß zwischen den Punkten (0) ... ($-i\infty$). Man findet danach den Wert

$$\frac{\varrho_0}{\varrho_a} = \frac{1}{2}\left(1 + \cos^2\frac{\gamma}{2}\right). \tag{7}$$

Die Größe des Flusses zwischen den Punkten (0) ... (1) ist offenbar proportional der äußeren Selbstinduktivität des aufgeschlitzten Kabels.

Es ergibt sich somit die Beziehung

$$\mathfrak{L}_L^{(a)} = \frac{\mu_0}{2\pi} \ln\left(\frac{\varrho_a}{\varrho_i} \Big/ \cos\frac{\gamma}{2}\right) = \frac{\varepsilon_0 \mu_0}{C_L}, \tag{8a}$$

und nach Gl. 1.1 (48b) besteht mithin für den Wellenwiderstand der

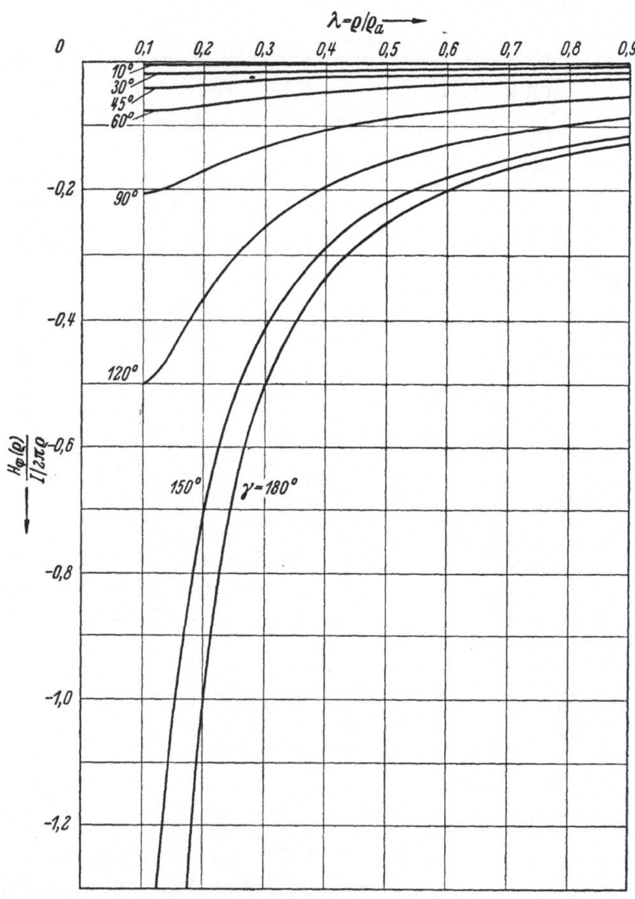

Abb. 72. Der Verlauf von $H_\varphi(\varrho)/(I/2\pi\varrho)$ längs der Geraden von der äußeren Oberfläche des Außenleiters zum Punkt $+i\infty$ von Abb. 70. Der Parameter in der Kurvendarstellung ist wiederum der halbe Öffnungswinkel γ des Schlitzes

Ausdruck

$$Z_0 = \sqrt{\frac{\mu_0}{\varepsilon_0}} \Big/ 2\pi \cdot \ln\left(\varrho_a \Big/ \left(\varrho_i \cos\frac{\gamma}{2}\right)\right). \tag{8b}$$

Mit $\mathfrak{L}_L^{(a)}$ ist gemäß Gl. (8a) auch zugleich die Kapazität bekannt.

Die voranstehenden Betrachtungen legen es nahe, die Ausstreuung des Feldes durch den Schlitz hindurch mittels zweier besonderer Hilfsgrößen quantitativ zu kennzeichnen.

Als *seitlichen Umgriff* $U_s^{(1)}$ des Feldes definieren wir in diesem Sinne im Hinblick auf Abb. 70 das absolute Verhältnis des magnetischen Flusses quer zur Strecke (1′) ... (+ ∞*i*) zu dem halben Gesamtfluß im Innern des Schirmleiters zwischen den Punkten (0) ... (1). Es berechnet sich dafür nach den obigen Angaben der Ausdruck

$$U_s^{(1)} = 2\frac{\ln\left(1\Big/\cos\frac{\gamma}{2}\right)}{\ln\left((\varrho_a/\varrho_i)\Big/\cos\frac{\gamma}{2}\right)} = 2\frac{\ln\left(1\Big/\sin\frac{\pi-\gamma}{2}\right)}{\ln\left((\varrho_a/\varrho_i)\Big/\sin\frac{\pi-\gamma}{2}\right)}. \tag{9a}$$

Für den vollkommen geschlossenen Schirmleiter ist wegen $\gamma = 0$ nach dieser Definition $U_s^{(1)} = 0$. Für $\gamma \to \pi$ schrumpft der Schirmleiter zu einem linearen Leiter zusammen, und in der Grenze sei

$$\lim\left(\frac{\pi-\gamma}{2}\right) \equiv \lim\left(\frac{\alpha_0}{2}\right) = \frac{\varrho_i}{\varrho_a}. \tag{9α}$$

Mit anderen Worten ist hierin α_0 der Winkel, unter dem vom Innenleiter aus dieser hypothetische lineare Leiter erscheint. Aus dieser zwar willkürlichen, aber sehr nahe liegenden Festsetzung über die Bedeutung des Grenzfalles $\gamma \to \pi$ ergibt sich dann für $U_s^{(1)}$ als oberer Grenzwert 1. In der Tat ist ja auch der zwischen zwei linearen Leitern erzeugte Fluß gerade gleich der Hälfte des Flusses, der nach rechts oder links um einen der beiden Leiter herumgreift.

Unter dem *vorderen Ausgriff* verstehen wir im Gegensatz zum Umgriff den magnetischen Fluß, der gemäß Abb. 70 die Mittellinie des Schlitzes zwischen den Punkten $(-i\infty) \ldots (-i\,\varrho_a)$ durchsetzt, und wir beziehen ihn, um wieder für $\gamma \to \pi$ zu dem Grenzwert 1 zu kommen, auf den magnetischen Fluß zwischen den gleichen Punkten, nachdem der kreisbogenförmige Schirmleiter in den linearen Leiter im Punkt (1), (1′) entartet ist. Für kleine Öffnungswinkel entspricht diese Definition durchaus der physikalischen Vorstellung, die man sich vom Ausgriff des Feldes macht. Da sie überdies zu sehr einfachen Verhältnissen führt, so soll sie auch für große Öffnungswinkel beibehalten werden, obwohl sie hierfür etwas erzwungen wirkt. Nach leichter Rechnung ergibt sich danach für den vorderen Ausgriff die Definitionsgleichung

$$A_0^{(1)} = \ln\left(1 + \sin\frac{\gamma}{2}\right)\Big/\ln 2\,. \tag{9b}$$

Für $\gamma = 0$ und $\gamma = \pi$ nimmt ihr zufolge $A_0^{(1)}$ tatsächlich die beiden Grenzwerte 0 und 1 an. Den Gang der beiden Größen $U_s^{(1)}$ und $A_0^{(1)}$ mit dem Winkel γ findet man in Abb. 73 wiedergegeben. Bei sehr kleinem Öffnungswinkel spielt der vordere Ausgriff die bei weitem größere Rolle.

Schließlich verdient noch bemerkt zu werden, daß die Gl. (5) auch längs der inneren oder äußeren Leiteroberfläche die Vorgänge richtig wiedergibt. Da dort nämlich $z = \varrho_a e^{i\varphi}$ ist, so nimmt das Klammerglied von Gl. (5) nach leichter Umrechnung die Gestalt an

$$1 - \frac{\sqrt{2}\cos(\varphi/2)}{\sqrt{\cos\gamma - \cos(\pi - \varphi)}}.$$

Es leuchtet ohne weiteres ein, daß das Vorzeichen der Wurzel sich nicht ändern wird, solange der Aufpunkt auf der inneren oder auf der äußeren Seite des Kreises bleibt. Dann kann aber das Vorzeichen z. B. für die Innenseite sehr bequem dadurch bestimmt werden,

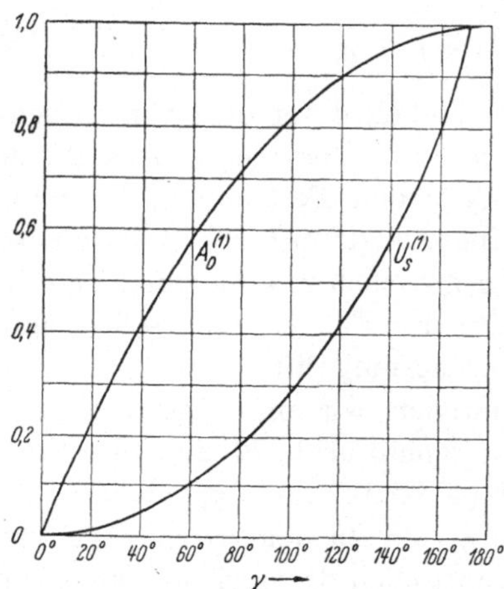

Abb. 73. Die Abhängigkeit des vorderen Ausgriffs und des seitlichen Umgriffs der Kraftlinien in Abhängigkeit vom halben Öffnungswinkel γ des Schlitzes

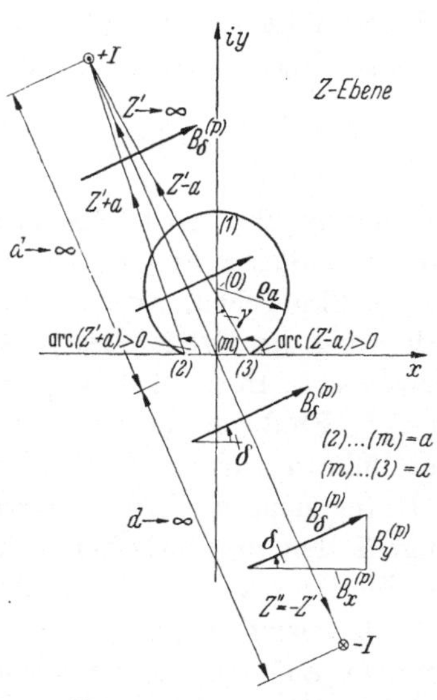

Abb. 74. Die Abbildung erläutert die Berechnung des durch den Schlitz in das Innere des Kabels eintretenden magnetischen Flusses, der von einem äußeren homogenen Störfeld herrührt

daß man einen besonders geeigneten Punkt auswählt. Als solcher bietet sich sofort der Punkt (1) an. Auf der Innenseite des Kreises ist aber für diesen Punkt der arc in Gl. (5b) $\alpha - (\pi - \alpha) - \pi = -2\pi$. Demnach ist endgültig

$$H_\varphi(\varrho_a^\mp, \varphi) = \frac{I}{2\pi\varrho_a}\frac{1}{2}\left\{1 \pm \frac{\sqrt{2}\cos\frac{\varphi}{2}}{\sqrt{\cos\varphi + \cos\gamma}}\right\}. \qquad (6c)$$

Die Wandströme im Schirmleiter stehen damit in dem durch die Gleichungen

$$j_z^{(i)}(\varphi) = -H_\varphi(\varrho_a^-, \varphi), \quad (10a) \qquad j_z^{(a)}(\psi) = +H_\varphi(\varrho_a^+, \varphi) \quad (10b)$$

angegebenen Zusammenhang.

4.111 **Das Kabel mit einfachem Längsschlitz im Schirmleiter im homogenen magnetischen Wechselfeld.** Um nun auch wenigstens unter den einfachsten Annahmen über die Störanfälligkeit von Kabeln mit Längsschlitzen im Schirmleiter gegenüber äußeren Fremdfeldern ein Urteil zu gewinnen, möge hier noch für den in Abb. 68 dargestellten Kabelquerschnitt diejenige komplexe Potentialfunktion hergeleitet werden, die weit außerhalb des Kabelquerschnitts ein vorgegebenes magnetisches Wechselfeld $B_\delta^{(p)}$ beschreibt, das gegen die X-Achse um den Winkel δ geneigt ist, während sie an der inneren und äußeren Oberfläche des Kabels einen streifenden Feldlinienverlauf aufweist. Wir gehen in der bekannten Weise vor und fassen zunächst das äußere Feld als von zwei linearen Leitern erzeugt auf. In Abb. 74 stehen sie an den Stellen $\pm Z'$ und führen die Ströme $\pm I$. $|Z'|$ sehen wir von Anfang an als sehr groß an. Dann läßt sich schreiben

$$\ln\left\{\sqrt{\frac{Z'+a}{Z'-a}}-A\right\} \approx \ln\left\{1+\frac{a}{Z'}-A\right\} = \ln\left\{[1-A]\left(1+\frac{a/Z'}{1-A}\right)\right\}$$

$$= \ln(1-A) + \frac{a/Z'}{1-A} + O\left(\left(\frac{a}{Z'}\right)^{-2}\right) \quad \begin{pmatrix} Z' = |Z'|\,e^{i\zeta'} \\ |Z'| \to \infty \end{pmatrix},$$

und somit ergibt sich im ganzen auf Grund der Gl. (2b) und (3) zunächst der Ausdruck

$$\chi_H^{(m)}(Z;\, \pm Z') = -\frac{\mu_0 I\, 2a}{2\pi|Z'|}\left\{\frac{e^{-i\zeta'}}{1-\sqrt{\dfrac{Z+a}{Z-a}}} - \frac{e^{+i\zeta'}}{1-\sqrt{\dfrac{Z+a}{Z-a}}\,e^{i\gamma}}\right\}$$

$$(|Z'| \to \infty), \quad \left(\zeta' = \frac{\pi}{2} + \delta\right).$$

Ist nun auch $|Z| \gg a$, so strebt

$$\chi_H^{(m)}(Z;\, \pm Z') \to \frac{\mu_0 I}{\pi}\,\frac{Z}{Z'} + O(Z^0)$$

und infolgedessen

$$-\frac{d\chi_H^{(m)}(Z;\, \pm Z')}{dZ} \to -\frac{\mu_0 I}{\pi}\,\frac{1}{Z'} = B_y^{(p)} + iB_x^{(p)} = i\,(B_x^{(p)} - iB_y^{(p)}) = iB_\delta^{(p)} e^{-i\delta}.$$

Für die komplexe Potentialfunktion errechnet sich damit endgültig die folgende Beziehung

$$\chi_H^{(m)}(Z;\, B_\delta^{(p)}) = a\,i\,B_\delta^{(p)}\left\{\frac{e^{-i\delta}}{1-\sqrt{\dfrac{Z+a}{Z-a}}} + \frac{e^{+i\delta}}{1-\sqrt{\dfrac{Z+a}{Z-a}}\,e^{i\gamma}}\right\}. \qquad (7)$$

In der Tat, gleitet der Aufpunkt Z auf dem äußeren Umfang der Leiterkontur entlang, so ist $\operatorname{arc}[(Z+a)/(Z-a)] = -\gamma$. Gleitet er aber an der inneren Kontur entlang, so ist $\operatorname{arc}[(Z+a)/(Z-a)] = 2\pi - \gamma$.

In beiden Fällen steht also in der geschweiften Klammer der Gl. (7) eine rein reelle Größe. Der Realteil von χ_H in Gl. (7) verschwindet also in der Tat längs der ganzen Leiterkontur, wie es der Fall sein muß.

Wir berechnen mit Hilfe von Gl. (7) zunächst den magnetischen Fluß, der in Abb. 74 zwischen den Punkten (0) . . . (1) hindurchtritt, und zwar etwa in der Richtung von links nach rechts. Wird dieser Fluß mit $\Psi'^{(m)}_{10}$ bezeichnet, so ist im Hinblick auf die Gl. 2.3 (7)

$$\begin{aligned}\Psi'^{(m)}_{10} &= \Re e\{\chi_H(i\varrho_a(1+\cos\gamma);\,B_\delta^{(p)}) - \chi_H(i\varrho_a\cos\gamma;\,B_\delta^{(p)})\}\\ &= \Re e\left\{a\,i\,B_\delta^{(p)}\left[\frac{e^{-i\delta}}{1+e^{-i\gamma/2}} + \frac{e^{+i\delta}}{1+e^{i\gamma/2}} - \frac{e^{-i\delta}}{1+e^{-i\gamma}} - \frac{e^{+i\delta}}{2}\right]\right\},\end{aligned}$$

denn es ist im Punkt

	(1)	(0)	(m)	(5)	von Abb. 74
$\frac{Z+a}{Z-a} =$	$e^{i(2\pi-\gamma)}$	$e^{i(2\pi-2\gamma)}$	$e^{+\pi i}$	$e^{+i(\pi-\gamma)}$.	

Das ergibt z. B. für die zwischen den Punkten (0) . . . (1) und (0) . . . (5) hindurchtretenden Flüsse die Ausdrücke

$$\Psi'^{(m)}_{01} = a\,B_z^{(p)}\cos\delta\cdot\frac{1}{2}\operatorname{tg}\frac{\gamma}{2} = \varrho_a\,B_z^{(p)}\cos\delta\sin^2\frac{\gamma}{2}, \tag{8a}$$

$$\Psi'^{(m)}_{05} = 2\Big/\sin\frac{\gamma}{2}\cdot\Psi'^{(m)}_{10}. \tag{8b}$$

Die von dem äußeren Feld zwischen dem Innen- und Außenleiter des Kabels induzierte Spannung berechnet sich also nach der Formel:

$$U^{(\mathrm{ind})}_{01} \approx \omega\,\varrho_a\,B_\delta^{(p)}\cos\delta\,\sin^2\frac{\gamma}{2}\quad\frac{\mathrm{V}}{\mathrm{m}}. \tag{9}$$

Demnach wird ausgerechnet in dem Fall, wo der magnetische Fluß senkrecht zur Ebene der beiden Spaltkanten pulsiert, überhaupt keine Spannung zwischen Innen- und Außenleiter induziert. Der physikalische Grund hierfür liegt darin, daß in diesem Falle die magnetischen Kraftlinien senkrecht zur Geraden (4) . . . (1) von Abb. 69 in das Innere des Schirmleiters eindringen und es links und rechts davon zu gleichen Teilen wieder verlassen. Man vergleiche die zu diesem Punkt genauere Diskussion in der unter [27] erwähnten Arbeit.

Da nach Gl. (7) im Punkt (3) $\chi_H \equiv 0$ ist und im Punkt (2) wegen $Z+a=0$ $\chi_H = 2a\,i\,B_\delta^{(p)}\cos\delta$ und also rein imaginär ist, so ist auf jeden Fall der zwischen den Punkten (2) und (3) hindurchtretende magnetische Fluß

$$\Psi'^{(m)}_{23} = 0. \tag{8c}$$

Das ist im Grunde genommen ein triviales Ergebnis, denn da sich im Innern des Kabels keine Quellen und Senken des magnetischen Feldes befinden, so muß der in das Innere des Schirmleiters eintretende Fluß selbstverständlich gleich dem austretenden Fluß sein.

Mit Hilfe der in den Gleichungen 2.3 (6) und (7) mitgeteilten allgemeinen Beziehungen kann auch sofort angegeben werden, wie groß etwa der zwischen den Punkten (2) ... (3) hindurchtretende elektrische Verschiebungsfluß ist. Da $\chi_H^{(m)}(2) - \chi_H^{(m)}(3)$ nach obigem gleich $2a\,i\,B_\delta^{(p)}\cos\delta$ ist, so ist mithin nach Gl. 2 (3b)

$$\Psi_{23}^{(e)} = -2a\sqrt{\frac{\varepsilon_0}{\mu_0}}\,B_\delta^{(p)}\cos\delta\,.$$

Andererseits ist aber nach Gl. 1.1 (41b) die zu $B_\delta^{(p)}$ gehörige elektrische Feldkomponente durch die Beziehung

$$E_{\delta-\pi/2} = Z_0\frac{B_\delta^{(p)}}{\mu_0} = \frac{1}{\sqrt{\mu_0\varepsilon_0}}\,B_\delta^{(p)}$$

gegeben, wobei der Zeiger an E angibt, daß die positive Zählrichtung von $\mathfrak{E}$ aus der von B_δ in Abb. 74 durch eine Drehung um den Winkel $-\pi/2$ hervorgeht. Damit wird im ganzen

$$\Psi_{23}^{(e)} = -2a\varepsilon_0\cos\delta\,E_{\alpha-\pi/2}\,. \tag{8'd}$$

Dieser Fluß ist also bei einer und derselben Spaltbreite 2a unabhängig von dem Umfangswinkel γ.

4.12 Eine weitere Kapazitätsformel. Mittels der Gl. (2b) für die normierte Greensche Funktion der Z-Ebene von Abb. 67 läßt sich ohne viel Mühe auch der Kapazitätsbelag eines dünnen Drahtes berechnen, der parallel zu einem kreisbogenförmig zusammengebogenen Bandleiter verläuft. Die Punkte A und B von Abb. 67 sind dann die Durchstoßpunkte seiner beiden Kanten durch eine beliebige Querschnittsebene. Steht etwa der Mittelpunkt der Drahtquerschnitts im Punkte Z' und ist $\delta = \varrho_0 e^{i\varphi}$ mit $\varrho_0 \ll 1$ ein von Z' zu einem beliebigen Punkt der Drahtoberfläche gezogener Radiusvektor, so ist angenähert

$$\left(\frac{Z'+a+\delta}{Z'-a+\delta}\right)^{\frac{1}{2}} = \left(\frac{Z'+a}{Z'-a}\right)^{\frac{1}{2}}\left\{1 - \frac{a\,\delta}{Z'^2-a^2} + O(\delta^2)\right\}. \tag{11}$$

Wird dann

$$Z' \pm a = |Z' \pm a|\,e^{i\nu\pm} \tag{12}$$

gesetzt, so ergibt sich nach kurzer Rechnung für die zugehörige elektrostatische Potentialfunktion mit $Z = Z' + \delta$

$$\mathfrak{Re}\{\phi(Z, Z')\} = \frac{q_2}{2\pi\,\varepsilon}\ln\frac{|Z'^2-a^2|}{a\,\varrho_0}\left|e^{i(\nu_- - \nu_+)} - e^{i\gamma}\right|. \tag{13}$$

Der Kapazitätsbelag des Drahtes berechnet sich also nach der Formel:

$$C_L = 2\pi\,\varepsilon_0\left[\ln\left(\frac{4\,|Z'+a|\,|Z'-a|}{a\,\varrho_0}\right)\sin^2\!\left(\frac{\gamma+\nu_+-\nu_-}{2}\right)\right]^{-1}. \tag{14}$$

Praktisch wichtig sind hier vor allem die Fälle $\gamma = 0$ und $\gamma = \pi$. Im ersten Fall handelt es sich bei dem Bandleiter um eine leitende Ebene mit einem Schlitz von der Breite $2a$ und im Falle $\gamma = \pi$ um einen flachen Bandleiter von der Breite $2a$. Steht dann der Draht unterhalb vor der Mitte des Schlitzes oder vor der Mitte des Flachbandes im Abstand h, so ist in Gl. (14) zu setzen:

$$|Z'| = h, \quad |Z' \pm a| = \sqrt{a^2 + h^2}, \quad \nu_+ = -\alpha, \quad \nu = \alpha - \pi, \quad \operatorname{tg}\alpha = h/a$$

und es ist demnach im Falle des Flachbandes

$$\gamma + \nu_+ - \nu_- = \pi - 2\alpha,$$

und im Falle des Schlitzes von der Breite $2a$

$$\gamma + \nu_+ - \nu_- = 2(\pi - \alpha).$$

Liegt der dünne Draht mit dem Radius ϱ_0 gerade in der Mitte des Schlitzes, so ist $Z' = 0$, $\nu_+ = 0$, $\nu_- = -\pi$, und wegen $\gamma = 0$ ist daher nach Gl. (14)

$$C_L = 2\pi\, \varepsilon_0 / \ln(4a/\varrho_0). \tag{14a}$$

Das ist eine häufig benötigte Formel. Vgl. damit Gl. 4.2 (13c).

4.21 Breitbandkabel mit zweiteiligem Schirmleiter. Neben den Breitbandkabeln mit einem einzelnen Längsschlitz kommen in der Praxis auch Breitbandkabel vor, die aus zwei getrennten Schalenleitern bestehen. Selbstverständlich werden sie dann in gewissen kurzen Abständen durch Preßringe oder durch ähnliche Konstruktionsglieder zusammengehalten. Im Querschnitt hat solch ein Kabel im wesentlichen das in Abb. 75 wiedergegebene Aussehen. Als die beiden maßgebenden Konstruktionsdaten sind demnach der Radius R des Kreiszylinders, auf dem die beiden Schirmleiterhälften liegen, und der Öffnungswinkel 2γ der beiden Längsschlitze anzusehen.

Der damit vorliegende Bereich der z-Ebene ist zweifach zusammenhängend. Sowohl die Außen- wie die Innenseiten der beiden Schirmleiterhälften gehören zu seinen Begrenzungen. Wir bilden diesen Bereich der z-Ebene derart auf die w-Ebene ab, daß dabei der Kreisumfang, auf dem die beiden Schalenleiter liegen, in die reelle Achse der w-Ebene übergeht, und zwar möge dabei der Punkt 0 der z-Ebene in den Punkt 0 der w-Ebene übergehen, der hier also zugleich der Ursprung ist. Der Mittelpunkt M des Kreises der z-Ebene komme in den Punkt $i \cdot \operatorname{ctg}\gamma/2$ zu liegen. Dann sind in der Gl. 2.3 (20a, b) $\varphi' = +\pi/2$, $\alpha = -\pi$ und $|w'| = \operatorname{ctg}\gamma/2$ zu setzen, und die Abbildungsfunktion lautet demnach

$$\frac{z}{R} = e^{-\pi i} \frac{w - i \operatorname{ctg}(\gamma/2)}{w + i \operatorname{ctg}(\gamma/2)}, \quad (1\text{a}) \qquad w = i \operatorname{ctg}\frac{\gamma}{2}\, \frac{1 - z/R}{1 + z/R}. \quad (1\text{b})$$

Auch in der w-Ebene ist der abgebildete Bereich noch zweifach zusammenhängend. Die beiden kreisbogenförmigen Schirmleiter stellen jetzt zwei dünne Bandleiter dar, die symmetrisch zur imaginären Achse der w-Ebene in der reellen u-Achse zwischen den Punkten $(\pm 1) \ldots (\pm 1/k)$ mit $1/k = \mathrm{ctg}^2(\gamma/2)$ liegen.

Wir denken uns nun weiterhin, um zu einem einfach zusammenhängenden Bereich zu kommen, die w-Ebene zwischen den Punkten $-\infty \cdots -1$ und $+1 \cdots +\infty$ aufgeschnitten, so daß die obere und die untere w-Halbebene nur noch längs der Geraden (7) ... (1) zusammenhängen. Es ist dann sicher möglich, das in der oberen t-Halbebene gelegene Rechteck mit den Ecken (1), (3), (5), (7) so auf die obere w-Halbebene abzubilden, daß dabei die Punkte (0), (1) und (3) des Rechtecks in die entsprechenden Punkte der reellen Achse der w-Ebene mit den Abszissen 0, $+1$ und $+1/k$ übergehen. Da es sich bei dieser Abbildungsaufgabe um das Innere des Rechtecks handelt und auch keine der Ecken des Rechtecks in den unendlich fernen Punkt der w-Ebene verlegt wird,

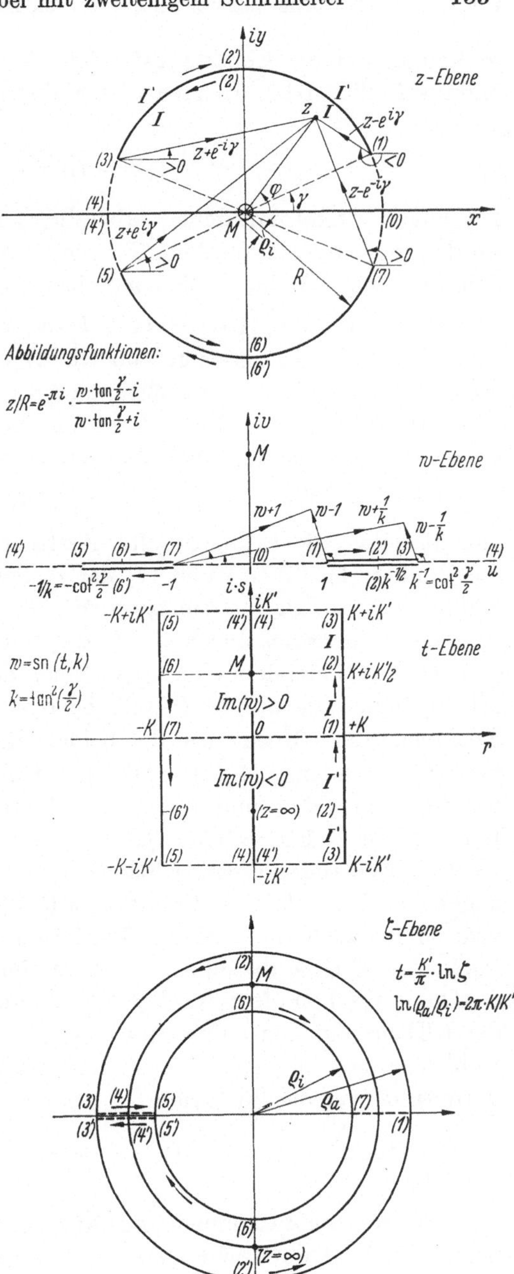

Abb. 75. Die Leiterkontur eines koaxialen Kabels, dessen äußerer Hüllenleiter sich aus zwei getrennt liegenden Schalenleitern zusammensetzt. Diese Kontur entsteht z. B., wenn die zwischen den Punkten $+1 \cdots + 1/k$ und $-1 \cdots -1/k$ der reellen Achse aufgeschnittenen w-Ebene so auf die z-Ebene abgebildet wird, daß die reelle Achse der w-Ebene in den Umfang des Kreises $|z| = r$ übergeht

so kommt nur die Abbildungsformel 2.3 (3b) in Frage, und die Abbildungsfunktion lautet nach dieser Formel

$$\frac{dt}{dw} = \frac{A}{\sqrt{(w^2-1)(w^2-1/k^2)}} . \tag{2}$$

Die Phasenwinkel, mit denen dabei die vier Linearfaktoren genommen werden müssen, sind aus Abb. 75 zu ersehen. Liegt also z. B. w zwischen den Punkten ± 1 der reellen w-Achse, so ist im Nenner von Gl. (2) zu schreiben: $+i\sqrt{(1-w^2)(1-k^2w^2)}/k$, und nun erkennt man sofort, daß die Integration von Gl. (2) auf das elliptische Integral erster Gattung führt, wodurch dann t als Funktion von w dargestellt wird. Die Umkehrung dieser Funktion ist aber bekanntlich die elliptische Funktion $\mathrm{sn}(t, k)$ von Jacobi. In der Tat erkennt man sofort aus der Beziehung

$$w = \mathrm{sn}(t, k), \tag{3}$$

daß durch sie die Ecken des Rechtecks in der gewünschten Weise in die Punkte (1), (3), (5) und (7) der reellen Achse der w-Ebene übergeführt werden. Da die Funktion $\mathrm{sn}(t, k)$ eine in t ungerade Funktion ist, so wird überdies durch Gl. (3) das durch Spiegelung an der Geraden (1) . . . (7) aus dem oberen Rechteck hervorgehende untere Rechteck auch auf die untere w-Halbebene übertragen, wobei die beiden Rechtecke der t-Ebene wie die beiden Halbebenen der w-Ebene nur über das Geradenstück (1) . . . (7) unmittelbar miteinander zusammenhängen. Die obere und die untere Seite der beiden bandförmigen Leiter in der w-Ebene bildet jetzt in der t-Ebene jeweils eine zu einer Ebene auseinandergezogene Fläche, und beide Flächen sind einander zugekehrt. Da zudem die Funktion $\mathrm{sn}(t, k)$ die primitive Periode $2K'i$ hat, so ist auch die wichtige Forderung erfüllt, daß längs der Geraden $s = \pm K'$ w dieselben Werte annimmt.

Die nun schon öfter durchgeführte Abbildung des Rechteckinneren der t-Ebene auf den aufgeschnittenen Kreisring der ζ-Ebene braucht wohl hier nicht wieder ausführlicher besprochen zu werden. Sie wird vermittelt von der Funktion

$$t = \frac{K'}{\pi}\cdot \ln\zeta, \tag{4}$$ wobei $$\ln\left(\frac{\varrho_a}{\varrho_i}\right) = 2\pi\frac{K}{K'} \tag{4a}$$

ist. Den direkten Zusammenhang zwischen der z-Ebene und der ζ-Ebene geben die beiden Gleichungen

$$\frac{z}{R} = \frac{1 + i\sqrt{k}\,\mathrm{sn}(K'/\pi\cdot\ln\zeta, k)}{1 - i\sqrt{k}\,\mathrm{sn}(K'/\pi\cdot\ln\zeta, k)}; \tag{5a}$$

$$i\sqrt{k}\,\mathrm{sn}\left(\frac{K'}{\pi}\ln\zeta,\ k\right) = \frac{z/R - 1}{z/R + 1} \tag{5b}$$

wieder.

4.211 Die gegenseitige Kapazität der beiden Schirmleiterhälften. Wir werden uns zwar mit der Herstellung der Abbildungsfunktion allein nicht begnügen können, aber schon jetzt läßt sich ein wichtiges Teilergebnis festhalten. Es betrifft die Kapazität der beiden Schalenhälften des Schirmleiters. Um sie zu bestimmen, nehmen wir am einfachsten Bezug auf das Rechteck der t-Ebene. Im übrigen können wir auf die Gl. 1.1 (51a) verweisen, in der jetzt $l_y = 2K'$ und $u_2 - u_1 = 2K$ ist. Somit wird

$$\frac{C_L}{\varepsilon_0} = \frac{K'(k)}{K(k)} \;\frac{\mathrm{F}}{\mathrm{m}} \qquad \left(k = \mathrm{tg}^2\frac{\gamma}{2} = \frac{1-\cos\gamma}{1+\cos\gamma}\right), \tag{6}$$

und da der Modul k hierin direkt durch den Winkel γ bestimmt ist, so ist damit die Frage nach der Kapazität bereits beantwortet. Ihren Verlauf in Abhängigkeit vom Winkel γ gibt die Abb. 76 wieder. Für kleine Winkel γ läßt sich ein sehr guter Näherungsausdruck herleiten. Da nämlich $K'/K = \ln(1/q)/\pi$ und $q \approx k^2/16$ ist, so ist auch

$$\frac{C_L}{\varepsilon_0} \approx \frac{4}{\pi}\ln\left(2\,\mathrm{ctg}\frac{\gamma}{2}\right). \tag{6'}$$

Für $\gamma \to 0$ versagt daher die Formel infolge der Vernachlässigung der Wandstärke.

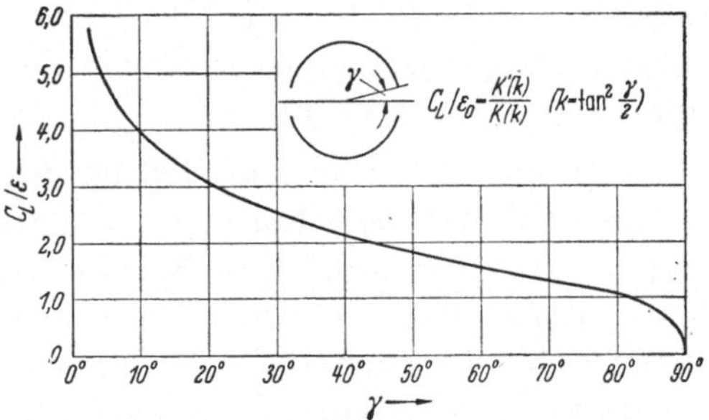

Abb. 76. Die gegenseitige Kapazität der beiden Schirmhälften in Abhängigkeit des halben Öffnungswinkels γ

Man könnte daran denken, den Einfluß der endlichen Wandstärke des Schirmleiters dadurch zu berücksichtigen, daß man den Umriß dieses Leiters mit der der Niveaulinie $r = K$ der t-Ebene dicht benachbarten Niveaulinie $r = K - \delta$ mit einem $\delta \approx 0$ in Verbindung bringt. Setzt man demgemäß $t = K - \delta + i\,s$ mit $-K' \gtreqless s' \leqq K'$, so ist in der Höhe der Punkte (2'), (1) und (2) $s' = -i\,K'/2,\; 0,\; +i\,K'/2$. Auf Grund der aus Gl. (1a, 3) folgenden Beziehung

$$\frac{z}{R} = \frac{i - \sqrt{k}\,\mathrm{sn}(t,k)}{i + \sqrt{k}\,\mathrm{sn}(t,k)}, \tag{5c}$$

entsprechen aber den drei Punkten $t = K - \delta \mp i K'/2$ und $t = K - \delta$ die drei Punkte $z/R = i \pm i\,2(1-k)\delta$ und $z/R = e^{i\gamma} + \sqrt{k}(1-k)\,e^{i(\gamma-\pi/2)}\cdot\delta^2$ der z-Ebene. Der Niveaulinie $r = K - \delta$ mit $\delta \approx 0$ entspricht also in der z-Ebene eine sehr schmale sichelförmige Kontur, die den zwischen den Punkten (1) und (3) liegenden Schirmleiter einhüllt. An der weitesten Stelle beträgt die Wandstärke dieses sichelförmigen Bogens

$2(1-k)R\delta$. Die beiden abgerundeten Spitzen der Sichel haben den Krümmungshalbmesser $\sqrt{k}(1-k)R\delta^2$. Im Hinblick auf die Kleinheit von δ besteht also ein beträchtlicher Unterschied zwischen diesen beiden Längen, während doch in einem wirklich ausgeführten Kabel dieser Art die nahezu überall gleich große Wandstärke wenig mehr denn doppelt so groß ist als der Radius der etwa halbkreisförmigen Abrundung an den Kanten der Schirmleiter. Damit dann mehr oder weniger große Abweichungen von dieser mutmaßlichen Profilierung den Wert der Kapazität noch nicht entscheidend beeinflussen, wird man etwa fordern müssen, daß

$$d/(2R\gamma) < 0{,}15$$

bleibt, d. h. also die halbe Öffnungsweite etwa 7- bis 8mal größer als die halbe Wandstärke d des Schirmleiters bleibt. Kleinere Öffnungswinkel, als sie sich hieraus errechnen, dürften kaum zulässig sein, wenn die Gl. (6′) gültig bleiben soll.

4.22 Die Greensche Funktion für den Bereich außerhalb des zweiteiligen Schirmleiters. Nachdem es mittels der Gl. (5a) gelungen ist, den ursprünglich gegebenen Bereich der z-Ebene auf den Kreisring der ζ-Ebene konform abzubilden, können wir nun auch sofort die Greensche Funktion für den Bereich der z-Ebene angeben, sofern es uns nicht stört, daß diese Angabe zunächst in der Form einer Parameterdarstellung erfolgt. Nach Gl. 3.4 (2b) lautet dann im vorliegenden Fall der Ausdruck für die Greensche Funktion

$$G(\zeta,\zeta') = \frac{1}{2\pi}\ln\frac{\vartheta_1\left(\frac{K'}{4\pi K}\ln\left(\frac{\zeta}{\zeta'}\right);\frac{\tau}{2}\right)}{\vartheta_2\left(\frac{K'}{4\pi K}\ln(\zeta\bar{\zeta}');\frac{\tau}{2}\right)} \qquad \left(\tau = i\frac{K'}{K}\right). \tag{7a}$$

Wendet man hierauf die Formeln an, die für $i = 1, 2$ die Funktion $\vartheta_i\left(\frac{v}{2};\frac{\tau}{2}\right)$ in die Funktion $\vartheta(v;\tau)$ verwandeln, so läßt sich für die Greensche Funktion auch noch die andere Beziehung

$$G(\zeta,\zeta') = \frac{1}{4\pi}\ln\frac{\vartheta_2(o;\tau)\,\vartheta_3\left(\frac{K'}{2\pi K}\ln\left(\frac{\zeta}{\zeta'}\right);\tau\right) - \vartheta_3(o;\tau)\,\vartheta_2\left(\frac{K'}{2\pi K}\ln\left(\frac{\zeta}{\zeta'}\right);\tau\right)}{\vartheta_3(o;\tau)\,\vartheta_2\left(\frac{K'}{2\pi K}\ln(\zeta\bar{\zeta}');\tau\right) + \vartheta_2(o;\tau)\,\vartheta_3\left(\frac{K'}{2\pi K}\ln(\zeta\bar{\zeta}');\tau\right)} \tag{7b}$$

angeben, und hieraus ergibt sich weiter nach Übergang zu den elliptischen Funktionen Jacobis mit dem τ entsprechenden Modul k der

Ausdruck

$$G(\zeta;\zeta')=\frac{1}{4\pi}\ln\left\{\frac{\vartheta_4\left(\frac{K'}{2\pi K}\ln\left(\frac{\zeta}{\zeta'}\right);\tau\right)}{\vartheta_4\left(\frac{K'}{2\pi K}\ln(\zeta\bar{\zeta}');\tau\right)}\times\right.$$
$$\left.\times\frac{\operatorname{dn}\left(\frac{K'}{\pi}\ln\left(\frac{\zeta}{\zeta'}\right);k\right)-\operatorname{cn}\left(\frac{K'}{\pi}\ln\left(\frac{\zeta}{\zeta'}\right);k\right)}{\operatorname{dn}\left(\frac{K'}{\pi}\ln(\zeta\bar{\zeta}');k\right)+\operatorname{cn}\left(\frac{K'}{\pi}\ln(\zeta\bar{\zeta}');k\right)}\right\}\quad\left(k=\operatorname{tg}^2\frac{\gamma}{2}=\frac{1-\cos\gamma}{1+\cos\gamma}\right). \tag{7c}$$

Wendet man auf Gl. (7a) die Formeln an, die für $i=1,2$ die Funktion $\vartheta_i\left(\frac{v}{2};\frac{\tau}{2}\right)$ in die Funktion $\vartheta\left(\frac{v}{2};\tau\right)$ überführen, so gelangt man für $G(\zeta,\zeta')$ zu einer anderen Gruppe von Formeln. Zunächst erhält man

$$G(\zeta;\zeta')=\frac{1}{2\pi}\ln\frac{\vartheta_1\left(\frac{K'}{4\pi K}\ln\left(\frac{\zeta}{\zeta'}\right);\tau\right)\vartheta_4\left(\frac{K'}{4\pi K}\ln\left(\frac{\zeta}{\zeta'}\right);\tau\right)}{\vartheta_2\left(\frac{K'}{4\pi K}\ln(\zeta\bar{\zeta}');\tau\right)\vartheta_3\left(\frac{K'}{4\pi K}\ln(\zeta\bar{\zeta}');\tau\right)}. \tag{8a}$$

Geht man hierin soweit wie möglich zu den elliptischen Funktionen über, so entsteht die Formel

$$G(\zeta;\zeta')=\frac{1}{2\pi}\ln\left[\frac{\vartheta_4^2\left(\frac{K'}{4\pi K}\ln\left(\frac{\zeta}{\zeta'}\right);\tau\right)}{\vartheta_4^2\left(\frac{K'}{4\pi K}\ln(\zeta\bar{\zeta}');\tau\right)}\times\right.$$
$$\left.\times\frac{k'\operatorname{sn}\left(\frac{K'}{2\pi}\ln\left(\frac{\zeta}{\zeta'}\right);k\right)}{\operatorname{cn}\left(\frac{K'}{2\pi}\ln(\zeta\bar{\zeta}');k\right)\operatorname{dn}\left(\frac{K'}{2\pi}\ln(\zeta\bar{\zeta}');k\right)}\right]. \tag{8b}$$

Die Transformation von GAUSS führt von hier zu der einfacheren Darstellung

$$G(\zeta;\zeta')=\frac{1}{2\pi}\ln\left[\frac{\vartheta_4^2\left(\frac{K'}{4\pi K}\ln\left(\frac{\zeta}{\zeta'}\right);\tau\right)}{\vartheta_4^2\left(\frac{K'}{4\pi K}\ln(\zeta\bar{\zeta}');\tau\right)}\sqrt{k'}\,\frac{\operatorname{sn}\left(\frac{\dot{K}'}{\pi}\ln\left(\frac{\zeta}{\zeta'}\right);\dot{k}\right)}{\operatorname{cn}\left(\frac{\dot{K}'}{\pi}\ln(\zeta\bar{\zeta}');\dot{k}\right)}\right], \tag{8c}$$

mit den Definitionsgleichungen

$$\dot{k}=\frac{2\sqrt{k}}{1+k},\qquad \dot{k}'=\frac{1-k}{1+k},\qquad \dot{K}=(1+k)K,\qquad \dot{K}'=\frac{1+k}{2}K'.$$

Wir kommen zu wesentlich einfacheren Formeln in dem praktisch wichtigen Fall, wo die Linienquelle in der Achse der beiden Schirmleiter liegt. Dann ist nämlich $\zeta'=+i$, und somit wird z. B.

$$\frac{K'}{\pi}\ln\left(\frac{\zeta}{\zeta'}\right)=\frac{K'}{\pi}\ln\zeta-\frac{1}{2}iK',\quad \frac{K'}{\pi}\ln(\zeta\bar{\zeta}')=\frac{K'}{\pi}\ln\zeta-\frac{1}{2}iK'=t-\frac{1}{2}iK'.$$

In der Ebene der Variablen t gilt damit jetzt für die GREENsche Funktion auf Grund von Gl. (7c) nach Anwendung des Additionstheorems der elliptischen Funktionen der Ausdruck

$$G(\zeta;\,+i) = \frac{1}{4\pi}\ln\left\{\frac{\sqrt{k}[\mathrm{dn}\,t + i\,k\,\mathrm{sn}\,t\,\mathrm{cn}\,t] - [\mathrm{cn}\,t + i\,\mathrm{sn}\,t\,\mathrm{dn}\,t]}{\sqrt{k}[\mathrm{dn}\,t + i\,k\,\mathrm{sn}\,t\,\mathrm{cn}\,t] + [\mathrm{cn}\,t + i\,\mathrm{sn}\,t\,\mathrm{dn}\,t]}\right\}\ (\mathrm{Modul}\ k)\,. \tag{9}$$

Nun ist mit der vorübergehenden Abkürzung

$$Z = \frac{z}{R},$$

nach Gl. (9α) und (9b)

$$\mathrm{sn}(t,\,k) = \frac{i}{\sqrt{k}}\,\frac{1-Z}{1+Z}, \quad \text{(10a)} \qquad \mathrm{cn}^2(t,\,k) = \frac{1+k}{k}\,\frac{1+Z^2-2Z\cos\gamma}{(1+Z)^2}, \quad \text{(10b)}$$

$$\mathrm{dn}^2(t,\,k) = (1+k)\,\frac{1+Z^2+2Z\cos\gamma}{(1+Z)^2}, \tag{10c}$$

und somit wird

$$\begin{aligned}\mathrm{dn}\,t + i\,k\,\mathrm{sn}\,t\,\mathrm{cn}\,t \equiv \frac{\sqrt{1+k}}{1+Z}\Big[\sqrt{1+Z^2+2Z\cos\gamma}\, - \\ - \frac{1-Z}{1+Z}\sqrt{1+Z^2-2Z\cos\gamma}\Big],\end{aligned} \tag{11α}$$

$$\begin{aligned}\mathrm{cn}\,t + i\,\mathrm{sn}\,t\,\mathrm{dn}\,t = \frac{\sqrt{\frac{1+k}{k}}}{1+Z}\Big[\sqrt{1+Z^2-2Z\cos\gamma}\, - \\ - \frac{1-Z}{1+Z}\sqrt{1+Z^2+2Z\cos\gamma}\Big].\end{aligned} \tag{11β}$$

Geht man hiermit in die Gl. (13) ein, so ergibt sich nach einigen Zwischenrechnungen, die hier unterdrückt werden können, für die GREENsche Funktion bei Lage der Linienquelle im Ursprung der z-Ebene der folgende endgültige Ausdruck

$$\begin{aligned}G(z;\,i) &= \frac{1}{4\pi}\,\times \\ &\times \ln\left\{\cos\gamma\,\frac{\left(\frac{z}{R}\right)^2 - 1 + \sqrt{\left(\frac{z}{R}-e^{i\gamma}\right)\left(\frac{z}{R}-e^{-i\gamma}\right)\left(\frac{z}{R}+e^{i\gamma}\right)\left(\frac{z}{R}+e^{-i\gamma}\right)}}{\left(\frac{z}{R}\right)^2 - \cos2\gamma + \sqrt{\left(\frac{z}{R}-e^{i\gamma}\right)\left(\frac{z}{R}-e^{-i\gamma}\right)\left(\frac{z}{R}+e^{i\gamma}\right)\left(\frac{z}{R}+e^{-i\gamma}\right)}}\right\},\end{aligned} \tag{12a}$$

oder in etwas anderer Schreibweise

$$G(z;\,i) = \frac{1}{4\pi}\ln\left\{\cos\gamma\,\frac{\frac{z}{R} - \frac{R}{z} + \sqrt{\left(\frac{z}{R}\right)^2 + \left(\frac{R}{z}\right)^2 - 2\cos2\gamma}}{\frac{z}{R} - \frac{R}{z}\cos2\gamma + \sqrt{\left(\frac{z}{R}\right)^2 + \left(\frac{R}{z}\right)^2 - 2\cos2\gamma}}\right\}. \tag{12b}$$

Die Darstellung (12a) ist trotz des wesentlich umständlicher geschriebenen Radikanden die zweckmäßigere, sobald es darauf ankommt, den Phasenwinkel des Wurzelausdrucks bei einer beliebigen Lage von z zu bestimmen. Hat z. B. z die in Abb. 75 gezeichnete Lage, so sind die Phasenwinkel der vier Linearfaktoren unter der Wurzel wie im Bild angedeutet zu wählen. Ist die Summe dieser vier Phasenwinkel χ, so ist der arc des Wurzelausdrucks selbst gleich $\chi/2$. Die getroffene Wahl der Phasenwinkel ergibt sich zwangsläufig durch eine genauere Überprüfung der Vorzeichen von $\mathrm{sn}(t,k)$, $\mathrm{cn}(t,k)$ und $\mathrm{dn}(t,k)$ in den Gl. (10a, b, c). Für $t=K+iy$ mit $-K'\lesseqgtr y \leqq +K'$ in Abb. 77 ist die Größe dieser vier Phasenwinkel für einen beliebigen Punkt P auf dem *inneren* Rand des oberen Schirmleiters eingetragen worden. Wird diese Angabe bei der Berechnung des in Gl. (12a) unter dem Logarithmus stehenden Ausdrucks berücksichtigt, so findet man in der Tat, daß der Realteil von $G(z, i)$ für Aufpunkte auf den beiden Schalen des Schirmleiters verschwindet, wie es zu fordern ist.

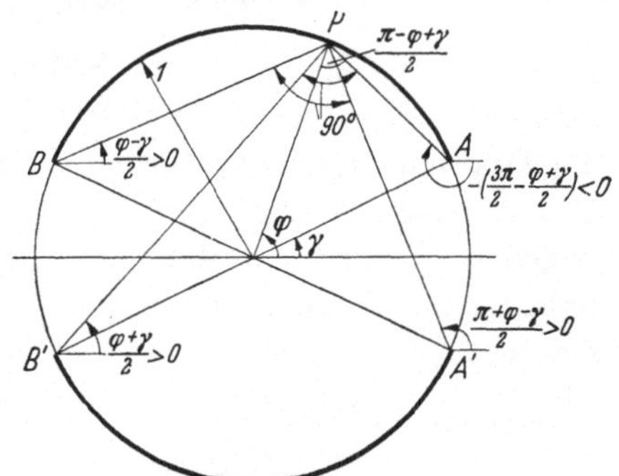

Abb. 77. Die Abbildung gibt die Phasenwinkel der verschiedenen Linearfaktoren in Gl. (12a) an, wenn P auf der Innenfläche des oberen Schirmleiters liegt

4.221 Die Kapazität des inneren Leiters gegenüber den beiden Schalen des Schirmleiters. Die Induktivität und der Wellenwiderstand des Breitbandkabels. Handelt es sich bei der in der Achse des Breitbandkabels angeordneten Linienquelle mit der Greenschen Funktion (12a, b) insbesondere um eine Linienladung q_L, so ist die zugehörige komplexe Potentialfunktion nach Abschn. 2.31 durch den Ausdruck

$$\chi_H^{(e)}(z) = -\frac{q_L}{\varepsilon_0} G(z; i) \tag{13}$$

gegeben. Der metallische Träger dieser Linienladung habe den gegenüber R kleinen Radius ϱ_i. Dann hat $\chi_H^{(e)}(z)$ für $z=\varrho_i$ nach Gl. (12b) angenähert den Wert

$$\chi_H^{(e)}(z) \approx -\frac{q_L}{4\pi\varepsilon_0}\ln\left(\cos\gamma\left(\frac{\varrho_i}{R}\right)^2\right).$$

Er ist rein reell und entspricht mit großer Annäherung dem Potential des Drahtes gegenüber den beiden, auf dem Potential Null stehenden Schalen des Schirmleiters. Dann aber ist

$$\frac{C_L}{\varepsilon_0} = \frac{\mu_0}{\mathfrak{L}_L^{(a)}} = 2\pi\Big/\ln\left(\frac{R/\varrho_i}{\sqrt{\cos\gamma}}\right), \tag{13a}$$

und somit berechnet sich der Wellenwiderstand nach der Formel

$$Z_0 = \frac{\sqrt{\mu_0/\varepsilon_0}}{2\pi} \ln\left(\frac{R/\varrho_i}{\sqrt{\cos\gamma}}\right). \qquad (13\,\mathrm{b})$$

Für $\gamma = 0$ entsteht aus Gl. (13a) die Formel für die Kapazität des koaxialen Kabels. Schrumpft andererseits jede der beiden Hälften des Schirmleiters auf einen Draht vom Radius ϱ_a zusammen, so ist nach Abb. 78 näherungsweise $R \cdot (\pi/2 - \gamma) = \varrho_a$ und also

$$\cos\gamma = \sin(\pi/2 - \gamma) \approx \varrho_a/R.$$

Damit ist für die Kapazität je Längeneinheit eines Drahtes mit dem Radius ϱ_i gegenüber zwei anderen, auf gleich hohem Potential stehenden Drähten mit dem Radius ϱ_a, die mit dem ersten Draht in der gleichen Ebene liegen und den gleichen Abstand von ihm haben, die Formel entstanden

$$\frac{C_L}{\varepsilon_0} = 2\pi \Big/ \ln\left\{\frac{R}{\varrho_i}\left(\frac{R}{\varrho_a}\right)^{\frac{1}{2}}\right\}. \qquad (13\,\mathrm{c})$$

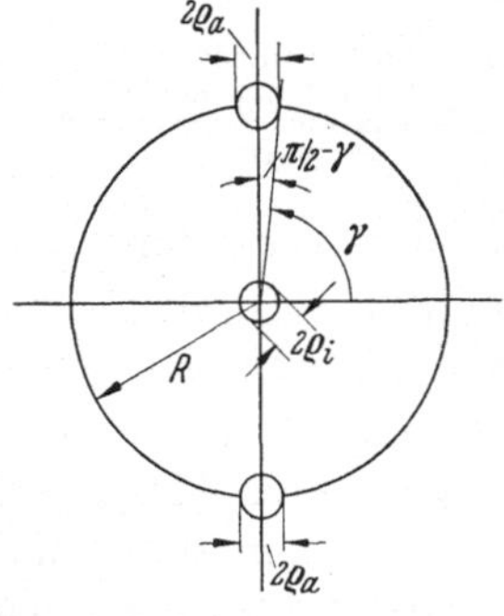

Abb. 78. Die beiden Hälften des Hüllenleiters sind zusammen geschrumpft auf zwei lineare Leiter mit dem Durchmesser $2\varrho_a$, die auf den Potential Null liegen

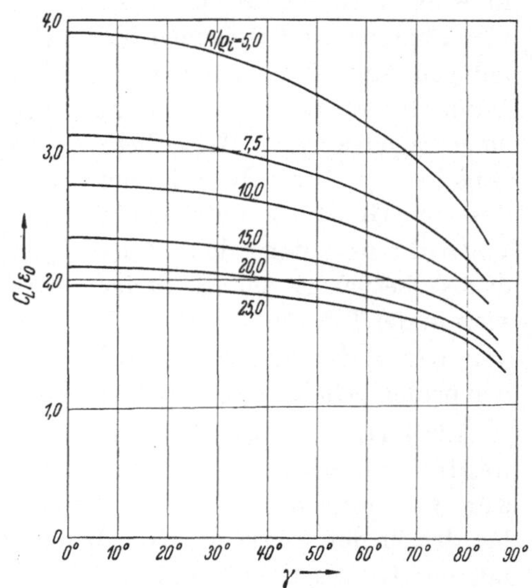

Abb. 79. Der Kapazitätsbelag des einen Innenleiters gegenüber den beiden, auf gleich hohem Potential stehenden Schalenleitern in Abhängigkeit vom halben Öffnungswinkel γ. Der Parameter der Darstellung ist R/ϱ_i, d. h. das Verhältnis aus dem Radius der beiden Schalenleiter zum Radius des Innenleiters

Der Grenzfall $\gamma = 0$ nimmt im jetzigen Fall keine Ausnahmestellung ein. Der physikalische Grund hierfür leuchtet ohne weiteres ein. Der Verlauf von C_L/ε_0 nach Gl. (13a) ist in Abb. 79 in Abhängigkeit von γ aufgetragen worden. Vgl. damit Gl. 4.1 (14a).

Auf die Frage der Einstreuung fremder elektrischer oder magnetischer Felder im Breitbandkabel mit zweiteiligem Schirmleiter kann hier aus Raummangel nicht weiter eingegangen werden. Es wird in dieser Hinsicht auf die Arbeit [1] verwiesen.

4.31 Allgemeines über die Berechnung des Längswiderstandes von Hochfrequenzleitern. Die im Abschn. 1.14 vorgetragene Theorie der Ausbreitung elektromagnetischer Wellen an parallelen Leitungen kann aus sich selbst heraus, da ja ihr Ausbau ganz wesentlich auf der Annahme einer vollkommenen Leitfähigkeit der Leiter fußt, niemals einen Hinweis dafür geben, wie nun noch der Längswiderstand der Leiter berechnet werden kann. Um hierfür noch einen Fingerzeig zu erhalten, muß notwendig zu einer weniger stark idealisierten Theorie Zuflucht genommen werden. Solche Theorien bestehen bisher allerdings nur für besondere einfache Leiterquerschnitte, bei denen eine strenge Behandlung des Problems der Wellenausbreitung möglich ist. Diese Fälle zeigen übereinstimmend das folgende Bild.

Liegt die Frequenz der erregenden Schwingung so hoch, daß die Verteilung der Strömung im Innern des Leiters bereits eine ausgesprochene Hautwirkung erkennen läßt, so kann die in dem Leiter entwickelte Stromwärme auf Grund der Vorstellung berechnet werden, es flösse in den Leitern nur ein Strom in der schmalen Zone von der Tiefe des Eindringmaßes

$$\delta = (2/\omega\mu_M \varkappa)^{\frac{1}{2}} \qquad (\mu_M = \mu \text{ des Leiters, } [\delta] = m), \quad (1)$$

über die er sich in Richtung der Normalen zur Leiteroberfläche gleichmäßig ausbreitet, während er sich in Richtung der Tangente an die Leiteroberfläche nach Maßgabe der dort herrschenden gleichfalls tangential gerichteten magnetischen Feldstärke verteilt. Daß unter der Annahme einer sehr dünnen Stromhaut tatsächlich eine innige Verkoppelung von Feld und Strömung stattfindet, ergibt sich aus der folgenden Überlegung. In Abb. 80 bedeute s die Randkontur eines der Leiter in einer beliebigen Querschnittsebene. Der die Kontur begleitende, nach innen zu gelegene Streifen von der stark vergrößert gezeichneten Breite δ stelle die ganz schmale Zone des Leiters dar, über die sich in Richtung der Normalen nach der obigen Vorstellung die Strömung im Leiter gleichmäßig verteilt. Außerhalb dieser Zone ist nach innen zu der Leiter stromlos. Bezeichnet $I = j_z \cdot \mathfrak{e}_3$ den Strombelag des Leiters in dieser Schicht, bezogen auf den cm Umfanglänge, und wird er positiv gezählt in Richtung der positiven z-Achse, so fließt durch ein Stück dieses Streifens von der in Richtung der Tangente gemessenen Breite ds, das als eine Stromröhre mit dem Querschnitt $ds \cdot \delta$ aufgefaßt werden kann, der Strom $j_z\, ds$ in A. Die magnetische Feldstärke hat an der Außenseite des Strombandes die Richtung der Tan-

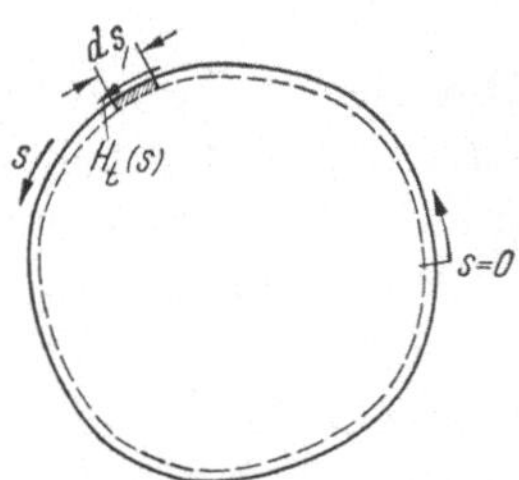

Abb. 80. Die Berechnung des Längswiderstandes eines Leiters im Hochfrequenzfeld bei bekannter Größe von $H_t(s)$ am Umfang des Leiters

gente und an der Stelle der betrachteten Stromröhre den Betrag $H_t(s)$, worin s die von einem beliebigen Punkt des Umfangs an gezählte Bogenlänge bedeutet. An der Innenseite des Strombandes ist die magnetische Feldstärke gleich Null. Es liegen hier also die Voraussetzungen zu Gl. 1.1 (25) vor, und der gesuchte Zusammenhang zwischen Stromdichte $j_z(s)$ und Feldstärke ist durch die einfache Gleichung

$$j_z(s) = H_t(s)$$

gegeben. Da nun die einzelne, gerade betrachtete Stromröhre je m Leiterlänge den Widerstand $1/(ds \cdot \delta \cdot \varkappa)$ Ohm/m hat, so berechnet sich daraus das zeitliche Mittel der Stromwärmeverluste nach der Formel

$$\tilde{P}_w = \left(\frac{\omega \mu_M}{8\varkappa}\right)^{\frac{1}{2}} \int_s H_t^2(s)\, ds \equiv \frac{1}{2} I^2 \mathfrak{R}_L \quad \frac{\mathrm{W}}{\mathrm{m}}, \tag{2}$$

und hierin ist die Integration über die Randkontur s des betrachteten Leiters zu erstrecken. Setzt sich das Leitersystem aus im ganzen zwei Leitern zusammen, so berechnet sich natürlich der Längswiderstand $\mathfrak{R}_L$ dieser Doppelleitung bei gleichen Frequenzen nach der Gleichung

$$\mathfrak{R}_L = \left(\frac{\omega \mu_M}{2\varkappa}\right)^{\frac{1}{2}} \sum_{k=1,2} \int_{s_k} (H_t(s)/I)^2\, ds = \omega\, \mathfrak{L}_L^{(i)}. \tag{2a}$$

Die gleiche Beziehung gilt nämlich im Hochfrequenzfalle mit demselben Grad der Annäherung für den inneren induktiven Längswiderstand $\omega\, \mathfrak{L}_L^{(i)}$ des Leitersystems.

Wir brauchen dann nur noch die Beziehung für die Dämpfung β der Längswelle infolge des durch den obigen Kunstgriff mitberücksichtigten Längswiderstandes. Sie ergibt sich aus der folgenden Überlegung. Nach Gl. 1.1 (50) ist im verlustfreien Falle der durch eine beliebige Querschnittsebene hindurchtretende Energiestrom von z ganz unabhängig. Treten jedoch im Dielektrikum oder in den Leitern Verluste auf, so macht sich in erster Näherung der Einfluß der Verluste dadurch geltend, daß die Amplituden der Feldstärkekomponenten den Dämpfungsfaktor $e^{-\beta z}$ erhalten, während das Feldbild in den einzelnen Querschnittsebenen zunächst keine merklichen Änderungen erfährt. Größen wie die Energie oder der Energiestrom, die die Feldkomponente im Produkt enthalten, nehmen dann natürlich wie der Faktor $e^{-2\beta z}$ ab. Ist also an der Stelle z der Energiestrom $S_z(z) = \tilde{S}_z\, e^{-2\beta z}$, so ist er im Querschnitt $z + dz$ um den Betrag $-2\beta\, \tilde{S}_z\, e^{-2\beta z}$ kleiner geworden. Dieser Verlust an Energie wird zur Deckung der Wärmeverluste in dem Leitungsstück von der Länge dz verbraucht. Er beträgt im Hinblick auf Gl. (2) $\tilde{P}_w\, e^{-2\beta z}\, dz$, denn es muß natürlich jetzt ebenfalls in dem Ausdruck (2) für $\widetilde{P}_w$ der Faktor $e^{-2\beta z}$ aufgenommen werden, da er ja die Größe H_t im Quadrat enthält. Die Gleichsetzung beider Energiebeträge führt im Hinblick auf die Gl. 1.1 (50) zu der wichtigen Formel

$$2\beta = \frac{\frac{1}{2} I^2 \Re_L}{\frac{1}{2} I^2 Z_0} = \frac{\Re_L}{Z_0}. \tag{3}$$

Danach ist 2β letzten Endes gleich dem Verhältnis aus dem Längswiderstand der Leitung zu ihrem Wellenwiderstand.

Wir bauen nun die Formeln für $\Re_L$ und β noch weiter um, bis sie unmittelbar auch für solche Fälle anwendbar sind, bei denen es sich wegen der Kompliziertheit der Leiterkonturen als notwendig erweist, zur Methode der konformen Abbildung seine Zuflucht zu nehmen. Es handele sich etwa um den in Abb. 81 dargestellten Fall, und wir nehmen an, daß sich der in dieser Abbildung dargestellte Bereich der z-Ebene zwischen den beiden Leitern durch die als bekannt anzusehende Funktion

$$w = f(z), \tag{4a}$$

$$z = F(w) \tag{4b}$$

auf das Innere des in der w-Ebene liegenden Rechtecks mit den Ecken (1), (5), (6) und (10) habe abbilden lassen. Die beiden Einschnitte (1) bis (10), (5) bis (6), die in der z-Ebene aus dem zweifach zusammenhängenden Bereich einen einfach zusammenhängenden machen, gehen in der Übertragung auf die w-Ebene in zwei gegenüberliegende Rechteckseiten über, und für zwei

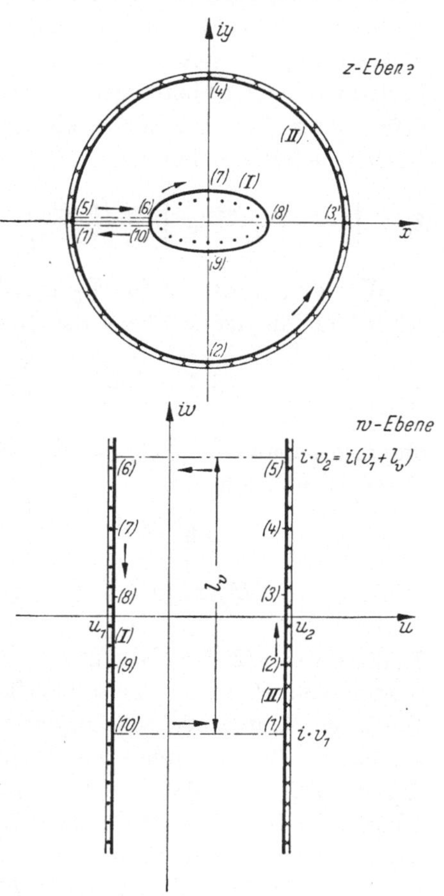

Abb. 81. Die stromdurchflossenen Konturen des Innen- und Außenleiters in der z-Ebene werden konform auf die linke und rechte Wandung der Plattenleitung in der w-Ebene abgebildet. Die Berechnung von Längswiderstand und Dämpfung kann dann nach Gl. (8a) oder (8b) erfolgen

Punkte $w = u + i\,v_1$ und $w = u + i\,v_2$ der w-Ebene muß natürlich die Funktion (4b) dieselben Werte annehmen. In der Tat war diese Forderung der Periodizität in allen bisher durchgesprochenen Fällen immer eine die Natur der Abbildungsfunktion bestimmende wesentliche Eigenschaft. Aber abgesehen von dieser mehr mathematischen Seite der Angelegenheit, die hier nicht so sehr interessiert, ist es durch diese Abbildung gelungen, den Ausbreitungsvorgang zwischen den beiden komplizierteren Leitergebilden der z-Ebene auf den sehr einfachen und schon im Abschn. 1.141 durchgerechneten Ausbreitungsvorgang zwischen zwei unendlich ausgedehnten, plattenförmigen Leitern zurückzuführen. Dabei ist die unendliche Ausdehnung des Plattenleiters in Richtung der v-Achse hier gerade eine Folge der oben erwähnten Periodizität der Abbildungsfunktion. Der Hinweis auf die Gl. 1.1 (51c) liefert dann für den Wellenwiderstand der Leiteranordnung in der z-Ebene sofort die Formel

$$Z_0 = \sqrt{\frac{\mu_0}{\varepsilon_0}}\,\frac{u_2 - u_1}{l_v} = \sqrt{\frac{\mu_0}{\varepsilon_0}}\,\frac{u_2 - u_1}{v_2 - v_1} = \sqrt{\frac{\mu_0}{\varepsilon_0}}\,\frac{\Re e\{f(z_5) - f(z_{10})\}}{\Im m\{f(z_5) - f(z_{10})\}}. \tag{5}$$

Was den Ausdruck für $\Re_L$ in Gl. (20) anbetrifft, so ist nach Abschn. 1.141 in der w-Ebene des Rechtecks

$$A_z(u, v) = -\mu_0 \frac{I}{l_v} u = -\mu_0 \frac{I}{l_v} \Re e(w)$$

und also gemäß Gl. 2.3 ($1\gamma_2$) und 2.3 (3b) nach Übergang zur komplexen Potentialfunktion

$$\chi_H^{(m)}(z) = -\mu_0 \frac{I}{l_v} w = -\mu_0 \frac{I}{l_v} f(z), \tag{6a}$$

$$H_y(x, y) + i\,H_x(x, y) = \frac{I}{l_v} f'(z). \tag{6b}$$

In die Formel (2) für $\Re_L$ geht nun das Quadrat der Tangentialkomponenten von H an der Leiteroberfläche ein. Wird Gl. (6b) für einen Punkt der Leiteroberfläche in der z-Ebene genommen, so entsprechen die aus Gl. (6b) als Real- und Imaginärteil berechenbaren Werte von H_y und H_x genau den Komponenten von H_t in Gl. (2a), da ja an der Oberfläche eines Leiters die magnetische Feldstärke ohnehin streifend verläuft. Es ist also in Gl. (2a)

$$H_t^2(s) \equiv H_t(s)\,\overline{H_t(s)} = \left(\frac{I}{l_v}\right)^2 f'(z)\,\overline{f'(z)} = \left(\frac{I}{l_v}\right)^2 |f'(z)|^2 \tag{7}$$

und mithin etwa für $k = 1$ wegen $dz/dw = F'(w)$

$$\int\limits_{S_1} \left(\frac{H_t(s)}{I}\right)^2 ds = \left(\frac{1}{l_v}\right)^2 \int\limits_{S_1} |f'(z)|^2\,|dz| = \left(\frac{1}{l_v}\right)^2 \int\limits_{S_1} |f'(z)|\,|f'(z)\,dz|$$

$$= \left(\frac{1}{l_v}\right)^2 \int\limits_{S_1} |f'(z)|\,|dw| = \left(\frac{\mu_0}{l_v}\right)^2 \int\limits_{v_1}^{v_1 + l_v} \frac{dv}{|dz/dw|}.$$

Damit sind endgültig die beiden Formeln entstanden:

$$\Re_L = \left(\frac{\omega \mu_M}{2\varkappa}\right)^{\frac{1}{2}} \Big/ l_v^2 \cdot \sum_{k=1}^{2} \int_{v_1}^{v_1+l_v} \frac{dv}{|F'(u_k + i v)|}, \tag{8a}$$

$$\beta = \frac{\sqrt{\mu_M/\mu_0 \cdot \omega \mu_0 / 2\varkappa}}{2 l_v \Re e (w_2 - w_1)} \sum_{k=1}^{2} \int_{v_1}^{v_1+l_v} \frac{dv}{|F'(u_k + i v)|}. \tag{8b}$$

Anstatt die Vorgänge, wie es hier geschehen ist, auf den Plattenleiter oder, mathematisch gesprochen, auf das Rechteck als Normalbereich zu beziehen, hätte auch der ebenso leicht beherrschbare Fall des koaxialen Kabels und damit des Kreisrings als Normalbereich gewählt werden können. In der Regel fallen aber die Formeln einfacher aus, wenn man das Rechteck benutzt.

4.311 Wellenwiderstand und Längswiderstand einer aus zwei kreiszylindrischen Leitern bestehenden Leitung. Wir machen von den allgemeinen Formeln (8a, b) eine sofortige Anwendung auf den Fall einer Leitung, die gemäß Abb. 24 aus zwei kreiszylindrischen Leitern mit den Oberflächen $\eta = \eta_b > 0$ und $\eta = \eta_a < \eta_b$ besteht. Dabei können die beiden zylindrischen Leiter voneinander getrennt liegen, in welchem Fall $\eta_a < 0$ ist, oder es kann der Leiter mit der Oberfläche $\eta_b > \eta_a$ den Leiter mit der Oberfläche $\eta_a > 0$ umhüllen. Wird der Bereich der Z-Ebene, der zwischen den beiden Kreisen $\eta = \eta_a \equiv \eta_1$ und $\eta = \eta_b \equiv \eta_2$ liegt, wie in Abb. 24 mittels der Gleichung $Z = a\, i \operatorname{ctg}(\zeta/2)$ auf die ζ-Ebene abgebildet, so führen von hier die Transformationsgleichungen

$$\zeta = i\eta_2 - i w, \quad \text{(9a)} \qquad Z = a\, \mathfrak{Cotg} \frac{\eta_2 - w}{2} \equiv F(w) \quad \text{(9b)}$$

sofort zu den in den Gl. (5) und (8a, b) benutzten Beziehungen. Da im vorliegenden Fall $l_v = 2\pi$ und $u_2 - u_1 = \eta_2 - \eta_1$ ist, so ist nach Gl. (5)

$$Z_0 = \sqrt{\frac{\mu_0}{\varepsilon_0}}\, \frac{\eta_2 - \eta_1}{2\pi} = \frac{\sqrt{\mu_0/\varepsilon_0}}{2\pi} \mathfrak{Ar}\,\mathfrak{Cof}\left(\frac{D^2 - R_2^2 - R_1^2}{2 R_1 R_2}\right) = \frac{\sqrt{\mu_0 \varepsilon_0}}{C_L}, \tag{10}$$

worin D wie in Abb. 24 der Abstand der Achsen der beiden Kreiszylinder und $R_{2,1}$ die Radien der Kreisquerschnitte der beiden Leiter mit den Oberflächen $\eta = \eta_2$ und $\eta = \eta_1$ sind. Die Gl. (8a) nimmt somit im jetzigen Fall die Form an:

$$\Re_L = \left(\frac{\omega \mu_M}{2\varkappa}\right)^{\frac{1}{2}} \frac{1}{2\pi^2 a} \left\{ \int_0^{2\pi} \left| \mathfrak{Sin}^2 \frac{\eta_1 - i v}{2} \right| dv + \int_0^{2\pi} \left| \mathfrak{Sin}^2 \frac{\eta_2 - i v}{2} \right| dv \right\}.$$

Nun weist man leicht nach, daß

$$\left| \mathfrak{Sin}^2 \frac{\eta - i v}{2} \right| = \frac{1}{2} (\mathfrak{Cof}\, \eta - \cos v)$$

ist. Mithin erhält man einmal den Ausdruck:

$$\Re_L = \left(\frac{\omega\mu_M}{2\varkappa}\right)^{\frac{1}{2}} \Big/ 2\pi \cdot \frac{\mathfrak{Cof}\,\eta_1 + \mathfrak{Cof}\,\eta_2}{\mathfrak{Sin}(\eta_2 - \eta_1)} \cdot \frac{D}{R_1 R_2}. \tag{11a}$$

Andererseits findet man aber unter Bezugnahme auf das Formelmaterial des Abschn. 2.113 die Beziehung

$$\mathfrak{Cof}\,\eta_1 + \mathfrak{Cof}\,\eta_2 = \left(\frac{D^2 - R_2^2 + R_1^2}{2R_1 D}\right) + \left(\frac{D^2 - R_1^2 + R_2^2}{2R_2 D}\right). \tag{11}$$

Danach wird es dann auch möglich, für $\Re$ eine Formel anzugeben, in der nur die unmittelbar gegebenen Bestimmungsstücke der Aufgabe vorkommen. Sie läßt sich entweder auf die Form

$$\Re_L = \sqrt{\frac{\omega\mu_M}{2\varkappa}}\,\frac{(R_1 + R_2)/2}{\pi R_1 R_2}\left\{\frac{D^2 - (R_2 - R_1)^2}{D^2 - (R_2 + R_1)^2}\right\}^{\frac{1}{2}} \tag{12a}$$

bringen oder unter Verwendung des Eindringmaßes δ von Gl. (1) auf die Form

$$\Re_L = \frac{1}{\varkappa\delta}\left(\frac{1}{2\pi R_1} + \frac{1}{2\pi R_2}\right) + \frac{1}{\varkappa\delta}\,\frac{(R_1 + R_2)/2}{\pi R_1 R_2}\left[\sqrt{\frac{D^2 - (R_1 - R_2)^2}{D^2 - (R_1 + R_2)^2}} - 1\right]. \tag{12b}$$

In Gl. (12b) bedeutet bekanntlich der erste Summand auf der rechten Seite den Hochfrequenzwiderstand der beiden kreiszylindrischen Leiter, wenn sie sehr weit auseinander stehen und sich demzufolge die elektrische Strömung gleichmäßig über den Umfang der beiden Leiter verteilt. Der zweite Summand gibt den zusätzlichen Widerstand infolge der in Wirklichkeit ungleichmäßigen Verteilung der Strömung an, wenn die Leiter nahe beieinander stehen. Man spricht dann von einer Widerstandserhöhung infolge Nachbarschaftswirkung.

4.41 Unrunde Breitbandkabel auf der Basis der Niveaulinienschar von Kreiszylinder und Platte. Wir machen eine weitere Anwendung von dem im vorstehenden entwickelten Formelmaterial und berechnen den Wellenwiderstand, den Längswiderstand und die Dämpfung eines Breitbandkabels, dessen Innenleiter kreisförmigen Querschnitt besitzt, während der Außenleiter eine vom Kreis abweichende, mehr ovale Form hat, deren Kontur aber zu den Niveaulinien des Feldes Kreiszylinder—Platte gehört, das im Abschn. 3.711 genauer untersucht worden ist. Die unrunde Form des Außenleiters mag absichtlich aus konstruktiven Gründen gewählt worden sein. Da der Innenleiter in der Regel ein voller Leiter ist, so sind hier Abweichungen von der Kreisform kaum zu erwarten. Der Einfluß exzentrischer Verlagerungen des Innenleiters innerhalb eines kreiszylindrischen Außenleiters ist schon durch das im voranstehenden Abschnitt mitgeteilte Formelmaterial berücksichtigt.

Von dem Kabelquerschnitt sind mithin als gegeben zu betrachten: Der Radius R des Innenleiters, die kleinste Weite $2x_m$ und die größte

Weite $2y_m$ des Außenleiters. Da die Kontur des Außenleiters im Sinne der früheren Angaben frei von Einschnürungen sein soll, so muß nach Gl. 3.7 (15a) die Ungleichung

$$\left(\frac{y_m}{R}\right)^2 \gtreqless \left(\frac{x_m}{R}\right)^2 + \sqrt{\left(\frac{x_m}{R}\right)^4 - 1} \tag{13a}$$

erfüllt sein. Wird im übrigen in Übereinstimmung mit den früheren Angaben

$$\frac{x_m}{R} = e^{+\alpha'}, \quad (13\alpha) \qquad \frac{y_m}{R} = e^{+\beta'} \quad (0 < \alpha' < \beta') \quad (13\beta)$$

gesetzt, so ist jetzt

$$k = (\mathfrak{Tg}\,\alpha'/\mathfrak{Tg}\,\beta'). \tag{13}$$

Die Werte von u_1 und u_2 in der Bedeutung, die sie in den obigen Gl. (5) und (8a, b) haben, sind im Hinblick auf Abb. 6 und Abb. 82

$$u_1 = K(k), \quad (14\text{a}) \qquad u_2 = 2K(k) - F\left(k, \arcsin\left(\frac{\mathfrak{Cof}\,\alpha'}{\mathfrak{Cof}\,\beta'}\right)\right). \quad (14\text{b})$$

Ferner ist

$$v_1 = -2K'(k), \quad (14\text{c}) \qquad l_v = 4K'(k). \quad (14\text{d})$$

Somit wird im vorliegenden Fall der Wellenwiderstand

$$Z_0 = \sqrt{\frac{\mu_0}{\varepsilon_0}}\,\frac{K(k) - F(k, \arcsin(\mathfrak{Cof}\,\alpha'/\mathfrak{Cof}\,\beta'))}{4K'(k)}. \tag{15}$$

In den in Gl. (8a, b) auftretenden Integralen ist nach Gl. 3.2 (3c)

$$z = F(w) = \frac{R}{k'}\{\mathrm{dn}(w, k) - k\,\mathrm{cn}(w, k)\} \tag{16a}$$

und somit

$$\frac{dz}{dw} = F'(w) = \frac{R\,k}{k'}\,\mathrm{sn}(w, k)\{k\,\mathrm{cn}(w, k) - \mathrm{dn}(w, k)\}, \tag{16b}$$

so daß man vor der Aufgabe steht, das Integral

$$\int\limits_{v_1}^{v_1+l_v} \frac{dv}{|F'(u_k + i\,v)|} = \frac{k'}{R\,k} \int\limits_{-2K'}^{+2K'} \frac{d\,v}{|\mathrm{sn}\,(u_k + i\,v)\,[k\,\mathrm{cn}\,(u_k + i\,v) - \mathrm{dn}\,(u_k + i\,v)]|} \tag{17a}$$

auszuwerten. Nach dem Additionstheorem der elliptischen Funktionen gelten nun aber die Beziehungen

$$k\,\mathrm{cn}\,(u_k + i\,v) - \mathrm{dn}\,(u_k + i\,v) = \frac{k\,\mathrm{cn}\,(i\,v)\,\mathrm{cn}\,(u_k) - \mathrm{dn}\,(i\,v)\,\mathrm{dn}\,(u_k)}{1 - k\,\mathrm{sn}\,(i\,v)\,\mathrm{sn}\,(u_k)},$$

$$|\mathrm{sn}(u_k + i\,v)| = \{\mathrm{sn}\,(u_k + i\,v)\,\mathrm{sn}(u_k - i\,v)\}^{\frac{1}{2}} = \left\{\frac{\mathrm{sn}^2(i\,v) - \mathrm{sn}^2(u_k)}{1 - k^2\,\mathrm{sn}^2(i\,v)\,\mathrm{sn}^2(u_k)}\right\}^{\frac{1}{2}}.$$

Geht man nun mit den Funktionen mit rein imaginärem Argument vom Modul k zum Modul k' über, so ergibt sich nach einigen rein formalen Umformungen für das Integral (17a) neuerdings die Darstellung:

$$\int\limits_{v_1}^{v_1+l_v} \frac{dv}{|F'(u_k+iv)|} = \frac{4}{R\,k\,k'} \int\limits_0^{K'} \frac{\operatorname{dn} u_k \operatorname{dn}(v,k') + k \operatorname{cn} u_k}{[\operatorname{sn}^2 u_k \operatorname{cn}^2(v,k') + \operatorname{sn}^2(v,k')]^{1/2}}\, dv\,. \tag{17b}$$

Das Integral in Gl. (17b) zerlegen wir gemäß dem Aufbau seines Zählers in zwei einfachere. Bei dem ersten von ihnen mit dem Faktor $\operatorname{dn}(v,k')$ führen wir als neue Integrationsvariable die Größe $t = \operatorname{cn}(v,k')$ ein. Dann wird wegen $dt = -\operatorname{sn}(v,k')\operatorname{dn}(v,k')\,dv$ im Hinblick auf die Gl. 3.2 (30a)

$$\int\limits_0^{K'} \frac{\operatorname{dn}(v,k')\,dv}{[\operatorname{sn}^2 u_k \operatorname{cn}^2(v,k') + \operatorname{sn}^2(v,k')]^{1/2}} = K(\operatorname{cn}^2 u_k)\,. \tag{18a}$$

In dem zweiten Integral von Gl. (17b) setzen wir $t = \operatorname{cn}(v,k')/\operatorname{dn}(v,k')$. Dann sind die neuen Integralgrenzen wiederum 0 und 1, und eine einfache Durchrechnung ergibt

$$\int\limits_0^{K'} \frac{dv}{[\operatorname{sn}^2 u_k \operatorname{cn}^2(v,k') + \operatorname{sn}^2(k,v')]^{1/2}} = K(\operatorname{dn}^2 u_k)\,. \tag{18b}$$

Im ganzen ist damit die Beziehung entstanden:

$$\int\limits_{v_1}^{v_1+l_v} \frac{dv}{|F'(u_k+iv)|} = \frac{4}{R\,k\,k'} \{\operatorname{dn} u_k\, K(\operatorname{cn}^2 u_k) + k \operatorname{cn} u_k\, K(\operatorname{dn}^2 u_k)\}\,. \tag{17c}$$

Ist hierin $u_k = K$, so wird wegen $\operatorname{cn} K = 0$ und $\operatorname{dn} K = k'$

$$\int\limits_{v_1}^{v_1+l_v} \frac{dv}{|F'(K+iv)|} = \frac{2\pi}{R\,k}\,. \tag{17d}$$

Für den Hochfrequenzlängswiderstand $\mathfrak{R}_L$ erhält man dann die Formel:

$$\mathfrak{R}_L = \frac{\pi^2/4}{k\,K'^2} \left(\frac{\omega\,\mu_M}{2\varkappa}\right)^{\frac{1}{2}} \left\{\frac{1}{2\pi R} + \frac{\operatorname{dn} u_2\, K(\operatorname{cn}^2 u_2) + k \operatorname{cn} u_2\, K(\operatorname{dn}^2 u_2)}{\pi^2 R\,k'}\right\}. \tag{19}$$

Für $x_m = y_m$ geht das Leitersystem in ein koaxiales Kabel über, dessen Außenleiter den Radius R und dessen Innenleiter den Radius x_m hat. Für $\alpha' = \beta'$, d.h. $x_m = y_m$, ist aber $k = 1$, $k' = 0$, $\operatorname{dn} u_2 = \operatorname{cn} u_2 = 0$, $\operatorname{cn} u_2/k' = \mathfrak{Sin}\,\alpha$, $\operatorname{dn} u_1/k' = \mathfrak{Cos}\,\alpha$ und endlich $K' = \pi/2$. Für das koaxiale Kabel mit dem Innenleiter vom Radius R und dem Außenleiter vom Radius x_m wird daher

$$\mathfrak{R}_L = \left(\frac{\omega\,\mu_M}{2\varkappa}\right)^{\frac{1}{2}} \left(\frac{1}{2\pi R} + \frac{1}{2\pi x_m}\right). \tag{19a}$$

Für die Dämpfung β erhält man, falls $\mu_M = \mu_0$ ist, die Darstellung

$$\begin{aligned}\beta = \frac{\pi\sqrt{\omega\,\varepsilon/2\varkappa}}{4Rk K'(K - F(k,\chi))} \times \\ \times\left\{1 + \frac{2}{\pi k'}[\mathrm{dn}\,u_2\,K(\mathrm{cn}^2 u_2) + k\,\mathrm{cn}\,u_2\,K(\mathrm{dn}^2 u_2)]\right\}\end{aligned} \tag{20}$$

mit

$$\chi = \arcsin(\mathfrak{Cof}\,\alpha'/\mathfrak{Cof}\,\beta').$$

Die rechnerischen Ergebnisse dieses Abschnitts sind in Abb. 82 graphisch veranschaulicht. Sie stellt den Wellenwiderstand und die Dämpfung nach Gl. (19) und (20) in Abhängigkeit des Achsenabschnitts y_m dar, wenn der innere Leiter kreisförmig ist und der äußere

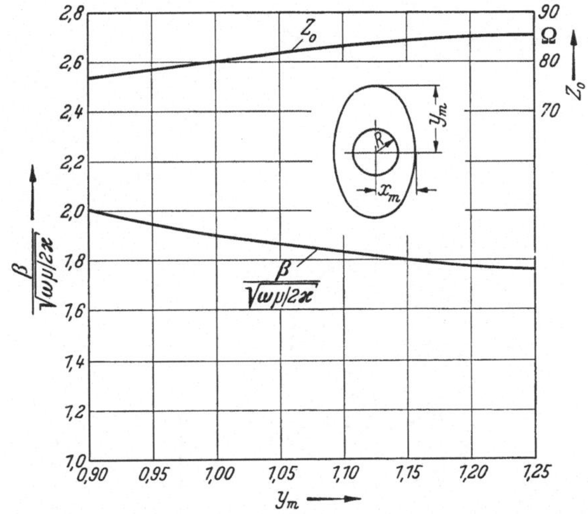

Abb. 82. Der Verlauf von Dämpfung und Wellenwiderstand in Abhängigkeit von y_m bei einem unrunden Kabel der im Bild wiedergegebenen Querschnittsform. Der Längswiderstand $\mathfrak{R}_L$ berechnet sich nach Gl. (19), die Dämpfung β nach Gl. (20)

Leiter bei einem konstanten Wert von x_m zu einer der Niveauflächen von Abb. 63 gehört, die zwischen dem Kreis und der äußersten Niveaulinie liegen und die nach Abb. 64 und Gl. 3.7 (15) gerade eben noch keine Einschnürung zeigt. Die äußersten linken Werte in der Zeichnung geben also die Größen von Wellenwiderstand und Dämpfung für ein koaxiales Kabel mit dem Innenradius 0,25 cm und dem Außenradius 0,9 cm, die äußersten rechten Werte die Größen von Wellenwiderstand und Dämpfung bei einem Kabel mit der durch Abb. 65 veranschaulichten Leiterkontur wieder. y_m hat dann den Wert 1,25 cm.

4.42 Unrunde Breitbandkabel auf der Basis der Niveaulinienschar von elliptischem Zylinder und konfokaler Platte. Eine andere, naheliegende Querschnittsform für ein unrundes Breitbandkabel bildet der elliptische Querschnitt. Allerdings hat man in diesem Fall nur Aussicht, mit den Rechnungen durchzukommen, wenn sowohl der Innenleiter wie der Außenleiter die Umrißformen konfokaler Ellipsen haben. Im Grenzfall kann die innere Ellipse zu einer Platte oder zu

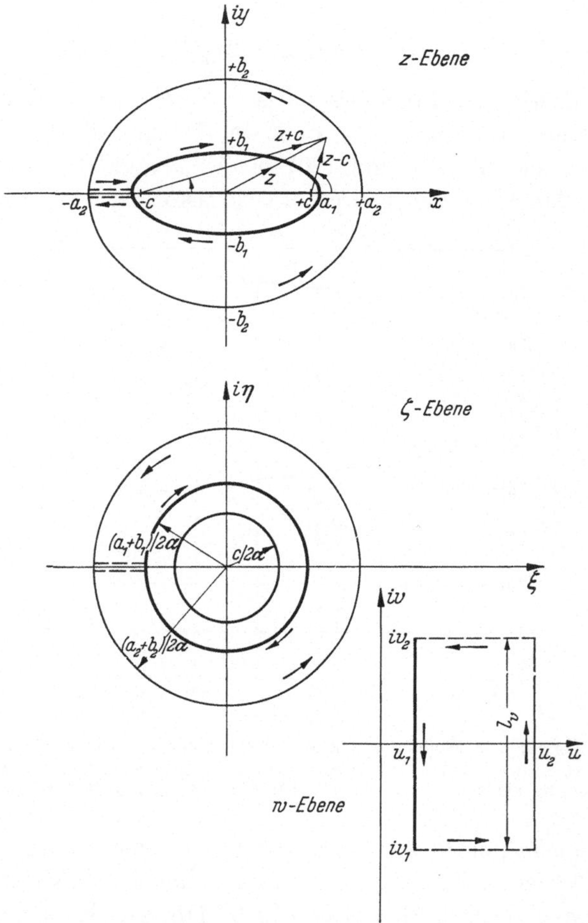

Abb. 83. Das aus konfokalen Ellipsen bestehende unrunde Breitbandkabel und die Abbildung auf die ζ-Ebene und auf die w-Ebene des Plattenleiters. Der Wellenwiderstand Z_0 folgt aus Gl. (28). Längswiderstand $\mathfrak{R}_L$ und Dämpfung berechnen sich nach Gl. (32).

einem Bandleiter entarten, wobei dann die Kanten in den Brennlinien verlaufen.

Wir gehen demgemäß aus von einem Hochfrequenzleiter mit den in Abb. 83 dargestellten Konturen. Wegen der gemeinsamen Brennpunkte der beiden Ellipsen ist

$$a_1^2 - b_1^2 = a_2^2 - b_2^2 = c^2 \qquad (a_1 < a_2). \qquad (21)$$

Es ist bekannt, daß man auf ellipsenförmige Niveaulinien schon bei der Untersuchung der durch die Funktion $z = \frac{1}{2}(\zeta + \zeta^{-1})$ vermittelten Abbildung geführt wird. Da jedoch diese Funktion für unsere Zwecke noch zu speziell gewählt ist, setzen wir allgemeiner

$$z = \alpha\,\zeta + \frac{c^2/4}{\alpha\,\zeta} \tag{22}$$

und fragen zunächst nach den Kurven, die den Kreisen $\zeta = \varrho\, e^{i\varphi}$ der ζ-Ebene entsprechen. Man erhält ohne Schwierigkeit nach Elimination von φ für die Niveaulinien der z-Ebene, die den Kreisen $\varrho =$ const der ζ-Ebene entsprechen, die Gleichung

$$\frac{x^2}{(\varrho\,\alpha + c^2/4\alpha\,\varrho)^2} + \frac{y^2}{(\varrho\,\alpha - c^2/4\alpha\,\varrho)^2} = 1\,. \tag{23a}$$

Sie stellen Ellipsen dar, deren große und kleine Achse

$$a = \varrho\,\alpha + \frac{c^2/4}{\varrho\,\alpha}, \quad (23\alpha) \qquad\qquad b = \varrho\,\alpha - \frac{c^2/4}{\alpha\,\varrho} \quad (23\beta)$$

ist. Quadriert man beide Gleichungen und zieht sie voneinander ab, so bekommt man die Relation $a^2 - b^2 = c^2$. Sie zeigt, daß alle Ellipsen tatsächlich die gleichen beiden Brennpunkte haben und die Größe c in Gl. (22) im besonderen die Bedeutung der linearen Exzentrizität dieser Ellipse hat. Löst man die Gl. (22) nach ζ auf, so wird

$$\zeta = \frac{z + \sqrt{(z-c)\,(z+c)}}{2\alpha}\,. \tag{24}$$

Werden die Phasenwinkel von $z \pm c$ von der positiven Richtung der x-Achse aus gezählt, so bekommt man, wenn die Drehungen um $z = c$ vorläufig 180° nicht überschreiten,

$$\zeta = \frac{a+b}{2\alpha} \quad \text{für} \quad z = a, \qquad\qquad \zeta = \frac{i\,(b+a)}{2\alpha} \quad \text{für} \quad z = i\,b,$$

$$\zeta = \frac{x + i\sqrt{c^2 - x^2}}{2\alpha} \quad \text{für} \quad z = x \quad \text{mit} \quad |x| < a.$$

Die ersten beiden Fälle bestätigen, daß die Punkte auf dem Umfang der Ellipse nach Übertragung auf die ζ-Ebene tatsächlich auf einem Kreise liegen, und sie zeigen darüber hinaus, daß der Radius dieses Kreises $= (a+b)/2\alpha$ ist. Die Punkte auf der Ober- und Unterseite der die Punkte $\pm c$ verbindenden Geraden kommen dementsprechend auf den Umfang des Kreises mit dem Radius $c/2\alpha$ zu liegen. Wir betrachten die Zeichenebene als das obere Blatt der zu Gl. (24) gehörenden zweiblättrigen Riemannschen Fläche. Mit dem unteren Blatt hängt es in bekannter Weise längs der Linie $-c \cdots +c$ zusammen. Um auf das untere Blatt zu gelangen, muß der Aufpunkt z den Verzweigungsschnitt durchqueren, und wenn wir ihn dann in einen Punkt der positiven x-Achse des unteren Blattes überführen, so hat danach die Wurzel in Gl. (24) ein negatives Vorzeichen, und dieses andere Vorzeichen macht den einzigen Unterschied zwischen den ζ-Werten aus, die zu ein und demselben z in diesen beiden Blättern gehören. Man erhält daher jetzt

$$\zeta = \frac{a-b}{2\alpha} \quad \text{für} \quad z = a, \qquad \zeta = \frac{i(a-b)}{2\alpha} \quad \text{für} \quad z = -i\,b.$$

Die Bildkurven der Ellipsen sind also wiederum Kreise. Ihre Radien sind aber mit einer einzigen Ausnahme sämtlich kleiner als $c/2a$. In der Tat rückt auch der Bildpunkt von $z \to \infty$ jetzt in den Punkt $\zeta = 0$. Welchem der beiden Blätter des weiteren die ζ-Werte entnommen werden, ist gleichgültig. Wir wollen uns hier für das positive Vorzeichen entscheiden. Dann ist natürlich noch die Konstante α zu bestimmen. Entsprechen nun die Ellipsen a_i, b_i, c mit $i = 1$ und 2 in der ζ-Ebene den Kreisen ϱ_i, so ist nach den obigen Angaben

$$\varrho_i = \frac{a_i + b_i}{2\alpha} \qquad (i = 1, 2),$$

und mithin muß sein

$$2\alpha = \frac{a_1 + \sqrt{a_1^2 - c^2}}{\varrho_1} = \frac{a_2 + \sqrt{a_2^2 - c^2}}{\varrho_2}. \tag{25}$$

Bei gegebenen Werten von a_i und c ist also nur einer der beiden Radien ϱ_1 oder ϱ_2 frei wählbar und der jeweils andere dadurch bereits mitbestimmt. Ebenso ist der Wert von α damit festgelegt.

In Rücksicht auf die Ausführungen in Abschn. 4.31 müssen wir noch den Kreisring $\varrho_1 < |\zeta| < \varrho_2$ auf das Rechteck der w-Ebene abbilden, eine Forderung, der die Funktion

$$w = A \ln \zeta = u + i\,v = A \ln(\varrho\, e^{i\varphi}), \quad (26\text{a}) \qquad \zeta = e^{w/A} \quad (26\text{b})$$

Genüge leistet. Entsprechen u_1, u_2 den Radien ϱ_1 und ϱ_2, so ist nach dieser Festsetzung

$$u_2 - u_1 = A \ln \frac{\varrho_2}{\varrho_1} = A \ln \frac{a_2 + \sqrt{a_2^2 - c^2}}{a_1 + \sqrt{a_1^2 - c^2}} = A \ln \frac{a_1 + \sqrt{a_1^2 - c^2}}{a_2 - \sqrt{a_2^2 - c^2}}. \tag{27a}$$

Entsprechen ferner den Werten $\varphi = \mp\pi$ die Werte v_1 und $v_2 = v_1 + l_v$, so hat man außerdem die Beziehung

$$v_2 - v_1 = l_v = 2\pi A. \tag{27b}$$

Nach Gl. (5) berechnet sich also der Wellenwiderstand des Breitbandkabels nach der Formel:

$$Z_0 = \frac{\sqrt{\mu_0/\varepsilon_0}}{2\pi} \ln \frac{a_2 + \sqrt{a_2^2 - c^2}}{a_1 + \sqrt{a_1^2 - c^2}} = c_0\, \mathfrak{L}_L^{(a)} = \frac{1}{c_0\, C_L}. \tag{28}$$

Damit sind dann die Kapazität und die Induktivität je Längeneinheit gleichfalls bekannt.

In der Formel (8a) für den Längswiderstand tritt zunächst die Funktion $F(w)$ von Gl. (4b) auf. Nach Gl. (22b) und (26a) kann sie im vorliegenden Fall auf die Form

$$z = F(w) = \frac{c}{A}\,\mathfrak{Cof}\left(\frac{w}{A} + \gamma\right), \quad (29) \qquad \gamma = \mathfrak{ArCof}\left(\frac{a_i}{c}\right) - \varrho_i \quad (i = 1, 2) \quad (29\text{a})$$

gebracht werden. Für den Längswiderstand $\mathfrak{R}$ ergibt sich daraus nach kurzer Rechnung die Beziehung

$$\mathfrak{R}_L = \frac{\sqrt{\mu_M\,\omega/2\varkappa}}{4\pi^2 c}\sum_{p=1}^{2}\int_{-\pi}^{+\pi}\frac{dx}{|\mathfrak{Sin}(\mathfrak{ArCof}(a_p/c) + i\,x)|}\,. \quad (30)$$

Nun ist wegen $|\mathfrak{Sin}(\varphi + i\,x)| = \{\mathfrak{Sin}(\varphi + i\,x)\,\mathfrak{Sin}(\varphi - i\,x)\}^{\frac{1}{2}}$

$$\left|\mathfrak{Sin}\left(\mathfrak{ArCof}\left(\frac{a_p}{c}\right) + i\,x\right)\right|^2 = \left(\frac{a_p}{c}\right)^2 - \cos^2 x = \left(\left(\frac{a_p}{c}\right)^2 - 1\right)\left\{1 + \frac{\sin^2 x}{(a_p/c)^2 - 1}\right\}.$$

Ferner gilt die Formel:

$$\int_0^{\pi/2}\frac{dx}{\sqrt{1 - k^2\sin^2 x}} = K(k) = \int_0^{\pi/2}\frac{dx}{\sqrt{1 + (k^2/k'^2)\sin^2 x}} = k' K(k)\,, \quad (31)$$

$$k = \frac{c}{a_p}\,, \quad (31\text{a}) \qquad \frac{k^2}{k'^2} = \frac{1}{(a_p/c)^2 - 1}\,. \quad (31\text{b})$$

Damit nimmt dann die Formel für den Längswiderstand des unrunden Kabels mit ellipsenförmigem Querschnitt die folgende endgültige Form an:

$$\mathfrak{R}_L = \sqrt{\frac{\omega\,\mu_M}{2\varkappa}}\,\frac{1}{\pi^2 c}\,[c/a_1 \cdot K(c/a_1) + c/a_2 \cdot K(c/a_2)] = 2\beta Z_0\,, \quad (32)$$

womit gleichzeitig auch im Hinblick auf die Gl. (28) die Dämpfung des Kabels bekannt ist. Für $c \to 0$ nehmen die äußere und innere Ellipse Kreisform an, und die Gl. (32) geht in der Tat in die Gl. (19a) mit $R = a_1$ und $x = a_2$ über.

Die Abb. 84 veranschaulicht die Zunahme von $\mathfrak{R}_L$ bei fest gegebenen Werten von a_1 und a_2 in Abhängigkeit von c/a_1, und zwar im Bereich $0 \lesseqgtr c/a_1 \leqq 1$. Für $c/a_1 = 0$ handelt es sich um zwei Kreise, für $c/a_1 = 1$ um eine Ellipse mit den Halbachsen a_2 und b_2, die einen axialsymmetrisch angeordneten Bandleiter von der Länge $2c$ umschließt.

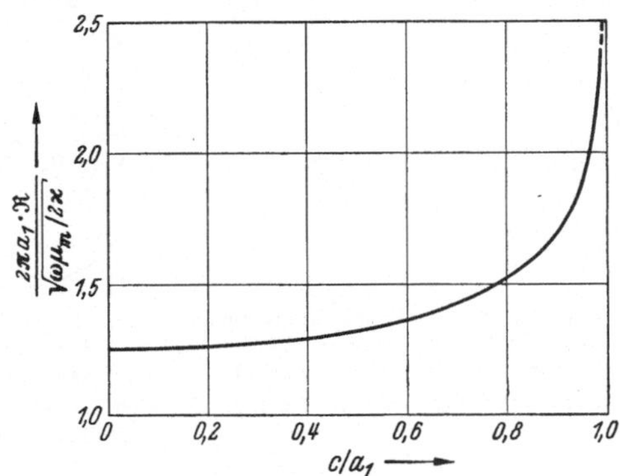

Abb. 84. Der Verlauf des Längswiderstandes $\mathfrak{R} \equiv \mathfrak{R}_L$ in Abhängigkeit des Verhältnisses c/a_1, d. i. das Verhältnis von halber linearer Exzentrizität zur halben großen Achse

4.51 Periodisch angeordnete Bandleiter in der Mitte zwischen zwei leitenden Ebenen. In den hierher gehörigen Abb. 85 und 86 stellen die beiden Ebenen $y = 0$ und $y = 2h$ die untere und obere

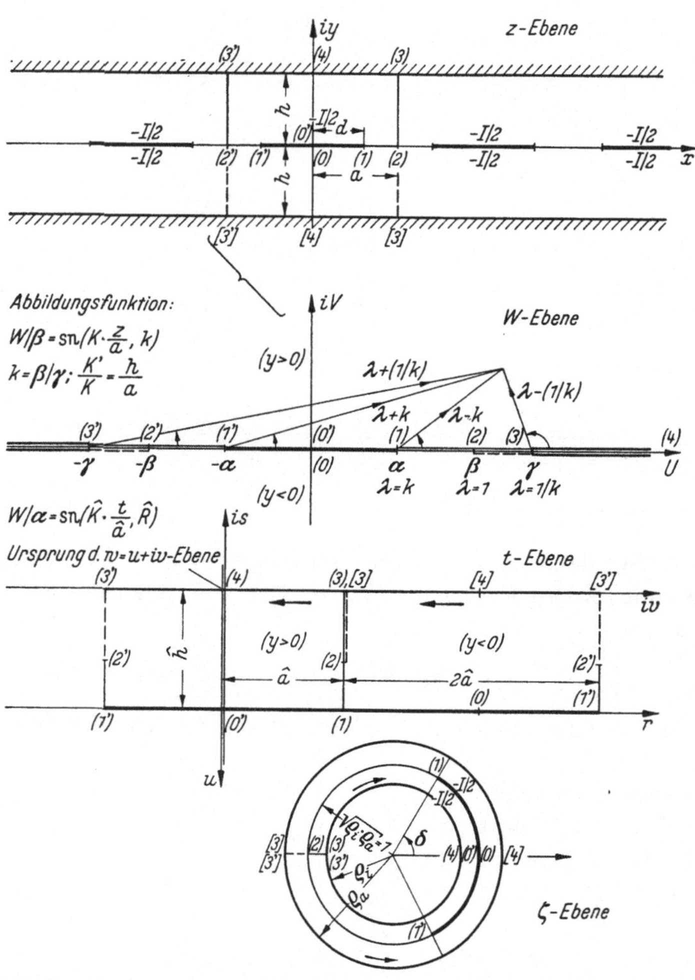

Abb. 85. In der z-Ebene ist vorgelegt ein periodisches System von äquidistanten Bandleitern parallel zur oberen und unteren Begrenzung eines Streifens. Nach Übergang zur ζ-Ebene entsteht daraus ein zirkular eingezogener Bandleiter mit dem Radius $R = \sqrt{R_a R_i}$ zwischen den beiden begrenzenden Kreisen mit den Radien R_i und R_a. Dabei kann gesetzt werden: $\varrho_a = R_a/R$, $\varrho_i = R_i/R$

vollkommen leitende Begrenzung einer planparallelen Schicht mit den Materialkonstanten μ_0 und ε_0 dar. In der Höhe $y = h$ sind in dem immer gleichen Abstand $2a$ Bandleiter von der Breite $2d$ angeordnet, die ebenfalls als vollkommen leitend betrachtet werden sollen. Die beiden Ebenen mögen auf dem Potential $\Phi_H = 0$

stehen. Jeder Bandleiter werde vom Strom $-I = -q_L/\sqrt{\mu_0 \varepsilon_0}$ durchflossen. Im Falle von Abb. 85 liegen die Bänder in derselben Ebene parallel zu den Begrenzungsflächen des Streifens. Da sich die Bandleiter nicht überlappen sollen, so muß dann $d < a$ sein. Im Falle von Abb. 86 stehen die Bänder senkrecht zu den Ebenen $y = 0$ und $y = 2h$,

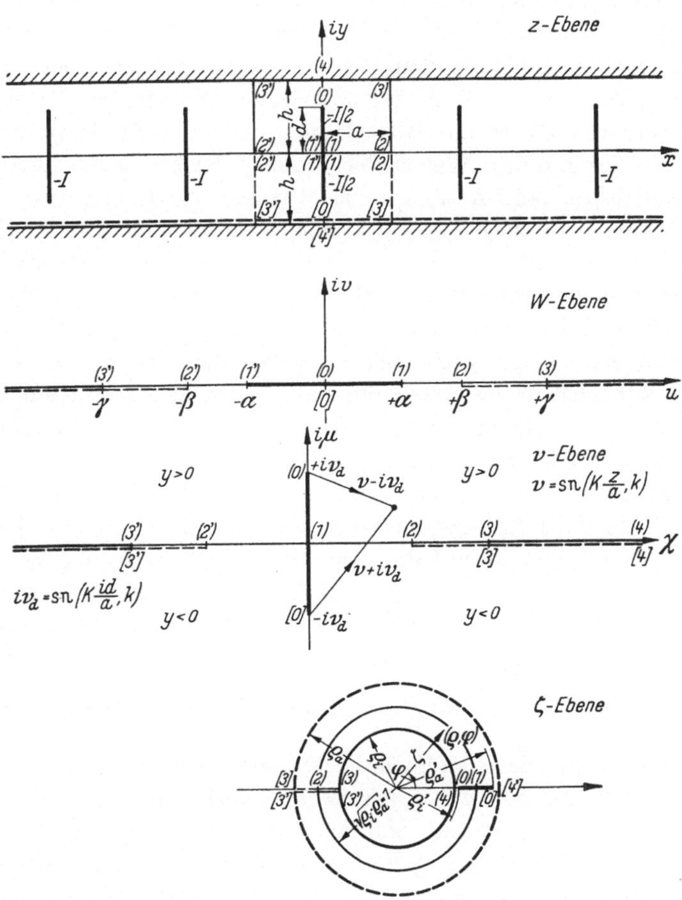

Abb. 86. In der z-Ebene ist vorgelegt ein periodisches System von äquidistanten Bandleitern, die senkrecht zu den beiden Begrenzungslinien des Streifens stehen. Die Bänder liegen auch hier in der Mitte des Streifens. Nach Übergang zur ζ-Ebene entsteht daraus ein radial eingezogener Bandleiter, der zwischen den Kreisen mit den Radien R_i' und R_a' liegt mit $\sqrt{R_i' R_a'} = \sqrt{R_i R_a} = R$. Dabei kann gesetzt werden $\varrho_p = R_p/R$, $\varrho_p' = R_p'/R$ mit $p = i$ oder a.

und es muß dann natürlich $d < h$ sein. Wir behandeln beide Fälle nacheinander.

4.511 Die horizontal angeordneten Bandleiter. Da die Bandleiter in der Mittelebene $y = h$ angeordnet sind, so entfällt natürlich von dem gesamten Strom $-I$ auf die Ober- und Unterseite des

Bandes je die Hälfte des Stromes. Wir denken uns den Streifen mit den periodisch angeordneten Bändern durch die Ebenen $x = a \pm 2a\,\lambda$ mit $\lambda = 0, 1, 2, \ldots$ in zahllose nebeneinanderliegende Zellen von der Breite $2a$ aufgeteilt. Eine einzelne solche Zelle mit den Ecken (3), (3′), [3], [3′] ist in Abb. 85 besonders eingezeichnet worden. Zwischen den Punkten (3), (3′) der oberen Begrenzungsplatte fließt dann in der Richtung senkrecht zu der Papierebene etwa nach oben heraus der Rückstrom $+I/2$ zu dem Strom $-I/2$ auf der Oberseite des Bandes und in derselben Richtung und Größe zwischen den Punkten [3], [3′] der unteren Platte der Rückstrom $+I/2$ zu dem Strom auf der Unterseite des Bandes. Wegen der gleichen Richtung der Ströme in den Bandleitern kann natürlich die Mittellinie zwischen zwei Bandleitern keine elektrische Potentiallinie sein, vielmehr wird sie von einer Feldlinie gebildet. Diese $\mathfrak{E}$-Linie verläuft aber nicht etwa von der oberen zur unteren leitenden Ebene, was ja wegen des gleich hohen Potentials, auf dem beide Ebenen stehen, nicht möglich ist, sondern sie kommt etwa von der Kante (1) des Bandleiters her, verläuft von dort aus zunächst in der Ebene des Bandleiters bis zur Mittellinie und biegt dann unter einem rechten Winkel zur einen Hälfte nach oben, zur anderen Hälfte nach unten um.

Es genügt dann für das Weitere, innerhalb der Zelle mit den Ecken (3), (3′), [3], [3′] das Rechteck (0′), (1), (2), (3), (4), (0′) zu betrachten. Wir bilden es auf die obere W-Halbebene in der Weise ab, daß dabei die Punkte (0′), (1), (2) und (3) in die Punkte $W = 0, \alpha, \beta, \gamma$ der reellen Zahlenachse übergehen. Wie man sofort erkennt, ermöglicht eine solche Abbildung die Funktion

$$W/\beta = \operatorname{sn}(K \cdot z/a,\, k) \qquad \mathfrak{Im}(k) = 0\,, \quad (1)$$

und in der angeschriebenen Form leistet sie für die Punkte (0′) und (2), für die $z = 0$ und $z = a$ ist, bereits das Verlangte, obgleich über k noch gar nicht verfügt ist. Soll nun weiterhin dem Punkt (3) mit $z = a + i\,h$ der Punkt $W = \gamma$ und dem Punkt (1) mit $z = d$ der Punkt $W = \alpha$ entsprechen, so müssen auch noch die Gleichungen bestehen:

$$K'/K = h/a, \quad (1\,\mathrm{a}) \qquad \gamma/\beta = 1/k, \quad (1\,\mathrm{b}) \qquad \alpha/\beta = \operatorname{sn}(K \cdot d/a,\, k). \quad (1\,\mathrm{c})$$

Die Gl. (1a) bestimmt eindeutig den Modul $k < 1$, und durch Gl. (1b, c) lassen sich dann auch die beiden Verhältnisse α/β und γ/β bestimmen. Durch Gl. (1) ist damit zugleich auch das obere Rechteck der z-Ebene auf die obere W-Ebene abgebildet.

Auf dieselbe W-Ebene, auf die das Rechteck mit den Ecken (2), (3), (3′) und (2′) abgebildet worden ist, bilden wir jetzt noch ein zweites Rechteck ab. Es liege in der t-Ebene von Abb. 85 und habe dort die

Ecken (0′), (1), (3), (4) und die noch unbekannten Kantenlängen $\hat{a}$ und $\hat{h}$. Nach Gl. (1) wird diese Abbildungsfunktion die Form haben

$$W/\alpha = \operatorname{sn}\left(\hat{K} \cdot t/\hat{a}, \hat{k}\right). \tag{2}$$

In der Tat führt sie bereits die Punkte (0′) und (1) der t-Ebene mit $t = 0$ und $t = \hat{a}$ in die Punkte 0 und α der W-Ebene über. Soll auch noch $t = \hat{a} + i\,\hat{h}$ in $W = \gamma$ übergehen, so muß im Hinblick auf Gl. (1b) und (1c) gelten:

$$\hat{K}'/\hat{K} = \hat{h}/\hat{a}, \quad (2\text{a}) \qquad \alpha/\gamma = \hat{k} = k \operatorname{sn}(d/a \cdot K, k). \quad (2\text{a})$$

Somit ist jetzt auch der Modul $\hat{k}$ bekannt.

Nun macht die elektrische Ladung auf den Flächen (0′), (1) und (3), (4) der z-Ebene in Abb. 85 den vierten Teil der gesamten Ladung aus, die auf der oberen und unteren Seite des Bandleiters liegt. Nach Übergang zur t-Ebene bilden aber diese beiden Flächen die Belegungen eines gewöhnlichen Plattenkondensators mit dem Plattenabstand $\hat{h}$ und der halben Plattenbreite $\hat{a}$, dessen Feld überdies frei von Randverzerrungen ist. Mithin ergibt sich für den Wellenwiderstand Z_0 oder für den Kapazitätsbelag C_L oder für den Induktivitätsbelag $\mathfrak{L}_L^{(a)}$ eines einzelnen Bandleiters in der Anordnung von Abb. 85 die Berechnungsvorschrift:

$$Z_0 = \frac{\sqrt{\mu_0 \varepsilon_0}}{C_L} = \frac{\mathfrak{L}_L^{(a)}}{\sqrt{\mu_0 \varepsilon_0}} = \frac{1}{4}\sqrt{\frac{\mu_0}{\varepsilon_0}}\,\frac{\hat{K}'}{\hat{K}} = \frac{1}{4}\sqrt{\frac{\mu_0}{\varepsilon_0}}\,\frac{K'\left(k \operatorname{sn}\left(\frac{d}{a} K, k\right)\right)}{K\left(k \operatorname{sn}\left(\frac{d}{a} K, k\right)\right)} \tag{3}$$

mit

$$K'/K = h/a.$$

4.512 Die vertikal angeordneten Bandleiter. Wir betrachten jetzt die Anordnung vertikaler Bandleiter von Abb. 86. In dem oberen Rechteck der z-Ebene wird einmal das Stück (0) · · · (4) der linken Rechteckseite und dann der Linienzug (1) · · · (2) · · · (3) von einer $\mathfrak{E}$-Linie gebildet. Wenn wir demnach wieder eine Abbildung des Rechteckumfanges auf die reelle Achse der W-Ebene in der Weise erzielen können, daß für das rechte obere Rechteck die Punkte (0), (1), (2), (3) und (4) in die Punkte (0), α, β, γ und ∞ der W-Ebene übergehen, so kann man weiterhin genau ebenso verfahren wie im ersten Fall.

Nun läßt sich allerdings diesmal das obere Rechteck der z-Ebene innerhalb der ins Auge gefaßten Zelle nicht ganz so leicht auf die ganze, reelle Achse der W-Ebene transformieren wie vordem. Nach Gl. 2.3 (2b) besteht nämlich zunächst für die Abbildungsfunktion die Formel

$$\frac{dz}{dW} = -A \frac{W}{\sqrt{(W^2 - \alpha^2)(W^2 - \beta^2)(W^2 - \gamma^2)}}, \tag{4a}$$

und hierin sind $\pm\alpha$, $\pm\beta$, $\pm\gamma$ gemäß Abb. 86 diejenigen Punkte der reellen W-Achse, in die die Ecken (1), (1'); (2), (2'); (3), (3') des Rechtecks der z-Ebene durch die Abbildung auf die W-Ebene übergehen. Infolge der jetzt sechs Ecken tritt in Gl. (4a) unter der Wurzel ein Polynom sechsten Grades auf. Nun sieht man aber sofort, daß sich für die Integration der Grad des Polynoms durch die Substitution $W^2 = t$ von sechs auf drei reduzieren läßt, so daß man erhält

$$\begin{aligned} a + i h - z &= \frac{A}{2} \int_{\gamma^2}^{t} \frac{dt}{\sqrt{(t-\alpha^2)(t-\beta^2)(t-\gamma^2)}} \\ &= A(\gamma^2-\alpha^2)^{-\frac{1}{2}} F\left[\left(\frac{\beta^2-\alpha^2}{\gamma^2-\alpha^2}\right)^{\frac{1}{2}}; \arcsin\left(\left(\frac{t-\gamma^2}{t-\beta^2}\right)^{\frac{1}{2}}\right)\right], \end{aligned} \tag{4}$$

denn es ist ja in der Tat nach Abb. 86 $z = a + i h$ für $t = \gamma^2$. In Gl. (4) sind noch die drei Konstanten α, β, γ und A unbekannt. Da nun für $t \to \infty$ in der z-Ebene $z \to i h$ strebt und $(t^2 - \gamma^2)/(t^2 - \beta^2) \to 1$, so folgt aus Gl. (4) für diese beiden Fälle sofort, daß

$$a = A(\gamma^2-\alpha^2)^{-\frac{1}{2}} F\left(k; \frac{\pi}{2}\right) = A(\gamma^2-\alpha^2)^{-\frac{1}{2}} K(k)$$

ist, wenn gesetzt wird

$$k^2 = \frac{\beta^2-\alpha^2}{\gamma^2-\alpha^2} < 1, \quad (4\alpha) \qquad 1 - k^2 = k'^2 = \frac{\gamma^2-\beta^2}{\gamma^2-\alpha^2}. \quad (4\beta)$$

Dann läßt sich die Gl. (4) auch in der Form

$$\frac{a + i h - z}{a} = F\left(k; \arcsin\left(\left(\frac{t-\gamma^2}{t-\beta^2}\right)^{\frac{1}{2}}\right)\right) \Big/ K(k) \tag{5}$$

schreiben. Nach Inversion der Gl. (5), nachfolgender Quadrierung und Auflösung nach W^2 erhält man daraus die Beziehung:

$$W^2 = \left[\gamma^2 - \beta^2 \operatorname{sn}^2\left(K \frac{i h + a - z}{a}, k\right)\right] \Big/ \left[\operatorname{cn}^2\left(K \frac{i h + a - z}{a}; k\right)\right]. \tag{6}$$

Wir bestimmen zunächst, soweit es möglich ist, die noch unbekannten Konstanten α, β, γ und k. Dabei läßt sich voraussehen, daß eine der drei Größen α, β, γ unbestimmt bleiben wird. Für $z = a + i h$ wird nach Gl. (6), wie es erforderlich ist, $W = \gamma^2$. Für $z = a$ entsteht aus Gl. (6) die Relation

$$(W^2 - \gamma^2)/(W^2 - \beta^2) = \operatorname{sn}^2\left(K \frac{i h}{a}, k\right).$$

Sie geht im Hinblick auf das bekannte Verhalten der Funktionen sn, dn, cn im Punkte $i K'$ in eine Identität über, wenn

$$K'/K = h/a \tag{6a}$$

gesetzt wird. Damit ist dann zugleich der Modul der elliptischen Funktion bestimmt.

Aus Gl. (6) folgt ferner für $z = 0$ im Hinblick auf die Gl. (4α) der Wert $W = \alpha$. Schließlich muß die Gl. (6) für $z = i\,d$ zu dem Wert $W = 0$ führen. Es muß also die Beziehung bestehen:

$$\left(\frac{\gamma}{\beta}\right)^2 = \mathrm{sn}^2\left(K + i\,K' - i\,K\frac{d}{a},\, k\right) = \frac{1}{k^2}\left[\mathrm{dc}\left(i\,K\frac{d}{a},\, k\right)\right]^2. \qquad (6\,\mathrm{b})$$

Wendet man hierauf die imaginäre Transformation von JACOBI an, so erhält man das Formelpaar

$$k = \frac{\gamma}{\beta} = \mathrm{dn}\left(\frac{d}{h}K',\, k'\right), \quad (7\,\mathrm{a}) \qquad \frac{\alpha}{\beta} = \mathrm{sn}\left(\frac{d}{h}K',\, k'\right). \quad (7\,\mathrm{b})$$

In der Tat wird damit die Gl. (4β) identisch erfüllt.

Der Zusammenhang zwischen W und z kann damit auf die gegenüber Gl. (6) noch einfacheren beiden Formeln

$$\left(\frac{W}{\beta}\right)^2 = \mathrm{sn}^2\left(\frac{d}{h}K',\, k'\right) + \mathrm{cn}^2\left(\frac{d}{h}K',\, k'\right)\mathrm{sn}^2\left(\frac{z}{a}K,\, k\right) \qquad (8)$$

oder

$$\frac{W}{\beta\sqrt{1-(\alpha/\beta)^2}} = [(\nu - i\,\nu_d)\,(\nu + i\,\nu_d)]^{\frac{1}{2}} \qquad (9)$$

gebracht werden, wobei im Falle der Gl. (9) ν und ν_d selbst durch die Beziehungen

$$\nu = \mathrm{sn}\left(K\frac{z}{a},\, k\right), \quad (9\,\mathrm{a}) \qquad i\,\nu_d = \mathrm{sn}\left(i\,K\frac{d}{a},\, k\right) = i\,\mathrm{sc}\left(\frac{d}{h}K',\, k'\right), \quad (9\,\mathrm{b})$$

definiert sind. Aus der Formel (9) ersieht man ohne Schwierigkeit, wie sich die Zweideutigkeit des Wurzelausdrucks für W auswirkt und daß also in der Tat durch die Abbildungsfunktion nicht nur die rechte Hälfte des oberen Rechtecks der z-Ebene auf die rechte Hälfte der oberen W-Ebene abgebildet wird, sondern daß dies mutatis mutandis auch von der linken Hälfte gilt.

Wir bilden nun wieder das Rechteck mit den Ecken (0′), (1), (3), (4) der t-Ebene von Abb. 85 mittels der schon früher benutzten Gl. (2) so auf die obere W-Ebene ab, daß die genannten vier Ecken in die Punkte (0), α, γ, ∞ der reellen Achse der W-Ebene fallen. Dann ist jetzt nach Gl. (2a), (2b) und (7a, b)

$$\hat{K}'/\hat{K} = \hat{h}/\hat{a}, \quad (10\,\mathrm{a}) \qquad \alpha/\gamma = \hat{k} = k\cdot\mathrm{sd}\,(d/h\cdot K',\, k'), \quad (10\,\mathrm{b})$$

und hierin sind k und k' durch Gl. (6a) bestimmt. Wegen $\hat{K} \equiv K(\hat{k})$ und $\hat{K}' \equiv K(\hat{k}')$ berechnet sich mithin im Falle der gemäß Abb. 86 angeordneten Bandleiter für den einzelnen Bandleiter der Wellenwiderstand oder sein Kapazitätsbelag oder sein Induktivitätsbelag nach der Relation

$$Z_0 = \frac{\sqrt{\mu_0 \varepsilon_0}}{C_L} = \frac{\mathfrak{L}_L^{(a)}}{\sqrt{\mu_0 \varepsilon_0}} = \frac{1}{4}\sqrt{\frac{\mu_0}{\varepsilon_0}}\,\frac{\hat{K}'}{K} = \frac{1}{4}\sqrt{\frac{\mu_0}{\varepsilon_0}}\,\frac{K'\left(k\,\mathrm{sd}\left(\frac{d}{h}K', k'\right)\right)}{K\left(k\,\mathrm{sd}\left(\frac{d}{h}K', k'\right)\right)} \tag{11}$$

mit

$$K'/K = h/a. \tag{11a}$$

4.52 Das koaxiale Kabel mit einem zirkular oder radial in das Dielektrikum eingesetzten Bandleiter. Anstatt nun, wie es bisher geschehen ist, von der periodischen Aufeinanderfolge horizontal oder vertikal angeordneter Bandleiter im Streifen der z-Ebene auszugehen, ist es für die Anwendungen belangreicher, wie es bereits in den Abb. 85 und 86 angedeutet worden ist, an den Fall des im Querschnitt kreisringförmigen Dielektrikums in einem koaxialen Kabel zu denken, in dem der Länge nach ein einzelner Bandleiter entweder zirkular oder radial eingesetzt ist. Bezeichnen R_a und R_i den Außen- und den Innenradius des kreisringförmigen Querschnitts, so möge gesetzt werden

$$\varrho_a = \frac{R_a}{\sqrt{R_a R_i}} > 1, \quad (12\text{a}) \qquad \varrho_i = \frac{R_i}{\sqrt{R_a R_i}} < 1, \quad (12\text{b})$$

$$\varrho = \frac{R}{\sqrt{R_a R_i}}, \quad (12\text{c}) \qquad \sqrt{\varrho_i \varrho_a} = 1. \quad (12\text{d})$$

Die konforme Abbildung des Streifens der z-Ebene in den Abb. 85 und 86 auf den Kreisring der ζ-Ebene besorgt die Funktion:

$$i z = \frac{a}{\pi}\ln\zeta = \frac{a}{\pi}[\ln\varrho + i\varphi]. \tag{13}$$

Im Falle von Abb. 85, wo es sich um einen *zirkular* eingezogenen Bandleiter handelt, ist dann offenbar

$$\frac{d}{a} = \frac{\delta}{\pi}, \quad (14\text{a}) \qquad 2\pi\frac{h}{a} = \ln\left(\frac{R_a}{R_i}\right) = 2\pi\frac{K'}{K}. \quad (14\text{b})$$

Für den Wellenwiderstand des Bandleiters innerhalb des koaxialen Kabels gilt dann wiederum die Gl. (3), wenn darin für d/a die Größe δ/π gesetzt und der Modul k aus der Gl. (14c) berechnet wird.

Im Falle von Abb. 86, wo es sich um einen *radial* eingezogenen Bandleiter handelt, ist zu setzen

$$2\pi\frac{d}{a} = \ln\frac{R_a R_i}{R_i'^2} = \ln\left(\frac{1}{\varrho_i}\right), \quad (15\text{a}) \qquad 2\pi\frac{h}{a} = \ln\left(\frac{R_a}{R_i}\right) = 2\pi\frac{K'}{K}, \quad (15\text{b})$$

$$\frac{d}{h} = \frac{\ln(R_a R_i/R_i'^2)}{\ln(R_a/R_i)}. \tag{15c}$$

Für den Wellenwiderstand des Bandleiters innerhalb des koaxialen Kabels gilt dann wiederum die Gl. (11), wenn darin für d/h und k die aus Gl. (15b, c) folgenden Ausdrücke benutzt werden.

5 Räumliche elektrische Felder

5.11 Die Punktladung im Bereich zweier geerdeter metallischer Kugeln. Unter Bezugnahme auf das dipolare Koordinatensystem von Abb. 87 soll das von zwei metallischen, geerdeten Kugeln mit den Oberflächen $\eta = \eta_1 > 0$ und $\eta = \eta_2 < \eta_1$ verursachte Störfeld einer am Orte (ξ', η', φ') stehenden Punktladung Q in einem sonst homogen erfüllten Raum berechnet werden. Die Lösung dieser Aufgabe findet sich, was die mathematische Seite anbetrifft, im wesentlichen bereits in dem bekannten Lehrbuch von E. HEINE [*10*] über Kugelfunktionen. Wir bringen sie hier, da sie ein lehrreiches Beispiel dafür liefert, welchen bedeutenden Einfluß die Wahl eines geeigneten Koordinatensystems auf die Möglichkeit hat, mit den in diesem Buche zur Sprache kommenden Mitteln eine Lösung herzuleiten. Im übrigen werden wir von der Lösung an dieser Stelle hier einige Anwendungen machen, die anscheinend anderswo noch nicht zur Sprache gebracht worden sind.

Anstatt von dem elektrostatischen Feld einer Punktladung in Gegenwart zweier metallischer Kugeln zu sprechen, könnte auch an das Strömungsfeld einer punktförmigen Elektrode bei gleichzeitigem Vorhandensein zweier vollkommen leitender Kugeln in einem Medium von sonst endlicher elektrischer Leitfähigkeit gedacht werden. Um uns nicht vorzeitig auf den einen oder anderen Fall festzulegen, benutzen wir die normierte Anregungsfunktion der Gl. 2.2 (10), die im Hinblick auf die Gl. 2.1 (29) und (67) hier in der einfacheren Form

$$g(p, p') = -\frac{1}{4\pi\, R(p, p')} = \\ -\frac{1}{4\pi a}\left[(\operatorname{Cof}\eta - \cos\xi)(\operatorname{Cof}\eta' - \cos\xi')\right]^{\frac{1}{2}} \sum_{\lambda=0}^{\infty} e^{-(\lambda+\frac{1}{2})|\eta-\eta'|} P_\lambda(\cos\zeta), \tag{1}$$

$$|\eta| \to \infty; \quad \eta_2 < \eta' < \eta_1; \quad p \equiv p(\xi, \eta, \varphi), \quad p' \equiv p'(\xi', \eta', \varphi'),$$

$$\cos\zeta = \cos\xi\cos\xi' + \sin\xi\sin\xi'\cos(\varphi - \varphi') \tag{1'}$$

angeschrieben werden mag. Sie ist identisch mit der GREENschen Funktion des unbegrenzten und homogen erfüllten Raums, und sie befriedigt mit Ausnahme der Stelle $p = p'$ die D.Gl. 2.1 (65c). Die Potentialfunktion $G(\xi, \eta, \varphi)$, die es zu bestimmen gilt, muß in dem Raum zwischen den beiden Kugeln natürlich ebenfalls der eben genannten D.Gl. genügen. Sie wird sich additiv zusammensetzen aus der das Feld anregenden Potentialfunktion $g(p, p')$ von Gl. (1) und einer zusätzlichen sekundären Potentialfunktion $G^{(s)}(\xi, \eta, \varphi)$. Da in dem Raumteil, für den sie gelten soll, η weder unendlich große positive noch negative Werte annimmt, so muß diese zusätzliche Potentialfunktion gemäß der Gleichung

$$G^{(s)}(\xi,\eta,\varphi) = -\frac{1}{4\pi a}[(\mathfrak{Cof}\,\eta - \cos\xi)(\mathfrak{Cof}\,\eta' - \cos\xi')]^{\frac{1}{2}}\times \\ \times \sum_{\lambda=0}^{\infty}\left(A_\lambda e^{-(\lambda+\frac{1}{2})\eta} + B_\lambda e^{+(\lambda+\frac{1}{2})\eta}\right)P_\lambda(\cos\zeta) \tag{2}$$

aufgebaut sein. Wie der Vergleich mit Gl. (1) zeigt, besteht danach kein Zweifel, daß auch Gl. (2) die D.Gl. von LAPLACE in den dipolaren Koordinaten erfüllt.

Wir haben danach jetzt nur noch dafür zu sorgen, daß die resultierende Lösungsfunktion

$$G(p,p') = g(p,p') + G^{(s)}(\xi,\eta,\varphi), \tag{3}$$

die nichts anderes als die GREENsche Funktion des unbegrenzten Raumes mit den beiden kugelförmigen Hohlräumen als Löchern darstellt, für alle Werte von ξ aus dem Bereich $0\cdots\pi$ und für alle Werte von φ aus dem Bereich $0\cdots 2\pi$ an den beiden Flächen $\eta=\eta_1$ und $\eta=\eta_2$ zu Null wird. Im Hinblick auf Gl. (1), (2) und (3) führt diese Forderung zu den beiden Gleichungen

$$A_\lambda + B_\lambda e^{(2\lambda+1)\eta_1} = -e^{+(\frac{1}{2}+\lambda)\eta'} \tag{4a}$$

$$A_\lambda e^{-(2\lambda+1)\eta_2} + B_\lambda = -e^{-(\frac{1}{2}+\lambda)\eta'} \qquad (\lambda = 1,2,3,\ldots). \tag{4b}$$

Die unbekannten Konstanten A_λ und B_λ können hieraus leicht berechnet werden, und mit der Abkürzung

$$(\xi,\eta) = \sqrt{\mathfrak{Cof}\,\eta - \cos\xi} \tag{5}$$

läßt sich dann die Lösung in der Form

$$G(p,p') = -\frac{(\xi,\eta)(\xi',\eta')}{2\pi a}\times \\ \times\sum_{\lambda=0}^{\infty}\frac{\mathfrak{Sin}(\lambda+\frac{1}{2})(\eta'-\eta_2)\cdot\mathfrak{Sin}(\lambda+\frac{1}{2})(\eta_1-\eta)}{\mathfrak{Sin}(\lambda+\frac{1}{2})(\eta_1-\eta_2)}P_\lambda(\cos\zeta) \\ (\eta' < \eta \leqq \eta_1) \tag{6}$$

schreiben. Für $\eta_2 \lesseqgtr \eta < \eta'$ heißt es im Zähler der Gl. (6) hinter dem Summenzeichen

$$\mathfrak{Sin}(\lambda+\tfrac{1}{2})(\eta_1-\eta')\cdot\mathfrak{Sin}(\lambda+\tfrac{1}{2})(\eta-\eta_2). \tag{6a}$$

Das Verschwinden von G für $\eta=\eta_{1,2}$ ist aus Gl. (6) und (6a) sofort zu ersehen. In der Gl. (6) liegt, wie schon eingangs erwähnt wurde, die normierte GREENsche Funktion des von den beiden Kugelflächen $\eta=\eta_1$ und $\eta=\eta_2$ begrenzten Raums vor. Dieser Raum erstreckt sich ins Unendliche, wenn $-\infty < \eta_2 \leqq 0$ und $0 < \eta_1 < \infty$ ist. Es ist ein nach außen abgeschlossener endlicher Raum für $0 < \eta_2 < \eta_1 < \infty$.

Liegt die Einheitsquelle im besonderen auf der Verbindungsgeraden der beiden Kugelmittelpunkte, so ist $\xi' = 0$, falls die Quelle links von der linken oder rechts von der rechten Kugel angeordnet ist. Liegt sie zwischen den beiden Kugeln, so ist $\xi' = \pi$.

5.111 Die Potentialfunktion für das Feld außerhalb der Kugeln mit den vorgeschriebenen Kugelpotentialen U_1 und U_2. Um die Potentialfunktion $U(\xi, \eta, \varphi)$ zu bestimmen, die auf der Kugel $\eta = \eta_1$ das Potential U_1 und auf der Kugel $\eta = \eta_2$ das Potential U_2 annimmt, bedienen wir uns der Gl. 2.2 (18). Sie nimmt im vorliegenden Fall die Gestalt an

$$U(\xi, \eta, \varphi) = U_1 \int_{F_1} \left(\frac{\partial G}{\partial \eta'}\right)_{\eta'=\eta_1} \frac{\sin\xi'\, d\xi'\, d\varphi'}{\mathfrak{Cof}\,\eta_1 - \cos\xi'} - \\ - U_2 \int_{F_2} \left(\frac{\partial G}{\partial \eta'}\right)_{\eta'=\eta_2} \frac{\sin\xi'\, d\xi'\, d\varphi'}{\mathfrak{Cof}\,\eta_2 - \cos\xi'}, \tag{7}$$

wobei die Formeln 2.1 ($64\alpha, \gamma$) herangezogen worden sind. Wird $\partial G/\partial \eta'$ gemäß Gl. (6) berechnet, so ergibt sich für den ersten Summanden in Gl. (7) nach der erlaubten Vertauschung der Reihenfolge von Summation und Integration

$$\frac{U_1}{2\pi} \cdot (\xi, \eta) \sum_{\lambda=0}^{\infty} \left(\lambda + \frac{1}{2}\right) \frac{\mathfrak{Sin}(\lambda + \frac{1}{2})(\eta - \eta_2)}{\mathfrak{Sin}(\lambda + \frac{1}{2})(\eta_1 - \eta_2)} \int_0^{\pi}\int_0^{2\pi} P_\lambda(\cos\zeta) \frac{\sin\xi'\, d\xi'\, d\varphi'}{\sqrt{\mathfrak{Cof}\,\eta_1 - \cos\xi'}}.$$

Ersetzt man nach Berücksichtigung von Gl. (1') $P_\lambda(\cos\zeta)$ durch die dafür geltende Reihenentwicklung 2.1 (31a, b), so läßt sich die Integration nach φ' sofort ausführen, und man erhält

$$\int_0^{\pi}\int_0^{2\pi} P_\lambda(\cos\zeta) \frac{\sin\xi'\, d\xi'\, d\varphi'}{\sqrt{\mathfrak{Cof}\,\eta_1 - \cos\xi'}} = 2\pi P_\lambda(\cos\xi) \int_0^{\pi} P_\lambda(\cos\xi') \frac{\sin\xi'\, d\xi'}{\sqrt{\mathfrak{Cof}\,\eta_1 - \cos\xi'}}. \tag{8a}$$

Nun ist andererseits nach Gl. 2.1 (29)

$$\sum_{\eta=0}^{\infty} e^{-\eta_1(\lambda+\frac{1}{2})} P_\lambda(\cos\xi') = [2(\mathfrak{Cof}\,\eta_1 - \cos\xi')]^{-\frac{1}{2}} \qquad (\eta_1 > 0), \tag{9a}$$

$$\int_{-1}^{+1} P_n(x) P_\lambda(x)\, dx = \delta_{n\lambda}/(n + \tfrac{1}{2}). \tag{9b}$$

Berücksichtigt man diese beiden Gleichungen bei der Auswertung des Integrals auf der rechten Seite von Gl. (8a), so ergibt sich sofort die wichtige Formel:

$$\int_0^{\pi}\int_0^{2\pi} P_\lambda(\cos\zeta)\,\frac{\sin\xi'\,d\xi'\,d\varphi'}{\sqrt{\mathfrak{Cof}\,\eta_1-\cos\xi'}} = 2\pi P_\lambda(\cos\xi)\cdot 2^{\frac{1}{2}}\,\frac{e^{-(\lambda+\frac{1}{2})|\eta_1|}}{\lambda+\frac{1}{2}} \qquad (8\text{b})$$

$$(\lambda = 0, 1, 2, \ldots).$$

Der zweite Summand in Gl. (7) kann dann ebenfalls angegeben werden, und es entsteht damit die endgültige Beziehung:

$$U(\xi,\eta) = \sqrt{2(\mathfrak{Cof}\,\eta-\cos\xi)}\left\{U_1\sum_{\lambda=0}^{\infty}\frac{\mathfrak{Sin}(\lambda+\frac{1}{2})(\eta-\eta_2)}{\mathfrak{Sin}(\lambda+\frac{1}{2})(\eta_1-\eta_2)}\,e^{-(\lambda+\frac{1}{2})\eta_1}P_\lambda(\cos\xi)\right.$$

$$\left.+\,U_2\sum_{\lambda=0}^{\infty}\frac{\mathfrak{Sin}(\lambda+\frac{1}{2})(\eta_1-\eta)}{\mathfrak{Sin}(\lambda+\frac{1}{2})(\eta_1-\eta_2)}\,e^{-(\lambda+\frac{1}{2})|\eta_2|}P_\lambda(\cos\xi)\right\} \qquad (10)$$

$$(\eta_2 \gtreqless \eta \leqq \eta_1 > 0).$$

Im Hinblick auf die Gl. (9a) geht aus Gl. (10) sofort hervor, daß $U(\xi,\eta)$ in der Tat für $\eta=\eta_1$ den Wert U_1 und für $\eta=\eta_2$ den Wert U_2 annimmt. Das Auftreten des Absolutwertes von η_2 im Exponenten der e-Funktion in der zweiten Zeile von Gl. (10) wird sofort durch einen Blick auf die Gl. (9a) verständlich. Darin müßte man in der Tat auf der linken Seite im Exponenten für $\eta_1 < 0$ ebenfalls $|\eta_1|$ schreiben.

5.12 Die Punktladung in Gegenwart zweier metallischer Kugeln mit den Potentialen U_1 und U_2. Der aus Gl. (6) und (10) gemäß der Vorschrift

$$V(\xi,\eta,\varphi) = U(\xi,\eta) - \frac{Q}{\varepsilon_0}G(p,p') \qquad (11)$$

zusammengesetzte Ausdruck stellt die Lösung der Aufgabe dar, diejenige Potentialfunktion zu finden, die etwa das elektrostatische Feld einer Punktladung Q am Orte $p'(\xi',\eta',\varphi')$ in Gegenwart zweier metallischer Kugeln mit den Oberflächen $\eta=\eta_1$ und $\eta=\eta_2$ beschreibt, wenn sie nun nicht mehr wie im Abschn. 5.11 geerdet sind und demnach auf dem Potential Null stehen, sondern wenn sie die beliebig vorgeschriebenen Potentiale U_1 und U_2 haben. In Gl. (11) bedeutet ε_0 die Dielektrizitätskonstante des homogenen, isotropen Raums zwischen den Kugeln. Die Kraft auf die Punktladung Q ist dann durch die Formel

$$\mathfrak{K}(Q) = -Q\,\mathrm{grad}\,U(\xi,\eta) \qquad (12)$$

berechenbar.

5.13 Die verschiedenen Teilkapazitäten der beiden Kugeln. Um die Beziehung für die drei Kapazitätskoeffizienten oder die drei Teilkapazitäten der beiden Kugeln zu ermitteln, müssen wir noch die auf den beiden Kugeln sitzenden, gesamten elektrischen Ladungen aus der Gl. (10) bestimmen. Die z. B. auf der Kugel $\eta = \eta_1$ liegende Ladungsdichte berechnet sich nun gemäß der Formel

$$q_F(\xi, \eta_1, \varphi) = \frac{\varepsilon_0}{a} (\mathfrak{Cof}\,\eta_1 - \cos\xi) \left(\frac{\partial U}{\partial \eta}\right)_{\eta=\eta_1}. \tag{13a}$$

Die auf dieser Kugel ruhende gesamte Ladung hat also die Größe

$$Q_i = \operatorname{sgn}\eta_i \cdot 2\pi a\,\varepsilon_0 \int_0^\pi \left(\frac{\partial U}{\partial \eta}\right)_{\eta=\eta_i} \frac{\sin\xi\, d\xi}{\mathfrak{Cof}\,\eta_i - \cos\xi} \quad (i = 1, 2). \tag{13b}$$

Die Durchführung der hierin geforderten Integration macht keine Schwierigkeiten. Es bedarf dazu lediglich der Kenntnis der beiden Integrale (8a, b) und der weiteren, leicht beweisbaren Formel:

$$\int_0^\pi \frac{\sin\xi\, d\xi}{(\mathfrak{Cof}\,\eta - \cos\xi)^2} = -\frac{\partial}{\partial \eta}\left(\int_0^\pi \frac{\sin\xi\, d\xi}{\mathfrak{Cof}\,\eta - \cos\xi}\right) \Big/ \mathfrak{Sin}\,\eta = \frac{2}{\mathfrak{Sin}^2\eta}. \tag{8c}$$

Sowohl Q_1 als auch die nach der gleichartigen Formel zu berechnende Ladung Q_2 hängen von U_1 und U_2 ab. Setzen wir wie üblich

$$Q_1 = C_{11} U_1 + C_{12}(U_1 - U_2), \quad (13\alpha) \qquad Q_2 = C_2(U_2 - U_1) + C_{22} U_2, \quad (13\beta)$$

so ergeben sich nach kurzer Rechnung für die drei Teilkapazitäten C_{11}, C_{22}, C_{12} die folgenden Relationen

$$C_{11} = \begin{cases} 0 & (\eta_1 > \eta_2 > 0) \\ 8\pi a\,\varepsilon_0 \sum\limits_{\lambda=0}^{\infty} \dfrac{\mathfrak{Sin}(\lambda+\frac{1}{2})|\eta_2|}{\mathfrak{Sin}(\lambda+\frac{1}{2})(\eta_1-\eta_2)} e^{-(\lambda+\frac{1}{2})\eta_1} & (\eta_2 < 0 < \eta_1), \end{cases} \tag{14a}$$

$$C_{22} = \begin{cases} 0 & (\eta_1 > \eta_2 > 0) \\ 8\pi a\,\varepsilon_0 \sum\limits_{\lambda=0}^{\infty} \dfrac{\mathfrak{Sin}(\lambda+\frac{1}{2})\eta_1}{\mathfrak{Sin}(\lambda+\frac{1}{2})(\eta_1-\eta_2)} e^{+(\lambda+\frac{1}{2})|\eta_2|} & (\eta_2 < 0 < \eta_1), \end{cases} \tag{14b}$$

$$C_{12} = 4\pi a\,\varepsilon_0 \sum_{\lambda=0}^{\infty} \frac{e^{-(\lambda+\frac{1}{2})(\eta_1+|\eta_2|)}}{\mathfrak{Sin}(\lambda+\frac{1}{2})(\eta_1-\eta_2)} = C_{21} \quad \begin{matrix} (-\infty < \eta_2 < \eta_1) \\ (\eta_1 > 0). \end{matrix} \tag{14c}$$

Für $-\eta_2 = \eta_1$ hat man im besonderen die einfacheren Formeln

$$C_0 \equiv C_{11} = C_{22} = 8\pi a\,\varepsilon_0 \sum_{\lambda=0}^{\infty} \frac{1}{e^{2\eta_1(\lambda+\frac{1}{2})} + 1}, \tag{14\alpha}$$

$$\eta_1 > 0$$

$$C_{12} = 8\pi a\,\varepsilon_0 \sum_{\lambda=0}^{\infty} \frac{1}{e^{4\eta_1(\lambda+\frac{1}{2})} - 1}. \tag{14\beta}$$

Dieser Art der Herleitung der Kapazitätsformeln für zwei metallische Kugeln steht die Methode der unendlich oft wiederholten Spiegelungen gegenüber [*13*], die im allgemeinen bevorzugt wird, solange es sich um die bloße Berechnung der Kapazitäten handelt. Die Formeln für C_{11}, C_{22} usw. haben in diesem Falle gewöhnlich einen etwas anderen Aufbau. Die im vorstehenden verwendete Methode ist in ihrer Handhabung wesentlich einfacher und auch allgemeiner verwendbar.

Wir betrachten noch an Hand der Gl. (14α, β) die beiden Grenzfälle weit auseinander liegender und dicht beieinander liegender Kugeln. Der Radius möge r, der Mittelpunktsabstand $2h = D$ sein. Dann ist wegen

$$\eta_1 = \mathfrak{Ar}\,\mathfrak{Cof}\left(\frac{D}{2r}\right) \equiv \ln\left[\frac{(D+\sqrt{D^2-4r^2})}{2r}\right] \approx \ln\left(\frac{D}{r}\right) \qquad (D \gg r)$$

η_1 eine große Zahl, und nach Gl. (14α, β) ist dann in erster Näherung wegen $a = r\,\mathfrak{Sin}\,\eta_1 \approx D/2$

$$C_{11} = C_{22} \approx 4\pi\varepsilon_0 r, \quad (15\alpha) \qquad C_{12} \approx 4\pi\varepsilon_0 r\left(\frac{r}{D}\right). \quad (15\beta)$$

Die Kapazitäten gegen die unendlich ferne Hülle entsprechen also der Kapazität einer alleinstehenden Kugel. Die gegenseitige Kapazität der beiden Kugeln ist noch im Verhältnis r/D kleiner als die Hüllenkapazitäten.

Der andere Grenzfall kleiner Werte von η_1 liegt häufig bei der Kugelfunkenstrecke vor. Wir betrachten hier zunächst die Gl. (14β). Zu der Funktion

$$f_-(x) = \frac{1}{e^{\alpha x} - 1}, \qquad (16\text{a})$$

gehört nach Gl. M. 3 (3) die MELLIN-Transformierte

$$\mathfrak{F}_-(s) = \int_0^\infty \frac{x^{s-1}}{e^{\alpha x} - 1}\,dx = \Gamma(s)\,\zeta(s)\,\alpha^{-s}, \qquad (\mathfrak{Re}(s) > 1), \qquad (14\text{b}_1)$$

mit der Umkehrfunktion

$$\frac{1}{e^{\alpha x} - 1} = \frac{1}{2\pi i}\int_{\sigma - i\infty}^{\sigma + i\infty} \frac{\Gamma(s)\,\zeta(s)}{(\alpha x)^s}\,ds \qquad (\sigma > 1). \qquad (16\text{b}_2)$$

Dann ist

$$\sum_{\lambda=0}^{\infty} \frac{1}{e^{\alpha(\lambda+\frac{1}{2})} - 1} = \sum_{\lambda=0}^{\infty} f_-\left(\lambda + \frac{1}{2}\right) = \frac{1}{2\pi i}\int_{\sigma - i\infty}^{\sigma + i\infty} \frac{\Gamma(s)\,\zeta(s)\,\zeta(s)}{(\alpha/2)^s}(1 - 2^{-s})\,ds \qquad (17)$$

$$(\sigma > 1),$$

denn es ist bekanntlich

$$\sum_{\lambda=0}^{\infty} (2\lambda + 1)^{-s} = \zeta(s)\,(1 - 2^{-s}) \qquad (\mathfrak{Re}(s) > 1). \qquad (17')$$

Das in Gl. (17) auf der rechten Seite stehende Integral hat einen Pol zweiter Ordnung an der Stelle $s = 1$ und Pole erster Ordnung an den Stellen $s = -1$, -3, -5 .... Der Pol $s = 0$ wird durch den Faktor $1 - 2^{-s}$ aufgehoben, die Pole $s = -2, -4, -6$ ... durch das Verschwinden der Funktion $\zeta(s)$ in diesen Punkten. Die Berechnung der Residuen in diesen Polen führt für die Summe in

Gl. (17) zu der folgenden asymptotischen Darstellung:

$$\sum_{\lambda=0}^{\infty} \frac{1}{e^{\alpha(\lambda+\frac{1}{2})}-1} = \frac{1}{2}\left(C + \ln\frac{4}{\alpha}\right) + \sum_{m=0}^{N} \frac{B_{2m+2}^2}{(2m+2)!\,(2m+2)} \times (2^{2m+1}-1)\left(\frac{\alpha}{2}\right)^{2m+1} + O(\alpha^{2N+3}). \tag{17a}$$

Für $C_{1,2}$ erhält man demnach bei kleinen Werten von η_1 in den drei ersten Gliedern die folgende Näherungsdarstellung

$$C_{12} = 2\pi a\,\varepsilon_0 \left\{\left(C + \ln\left(\frac{1}{\eta_1}\right)\right)\Big/\eta_1 + \frac{\eta_1}{18} + 7\,\frac{\eta_1^3}{2700} + O(\eta_1^5)\right\} \tag{17b}$$
$$(C = 0{,}577216\ldots).$$

Wir gehen zu Gl. (14) über. In diesem Fall gehört offenbar zu der Funktion

$$f_+(x) = \frac{1}{e^{\alpha x}+1} \tag{18a}$$

die MELLIN-Transformierte

$$\begin{aligned}\mathfrak{F}_+(s) &= \int_0^{\infty} \frac{x^{s-1}}{e^{\alpha x}+1}\,dx = \sum_{n=0}^{\infty} (-)^n \int_0^{\infty} e^{-\alpha x(n+1)} x^{s-1}\,dx \\ &= \frac{\Gamma(s)}{\alpha^s} \sum_{n=0}^{\infty} \frac{(-)^n}{(n+1)^s} = \Gamma(s)\,\zeta(s)\,\alpha^{-s}\,(1-2^{1-s}) \qquad \Re e\,(s) > 0,\end{aligned} \tag{18b$_1$}$$

mit der Umkehrfunktion

$$f_+(x) = \frac{1}{2\pi i} \int_{\sigma-i\infty}^{\sigma+i\infty} \frac{\Gamma(s)\,\zeta(s)}{(\alpha x)^s}(1-2^{1-s})\,ds \qquad (\sigma > 0). \tag{18b$_2$}$$

Dann ist wieder im Hinblick auf Gl. (17′)

$$\sum_{\lambda=0}^{\infty} \frac{1}{e^{\alpha(\lambda+\frac{1}{2})}+1} = \frac{1}{2\pi i} \int_{\sigma-i\infty}^{\sigma+i\infty} \frac{\Gamma(s)\,\zeta(s)\,\zeta(s)}{(\alpha/2)^s}(1-2^{1-s})\,(1-2^{-s})\,ds \qquad (\sigma > 1). \tag{19}$$

Die Stelle $s = 1$ ist jetzt ein einfacher Pol. Die übrigen singulären Stellen stimmen mit denen des ersten Falles überein, und die asymptotische Entwicklung lautet jetzt

$$\sum_{\lambda=0}^{\infty} \frac{1}{e^{\alpha(\lambda+\frac{1}{2})}+1} = \frac{\ln 2}{\alpha} - \sum_{m=0}^{N} \frac{B_{2m+1}^2}{(2m+2)!\,(2m+2)} \times \left(\frac{\alpha}{2}\right)^{2m+1} (2^{2m+2}-1)\,(2^{2m+1}-1). \tag{19a}$$

Für $C_{11} = C_{22}$ besteht also in den ersten drei Gliedern bei kleinen Werten von η_1 die folgende asymptotische Darstellung

$$C_{11} = C_{22} = 2\pi a\,\varepsilon_0 \left\{\frac{\ln 4}{\eta_1} - \frac{\eta_1}{12} - \frac{7\,\eta_1^3}{1440} - O(\eta_1^5)\right\} \equiv C_0. \tag{19b}$$

In den Gl. (17b) und (19b) ist, um daran zu erinnern, $a = r \cdot \mathfrak{Sin}\,\eta_1$ mit r als dem Kugelradius.

5.14 Der kugelförmige metallische Erder. Von den Lösungsgleichungen Gl. (10) und (11) machen wir eine weitere Anwendung auf den kugelförmigen Erder, der mit seinem Mittelpunkt in der Tiefe h unter der Erdoberfläche liegt und dort durch einen isoliert an ihn herangeführten Leiter auf dem Potential U_0 gehalten wird. Damit die aus dem Erder austretende Strömung an der Erdoberfläche keine von Null verschiedene Normalkomponente besitzt, betrachten wir von Anfang an zwei gleich große und auf gleich hohem Potential stehende Erder, die den Abstand $D = 2h$ voneinander haben und in einem nach allen Seiten unendlich ausgedehnten Erdkörper stehen. Die Potentialfunktion für diese Elektrodenanordnung ergibt sich aus Gl. (10), nachdem $\eta_2 = -\eta_1$ gesetzt worden ist, und man hat daher

$$U(\xi, \eta) = \sqrt{2(\mathfrak{Cof}\,\eta - \cos\xi)}\; U_0 \sum_{\lambda=0}^{\infty} \frac{\mathfrak{Cof}(\lambda + \frac{1}{2})\eta}{\mathfrak{Cof}(\lambda + \frac{1}{2})\eta_1}\, e^{-(\lambda+\frac{1}{2})\eta_1} P_\lambda(\cos\zeta) \qquad (20)$$

$$(0 \leqq |\eta| \leqq \eta_1)\,.$$

Die sich hieraus berechnende Strömungskomponente

$$\mathfrak{i}_\eta = -\varkappa(\mathfrak{Cof}\,\eta - \cos\xi)/a \cdot \partial U(\xi, \eta)/\partial\eta$$

wird aber in der Tat in der Ebene der Erdoberfläche, die als Mittelebene zwischen den beiden Kugeln verläuft und in der $\eta = 0$ ist, selbst gleich Null, so daß die Gl. (16) die Verteilung des Potentials auch in dem wirklich vorliegenden Fall mit dem unteren Halbraum als Erdkörper richtig wiedergibt.

Um nun den Strömungswiderstand des Erdreichs zu bestimmen, wenn die Kugel die stromliefernde Elektrode und die den Strom aufnehmende Gegenelektrode die unendlich ferne Halbkugel ist, könnten wir genau so vorgehen wie im vorigen Abschnitt und durch eine Integration über die Oberfläche des Kugelerders den gesamten austretenden Strom berechnen, woraus sich dann sofort der Widerstand $R_{\eta_1,\infty}$ ergäbe. Diese Rechnungen sind aber unnötig, denn zwischen den oben berechneten Teilkapazitäten und dem gesuchten Strömungswiderstand des Kugelerders besteht bekanntlich [*11*, *14*] der allgemeingültige Zusammenhang

$$C_{11} \cdot R_{\eta_1,\infty} = \varepsilon_0/\varkappa\,, \qquad (21)$$

wie man sofort erkennt, wenn man für einen Augenblick mit der Leitfähigkeit des Erdkörpers anstatt mit seinem Widerstand rechnet. Es ist somit:

$$\frac{1}{R_{\eta_1,\infty}} = 4\pi a \varkappa \sum_{\lambda=0}^{\infty} \frac{e^{-(\frac{1}{2}+\lambda)\eta_1}}{\mathfrak{Cof}(\frac{1}{2}+\lambda)\eta_1} = 4\pi r \varkappa \left\{\mathfrak{Sin}\,\eta_1 \sum_{\lambda=0}^{\infty} \frac{e^{-(\frac{1}{2}+\lambda)\eta_1}}{\mathfrak{Cof}(\frac{1}{2}+\lambda)\eta_1}\right\}. \qquad (21\,\mathrm{a})$$

Ist r der Radius der Kugel, so steht nach Gl. 2.1 ($60\alpha, \beta$) η_1 mit h und r in dem einfachen Zusammenhang

$$h = r \cdot \mathfrak{Cof}\,\eta_1, \qquad (21\alpha) \qquad\qquad a = r \cdot \mathfrak{Sin}\,\eta_1. \qquad (17\beta)$$

In Abb. 87 ist über h/r als Abszisse der Verlauf von $R_{\eta_1,\infty} \cdot 4\pi\varkappa r$ graphisch dargestellt worden. Gleichzeitig ist darin noch η_1 als Funktion von h/r eingetragen. Für $h/r \to \infty$ strebt natürlich $R_{\eta_1,\infty}$ dem Wert $(1/4\pi r\varkappa)$ zu, das ist der Erdungswiderstand einer Kugel vom Radius r

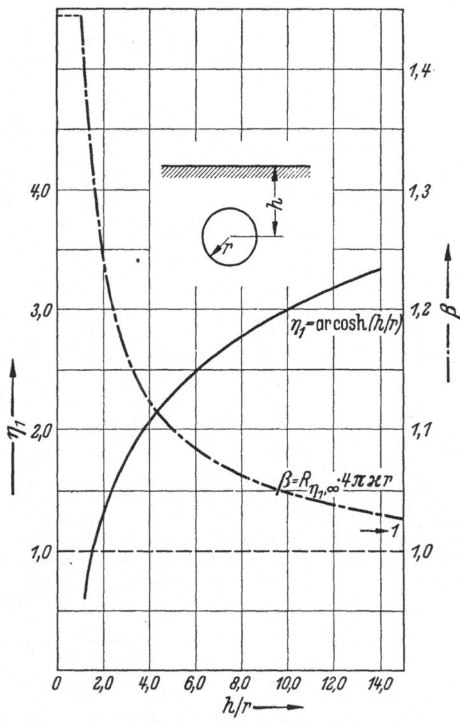

Abb. 87. Der Mittelpunkt eines kugelförmigen Erders mit dem Radius r liegt hm tief unter der Erdoberfläche. Die strichpunktierte Kurve zeigt den Verlauf des mit $4\pi\varkappa r$ multiplizierten Erdungswiderstandes der Kugel in Abhängigkeit von h/r. Die vollausgezogene Kurve gibt den Verlauf von $\mathfrak{ArCof}\,(h/r)$ wieder

in einem unendlich ausgedehnten Medium. Für $h/r \to 1$, d. h. für $\eta_1 \to 0$ ist

$$\lim_{\eta_1 \to 0} (R_{\eta_1,\infty} \cdot 4\pi r \varkappa) = 1/\ln 2\,. \qquad (21\text{b})$$

Wegen des Beweises dieser Formel wird auf den mathematischen Anhang M. 3 verwiesen.

In der Erdoberfläche oberhalb des eingegrabenen Erders verläuft das Potential nach Gl. (16) gemäß der Formel:

$$\frac{U(\xi, 0)}{U_0} = 2 \sin\left(\frac{\xi}{2}\right) \sum_{\lambda=0}^{\infty} \frac{e^{-(\lambda+\frac{1}{2})\eta_1}}{\mathfrak{Cof}(\lambda+\frac{1}{2})\eta_1} P_\lambda(\cos\xi)\,. \qquad (20\text{a})$$

Hierin drücken wir noch ξ durch den seitlichen Abstand ϱ' des Aufpunktes auf der Erdoberfläche von der Zentralen der beiden Kugeln aus. Nach Gl. 2.1 (72d) ist nun aber wegen $\eta = 0$ in der Erdoberfläche

$$\cos\xi' = \frac{\operatorname{ctg}^2\left(\frac{\xi'}{2}\right) - 1}{\operatorname{ctg}^2\left(\frac{\xi'}{2}\right) + 1} = \frac{\left(\frac{\varrho'}{a}\right)^2 - 1}{\left(\frac{\varrho'}{a}\right)^2 + 1} = \frac{\left(\frac{\varrho'}{r}\right)^2 - \mathfrak{Sin}^2\eta_1}{\left(\frac{\varrho'}{r}\right)^2 + \mathfrak{Sin}^2\eta_1},$$

$$\sin\left(\frac{\xi'}{2}\right) = \frac{\mathfrak{Sin}\,\eta_1}{\sqrt{\left(\frac{\varrho'}{r}\right)^2 + \mathfrak{Sin}^2\eta_1}},$$

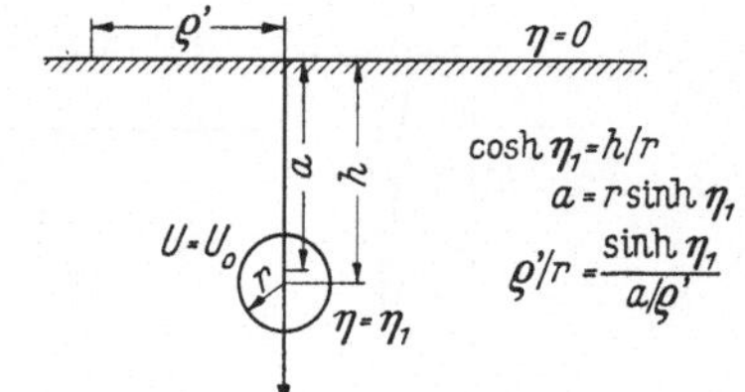

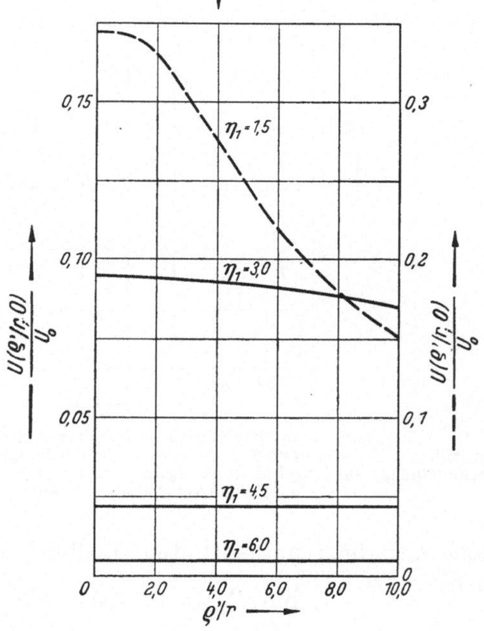

Abb. 88. Derselbe kugelförmige Erder wie in Abb. 87 steht auf dem Potential U_0. Die Kurven des Bildes veranschaulichen die Änderung des Potentials $U(\varrho'/r, 0)$ in der Erdoberfläche mit dem seitlichen Abstand ϱ' des Aufpunktes von der durch den Kugelerder gehenden Vertikalen für vier verschiedene Werte von $\eta_1 = \mathfrak{Ar}\,\mathfrak{Cof}\,(h/r)$

und also wird

$$U\left(\frac{\varrho'}{r}, 0\right) = \frac{2\,\mathfrak{Sin}\,\eta_1 \cdot U_0}{\sqrt{\left(\frac{\varrho'}{r}\right)^2 + \mathfrak{Sin}^2\eta_1}} \sum_{\lambda=0}^{\infty} \frac{e^{-(\lambda+\frac{1}{2})\eta_1}}{\mathfrak{Cof}(\lambda+\frac{1}{2})\,\eta_1} P_\lambda\left(\frac{\left(\frac{\varrho'}{r}\right)^2 - \mathfrak{Sin}^2\eta_1}{\left(\frac{\varrho'}{r}\right)^2 + \mathfrak{Sin}^2\eta_1}\right) \quad (20\text{b})$$

$$(0 \leqq \varrho'/r < \infty).$$

Den Verlauf von $U(\varrho'/r, 0)/U_0$ in Abhängigkeit von ϱ'/r stellt die Abb. 88 für die vier Werte $\eta_1 = 1{,}5\ (1{,}5)\ 6$ dar. Die zugehörigen Werte von h/r betragen 2,353, 10,068, 45,014 und 201,716. Nur für $h/r < 10$ stellt sich also oberhalb des Erders eine merkliche Potentialerhöhung ein.

5.141 Der Potentialanhub des Kugelerders und der daran angeschlossenen Geräte im fremden Strömungsfeld einer punktförmigen Elektrode. Gemäß Abb. 89 liege die punktförmige Elektrode in der Erdoberfläche an der Stelle $(\xi', 0, \pm\pi)$. Sie gebe den Strom I_s ab. Wird dann zunächst die metallische Kugel mit der Oberfläche $\eta = \eta_1$ als auf dem Potential 0 befindlich betrachtet, so nimmt im Hinblick auf die Gl. (6) nach Übergang zum Fall des Strömungsfeldes die Potentialfunktion die Form an:

$$\Phi(\xi, \eta, \varphi) = \frac{\sqrt{2}\, I_s}{2\pi a \varkappa} (\xi, \eta) \sin\frac{\xi'}{2} \sum_{\lambda=0}^{\infty} \frac{\mathfrak{Sin}(\lambda + \frac{1}{2})(\eta_1 - \eta)}{\mathfrak{Cof}(\lambda + \frac{1}{2})\eta_1} \times \times P_\lambda(\cos\xi \cos\xi' - \sin\xi \sin\xi' \cos\varphi)\,. \tag{22}$$

Die auf die Oberfläche des Kugelerders auffallende elektrische Strömung verteilt sich dort gemäß dem Gesetz

$$\mathrm{i}_\eta(\eta_1, \xi, \varphi) = -\frac{\varkappa}{a} (\mathfrak{Cof}\,\eta_1 - \cos\xi) \left(\frac{\partial \Phi}{\partial \eta}\right)_{\eta=\eta_1}. \tag{22a}$$

Nach Gl. (19) ist also explizite

$$\mathrm{i}_\eta(\eta_1, \xi, \varphi) = \frac{\sqrt{2}\, I_s}{2\pi a^2} (\mathfrak{Cof}\,\eta_1 - \cos\xi)^{\frac{3}{2}} \sin\frac{\xi'}{2} \sum_{\lambda=0}^{\infty} \frac{\lambda + \frac{1}{2}}{\mathfrak{Cof}(\lambda + \frac{1}{2})\eta_1} \times \times P_\lambda(\cos\xi \cos\xi' - \sin\xi \sin\xi' \cos\varphi)\,. \tag{22b}$$

Dann aber ist die gesamte, in den Erder eindringende Strömung

$$I_{\eta_1}^{(e)} = \int_0^{\pi} \int_0^{2\pi} \mathrm{i}_\eta(\eta_1, \xi, \varphi) \frac{a^2 \sin\xi\, d\xi\, d\varphi}{(\mathfrak{Cof}\,\eta_1 - \cos\xi)^2}.$$

Setzt man hierin den Ausdruck (20b) ein und berücksichtigt Gl. (8b), so erhält man für den Strom, der insgesamt von der Oberfläche des zunächst immer noch auf dem Potential 0 gehaltenen Kugelerders aufgenommen wird, den Ausdruck

$$\frac{I_{\eta_1}^{(e)}}{I_s} = 2 \sin\frac{\xi'}{2} \sum_{\lambda=0}^{\infty} \frac{e^{-(\lambda+\frac{1}{2})\eta_1}}{\mathfrak{Cof}(\lambda + \frac{1}{2})\eta_1} P_\lambda(\cos\xi')\,. \tag{23}$$

Die rechte Seite dieser Gleichung stimmt genau mit der von Gl. (20a) überein.

Der unter Gl. (20) angegebene Strom $I_{\eta_1}^{(e)}$ tritt in dieser Größe nur in den Erder ein, wenn dieser etwa durch eine gegen das Erdreich isolierte Verbindungsleitung mit einer anderen, weit entfernten Erderanlage wesentlich das Potential 0 hat. Der Strom $I_{\eta_1}^{(e)}$ kann dann auch tatsächlich aus dem Erder abfließen. Steht aber der Erder durch ein isoliertes Kabel lediglich mit anderen Anlageteilen in Verbindung, die selbst nicht geerdet sind, so kann der Strom $I_{\eta_1}^{(e)}$ nicht abfließen, was natürlich kein physikalisch möglicher Zustand ist. Vielmehr muß unter dieser Voraussetzung selbstredend der gesamte, durch die Oberfläche des Erders eintretende Strom im ganzen verschwinden. Das wird nur dadurch möglich, daß das dem Erder eigene Potential gegenüber dem Nullniveau gehoben wird. Zu der Potentialfunktion (22) muß also die Potentialfunktion (20) hinzutreten. Die zugehörigen Strömungsfelder werden sich dann superponieren. Wir können mithin sofort sagen: Soll der Erder im ganzen gar keinen Strom aufnehmen, so muß er auf ein Potential U_E gebracht werden, das sich aus der Beziehung

$$U_E = R_{\eta_1,\infty} \cdot I_{\eta_1}^{(e)} \tag{23a}$$

bestimmen läßt. In dem fremden Strömungsfeld der punktförmigen, den Erderstrom I_s ausstreuenden Elektrode am Orte $(\xi', 0, \pm\pi)$ nimmt mithin ein isolierter Erder das Potential

$$U_E = \frac{I_s}{2\pi r \varkappa} \frac{\sin\frac{\xi'}{2}}{\mathfrak{Sin}\,\eta_1} \frac{\left(\sum\limits_{\lambda=0}^{\infty} \frac{e^{-(\lambda+\frac{1}{2})\eta_1}}{\mathfrak{Cof}(\lambda+\frac{1}{2})\eta_1} P_\lambda(\cos\xi')\right)}{\left(\sum\limits_{\lambda=0}^{\infty} \frac{e^{-(\lambda+\frac{1}{2})\eta_1}}{\mathfrak{Cof}(\lambda+\frac{1}{2})\eta_1}\right)} \tag{23b}$$

an. Steht die punktförmige Elektrode allein im Erdreich, so hat das Strömungspotential, das sie im Mittelpunkt des kugelförmigen Erders erzeugt, bekanntlich den Wert:

$$\varPhi_s = \frac{I_s}{2\pi\varkappa} (\varrho'^2 + h^2)^{-\frac{1}{2}}. \tag{23c}$$

Vergleicht man U_E mit diesem Potential, um eine anschauliche Vorstellung zu bekommen, und setzt noch in Gl. (21b) im Hinblick auf Abb. 89

$$\sin\left(\frac{\xi'}{2}\right) = \frac{a}{\sqrt{\varrho'^2 + a^2}} = \frac{\mathfrak{Sin}\,\eta_1}{\sqrt{\mathfrak{Sin}^2\eta_1 + (\varrho'/r)^2}},$$

so erhält man die von Materialkonstanten und absoluten Längen freie Formel:

$$\frac{U_E}{\varPhi_s} = \left[\frac{\varrho'^2 + h^2}{\varrho'^2 + a^2}\right]^{\frac{1}{2}} \frac{\sum\limits_{\lambda=0}^{\infty} \frac{e^{-(\lambda+\frac{1}{2})\eta_1}}{\mathfrak{Cof}(\lambda+\frac{1}{2})\eta_1} P_\lambda\left(\frac{\varrho'^2 - a^2}{\varrho'^2 + a^2}\right)}{\sum\limits_{\lambda=0}^{\infty} \frac{e^{-(\lambda+\frac{1}{2})\eta_1}}{\mathfrak{Cof}(\lambda+\frac{1}{2})\eta_1}}. \tag{23d}$$

Für $\varrho'/a \to \infty$ strebt wegen $P_\lambda \to 1$ auch das links stehende Verhältnis gegen 1.

5.15 Die Störung der Potentialverteilung eines Einzelerders auf der Erdoberfläche infolge eines Erzeinschlusses. Um Erzeinschlüsse im Innern eines Erdkörpers festzustellen, benutzt man u. a. auch elektrische Methoden. Eine mit Gleichstrom arbeitende Methode besteht darin, daß man mittels Sonden auf der Erdoberfläche die Potentialverteilung in der Umgebung einer oder mehrerer, praktisch punktförmiger Elektroden ausmißt und diese gemessene Potentialverteilung

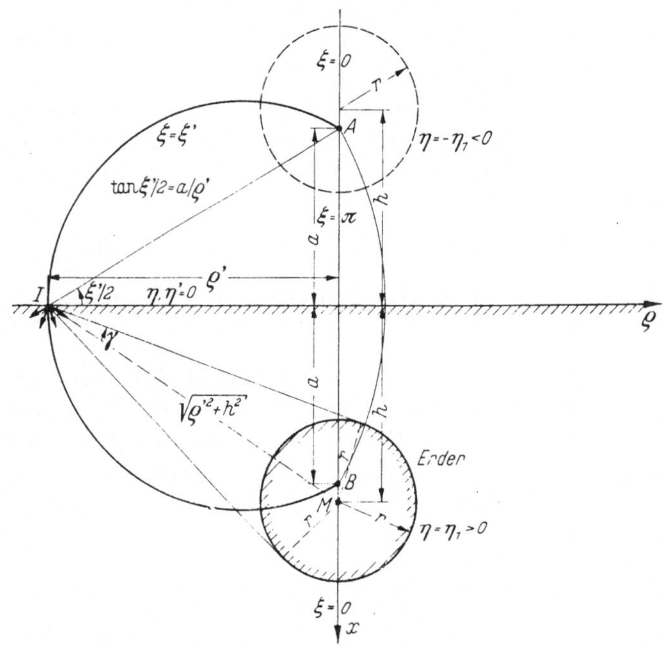

Abb. 89. Derselbe Kugelerder wie in Abb. 87, 88 liegt im Bereich der von einem punktförmigen Erder ausgestreuten elektrischen Strömung. Der Erder hat den Abstand ϱ' von der Vertikalen durch den Kugelmittelpunkt und liegt selbst in der Erdoberfläche

mit derjenigen vergleicht, die sich im idealen Fall eines durchweg homogenen Erdkörpers einstellt. Es ist natürlich bei diesem Verfahren notwendig, um die Meßresultate richtig deuten zu können, daß man vorher etwa auf theoretischem Wege für verschiedene einfache Körperformen die durch sie hervorgerufenen Änderungen im normalen Potentialverlauf untersucht hat. Daß sich selbst in größerer Tiefe lagernde Erzeinschlüsse auf diese Weise noch verraten können, ist im wesentlichen eine Folge der um mehrere Zehnerpotenzen höheren elektrischen Leitfähigkeit des Erzes gegenüber dem Erdreich. Wir wollen im folgenden diese Änderung in der idealen Potentialverteilung für den Fall bestimmen, daß der Erzeinschluß die Gestalt einer Kugel vom Radius r hat, deren Mittelpunkt h Meter tief unter der Erdoberfläche liegt. Die punktförmige Elektrode möge eine relativ zur Kugel beliebige Lage auf der Erdoberfläche haben. Die elektrische Leitfähigkeit des Erzes setzen wir als so groß gegenüber dem gewöhnlichen Erdreich an, daß die erzene Kugel praktisch überall das gleiche Potential hat. Streng genommen ist dieses Potential nach den Ausführungen des vorigen Abschnitts im Feld der Meßelektrode von Null verschieden. Wegen der Kleinheit der Meßströme wollen wir jedoch von dieser Abweichung gegenüber dem Nullwert absehen.

In dem dipolaren Koordinatensystem von Abb. 89 ist dann die Oberfläche der erzenen Kugel wieder durch $\eta = \eta_1 > 0$ gegeben und die Erdoberfläche durch $\eta = 0$, und nach Gl. (6) lautet die Potentialfunktion des Strömungsfeldes, das die an der Stelle $(\xi', 0, \pm\pi)$ gelegene punktförmige Elektrode bei einem Stromaustritt von der Größe I erzeugt:

$$\Phi_g(\xi,\eta,\varphi;\xi',\eta',\varphi') = \frac{I}{\pi\varkappa a}\sqrt{2(\mathfrak{Cos}\,\eta-\cos\xi)}\,\sin\frac{\xi'}{2}\times$$
$$\times\sum_{\lambda=0}^{\infty}\frac{\mathfrak{Sin}(\lambda+\frac{1}{2})\,\eta_1\cdot\mathfrak{Sin}(\lambda+\frac{1}{2})\,(\eta_1-\eta)}{\mathfrak{Sin}(2\lambda+1)\,\eta_1}\,P_\lambda(\cos\zeta). \tag{24}$$

Nun interessiert im vorliegenden Fall in erster Linie die Potentialverteilung in der Erdoberfläche. Es ist also in Gl. (24) $\eta = 0$ zu setzen. Die unendliche Reihe in Gl. (24) konvergiert dann nur noch bedingt. Es empfiehlt sich dann, jetzt für die Potentialfunktion Φ eine Darstellung nach Art der Gl. (3) zu verwenden. Sie lautet im allgemeinen Fall für die Kugelfläche $\eta_1 > \eta_2$

$$\Phi_g(\xi,\eta,\varphi;\xi',\eta',\varphi') = \frac{I}{2\pi\varkappa R(p,p')} -$$
$$-I/(2\pi a\varkappa)\cdot[(\mathfrak{Cos}\,\eta-\cos\xi)(\mathfrak{Cos}\,\eta'-\cos\xi')]^{\frac{1}{2}}\cdot\sum_{\lambda=0}^{\infty}P_\lambda(\cos\zeta)\times$$
$$\times\frac{\mathfrak{Sin}(\lambda+\frac{1}{2})(\eta_1-\eta')\,e^{-(\lambda+\frac{1}{2})(\eta-\eta_2)}+\mathfrak{Sin}(\lambda+\frac{1}{2})(\eta'-\eta_2)\,e^{-(\lambda+\frac{1}{2})(\eta_1-\eta)}}{\mathfrak{Sin}(\lambda+\frac{1}{2})(\eta_1-\eta_2)} \tag{25}$$
$$(\eta_2 \lesseqgtr \eta \leqq \eta_1).$$

Ist nun wie im vorliegenden Fall $\eta = \eta' = 0$ und $\eta_2 = -\eta_1$, so vereinfacht sich dieser Ausdruck erheblich. Berücksichtigt man überdies noch die Gl. 2.1 (67), so erhält man aus Gl. (25) die wesentlich einfachere Beziehung:

$$\Phi_g(\xi,\eta,\varphi;\xi',\eta',\varphi') = \frac{I}{2\pi\varkappa R(p,p')}\times$$
$$\times\left\{1-\sqrt{8(1-\cos\zeta)}\sum_{\lambda=0}^{\infty}\frac{e^{-\eta_1(2\lambda+1)}}{1+e^{-\eta_1(2\lambda+1)}}P_\lambda(\cos\zeta)\right\} \tag{25a}$$
$$p \equiv p(\xi,\eta,\varphi),\quad p' \equiv p'(\xi',\eta',\varphi'),$$
$$\cos\zeta = \cos\xi\cos\xi' - \sin\xi\sin\xi'\cos(\varphi-\varphi').$$

Drückt man hierin $\cos\zeta$ durch die Abstände ϱ, ϱ' und die Länge a aus, so wird

$$\cos\zeta = \frac{\varrho^2\,\varrho'^2 + a^4 - a^2\,R^2(p, p')}{(\varrho^2 + a^2)\,(\varrho'^2 + a^2)}\,. \tag{25α}$$

Für feste Werte von ϱ', $R(p, p')$ und $\cos\zeta$ folgt daraus:

$$\left(\frac{\varrho}{a}\right)^2 = \frac{(R(p, p')/a)^2 + (\varrho'/a)^2\cos\zeta - (1 - \cos\zeta)}{(\varrho'/a)^2\,(1 - \cos\zeta) - \cos\zeta}\quad \varrho \gtreqless |R(p, p') \pm \varrho'|\,. \tag{25β}$$

Hat man sich also ein für allemal für eine Reihe von Werten von η_1 und für genügend dicht aufeinander folgende Werte von $\cos\zeta$ eine Tabelle der Funktion

$$F(\eta_1, \cos\zeta) = 1 - 2^{3/2}(1 - \cos\zeta)^{\frac{1}{2}} \sum_{\lambda=0}^{\infty} \frac{e^{-(2\lambda+1)\eta_1} P_\lambda(\cos\zeta)}{1 + e^{-(2\lambda+1)\eta_1}} \tag{26}$$

hergestellt, so läßt sich aus Gl. (25β), da ϱ'/a sowieso als gegeben anzusehen ist und $R(p, p')/a$ willkürlich vorgegeben werden kann, ohne weiteres auch der zugehörige Wert von ϱ/a bestimmen. Aus ϱ/a, ϱ'/a und $R(p, p')/a$ ergibt sich aber auch sofort die Lage des Aufpunktes, der nach Gl. (25a) zu dem durch $R(p, p')$ und $\cos\zeta$ festgelegten Potentialwert gehört.

$$F(0, \cos\zeta) = 0 \quad \text{für} \quad |\cos\zeta| \gtreqless 1\,.$$

Tabelle der Funktion $F(\eta_1, \cos\zeta)$ von Gl. 5.1 (26)

$\cos\zeta$	$\eta_1 = 0{,}5$	$\eta_1 = 1{,}0$	$\eta_1 = 1{,}5$	$\eta_1 = 2{,}0$
−1,0	0,001310	0,090384	0,312144	0,532897
−0,9	0,002019	0,100802	0,325836	0,543811
−0,8	0,002929	0,112092	0,340141	0,555084
−0,7	0,004125	0,124340	0,355112	0,566745
−0,6	0,005645	0,137652	0,370805	0,578828
−0,5	0,007570	0,152150	0,387287	0,591371
−0,4	0,010025	0,167980	0,404636	0,604420
−0,3	0,013168	0,185317	0,422942	0,618028
−0,2	0,017188	0,204366	0,442313	0,632258
−0,1	0,022338	0,225375	0,462881	0,647186
0	0,028969	0,248653	0,484805	0,662908
+0,1	0,037575	0,274579	0,508283	0,679541
+0,2	0,048857	0,303640	0,533572	0,697238
+0,3	0,063819	0,336470	0,561005	0,716199
+0,4	0,083954	0,373928	0,591039	0,736699
+0,5	0,111590	0,417230	0,624324	0,759133
+0,6	0,150574	0,468203	0,661853	0,784106
+0,7	0,207759	0,529851	0,705280	0,812634
+0,8	0,296921	0,607880	0,757805	0,846690
+0,9	0,453285	0,716587	0,827624	0,891362
+1,0	1,0	1,0	1,0	1,0

In Abb. 90 ist der Verlauf der Funktion F, Gl. (26), für die vier Parameterwerte $\eta_1 = 0{,}5\ (0{,}5)\ 2{,}0$ in Abhängigkeit von $\cos\zeta$ graphisch dargestellt. Die Tabelle gibt die Werte der Funktion F mit einer Genauigkeit von fünf Dezimalstellen an.

5.16 Die beiden Kugeln im homogenen elektrischen Feld. Die beiden Kugeln mögen in einem homogenen elektrischen Feld stehen, das parallel zur Zentralen durch die beiden Kugelmittelpunkte verläuft. Sind die Kugeln ladungsfrei und gegen die Hülle isoliert, so

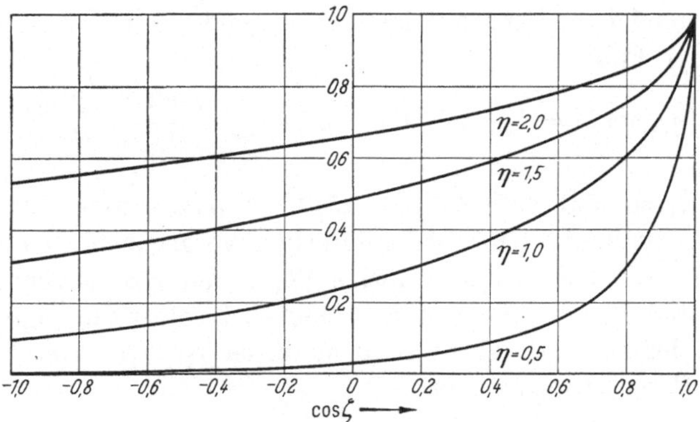

Abb. 90. Der Verlauf der Funktion $F(\eta, \cos\zeta)$ von Gl. (26) in Abhängigkeit von $\cos\zeta$ im Bereich $-1 \leqq \cos\zeta \leqq +1$ für vier verschiedene Werte von η.

werden sie verschiedene Potentiale annehmen. Es soll diese Potentialdifferenz berechnet werden. Dabei wollen wir im vorliegenden Fall nicht von der Lösung für den unendlich fernen Dipol ausgehen.

Wird das gegebene primäre Feld mit E_x bezeichnet, so lautet die zugehörige Potentialfunktion im Hinblick auf die Erklärungsgl. (5):

$$\begin{aligned} \varphi^{(p)}(\xi, \eta) &= -x E_x = -a E_x \frac{\operatorname{Sin}\eta}{\operatorname{Cof}\eta - \cos\xi} \qquad (-\infty < \eta < \infty) \\ &= 2a \cdot (\xi, \eta) \cdot E_x \cdot \frac{\partial}{\partial \eta}[(\operatorname{Cof}\eta - \cos\xi)^{-\frac{1}{2}}] \qquad (\eta \neq 0) \qquad (27) \\ &= \operatorname{sgn}\eta . 2^{3/2} a \cdot (\xi, \eta) \cdot E_x \cdot \sum_{\lambda=0}^{\infty} \left(\lambda + \frac{1}{2}\right) e^{-(\lambda+\frac{1}{2})|\eta|} P_\lambda(\cos\xi) . \end{aligned}$$

Auf den Oberflächen $\eta = \eta_{1,2}$ der beiden Kugeln gehorcht danach das primäre Potential den Gleichungen

$$\varphi^{(i)}(\xi, \eta_i) = -a E_x \frac{\operatorname{Sin}\eta_i}{\operatorname{Cof}\eta_i - \cos\xi} \quad (i = 1, 2). \quad (27\text{a})$$

Wir bestimmen dann mit Hilfe der GREENschen Funktion $G(p, p')$ von Gl. (6) und des allgemeinen, schon bei der Herleitung der Gl. (7) benutzten Satzes diejenige Potentialfunktion, die auf den beiden

Kugeloberflächen $\eta = \eta_i$ jeweils die Potentiale $-\Phi^{(i)}(\xi, \eta_i)$ annimmt. Bezeichnen wir diese Funktion mit $\Phi^{(1,2)}(\xi, \eta)$, so berechnet sie sich auf Grund der Gl. 2.5 (25) nach der Formel

$$\begin{aligned}\Phi^{(1,2)}(\xi, \eta) &= a\,E_x \operatorname{Sin}\eta_1 \int_0^{2\pi}\int_0^{\pi} \left(\frac{\partial G(p, p')}{\partial \eta'}\right)_{\eta'=\eta_1} \frac{\sin\xi'\, d\xi'\, d\varphi'}{(\operatorname{Cof}\eta_1 - \cos\xi')^2} \\ &\quad - a\,E_x \operatorname{Sin}\eta_2 \int_0^{2\pi}\int_0^{\pi} \left(\frac{\partial G(p, p')}{\partial \eta'}\right)_{\eta'=\eta_2} \frac{\sin\xi'\, d\xi'\, d\varphi'}{(\operatorname{Cof}\eta_2 - \cos\xi')^2}\,.\end{aligned} \tag{28a}$$

Geht man hierin mit der Gl. (6) für $G(p, p')$ ein, so ergibt sich ohne Mühe der Ausdruck

$$\begin{aligned}\Phi^{(1,2)}(\xi, \eta) = a\,E_x \frac{(\xi, \eta)}{2\pi} \Bigg\{ &\operatorname{Sin}\eta_1 \sum_{\lambda=0}^{\infty} \left(\frac{1}{2} + \lambda\right) \frac{\operatorname{Sin}(\lambda+\frac{1}{2})(\eta - \eta_2)}{\operatorname{Sin}(\lambda+\frac{1}{2})(\eta_1 - \eta_2)} F_\lambda^{(1)}(\xi) + \\ &+ \operatorname{Sin}\eta_2 \sum_{\lambda=0}^{\infty} \left(\frac{1}{2} + \lambda\right) \frac{\operatorname{Sin}(\lambda+\frac{1}{2})(\eta_1 - \eta)}{\operatorname{Sin}(\lambda+\frac{1}{2})(\eta_1 - \eta_2)} F_\lambda^{(2)}(\xi) \Bigg\},\end{aligned}$$

und darin ist zunächst zur Abkürzung

$$\begin{aligned}F_\lambda^{(i)}(\xi) &= \int_0^{2\pi}\int_0^{\pi} P_\lambda(\cos\zeta) \frac{\sin\xi'\, d\xi'\, d\varphi'}{(\operatorname{Cof}\eta_i - \cos\xi')^{\frac{3}{2}}} \\ &= 2^{5/2}\pi \frac{P_\lambda(\cos\xi)}{\operatorname{Sin}|\eta_i|} e^{-(\lambda+\frac{1}{2})|\eta_i|} \qquad (i = 1{,}2)\,.\end{aligned} \tag{29}$$

gesetzt worden. Der Wert des Doppelintegrals in Gl. (29) folgt sofort aus Gl. (8b) durch eine Differentiation nach η_i.

Fügt man nun zu dem obigen Ausdruck für $\Phi^{(1,2)}(\xi, \eta)$ noch die Funktion $\Phi^{(p)}$ von Gl. (27) in der aufgelösten Form hinzu, so hat die Potentialfunktion

$$\begin{aligned}\Phi_{\mathrm{res}}(\xi, \eta) &\equiv \Phi^{(1,2)}(\xi, \eta) + \Phi^{(p)}(\xi, \eta) = -\,2^{3/2}(\xi, \eta)\cdot a\,E_x \times \\ &\times \sum_{\lambda=0}^{\infty} \left(\lambda + \frac{1}{2}\right) \frac{\operatorname{Sin}(\lambda+\frac{1}{2})(\eta_1 + \eta_2 - \eta) \mp \operatorname{Sin}(\lambda+\frac{1}{2})(\eta_1 - \eta_2 \mp \eta)}{\operatorname{Sin}(\lambda+\frac{1}{2})(\eta_1 - \eta_2)} P_\lambda(\cos\xi) \\ &\left(\eta_2 \lesseqqgtr \eta \leqq \eta_1, \begin{matrix} \eta_1 > 0 \\ \eta_2 < 0 \end{matrix}\right) \qquad \left(\begin{matrix} \text{ob. Vorz.: } \eta > 0 \\ \text{unt. Vorz.: } \eta < 0 \end{matrix}\right)\end{aligned} \tag{30}$$

die Eigenschaft, die D.Gl. von Laplace in den dipolaren Koordinaten zu erfüllen und an den beiden Kugelflächen $\eta = \eta_{1,2}$ zu verschwinden. Läßt man $\eta_1 \to +\infty$ und $\eta_2 \to -\infty$ streben, so reduziert sich die rechte Seite von Gl. (30) auf die dritte Zeile von Gl. (27), d. h. man hat wieder mit einem homogenen Feld zu tun, denn tatsächlich bedeuten ja diese beiden Grenzübergänge, daß die beiden das Feld störenden Kugeln unendlich klein geworden sind.

Wir fragen nun wieder nach den Ladungen, die sich unter diesen Umständen auf den beiden Kugeln ansammeln. Sie berechnen sich z. B. für die Kugel $\eta = \eta_1$ wiederum nach den Gl. (13a, b) mit Φ_{res} an Stelle von U. Man findet so durch eine einfache Übertragung der früheren Ergebnisse auf den jetzigen Fall die beiden Formeln:

$$Q_H^{(1)} = 8\pi a\,\varepsilon_0 \cdot 2a E_x \sum_{\lambda=0}^{\infty}\left(\lambda + \frac{1}{2}\right)\frac{\operatorname{Cof}(\lambda+\frac{1}{2})\,\eta_2}{\operatorname{Sin}(\lambda+\frac{1}{2})(\eta_1-\eta_2)}\,e^{-(\lambda+\frac{1}{2})\eta_1} \tag{31a}$$
$$\equiv 2a E_x \cdot K_H^{(1)},$$

$$Q_H^{(2)} = -8\pi a\,\varepsilon_0 \cdot 2a E_x \sum_{\lambda=0}^{\infty}\left(\lambda + \frac{1}{2}\right)\frac{\operatorname{Cof}(\lambda+\frac{1}{2})\,\eta_1}{\operatorname{Sin}(\lambda+\frac{1}{2})(\eta_1-\eta_2)}\,e^{-(\lambda+\frac{1}{2})|\eta_2|} \tag{31b}$$
$$\equiv -2a E_x \cdot K_H^{(2)}.$$

In dem besonderen Fall, wo $\eta_2 = -\eta_1$ ist, gelten die einfacheren Formeln:

$$Q_H^{(1)} = -Q_H^{(2)} = 2a E_x \cdot 8\pi a\,\varepsilon_0 \sum_{\lambda=0}^{\infty}\frac{\lambda+\frac{1}{2}}{e^{(\lambda+\frac{1}{2})2\eta_1}-1} \equiv 2a E_x \cdot K_H. \tag{31α, β}$$

$2a E_x$ ist in diesen Formeln die Potentialdifferenz des ungestörten, homogenen Feldes zwischen den beiden Fixpunkten des dipolaren Koordinatensystems. Somit haben die Größen K in der Gl. (31) ebenfalls die Bedeutung von Kapazitäten. Sind nun die beiden Kugeln in dem homogenen Feld völlig isoliert, so muß natürlich die Gesamtladung auf jeder Kugel gleich Null sein. Um dieses Verschwinden der totalen Ladung einer jeden Kugel zu erzwingen, nehmen wir an, daß die Kugel $\eta = \eta_1$ vom Potential 0 auf das Potential U_1 und die Kugel $\eta = \eta_2$ auf das Potential U_2 gehoben wird. Zu den bisherigen, oben berechneten Ladungen $Q_H^{(1)}$ und $Q_H^{(2)}$ treten dann im Hinblick auf die Gl. (13α, β) noch die Ladungen Q_1 und Q_2 hinzu, und die Forderung nach verschwindenden Gesamtladungen führt dann für die unbekannten Potentiale U_1 und U_2 auf das folgende Gleichungssystem

$$Q_1 + Q_H^{(1)} = 2a E_x K_H^{(1)} + C_{11} U_1 + C_{12}(U_1 - U_2) = 0, \tag{32a}$$
$$Q_2 + Q_H^{(2)} = -2a E_x K_H^{(2)} + C_{22} U_2 + C_{12}(U_2 - U_1) = 0. \tag{32b}$$

Für die Potentiale U_1 und U_2 ergeben sich daraus die beiden Formeln

$$U_1 = -2a E_x[K_H^{(1)}(C_{12}+C_{22}) - C_{12}K_H^{(2)}]/[C_{11}C_{22}+C_{12}(C_{11}+C_{22})], \tag{33a}$$
$$U_2 = +2a E_x[K_H^{(2)}(C_{11}+C_{12}) - C_{12}K_H^{(1)}]/[C_{11}C_{22}+C_{12}(C_{11}+C_{22})], \tag{33b}$$

und für die Potentialdifferenz, der allein praktische Bedeutung zukommt, erhält man daraus die Beziehung:

$$U_2 - U_1 = 2a E_x[K_H^{(2)}C_{11} + K_H^{(1)}C_{22}]/[C_{11}C_{22} + C_{12}(C_{11}+C_{22})]. \tag{33}$$

Sind die beiden Kugeln einander gleich, so ist im besonderen wegen

$$K_H^{(1)} = K_H^{(2)} = K_H$$

$$U_2 - U_1 = 2U_2 = 2aE_x \cdot 2K_H/(C_0 + 2C_{12}) \quad (C_0 \equiv C_{11} = C_{22}). \quad (33')$$

Wir wollen diese Spannungsdifferenz auch zahlenmäßig für den Fall berechnen, daß die Zahlenwerte von $\eta_2 = -\eta_1$ sehr klein sind, wenn es also erlaubt ist, die Näherungsgleichungen (17b) und (19b) zu verwenden. Wir müssen dann noch entsprechend den Gl. (17) und (19) für die in dem Ausdruck für K_H auftretende unendliche Reihe eine Darstellung durch ein MELLIN-Integral zu gewinnen suchen. Nun geht aus der Herleitung der Gl. (17) sofort hervor, daß

$$\sum_{\lambda=0}^{\infty} \frac{\lambda + \frac{1}{2}}{e^{\alpha(\lambda+\frac{1}{2})} - 1} = \sum_{\lambda=0}^{\infty} (\lambda + \tfrac{1}{2}) f_-(\lambda + \tfrac{1}{2})$$

$$= \frac{1}{2\pi i} \int_{\sigma - i\infty}^{\sigma + i\infty} \frac{\Gamma(s)\,\zeta(s)\,\zeta(s-1)}{(\alpha/2)^s} (1 - 2^{1-s})\, ds \qquad (\sigma > 2) \quad (34)$$

ist. Der Integrand in Gl. (34) hat als einzige, einfache Pole $s = 2$ und $s = 0$. Für genügend kleine Werte von α ist dann

$$\sum_{\lambda=0}^{\infty} \frac{\lambda + \frac{1}{2}}{e^{\alpha(\lambda+\frac{1}{2})} - 1} = \frac{2}{\alpha^2}\zeta(2) + \frac{1}{24} + O(\alpha^{\Re e(s)}). \quad (34\text{a})$$

Somit ist

$$K_H = 4\pi a \varepsilon_0 \left[\frac{\zeta(2)}{\eta_1^2} + \frac{1}{12} + O(\eta_1^{\Re e(s)})\right]. \quad (34\text{b})$$

Auf Grund der Gl. (33′) ist also in erster Näherung für sehr kleine Werte von η_1

$$U_2 - U_1 = 4aE_x/\eta_1 \cdot \zeta(2)/(C + \ln(2/\eta_1)) \quad C = 0{,}57722\ldots, \quad \zeta(2) = 1{,}64493, \quad (35)$$

woraus sich durchaus meßbare Spannungen ergeben.

5.21 Die Greensche Funktion einer Kugelkappe mit festliegender Randlinie. Eine Fülle hochinteressanter Aufgaben hängt mit der Störwirkung oder der Schirmwirkung einer metallischen Kugel zusammen, die ein kreisförmiges Loch aufweist, durch das hindurch elektrische oder magnetische Felder ein- oder ausgestreut werden. Wir werden im folgenden von einem solchen Gebilde der Kürze halber als von einer Kugelkappe sprechen, und damit wir möglichst allgemeingültige und an keine bestimmte Form gebundene Ergebnisse erhalten, denken wir uns den Rand der kreisförmigen Öffnung in der Hülle der Kugel festgehalten, während der Radius der Kugel sich verändern kann.

Das Koordinatensystem, das dieser Auffassung weitgehend entgegenkommt und das es erlaubt, die Oberfläche der Kugel mit der kreisförmigen Randkurve durch eine einzige Raumkoordinate zu beschreiben, ist das im Abschn. 2.113 eingeführte und besprochene toroidale Koordinatensystem. In der Tat sind ja die Flächen $\xi = \text{const}$ in Abb. 91 nichts anderes als derartige Kugelkappen. Wir bezeichnen nur jetzt die frühere y-Achse als z-Achse. In Abb. 91 sind zwei von ihnen nochmals besonders dargestellt. Sie gehen beide durch die

Punkte A und B, in denen die Randkurve des kreisförmigen Lochs in der Kugelschale die Zeichenebene durchstößt. Von allen Punkten des äußeren Kreises oberhalb der ϱ-Achse erscheinen die Punkte A und B unter dem gleichen Winkel, und eben deshalb kann der Wert $\xi = \alpha$ als charakteristisch für alle diese Punkte des Kreisbogens betrachtet werden. Für den zweiten Kreis, der oberhalb der ϱ-Achse im Innern des ersten Kreises liegt und der ebenfalls durch die Punkte A und B geht, spielt die nämliche Rolle der Winkel $\beta' > \alpha$. Den unterhalb der ϱ-Achse gelegenen Teilen der beiden Kreise $\xi = \alpha$ und $\xi = \beta'$

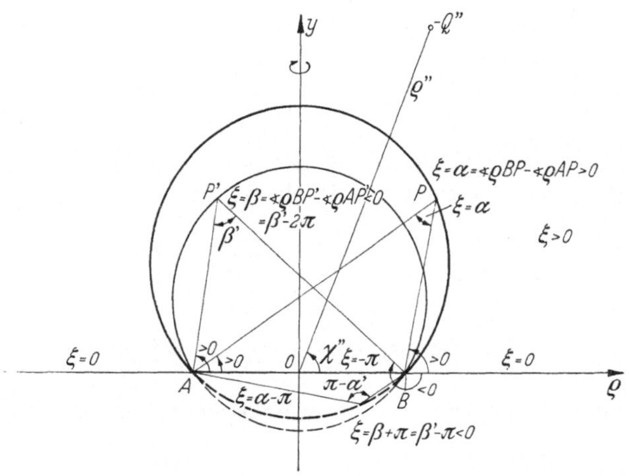

Abb. 91. Die beiden Kugelschalen $\xi = \alpha$ (äußere Oberfläche) und $\xi = \beta'$ (innere Oberfläche) haben die senkrecht zur y-Achse liegende, durch die Punkte AB gehende Kreislinie als gemeinsame Randkurve. Die Ebene außerhalb dieses Kreises hat die Gleichung $\xi = 0$, die innenliegende Kreisscheibe mit den Umfangspunkten AB die Gleichung $\xi = -\pi$. Die Achse der Kugelkappe ist in diesem Bilde wie in Abb. (28) als y-Achse bezeichnet. Sie wird weiterhin zur z-Achse gemacht

entsprechen nicht etwa die gleichen ξ-Werte wie den Kreisbögen, deren Ergänzung sie bilden, sondern sie haben die davon verschiedenen Werte $\xi = \alpha + \pi$ und $\xi = \beta' + \pi$.

Wir denken uns nun fortan die Kugelkappen mit der gemeinsamen Randlinie AB als metallisch leitende Flächen. Soll dann etwa das Feld einer Punktladung beschrieben werden, die zwischen diesen beiden Kugelkappen angeordnet ist, so muß natürlich die ξ-Koordinate dieser Punktladung auch einen zwischen α und β' gelegenen Wert haben, und man wird dann von den beiden Kugelkappen als von den Flächen $\xi = \alpha$ und $\xi = \beta'$ sprechen. Handelt es sich aber um das Feld einer Punktladung, die außerhalb des sichelförmigen Bereichs zwischen den beiden Kreisbögen liegt, so läßt sich offenbar den inneren Kreisbögen jetzt nicht die Koordinate $\xi = \beta'$ zuordnen, sondern es muß ihnen der Wert $\xi = \beta' - 2\pi$ zugeschrieben werden, denn ein Aufpunkt des Feldes, der zunächst auf dem Kreisbogen $\xi = \alpha$ liegt, kann in diesem

Fall nur dadurch auf den inneren Kreisbogen gelangen, daß er von außen etwa um den Punkt B herumholt, um dann von innen her an den inneren Kreisbogen heranzukommen. Da nun jeder zu einem Punkt gehörige Winkel ξ als Differenz der Basiswinkel $PA\varrho - PB\varrho$ aufgefaßt werden kann und der Winkel $PB\varrho$ bei der beschriebenen Wanderung um 2π abnimmt, so ergibt sich daraus sofort die Richtigkeit der obigen Behauptung.

Der Raumteil $\beta = \beta' - 2\pi \gtreqless \xi \leqq \alpha$, der kurz der Außenraum genannt werden soll, sei von einem homogenen Dielektrikum erfüllt. Wir fragen dann nach der GREENschen Funktion einer Einheitsquelle am Orte (ξ', η', φ') mit $\beta < \xi' < \alpha$. Für den unbegrenzten Raum ist sie durch die Funktion $G(p, p') = -1/4\pi R(p, p')$ gegeben. Wir benutzen dafür die Integraldarstellung der Gl. 2.1 (61c) und fügen zu diesem Ausdruck einen zweiten hinzu, der bis auf den von β abhängenden Faktor im Integranden mit den beiden von (ξ, η, φ) unabhängigen Konstanten B_1 und B_2 denselben Aufbau wie das Integral (61c) hat. Der Lösungsansatz sieht dann im Hinblick auf Gl. 5.1 (5) wie folgt aus:

$$g(p, p') + \delta g(\xi, \eta, \varphi) \equiv G(\xi, \eta, \varphi; \xi', \eta', \varphi') = \frac{(\xi, \eta)(\xi', \eta')}{4\pi a} \frac{1}{2\pi i} \int_{\mathfrak{W}} \mathfrak{Q}_{-\frac{1}{2}+s}(\mathfrak{Cos} A) \times \times \{\cos s(\pi - |\xi - \xi'|) + B_1 e^{is\xi} + B_2 e^{-is\xi}\} \frac{ds}{\sin \pi s} \tag{1}$$

mit der Erklärungsgleichung

$$\mathfrak{Cos} A = \mathfrak{Cos}\,\eta\, \mathfrak{Cos}\,\eta' - \mathfrak{Sin}\,\eta\, \mathfrak{Sin}\,\eta' \cos(\varphi - \varphi'). \tag{1'}$$

Der Integrationsweg $\mathfrak{W}$ in Gl. (1) entspricht der Abb. 22.

Die beiden noch unbekannten Größen B_1 und B_2, die zwar konstant hinsichtlich ξ, η und φ sein müssen, sonst aber Funktionen von s sein können, bestimmen sich aus der Forderung, daß die resultierende Funktion G sowohl für $\xi = +\alpha$ als auch für $\xi = +\beta$ verschwinden muß. Das ergibt die Bestimmungsgleichungen

$$B_1(s) e^{i\alpha s} + B_2(s) e^{-i\alpha s} = -\cos s(\pi - \alpha + \xi'), \tag{2a}$$

$$B_1(s) e^{i\beta s} + B_2(s) e^{-i\beta s} = -\cos s(\pi + \beta - \xi'). \tag{2b}$$

Die Auflösung dieses Gleichungssystems ist leicht zu bewerkstelligen und führt zu der Lösungsgleichung

$$G(\xi, \eta, \varphi; \xi', \eta', \varphi') = \frac{\{(\mathfrak{Cos}\,\eta - \cos\xi)(\mathfrak{Cos}\,\eta' - \cos\xi')\}^{\frac{1}{2}}}{2\pi a} \times \times \frac{1}{2\pi i} \int_{\mathfrak{W}} \frac{\sin s(\alpha - \xi) \sin s(\beta - \xi')}{\sin s(\alpha - \beta)} \mathfrak{Q}_{-\frac{1}{2}+s}(\mathfrak{Cos} A)\, ds \tag{3a}$$

$$(\beta < \xi' < \xi \leqq \alpha),$$

die in dem angegebenen Bereich von ξ für alle Werte von η und φ richtig bleibt.

Das Verhalten der Funktion $\mathfrak{Q}_{-\frac{1}{2}+s}$ als Funktion von s in der Halbebene $\Re(s) \geqq 0$, das im Anhang M. 5 oder auch in Gl. 2.1 (60β) angegeben ist, erlaubt es, den Integrationsweg durch einen rechts an ihn herangesetzten, unendlich großen Halbkreis zu einem geschlossenen Weg zu ergänzen, ohne daß eine Wertänderung dabei eintritt. Der Residuensatz liefert dann für die GREENsche Funktion von Gl. (3) die folgende Entwicklung:

$$\begin{aligned}G(\xi,\eta,\varphi;\xi',\eta',\varphi') = &-\frac{1/(\alpha-\beta)}{\pi a}\{(\mathfrak{Cof}\,\eta-\cos\xi)(\mathfrak{Cof}\,\eta'-\cos\xi')\}^{\frac{1}{2}}\times\\ &\times\sum_{\lambda=1}^{\infty}\sin\left(\pi\lambda\frac{\alpha-\xi}{\alpha-\beta}\right)\sin\left(\pi\lambda\frac{\alpha-\xi'}{\alpha-\beta}\right)\mathfrak{Q}_{-\frac{1}{2}+\pi\lambda/(\alpha-\beta)}(\mathfrak{Cof}\,A)\end{aligned} \tag{3b}$$

mit $\mathfrak{Cof}\,A$ nach Gl. (1′). Sie ist für alle Werte von ξ aus dem Bereich $\beta \lesseqqgtr \xi \leqq \alpha$ gültig. Für $\xi = \alpha$ und $\xi = \beta$ wird, wie es erforderlich ist, $G = 0$.

Aus Gl. (3a) läßt sich noch eine andere nützliche Integraldarstellung herleiten. Berücksichtigt man nämlich, daß nach LENSE [16]

$$\mathfrak{Q}_\nu(\mathfrak{Cof}\,A) = 2^{-\frac{1}{2}}\int_A^\infty e^{-(\frac{1}{2}+\nu)x}\frac{dx}{\sqrt{\mathfrak{Cof}\,x-\mathfrak{Cof}\,A}} \qquad \left(\Re(\nu) > -\frac{1}{2}\right) \tag{4a}$$

ist, so läßt sich damit die zweite Zeile der Gl. (3a) wie folgt umschreiben:

$$\begin{aligned}&\frac{1}{2}\left[\sum_{\lambda=1}^{\infty}\left(\cos\left(\pi\lambda\frac{\xi-\xi'}{\alpha-\beta}\right)-\cos\left(\pi\lambda\frac{2\alpha-\xi-\xi'}{\alpha-\beta}\right)\right)\mathfrak{Q}_{-\frac{1}{2}+\pi\lambda/(\alpha-\beta)}(\mathfrak{Cof}\,A)\right]\\ &=\left(\frac{1}{2}\right)^{3/2}\int_A^\infty\left[\sum_{\lambda=1}^{\infty}\left(\cos\left(\pi\lambda\frac{\xi-\xi'}{\alpha-\beta}\right)-\cos\left(\pi\lambda\frac{2\alpha-\xi-\xi'}{\alpha-\beta}\right)\right)e^{-\pi\lambda x/(\alpha-\beta)}\right]\frac{dx}{\sqrt{\mathfrak{Cof}\,x-\mathfrak{Cof}\,A}}.\end{aligned}$$

Hierin kann aber die unendliche Reihe gemäß der Formel

$$\sum_{\lambda=0}^{\infty} r^\lambda\cos\lambda\varphi = (1-r\cos\varphi)/(1-2r\cos\varphi+r^2) \tag{4b}$$

summiert werden, und man erhält schließlich die gesuchte neue Integraldarstellung in der Form:

$$\begin{aligned}G(\xi,\eta,\varphi;\xi',\eta',\varphi') = &-\frac{2^{-5/2}/(\alpha-\beta)}{\pi a}\sqrt{(\mathfrak{Cof}\,\eta-\cos\xi)(\mathfrak{Cof}\,\eta'-\cos\xi')}\times\\ &\times\int_A^\infty\left\{\frac{\mathfrak{Sin}\left(\frac{\pi x}{\alpha-\beta}\right)}{\mathfrak{Cof}\left(\frac{\pi x}{\alpha-\beta}\right)-\cos\left(\pi\frac{\xi-\xi'}{\alpha-\beta}\right)}-\frac{\mathfrak{Sin}\left(\frac{\pi x}{\alpha-\beta}\right)}{\mathfrak{Cof}\left(\frac{\pi x}{\alpha-\beta}\right)-\cos\left(\pi\frac{2\alpha-\xi-\xi'}{\alpha-\beta}\right)}\right\}\times\\ &\times\frac{dx}{\sqrt{\mathfrak{Cof}\,x-\mathfrak{Cof}\,A}}.\end{aligned} \tag{3c}$$

Dieses Integral läßt sich in besonderen Fällen bequem auswerten. Solche Fälle sind in der nachstehenden Tabelle veranschaulicht. Sie liegen vor für $\pi/(\alpha - \beta) = \frac{1}{2}$, 1 und 2.

Die besonderen Formen der Kugelkappen für spezielle Werte von α und β

Art des Leiters	Bildliche Darstellung	α	β	$\frac{\pi}{\alpha-\beta}$
Kugelkappe	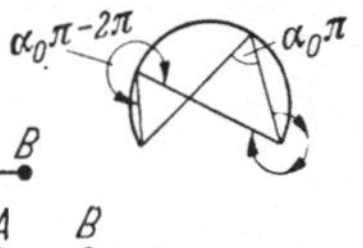	$\alpha_0 \pi$	$\alpha_0 \pi - 2\pi$	$\frac{1}{2}$
Kreisscheibe		$+\pi$	$-\pi$	$\frac{1}{2}$
Kreislochplatte		$+2\pi$	0	$\frac{1}{2}$
unsym. Linse		$\alpha_0 \pi$	$-\pi$	$1/(1+\alpha_0)$
sym. Doppellinse		$\alpha_0 \pi$	$-\alpha_0 \pi$	$1/2\alpha_0$
Kugel	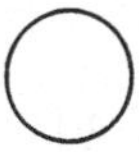	$\alpha_0 \pi$	$-\pi(1-\alpha_0)$	1
2 sich orthogonal schneidende Kreise		$\alpha_0 \pi$	$\pi(\alpha - \frac{1}{2})$	2

1. Im Falle $\pi/(\alpha - \beta) = \frac{1}{2}$ kann jedes der beiden Integrale in Gl. (35) wie folgt weiter behandelt werden: Es ist

$$\int_A^\infty \frac{\mathfrak{Sin}\frac{x}{2}}{\mathfrak{Cof}\frac{x}{2} - \cos\gamma} \frac{dx}{\sqrt{\mathfrak{Cof}\,x - \mathfrak{Cof}\,A}} = 2^{-\frac{1}{2}} \int_A^\infty \frac{\mathfrak{Sin}\frac{x}{2}\,dx}{\left(\mathfrak{Cof}\frac{x}{2} - \cos\gamma\right)\sqrt{\mathfrak{Cof}^2\frac{x}{2} - \mathfrak{Cof}^2\frac{A}{2}}}$$

$$= 2^{\frac{1}{2}} \int_{\mathfrak{Cof}\frac{A}{2}}^\infty \frac{du}{(u - \cos\gamma)\sqrt{u^2 - \mathfrak{Cof}^2\frac{A}{2}}} = \frac{2^{\frac{1}{2}}}{\mathfrak{Cof}\frac{A}{2}} \int_A^\infty \frac{dt}{\left(t - \cos\gamma\Big/\mathfrak{Cof}\frac{A}{2}\right)\sqrt{t^2 - 1}}.$$

Benutzt man hier irgendeine der bekannten Integraltafeln, so kommt man im Endergebnis zu der Relation:

$$\int_A^\infty \frac{\mathfrak{Sin}\frac{x}{2}}{\mathfrak{Cof}\frac{x}{2} - \cos\gamma} \frac{dx}{\sqrt{\mathfrak{Cof}\,x - \mathfrak{Cof}\,A}} = \frac{2}{\sqrt{\mathfrak{Cof}\,A - \cos 2\gamma}}\left[\frac{\pi}{2} + \operatorname{arc\,tg}\left(\frac{\sqrt{2}\cos\gamma}{\sqrt{\mathfrak{Cof}\,A - \cos 2\gamma}}\right)\right]$$

$$= \frac{2}{\sqrt{\mathfrak{Cof}\,A - \cos 2\gamma}}\left[\frac{\pi}{2} + \arcsin\left(\frac{\cos\gamma}{\mathfrak{Cof}\frac{A}{2}}\right)\right] \quad \left(-\frac{\pi}{2} < \arcsin\left(\frac{\cos\gamma}{\mathfrak{Cof}\frac{A}{2}}\right) < \frac{\pi}{2}\right). \quad (5)$$

Für $\alpha - \beta = 2\pi$ läßt sich also die Lösungsgleichung (3a, b) auf die elementartranszendente Form

$$G(\xi, \eta, \varphi; \xi', \eta', \varphi') = -\frac{2^{-5/2}}{\pi^2 a}\left[(\mathfrak{Cof}\,\eta - \cos\xi)(\mathfrak{Cof}\,\eta' - \cos\xi')\right]^{\frac{1}{2}} \times$$

$$\times \left\{\frac{1}{\sqrt{\mathfrak{Cof}\,A - \cos(\xi - \xi')}}\left[\frac{\pi}{2} + \arcsin\left(\frac{\cos\left(\frac{\xi - \xi'}{2}\right)}{\mathfrak{Cof}\,\frac{A}{2}}\right)\right] - \right. \tag{$3\alpha_1$}$$

$$\left. - \frac{1}{\sqrt{\mathfrak{Cof}\,A - \cos(2\alpha - \xi - \xi')}}\left[\frac{\pi}{2} + \arcsin\left(\frac{\cos\left(\alpha - \frac{\xi + \xi'}{2}\right)}{\mathfrak{Cof}\,\frac{A}{2}}\right)\right]\right\}$$

bringen. Im Hinblick auf die Gl. (1') und 2.1 (56) kann schließlich der letzten Gleichung auch noch die Gestalt

$$G(\xi, \eta, \varphi; \xi', \eta', \varphi') = -\frac{1}{4\pi^2}\left\{\frac{1}{R(\xi, \eta, \varphi; \xi', \eta', \varphi')} \times \right.$$

$$\times \left[\frac{\pi}{2} + \arcsin\left(\frac{\cos\left(\frac{\xi - \xi'}{2}\right)}{\mathfrak{Cof}\,\frac{A}{2}}\right)\right] - \left[\frac{\mathfrak{Cof}\,\eta' - \cos(2\alpha - \xi')}{\mathfrak{Cof}\,\eta' - \cos\xi'}\right]^{\frac{1}{2}} \times \tag{$3\alpha_2$}$$

$$\left. \times \frac{1}{R(\xi, \eta, \varphi; 2\alpha - \xi', \eta', \varphi')}\left[\frac{\pi}{2} + \arcsin\left(\frac{\cos\left(\alpha - \frac{\xi + \xi'}{2}\right)}{\mathfrak{Cof}\,\frac{A}{2}}\right)\right]\right\}$$

gegeben werden. Nach einer früheren Bemerkung im Abschn. 2.113 bedeutet in Gl. ($3\alpha_2$) das R in der dritten Zeile den Abstand zwischen dem Aufpunkt (ξ, η, φ) im Feld und dem Bildpunkt von (ξ', η', φ') in bezug auf den Kreisbogen $\xi = \alpha$. Dieser Bildpunkt liegt nicht im physikalischen Raum $\alpha - 2\pi \leqq \xi \leqq \alpha$. Es ist also, solange $\alpha - 2\pi < \xi' < \alpha$ ist, stets $\xi \neq \xi'$. Der Ausdruck ($3\alpha_2$) hat also als einzige polartige Singularität die Stelle $\xi = \xi'$, $\eta = \eta'$ und $\varphi = \varphi'$.

2. Im Falle $\alpha - \beta = \pi$ haben wir es mit der geschlossenen Kugel zu tun. Nach Gl. (3b) ist dann nach dem Additionstheorem der Funktion sin und nach Gl. 2.1 (57)

$$G(\xi, \eta, \varphi; \xi', \eta', \varphi') = \frac{(\xi, \eta)(\xi', \eta')}{2\pi^2 a}\sum_{\lambda=0}^{\infty}\left[\cos(\xi - \xi')\lambda - \cos\lambda(2\alpha - \xi - \xi')\right] \times$$

$$\times \mathfrak{Q}_{-\frac{1}{2}-\lambda}(\mathfrak{Cof}\,A) = \frac{(\xi, \eta)(\xi', \eta')}{2^{\frac{5}{2}}\pi^2 a}\left\{\frac{1}{\sqrt{\mathfrak{Cof}\,A - \cos(\xi - \xi')}} - \frac{1}{\sqrt{\mathfrak{Cof}\,A - \cos(2\alpha - \xi - \xi')}}\right\}.$$

Im Hinblick auf die Gl. 2.1 (56) läßt sich hierfür aber auch schreiben:

$$G(\xi, \eta, \varphi; \xi', \eta', \varphi') = -\frac{1}{4\pi} \times$$

$$\times \left\{\frac{1}{R(\xi, \eta, \varphi; \xi', \eta', \varphi')} - \frac{\left[(\mathfrak{Cof}\,\eta' - \cos\xi')(\mathfrak{Cof}\,\eta' - \cos(2\alpha - \xi'))\right]^{\frac{1}{2}}}{R(\xi, \eta, \varphi; 2\alpha - \xi', \eta', \varphi')}\right\}. \tag{3β}$$

Hier steht im Nenner des zweiten Bruchs der Abstand zwischen dem Aufpunkt und dessen Bildpunkt in bezug auf die Kugeloberfläche $\xi = \alpha$.

3. In dem dritten Sonderfall $\alpha - \beta = \pi/2$ nimmt die Lösung (3b) die Form an:

$$G(\xi, \eta, \varphi; \xi', \eta', \varphi') = -\frac{(\xi, \eta)(\xi', \eta')}{\pi^2 a} \times$$

$$\times \sum_{\lambda=0}^{\infty} [\cos 2\lambda(\xi - \xi') - \cos 2\lambda(2\alpha - \xi - \xi')]\, \mathfrak{Q}_{-\frac{1}{2}+\lambda}(\mathfrak{Cof} A).$$

Diese Reihe läßt sich natürlich ebenfalls summieren, denn aus Gl. 2.1 (57) folgt sofort

$$(x - \cos\varphi)^{\frac{1}{2}} + (x + \cos\varphi)^{\frac{1}{2}} = \frac{2^{\frac{5}{2}}}{\pi} \sum_{n=0}^{\infty} \frac{\cos 2n\varphi}{1 + \delta_{0n}} \mathfrak{Q}_{-\frac{1}{2}+2n}(x) \quad (x > 1). \quad (4\text{c})$$

Der der Gl. (3β) entsprechende Ausdruck für die GREENsche Funktion, der hier nicht explizite angeschrieben werden soll, besteht jetzt aus vier Summanden. Die beiden positiven Glieder enthalten die Entfernungen des Aufpunktes von den beiden Punkten (ξ', η', φ') und $(\xi' - \pi, \eta', \varphi')$, die beiden negativen Glieder die Entfernungen zwischen dem Aufpunkt und den Punkten $(2\alpha - \xi', \eta', \varphi')$ und $(2\alpha - \xi' - \pi, \eta', \varphi')$.

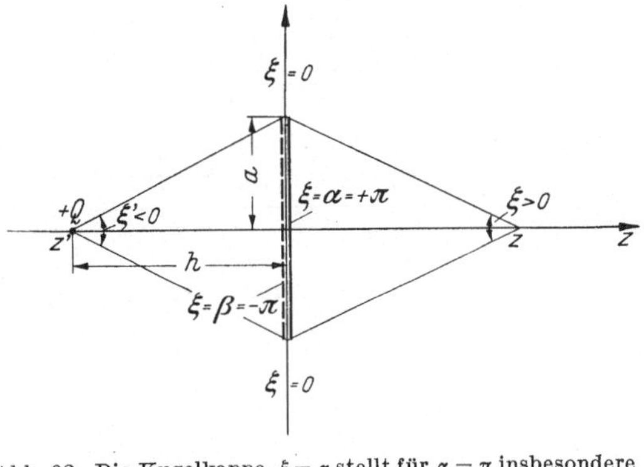

Abb. 92. Die Kugelkappe $\xi = \alpha$ stellt für $\alpha = \pi$ insbesondere eine ebene Kreisscheibe mit dem Radius a dar. In der Fläche der Kreisscheibe auf der Seite $z > 0$ hat nach Abb. 91 ξ den Wert π, auf der Seite $z < 0$ den Wert $-\pi$.

5.211 Eine erste Anwendung auf Kreisscheibe und Kreislochplatte.

Wir machen eine erste Anwendung dieser allgemeinen Formeln auf die Frage nach der Bildkraft einer *Kreisscheibe*, wobei wir uns auf die Verhältnisse in der Achse der Kreisscheibe beschränken wollen. Gemäß Abb. 92 werde diese Achse zur z-Achse eines Koordinatensystems gemacht, deren x, y-Ebene die Kreisscheibe mit dem Radius a enthält. Dann ist für alle Aufpunkte P auf der Achse $\varphi = 0$ und $\xi > 0$ auf der Seite $z > 0$, $\xi < 0$ auf der Seite $z < 0$, und zwischen ξ und ξ' einerseits und z und z' andererseits besteht der einfache Zusammenhang:

$$\frac{\xi}{2} = \operatorname{arc\,tg}\left(\frac{a}{z}\right), \quad (6\text{a}) \qquad \frac{\xi'}{2} = -\operatorname{arc\,tg}\left(\frac{a}{h}\right) \quad (z' = -h). \quad (6\text{b})$$

Dann ergibt die Gl. ($3\alpha_2$) wegen $A=0$ und $\alpha=\pi$ für die Potentialfunktion des durch die Ladung Q' erzeugten elektrostatischen Feldes in Punkten der Achse die Formel

$$\varphi(\xi,0,0)=\frac{Q'}{4\pi\varepsilon_0 a}\left|\sin\frac{\xi}{2}\right|\left|\sin\frac{\xi'}{2}\right|\left\{\frac{\frac{1}{2}+\frac{1}{\pi}\arcsin\left(\cos\frac{\xi-\xi'}{2}\right)}{\left|\sin\frac{\xi-\xi'}{2}\right|}-\right.$$
$$\left.-\frac{\frac{1}{2}+\frac{1}{\pi}\arcsin\left(\cos\left(\pi-\frac{\xi+\xi'}{2}\right)\right)}{\left|\sin\frac{\xi+\xi'}{2}\right|}\right\}, \tag{6}$$

denn die Wurzeln in Gl. ($3\alpha_1$) sind alle mit dem positiven Vorzeichen zu nehmen. Werden in Gl. (6) die Gl. (6a, b) berücksichtigt, so ergibt sich zunächst:

$$\varphi(\xi,0,0)=\frac{Q'}{4\pi\varepsilon_0}\left\{\frac{\frac{1}{2}+\frac{1}{\pi}\arcsin\left(\cos\frac{\xi-\xi'}{2}\right)}{h+z}-\right.$$
$$\left.-\frac{\frac{1}{2}+\frac{1}{\pi}\arcsin\left(\cos\left(\pi-\frac{\xi+\xi'}{2}\right)\right)}{|h-z|}\right\}\quad(z>0), \tag{6A}$$

$$\varphi(\xi,0,0)=\frac{Q'}{4\pi\varepsilon_0}\left\{\frac{\frac{1}{2}+\frac{1}{\pi}\arcsin\left(\cos\frac{\xi-\xi'}{2}\right)}{|h+z|}-\right.$$
$$\left.-\frac{\frac{1}{2}+\frac{1}{\pi}\arcsin\left(\cos\left(\pi-\frac{\xi+\xi'}{2}\right)\right)}{h-z}\right\}\quad(z<0). \tag{6B}$$

Nun ist wegen $\cos\alpha=\sin\left(\frac{\pi}{2}\pm\alpha\right)$

$$\arcsin\left(\cos\frac{\xi-\xi'}{2}\right)=\frac{\pi}{2}+\frac{\xi-\xi'}{2}=\frac{\pi}{2}-\frac{\xi-\xi'}{2},$$
$$\arcsin\left(\cos\left(\pi-\frac{\xi+\xi'}{2}\right)\right)=-\arcsin\left(\cos\frac{\xi+\xi'}{2}\right)=-\left(\frac{\pi}{2}\pm\frac{\xi+\xi'}{2}\right).$$

Dann ist im Hinblick auf die zu Gl. (6a, b) angegebene Beschränkung für $z>0$

$$\arcsin\left(\cos\frac{\xi-\xi'}{2}\right)=\frac{\pi}{2}-\operatorname{arctg}\left(\frac{a}{z}\right)-\operatorname{arctg}\left(\frac{a}{h}\right),$$
$$\arcsin\left(\cos\left(\pi-\frac{\xi+\xi'}{2}\right)\right)=-\frac{\pi}{2}+\left|\operatorname{arctg}\left(\frac{a}{z}\right)-\operatorname{arctg}\left(\frac{a}{h}\right)\right|$$

und für $z<0$

$$\arcsin\left(\cos\frac{\xi-\xi'}{2}\right)=\frac{\pi}{2}-\left|\operatorname{arctg}\left(\frac{a}{z}\right)+\operatorname{arctg}\left(\frac{a}{h}\right)\right|,$$
$$\arcsin\left(\cos\left(\pi-\frac{\xi+\xi'}{2}\right)\right)=-\frac{\pi}{2}-\operatorname{arctg}\left(\frac{a}{z}\right)+\operatorname{arctg}\left(\frac{a}{h}\right).$$

Im ganzen ergibt sich also nunmehr ohne weitere Schwierigkeit

$$\varphi(z) = \frac{Q'}{4\pi\varepsilon_0} \times \\ \times \left\{\frac{1}{h+z} - \frac{\operatorname{arctg}(a/z) + \operatorname{arctg}(a/h)}{\pi(h+z)} - \frac{\operatorname{arctg}(a/h) - \operatorname{arctg}(a/z)}{\pi(h-z)}\right\} \quad (z > 0), \tag{6α}$$

$$\varphi(z) = \frac{Q'}{4\pi\varepsilon_0} \times \\ \times \left\{\frac{1}{|h+z|} + \frac{\operatorname{arctg}(a/z) + \operatorname{arctg}(a/h)}{\pi(h+z)} - \frac{\operatorname{arctg}(a/h) - \operatorname{arctg}(a/z)}{\pi(h-z)}\right\} \quad (z < 0). \tag{6β}$$

Zieht man in beiden Gleichungen $(h + z)$ vor die geschweifte Klammer und faßt sie zusammen, so ergibt sich die Darstellung

$$\varphi(z) = \frac{Q'}{4\pi\varepsilon_0} \times \\ \times \frac{2/\pi}{h+z}\left\{\frac{\pi}{2}\operatorname{sgn}(h+z) \mp \frac{h\operatorname{arctg}(a/z) - z\operatorname{arctg}(a/h)}{h-z}\right\} \quad (z \gtrless 0), \tag{7}$$

worin das obere Vorzeichen zu dem oberen Ungleichheitszeichen gehört und umgekehrt. Nach Gl. (7) ist

$$\varphi(0) = \varphi(\infty) = 0, \tag{7a}$$

$$\varphi(h) = \frac{Q'}{4\pi\varepsilon_0}\frac{1}{\pi h}\left[\frac{\pi}{2} - \frac{a h}{a^2+h^2} - \operatorname{arctg}\left(\frac{a}{h}\right)\right]. \tag{7b}$$

Aus der Gl. (7) folgt für die elektrische Feldstärke in der Achse der Kreisscheibe auf der Seite $z > 0$ der Ausdruck

$$E_z(z) = \frac{Q'}{4\pi\varepsilon_0}\frac{1}{(h+z)^2} \times \\ \times \left\{1 - \frac{2}{\pi}\frac{(z^2+h^2)\operatorname{arctg}(a/h) - 2zh\cdot\operatorname{arctg}(a/z)}{(z-h)^2} - \frac{2}{\pi}\frac{h+z}{h-z}\frac{a h}{a^2+z^2}\right\}. \tag{7α}$$

Für $z = h$ wird im besonderen

$$E_z(h) = \frac{Q'}{4\pi\varepsilon_0}\frac{1}{4h^2}\left\{1 - \frac{2}{\pi}\left[\operatorname{arctg}\left(\frac{a}{h}\right) + \frac{(a^2+3h^2)\,a\,h}{(a^2+h^2)^2}\right]\right\}. \tag{7β}$$

Die geschweifte Klammer in den Gl. (7 α) und (7 β) stellt den Reduktionsfaktor dar, mit dem die ideelle, in der Entfernung $z + h$ von der Punktladung Q wirkende elektrische Feldstärke multipliziert werden muß, sobald zwischen Punktladung und Aufpunkt eine Kreisscheibe liegt. In Abb. 93 ist der Verlauf von E_z in Abhängigkeit von z/h für die fünf verschiedenen Werte $a/h = \frac{1}{3}, \frac{1}{2}, 1, 2$ und 3 dargestellt worden. Dicht vor der Scheibe hat E_z in allen Fällen eine negative Komponente, die die Richtung auf die Scheibe hat. Erst in großer Entfernung vor der Scheibe kehrt sich die Richtung der Feldstärke um.

Eine andere interessante Größe, die hier im Zusammenhang mit der Anordnung Punktladung-Kreisscheibe betrachtet werden soll, ist die auf die Punktladung ausgeübte Bildkraft. Es ist bekannt, daß eine Punktladung, die im Abstand h vor einer unendlich ausgedehnten leitenden Platte steht, einer Kraft in Richtung auf die Platte von der Größe $Q/4\pi\varepsilon_0 \cdot (1/4h^2)$ unterworfen ist. Es fragt sich, wie groß diese Kraft bei einer nur endlichen Ausdehnung der Platte ist, wenn im besonderen diese Platte die Form einer Kreisscheibe hat und die Punktladung auf der Mittelsenkrechte zu dieser Kreisscheibe angeordnet ist. Die Antwort auf diese Frage geht aus

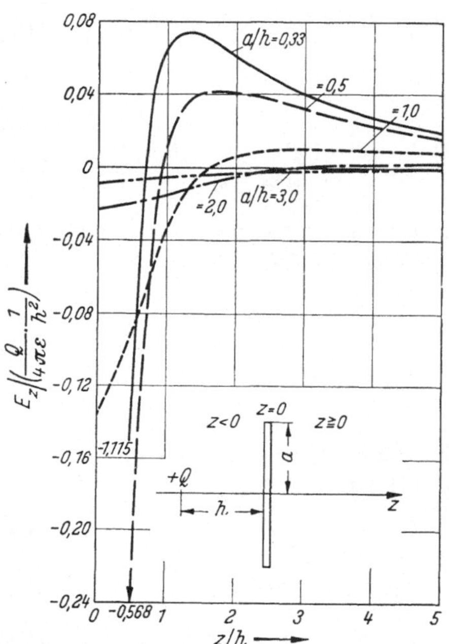

Abb. 93. Das elektrische Feld vor der geerdeten Kreisscheibe mit dem Radius a wird durch eine Punktladung Q erzeugt, die im Punkte $z=-h$ auf der Achse der Scheibe angeordnet ist. Die Kurven des Bildes stellen für verschiedene Werte von a/h den Verlauf der auf die Bezugsgröße $Q/4\pi\varepsilon \cdot 1/h^2$ bezogene Feldstärke E_z in Abhängigkeit von z/h auf der Seite $z \geqq 0$ dar. Bemerkenswert ist der negative Wert von E_z in dem Bereich unmittelbar vor der Scheibe. Bei Luft als Dielektrikum ist im Bilde $\varepsilon = \varepsilon_0$ wie in Gl. (7β)

der Gl. (7b) hervor. Man berechnet zunächst, daß allgemein für beliebiges $z < 0$

$$E_z(z) = \frac{Q}{4\pi\varepsilon_0}\left\{\frac{\operatorname{sgn}(z+h)}{(z+h)^2} - \frac{2ah}{\pi(z^2-h^2)(a^2+z^2)} + \right. \qquad (8)$$
$$\left. + \frac{\operatorname{arc\,tg}(a/z) + \operatorname{arc\,tg}(a/h)}{\pi(z+h)^2} - \frac{\operatorname{arc\,tg}(a/z) - \operatorname{arc\,tg}(a/h)}{\pi(z-h)^2}\right\}$$

ist. Für $z = h$ wird dieser Ausdruck unbestimmt. Die Grenzwertbestimmung nach der Regel von de L'Hospital macht aber keine Schwierigkeit, und man findet für den Wert von E_z an der Stelle $z = -h$ die Formel

$$E_z(-h) = \frac{Q}{4\pi\varepsilon_0}\,\frac{1}{4h^2}\,\frac{2}{\pi}\left\{\operatorname{arc\,tg}\gamma + \frac{\gamma(3+\gamma^2)}{(1+\gamma^2)^2}\right\} \quad \left(\gamma = \frac{a}{h}\right). \qquad (8\text{a})$$

Dieser Wert braucht nun nur noch mit Q multipliziert zu werden, damit man auf die Bildkraft kommt. In Abb. 94 ist die auf den ideellen Wert bezogene Bildkraft in Abhängigkeit von a/h graphisch dargestellt. An Näherungsausdrücken ergeben sich für die Bildkraft:

$$K_z \Big/ \left(\frac{Q^2}{4\pi\,\varepsilon_0}\,\frac{1}{4h^2}\right) \approx 1 + \frac{2}{\pi}\,\frac{h}{a} + \frac{8}{3\pi}\left(\frac{h}{a}\right)^2 - \frac{72}{5\pi}\left(\frac{h}{a}\right)^5 \cdots \quad \left(\frac{h}{a}\right) \to 0, \tag{8α}$$

$$K_z \Big/ \left(\frac{Q^2}{4\pi\,\varepsilon_0}\,\frac{1}{4h^2}\right) \approx \frac{8}{\pi}\,\frac{a}{h} - \frac{32}{3\pi}\left(\frac{a}{h}\right)^3 + \frac{72}{5\pi}\left(\frac{a}{h}\right)^5 \cdots \quad \left(\frac{a}{h}\right) \to 0. \tag{8β}$$

Für $a = h$ erreicht der Ausdruck

$$\operatorname{arc\,tg}\left(\frac{a}{h}\right) + \frac{(3h^2 + a^2)\,a\,h}{(a^2 + h^2)^2}$$

seinen maximalen Wert $\pi/4 + 1 = 1{,}7854$. Für diesen Fall wird also die Bildkraft vor der endlichen Kreisscheibe sogar noch größer als vor der unendlich ausgedehnten, leitenden Ebene.

Wir sind nunmehr auch in der Lage, nach Größe und Richtung die Kraft zu berechnen, die die Ladung Q_1 in $z = -h$ auf die Ladung Q_2

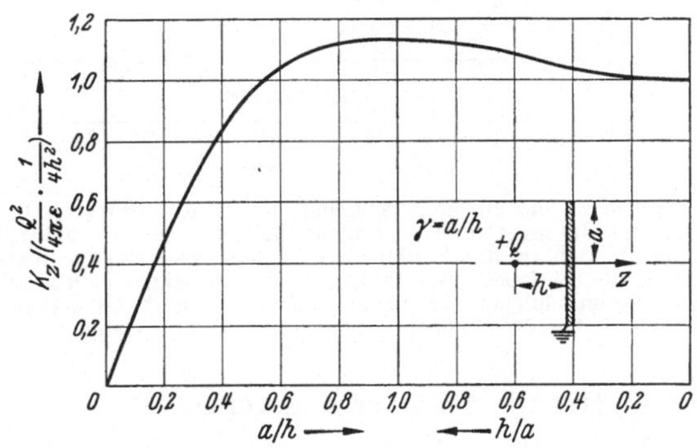

Abb. 94. Das Bild veranschaulicht den Verlauf der Bildkraft K_z, den eine einzelne Punktladung Q im Abstand h vor einer geerdeten Kreisscheibe mit dem Radius a erfährt in Abhängigkeit von a/h oder h/a. Die Kraft K_z ist ins Verhältnis gesetzt zu der Bildkraft auf die gleiche Ladung im Abstande h vor einer unendlich ausgedehnten leitenden Ebene. Bei Luft als Dielektrikum ist im Bilde $\varepsilon = \varepsilon_0$ zu setzen wie in Gl (8 α, β)

in $z = +h$ ausübt, wenn sich in der Mitte zwischen diesen beiden Ladungen eine geerdete Kreisscheibe befindet. Die totale Kraft, die auf die Ladung Q_2 wirkt, setzt sich zusammen aus der Kraft, die die Ladung Q_1 auf die Ladung Q_2 ausübt und die nach Gl. (7a) durch den Ausdruck

$$K_z = \frac{Q_1 Q_2}{4\pi\,\varepsilon_0}\,\frac{1}{4h^2}\left\{1 - \frac{2}{\pi}\left(\operatorname{arc\,tg}\left(\frac{a}{h}\right) + \frac{(a^2 + h^2)\,a\,h}{(a^2 + h^2)^2}\right)\right\} \tag{9a}$$

gegeben ist, und aus der Bildkraft von seiten der Kreisscheibe. Sie berechnet sich nach Gl. (8a) nach der Formel

$$K_z^{(B)} = -\frac{Q_2^2}{4\pi\,\varepsilon^2}\,\frac{1}{4h^2}\,\frac{2}{\pi}\left\{\operatorname{arc\,tg}\left(\frac{a}{h}\right) + \frac{(a^2 + 3h^2)\,a\,h}{(a^2 + h^2)^2}\right\}. \tag{9b}$$

Ist nun einmal

A. $Q_2 = +Q$ in $z = +h$ und

$Q_1 = +Q$ in $z = -h$,

so wird die Kraft auf die Ladung Q_2 in $z = +h$

$$K_z = \frac{Q^2}{4\pi\varepsilon_0}\frac{1}{4h^2}\left\{1 - \frac{4}{\pi}\left(\operatorname{arc\,tg}\left(\frac{a}{h}\right) + \frac{(a^2+3h^2)\,a\,h}{(a^2+h^2)^2}\right)\right\}. \tag{10a}$$

Für $a/h = 0$ wird $K_z = (Q^2/4\pi\varepsilon_0)(1/4h^2)$, und für $a/h \to \infty$ wird

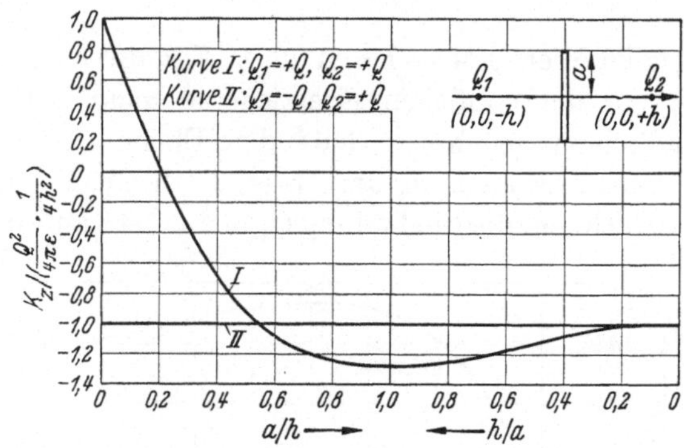

Abb. 95. Die beiden Kurven des Bildes entsprechen den Gleichungen (10a, b) und geben die Größe der Kraft an, den die am Orte $z = +h$ in der Achse stehende Punktladung von einer am Orte $z = -h$ angeordneten zweiten Punktladung in Gegenwart einer geerdeten Kreisscheibe vom Radius a erfährt. Es ist dabei unterschieden nach den beiden Fällen gleicher oder entgegengesetzt gleicher Punktladungen. Bei einem homogenen und polarisierbaren Dielektrikum muß in den Gleichungen wie im Bilde ε statt ε_0 stehen

$K_z = -(Q^2/4\pi\varepsilon_0)(1/4h^2)$. Ist aber andererseits

B. $Q_2 = +Q$ in $z = +h$ und

$Q_1 = -Q$ in $z = -h$,

so ist die auf Q_2 wirkende Kraft

$$K_z = -\frac{Q^2}{4\pi\varepsilon_0}\frac{1}{4h^2} \tag{10b}$$

für jeden Wert von a/h. Es verhält sich also hier alles so, als wäre überhaupt keine Kreisscheibe vorhanden. In der Tat liegt sie in diesem Fall in einer Potentialfläche. Die Abb. 95 erläutert diese Verhältnisse graphisch.

Wir bestimmen unter der gleichen vereinfachenden Annahme hinsichtlich der Lage der Punktladung in der Achse die Bildkraft vor einer *Kreislochplatte*. Nach Abb. 96 ist jetzt $\alpha = 2\pi$, $\beta = 0$, und wenn die Gleichungen

$$\frac{\xi}{2} = \operatorname{arc\,tg}\left(\frac{a}{z}\right), \quad (11\,\mathrm{a}) \qquad \frac{\xi'}{2} = \operatorname{arc\,tg}\left(\frac{a}{z'}\right) \quad (0 < \xi,\ \xi' < 2\pi), \quad (11\,\mathrm{b})$$

$$\left(-\infty < z,\ z' < +\infty;\ +\pi > \operatorname{arc\,tg}\left(\frac{a}{z}\right),\ \operatorname{arc\,tg}\left(\frac{a}{z'}\right) > 0\right)$$

für den ganzen Bereich der z-Achse gelten sollen, ohne daß für $z = 0$ der arctg unstetig wird, so muß für negative Werte von z der arctg im Intervall $\pi/2 \cdots \pi$ liegen. Da wieder $A = 0$ ist, so lautet im vorliegenden Fall die Potentialfunktion für eine im Punkte $(\xi', 0, 0)$ angeordnete Punktladung Q nach Gl. (3a)

$$\varPhi(\xi, 0, 0) = \frac{Q}{4\pi a \varepsilon_0} \left|\sin\frac{\xi}{2}\right| \left|\sin\frac{\xi'}{2}\right| \times \left\{ \frac{\frac{1}{2} + \frac{1}{\pi}\arcsin\left(\cos\frac{\xi - \xi'}{2}\right)}{\left|\sin\frac{\xi - \xi'}{2}\right|} - \frac{\frac{1}{2} + \frac{1}{\pi}\arcsin\left(\cos\frac{\xi + \xi'}{2}\right)}{\left|\sin\frac{\xi + \xi'}{2}\right|} \right\} \tag{12'}$$

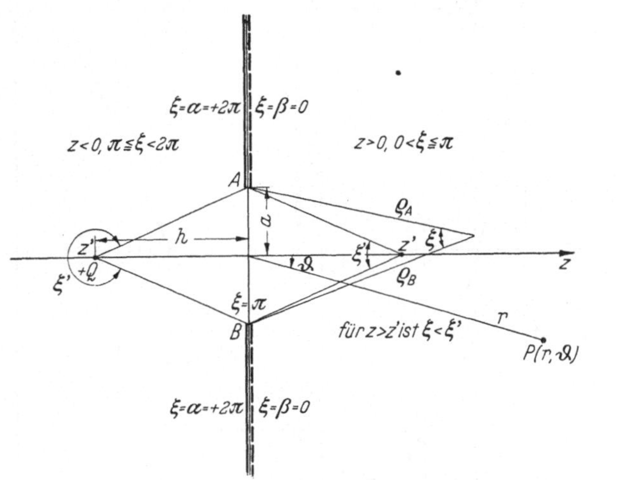

Abb. 96. Entartet die Kugelkappe in eine Kreislochscheibe, so kommt nach Abb. 91 der Fläche der Scheibe auf der Seite $z > 0$ der Wert $\xi = \beta = 0$ und der Fläche der Scheibe auf der Seite $z < 0$ der Wert $\xi = \alpha = 2\pi$ zu. Die Koordinate ξ', die den Ort der Ladung Q' auf der z-Achse fixiert, liegt zwischen den Werten Null ($z \to +\infty$) und -2π ($z \to -\infty$)

oder in Rücksicht auf die Gl. (11a, b)

$$\varPhi(\xi, 0, 0) = \frac{Q}{4\pi \varepsilon_0} \times \left\{ \frac{\frac{1}{2} + \frac{1}{\pi}\arcsin\left(\cos\frac{\xi - \xi'}{2}\right)}{|z' - z|} - \frac{\frac{1}{2} + \frac{1}{\pi}\arcsin\left(\cos\frac{\xi + \xi'}{2}\right)}{|z' + z|} \right\}. \tag{12''}$$

Nun ist nach Gl. (4) die Bestimmung des arcsin auf jeden Fall so zu wählen, daß er absolut genommen kleiner als $\pi/2$ bleibt. Das ist für alle in Frage kommenden Werte von ξ und ξ' gewährleistet, wenn

$$\arcsin\left(\cos\frac{\xi - \xi'}{2}\right) = \frac{\pi}{2} - \left|\frac{\xi - \xi'}{2}\right| = \frac{\pi}{2} - \left|\operatorname{arctg}\left(\frac{a}{z}\right) - \operatorname{arctg}\left(\frac{a}{z'}\right)\right|$$

gesetzt wird, denn nach Abb. 96 bleibt in jedem Fall $|\xi - \xi'| < 2\pi$. Im zweiten Glied der geschweiften Klammer müssen wir jedoch setzen

$$\arcsin\left(\cos\frac{\xi+\xi'}{2}\right) = \begin{cases} \dfrac{\xi+\xi'}{2} - \dfrac{3\pi}{2} \\ \dfrac{\pi}{2} - \dfrac{\xi+\xi'}{2} \end{cases}, \quad \text{solange} \quad \begin{matrix} 4\pi > \xi + \xi' > 2\pi \\ 2\pi > \xi + \xi' > 0 \end{matrix} \quad \text{ist.}$$

Für $\xi + \xi' = 2\pi$ oder $\xi = 2\pi - \xi'$ liegt der Aufpunkt im Bildpunkt der Punktladung in bezug auf die Ebene der Kreislochplatte, d. h. es ist $z + z' = 0$. Für den zweiten Summanden in Gl. (12″) ergeben

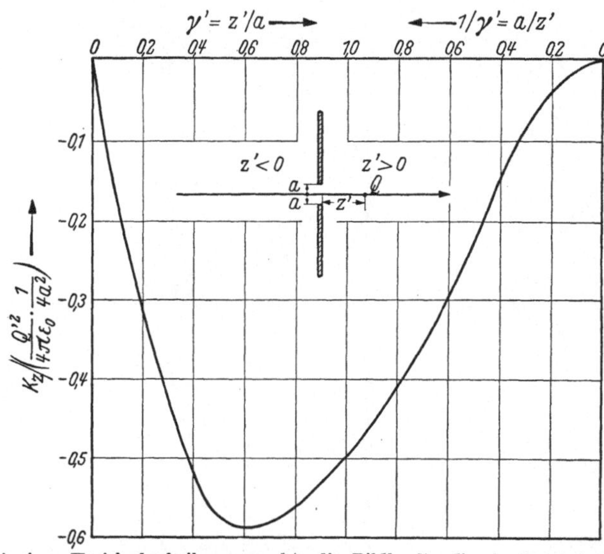

Abb. 97. Bei einer Kreislochscheibe versucht die Bildkraft, die in der Achse des Loches liegende Punktladung stets in die Ebene der Platte zurückzuziehen

sich also ohne das Minuszeichen die beiden folgenden Darstellungen:

$$-1 + \frac{1}{\pi}\left(\operatorname{arc\,tg}\left(\frac{a}{z}\right) + \operatorname{arc\,tg}\left(\frac{a}{z'}\right)\right) \quad \text{für} \quad 4\pi > \xi + \xi' > 2\pi;\ z + z' < 0,$$

$$+1 - \frac{1}{\pi}\left(\operatorname{arc\,tg}\left(\frac{a}{z}\right) + \operatorname{arc\,tg}\left(\frac{a}{z'}\right)\right) \quad \text{für} \quad 2\pi > \xi + \xi' > 0;\ z + z' > 0.$$

Somit kann der Ausdruck für die Potentialfunktion in der folgenden Form geschrieben werden:

$$\varphi(z) = \frac{Q'}{4\pi\varepsilon_0} \times \tag{13}$$

$$\times \left\{\frac{1}{|z - z'|} + \frac{\operatorname{arc\,tg}(a/z) - \operatorname{arc\,tg}(a/z')}{\pi(z - z')} - \frac{1}{z + z'} + \frac{\operatorname{arc\,tg}(a/z') + \operatorname{arc\,tg}(a/z)}{\pi(z + z')}\right\}$$

$$\left(0 < \operatorname{arc\,tg}\left(\frac{a}{z, z'}\right) < \pi\right)$$

oder in anderer Zusammenfassung mit $-\pi/2 < \operatorname{arctg}(z/a) < \pi/2$ im Bereich $-\infty < z < +\infty$

$$\mathcal{O}(z) = \frac{Q'}{4\pi\varepsilon_0}\frac{1}{z-z'}\left\{\operatorname{sgn}(z-z') + \frac{2}{\pi}\frac{z'\operatorname{arctg}(z'/a) - z\operatorname{arctg}(z/a)}{z+z'}\right\}. \quad (13')$$

Der erste Term in der geschweiften Klammer, der eine polartige Singularität von $\mathcal{O}(z)$ an der Stelle $z = z'$ bewirkt, rührt natürlich von der an dieser Stelle befindlichen Punktladung her. Die elektrische Feldstärke längs der Mittelachse der Kreislochscheibe, die von der Punktladung im Punkt z' der Achse erzeugt wird, berechnet sich dann nach der Formel:

$$E_z(z,z') = \frac{Q'}{4\pi\varepsilon_0}\left\{\frac{1}{(z-z')^2} - \frac{2/\pi}{(z^2-z'^2)^2}\times\right. \quad (14)$$

$$\left.\times\left[(z-z')^2\operatorname{arctg}\left(\frac{z}{a}\right) - az\cdot\frac{z^2-z'^2}{a^2+z^2} + 2zz'\left(\operatorname{arctg}\left(\frac{z}{a}\right) - \operatorname{arctg}\left(\frac{z'}{a}\right)\right)\right]\right\}.$$

Hierin bildet das erste Glied in der geschweiften Klammer den Beitrag der Punktladung Q' selbst zum Feld, der zweite Summand die Rückwirkung der Kreislochplatte auf das Feld. Wird er der Kürze halber mit $E_z^{(f)}$ bezeichnet, so ist die Bildkraft $K_z(Q') = E_z^{(f)}Q'$, genommen am Orte $z = z'$ der Punktladung. Aus Gl. (14) berechnet sich dafür mit Hilfe der Regel von DE L'HOSPITAL der Ausdruck:

$$K_z\Big/\left(\frac{Q'^2}{4\pi\varepsilon_0}\frac{1}{4a^2}\right) = \frac{2}{\pi\gamma'^2}\left[\gamma'\frac{1+3\gamma'^2}{(1+\gamma'^2)^2} - \operatorname{arctg}\gamma'\right] \quad \left(\gamma' = \frac{z'}{a}\right),$$
$$\left(-\frac{\pi}{2} < \operatorname{arctg}\left(\frac{z'}{a}\right) < +\frac{\pi}{2}\right). \quad (15)$$

In Abb. 97 ist der Verlauf von K_z in Abhängigkeit von z'/a oder seinem reziproken Wert graphisch dargestellt. Für sehr kleine Werte von γ' ist angenähert

$$K_z = -\frac{Q'}{4\pi\varepsilon_0 a^2}\frac{2}{\pi}\left[\frac{1}{3}\gamma' - \frac{3}{5}\gamma'^3 + \frac{6}{7}\gamma'^5 \pm \cdots\right] \quad \left(\gamma' = \frac{z'}{a}\right). \quad (15')$$

Die Bildkraft ist also in der Ebene der Kreislochplatte selbst gleich Null. Beim Herausrücken aus dieser Ebene wirkt die Kraft stets im Sinne einer Verkleinerung des Abstandes. Für $\gamma' \to \infty$ strebt natürlich die Bildkraft gegen Null.

5.212 Die auf den beiden Kugelkappen $\xi = \alpha$ und $\xi = \beta$ influenzierten Ladungen. Enthält eine Kugel, die bis auf ein kreisförmiges Loch in ihrer Hülle geschlossen ist, in ihrem Innern eine elektrische oder magnetische Ladung, so ist eine praktisch wichtige Frage die nach der Größe des durch das Loch in den Außenraum eintretenden elektrischen Flusses. Diese Frage kann als entschieden gelten, sobald man die elektrischen Ladungen kennt, die von der

Punktladung auf der inneren und äußeren kugelförmigen Oberfläche influenziert werden. Wir betreiben die Lösung dieser Aufgabe zunächst bei ganz beliebiger Lage des Quellpunktes (ξ', η', φ').

Nehmen wir von jetzt ab der größeren Anschaulichkeit wegen an, es handele sich bei dem Quellenfeld um ein elektrostatisches Feld, das von der Punktladung Q' an der Stelle (ξ', η', φ') ausgeht, so läßt sich nach Gl. (3a) die zugehörige Potentialfunktion in der Form

$$\phi(\xi, \eta, \varphi; \xi', \eta', \varphi') = -\frac{Q'}{\pi a \varepsilon_0}(\xi, \eta)(\xi', \eta') \times \\ \times \frac{1}{2\pi i}\int\limits_{+\varepsilon-i\infty}^{+\varepsilon+i\infty} \frac{\sin s(\alpha-\xi)\sin s(\beta-\xi')}{\sin s(\alpha-\beta)} \mathfrak{Q}_{-\frac{1}{2}+s}(\mathfrak{Cof} A)\, ds \tag{16}$$

$$(0 < \varepsilon < \delta;\ \delta \approx 0;\ \alpha > \xi > \xi' > \beta)$$

schreiben, worin jetzt von dem Doppelweg gemäß Abb. 22 zu dem einfachen Integrationsweg parallel zur imaginären Achse übergegangen worden ist, weil die Verwendung des Doppelweges wegen der Regularität des Integranden an der Stelle $s = 0$ keinerlei Vorteile mehr mit sich bringt.

Um die auf der Fläche $\beta = \alpha$ influenzierte Ladung zu erhalten, haben wir zunächst den jetzt gültigen Ausdruck von q_F gemäß Gl. 1.1 (8b′) zu bilden. Er lautet

$$q_F(\alpha, \eta) = -\varepsilon_0 E_\xi(\alpha, \eta) = +\frac{\varepsilon_0}{a}(\mathfrak{Cof}\,\eta - \cos\xi)\left(\frac{\partial \phi}{\partial \xi}\right)_{\xi=\alpha},$$

und für die Flächendichte der elektrischen Ladung an der Oberfläche der Kugelkappe $\xi = \alpha$ berechnet sich nach dieser Formel aus Gl. (16) die Beziehung:

$$q_F(\alpha, \eta) = +\frac{Q'}{\pi a^2}(\mathfrak{Cof}\,\eta - \cos\alpha)^{\frac{3}{2}}(\mathfrak{Cof}\,\eta' - \cos\xi')^{\frac{1}{2}} \times \\ \times \frac{1}{2\pi i}\int\limits_{-i\infty+\varepsilon}^{+i\infty+\varepsilon} s\,\frac{\sin s(\beta-\xi')}{\sin s(\alpha-\beta)} \mathfrak{Q}_{-\frac{1}{2}+s}(\mathfrak{Cof} A)\, ds. \tag{17}$$

Die gesamte, auf der Fläche $\xi = \alpha$ liegende elektrische Ladung ist dann allgemein durch den Ausdruck

$$Q_\alpha(\xi', \eta') = +\int\limits_0^\infty \int\limits_0^{2\pi} q_F(\alpha, \eta)\frac{a^2\,\mathfrak{Sin}\,\eta\, d\varphi\, d\eta}{(\mathfrak{Cof}\,\eta - \cos\alpha)^2} \tag{18′}$$

gegeben. In dem vorliegenden besonderen Fall ist also

$$Q_\alpha(\xi', \eta') = \frac{Q'}{\pi}(\mathfrak{Cof}\,\eta' - \cos\xi')^{\frac{1}{2}} \times \\ \times \frac{1}{2\pi i}\int\limits_{+\varepsilon-i\infty}^{+\varepsilon+i\infty} s\,\frac{\sin s(\beta-\xi')}{\sin s(\alpha-\beta)} F_{-\frac{1}{2}+s}(\alpha, \eta')\, ds \qquad (0 < \varepsilon \ll 1), \tag{18}$$

und hierin ist der Kürze halber

$$F_{-\frac{1}{2}+s}(\alpha;\eta') = \int_0^{2\pi}\int_0^{\infty} \frac{\mathfrak{Sin}\,\eta}{\sqrt{\mathfrak{Cof}\,\eta - \cos\alpha}} \times \mathfrak{Q}_{-\frac{1}{2}+s}(\mathfrak{Cof}\,\eta\,\mathfrak{Cof}\,\eta' - \mathfrak{Sin}\,\eta\,\mathfrak{Sin}\,\eta'\cos(\varphi-\varphi'))\,d\eta\,d\varphi \tag{18a}$$

gesetzt worden. Wendet man auf Gl. (18a) die Gl. 2.1 (59) an, so läßt sich die Integration nach φ sofort durchführen, und man erhält eine erste Vereinfachung in der Form

$$F_{-\frac{1}{2}+s}(\alpha;\eta') = 2\pi \times \left\{\mathfrak{Q}_{-\frac{1}{2}+s}(\mathfrak{Cof}\,\eta')\int_0^{\mathfrak{Cof}\,\eta'} \frac{\mathfrak{P}_{-\frac{1}{2}+s}(t)}{\sqrt{t-\cos\alpha}}\,dt + \mathfrak{P}_{-\frac{1}{2}+s}(\mathfrak{Cof}\,\eta')\int_{\mathfrak{Cof}\,\eta'}^{\infty} \frac{\mathfrak{Q}_{-\frac{1}{2}+s}(t)}{\sqrt{t-\cos\alpha}}\right\}; \tag{18b}$$

denn es ist nach der genannten Gleichung

$$\int_0^{2\pi} \mathfrak{Q}_{-\frac{1}{2}+s}(\mathfrak{Cof}\,A)\,d\varphi = 2\pi \begin{cases} \mathfrak{Q}_{-\frac{1}{2}+s}(\mathfrak{Cof}\,\eta)\,\mathfrak{P}_{-\frac{1}{2}+s}(\mathfrak{Cof}\,\eta') & (\eta \geqq \eta') \\ \mathfrak{Q}_{-\frac{1}{2}+s}(\mathfrak{Cof}\,\eta')\,\mathfrak{P}_{-\frac{1}{2}+s}(\mathfrak{Cof}\,\eta) & (\eta \leqq \eta'), \end{cases}$$

so daß die Gl. (18b) in der Tat in der angegebenen Weise geschrieben werden muß. Um nun das Integral in Gl. (18b) berechnen zu können, wende man zunächst die gleichmäßig konvergente Reihenentwicklung der Gl. 2.1 (57) an und sodann die in der Theorie der Kugelfunktionen bewiesene Formel

$$\int_a^b \mathfrak{P}_\nu(z)\,\mathfrak{Q}_\sigma(z)\,dz = [(\nu-\sigma)(\nu+\sigma+1)]^{-1} \times \{(1-z^2)[\mathfrak{P}_\nu(z)\,\mathfrak{Q}_\sigma'(z) - \mathfrak{P}_\nu'(z)\,\mathfrak{Q}_\sigma(z)]\}\Big|_a^b. \tag{19}$$

Dabei hat man bei dem ersten Integral in Gl. (18b) zu berücksichtigen, daß in der Nähe der Stelle $t = 1$

$$\mathfrak{Q}_{n-\frac{1}{2}}'(t) \approx (1-t^2)^{-1}, \qquad \mathfrak{P}_{\sigma-\frac{1}{2}}(t) \approx 1,$$

ist. Beachtet man dann noch, daß die Wronskische Determinante der Funktionen $\mathfrak{P}$ und $\mathfrak{Q}$ sich hier in Form der Gleichung

$$\begin{vmatrix} \mathfrak{Q}_\nu^\mu(z) & \frac{d}{dz}\,\mathfrak{Q}_\nu^\mu \\ \mathfrak{P}_\nu^\mu(z) & \frac{d}{dz}\,\mathfrak{P}_\nu^\mu \end{vmatrix} = \frac{e^{\pi i \mu}\,\Gamma(1+\nu+\mu)}{(z^2-1)\,\Gamma(1+\nu-\mu)} \tag{20}$$

$$(z \mp \delta \quad \text{für} \quad -1 \gtreqless \delta \leqq -1)$$

darstellt, so findet man im Endergebnis für die Funktion F von

Gl. (18b) die absolut und gleichmäßig konvergente Entwicklung:

$$F_{-\frac{1}{2}+s}(\alpha;\eta') = -2^{\frac{5}{2}} \sum_{n=0}^{\infty} \frac{\cos(n\alpha)}{1+\delta_{0n}} \frac{\mathfrak{Q}_{n-\frac{1}{2}}(\mathfrak{Cof}\,\eta') - \mathfrak{Q}_{s-\frac{1}{2}}(\mathfrak{Cof}\,\eta')}{n^2 - s^2}. \tag{18c}$$

Geht man nun mit diesem Ausdruck in Gl. (18) ein, so darf man wegen der gleichmäßigen Konvergenz gliedweise integrieren, und da die gleichmäßige Konvergenz von Gl. (18c) auf dem Nennerglied $1/(n^2 - s^2)$ beruht, so ist es auch erlaubt, den Zähler in jedem der Reihenglieder auseinanderzureißen. Man erhält dann unter Einschluß des Faktors $1/2\pi i$ vor dem Integralzeichen für die zweite Zeile von Gl. (18) den Ausdruck

$$\begin{aligned} &2^{5/2} \sum_{n=0}^{\infty} \frac{\cos n\alpha}{1+\delta_{0n}} \mathfrak{Q}_{n-\frac{1}{2}}(\mathfrak{Cof}\,\eta') \left[\frac{1}{2\pi i} \int_{-i\infty+\varepsilon}^{+i\infty+\varepsilon} s \frac{\sin s(\beta-\xi')}{\sin s(\beta-\alpha)} \frac{ds}{n^2-s^2}\right] - \\ &- 2^{\frac{5}{2}} \frac{1}{2\pi i} \int_{-i\infty+\varepsilon}^{+i\infty+\varepsilon} s \frac{\sin s(\xi'-\beta)}{\sin s(\beta-\alpha)} \left(\sum_{n=0}^{\infty} \frac{\cos n\alpha}{1+\delta_{0n}} \frac{1}{s^2-n^2}\right) \mathfrak{Q}_{-\frac{1}{2}+s}(\mathfrak{Cof}\,\eta')\, ds \\ &(\alpha > \xi > \xi' > \beta). \end{aligned} \tag{A}$$

Wird vorübergehend definitionsgemäß mit $0 < \varepsilon < \text{Min}\,(1; \pi/\alpha - \beta)$:

$$X = \frac{1}{2\pi i} \int_{-i\infty+\varepsilon}^{+i\infty+\varepsilon} s \frac{\sin s(\beta-\xi')}{\sin s(\alpha-\beta)} \frac{ds}{n^2-s^2} \tag{21a}$$

gesetzt, so ist auch nach Übergang von s zu $-s$

$$X = \frac{1}{2\pi i} \int_{+i\infty-\varepsilon}^{-i\infty-\varepsilon} s \frac{\sin s(\beta-\xi')}{\sin s(\alpha-\beta)} \frac{ds}{n^2-s^2}.$$

Daraus folgt durch Addition:

$$2X = \frac{1}{2\pi i} \oint^{(0+)} \frac{s}{n^2-s^2} \frac{\sin s(\beta-\xi')}{\sin s(\alpha-\beta)} ds = -\frac{\beta-\xi'}{\alpha-\beta} \delta_{0n} \tag{21b}$$

$$(n = 0, 1, 2 \ldots).$$

Wir wenden uns der zweiten Zeile von Gl. (A) zu. Geht man aus von dem Integral

$$\frac{1}{2\pi i} \int_{R\to\infty}^{(0+)} \frac{\cos(\pi-\alpha)z}{\sin \pi z} \frac{dz}{z-s} \quad (0 < \alpha < 2\pi), \tag{22}$$

das über einen Kreis mit dem sehr großen Radius R zu erstrecken ist, so folgt aus Gl. (22) für $R \to \infty$ auf Grund des Residuensatzes die Formel:

$$\sum_{n=0}^{\infty} \frac{\cos n\alpha}{1+\delta_{0n}} \frac{1}{s^2-n^2} = \frac{\pi}{2s} \frac{\cos s(\pi - |\alpha|)}{\sin \pi s} \quad (0 \lesseqgtr |\alpha| \leqq 2\pi). \tag{22a}$$

Für die zweite Zeile der Gl. (A) können wir mithin auch schreiben:

$$Y \equiv -2^{3/2} \frac{\pi}{2\pi i} \int_{-i\infty+\varepsilon}^{+i\infty+\varepsilon} \frac{\sin s(\beta-\xi')}{\sin s(\alpha-\beta)} \frac{\cos s(\pi-|\alpha|)}{\sin \pi s} \mathfrak{Q}_{-\frac{1}{2}+s}(\mathfrak{Cof}\,\eta')\,ds\,.$$

Gehen wir hierin wieder von s zu $-s$ über, so wird daraus

$$Y \equiv +2^{3/2} \frac{\pi}{2\pi i} \int_{-i\infty-\varepsilon}^{+i\infty-\varepsilon} \frac{\sin s(\beta-\xi')}{\sin s(\alpha-\beta)} \frac{\cos s(\pi-|\alpha|)}{\sin \pi s} \mathfrak{Q}_{-\frac{1}{2}-s}(\mathfrak{Cof}\,\eta')\,ds\,.$$

Schiebt man in dem letzten Integral den Integrationsweg über die singuläre Stelle $s = 0$ hinweg, so daß dann beide Integrale denselben Integrationsweg haben, addiert beide Ausdrücke und wendet noch die Gl. 2.1 (58) an, so erhält man auf diese Weise die Beziehung:

$$\begin{aligned} Y &= -2^{\frac{1}{2}} \frac{\beta-\xi'}{\alpha-\beta} \mathfrak{Q}_{-\frac{1}{2}}(\mathfrak{Cof}\,\eta') + \\ &+ \frac{2^{\frac{1}{2}}\pi^2}{2\pi i} \int_{-i\infty+\varepsilon}^{+i\infty+\varepsilon} \frac{\sin s(\beta-\xi')}{\sin s(\alpha-\beta)} \frac{\cos s(\pi-|\alpha|)}{\cos \pi s} \mathfrak{P}_{-\frac{1}{2}+s}(\mathfrak{Cof}\,\eta')\,ds\,. \end{aligned} \tag{23}$$

In Gl. (23) darf nun der Integrationsweg wieder in die imaginäre Achse der s-Ebene verlegt werden. Setzt man dann noch $s = i\,t$ und fügt die einzelnen Beiträge zur Gl. (18) zusammen, so erhält man schließlich für die auf der Kugelkappe $\xi = \alpha$ durch die Punktladung Q' am Orte (ξ', η') influenzierte Ladung den Ausdruck:

$$\begin{aligned} Q_\alpha(\xi', \eta') &= -Q' \left\{ \frac{\mathfrak{Cof}\,\eta' - \cos\xi'}{2} \right\}^{\frac{1}{2}} \times \\ &\times \int_{-\infty}^{+\infty} \frac{\mathfrak{Sin}\,t(\xi'-\beta)}{\mathfrak{Sin}\,t(\alpha-\beta)} \frac{\mathfrak{Cof}\,t(\pi-|\alpha|)}{\mathfrak{Cof}\,\pi t} \mathfrak{P}_{-\frac{1}{2}+it}(\mathfrak{Cof}\,\eta')\,dt \\ &(\beta < \xi' < \alpha), \quad (0 < |\alpha| < 2\pi). \end{aligned} \tag{24a}$$

An die Stelle eines Integrals mit den Grenzen $-\infty \cdots +\infty$ könnte natürlich ebensogut ein Integral mit den Grenzen $0 \cdots \infty$ treten, da der Integrand von Gl. (24a) eine in t gerade Funktion ist. Die Größe der auf der Fläche $\xi = \beta$ influenzierten Ladung ergibt sich hieraus einfach durch den Ersatz von α im Zähler des Integranden durch β und umgekehrt. Man erhält dann die Formel:

$$\begin{aligned} Q_\beta(\xi', \eta') &= -Q' \left\{ \frac{\mathfrak{Cof}\,\eta' - \cos\xi'}{2} \right\}^{\frac{1}{2}} \times \\ &\times \int_{-\infty}^{+\infty} \frac{\mathfrak{Sin}\,t(\alpha-\xi')}{\mathfrak{Sin}\,t(\alpha-\beta)} \frac{\mathfrak{Cof}\,t(\pi-|\beta|)}{\mathfrak{Cof}\,\pi t} \mathfrak{P}_{-\frac{1}{2}+it}(\mathfrak{Cof}\,\eta')\,dt. \\ &(\beta < \xi' < \alpha), \quad (0 < |\beta| < 2\pi). \end{aligned} \tag{24b}$$

Gemäß dem Aufbau dieser beiden Integraldarstellungen zeigen demnach die beiden Funktionen $Q_{\alpha,\beta}$ die Eigenschaft: Es ist

$$Q_\alpha(\beta, \eta') = 0, \quad (24\alpha) \qquad Q_\beta(\alpha, \eta') = 0. \quad (24\beta)$$

Diese Relationen besagen physikalisch, daß, wenn die das Feld erzeugende Punktladung selbst auf einer der beiden Flächen $\xi = \beta$ oder α liegt, sich dann dort in der unmittelbaren Nachbarschaft der Stelle (β, η') oder (α, η') auch die entgegengesetzt gleiche, influenzierte Ladung ansammelt und daß es in diesem Fall nicht zu einem Ausstreuen der Kraftlinien auf die andere Kugelkappe kommt. In der Tat, setzt man demgemäß in Gl. (24a) $\xi' = \alpha$ und beachtet die t-Form der Gl. 2.1 (57), so erhält man

$$Q_\alpha(\alpha, \eta') = -Q', \quad (25\alpha) \qquad Q_\beta(\beta, \eta') = -Q'. \quad (25\beta)$$

In der Funktion

$$U(\xi', \eta') = -\{Q_\alpha(\xi', \eta') + Q_\beta(\xi', \eta')\} \cdot U_0/Q' \tag{26}$$

liegt also diejenige Potentialfunktion vor, die auf $\xi' = \alpha$ und $\xi' = \beta$ denselben konstanten Potentialwert U_0 annimmt. Daß sie auch die D.Gl. 2.1 (55c) befriedigt, die der LAPLACEschen Gleichung in den hier benutzten Koordinaten entspricht, geht sofort aus Gl. 2.1 (62) hervor.

Was nun die Auswertung der in Gl. (24a, b) auftretenden Integrale anbetrifft, so ist sie auch bei beliebigen Werten von ξ' und η' durchführbar. Eine Möglichkeit dazu besteht darin, in Gl. (24a, b) die Funktion $\mathfrak{P}_{-\frac{1}{2}+it}$ wiederum durch die Differenz der Funktionen $\mathfrak{Q}_{-\frac{1}{2}\pm it}$ zu ersetzen und dann die beiden Integrale nach dem Residuensatz aufzulösen. Es entstehen dann zwar gleichmäßig konvergente Reihen von befriedigender Konvergenz, sie enthalten aber unzureichend vertafelte Funktionen. Die Integrale (24a, b) führen aber auf elementartranszendente Funktionen in dem praktisch wichtigen Fall, daß die Punktladung Q' auf der Symmetrieachse der Kugelkappe liegt. Längs dieser ganzen Achse ist nämlich $\eta' = 0$, und die Funktion $\mathfrak{P}_{-\frac{1}{2}+it}$ in Gl. (24a, b) hat dann den Wert 1. Wir führen nachstehend die Berechnung der beiden Integrale für $\eta' = 0$ und unter der zusätzlichen Voraussetzung durch, daß $\beta = \alpha - 2\pi$ ist. Zu diesem Fall gehören die Kreisscheibe, die Kreislochplatte und jede dünnwandige Kugelkalotte mit einer kreisförmigen Öffnung.

Die zu berechnenden Integrale lauten dann, wenn wir, was keine weitere Beschränkung bedeutet, voraussetzen, daß $0 \gtreqless \alpha \leqq 2\pi$ ist:

$$Q_\alpha(\xi', 0) = -\frac{1}{2} Q' \left|\sin\frac{\xi'}{2}\right| \int_{-\infty}^{+\infty} \frac{\operatorname{Sin} t(\pi + \xi') + \operatorname{Sin} t(3\pi - 2\alpha + \xi')}{\operatorname{Sin} 2\pi t \cdot \operatorname{Cos} \pi t}\, dt, \tag{27a}$$

$$Q_\beta(\xi', 0) = -\frac{1}{2} Q' \left|\sin\frac{\xi'}{2}\right| \int_{-\infty}^{+\infty} \frac{\operatorname{Sin} t(\pi - \xi') - \operatorname{Sin} t(\pi - 2\alpha + \xi')}{\operatorname{Sin} 2\pi t \cdot \operatorname{Cos} \pi t}\, dt. \tag{27b}$$

Für die gesamte influenzierte Ladung ist dann

$$Q_\alpha(\xi', 0) + Q_\beta(\xi', 0) = -Q' \left|\sin\frac{\xi'}{2}\right| \times \\ \times \int_{-\infty}^{+\infty} \frac{\mathfrak{Cos}\, t(\pi - \alpha + \xi')}{\mathfrak{Cos}\,\pi t}\, \frac{\mathfrak{Cos}\, t(\pi - \alpha)}{\mathfrak{Cos}\,\pi t}\, dt < 0. \tag{27c}$$

Der Verschiebungsfluß, der der Ladung $-Q' - Q_\alpha(\xi', 0) - Q_\beta(\xi', 0)$ entspricht, endet auf der unendlich fernen Hülle.

Die Berechnung der Integrale in Gl. (27a, b) darf als gelungen angesehen werden, wenn der Wert des Integrals

$$X(\mu) \equiv \int_{-\infty}^{+\infty} \frac{\mathfrak{Sin}\, t(\pi - \mu)}{\mathfrak{Sin}\, 2\pi t\, \mathfrak{Cos}\, \pi t}\, dt \qquad (-2\pi < \mu < 4\pi) \tag{28}$$

ermittelt ist. Mit Hilfe des in Abb. 98 dargestellten Integrationsweges

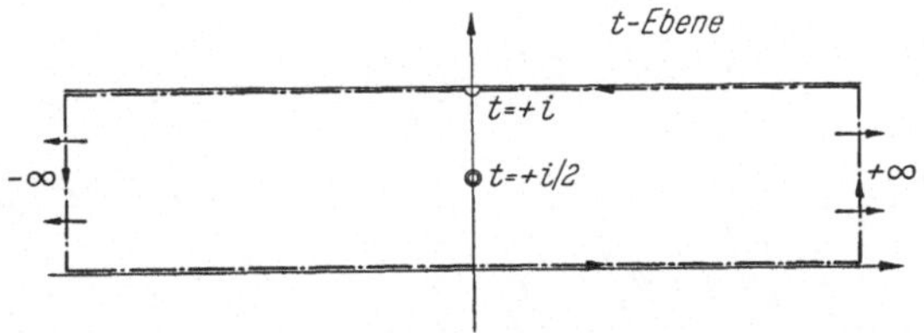

Abb. 98. Dieses Bild zeigt den für die Auswertung des Integrals in Gl. (28) benutzten rechteckigen Integrationsweg

ergibt sich nach dem Residuensatz im Hinblick auf den Doppelpol an der Stelle $t = i/2$

$$X(\mu) - \lim_{\varepsilon = 0} \left[\int_{-\infty}^{-\varepsilon} \frac{\mathfrak{Sin}\,((x+i)(\pi-\mu))}{\mathfrak{Sin}\, 2\pi(x+i)\, \mathfrak{Cos}\, \pi(x+i)}\, dx + \right.$$

$$\left. + \int_{\varepsilon}^{\infty} \frac{\mathfrak{Sin}\,((x+i)(\pi-\mu))}{\mathfrak{Sin}\, 2\pi(x+i)\, \mathfrak{Cos}\, \pi(x+i)}\, dx \right] -$$

$$- 2\pi i \frac{1}{2} \mathfrak{Res} \left\{ \frac{\mathfrak{Sin}\, t(\pi-\mu)}{\mathfrak{Sin}\, 2\pi t\, \mathfrak{Cos}\, \pi t} \right\}_{t=i} = - \frac{\pi - \mu}{\pi} \sin\left(\frac{\mu}{2}\right).$$

Die beiden in der eckigen Klammer stehenden Integrale haben in der Grenze den Wert $X(\mu)\cos\mu$. Eine Zusammenfassung aller Glieder führt ohne weitere Schwierigkeit zu dem Ergebnis:

$$\int_{-\infty}^{+\infty} \frac{\mathfrak{Sin}\, t(\pi-\mu)}{\mathfrak{Sin}\, 2\pi t\, \mathfrak{Cos}\, \pi t}\, dt = \frac{1}{\pi}\, \frac{\mu/2}{\sin(\mu/2)} - \frac{1}{2} \operatorname{tg}\left(\frac{\mu}{4}\right) \quad (-2\pi < \mu < 4\pi). \tag{29}$$

Für Q_α und Q_β kommen mithin auf Grund der Gl. (27a, b) die folgenden endgültigen Formeln zustande:

$$Q_\alpha(\xi', 0) = -\frac{Q'}{2\pi}\left|\sin\frac{\xi'}{2}\right| \times \\ \times\left\{\frac{\xi'/2}{\sin(\xi'/2)} + \frac{\pi}{2}\operatorname{tg}\left(\frac{\xi'}{4}\right) + \frac{\pi+\xi'/2-\alpha}{\sin(\alpha-\xi'/2)} + \frac{\pi}{2}\operatorname{ctg}\left(\frac{\alpha}{2}-\frac{\xi'}{4}\right)\right\}, \tag{30a}$$

$$Q_\beta(\xi', 0) = -\frac{Q'}{2\pi}\left|\sin\frac{\xi'}{2}\right| \times \\ \times\left\{\frac{\xi'/2}{\sin(\xi'/2)} - \frac{\pi}{2}\operatorname{tg}\left(\frac{\xi'}{4}\right) - \frac{\alpha-\xi'/2}{\sin(\alpha-\xi'/2)} + \frac{\pi}{2}\operatorname{tg}\left(\frac{\alpha}{2}-\frac{\xi'}{4}\right)\right\}, \tag{30b}$$

$$Q_\alpha(\xi', 0) + Q_\beta(\xi', 0) = -\frac{Q'}{\pi}\left|\sin\frac{\xi'}{2}\right| \times \\ \times\left\{\frac{\xi'/2}{\sin(\xi'/2)} + \frac{\pi-\alpha+\xi'/2}{\sin(\pi-\alpha+\xi'/2)}\right\}, \tag{30c}$$

$$(\beta = \alpha - 2\pi;\ 0 \leqq \alpha \leqq 2\pi;\ \alpha - 2\pi < \xi' < \alpha).$$

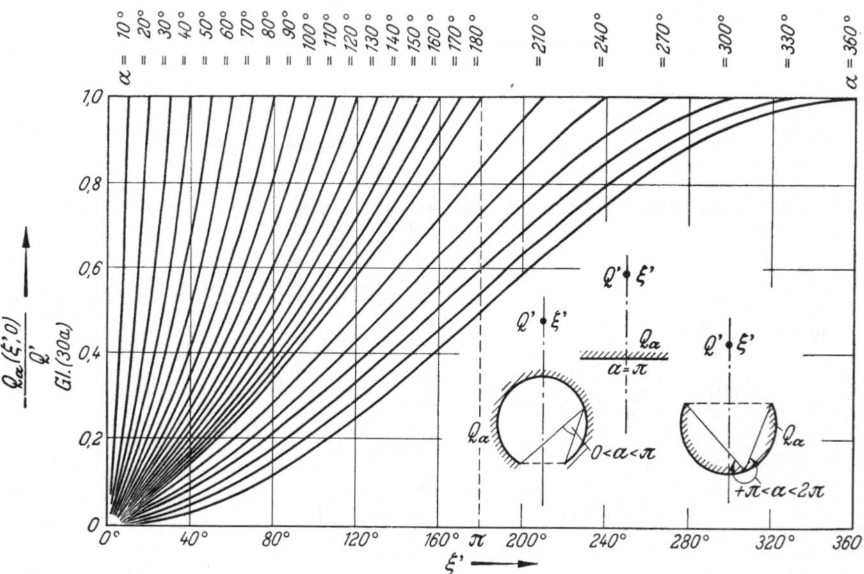

Abb. 99. Oberhalb der hohlen, dünnwandigen Kugelkappe, deren Größe bei gleichbleibender kreisförmiger Randlinie vom Radius a der Winkel α festlegt, liegt auf der Mittelachse eine Punktladung Q' in der Höhe $h = a\cdot\operatorname{ctg}(\xi'/2)$ über der Basisebene der Kappe. Für ein gegebenes α und ein dem Bereich $\xi' < \alpha$ angehöriges ξ' geben die Kurven des Bildes an, wie groß die auf Q' bezogene Gesamtladung Q_α ist, die sich auf der der Punktladung Q' zugewandten Seite der Kugelkappe ansammelt

Im besonderen ist für die *Kreisscheibe*

$$\left.\begin{matrix} Q_{+\pi}(\xi', 0) \\ Q_{-\pi}(\xi', 0) \end{matrix}\right\} = -\frac{Q'}{\pi}\left|\sin\frac{\xi'}{2}\right|\left\{\frac{\xi'/2}{\sin(\xi'/2)} \pm \frac{\pi}{2}\operatorname{tg}\left(\frac{\xi'}{4}\right)\right\} \quad (-\pi < \xi' < +\pi) \tag{31}$$

und für die *Kreislochscheibe*

$$\left.\begin{matrix} Q_{2\pi}(\xi', 0) \\ Q_0 \;(\xi', 0) \end{matrix}\right\} = -\frac{1}{2} Q' \left(1 \mp \cos\left(\frac{\xi'}{2}\right)\right) \qquad (0 < \xi' < 2\pi). \tag{32}$$

Sowohl im Falle der Kreisscheibe als auch der Kreislochscheibe würde es natürlich genügen, wenn ξ' nur positive oder nur negative Werte annimmt. Zum Schluß möge noch einmal daran erinnert werden, daß alle oben mitgeteilten Formeln wegen ihrer Herkunft aus Gl. (16) zur Voraussetzung haben, daß die Kugelkappe auf dem Potential Null steht.

Die Aussage der Gl. (30a, b, c) in den Abb. 99, 100 und 101 ist für den Winkelbereich $0 \lesseqgtr \alpha \lesseqgtr 2\pi$ auch graphisch veranschaulicht worden. Die Abb. 99 stellt in Abhängigkeit von ξ' als derjenigen Winkelkoordinate, die die Lage der Punktladung Q' auf der Achse der Kugelkappe festlegt, die auf der Kugelkappe $\xi = \alpha$ insgesamt aufgehäufte Ladung im Verhältnis zu Q' dar. Je nach dem $0 \lesseqgtr \alpha \leqq \pi$ oder $\pi \lesseqgtr \alpha \leqq 2\pi$ ist, bedeutet $\xi = \alpha$ die äußere oder die innere Fläche der Kugelkappe, wie es die kleinen eingezeichneten Bildchen anschaulich machen. In den Abb. 100/101 und 102/103 sind die beiden Fälle $0 \leqq \alpha \leqq \pi$, $\pi \leqq \alpha \leqq 2\pi$ jeweils für sich dargestellt worden, um eine übersichtlichere Wiedergabe zu ermöglichen. Eine weitere Besprechung der Abbildungen dürfte sich im Hinblick auf den Text zu den Bildern erübrigen.

5.213 Die Kugelkappe $\xi = \alpha$, $\xi = \beta$ im homogenen Feld. Steht die Kugelkappe in einem homogenen elektrostatischen Feld, so ist es nicht erforderlich, für diesen Fall die Beziehungen für die Potentialfunktion oder für die influenzierten Ladungen ab initio herzuleiten. Wir werden vielmehr wieder in der Weise vorgehen, daß wir zunächst die Punktladung unter stetiger Vergrößerung der Ladung ins Unendliche rücken lassen und dann gemäß Gl. 1.2 (5) verfahren. Wir beginnen damit, die Beziehungen für die auf den Kugelkappen $\xi = \alpha$, $\xi = \beta$ durch das homogene Feld influenzierten Ladungen herzuleiten. Wir nehmen zu diesem Zweck an, daß sich die das Feld erzeugende Punktladung $Q' = -Q''$ in der sehr großen Entfernung r'' zum Ursprung O befindet, wobei der Fahrstrahl $O\,Q''$ den Winkel ϑ'' mit der z-Achse bildet. Dann sind die toroidalen Koordinaten ξ'' und η'' von Q'' sehr klein, denn es gelten für sie nach Gl. 2.1 (61α, β) in der jetzigen Bezeichnungsweise die Beziehungen

$$\xi'' \approx \frac{2a}{r''}\cos\vartheta'', \quad (33\text{a}) \qquad \eta'' \approx \frac{2a}{r''}\sin\vartheta'' \quad (r'' \to \infty). \quad (33\text{b})$$

Geht man hiermit in Gl. (24a) ein und berücksichtigt die Kleinheit von ξ'' und η'', so erhält man rein formal für einen großen, aber end-

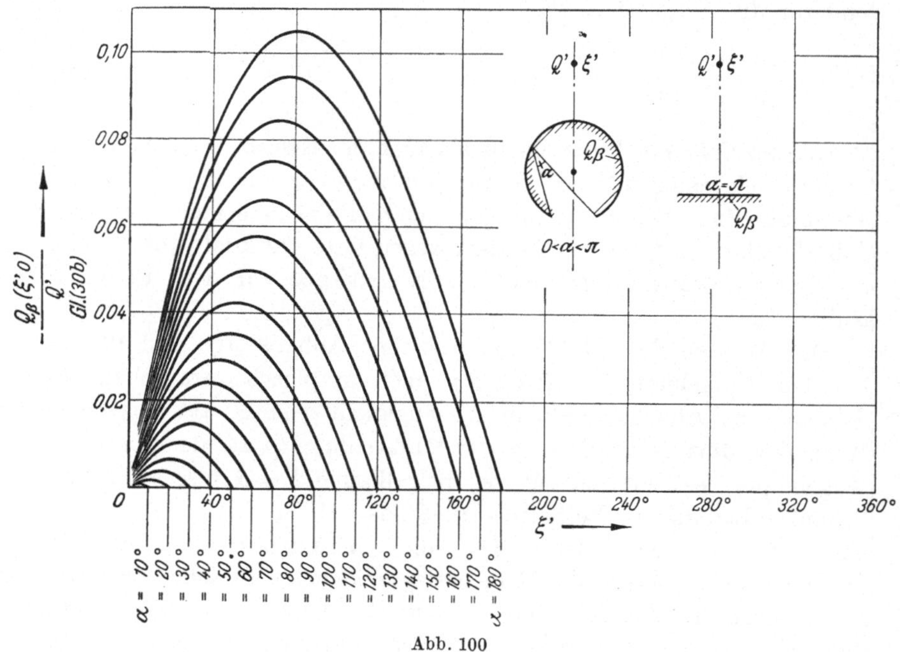

Abb. 100

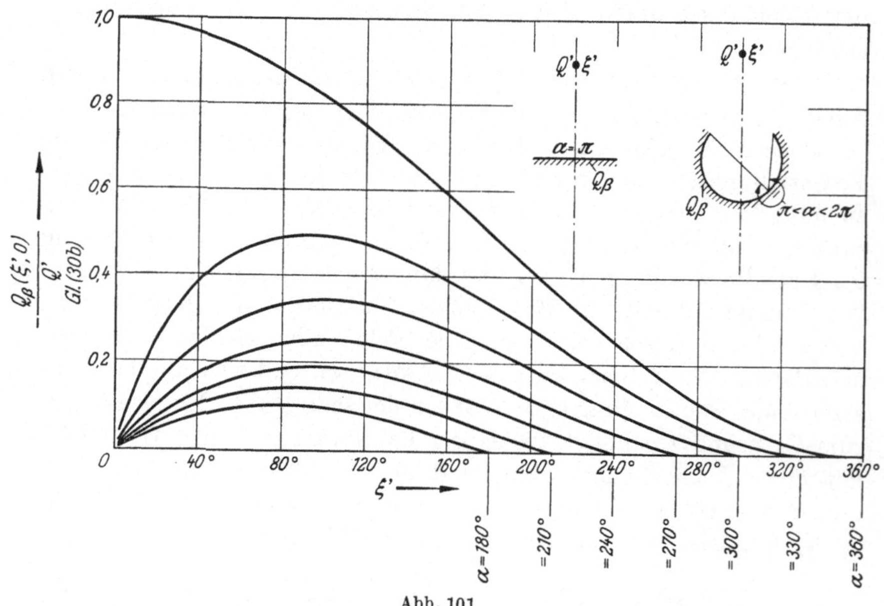

Abb. 101

Abb. 100 und 101. Unter sonst gleichen äußeren Bedingungen, wie sie der Abb. 99 zugrunde liegen, läßt im Falle $\xi' < \alpha$ für den Bereich $0 < \alpha < 180°$ die Abb. 100 und für den Bereich $180° < \alpha < 360°$ die Abb. 101 erkennen, wie groß die auf Q' bezogene Gesamtladung Q_β ist, die sich auf der derPunktladung Q' abgewandten Seite der Kugelkappe ansammelt

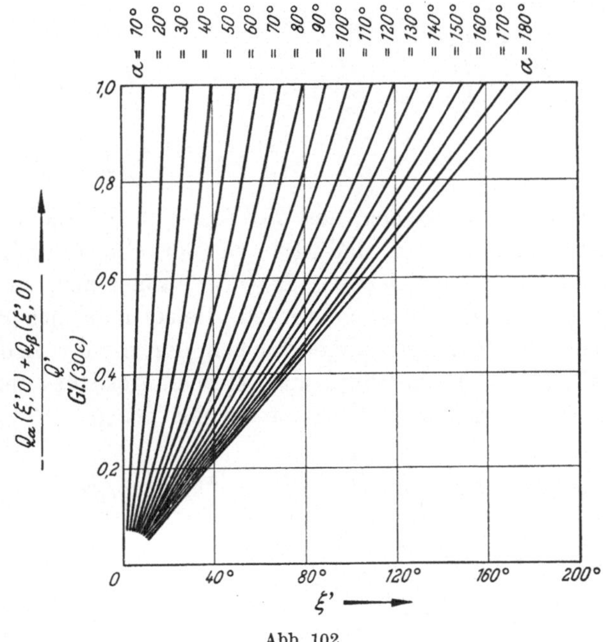

Abb. 102

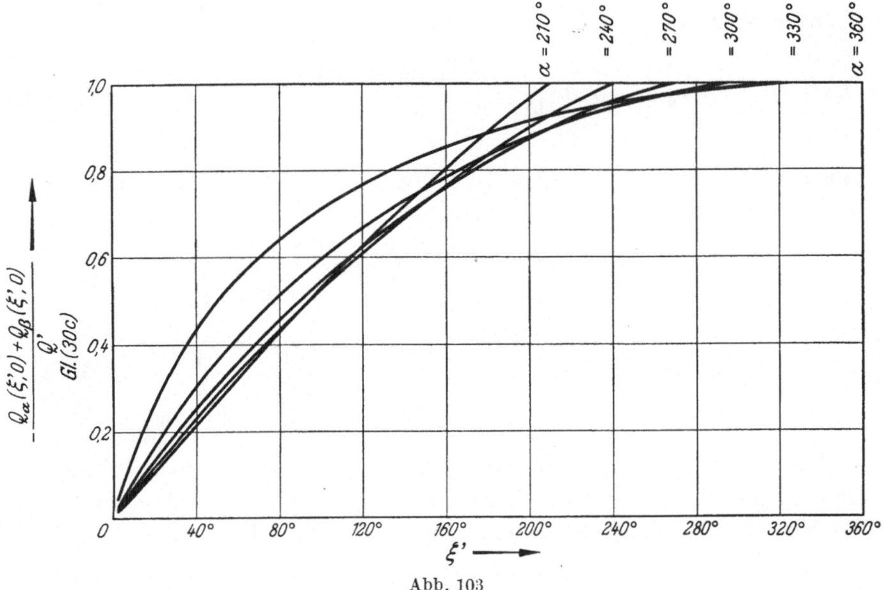

Abb. 103

Abb. 102 und 103. Unter sonst gleichen Verhältnissen, wie sie den drei vorangegangenen Bildern zugrunde liegen, läßt sich im Falle $\xi' < \alpha$ für den Bereich $0 < \alpha < 180°$ aus Abb. 102 und für den Bereich $180° < \alpha < 360°$ aus Abb. 103 ersehen, wie groß die auf Q' bezogene Summe der auf beiden Seiten der Kappe influenzierten Ladungen ist

lichen Wert von N:

$$Q_\alpha(\xi'',\eta'') = Q''\frac{a}{r''}\int\limits_{-N}^{+N}\frac{\mathfrak{Cof}\,t(\pi-|\alpha|)}{\mathfrak{Cof}\,\pi t\,\mathfrak{Sin}\,t(\alpha-\beta)}[-\mathfrak{Sin}\,t\beta + t\,\xi''\,\mathfrak{Cof}(t\beta)]\times$$

$$\times\left[\mathfrak{P}_{-\frac{1}{2}+it}(1)+\frac{1}{2}\eta''^{2}\,\mathfrak{P}'_{-\frac{1}{2}+it}(1)\right]dt.$$

Hieraus ist sofort zu ersehen, daß die Terme in ξ'' und η'' von verschiedener Größenordnung sind. Da wir nur Glieder beizubehalten brauchen, die in r'' mit dem Grade $(r'')^{-2}$ abnehmen, so kann das Glied mit η''^2 beiseite gelassen werden. Denkt man sich dann noch den Ausdruck für $Q_\alpha(\xi'',\eta'')$ angeschrieben, der von der Ladung $+Q''$ an der Stelle $(-\xi'',\eta'')$ herrührt, addiert beide Ausdrücke und ersetzt schließlich Q'' durch $4\pi\,\varepsilon_0\,r''^2\,E_{\vartheta''}$, so erhält man:

$$Q_\alpha(E_{\vartheta''}) = 8\pi a^2\,\varepsilon_0\,E_{\vartheta''}\cos\vartheta''\int\limits_{-\infty}^{+\infty}\frac{\mathfrak{Cof}\,t(\pi-|\alpha|)\,\mathfrak{Cof}\,\beta t}{\mathfrak{Cof}\,\pi t\,\mathfrak{Sin}\,t(\alpha-\beta)}\,t\,dt$$

$$= 8\pi a^2\,\varepsilon_0 E_{\vartheta''}\cos\vartheta''\left\{\frac{\partial}{\partial\xi'}\left(\int\limits_{-\infty}^{+\infty}\frac{\mathfrak{Sin}\,t(\xi'-\beta)}{\mathfrak{Sin}\,t(\alpha-\beta)}\,\frac{\mathfrak{Cof}\,t(\pi-|\alpha|)}{\mathfrak{Cof}\,\pi t}\,dt\right)\right\}_{\xi'=0} \qquad (35\text{a})$$

$$(\beta < 0 < \alpha).$$

Ganz analog ergibt sich die Beziehung:

$$Q_\beta(E_{\vartheta''}) = 8\pi a^2\,\varepsilon_0 E_{\vartheta''}\cos\vartheta''\left\{\frac{\partial}{\partial\xi'}\left(\int\limits_{-\infty}^{+\infty}\frac{\mathfrak{Sin}\,t(\xi'-\beta)}{\mathfrak{Sin}\,t(\alpha-\beta)}\,\frac{\mathfrak{Cof}\,t(\pi-|\beta|)}{\mathfrak{Cof}\,\pi t}\,dt\right)\right\}_{\xi'=0}. \qquad (35\text{b})$$

Im Hinblick auf die Gl. (24a, b) kann man diese beiden Relationen auch noch in der Form schreiben:

$$Q_\alpha(E_{\vartheta''}) = 8\pi a^2\,\varepsilon_0\,E_{\vartheta''}\cos\vartheta''\left\{\frac{\partial}{\partial\xi'}\left(\frac{Q_\alpha(\xi',0)}{-Q'\left|\sin\frac{\xi'}{2}\right|}\right)\right\}_{\xi'=0}, \qquad (35\alpha)$$

$$Q_\beta(E_{\vartheta''}) = 8\pi a^2\,\varepsilon_0\,E_{\vartheta''}\cos\vartheta''\left\{\frac{\partial}{\partial\xi'}\left(\frac{Q_\beta(\xi',0)}{-Q'\left|\sin\frac{\xi'}{2}\right|}\right)\right\}_{\xi'=0}. \qquad (35\beta)$$

Die Ladungen $Q_{\alpha,\beta}$ verschwinden für $\vartheta''=\pi/2$ in jedem Falle. Das ist physikalisch leicht einzusehen, denn für $\vartheta''=\pi/2$ verlaufen die elektrischen Kraftlinien senkrecht zur Achse der beiden Kugelkappen $\xi=\alpha$ und $\xi=\beta$, und wenn natürlich auch Oberflächenladungen unter der Voraussetzung $\vartheta''=\pi/2$ vorhanden sind, so zeigen sie jedoch die besondere Eigenschaft, daß die positiven den negativen Ladungen an absoluter Größe gleichkommen.

Ist nun im besonderen $\beta = \alpha - 2\pi$, so kann man in Gl. ($35\alpha, \beta$) für $Q_{\alpha,\beta}$ die Ausdrücke (30a, b) einsetzen, und es wird dann nach leichter Umrechnung

$$\left.\begin{array}{l} Q_\alpha \quad (E_{\vartheta''}) \\ Q_{\alpha-2\pi}(E_{\vartheta''}) \end{array}\right\} = \frac{1}{2}\pi a^2 \varepsilon_0 E_{\vartheta''} \cos\vartheta'' \left\{ \pm \left(1 + \frac{1}{\sin^2(\alpha/2)}\right) + \right.$$
$$\left. + \frac{4}{\pi} \frac{\sin(\pi-\alpha) - (\pi-\alpha)\cos(\pi-\alpha)}{\sin^2(\pi-\alpha)} \right\}, \tag{36a, b}$$

$$Q_\alpha(E_{\vartheta''}) + Q_{\alpha-2\pi}(E_{\vartheta''}) = 4a^2\varepsilon_0 E_{\vartheta''}\cos\vartheta'' \frac{\sin(\pi-\alpha) - (\pi-\alpha)\cos(\pi-\alpha)}{\sin^2(\pi-\alpha)}. \tag{36c}$$

Weitere Formeln, die für diese Gleichungen angegeben werden können, beruhen auf der Identität

$$1 + \frac{1}{\sin^2(\alpha/2)} = 1 + \frac{1}{\cos^2(\alpha/2)} - \frac{4\cos(\pi-\alpha)}{\sin^2(\pi-\alpha)}. \tag{36'}$$

Um die physikalische Aussage der Gl. (36a, b) in geeigneter Weise graphisch zu veranschaulichen, setzen wir zunächst in beiden Gleichungen $\vartheta'' = 0$. In diesem Fall verlaufen die elektrischen Kraftlinien vertikal von unten nach oben oder umgekehrt. Wir beziehen dann die beiden Ladungen Q_α und $Q_{\alpha-2\pi}$ oder, was dasselbe ist, die beiden elektrischen Verschiebungsflüsse, die auf der Oberfläche der beiden Kappen $\xi = \alpha$ und $\xi = \alpha - 2\pi$ auftreffen oder von ihr ausgehen, auf den gedachten elektrischen Verschiebungsfluß, der bei der gleichen Stärke des homogenen Feldes, aber im ungestörten Zustand, auf eine Kreisfläche auftreffen würde, die dem größten, kreisförmigen, durch eine horizontale Ebene erzeugten Querschnitt durch die Kugelkappe entspricht. Für Winkel α aus dem Bereich $\pi/2 \leqq \alpha \leqq \pi$ hat dieser kreisförmige Querschnitt den Radius a, für Winkel α aus dem Bereich $0 < \alpha \leqq \pi/2$ den Radius $R = a/\sin\alpha$. Man könnte diesen Querschnitt den Wirkungsquerschnitt der Kugelkappe hinsichtlich der Störwirkung der Kappe auf das homogene Feld nennen. Es ist dann

im Bereich $\pi/2 \gtreqless \alpha \leqq \pi$

$$\left.\begin{array}{r} Q_\alpha(E_0) \\ Q_{\alpha-2\pi}(E_0) \end{array}\right\} \frac{1}{\pi a^2 \varepsilon_0 E_0} = \frac{1}{2}\left\{ \pm \left(1 + \frac{1}{\sin^2(\alpha/2)}\right) + \right.$$
$$\left. + \frac{4}{\pi} \frac{\sin(\pi-\alpha) - (\pi-\alpha)\cos(\pi-\alpha)}{\sin^2(\pi-\alpha)} \right\} \tag{37a}$$

und im Bereich $0 < \alpha \leqq \pi/2$ mit $R = a/\sin\alpha$ als dem Radius der Kugel

$$\left.\begin{array}{r} Q_\alpha(E_0) \\ Q_{\alpha-2\pi}(E_0) \end{array}\right\} \frac{1}{\pi R^2 \varepsilon_0 E_0} = 2\left\{ \pm \cos^2\frac{\alpha}{2}\left(1 + \sin^2\frac{\alpha}{2}\right) + \right.$$
$$\left. + \frac{1}{\pi}(\sin\alpha + (\pi-\alpha)\cos\alpha) \right\}. \tag{37b}$$

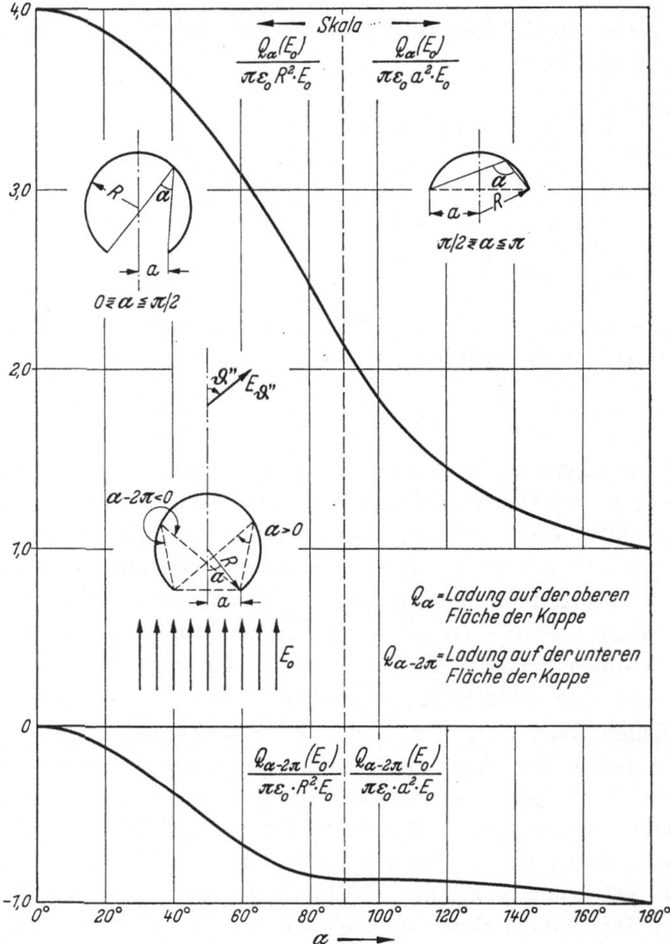

Abb. 104. Dieselbe hohle, dünnwandige Kugelkappe wie in den Abb. 99—103 steht jetzt in einem homogenen elektrostatischen, parallel zur Achse der Kugelkappe gerichteten Feld E_0. Die obere und untere Kurve des Bildes geben, auf geeignete Vergleichsgrößen bezogen, die Ladungsmenge an, die sich auf der den Pfeilen von E_0 abgewandten, oberen oder auf der ihnen zugewandten, unteren Fläche der Kugelkappe ansammelt

Für kleine Winkel α ist nach Gl. (37b)

$$Q_\alpha(E_0) = 4\left\{1 - \frac{\alpha^2}{4} + \frac{\alpha^4}{96} + \frac{13\alpha^6}{2880} \pm \cdots + \frac{1}{6\pi}\left(\alpha^3 - \frac{1}{10}\alpha^5 + \cdots\right)\right\}\pi a^2 \varepsilon_0 E_0, \tag{37b$_1$}$$

$$Q_{\alpha-2\pi}(E_0) = \left\{-\alpha^2 + \frac{5}{24}\alpha^4 - \frac{17}{720}\alpha^6 \pm \cdots + \frac{2}{3\pi}\left(\alpha^3 - \frac{1}{10}\alpha^5 \cdots\right)\right\}\pi R^2 \varepsilon_0 E_0. \tag{37b$_2$}$$

Der elektrische Fluß, der durch das kreisförmige Loch in der Kugelhülle in das Innere der Kugel eindringt, hält also im Innern der Kugel auf die Oberfläche zu. Auf der Außenhaut der Kugel ist er in überwiegendem Maße von der Kugel fortgerichtet.

In Abb. 104 sind die rechten Seiten der Gl. (37a, b) im Bereich $0 \lesseqgtr \alpha \leqq \pi$ in Abhängigkeit von α aufgetragen.

Den Ausdruck für die Potentialfunktion einer auf dem Potential Null stehenden Kugelkappe in einem homogenen Feld $E_{\vartheta''}$ mit der durch den Winkel ϑ'' gekennzeichneten Richtung wollen wir nur für den praktisch wichtigen Fall aufstellen, daß $\alpha - \beta = 2\pi$ ist. Es kann dann die Gl. (3) benutzt werden. Werden darin ξ' und η' durch die sehr kleinen Werte ξ'' und η'' ersetzt, so lautet die Entwicklung des ersten positiven Summanden innerhalb der geschweiften Klammer dieser Gleichung bis zur ersten Potenz von ξ'' und η'' im Hinblick auf die Gl. (1′) wie folgt:

$$(\mathfrak{Cof}\,\varphi - \cos\xi)^{-\frac{1}{2}}\left[\frac{\pi}{2} + \arcsin\left(\frac{\cos(\xi/2)}{\mathfrak{Cof}(\eta/2)}\right)\right] + \frac{1}{2}[\eta''\cdot\mathfrak{Sin}\,\eta\cos(\varphi-\varphi'') +$$

$$+ \xi''\sin\xi]\,\frac{\dfrac{\pi}{2} + \arcsin\left(\dfrac{\cos(\xi/2)}{\mathfrak{Cof}(\eta/2)}\right)}{(\mathfrak{Cof}\,\eta - \cos\xi)^{\frac{3}{2}}} + \frac{1}{2}\left[\eta''\cdot\cos\frac{\xi}{2}\,\mathfrak{Tg}\frac{\eta}{2}\cos(\varphi-\varphi'') +\right.$$

$$\left. + \xi''\sin\frac{\xi}{2}\right]\frac{2^{\frac{1}{2}}}{\mathfrak{Cof}\,\eta - \cos\xi} + O(\eta''^2, \xi''^2),$$

denn nach der Definitionsgleichung (1′) für $\mathfrak{Cof}\,\eta$ ist, falls $\eta'' \to 0$ strebt,

$$\frac{1}{\mathfrak{Cof}(A/2)} \approx 2^{\frac{1}{2}}[1 + \mathfrak{Cof}\,\eta - \eta''\,\mathfrak{Sin}\,\eta\cos(\varphi-\varphi'')]^{-\frac{1}{2}} \approx \frac{1}{\mathfrak{Cof}(\eta/2)} +$$

$$+ \eta''\frac{\mathfrak{Tg}(\eta/2)}{\mathfrak{Cof}(\eta/2)}\cos(\varphi-\varphi'') + O(\eta''^2),$$

und ferner ist

$$\arcsin(x+\varepsilon) = \arcsin x + \frac{\varepsilon}{\sqrt{1-x^2}} + O(\varepsilon^2) \quad (-1 < x + 1).$$

φ'' beschreibt in diesen Gleichungen die Stellung der Meridianebene, in der die sehr weit entfernte Punktladung liegt. Um den gesamten Inhalt der geschweiften Klammer von Gl. (3α) zu erhalten, hat man von dem obigen Ausdruck den nach dem Ersatz von ξ durch $2\alpha - \xi$ aus ihm hervorgehenden abzuziehen. Handelt es sich um die Punktladung $-Q''$ am Orte $(\xi'', \eta'', \varphi'')$, so ist nach Gl. (3) der obige Ausdruck zu multiplizieren mit

$$-\frac{1}{4\pi^2 r''}\,\frac{Q''}{\varepsilon_0}\,(\mathfrak{Cof}\,\eta - \cos\xi)^{\frac{1}{2}},$$

im Falle der Punktladung $+Q''$ tritt der entgegengesetzt gleiche Faktor davor. Überdies ist dann in dem obigen Ausdruck ξ'' durch $-\xi''$ und φ'' durch $\varphi'' \pm \pi$ zu ersetzen. Addiert man hinterher die beiden so entstandenen Formelsätze, wobei die Glieder ohne ξ'' und η'' herausfallen, so erhält man die Beziehung:

$$\begin{aligned} \Phi(\xi, \eta, \varphi; \alpha) = &-\frac{a Q''}{2\pi^2 \varepsilon_0 r''^2} (\mathfrak{Cos}\,\eta - \cos\xi)^{\frac{1}{2}} \times \\ &\times \Bigg\{ \left(\cos\frac{\xi}{2}\, \mathfrak{Tg}\frac{\eta}{2} \cos\varphi \sin\vartheta'' + \sin\frac{\xi}{2} \cos\vartheta'' \right) \frac{\sqrt{2}}{\mathfrak{Cos}\,\eta - \cos\xi} - \\ &- \left(\cos\alpha'\, \mathfrak{Tg}\frac{\eta}{2} \cos\varphi \sin\vartheta'' + \sin\alpha' \cos\vartheta'' \right) \frac{\sqrt{2}}{\mathfrak{Cos}\,\eta - \cos(2\alpha')} + \\ &+ (\mathfrak{Sin}\,\eta \cos\varphi \sin\vartheta'' + \sin\xi \cos\vartheta'') \frac{\frac{\pi}{2} + \arcsin\left(\frac{\cos(\xi/2)}{\mathfrak{Cof}(\eta/2)}\right)}{(\mathfrak{Cos}\,\eta - \cos\xi)^{\frac{3}{2}}} - \\ &- (\mathfrak{Sin}\,\eta \cos\varphi \sin\vartheta'' + \sin(2\alpha') \cos\vartheta'') \frac{\frac{\pi}{2} + \arcsin\frac{\cos\alpha'}{\mathfrak{Cof}(\eta/2)}}{(\mathfrak{Cos}\,\eta - \cos(2\alpha'))^{\frac{3}{2}}} \Bigg\} \end{aligned} \tag{38}$$

$$\left(\varphi'' = 0, \ \alpha - 2\pi \leqq \xi \leqq \alpha; \ -\frac{\pi}{2} < \arcsin\left(\frac{\cos(\xi/2)}{\mathfrak{Cof}(\eta/2)}\right) < +\frac{\pi}{2} \right)$$

$$2\alpha - \xi = 2\alpha'.$$

Die Meridianebene, von der aus φ zu zählen beginnt, enthält die vertikale Achse der Kugelkappe und die Richtung des Feldvektors $\mathfrak{E}_{\vartheta''}$. Man stellt im übrigen an Gl. (38) leicht fest, daß für $\xi = \alpha$ und $\xi = \alpha - 2\pi$ die Funktion Φ für alle Werte von η und φ verschwindet. Um das Feld in großen Entfernungen von der Kugelkappe $\xi = \alpha$ aus Gl. (38) zu ermitteln, betrachten wir einen weitentfernten Aufpunkt mit den Kugelkoordinaten (r, ϑ, φ) von Abb. 21. Die entsprechenden toroidalen Koordinaten (ξ, η, φ) hängen dann mit r und ϑ wieder über die Gl. (33a, b) zusammen. Da für $r \to \infty$ ξ und $\eta \to 0$ streben, sind für weitentfernte Aufpunkte die ausschlaggebenden Glieder diejenigen mit der Potenz $(\mathfrak{Cos}\,\eta - \cos\xi)^{-\frac{3}{2}}$. Ist $\alpha \neq 0$, π oder 2π, so gibt es nur ein einziges Glied dieser Art, das in Gl. (38) in der vierten Zeile auftritt, und es wird nach Gl. (38) in diesem Grenzfall

$$\Phi(\xi, \eta, \varphi; \alpha) \approx -\frac{Q''}{2\pi \varepsilon_0 r''^2} r \cos(\vartheta - \vartheta'') \quad (\varphi = 0;\ r, r' \to \infty). \tag{38a}$$

Dasselbe Resultat stellt sich für $\alpha = +\pi$ ein, obgleich in diesem Fall auch die fünfte Gleichungszeile in Gl. (38) einen Beitrag zu dem Wert des Potentials in einem sehr weit entfernten Aufpunkt beisteuert. Für $\alpha = 2\pi$ wird für sehr große Werte von r

$$\Phi(\xi, \eta, \varphi; \alpha) \approx -\frac{Q''}{\pi \varepsilon_0 r''^2} r \cos\vartheta \cos\vartheta''. \tag{38b}$$

Wird also das äußere elektrostatische Feld, das für sehr große Werte von r'' die Richtung des Fahrstrahls mit dem Winkel ϑ'' gegen die z-Achse hat, mit $E_{\vartheta''}$ bezeichnet, so ist in Gl. (38) für alle α aus dem Bereich $0 < \alpha < 2\pi$

$$Q'' \equiv 2\pi\,\varepsilon_0 r''^2 E_{\vartheta''} \tag{39a}$$

und im besonderen für $\alpha = 2\pi$

$$Q'' \equiv \pi\,\varepsilon_0 r''^2 E_{\vartheta''} \tag{39b}$$

zu setzen. Die besondere Stellung des Falles $\alpha = 2\pi$ erklärt sich daraus, daß bei der Herleitung von Gl. (38) die Annahme gemacht wurde, es liege $+Q''$ an der Stelle $(-\xi'', \eta'', \varphi'' \pm \pi)$. Dieser Punkt gehört aber in diesem Falle gar nicht mehr dem eigentlichen physikalischen Raum an, in dem ja ξ'' nur Werte aus dem Bereich $0 < \xi'' < 2\pi$ annimmt.

Nach diesen Prüfungen an der lösenden Gl. (38) behandeln wir in erster Linie den Fall der *Kreisscheibe* mit $\alpha = \pi$. In Rücksicht auf Gl. (39a) erhält man dafür aus Gl. (38) zunächst die Darstellung:

$$\begin{aligned}\Phi(\xi, \eta, \varphi, \pi) = -\frac{2a}{\pi}\frac{E_\vartheta}{\operatorname{Cof}\eta - \cos\xi}\Bigg\{\frac{\pi}{2}\sin\xi\cos\vartheta + \\ + \cos\varphi\sin\vartheta\operatorname{Sin}\eta\left[\arcsin\left(\frac{\cos(\xi/2)}{\operatorname{Cof}(\eta/2)}\right) + \frac{\cos(\xi/2)}{\operatorname{Cof}(\eta/2)}\sqrt{1-\left(\frac{\cos(\xi/2)}{\operatorname{Cof}(\eta/2)}\right)^2}\right]\Bigg\}.\end{aligned} \tag{40a}$$

Nun ist aber auf Grund der Gl. 2.1 (56a, b), wie man leicht nachrechnet,

$$\operatorname{Cof}^2\frac{\eta}{2} - \cos^2\frac{\xi}{2} = \frac{a^2}{\varrho_A\varrho_B}, \quad (41\text{a}) \qquad \left(\frac{\cos(\xi/2)}{\operatorname{Cof}(\eta/2)}\right)^2 = 1 - \left(\frac{2a}{\varrho_A+\varrho_B}\right)^2. \quad (41\text{b})$$

Ein Blick auf Abb. 91 überzeugt davon, daß

$$\frac{\cos(\xi/2)}{\operatorname{Cof}(\eta/2)} = \operatorname{sgn} z\cdot\left\{1 - \left(\frac{2a}{\varrho_A+\varrho_B}\right)^2\right\}^{\frac{1}{2}}, \tag{41c}$$

gesetzt werden muß und wegen $\arcsin(x) = \arccos\left(\sqrt{1-x^2}\right) = \pi/2 - - \arccos(x)$ ist dann auch

$$\arcsin\left(\frac{\cos(\xi/2)}{\operatorname{Cof}(\eta/2)}\right) = \operatorname{sgn} z\cdot\left\{\frac{\pi}{2} - \arcsin\left(\frac{2a}{\varrho_A+\varrho_B}\right)\right\}. \tag{41d}$$

Schließlich hat man noch die Formel

$$\operatorname{tg}\left(\frac{\xi}{2}\right) = \frac{4az}{(\varrho_A+\varrho_B)^2 - 4a^2}, \tag{41e}$$

da $\operatorname{tg}(\xi/2) = \sin\xi/(1+\cos\xi)$ und $\cos\xi = (\varrho_A^2 + \varrho_B^2 - 4a^2)/2\varrho_A\varrho_B$ ist.

Geht man hiermit in Gl. (40a) ein, so erhält man nach einigen wenigen Umformungen für die Potentialfunktion des durch eine Kreisscheibe gestörten, homogenen Feldes von der Stärke E_ϑ und mit einer Richtung, die den Winkel ϑ mit der Polarachse bildet, die folgende endgültige Darstellung:

$$\varPhi(\varrho_A, \varrho_B; E_\vartheta) = -z \cdot \cos\vartheta\, E_\vartheta + \operatorname{sgn} z\, E_\vartheta \cdot \frac{\varrho_A^2 - \varrho_B^2}{4a} \cos\varphi \sin\vartheta \times$$
$$\times \left[1 - \frac{2}{\pi} \arcsin\left(\frac{2a}{\varrho_A + \varrho_B}\right) + \frac{4a/\pi}{\varrho_A + \varrho_B} \sqrt{1 - \left(\frac{2a}{\varrho_A + \varrho_B}\right)^2}\right]. \qquad (40\text{b})$$

Der Winkel φ in Gl. (40b) zählt in der Ebene der Kreisscheibe von derjenigen Meridianebene aus, die durch die Vertikalachse der Scheibe und durch die Richtung des Feldvektors $\mathfrak{E}$ geht. Da in der Fläche der Kreisscheibe selbst stets $\varrho_A + \varrho_B = 2a$ und $z = 0$ ist, so verschwindet in der Tat $\varPhi$ in der Kreisscheibe selbst. Ist das Feld vertikal gerichtet und also $\vartheta = 0$, so bleibt von Gl. (40b) nur das erste Glied übrig, und die Richtigkeit der Lösung leuchtet dann ohne weiteres ein. Für $\vartheta = \pi/2$ kommt es allein auf das zweite Glied an.

Für die *Kreislochplatte* ergibt sich auf die gleiche Weise aus Gl. (38) im Hinblick auf Gl. (39b) und (40) für die Potentialfunktion eines senkrecht auf die Platte auftreffenden Feldes der Ausdruck:

$$\varPhi(\xi, \eta, \varphi; 2\pi) \qquad (42)$$
$$= -\frac{z}{2} \cdot E_z \left\{(1 + \operatorname{sgn} z) - \operatorname{sgn} z \cdot \frac{2}{\pi}\left[\arcsin\left(\frac{2a}{\varrho_A + \varrho_B}\right) - \frac{2a}{\sqrt{(\varrho_A + \varrho_B)^2 - 4a^2}}\right]\right\}.$$

In der Ebene der Kreislochplatte ist dann

$$\varPhi(\varrho, 0) = E_z \sqrt{a^2 - \varrho^2}/\pi \qquad (\varrho \lesseqgtr a),$$

wenn ϱ der Abstand des Aufpunktes von der zur Ebene der Kreislochplatte senkrechten Achse bedeutet.

Der Fall von Kreisscheibe und Kreislochplatte im besonderen kann auch mit Hilfe der rotationselliptischen Koordinaten behandelt werden, und das ist neuerdings die Regel [*19*]. Die Greensche Funktion stellt sich dann aber in Gestalt einer unendlichen Reihe dar. Die hier gebrachte Herleitung ist allgemeiner. Sie ist im übrigen nicht neu, sondern sie findet sich schon bei E. Heine [*10*] angegeben. Eine noch wieder andere Lösungsmethode, die sich auf die von A. Sommerfeld eingeführte Theorie der Riemannschen Räume stützt, wird von E. W. Hobson [*28*] angegeben.

5.31 Der aus den beiden Ringflächen $\eta = \eta_i$ und $\eta = \eta_a$ gebildete Kondensator. Ein axial-symmetrischer Raumteil sei gemäß Abb. 105 von den beiden Ringflächen $\eta = \eta_i$ und $\eta = \eta_a < \eta_i$ begrenzt. Die Ringfläche $\eta = \eta_a$ stehe auf dem Potential U_a, und dementsprechend sei auf $\eta = \eta_i$ das Potential $U = U_i$. Die von φ unabhängige Potentialfunktion $U(\xi, \eta)$ im Raum zwischen diesen beiden Ringflächen muß dann nach Gl. 2.1 (62) in der allgemeinen Form

$$U(\xi, \eta)\,[\mathfrak{Cof}\,\eta - \cos\xi]^{-\frac{1}{2}} = \sum_{\lambda=0}^{\infty} \left(A_\lambda \mathfrak{P}_{-\frac{1}{2}+\lambda}(\mathfrak{Cof}\,\eta) + B_\lambda \mathfrak{Q}_{-\frac{1}{2}+\lambda}(\mathfrak{Cof}\,\eta)\right) \frac{\cos\lambda\xi}{1+\delta_{0\lambda}} \tag{1}$$

dargestellt werden können. Nun muß für alle ξ und φ aus dem Bereich $0 \cdots 2\pi$ in Rücksicht auf die Gl. 2.1 (57), wenn zunächst $\eta = \eta_a$

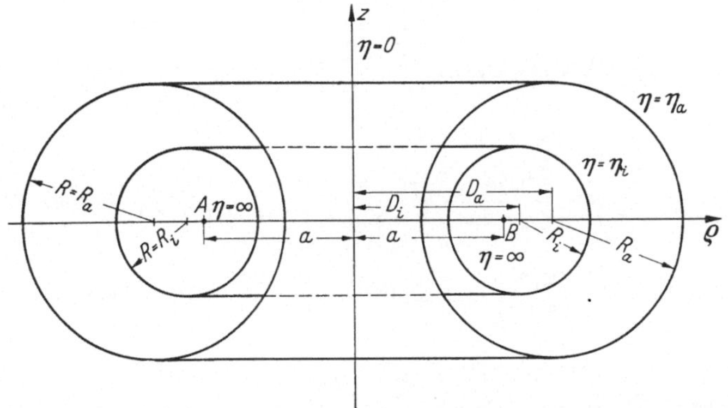

Abb. 105. Das Bild zeigt einen Meridianschnitt durch einen Kondensator in Form eines Doppeltorus, Der Torus $\eta = \eta_i$ bildet die innere, der Torus $\eta = \eta_a$ die äußere Begrenzung in Form einer Ringfläche

und dann $\eta = \eta_i$ gesetzt wird, zufolge Gl. (1)

$$A_\lambda \mathfrak{P}_{-\frac{1}{2}+\lambda}(\mathfrak{Cof}\,\eta_a) + B_\lambda \mathfrak{Q}_{-\frac{1}{2}+\lambda}(\mathfrak{Cof}\,\eta_a) = \frac{2\sqrt{2}}{\pi} U_a \mathfrak{Q}_{-\frac{1}{2}+\lambda}(\mathfrak{Cof}\,\eta_a),$$

$$A_\lambda \mathfrak{P}_{-\frac{1}{2}+\lambda}(\mathfrak{Cof}\,\eta_i) + B_\lambda \mathfrak{Q}_{-\frac{1}{2}+\lambda}(\mathfrak{Cof}\,\eta_i) = \frac{2\sqrt{2}}{\pi} U_i \mathfrak{Q}_{-\frac{1}{2}+\lambda}(\mathfrak{Cof}\,\eta_i)$$

$$(\lambda = 0, 1, 2, \ldots)$$

sein. Wird also zur Abkürzung

$$\Delta_\lambda(\eta, \eta') = \begin{vmatrix} \mathfrak{P}_{-\frac{1}{2}+\lambda}(\mathfrak{Cof}\,\eta) & \mathfrak{P}_{-\frac{1}{2}+\lambda}(\mathfrak{Cof}\,\eta') \\ \mathfrak{Q}_{-\frac{1}{2}+\lambda}(\mathfrak{Cof}\,\eta) & \mathfrak{Q}_{-\frac{1}{2}+\lambda}(\mathfrak{Cof}\,\eta') \end{vmatrix} \quad (\lambda = 0, 1, 2, \ldots) \tag{2}$$

gesetzt, so lautet die unsere Aufgabe lösende Potentialfunktion:

$$U(\xi, \eta) = \frac{2\sqrt{2}}{\pi} \sqrt{\mathfrak{Cof}\,\eta - \cos\xi} \left\{ U_a \sum_{\lambda=0}^{\infty} \frac{\cos\lambda\xi}{1+\delta_{0\lambda}} \frac{\Delta_\lambda(\eta, \eta_i)}{\Delta_\lambda(\eta_a, \eta_i)} \mathfrak{Q}_{-\frac{1}{2}+\lambda}(\mathfrak{Cof}\,\eta_a) + \right.$$
$$\left. + U_i \sum_{\lambda=0}^{\infty} \frac{\cos\lambda\xi}{1+\delta_{0\lambda}} \frac{\Delta_\lambda(\eta_a, \eta)}{\Delta_\lambda(\eta_a, \eta_i)} \mathfrak{Q}_{-\frac{1}{2}+\lambda}(\mathfrak{Cof}\,\eta_i) \right\} \quad (\eta_i \gtrless \eta \leqq \eta_a). \tag{3}$$

Wir betrachten eine mittlere Ringfläche $\eta = \eta_m$ mit $\eta_a < \eta_m < \eta_i$ und berechnen den durch sie hindurchtretenden dielektrischen Verschiebungsfluß. In Richtung abnehmender Werte von η berechnet er sich je Längeneinheit nach der Formel

$$-\varepsilon_0 E_\eta = \varepsilon_0 \frac{\mathfrak{Cof}\,\eta_m - \cos\xi}{a}\left(\frac{\partial U}{\partial \eta}\right)_{\eta=\eta_m}. \tag{4'}$$

Über die ganze Ringfläche $\eta = \eta_m$ integriert, muß Gl. (4′) unabhängig von η_m und etwa identisch mit der elektrischen Ladung sein, die auf der Ringfläche $\eta = \eta_i$ liegt. Wird sie mit Q_i bezeichnet, so ist nach Gl. 2.1 (54α, γ):

$$Q_i = 2\pi a\,\varepsilon_0\,\mathfrak{Sin}\,\eta_m \int\limits_{-\pi}^{+\pi}\left(\frac{\partial U}{\partial \eta}\right)_{\eta=\eta_m}\cdot\frac{d\xi}{\mathfrak{Cof}\,\eta_m - \cos\xi}. \tag{4''}$$

Nun ist:

$$\begin{aligned}\left(\frac{\partial U}{\partial \eta}\right)_{\eta=\eta_m} &= \frac{\sqrt{2}}{\pi}\frac{\mathfrak{Sin}\,\eta_m}{\sqrt{\mathfrak{Cof}\,\eta_m - \cos\xi}}\left\{U_a \sum_{\lambda=0}^{\infty}\frac{\cos\lambda\xi}{1+\delta_{0\lambda}}\frac{\Delta_\lambda(\eta_m,\eta_i)}{\Delta_\lambda(\eta_a,\eta_i)}\mathfrak{Q}_{-\frac{1}{2}+\lambda}(\mathfrak{Cof}\,\eta_a) + \right.\\ &\left. + U_i \sum_{\lambda=0}^{\infty}\frac{\cos\lambda\xi}{1+\delta_{0\lambda}}\frac{\Delta_\lambda(\eta_a,\eta_m)}{\Delta_\lambda(\eta_a,\eta_i)}\mathfrak{Q}_{-\frac{1}{2}+\lambda}(\mathfrak{Cof}\,\eta_i)\right\} + \frac{2\sqrt{2}}{\pi}\mathfrak{Sin}\,\eta_m\sqrt{\mathfrak{Cof}\,\eta_m - \cos\xi}\,\times\\ &\times\left\{U_a \sum_{\lambda=0}^{\infty}\frac{\mathfrak{Q}_{-\frac{1}{2}+\lambda}(\mathfrak{Cof}\,\eta_a)}{\Delta_\lambda(\eta_a,\eta_i)}\begin{vmatrix}\mathfrak{P}'_{-\frac{1}{2}+\lambda}(\mathfrak{Cof}\,\eta_m) & \mathfrak{P}_{-\frac{1}{2}+\lambda}(\mathfrak{Cof}\,\eta_i)\\ \mathfrak{Q}'_{-\frac{1}{2}+\lambda}(\mathfrak{Cof}\,\eta_a) & \mathfrak{Q}_{-\frac{1}{2}+\lambda}(\mathfrak{Cof}\,\eta_i)\end{vmatrix} + \right.\\ &\left. + U_i \sum_{\lambda=0}^{\infty}\frac{\mathfrak{Q}_{-\frac{1}{2}+\lambda}(\mathfrak{Cof}\,\eta_i)}{\Delta_\lambda(\eta_a,\eta_i)}\begin{vmatrix}\mathfrak{P}_{-\frac{1}{2}+\lambda}(\mathfrak{Cof}\,\eta_a) & \mathfrak{P}'_{-\frac{1}{2}+\lambda}(\mathfrak{Cof}\,\eta_m)\\ \mathfrak{Q}_{-\frac{1}{2}+\lambda}(\mathfrak{Cof}\,\eta_a) & \mathfrak{Q}'_{-\frac{1}{2}+\lambda}(\mathfrak{Cof}\,\eta_m)\end{vmatrix}\right\}.\end{aligned} \tag{5}$$

Die nach Gl. (4″) erforderliche Integration nach ξ führt also auf die beiden Integrale

$$\int\limits_{-\pi}^{+\pi}\frac{\cos\lambda\xi\,d\xi}{\sqrt{\mathfrak{Cof}\,\eta - \cos\xi}} = 2^{\frac{3}{2}}\,\mathfrak{Q}_{-\frac{1}{2}+\lambda}(\mathfrak{Cof}\,\eta), \tag{6a}$$

$$\int\limits_{-\pi}^{+\pi}\frac{\cos\lambda\xi\cdot d\xi}{\sqrt{\mathfrak{Cof}\,\eta - \cos\xi}^{\,3}} = -2^{\frac{5}{2}}\,\mathfrak{Q}'_{-\frac{1}{2}+\lambda}(\mathfrak{Cof}\,\eta), \tag{6b}$$

von denen das erste unmittelbar aus Gl. 2.1 (57) folgt, das zweite aus Gl. (6a) durch Differentiation nach η hervorgeht. Werden die Gl. (5) und (6a, b) bei der Auswertung von Gl. (4″) beachtet, die Terme mit U_a und U_i zusammengezogen und wird schließlich auch noch die Gl. 5.3 (20) herangezogen, so ergibt sich letzten Endes für die Kapazität des von den Ringflächen η_i, η_a begrenzten Doppelrohres die folgende Formel:

$$\frac{Q_i}{U_i - U_a} \equiv C_r^{(D)} = 16 a\,\varepsilon_0 \sum_{\lambda=0}^{\infty}\frac{1}{1+\delta_{0\lambda}}\frac{\mathfrak{Q}_{-\frac{1}{2}+\lambda}(\mathfrak{Cof}\,\eta_a)\,\mathfrak{Q}_{-\frac{1}{2}+\lambda}(\mathfrak{Cof}\,\eta_i)}{\Delta_\lambda(\eta_a,\eta_i)}. \tag{7}$$

Rückt die äußere Ringfläche $\eta = \eta_a$ ins Unendliche, so strebt $\eta_a \to 0$ und also $\mathfrak{Q}_{-\frac{1}{2}+\lambda}(\mathfrak{Cos}\,\eta_a) \to \infty$, und es wird einfacher

$$C_r = 16 a\,\varepsilon_0 \sum_{\lambda=0}^{\infty} \frac{1}{1+\delta_{0\lambda}} \frac{\mathfrak{Q}_{-\frac{1}{2}+\lambda}(\mathfrak{Cos}\,\eta_i)}{\mathfrak{P}_{-\frac{1}{2}+\lambda}(\mathfrak{Cos}\,\eta_i)} \quad (a = R\cdot\mathfrak{Sin}\,\eta_i). \quad (7\,\mathrm{a})$$

In Abb. 108 ist der Verlauf von $C_r/8D\,\varepsilon_0$ in Abhängigkeit von $\mathfrak{Cos}\,\eta_i = D/2R$ aufgetragen worden. Für $\mathfrak{Cos}\,\eta_i \to 1$ würde $C_r \to \infty$ streben.

5.41 Die Greensche Funktion des Innenraums eines Toroidstumpfes. In einzelnen elektronischen Geräten [*29*] durchlaufen im Hochvakuum die Elektronen hohle, gekrümmte, zylindrische Leiter, die im wesentlichen die Form des in Abb. 107 wiedergegebenen Toroidstumpfes haben. In dem in der Abb. wiedergegebenen Falle wird die

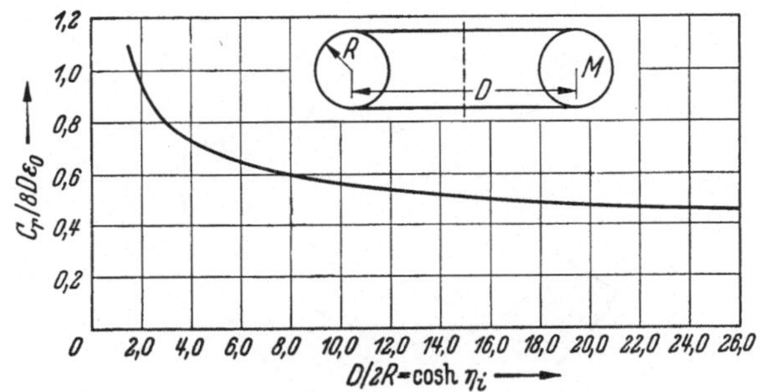

Abb. 106. Der Verlauf der Kapazität C_r eines offenen ringförmigen Kondensators in Abhängigkeit von $D/2r$

metallische Mantelfläche $\eta = \eta_0$ des Stumpfes in keiner Meridianebene von einer Trennfuge unterbrochen. In der Meridianebene $\varphi = 0$ besitzt der gekrümmte zylindrische Hüllenleiter einen über den ganzen Umfang sich erstreckenden Spalt und ebenso dort, wo die Mantelfläche des Torus den beiden metallischen Grundflächen gegenübersteht. Die Werte, die das Potential auf den einzelnen, voneinander getrennten metallischen Flächen annimmt, sind aus Abb. 109 zu ersehen. In anderen Fällen, die hier nicht behandelt werden sollen, verlaufen die Trennfugen in Richtung zunehmender Werte von φ. Wir gehen zunächst daran, die GREENsche Funktion für den Innenraum eines Toroidstumpfes aufzustellen, der den Gesamtöffnungswinkel 2γ hat.

Wir gehen zu diesem Zweck von der Gl. 2.1 (61b) aus, die wir uns für den Ausdruck $-1/(4\pi\, R(p, p'))$ angeschrieben denken, und ersetzen in dieser Gleichung, um zu einem für unsere Zwecke geeigneten

Lösungsansatz zu kommen,

$$\cos s(\pi - |\varphi - \varphi'|) \quad \text{durch} \quad \cos s(\pi - |\varphi - \varphi'|) + A\, e^{i\varphi s} + B\, e^{-i\varphi s}.$$

Die Bestimmungsgleichungen für A und B ergeben sich aus der einfachen Forderung, daß das damit gebildete Integral sowohl für $\varphi = -\gamma$ als auch für $\varphi = +\gamma$ verschwinden muß. Auf diese Weise erhält man zwischendurch in Form eines Integrals die Darstellung:

$$\begin{aligned} g(\xi,\eta,\varphi;\ \xi',\eta',\varphi') &= -\frac{1}{\pi a}\left\{\frac{(\mathfrak{Cof}\,\eta - \cos\xi)\,(\mathfrak{Cof}\,\eta' - \cos\xi')}{\mathfrak{Sin}\,\eta\,\mathfrak{Sin}\,\eta'}\right\}^{\frac{1}{2}} \times \\ &\times \frac{1}{2\pi i}\int\limits_{-i\infty}^{+i\infty} \frac{\sin s(\gamma-\varphi)\sin s(\gamma+\varphi')}{\sin 2\gamma s}\,\mathfrak{Q}_{-\frac{1}{2}+s}\left(\mathfrak{Cotg}\,\eta\,\mathfrak{Cotg}\,\eta' - \frac{\cos(\xi-\xi')}{\mathfrak{Sin}\,\eta\,\mathfrak{Sin}\,\eta'}\right) d s. \end{aligned} \tag{1a}$$

Mittels des Residuensatzes ergibt sich hieraus die gleichmäßig konver-

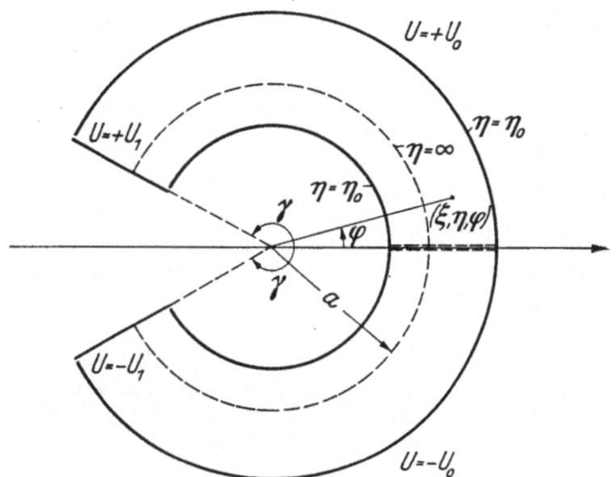

Abb. 107. Bei diesem Ringstumpf steht die Mantelfläche des Rings im Bereich $-\gamma<\varphi<0$ auf dem Potential $-U_0$ und im Bereich $0<\varphi<+\gamma$ auf dem Potential $+U_0$. Die beiden davon isoliert zu denkenden kreisförmigen Endplatten in den Meridianebenen $\varphi=\pm\gamma$ haben die Potentiale $\pm U_1$.

gente Reihenentwicklung:

$$\begin{aligned} g(\xi,\eta,\varphi;\ \xi',\eta',\varphi') &= -\frac{1}{2\pi a\gamma}\left\{\frac{(\mathfrak{Cof}\,\eta - \cos\xi)\,(\mathfrak{Cof}\,\eta' - \cos\xi')}{\mathfrak{Sin}\,\eta\,\mathfrak{Sin}\,\eta'}\right\}^{\frac{1}{2}} \times \\ &\times \sum_{\lambda=1}^{\infty} \sin\left(\pi\lambda\frac{\gamma+\varphi}{2\gamma}\right)\sin\left(\pi\lambda\frac{\gamma+\varphi'}{2\gamma}\right)\mathfrak{Q}_{\nu_\lambda}\left(\mathfrak{Cotg}\,\eta\,\mathfrak{Cotg}\,\eta' - \frac{\cos(\xi-\xi')}{\mathfrak{Sin}\,\eta\,\mathfrak{Sin}\,\eta'}\right) \\ &\left(\nu_\lambda = -\frac{1}{2} + \frac{\pi\lambda}{2\gamma}\right). \end{aligned} \tag{1b}$$

Wir machen in der zweiten Zeile der letzten Gleichung von der Entwicklung 2.1 (59) Gebrauch und erhalten dann für diese zweite Zeile neuerdings die Doppelreihe:

$$\begin{aligned} &\sum_{\lambda=1}^{\infty}\sum_{m=0}^{\infty}(-)^m\frac{\cos m(\xi-\xi')}{1+\delta_{0m}}\sin\left(\pi\lambda\frac{\gamma+\varphi}{2\gamma}\right)\sin\left(\pi\lambda\frac{\gamma+\varphi'}{2\gamma}\right)\times \\ &\times\begin{Bmatrix}\mathfrak{Q}_{\nu_\lambda}^{m}(\mathfrak{Cotg}\,\eta) & \mathfrak{P}_{\nu_\lambda}^{-m}(\mathfrak{Cotg}\,\eta') \\ \mathfrak{Q}_{\nu_\lambda}^{m}(\mathfrak{Cotg}\,\eta') & \mathfrak{P}_{\nu_\lambda}^{-m}(\mathfrak{Cotg}\,\eta)\end{Bmatrix} \qquad \begin{matrix}(\eta<\eta'),\\ (\eta>\eta').\end{matrix} \end{aligned}$$

Sie ist natürlich noch mit dem Term, der in Gl. (1b) auf der rechten Seite der ersten Gleichungszeile steht, multipliziert zu denken, wenn von g soll mit Recht behauptet werden können, daß es der Gl. 2.1 (55) genügt. Ihrer Bedeutung nach ist die Funktion g der Gl. (1a, b) die GREENsche Funktion eines zwischen den Meridianebenen $\varphi = \pm\gamma$ gelegenen Raumteils in toroidalen Koordinaten.

Um zu erreichen, daß die Funktion g auch an der Fläche $\eta = \eta_0$ verschwindet, denken wir uns in die geschweifte Klammer der obigen Gleichungszeile mit der Doppelsumme noch den Term

$$A_m\, \mathfrak{P}_{\nu_\lambda}^{-m}(\mathfrak{Cof}\,\eta)$$

aufgenommen. Der LAPLACEschen Gl. 2.1 (55) genügt dann der diesem zusätzlichen Term entsprechende Lösungsanteil ebenfalls, und obendrein entspricht er der Forderung, innerhalb des Torus, d. h. in dem Bereich $\eta_0 \lesseqgtr \eta < \infty$, endlich zu bleiben, einer Forderung, der der Term mit $\mathfrak{Q}_{\nu_\lambda}^{-m}(\mathfrak{Cotg}\,\eta)$ nicht genügen würde. Das unbekannte A_m berechnet sich nun aber sofort aus der Bedingung, daß die geschweifte Klammer für $\eta = \eta_0$ verschwinden muß.

Damit hat sich dann für die dem Innern des Torusstumpfes von Abb. 107 zugehörige GREENsche Funktion der folgende endgültige Ausdruck ergeben:

$$\begin{aligned} G(\xi, \eta, \varphi;\ \xi', \eta', \varphi') = \frac{1}{\pi a \gamma}\left\{\frac{(\mathfrak{Cof}\,\eta - \cos\xi)\,(\mathfrak{Cof}\,\eta' - \cos\xi')}{\mathfrak{Sin}\,\eta\ \mathfrak{Sin}\,\eta'}\right\}^{\frac{1}{2}} \times \\ \times \sum_{m=0}^{\infty}\sum_{\lambda=1}^{\infty}(-)^m \frac{\cos m(\xi-\xi')}{1+\delta_{0m}} \sin\left(\pi\lambda\frac{\gamma+\varphi}{2\gamma}\right)\sin\left(\pi\lambda\frac{\gamma+\varphi'}{2\gamma}\right)\times \\ \times \frac{\mathfrak{P}_{\nu_\lambda}^{-m}(\mathfrak{Cotg}\,\eta')}{\mathfrak{P}_{\nu_\lambda}^{-m}(\mathfrak{Cotg}\,\eta_0)}\begin{vmatrix}\mathfrak{P}_{\nu_\lambda}^{-m}(\mathfrak{Cotg}\,\eta) & \mathfrak{P}_{\nu_\lambda}^{-m}(\mathfrak{Cotg}\,\eta_0)\\ \mathfrak{Q}_{\nu_\lambda}^{-m}(\mathfrak{Cotg}\,\eta) & \mathfrak{Q}_{\nu_\lambda}^{-m}(\mathfrak{Cotg}\,\eta_0)\end{vmatrix} \end{aligned} \tag{2}$$

Für $\eta' < \eta$ müssen in der zweiten Zeile η und η' ihre Plätze vertauschen.

5.411 Die Potentialfunktion für das Innere des Toroidstumpfes bei einer speziellen Potentialverteilung auf seiner Begrenzung. Mit Hilfe der GREENschen Funktion (2) läßt sich nun die Potentialfunktion $U(\xi, \eta, \varphi)$, die zu einer vorgegebenen Potentialverteilung auf den Begrenzungsflächen $\eta = \eta_0$ und $\varphi = \pm\gamma$ des Ringstumpfes gehört, mit $p \equiv (\xi, \eta, \varphi)$ und $p' \equiv (\xi', \eta', \varphi')$ im Hinblick auf Gl. 2.2 (18) und 2.1 (54) nach der Formel

$$\begin{aligned} U(\xi,\eta,\varphi) = a\cdot\mathfrak{Sin}\,\eta_0 \int_{-\gamma}^{+\gamma}\int_{-\pi}^{+\pi} U_F(\xi', \eta_0, \varphi')\left(\frac{\partial G(p;p')}{\partial\eta'}\right)_{\eta'=\eta_0}\frac{d\xi'\,d\varphi'}{\sqrt{\mathfrak{Cof}\,\eta_0 - \cos\xi'}} + \\ + a\sum_{i=0,1}(-)^i\int_{\eta_0}^{\infty}\int_{-\pi}^{+\pi} U_F(\xi', \eta', (-)^i\gamma)\left(\frac{\partial G(p;p')}{\partial\varphi'}\right)_{\varphi'=(-)^i\gamma}\frac{d\xi'\cdot d\eta'/\mathfrak{Sin}\,\eta'}{\mathfrak{Cof}\,\eta' - \cos\xi'} \end{aligned} \tag{3}$$

berechnen. Unter den hier gemachten und in Abb. 109 wiedergegebenen Annahmen ist nun

$$U_F(\xi', \eta_0, \varphi') = \begin{cases} -U_0 & \text{für} \quad -\gamma \gtreqless \varphi' \leqq 0 \\ +U_0 & \phantom{\text{für}} \quad 0 \gtreqless \varphi' \leqq +\gamma \end{cases} \quad \text{und alle } \xi', \tag{3a}$$

$$\begin{aligned} U_F(\xi', \eta', \pm\gamma) = \pm U_1 \quad & \text{für alle} \quad -\pi \gtreqless \xi' \leqq +\pi \\ & \text{und alle } \eta \text{ mit} \quad \eta_0 \gtreqless \eta' < \infty . \end{aligned} \tag{3b}$$

Wir werten zunächst die erste Zeile der Gl. (3) aus. Berücksichtigt man, daß auf Grund der Theorie der Kugelfunktionen

$$\mathfrak{P}_\nu^{-m}(z) = \frac{\Gamma(\nu - m + 1)}{\Gamma(\nu + m + 1)} \mathfrak{P}_\nu^{+m}(z) \qquad (\nu \text{ bel.}, \ m = 0, 1, 2 \ldots) \tag{4}$$

ist, so folgt aus Gl (2), da wegen $\eta' \to \eta_0$ die Form für $\eta_0 \gtreqless \eta' < \eta < \infty$ gewählt werden muß,

$$\begin{aligned} \left(\frac{\partial G}{\partial \eta'}\right)_{\eta' = \eta_0} = & -\frac{1}{\pi\, a\, \gamma\, \mathfrak{Sin}\, \eta_0} \left\{\frac{(\mathfrak{Cof}\,\eta - \cos\xi)\,(\mathfrak{Cof}\,\eta' - \cos\xi')}{\mathfrak{Sin}\,\eta\; \mathfrak{Sin}\,\eta'}\right\}^{\frac{1}{2}} \times \\ & \times \sum_{m=0}^{\infty} \sum_{\lambda=1}^{\infty} (-)^m \frac{\cos m\,(\xi - \xi')}{1 + \delta_{0m}} \sin\left(\pi\lambda \frac{\gamma + \varphi}{2\gamma}\right) \sin\left(\pi\lambda \frac{\gamma + \varphi'}{2\gamma}\right) \times \\ & \times \frac{\Gamma(\nu_\lambda + m + 1)}{\Gamma(\nu_\lambda - m + 1)} \frac{\mathfrak{P}_{\nu_\lambda}^{-m}(\mathfrak{Cotg}\,\eta)}{\mathfrak{P}_{\nu_\lambda}^{-m}(\mathfrak{Cotg}\,\eta_\nu)} \begin{vmatrix} \mathfrak{P}_{\nu_\lambda}^{\prime -m}(\mathfrak{Cotg}\,\eta_0) & \mathfrak{P}_{\nu_\lambda}^{-m}(\mathfrak{Cotg}\,\eta_0) \\ \mathfrak{Q}_{\nu_\lambda}^{\prime -m}(\mathfrak{Cotg}\,\eta_0) & \mathfrak{Q}_{\nu_\lambda}^{-m}(\mathfrak{Cotg}\,\eta_0) \end{vmatrix} . \end{aligned} \tag{5a}$$

Die hierin auftretende Determinante hat nach Gl. 5.3 (20) den Wert

$$(-)^m\, \mathfrak{Sin}^2 \eta_0 \frac{\Gamma(1 - m + \nu_\lambda)}{\Gamma(1 + m + \nu_\lambda)} .$$

Geht man nun mit Gl. (5a) in die erste Zeile der Gl. (3) ein und vertauscht, was hier erlaubt ist, die Reihenfolge von Summation und Integration, so stößt man auf zwei, ohne Schwierigkeit auswertbare Integrale. Der Beitrag der ersten Zeile von Gl. (3) zum Gesamtwert der gesuchten Potentialfunktion gewinnt damit die Form:

$$\begin{aligned} & \frac{8\sqrt{2}}{\pi^2} U_0 \left\{\frac{\mathfrak{Sin}\,\eta_0}{\mathfrak{Sin}\,\eta} (\mathfrak{Cof}\,\eta - \cos\xi)\right\}^{\frac{1}{2}} \sum_{m=0}^{\infty} \sum_{n=0}^{\infty} \frac{\cos m\,\xi}{1 + \delta_{0m}} \frac{\sin(2n+1)\dfrac{\pi\varphi}{\gamma}}{2n+1} \times \\ & \times \mathfrak{Q}_{-\frac{1}{2}+n}(\mathfrak{Cof}\,\eta_0) \frac{\mathfrak{P}_{\sigma_n}^{-m}(\mathfrak{Cotg}\,\eta)}{\mathfrak{P}_{\sigma_n}^{-m}(\mathfrak{Cotg}\,\eta_0)} \qquad \left(\sigma_n = -\frac{1}{2} + (2n+1)\frac{\pi}{\gamma}\right). \end{aligned} \tag{A}$$

Wir gehen nun über zur Berechnung der zweiten Zeile von Gl. (3) für $i = 0$. Hierin ist nach Gl. (2)

$$\begin{aligned} \left(\frac{\partial G}{\partial \varphi'}\right)_{\varphi' = +\gamma} = & \frac{1}{2a\,\gamma^2} \left\{\frac{(\mathfrak{Cof}\,\eta - \cos\xi)\,(\mathfrak{Cof}\,\eta' - \cos\xi')}{\mathfrak{Sin}\,\eta\; \mathfrak{Sin}\,\eta'}\right\}^{\frac{1}{2}} \times \\ & \times \sum_{m=0}^{\infty} \sum_{\lambda=1}^{\infty} (-)^{\lambda+m} \frac{\cos m\,(\varphi - \varphi')}{1 + \delta_{0m}} \lambda \sin\left(\pi\lambda \frac{\varphi + \gamma}{2\gamma}\right) \frac{\Gamma(\nu_\lambda + m + 1)}{\Gamma(\nu_\lambda - m + 1)} \times \\ & \times \frac{\mathfrak{P}_{\nu_\lambda}^{-m}(\mathfrak{Cotg}\,\eta')}{\mathfrak{P}_{\nu_\lambda}^{-m}(\mathfrak{Cotg}\,\eta_0)} \begin{vmatrix} \mathfrak{P}_{\nu_\lambda}^{-m}(\mathfrak{Cotg}\,\eta) & \mathfrak{P}_{\nu_\lambda}^{-m}(\mathfrak{Cotg}\,\eta_0) \\ \mathfrak{Q}_{\nu_\lambda}^{-m}(\mathfrak{Cotg}\,\eta) & \mathfrak{Q}_{\nu_\lambda}^{-m}(\mathfrak{Cotg}\,\eta_0) \end{vmatrix} \quad \begin{aligned} & (\nu_\lambda = -\tfrac{1}{2} + \pi\lambda/2\gamma), \\ & (\eta_0 \gtreqless \eta < \eta' < \infty). \end{aligned} \end{aligned} \tag{5b}$$

Bildet man hiermit die zweite Zeile der Gl. (3) für $i = 0$, ohne die Integration nach η' zu beachten, führt mittels der Gl. 5.4 (6a) die Integration nach ξ' aus und berücksichtigt, daß nach einer bekannten Formel von WHIPPLE

$$\mathfrak{Q}_{-\frac{1}{2}+m}(\mathfrak{Cof}\,\eta') = \left(\frac{\pi}{2}\right)^{\frac{1}{2}} \Gamma\left(m+\frac{1}{2}\right) (\mathfrak{Sin}\,\eta')^{-\frac{1}{2}}\, \mathfrak{P}^{-m}_{-\frac{1}{2}}(\mathfrak{Cotg}\,\eta') \tag{6}$$

ist, so wird bis auf die Integration nach η' aus der zweiten Zeile von Gl (3) für $i = 0$

$$+U_1 \frac{\pi^{\frac{1}{2}}}{\gamma^2} \left(\frac{\mathfrak{Cof}\,\eta - \cos\xi}{\mathfrak{Sin}\,\eta}\right)^{\frac{1}{2}} \times$$

$$\times \sum_{m=0}^{\infty} \sum_{\lambda=1}^{\infty} \frac{\lambda(-)^{m+\lambda}}{1+\delta_{0m}} \Gamma\left(\frac{1}{2}+m\right) \cos m\xi \sin\left(\pi\lambda \frac{\gamma+\varphi}{2\gamma}\right) \frac{\Gamma(1+\nu_\lambda+m)}{\Gamma(1+\nu_\lambda-m)}$$

$$\times (-)\frac{d}{d\eta'}\mathfrak{Cotg}\,\eta' \frac{\mathfrak{P}^{-m}_{-\frac{1}{2}}(\mathfrak{Cotg}\,\eta')\,\mathfrak{P}^{-m}_{\nu_\lambda}(\mathfrak{Cotg}\,\eta')}{\mathfrak{P}^{-m}_{\nu_\lambda}(\mathfrak{Cotg}\,\eta_0)} \begin{vmatrix} \mathfrak{P}^{-m}_{\nu_\lambda}(\mathfrak{Cotg}\,\eta) & \mathfrak{P}^{-m}_{\nu_\lambda}(\mathfrak{Cotg}\,\eta_0) \\ \mathfrak{Q}^{-m}_{\nu_\lambda}(\mathfrak{Cotg}\,\eta) & \mathfrak{Q}^{-m}_{\nu_\lambda}(\mathfrak{Cotg}\,\eta_0) \end{vmatrix}$$

$$\left(\nu_\lambda = -\frac{1}{2} + \frac{\pi\lambda}{2\gamma};\ \eta_0 \gtreqless \eta < \eta' < \infty\right).$$

Für $\eta_0 < \eta' < \eta < \infty$ steht der Buchstabe η', der oben im Argument der Funktion $\mathfrak{P}^{-m}_{\nu_\lambda}$ vorkommt, im Argument derselben Funktion innerhalb der Determinante und umgekehrt. Wird diese Umänderung des obigen Ausdrucks bei der noch vorzunehmenden Integration nach η' hinreichend beachtet, so entsteht ein Ausdruck, dessen erste Zeile völlig der obigen ersten Zeile gleicht, für die obige zweite Zeile aber steht der folgende Klammerausdruck:

$$\times \left\{ \frac{1}{\mathfrak{P}^{-m}_{\nu_\lambda}(\mathfrak{Cotg}\,\eta_0)} \begin{vmatrix} \mathfrak{P}^{-m}_{\nu_\lambda}(\mathfrak{Cotg}\,\eta) & \mathfrak{P}^{-m}_{\nu_\lambda}(\mathfrak{Cotg}\,\eta_0) \\ \mathfrak{Q}^{-m}_{\nu_\lambda}(\mathfrak{Cotg}\,\eta) & \mathfrak{Q}^{-m}_{\nu_\lambda}(\mathfrak{Cotg}\,\eta_0) \end{vmatrix} \cdot \int_1^{\mathfrak{Cotg}\,\eta} \mathfrak{P}^{-m}_{-\frac{1}{2}}(z)\,\mathfrak{P}^{-m}_{\nu_\lambda}(z)\,dz + \right.$$

$$\left. + \frac{\mathfrak{P}^{-m}_{\nu_\lambda}(\mathfrak{Cotg}\,\eta)}{\mathfrak{P}^{-m}_{\nu_\lambda}(\mathfrak{Cotg}\,\eta_0)} \begin{vmatrix} \int_{\mathfrak{Cotg}\,\eta}^{\mathfrak{Cotg}\,\eta_0} \mathfrak{P}^{-m}_{-\frac{1}{2}}(z)\,\mathfrak{P}^{-m}_{\nu_\lambda}(z)\,dz & \mathfrak{P}^{-m}_{\nu_\lambda}(\mathfrak{Cotg}\,\eta_0) \\ \int_{\mathfrak{Cotg}\,\eta}^{\mathfrak{Cotg}\,\eta_0} \mathfrak{P}^{-m}_{-\frac{1}{2}}(z)\,\mathfrak{Q}^{-m}_{\nu_\lambda}(z)\,dz & \mathfrak{Q}^{-m}_{\nu_\lambda}(\mathfrak{Cotg}\,\eta_0) \end{vmatrix} \right\}.$$

Nun ist allgemein

$$\begin{aligned} &\int_a^b w^\mu_\nu(z)\, w^\mu_\sigma(z)\, dz \\ &= \left[\frac{1-z^2}{(\nu-\sigma)(\nu+\sigma+1)} \left(w^\mu_\nu(z)\frac{d}{dz} w^\mu_\sigma(z) - w^\mu_\sigma(z)\frac{d}{dz} w^\mu_\nu(z)\right)\right]\Bigg|_a^b, \end{aligned} \tag{7}$$

worin $w^\mu_\nu(z)$ an Stelle von $\mathfrak{P}^\mu_\nu(z)$ oder $\mathfrak{Q}^\mu_\nu(z)$ steht. Die Auswertung der oben erhaltenen geschweiften Klammer wird damit ohne Schwierigkeit möglich. Nach gehöriger Vereinfachung entsteht auf diese Weise für die zweite Zeile der Gl. (3) im Falle $i = 0$ zunächst der Ausdruck

$$4\pi^{-\frac{3}{2}} U_1 \left(\frac{\mathfrak{Cof}\,\eta - \cos\xi}{\mathfrak{Sin}\,\eta}\right)^{\frac{1}{2}} \sum_{m=0}^{\infty} \sum_{\lambda=1}^{\infty} (-)^{\lambda} \frac{\cos m\,\xi}{1+\delta_{0m}} \Gamma\left(m+\frac{1}{2}\right) \times$$
$$\times \sin\left(\lambda\pi \frac{\gamma+\varphi}{2\gamma}\right) \frac{1/\lambda}{\mathfrak{P}_{\nu_\lambda}^{-m}(\mathfrak{Cotg}\,\eta_0)} \begin{vmatrix} \mathfrak{P}_{-\frac{1}{2}}^{-m}(\mathfrak{Cotg}\,\eta_0) & \mathfrak{P}_{-\frac{1}{2}}^{-m}(\mathfrak{Cotg}\,\eta) \\ \mathfrak{P}_{\nu_\lambda}^{-m}(\mathfrak{Cotg}\,\eta_0) & \mathfrak{P}_{\nu_\lambda}^{-m}(\mathfrak{Cotg}\,\eta) \end{vmatrix}, \tag{B$_0'$}$$

wobei die Gl. 5.2 (20) mehrfach heranzuziehen ist.

Löst man hierin die Determinante auf, so läßt sich (B$_0'$) schreiben:

$$4\pi^{-\frac{3}{2}} U_1 \left(\frac{\mathfrak{Cof}\,\eta - \cos\xi}{\mathfrak{Sin}\,\eta}\right)^{\frac{1}{2}} \sum_{m=0}^{\infty} \sum_{\lambda=1}^{\infty} \frac{\cos m\,\xi}{1+\delta_{0m}} \Gamma\left(\frac{1}{2}+m\right) \frac{\sin\pi\lambda\,\frac{\varphi-\gamma}{\gamma}}{\lambda} \times$$
$$\times \frac{\mathfrak{P}_{\nu_\lambda}^{-m}(\mathfrak{Cotg}\,\eta)}{\mathfrak{P}_{\nu_\lambda}^{-m}(\mathfrak{Cotg}\,\eta_0)} \mathfrak{P}_{-\frac{1}{2}}^{-m}(\mathfrak{Cotg}\,\eta_0) - 4\pi^{-\frac{3}{2}} U_1 \left(\frac{\mathfrak{Cof}\,\eta - \cos\xi}{\mathfrak{Sin}\,\eta}\right)^{\frac{1}{2}} \times$$
$$\times \sum_{m=0}^{\infty} \sum_{\lambda=1}^{\infty} \frac{\cos m\,\xi}{1+\delta_{0m}} \Gamma\left(\frac{1}{2}+m\right) \mathfrak{P}_{-\frac{1}{2}}^{-m}(\mathfrak{Cotg}\,\eta) \frac{\sin\pi\lambda\,\frac{\varphi-\gamma}{2\gamma}}{\lambda}.$$

Wir machen nun hierin wieder von der Formel (6) Gebrauch. Dann ist in der zweiten Doppelreihe die Reihe über m nach Gl. 2.1 (57) summierbar. Die Reihe über λ läßt sich auf Grund der Formel

$$\sum_{p=1}^{\infty} \frac{\sin p\,\varphi}{p} = \frac{1}{2}(\pi - \varphi) \qquad (0 < \varphi < 2\pi) \tag{8}$$

summieren, und damit ergibt sich als Beitrag der zweiten Zeile von Gl. (3) für $i = 0$ zum Werte von U der folgende Ausdruck:

$$-\frac{4\sqrt{2}}{\pi^2} U_1 \left[\frac{\mathfrak{Sin}\,\eta_0}{\mathfrak{Sin}\,\eta}(\mathfrak{Cof}\,\eta - \cos\xi)\right]^{\frac{1}{2}} \sum_{m=0}^{\infty} \sum_{\lambda=1}^{\infty} \frac{\cos m\,\xi}{1+\delta_{0m}} \times$$
$$\times \frac{\sin\left(\pi\lambda\frac{\gamma-\varphi}{2\gamma}\right)}{\lambda} \mathfrak{Q}_{-\frac{1}{2}+m}(\mathfrak{Cof}\,\eta_0) \frac{\mathfrak{P}_{\nu_\lambda}^{-m}(\mathfrak{Cotg}\,\eta)}{\mathfrak{P}_{\nu_\lambda}^{-m}(\mathfrak{Cotg}\,\eta_0)} + U_1 \frac{\gamma+\varphi}{2\gamma} \tag{B$_0$}$$
$$\left(\nu_\lambda = -\frac{1}{2} + \frac{\pi\lambda}{2\gamma}\right).$$

Nimmt man hierin U_1 und φ mit dem entgegengesetzten Vorzeichen, so stellt der so geänderte Ausdruck den Beitrag der zweiten Zeile von Gl. (3) für $i = 1$ dar.

Setzt man nun gemäß Gl. (3) alle Anteile zusammen, so erhält man für die Potentialfunktion $U(\xi, \eta, \varphi)$ im Inneren des Toroidstumpfes $\eta = \eta_0$, $-\gamma \lesseqgtr \varphi \leqq +\gamma$ die folgende endgültige Formel:

$$U(\xi, \eta, \varphi) = U_1 \frac{\varphi}{\gamma} + \frac{2^{\frac{7}{2}}}{\pi^2}\left[\frac{\mathfrak{Sin}\,\eta_0}{\mathfrak{Sin}\,\eta}(\mathfrak{Cof}\,\eta - \cos\xi)\right]^{\frac{1}{2}} \times \tag{9}$$

$$\times\left\{\frac{1}{2}U_1 \sum_{m=0}^{\infty}\sum_{p=1}^{\infty}\frac{\cos m\,\xi}{1+\delta_{0m}}\,\frac{(-)^p \sin\left(\pi p \frac{\varphi}{\gamma}\right)}{p}\,\mathfrak{Q}_{-\frac{1}{2}+m}(\mathfrak{Cof}\,\eta_0)\,\frac{\mathfrak{P}_{\nu_\lambda}^{-m}(\mathfrak{Cotg}\,\eta)}{\mathfrak{P}_{\nu_\lambda}^{-m}(\mathfrak{Cotg}\,\eta_0)} + \right.$$

$$\left. + U_0 \sum_{m=0}^{\infty}\sum_{n=0}^{\infty}\frac{\cos m\,\xi}{1+\delta_{0m}}\,\frac{\sin\left(\pi(2n+1)\frac{\varphi}{\gamma}\right)}{2n+1}\,\mathfrak{Q}_{-\frac{1}{2}+m}(\mathfrak{Cof}\,\eta_0)\,\frac{\mathfrak{P}_{\sigma_n}^{-m}(\mathfrak{Cotg}\,\eta)}{\mathfrak{P}_{\sigma_n}^{-m}(\mathfrak{Cotg}\,\eta_0)}\right\}$$

$$\left(\sigma_n = -\frac{1}{2} + (2n+1)\frac{\pi}{\gamma};\ \nu_p = -\frac{1}{2} + p\frac{\pi}{\gamma};\right.$$

$$\left.\eta_0 \lesseqgtr \eta < \infty;\ -\gamma \lesseqgtr \varphi \leqq +\gamma\right).$$

Für $\varphi = \pm\gamma$ wird in der Tat $U(\xi, \eta, \varphi) = \pm U_1$. Für $\eta = \eta_0$ zerfallen die Doppelreihen in die Produkte zweier einfacher Reihen, deren Summen mit Hilfe der Gl. 2.1 (57) und der obigen Gl. (8) sofort angegeben werden können. Wie notwendig erhält man auf diese Weise für $U(\xi, \eta_0, \varphi)$ die Werte $\pm U_0$, je nachdem φ im Bereich $0 \cdots \pi$ oder $-\pi \cdots 0$ liegt. Diese Kontrollrechnung läßt zugleich erkennen, wie die Potentialfunktion (9) aufgebaut sein muß, wenn nun der ganze Bogen 2γ des Toroidstumpfes nicht nur aus zwei gleich langen Teilen mit den Potentialen $\pm U_1$ besteht, sondern wenn er sich aus $2n$-Teilen mit den Potentialen $\pm U_1$, $\pm U_2$, $\cdots$, $\pm U_n$ zusammensetzt.

Längs der inneren Kreislinie des Rings, auf der $\eta \to \infty$ ist, wird das Verhalten des Potentials durch die wesentlich einfachere Formel

$$U(\xi, \infty, \varphi) = U_1 \frac{\varphi}{\gamma} + \frac{2^{\frac{5}{2}}}{\pi^2}\sqrt{\mathfrak{Sin}\,\eta_0}\,\mathfrak{Q}_{-\frac{1}{2}}(\mathfrak{Cof}\,\eta_0) \times$$

$$\times\left\{\frac{1}{2}U_1\sum_{p=1}^{\infty}\frac{(-)^p \sin\left(\pi p \frac{\varphi}{\gamma}\right)}{p\,\mathfrak{P}_{\nu_p}(\mathfrak{Cotg}\,\eta_0)} + U_0 \sum_{n=0}^{\infty}\frac{\sin\left(\pi(2n+1)\frac{\varphi}{\gamma}\right)}{(2n+1)\,\mathfrak{P}_{\sigma_n}(\mathfrak{Cotg}\,\eta_0)}\right\} \tag{9a}$$

beschrieben. Da allgemein im Hinblick auf die Gl. 2.1 (68a)

$$E_\varphi = \frac{\mathfrak{Cof}\,\eta - \cos\xi}{a\,\mathfrak{Sin}\,\eta}\,\frac{\partial U}{\partial \varphi}$$

ist, so besteht für die φ-Komponente der elektrischen Feldstärke längs der Kreisbahn $\eta \to \infty$ die Beziehung:

$$E_\varphi(\xi, \infty, \varphi) = \frac{U_1}{a\gamma} + \frac{2^{\frac{5}{2}}}{(\pi a \gamma)}\sqrt{\mathfrak{Sin}\,\eta_0}\,\mathfrak{Q}_{-\frac{1}{2}}(\mathfrak{Cof}\,\eta_0) \times$$

$$\times\left\{\frac{1}{2}U_1\sum_{p=1}^{\infty}\frac{(-)^p \cos\left(\pi p \frac{\varphi}{\gamma}\right)}{\mathfrak{P}_{\nu_p}(\mathfrak{Cotg}\,\eta_0)} + U_0 \sum_{n=0}^{\infty}\frac{\cos\left(\pi(2n+1)\frac{\varphi}{\gamma}\right)}{\mathfrak{P}_{\sigma_n}(\mathfrak{Cotg}\,\eta_0)}\right\} \tag{10}$$

$$\left(\nu_p = -\tfrac{1}{2} + p(\pi/\gamma).\ \sigma_n = -\tfrac{1}{2} + (2n+1)\pi/\gamma\right).$$

Eine weitere Erörterung von Fragen, die im Zusammenhang mit dieser Aufgabe stehen, muß hier aus Raummangel unterbleiben.

5.51 Die Punktladung zwischen divergierenden Platten. In modernen Elektronenröhren, die Spezialzwecken dienen, werden die Ablenkplatten oftmals nicht parallel, sondern unter einem kleinen Neigungswinkel γ zueinander angeordnet, so daß sich bei hinreichender Verlängerung die Ebenen der Platten in der Laufrichtung der Elektronen in einer Geraden schneiden würden. Wir wählen diese Gerade zur z-Achse eines Zylinderkoordinatensystems und legen gemäß Abbildung 108 die ϱ z-Ebene so, daß die beiden Platten den Meridianebenen $\varphi = \pm\gamma$ entsprechen. Zunächst mögen die beiden Platten, von denen wir so tun, als ob sie sich in den Richtungen zunehmender Werte von z und ϱ von $-\infty \cdots +\infty$ oder $0 \cdots \infty$ erstrecken, die beiden einzigen, den Raum begrenzenden Flächen sein, und wir wollen dann das Feld einer an einer beliebigen Stelle zwischen den Platten angeordneten Punktladung bestimmen, wenn etwa die untere Platte auf dem Potential $-U_0$, die andere Platte auf dem Potential $+U_0$ steht. In der z-Achse müssen dann selbstredend die beiden Platten voneinander isoliert sein.

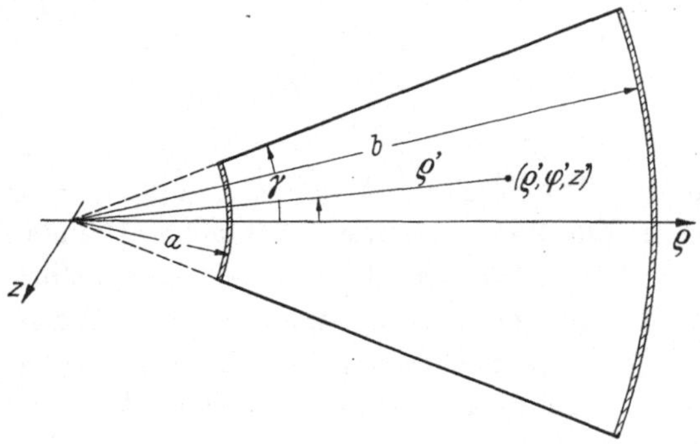

Abb. 108. Die beiden divergierenden metallischen Platten $\varphi = \pm\gamma$ sind in Richtung z und in Richtung ϱ als hinreichend lang anzusehen. Sie stehen auf dem Potential $\pm U_0$.

Die vorliegende Aufgabe ist bereits im wesentlichen gelöst, sobald die normierte Greensche Funktion $G_k(\varrho, \varphi, z; \varrho', \varphi', z')$ des keilförmigen Bereichs zwischen den beiden Platten bekannt ist. Mit Q in der Bedeutung der Punktladung am Orte (ϱ', φ', z') ist dann nämlich die gesuchte Potentialfunktion $U(\varrho, \varphi, z)$ durch die Gleichung

$$U(\varrho, \varphi, z) = U_0 \frac{\varphi}{\gamma} - \frac{Q}{\varepsilon_0} G_k(\varrho, \varphi, z; \varrho', \varphi', z') \quad (-\gamma \lesseqgtr \varphi \leqq +\gamma) \tag{1}$$

gegeben, denn da U sich in der Nähe der Stelle (ϱ', φ', z') im wesentlichen wie $Q/4\pi\,\varepsilon_0 \cdot 1/R$ mit R als dem Abstand der Punkte (ϱ, φ, z) und (ϱ', φ', z') verhält, ferner $\Delta G_k = 0$ ist für $R \neq 0$ und G_k für $\varphi = \pm\gamma$ verschwindet, so erfüllt die Funktion $U(\varrho, \varphi, z)$ tatsächlich die an sie zu stellenden Forderungen. Es kommt also zunächst allein darauf an, die Funktion G_k zu ermitteln.

Nun ist im unbegrenzten Raum im Hinblick auf die Gl. 2.1 (57) und auf Abb. 108

$$G(\varrho, \varphi, z; \varrho', \varphi', z') = -\frac{1}{4\pi}\{(z-z')^2+\varrho^2+\varrho'^2-2\varrho\varrho'\cos(\varphi-\varphi')\}^{-\frac{1}{2}}$$

$$= -\frac{1}{4\pi\sqrt{2\varrho\varrho'}}\left\{1+\frac{(z-z')^2+(\varrho-\varrho')^2}{2\varrho\varrho'}-\cos(\varphi-\varphi')\right\}^{-\frac{1}{2}}$$

$$= -\frac{1}{2\pi^2\sqrt{\varrho\varrho'}}\sum_{n=0}^{\infty}\frac{\cos n(\varphi-\varphi')}{1+\delta_{0n}}\mathfrak{Q}_{-\frac{1}{2}+n}(\mathfrak{Cof}\,B) \qquad (2)$$

$$= +\frac{1}{4\pi\sqrt{\varrho\varrho'}}\frac{1}{2\pi i}\int_{\mathfrak{W}}\frac{\cos s(\pi-|\varphi-\varphi'|)}{\sin\pi s}\mathfrak{Q}_{-\frac{1}{2}+s}(\mathfrak{Cof}\,B)\,ds$$

$$(|\varphi-\varphi'|<\pi)$$

mit $\mathfrak{Cof}\,B$ in der Bedeutung

$$\mathfrak{Cof}\,B = 1+\frac{(z-z')^2+(\varrho-\varrho')^2}{2\varrho\varrho'}. \qquad (2')$$

Um die Randbedingungen in den beiden Ebenen $\varphi = \pm\gamma$ zu erfüllen, fügen wir zu Gl. (2), s-Form, den Ausdruck

$$\delta G = \frac{1}{4\pi\sqrt{\varrho\varrho'}}\frac{1}{2\pi i}\int_{\mathfrak{W}}\frac{A'e^{+i\varphi s}+A''e^{-i\varphi s}}{\sin\pi s}\mathfrak{Q}_{-\frac{1}{2}+s}(\mathfrak{Cof}\,B)\,ds \qquad (2\text{a})$$

hinzu. Er soll im ganzen keilförmigen Bereich mit Einschluß der Begrenzungsebenen gültig sein. Offenbar befriedigt er ebenfalls die LAPLACEsche D.Gl. Die dann noch unbekannten Größen A' und A'', die natürlich nicht von ϱ, φ, z, wohl aber von s abhängen, bestimmen sich nun aus der Forderung, daß $G + \delta G = G_k$ für $\varphi = \pm\gamma$ verschwinden müssen. Die sich daraus ergebenden Bestimmungsgleichungen für A' und A'' lauten:

$$A'e^{+i\gamma s}+A''e^{-i\gamma s} = -\cos s(\pi-\gamma+\varphi'), \qquad (3\text{a})$$

$$A'e^{-i\gamma s}+A''e^{+i\gamma s} = -\cos s(\pi-\gamma-\varphi'). \qquad (3\text{b})$$

Geht man mit den daraus berechenbaren Werten für A' und A'' in Gl. (2a) ein und setzt danach Gl. (2a) mit Gl. (2) zusammen, so erhält man die folgende *erste* Darstellung für die GREENsche Funktion G_k:

$$G_k(\varrho, \varphi, z; \varrho', \varphi, z') = -\frac{1/\pi}{\sqrt{\varrho\varrho'}}\times$$

$$\times\frac{1}{2\pi i}\int_{-i\infty}^{+i\infty}\frac{\sin s(\gamma-\varphi)\sin s(\gamma+\varphi')}{\sin 2\gamma s}\mathfrak{Q}_{-\frac{1}{2}+s}(\mathfrak{Cof}\,B)\,ds \qquad (4\text{a})$$

$$(-\gamma<\varphi'<\varphi\leqq+\gamma).$$

Dabei kann in Gl. (4a) jetzt aus dem Doppelweg längs der imaginären Achse ein einfacher Weg gemacht werden, da die Stelle $s = 0$ in Gl. (4a) keine singuläre Stelle mehr ist.

Da es erlaubt ist, in Gl. (4a) in der rechten s-Halbebene den parallel zur imaginären Achse verlaufenden Integrationsweg durch Ansetzen eines Halbkreises mit sehr großem Radius zu einem geschlossenen Weg zu ergänzen, ohne daß dadurch eine Wertänderung eintritt, so läßt sich Gl. (4a) mittels des Residuensatzes sofort in eine unendliche Reihe auflösen, und es ergibt sich dadurch als *zweite* Darstellungsform für die Lösung die Reihenentwicklung:

$$G_k(\varrho, \varphi, z; \varrho', \varphi', z') \Big/ \left(\frac{1/(2\pi\gamma)}{\sqrt{\varrho\varrho'}}\right)$$

$$= -\sum_{\lambda=1}^{\infty} \sin\left(\pi\lambda\frac{\gamma+\varphi}{2\gamma}\right) \cdot \sin\left(\pi\lambda\frac{\gamma+\varphi'}{2\gamma}\right) \mathfrak{Q}_{-\frac{1}{2}+\frac{\pi\lambda}{2\gamma}}(\mathfrak{Cof}\, B) \tag{4b}$$

$$= -\frac{1}{2}\sum_{\lambda=1}^{\infty}\left\{\cos\left(\pi\lambda\frac{\varphi-\varphi'}{2\gamma}\right) - \cos\left(\pi\lambda\frac{2\gamma-\varphi-\varphi'}{2\gamma}\right)\right\} \mathfrak{Q}_{-\frac{1}{2}+\frac{\pi\lambda}{2\gamma}}(\mathfrak{Cof}\, B).$$

Das Verschwinden von G_k für $\varphi = \pm\gamma$ läßt sich an dieser Gleichung leicht bestätigen.

Wir ersetzen dann in Gl. (4a) unter dem Integralzeichen s durch $-s$, addieren beide Ausdrücke für G_k und wenden die Gl. 2.1 (58) an. Wird dann noch s durch $i\,t$ ersetzt, so erhält man als *dritte* Darstellungsform für die Lösung die Relation:

$$G_k(\varrho, \varphi, z; \varrho', \varphi', z') \qquad (-\gamma \lesseqgtr \varphi' < \varphi \leqq +\gamma)$$

$$= -\frac{1}{4\pi\sqrt{\varrho\varrho'}}\int_{-\infty}^{+\infty} \frac{\mathfrak{Sin}\, t(\gamma-\varphi)\, \mathfrak{Sin}\, t(\gamma+\varphi')}{\mathfrak{Sin}\, 2\gamma t} \mathfrak{Tg}(\pi t)\, \mathfrak{P}_{-\frac{1}{2}+it}(\mathfrak{Cof}\, B)\, dt. \tag{4c}$$

Schließlich läßt sich noch eine *vierte* Integraldarstellung angeben. Zieht man nämlich die schon früher benutzte Gl. 5.2 (4a) heran, geht damit in die untere Gleichungszeile von Gl. (4b) ein und macht von der Summenformel

$$2\sum_{\lambda=1}^{\infty} \cos\left(\pi\lambda\frac{\varphi-\varphi'}{2\gamma}\right) e^{-x\frac{\pi\lambda}{2\gamma}} = 1 + \frac{\mathfrak{Sin}\left(\frac{\pi x}{2\gamma}\right)}{\mathfrak{Cof}\left(\frac{\pi x}{2\gamma}\right) - \cos\left(\pi\frac{\varphi-\varphi'}{2\gamma}\right)} \tag{5}$$

Gebrauch, so gewinnt man ohne Schwierigkeit die weitere Beziehung:

$$G_k(p, p') = -\frac{1/(8\pi\gamma)}{\sqrt{2\varrho\varrho'}} \cdot \int_B^{\infty} \left(\sum_p^{0,1} \frac{(-)^p\, \mathfrak{Sin}\frac{\pi x}{2\gamma}}{\mathfrak{Cof}\frac{\pi x}{2\gamma} - \cos\frac{\pi\tau_p}{2\gamma}}\right) \cdot \frac{dx}{(\mathfrak{Cof}\, x - \mathfrak{Cof}\, B)^{\frac{1}{2}}} \tag{4d}$$

$$(\tau_0 = \varphi - \varphi', \ \tau_1 = 2\gamma - \varphi - \varphi').$$

Mit diesen vier Lösungsformeln wollen wir uns begnügen.

5.511 **Der Grenzfall der parallelen Platten.** Um eine Probe auf die Richtigkeit der obigen Lösungsgleichungen zu machen, wollen wir versuchen, aus einer von ihnen die bekannte Lösung für die Potentialfunktion einer Punktladung zwischen zwei parallelen Platten zu gewinnen. Wir benutzen dazu die Gl. (4c) und formen sie zu diesem Zweck zunächst noch etwas um, indem wir einmal $\varphi = \psi - \gamma$ und also auch $\varphi' = \psi' - \gamma$ und obendrein $t = \varrho' v$ setzen und damit

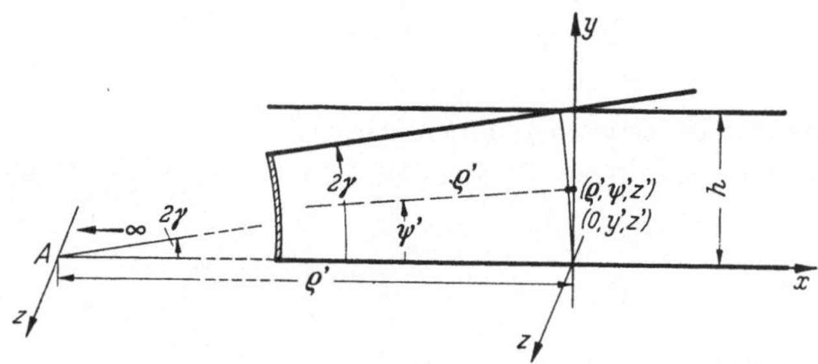

Abb. 109. Das Bild erläutert den Übergang von den beiden divergierenden Platten zu einem Paar paralleler Platten

in Gl. (4c) zu den Grenzen $0 \cdots \infty$ für v übergehen. Auf diese Weise erhält man aus Gl. (4c) für $0 < \psi' < \psi < 2\gamma$ den Ausdruck:

$$G_k(\varrho, \psi, z; \varrho', \psi', z') = -\frac{\sqrt{\varrho'/\varrho}}{2\pi} \times$$

$$\times \int_0^\infty \frac{\mathfrak{Sin}\,(v\,\varrho'(2\gamma - \psi))\,\mathfrak{Sin}\,(v\,\varrho'\,\psi')}{\mathfrak{Sin}\,(v \cdot 2\gamma\,\varrho')}\,\mathfrak{Tg}(\pi\,\varrho'\,v)\,\mathfrak{P}_{-\frac{1}{2}+i\varrho' v}(\mathfrak{Cof}\,B)\,dv.$$

Wir lassen nun $\varrho' \to \infty$ streben, wobei die Punktladung unverrückt am Orte (ϱ', φ', z') verbleiben soll, während die Schnittachse A der beiden Platten mehr und mehr nach links ins Unendliche rückt. Aus Abb. 109 ist dann ohne weiteres ersichtlich, daß dabei die Winkel 2γ, ψ und $\psi' \to 0$ und die Größen

$$\psi\varrho' \to y, \quad (6\text{a}) \qquad \psi'\varrho' \to y', \quad (6\text{b}) \qquad 2\gamma\,\varrho' \to h \quad (6\text{c})$$

streben. y und y' messen dabei die Abstände des Aufpunktes und des Quellpunktes von der unteren Platte, wohingegen h den Abstand der beiden nun zueinander parallelen Platten angibt.

Mit ϱ' geht natürlich auch $\varrho \to \infty$, dagegen behält $\varrho - \varrho'$ einen endlichen Wert, und in Gl. (2') ist

$$(z - z')^2 + (\varrho - \varrho')^2 = r^2 \qquad (6\text{d})$$

nach dem Grenzübergang nichts anderes als das Quadrat des Abstandes, den der Aufpunkt von der y-Achse hat. Das Argument $\mathfrak{Cof}\,B$ der Funktion $\mathfrak{P}_{-\frac{1}{2}+i\varrho' v}$ strebt also für $\varrho' \to \infty$ selbst gegen Eins.

Nun ist nach E. HEINE [10]

$$\lim_{p\to\infty} \mathfrak{P}_{-\frac{1}{2}+ip}\left(\mathfrak{Cof}\frac{x}{p}\right) = J_0(x). \tag{7}$$

Für ein endliches x und für ein $p \to \infty$ ist $\mathfrak{Cof}\frac{x}{p} \approx 1 + \frac{1}{2}\frac{x^2}{p^2}$. Im vorliegenden Fall ist aber $\mathfrak{Cof} B \approx 1 + \frac{1}{2}\frac{r^2}{\varrho'\varrho} \approx 1 + \frac{r^2 v^2}{2\varrho'^2 v^2}$. Demnach ist jetzt

$$\lim_{\varrho'\to\infty} \mathfrak{P}_{-\frac{1}{2}+i\varrho' v}(\mathfrak{Cof} B) = J_0(rv). \tag{7'}$$

An Stelle der Funktion G_k haben wir also im Falle zweier unendlich ausgedehnter, paralleler Platten für die GREENsche Funktion den Ausdruck

$$G_{DP}(r, y, y') = -\frac{1}{2\pi}\int_0^\infty \frac{\mathfrak{Sin}\, v(h-y)\,\mathfrak{Sin}\, vy'}{\mathfrak{Sin}\, vh} J_0(rv)\,dv \tag{8}$$

$$(0 \leqq y' < y < h)$$

erhalten. Für $0 \gtreqless y < y' < h$ haben in Gl. (8) y und y' ihre Plätze zu vertauschen.

Wir wollen mit Hilfe von Gl. (8) die Kraft bestimmen, die die Punktladung Q am Orte $r = 0$, $y = y'$ infolge der Rückwirkung der beiden Platten auf das Feld der Punktladung erfährt. Zu diesem Zweck gehen wir über zur Potentialfunktion der Punktladung. Sie lautet nach Gl. (8) in etwas anderer Schreibweise

$$U(y'; r, y) = \frac{Q}{4\pi\varepsilon_0}\int_0^\infty \frac{\mathfrak{Cof}\, v(h-y+y') - \mathfrak{Cof}\, v(h-y-y')}{\mathfrak{Sin}\, vh} J_0(rv)\,dv. \tag{9a}$$

Um die Kraft auf die Punktladung selbst zu berechnen, genügt es, die Potentialfunktion für $r = 0$ zu kennen. Geht man außerdem in Gl. (9a) durchweg zu den Exponentialfunktionen über, schreibt für den Nenner $\mathfrak{Sin}\, v\,h = \frac{1}{2} e^{+vh}(1 - e^{-2vh})$ und führt die neue Integrationsvariable $u = 2v\,h$ ein, so bekommt man

$$U(y'; 0, y) = \frac{Q}{8\pi\varepsilon_0 h}\int_0^\infty \Big[e^{-\frac{|y-y'|}{2h}u} + e^{-\left(1-\frac{|y-y'|}{2h}\right)u} - - e^{-\frac{y+y'}{2h}u} - e^{-u\left(1-\frac{y+y'}{2h}\right)}\Big]\frac{du}{1-e^{-u}}. \tag{9b}$$

Nun ist bekanntlich die Ψ-Funktion u. a. durch die Integraldarstellung

$$\Psi(z) = \int_0^\infty \left\{\frac{e^{-t}}{t} - \frac{e^{-zt}}{1-e^{-t}}\right\}dt \qquad (\mathfrak{Re}(z) > 0) \tag{10}$$

definierbar. Damit gelangt man aber von der Gl. (9b) zu der Darstellung:

$$U(y'; 0, y) = \frac{Q}{8\pi\varepsilon_0 h}\left\{\Psi\left(\frac{y+y'}{2h}\right) + \Psi\left(1 - \frac{y+y'}{2h}\right) - \right.$$
$$\left. - \Psi\left(\frac{|y-y'|}{2h}\right) - \Psi\left(1 - \frac{|y-y'|}{2h}\right)\right\} \tag{9c}$$
$$(0 \gtreqless y \leqq h,\ 0 < y' < h;\ 0 < y + y' < 2h).$$

Die Funktion $\Psi(z)$ hat nun bekanntlich einfache Pole an den Stellen $z = 0, -1, -2 \ldots$. Die Funktion $U(y'; 0, y)$ von Gl. (9c) hat also die Stelle $y = y'$ als einen einfachen Pol. Wir nehmen dieses Glied mittels der Formel

$$\Psi(1 + z) = \frac{1}{z} + \Psi(z) \tag{11}$$

aus der Funktion U heraus.

Die Gl. (9c) läßt sich dann auf die Form bringen:

$$U(y'; 0, y) = \frac{Q}{4\pi\varepsilon_0}\frac{1}{|y-y'|} + \frac{Q}{8\pi\varepsilon_0 h}\left\{\Psi\left(\frac{y+y'}{2h}\right) + \right.$$
$$\left. + \Psi\left(1 - \frac{y+y'}{2h}\right) - \Psi\left(1 + \frac{|y-y'|}{2h}\right) - \Psi\left(1 - \frac{|y-y'|}{2h}\right)\right\}. \tag{9d}$$

In dem zweiten Summanden von Gl. (9d) mit der geschweiften Klammer hat man die Potentialfunktion des durch die beiden Platten hervorgerufenen Störungsfeldes vor sich oder auch die Potentialfunktion der zugehörigen unendlich vielen Bildladungen. Wir bezeichnen sie mit $U^{(f)}(y, y')$ und haben dann

$$U^{(f)}(y, y') = \frac{Q}{8\pi\varepsilon_0 h}\left\{\Psi\left(\frac{y+y'}{2h}\right) + \Psi\left(1 - \frac{y+y'}{2h}\right) - \right.$$
$$\left. - \Psi\left(1 + \frac{|y-y'|}{2h}\right) - \Psi\left(1 - \frac{|y-y'|}{2h}\right)\right\}. \tag{12}$$

Die von den Bildladungen hervorgerufene elektrische Feldstärke beträgt danach für $y' > y$

$$E_y^{(f)}(y, y') = \frac{Q}{4\pi\varepsilon_0 \cdot 4h^2}\left\{\Psi'\left(1 - \frac{y+y'}{2h}\right) - \Psi'\left(\frac{y+y'}{2h}\right) - \right.$$
$$\left. - \Psi'\left(1 + \frac{y'-y}{2h}\right) + \Psi'\left(1 - \frac{y'-y}{2h}\right)\right\}. \tag{13}$$

Am Orte der Punktladung selbst ist also

$$E_y^{(f)}(y', y') = \frac{Q}{4\pi\varepsilon_0 \cdot h^2}\left\{\Psi'\left(1 - \frac{y'}{h}\right) - \Psi'\left(\frac{y'}{h}\right)\right\}. \tag{13'}$$

Nun ist

$$\Psi(1 - x) - \Psi(x) = \pi \operatorname{ctg} \pi x \tag{14a}$$

und also

$$\Psi'(1 - x) + \Psi'(x) = \frac{\pi^2}{\sin^2(\pi x)}. \tag{14b}$$

Damit erhalten wir für die Kraft auf die Punktladung Q im Abstand y' von der unteren Platte bei einem Plattenabstand h die Formel:

$$K_y = \frac{Q^2}{16\pi\,\varepsilon_0 h^2}\left\{2\Psi'\left(1-\frac{y'}{h}\right)-\left(\frac{\pi}{\sin(\pi y'/h)}\right)^2\right\}. \tag{15}$$

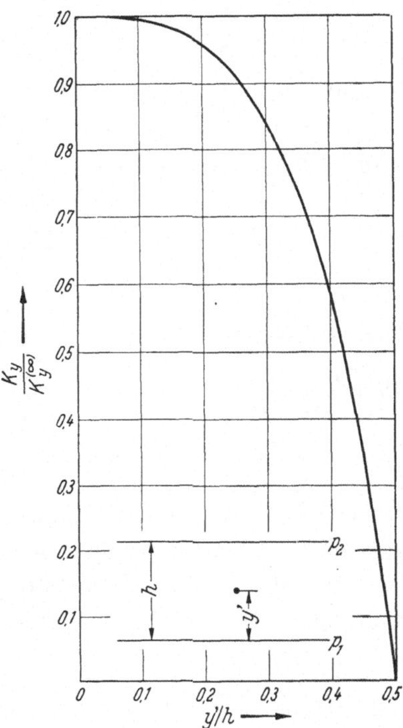

Abb. 110. Eine Punktladung steht zwischen zwei parallelen Platten mit dem gegenseitigen Abstand h in der Entfernung y' von der unteren Platte. Sie erfährt hier die Kraft K_y. In dem Bild ist diese Kraft ins Verhältnis gesetzt zu der Kraft, die die Punktladung im Abstand y' bei alleinigem Vorhandensein der unteren Platte erfahren würde. Dieses Verhältnis der Kräfte ist oben in seiner Abhängigkeit von y'/h dargestellt

Für $h \to \infty$ wird also, wie es sein muß,

$$K_y^{(\infty)} = -\frac{Q^2}{16\pi\,\varepsilon_0 y'^2}. \tag{15a}$$

Demnach läßt sich auch schreiben:

$$\frac{K_y}{K_y^{(\infty)}} = \left(\frac{\pi y'/h}{\sin(\pi y'/h)}\right)^2 - 2\left(\frac{y'}{h}\right)^2 \times$$

$$\times\,\Psi'\left(1-\frac{y'}{h}\right) \qquad (0 < y' < h). \tag{16}$$

In Abb. 110 ist das links stehende Verhältnis in Abhängigkeit von y'/h im Bereich $0 \lesseqgtr y'/h \leqq 0{,}5$ dargestellt. Für $y' \to 0$ nähert es sich dem Werte 1, während in der Mitte zwischen den Platten die Bildkraft natürlich auf Null absinkt.

5.512 Der Sonderfall $\pi/2\gamma = m$. Für $\pi/2\gamma = m = 1, 2, 3\ldots$ kann von der Gl. (4d) aus eine Lösungsform hergestellt werden, in der nur elementare Funktionen vorkommen. Da nämlich, wie im mathematischen Anhang M unter Nr. 5 bewiesen wird,

$$\frac{\mathfrak{Sin}\, m\,x}{\mathfrak{Cof}\, m\,x - \cos m\,\chi} = \frac{1}{m}\sum_{k=0}^{m-1}\frac{\mathfrak{Sin}\, x}{\mathfrak{Cof}\, x - \cos(\chi + 2\pi\,k/m)} \tag{17}$$

ist, so erhält man für Gl. (4d) nach der Substitution $\mathfrak{Cof}\, x = w$ die Darstellung:

$$G_k = -\frac{1}{4\pi^2\sqrt{2\varrho\,\varrho'}}\sum_{k=0}^{m-1}\int\limits_{\mathfrak{Cof}\, B}^{\infty}\left\{\frac{1}{w-\cos\left(\pi\frac{2k}{m}+\varphi-\varphi'\right)} - \frac{1}{w-\cos\left(\pi\frac{2k+m}{m}-\varphi-\varphi'\right)}\right\}\frac{dw}{\sqrt{w-\mathfrak{Cof}\, B}}.$$

Nun ist

$$\int \frac{dx}{(x-\alpha)\sqrt{x-a}} = -\frac{2}{\sqrt{a-\alpha}} \arcsin \sqrt{\frac{a-\alpha}{x-\alpha}} \quad (\alpha < 1 < a), \tag{18}$$

und mithin wird

$$\int\limits_{\mathfrak{Cof}\, B}^{\infty} \frac{dx}{(x-\alpha)\sqrt{x-\mathfrak{Cof}\, B}} = \frac{\pi}{\sqrt{\mathfrak{Cof}\, B - \alpha}}. \tag{18'}$$

Für G_k selbst entsteht damit die Beziehung:

$$\begin{aligned} &G_k(\varrho, \varphi, z; \varrho', \varphi', z') \\ &= -\frac{1}{4\pi} \sum_{k=0}^{m-1} \left\{ \frac{1}{\sqrt{(z-z')^2 + \varrho^2 + \varrho'^2 - 2\varrho\varrho' \cos\left(\frac{2k}{m} + \varphi - \varphi'\right)}} - \right. \\ &\qquad \left. - \frac{1}{\sqrt{(z-z')^2 + \varrho^2 + \varrho'^2 - 2\varrho\varrho' \cos\left(\pi\frac{2k+1}{m} - \varphi - \varphi'\right)}} \right\}. \end{aligned} \tag{19}$$

Die Rückwirkung der beiden leitenden Platten $\pm\gamma$ auf das Feld der Einheitsquelle in dem keilförmigen Raumteil $-\gamma \lesseqgtr \varphi \leqq +\gamma$ läßt sich also, wenn $\pi/2\gamma$ einer ganzen positiven Zahl gleich ist, als das Feld von m Paaren von Einheitsquellen beschreiben. Hiervon liegen die m positiven Einheitsquellen an den Stellen $(\varrho', \varphi' - \pi\, 2k/m, z')$ und die m negativen Einheitsquellen an den Stellen $(\varrho', \varphi' - \pi(2k+1)/m, z')$ mit $k = 0, 1 \ldots m-1$. Diese Stellen entsprechen den $m-1$ Bildquellen, die durch Spiegelung der einen einzigen, wirklich vorhandenen Einheitsquelle an den m Halbgeraden oder ihren rückwärtigen Verlängerungen hervorgehen. Für $2\gamma = \pi/3$ ist dieser Spiegelungsprozeß in Abb. 111 graphisch veranschaulicht. Mit jeder Spiegelung ist ein Wechsel im Vorzeichen der Ladung verbunden. Die Bedingung dafür, daß dieser Spiegelungsprozeß nach einer endlichen Zahl von Schritten von selbst zu Ende kommt, ist eben die Ganzzahligkeit von m oder von $\pi/2\gamma$.

Wollen wir nun die Kraft bestimmen, die die im Punkt (ϱ', φ', z') wirklich vorhandene Punktladung $+Q$ allein infolge des Rückwirkungsfeldes der Bildladungen erfährt, so haben wir zunächst aus dem Ausdruck (19) den Beitrag der wirklich vorhandenen einzelnen Ladung zu entfernen. Dazu genügt es, die erste Summe nur von $k = 1 \ldots m-1$ zu zählen. Statt G_k heiße es dann G_k'. Bezeichnet ferner K_φ die vom Rückwirkungsfeld auf die Punktladung Q in Richtung zunehmender Werte von φ ausgeübte Kraft und wird Entsprechendes unter K_ϱ verstanden, so gelten allgemein die folgenden

Formeln:

$$K_\varphi = -\frac{Q^2}{\varepsilon_0}\left(\frac{1}{\varrho}\frac{\partial G_k'}{\partial \varphi}\right)_{P'}, \quad (20\,\mathrm{a}) \qquad K_\varrho = -\frac{Q^2}{\varepsilon_0}\left(\frac{\partial G_k'}{\partial \varrho}\right)_{P'}. \quad (20\,\mathrm{b})$$

Hierin soll das Zeichen P' darauf hindeuten, daß nach der Differentiation $\varrho = \varrho'$, $\varphi = \varphi'$ und $z = z'$ zu setzen ist.

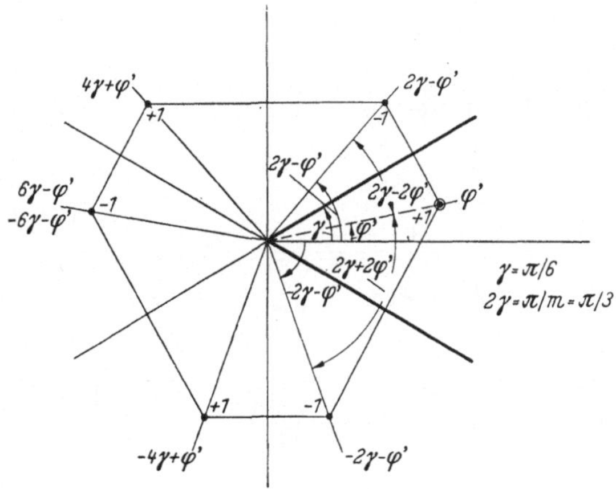

Abb. 111. Es steht eine Punktladung zwischen zwei unendlich ausgedehnten divergierenden Platten, die unter einem Winkel $2\gamma = 60°$ zusammenstoßen. Das Bild zeigt die Anordnung der Bildladungen

Man errechnet ohne Mühe die Ausdrücke

$$K_\varphi = -\frac{Q^2}{16\pi\,\varepsilon_0\,\varrho'^2}\left\{\sum_{k=1}^{m-1}\frac{\operatorname{ctg}(\pi\,k/m)}{\sin(\pi\,k/m)} + \sum_{k=1}^{m-1}\frac{\operatorname{ctg}(\pi\,k/m+\gamma-\varphi')}{\sin(\pi\,k/m+\gamma-\varphi')}\right\}, \quad (21\,\mathrm{a})$$

$$K_\varrho = -\frac{Q^2}{16\pi\,\varepsilon_0\,\varrho'^2}\left\{\sum_{k=1}^{m-1}\frac{1}{\sin(\pi\,k/m)} - \sum_{k=0}^{m-1}\frac{1}{\sin(\pi\,k/m+\gamma-\varphi')}\right\}. \quad (21\,\mathrm{b})$$

Für $\varphi' = \pm\gamma$ werden K_φ und K_ϱ unendlich groß. Für $\varphi' = 0$ wird auch $K_\varphi = 0$. Für $\gamma = 30°$ und also für $m = 3$ sind in Abb. 112 die auf den Faktor $Q^2/16\pi\,\varepsilon_0\,\varrho'^2$ bezogenen Größen K_φ, K_ϱ in Abhängigkeit von φ' graphisch dargestellt. Eine nähere Erörterung der Resultate dürfte sich erübrigen.

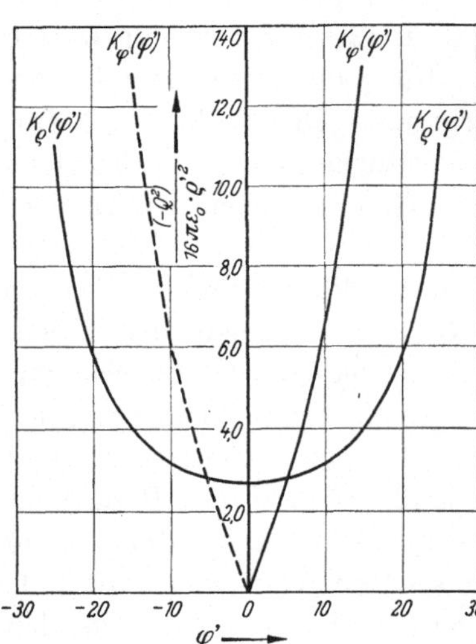

Abb. 112. Die Bildkraft, die eine Punktladung zwischen zwei divergierenden Platten erfährt, hat im allgemeinen die beiden Komponenten K_ϱ und K_φ. Ihre Abhängigkeit vom Winkel φ' ist in dem obigen Bilde für den Fall dargestellt worden, daß der Winkel 2γ zwischen den Platten insbesondere gleich $\pi/3$ ist

5.513 Der allgemeine Fall. Wir gehen nun daran, wenigstens die Kraftkomponente K_φ zu berechnen, wenn $2\gamma \neq \pi/m$ und jedenfalls sehr klein ist. Man geht dann am besten von der Gl. (4c) aus und setzt zunächst $\varphi \neq \varphi'$ voraus. Dagegen soll sogleich $\varrho = \varrho'$ und $z = z'$ gesetzt werden. Dann ist

$$G_K(\varrho', \varphi, z'; \varrho', \varphi', z') = -\frac{1}{4\pi\varrho}\int_{-\infty}^{+\infty} \frac{\mathfrak{Sin}\,t(\gamma-\varphi)\,\mathfrak{Sin}\,t(\gamma+\varphi')}{\mathfrak{Sin}\,2\gamma t}\,\mathfrak{Tg}\,\pi t\,dt. \tag{22}$$

Das Integral in Gl. (22) kann auf ganz die nämliche Art und Weise behandelt werden wie das Integral der Gl. (9a). Verwendet man dabei die Reihenentwicklung

$$\mathfrak{Tg}\,x = 2\sum_{\lambda=0}^{\infty}\frac{(-)^\lambda}{1+\delta_{0\lambda}}\,e^{-2x\lambda}, \tag{23}$$

so erhält man nacheinander:

$$\int_{-\infty}^{+\infty} \frac{\mathfrak{Sin}\,t(\gamma-\varphi)\,\mathfrak{Sin}\,t(\gamma+\varphi')}{\mathfrak{Sin}\,2\gamma t}\,\mathfrak{Tg}\,\pi t\,dt = -\frac{1}{2\gamma}\sum_{\lambda=0}^{\infty}\frac{(-)^\lambda}{1+\delta_{0\lambda}}\times$$

$$\times\int_0^\infty\left[e^{-u\frac{2\gamma-\varphi-\varphi'}{4\gamma}} + e^{-u\frac{2\gamma+\varphi+\varphi'}{4\gamma}} - e^{-u\frac{|\varphi-\varphi'|}{4\gamma}} - e^{-u\frac{4\gamma-|\varphi-\varphi'|}{4\gamma}}\right]\frac{e^{-u\frac{2\pi\lambda}{4\gamma}}}{1-e^{-u}}\,du$$

$$= \frac{1}{2\gamma}\sum_{\lambda=0}^{\infty}\frac{(-)^\lambda}{1+\delta_{0\lambda}}\left[-\Psi\left(\frac{|\varphi-\varphi'|+2\pi\lambda}{4\gamma}\right) - \Psi\left(1+\frac{2\pi\lambda-|\varphi-\varphi'|}{4\gamma}\right) + \right. \tag{24}$$

$$\left. + \Psi\left(\frac{2\gamma-\varphi-\varphi'+2\pi\lambda}{4\gamma}\right) + \Psi\left(\frac{2\gamma+\varphi+\varphi'+2\pi\lambda}{4\gamma}\right)\right]$$

$$(-\gamma \gtreqless \varphi' < \varphi \leqq +\gamma).$$

Für alle $\lambda \geqq 1$ überwiegt im Argument der vier Ψ-Funktionen bei weitem der Term mit $2\pi\lambda/4\gamma \gg 1$. Macht man daher von der asymptotischen Entwicklung der Funktion $\Psi(z)$ in der Form

$$\Psi(z+a) \sim \ln z + \frac{a-\frac{1}{2}}{z} - \frac{a^2-a+1}{2z^2} + O(z^{-3}) \tag{25b}$$

$$(|z| \to \infty,\ |\mathrm{arc}\,z| < \pi,\ a \ll |z|)$$

Gebrauch, so entsteht auf der rechten Seite von Gl. (24) für alle $\lambda \geqq 1$ der Ausdruck:

$$-\frac{\varphi\varphi' + \gamma|\varphi-\varphi'| - \gamma^2}{2\pi^2\gamma}\sum_{\lambda=1}^{\infty}\frac{(-)^{\lambda-1}}{\lambda^2} = -\frac{\varphi\varphi' + \gamma|\varphi-\varphi'| - \gamma^2}{24\gamma}.$$

Wir müssen nun wieder aus der Beziehung für G_k den Term entfernen, der dem Eigenfeld der Punktladung im Raum $-\gamma < \varphi < +\gamma$ entspricht. Da bereits $z = z'$ und $\varrho = \varrho'$ gemacht worden ist, so hat dieser Term die Form $-1/4\pi\,\varrho' \cdot 1/|\varphi - \varphi'|$. Nun ist bekanntlich

$$\Psi\left(\frac{|\varphi - \varphi'|}{4\gamma}\right) = -\frac{4\gamma}{|\varphi - \varphi'|} + \Psi\left(1 + \frac{|\varphi - \varphi'|}{4\gamma}\right), \tag{25a}$$

und in dem ersten Summanden rechts ist damit gerade derjenige Term zum Vorschein gekommen, der von der Punktladung selbst herrührt. Wird er beiseite gelassen, so lautet damit jetzt die Potentialfunktion des reinen Rückwirkungsfeldes an der Stelle ϱ', φ, z':

$$\begin{aligned}\phi(\varrho'; \varphi, \varphi'; z') = \frac{Q}{16\pi\,\varrho'\,\gamma\,\varepsilon_0}\Big\{&-\Psi\left(1 + \frac{|\varphi - \varphi'|}{4\gamma}\right) - \Psi\left(1 - \frac{|\varphi - \varphi'|}{4\gamma}\right) + \\ &+ \Psi\left(\frac{1}{2} - \frac{\varphi + \varphi'}{4\gamma}\right) + \Psi\left(\frac{1}{2} + \frac{\varphi + \varphi'}{4\gamma}\right) - \frac{1}{6}[\varphi\varphi' + \gamma|\varphi - \varphi'| - \gamma^2]\Big\}.\end{aligned} \tag{26}$$

Hieraus folgt dann ohne weitere Schwierigkeit auch der Ausdruck für die Kraftkomponente K_φ durch eine Differentiation nach φ, wobei dann hinterher noch $\varphi = \varphi'$ zu setzen ist.

5.61 Das Strömungsfeld einer punktförmigen Elektrode in einem keilförmig geschichteten Erdkörper. Unterhalb der Erdoberfläche, die in Abb. 113 durch die x, y-Ebene dargestellt ist, habe der Boden in dem Winkelraum $-\pi \gtreqless \varphi \leqq -\pi\gamma/2$ die Leitfähigkeit $\varkappa_2$, in dem Winkelraum $-\pi\gamma/2 \gtreqless \varphi \leqq 0$ die Leitfähigkeit $\varkappa_1$. Die Elektrode liege an der Stelle $(x', 0, 0)$ mit $x' < 0$ in der Erdoberfläche. Um zu erreichen, daß die Strömung längs der Erdoberfläche in beiden Medien keine Normalkomponente besitzt, denken wir uns den Raum oberhalb der x, z-Ebene zunächst ebenfalls leitend mit einer spiegelbildlich gleichen Struktur, wie sie die untere Hälfte hat. Im ganzen genommen haben wir dann einen unbegrenzten, leitenden Raum vor uns, der in dem keilförmigen Raumteil $-\pi\gamma/2 \gtreqless \varphi \leqq +\pi\gamma/2$ die überall gleiche Leitfähigkeit $\varkappa_1$ und in dem restlichen, ebenfalls keilförmigen Raumteil mit dem Öffnungswinkel $2\pi - \pi\gamma$ die Leitfähigkeit $\varkappa_2$ besitzt. Die z-Achse, die von unten nach oben senkrecht zur Papierebene verläuft, bildet demnach die in dieser Richtung unbegrenzt lange Kante des einen oder des anderen Keils.

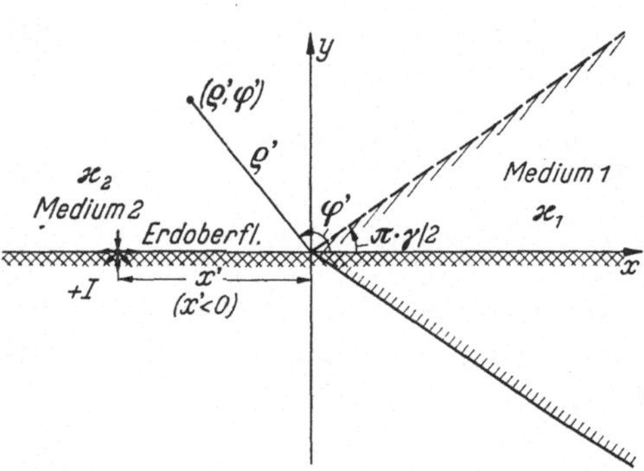

Abb. 113. Das Erdreich hat in der Nähe einer Einzelelektrode eine keilförmige Schichtung, so daß zwei wesentlich verschiedene Leitfähigkeiten $\varkappa_1$ und $\varkappa_2$ angenommen werden müssen, um die Strömung zu berechnen

Wir benutzen zweckmäßig zur Fixierung eines Raumpunktes ein Zylinderkoordinatensystem, dessen Achse mit der Keilkante zusammenfällt. Relativ zu diesem Koordinatensystem hätte die in der Erdoberfläche liegende Elektrode die Koordinaten $(|x'|, +\pi, z')$. Wir legen aber vorläufig wie in Abb. 113 die Lage der punktförmigen Stromquelle mit der Ergiebigkeit $2I$ allgemeiner durch die Koordinaten (ϱ', φ', z') fest mit $\pi(2-\gamma/2) > \varphi' > \pi\gamma/2$.

Dann ist die Anregungsfunktion durch den Ausdruck

$$\alpha(\varrho, \varphi, z; \varrho', \varphi', z') = \frac{2I}{4\pi\varkappa_2} \frac{1}{R(p, p')} \qquad (1)$$
$$(p = (\varrho, \varphi, z);\ p' = (\varrho', \varphi', z'))$$

gegeben. Um nun eine geeignete Form für die zusätzliche Potentialfunktion zu finden, verwenden wir im vorliegenden Fall für $1/R$ die Integraldarstellung 2.1 (23) und wählen das zu diesem Anregungspotential im Medium 2 noch hinzutretende Potential derart, daß insgesamt in diesem Raumteil der Lösungsansatz

$$\Phi^{(2)}(\varrho, \varphi, z) = \frac{I}{2\pi\varkappa_2} \frac{4}{\pi^2} \int_0^\infty \cos u(z-z') \int_0^\infty K_{it}(\varrho u)\, K_{it}(\varrho' u) \times$$
$$\times \begin{Bmatrix} \mathfrak{Cof}\, t\,(\pi - (\varphi - \varphi')) \\ \mathfrak{Cof}\, t\,(\pi + (\varphi - \varphi')) \end{Bmatrix} dt\, du + \qquad \left(+\frac{\pi\gamma}{2} \leqq \varphi \leqq \pi\left(2 - \frac{\gamma}{2}\right)\right) \qquad (2\text{a})$$
$$+ \frac{I}{2\pi\varkappa_2} \frac{4}{\pi^2} \int_0^\infty \cos u(z-z') \int_0^\infty K_{it}(\varrho u)\, K_{it}(\varrho' u)\, (A e^{t\varphi} + B e^{-t\varphi})\, dt\, du$$

Geltung hat.

Dabei ist in der ersten Zeile die obere $\mathfrak{Cof}$-Funktion im Fall $\varphi' < \varphi < \varphi' + 2\pi$ zu nehmen und die untere $\mathfrak{Cof}$-Funktion im Fall $\varphi' > \varphi > \varphi' - 2\pi$. In der zweiten Zeile bedeuten A und B zwei noch unbestimmte Größen, die wohl von t, aber nicht von z, ϱ oder φ abhängen.

Der entsprechende Ansatz für das Medium 1 muß die Form

$$\Phi^{(1)}(\varrho, \varphi, z) = \frac{I}{2\pi\varkappa_2} \frac{4}{\pi^2} \int_0^\infty \cos u(z-z') \int_0^\infty K_{it}(\varrho u)\; K_{it}(\varrho' u) \times \qquad (2\text{b})$$
$$\times (C e^{+\varphi t} + D e^{-\varphi t})\, dt\, du \qquad \left(-\frac{\pi\gamma}{2} \leqq \varphi \leqq +\frac{\pi\gamma}{2}\right)$$

haben, worin von C und D dasselbe gilt, was oben über A und B gesagt worden ist. Die beiden Lösungsansätze (2a, b) erfüllen die LAPLACEsche D.Gl., und während die Zusatzpotentiale in der zweiten Zeile von Gl. (2a) und in Gl. (2b) keine weitere Singularität hinsichtlich der Raumkoordinaten haben dürfen, besitzt natürlich die erste Zeile in Gl. (2a), wie es sein muß, eine Singularität an der Stelle (ϱ', φ', z'), wo die punktförmige Elektrode sitzt.

Von diesen beiden Lösungsansätzen sind nun überdies für alle Werte von ϱ und z die Grenzbedingungen

$$\Phi^{(1)}(\varrho, \pi\gamma/2, z) = \Phi^{(2)}(\varrho, \pi\gamma/2, z), \tag{3a}$$

$$\Phi^{(1)}(\varrho, -\pi\gamma/2, z) = \Phi^{(2)}(\varrho, \pi(2-\gamma/2), z), \tag{3α}$$

$$\varkappa_1\left(\frac{\partial\Phi^{(1)}}{\partial\varphi}\right)_{\varphi=\pi\gamma/2} = \varkappa_2\left(\frac{\partial\Phi^{(2)}}{\partial\varphi}\right)_{\varphi=\pi\gamma/2}, \tag{3b}$$

$$\varkappa_1\left(\frac{\partial\Phi^{(1)}}{\partial\varphi}\right)_{\varphi=-\pi\gamma/2} = \varkappa_2\left(\frac{\partial\Phi^{(2)}}{\partial\varphi}\right)_{\varphi=\pi(2-\gamma/2)} \tag{3β}$$

zu erfüllen. Das ergibt gerade vier Gleichungen für die vier Unbekannten A, B, C und D. Sie lauten:

$$\begin{aligned} A e^{+\frac{\pi\gamma}{2}t} + B e^{-\frac{\pi\gamma}{2}t} - C e^{+\frac{\pi\gamma}{2}t} - D e^{-\frac{\pi\gamma}{2}t} \\ = -\operatorname{Cos} t\left(\pi - \varphi' + \frac{\pi\gamma}{2}\right), \end{aligned} \tag{4a}$$

$$\begin{aligned} A e^{\pi\left(2-\frac{\gamma}{2}\right)t} + B e^{-\pi\left(2-\frac{\gamma}{2}\right)t} - C e^{-\frac{\pi\gamma}{2}t} - D e^{+\frac{\pi\gamma}{2}t} \\ = -\operatorname{Cos} t\left(\pi - \varphi' - \frac{\pi\gamma}{2}\right), \end{aligned} \tag{4b}$$

$$\begin{aligned} A e^{+\frac{\pi\gamma}{2}t} - B e^{-\frac{\pi\gamma}{2}t} - \frac{\varkappa_1}{\varkappa_2} C e^{\frac{\pi\gamma}{2}t} + \frac{\varkappa_1}{\varkappa_2} D e^{-\frac{\pi\gamma}{2}t} \\ = -\operatorname{Sin} t\left(\pi - \varphi' + \frac{\pi\gamma}{2}\right), \end{aligned} \tag{4c}$$

$$\begin{aligned} A e^{\pi\left(2-\frac{\gamma}{2}\right)t} - B e^{-\pi\left(2-\frac{\gamma}{2}\right)t} - \frac{\varkappa_1}{\varkappa_2} C e^{-\frac{\pi\gamma}{2}t} + \frac{\varkappa_1}{\varkappa_2} D e^{-\frac{\pi\gamma}{2}t} \\ = -\operatorname{Sin} t\left(\pi - \varphi' - \frac{\pi\gamma}{2}\right). \end{aligned} \tag{4d}$$

Die Größe A läßt sich mit Leichtigkeit aus den beiden Gleichungen eliminieren, die durch Addition der ersten und dritten einerseits und der zweiten und vierten andererseits entstehen. Man erhält dadurch:

$$C\left(1 + \frac{\varkappa_1}{\varkappa_2}\right)\operatorname{Sin}\pi t + D\left(1 - \frac{\varkappa_1}{\varkappa_2}\right)\operatorname{Sin}\pi(1-\gamma)t = e^{(\pi-\varphi')t}\operatorname{Sin}\pi t. \tag{5a}$$

Eliminiert man ebenso die Größe B durch Subtraktion der ersten und dritten sowie der zweiten und vierten Gleichung, so entsteht:

$$C\left(1-\frac{\varkappa_1}{\varkappa_2}\right)\mathfrak{Sin}\,\pi(1-\gamma)t+D\left(1+\frac{\varkappa_1}{\varkappa_2}\right)\mathfrak{Sin}\,\pi t=e^{-(\pi-\varphi')t}\,\mathfrak{Sin}\,\pi t. \qquad (5\text{b})$$

Für die Koeffizientendeterminante $D(t)$ dieses Gleichungssystems ergibt sich daraus der Ausdruck:

$$D(t)=\left(1+\frac{\varkappa_1}{\varkappa_2}\right)^2\mathfrak{Sin}^2(\pi t)-\left(1-\frac{\varkappa_1}{\varkappa_2}\right)^2\mathfrak{Sin}^2\pi(1-\gamma)t. \qquad (5)$$

Die Berechnung der vier Konstanten A, B, C und D macht danach keine Schwierigkeit mehr. Man erhält für die Verbindungen, in denen diese vier Konstanten in den Gl. (2a, b) auftreten, nach einigen Umformungen die folgenden Ausdrücke:

$$\begin{aligned} C e^{t\varphi}+D e^{-t\varphi} &= 2\frac{\mathfrak{Sin}\,\pi t}{D(t)}\left\{\left(\frac{\varkappa_1}{\varkappa_2}+1\right)\mathfrak{Sin}\,\pi t\cdot\mathfrak{Cos}\,t(\pi+\varphi-\varphi')+\right.\\ &\left.+\left(\frac{\varkappa_1}{\varkappa_2}-1\right)\mathfrak{Sin}\,\pi(1-\gamma)t\cdot\mathfrak{Cos}\,t(\pi-\varphi-\varphi')\right\}\equiv\frac{\mathfrak{Sin}\,\pi t}{D(t)}f^{(1)}(t), \end{aligned} \qquad (6\text{a})$$

$$\begin{aligned} A e^{t\varphi}+B e^{-t\varphi}+\mathfrak{Cos}\,t(\pi\pm(\varphi-\varphi')) &= \frac{\mathfrak{Sin}\,\pi t}{D(t)}\left\{\left(\frac{\varkappa_1}{\varkappa_2}+1\right)^2\mathfrak{Sin}\,\pi t\times\right.\\ &\times\mathfrak{Cos}\,t(\pi\pm(\varphi-\varphi'))-\left(\frac{\varkappa_1}{\varkappa_2}-1\right)^2\mathfrak{Cos}\,t(\pi(1-\gamma)\pm(\varphi-\varphi'))\times\\ &\left.\times\,\mathfrak{Sin}\,\pi(1-\gamma)t-\left(\frac{\varkappa_1^2}{\varkappa_2^2}-1\right)\mathfrak{Sin}\,\pi\gamma t\cdot\mathfrak{Cos}\,t(2\pi-\varphi-\varphi')\right\}\equiv\\ &\equiv f^{(2)}(t)\frac{\mathfrak{Sin}\,\pi t}{D(t)} \qquad \left(+\pi\frac{\gamma}{2}<\varphi<\pi\left(2-\frac{\gamma}{2}\right)\right). \end{aligned} \qquad (6\text{b})$$

Die hierdurch eingeführten Funktionen $f^{(1,2)}(t)$ sind in t ungerade, reguläre, analytische Funktionen. Mit ihrer Hilfe wird z. B. im Hinblick auf die Gl. (2b)

$$\begin{aligned} \Phi^{(1)}(\varrho,\varphi,z) &= \frac{I}{2\pi\varkappa_2}\frac{4}{\pi^2}\int\limits_0^\infty\cos u(z-z')\int\limits_0^\infty K_{it}(\varrho u)\,K_{it}(\varrho' u)\times\\ &\times\frac{\mathfrak{Sin}\,\pi t\cdot f^{(1)}(t)}{D(t)}\,dt\,du. \end{aligned}$$

Indem man die zu der Formel 2.1 (21b) führenden Rechnungen wieder in der umgekehrten Reihenfolge vornimmt, entsteht der Ausdruck:

$$\begin{aligned} \int\limits_0^\infty K_{it}(\varrho u)\,K_{it}(\varrho' u)\frac{\mathfrak{Sin}\,\pi t\cdot f^{(1)}(t)}{D(t)}\,dt &= \frac{1}{2}\int\limits_{-\infty}^{+\infty}K_{it}(\varrho u)\,K_{it}(\varrho' u)\times\\ \times\frac{\mathfrak{Sin}\,\pi t\cdot f^{(1)}(t)}{D(t)}\,dt &= -\frac{1}{4}\int\limits_{\mathfrak{W}}K_s(\varrho u)\,K_s(\varrho' u)\frac{\sin\pi s\cdot f^{(1)}(is)}{D(is)}\,ds, \end{aligned}$$

worin die Integration über den in Abb. 22 dargestellten doppelten Integrationsweg $\mathfrak{W}$ parallel zur imaginären Achse der s-Ebene zu erstrecken ist.

Berücksichtigt man hier die Definition der Funktion $K_s(z)$ durch die Funktion $I_s(z)$, so läßt sich die äußerste rechte Seite schreiben:

$$-\frac{\pi}{8}\int\limits_{\mathfrak{W}} K_s(\varrho u)\frac{I_{-s}(\varrho' u)-I_s(\varrho' u)}{D(is)} f^{(1)}(is)\,ds$$

$$=-\frac{\pi}{8}\int\limits_{\mathfrak{W}} K_s(\varrho u)\,I_{-s}(\varrho' u)\frac{f^{(1)}(is)}{D(is)}\,ds+\frac{\pi}{8}\int\limits_{\mathfrak{W}} K_s(\varrho u)\,I_s(\varrho' u)\frac{f^{(1)}(is)}{D(is)}\,ds\,.$$

Wie der Übergang von $+s$ zu $-s$ zeigt, sind aber die beiden letzten Integrale entgegengesetzt gleich.

Wir führen nun noch die folgenden endgültigen Abkürzungen ein:

$$N_\pm(s)=\left(\frac{\varkappa_1}{\varkappa_2}+1\right)\sin\pi s\pm\left(\frac{\varkappa_1}{\varkappa_2}-1\right)\sin\pi(1-\gamma)s, \tag{7a}$$

$$\begin{aligned}F^{(1)}(s)&=2\left(\frac{\varkappa_1}{\varkappa_2}+1\right)\sin\pi s\cos s(\pi+\varphi-\varphi')+\\&\quad+2\left(\frac{\varkappa_1}{\varkappa_2}-1\right)\sin\pi(1-\gamma)s\cos(\pi-\varphi-\varphi')s,\end{aligned} \tag{7b}$$

$$\begin{aligned}F_\pm^{(2)}(s)&=\left(\frac{\varkappa_1}{\varkappa_2}+1\right)^2\sin\pi s\cos\big(\pi\pm(\varphi-\varphi')\big)s-\\&\quad-\left(\frac{\varkappa_1}{\varkappa_2}-1\right)^2\sin\pi(1-\gamma)s\cos(\pi(1-\gamma)\pm(\varphi-\varphi'))s\\&\quad-\left(\frac{\varkappa_1^2}{\varkappa_2^2}-1\right)\sin\gamma\pi s\cos s\,(2\pi-\varphi-\varphi')\,.\end{aligned} \tag{7c}$$

Damit erhalten wir die Lösungsgleichungen:

$$\begin{aligned}\phi^{(1)}(\varrho,\varphi,z)&=-\frac{I}{\pi\varkappa_2}\int\limits_0^\infty\cos u\,(z-z')\left(\frac{1}{2\pi i}\int\limits_{\mathfrak{W}}\frac{F^{(1)}(s)}{N_+(s)\,N_-(s)}\times\right.\\&\quad\left.\times K_s(\varrho u)\,I_s(\varrho' u)\,ds\right)du\qquad\left(\begin{matrix}\varrho>\varrho'\\|\varphi|\leqq\frac{\pi\gamma}{2}\end{matrix}\right),\end{aligned} \tag{8a}$$

$$\begin{aligned}\phi^{(2)}(\varrho,\varphi,z)&=-\frac{I}{\pi\varkappa_2}\int\limits_0^\infty\cos u\,(z-z')\left(\frac{1}{2\pi i}\int\limits_{\mathfrak{W}}\frac{F_\pm^{(2)}(s)}{N_+(s)\,N_-(s)}\times\right.\\&\quad\left.\times K_s(\varrho u)\,I_s(\varrho' u)\,ds\right)du\qquad(\varrho>\varrho')\end{aligned} \tag{8b}$$

$\big(F_+$ im Falle $+\pi\gamma/2\leqq\varphi<\varphi'$, F_- im Falle $\varphi'<\varphi<\pi(2-\gamma/2)\big)$,

Für $\varrho<\varrho'$ steht ϱ' als Argument in der Funktion K_s.

Vertauscht man nun zunächst in Gl. (8a, b) die Reihenfolge der Integrationen und macht dann von der Gl. (4) Gebrauch, die im Anhang M 4 hergeleitet wird, so kann man die Beziehung für $\phi^{(1,2)}$ auch noch in der einfacheren Form

$$\begin{gathered}\phi(\varrho,\varphi,z) = -\frac{I}{2\pi\varkappa_2\sqrt{\varrho\varrho'}}\,\frac{1}{2\pi i}\int\limits_{\mathfrak{W}}\frac{F(s)}{N_+(s)\,N_-(s)}\times\\ \times\,\mathfrak{Q}_{-\frac{1}{2}+s}\left(1+\frac{(z-z')^2+(\varrho-\varrho')^2}{2\varrho\varrho'}\right)ds\end{gathered}\tag{9}$$

schreiben. Jetzt ist selbstredend die Fallunterscheidung $\varrho \lessgtr \varrho'$ gegenstandslos, und es ist in Gl. (9) $F(s) \equiv F^{(1)}(s)$ für $|\varphi| \lesseqgtr \pi\gamma/2$ und $F(s) \equiv F^{(2)}(s)$, wenn φ im Bereich $+(\pi\gamma/2) \leqq \varphi \leqq \pi(2-\gamma/2)$ liegt.

Für den Raumteil, in dem sich die Elektrode nicht befindet, läßt sich in Gl. (8a) eine weitere Vereinfachung erzielen, weil $F^{(1)}(s)$ auch in der Form

$$F^{(1)}(s) = 2\cos(\pi-\varphi')s\cos\varphi s\,N_+(s) - 2\sin(\pi-\varphi')s\sin\varphi s\,N_-(s)$$

geschrieben werden kann. Mithin erhält man in diesem Raumteil die wesentlich einfachere Darstellung:

$$\begin{gathered}\phi^{(1)}(\varrho,\varphi,z) = -\frac{I}{\pi\varkappa_2\sqrt{\varrho\varrho'}}\,\frac{1}{2\pi i}\int\limits_{\mathfrak{W}}\left[\frac{\cos(\pi-\varphi')s\cos\varphi s}{N_-(s)}-\right.\\ \left.-\frac{\sin(\pi-\varphi')s\sin\varphi s}{N_+(s)}\right]\cdot\mathfrak{Q}_{-\frac{1}{2}+s}\left(1+\frac{(z-z')^2+(\varrho-\varrho')^2}{2\varrho\varrho'}\right)ds\\ \left(-\frac{\pi\gamma}{2}\leqq\varphi\leqq\frac{\pi\gamma}{2};\ \varphi'>\varphi\right).\end{gathered}\tag{10a}$$

Bezeichnen wir die von Null verschiedenen, einfachen Nullstellen von $N_\pm(s)$ hinsichtlich s mit $\sigma_\lambda^{(\pm)}$, so daß

$$N_\pm(\sigma_\lambda^{(\pm)}) = 0 \qquad (0 < \sigma_\lambda^{(\pm)} < \sigma_{\lambda+1}^{(\pm)} < \cdots;\ \lambda = 1, 2, 3\ldots) \tag{11}$$

ist, so liefert der Residuensatz, falls man in Gl. (10a) den Integrationsweg nach rechts an die reelle s-Achse heranbiegt, für die Funktion $\phi^{(1)}$ die folgende Entwicklung:

$$\begin{gathered}\phi^{(1)}(\varrho,\varphi,z) = +\frac{2I}{\pi^2\varkappa_2}(\varrho\varrho')^{-\frac{1}{2}}\left\{+\frac{1/2}{2+\gamma\left(\frac{\varkappa_1}{\varkappa_2}-1\right)}\mathfrak{Q}_{-\frac{1}{2}}(A)-\right.\\ -\sum_{\lambda=1}^{\infty}\frac{\sin((\pi-\varphi')\sigma_\lambda^{(+)})\sin(\varphi\sigma_\lambda^{(+)})}{\left(\frac{\varkappa_1}{\varkappa_2}+1\right)\cos(\pi\sigma_\lambda^{(+)})+(1-\gamma)\left(\frac{\varkappa_1}{\varkappa_2}-1\right)\cos(\pi(1-\gamma)\sigma_\lambda^{(+)})}\mathfrak{Q}_{-\frac{1}{2}+\sigma_\lambda^{(+)}}(A)+\\ \left.+\sum_{\lambda=1}^{\infty}\frac{\cos((\pi-\varphi')\sigma_\lambda^{(-)})\cos(\varphi\sigma_\lambda^{(-)})}{\left(\frac{\varkappa_1}{\varkappa_2}+1\right)\cos(\pi\sigma_\lambda^{(-)})-(1-\gamma)\left(\frac{\varkappa_1}{\varkappa_2}-1\right)\cos(\pi(1-\gamma)\sigma_\lambda^{(-)})}\mathfrak{Q}_{-\frac{1}{2}+\sigma_\lambda^{(-)}}(A)\right\}\end{gathered}\tag{12}$$

mit der Abkürzung

$$A = 1 + \frac{((z-z')^2+(\varrho-\varrho')^2)}{2\varrho\varrho'} \geqq 1\,. \tag{12α}$$

Die Reihenentwicklungen (12) sind absolut und gleichmäßig konvergent, solange $A > 1$ ist, da dies unter der gleichen Voraussetzung auch von der FOURIER-Reihe in Gl. 2.1 (57) gilt. Liegt, wie in unserem Anwendungsbeispiel, die Elektrode als die Quelle der Strömung in der Erdoberfläche, so fällt wegen $\varphi' = \pi$ die zweite Zeile in Gl. (12) fort, und es wird dann in der Tat, wie es sein muß, an der Erdoberfläche $\partial \Phi^{(1)}/\partial\varphi \equiv 0$.

Ein einfacher, aber doch nicht ganz trivialer Fall liegt für $\gamma = 1$ vor. Dann steht im unteren Halbraum die eine Keilfläche senkrecht zur Erdoberfläche, und in Rücksicht auf Gl. (7a) wird unter dieser Voraussetzung

$$\sigma_\lambda^{(\pm)} = \lambda \quad (\lambda = 1, 2, 3 \ldots; \gamma = 1). \qquad (12\beta)$$

Wegen der in der Erdoberfläche liegenden Elektrode ist dann

$$\Phi^{(1)}(\varrho, \varphi, z) = \frac{2I}{\pi^2} \frac{1}{2\sqrt{\varrho\,\varrho'}} \frac{2}{\varkappa_1 + \varkappa_2} \sum_{\lambda=0}^{\infty} \frac{\cos\lambda(\pi-\varphi)}{1+\delta_{0\lambda}} \times$$
$$\times\, \mathfrak{Q}_{-\frac{1}{2}+\lambda}\left(1 + \frac{(z-z')^2 + (\varrho-\varrho')^2}{2\varrho\,\varrho'}\right),$$

und in Rücksicht auf die Gl. 2.1 (57) entsteht daraus die einfache Formel:

$$\Phi^{(1)}(\varrho, \varphi, z) = \frac{I}{2\pi(\varkappa_1+\varkappa_2)/2} \frac{1}{\{(z-z')^2+\varrho^2+\varrho'^2-2\varrho\,\varrho'\cos(\pi-\varphi)\}^{\frac{1}{2}}} \qquad (12\text{a})$$
$$(\varphi' = \pi;\ \gamma = 1).$$

Da die in Gl. (12a) vorkommende Wurzel nichts anderes darstellt als den Abstand der Punkte (ϱ, φ, z) und (ϱ', π, z'), so sind in dem die Elektrode nicht enthaltenden Medium die Potentialflächen Kugeln und also die Strömungslinien die Fahrstrahlen von der Elektrode zum Aufpunkt. Das ist ein bekanntes Ergebnis, das sich auch auf elementarem Wege herleiten läßt. Für gewöhnlich wird es demonstriert an einer Punktladung, die vor einer ebenen, zwei verschiedene dielektrische Medien voneinander trennenden Grenzfläche steht. Das resultierende Feld dieser Punktladung kann dann nach der Methode der Bilder gewonnen werden. In der Tat, denkt man sich wieder den oberen Halbraum an den unteren angesetzt, so stoßen die beiden Flächen $\gamma = \pm 1$ im oberen und unteren Raum ohne Knick aneinander und bilden eine ebene Fläche.

Aus Gl. (9) ist sofort zu ersehen, daß fast die gleiche Beziehung (12a) entsteht, wenn man $\varkappa_1 = \varkappa_2 = \varkappa$ setzt, wenn also die Elektrode in einem homogen erfüllten Raum steht. Man erhält dann nämlich

$$\Phi^{(1)}(\varrho, \varphi, z) = \frac{I}{2\pi\varkappa}\{(z-z')^2 + \varrho^2 + \varrho'^2 - 2\varrho\,\varrho'\cos(\pi-\varphi)\}^{-\frac{1}{2}}$$
$$= \frac{I}{2\pi\varkappa}\frac{1}{R(p, p')} \qquad (\varphi' = \pi,\ \varkappa_1 = \varkappa_2 = \varkappa). \qquad (12\text{b})$$

In dem vordem betrachteten Fall tritt also lediglich an die Stelle der einheitlichen Leitfähigkeit $\varkappa$ das arithmetische Mittel der beiden in Frage kommenden Leitfähigkeiten.

Schließlich möge noch der Sonderfall $\gamma = \frac{1}{2}$ näher betrachtet werden. Dann läßt sich die Gl. (7a) in der Form

$$N_{\pm}(s) = 2\left(\frac{\varkappa_1}{\varkappa_2} + 1\right) \sin\frac{\pi}{2} s \left\{\cos\left(\frac{\pi}{2} s\right) \pm \frac{1}{2} \frac{\varkappa_1 - \varkappa_2}{\varkappa_1 + \varkappa_2}\right\}$$

schreiben, und es sind daher einmal die Stellen $s = 2\lambda$ mit $\lambda = 0, 1, 2 \ldots$ Nullstellen von $N_{\pm}(s)$. Da sich aber für $\gamma = \frac{1}{2}$ auch aus den im Zähler stehenden Funktionen $F^{(1,2)}(s)$ von Gl. (7b, c) $\sin(\pi s/2)$ als Faktor vor die Klammer ziehen läßt, so geben die erwähnten Nullstellen doch nur Anlaß zu einfachen Polen. Jedoch liegen in Gl. (9) noch weitere Pole an den Stellen vor, für die

$$\cos\left(\frac{\pi}{2} s\right) \pm \frac{1}{2} \frac{\varkappa_1 - \varkappa_2}{\varkappa_1 + \varkappa_2} = 0 \tag{13}$$

wird. Befriedigt nun σ' die Gleichung

$$\cos\left(\frac{\pi}{2} \sigma'\right) = \frac{1}{2} \frac{\varkappa_1 - \varkappa_2}{\varkappa_1 + \varkappa_2} \quad (1/3 \leqq \sigma' \leqq 2/3), \tag{14}$$

so lassen sich die positiven Nullstellen der Funktion $N_{+}(s)$, die zu Gl. (13) gehören, durch die Formel

$$\sigma_\lambda^{(+)} = -2 \pm \sigma' + 4\lambda \quad (\lambda = 1, 2 \ldots), \tag{14a}$$

und die positiven Nullstellen der Funktion $N_{-}(s)$ durch die Formeln

$$\sigma_\lambda^{(-)} = -\sigma' + 4\lambda, \ (14\text{b}_1) \quad \sigma_\lambda^{(-)} = \sigma' + 4(\lambda - 1) \quad (\lambda = 1, 2, 3 \ldots) \ (14\text{b}_2)$$

erfassen.

Für die Funktion $\phi^{(1)}$ von Gl. (12) besteht dann im jetzigen Fall, wenn die Elektrode in der Erdoberfläche liegt und also $\varphi' = \pi$ ist, für $|\varphi| \leqq \pi/4$ die Beziehung

$$\begin{aligned} \phi^{(1)}(\varrho, \varphi, z) = &+ \frac{2I}{\pi^2 \sqrt{\varrho\,\varrho'}} \left\{\frac{1}{\varkappa_1 + 3\varkappa_2} \mathfrak{Q}_{-\frac{1}{2}}(A) - \frac{4(\varkappa_1 + \varkappa_2)}{3\varkappa_1^2 + 3\varkappa_2^2 + 10\varkappa_1\varkappa_2} \times \right. \\ &\times \sum_{\lambda=1}^{\infty}\left(\sum_{i}^{1,2}[\cos\varphi\,((-)^i\sigma' + 4(\lambda+1-i))\,\mathfrak{Q}_{-\frac{1}{2}+(-)^i\sigma'+4(\lambda+1-i)}(A)]\right) + \\ &\left. + \sum_{\lambda=1}^{\infty} \cos(2\varphi\lambda)/(\varkappa_1 + \varkappa_2 - (-)^\lambda/2 \cdot (\varkappa_1 - \varkappa_2))\,\mathfrak{Q}_{-\frac{1}{2}+2\lambda}(A)\right\}. \end{aligned} \tag{15}$$

Hierin ist A durch die Gl. (12α) gegeben. Eine geschlossene Summenformel für die beiden unendlichen Reihen ist jetzt nicht mehr angebbar. Die Konvergenz der Reihen ist aber für nicht zu kleine η-Werte recht befriedigend, denn im Hinblick auf Gl. 2.1 (60β) ist für $n \to \infty$

$$\mathfrak{Q}_{-\frac{1}{2}+n}(\mathfrak{Cof}\,\eta) \sim [\pi/(2 \cdot \mathfrak{Sin}\,\eta \cdot (-\tfrac{1}{2} + n))]^{\frac{1}{2}} \cdot \exp(-n\eta). \tag{15a}$$

Von einigem Interesse ist noch die Frage nach der Größe des gesamten Stromes, der etwa in das die Elektrode nicht enthaltende

Medium 1 eindringt. Dieser Strom läßt sich mittels der Formel

$$I^{(1)} = -\varkappa_1 \int_{-\infty}^{+\infty} \int_0^{\infty} \left[\frac{\partial \Phi^{(1)}(\varrho, \varphi, z)}{\varrho\, \partial \varphi} \right]_{\varphi = -\frac{\pi\gamma}{2}} d\varrho\, dz \tag{16}$$

berechnen. Nach Gl. (12) läuft diese Berechnung im wesentlichen auf die Auswertung des Integrals

$$X_{-\frac{1}{2}+\sigma} = \int_{-\infty}^{+\infty} \int_0^{\infty} \left(\frac{1}{\pi \sqrt{\varrho' \varrho^3}} \mathfrak{Q}_{-\frac{1}{2}+\sigma} \left(1 + \frac{(z-z')^2 + (\varrho - \varrho')^2}{2 \varrho \varrho'} \right) \right) d\varrho\, dz \tag{17}$$

hinaus. Machen wir hier von der Gl. (1) des Anhangs M 4 Gebrauch, so läßt sich schreiben:

$$X_{-\frac{1}{2}+\sigma} = \int_{-\infty}^{+\infty} \int_0^{\infty} \left(\int_0^{\infty} e^{-v|z-z'|} J_\sigma(\varrho v)\, J_\sigma(\varrho' v)\, dv \right) \frac{d\varrho}{\varrho}\, dz\,.$$

Nach der erlaubten Vertauschung der Reihenfolge der Integrationen erhält man dann zunächst für die beiden Integrale nach z und ϱ die Werte

$$\int_{-\infty}^{+\infty} e^{-|z-z'|v}\, dz = \frac{2}{v}, \tag{17a}$$

$$\int_0^{\infty} J_\sigma(\varrho v) \frac{d\varrho}{\varrho} = \frac{1}{\sigma} \quad (\sigma > 0)\,. \tag{17b}$$

Die Integration nach v ist dann ebenfalls sofort ausführbar, so daß man im ganzen zu der Formel

$$X_{-\frac{1}{2}+\sigma} = \frac{2}{\sigma} \int_0^{\infty} J_\sigma(\varrho' v) \frac{dv}{v} = \frac{2}{\sigma^2} \quad (\sigma > 0) \tag{17c}$$

gelangt. Nach Gl. (16) besteht somit bei einer in der Oberfläche liegenden Elektrode für den gesamten, in das benachbarte Medium eindringenden Strom die folgende Beziehung:

$$I^{(1)} = + \frac{4I}{\pi} \times$$
$$\times \sum_{\lambda=1}^{\infty} \frac{\sin\left(\frac{\pi\gamma}{2} \sigma_\lambda^{(-)}\right)}{\left(\frac{\varkappa_2}{\varkappa_1} + 1\right) \cos(\pi \sigma_\lambda^{(-)}) + (1-\gamma) \left(\frac{\varkappa_2}{\varkappa_1} - 1\right) \cos(\pi (1-\gamma) \sigma_\lambda^{(-)})} \frac{1}{\sigma_\lambda^{(-)}}\,. \tag{18}$$

Die für $I^{(1)}$ entstandene unendliche Reihe ist zwar konvergent, aber nur in bedingtem Sinne, und im allgemeinen Fall, wo die σ_λ nicht in einfacher Weise von λ abhängen, ist die Berechnung von $I^{(1)}$ sehr mühselig.

Wir machen die Probe auf Gl. (18) im Fall $\gamma = 1$, wenn also zufolge Gl. (12β) $\sigma_\lambda^{(-)} = \lambda$ ist. Man erhält dann nach kurzer Rechnung

$$I^{(1)} = \frac{4I}{\pi\left(1+\frac{\varkappa_2}{\varkappa_1}\right)} \sum_{\lambda=0}^{\infty} \frac{(-)^\lambda}{2\lambda+1} = \frac{I}{1+\frac{\varkappa_2}{\varkappa_1}}. \tag{18a}$$

Das ist aber derselbe Wert, der sich aus der elementaren Lösung ergibt. Ist noch obendrein $\varkappa_2 = \varkappa_1$, so wird $I^{(1)} = I/2$, wie es in diesem Fall erwartet werden muß.

Für $\gamma = \frac{1}{2}$ folgt z. B. für die Zeile 2 von Gl. (15) im Hinblick auf die Gl. (16) und Gl. (17c) die Darstellung:

$$+\frac{4I}{\pi}\frac{\varkappa_1(\varkappa_1+\varkappa_2)\sin(\pi\sigma'/4)}{3\varkappa_1^2+10\varkappa_1\varkappa_2+3\varkappa_2^2}\left[\frac{1}{\sigma'}-\frac{\sigma'}{8}\sum_{\lambda=1}^{\infty}\frac{(-)^\lambda}{\lambda^2-(\sigma'/4)^2}\right].$$

Nun ist bekanntlich

$$\frac{\pi}{\sin(\pi z)} = \frac{1}{z} + 2z\sum_{n=1}^{\infty}\frac{(-)^n}{z^2-n^2}, \tag{19}$$

und daher wird nach Gl. (15) im ganzen:

$$I^{(1)} = +I\frac{4\varkappa_1(\varkappa_1+\varkappa_2)}{3\varkappa_1^2+10\varkappa_1\varkappa_2+3\varkappa_2^2} - I\frac{\varkappa_1}{3\varkappa_1+\varkappa_2} = I\frac{3+\alpha}{3+10\alpha+3\alpha^2} \qquad \left(\alpha = \frac{\varkappa_2}{\varkappa_1}\right). \tag{18b}$$

Für $\alpha = 1$ berechnet sich aus Gl. (18b) der Wert $I^{(1)} = I/4$, für $\varkappa_1 = 0$ der Wert $I^{(1)} = 0$. Für $\varkappa_1 \to \infty$ strebt wie in Gl. (18a) $I^{(1)} \to 1$.

6 Räumliche magnetische und hochfrequente Felder

6.11 Die stromdurchflossene Schraubenlinie endlicher Länge. Es sei eine aus einem dünnen Draht bestehende Schraubenlinie vorgelegt, die auf der Oberfläche eines Zylinders mit dem Radius a mit der gleichbleibenden Steighöhe h aufgewickelt ist. Sie bestehe aus N ganzen Windungen und werde von einem Gleichstrom der Stärke I durchflossen. Der Einfluß der den Strom zuführenden und abnehmenden Leiter auf das Feld bleibe zunächst unberücksichtigt, da vorerst nur die besonderen Gesetzmäßigkeiten von Feldern mit schraubenlinienförmiger Struktur herausgearbeitet werden sollen. Wird die Schraubenlinie in das Zylinderkoordinatensystem (ϱ, φ, z) gemäß Abb. 114 eingelagert, so hat die sich zwischen den Punkten

$z = -c$ und $z = +c$ erstreckende Schraubenlinie die Gleichungen:

$$\varrho' = a, \quad \text{(1a)} \qquad \varphi' = 2\pi z'/h = \operatorname{ctg}\psi \cdot z'/a. \quad \text{(1b)}$$

Der Steigwinkel ψ der Schraubenlinie hängt mit a und h über die Gleichung

$$\operatorname{ctg}\psi = 2\pi a/h \tag{1c}$$

zusammen. Ferner ist bei der angegebenen Bedeutung von h

$$N h = 2c. \tag{1d}$$

Bedeutet

$$r^2 = (z - z')^2 + \varrho^2 + a^2 - 2a\varrho\cos(\varphi - \varphi') \equiv r^2(a, \varphi', z'; \varrho, \varphi, z) \tag{2}$$

den Abstand zwischen dem Aufpunkt (ϱ, φ, z) und einem beliebigen

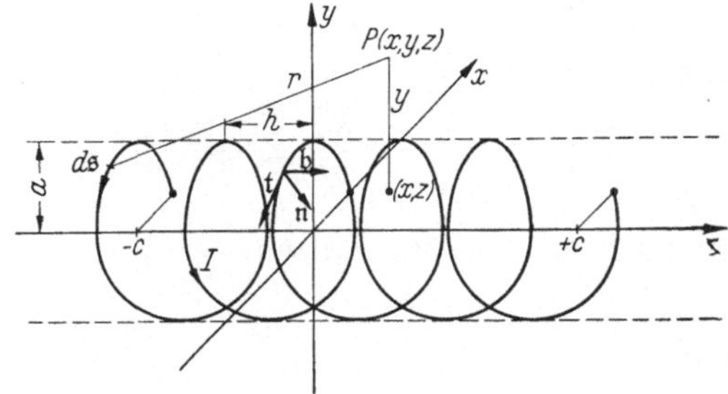

Abb. 114. Zwischen den Punkten $z = \pm c$ fließt der Strom I durch einen linearen Leiter, der in Form einer Schraubenlinie mit gleichbleibendem Steigwinkel auf einen Zylinder vom Radius a aufgewickelt ist

Punkt (a, φ', z') der Schraubenlinie, so ist nach Gl. 1.2 (15) das Vektorpotential $\mathfrak{A}(\varrho, \varphi, z)$, aus dem sich wegen $\mathfrak{B} = \operatorname{rot}\mathfrak{A}$ über die Gleichungen

$$B_\varrho = \frac{1}{\varrho}\frac{\partial A_z}{\partial \varphi} - \frac{\partial A_\varphi}{\partial z}, \quad \text{(3a)} \qquad B_\varphi = \frac{\partial A_\varrho}{\partial z} - \frac{\partial A_z}{\partial \varrho}, \quad \text{(3b)}$$

$$B_z = \frac{1}{\varrho}\frac{\partial}{\partial \varrho}(\varrho A_\varphi) - \frac{1}{\varrho}\frac{\partial A_\varrho}{\partial \varphi} \tag{3c}$$

die drei Komponenten der magnetischen Induktion berechnen, durch die Vektorgleichung

$$\mathfrak{A}(\varrho, \varphi, z) = \frac{\mu_0 I}{4\pi}\int\limits_{-c}^{+c} \frac{d\mathfrak{s}(a, \varphi', z')}{r(a, \varphi', z'; \varrho, \varphi, z)} \equiv \mathfrak{A}(\varrho, \varphi, z; a) \tag{4a}$$

bestimmt, denn wegen des sehr kleinen Drahtdurchmessers ist in Gl. 1.2 (15) $\mathfrak{i}(a, \varphi', z')\, dV' = I \cdot d\mathfrak{s}(a, \varphi', z')$ mit I gleich dem Gesamtstrom im Draht. Da nach Abb. 114 $d\mathfrak{s}(a, \varphi', z') = ds' \cdot \mathfrak{t} = \mathfrak{t}\, dz'/\sin\psi$

ist, so kann man auch an Stelle von Gl (4a) die Relation

$$\mathfrak{A}(\varrho, \varphi, z; a) = \frac{\mu_0 I}{4\pi \sin\psi} \int_{-c}^{+c} \frac{\mathfrak{t}(a, \varphi', z')\, dz'}{r(a, \varphi', z'; a, \varphi, z)} \tag{4b}$$

benutzen. $\mathfrak{t}$ ist darin der Einheitsvektor in Richtung der Tangente an die Schraubenlinie im Punkt (a, φ', z'). Das in Abb. 114 eingezeichnete, begleitende Dreibein der Schraubenlinie besteht außer dieser Tangente noch aus dem Einheitsvektor $\mathfrak{n}$ der Hauptnormalen und dem Einheitsvektor $\mathfrak{b}$ der Binormalen. Sind $\mathfrak{e}_1$, $\mathfrak{e}_2$, $\mathfrak{e}_3$ die drei Einheitsvektoren in Richtung zunehmender Werte von x, y, z und $\mathfrak{z}_1$, $\mathfrak{z}_2$, $\mathfrak{z}_3$ die drei schon im Abschn. 2.111 benutzten, mit dem Zylinderkoordinatensystem verknüpften Einheitsvektoren, so besteht zwischen $\mathfrak{t}$, $\mathfrak{n}$ und $\mathfrak{b}$ einerseits und den anderen beiden Tripeln von Einheitsvektoren der Zusammenhang:

$$\mathfrak{t} = -\sin\varphi' \cos\psi\, \mathfrak{e}_1 + \cos\varphi' \cos\psi\, \mathfrak{e}_2 + \sin\psi\, \mathfrak{e}_3 = \cos\psi\, \mathfrak{z}_2 + \sin\psi\, \mathfrak{z}_3, \tag{5a}$$

$$\mathfrak{n} = -\cos\varphi'\, \mathfrak{e}_1 - \sin\varphi'\, \mathfrak{e}_2 = -\mathfrak{z}_1, \tag{5b}$$

$$q = \sin\varphi' \sin\psi\, \mathfrak{e}_1 - \cos\varphi' \sin\psi\, \mathfrak{e}_2 + \cos\psi\, \mathfrak{e}_3 = -\sin\psi\, \mathfrak{z}_2 + \cos\psi\, \mathfrak{z}_3. \tag{5c}$$

Hiernach ist in der Tat

$$\mathfrak{t}\mathfrak{b} = \mathfrak{t}\mathfrak{n} = \mathfrak{n}\mathfrak{b} = 0.$$

Zu der auf dem Zylinder $\varrho = a$ aufgewickelten rechtsgängigen Schraubenlinie $\varphi' = 2\pi z'/h$ mit dem Steigwinkel $\operatorname{ctg}\psi_r = 2\pi a/h$ verläuft orthogonal die linksgängige Schraubenlinie $\varphi' = -2\pi z'/H$ mit dem Steigwinkel $\operatorname{ctg}|\psi_l| = 2\pi a/H$. Wegen $\psi_l = \psi_r + \pi/2$ ist dann $\operatorname{ctg}\psi_l = -\operatorname{tg}\psi_r$. Zwischen den Steighöhen h und H zweier auf dem gleichen Zylinder aufgewickelten und zueinander orthogonalen Schraubenlinien besteht also der Zusammenhang:

$$h H = (2\pi a)^2.$$

Geht man mit Gl. (5a) in Gl. (4b) ein und berücksichtigt die Gl. (1b), so erhält man für die drei Komponenten A_x, A_y und A_z des Vektors $\mathfrak{A}$ die Formeln:

$$A_y(\varrho, \varphi, z) + i A_x(\varrho, \varphi, z) \equiv [A_\varphi(\varrho, \varphi, z) + i A_\varrho(\varrho, \varphi, z)]\, e^{-i\varphi}$$

$$= \frac{\mu_0 I}{4\pi} \operatorname{ctg}\psi \int_{-c}^{+c} e^{-i\cdot \operatorname{ctg}\psi \cdot z'/a} \frac{dz'}{r(\varrho, \varphi, z; a, \varphi', z')}, \tag{6a}$$

$$A_z(\varrho, \varphi, z; a) = \frac{\mu_0 I}{4\pi} \int_{-c}^{+c} \frac{dz'}{r(\varrho, \varphi, z; a, \varphi', z')}. \tag{6b}$$

Eine linksgängige Schraubenlinie hat bei gleicher Einlagerung in das Koordinatensystem und bei der gleichen Zählweise des Winkels ψ, wie aus Abb. 115 zu ersehen ist, einen Steigwinkel, der dem Bereich

$\pi/2 < \psi < \pi$ angehört. Diese Auslegung hat den großen Vorteil, daß die Gl. (5a, b, c) und (6a, b) unverändert auch für die linksgängige Schraubenlinie gelten. Dieser größere Wertebereich von ψ könnte auch so gedeutet werden, daß ψ negative Werte annehmen darf. Zu der rechtsgängigen Schraube gehörten dann Werte mit $h > 0$, zu der linksgängigen Schraube Werte $h < 0$. Im folgenden wird diese Möglichkeit nicht benutzt, sondern es ist in allen Formeln $h > 0$ zu nehmen.

Bildet man nun mittels Gl. (3c) den Ausdruck für B_z, so ergibt sich:

$$B_z = \frac{\mu_0 I}{4\pi}\frac{\operatorname{ctg}\psi}{\varrho}\int\limits_{-c}^{+c}\frac{\sin\left(\varphi - \frac{2\pi z'}{h}\right)}{r^2}\frac{\partial r}{\partial\varphi}dz' - \frac{\mu_0 I}{4\pi}\operatorname{ctg}\psi\int\limits_{-c}^{+c}\frac{\cos\left(\varphi-\frac{2\pi z'}{h}\right)}{r^2}\frac{\partial r}{\partial\varrho}dz'$$

$$= \frac{\mu_0 I}{4\pi}\operatorname{ctg}\psi\left\{\int\limits_{-c}^{+c}\frac{\cos\left(\varphi-\frac{2\pi z'}{h}\right)}{r^2}\left[-\frac{\varrho - a\cos\left(\varphi-\frac{2\pi z'}{h}\right)}{r}\right]dz' + \right.$$

$$\left. + \int\limits_{-c}^{+c}\frac{\sin\left(\varphi-\frac{2\pi z'}{h}\right)}{r^2}\,\frac{a\sin\left(\varphi-\frac{2\pi z'}{h}\right)}{r}dz'\right\}$$

$$= \frac{\mu_0 I}{4\pi}\operatorname{ctg}\psi\int\limits_{-c}^{+c}\frac{a-\varrho\cos\left(\varphi-\frac{2\pi z'}{h}\right)}{r^2}dz'.$$

Da dieses letzte Integral als die Ableitung von A_z nach a geschrieben werden kann, so ist damit die wichtige Beziehung

$$B_z(\varrho,\varphi,z) = -\operatorname{ctg}\psi\frac{\partial A_z(\varrho,\varphi,z;a)}{\partial a} \tag{7}$$

entstanden.

Eine andere Darstellungsweise für die drei Vektorkomponenten A_z, A_ϱ und A_φ ergibt sich sofort aus Gl. 2.1 (20). Man erhält nämlich:

$$A_z(\varrho,\varphi,z) = \frac{\mu_0 I}{\pi^2}\sum_{\lambda=-\infty}^{+\infty}\int\limits_0^\infty\cos(\lambda\varphi - vz)\frac{\sin c\left(v-\lambda\frac{2\pi}{h}\right)}{v-\lambda\frac{2\pi}{h}}\times \tag{8a}$$
$$\times I_\lambda(av)\,K_\lambda(\varrho v)\,dv \qquad (\varrho > a).$$

Auf die gleiche Weise folgt aus Gl. (6a) nach einer einfachen Zwischenrechnung:

$$A_\varphi(\varrho,\varphi,z) + i A_\varrho(\varrho,\varphi,z) = \frac{\mu_0 I}{\pi^2}\operatorname{ctg}\psi\sum_{\lambda=-\infty}^{+\infty}\int\limits_0^\infty\frac{\sin c\left(v-\lambda\frac{2\pi}{h}\right)}{v-\lambda\frac{2\pi}{h}}\times \tag{8b}$$
$$\times[e^{i(\lambda\varphi - vz)}I_{\lambda-1}(va)\,K_{\lambda-1}(v\varrho) + e^{-i(\lambda\varphi-vz)}I_{\lambda+1}(va)\,K_{\lambda+1}(v\varrho)]\,dv \quad (\varrho > a).$$

Für $\varrho < a$ hat die Funktion I_λ das Argument $v\varrho$ und die Funktion K_λ das Argument va. In Rücksicht auf Gl. (1d) läßt sich in Gl. (8a, b) statt $\sin(c(v - \lambda 2\pi/h))$ auch kürzer $\sin c\, v$ schreiben. Wir machen jedoch von dieser Möglichkeit vorerst keinen Gebrauch. In der Gl. (8b) kann man noch, falls man es für nötig erachtet, die Relation

$$I_{\lambda-1}(x) K_{\lambda-1}(y) + I_{\lambda+1}(x) K_{\lambda+1}(y) = -\frac{2\lambda^2}{x\,y} I_\lambda(x) K_\lambda(y) - 2 I'_\lambda(x) K'_\lambda(y) \quad (9)$$

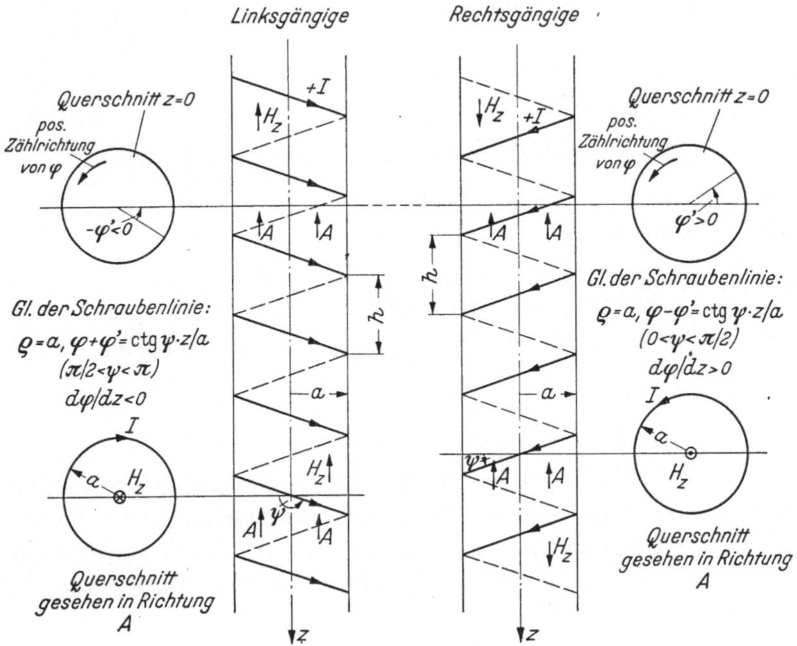

Abb. 115. Wiedergabe einer links- und rechtsgängigen stromdurchflossenen Schraubenlinie mit der Zählweise des Steigwinkels ψ. Der Strom I hat jedoch in beiden Fällen eine Strömungskomponente parallel zur Richtung der pos. z-Achse. Eben deshalb hat innerhalb der Spulen H_z die entgegengesetzte Richtung

verwenden. Bei den Formeln (8a, b) ist zu beachten, daß

$$I_{-\lambda}(z) = I_\lambda(z), \quad (10\text{a}) \qquad K_{-\lambda}(z) = K_\lambda(z) \quad (10\text{b})$$
$$(\lambda = 1, 2, 3 \ldots),$$

ist. Im Hinblick auf Gl. (7) und (8a) ist dann weiter

$$B_z(\varrho, \varphi, z) = -\frac{\mu_0 I}{\pi^2} \operatorname{ctg}\psi \sum_{\lambda=-\infty}^{+\infty} \int_0^\infty v \cdot \cos(\lambda\varphi - v z) \frac{\sin c\left(v - \lambda\frac{2\pi}{h}\right)}{v - \lambda\frac{2\pi}{h}} \times \quad (11)$$
$$\times \begin{Bmatrix} I'_\lambda(a v) \cdot K_\lambda(\varrho v) \\ I_\lambda(\varrho v) \cdot K'_\lambda(a v) \end{Bmatrix} dv \qquad (\varrho < a).$$

Wir besprechen zunächst einige grundlegende Eigenschaften des Magnetfeldes einer Schraubenspirale.

Für die *magnetische* Feldstärke in der *Achse* der Spirale folgt sofort aus Gl. (11) für $\varrho = 0$ und wegen $K_0' = -K_1$:

$$H_z(0, 0, z) = \frac{I \operatorname{ctg} \psi}{2\pi^2} \times \\ \times \left\{ \int_0^\infty \sin(c + z) v \cdot K_1(a v)\, dv + \int_0^\infty \sin(c - z) v \cdot K_1(a v)\, dv \right\}. \tag{12}$$

Nun ist

$$\int_0^\infty \sin\alpha v\, K_1(a v)\, dv = \frac{\alpha}{a} \int_0^\infty \cos\alpha v\, K_0(a v)\, dv = \frac{\pi}{2} \frac{\alpha/a}{\sqrt{a^2 + \alpha^2}}.$$

Mithin bekommt man

$$H_z(0, 0, z) = \frac{I}{2h} \left\{ \frac{c + z}{\sqrt{a^2 + (c + z)^2}} + \frac{c - z}{\sqrt{a^2 + (c - z)^2}} \right\}, \quad (12\text{a}) \qquad \frac{1}{h} = n \quad (12\text{b})$$

und n ist hierin die Windungszahl je cm axialer Spulenlänge. In der Mitte der Spule ist

$$H_z(0, 0, c) = \frac{I n c}{\sqrt{a^2 + c^2}}. \tag{12c}$$

Die Formeln (12a, b) gelten unverändert auch dann, wenn man sich die Spule aus kreisförmigen Stromringen zusammengesetzt denkt.

Wir berechnen an zweiter Stelle den *magnetischen Fluß* durch den vollen *Spulenquerschnitt* an der beliebigen Stelle z. Er beträgt nach Gl. (11)

$$\begin{aligned} \Psi^{(m)}(a, z) &= \int_0^{2\pi} \int_0^a B_z(\varrho, \varphi, z)\, \varrho\, d\varrho\, d\varphi \\ &= \frac{4 \mu_0 a^2 I}{h} \int_0^\infty \sin\left(\frac{c}{a} v\right) \cos\left(\frac{b}{a} v\right) I_1(v)\, K_1(v) \frac{dv}{v}, \end{aligned} \tag{13}$$

denn es ist

$$\int_0^a I_0(\varrho u)\, \varrho\, d\varrho = a^2 \frac{I_1(a u)}{a u}.$$

Da nun nach dem mathematischen Anhang M 4 Gl. (13)

$$\int_0^\infty \frac{\sin\beta u}{u} I_1(u)\, K_1(u)\, du = \frac{k'}{k^2} \{K(k) - E(k)\} \qquad \left(k^2 = \frac{1}{1 + \beta^2/4}\right) \tag{14}$$

ist, so läßt sich mit der Abkürzung

$$\operatorname{ctg} \alpha_\pm = \frac{|c \pm z|}{2a} \qquad \left(0 < \alpha_+ < \frac{\pi}{2}\right) \tag{15a}$$

die Gl. (13) letzten Endes auf die Form

$$\begin{aligned}\frac{\Psi^{(m)}(a,z)}{2\mu_0 a^2 I n} &= \operatorname{sgn}(c+z)[K(\sin\alpha_+) - E(\sin\alpha_+)]\frac{\operatorname{ctg}\alpha_+}{\sin\alpha_+} + \\ &+ \operatorname{sgn}(c-z)[K(\sin\alpha_-) - E(\sin\alpha_-)]\frac{\operatorname{ctg}\alpha_-}{\sin\alpha_-}\end{aligned} \tag{15}$$

bringen. In Abb. 116 ist die linke Seite der Gl. (15) in Abhängigkeit von z/c graphisch dargestellt worden. Das Fehlen des Steigwinkels ψ

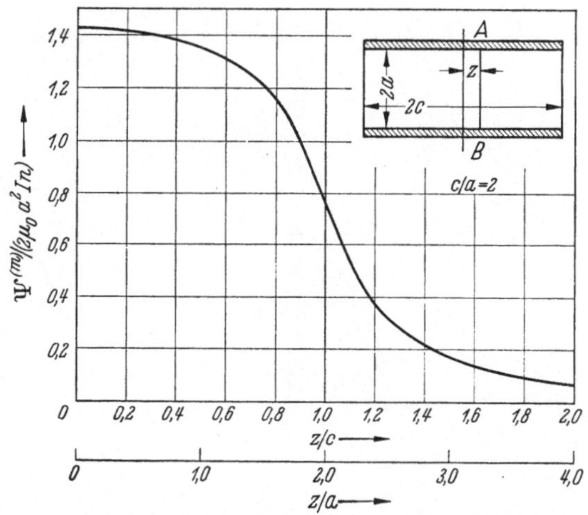

Abb. 116. Eine einlagige Spule hat von der Mitte aus nach rechts und links die axiale Länge c und den Durchmesser $2a$. Die Kurve dieses Bildes stellt für $c/a = 2$ den magnetischen Fluß durch die volle Querschnittsebene πa^2 der Spule in Abhängigkeit von z/c dar auch über die Spule hinaus. Der Einfluß des Steigwinkels ψ steckt ausschließlich in der Größe n

in Gl. (15) weist auch in diesem Falle darauf hin, daß die gleiche Gesetzmäßigkeit für eine Spule endlicher Länge gilt, die aus einzelnen zur Spulenachse senkrechten Stromringen zusammengesetzt ist.

Eine dritte bemerkenswerte Eigenschaft des magnetischen Feldes einer stromdurchflossenen Schraubenlinie ist das Nichtverschwinden der Querkomponenten H_φ und H_ϱ in der Achse der Spule. Mittels der Gl. (3a, b) und (8a, b) ergibt sich nämlich für $\varrho = 0$ die folgende Formel:

$$\begin{aligned}&H_\varphi(0,0,z) + i\,H_\varrho(0,0,z) \qquad\qquad (16)\\ &= \frac{I}{\pi h} e^{i\varphi}\left\{\int_0^\infty e^{2\pi i t (z/h)} \frac{\sin\frac{2\pi c}{h}(t+1)}{t+1}[K_0(t\operatorname{ctg}\psi)\operatorname{ctg}\psi - K_1(t\operatorname{ctg}\psi)]\,t\,dt - \right.\\ &\left. - \int_0^\infty e^{-2\pi i t(z/h)} \frac{\sin\frac{2\pi c}{h}(t-1)}{t-1}[K_0(t\operatorname{ctg}\psi)\operatorname{ctg}\psi + K_1(t\operatorname{ctg}\psi)]\,t\,dt\right\}.\end{aligned}$$

Es kann demnach keine Rede davon sein, daß für $\varrho = 0$ die Komponenten H_φ oder H_ϱ Null sind. Für eine unendlich lange Schraubenlinie werden wir später die Größe von H_φ oder H_ϱ berechnen.

6.111 Der endlich lange, schraubenlinienförmige Bandleiter und seine Induktivität. Die Gl. (8a, b) für die Komponenten A_ϱ, A_φ und A_z gelten für eine Schraubenlinie mit den Gl. (1a, b),

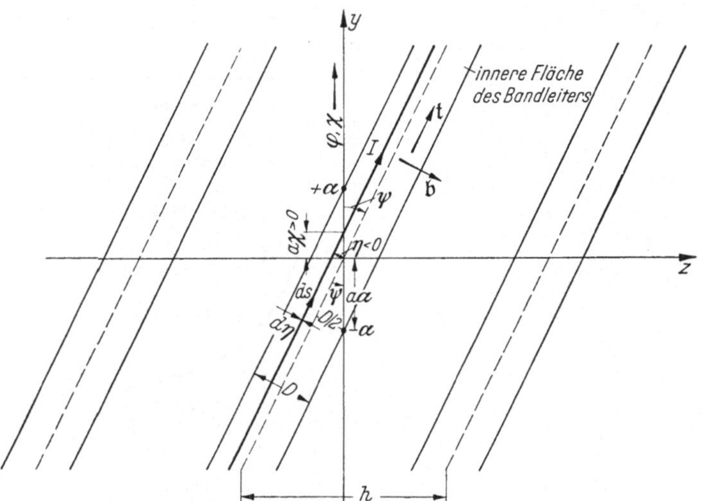

Abb. 117. Ein Bandleiter der Breite D ist in Schraubenlinienform auf einen Zylinder vom Radius a aufgewickelt. Wird die bewickelte Oberfläche des Zylinders längs einer Mantellinie aufgeschnitten und nach rechts und links in die Tangentialebene der diametral gegenüberliegenden Mantellinie umgeklappt, so bietet sich im Grundriß das oben gezeichnete Bild. In der Richtung senkrecht zur z-Achse hat das Band die scheinbare Breite $2a\alpha$. 2α wird weiterhin als der Winkel bezeichnet, unter dem der Bandleiter in einer beliebigen Querschnittsebene von der Zylinderachse aus erscheint

die die x, y-Ebene im Punkt $(a, 0, 0)$ schneidet. Durchstößt die Schraubenlinie diese Ebene im Punkt $(a, \chi, 0)$, so lauten die Gleichungen der Schraubenlinie

$$\varrho' = a, \qquad (17\,\mathrm{a}) \qquad\qquad \varphi' - \chi = 2\pi\, z'/h. \qquad (17\,\mathrm{b})$$

Sollen dann die Gl. (8a, b) das Magnetfeld einer stromdurchflossenen Schraubenlinie beschreiben, die die x, y-Ebene im Punkt (a, χ) durchstößt, so hat dann an Stelle von φ die Differenz $\varphi - \chi$ zu treten.

Wir gehen jetzt von der einzelnen Schraubenlinie zu einem Schraubenlinienband über, das sich in axialer Richtung von der Ebene $z = -c$ bis zur Ebene $z = +c$ erstreckt und das in der x, y-Ebene den Umfang des Kreises mit dem Radius a von dem Punkt $\chi = -\alpha$ bis zum Punkt $\chi = +\alpha$ bedeckt, wie es die Abb. 117 andeutet. Wir können dazu auch sagen, dieses Band erscheint von der Achse der Schraubenlinie aus unter dem Winkel 2α. Die radiale Dicke des Bandleiters möge vernachlässigt werden. Wir betrachten in dem von Gleichstrom durchflossenen Band einen einzelnen Stromfaden. Er verläuft parallel zur Mittellinie des Bandes oder zu seinen beiden Randlinien. Seine Lage in dem bandförmigen Streifen läßt sich entweder durch die Angabe des Abstandes des Stromfadens mit der Breite $d\eta$ von der Mittellinie oder durch den Winkel χ bzw. die Länge $a\chi$ fixiert denken. Dabei besteht zwischen χ und η der Zusammenhang

$$\sin\psi = -\frac{\eta}{a\,\chi} = \frac{D}{2a\,\alpha}, \quad (18\alpha) \qquad \operatorname{ctg}^2\psi = \left(\frac{2\alpha\, a}{D}\right)^2 - 1. \quad (18\beta)$$

Bei endlicher Breite des Bandes kann natürlich, solange keine Überlappung der Bänder zugelassen wird, ψ nicht mehr den Wert Null annehmen. Für den kleinstmöglichen Winkel $\psi_{\min}$ muß nämlich sein:

$$\sin\psi_{\min} = \frac{D}{2\pi a}, \quad (18\text{a}) \qquad \operatorname{ctg}^2\psi_{\min} = \left(\frac{2\pi a}{D}\right)^2 - 1, \quad (18\text{b})$$

$$h^2{}_{\min} = \frac{D^2}{1 - (D/2\pi a)^2}. \quad (18\text{c})$$

Ist ferner I der Gesamtstrom, der durch das Band fließt, so führt der Stromfaden den Strom $I \cdot d\eta/D$, und die positive Zählrichtung dieses Stromes stimmt überein mit der Richtung des Einheitsvektors $\mathfrak{t}$. Ersetzt man also in Gl. (8a, b) zunächst φ durch $\varphi - \chi$ und sodann weiter I durch $I \cdot a/D \cdot \sin\psi\, d\chi$ und integriert dann nach χ zwischen den Grenzen $-\alpha \cdots +\alpha$, so bekommt man für die drei Komponenten des Vektorpotentials, wenn es sich um ein stromdurchflossenes, schraubenlinienförmiges Band von den beschriebenen Abmessungen handelt, die folgenden Gleichungen:

$$A_z(\varrho, \varphi, z; \alpha) = \frac{\mu_0 I}{\pi^2} \sum_{\lambda=-\infty}^{+\infty} \frac{\sin\alpha\,\lambda}{\alpha\,\lambda} \int\limits_0^\infty \frac{\sin c\left(v - \dfrac{2\pi\lambda}{h}\right)}{v - \dfrac{2\pi\lambda}{h}} \times \quad (19\text{a})$$

$$\times \cos(\lambda\,\varphi - v\,z)\, I_\lambda(v\,\varrho)\, K(v\,a)\, dv,$$

$$A_\varphi(\varrho, \varphi, z; \alpha) + i\,A_\varrho(\varrho, \varphi, z; \alpha)$$

$$= \frac{\mu_0 I}{2\pi^2} \operatorname{ctg}\psi \sum_{\lambda=-\infty}^{+\infty} \frac{\sin\alpha\,\lambda}{\alpha\,\lambda} \int\limits_0^\infty \frac{\sin c\left(v - \dfrac{2\pi\lambda}{h}\right)}{v - \dfrac{2\pi\lambda}{h}} \times \quad (19\text{b})$$

$$\times \left[e^{i(\lambda\varphi - vz)} I_{\lambda-1}(v\,\varrho)\, K_{\lambda-1}(a\,v) + e^{-i(\lambda\varphi - vz)} I_{\lambda+1}(v\,\varrho)\, K_{\lambda+1}(v\,a)\right] dv$$

$$(0 < \varrho < a).$$

Mit $\alpha \to 0$ strebt $(\sin\alpha\,\lambda)/\alpha\,\lambda \to 1$, und die Gl. (19a, b) gehen wieder in die Ausgangsgleichungen (18a, b) über. Ein jedes Glied in den unendlichen Reihen von Gl. (19a, b) unterscheidet sich demnach von dem entsprechenden Glied in der Gl. (18a, b) lediglich durch das

Hinzutreten des Faktors $(\sin\alpha\,\lambda)/\alpha\,\lambda$. Nach dieser Regel läßt sich z. B. auch sofort der Ausdruck für $B_z(\varrho, \varphi, z)$ für einen schraubenlinienförmigen Bandleiter angeben.

Zwei Grenzfälle der Gl. (19a, b) sind erwähnenswert. Der erste liegt vor in der Annahme $h \to \infty$, d. h. $\psi \to \pi/2$. Das Schraubenlinienband geht dann über in ein gerade ausgestrecktes Flachband zwischen den Querschnittsebenen $\pm c$, das zwischen den Meridianebenen $\varphi = \pm\alpha$ auf dem Mantel eines Zylinders mit dem Radius a ausgebreitet liegt. Wegen $\psi = \pi/2$ läßt sich das Magnetfeld eines solchen Leiters allein durch die Vektorkomponente

$$A_z^{(\infty)}(\varrho, \varphi, z; a) = \frac{\mu_0 I}{\pi^2} \sum_{\lambda=-\infty}^{+\infty} \frac{\sin\alpha\,\lambda}{\alpha\,\lambda} \cos\lambda\,\varphi \times \times \int_0^\infty \frac{\sin c\,v}{v} \cos v\,z\, I_\lambda(v\,\varrho)\, K_\lambda(v\,a)\, dv \qquad (\varrho < a) \tag{20}$$

beschreiben.

In dem anderen Grenzfall ist $\alpha = \pi$. Wir haben es dann mit einem schraubenlinienförmigen Bandleiter zu tun, in dem das Band in jedem Querschnitt senkrecht zur z-Achse den ganzen Umfang des Zylinders überdeckt. Er würde aus einem sehr dünnwandigen, hohlen Rohrleiter von kreisförmigem Querschnitt hervorgehen, wenn man ihn längs einer Schraubenlinie aufschnitte, so daß eine trennende Naht von Schraubenlinienform entsteht. Nach der oben ausgesprochenen Regel gilt für eine solche Spule dieselbe Formel (11) für die Feldkomponente $H_z(0, 0, z)$ und dieselbe Beziehung (13a) für den magnetischen Fluß durch eine Kreisfläche $\varrho = a$ wie bei der einzelnen stromdurchflossenen Schraubenlinie.

Wir gehen nun zur Berechnung des Energieinhaltes des magnetischen Feldes über, das ein endlich langer Bandleiter von Schraubenlinienform bei beliebigen Werten von α und ψ erzeugt, um auch zu einem Ausdruck für die Induktivität zu kommen. Dabei muß jedoch im Auge behalten werden, daß er eigentlich keine selbständige Bedeutung hat, sondern im Verein mit der Induktivität der Zuleitungen betrachtet werden muß, wie es z. B. im Abschn. 6.113 geschieht. Diese Aufgabe läßt sich am einfachsten mittels der Formel 1.1 (28) bewältigen. Danach ist

$$W_m \equiv \frac{1}{2}\mathfrak{L}(\alpha)\, I^2 = \frac{1}{2}\int \mathfrak{i}\,\mathfrak{A}\, dV = \frac{1}{2}\int_L \int_{-D/2}^{+D/2} \mathfrak{i}_t\, A_t\, d\eta\, ds = \frac{a\,I}{2D} \int_{-c}^{+c} \int_{-\alpha+(2\pi z/h)}^{+\alpha+(2\pi z/h)} A_t(a, \chi, z)\, d\chi\, dz, \tag{21}$$

worin $\mathfrak{i}_t$ und A_t die Komponenten der Stromdichte und des Vektorpotentials in Richtung des Einheitsvektors $\mathfrak{t}$ von Gl. (5a) bedeuten. Nach eben dieser Gleichung ist aber

$$A_t(a, \varphi, z) = \cos\psi\, A_\varphi(a, \varphi, z) + \sin\psi\, A_z(a, \varphi, z), \tag{22a}$$

und also besteht nach Gl. (19a, b) für die Vektorkomponente A_t des spiralförmigen Bandes in der Mantelfläche des Zylinders $\varrho = a$ der Ausdruck:

$$A_t(a,\chi,z)\Big/\left(\frac{\mu_0 I}{\pi^2}\right)\frac{\cos^2\psi}{2\sin\psi} = \sum_{\lambda=-\infty}^{\lambda=+\infty}\frac{\sin\alpha\lambda}{\alpha\lambda}\cdot\int_0^\infty \frac{\operatorname{sin c}\left(v-\frac{2\pi\lambda}{h}\right)}{v-\frac{2\pi\lambda}{h}}\cdot\cos(\lambda\chi - vz)\times \tag{22}$$

$$\times\left[I_{\lambda-1}(av)\,K_{\lambda-1}(av) + I_{\lambda+1}(av)\,K_{\lambda+1}(av) + 2\operatorname{ctg}^2\psi\cdot I_\lambda(av)\,K_\lambda(av)\right]dv.$$

Nun ist weiter im Hinblick auf Gl. (21)

$$\int_{-\alpha+(2\pi z/h)}^{+\alpha+(2\pi z/h)}\cos(\lambda\chi - vz)\,d\chi = 2\,\frac{\sin\lambda\alpha}{\lambda}\cos z\left(\frac{2\pi\lambda}{h} - v\right), \tag{23a}$$

$$\int_{-c}^{+c}\cos z\left(\frac{2\pi\lambda}{h} - v\right)dz = 2\,\frac{\operatorname{sin c}\left(v-\frac{2\pi\lambda}{h}\right)}{v-\frac{2\pi\lambda}{h}}. \tag{23b}$$

Somit berechnet sich für die Induktivität eines schraubenlinienförmig zusammengedrehten Bandleiters von der Länge $2c$ mit dem Durchmesser $2a$, der Bandbreite 2α und dem Steigwinkel ψ die Formel:

$$\mathfrak{L}(\alpha) = \frac{\mu_0 a}{\pi^2}\sum_{\lambda=-\infty}^{+\infty}\left(\frac{\sin\alpha\lambda}{\alpha\lambda}\right)^2\int_0^\infty\left(\frac{\sin\frac{c}{a}(x-\lambda\operatorname{ctg}\psi)}{x-\lambda\operatorname{ctg}\psi}\right)^2\times \tag{24}$$

$$\times\left\{2I_\lambda(x)\,K_\lambda(x) + \operatorname{ctg}^2\psi\cdot\left[I_{\lambda-1}(x)\,K_{\lambda-1}(x) + I_{\lambda+1}(x)\,K_{\lambda+1}(x)\right]\right\}dx.$$

Im Falle $\alpha = \pi$, wenn das Schraubenlinienband bis auf eine trennende Naht geschlossen ist, läßt sich die obige Formel ohne viel Mühe auch numerisch auswerten. Von der unendlichen Reihe bleibt dann nur das Glied mit $\lambda = 0$ übrig, so daß man bei einem Steigungswinkel ψ gemäß Gl. (18a, b) erhält:

$$\mathfrak{L}(\pi)\Big/\left(\frac{2\mu_0 a}{\pi^2}\right) = \int_0^\infty\left(\frac{\sin\gamma x}{x}\right)^2 I_0(x)\,K_0(x)\,dx + \tag{24a}$$

$$+\operatorname{ctg}^2\psi\int_0^\infty\left(\frac{\sin\gamma x}{x}\right)^2 I_1(x)\,K_1(x)\,dx \qquad (\gamma = c/a).$$

Das zweite der beiden in Gl. (24a) auftretenden Integrale findet sich im mathematischen Anhang M 4, Gl. (11), angegeben. Es ist nach den dort mitgeteilten Formeln für jeden Wert von $\gamma \equiv c/a$ berechenbar. Was das erste Integral anbetrifft, so ist es mit der Funktion $X_0(\gamma) = X_0(c/a)$ in M 4 identisch. Für $1/\gamma^2 < 1$ besteht für diese Funktion die nach zunehmenden Potenzen von $1/\gamma^2$ fortschreitende Entwicklung von M 4, Gl. (7α). Andererseits gilt nach M 4, Gl. (7b), für $\gamma^2 < 1$ die nach steigenden Potenzen von γ^2 fortschreitende Entwicklung:

$$X_0(\gamma) \equiv \int_0^\infty \left(\frac{\sin v\gamma}{v}\right)^2 I_0(v)\,K_0(v)\,dv = \frac{\gamma^2}{8} \sum_{\lambda=0}^{\infty} \frac{(\frac{1}{2})_\lambda (\frac{1}{2})_\lambda (-\gamma^2)^\lambda}{(\frac{1}{2}+\lambda)\cdot\lambda!(\lambda+1)!} \times$$
$$\times \left[\ln\left(\frac{1}{\gamma^2}\right) + \frac{1}{\frac{1}{2}+\lambda} + \frac{1}{1+\lambda} + 2\left(\Psi(\lambda+1) - \Psi\left(\lambda+\frac{1}{2}\right)\right)\right] \tag{25}$$
$$(\gamma^2 < 1).$$

Damit ist jedenfalls der Ausdruck $\mathfrak{L}(\pi)$ von Gl. (24a) sowohl für $c/a \ll 1$ als auch für $c/a \gg 1$ berechenbar.

Da für gewöhnlich $\gamma \equiv c/a$ sehr groß sein wird, so berechnet sich nach diesen Angaben für $\mathfrak{L}(\pi)$ der folgende Näherungsausdruck:

$$\mathfrak{L}(\pi)/(2\mu_0 a/\pi^2) = \frac{\pi\gamma}{2}\cdot\ln\left(\frac{4\gamma}{e}\right) + 1 - \frac{\pi}{16\gamma} + O\left(\frac{1}{\gamma^2}\right) +$$
$$+ \operatorname{ctg}^2\psi\cdot\left(+\frac{\pi\gamma}{4} - \frac{1}{3} - \frac{\pi}{32\gamma} + O\left(\frac{1}{\gamma^2}\right)\right) \tag{24b}$$
$$(\gamma = c/a \gg 1).$$

Man vergleiche hiermit die spätere Gl. (46).

6.112 Die unendlich lange stromdurchflossene Schraubenlinie mit Rückleitung. Wir gehen jetzt zu dem einfacheren Fall der unendlich langen Schraubenlinie über. Aus Gl. (1b) ersieht man sofort, daß auch im vorliegenden Fall nicht ohne weiteres der Übergang von der endlich langen zur unendlich langen Schraubenlinie vollzogen werden kann, denn das Integral in Gl. (1b), das die Komponente A_z betrifft, würde dann divergieren. Dagegen bleibt das Integral für die Komponenten A_φ und A_ϱ auch für $c \to \infty$ konvergent. Hier könnte man also unmittelbar von der Gl. (8b) ausgehen und wieder unter Zuhilfenahme des Satzes von Dirichlet den Grenzübergang $c \to \infty$ vollziehen, um den der unendlich langen Schraubenlinie entsprechenden Ausdruck für $A_\varphi + i\,A_\varrho$ zu bekommen.

Wir ziehen es aber im jetzigen Fall vor, die Beziehungen für A_z, A_φ und A_ϱ ab initio für die unendlich lange, stromdurchflossene Schraubenlinie herzuleiten. Es läßt sich dann auch leichter der Einfluß der Rückleitung erfassen. Wir können als Rückleitung einen sehr dünnwandigen

Hohlzylinder wählen, dessen Achse mit der der Schraubenlinie übereinstimmt. Ebensogut ließe sich natürlich als Rückleitung ein geradliniger, linearer Leiter annehmen, der in der Achse der Schraubenlinie selbst angeordnet ist, oder ein linearer Leiter, der innerhalb oder außerhalb der Schraubenlinie parallel zu dieser Achse geführt ist. In jedem dieser drei Fälle können wir dann leicht von den jeweils geltenden Beziehungen zu den Formeln aufsteigen, die etwa für ein Paar schraubenlinienförmiger Leiter gelten, die in entgegengesetzter Richtung vom Strom durchflossen werden, da ja nur dem Feld von Schraubenlinie und koaxialem Zylinder das Feld der gleichen Leiterkombination mit entgegengesetzter Stromrichtung überlagert zu werden braucht. Der koaxiale Zylinder ist dann stromlos und trägt also zum Gesamtfeld nichts bei. Gleichzeitig läßt dieser Kunstgriff erkennen, daß es für solche aus unendlich langen Schraubenlinien zusammengesetzte Leiteranordnungen auf die Gestalt der Rückleitung nicht wesentlich ankommt. Wir bleiben daher bei der einfachsten Form der Rückleitung, dem koaxialen, dünnwandigen, hohlen Zylinder mit dem Radius $b > a$. Die Änderungen, die an den unter dieser Annahme gewonnenen Gleichungen in den anderen beiden Fällen vorzunehmen sind, werden wir zum Schluß kurz erwähnen. Auf Grund dieser Bemerkungen bestehen also bei einer unendlich langen, stromdurchflossenen Schraubenlinie mit den Gl. (1a, b) für die drei Vektorkomponenten die folgenden Ausgangsgleichungen:

$$A_\varphi^{(\infty)}(\varrho, \varphi, z) + i A_\varrho^{(\infty)}(\varrho, \varphi, z) = \frac{\mu_0 I}{4\pi} \operatorname{ctg} \psi \int\limits_{-\infty}^{+\infty} \frac{e^{i(\varphi - \operatorname{ctg}\psi \cdot z'/a)}}{r} dz', \tag{26a}$$

$$A_z^{(\infty)}(\varrho, \varphi, z) = \frac{\mu_0 I}{4\pi} \times$$

$$\times \lim_{c=\infty} \left\{ \int\limits_{-c}^{+c} \frac{dz'}{r} - \frac{1}{2\pi} \int\limits_{-c}^{+c} \int\limits_{0}^{2\pi} \frac{dz'\, d\varphi'}{[\varrho^2 + b^2 - 2b\,\varrho \cos\varphi' + (z - z')^2]^{\frac{1}{2}}} \right\}. \tag{26b}$$

Hierin ist r durch die Gl. (2) gegeben.

Im vorliegenden Fall schreiben wir nun besser

$$\frac{1}{r} = \int\limits_0^\infty e^{-|z-z'|t} J_0\left(t\sqrt{a^2 + \varrho^2 - 2a\,\varrho \cos\left(\varphi - \frac{2\pi z'}{h}\right)}\right) dt$$

$$= \int\limits_0^\infty J_0(a\,t)\, J_0(\varrho\, t)\, e^{-|z-z'|t}\, dt +$$

$$+ \sum_{\lambda=-\infty}^{+\infty}{}' \cos\lambda\left(\varphi - \frac{2\pi z'}{h}\right) \int\limits_0^\infty J_\lambda(a\,t)\, J_\lambda(\varrho\, t)\, e^{-|z-z'|t}\, dt,$$

worin der Strich an dem Summenzeichen besagen soll, daß bei der Summation der Wert $\lambda = 0$ fortgelassen werden soll. Damit wird dann

$$\int\limits_{-c}^{+c} \frac{dz'}{r} = \sum_{\lambda=-\infty}^{+\infty}{}' \int\limits_0^\infty J_\lambda(a\,t)\, J_\lambda(\varrho\, t) \Big(\int\limits_{-c}^{+c} e^{-|z-z'|t} \cos\lambda\Big(\varphi - \frac{2\pi z'}{h}\Big) dz' \Big) dt + \\ + \int\limits_0^\infty \int\limits_{-c}^{+c} J_0(a\,t)\, J_0(\varrho\, t)\, e^{-|z-z'|t}\, dz'\, dt. \tag{27}$$

Andererseits läßt sich für das Doppelintegral in Gl. (26b) schreiben

$$\frac{1}{2\pi} \int\limits_{-c}^{+c} \int\limits_0^{2\pi} \int\limits_0^\infty e^{-|z-z'|t} J_0\Big(t\sqrt{\varrho^2 + b^2 - 2b\,\varrho\cos\varphi'}\Big)\, dt\, d\varphi'\, dz',$$

und nach Gebrauch des Additionstheorems der Funktion J_0 geht es über in den Ausdruck

$$\int\limits_{-c}^{+c} \int\limits_0^\infty e^{-|z-z'|t} J_0(\varrho\, t)\, J_0(b\, t)\, dt\, dz'. \tag{28}$$

Es ist nun aber für jedes $\lambda = 0, \pm 1, \pm 2 \ldots$

$$\int\limits_{-\infty}^{+\infty} e^{-|z-z'|t - i\lambda(2\pi z'/h)}\, dz' = \frac{2t}{t^2 + \left(\frac{2\pi\lambda}{h}\right)^2} e^{-i\lambda(2\pi z/h)}, \tag{29}$$

und damit wird nach Gl. (26b), (27) und (28):

$$A_z(\varrho, \varphi, z) = + \frac{\mu_0 I}{2\pi} \sum_{\lambda=-\infty}^{+\infty}{}' \cos\lambda\Big(\varphi - \frac{2\pi z}{h}\Big) \int\limits_0^\infty J_\lambda(a\,t)\, J_\lambda(\varrho\, t) \frac{t\,dt}{t^2 + \left(\frac{2\pi\lambda}{h}\right)^2} + \\ + \frac{\mu_0 I}{2\pi} \int\limits_0^\infty J_0(\varrho\, t)\,[J_0(a\,t) - J_0(b\,t)] \frac{dt}{t}. \tag{30}$$

Nach G. N. Watson [B 21] ist aber

$$\int\limits_0^\infty J_0(\varrho\, t)\,(1 - J_0(c\,t)) \frac{dt}{t} = \begin{cases} 0 & c < \varrho \\ \ln(c/\varrho) & c \geqq \varrho \end{cases}, \tag{31a}$$

$$\int\limits_0^\infty \frac{x}{x^2 + \alpha^2} J_\lambda(a\,x)\, J_\lambda(b\,x)\, dx = I_\lambda(a\,\alpha)\, K_\lambda(b\,\alpha) \quad (a \leqq b,\ \alpha > 0). \tag{31b}$$

Somit ergibt sich endlich wegen $I_{-\lambda} K_{-\lambda} = I_{+\lambda} K_{+\lambda}$ für $\varrho \gtreqless a$:

$$A_z^{(\infty)}(\varrho, \varphi, z) = \frac{\mu_0 I}{\pi} \sum_{\lambda=1}^{\infty} \cos\lambda(\varphi - \operatorname{ctg}\psi \cdot z/a)\, I_\lambda(\lambda|\operatorname{ctg}\psi|)\, K_\lambda\left(\lambda \frac{2\pi\varrho}{h}\right) +$$

$$+ \frac{\mu_0 I}{2\pi} \begin{cases} \ln(b/a) & (0 \leqq \varrho \leqq a) \\ \ln(b/\varrho) & (a \leqq \varrho \leqq b) \\ 0 & (b \leqq \varrho) \end{cases} \tag{32a}$$

Geht man in der gleichen Weise bei der Auswertung von Gl. (26) vor, so folgt hier die für die Komponenten A_φ und A_ϱ von der Art der Rückleitung unabhängige Beziehung:

$$A_\varphi^{(\infty)}(\varrho, \varphi, z) + i A_\varrho^{(\infty)}(\varrho, \varphi, z) = \frac{\mu_0 I}{4\pi} \operatorname{ctg}\psi \cdot \begin{cases} a/\varrho & (\varrho > a) \\ \varrho/a & (\varrho < a) \end{cases} + \tag{32b}$$

$$+ \frac{\mu_0 I}{2\pi} \operatorname{ctg}\psi \sum_{\lambda=-\infty}^{\infty}{}' e^{i\lambda(\varphi - \operatorname{ctg}\psi \cdot z/a)}\, I_{\lambda-1}(|\lambda \operatorname{ctg}\psi|)\, K_{\lambda-1}\left(\left|\lambda \frac{2\pi\varrho}{h}\right|\right) \quad (\varrho \gtreqless a).$$

Bei der stromdurchflossenen Schraubenlinie der Gl. (32a, b) gehört der in der x, y-Ebene gelegene Punkt $\varrho' = a$, $\varphi' = 0$, $z' = 0$ der Schraubenlinie an. Schneidet aber die Schraubenlinie die x, y-Ebene im Punkt $(a, \varphi', 0)$, so hat man in Gl. (32a, b) φ durch $\varphi - \varphi'$ zu ersetzen.

Berechnet man aus Gl. (32a, b) die drei Feldkomponenten B_ϱ, B_φ und B_z auf Grund der Gl. (3a), (3b) und (7), so erhält man nach einigen leichten Umformungen, die auf den Gebrauch solcher Formeln beruhen, die wie in Gl. (9) zwischen den benachbarten Funktionen $I_{\lambda \pm 1}$ und I_λ bestehen, die folgenden Beziehungen:

$$B_\varrho^{(\infty)}(\varrho, \varphi, z) = \frac{2\mu_0 I}{h} \operatorname{ctg}\psi \times \quad [\text{Rückltg.: koax. Zyl. mit } b > a]$$

$$\times \sum_{\lambda=1}^{\infty} \lambda \sin\lambda(\varphi - \operatorname{ctg}\psi \cdot z/a) \cdot I'_\lambda(\lambda|\operatorname{ctg}\psi|)\, K'_\lambda\left(\lambda \frac{2\pi\varrho}{h}\right), \tag{33a}$$

$$B_\varphi^{(\infty)}(\varrho, \varphi, z) = + \frac{2\mu_0 I}{h} \operatorname{ctg}\psi \sum_{\lambda=1}^{\infty} \lambda \cos\lambda(\varphi - \operatorname{ctg}\psi \cdot z/a) \times$$

$$\times I'_\lambda(\lambda|\operatorname{ctg}\psi|)\, K_\lambda\left(\lambda \frac{2\pi\varrho}{h}\right) \Big/ \left(\frac{2\pi\varrho}{h}\right) + \frac{\mu_0 I}{2\pi} \begin{cases} 0 & (0 < \varrho < a) \\ 1/\varrho & (a < \varrho < b) \\ 0 & (b < \varrho) \end{cases} \quad (\varrho \gtreqless a), \tag{33b}$$

$$B_z^{(\infty)}(\varrho, \varphi, z) = - \frac{2\mu_0 I}{h} \operatorname{ctg}\psi \sum_{\lambda=1}^{\infty} \lambda \cos\lambda(\varphi - \operatorname{ctg}\psi \cdot z/a) \times$$

$$\times I'_\lambda(\lambda|\operatorname{ctg}\psi|)\, K_\lambda\left(\lambda \frac{2\pi\varrho}{h}\right) + \frac{\mu_0 I}{2\pi a} \cdot \operatorname{ctg}\psi \begin{Bmatrix} +1 \\ 0 \end{Bmatrix} \quad \begin{matrix} (0 \leqq \varrho \leqq a) \\ (a \lesseqgtr \varrho < \infty). \end{matrix} \tag{33c}$$

Die Gl. (32a, b) und (33a, b, c) sind wiederum so geschrieben worden, daß sie sowohl für die rechtsgängige wie für die linksgängige Schraubenlinie gültig sind. Im ersten Fall liegt ψ im Bereich $0 \ldots \pi/2$, im zweiten Fall im Bereich $\pi/2 \ldots \pi$. Selbstverständlich kann auch für die unendlich lange Schraubenlinie, sie sei nun links- oder rechtsgängig, die früher aufgestellte Gl. (7) in Anspruch genommen werden. In Gl. (32a) ist dann aber das Argument der Funktion cos natürlich von a unabhängig, da es nur scheinbar darin auftritt.

Für $\varrho < a$ hat man in Gl. (33a, b, c) durchweg das Funktionszeichen K durch I und umgekehrt zu ersetzen. An Hand dieser Gleichungen kann man sich auch leicht davon überzeugen, daß sie für alle ϱ, φ und z die Gleichung

$$\operatorname{div}\mathfrak{B} \equiv \frac{1}{\varrho}\frac{\partial}{\partial \varrho}(\varrho B_\varrho) + \frac{1}{\varrho}\frac{\partial B_\varphi}{\partial \varphi} + \frac{\partial B_z}{\partial z} = 0 \tag{34}$$

identisch erfüllen.

Werden die Anteile der Feldkomponenten $B_z^{(\infty)}$ und $B_\varphi^{(\infty)}$, die von ϱ, φ und z abhängen, genauer mit $B_{z,2}^{(\infty)}(\varrho, \varphi, z)$ und $B_{\varphi,2}^{(\infty)}(\varrho, \varphi, z)$ bezeichnet, so besteht nach Gl. (33a, c) zwischen diesen beiden Größen der Zusammenhang:

$$B_{\varphi,2}^{(\infty)}(\varrho, \varphi, z) = -\operatorname{tg}\psi \cdot a/\varrho \cdot B_{z,2}^{(\infty)}(\varrho, \varphi, z). \tag{34α}$$

Bildet die Rückleitung für die unendlich lange Schraubenlinie ein linearer Leiter, der den Strom $-I$ führt und die x, y-Ebene im Punkt (R, β) schneidet, und hat ϱ_- die Bedeutung des Abstandes zwischen den Punkten (ϱ, φ) und (R, β), so daß also

$$\varrho_-^2 = \varrho^2 + R^2 - 2\varrho R \cos(\varphi - \beta) \tag{36}$$

ist, so lautet im Hinblick auf Gl. 1.2 (26) in Gl. (32a) die zweite Zeile

$$\frac{\mu_0 I}{2\pi}\left\{\begin{array}{ll} \ln\left(\frac{R}{a}\right) - \sum\limits_{\lambda=1}^{\infty} \frac{\cos\lambda(\varphi-\beta)}{\lambda}\left(\frac{\varrho}{R}\right)^\lambda & (0 \gtreqless \varrho \leqq R) \\ \ln\left(\frac{\varrho}{a}\right) - \sum\limits_{\lambda=1}^{\infty} \frac{\cos\lambda(\varphi-\beta)}{\lambda}\left(\frac{R}{\varrho}\right)^\lambda & (R \gtreqless \varrho \leqq a). \end{array}\right. \tag{32a$_1$}$$

$$(0 < R < a).$$

Für $a \gtreqless \varrho < \infty$ tritt in der entsprechenden Gleichungszeile nur die unendliche Reihe mit $(R/\varrho)^\lambda$ auf.

Auf Grund von Gl. (33c) ist in der Achse der Schraubenlinie, sie sei nun rechtsgängig mit $0 < \psi < \pi/2$ oder linksgängig mit $\pi/2 < \psi < \pi$, und auch nur dort:

$$H_z^{(\infty)}(0, 0, z) = \frac{I}{h} \cdot \operatorname{sgn}(\pi/2 - \psi) = I\, n \cdot \operatorname{sgn}(\pi/2 - \psi), \tag{37a}$$

wenn n die Windungszahl je Längeneinheit ist. Berechnet man mit Hilfe der Gl. (33a) den gesamten magnetischen Fluß durch den Spulenquerschnitt, so ergibt sich hierfür:

$$\Psi^{(\infty)}(z) = \int_0^a \int_0^{2\pi} B_z^{(\infty)}(\varrho, \varphi, z)\, \varrho\, d\varrho\, d\varphi = \pi a^2 \mu_0 I n. \tag{37b}$$

Für die Komponenten $H_\varphi^{(\infty)}(0, \varphi, z)$ und $H_\varrho^{(\infty)}(0, \varphi, z)$ der magnetischen Feldstärke in der Achse liefern die Gl. (33b, c) die Formeln:

$$\begin{aligned} H_\varrho(0, \varphi, z) = &-\frac{I}{2\pi a}\{x^2 K_0(x) + x K_1(x)\}_{x=\operatorname{ctg}\psi} \times \\ &\times \sin\left(\varphi - \varphi' - \frac{2\pi z}{h}\right), \end{aligned} \tag{37α}$$

$$\begin{aligned} H_\varphi(0, \varphi, z) = &-\frac{I}{2\pi a}\{x^2 K_0(x) + x K_1(x)\}_{x=\operatorname{ctg}\psi} \times \\ &\times \cos\left(\varphi - \varphi' - \frac{2\pi z}{h}\right), \end{aligned} \tag{37β}$$

$$x \cdot K_0(x) + K_1(x) = -x \cdot K_1'(x) > 0 \tag{37γ}$$

wobei der Winkel φ' die Lage des Schraubenlinienleiters in der x, y-Ebene fixiert. Die Abb. 118 veranschaulicht, wie zu der Richtung eines

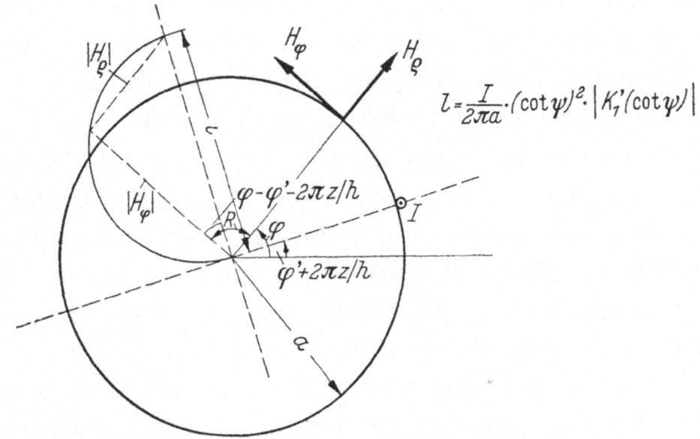

Abb. 118. Das Magnetfeld einer Schraubenlinie hat bei einem Steigwinkel $\psi \neq 0$ auch in der Achse eine in die Querschnittsebene fallende Komponente. Blickt der Beschauer von der Achse einer rechtsgängigen Spirale auf den Leiter und hat der Strom die im Bilde angenommene Richtung, so weist diese Feldkomponente unter einem rechten Winkel zur Blickrichtung nach rechts. In jeder anderen Blickrichtung treten zwei Komponenten H_φ und H_ϱ auf

beliebigen Fahrstrahls die zugehörigen Größen von H_ϱ und H_φ konstruiert werden können. Man vergleiche auch die graphische Darstellung von Abb. 122.

Dieselben Formeln (37α, β) entstehen aus Gl. (16) für $c \to \infty$, denn es ist bekanntlich nach einem von Dirichlet stammenden Satz, falls darin $f(x)$ der sogenannten Dirichletschen Bedingung gehorcht [8]:

$$\lim_{\mu=\infty} \frac{1}{\pi} \int_a^b f(x) \frac{\sin(\mu x)}{x}\, dx = A. \tag{37}$$

Hierin ist

$A = 0,$ wenn a und b gleiche Vorzeichen haben,

$A = \frac{1}{2}[f(+0) + f(-0)],$ wenn a und b ungleiche Vorzeichen haben,

$A = \frac{1}{2} f(+0),$ wenn $a = 0,\ b > 0$ oder

$A = \frac{1}{2} f(-0),$ wenn $a < 0,\ b = 0$ ist.

6.113 **Das unendlich lange Schraubenlinienband mit einem Flachband als Rückleitung und die Induktivität dieser Leiterschleife.** Wir betrachten jetzt eine Leiterschleife von der Länge l, die, abgesehen von den Querverbindungen am Anfang und Ende der Schleife, aus einem auf den unendlich langen Zylinder vom Radius a schraubenlinienförmig aufgewickelten Bandleiter als Hinleitung und einem im Abstand R von der Achse der Schraubenspirale verlaufenden unendlich langen Flachband als Rückleitung besteht. Beide Bandleiter mögen sehr dünnwandig sein. Ein Querschnittsbild dieser Art Doppelleitung ist in Abb. 119 wiedergegeben. Den Winkel 2δ, unter dem von der Achse der Schraubenlinie aus das als Rückleitung dienende Flachband erscheint, sehen wir von vornherein als so klein an, daß für die Rechnung das an sich flache und ebene Band als kreisförmig gewölbt angesehen werden darf.

Wir müssen dann zunächst die Formeln (32a, b) auf den Fall erweitern, daß es sich jetzt um ein schraubenlinienförmiges Band und nicht mehr um einen schraubenlinienförmig aufgewickelten Draht handelt. Bei Gleichstrom dürfen wir uns das ganze durchströmte Band in unzählige dünne Stromfäden zerlegt denken, die lauter einzelne stromdurchflossene Schraubenlinien darstellen. Schneidet einer dieser Stromfäden die x, y-Ebene an der Stelle (a, φ') so bekommen wir die Beziehung für das zugehörige Vektorpotential, indem wir in den Gl. (3a, b) I durch $I\,d\varphi'/2\alpha$ und φ durch $\varphi - \varphi'$ ersetzen. Für das Schraubenlinienband ergeben sich dann die Schlußformeln durch eine Integration über φ' zwischen den Grenzen $-\alpha \cdots +\alpha$. Das führt zu einem Gleichungssystem für A_z und $A_\varphi + i\,A_\varrho$, das sich gegenüber den Gl. (32a, b) nur in dem zusätzlichen Auftreten des Faktors $\sin(\alpha\,\lambda)/\alpha\,\lambda$ hinter dem Summenzeichen unterscheidet, und dieses Gleichungssystem gibt dann, um es zu wiederholen, die Beziehung für A_z und $A_\varphi + i\,A_\varrho$ an, wenn die Hinleitung von einem schraubenlinienförmigen Band, die Rückleitung des Stromes in einem koaxialen, dünnwandigen Zylinder erfolgt.

Wird nun diese Form der Rückleitung ersetzt durch einen linearen Leiter im Abstand R von der Achse der Schraubenlinie, der die x, y-Ebene am Orte (R, β) durchstößt, so tritt an die Stelle des von φ und z unabhängigen Terms in Gl. (32a) der Ausdruck (32a$_1$), und die nämlichen Überlegungen, die oben angestellt wurden, lassen auch hier sofort erkennen, daß, wenn dieser Ausdruck nun für ein kreisförmig gewölbtes Band als Rückleitung gelten soll, das von der Achse aus unter dem Blickwinkel 2δ erscheint, es lediglich des Ersatzes von φ durch $\varphi - \beta$ und des Einfügens des Faktors $\sin(\delta\lambda)/\delta\lambda$ hinter dem Summenzeichen bedarf. Damit lauten also unter den gegenwärtigen Voraussetzungen die Beziehungen für die drei Komponenten des Vektorpotentials wie folgt:

$$A_z^{(\infty)}(\varrho,\varphi,z) = \frac{\mu_0 I}{\pi}\sum_{\lambda=1}^{\infty}\frac{\sin\alpha\lambda}{\alpha\lambda}\cos\lambda(\varphi-\operatorname{ctg}\psi\cdot z/a)\, I_\lambda\left(\lambda\frac{2\pi\varrho}{h}\right)K_\lambda(|\lambda\operatorname{ctg}\psi|) +$$

$$+\frac{\mu_0 I}{2\pi}\begin{cases} -\sum\limits_{\lambda=1}^{\infty}\dfrac{\sin\lambda\delta}{\lambda\delta}\cos\lambda\varphi\dfrac{(\varrho/R)^\lambda}{\lambda} + \left.\begin{matrix}\ln(R/a) \\ \ln(R/\varrho)\end{matrix}\right\} & \begin{matrix}(0<\varrho<a) \\ (a<\varrho<R)\end{matrix} \\ -\sum\limits_{\lambda=1}^{\infty}\dfrac{\sin\lambda\delta}{\lambda\delta}\cos\lambda\varphi\dfrac{(R/\varrho)^\lambda}{\lambda} + \quad 0 & (R<\varrho<\infty)\end{cases} \tag{38a}$$

$$(1.\,\text{Zeile: } \varrho < R; \quad 2.\,\text{Zeile: } \varrho > R)$$

$$A_\varphi^{(\infty)}(\varrho,\varphi,z) + i\,A_\varrho^{(\infty)}(\varrho,\varphi,z) = \frac{\mu_0 I}{4\pi}\operatorname{ctg}\psi\begin{Bmatrix} a/\varrho & (\varrho>a) \\ \varrho/a & (\varrho<a)\end{Bmatrix} + \tag{38b}$$

$$+\frac{\mu_0 I}{2\pi}\operatorname{ctg}\psi\sum_{\lambda=-\infty}^{+\infty}{}'\frac{\sin\alpha\lambda}{\alpha\lambda}e^{i\lambda(\varphi-\operatorname{ctg}\psi\cdot z/a)}\, I_{\lambda-1}\left(\left|\lambda\frac{2\pi\varrho}{h}\right|\right)K_{\lambda-1}(|\lambda\operatorname{ctg}\psi|)\ (\varrho \gtreqless a).$$

$$(0<\psi<\pi)$$

Nach diesen beiden Gleichungen berechnet sich für die Komponente des Vektorpotentials in Richtung des Einheitsvektors $\mathfrak{t}$ von Gl. (5a) gemäß Gl. (22a) der Ausdruck:

$$A_t(\varrho,\varphi,z) = \frac{\mu_0 I}{\pi}\sin\psi\sum_{\lambda=1}^{\infty}\frac{\sin\alpha\lambda}{\alpha\lambda}\cos\lambda\left(\varphi-\frac{2\pi z}{h}\right)I_\lambda(\lambda\operatorname{ctg}\psi)\,K_\lambda\left(\lambda\frac{2\pi\varrho}{h}\right)+$$

$$+\frac{\mu_0 I}{\pi}\sin\psi\left[\ln\left(\frac{R}{\varrho}\right)-\sum_{\lambda=1}^{\infty}\frac{\sin\lambda\delta}{\lambda\delta}\cos\lambda\varphi\frac{(\varrho/R)^\lambda}{\lambda}\right]+\frac{\mu_0 I}{4\pi}\frac{\varrho}{a}\frac{\cos^2\psi}{\sin\psi}+ \tag{39}$$

$$+\frac{\mu_0 I}{2\pi}\frac{\cos^2\psi}{\sin\psi}\sum_{\lambda=-\infty}^{+\infty}{}'\frac{\sin\alpha\lambda}{\alpha\lambda}\cos\lambda\left(\varphi-\frac{2\pi z}{h}\right)I_{\lambda-1}(\lambda\operatorname{ctg}\psi)\,K_{\lambda-1}\left(\frac{2\pi\varrho}{h}\right)$$

$$(a \lesseqgtr \varrho < \infty,\ 0<\psi<\pi/2).$$

Ist im besonderen $\varrho = a$, so läßt sich die Gl. (39) erheblich einfacher schreiben, denn anstatt in der letzten Zeile λ unter Auslassen der Null von $-\infty \cdots +\infty$ laufen zu lassen, kann man sich bei der Summation auf den Bereich $1 \cdots +\infty$ beschränken, wenn noch zu den schon bestehenden Zeilen eine vierte hinzugefügt wird, die unter dem Summenzeichen das Produkt der Funktionen $I_{\lambda+1}$, $K_{\lambda+1}$ enthält. Dann aber läßt sich die Gl. (9) anwenden, und man erhält nach der

Tilgung gleichlautender Glieder:

$$A_t(a,\varphi,z)=\frac{\mu_0 I}{2\pi}\sin\psi\left[\ln\left(\frac{R}{a}\right)-\sum_{\lambda=1}^{\infty}\frac{\sin\lambda\delta}{\lambda\delta}\frac{(a/R)^\lambda}{\lambda}\cos\lambda\varphi+\frac{1}{2}\operatorname{ctg}^2\psi\right]-$$

$$-\frac{\mu_0 I}{\pi}\operatorname{ctg}\psi\cos\psi\sum_{\lambda=1}^{\infty}\frac{\sin\lambda\alpha}{\lambda\alpha}\cos\lambda(\varphi-\operatorname{ctg}\psi\cdot z/a)\,I'_\lambda(\lambda|\operatorname{ctg}\psi|)\,K'_\lambda(\lambda|\operatorname{ctg}\psi|).$$

$$(0<\psi<\pi). \qquad (39\text{a})$$

Aus Gl. (38a, b) lassen sich die drei Feldkomponenten B_z, B_ϱ, B_φ wiederum mittels der Gl. (3a, b) und (7) berechnen. Es entstehen die Gl. (33a, b, c), jedoch ist in allen drei Gleichungen noch hinter dem Summenzeichen der Bruch $\sin(\alpha\lambda)/\alpha\lambda$ einzufügen. Im übrigen gelten die Gl. (38a, b), (39) und (39a) sämtlich nur unter der Voraussetzung, an die auch die Abb. 119 nochmals erinnert, daß die Mittellinie des schraubenlinienförmigen Bandes und des Flachbandes die x, y-Ebene an den Stellen $(a, 0, 0)$ und $(R, 0, 0)$ durchstoßen.

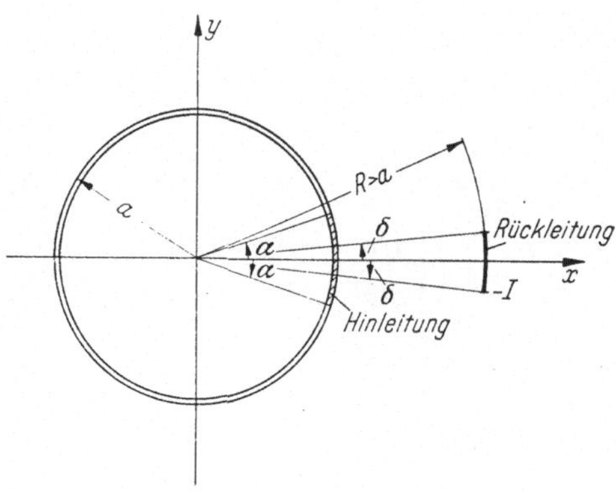

Abb. 119. Der schraubenlinienförmig aufgew. Leiter ist ein Bandleiter. Die Rückleitung bildet ein außerhalb der Spirale liegendes Flachband. Die Breite beider Bänder wird gem. Abb. 116 durch die Winkel 2α und 2δ gemessen

Wir haben jetzt alle Unterlagen beisammen, um die magnetische Energie des aus dem Schraubenlinienband und dem Flachband und ihren Querverbindungen bestehenden Stromkreises zu berechnen, wenn dabei ein magnetisches Feld zugrunde gelegt ist, wie es sich zwischen zwei unendlich langen Bändern dieser Art ausbildet. Die axiale Länge der Stromschleife, das ist der Abstand der beiden Querschnittsebenen, die die Querverbindungen enthalten, möge gleich $2c$ gesetzt werden. Dann kann zur Berechnung der magnetischen Energie die Formel

$$\begin{aligned}W_m=\frac{1}{2}\int \mathfrak{i}\,\mathfrak{A}\,dV=-\frac{1}{2}\frac{I}{2\delta}\int_{z-c}^{z+c}\int_{-\delta}^{+\delta}A_z(R,\varphi,z)\,d\varphi\,dz\,+\\ +\frac{1}{2}\frac{I}{2\alpha}\frac{1}{\sin\psi}\int_{z-c}^{z+c}\int_{2\pi z/h-\alpha}^{2\pi z/h+\alpha}A_t(a,\varphi,z)\,d\varphi\,dz\end{aligned} \qquad (40)$$

benutzt werden. In der ersten Zeile steht der Beitrag des Flachbandes zur magnetischen Energie, in der zweiten Zeile der Beitrag des Schraubenlinienbandes. Für den *ersten*, vom *Flach*band gelieferten Anteil ist nach Gl. (38a)

$$W_m^{(\mathrm{Fl})} = \frac{\mu_0 I}{\pi}\left(-\frac{1}{2}\frac{I}{2\delta}\right)\sum_{\lambda=1}^{\infty}\frac{\sin\lambda\alpha}{\lambda\alpha} I_\lambda(\lambda\,|\mathrm{ctg}\,\psi|)\,K_\lambda\!\left(\lambda\frac{2\pi R}{h}\right)\times$$

$$\times\int_{z-c}^{z+c}\int_{-\delta}^{+\delta}\cos\lambda\left(\varphi-\frac{2\pi z}{h}\right)d\varphi\,dz + \frac{\mu_0 I}{2\pi}\frac{1}{2}\frac{I}{2\delta}2c\sum_{\lambda=1}^{\infty}\frac{\sin\lambda\delta}{\lambda^2\delta}\int_{-\delta}^{+\delta}\cos\lambda\varphi\,d\varphi.$$

Nach der Berechnung der rein elementaren Integrale erhält man als erstes Teilergebnis:

$$W_m^{(\mathrm{Fl})} = c\frac{\mu_0 I^2}{2\pi}\left\{\sum_{\lambda=1}^{\infty}\left(\frac{\sin\delta\lambda}{\delta\lambda}\right)^2\frac{1}{\lambda} - 2\sum_{\lambda=1}^{\infty}\frac{\sin\alpha\lambda}{\alpha\lambda}\frac{\sin\delta\lambda}{\delta\lambda}\frac{\sin\left(\frac{2\pi c}{h}\lambda\right)}{\frac{2\pi c}{h}\lambda}\times\right.$$
$$\left.\times\cos\left(\frac{2\pi z}{h}\lambda\right)I_\lambda(\lambda\,|\mathrm{ctg}\,\psi|)\,K_\lambda\!\left(\lambda\frac{R}{a}\,|\mathrm{ctg}\,\psi|\right)\right\}. \tag{40a}$$

Für den Anteil des Schraubenlinienbandes an der totalen magnetischen Energie ergibt sich nacheinander in Rücksicht auf Gl. (39a):

$$W_m^{(\mathrm{Schr})} = \frac{1}{2}\frac{\mu_0 I^2}{4\pi\alpha}\left\{4\alpha c\left[\ln\left(\frac{R}{a}\right)+\frac{1}{2}\mathrm{ctg}^2\psi\right] - \sum_{\lambda=1}^{\infty}\frac{\sin\delta\lambda}{\delta\lambda}\frac{(a/R)^\lambda}{\lambda}\times\right.$$

$$\times\int_{z-c}^{z+c}\int_{-\alpha+(2\pi z/h)}^{+\alpha+(2\pi z/h)}\cos\lambda\varphi\,d\varphi\,dz - \frac{1}{2}\frac{I}{2\alpha\sin\psi}\frac{\mu_0 I}{\pi}\frac{\cos^2\psi}{\sin\psi}\sum_{\lambda=1}^{\infty}\frac{\sin\alpha\lambda}{\alpha\lambda}\times$$

$$\left.\times I_\lambda'(\lambda\,|\mathrm{ctg}\,\psi|)\,K_\lambda'(\lambda\,|\mathrm{ctg}\,\psi|)\int_{z-c}^{z+c}\int_{-\alpha+(2\pi z/h)}^{+\alpha+(2\pi z/h)}\cos\lambda\left(\varphi-\frac{2\pi z}{h}\right)d\varphi\,dz\right\}.$$

Die Auswertung der Integrale führt also für den *zweiten*, vom *Schraubenlinien*band gelieferten Anteil zu dem Ausdruck:

$$W_m^{(\mathrm{Schr})} = \frac{1}{2}\frac{\mu_0 I^2 c}{\pi}\left\{\ln\left(\frac{R}{a}\right)+\frac{1}{2}\mathrm{ctg}^2\psi - \sum_{\lambda=1}^{\infty}\frac{\sin\delta\lambda}{\delta\lambda}\frac{\sin\alpha\lambda}{\alpha\lambda}\frac{\sin\left(\frac{2\pi c}{h}\lambda\right)}{\frac{2\pi c}{h}\lambda}\times\right.$$
$$\left.\times\left(\frac{a}{R}\right)^\lambda\cos\left(\frac{2\pi z}{h}\lambda\right) - 2\,\mathrm{ctg}^2\psi\sum_{\lambda=1}^{\infty}\left(\frac{\sin\alpha\lambda}{\alpha\lambda}\right)^2 I_\lambda'(\lambda|\mathrm{ctg}\,\psi|)\,K_\lambda'(\lambda|\mathrm{ctg}\,\psi|)\right\}. \tag{40b}$$

Für die Induktivität der aus dem Schraubenlinienband mit den Kenndaten $(a, 2\alpha, h)$ und dem Flachband mit den Kenndaten $(R, 2\delta)$ bestehenden Leiteranordnung berechnet sich also, bezogen auf die Länge $2c$, die folgende Formel:

$$\mathfrak{L}\begin{pmatrix}a, 2\alpha, h\\ R, 2\delta\end{pmatrix} = \frac{\mu_0 c}{\pi}\left\{\frac{1}{2}\mathrm{ctg}^2\psi\left[1-4\sum_{\lambda=1}^{\infty}\left(\frac{\sin\alpha\lambda}{\alpha\lambda}\right)^2 I_\lambda'(\lambda\,|\mathrm{ctg}\,\psi|)\,K_\lambda'(\lambda\,|\mathrm{ctg}\,\psi|)\right]+\right.$$

$$+\sum_{\lambda=1}^{\infty}\left(\frac{\sin\delta\lambda}{\delta\lambda}\right)^2\frac{1}{\lambda}+\ln\left(\frac{R}{a}\right)-\sum_{\lambda=1}^{\infty}\left(\frac{\sin\alpha\lambda}{\alpha\lambda}\right)\left(\frac{\sin\delta\lambda}{\delta\lambda}\right)\frac{\sin\left(\frac{2\pi c}{h}\lambda\right)}{\left(\frac{2\pi c}{h}\lambda\right)}\times \tag{40}$$

$$\left.\times\cos\left(\lambda\frac{2\pi z}{h}\right)\left[\left(\frac{a}{R}\right)^\lambda + 2I_\lambda(\lambda\,|\mathrm{ctg}\,\psi|)\,K_\lambda\!\left(\lambda\frac{2\pi R}{h}\right)\right]\right\}.$$

In der Gl. (40) muß in der letzten Zeile das Argument der cos-Funktion $\lambda(\varphi_m - 2\pi z/h)$ heißen an Stelle von $\lambda \cdot 2\pi z/h$, wenn die Mittellinie des schraubenlinienförmig verlaufenden Bandes die x, y-Ebene im Punkt $(a, \varphi_m, 0)$ durchstößt.

In Gl. (40) beschreibt die erste Zeile den Beitrag des schraubenlinienförmigen Leiterbandes zum Gesamtwert der Induktivität, die erste unendliche Reihe in der zweiten Zeile den Beitrag des Flachbandes zu derem Wert, und die unendliche Reihe in der zweiten und dritten Zeile stellt den Kopplungsterm dar. Dabei ist dieser Teil, was die unendliche Reihe anbetrifft, von z abhängig. Diese Abhängigkeit von z verschwindet jedoch, wenn die Länge $2c$, auf die sich der Wert der Induktivität bezieht, ein ganzzahliges Vielfaches N der Steighöhe h ist, denn es ist dann $(2\pi c/h)\lambda = \pi N \lambda$. N ist dabei zugleich die Windungszahl der Spule. Für $\mathfrak{L}$ besteht dann die einfachere Beziehung:

$$\frac{\mathfrak{L}(N)}{2c} = \frac{\mu_0}{2\pi}\left\{\frac{1}{2}\operatorname{ctg}^2\psi\left[1 - 4\sum_{\lambda=1}^{\infty}\left(\frac{\sin\alpha\lambda}{\alpha\lambda}\right)^2 I'_\lambda(\lambda|\operatorname{ctg}\psi|)\,K'_\lambda(\lambda|\operatorname{ctg}\psi|)\right] + \right.$$
$$\left. + \ln\left(\frac{R}{a}\right) + \sum_{\lambda=1}^{\infty}\left(\frac{\sin\delta\lambda}{\delta\lambda}\right)^2\cdot\frac{1}{\lambda}\right\}. \qquad (2c = N\cdot h). \qquad (40')$$

Wir betrachten einige naheliegende Grenzfälle. In dem *ersten* Sonderfall strebe $h \to \infty$. Dann ist im Hinblick auf die Grenzwertgleichungen

$$2I_\lambda\left(\frac{2\pi a}{h}\lambda\right)K_\lambda\left(\frac{2\pi\varrho}{h}\right) \to \frac{\left(\frac{a}{\varrho}\right)^\lambda}{\lambda} \qquad (h\to\infty,\ \lambda = 1, 2, \ldots), \qquad (41\text{a})$$

$$2I'_\lambda\left(\frac{2\pi\alpha}{h}\lambda\right)K'_\lambda\left(\frac{2\pi\varrho}{h}\right) \to -\frac{\left(\frac{h}{2\pi\sqrt{a\varrho}}\right)^2}{\lambda} \qquad (h\to\infty,\ \lambda = 1, 2, \ldots), \qquad (41\text{b})$$

und wegen Gl. (40) die Induktivität zweier flacher, nach Art von Abb. 120 geformter und zueinander angeordneter Bandleiter durch den Ausdruck

$$[\mathfrak{L}]_{h\to\infty} = \frac{\mu_0 c}{\pi}\left\{\ln\left(\frac{R}{a}\right) + \sum_{\lambda=1}^{\infty}\frac{\left(\frac{\sin\lambda\delta}{\lambda\delta}\right)^2}{\lambda} + \sum_{\lambda=1}^{\infty}\frac{\left(\frac{\sin\alpha\lambda}{\alpha\lambda}\right)^2}{\lambda} - \right.$$
$$\left. - \sum_{\lambda=1}^{\infty}\frac{\sin\alpha\lambda}{\alpha\lambda}\,\frac{\sin\delta\lambda}{\delta\lambda}\cos\lambda\varphi_m\cdot\left[\left(\frac{a}{R}\right)^\lambda + \frac{1}{\lambda}\right]\right\} \qquad (42)$$

gegeben.

Den *zweiten* Sonderfall schließen wir an Gl. (40′) an, wenn also $2c = Nh$ ist. Er besteht darin, daß $\delta \approx 0$ ist, die Rückleitung also von einem linearen Leiter gebildet wird. Es verhält sich dann das Flachband wie der kreisrunde Draht, und hat dieser etwa den sehr kleinen Radius r_0, so entspricht ihm im Hinblick auf Abb. 120 ein Wert δ gemäß der Gleichung

$$\delta = r_0/R \ll 1. \tag{43'}$$

Nun ist nach M 6 (4) für $p = 0$

$$\sum_{\lambda=1}^{\infty} \frac{1-\cos(2\lambda\delta)}{(\delta\lambda)^2}\frac{1}{\lambda} = 3 + 2\cdot\ln\left(\frac{1}{2\delta}\right) - 4\sum_{\lambda=0}^{\infty}\frac{B_{2\lambda+2}}{(2\lambda+2)(2\lambda+4)!}(-4\delta^2)^{\lambda+1} \tag{44}$$

und also in völlig ausreichender Annäherung

$$\sum_{\lambda=1}^{\infty}\left(\frac{\sin\delta\lambda}{\delta\lambda}\right)^2\frac{1}{\lambda} \approx \ln\left(\frac{R}{2r_0}\right) + \frac{3}{2} + O\left(\left(\frac{2r_0}{R}\right)^2\right). \tag{44a}$$

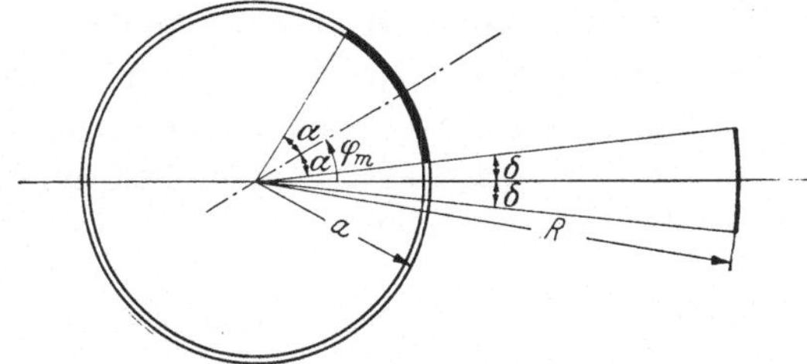

Abb. 120. Das Bild zeigt die gegenseitige Lage zweier gradausgestreckter, aber leicht gewölbter Bandleiter, und die Bedeutung ihrer Kenngrößen, wie sie in der Formel (42) für die Induktivität auftreten

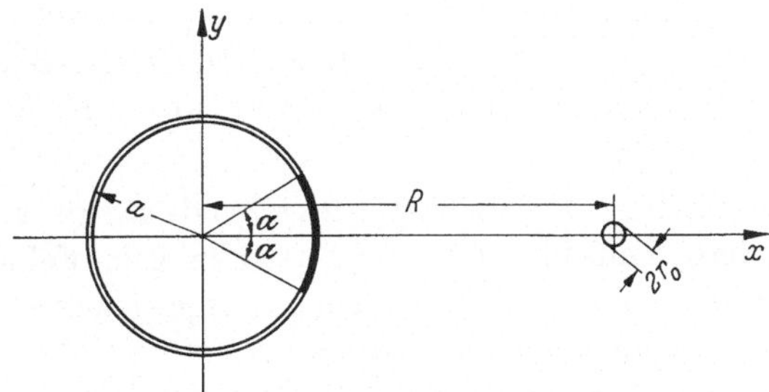

Abb. 121. Die äußere Rückleitung zum schraubenlinienförmigen Bandleiter ist ein linearer Leiter mit dem Durchmesser $2r_0$. Die Induktivität dieser Leiteranordnung gibt die Gl. (45) an

Somit ist die Selbstinduktivität einer Leiterschleife von der Länge $2c = Nh$, die, abgesehen von den Querverbindungen, aus einem schraubenlinienförmig auf einem Zylinder aufgewickelten Bandleiter als Hinleitung und aus einem linearen Leiter mit dem sehr kleinen Durchmesser $2r_0$ als Rückleitung besteht, durch den Ausdruck

$$\begin{aligned}\mathfrak{L}(N, r_0; \alpha) = \frac{\mu_0 c}{\pi}\Bigg\{\ln\left(\frac{R^2}{2ar_0}\right) + \frac{3}{2} + \\ \frac{1}{2}\operatorname{ctg}^2\psi\left[1 - 4\sum_{\lambda=1}^{\infty}\left(\frac{\sin\alpha\lambda}{\alpha\lambda}\right)^2 I_\lambda'(\lambda\,|\operatorname{ctg}\psi|)\,K_\lambda'(\lambda\,|\operatorname{ctg}\psi|)\right]\Bigg\}\end{aligned} \tag{45}$$

gegeben.

Ein *dritter* Sonderfall liegt vor für $\alpha = \pi$. Die einzelnen Windungen des Schraubenlinienbandes liegen dann ohne Zwischenraum nebeneinander, jedoch so, daß kein Stromübertritt möglich ist. Aus Gl. (40) oder (40′) folgt dann das gleiche Ergebnis

$$\mathfrak{L}(N, r_0; \pi) = \frac{\mu_0 c}{\pi}\left\{\ln\left(\frac{R^2}{2a r_0}\right) + \frac{3}{2} + \frac{1}{2}\sqrt{\left(\frac{2\pi a}{D}\right)^2 - 1}\right\}, \quad (46)$$

denn nach Gl. (18b) ist für $\alpha = \pi$ der Steigwinkel nicht mehr beliebig wählbar, sondern durch den Zylinderradius einerseits und die Bandbreite andererseits bereits festgelegt. Die Rückleitung erfolgt bei der der Gl. (46) zugrunde liegenden Anordnung wiederum durch einen linearen Leiter, der von der Achse der Schraubenlinie den Abstand R und dessen Kreisquerschnitt den Radius r_0 besitzt.

Ist im *vierten* Fall α nur wenig kleiner als π, so daß $\alpha = \pi - \gamma$ mit $\gamma \approx 0$ gesetzt werden darf, so ist im Hinblick auf die Gl. M 7 (3) bei hinreichend großen Werten von $2\pi a/h$:

$$\mathfrak{L}(N, r_0; \pi - \gamma) = \frac{\mu_0 c}{\pi} \times$$
$$\times\left\{\ln\left(\frac{R^2}{2a r_0}\right) + \frac{3}{2} + \frac{1}{2}\operatorname{ctg}^2\psi\left[1 + \frac{2\sin\psi}{((\pi-\gamma)\cos\psi)^2}\sum_{\lambda=1}^{\infty}\frac{(\sin\gamma\,\lambda)^2}{\lambda^3}\right]\right\}. \quad (47)$$

Hierin hängt ψ mit a, α und D nach Gl. (18) zusammen. Die in Gl. (47) auftretende unendliche Reihe kann nach Gl. (44a) wegen $\gamma \approx 0$ ohne viel Mühe summiert werden. Was die zahlenmäßige Berechnung von Gl. (40) oder (40′) im allgemeinen Fall angeht, so vergleicht man darüber die Ausführungen in M 7.

6.114 Die skalare Potentialfunktion des Schraubenlinienbandes. Wir haben uns bisher bei der Darstellung des Feldes der Schraubenlinie oder des schraubenlinienförmig aufgewickelten Bandes ausschließlich des Vektorpotentials bedient. Die Verwendung dieser Hilfsgröße bietet in der Tat zunächst den Vorteil, daß für sie in den Formeln (4a, b) eine einfache Berechnungsvorschrift vorliegt. Damit ist jedoch in diesem Falle ihr wesentlichster Nutzen ausgeschöpft, da der sonst noch häufig damit verbundene Vorteil einer gegenüber $\mathfrak{H}$ geringeren Komponentenzahl hier nicht besteht. Solange man also nicht gerade die Wirbelströmung zu untersuchen wünscht, die das Magnetfeld der Schraubenspirale im Innern leitender Körper bei Wechselstrom erzeugt, läßt es sich mindestens ebenso gut vertreten, das skalare Potential als Hilfsgröße heranzuziehen. Seine Verwendung ist hier trotz der Herkunft von $\mathfrak{H}$ aus Wirbeln des Feldes durchaus am Platze, weil sowohl im Inneren des Zylinders mit dem Radius a als auch außerhalb dieses Zylinders das skalare Potential eine eindeutige Funktion des Aufpunktes ist. Der bekannte Vorteil, der in der Benutzung skalarer

Potentiale liegt, kommt also zum mindesten innerhalb dieser beiden Räume uneingeschränkt zur Geltung.

Da sich das magnetische Feld $\mathfrak{H}$ aus dem skalaren Potential Φ nach dem einfachen Gesetz $\mathfrak{H} = -\operatorname{grad}\Phi$ bestimmt, so macht es keine Schwierigkeit, umgekehrt aus den Gl. (33a, b) das noch unbekannte Potential Φ zu berechnen. Die beiden Integrationskonstanten können dabei unabhängig voneinander etwa durch die Bedingung festgelegt werden, daß das Potential Φ sowohl für $\varrho = 0$ als auch für $\varrho \to \infty$ verschwindet, denn die Absolutwerte von Φ sind für unsere Zwecke ohne Belang. Man erhält für Φ nach dieser Festsetzung die Relation:

$$\Phi(\varrho, \varphi, z) = -\frac{I}{\pi} \operatorname{ctg}\psi \sum_{\lambda=1}^{\infty} \frac{\sin\alpha\lambda}{\alpha\lambda} \sin\lambda(\varphi - \varphi_m' - \operatorname{ctg}\psi \cdot z/a) \times \tag{47}$$

$$\begin{matrix} (\varrho > a) \\ \\ (\varrho < a) \end{matrix} \times \begin{cases} I_\lambda'(\lambda|\operatorname{ctg}\psi|)\, K_\lambda\!\left(\lambda \dfrac{2\pi\varrho}{h}\right) \\ I_\lambda\!\left(\lambda \dfrac{2\pi\varrho}{h}\right) K_\lambda'(\lambda|\operatorname{ctg}\psi|) \end{cases} - I \begin{cases} \operatorname{ctg}\psi \cdot z/2\pi a & (0 \gtreqless \varrho \leqq a), \\ \varphi/2\pi & (a \gtreqless \varrho \leqq b). \end{cases}$$

$$(0 < \psi < \pi)$$

Dabei handelt es sich in Gl. (47) um ein auf den Zylinder $\varrho = a$ in Form einer links- oder rechtsgängigen Schraubenlinie aufgewickeltes Flachband, dessen Mittellinie die x, y-Ebene an der Stelle $(a, \varphi_m', 0)$ durchstößt, und das den Kreisumfang $\varrho = a$ in dieser Ebene zwischen den Winkeln $\varphi = \varphi_m' \pm \alpha$ überdeckt. Die Breite D des Bandes hängt dann mit α und mit dem Steigwinkel ψ wieder über die Gl. (18) zusammen, und die Rückleitung bildet auch hier ein koaxialer Zylinder mit dem Radius $b > a$. Nach Gl. (47) hat somit im Innern der Schraubenspirale das magnetische Potential u. a. ein lineares Gefälle von der Größe I je Einheit der Steighöhe.

Macht man von der Beziehung

$$I_\nu'(z)\, K_\nu(z) - I_\nu(z)\, K_\nu'(z) = 1/z \tag{48}$$

Gebrauch, so folgt aus Gl. (47):

$$\Phi(a+, \varphi, z) - \Phi(a-, \varphi, z) = -\frac{I}{\pi} \sum_{\lambda=1}^{\infty} \frac{\sin\alpha\lambda}{\alpha\lambda} \frac{\sin\lambda\left(\varphi - \varphi_m' - \dfrac{2\pi z}{h}\right)}{\lambda} \tag{49}$$

$$= -\frac{I}{2\pi\alpha} \sum_{\lambda=1}^{\infty} \left[\cos\lambda\left(\varphi - \alpha - \varphi_m' - \frac{2\pi z}{h}\right) - \cos\lambda\left(\varphi + \alpha - \varphi_m' - \frac{2\pi z}{h}\right)\right] \Big/ \lambda^2 .$$

Nun ist aber mit $n = 0, \pm 1, \pm 2, \ldots$

$$\sum_{\lambda=1}^{\infty} (\pm)^\lambda \frac{\cos\lambda\pi\psi}{\lambda^2} = \frac{\pi^2}{4}(2n + 1 - \psi)^2 - \frac{\pi^2}{12}$$
$$\text{für} \quad \begin{matrix} 2n < \psi < 2n + 2 & \text{oberes Vorzeichen,} \\ 2n + 1 < \psi < 2n + 3 & \text{unteres Vorzeichen.} \end{matrix} \tag{50}$$

Die Mantelfläche des Zylinders $\varrho = a$ erscheint hiernach als der Sitz einer magnetischen Doppelschicht, deren Moment für $\varphi = \text{const}$ immer noch von z abhängt. Beim Passieren des Bandleiters erfährt es sowohl am linken wie am rechten Rand des Leiters eine sprunghafte Änderung.

6.115 Die Leiterschleife aus zwei diametral angeordneten, schraubenlinienförmigen Draht- oder Bandleitern und ihre Induktivität. Wir gehen jetzt zu dem in Abb. 122 skizziertem Fall zweier diametral angeordneter, schraubenlinienförmig aufgewickelter Bandleiter über, von denen der eine die Hinleitung, der andere die Rückleitung einer Leiterschleife bildet. Die Breite der beiden Bänder sei einander gleich und werde gemessen durch den Winkel 2α, unter dem von der Achse der Schraubenlinie aus das von dem einzelnen Band bedeckte Kreisbogenstück mit dem Radius a erscheint. Die zu dieser Leiteranordnung gehörende Beziehung für A_z, A_φ und A_ϱ geht ohne weiteres aus den Gl. (38a, b) hervor. Bei dem die Hinleitung bildenden Bandleiter habe die Mittellinie des Bandes in der Ebene $z = 0$ den Stellungswinkel φ'_m. Dann ist in den Gl. (38a, b), wenn sie für dieses Band gelten sollen, durchweg φ durch $\varphi - \varphi'_m$ zu ersetzen. Die Gleichungen für die Rückleitung gehen bei diametraler Anordnung aus (Gl. (38a, b) hervor, wenn man darin I durch $-I$ und φ durch $\varphi - \varphi'_m - \pi$ ersetzt.

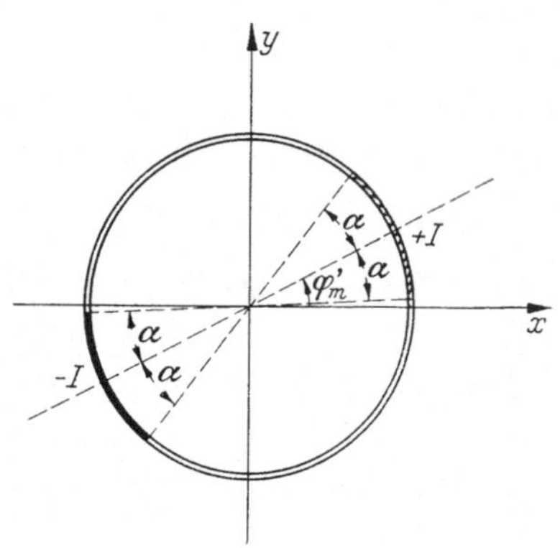

Abb. 122. Auf dem gleichen Zylinder mit dem Radius a liegen zwei schraubenlinienförmig aufgew. Bandleiter mit der gleichen Winkelbreite 2α einander diametral gegenüber. Sie bilden Hin- und Rückleitung eines Stromkreises. Die Induktivität einer solchen Doppelleitung von der Länge $2c$ gibt die Gl. (54) an

Gemäß dieser Anweisung entstehen dann die folgenden Formeln für die drei Komponenten des Vektorpotentials:

$$A_z^{(\pm\infty)}(\varrho, \varphi, z) = \frac{2\mu_0 I}{\pi} \sum_{\lambda}^{1,3,5,\ldots} \cos\lambda\left(\varphi - \varphi'_m - \frac{2\pi z}{h}\right) \frac{\sin\alpha\lambda}{\alpha\lambda} \times \\ \times I_\lambda\left(\lambda \frac{2\pi\varrho}{h}\right) K_\lambda\left(\lambda\frac{2\pi a}{h}\right) \qquad (a \geqq \varrho \geqq 0), \tag{51a}$$

$$A_\varphi^{(\pm\infty)}(\varrho, \varphi, z) + i A_\varrho^{(\pm\infty)}(\varrho, \varphi, z) = \frac{\mu_0 I}{\pi} \operatorname{ctg}\psi \times \\ \times \left\{ \sum_{\lambda}^{1,3,5,\ldots} e^{i\lambda(\varphi - \varphi'_m - (2\pi z/h))} \frac{\sin\alpha\lambda}{\alpha\lambda} I_{\lambda-1}\left(\lambda\frac{2\pi\varrho}{h}\right) K_{\lambda-1}\left(\lambda\frac{2\pi a}{h}\right) + \right. \\ \left. + \sum_{\lambda}^{1,3,5,\ldots} e^{-i\lambda(\varphi - \varphi'_m - (2\pi z/h))} \frac{\sin\alpha\lambda}{\alpha\lambda} I_{\lambda+1}\left(\lambda\frac{2\pi\varrho}{h}\right) K_{\lambda+1}\left(\lambda\frac{2\pi a}{h}\right) \right\}. \tag{51b}$$

Im Hinblick auf die Gl. (32a, b) und (34c) errechnet sich hieraus für B_φ die Formel:

$$B_\varphi^{(\pm\infty)}(\varrho,\varphi,z)=\frac{2\mu_0 I}{\pi\varrho}\operatorname{ctg}\psi\sum_\lambda^{1,3,5,\ldots}\lambda\frac{\sin\alpha\lambda}{\alpha\lambda}\cos\lambda\left(\varphi-\varphi_m'-\frac{2\pi z}{h}\right)\times$$
$$\times I_\lambda\left(\lambda\frac{2\pi\varrho}{h}\right)K_\lambda'\left(\lambda\frac{2\pi a}{h}\right)\qquad(0\gtreqless\varrho\leqq a).\tag{52}$$

Da längs des Durchmessers, der die Mittellinie der beiden Leiter der Doppelschraubenlinie miteinander verbindet, $\varphi=\varphi_m'+2\pi z/h$ ist, so ist dort

$$B_\varphi^{(\pm\infty)}\left(\varrho,\varphi_m'+\frac{2\pi z}{h};z\right)=\frac{2\mu_0 I}{\pi\varrho}\operatorname{ctg}\psi\sum_\lambda^{1,3,5,\ldots}\lambda\frac{\sin\alpha\lambda}{\alpha\lambda}\times$$
$$\times I_\lambda\left(\frac{2\pi\varrho}{h}\lambda\right)K_\lambda'\left(\frac{2\pi a}{h}\lambda\right)\qquad(0\gtreqless\varrho\leqq a)\tag{52a}$$

und mithin in der Achse selbst

$$H_\varphi^{(\pm\infty)}(0,0,z)=-\frac{I}{\pi a}\{x^2K_0(x)+xK_1(x)\}_{x=\operatorname{ctg}\psi}<0.\tag{52b}$$

Dieser Wert ist, wie sich von selbst versteht, doppelt so groß wie der in Gl. (37c_2) errechnete Wert. Der Verlauf von H_φ gemäß Gl. (52b) ist in Abhängigkeit von ψ in Abb. 123 graphisch dargestellt. Besonders bemerkenswert ist das Maximum dieser Feldkomponente beim Winkel $\psi=1{,}033$.

Im Hinblick auf Gl. (22a) folgt dann weiter aus Gl. (51a, b) für die Komponente A_t die Beziehung:

$$A_t^{(\pm\infty)}(\varrho,\varphi,z)=\frac{\mu_0 I}{\pi}\sin\psi\Bigg\{2\sum_\lambda^{1,3,5,\ldots}\frac{\sin\alpha\lambda}{\alpha\lambda}\cos\lambda\left(\varphi-\varphi_m'-\frac{2\pi z}{h}\right)\times$$
$$\times I_\lambda\left(\lambda\frac{2\pi\varrho}{h}\right)K_\lambda\left(\lambda\frac{2\pi a}{h}\right)+\operatorname{ctg}^2\psi\sum_\lambda^{1,3,5,\ldots}\frac{\sin\alpha\lambda}{\alpha\lambda}\cos\lambda\left(\varphi-\varphi_m'-\frac{2\pi z}{h}\right)\times$$
$$\times\left[I_{\lambda-1}\left(\lambda\frac{2\pi\varrho}{h}\right)K_{\lambda-1}\left(\lambda\frac{2\pi a}{h}\right)+I_{\lambda+1}\left(\lambda\frac{2\pi\varrho}{h}\right)K_{\lambda+1}\left(\lambda\frac{2\pi a}{h}\right)\right]\Bigg\}.\tag{51c}$$

Die magnetische Energie des vom Strom I durchflossenen Doppelschraubenbandes berechnet sich dann wieder nach der Formel:

$$W_m\equiv\frac{1}{2}\mathfrak{L}_d I^2=\frac{I}{4\alpha\sin\psi}\int_{z-c}^{z+c}\left(\int A_t^{(\pm\infty)}(a,\varphi,z)\,d\varphi\right)dz.\tag{53}$$

Dabei ist die Integration nach φ bei konstantem z zu erstrecken zwischen den Grenzen $\varphi_m'+(2\pi z/h)-\alpha\ldots\varphi_m'+(2\pi z/h)+\alpha$ sowie zwischen $\varphi_m'+(2\pi z/h)-\alpha+\pi\ldots\varphi_m'+(2\pi z/h)+\alpha+\pi$. Da in dem zuletzt genannten Bereich A_t das entgegengesetzte Vorzeichen hat wie im ersten, so genügt es, unter gleichzeitiger Verdoppelung des

Resultates nur die erste Integration auszuführen. Nun ist

$$\int_{\varphi'_m+(2\pi z/h)-\alpha}^{\varphi'_m+(2\pi z/h)+\alpha} \cos\lambda\left(\varphi-\varphi'_m-\frac{2\pi z}{h}\right)d\varphi = 2\,\frac{\sin(\alpha\,\lambda)}{\lambda}\,.$$

Mithin ergibt sich nach kurzer Rechnung in Rücksicht auf Gl. (9) für die Induktivität eines $2c$ langen Stückes der Doppelschrauben-

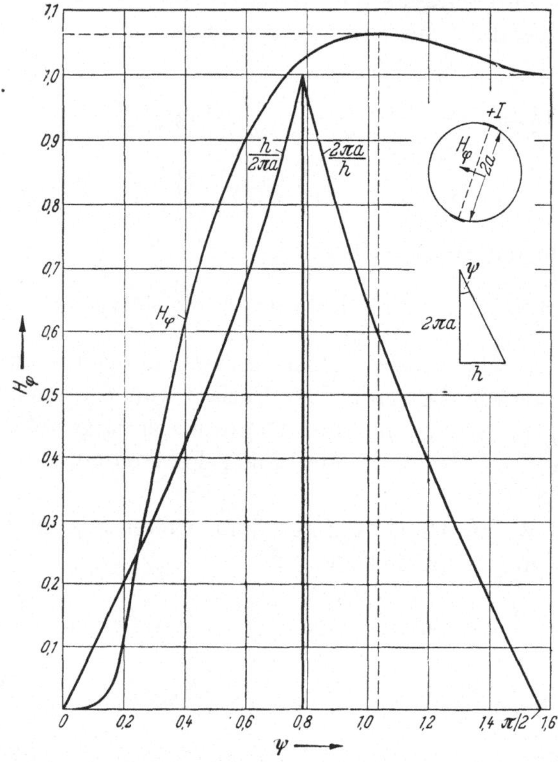

Abb. 123. Für eine Leitung aus zwei einander diametral gegenüberliegenden, schraubenlinienförmig aufgew. Bandleitern stellt das Bild die maximale Größe der in die Querschnittebene fallende Feldkomponente in der Achse der Schraubenlinie in Abhängigkeit von ψ dar

linie der Ausdruck:

$$\mathfrak{L}_d(h,a,\alpha) = -\frac{4\mu_0}{\pi}\,2c\,\mathrm{ctg}^2\,\psi\sum_{\lambda}^{1,3,5,\ldots}\left(\frac{\sin\alpha\,\lambda}{\alpha\,\lambda}\right)^2 I'_\lambda(\lambda\,\mathrm{ctg}\,\psi)\,K'_\lambda(\lambda\,\mathrm{ctg}\,\psi)\,. \quad (54)$$

Die hierin auftretende unendliche Reihe konvergiert im Hinblick auf die Gl. M 7 (3) nur für ein reelles $\alpha \neq 0$.

Besondere Bedeutung haben in der Gl. (54) $h\to 0$, $h\to\infty$ und $\alpha=\pi/2$. Für $h\to\infty$ geht das Doppelschraubenlinienband in zwei kreislinienförmig gewölbte Flachbänder über, und nach Gl. (41b) ist dann

$$\mathfrak{L}_d(\infty, a, \alpha) = \frac{2\mu_0}{\pi} 2c \sum_{\lambda}^{1,3,5,\ldots} \frac{1-\cos 2\alpha\lambda}{\alpha^2\lambda^3} \quad \left(0 < \alpha \leqq \frac{\pi}{2}; h \to \infty\right). \tag{55a}$$

Ist andererseits der Steigwinkel ψ der Doppelschraubenlinie sehr klein, so dürfen wir schon von $\lambda = 1$ an von der asymptotischen Darstellung M 7 (3) Gebrauch machen und erhalten dann mit ausreichender Annäherung die Formel:

$$\mathfrak{L}_d(0, a, \alpha) \approx \frac{2\mu_0}{\pi \sin\psi} 2c \sum_{\lambda}^{1,3,5,\ldots} \frac{1-\cos 2\alpha\lambda}{\alpha^2\lambda^3} \quad (h \to 0). \tag{55b}$$

Selbst bei kleinem ψ braucht aber α keinesfalls auch klein zu sein, vielmehr kann es bei einer eng gewundenen Spirale trotzdem in der Nähe von π liegen.

Ist schließlich $\alpha = \pi/2$, so liegt ein sehr dünnwandiger, hohler Leiter vom Durchmesser $2a$ vor, der längs der beiden Schraubenlinien $\varphi = 2\pi z/h + \pi/2$ und $\varphi = 2\pi z/h + 3\pi/2$ aufgeschnitten ist. Das eine der beiden Schraubenbänder bildet davon die Hinleitung, das andere die Rückleitung. Nach Gl. (54) ist für ein solches Doppelband

$$\mathfrak{L}_d(h, a, \pi/2) = -\frac{64\mu_0}{\pi} 2c \frac{a^2}{h^2} \sum_{\lambda}^{1,3,5,\ldots} \frac{1}{\lambda^2} I'_\lambda(\lambda \operatorname{ctg}\psi) K'_\lambda(\lambda \operatorname{ctg}\psi). \tag{55c}$$

Für einen hinreichend großen Wert von $\operatorname{ctg}\psi$ kann man wieder von der Darstellung M 7 (3) Gebrauch machen.

Treffen die zu Gl. (55a, b, c) gemachten Voraussetzungen nicht zu, so muß die numerische Berechnung von $\mathfrak{L}_d$ nach den Angaben in M 7 erfolgen. Man vergleiche auch Abschn. 6.214.

6.116 Die Differentialgleichungen für die Komponenten des Vektorpotentials bei Feldern mit Schraubenstruktur. Alle Gleichungen für die drei Komponenten des magnetischen Feldes oder des Vektorpotentials und der Ausdruck für das skalare Potential zeigen bei Feldern mit Schraubenstruktur zwei höchst charakteristische Eigenschaften. Die eine liegt in dem Auftreten der Funktionen I_λ, K_λ mit einem Argument, das selbst noch den Zeiger als Parameter enthält, die andere in der Verschmelzung der beiden Raumvariablen φ und z zu der einzigen Veränderlichen $\varphi \pm 2\pi z/h$, solange die Anregung des Feldes durch unbegrenzt lange, verdrillte Stromschleifen erfolgt. In den Reihenentwicklungen liegt also eine Art Kapteynscher Reihen vor. Zu dieser Form der Lösungsgleichungen führt die Zuhilfenahme der Gl. (4b) fast von selbst.

Nimmt man seine Zuflucht zu den Differentialgleichungen, denen z. B. die drei Komponenten des Vektorpotentials zufolge der Gl. 2.1 (17) im *strömungsfreien* Raumteil genügen müssen, so wird man auch von dieser Seite her sofort zu diesem charakteristischem Aufbau der Lösung geführt. Sobald man sich nämlich klargemacht hat, daß die Abhängigkeit der Lösung von den Variablen φ und z eine Periodizität in bezug auf die Größe $\lambda(\varphi \pm 2\pi z/h)$ zu erkennen geben muß, läßt sich der Differentialoperator $1/\varrho^2 \cdot \partial^2/\partial\varphi^2 + \partial^2/\partial z^2$ in den drei Differentialgleichungen

$$\left[\frac{\partial^2}{\partial\varrho^2}+\frac{1}{\varrho}\frac{\partial}{\partial\varrho}+\frac{1}{\varrho^2}\frac{\partial^2}{\partial\varphi^2}+\frac{\partial^2}{\partial z^2}-\frac{1}{\varrho^2}\cdot\left(1+i\frac{\partial}{\partial\varphi}\right)^2\right](A_\varphi+iA_\varrho)=0. \quad (56\text{a})$$

$$\left[\frac{\partial^2}{\partial\varrho^2}+\frac{1}{\varrho}\frac{\partial}{\partial\varrho}+\frac{1}{\varrho^2}\frac{\partial^2}{\partial\varphi^2}+\frac{\partial^2}{\partial z^2}\right]A_z=0 \quad (56\text{b})$$

durch den Summanden $-\lambda^2/\varrho^2 - (\lambda^2/h^2)\,4\pi^2$ ersetzen. Aus der Gl. (56b), die auch von dem skalaren Potential erfüllt werden muß, folgt dann in der Tat sofort ein Lösungsaufbau gemäß den Gl. (38a) oder (47), während für die Gl. (56a) die Abhängigkeit von ϱ so beschaffen sein muß, wie es z. B. die Gl. (38b) zeigt.

6.117 Das Magnetfeld von Bandleitergeflechten. In den koaxialen Kabeln verwendet man neuerdings häufig an Stelle des vollen oder des geschlitzten Außenleiters ein Geflecht aus dünnen schmalen Bandleitern, die zur einen Hälfte als rechtsgängige, zur andern Hälfte als linksgängige Schraubenlinienbänder geführt werden und derart miteinander verflochten sind, daß sie abwechselnd teils oben, teils unten zu liegen kommen. Beträgt der Steigwinkel der rechtsgängigen Schrauben ψ_r mit $0 < \psi_r < \pi/2$, so ist der Steigwinkel der linksgängigen Schraubenlinien $\pi - \psi_r$. Wir betrachten zunächst die als rechtsgängige Schraubenlinien ausgelegten Bandleiter. Der Erfahrung gemäß wird von einem Stromübertritt zwischen den sich überkreuzenden Bandleitern, die keinerlei Isolation tragen, abgesehen.

Es werde wie bisher die Breite der einzelnen Bandleiter durch den Winkel 2α gemessen, unter dem die beiden Ränder des Bandes auf dem Umfang des Kreises mit dem Radius a in einer beliebigen Querschnittsebene erscheinen. Der auf die gleiche Weise gemessene Winkelabstand der Mittellinien zweier aufeinander folgender Bandleiter betrage 2β. Entfallen dann auf die immer gleiche Steighöhe h im ganzen p Bandleiter, so ist

$$2\beta \cdot p = 2\pi \qquad (p = \text{pos. ganze Zahl}) \quad (57\text{a})$$

und es ist $\beta > \alpha$, wenn zwischen den Bändern Zwischenräume bestehen bleiben, und $\beta < \alpha$, wenn die Bandleiter sich überlappen.

Ist ferner φ_i' die Winkelkoordinate der Mittellinie des i-ten der p Bandleiter, so ist weiterhin

$$\varphi_i' = \varphi_1' + 2\beta(i-1) \quad (i = 1, 2, 3, \cdots, p). \quad (57\text{b})$$

Wird schließlich noch der Kürze halber im Hinblick auf die Gl. (47)

$$F_\lambda(\lambda\,\varrho) = \begin{cases} I'_\lambda(\lambda\cdot|\operatorname{ctg}\psi|)\cdot K_\lambda\left(\lambda\cdot\frac{2\pi\,\varrho}{h}\right) & (\varrho > a) \\ I_\lambda\left(\lambda\cdot\frac{2\pi\,\varrho}{h}\right) K'_\lambda(\lambda\cdot|\operatorname{ctg}\psi|) & (\varrho < a) \end{cases} \tag{57c}$$

gesetzt, so lautet die skalare Potentialfunktion, die das magnetische Feld eines Systems von p gleichmäßig über die Steighöhe verteilter, rechtsgängiger Schraubenlinienbänder beschreibt, deren gemeinsame Rückleitung ein koaxialer dünnwandiger Metallzylinder mit dem Radius $b > a$ ist, wie folgt:

$$\Phi^{(p,r)}(\varrho,\varphi,z) = -I_p\cdot\begin{cases}\operatorname{ctg}\psi_r\cdot z/2\pi a & (0 \lesseqgtr \varrho \leqq a)\\ \varphi/2\pi & (a \lesseqgtr \varrho \leqq b)\end{cases} \tag{58}$$

$$-\frac{I}{\pi}\cdot\operatorname{ctg}\psi_r\cdot\sum_{\lambda=1}^{\infty}\frac{\sin\alpha\lambda}{\alpha\lambda}\cdot F_\lambda^2(\lambda\varrho)\left(\sum_{\nu=0}^{p-1}\sin\lambda(\varphi - \operatorname{ctg}\psi_r\cdot z/a - \varphi'_1 - 2\beta\cdot\nu)\right)$$

Die erste Zeile auf der rechten Seite dieser Gleichung kann ebenfalls unmittelbar der Gl. (47) entnommen werden.

Nun ist nach einer bekannten Formel in Rücksicht auf die Gl. (57a)

$$\sum_{\nu=0}^{p-1}\sin\lambda(\varphi - \operatorname{ctg}\psi_r\cdot z/a - \varphi'_1 - 2\beta\nu) \equiv \sum_{\nu=0}^{p-1}\sin\lambda(\alpha' - 2\beta\nu)$$

$$= \sin\left(\lambda\alpha' - \frac{p-1}{2}\cdot 2\beta\lambda\right)\cdot\sin(p\beta\lambda)/\sin(\beta\lambda) \tag{59}$$

$$= \sin[\lambda(\alpha' + \pi/p)]\cdot(-)^\lambda\cdot\sin(\pi\lambda)/\sin(\pi\lambda/p) \qquad (\lambda = \mu\cdot p)$$

$$= p\cdot\sin\mu p(\varphi - \operatorname{ctg}\psi_r\cdot z/a - \varphi'_1) \qquad (\mu = 1, 2, 3\cdots).$$

Geht man damit in die Gl. (58a) ein, so erhält man jetzt für die Potentialfunktion der p rechtsgängigen Schraubenlinienbänder den Ausdruck:

$$\Phi^{(p,r)}(\varrho,\varphi,z) = -I\cdot p\cdot\begin{Bmatrix}\operatorname{ctg}\psi_r\cdot z/2\pi a & (0 \lesseqgtr \varrho \leqq a)\\ \varphi/2\pi & (a \lesseqgtr \varrho \leqq b)\end{Bmatrix}$$

$$-\frac{pI}{\pi}\cdot\operatorname{ctg}\psi_r\sum_{\mu=1}^{\infty}\frac{\sin(\pi\mu\cdot\alpha/\beta)}{\pi\mu\cdot\alpha/\beta}\cdot\sin\mu p(\varphi - \operatorname{ctg}\psi_r\cdot z/a - \varphi'_1)\times \tag{60a}$$

$$\times I'_{p\mu}(p\mu\cdot\operatorname{ctg}\psi_r)\cdot K_{p\mu}\left(p\mu\cdot\frac{2\pi\varrho}{h}\right) \qquad (\varrho > a).$$

Die Gleichung für die Potentialfunktion des magnetischen Feldes, das von p linksgängigen Schraubenlinienbändern herrührt, geht nach den schon früher gemachten Angaben aus (60a) hervor, wenn darin ψ_r

durch $\pi - \psi_r$ ersetzt wird. Man erhält dann

$$\Phi^{(p,l)}(\varrho, \varphi, z) = -I \cdot p \cdot \begin{Bmatrix} -\operatorname{ctg} \psi_r \cdot z/2\pi a & (0 \gtreqless \varrho \leqq a) \\ \varphi/2\pi & (a \gtreqless \varrho \leqq b) \end{Bmatrix}$$

$$+ \frac{pI}{\pi} \operatorname{ctg} \psi_r \sum_{\mu=1}^{\infty} \frac{\sin(\pi \mu \cdot \alpha/\beta)}{(\pi \mu \cdot \alpha/\beta)} \cdot \sin \mu p (\varphi + \operatorname{ctg} \psi_r \cdot z/a - \varphi_1') \times \tag{60b}$$

$$\times I'_{p\mu}(p\mu \cdot \operatorname{ctg} \psi_r) K_{p\mu}\left(p\mu \cdot \frac{2\pi \varrho}{h}\right) \qquad (\varrho > a).$$

Der Winkel φ_1' kann hierin in der Tat immer so gewählt werden, daß er in der xy-Ebene den Kreuzungspunkt zweier gegenläufiger Schraubenlinienbänder angibt.

Wir bilden nun die Summe der beiden Gl. (60a, b) und bezeichnen von nun an den gesamten Strom, der in Richtung zunehmender Werte von z durch das Geflecht strömt, mit I_g. Dann ist

$$I_g = 2p \cdot I, \tag{60}$$

und die magnetische Potentialfunktion für das von dem Geflecht erzeugte Magnetfeld nimmt damit die Form an:

$$\Phi^{(p,r)}(\varrho, \varphi, z) + \Phi^{(p,l)}(\varrho, \varphi, z) =$$

$$-I_g \cdot \begin{Bmatrix} 0 & (0 \gtreqless \varrho \leqq a) \\ \varphi/2\pi & (a \gtreqless \varrho \leqq b) \end{Bmatrix} +$$

$$+ \frac{I_g}{\pi} \cdot \operatorname{ctg} \psi_r \sum_{\mu=1}^{\infty} \frac{\sin(\pi \mu \cdot \alpha/\beta)}{(\pi \mu \cdot \alpha/\beta)} \cdot \cos \mu p (\varphi - \varphi_1') \cdot \sin(\mu p \cdot \operatorname{ctg} \psi_r \cdot z/a) \times \tag{61}$$

$$\times I'_{p\mu}(p\mu \cdot \operatorname{ctg} \psi_r) \cdot K_{p\mu}\left(p\mu \cdot \frac{2\pi \varrho}{h}\right) \left(\varrho > a;\ 0 < \psi_r < \frac{\pi}{2}\right).$$

Erfolgt aber die Rückleitung nicht durch einen koaxialen dünnwandigen Kupferzylinder mit dem Radius $b > a$, sondern durch einen linearen Leiter in der z-Achse der $2p$ Schraubenlinienbänder, so heißt es in der ersten Zeile der Gl. (61) auf der rechten Seite

$$+ I_g \cdot \begin{Bmatrix} \varphi/2\pi & (0 \gtreqless \varrho \leqq a) \\ 0 & (a \gtreqless \varrho < \infty) \end{Bmatrix} + \cdots. \tag{61a}$$

Den Gl. (60a, b) und (61) lassen sich einige bemerkenswerte Eigenschaften des Magnetfeldes von stromdurchflossenen metallischen Geflechten entnehmen. Für $\alpha = \beta$ verschwindet in allen drei Gleichungen der Beitrag der unendlichen Reihe, so daß sich in diesem idealen Fall das Geflecht wie ein geschlossener metallischer Zylinder verhält. Ferner fehlt im Magnetfeld eines Geflechtes, das sich gleichartig und symmetrisch aus links- und rechtsgängigen, schraubenförmig aufgewickelten Bandleitern zusammensetzt, die axiale Komponente des Magnetfeldes. Für $\alpha \neq \beta$ sind die periodischen Eigenschaften des inneren wie des äußeren vom durchströmten Geflecht erzeugten magnetischen Feldes, die sich hinsichtlich φ in der primitiven Periode $2\pi/p$ und hinsichtlich z in der primitiven Periode h/p zeigen, im besonderen von der Beschaffenheit, daß die Nulldurchgänge bei Änderung von φ stets auf einer und derselben festen zur z-Achse parallelen Geraden liegen und die Nulldurchgänge bei Änderung von z in äquidistanten zur z-Achse senkrechten Ebenen erfolgen.

6.21 Hochfrequente Magnetfelder im Innern der kreiszylindrischen Schirmleiter verdrillter Leiterpaare. Wir betrachten nun den Fall, daß ein oder mehrere Paare von schraubenlinienförmigen Leitern, sogenannte verdrillte Ein- oder Mehrleiterpaare, wie in dem Breitbandkabel im Innern kreiszylindrischer Hüll- oder Schirmleiter [*31*] angeordnet sind. Die Abbildung 124 stellt den Querschnitt durch ein derartiges Kabel mit einem einzigen Leiterpaar dar. Werden die beiden Leiter des Paares in der Weise von einem hochfrequenten Strom durchflossen, daß dabei der eine Leiter als Hinleitung, der andere als Rückleitung dient, so handelt es sich um den sogenannten symmetrischen Betriebszustand.

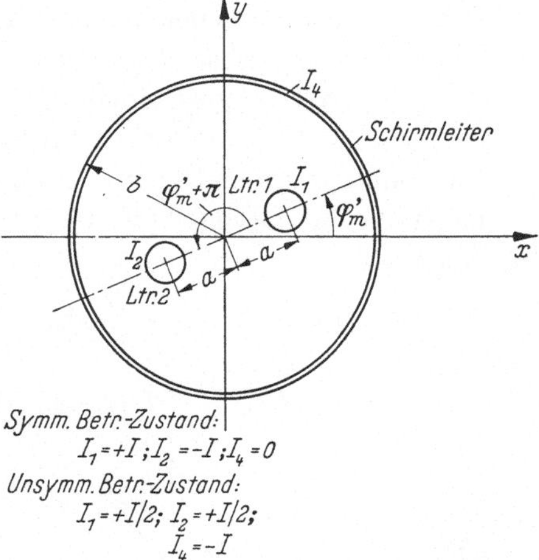

Abb. 124. Das Bild erläutert für ein Einleiterpaar mit Schirmleiter die Schaltzustände des symmetrischen und unsymmetrischen Betriebes

Im unsymmetrischen Betriebs- oder Schaltzustand dienen die beiden Innenleiter je zur Hälfte als Hinleitung und der Hüllenleiter als Rückleitung. Noch andere Schaltzustände sind bei Zweileiterpaaren möglich, wie sich später zeigen wird. Selbst bei denjenigen Betriebsschaltungen des Breitbandkabels, bei denen der äußere Hüllenleiter keinen Betriebsstrom führt, bildet sich aber allemal infolge der Induktionswirkungen der magnetischen Felder eine Wirbelströmung aus, die nun durch ihr eigenes Feld wieder Rückwirkungen auf den Betriebsstromkreis ausübt. Diese Wirkungen ändern sich, wenn das Leiterpaar verdrillt ist. Wir stellen uns in diesem Abschnitt die Aufgabe, den Einfluß dieser Wirbelstromfelder im Hüllenleiter auf den Hauptstromkreis unter Berücksichtigung der Verdrillung der Leiterpaare rechnerisch zu bestimmen. Dies kann etwa in der Weise geschehen, daß in den verschiedenen Fällen ein auf den Betriebsstromkreis bezogener, zusätzlicher Scheinwiderstand angegeben wird. Wir beschränken uns dabei auf den Hochfrequenzfall, so daß es erlaubt ist, die Berechnung des Widerstandes auf Grund der in Abschn. 4.13 entwickelten physikalischen Vorstellung durchzuführen. Wir werden im übrigen in diesem ganzen Abschnitt durchweg von der bereits im Abschn. 6.113.1 erwähnten Möglichkeit Gebrauch machen und die magnetischen Felder durch skalare Potentiale beschreiben. Ferner wollen wir uns vorerst damit begnügen, die beiden Innenleiter als quasi linear zu betrachten, so daß wir in Gl. (47) α gleich Null setzen können.

6.211 Die Schirmverluste beim Einleiterpaar im symmetrischen Betriebszustand. Nach den oben darüber gemachten Angaben bilden in diesem Betriebszustand die beiden im Innern des Hüllenleiters gelegenen linearen Leiter die Hin- und Rückleitung des Betriebsstromkreises. Sie stellen sich also als zwei Schraubenlinien dar, die um 180° gegeneinander versetzt sind. Die Schraubenlinie, die den Strom $+I$ führt, durchstoße die x, y-Ebene im Punkt $(a, \varphi_m', 0)$, die andere mit dem Strom $-I$ im Punkt $(a, \varphi_m' + \pi, 0)$. Nach Gl. (48) ist dann in diesem Fall die primäre Potentialfunktion durch den Ausdruck

$$\Phi_s^{(p)}(\varrho, \varphi, z) = -\frac{2I}{\pi} \operatorname{ctg}\psi \sum_{\lambda}^{1,3,5,\ldots} \sin\lambda\left(\varphi - \varphi_m' - \frac{2\pi z}{h}\right) \times$$

$$\times \begin{cases} I_\lambda'(\lambda \operatorname{ctg}\psi)\, K_\lambda\left(\lambda \frac{2\pi\varrho}{h}\right) & (\varrho \geqq a), \\ I_\lambda\left(\lambda \frac{2\pi\varrho}{h}\right) K_\lambda'(\lambda \operatorname{ctg}\psi) & (\varrho \gtreqless a) \end{cases} \qquad (1)$$

gegeben.

Unter dem Einfluß des aus Gl. (1) ableitbaren magnetischen Feldes bildet sich nun im Hüllenleiter eine Wirbelströmung aus, die aller Voraussicht nach ebenfalls schraubenförmige Struktur haben wird und die vor allen Dingen auch dieselben Periodizitätseigenschaften in bezug auf φ und z aufweisen wird wie das erregende Feld. Da die Wirbel dieses Feldes im Hüllenleiter mit dem Radius $\varrho = b$ liegen, so wird sich auch das Feld dieser Strömung im Raumteil $\varrho \gtreqless b$ von einem skalaren Potential ableiten lassen, dessen Aufbau dem der Gl. (1) sehr ähnlich sehen wird. Wir machen deshalb für dieses zusätzliche Potential den Ansatz

$$\delta\Phi(\varrho, \varphi, z) = -\frac{2I}{\pi} \operatorname{ctg}\psi \sum_{\lambda}^{1,3,5,\ldots} \sin\lambda\left(\varphi - \varphi_m' - \frac{2\pi\varrho}{h}\right) \times$$

$$\times\, C_\lambda I_\lambda\left(\lambda \frac{2\pi\varrho}{h}\right) \qquad (0 \gtreqless \varrho \leqq b)$$

mit vorläufig unbekannten Werten für C_λ. Die Funktion $K_\lambda(\lambda \cdot 2\pi\varrho/h)$ kommt für diesen Ansatz nicht in Frage, da für $\varrho \to 0$ $\delta\Phi$ endlich bleiben muß. Die unbekannten Koeffizienten C_λ bestimmen sich aus der Forderung, daß für $\varrho = b$, d. h. an der Oberfläche des Hüllenleiters, $H_\varrho = -(\partial\Phi^{(p)} + \partial\Phi)/\partial\varrho = 0$ werden muß. Im Endergebnis lautet dann der endgültige Ausdruck für die Potentialfunktion:

$$\Phi_S^{(\mathrm{tot})}(\varrho, \varphi, z; E_s) = -\frac{2I}{\pi}\operatorname{ctg}\psi \sum_\lambda^{1,3,5,\ldots} \sin\lambda\left(\varphi - \varphi_m' - \frac{2\pi z}{h}\right) \times$$
$$\times \frac{I_\lambda(\lambda \operatorname{ctg}\psi)}{I_\lambda\left(\lambda\frac{2\pi b}{h}\right)} \triangle_\lambda\left(\lambda; \frac{2\pi b'}{h}, \frac{2\pi\varrho}{h}\right) \qquad (a \leqq \varrho \leqq b), \tag{2a}$$

$$\Phi_S^{(\mathrm{tot})}(\varrho, \varphi, z; E_s) = -\frac{2I}{\pi}\operatorname{ctg}\psi \sum_\lambda^{1,3,5,\ldots} \sin\lambda\left(\varphi - \varphi_m' - \frac{2\pi z}{h}\right) \times$$
$$\times \frac{I_\lambda\left(\lambda\frac{2\pi\varrho}{h}\right)}{I_\lambda\left(\lambda\frac{2\pi b}{h}\right)} \triangle_\lambda\left(\lambda; \frac{2\pi b'}{h}, \frac{2\pi a'}{h}\right) \qquad (0 \leqq \varrho \leqq a). \tag{2b}$$

Hierin ist zur Abkürzung

$$\triangle_\lambda(\lambda; x', y) = \begin{vmatrix} I_\lambda'(\lambda x) & I_\lambda(\lambda x) \\ K_\lambda'(\lambda x) & K_\lambda(\lambda x) \end{vmatrix} \tag{2}$$

gesetzt worden. Steht hier links y' statt y hinter dem Zeichen $\triangle_\lambda$, so soll dies besagen, daß in der zweiten Spalte von Gl. (2) ebenfalls die Ableitungen von I_λ und K_λ auftreten.

Die Gl. (2a, b) erlauben es sofort, die Wirbelströmung im Schirmleiter zu bestimmen. Nach Gl. 4.1 (18a) hat man nämlich

$$\mathfrak{J}_\varphi(b, \varphi, z) = H_z(b, \varphi, z) = -\left(\frac{\partial \Phi^{(\mathrm{tot})}}{\partial z}\right)_{\varrho=b}, \tag{3a}$$

$$\mathfrak{J}_z(b, \varphi, z) = -H_\varphi(b, \varphi, z) = \frac{1}{b}\left(\frac{\partial \Phi^{(\mathrm{tot})}}{\partial \varphi}\right)_{\varrho=b}, \tag{3b}$$

und nach Gl. (2a) ist daher im Hinblick auf die Gl. (49′)

$$\left.\begin{aligned} \mathfrak{J}_\varphi(b, \varphi, z) &= -4I\frac{a/b}{h} \\ \mathfrak{J}_z(b, \varphi, z) &= -4I\frac{a/b}{2\pi b} \end{aligned}\right\} \sum_\lambda^{1,3,5,\ldots} \frac{I_\lambda'(\lambda \operatorname{ctg}\psi)}{I_\lambda'\left(\lambda\frac{2\pi b}{h}\right)} \cos\lambda\left(\varphi - \varphi_m' - \frac{2\pi z}{h}\right). \qquad \begin{matrix}(3\alpha)\\(3\beta)\end{matrix}$$

Es ist mithin für jedes z und φ

$$\mathfrak{J}_\varphi(b, \varphi, z) : \mathfrak{J}_z(b, \varphi, z) = \frac{2\pi b}{h} = \frac{b}{a}\operatorname{ctg}\psi = \operatorname{ctg}\psi_b. \tag{3}$$

Die Wirbelströmung im Schirmleiter fließt also selbst längs gedachter Schraubenlinien, deren Steigwinkel durch $\operatorname{ctg}\psi_b = 2\pi b/h$ gegeben ist. Diese Änderung im Steigwinkel entspricht dem größeren Radius des Schirmleiterzylinders, auf dessen Mantelfläche sich die Wirbelströmung ausbreitet. Die Steighöhe der Schraubenlinien ist hingegen, wie aus den Gl. (3α, β) ersichtlich ist, auf den Zylindern $\varrho = a$ und $\varrho = b$ die gleiche. Bedeutet dann weiterhin $\mathfrak{J}_t$ die Komponente der

Strömung parallel zum Einheitsvektor $\mathfrak{t}$ von Gl. (5a), dann ist nach dieser Gleichung und nach Gl. (5c)

$$\mathfrak{J}_t \equiv \mathfrak{J}_\varphi \cos\psi_b + \mathfrak{J}_z \sin\psi_b = -4I\frac{a/b}{h\cos\psi_b}\sum_{\lambda}^{1,3,5,\ldots}\frac{I'_\lambda(\lambda\operatorname{ctg}\psi)}{I'_\lambda(\lambda\operatorname{ctg}\psi_b)}\times$$
$$\times\cos\lambda\left(\varphi-\varphi'_m-\frac{2\pi z}{h}\right), \tag{3a}$$

$$\mathfrak{J}_b = -\sin\psi_b\,\mathfrak{J}_\varphi + \cos\psi_b\,\mathfrak{J}_z \equiv 0. \tag{3b}$$

Wir grenzen nun, um die Wirbelstromverluste je Längeneinheit in axialer Richtung zu bestimmen, in der Oberfläche des Hüllenleiters einen in Richtung $\mathfrak{t}$ verlaufenden schmalen Streifen ab, der in Richtung der Binormalen die Breite $b\,d\varphi\sin\psi_b$ hat. Bezeichnet dz die axiale Länge dieses Streifens, so ist sein Hochfrequenzwiderstand

$$\frac{dz/\sin\psi_b}{(b\,d\varphi\sin\psi_b\,\delta)\,\varkappa},$$

während der Strom, den er führt, durch $\mathfrak{J}_t\,b\,d\varphi\sin\psi_b$ gegeben ist. Die komplexen Wirbelstromverluste je Längeneinheit in axialer Richtung sind dann durch die Formel

$$\frac{1}{2}(\mathfrak{R}_L^{(H)} + j\omega\mathfrak{L}_L^{(H)})I^2 = \frac{1+j}{2}\frac{b}{\delta\cdot\varkappa}\int_0^{2\pi}\mathfrak{J}_t^2\,d\varphi = \frac{1+j}{2}\frac{b}{\delta\cdot\varkappa}\int_0^{2\pi}(\mathfrak{J}_t\overline{\mathfrak{J}}_t)\,d\varphi \tag{4a}$$

gegeben, und somit beträgt der auf die axiale Längeneinheit des Betriebsstromkreises bezogene und durch die Verluste im Hüllenleiter hervorgerufene Scheinwiderstand

$$\mathfrak{R}_L^{(H)} + i\omega\mathfrak{L}_L^{(H)} = (1+i)\frac{4a^2/b^2}{\pi^2\delta\varkappa}(1+\operatorname{ctg}^2\psi_b)\times$$
$$\times\int_0^{2\pi}\left\{\sum_{\lambda}^{1,3,5,\ldots}\frac{I'_\lambda(\lambda\operatorname{ctg}\psi}{I'_\lambda\left(\lambda\frac{2\pi b}{h}\right)}\cos\lambda\left(\varphi-\varphi'_m-\frac{2\pi z}{h}\right)\right\}^2 d\varphi \tag{4b}$$

oder explizite

$$\mathfrak{R}_L^{(H)} + i\omega\mathfrak{L}_L^{(H)} = (1+i)\frac{4a^2/b^2}{\pi b\varkappa\delta}(1+\operatorname{ctg}^2\psi_b)\sum_{\lambda=1}^{1,3,5,\ldots}\left(\frac{I'_\lambda(\lambda\operatorname{ctg}\psi)}{I'_\lambda\left(\lambda\frac{2\pi b}{h}\right)}\right)^2. \tag{4c}$$

Für ein gerade ausgestrecktes Leiterpaar strebt $h\to\infty$ und also auf Grund der Reihenentwicklung für die Funktion I

$$\frac{I'_\lambda\left(\lambda\frac{2\pi a}{h}\right)}{I'_\lambda\left(\lambda\frac{2\pi b}{h}\right)}\to\left(\frac{a}{b}\right)^{\lambda-1}. \tag{5}$$

Die Reihe in Gl. (4c) läßt sich dann summieren, und man erhält den

Grenzwert:

$$\{\mathfrak{R}_L^{(H)} + i\,\omega\,\mathfrak{L}_L^{(H)}\}_{h\to\infty} = \frac{(1+i)}{(\pi\, b\,\delta\,\varkappa)}\,\frac{4a^2b^2}{(1-(a/b)^4)}. \qquad (4\gamma)$$

Das ist eine aus der Literaturstelle [33] bekannte Formel. Das Verhältnis

$$\tau = \frac{\mathfrak{R}_L^{(H)} + i\,\omega\,\mathfrak{L}_L^{(H)}}{(\mathfrak{R}_L^{(H)} + i\,\omega\,\mathfrak{L}_L^{(H)})_{h\to\infty}} = \left(1-\left(\frac{a}{b}\right)^4\right)\left(\frac{1}{\sin^2\psi_b}\right)\sum_{\lambda}^{1,3,5,\ldots}\left(\frac{I_\lambda'(\lambda\,\mathrm{ctg}\,\psi)}{I_\lambda'(\lambda\,\mathrm{ctg}\,\psi_b)}\right)^2 \qquad (6)$$

der beiden Widerstände (4c) und (4γ) bringt dann unmittelbar den Einfluß der Verdrillung auf die Größe des äußeren Scheinwiderstandes zum Ausdruck. Nach Gl. (6) hängt dieses Verhältnis ausschließlich von den geometrischen Daten des Kabels ab.

Die in Gl. (6) auftretende Reihe zeigt für kleine Werte von $2\pi\, a/h$ im wesentlichen das gleiche Konvergenzverhalten wie die Reihe $(a/b)^{2\lambda}$. Für zunehmende Werte von $\mathrm{ctg}\,\psi$ wird bei unveränderlichem a/b die Konvergenz immer besser, weil sich dabei der Quotient der geometrischen Majorantenreihe ständig verkleinert. Für ein Verhältnis $a/b < 0{,}5$ genügen danach für die numerische Berechnung von Gl. (6) im allgemeinen schon die ersten 4 bis 5 Glieder. Eine Vertafelung der Funktion $2I_\lambda' = I_{\lambda+1} + I_{\lambda-1}$ ist in geringem Umfang am Schluß des Buches zu finden. Sobald λ oder $2\pi\, a/h$ oder beide zugleich in der Größenordnung von 10 liegen, läßt sich zur Berechnung von I_λ' bereits mit Vorteil von der asymptotischen Entwicklung M 7 (2) Gebrauch machen.

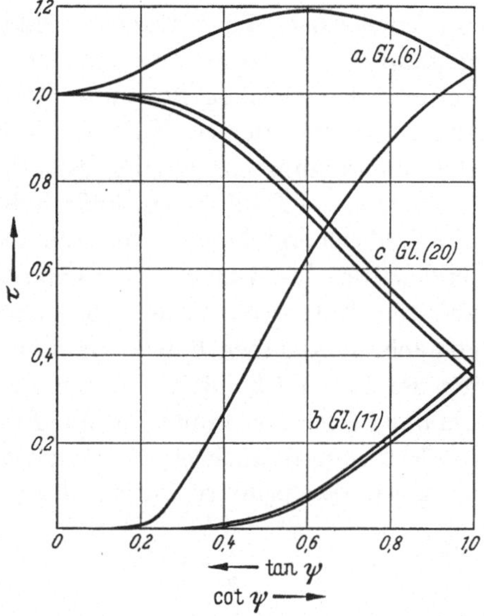

Abb. 125. Die Gl. (4c), (10) und (19a) geben die auf den Betriebsstromkreis bezogenen zusätzlichen komplexen Scheinwiderstände an, die den Einfluß der Wirbelströme im Schirmleiter nach Phase und Dämpfung erfassen. Der Einfluß der Verdrillung auf den Widerstand ist mitberücksichtigt. Das Verhältnis τ dieses Scheinwiderstandes zu dem entsprechenden Widerstand bei unverdrillten Leitern drücken die Gl. (6), (11) und (20) aus.
Das Bild zeigt den Gang von τ für den oberen (unteren) Teil einer jeden Kurve in Abhängigkeit von $\mathrm{ctg}\,\psi$ ($\mathrm{tg}\,\psi$) in den genannten drei Fällen. Von den beiden dicht nebeneinander verlaufenden Kurven gehört die obere Kurve zu Gl. (20). Das Verhältnis der Radien a und b, deren Bedeutung die Bilder 125 oder 126 zeigen, ist in allen Fällen gleich 0,5

Um den Einfluß der Schraubenstruktur der Wirbelströmung auf die Verluste auch zahlenmäßig vor Augen zu führen, wurde in Abb. 125 das Verhältnis τ von Gl. (6) als Kurve a in Abhängigkeit von $\mathrm{ctg}\,\psi$ für den konstanten Wert $a/b = 0{,}5$ graphisch aufgezeichnet. Nach dieser Kurve sind innerhalb des Intervalls $0 < \operatorname{ctg}\psi < 1{,}09$ die Verluste bei schraubenlinienförmiger Strömung stets größer als bei rein axialer Strömung. Das Maximum von τ liegt für ein $a/b = 0{,}5$ etwa bei $\operatorname{ctg}\psi = 0{,}585$ und beträgt etwa 1,092. Hat τ erst einmal den Wert 1 unterschritten, so geht die weitere Abnahme sehr schnell vor sich, und für ein $\operatorname{ctg}\psi = 10$ liegen die Verluste schon unterhalb $3 \cdot 10^{-4}\%$. Die Abnahme von τ nach Erreichung des Maximums weist darauf hin, daß mit Abnahme des Steigwinkels das Magnetfeld im Außenraum $\varrho > a$ bei einer Doppelspirale sehr viel schneller absinkt, als die Länge der Strombahnen wächst.

6.211.1 *Die Schirmverluste beim Einleiterpaar im unsymmetrischen Betriebszustand.* Wir betrachten jetzt den unsymmetrischen Betriebszustand des Einleiterpaares, in dem sowohl der Leiter *1* als auch der Leiter *2* den gleichen Strom $+I/2$ führen, während der Hüllenleiter außer der induzierten Wirbelströmung, für die natürlich stets die Gesamtströmung in axialer Richtung verschwindet, den gesamten Rückstrom $-I$ führt. Da außerhalb der Zylinderflächen $\varrho = a$ und $\varrho = b$ überhaupt keine Strömung vorhanden ist, so können wir auch jetzt wieder das Magnetfeld aus dem skalaren Potential der Gl. 6.1 (48) ableiten. Entsprechend den oben über die Anregung des Magnetfeldes gemachten Angaben haben wir dann einmal in Gl. (48), wenn es sich um den Leiter *1* handelt, I durch $I/2$ zu ersetzen. Handelt es sich aber um den Leiter *2*, so muß nicht nur I wiederum durch $I/2$ ersetzt werden, sondern es muß auch $\varphi_m' + \pi$ statt φ_m' geschrieben werden. Das führt dann für das primäre Potential zu der Beziehung:

$$\begin{aligned}
\Phi_u^{(p)}(\varrho, \varphi, z) = {} & -\frac{I}{\pi} \operatorname{ctg}\psi \times \\
& \times \sum_{\lambda}^{2,4,6,\ldots} \sin\lambda\left(\varphi - \varphi_m' - \frac{2\pi z}{h}\right) \begin{cases} I_\lambda'(\lambda \operatorname{ctg}\psi)\, K_\lambda\left(\lambda \frac{2\pi\varrho}{h}\right) & (a < \varrho) \\ I_\lambda\left(\lambda \frac{2\pi\varrho}{h}\right) K_\lambda'(\lambda \operatorname{ctg}\psi) & (a > \varrho) \end{cases} \\
& - \frac{I}{h} \begin{cases} z & (0 \gtreqless \varrho \leqq a) \\ (\varphi/2\pi)\, h & (a \gtreqless \varrho \leqq b). \end{cases}
\end{aligned} \tag{7}$$

Der Einfluß der zylindrischen Wandung des Hüllenleiters kann nun im vorliegenden Fall auf die gleiche Weise erfaßt werden wie im vorigen Abschnitt. Wieder ist es die Forderung, daß das resultierende Feld H_ϱ für $\varrho = b$ verschwinden muß, die zur Bestimmung der Koeffizienten C_λ in dem Ansatz für das Zusatzpotential führt. Der Feldanteil, der von der zweiten Zeile der Gl. (7) herrührt, liefert ohnehin keine Feldkomponente H_ϱ. Die formalen Rechnungen sind hier wie dort die gleichen, so daß die bloße Übertragung der früheren Ergebnisse auf den jetzt vorliegenden Fall sofort für das totale Potential den Ausdruck

$$\Phi_u^{\mathrm{tot}}(\varrho, \varphi, z) = -\frac{I}{\pi}\operatorname{ctg}\psi \times$$

$$\times \sum_{\lambda}^{2,4,6,\ldots} \sin\lambda\left(\varphi - \varphi_m' - \frac{2\pi z}{h}\right) \begin{cases} \dfrac{I_\lambda'(\lambda \operatorname{ctg}\psi)}{I_\lambda'\left(\dfrac{2\pi b}{h}\right)} \cdot \triangle_\lambda\left(\lambda; \dfrac{2\pi b'}{h}, \dfrac{2\pi \varrho}{h}\right) & (a \gtreqless \varrho \leqq b) \\ \dfrac{I_\lambda'(\lambda \operatorname{ctg}\psi)}{I_\lambda'\left(\lambda \dfrac{2\pi b}{h}\right)} \cdot \triangle_\lambda\left(\lambda; \dfrac{2\pi b'}{h}, \dfrac{2\pi a'}{h}\right) & (0 \gtreqless \varrho \leqq a) \end{cases} \tag{8}$$

$$-\frac{I}{h}\begin{cases} z & (0 \gtreqless \varrho \leqq a) \\ (\varphi/2\pi)\, h & (a \gtreqless \varrho \leqq b) \end{cases}$$

anzuschreiben gestattet. Für die beiden Komponenten des flächenhaften Stromes auf der Innenseite des Hüllenleiters ergeben sich wieder aus den Formeln (3a, b) die Beziehungen:

$$\left.\begin{aligned} \mathfrak{J}_\varphi(b, \varphi, z) &= H_z(b, \varphi, z) = -2I\frac{a/b}{h} \qquad (9\mathrm{a}) \\ \mathfrak{J}_z(b, \varphi, z) &= -H_\varphi(b, \varphi, z) = -2I\frac{a/b}{2\pi b} \qquad (9\mathrm{b}) \end{aligned}\right\} \times$$

$$\times \sum_{\lambda}^{2,4,6,\ldots} \cos\lambda\left(\varphi - \varphi_m' - \frac{2\pi z}{h}\right) \frac{I_\lambda'(\lambda \operatorname{ctg}\psi)}{I_\lambda'\left(\lambda \dfrac{2\pi b}{h}\right)} - \begin{cases} 0 \\ \dfrac{I}{2\pi b} \end{cases}.$$

In Gl. (9b) ist $-I/2\pi b$ der gleichmäßig über den Umfang des Hüllenleiters verteilte Rückstrom, denn daß hier der Rückstrom durch den Hüllenleiter fließt, ist ja ein Kennzeichen des unsymmetrischen Betriebszustandes. Soll nun noch der Ausdruck für den zusätzlichen Scheinwiderstand des Betriebsstromkreises gewonnen werden, der von dem Einfluß der Wirbelströme herrührt, so kann man sich hier in dieser Hinsicht eine erneute Berechnung sparen. Zwar fließt jetzt im Hüllenleiter außer der reinen Wirbelströmung mit den durch die Gl. (3) und (3a, b) beschriebenen charakteristischen Eigenschaften auch noch der Betriebsstrom, da er aber wegen seiner gleichmäßigen Verteilung über den Umfang von φ nicht abhängt, so kann es nach der Integration über φ auch keinen Kopplungsterm zwischen diesen Strömen und der Wirbelströmung geben, mit anderen Worten, es dürfen die Wärmeverluste, die vom Rückstrom herrühren, und die, die von der Wirbelströmung erzeugt werden, getrennt berechnet werden. Dann läßt sich aber der zusätzliche Scheinwiderstand sofort angeben, es ist nämlich dann

$$\mathfrak{R}_L^{(H)} + i\,\omega\,\mathfrak{L}_L^{(H)} = \frac{1+i}{2\pi\, b\,\varkappa\,\delta} + (1+i)\frac{(a/b)^2/(\sin^2\psi_b)}{\pi\, b\,\varkappa\,\delta} \times \\ \times \sum_{\lambda}^{2,4,6,\ldots} \left(\frac{I'_\lambda(\lambda \operatorname{ctg}\psi)}{I'_\lambda(\lambda \operatorname{ctg}\psi_b)}\right)^2. \tag{10}$$

Der Gesamtwiderstand des Hüllenleiters zerfällt danach in zwei Teile. Der erste Summand von Gl. (10) beschreibt den Widerstand des Hüllenleiters gegenüber dem gleichmäßig über seinen Umfang verteilten Rückstrom, denn für $a = 0$ bleibt dieser Summand allein übrig. Der zweite Anteil gibt den Widerstand des Hüllenleiters gegenüber der Wirbelströmung an unter Berücksichtigung der Verdrillung. Strebt $h \to \infty$, so besteht für diesen Anteil die einfachere Form:

$$\{\mathfrak{R}_L^{(H)} + i\,\omega\,\mathfrak{L}_L^{(H)}\}_{h\to\infty} = \frac{1+i}{2\pi\, b\,\varkappa\,\delta} + \frac{1+i}{\pi\, b\,\varkappa\,\delta}\,\frac{(a/b)^4}{1-(a/b)^4}. \tag{10a}$$

Bildet man also wiederum das Verhältnis aus den beiden Scheinwiderständen (10) und (10a), und zwar allein für die Anteile, die von den Wirbelströmen herrühren, so nimmt dieses Verhältnis τ diesmal den Wert an:

$$\tau = \frac{1-(a/b)^4}{(a/b)^2}\left(\frac{1}{\sin^2\psi_b}\right) \sum_{\lambda}^{2,4,6,\ldots} \left(\frac{I'_\lambda(\lambda \operatorname{ctg}\psi)}{I'_\lambda(\lambda \operatorname{ctg}\psi_b)}\right)^2. \tag{11}$$

Auch dieses Verhältnis ist für den konstanten Wert $a/b = 0{,}5$ in Abhängigkeit von $\operatorname{ctg}\psi$ in Abb. 124 als Kurve b dargestellt worden. Eine eingehende Besprechung des Kurvenverlaufs dürfte sich erübrigen.

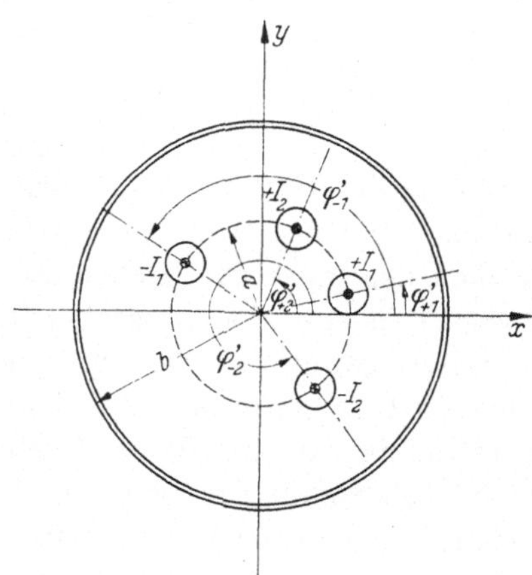

Abb. 126. Für das unsymmetrische Zweileiterpaar wird die Bedeutung der verschiedenen Winkel und die Zusammengehörigkeit der vier Leiter beschrieben

6.212 **Die Schirmverluste beim unsymmetrischen Zweileiterpaar.** Bei der Berechnung der Schirmverluste, die in Zweileiterpaaren auftreten, wollen wir in der Weise vorgehen, daß wir von zwei gleichmäßig und mit gleichem Steigwinkel verdrillten Leiterpaaren ausgehen, die zwar auf dem gleichen Zylinder mit dem Radius a aufgewickelt, auf dem Umfang dieses Zylinders aber in beliebiger Weise angeordnet sind. Wie in Abbildung 126 angedeutet worden ist, möge die schraubenlinienförmig geführte Hin- und Rückleitung der ersten Leiterschleife mit dem Strom $I_1\, e^{i\alpha_1}$ die x, y-Ebene in den Punkten $(a, \varphi'_{+1}, 0)$ und $(a, \varphi'_{-1}, 0)$

durchstoßen und die Hin- und Rückleitung der zweiten Leiterschleife mit dem Strom $I_2 e^{i\alpha_2}$ dieses in den Punkten $(a, \varphi'_{+2}, 0)$ und $(a, \varphi'_{-2}, 0)$ tun. Im übrigen sind wieder beide Leiterpaare eingehüllt durch einen metallischen koaxialen Schirmleiter mit dem Radius b.

Dann ist es auch in diesem allgemeinen Fall immer noch möglich, das hochfrequente Magnetfeld, das von den beiden Strömen I_1 und I_2 mit den Phasenwinkeln α_1 und α_2 erzeugt wird, gemäß Gl. 6.1 (48) aus einem skalaren Potential abzuleiten, und zwar hat im gegenwärtigen Fall die primäre Potentialfunktion einen Aufbau, wie ihn die Gleichung

$$\begin{aligned} \Phi^{(p)}(\varrho, \varphi, z) = & -\frac{2}{\pi} \operatorname{ctg} \psi \sum_{\lambda=1}^{\infty} \left[I_1 e^{i\alpha_1} \sin\left(\lambda \frac{\varphi'_{-1} - \varphi'_{+1}}{2}\right) \times \right. \\ & \times \cos\lambda\left(\varphi - \frac{2\pi z}{h} - \frac{\varphi'_{-1} + \varphi'_{+1}}{2}\right) + I_2 e^{i\alpha_2} \sin\left(\lambda \frac{\varphi'_{-2} - \varphi'_{+2}}{2}\right) \times \\ & \left. \times \cos\lambda\left(\varphi - \frac{2\pi z}{h} - \frac{\varphi'_{-2} + \varphi'_{+2}}{2}\right)\right] \begin{cases} I'_\lambda(\lambda \operatorname{ctg}\psi)\, K_\lambda\left(\lambda \frac{2\pi\varrho}{h}\right) & (\varrho > a) \\ K'_\lambda(\lambda \operatorname{ctg}\psi)\, I_\lambda\left(\lambda \frac{2\pi\varrho}{h}\right) & (\varrho < a) \end{cases} \end{aligned} \tag{12}$$

zeigt. α_1 und α_2 sind in Gl. (12) die Phasenwinkel der beiden Wechselströme I_1 und I_2. Um nun zu erreichen, daß für $\varrho = b$ im resultierenden Feld wiederum H_ϱ verschwindet, kann man in der gleichen Weise vorgehen, wie es in Abschn. 6.211.1 im Anschluß an die Gl. (1) ausführlich beschrieben worden ist. Man erhält dann im Endergebnis für die maßgebende Potentialfunktion die folgende endgültige Formel:

$$\begin{aligned} \Phi^{(\mathrm{tot})}(\varrho, \varphi, z) = & -\frac{2}{\pi} \operatorname{ctg} \psi \sum_{\lambda=1}^{\infty} \left[I_1 e^{i\alpha_1} \sin\left(\lambda \frac{\varphi'_{-1} - \varphi'_{+1}}{2}\right) \times \right. \\ & \times \cos\lambda\left(\varphi - \frac{2\pi z}{h} - \frac{\varphi'_{+1} + \varphi'_{-1}}{2}\right) + I_2 e^{i\alpha_2} \sin\left(\lambda \frac{\varphi'_{-2} - \varphi'_{+2}}{2}\right) \times \\ & \left. \times \cos\lambda\left(\varphi - \frac{2\pi z}{h} - \frac{\varphi'_{+2} + \varphi'_{-2}}{2}\right)\right] \frac{I'_\lambda(\lambda \operatorname{ctg}\psi)}{I'_\lambda(\lambda \operatorname{ctg}\psi_b)} \cdot \triangle_\lambda\left(\lambda; \frac{2\pi b'}{h}, \frac{2\pi\varrho}{h}\right) \\ & (a \gtreqless \varrho \leqq b). \end{aligned} \tag{13}$$

Wie sich das Aussehen der letzten drei Faktoren ändert, wenn $0 \leqq \varrho \leqq a$ ist, ist z. B. aus den Gl. (2a, b) zu ersehen. Wegen der Bedeutung von $\triangle_\lambda$ wird auf die Gl. (2) verwiesen.

Aus Gl. (13) folgt dann sofort weiter im Hinblick auf die Gl. (3a, b), daß für die flächenhafte Strömung auf der Innenwandung des Hüllenleiters die Formel

$$\begin{aligned} \mathfrak{J}_z(b, \varphi, z) = \operatorname{tg}\psi_b\, \mathfrak{J}_\varphi(b, \varphi, z) = & +4\,\frac{a/b}{2\pi b} \sum_{\lambda=1}^{\infty} \frac{I'_\lambda(\lambda \operatorname{ctg}\psi)}{I'_\lambda(\lambda \operatorname{ctg}\psi_b)} \times \\ & \times \left[I_1 e^{i\alpha_1} \sin\left(\lambda \frac{\varphi'_{-1} - \varphi'_{+1}}{2}\right) \sin\lambda\left(\varphi - \frac{2\pi z}{h} - \frac{\varphi'_{+1} + \varphi'_{-1}}{2}\right) + \right. \\ & \left. + I_2 e^{i\alpha_2} \sin\left(\lambda \frac{\varphi'_{-2} - \varphi'_{+2}}{2}\right) \sin\lambda\left(\varphi - \frac{2\pi z}{h} - \frac{\varphi'_{+2} + \varphi'_{-2}}{2}\right)\right] \end{aligned} \tag{14}$$

besteht. Demnach verläuft auch im jetzigen allgemeinen Fall auf der Innenseite des Hüllenleiters eine flächenhafte Wirbelströmung mit schraubenlinienförmiger Struktur. In Richtung des Einheitsvektors $\mathfrak{t}$ von Gl. (5.1), d. h. also in Richtung der Tangente an die Schraubenlinie auf dem Zylinder $\varrho = b$, beträgt nach Gl. (3a) der pro Längeneinheit in Richtung der Binormalen gemessene Strombelag

$$\begin{aligned}\mathfrak{J}_t(\varrho, \varphi, z) &\equiv \frac{\mathfrak{J}_z}{\sin\psi_b} = \\ &= \frac{2(a/b)}{\pi b \sin\psi_b} \sum_{\lambda=1}^{\infty} \frac{I'_\lambda(\lambda \operatorname{ctg}\psi)}{I'_\lambda(\lambda \operatorname{ctg}\psi_b)} \mathfrak{F}_\lambda(I_1 e^{i\alpha_1};\, I_2 e^{i\alpha_2};\, \lambda;\, \varphi, z),\end{aligned} \tag{15a}$$

$$\mathfrak{J}_b(\varrho, \varphi, z) = 0, \tag{15b}$$

mit der Erklärungsgleichung

$$\begin{aligned}&\mathfrak{F}_\lambda(I_1 e^{i\alpha_1};\, I_2 e^{i\alpha_2};\, \lambda;\, \varphi, z) \\ &= I_1 e^{i\alpha_1} \sin\left(\lambda \frac{\varphi'_{-1} - \varphi'_{+1}}{2}\right) \sin\lambda\left(\varphi - \frac{2\pi z}{h} - \frac{\varphi'_{+1} + \varphi'_{-1}}{2}\right) + \\ &+ I_2 e^{i\alpha_2} \sin\left(\lambda \frac{\varphi'_{-2} - \varphi'_{+2}}{2}\right) \sin\lambda\left(\varphi - \frac{2\pi z}{h} - \frac{\varphi'_{+2} + \varphi'_{-2}}{2}\right).\end{aligned} \tag{15α}$$

Nach Gl. (4a) ist demnach der in den Hüllenleiter eindringende komplexe Energiestrom, der mit seinem Realteil die dort auftretenden Wärmeverluste und mit seinem Imaginärteil das 2ω-fache der mittleren magnetischen Energie im Hüllenleiter beschreibt, durch den Ausdruck

$$\frac{1}{2} Z_{11}^{(H)} I_1^2 + \frac{1}{2} Z_{12}^{(H)} [I_1 \bar{I}_2 + \bar{I}_1 I_2] + \frac{1}{2} Z_{22}^{(H)} I_2^2 = \frac{1+i}{2} \frac{b}{\delta \varkappa} \int_0^{2\pi} (\mathfrak{J}_t \bar{\mathfrak{J}}_t)\, d\varphi \tag{16}$$

gegeben. In Z_{11}, Z_{22} und Z_{12} liegen die komplexen Eigen- und Gegenwiderstände der Wirbelströmung im Hüllenleiter vor, bezogen auf die beiden, die Energie liefernden Leiterpaare. Man setze nun in Gl. (16) für $\mathfrak{J}_t$ die Gl. (15a) ein. Ist dann λ die Summationsvariable in der unendlichen Reihe für $\mathfrak{J}_t$ und ν die Summationsvariable in der unendlichen Reihe für $\bar{\mathfrak{J}}_t$ und beachtet man, daß gleichgültig, ob die sin- oder die cos-Funktionen miteinander multipliziert werden,

$$\begin{aligned}&\int_0^{2\pi} \frac{\sin}{\cos} \lambda\left(\varphi - \frac{2\pi z}{h} - \frac{\varphi'_{+1} - \varphi'_{-1}}{2}\right) \frac{\sin}{\cos} \nu\left(\varphi - \frac{2\pi z}{h} - \frac{\varphi'_{+2} + \varphi'_{-2}}{2}\right) d\varphi \\ &= \pi\, \delta_{\lambda,\nu} \cos\left(\lambda \frac{\varphi'_{+2} + \varphi'_{-2} - \varphi'_{+1} - \varphi'_{-1}}{2}\right) \qquad (\lambda, \nu = 1, 2, 3 \ldots),\end{aligned} \tag{17}$$

so gelangt man nach einigen rein formalen Umrechnungen, die hier fortgelassen werden können, zu der Relation:

$$\begin{aligned}\frac{1}{2} Z_{11} I_1^2 + \frac{1}{2} Z_{22} I_2^2 + Z_{12} I_1 I_2 \cos(\alpha_1 - \alpha_2) \\ = (1+i) \frac{4a^2/b^2}{\pi b \varkappa \delta} \left(\frac{1}{\sin^2\psi_b}\right) \sum_{\lambda=1}^{\infty} \left(\frac{I'_\lambda(\lambda \operatorname{ctg}\psi)}{I'_\lambda(\lambda \operatorname{ctg}\psi_b)}\right)^2 \times \\ \times \left[\frac{1}{2} I_1^2 \sin^2\left(\lambda \frac{\varphi'_{-1} - \varphi'_{+1}}{2}\right) + \frac{1}{2} I_2^2 \sin^2\left(\lambda \frac{\varphi'_{-2} - \varphi'_{+2}}{2}\right) + \right. \\ + I_1 I_2 \sin\lambda\left(\frac{\varphi'_{-1} - \varphi'_{+1}}{2}\right) \sin\lambda\left(\frac{\varphi'_{-2} - \varphi'_{+2}}{2}\right) \times \\ \left. \times \cos\lambda\left(\frac{\varphi'_{+2} + \varphi'_{-2} - \varphi'_{+1} - \varphi'_{-1}}{2}\right) \cos(\alpha_1 - \alpha_2)\right].\end{aligned} \tag{18}$$

Aus ihr gehen sofort die gesuchten Beziehungen für die komplexen Widerstände Z_{11}, Z_{22} und Z_{12} hervor. Wir geben sie nicht besonders an, da die dafür geltenden Beziehungen aus Gl. (18) leicht abgelesen werden können.

In der Gl. (18) steckt als Sonderfall zunächst der schon im Abschn. 6.211.1 behandelte Fall des Einleiterpaares im symmetrischen Betriebszustand. Offenbar ist dann in Gl. (18) zu setzen: $\varphi'_{-1} = \varphi'_{+2} + \pi$ und $I_2 = 0$. Es ergibt sich auf diesem Wege sofort die Gl. (4c). Zwei andere Sonderfälle stellen der Sternvierer in Phantomschaltung und in Stammschaltung dar.

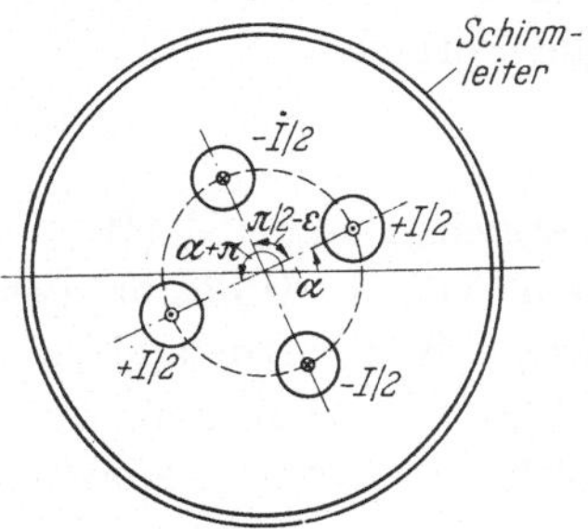

Abb. 127. Das Bild zeigt einen Sternvierer in Phantomschaltung nebst dem Schirmleiter. Der Winkel zwischen den Mittelachsen der beiden Leiterpaare ist absichtlich ein wenig von $\pi/2$ verschieden gewählt worden

6.212.1 *Die Schirmverluste beim Sternvierer in Phantomschaltung.* Der Sternvierer ist in diesem Falle gemäß Abb. 126 geschaltet, so daß in der Bezeichnungsweise des vorigen Abschnitts

$$I_1 = \frac{I}{2}, \qquad \varphi'_{+1} = \alpha, \qquad \varphi'_{-1} = \alpha + \frac{\pi}{2} - \varepsilon$$

und

$$I_2 = +\frac{I}{2}, \quad \varphi'_{+2} = \alpha + \pi, \quad \varphi'_{-2} = \alpha + \frac{3\pi}{2} - \varepsilon$$

ist. Ein Zweileiterpaar in Phantomschaltung entspricht also nur einem Stromkreis. Es wird daher im Hinblick auf Gl. (18)

$$\begin{aligned}Z_{11} + Z_{22} + 2 Z_{12} = (1+i) \frac{4a^2/b^2}{\pi b \varkappa \delta} \left(\frac{1}{\sin^2\psi_b}\right) \times \\ \times \sum_{\lambda=1}^{\infty} \left(\frac{I'_\lambda(\lambda \operatorname{ctg}\psi)}{I'_\lambda(\lambda \operatorname{ctg}\psi_b)}\right)^2 (1 + (-)^\lambda \cos\lambda\varepsilon) \left[1 - \cos\lambda\left(\frac{\pi}{2} - \varepsilon\right)\right].\end{aligned} \tag{19}$$

Ist ε genau der Null gleich, so machen alle ungeraden Werte von λ die rechte Gleichungsseite zu Null, und wegen der eckigen Klammer hinter dem Summenzeichen werden für $\varepsilon = 0$ auch noch alle Reihenglieder zu Null, für die $\lambda = 4, 8, 12, \ldots$, d. h. für die λ durch vier teilbar ist. Mithin ist in diesem Fall einfacher

$$\mathfrak{R}_L^{(H)} + i\,\omega\,\mathfrak{L}_L^{(H)} = (1+i)\,\frac{4a^2/b^2}{\pi\, b\,\varkappa\,\delta}\left(\frac{1}{\sin^2\psi_b}\right)\sum_{\lambda}^{2,6,10,\ldots}\left(\frac{I'_\lambda(\lambda\,\mathrm{ctg}\,\psi)}{I'_\lambda(\lambda\,\mathrm{ctg}\,\psi_b)}\right)^2 \qquad (\varepsilon = 0), \tag{19a}$$

falls jetzt der links stehende Scheinwiderstand auf den Gesamtstrom I in beiden Leiterpaaren bezogen wird. Es ist dann natürlich

$$\mathfrak{R}_L^{(H)} + i\,\omega\,\mathfrak{L}_L^{(H)} = \frac{1}{4}\{Z_{11}^{(\mathrm{H})} + Z_{22}^{(\mathrm{H})} + 2Z_{12}^{(\mathrm{H})}\}_{\varepsilon=0}. \tag{19a$_1$}$$

Für den unverdrillten Sternvierer folgt aus Gl. (19a) wegen $h \to \infty$ die Formel:

$$\{\mathfrak{R}_L^{(H)} + i\,\omega\,\mathfrak{L}_L^{(H)}\}_{h\to\infty} = (1+i)\,\frac{4a^2/b^2}{\pi\, b\,\varkappa\,\delta}\,\frac{(a/b)^2}{1-(a/b)^8}. \tag{19α}$$

Vergleicht man Gl. (19a) mit Gl. (4c) und (19α) mit (4γ), so zeigt sich, daß die Auflösung des einen Hin- und Rückleiters im symmetrischen Betriebszustand in je zwei um 90° gegeneinander versetzte Leiter wie beim Phantom sich hinsichtlich der zusätzlichen Schirmverluste unstreitig günstig auswirkt. Das Verhältnis

$$\tau = \frac{1-(a/b)^8}{(a/b)^2}\left(\frac{1}{\sin^2\psi_b}\right)\sum_{\lambda}^{2,6,10,\ldots}\left(\frac{I'_\lambda(\lambda\,\mathrm{ctg}\,\psi)}{I'_\lambda(\lambda\,\mathrm{ctg}\,\psi_b)}\right)^2 \tag{20}$$

ist für den konstanten Wert $a/b = 0{,}5$ in Abhängigkeit von $\mathrm{ctg}\,\psi$ in Abb. 125 als Kurve c dargestellt.

6.212.2 *Die Schirmverluste beim Sternvierer in Stammschaltung.* Die Stammschaltung des Sternvierers erfolgt gemäß Abb. 128, und der Vergleich mit Abb. 126 zeigt, daß in Gl. (18) in diesem Fall $\varphi'_{-1} = \varphi'_{+1} + \pi$, $\varphi'_{-2} = \varphi'_{+2} + \pi$ und $\varphi'_{+2} = \varphi'_{+1} + \pi/2 - \varepsilon$ gesetzt werden muß. Demnach wird

$$\left.\begin{matrix} Z_{11}^{(\mathrm{H})} \\ Z_{22}^{(\mathrm{H})} \\ Z_{12}^{(\mathrm{H})} \end{matrix}\right\} = (1+i)\,\frac{4a^2/b^2}{\pi b\varkappa\delta}\left(\frac{1}{\sin^2\psi_b}\right)\sum_{\lambda}^{1,3,5,\ldots}\left\{\begin{matrix} 1 \\ 1 \\ \sin(\lambda\,\varepsilon)\,(-)^{(\lambda-1)/2} \end{matrix}\right\}\left(\frac{I'_\lambda(\lambda\,\mathrm{ctg}\,\psi)}{I'_\lambda(\lambda\,\mathrm{ctg}\,\psi_b)}\right)^2. \tag{21}$$

Liegen also die beiden Leiterpaare genau senkrecht zueinander, so wird $Z_{12}^{(\mathrm{H})} = 0$, und für jeden der beiden Stromkreise des Zweileiterpaares gilt hinsichtlich des zusätzlichen Scheinwiderstandes, durch den die Verluste im Hüllenleiter erfaßt werden, dieselbe Regel wie für einen allein, und man kann rechnen, als wäre das zweite Leiterpaar gar nicht vorhanden.

6.213 **Die direkte magnetische Kopplung zwischen den beiden Paaren eines Zweileiterpaares.** Außer den Verlusten im Hüllenleiter interessiert beim Zweileiterpaar die Größe der magnetischen Kopplung zwischen den beiden Paaren. Auch sie wird natürlich beeinflußt durch das Rückwirkungsfeld der Wirbelströmung im Hüllenleiter. Wir bestimmen zu diesem Zweck die magnetische Energie des gesamten magnetischen Feldes, das vom Zweileiterpaar im Innern des Zylinders $\varrho \gtreqless b$ erzeugt wird. Da wir bisher das magnetische Feld aus einer skalaren Potentialfunktion abgeleitet haben, so bedienen wir uns hier zur Berechnung der magnetischen Energie der Formel 1.2 (31). In ihr ist im vorliegenden Falle zu setzen:

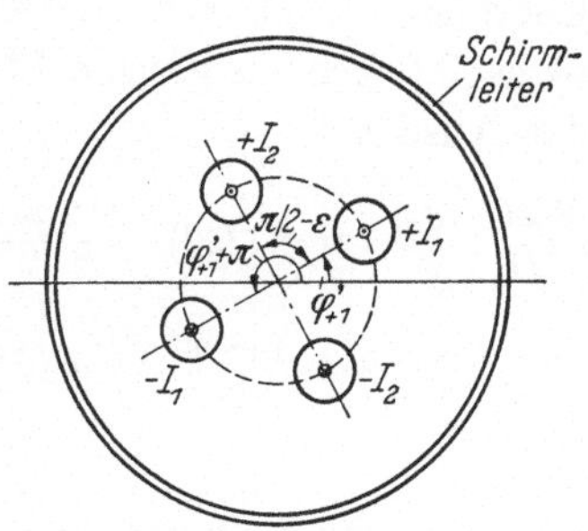

Abb. 128. Das Bild erläutert die gleichen Größen wie in der Abb. 126 beim Sternvierer in Stammschaltung

$$H_{N(A)} \equiv \{H_\varrho(\varrho, \varphi, z)\}_{\varrho \to a-}$$

und

$$\Phi(A) - \Phi(E) = \Phi^{(\text{tot})}(a+, \varphi, z) - \Phi^{(\text{tot})}(a-, \varphi, z).$$

Für die zuletzt erwähnte Differenz errechnet sich aber mit Hilfe der Gl. (13) der Ausdruck:

$$\Phi(A) - \Phi(E) \equiv \frac{2}{\pi} \sum_{\lambda=1}^{\infty} C_\lambda(I_{1,2}\, e^{i\alpha_{1,2}}; \lambda; \varphi, z)\,/\lambda =$$

$$-\frac{2}{\pi} \sum_{\lambda=1}^{\infty} \frac{1}{\lambda} \left[I_1 e^{i\alpha_1} \sin\left(\lambda \frac{\varphi'_{-1} - \varphi'_{+1}}{2}\right) \cos\lambda\left(\varphi - \frac{2\pi z}{h} - \frac{\varphi'_{+1} + \varphi'_{-1}}{2}\right) + \right.$$

$$\left. + I_2 e^{i\alpha_2} \sin\left(\lambda \frac{\varphi'_{-2} - \varphi'_{+2}}{2}\right) \cos\lambda\left(\varphi - \frac{2\pi z}{h} - \frac{\varphi'_{+2} + \varphi'_{-2}}{2}\right)\right]. \tag{22a}$$

Nach der Formel 1.2 (31) ist also

$$W_m = -\frac{1}{2}\mu_0 \frac{4}{\pi^2} \operatorname{ctg}\psi \frac{\partial}{\partial\varrho} \left\{ \int\!\!\int_F \left[\sum_{\lambda=1}^{\infty} C_\lambda(I_{1,2}\, e^{i\alpha_{1,2}}; \lambda; \varphi, z) \right] \times \right. \tag{22b}$$

$$\left. \times \left[\sum_{\nu=1}^{\infty} C_\nu(I_{1,2}\, e^{i\alpha_{1,2}}; \nu; \varphi, z) \right] \cdot \frac{I_\nu\left(\nu \frac{2\pi\varrho}{h}\right)}{I'_\nu\left(\nu \frac{2\pi b}{h}\right)} \begin{vmatrix} I'_\nu\left(\nu \frac{2\pi b}{h}\right) & I'_\nu\left(\nu \frac{2\pi a}{h}\right) \\ K'_\nu\left(\nu \frac{2\pi b}{h}\right) & K'_\nu\left(\nu \frac{2\pi a}{h}\right) \end{vmatrix} dF \right\}.$$

Ist in Gl. (22b) die Differentiation nach ϱ ausgeführt, so hat man $\varrho = a$ zu setzen.

Was nun die Flächenintegration anbetrifft, so ist sie mit $dF = a\, d\varphi\, dz$ zunächst nach der Variablen φ zwischen den Grenzen $0 \cdots 2\pi$ zu erstrecken. Nach Gl. (22a) treten dabei Integrale von der Form (17) auf. Nach dieser Integration kommt dann aber die

Variable z nicht mehr unter dem Integralzeichen vor. Der Ausdruck (22b) wird also proportional mit z, so daß wir W_m auf die Längeneinheit beziehen können. Beschränkt man sich von vornherein in dem Energieausdruck auf den Term, der dem Kopplungsfeld entspricht, so ergibt sich im ganzen für diesen Anteil der magnetischen Energie der Ausdruck:

$$\begin{aligned}\frac{W_m(I_1, I_2)}{(I_1 I_2)} &\equiv \mathfrak{L}_L(1,2) = \frac{8\mu_0 a}{h} \operatorname{ctg}\psi \sum_{\lambda=1}^{\infty} \sin\left(\lambda \frac{\varphi'_{-1} - \varphi'_{+1}}{2}\right) \times \\ &\times \sin\left(\lambda \frac{\varphi'_{-2} - \varphi'_{+2}}{2}\right) \cos\lambda\left(\frac{\varphi'_{+1} + \varphi'_{-1} - \varphi'_{+2} - \varphi'_{-2}}{2}\right) \times \\ &\times \left[- I'_\lambda(\operatorname{ctg}\psi)\, K'_\lambda(\lambda \operatorname{ctg}\psi) + (I'_\lambda(\lambda \operatorname{ctg}\psi))^2 \frac{K'_\lambda\left(\lambda \frac{2\pi b}{h}\right)}{I'_\lambda\left(\lambda \frac{2\pi b}{h}\right)} \right] \frac{\mathrm{H}}{\mathrm{m}}.\end{aligned} \tag{23}$$

Dabei ist in dieser Gleichung bereits $\alpha_1 = \alpha_2$ gesetzt worden. Für $\alpha_1 \neq \alpha_2$ wäre die mittlere und die rechte Gleichungsseite mit $\cos(\alpha_1 - \alpha_2)$ zu multiplizieren.

Für die gegenseitige Impedanz der beiden Leiterpaare des Sternvierers in Stammschaltung berechnet sich demnach mittels der in Abschn. 6.212.2 gemachten Angaben aus Gl. (23) die Beziehung:

$$\begin{aligned}i\omega\mathfrak{L}_L(1,2) &= i\frac{8\omega\mu_0 a}{h} \operatorname{ctg}\psi \sum_{\lambda}^{1,3,5,\ldots} \sin\frac{\pi\lambda}{2} \sin\pi\varepsilon \Big[-I'_\lambda(\lambda \operatorname{ctg}\psi)\, K'_\lambda(\lambda \operatorname{ctg}\psi) + \\ &+ \left(\frac{I'_\lambda(\lambda \operatorname{ctg}\psi)}{I'_\lambda(\lambda \operatorname{ctg}\psi_b)}\right)^2 K'_\lambda(\lambda \operatorname{ctg}\psi_b)\, I'_\lambda(\lambda \operatorname{ctg}\psi_b)\Big] \qquad (\operatorname{ctg}\psi_b = 2\pi\, b/h).\end{aligned} \tag{24}$$

Es strebe hierin $h \to \infty$. Beachtet man dann die Gl. 6.1 (41b) sowie die Gl. 1.2 (25), so besteht für das unverdrillte Zweileiterpaar die Induktivitätsformel:

$$\{\omega\mathfrak{L}_L(1,2)\}_{h\to\infty} = \frac{\omega\mu_0}{\pi} \ln \operatorname{ctg}\left(\frac{\pi}{4} - \frac{\varepsilon}{2}\right) + \frac{\omega\mu_0 a^2}{2\pi b^2} \ln\left(\frac{1 + 2\frac{a^2}{b^2}\sin\varepsilon + \frac{a^4}{b^4}}{1 - 2\frac{a^2}{b^2}\sin\varepsilon + \frac{a^4}{b^4}}\right). \tag{25}$$

Sowohl nach Gl. (24) als auch nach Gl. (25) ist $\mathfrak{L}_L(1,2) = 0$ für $\varepsilon = 0$. Auch für ein verdrilltes Zweileiterpaar bleibt also die Regel bestehen, daß zwei koaxiale Leiterschleifen, deren Ebenen überall längs der Leitung senkrecht aufeinander stehen, sich nicht gegenseitig beeinflussen.

Die induktive Kopplung der beiden Leiterpaare über den Luftraum des Kabels setzt sich nach Gl. (24) deutlich aus zwei Bestandteilen zusammen. Für $b \to \infty$ bleibt in der eckigen Klammer von Gl. (24) allein der erste Summand übrig. Dieser Anteil der zugehörigen Reihe gibt also den Gegeninduktionskoeffizienten zwischen den beiden Paaren an, wenn gar kein Schirmleiter oder nur einer von großem

Durchmesser vorhanden ist. Zu diesem Bestandteil von $\mathfrak{L}(1,2)$ tritt bei merklicher Nähe des Schirmleiters der zweite Summand in der eckigen Klammer von Gl. (24) hinzu. Er hat das entgegengesetzte Vorzeichen wie der erste Summand, und er setzt daher die Größe der einzelnen Reihenglieder herab. Für beide Anteile der Gleichungen ist charakteristisch, daß sie rein induktiver Natur sind und die zugehörigen Kopplungswiderstände rein imaginär und proportional der Frequenz ω sind. Dahingegen sind die Eigen- und die Kopplungskoeffizienten der beiden Leiterpaare, die ihre Existenz dem Hüllenleiter verdanken, stets komplexwertig, und ihre Abhängigkeit von der Frequenz entspricht wegen des Faktors δ dem bekannten $\omega^{\frac{1}{2}}$-Gesetz.

Wegen der praktischen Bedeutung, die die Kenntnis der Größe dieser Koeffizienten hat, möge über die zahlenmäßige Berechnung von $\mathfrak{L}(1,2)$ nach Gl. (24) noch einiges gesagt werden. Die beiden unendlichen Reihen in Gl. (24) zeigen ein sehr verschiedenes Konvergenzverhalten. Für den praktisch häufigsten Wert $\frac{1}{2}$ oder für jeden noch kleineren Wert des Verhältnisses a/b ist die Konvergenz der zweiten Reihe von Gl. (24), die mit dem zweiten Summanden der eckigen Klammer gebildet wird, durchaus befriedigend, und man kommt für den angegebenen Bereich von a/b bei der numerischen Berechnung dieser Reihe mit den ersten 8 bis 10 Gliedern aus. Bei der ersten Reihe, die mit dem ersten Summanden gebildet wird, liegen die Dinge in dieser Hinsicht wesentlich ungünstiger. Ihre Konvergenz entspricht der FOURIER-Reihe $\sum p^{-1} \sin p\,\varepsilon$. Für praktische Zwecke ist sie also unzureichend. Für die deshalb erforderliche Umformung der Reihe wirkt es sich zunächst günstig aus, daß die Summationsvariable λ nur die ungeraden ganzen Zahlen durchläuft. Der Zeiger λ erreicht daher schon nach wenigen Reihengliedern einen so großen Wert, daß an Stelle des Produktes der beiden Zylinderfunktionen mit deren asymptotischem Näherungsausdruck in M 7, Gl. (3), gerechnet werden darf. Bedeutet dann noch $r+1$ der kleinste der ungeradzahligen Zeiger in der ersten Reihe von Gl. (24), für den bei der Berechnung von $I'_\lambda K'_\lambda$ erstmalig von der Näherungsform M 7 Gl. (3) Gebrauch gemacht worden ist, so kann man die erste Reihe in Gl. (24) folgendermaßen umschreiben:

$$\sum_{\lambda}^{1,3,5,\ldots} \sin\left(\frac{\pi\lambda}{2}\right) \sin\lambda\varepsilon\,[-I'_\lambda(\lambda\operatorname{ctg}\psi)\,K'_\lambda(\lambda\operatorname{ctg}\psi)] \approx \frac{\sin\psi}{4\cos^2\psi}\ln\operatorname{tg}\left(\frac{\pi}{4}+\frac{\varepsilon}{2}\right) -$$

$$-\frac{3}{16}\sin\psi\operatorname{tg}^2\psi\cdot S(\varepsilon)\left[1-\frac{10}{3}\sin^2\psi+\frac{7}{3}\sin^4\psi\right] - \tag{24a}$$

$$-\sum_{\lambda}^{1,3,5,\ldots} \sin\left(\frac{\pi\lambda}{2}\right)\sin\lambda\varepsilon\,[I'_\lambda(\lambda\operatorname{ctg}\psi)\,K'_\lambda(\lambda\operatorname{ctg}\psi)+R'_\lambda(\lambda\operatorname{ctg}\psi)]\,.$$

Wegen der Bedeutung von R'_λ in dieser Gleichung vergleiche man M 7 Gl. (3). Die Größe $S(\varepsilon)$ ist durch die Beziehung

$$S(\varepsilon) \equiv \sum_{\lambda}^{1,3,5,\ldots} \left(\sin\frac{\pi\lambda}{2}\sin\lambda\varepsilon\right)\Big/\lambda^3 \approx 0{,}9159656\,\varepsilon - \\ - \frac{\varepsilon^2}{12}\cdot\left(1+\frac{\varepsilon^2}{20}+\frac{\varepsilon^4}{168}+\cdots\right) \tag{25}$$

definiert, und hierin wieder ist der Zahlenfaktor von ε die Summe der Reihe $1 - 1/9 + 1/25 - 1/49 \ldots$. Mit Hilfe der Gl. (24a) läßt sich der Zahlenwert der ersten Reihe von Gl. (24) wesentlich leichter berechnen, denn die unendliche Reihe in der dritten Zeile von Gl. (24a) konvergiert sehr schnell, da die in M 7 Gl. (3) angegebene asymptotische Entwicklung von $I'_\lambda K'_\lambda$ selbst für Werte von $\operatorname{ctg}\psi$ in der Nähe von 1 sehr gut ist.

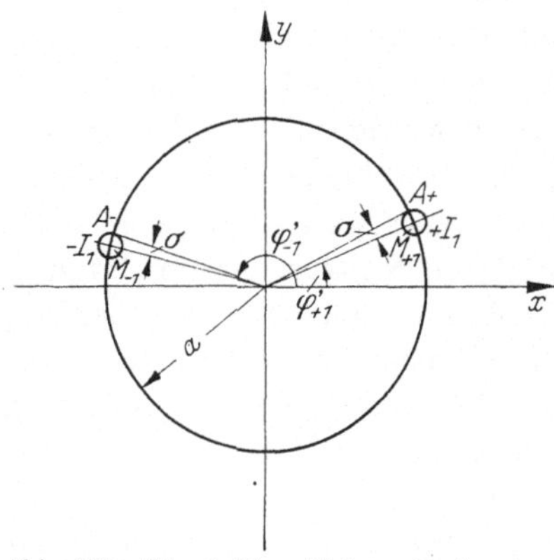

Abb. 129. Die beiden kleinen Kreise in diesem Bild stellen die Querschnitte zweier auf einen Zylinder in Schraubenlinienform aufgew. Leiter dar. Der komplexe Lagenwiderstand dieses Leiterpaares im Rückwirkungsfeld der Wirbelströme stimmt nahezu mit dem komplexen Kopplungswiderstand zwischen den dicht benachbarten Leiterpaaren in $M_\pm$ und $A_\pm$ überein

Eine dritte Art von Kopplung, auf die hier gar nicht näher eingegangen werden soll, ist die sogenannte Kopplung durch den Nahewirkungseffekt. Seine Berücksichtigung würde verlangen, daß man den endlichen Leiterquerschnitt sowie die ungleichmäßige Verteilung der Ströme auf der Oberfläche der beiden Leiterdrähte in die Rechnung mit einbezieht.

6.214 Die Selbstinduktivität eines der beiden Leiterpaare im Sternvierer mit Hüllenleiter. Beim Zweileiterpaar, das von einem Schirmleiter umgeben ist, wird natürlich auch die Größe der Selbstinduktivität eines der beiden Leiterpaare durch das Rückwirkungsfeld des Hüllenleiters beeinflußt. Zunächst sieht es so aus, als könnte man zu diesem modifizierten Wert für die Selbstinduktivität am einfachsten auf dem Weg über die Gl. (22b) gelangen. Aber man wird schnell gewahr, daß diese Hoffnung trügt, da die für $\mathfrak{L}(1,1)$ oder $\mathfrak{L}(1,2)$ analog zu Gl. (23) entstehende Reihenentwicklung nicht mehr konvergiert.

Wir können uns aber hier auf dieselbe Weise helfen wie etwa bei der Berechnung der Selbstinduktivität eines zu einem Kreis zusammengebogenen Drahtringes. In diesem Fall berechnet man ja eigentlich, indem man zunächst das magnetische Feld im Innern des Drahtes vernachlässigt, die Gegeninduktivität zwischen dem Kreisring in der

Achse des Drahtes und dem Kreisring längs der Drahtoberfläche auf der Innen- oder Außenseite des Ringes. Nun interessiert uns im vorliegenden Fall das magnetische Feld im Innern der Leiter, aus denen das Zweileiterpaar besteht, überhaupt nicht, da es bei Hochfrequenz ohnehin verschwindet. Der eben beschriebene Kunstgriff läuft damit im vorliegenden Fall darauf hinaus, daß an Stelle der Selbstinduktivität die Gegeninduktivität zweier Leiterpaare berechnet wird, von denen die beiden Leiter des einen gemäß Abb. 129 die x, y-Ebene in den Punkten M_{+1}, M_{-1}, die beiden Leiter des anderen diese Ebene in den Punkten A_+ und A_- schneiden. Die beiden ersten Leiter haben wie bisher die Stellungswinkel $\varphi'_{\pm 1}$, die beiden zuletzt erwähnten die Stellungswinkel $\varphi'_{\pm 1} + \sigma$ und $\varphi'_{-1} - \sigma$. Nach Gl. (23) wird also jetzt

$$\mathfrak{L}_L(1,1) = \frac{2\mu_0}{\pi} \operatorname{ctg}^2\psi \sum_{\lambda=1}^{\infty} [\cos(\lambda\sigma) - \cos\lambda(\varphi'_- - \varphi'_+)] \times \tag{26a}$$
$$\times \left[-I'_\lambda(\lambda \operatorname{ctg}\psi) K'_\lambda(\lambda \operatorname{ctg}\psi) + \left(\frac{I'_\lambda(\lambda \operatorname{ctg}\psi)}{I'_\lambda(\lambda \operatorname{ctg}\psi_b)}\right)^2 I'_\lambda\left(\lambda \frac{2\pi b}{h}\right) K'_\lambda\left(\lambda \frac{2\pi b}{h}\right)\right].$$

Der Winkel σ hängt mit dem Radius r_0 des Drahtes, aus dem das Leiterpaar hergestellt ist; über die Gleichung $\sigma = (r_0/a)/\sin\psi$ zusammen. Bei nicht zu kleinem Steigwinkel ψ ist also auch σ sehr klein, so daß es überall dort gleich Null gesetzt werden kann, wo die Konvergenzeigenschaften es nicht ausdrücklich verlangen, daß es von Null verschieden bleibt. Wir können statt Gl. (26a) dann auch schreiben:

$$\omega\,\mathfrak{L}_L(1,1) = \frac{2\omega\,\mu_0}{\pi} \operatorname{ctg}^2\psi \times \qquad (0 < \psi < \pi/2)$$
$$\times \left\{ 2 \sum_{\lambda=1}^{\infty} \sin^2\left(\lambda \frac{\varphi'_- - \varphi'_+}{2}\right) \cdot \left(\frac{I'_\lambda(\lambda \operatorname{ctg}\psi)}{I'_\lambda(\lambda \operatorname{ctg}\psi_b)}\right)^2 I'_\lambda\left(\lambda \frac{2\pi b}{h}\right) K'_\lambda\left(\lambda \frac{2\pi b}{h}\right) - \right. \tag{26b}$$
$$\left. - \sum_{\lambda=1}^{\infty} \left(\cos\left(\frac{\lambda r_0}{a \sin\psi}\right) - \cos\lambda(\varphi'_- - \varphi'_+)\right) (I'_\lambda(\lambda \operatorname{ctg}\psi) K'_\lambda(\lambda \operatorname{ctg}\psi) \right\}.$$

Für die letzte Zeile dieser Gleichung kann dabei im Hinblick auf M 7 Gl. (3) gesetzt werden:

$$- \sum_{\lambda=1}^{\infty} \left[\cos\left(\lambda \frac{r_0/a}{\sin\psi}\right) - \cos\lambda(\varphi'_- - \varphi'_+)\right] \times$$
$$\times [I'_\lambda(\lambda \operatorname{ctg}\psi) K'_\lambda(\lambda \operatorname{ctg}\psi) + R'_\lambda(\lambda \operatorname{ctg}\psi)] +$$
$$+ \frac{\sin\psi}{2\cos^2\psi} \ln \frac{\sin((\varphi'_- - \varphi'_+)/2)}{\sin(r_0/(2a\sin\psi))} - \tag{26β}$$
$$- \frac{3}{16} \frac{\sin^3\psi}{\cos^2\psi} \sum_{\lambda=1}^{\infty} \left(\cos\left(\lambda \frac{r_0/a}{\sin\psi}\right) - \cos\lambda(\varphi'_- - \varphi'_+)\right) \Big/ \lambda^3.$$

Dieselbe Gl. (26b) entsteht, wenn man den magnetischen Fluß zwischen den Punkten $A_{-} \cdots A_{+}$ von Abb. 128 gemäß der Formel

$$\Psi(A_{-} \cdots A_{+}) \equiv \mathfrak{L}_L(1,1)\, I_1 = \lim_{\varrho \to a} \left\{ a \int\limits_{\varphi'_{+} + (2\pi z/h) - \sigma}^{\varphi'_{-} + (2\pi z/h) - \sigma} \left(\frac{\partial \Phi^{(\text{tot})}(\varrho, \varphi, z)}{\partial \varrho} \right) d\varphi \right\}$$

berechnet und dann für $\Phi^{(\text{tot})}$ den Ausdruck (13) mit $I_2 = 0$ benutzt.

Von den Stromkreiskonstanten des Zweileiterpaares, die zu kennen wünschenswert ist, fehlt darnach nur noch der Längswiderstand eines Paares. Er berechnet sich bei Hochfrequenz unter Berücksichtigung der Verdrillung, wenn er auf die Längeneinheit des einzelnen Paares in axialer Richtung bezogen wird, nach der Formel:

$$R_{11} = 2 \sin\psi / (\varkappa \cdot 2\pi r_0 \cdot \delta)\,.$$

Dabei bleibt dann aber unberücksichtigt, daß sich infolge des Nahewirkungseffektes der Strom in jedem Leiter des Paares nicht gleichmäßig über den Umfang verteilt. Die zahlenmäßige Berechnung der dadurch bewirkten, weiteren Widerstandszunahme ist auf der Basis der Näherung, die hier zugrunde gelegt worden ist, nicht möglich.

6.31 Magnetische Spulen mit periodischer Feldstruktur. In den elektronenoptischen Geräten werden neuerdings häufig magnetische Linsen verwendet, deren Felder eine periodische Struktur aufweisen. Sie wird dadurch erreicht, daß die aufeinanderfolgenden zylindrischen Magnetspulen abwechselnd von entgegengesetzt gerichteten Strömen durchflossen werden. Wird das Feld von permanenten Magneten erzeugt, die etwa die Gestalt kleiner Hülsen von kreisringförmigem Querschnitt haben, so grenzen abwechselnd die Nordpole oder die Südpole aneinander. Wir wollen im folgenden das Magnetfeld einer solchen Anordnung von Spulen oder Magneten betrachten. In Rücksicht auf Anwendungen anderer Art, wie sie z. B. beim Induktionsofen vorliegen, möge die Aufgabe unter allgemeineren Bedingungen in Angriff genommen werden, als sie gerade bei den elektronenoptischen Geräten vorliegen.

Das Grundelement bilde eine permeable, zylindrische Hülse von kreisringförmigem Querschnitt mit einem $\mu > \mu_0$. Solche Hülsen mögen lückenlos in unbegrenzter Zahl nebeneinander liegen, so daß man auch von einem unbegrenzt langen, hohlen Rohr sprechen kann. Die beiden Radien des Kreisringes seien a und $b > a$. Die Achse des Hohlrohrs bilde die z-Achse des Zylinderkoordinatensystems. Koaxial zu dieser unbegrenzt langen, permeablen Hülse sei sowohl außerhalb wie innerhalb eine unbegrenzte Zahl von einlagigen Spulen angeordnet. Die Spulen selbst sollen die Länge $2L'$ haben, der Abstand der Mittelebenen zweier aufeinanderfolgender Spulen sei $2L \geqq 2L'$. Ferner mögen zwei aufeinanderfolgende Spulen zwar immer den gleichen Strom I führen, er durchfließe sie aber abwechselnd in entgegengesetzter Richtung. Die Zahl N der Windungen pro Spule sei ebenfalls immer die gleiche. Für $\mu = \mu_0$ vermöchte ein zwischen denselben Ebenen gelegenes koaxiales Spulenpaar, wenn beide Wicklungen von entgegengesetzt gerichteten Strömen durchflossen werden, in bezug auf die felderzeugende Wirkung einen aus hartem Stahl bestehenden, zwischen dem Spulenpaar liegenden permanenten Magneten zu ersetzen.

6.32 Die Anregungsfunktion für das periodische Feld. Der an der Stelle $z = z'$ liegende Stromring habe den Durchmesser $2\varrho = 2\varrho'$ und führe den Strom $I\,N\,dz'/2L'$. Das Magnetfeld dieses Stromrings ist bei Abwesenheit der permeablen Hülse nach Gl. 2.1 (10) und

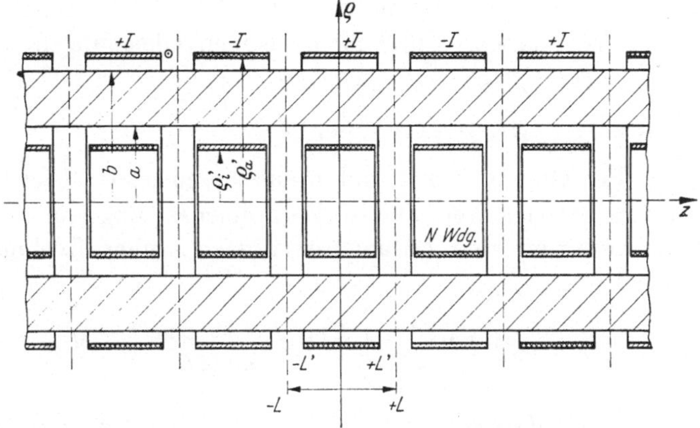

Abb. 130. Eine lückenlose Aufeinanderfolge permeabler Metallringe von rechteckigem Querschnitt mit einem $\mu > \mu_0$ bildet ein langes Hohlrohr mit den Radien a und $b > a$. Die Erregung des Feldes besorgen einlagige Spulen mit dem Abstand $2L$ ihrer Mittelebenen. Jede Spule hat dieselbe Länge $2L' \gtreqless 2L$ und dieselbe Windungszahl N. Die Spulen liegen entweder außerhalb oder innerhalb des Rohres, und der Stromfluß darin beträgt abwechselnd $\pm I$

2.2 (16, 17) durch das Vektorpotential

$$\delta A_\varphi(\varrho, z; \varrho', z') = \frac{1}{2}\mu_0\varrho' I N \frac{dz}{2L'}\int\limits_0^\infty e^{-|z-z'|t} J_1(t\varrho)\, J_1(t\varrho')\, dt \qquad (1\text{a})$$

$$(-L < z' < +L)$$

gegeben. Da nun für alle Spulen ϱ', L', L, I und N dieselben Größen haben, so werden die magnetischen Kraftlinien an den Mittelebenen zwischen zwei Spulen streifend entlanglaufen. Sind also die Spulen so angeordnet, wie es die Abb. 130 andeutet, so wird das Magnetfeld $\mathfrak{H}$ in allen Ebenen $z = \pm(2\lambda + 1)L$ mit $\lambda = 0, 1, 2 \ldots$ eine verschwindende z-Komponente haben. Wir können also die Rechnungen vorläufig auf den Raumteil $-L \gtreqless z \leqq +L$ beschränken, und wir werden die geforderte, periodische Struktur des Feldes auch dadurch richtig nachgebildet haben, daß wir innerhalb dieses Raumteils unter Berücksichtigung von Gl. (1a) nach einer Lösung der D.Gl. von Laplace suchen, für die in den Ebenen $z = \pm L$ die Feldkomponente H_z verschwindet. Nun berechnen sich aus $A_\varphi(\varrho, z)$ die beiden Feldkomponenten H_ϱ und H_z gemäß den Gleichungen

$$B_\varrho = -\frac{\partial A_\varphi}{\partial z}, \quad (2\text{a}) \qquad B_z = \frac{1}{\varrho}\frac{\partial}{\partial \varrho}(\varrho A_\varphi). \quad (2\text{b})$$

Soll also B_z für $z = \pm L$ verschwinden, so muß in diesen beiden Ebenen überall A_φ selbst verschwinden.

Wir fügen demgemäß zu Gl. (1a) als Lösungsansatz den Ausdruck

$$\delta A_\varphi^{(s)}(\varrho, z) = \frac{1}{2}\mu_0 \varrho' I N \frac{dz'}{2L'}\int_0^\infty [A e^{-zt} + B z^{+zt}] J_1(t\varrho) J_1(t\varrho')\,dt \quad (1\text{b})$$

hinzu. Soll für $z = \pm L$ die Funktion $\delta A_\varphi(\varrho', z; \varrho, z') + \delta A_\varphi^{(s)}(\varrho, z)$ verschwinden, so müssen A und B die beiden Gleichungen

$$\begin{aligned} A e^{-Lt} + B e^{+Lt} &= -e^{-(L-z')t}, \quad & (3\text{a})\\ A e^{+Lt} + B e^{-Lt} &= -e^{-(L+z')t} \quad (-L < z' < +L) & (3\text{b})\end{aligned}$$

erfüllen. Die Berechnung von A und B aus diesen beiden Gleichungen macht keine Schwierigkeiten, und die Zusammensetzung von $\delta A_\varphi^{(s)}$ und δA_φ zu der resultierenden Lösung führt nach kurzer Rechnung zu dem Ausdruck:

$$\begin{aligned}\delta A_\varphi^{(a)}(\varrho, z; \varrho', z') = \mu_0 \varrho' I N \frac{dz'}{2L'}\int_0^\infty \frac{\mathfrak{Sin}\,t(L+z')\,\mathfrak{Sin}\,t(L-z)}{\mathfrak{Sin}(2Lt)} \times \\ \times J_1(\varrho t) J_1(\varrho' t)\,dt \qquad (-L \lesseqqgtr z' < z \leqq +L).\end{aligned} \quad (4\text{a})$$

Für $-L \lesseqqgtr z < z' \leqq L$ haben z und z' in Gl. (4a) ihre Plätze zu vertauschen. Strebt in Gl. (4a) $L \to \infty$, so entsteht aus Gl. (4a), wie es sein muß, wiederum die Gl. (1a).

Mit Gl. (4a) ist gleichwertig die Schreibweise

$$\begin{aligned}\delta A_\varphi^{(a)}(\varrho, z; \varrho', z') = \frac{1}{2}\mu_0 \varrho' I N \frac{dz'}{2L'}\int_{-\infty}^{+\infty} \frac{\mathfrak{Sin}\,t(L+z')\,\mathfrak{Sin}\,t(L-z)}{\mathfrak{Sin}(2Lt)} \times \\ \times J_1(\varrho t) H_1^{(1)}(\varrho' t)\,dt \qquad (-L \lesseqqgtr z' < z \leqq +L).\end{aligned} \quad (4\text{b})$$

Zerlegt man dann den neuen Integrationsweg in die beiden Teile $-\infty \cdots 0$ und $0 \cdots +\infty$ und deutet das t in dem Teil $-\infty \cdots 0$ in dem Sinne von $e^{+\pi i} t'$ mit $t' > 0$, so nimmt dieses Teilintegral die Form an

$$\int_0^\infty \frac{\mathfrak{Sin}\,t'(L+z')\,\mathfrak{Sin}\,t'(L-z)}{\mathfrak{Sin}(2Lt')} J_1(\varrho t') H_1^{(1)}(\varrho' t' \cdot e^{+\pi i})\,dt'.$$

Es ist aber bekanntlich $H_1^{(1)}(\varrho' t' e^{+\pi i}) = H_1^{(2)}(\varrho' t')$, und die Addition der beiden Teilintegrale führt somit tatsächlich auf die Gl. (4a) zurück. In Gl. (4b) könnte natürlich ebensogut im Integranden die Funktion $H_1^{(1)}(\varrho t) J_1(\varrho' t)$ stehen. Das Unendlichwerden von $H_1^{(1)}(\varrho t)$

für $t \to 0$ wird in Gl. (4b) dadurch in mehr als nötigem Umfang kompensiert, daß die übrigen Bestandteile des Integranden sich für $t \to 0$ wie t^2 verhalten.

Um den Ausdruck für die Anregung des magnetischen Feldes durch die ganze, zwischen den Ebenen $z = \pm L'$ gelegene Spule zu erhalten, haben wir noch die Gl. (4b) nach z' zwischen den Grenzen $-L' \cdots + L'$ zu integrieren. Dabei muß natürlich, es werde nun die Gl. (4a) oder (4b) gewählt, unterschieden werden zwischen den drei Fällen $|z| < L'$, $z < -L'$ und $z > +L'$. Man gelangt dann generell zu dem Ausdruck

$$A_\varphi^{(\mathrm{sp})}(\varrho, z; \varrho', L') = \mu_0 \frac{\varrho'}{4L'} I N \int_{-\infty}^{+\infty} F(t; L', L)\, G(t; \varrho, \varrho')\, dt, \tag{5}$$

und hierin bedeutet

$$G(t; \varrho, \varrho') = J_1(\varrho t)\, H_1^{(1)}(\varrho' t) \qquad (0 < \varrho < \varrho'), \tag{5a}$$

$$F(t; L', L) = \frac{\mathfrak{Sin}(t L')\, \mathfrak{Sin}\, t(L - |z|)}{t\, \mathfrak{Cof}\, t L} \qquad (|z| \geqq L'), \tag{5b$_1$}$$

$$F(t; L', L) = \{1 - \mathfrak{Cof}\, t(L - L') \cdot \mathfrak{Cof}\, z t / \mathfrak{Cof}\, t L\}/t \tag{5b$_2$}$$

$$\doteq \left\{ \frac{\mathfrak{Sin}\, t\left(L - \frac{L'-z}{2}\right) \mathfrak{Sin}\left(t \frac{L'-z}{2}\right) + \mathfrak{Sin}\, t\left(L - \frac{L'+z}{2}\right) \mathfrak{Sin}\, t\left(\frac{L'+z}{2}\right)}{t\, \mathfrak{Cof}(L t)} \right\}$$

$$(|z| \leqq L').$$

Von Gl. (5) aus kann unmittelbar zu einer FOURIER-Entwicklung übergegangen werden, indem für $\varrho' > \varrho$ der Integrationsweg durch den unendlich fernen Halbkreis der oberen t-Halbebene zu einem geschlossenen Integrationsweg ergänzt wird. Für $\varrho' < \varrho$ kann ebenso vorgegangen werden, nachdem in Gl. (5a) ϱ und ϱ' miteinander vertauscht worden sind. Wegen der einfachen Pole, die der Integrand von Gl. (5) in den Punkten $t = (2\lambda + 1)\pi/2L\, i$ mit $\lambda = 0, 1, 2 \ldots$ besitzt, erhält man dann für die Potentialfunktion die folgende FOURIER-Reihe:

$$A_\varphi^{(\mathrm{sp})}(\varrho, z; \varrho', L') \left\{ \begin{aligned} &= \mu_0 \frac{\varrho'}{L'} I N \sum_{\lambda=0}^{\infty} \cos\left(\alpha_\lambda \frac{z}{L}\right) \frac{\sin\left(\alpha_\lambda \frac{L'}{L}\right)}{\alpha_\lambda} I_1\left(\alpha_\lambda \frac{\varrho}{L}\right) K_1\left(\alpha_\lambda \frac{\varrho'}{L}\right) \\ &\qquad (0 < \varrho < \varrho' < \infty, \ -\infty < z < +\infty) \\ &\qquad (\alpha_\lambda = \pi(\lambda + \tfrac{1}{2})), \\ &= \mu_0 \frac{\varrho'}{L'} I N \int_{+i\infty}^{(0+)} F(t; L', L)\, G(t; \varrho, \varrho')\, dt. \end{aligned} \right. \tag{6}$$

Für $\varrho > \varrho'$ brauchen in Gl. (6) nur die Argumente von I_1 und K_1 miteinander vertauscht zu werden. Eine Beschränkung des Geltungsbereichs von Gl. (6) hinsichtlich z ist bei der Reihe nicht mehr erforderlich. Der Strom I in Gl. (6) zählt positiv, wenn er in Richtung $\mathfrak{z}_2$ fließt.

6.321 Die vollständige Potentialfunktion. Wir stellen nun die vollständige Lösung der Aufgabe für die in Abb. 129 dargestellte Spulenanordnung her. Danach liege im *ersten* Fall ein Spulensystem mit der durch Gl. (6) angegebenen Anregungsfunktion auf dem Zylinder $\varrho = \varrho_i'$ vor, und überdies sei noch ein permeabler Hohlzylinder mit den Radien $\varrho = b$ und $\varrho = a < b$ vorhanden. Wir machen den Lösungsansatz

$$A_\varphi^{(t)}(\varrho, z) = A_\varphi^{(\mathrm{sp})}(\varrho, z;\, \varrho_i', L') + \\ + \mu_0 \frac{\varrho_i'}{L'} I N \sum_{\lambda=0}^{\infty} \cos\left(\alpha_\lambda \frac{z}{L}\right) \frac{\sin\left(\alpha_\lambda \frac{L'}{L}\right)}{\alpha_\lambda} E_i\left(\alpha_\lambda \frac{\varrho}{L}\right), \tag{7}$$

und hierin sei im einzelnen

$$\begin{aligned} E_1\left(\alpha_\lambda \frac{\varrho}{L}\right) &= A\, I_1\left(\alpha_\lambda \frac{\varrho}{L}\right), && (0 \lesseqgtr \varrho \leqq a) \\ E_2\left(\alpha_\lambda \frac{\varrho}{L}\right) &= B\, I_1\left(\alpha_\lambda \frac{\varrho}{L}\right) + C\, K_1\left(\alpha_\lambda \frac{\varrho}{L}\right), && (a \lesseqgtr \varrho \leqq b) \quad \text{(7a, b, c)} \\ E_3\left(\alpha_\lambda \frac{\varrho}{L}\right) &= D\, K_1\left(\alpha_\lambda \frac{\varrho}{L}\right). && (b \lesseqgtr \varrho < \infty) \end{aligned}$$

Im Hinblick auf Gl. (2a, b) muß dann sein:

$$A I_1\left(\alpha_\lambda \frac{a}{L}\right) - B I_1\left(\alpha_\lambda \frac{a}{L}\right) - C K_1\left(\alpha_\lambda \frac{a}{L}\right) = -I_1\left(\alpha_\lambda \frac{\varrho_i'}{L}\right) K_1\left(\alpha_\lambda \frac{a}{L}\right), \tag{8a}$$

$$A I_0\left(\alpha_\lambda \frac{a}{L}\right) - B \frac{\mu_0}{\mu} I_0\left(\alpha_\lambda \frac{a}{L}\right) + C \frac{\mu_0}{\mu} K_0\left(\alpha_\lambda \frac{a}{L}\right) = +I_1\left(\alpha_\lambda \frac{\varrho_i'}{L}\right) K_0\left(\alpha_\lambda \frac{a}{L}\right), \tag{8b}$$

$$+B I_1\left(\alpha_\lambda \frac{b}{L}\right) + C K_1\left(\alpha_\lambda \frac{b}{L}\right) - D K_1\left(\alpha_\lambda \frac{b}{L}\right) = 0, \tag{8c}$$

$$+B \frac{\mu_0}{\mu} I_0\left(\alpha_\lambda \frac{b}{L}\right) - C \frac{\mu_0}{\mu} K_0\left(\alpha_\lambda \frac{b}{L}\right) + D K_0\left(\alpha_\lambda \frac{b}{L}\right) = 0. \tag{8d}$$

Die Beziehung für das Vektorpotential im Raumteil $0 \lesseqgtr \varrho \leqq a$ kann dann nach den Sätzen der Determinantentheorie auf die folgende Form gebracht werden:

$$A_\varphi^{(t)}\left(\varrho, z;\, \varrho_i';\, \frac{\mu_0}{\mu}\right) = -\mu_0 \frac{\varrho_i'}{L'} I N \sum_{\lambda=0}^{\infty} \cos\left(\alpha_\lambda \frac{z}{L}\right) \frac{\sin\left(\alpha_\lambda \frac{L'}{L}\right)}{\alpha_\lambda} \cdot 1/D^{(4)}(\alpha_\lambda;\, a, b) \times \tag{9}$$

$$\times \left| \begin{array}{cccc|c} I_1\left(\alpha_\lambda \frac{a}{L}\right) & -I_1\left(\alpha_\lambda \frac{a}{L}\right) & -K_1\left(\alpha_\lambda \frac{a}{L}\right) & 0 & K_1\left(\alpha_\lambda \frac{a}{L}\right) I_1\left(\alpha_\lambda \frac{\varrho_i'}{L}\right) \\ I_0\left(\alpha_\lambda \frac{a}{L}\right) & -\frac{\mu_0}{\mu} I_0\left(\alpha_\lambda \frac{a}{L}\right) & +\frac{\mu_0}{\mu} K_0\left(\alpha_\lambda \frac{b}{L}\right) & 0 & -K_0\left(\alpha_\lambda \frac{a}{L}\right) I_1\left(\alpha_\lambda \frac{\varrho_i'}{L}\right) \\ 0 & I_1\left(\alpha_\lambda \frac{b}{L}\right) & K_1\left(\alpha_\lambda \frac{b}{L}\right) & -K_1\left(\alpha_\lambda \frac{b}{L}\right) & 0 \\ 0 & \frac{\mu_0}{\mu} I_0\left(\alpha_\lambda \frac{b}{L}\right) & -\frac{\mu_0}{\mu} K_0\left(\alpha_\lambda \frac{b}{L}\right) & +K_0\left(\alpha_\lambda \frac{b}{L}\right) & 0 \\ \hline I_1\left(\alpha_\lambda \frac{\varrho}{L}\right) & 0 & 0 & 0 & I_1\left(\alpha_\lambda \frac{\varrho}{L}\right) K_1\left(\alpha_\lambda \frac{\varrho_i'}{L}\right) \end{array} \right|$$

Für $0 < \varrho_i' < \varrho \leqq a$ haben im Element a_{55} die Zeichen ϱ und ϱ_i' ihre Stellungen zu vertauschen. Die durch die gestrichelte Linie begrenzte vierreihige Determinante in Gl. (9) ist die Koeffizientendeterminante $D^{(4)}(\alpha_\lambda; a, b)$ des Gleichungssystems (8a, b, c, d).

Im *zweiten* Fall liege das das Feld erzeugende Spulensystem auf dem Zylinder $\varrho = \varrho_a'$. In Gl. (7) steht dann bei gleicher Richtung des erregenden Stromes im Sinne zunehmender Werte von φ an Stelle von ϱ_i' das Zeichen ϱ_a', in Gl. (8a, b) auf der rechten Seite 0 und in den Gl. (8c, d) auf der rechten Seite $I_1\left(\alpha_\lambda \frac{b}{L}\right) K_1\left(\alpha_\lambda \frac{\varrho_a'}{L}\right)$ und $I_0\left(\alpha_\lambda \frac{b}{L}\right) K_1\left(\alpha_\lambda \frac{\varrho_a'}{L}\right)$. In dem Bereich $0 \gtreqless \varrho \leqq a$ in der unmittelbaren Nachbarschaft der Achse $\varrho = 0$ nimmt dann jetzt der Ausdruck für $A_\varrho^{(t)}$ die folgende Form an:

$$A_\varphi^{(t)}\left(\varrho, z; \varrho_a'; \frac{\mu}{\mu_0}\right) = \mu_0 \frac{\varrho_a'}{L'} I N \sum_{\lambda=0}^{\infty} \cos\left(\alpha_\lambda \frac{z}{L}\right) \frac{\sin\left(\alpha_\lambda \frac{L'}{L}\right)}{\alpha_\lambda} \left(1/D^{(4)}(\alpha_\lambda; a, b)\right) \times \tag{10a}$$

$$\times \begin{vmatrix} I_1\left(\alpha_\lambda \frac{a}{L}\right) & -I_1\left(\alpha_\lambda \frac{a}{L}\right) & -K_1\left(\alpha_\lambda \frac{a}{L}\right) & 0 & 0 \\ I_0\left(\alpha_\lambda \frac{a}{L}\right) & -\frac{\mu_0}{\mu} I_0\left(\alpha_\lambda \frac{a}{L}\right) & +\frac{\mu_0}{\mu} K_0\left(\alpha_\lambda \frac{a}{L}\right) & 0 & 0 \\ 0 & I_1\left(\alpha_\lambda \frac{b}{L}\right) & K_1\left(\alpha_\lambda \frac{b}{L}\right) & -K_1\left(\alpha_\lambda \frac{b}{L}\right) & I_1\left(\alpha_\lambda \frac{b}{L}\right) K_1\left(\alpha_\lambda \frac{\varrho_a'}{L}\right) \\ 0 & \frac{\mu_0}{\mu} I_0\left(\alpha_\lambda \frac{b}{L}\right) & -\frac{\mu_0}{\mu} K_0\left(\alpha_\lambda \frac{b}{L}\right) & +K_0\left(\alpha_\lambda \frac{b}{L}\right) & +I_0\left(\alpha_\lambda \frac{b}{L}\right) K_1\left(\alpha_\lambda \frac{\varrho_a'}{L}\right) \\ I_1\left(\alpha_\lambda \frac{\varrho}{L}\right) & 0 & 0 & 0 & 0 \end{vmatrix}$$

Im Bereich $b \gtreqless \varrho \leqq \varrho_a'$ gilt im wesentlichen derselbe Ausdruck. Nur lautet jetzt in der fünfreihigen Determinante

die letzte Zeile:

$$0 \qquad 0 \qquad 0 \qquad -K_1\left(\alpha_\lambda \frac{\varrho}{L}\right) \qquad I_1\left(\alpha_\lambda \frac{\varrho}{L}\right) K_1\left(\alpha_\lambda \frac{\varrho_a'}{L}\right).$$

Die übrigen vier Elemente der letzten Spalte bleiben unverändert. Für $\varrho > \varrho_a'$ sind im Element a_{55} der Determinanten ϱ und ϱ_a' miteinander zu vertauschen.

Ein bemerkenswerter Sonderfall von Gl. (10a) liegt vor für $a \to 0$. Es wird dann $K_1(\alpha_\lambda a/L)$ unendlich wie $1/(\alpha_\lambda a/L)$. Ziehen wir dementsprechend in Gl. (10a) $K_1(\alpha_\lambda a/L)$ vor die Determinante und gehen danach zur Grenze $a \to 0$ über, so ergibt sich die wesentlich einfachere

Formel:

$$\left\{A_\varphi^{(i)}\left(\varrho, z; \varrho_a'; \frac{\mu_0}{\mu}\right)\right\}_{a\to 0} = \mu_0 \frac{\varrho_a'}{L'} I N \sum_{\lambda=0}^{\infty} \cos\left(\alpha_\lambda \frac{z}{L}\right) \frac{\sin\left(\alpha_\lambda \frac{L'}{L}\right)}{\alpha_\lambda} K_1\left(\alpha_\lambda \frac{\varrho_a'}{L}\right) \times$$

$$\times \begin{vmatrix} I_1\left(\alpha_\lambda \frac{b}{L}\right) & -K_1\left(\alpha_\lambda \frac{b}{L}\right) & I_1\left(\alpha_\lambda \frac{b}{L}\right) \\ \frac{\mu_0}{\mu} I_0\left(\alpha_\lambda \frac{b}{L}\right) & K_1\left(\alpha_\lambda \frac{b}{L}\right) & I_0\left(\alpha_\lambda \frac{b}{L}\right) \\ 0 & K_1\left(\alpha_\lambda \frac{b}{L}\right) & I_1\left(\alpha_\lambda \frac{\varrho}{L}\right) \end{vmatrix} : \begin{vmatrix} I_1\left(\alpha_\lambda \frac{b}{L}\right) & -K_1\left(\alpha_\lambda \frac{b}{L}\right) \\ \frac{\mu_0}{\mu} I_0\left(\alpha_\lambda \frac{b}{L}\right) & K_0\left(\alpha_\lambda \frac{b}{L}\right) \end{vmatrix} \qquad (10\text{b})$$

$$(b \gtreqless \varrho < \varrho_a' < \infty,\ a = 0).$$

Für $\varrho > \varrho_a'$ sind in dem Element in der rechten unteren Ecke in der dreireihigen Determinante ϱ und ϱ_a' miteinander zu vertauschen. Wird in Gl. (10b) auch noch $\mu = \mu_0$, so muß natürlich A_φ von b unabhängig werden. Das ist in der Tat der Fall, und man kommt so zu der Gl. (6) zurück. In dem anderen wichtigen Grenzfall $\mu \to \infty$, auf den wir im folgenden die Diskussion in der Hauptsache beschränken werden, sind die magnetischen Felder in den Räumen $0 \gtreqless \varrho \leqq a$ und $b \gtrless \varrho < \infty$ voneinander unabhängig.

Man könnte aus diesem Grunde im Zweifel sein, ob es dann überhaupt noch Zweck hat, eine innere Wicklung neben der äußeren zu betrachten, weil diese ja doch nicht durch den vollkommen permeablen Kern einen Einfluß auszuüben vermag. Dennoch lohnt es sich im Hinblick auf gewisse praktische Ausführungen von Magneten, die als magnetische Linsen zur Erzeugung von periodischen Magnetfeldern gebraucht werden, auch den Fall in Betracht zu ziehen, daß beide Wicklungen gleichzeitig vorhanden sind. Eine innere und die äußere Wicklung zugleich sind überdies bekanntlich im Falle eines $\mu = \mu_0$ hinsichtlich des erzeugten Magnetfeldes gleichwertig einem permanenten Magneten in Form eines Ringkerns, der in axialer Richtung homogen magnetisiert ist. Die Ströme müssen dann aber beide Wicklungen in entgegengesetzter Richtung durchfließen. In den folgenden Gleichungen wird aber von dem Stromfluß in der inneren und äußeren Wicklung wie bisher angenommen, daß er die Richtung zunehmender Werte von φ hat.

Für $\mu \to \infty$ nimmt die Gl. (9) die wesentlich einfachere Form

$$A_\varphi^{(t)}(\varrho, z; \varrho_i'; 0) = \mu_0 \frac{\varrho_i'}{L'} I N \sum_{\lambda=0}^{\infty} \cos\left(\alpha_\lambda \frac{z}{L}\right) \frac{\sin\left(\alpha_\lambda \frac{L'}{L}\right)}{\alpha_\lambda} \times$$

$$\times \frac{I_1\left(\alpha_\lambda \frac{\varrho}{L}\right)}{I_0\left(\alpha_\lambda \frac{a}{L}\right)} \begin{vmatrix} I_1\left(\alpha_\lambda \frac{\varrho_i'}{L}\right) & I_0\left(\alpha_\lambda \frac{a}{L}\right) \\ -K_1\left(\alpha_\lambda \frac{\varrho_i'}{L}\right) & K_0\left(\alpha_\lambda \frac{a}{L}\right) \end{vmatrix} \qquad (0 \gtreqless \varrho < \varrho_i' \leqq a) \qquad (11\text{a})$$

an, und hierin vertauschen hinter dem Summenzeichen ϱ und ϱ_i' ihre Plätze, wenn $0 < \varrho_i' < \varrho \leqq a$ ist. Aus Gl. (10a) ergibt sich nach der Durchführung des Grenzübergangs $\mu \to \infty$ für das Feld im Außenraum die Darstellung:

$$A_\varphi^{(t)}(\varrho, z; \varrho_a'; 0) = +\mu_0 \frac{\varrho_a'}{L'} I N \sum_{\lambda=0}^{\infty} \cos\left(\alpha_\lambda \frac{z}{L}\right) \frac{\sin\left(\alpha_\lambda \frac{L'}{L}\right)}{\alpha_\lambda} \times$$

$$\times \frac{K_1\left(\alpha_\lambda \frac{\varrho_a'}{L}\right)}{K_0\left(\alpha_\lambda \frac{b}{L}\right)} \begin{vmatrix} K_0\left(\alpha_\lambda \frac{b}{L}\right) & I_0\left(\alpha_\lambda \frac{b}{L}\right) \\ -K_1\left(\alpha_\lambda \frac{\varrho}{L}\right) & I_1\left(\alpha_\lambda \frac{\varrho}{L}\right) \end{vmatrix} \qquad \begin{matrix} (b \gtreqless \varrho < \varrho_a' < \infty). \\ (\alpha_\lambda = \pi(\lambda + \tfrac{1}{2})) \end{matrix} \tag{11b}$$

Im Falle von $b \gtreqless \varrho_a' < \varrho < \infty$ müssen wiederum hinter dem Summenzeichen ϱ_a' und ϱ ihre Plätze vertauschen. Zufolge Gl. (11a, b) verschwindet in der Tat für alle $\varrho = a$ und $\varrho = b$ die Feldkomponente B_z.

Liegen die beiden Wicklungen unmittelbar auf der inneren oder äußeren Oberfläche des vollkommen permeablen Eisenkerns auf, so erfahren die Gl. (11a, b) eine weitere Vereinfachung dadurch, daß für diesen Fall der Wert der beiden Determinanten in Gl. (11a, b) angegeben werden kann. Er beträgt $1/(\alpha_\lambda a/L)$ oder $1/(\alpha_\lambda b/L)$, und somit ergibt sich:

$$A_\varphi^{(t)}(\varrho, z; a; 0) = +\mu_0 I N \frac{L'}{L} \sum_{\lambda=0}^{\infty} \cos\left(\alpha_\lambda \frac{z}{L}\right) \frac{\sin\left(\alpha_\lambda \frac{L'}{L}\right)}{\left(\alpha_\lambda \frac{L'}{L}\right)^2} \frac{I_1\left(\alpha_\lambda \frac{\varrho}{L}\right)}{I_0\left(\alpha_\lambda \frac{a}{L}\right)} \tag{12a}$$

$$(0 \gtreqless \varrho \leqq a),$$

$$A_\varphi^{(t)}(\varrho, z; b; 0) = +\mu_0 I N \frac{L'}{L} \sum_{\lambda=0}^{\infty} \cos\left(\alpha_\lambda \frac{z}{L}\right) \frac{\sin\left(\alpha_\lambda \frac{L'}{L}\right)}{\left(\alpha_\lambda \frac{L'}{L}\right)^2} \frac{K_1\left(\alpha_\lambda \frac{\varrho}{L}\right)}{K_0\left(\alpha_\lambda \frac{a}{L}\right)} \tag{12b}$$

$$(b \gtreqless \varrho < \infty).$$

Da bei aufliegender Wicklung nicht mehr die Möglichkeit besteht, daß der Aufpunkt bei seiner Wanderung Wege durchläuft, die mit den Wicklungen verkettet sind, so kann in diesem Fall das magnetische Feld (12a, b) statt durch das Vektorpotential auch ebensogut durch das skalare Potential $\Phi^{(i,a)}$ beschrieben werden. Aus dem Vergleich der Ausdrücke für B_ϱ und B_z, die nach der einen oder der anderen Darstellungsweise entstehen, können leicht die Beziehungen für $\Phi^{(i)}$ oder $\Phi^{(a)}$ ermittelt werden. Man findet schließlich die folgenden Formeln:

$$\left.\begin{matrix} \Phi^{(i)}(\varrho, z; a, 0) \\ \Phi^{(a)}(\varrho, z; b, 0) \end{matrix}\right\} = -I N \frac{L'}{L} \sum_{\lambda=0}^{\infty} \sin\left(\alpha_\lambda \frac{z}{L}\right) \times$$

$$\times \frac{\sin\left(\alpha_\lambda \frac{L'}{L}\right)}{\left(\alpha_\lambda \frac{L'}{L}\right)^2} \begin{cases} I_0\left(\alpha_\lambda \frac{\varrho}{L}\right) \Big/ I_0\left(\alpha_\lambda \frac{a}{L}\right) & (0 \gtreqless \varrho \leqq a) \\ K_0\left(\alpha_\lambda \frac{\varrho}{L}\right) \Big/ K_0\left(\alpha_\lambda \frac{b}{L}\right) & (b \gtreqless \varrho). \end{cases} \tag{13}$$

Selbstverständlich ergeben sich daraus die Feldkomponenten jetzt nach den Gleichungen:

$$H_\varrho(\varrho, z) = -\frac{\partial \Phi}{\partial \varrho}, \quad (13\text{a}) \qquad H_z(\varrho, z) = -\frac{\partial \Phi}{\partial z}. \quad (13\text{b})$$

Für $\varrho = a$ beschreibt die Gl. (13) in Abhängigkeit von z, wie aus der Theorie der Wechselströme bekannt ist, eine Kurve, die sich aus lauter gleich großen, abwechselnd oberhalb und unterhalb der z-Achse gelegenen, parallelen Trapezen zusammensetzt. Die halbe Länge der räumlichen Periode, die mit dem Abstand der Schnittpunkte der Trapezkurve mit der z-Achse übereinstimmt, beträgt $2L$, und die Länge der oberhalb oder unterhalb der Achse gelegenen Trapezseite $2(L - L')$. Die Höhe eines Trapezes ist gleich IN. Das schräg verlaufende Geradenstück der Potentialkurve, das vom Potentialwert $-IN$ zum Potentialwert $+IN$ hinaufführt, hat in Richtung der z-Achse die Länge $2L'$, das ist aber zugleich die Länge der Wicklung, die auf jeder der unendlich vielen Spulen liegt. Die auf jeder Seite über die Wicklung hinausragenden Stücke des vollkommen permeablen Eisenkerns behalten dann weiterhin die einmal erreichten Potentialwerte $\pm IN$. Hiermit sind wir zu dem gleichen Bild der Potentialverteilung auf der inneren und äußeren Kernoberfläche gelangt, wie sie durch den Einbau hochpermeabler Blechkappen [*32*] erreicht wird, die bei jeder Spule über beide Enden des Eisenkerns gestreift werden.

6.33 Das periodische Magnetfeld in der Spulenachse und die verschiedenen magnetischen Flüsse. Im Hinblick auf die Anwendungen der oben betrachteten Spulen als magnetische Linsen mögen noch einige weitere Fragen behandelt werden. Zunächst interessiert in diesem Zusammenhang das Magnetfeld in der Achse der Spule, und zwar vor allem die Komponente H_z. Nach Gl. (13) berechnet sich dafür

$$H_z^{(i)}(0; z) = \frac{IN}{L} \sum_{\lambda=0}^{\infty} \cos\left(\alpha_\lambda \frac{z}{L}\right) \frac{\sin\left(\alpha_\lambda \frac{L'}{L}\right)}{\left(\alpha_\lambda \frac{L'}{L}\right)} \frac{1}{I_0\left(\alpha_\lambda \frac{a}{L}\right)}. \qquad (14)$$

Für die magnetischen Flüsse durch die innere Kreisfläche von der Größe πa^2 und durch die äußere Kreislochscheibe mit den Radien $b \cdots \infty$ berechnen sich aus Gl. (12a, b) die Formeln:

$$\begin{aligned} &\Psi^{(i)}(z; 0 \ldots a; 0) \\ &= 2\pi a\, \mu_0 I N \frac{L'}{L} \sum_{\lambda=0}^{\infty} \cos\left(\alpha_\lambda \frac{z}{L}\right) \frac{\sin\left(\alpha_\lambda \frac{L'}{L}\right)}{\left(\alpha_\lambda \frac{L'}{L}\right)^2} \frac{I_1\left(\alpha_\lambda \frac{a}{L}\right)}{I_0\left(\alpha_\lambda \frac{a}{L}\right)} \quad \text{Wb}, \end{aligned} \qquad (15\text{a})$$

$$\Psi^{(a)}(z;\, b \ldots \infty;\, 0)$$

$$= 2\pi a \mu_0 I N \frac{L'}{L} \sum_{\lambda=0}^{\infty} \cos\left(\alpha_\lambda \frac{z}{L}\right) \frac{\sin\left(\alpha_\lambda \frac{L'}{L}\right)}{\left(\alpha_\lambda \frac{L'}{L}\right)^2} \frac{\left(-K_1\left(\alpha_\lambda \frac{b}{L}\right)\right)}{K_0\left(\alpha_\lambda \frac{b}{L}\right)} \text{ Wb.} \tag{15b}$$

Für $z = L \bmod (2L)$ verschwinden gemäß diesen Gleichungen sowohl H_z als auch die beiden magnetischen Flüsse. In der Tat werden ja diese Ebenen überhaupt von keinem magnetischen Feld durchsetzt. Die in Gl. (14) auftretende unendliche Reihe ist wegen des Terms mit I_0, von gar zu kleinen Werten von a/L abgesehen, immer gut konvergent. Die anderen beiden Reihen konvergieren nur recht schwach, da die Quotienten aus den Funktionen I und K sehr rasch gegen 1 streben. Dann aber kann man sich dadurch helfen, daß man an Stelle der in den Reihen vorkommenden Quotienten I_1/I_0 oder K_1/K_0 die Faktoren

$$\frac{I_1\left(\alpha_\lambda \frac{a}{L}\right)}{I_0\left(\alpha_\lambda \frac{a}{L}\right)} - 1, \qquad \frac{K_1\left(\alpha_\lambda \frac{b}{L}\right)}{K_0\left(\alpha_\lambda \frac{b}{L}\right)} - 1$$

einsetzt. Dann braucht man nur zu dem damit berechneten Wert der beiden Reihen in Gl. (15a, b) noch die Summe der Reihe

$$\sum_{\lambda=0}^{\infty} \cos\left(\alpha_\lambda \frac{z}{L}\right) \frac{\sin\left(\alpha_\lambda \frac{L'}{L}\right)}{\left(\alpha_\lambda \frac{L'}{L}\right)^2}$$

$$= \left(\frac{L}{\pi L'}\right)^2 \left[\sum_{\lambda=0}^{\infty} \frac{\sin\left(\left(\lambda+\frac{1}{2}\right)\pi \frac{L'+z}{L}\right)}{\left(\lambda+\frac{1}{2}\right)^2} + \sum_{\lambda=0}^{\infty} \frac{\sin\left(\lambda+\frac{1}{2}\right)\pi \frac{L'-z}{L}}{\left(\lambda+\frac{1}{2}\right)^2}\right] \tag{15α}$$

hinzuzufügen, und hierin gilt für die beiden neuen Reihen die Formel:

$$\sum_{\lambda=0}^{\infty} \frac{\sin(\lambda+\frac{1}{2})\, x}{(\lambda+\frac{1}{2})^2} = \sum_{n=1}^{\infty} (-)^n \frac{x^{2n+1}}{(2n+1)!} (1 - 2^{1-2n}) \frac{B_{2n}}{2n} + $$
$$+ x\left[1 + \ln\frac{4}{|x|}\right] \qquad (|x| < 2\pi). \tag{15β}$$

Für das Maximum des inneren Flusses $\Psi^{(i)}$ von Gl. (15a), das an der Stelle $z = 0$ auftritt, läßt sich auch noch auf andere Weise eine besser konvergente Entwicklung angeben. Verwandelt man nämlich in bekannter Weise die in Gl. (15a) auftretende unendliche Reihe in ein komplexes Integral, so gelangt man zu der folgenden Darstellung:

$$\Psi^{(i)}_{\max}(0;\, 0 \ldots a;\, 0)$$

$$= a \mu_0 I N \frac{L'}{L} \frac{1}{2\pi i} \int_{\mathfrak{F}} \frac{\cos \pi s \left(1 - \frac{L'}{L}\right)}{\cos \pi s} \frac{I_1\left(\pi s \frac{a}{L}\right)}{I_0\left(\pi s \frac{a}{L}\right)} \frac{ds}{s^2}. \tag{16}$$

Hierin ist $\mathfrak{J}$ ein Integrationsweg etwa der Art, wie ihn die Abb. 153 wiedergibt. Zieht man hier den Weg auf die rein imaginäre Achse zusammen, auf der die einfachen Pole $s = \pm i\, j_{0n} \cdot L/(\pi a)$ und $s = 0$ liegen, worin j_{0n} die n-te Nullstelle der Funktion $J_0(x)$ bedeutet, so führt die Anwendung des Residuensatzes dann sofort zu der selbst noch für $L \approx a$ gut konvergenten Reihe

$$\Psi^{(i)}_{\max}(0;0\ldots a;0) = \frac{\mu_0}{2}\,\frac{\pi a^2}{L'}\,I N \left\{1 - 4\sum_{n=1}^{\infty}\frac{1}{j_{0n}^2}\,\frac{\mathfrak{Cof}\left(j_{0n}\frac{L}{a}\left(1-\frac{L'}{L}\right)\right)}{\mathfrak{Cof}\left(j_{0n}\frac{L}{a}\right)}\right\}. \quad (16a)$$

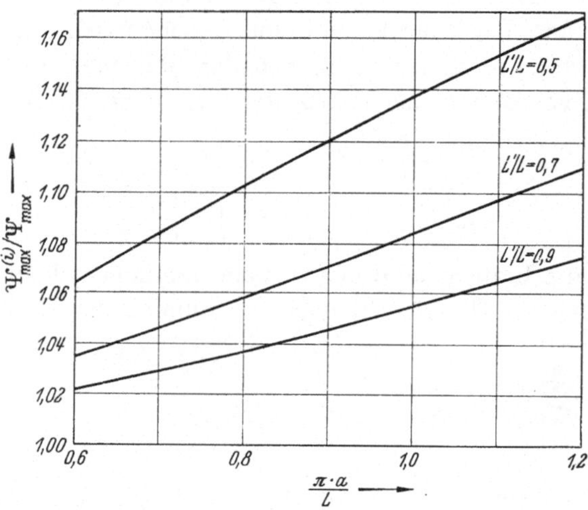

Abb. 131. Im Falle $\mu \to \infty$ wird für eine innen liegende Spule in Abb. 129 der maximale magnetische Fluß in Beziehung gesetzt zu dem maximalen Fluß dieser Spule bei fehlendem Rohrleiter. Das obige Bild zeigt auf Grund von Gl. (17) die Zunahme dieses Verhältnisses mit der Größe $\pi a/L$ für die drei Werte $L'/L = 0{,}5;\ 0{,}7$ und $0{,}9$

Bezieht man diesen maximalen magnetischen Fluß auf die bekannte Größe

$$\Psi_{\max}(a;L') = \frac{\mu_0}{2}\sqrt{4a^2 + L'^2}\, I N\,[K(k) - E(k)] \quad \left(k = \frac{2a}{\sqrt{4a^2 + L'^2}}\right) \quad (16\alpha)$$

des maximalen magnetischen Flusses durch eine gleichdimensionierte Spule, die von keinem rohrförmigen, vollkommen permeablen Hüllenleiter umgeben ist, so berechnen sich für das Verhältnis dieser beiden Flüsse die Formeln:

$$\frac{\Psi^{(i)}_{\max}(0;0\ldots a;0)}{\Psi_{\max}(a;L')} = \frac{\pi}{4}\,\frac{\left(\frac{2a}{L'}\right)^2}{\sqrt{\left(\frac{2a}{L'}\right)^2 + 1}}\;\frac{1 - 4\sum\limits_{n=1}^{\infty}\frac{\mathfrak{Cof}\left(j_{0n}\frac{L}{a}\left(1-\frac{L'}{L}\right)\right)}{j_{0n}^2\,\mathfrak{Cof}\left(j_{0n}\frac{L}{a}\right)}}{K(k) - E(k)}. \quad (17)$$

Die Abb. 131 stellt den Gang dieses Verhältnisses mit der Größe L/a dar mit L'/L als Parameter. Die drei Abb. 132, 133, 134 zeigen den Verlauf von $H_z^{(i)}$ auf Grund der Gl. (14) in dem Bereich

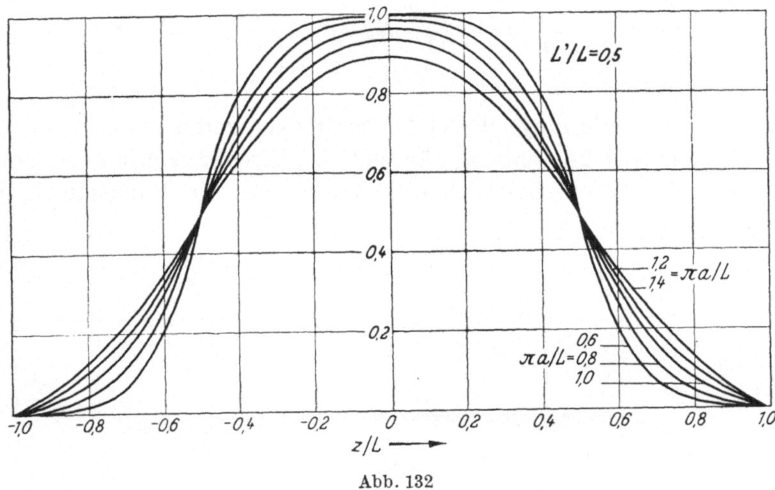

Abb. 132

$-1 \leqq z/L \leqq +1$ in Abhängigkeit von z/L für verschiedene Werte von $\pi\, a/L$ und L'/L.

6.34 Einige Induktivitätsformeln. Das Magnetfeld der etwa zwischen den Ebenen $z = \pm L$ gelegenen Spule, möge sich nun ihre

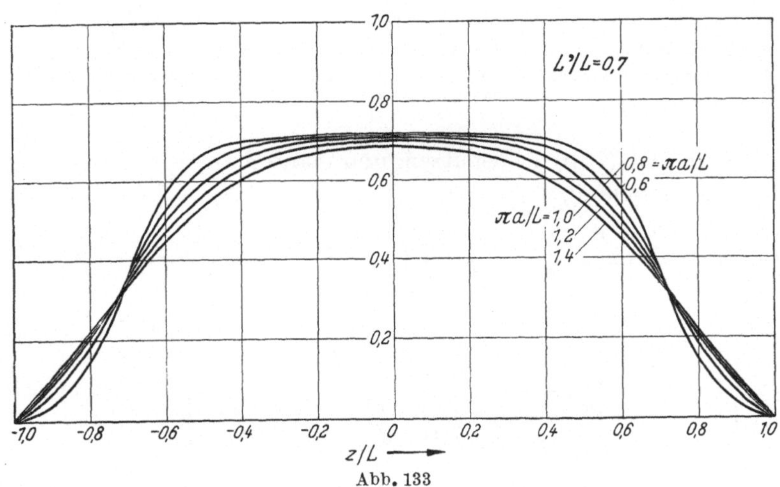

Abb. 133

zugehörige Wicklung auf dem Zylinder $\varrho = \varrho_i'$ oder $\varrho = \varrho_a'$ befinden, ist trotz der unendlichen Ausdehnung des Eisenkerns auf den Raum zwischen den genannten beiden Ebenen beschränkt. Es ist daher durchaus sinnvoll, von der Selbstinduktivität jeder einzelnen Spule zu sprechen. Sie läßt sich im Hinblick auf Gl. 1.1 (28) nach der allgemeinen Formel

$$\frac{1}{2}\,\mathfrak{L}\left(a,\,b;\,\varrho';\,\frac{\mu_0}{\mu}\right) = \frac{1}{2}\,\frac{\pi\,\varrho'}{L'}\,N I \int\limits_{-L'}^{+L'} A_\varphi^{(t)}\left(\varrho',\,z';\,\varrho';\,\frac{\mu_0}{\mu}\right) dz' \qquad (18)$$

berechnen.

Im ersten Falle möge die einlagige Wicklung die Länge $2L'$ und den Durchmesser $2\varrho_a'$ haben, während der Eisenkern mit $a = 0$ nur eine endliche Permeabilität hat. Dann ist für die Funktion A_φ in

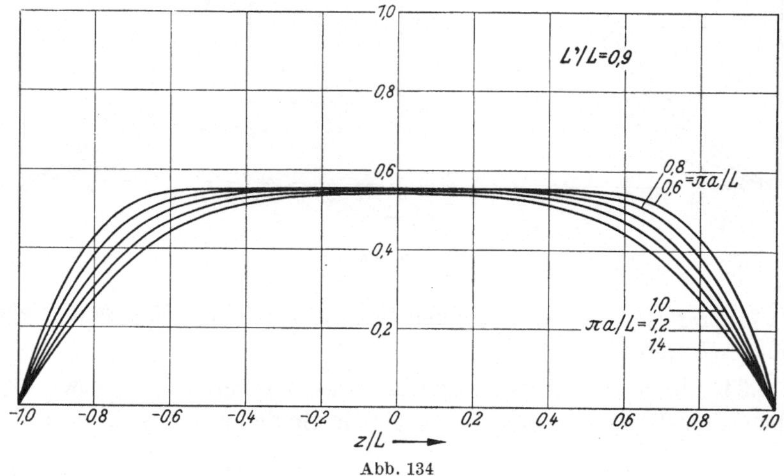

Abb. 134

Abb. 132, 133 u. 134. Mit Hilfe der Gl. (14) ist in diesen drei Bildern der Verlauf von H_z in der Achse einer innerhalb des vollkommen permeablen Hohlrohres gelegenen Spule in Abhängigkeit von z/L dargestellt

Gl. (18) die Gl. (10b) zu benutzen, und man erhält nach kurzer Rechnung die Beziehung:

$$\begin{aligned}\mathfrak{L}\left(0,\,b;\,\varrho';\,\frac{\mu_0}{\mu}\right) &= 2\mu_0\,\frac{\pi\,\varrho'^2}{L}\,N^2 \sum_{\lambda=0}^{\infty}\left(\frac{\sin\alpha_\lambda\frac{L'}{L}}{\alpha_\lambda\frac{L'}{L}}\right)^2 I_1\left(\alpha_\lambda\frac{\varrho'}{L}\right) K_\lambda\left(\alpha_\lambda\frac{\varrho'}{L}\right)\times\\ &\times\left\{1-\left(1-\frac{\mu_0}{\mu}\right)\frac{\dfrac{I_1(\alpha_\lambda\,b/L)}{I_1(\alpha_\lambda\,\varrho_a'/L)}}{\dfrac{\mu_0}{\mu}+\dfrac{I_1(\alpha_\lambda\,b/L)}{I_0(\alpha_\lambda\,b/L)}-\dfrac{K_1(\alpha_\lambda\,b/L)}{K_0(\alpha_\lambda\,b/L)}}\right\} \qquad (\varrho_a' \geqq b).\end{aligned} \qquad (19)$$

In dieser Formel treten weitere Vereinfachungen ein, wenn etwa $\varrho' = b$ oder $\mu = \mu_0$ wird.

Die Gl. (12a, b) für A_φ führen, in Gl. (18) eingesetzt, zu den Formeln für die Induktivität einer einzelnen Spule im Zuge der periodischen Spulenanordnung, deren magnetische Kraftlinien entweder infolge des äußeren, vollkommen permeablen Rohrleiters oder infolge des vollkommen permeablen Kerns auf ihrem Weg um den Wicklungskörper einen wesentlich geringeren magnetischen Widerstand vorfinden. Bei gleicher *AW*-Zahl ist daher in diesem Fall mit einem stärkeren magnetischen Feld zu rechnen und damit auch mit einer

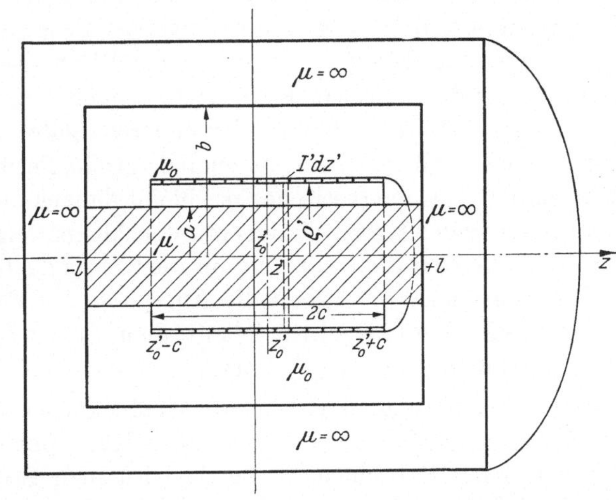

Abb. 135. Das Bild zeigt den für die Rechnung zugrunde gelegten Aufbau eines Manteltransformators oder eines ihm gleichartigen Spulenkörpers sowie dessen Hauptabmessungen und die Anordnung der Wicklung. Für den Kern des Transformators wird ein endlicher Wert von μ angenommen

größeren Induktivität. Man berechnet ohne Schwierigkeit das folgende Formelpaar:

$$\mathfrak{L}(a;\, b;\, a;\, 0) = 2\pi a\, \mu_0 \left(N\frac{L}{L'}\right)^2 \sum_{\lambda=0}^{\infty} \frac{\sin^2\left(\alpha_\lambda \frac{L'}{L}\right)}{\alpha_\lambda^3} \frac{I_1\left(\alpha_\lambda \frac{a}{L}\right)}{I_0\left(\alpha_\lambda \frac{a}{L}\right)}, \qquad (20\text{a})$$

$$\mathfrak{L}(a;\, b;\, b;\, 0) = 2\pi a\, \mu_0 \left(N\frac{L}{L'}\right)^2 \sum_{\lambda=0}^{\infty} \frac{\sin^2\left(\alpha_\lambda \frac{L}{L'}\right)}{\alpha_\lambda^3} \frac{\left(-K_1\left(\alpha_\lambda \frac{b}{L}\right)\right)}{K_0\left(\alpha_\lambda \frac{b}{L}\right)} \qquad (20\text{b})$$

$$\left(\alpha_\lambda = \pi\left(\lambda + \frac{1}{2}\right)\right).$$

Die zahlenmäßige Berechnung der beiden Reihen kann in diesem Fall, wenn nicht zu große Ansprüche an die Genauigkeit gestellt werden, ohne besondere Reihentransformation erfolgen, da hier die Abnahme der Reihenglieder bereits mit λ^{-3} vor sich geht.

6.41 Die Berechnung der Streureaktanz von Manteltransformatoren. Der Manteltransformator oder ein nach Art eines solchen gebauter

Spulenkörper habe den in Abb. 135 gezeichneten Aufbau. Für die Rechnung nehmen wir an, daß sowohl der Eisen- wie der Wicklungskörper des Transformators die z-Achse zur Rotationsachse hat. In die Abb. ist vorerst nur eine einzige Lage der Erregerwicklung eingezeichnet worden. Die genauere Ausführung der Wicklung wird erst an späterer Stelle berücksichtigt. Die Permeabilität μ des inneren, von der Niederspannungswicklung umschlungenen Eisenkerns wird als endlich vorausgesetzt. Dahingegen möge dem Eisen des äußeren Rahmengehäuses, das den aus dem Kern austretenden magnetischen Nutzfluß aufnimmt und außen herum der anderen Seite des Kerns wieder zuführt, von vornherein eine unendlich große Permeabilität zugeschrieben werden. Das magnetische Feld bleibt danach beschränkt auf den Raum eines geraden Kreiszylinders mit den Abmessungen $\varrho \leqq b$, $|z| \lesseqgtr l$. Zunächst stellen wir die Beziehung für die Komponente $A_\varphi(\varrho, z)$ im Innern dieses Gehäuses auf, wenn die Anregung des Feldes von einer einlagigen kreiszylindrischen Spule mit dem Strom I ausgeht, die koaxial zum inneren Kern angeordnet ist.

6.411 Die Kreisspule und ihr Magnetfeld im Innern der kreiszylindrischen Bohrung eines unendlich permeablen Blocks. Wir gehen aus von einem Stromring mit dem Strom I' an der Stelle $(\varrho', 0, z')$. Dann läßt sich das Magnetfeld dieses Stromrings im unbegrenzten Raum nach Gl. 2.2 (9b) und 2.1 (19) mit $a = z - z'$ allein aus der Komponente

$$A_\varphi^{(p)}(\varrho, z) = \mu_0 \frac{I'\varrho'}{\alpha} \int_0^\infty e^{-|z-z'|t} J_1(t\varrho)\, J_1(t\varrho')\, dt \tag{1}$$

des Vektorpotentials $\mathfrak{A} \equiv (0, A_\varphi, 0)$ über die beiden Formeln

$$B_z = \frac{1}{\varrho}\frac{\partial}{\partial \varrho}(\varrho A_\varphi), \quad \text{(1a)} \qquad B_\varrho = -\frac{\partial A_\varphi}{\partial z} \quad \text{(1b)}$$

berechnen. Der den Kreis mit dem Radius ϱ_k in der Ebene z durchsetzende magnetische Fluß ist demnach durch die Formel

$$\Psi(\varrho_k, z) = 2\pi\, \varrho_k A_\varphi(\varrho_k, z) \tag{1c}$$

gegeben.

Wir bestimmen zunächst die Funktion, die zu Gl. (1) hinzutreten muß, damit ihre Summe an den Flächen $z = \pm l$ die Forderung $B_\varrho = 0$ erfüllt. Wir wählen diese zusätzliche Funktion so, daß nach Addition von Gl. (1) unter dem Integral der von z abhängende Faktor die Form

$$A e^{-zt} + B e^{+zt} + e^{-|z-z'|t} \tag{α}$$

hat. Dann ergeben sich aus der Forderung $B_\varrho = 0$ die folgenden beiden

Bestimmungsgleichungen für A und B:

$$A e^{-tl} + B e^{+tl} - e^{-(l-z')t} = 0, \tag{2a}$$

$$-A e^{+tl} + B e^{-tl} + e^{-(z'+l)t} = 0. \tag{2b}$$

Werden hieraus A und B berechnet und die Ausdrücke nach (α) zusammengefaßt, so ergibt sich zunächst:

$$A_\varphi(\varrho, z; \pm l) = \mu_0 I' \varrho' \int_0^\infty \frac{\operatorname{Cof} t(l+z') \operatorname{Cof} t(l-z)}{\operatorname{Sin} 2lt} J_1(t\varrho) J_1(t\varrho')\, dt \tag{3a}$$

$$(-l \leqq z' < z \leqq +l).$$

Nun ist mit $g(t)$ als derjenigen geraden Funktion von t, die sich bis auf den Faktor $J_1(t\varrho)$ aus dem Integral von Gl. (3a) zusammensetzt, falls ε eine sehr kleine positive Zahl bedeutet:

$$\int_{-\infty}^{-\varepsilon} g(t) H_1^{(1)}(\varrho t)\, dt + \int_{\varepsilon}^{\infty} g(t) H_1^{(1)}(\varrho t)\, dt =$$

$$+ \int_{\varepsilon}^{\infty} g(t' e^{+i\pi}) H_1^{(1)}(\varrho t' e^{+i\pi})\, dt' + \int_{\varepsilon}^{\infty} g(t) H_1^{(1)}(\varrho t)\, dt =$$

$$+ \int_{\varepsilon}^{\infty} g(t') H_1^{(2)}(\varrho t')\, dt' + \int_{\varepsilon}^{\infty} g(t) H_1^{(1)}(\varrho t)\, dt = 2\int_{\varepsilon}^{\infty} g(t) J_1(\varrho t)\, dt.$$

Andererseits ist aber

$$\int_{-\varepsilon}^{+\varepsilon} g(t) H_1^{(1)}(\varrho t)\, dt = \int_{-\varepsilon}^{+\varepsilon} g(t) \left[H_1^{(1)}(\varrho t) + \frac{2i}{\pi \varrho t}\right] dt - \frac{2i}{\pi\varrho} \int_{-\varepsilon}^{+\varepsilon} g(t) \frac{dt}{t}.$$

Hierin strebt das erste der beiden rechts stehenden Integrale für $\varepsilon \to 0$ selbst gegen Null, das zweite aber verhält sich, wenn man $t = \varepsilon e^{i\varphi}$ setzt und längs des sehr kleinen, nach unten offenen Halbkreises mit dem Radius ε integriert, gemäß der Relation

$$-\frac{2i}{\pi\varrho} \int_{+\pi}^{0} g(\varepsilon e^{i\varphi}) \frac{i\varepsilon e^{i\varphi}}{\varepsilon e^{i\varphi}}\, d\varphi = \frac{2}{\pi\varrho} \int_{\pi}^{0} g(\varepsilon e^{i\varphi})\, d\varphi \to \frac{\varrho'}{2l\varrho}.$$

Demnach ist also mit der im Anschluß an die Gl. (3a) angegebenen Bedeutung von $g(t)$

$$2\int_0^\infty g(t) J_1(\varrho t)\, dt - \frac{\varrho'/\varrho}{2l} = \int_{-\infty+i\tau}^{\infty+i\tau} g(t) H_1^{(1)}(\varrho t)\, dt \qquad \left(0 < \tau < \frac{\pi}{2l}\right), \tag{4}$$

denn es können in der Tat die in der angegebenen Weise zwischen den Grenzen $-\infty \cdots -\varepsilon$, $-\varepsilon \cdots +\varepsilon$ und $+\varepsilon \cdots +\infty$ erstreckten drei Integrale zu dem einen auf der rechten Seite der Gl. (4) stehenden Integral zusammengezogen werden. Stände in Gl. (4) links $J_1(\varrho' t)$, so müßte es auf der linken Seite ϱ/ϱ' heißen.

Der Ausdruck für das Vektorpotential eines Stromrings zwischen den Ebenen $z = \pm l$ kann also im Hinblick auf Gl. (3a) und (4) auch in der Form

$$A_\varphi(\varrho, z; \pm l) = \frac{\mu_0 I'}{4l}\begin{Bmatrix}\varrho'^2/\varrho \\ \varrho\end{Bmatrix} + $$

$$+ \mu_0 I' \frac{\varrho'}{2}\int_{i\infty}^{(i\pi/2l+)} \frac{\mathfrak{Cof}\, t(l+z')\,\mathfrak{Cof}\, t(l-z)}{\mathfrak{Sin}\, 2lt}\begin{Bmatrix}H_1^{(1)}(t\varrho)\, J_1(t\varrho') \\ H_1^{(1)}(t\varrho')\, J_1(t\varrho)\end{Bmatrix} dt \tag{3b}$$

(obere Zeile: $\varrho > \varrho'$, untere Zeile: $\varrho < \varrho'$; $-l \leqq z' < z \leqq l$)

geschrieben werden. Hierin ist der Integrationsweg gegenüber dem von Gl. (4) nochmals verändert worden. Er kommt jetzt von $+i\infty$, umholt den Punkt $+\pi i/2l$ im mathematisch positiven Sinne und läuft dann wieder nach $+i\infty$ zurück. Daß die rechte Seite von Gleichung (3b) die D.Gl. 6.1 (56a) erfüllt, läßt sich leicht verifizieren. Die Konstante erfüllt sie keineswegs. Löst man das Integral der Gl. (3b) nach dem Residuensatz in eine unendliche Reihe auf, so erhält man für $\varrho' < \varrho < \infty$ die Entwicklung:

$$A_\varphi(\varrho, z; \pm l) = + \frac{\mu_0 I'}{4l}\frac{\varrho'^2}{\varrho} +$$

$$+ \mu_0 I' \frac{\varrho'}{2l}\sum_{\lambda=1}^{\infty}\left[\cos\left(\lambda\frac{\pi(z-z')}{2l}\right) + (-)^\lambda \cos\left(\lambda\frac{\pi(z+z')}{2l}\right)\right] \times$$

$$\times I_1\left(\lambda\frac{\pi\varrho'}{2l}\right) K_1\left(\lambda\frac{\pi\varrho}{2l}\right) \tag{3}$$

$$= \mu_0 I' \frac{\varrho'}{2l}\sum_{\lambda=0}^{\infty}\frac{1}{1+\delta_{0\lambda}}\left[\cos\left(\lambda\frac{\pi(z'-z)}{2l}\right) + (-)^\lambda\cos\left(\lambda\frac{\pi(z+z')}{2l}\right)\right] \times$$

$$\times I_1\left(\pi\lambda\frac{\varrho'}{2l}\right) K_1\left(\pi\lambda\frac{\varrho}{2l}\right).$$

Für $0 \lesseqgtr \varrho < \varrho'$ sind in Gl. (3) in der unendlichen Reihe ϱ und ϱ' zu vertauschen, während in dem einzelnen Glied ϱ'^2/ϱ durch ϱ ersetzt werden muß. Für $l \to \infty$ versagt die Lösung (3). Auch hört bereits für $\varrho = \varrho'$, $z \neq z'$ jegliche Reihenkonvergenz ganz auf.

Aus der Gl. (3) ist sofort zu ersehen, welche Bedeutung das Auftreten des einzelnen, nur von ϱ abhängenden Gliedes hat. Es stellt ein homogenes Feld dar, für das überall $B_\varrho \equiv 0$ ist, während B_z nur im Bereich $\varrho > \varrho'$ verschwindet, im Bereich $\varrho < \varrho'$ jedoch die Größe $\mu_0 I'/2l$ hat. Dem entspricht es, daß gemäß (1c) für $\varrho > \varrho'$ dieser Anteil von A_φ den Beitrag

$$\Psi(\varrho, z) = \frac{\mu_0 I}{2l}\pi\varrho'^2$$

zum magnetischen Fluß durch die Ebene z liefert Bilden wir andererseits für einen Weg, der im Abstand $\varrho > \varrho'$ von der Achse des Stromringes von der Ebene $z = -l$ zur Ebene $z = +l$ verläuft und sich im Abstand $\varrho < \varrho'$ wieder von der Ebene $z = +l$ zur Ebene $z = -l$ zurückzieht, während die Querverbindungen im feldfreien Raum der beiden unendlich permeablen Blöcke liegen, so liefert die unendliche Reihe zu dem Wert von $\int H_z\, dz$ längs dieses Weges keinen Beitrag und ebensowenig das einzelne Glied längs des oberen Weges. Längs des unteren Weges ist aber $H_z = I'/2l$, und also wird das Integral gleich $-I'$, wie es gemäß Abb. 135 sein muß, wenn der Strom die z-Achse im Sinne der Rechtsschraube umläuft.

Von Gl. (3b) aus passen wir jetzt die Lösung den Forderungen an, die nach den Gl. 1.1 (29a, b, α, β) für A_φ an den Zylinderflächen $\varrho = a$ und $\varrho = b$ erfüllt sein müssen. Zu diesem Zweck denken wir uns zu Gl. (3b) einen völlig gleich aufgebauten Ausdruck hinzugefügt, dessen geschweifte Klammer die beiden Glieder

$$B\, J_1(\varrho\, t) + C\, H_1^{(1)}(\varrho\, t)$$

enthält, und der so erweiterte Ausdruck (3b) soll der Lösungsansatz für den Raumteil $a \gtreqless \varrho \leqq b$ sein. Für den Raumteil $0 \gtreqless \varrho \leqq a$ benutzen wir als Lösungsansatz wiederum einen Ausdruck nach Art von Gl. (3b), jedoch mit der Änderung, daß in der geschweiften Klammer jetzt das einzelne Glied $A\, J_1(\varrho\, t)$ enthalten ist. Da nun B_z an der Fläche $\varrho = b$ verschwinden muß, während an der Fläche $\varrho = a$ $A_\varphi(a+, z) = A_\varphi(a-, z)$ und $H_z(a+, z) = H_z(a-, z)$ sein muß, so entstehen für die unbekannten Koeffizienten A, B und C in den obigen Ansätzen die Bestimmungsgleichungen:

$$B\, J_0(bt) + C\, H_0^{(1)}(bt) = -H_0^{(1)}(bt)\, J_1(t\varrho') \quad (\varrho = b), \tag{5a}$$

$$-A\frac{\mu_0}{\mu} J_0(at) + B\, J_0(at) + C\, H_0^{(1)}(at) = -H_1^{(1)}(\varrho' t)\, J_0(at) \quad (\varrho = a), \tag{5b}$$

$$-A\, J_1(at) + B\, J_1(at) + C\, H_1^{(1)}(at) = -H_1^{(1)}(\varrho' t)\, J_1(at) \quad (\varrho = a). \tag{5c}$$

Ebenso wie das Integral in Gl. (3b) erfordert aber auch das in dieser Gleichung ganz rechts auftretende einzelne Glied im jetzigen Falle besondere Beachtung, da es in der Form, in der es in Gl. (3b) auftritt, den Randbedingungen nicht genügt. Fügen wir hier im Raumteil $a \gtreqless \varrho \leqq b$ zu dem in Gl. (3b) vorkommenden Term noch das der D.Gl. für A_φ gleichfalls genügende Glied B/ϱ mit unbekanntem B hinzu und benutzen im Raumteil $0 \gtreqless \varrho \leqq a$ statt des einzelnen Gliedes in Gl. (3b) das Glied $C\,\varrho$ mit unbekanntem C, so folgen aus den Gl. 1.1 (29a, b, α, β) für B und C als Bestimmungsgleichungen:

$$C\,a = \frac{\mu_0 I'}{4l}\,a + \frac{B}{a}, \tag{5α}$$

$$\frac{1}{\mu}\,\frac{\partial}{\partial\varrho}(C\varrho^2) = \frac{1}{\mu_0}\,\frac{\partial}{\partial\varrho}\left[\frac{\mu_0 I'}{4l}\,\varrho^2 + B\right]. \tag{5β}$$

Es wird also $C = \mu\, I'/4l$ und $B = (\mu - \mu_0)\, I'\,(a^2/4l)$.

Wir führen nun im Hinblick auf die Auflösung des Gleichungssystems (5a, b, c) zunächst die Determinante

$$\begin{aligned} D_N^{(3)}\left[t;\, a,\, b;\, \frac{\mu}{\mu_0}\right] &= \begin{vmatrix} 0 & J_0(bt) & H_0^{(1)}(bt) \\ \frac{\mu_0}{\mu}\,J_0(at) & J_0(at) & H_0^{(1)}(at) \\ J_1(at) & J_1(at) & H_1^{(1)}(at) \end{vmatrix} \\ &= +i \begin{vmatrix} 0 & J_0(bt) & Y_0(bt) \\ \frac{\mu_0}{\mu}\,J_0(at) & J_0(at) & Y_0(at) \\ J_1(at) & J_1(at) & Y_1(at) \end{vmatrix} \end{aligned} \tag{6}$$

ein. Geht man darin mit t zu $t\,e^{\pi i}$ über und beachtet die Halbumlaufsrelationen der HANKELschen Funktion $H^{(1)}$, so folgt aus Gl. (6), daß die Funktion $D_N^{(3)}$ eine in t *ein*deutige, ungerade Funktion ist.

Die Auflösung des Gleichungssystems (5) nach dem Koeffizienten A führt nach bekannten Regeln zunächst zu der Formel

$$-A\, D_N^{(3)}\left[t;\, a,\, b;\, \frac{\mu}{\mu_0}\right] = - \begin{vmatrix} H_0^{(1)}(bt)\cdot J_1(\varrho t) & J_0(bt) & H_0^{(1)}(bt) \\ H_1^{(1)}(\varrho' t)\cdot J_0(at) & J_0(at) & H_0^{(1)}(at) \\ H_1^{(1)}(\varrho' t)\cdot J_1(at) & J_1(at) & H_1^{(1)}(at) \end{vmatrix}. \tag{7}$$

Multipliziert man hierin die zweite Spalte mit $H_1^{(1)}(t\,\varrho')$ und zieht sie von der ersten Spalte ab, so ergibt sich zunächst für A und damit auch sofort gemäß Gl. (3b) für die Vektorkomponente A_φ im Raumteil $0 \gtreqless \varrho \leqq a$ der Ausdruck

$$\begin{aligned} &A_\varphi^{(t)}\left(\varrho,\, z;\, \pm l;\, a,\, b;\, \frac{\mu_0}{\mu}\right) = -\frac{\mu_0 I'\cdot\varrho'/a}{2\pi i}\,\times \\ &\times \frac{\partial^2}{\partial\varrho\,\partial\varrho'}\left\{\int_{\mathfrak{C}} \frac{\mathfrak{Cos}\,t\,(l+z')\,\mathfrak{Cos}\,t\,(l-z)}{\mathfrak{Sin}(2lt)} \begin{vmatrix} J_0(\varrho' t) & H_0^{(1)}(\varrho' t) \\ J_0(bt) & H_0^{(1)}(bt) \end{vmatrix} \times \right. \\ &\times \left. \frac{J_0(\varrho t)}{D_N^{(3)}[t;\, a,\, b;\, \mu_0/\mu]}\,\frac{dt}{t^3}\right\} + \frac{\mu I'\cdot\varrho}{4l} \qquad \begin{matrix} (0 \gtreqless \varrho \leqq a), \\ (-l < z' < z < +l), \end{matrix} \end{aligned} \tag{7a}$$

und hierin ist dann $\mathfrak{C}$ der in Abb. 136 wiedergegebene doppelte Integrationsweg. Der Übergang von dem einfachen Integrationsweg in Gl. (3b) zu dem Doppelweg $\mathfrak{C}$ in Gl. (7a) ist im wesentlichen deshalb möglich, weil der Integrand in Gl. (7a) eine in t eindeutige und ungerade Funktion ist, denn auch die zweireihige Determinante im Integranden von Gl. (7a) zeigt diese Eigenschaft.

Berechnet man nun aus Gl. (5a, b, c) auch noch die Koeffizienten B und C und faßt sie danach zu dem Ausdruck

$$H_1^{(1)}(\varrho\, t)\, J_1(\varrho'\, t) + B\, J_1(\varrho\, t) + C\, H_1^{(1)}(\varrho\, t)$$

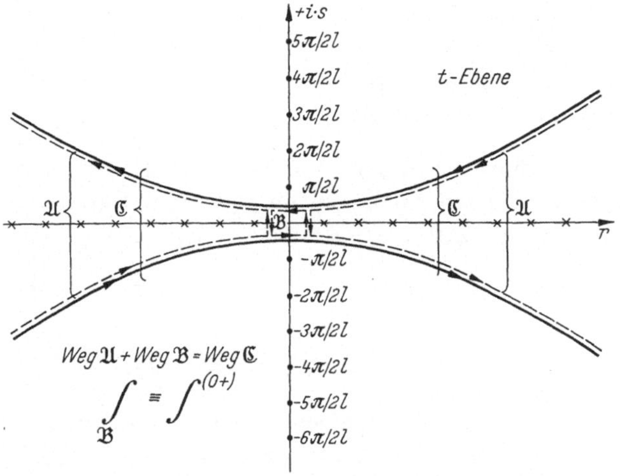

Abb. 136. Der doppelte Integrationsweg von Gl. (7a) kann in der gezeichneten Weise in die Summe der Wege $\mathfrak{A}$ und $\mathfrak{B}$ zerlegt werden. Ein solcher Weg erscheint dann als besonders zweckmäßig, wenn sowohl Pole auf der ganzen imäginaren Achse als auch auf der ganzen reellen Achse auftreten

zusammen, so läßt sich die Vektorkomponente A_φ im Raumteil $a \gtreqless \varrho \leqq b$ schließlich auf die Form bringen:

$$A_\varphi^{(t)}\left(\varrho,\, z;\, \pm l;\, a,\, b;\, \frac{\mu_0}{\mu}\right) = + \frac{\mu_0 I'}{4l}\left[\varrho + \left(\frac{\mu}{\mu_0} - 1\right)\frac{a^2}{\varrho}\right] -$$

$$- \frac{\mu_0}{4} I' \varrho' \frac{\partial^2}{\partial\varrho\,\partial\varrho'}\left\{\int\limits_{\mathfrak{C}} \mathfrak{Cos}\, t(l+z')\, \frac{\mathfrak{Cos}\, t(l-z)}{\mathfrak{Sin}\,(2lt)} \times \right. \tag{7b}$$

$$\left. \times \begin{vmatrix} 0 & J_0(b\,t) & H_0^{(1)}(b\,t) & H_0^{(1)}(b\,t)\cdot J_0(\varrho'\,t) \\ \frac{\mu_0}{\mu} J_0(a\,t) & J_0(a\,t) & H_0^{(1)}(a\,t) & H_0^{(1)}(\varrho'\,t)\cdot J_0(a\,t) \\ J_1(a\,t) & J_1(a\,t) & H_1^{(1)}(a\,t) & H_0^{(1)}(\varrho'\,t)\cdot J_1(a\,t) \\ 0 & J_0(\varrho\,t) & H_0^{(1)}(\varrho\,t) & H_0^{(1)}(\varrho'\,t)\cdot J_0(\varrho\,t) \end{vmatrix} \frac{dt/t^2}{D_N^{(3)}\left(t;\, a,\, b;\, \frac{\mu_0}{\mu}\right)} \right\}.$$

$$(-l \gtreqless z' < z \leqq +l;\; a \gtreqless \varrho < \varrho').$$

Für $\varrho' < \varrho \leqq b$ heißt es in der ersten Zeile von Gl. (7b)

$$\left[\varrho'^2 + \left(\frac{\mu}{\mu_0} - 1\right) a^2\right] \Big/ \varrho,$$

und überdies steht dann in der vierreihigen Determinante in der rechten unteren Ecke das Produkt $J_0(\varrho' t) \cdot H_0^{(1)}(\varrho t)$.

Die Determinante in Gl. (7b) kann noch einfacher geschrieben werden, indem man die zweite Spalte mit $H_0^{(1)}(\varrho' t)$ multipliziert und sie von der vierten Spalte subtrahiert. Dann hat sie das folgende Aussehen:

$$D_Z^{(4)}(t) = \begin{vmatrix} 0 & J_0(bt) & H_0^{(1)}(bt) & H_0^{(1)}(bt)\,J_0(\varrho' t) - J_0(bt)\,H_0^{(1)}(\varrho' t) \\ \frac{\mu_0}{\mu} J_0(at) & J_0(at) & H_0^{(1)}(at) & 0 \\ J_1(at) & J_1(at) & H_1^{(1)}(at) & 0 \\ 0 & J_0(\varrho t) & H_0^{(1)}(\varrho t) & 0 \end{vmatrix} \tag{7c_1}$$

Von hier aus führt dann eine Auflösung der Determinante nach den Elementen der vierten Spalte zu der weiteren Darstellung

$$\left\{ \frac{\mu_0}{\mu} J_0(at) \begin{vmatrix} J_1(at) & H_1^{(1)}(at) \\ J_0(\varrho t) & H_0^{(1)}(\varrho t) \end{vmatrix} - J_1(at) \begin{vmatrix} J_0(at) & H_0^{(1)}(at) \\ J_0(\varrho t) & H_0^{(1)}(\varrho t) \end{vmatrix} \right\} \times \\ \times \begin{vmatrix} J_0(bt) & H_0^{(1)}(bt) \\ J_0(\varrho' t) & H_0^{(1)}(\varrho' t) \end{vmatrix}. \tag{7c_2}$$

Aus Gl. ($7c_2$) folgt auf die einfachste Weise, daß in der vierreihigen Determinante der Gl. (7b) eine in t reguläre, eindeutige und ungerade Funktion vorliegt. Da die Determinante $D_N^{(3)}$ ebenfalls eine ungerade Funktion von t ist, so ist auch der ganze Integrand der Gl. (7b) in t eindeutig und ungerade. Auch das letztere ist notwendig, denn wäre er gerade, so verschwände das Integral identisch.

Wir unterziehen die Gl. (7a, b) verschiedenen Prüfungen. Bei der *ersten* Probe setzten wir $\mu = \mu_0$. Dann muß Gl. (7b) mit (7a) im Raumteil $0 \gtreqless \varrho \leqq a$ in allen Einzelheiten übereinstimmen. Das ist in der Tat der Fall, wie sofort aus Gl. ($7c_2$) nach der Auflösung der beiden Determinanten hervorgeht. Da ferner für $\mu = \mu_0$

$$D_N^{(3)}[t;\, a, b;\, 1] = \frac{2i}{\pi a t} J_0(bt) \tag{8}$$

ist, so fällt jetzt überhaupt die Beziehung für die φ-Komponente des Vektorpotentials wesentlich einfacher aus. Man erhält nämlich

$$A_\varphi^{(t)}(\varrho, b;\, \pm l;\, a, b;\, 1) = + \frac{\mu_0 I'}{4l}\varrho + \\ + \frac{\mu_0}{4} I' \varrho' \frac{\partial^2}{\partial\varrho\,\partial\varrho'} \int\limits_{\mathfrak{C}} \frac{\mathfrak{Cos}\,t(l+z')\,\mathfrak{Cos}\,t(l-z)}{\mathfrak{Sin}\,(2lt)} \frac{J_0(\varrho t)}{J_0(bt)} \begin{vmatrix} J_0(\varrho' t) & J_0(bt) \\ H_0^{(1)}(\varrho' t) & H_0^{(1)}(bt) \end{vmatrix} \frac{dt}{t^2} \\ \begin{pmatrix} -l < z' < z < +l \\ 0 \leqq \varrho < \varrho' < b \end{pmatrix}. \tag{9}$$

Für $\varrho' < \varrho \leqq b$ steht in der zweiten Zeile ϱ'^2/ϱ an Stelle von ϱ, und unter dem Integranden sind ϱ und ϱ' zu vertauschen. Wächst b über alle Grenzen, so geht Gl. (9) in den Ausdruck (3b) über mit eben dem Unterschied, der durch den anderen Integrationsweg verursacht wird.

Eine weitere, *zweite* Probe ermöglicht der Fall $\mu \to \infty$. In Gl. (7a) hat vor allem das zweite Glied in der letzten Zeile Bedeutung. Sein Unendlichwerden besagt dann eben, daß in diesem Fall auch die Induktion selbst über alle Grenzen wächst. In den Gl. (7a, b) sind dann eigentlich eben wegen des Faktors μ auch nur die allein von ϱ abhängenden Glieder zu berücksichtigen. Sie sind es, die dem unbegrenzten Anwachsen des magnetischen Flusses durch den Stromring entsprechen. Aber selbst im Falle eines unbegrenzt großen Wertes von μ wird die außen liegende Wicklung auch noch im Luftraum von einem magnetischen Feld umgeben, und dieses Feld ist es, das im wesentlichen mit dem Streufeld der Wicklung identisch ist. Wir sehen es für $\mu \to \infty$ durch das mit dem Integral behaftete Glied der Gl. (7b) als bestimmt an, denn nur dieses Glied allein und nicht etwa auch der von μ/μ_0 freie Bestandteil des einzelnen, nur von ϱ abhängenden Terms erfüllt an der Kernoberfläche $\varrho = a$ die Forderung eines verschwindenden Wertes von H_z. Danach ist also

$$A_\varphi^{(t)}(\varrho, z; \pm l; a, b; 0) = \frac{\mu_0}{4} \cdot I' \varrho' \frac{\partial^2}{\partial \varrho \, \partial \varrho'} \left\{ \int_{\mathfrak{C}} \frac{\mathfrak{Cof}\, t(l+z')\, \mathfrak{Cof}\, t(l-z)}{\mathfrak{Sin}\,(2lt)} \begin{vmatrix} J_0(at) & J_0(\varrho t) \\ H_0^{(1)}(at) & H_0^{(1)}(\varrho t) \end{vmatrix} \times \right. \tag{10}$$

$$\left. \times \begin{vmatrix} J_0(\varrho' t) & J_0(bt) \\ H_0^{(1)}(\varrho' t) & H_0^{(1)}(bt) \end{vmatrix} : \begin{vmatrix} J_0(at) & J_0(bt) \\ H_0^{(1)}(at) & H_0^{(1)}(bt) \end{vmatrix} \cdot \frac{dt}{t^2} \right\} \quad \begin{matrix} (-l < z' < z < +l), \\ (a \leqq \varrho < \varrho' < b). \end{matrix}$$

Für $\varrho' < \varrho \leqq b$ vertauschen in den beiden nebeneinanderstehenden Determinanten ϱ und ϱ' ihre Plätze.

Wir vollziehen jetzt den Übergang vom *Stromring* zur *einlagigen Spule* mit vernachlässigbar kleiner, radialer Dicke. Ihre Achse stimme mit der des Kerns überein, und sie liege zwischen den Ebenen $z_0' \pm c$, so daß ihre axiale Länge $2c \leqq 2l$ ist. Die dadurch notwendig werdende Umrechnung der obigen Formeln berührt nur die z oder z' enthaltenden Faktoren, die überall in den obigen Formeln gleich hinter das Integralzeichen gesetzt worden sind. Die einlagige Spule bestehe nun weiter aus N Windungen, von denen jede den gleichen Strom I führt. Dann kann man sich die Spule aus dicht aufeinander folgenden Stromringen von der axialen Länge dz' zusammengesetzt denken, von denen jeder einzelne den Strom $(IN)\,(dz'/2c)$ führt. Die notwendig werdende Umrechnung läuft dann offenbar einfach auf eine Integration nach z' zwischen den Grenzen $z_0' - c \cdots z_0' + c$ hinaus. Nur hängt der Aufbau dieses Faktors von der Lage des Aufpunktes zum Ring ab. Ist z. B. $z_0' - c < z < z_0' + c$, dann ist z. B. die Integration

$$\mathfrak{Cos}\,t(l-z)\int\limits_{z_0'-c}^{z}\mathfrak{Cos}\,t(l+z')\,dz' + \mathfrak{Cos}\,t(l+z)\int\limits_{z}^{z_0'+c}\mathfrak{Cos}\,t(l-z')\,dz' \tag{11}$$

durchzuführen.

Um das Ergebnis dieser Umrechnung in möglichst übersichtlicher und zugleich raumsparender Form darzustellen, wollen wir von jetzt ab denjenigen im Integranden auftretenden Faktor, der nur die Formgebung der Spule in axialer Richtung bestimmt, der Kürze halber mit $F(t,z)$ bezeichnen. Wird des besseren Vergleichs wegen dabei der schon oben behandelte Fall des Stromrings mit einbezogen, so ergibt sich für $F(t,z)$ die nachfolgende Tabelle:

Anregung		$F(t,z)$	Stromfaktor
Stromring in $z = z'$		$\dfrac{\mathfrak{Cos}\,t(l \pm z')\,\mathfrak{Cos}\,t(l \mp z)}{\mathfrak{Sin}(2lt)}\ (z \gtrless z')$	I' wie in Gl. (3b), (7a,b), (9)
Einlagige Spule s. Abb. 135	$z_0' \neq 0$	$\dfrac{\mathfrak{Sin}\,ct}{ct}\,\dfrac{\mathfrak{Cos}\,t(l \pm z_0')\,\mathfrak{Cos}\,t(l \mp z)}{\mathfrak{Sin}(2lt)}$ ob. Vorz.: $z \geqq z_0' + c$, unt. Vorz.: $z \leqq z_0' - c$ $\dfrac{1}{2ct}\left[\dfrac{1-\mathfrak{Cos}\,t(l-z)\,\mathfrak{Sin}\,t(l+z_0'-c)+\mathfrak{Cos}\,t(l+z)\,\mathfrak{Sin}\,t(l-z_0'-c)}{\mathfrak{Sin}(2lt)}\right]$ $(z_0' - c \gtreqless z \leqq z_0' + c)$	NI an Stelle von I'
	$z_0' = 0$	$\dfrac{1}{2ct}\left[1 - \dfrac{\mathfrak{Cos}\,tz\,\mathfrak{Sin}\,t(l-c)}{\mathfrak{Sin}\,tl}\right]\ (-c \gtreqless z \leqq +c)$	

Die letzte Spalte in dieser Tabelle gibt an, daß im Falle der einlagigen Spule an die Stelle von I' in den Gl. (3b), (7a, b) und (9) der Faktor NI zu treten hat. Die gleiche Änderung ist an den einzelnen Gliedern in den genannten Gleichungen vorzunehmen. Für $c \to 0$ und $IN = I'$ geht die Formel in der zweiten Zeile der Tabelle in die der ersten Zeile über.

In noch weitergehender Verallgemeinerung habe nunmehr die betrachtete Spulenlage auch in radialer Richtung eine nicht mehr vernachlässigbare Dicke, und zwar möge die Spule den Innenradius ϱ_i und den Außenradius ϱ_a haben. Ist dann $\mathfrak{i}_\varphi(\varrho')$ die Stromdichte in dem einzelnen Windungsleiter einer Lage im Abstand ϱ' von der Achse mit $\varrho_i < \varrho' < \varrho_a$, so muß

$$\int\limits_{\varrho_i}^{\varrho_a}\mathfrak{i}_\varphi^{(1)}(\varrho')\,d\varrho'\,\frac{2c}{N} = I_1 \tag{12a}$$

sein, wenn neuerdings der Strom in dieser einzelnen Windung von der axialen Länge $2c/N$ und der radialen Dicke $\varrho_a - \varrho_i$ mit I_1 bezeichnet wird. Nun muß längs der beiden Bögen $\varrho' \Delta\varphi'$ und $\varrho'' \Delta\varphi''$ mit $\varrho_i < \varrho'$, $\varrho'' < \varrho_a$ der Spannungsverbrauch derselbe sein. Mithin verläuft die Änderung von $\mathfrak{i}_\varphi$ mit ϱ' nach dem Gesetz const/ϱ'. Aus Gl. (12a) ergibt sich dann aber sofort der folgende endgültige Zusammenhang zwischen der Stromdichte und dem gesamten Strom I_1. In einem Windungsleiter mit dem Querschnitt $2c/N \cdot (\varrho_a - \varrho_i)$ ist:

$$\mathfrak{i}_\varphi^{(1)}(\varrho')\, 2c = \frac{I_1 N}{\varrho' \ln(\varrho_a/\varrho_i)}, \tag{12b}$$

und der Ausdruck

$$\mathfrak{i}_\varphi^{(1)}(\varrho')\, 2c\, d\varrho' = \frac{I_1 N}{\ln(\varrho_a/\varrho_i)} \frac{d\varrho'}{\varrho'} \tag{12c}$$

entspricht dann der gesamten Stromdurchflutung einer Spule mit N Windungen, die die axiale Länge $2c$, den Radius ϱ' und die radiale Dicke $d\varrho'$ hat. Gerade für eine solche Spule gelten aber die oben angegebenen Gleichungen. Ersetzen wir also darin

$$I N \quad \text{durch} \quad \frac{I_1 N}{\ln(\varrho_a/\varrho_i)} \frac{d\varrho'}{\varrho'},$$

so braucht nur noch die Integration nach ϱ' vorgenommen zu werden. Nun enthält jede der Gl. (7a, b), (9) oder (10) den Faktor ϱ'. Die Integration ist also sehr leicht durchzuführen. Nur muß auch jetzt wieder darauf geachtet werden, wie ϱ zum Integrationsbereich $\varrho_i \cdots \varrho_a$ von ϱ' liegt. Im allgemeinsten, der Gl. (7b) entsprechenden Falle erhält man:

$$A_\varphi^{(t)}\left(\varrho, z; \pm l; a, b; \varrho_a, \varrho_i; \frac{\mu_0}{\mu}\right) \tag{13}$$

$$= \frac{-\mu_0}{4l} \frac{I_1 N}{\ln(\varrho_a/\varrho_i)} \begin{cases} (\varrho_a^2 - \varrho_i^2)/2\varrho & (\varrho > \varrho_a) \\ ((\varrho^2 - \varrho_i^2)/2\varrho + \varrho)\ln(\varrho_a/\varrho) + & (\varrho_i \gtreqless \varrho \leqq \varrho_a) \\ \varrho \ln(\varrho_a/\varrho_i) & (\varrho < \varrho_i) \end{cases}$$

$$+ \frac{1}{4}\mu_0 \frac{I_1 N}{\ln(\varrho_a/\varrho_i)} \int\limits_{\mathfrak{C}} F(t, z)\, G(t, \varrho; \varrho_a, \varrho_i) \frac{dt/t}{D_N^{(3)}(t, a, b; \mu_0/\mu)}.$$

Hierin ist $G(t, \varrho; \varrho_a, \varrho_i)$ definiert durch die vierreihige Determinante

$$G(t, \varrho; \varrho_a, \varrho_i) =$$

$$= \begin{vmatrix} 0 & J_0(bt) & H_0^{(1)}(bt) & H_0^{(1)}(bt)[J_0(\varrho_a t) - J_0(\varrho_i t)] \\ \frac{\mu_0}{\mu} J_0(at) & J_0(at) & H_0^{(1)}(at) & J_0(at)[H_0^{(1)}(\varrho_a t) - H_0^{(1)}(\varrho_i t)] \\ J_1(at) & J_1(at) & H_1^{(1)}(at) & J_1(at)[H_0^{(1)}(\varrho_a t) - H_0^{(1)}(\varrho_i t)] \\ 0 & J_1(\varrho t) & H_1^{(1)}(\varrho t) & X(t) \end{vmatrix}. \tag{13a}$$

In dieser Determinante ist in der rechten unteren Ecke zu setzen:

$$X(t) = \begin{cases} J_1(\varrho t)[H_0^{(1)}(\varrho_a t) - H_0^{(1)}(\varrho_i t)] & (a \lesseqgtr \varrho \leqq \varrho_i), \\ J_1(\varrho t)\, H_0^{(1)}(\varrho_a t) - J_0(\varrho_i t)\, H_1^{(1)}(\varrho t) - \dfrac{2i}{(\pi \varrho t)} & (\varrho_i \lesseqgtr \varrho \leqq \varrho_a), \\ H_1^{(1)}(\varrho t)\,[J_0(\varrho_a t) - J_0(\varrho_i t)] & (\varrho_a \lesseqgtr b \leqq \varrho). \end{cases} \quad (13\text{b})$$

Auf die besondere Form der Determinante (13a) im Falle eines $\mu = \mu_0$ oder $\mu \to \infty$ gehen wir nicht weiter ein.

6.42 Die Selbstinduktivität eines Stromrings zwischen zwei vollkommen permeablen Ebenen. Ist der Stromring mit dem Strom I' und dem Radius ϱ' zwischen den beiden vollkommen permeablen Halbräumen mit den ebenen Begrenzungsflächen $z = \pm l$ wie in Abb. 134 angeordnet, so ist das Vektorpotential des von diesem Ring erzeugten Magnetfeldes durch die Reihenentwicklung (3β) gegeben. Ihre Konvergenz hört auf für $\varrho = \varrho'$ und $z = z'$, wie es sich aus physikalischen Gründen von selbst versteht. Um trotzdem zu einem brauchbaren Ausdruck für die Selbstinduktivität zu kommen, helfen wir uns in der nämlichen Weise wie bei der Berechnung der Induktivität eines einzelnen Stromrings. Wir bestimmen in der Ebene $z = z'$ den magnetischen Fluß durch den dicht benachbarten Stromring mit dem Radius $\varrho_i = \varrho' - r_0$, worin r_0 den sehr kleinen Radius des Drahtes darstellt, aus dem der Stromring gefertigt ist. Dann besteht für den Fluß durch diesen Ring nach Gl. (3β) die Formel:

$$\begin{aligned} \Psi(\varrho_i, \pm l) &= + \pi \varrho_i^2 \frac{\mu_0 I'}{2l} + \qquad (\varrho' > \varrho_i) \\ &+ \pi \mu_0 I' \frac{\varrho' \varrho_i}{l} \sum_{\lambda=1}^{\infty} \left[1 + (-)^\lambda \cos\left(\lambda \frac{\pi z'}{l}\right)\right] I_1\left(\lambda \frac{\pi \varrho_i}{2l}\right) K_1\left(\lambda \frac{\pi \varrho'}{2l}\right). \end{aligned} \quad (14\text{a})$$

Außerhalb des Summenzeichens darf hierin mit völlig ausreichender Genauigkeit $\varrho_i = \varrho'$ gesetzt werden. Nun ist für hinreichend große Werte von $\lambda(\pi \varrho_i/2l)$ angenähert

$$I_1\left(\lambda \frac{\pi \varrho_i}{2l}\right) K_1\left(\lambda \frac{\pi \varrho'}{2l}\right) \sim \frac{e^{-\pi \lambda \cdot r_0/2l}}{\pi \lambda (\varrho'/l)}. \quad (14\alpha)$$

Unter Zuschlag der inneren Selbstinduktivität des Drahtes entsteht demnach auf Grund der Gl. (14a) für die totale Selbstinduktivität des Stromrings an der Stelle (z', ϱ') zwischen den vollkommen permeablen Halbräumen der Ausdruck:

$$\begin{aligned} \mathfrak{L}(z', \varrho', r_0; \pm l) &= + \mu_0 \varrho' \sum_{\lambda=1}^{\infty} \left[1 + (-)^\lambda \cos\left(\lambda \frac{\pi z'}{l}\right)\right] \Big/ \lambda \cdot e^{-\lambda(\pi r_0/2l)} + \\ &+ \pi \mu_0 \left(\frac{\varrho'^2}{2l}\right) + \mu_0 \frac{\varrho'}{4} + \pi \mu_0 \frac{\varrho'^2}{l} \sum_{\lambda=1}^{\infty} \left[1 + (-)^\lambda \cos\left(\lambda \frac{\pi z'}{l}\right)\right] \times \\ &\times \left[I_1\left(\lambda \frac{\pi \varrho_i}{2l}\right) K_1\left(\lambda \frac{\pi \varrho'}{2l}\right) - \frac{l}{\pi \lambda \varrho'} \cdot e^{-\lambda \cdot \pi r_0/2l}\right] \\ &(\varrho_i = \varrho' - r_0, \ \pi \varrho'/2l > 8 \ldots 10). \end{aligned} \quad (14\text{b})$$

In der zweiten Zeile dieser Gleichung konvergieren die einzelnen Reihenglieder um so schneller gegen Null, je größer von Anfang an $\pi\,\varrho_i/2l$ ist. Im allgemeinen wird es auch genügen, wenn in dieser Reihe $\varrho_i = \varrho'$ gesetzt wird. Dann muß aber auch für r_0 der Wert 0 gewählt werden. Die in der ersten Zeile von Gl. (14b) vorkommende Reihe kann aber nach einer bekannten Formel summiert werden, so daß im Falle $\pi\,\varrho_i/2l > 8 \ldots 10$ mit guter Annäherung für die Selbstinduktivität die Formel

$$\mathfrak{L}(z', \varrho', r_0;\ \pm l) \approx \mu_0\,\varrho' \left\{ \ln\left(\frac{l/(\pi\, r_0)}{\cos(\pi\, z'/2l)}\right) + \frac{\pi\,\varrho'}{2l} + \frac{1}{4} \right\} (|z'| < l) \qquad (14\text{c})$$

entsteht. Für den frei stehenden Stromring ist bekanntlich in der hier benutzten Bezeichnungsweise

$$\mathfrak{L}(\varrho', r_0) \approx \mu_0\,\varrho' \left[\ln\left(\frac{8\,\varrho'}{r_0}\right) - \frac{7}{4} \right], \qquad (14\text{d})$$

wenn ebenfalls der Einfluß des Drahtinneren auf die Größe der Induktivität berücksichtigt wird. Die Gl. (14c) und (14d) können nicht durch den Grenzübergang $l \to \infty$ in Übereinstimmung gebracht werden, da die Lösung (3) für $l \to \infty$ nicht länger gültig bleibt.

Zu genau derselben Näherungsformel (14c) gelangt man, wenn man den Leiter des Stromrings als ein flaches, schmales Band auffaßt von der sehr kleinen Breite $2r_0$ und von vernachlässigbarer Dicke und nun die Selbstinduktivität aus dem Fluß berechnet, den der lineare Stromring am Orte (ϱ', z') durch den linearen Stromring am Orte $(\varrho', z' \pm r_0)$ schickt. Diese Übereinstimmung zeigt, daß, sobald die Voraussetzung großer Werte von $(\pi\,\varrho_i/2l)$ erfüllt ist, die Formel (14c) recht gute Näherungswerte liefert.

6.43 Die Selbstinduktivität einer einlagigen Spule im Innern eines kreiszylindrischen Hohlraums und eines vollkommen permeablen Körpers. Die einlagige Spule mit der axialen Länge $2c$ und dem Radius ϱ' möge im Innern des kreiszylindrischen Hohlraums mit den Begrenzungsflächen $\varrho = b$ und $z = \pm l$ koaxial zu dessen Symmetrieachse angeordnet sein. Die Mittelebene der Spule habe im Hinblick auf Abb. 135 die Koordinate $z_0' = 0$. Die Berechnung der Induktivität dieser Spule erfolge wiederum mittels der Formel 1.1 (28), die wir schon in Abschn. 6.1 benutzt haben. Ist die radiale Dicke der Spule vernachlässigbar klein, was wir annehmen wollen, und $\mathfrak{J}_\varphi(z')$ der Strombelag je Längeneinheit in axialer Richtung, so nimmt der Ausdruck für die magnetische Energie im vorliegenden Fall die Form an:

$$W_m = \frac{1}{2}\,\mathfrak{L}\,I^2 = \frac{1}{2}\int_0^{2\pi}\int_{-c}^{+c} \mathfrak{J}_\varphi(z')\,A_\varphi^{(t)}(\varrho', z';\ \pm l;\ a, b;\ 1)\,dz' \cdot \varrho'\,d\varphi'. \quad (15)$$

Hat nun die Spule N Windungen und führt jede Windung den Strom I, so ist offenbar

$$\mathfrak{J}_\varphi(\varrho') = \frac{I N}{2c}. \tag{15a}$$

Für $A_\varphi^{(t)}$ ist in Gl. (13) der Ausdruck (9) zu nehmen, nachdem darin der erste Bruch hinter dem Integralzeichen gemäß der Tabelle auf S. 330 durch die letzte Zeile in der Tabelle ersetzt worden ist. Die Integration des in dieser Zeile stehenden Ausdrucks ergibt aber:

$$\int\limits_{-c}^{+c} \left[1 - \frac{\mathfrak{Cof}\, t z' \cdot \mathfrak{Sin}\, t(l-c)}{\mathfrak{Sin}\, t l}\right] \frac{dz'}{2ct} = \frac{1}{t}\left[1 - \frac{\mathfrak{Sin}\, c t}{c t}\,\frac{\mathfrak{Sin}\, t(l-c)}{\mathfrak{Sin}\, t l}\right]. \tag{15b}$$

Führt man nun noch in Gl. (13) statt der Variablen t über die Gleichung $b t = w$ die neue Variable w ein und benutzt weiterhin die Abkürzungen

$$\varrho'/b = \eta \leqq 1, \quad (16a) \qquad c/b = \gamma, \quad (16b) \qquad l/b = \Lambda, \quad (16c)$$

$$a/b = \alpha, \quad (16d) \qquad \varrho'/b = \eta', \quad (16e)$$

so erhält man für die Selbstinduktivität der Spule zunächst die folgende Integraldarstellung:

$$\begin{aligned}&\mathfrak{L}(\varrho'; l, b; 1)\\ &= \mu_0 \pi b \frac{N^2 \eta'^2}{4\lambda} \times \left\{2 + \frac{\Lambda}{\gamma}\left[\frac{\partial^2}{\partial\eta\,\partial\eta'}\left(\int\limits_{\mathfrak{C}}\left(1 - \frac{\mathfrak{Sin}\,\gamma w}{\gamma w}\,\frac{\mathfrak{Sin}\, w(\Lambda-\gamma)}{\mathfrak{Sin}\, w\Lambda}\right) \times \right.\right.\right.\\ &\qquad \left.\left.\left. \times \frac{J_0(\eta w)}{J_0(w)} \begin{vmatrix} J_0(\eta' w) & J_0(w) \\ H_0^{(1)}(\eta' w) & H_0^{(1)}(w)\end{vmatrix} \frac{dw}{w^3}\right)\right]_{\eta=\eta'}\right\}.\end{aligned} \tag{16A}$$

Die Gl. (14A) läßt sich noch vereinfachen, denn es ist wegen $\eta, \eta' \leqq 1$

$$\int\limits_{\mathfrak{C}} \begin{vmatrix} J_0(\eta' w) & J_0(w) \\ H_0^{(1)}(\eta' w) & H_0^{(1)}(w)\end{vmatrix} \frac{J_0(\eta w)}{J_0(w)}\,\frac{dw}{w^3} = 0,$$

da es unter der angegebenen Voraussetzung erlaubt ist, die beiden Weghälften des Integrals beliebig weit nach oben oder nach unten zu verschieben, ohne dabei die Konvergenz des Integrals zu gefährden oder irgendwelche Singularitäten zu überqueren. Dann ist also einfacher

$$\begin{aligned}\mathfrak{L}(\varrho'; l, c, b; 1) &= \pi \mu_0 b \frac{N^2 \eta'^2}{4\lambda} \cdot \left\{2 - \frac{\Lambda}{\gamma}\left[\frac{\partial^2}{\partial\eta\,\partial\eta'}\left(\int\limits_{\mathfrak{C}} \frac{\mathfrak{Sin}\,\gamma w}{\gamma w}\,\frac{\mathfrak{Sin}\, w(\Lambda-\gamma)}{\mathfrak{Sin}\, w\Lambda} \times \right.\right.\right.\\ &\qquad \left.\left.\left. \times \frac{J_0(\eta w)}{J_0(w)} \begin{vmatrix} J_0(\eta' w) & J_0(w) \\ H_0^{(1)}(\eta' w) & H_0^{(1)}(w)\end{vmatrix} \frac{dw}{w^3}\right)\right]_{\eta=\eta'}\right\}.\end{aligned} \tag{16B}$$

Das in Gl. (14B) vorkommende Integral lösen wir zunächst auf nach den Polen $\pm i \pi \lambda (b/l)$ der Funktion $\mathfrak{Sin}\, w \Lambda$, indem wir den

Integrationsweg nach oben und nach unten über diese Pole hinwegziehen, was erlaubt ist. Es berechnet sich ohne Mühe die Entwicklung:

$$\mathfrak{L}(\varrho'; l, c; b, 1) = \pi\mu_0 \varrho' \frac{N^2}{2} \cdot \frac{\varrho'}{l} \left\{1 + 4 \sum_{\lambda=1}^{\infty} \left(\frac{\sin(\pi\lambda(c/l))}{\pi\lambda(c/l)}\right)^2 \times \right. \\ \left. \times \frac{I_1(\lambda\pi(\varrho'/l))}{I_0(\pi\lambda(b/l))} \begin{vmatrix} I_1(\pi\lambda(\varrho'/l)) & -K_1(\pi\lambda(\varrho'/l)) \\ I_0(\pi\lambda(b/l)) & K_0(\pi\lambda(b/l)) \end{vmatrix} \right\}. \tag{17a}$$

Für $c = l$ verschwindet jedes Glied der unendlichen Reihe, und es wird in diesem besonderen Falle

$$\mathfrak{L}(\varrho'; l, l; b, 1) = \mu_0 \pi \varrho'^2 \frac{N^2}{2l}. \tag{17a$_1$}$$

Das entspricht der Größe der magnetischen Energie, die ein Kreiszylinder vom Querschnitt $\pi\varrho'^2$ und von der Länge $2l$ enthält, wenn er von einem homogenen Magnetfeld der Stärke $NI/2l$, bezogen auf die Einheit des Stromes, erfüllt ist.

Die Entwicklung (17a) ist vor allen Dingen brauchbar bei Werten von l, die klein sind gegenüber ϱ' und gar b. Ist schon $\pi\varrho'/l \gg 1$, so kann man in Gl. (15) die Funktionen I und K durch ihre asymptotischen Näherungen ersetzen, und man erhält dann angenähert

$$\mathfrak{L}(\varrho'; l, c; b, 1) \approx \mu_0 \pi \varrho'^2 \frac{N^2}{2l} \times \qquad (\pi\varrho'/l > 8 \cdots 10) \\ \times \left\{1 + \frac{2l^3}{\pi^3 \varrho' c^2} \sum_{\lambda=1}^{\infty} \frac{1 - \cos(2\pi\lambda(c/l))}{\lambda^2} \left[1 + e^{-2\pi\lambda(b-\varrho')/l}\right]\right\}. \tag{17b}$$

Eine andere Reihenentwicklung entsteht, wenn man gemäß Abb. 135 den Integrationsweg $\mathfrak{C}$ in Gl. (16B) in die Summe der beiden Wege $\mathfrak{A}$ und $\mathfrak{B}$ zerlegt. Der Weg $\mathfrak{B}$ ist nichts anderes als der Umlauf um die Stelle $t = 0$ oder $w = 0$. Der Weg $\mathfrak{A}$ ist wieder ein Doppelweg, der in eine linke und eine rechte Weghälfte zerfällt. Beide umgeben sie die negativen oder positiven einfachen Nullstellen j_n der Funktion $J_0(w)$, die symmetrisch zum Nullpunkt auf der reellen Achse verteilt liegen. Für eine beliebige dieser Nullstellen ist

$$J_0(j_n + \varepsilon) = J_0(j_n) - \varepsilon J_1(j_n) = -\varepsilon J_1(j_n) \\ Y_0(j_n) = \frac{2}{\pi j_n} J_1(j_n) \qquad (n = 1, 2, 3 \ldots).$$

Die zugehörige Reihenentwicklung läßt sich demnach leicht herstellen. Schwieriger gestaltet sich die Berechnung des Integrals um den Nullpunkt herum, denn die Nullstelle ist ein Pol dritter Ordnung. Es gilt nun aber in der Umgebung der Stelle $w = 0$ für den Integranden von

Gl. (6B) die Entwicklung

$$2\pi i \frac{\Lambda-\gamma}{\Lambda}\left[1+\frac{1}{6}\gamma^2 w^2 \cdots\right]\left[1+\frac{1}{6}(\Lambda-\gamma)^2 w^2-\frac{1}{6}\Lambda^2 w^2 \cdots\right]\frac{2i}{\pi w^3}\times$$
$$\times\left[1-\frac{1}{4}\eta^2 w^2+\frac{1}{4}w^2\cdots\right]\cdot\left[\mathfrak{Q}_0\left(\frac{1+\eta'^2}{1-\eta'^2}\right)-\frac{1}{4}w^2(1-\eta'^2)\,\mathfrak{Q}_1\left(\frac{1+\eta'^2}{1-\eta'^2}\right)\cdots\right],$$

denn es gilt die Formel:

$$\begin{vmatrix} J_\nu(u\alpha) & J_\nu(u\beta) \\ H_\nu^{(1)}(u\alpha) & H_\nu^{(1)}(u\beta)\end{vmatrix} = \frac{2}{\pi i}e^{-\pi i\nu}\sum_{\lambda=0}^{\infty}(-)^\lambda \frac{\left(\frac{u}{2}\sqrt{\alpha^2-\beta^2}\right)^{2\lambda}}{\lambda!\,\Gamma(\nu+\lambda+1)}\mathfrak{Q}_\lambda^\nu\left(\frac{\alpha^2+\beta^2}{\alpha^2-\beta^2}\right) \qquad (18)$$
$$(\alpha>\beta,\ u,\ \nu \text{ bel.}).$$

Ihr Beweis ist in der Arbeit [4] zu finden. Da ferner

$$\mathfrak{Q}_0\left(\frac{1+\eta'^2}{1-\eta'^2}\right)=\ln\left(\frac{1}{\eta'}\right), \quad (18\text{a}) \qquad \mathfrak{Q}_1\left(\frac{1+\eta'^2}{1-\eta'^2}\right)=\frac{1+\eta'^2}{1-\eta'^2}\ln\left(\frac{1}{\eta'}\right)-1 \quad (18\text{b})$$

ist, so lautet in dem obigen Ausdruck, der mit $2\pi i(\Lambda-\gamma)/\Lambda$ beginnt, das Glied mit dem Faktor $1/w$:

$$-4\left(1-\frac{\gamma}{\beta}\right)\frac{1}{w}\left\{\ln\left(\frac{1}{\eta'}\right)\left(\frac{1}{3}\gamma^2-\frac{1}{3}\Lambda\gamma-\frac{1}{4}\eta^2-\frac{1}{4}\eta'^2\right)+\frac{1}{4}(1-\eta'^2)\right\}.$$

Mithin wird im ganzen

$$\left[\frac{\partial^2}{\partial\eta\,\partial\eta'}\left(\int_{\mathfrak{B}}\frac{\mathfrak{Sin}\,\gamma w}{\gamma w}\,\frac{\mathfrak{Sin}\,w(\Lambda-\gamma)}{\mathfrak{Sin}\,\Lambda w}\,\frac{J_0(\eta w)}{J_0(w)}\right)\cdot\begin{vmatrix} J_0(\eta' w) & J_0(w) \\ H_0^{(1)}(\eta' w) & H_0^{(1)}(w)\end{vmatrix}\cdot\frac{dw}{w^3}\right]_{\eta=\eta'} \qquad (18\text{c})$$
$$=-2(1-c/l).$$

Wird hierzu nach Anweisung von Gl. (14B) noch die Reihenentwicklung hinzugefügt, die den einfachen Polen an den Stellen $w=\pm j_n$ ihre Entstehung verdankt, so gelangt man schließlich zu der Relation:

$$\mathfrak{L}(\varrho';\,l,\,c;\,b;\,1)$$
$$=\pi\mu_0\varrho'\frac{N^2}{2}\frac{\varrho'}{c}\left\{1-2\frac{b^3}{l^2 c}\sum_{n=1}^{\infty}\frac{\mathfrak{Cof}\left(j_n\frac{l}{b}\right)-\mathfrak{Cof}\left(j_n\frac{l-2c}{b}\right)}{\mathfrak{Sin}\left(j_n\frac{l}{b}\right)}\,\frac{J_1^2\left(j_n\frac{\varrho'}{b}\right)}{j_n^3 J_1^2(j_n)}\right\}. \qquad (17\text{c})$$

Für $l=c$ liefert auch sie den Ausdruck (17a_1) für $\mathfrak{L}$. Sie ist zur numerischen Berechnung von $\mathfrak{L}$ gerade in dem Fall gut geeignet, in dem die Gl. (17a) für die numerische Berechnung versagt.

6.44 Die Streureaktanzen zweier einlagiger konzentrischer Wicklungen über einem unendlich permeablen Kern. Es möge nun der mittlere Kern wie ein Transformator zwei Wicklungen tragen, wie es in Abb. 135 angedeutet ist. In radialer Richtung sei die Ausdehnung jeder dieser beiden Wicklungen vernachlässigbar klein. Ihre AW-Zahl betrage $I_1 N_1$ für die innere Wicklung mit dem Radius ϱ_1 und $I_2 N_2$ für die äußere Wicklung mit dem Radius ϱ_2. Dann ist im Hinblick auf

Gl. (10) das gesamte Vektorpotential dieser beiden Wicklungen im Luftraum $a \gtreqless \varrho \leqq b$ durch die Formel

$$A_\varphi^{(t)}(\varrho, z; l, c; \varrho_1, \varrho_2; \infty) \equiv \sum_k^{1,2} A_\varphi^{(k)}(\varrho, \varrho_k) = \frac{\mu_0}{4} \sum_{k=1}^{2} N_k I_k \varrho_k \int_{\mathfrak{C}} F(t, z) \times$$

$$\times \begin{vmatrix} J_0(at) & J_0(\varrho t) \\ H_0^{(1)}(at) & H_0^{(1)}(\varrho t) \end{vmatrix} \begin{vmatrix} J_0(\varrho_k t) & J_0(bt) \\ H_0^{(1)}(\varrho_k t) & H_0^{(1)}(bt) \end{vmatrix} : \begin{vmatrix} J_0(at) & J_0(bt) \\ H_0^{(1)}(at) & H_0^{(1)}(bt) \end{vmatrix} dt \qquad (19)$$

$$(a \gtreqless \varrho < \varrho_k \leqq b)$$

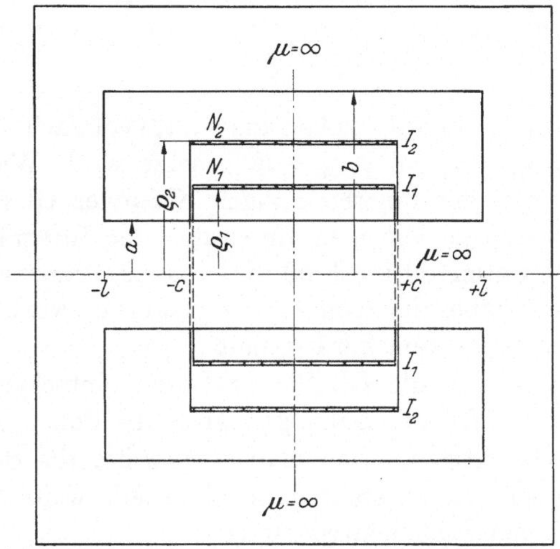

Abb. 137. Das Bild erklärt die bei der Berechnung der Streuinduktivität benutzte Bezeichnung

gegeben, worin für $F(t, z)$ der in der letzten Zeile der Tabelle von S. 330 angegebene Ausdruck zu wählen ist. Ist in Gl. (19) $\varrho > \varrho_k$, so brauchen nur in den beiden Zählerdeterminanten ϱ und ϱ_k miteinander vertauscht zu werden.

Zur Berechnung der Streufeldenergie ziehen wir wie im Abschn. 6.43 die Formel 1.1 (28) heran, die sich jetzt unter Berücksichtigung der Gl. (13a) auf die Form

$$W_m \equiv \frac{1}{2} S_{11} I_1^2 + \frac{1}{2} S_{22} I_2^2 + S_{12} I_1 I_2$$

$$= \pi \varrho_1 \frac{N_1 I_1}{2c} \int_{-c}^{+c} A_\varphi^{(1)}(\varrho_1, \varrho_1)\, dz + \pi \varrho_2 \frac{N_2 I_2}{2c} \int_{-c}^{+c} A_\varphi^{(2)}(\varrho_2, \varrho_2)\, dz + \qquad (20)$$

$$+ \pi \varrho_1 \frac{N_1 I_1}{2c} \int_{-c}^{+c} A_\varphi^{(2)}(\varrho_2, \varrho_1)\, dz + \pi \varrho_2 \frac{N_2 I_2}{2c} \int_{-c}^{+c} A_\varphi^{(1)}(\varrho_1, \varrho_2)\, dz$$

bringen läßt.

Geht man nun mit Gl. (19) in (20) ein, macht von der Gl. (13b) und ferner von der Möglichkeit Gebrauch, den Integranden wiederum als Ableitung nach ϱ und ϱ' zu schreiben, so lautet nach dem Übergang zu der neuen Integrationsvariablen $v = b\,t$ im Hinblick auf die Definitionsgleichungen (16a $\cdots e$) die Darstellung für S_{12} wie folgt:

$$S_{12} = \pi\mu_0 b \frac{N_1 N_2 \eta_1 \eta_2}{4\gamma}\left[\frac{\partial^2}{\partial\eta\,\partial\eta'}\left(\int\limits_{\mathfrak{C}}\left[1 - \frac{\mathfrak{Sin}\,\gamma v}{\gamma v}\,\frac{\mathfrak{Sin}\,(\Lambda-\gamma)v}{\mathfrak{Sin}\,(\Lambda v)}\right]\times\right.\right. \tag{21}$$
$$\left.\left.\times\begin{vmatrix} J_0(\alpha v) & J_0(\eta v) \\ H_0^{(1)}(\alpha v) & H_0^{(1)}(\eta v)\end{vmatrix}\cdot\begin{vmatrix} J_0(\eta' v) & J_0(v) \\ H_0^{(1)}(\eta' v) & H_0^{(1)}(v)\end{vmatrix}:\begin{vmatrix} J_0(\alpha v) & J_0(v) \\ H_0^{(1)}(\alpha v) & H_0^{(1)}(v)\end{vmatrix}\cdot\frac{dv}{v^3}\right)\right]_{\substack{\eta=\eta_1\\ \eta'=\eta_2}}$$

Die Formeln für S_{11} und S_{22} gehen aus Gl. (21) einfach dadurch hervor, daß entweder $\eta_2 = \eta_1$ oder $\eta_1 = \eta_2$ gesetzt wird. Wie im Falle der Gl. (16A) kann in der inneren eckigen Klammer Gl. (1) fortgelassen werden, da in den zugehörigen Integralen der Integrationsweg nach oben und nach unten auf die Punkte $\pm i\,\infty$ zusammengezogen werden kann, ohne daß dabei die Konvergenz gefährdet wird, oder der Weg über Pole hinweggezogen werden muß.

Wir lösen zunächst die Gl. (21) nach den einfachen Polen an den Stellen $v_\lambda = \pm i\pi\,\lambda/\Lambda$ auf. Dabei genügt es, die Pole v_λ mit $\mathfrak{Im}\,(v_\lambda) > 0$ allein zu berücksichtigen, wenn man gleichzeitig die Summe der Residuen verdoppelt. Es entsteht dann ohne jede weitere Schwierigkeit für S_{12} die folgende Reihenentwicklung:

$$S_{12} = 2\pi\mu_0 l N_1 N_2 \frac{\varrho_1\varrho_2}{l^2}\sum_{\lambda=1}^{\infty}\left(\frac{\sin(\pi\lambda c/l)}{\pi\lambda c/l}\right)^2\times$$
$$\times\begin{vmatrix} I_0\!\left(\pi\lambda\frac{a}{l}\right) & I_1\!\left(\pi\lambda\frac{\varrho_1}{l}\right) \\ K_0\!\left(\pi\lambda\frac{a}{l}\right) & -K_1\!\left(\pi\lambda\frac{\varrho_1}{l}\right)\end{vmatrix}\cdot\begin{vmatrix} I_1\!\left(\pi\lambda\frac{\varrho_2}{l}\right) & I_0\!\left(\pi\lambda\frac{b}{l}\right) \\ -K_1\!\left(\pi\lambda\frac{\varrho_2}{l}\right) & K_0\!\left(\pi\lambda\frac{b}{l}\right)\end{vmatrix}: \tag{21a}$$
$$:\begin{vmatrix} I_0\!\left(\pi\lambda\frac{a}{l}\right) & I_0\!\left(\pi\lambda\frac{b}{l}\right) \\ K_0\!\left(\pi\lambda\frac{a}{l}\right) & K_0\!\left(\pi\lambda\frac{b}{l}\right)\end{vmatrix}.$$

Wir können nun aber in der Gl. (21) auch ähnlich wie bei der Gl. (16B) vorgehen und den Integrationsweg $\mathfrak{C}$ auf die reelle Achse der v-Ebene zusammenziehen. Die Berechnung der Residuen wird dabei erheblich erleichtert, wenn zunächst der Determinantenquotient in der zweiten Zeile von Gl. (21) in die gleichmäßig konvergente Entwicklung gemäß M 8 Gl. (10 A) aufgelöst wird. Das ergibt:

$$S_{12} = -\pi\mu_0 b \frac{N_1 N_1 \eta_1 \eta_2}{4\gamma} \times$$

$$\times i \frac{\partial^2}{\partial\eta\,\partial\eta'} \left\{ \frac{2}{\pi} \frac{\ln(\varrho/\alpha)\ln(\beta/\varrho')}{\ln(\beta/\alpha)} \int_{\mathfrak{C}} \frac{\mathfrak{Sin}\,\gamma v}{\gamma v} \frac{\mathfrak{Sin}(\Lambda-\gamma)v}{\mathfrak{Sin}\,\Lambda v} \frac{dv}{v^3} + \right.$$

$$\left. + \pi \sum_{n=1}^{\infty} \frac{\triangle_0(d_n^{(0)};\alpha,\eta)\,\triangle_0(d_n^{(0)};\alpha,\eta')}{1-(J_0(d_n^{(0)}\alpha)/J_0(d_n^{(0)}))^2} \int_{\mathfrak{C}} \frac{\mathfrak{Sin}\,\gamma v}{\gamma v} \frac{\mathfrak{Sin}(\Lambda-\gamma)v}{\mathfrak{Sin}\,\Lambda v} \frac{dv}{v(d_n^{(0)2}-v^2)} \right\}.$$

Von hier aus läßt sich nun die weitere Auswertung in dem bereits angegebenen Sinne leicht vornehmen, und man erhält die folgende Schlußformel:

$$S_{12} = \frac{\pi\mu_0 l}{3\ln\left(\frac{b}{a}\right)} N_1 N_2 \left(1-\frac{c}{l}\right)^2 - \pi^3\mu_0 \frac{N_1 N_2 \varrho_1 \varrho_2}{2c} \times$$

$$\times \sum_{n=1}^{\infty} \left[1 - \frac{c}{l} - \frac{\mathfrak{Sin}\left(\frac{c}{b} d_n^{(0)}\right) \mathfrak{Sin}\left(\frac{l-c}{b} d_n^{(0)}\right)}{\frac{c}{b} d_n^{(0)}\, \mathfrak{Sin}\left(\frac{l}{b} d_n^{(0)}\right)}\right] \cdot \begin{vmatrix} J_0\left(\frac{a}{b} d_n^{(0)}\right) & J_1\left(\frac{\varrho_1}{b} d_n^{(0)}\right) \\ Y_0\left(\frac{a}{b} d_n^{(0)}\right) & Y_1\left(\frac{\varrho_1}{b} d_n^{(0)}\right) \end{vmatrix} \times$$

$$\times \begin{vmatrix} J_1\left(\frac{\varrho_2}{b} d_n^{(0)}\right) & J_0\left(\frac{a}{b} d_n^{(0)}\right) \\ Y_1\left(\frac{\varrho_2}{b} d_n^{(0)}\right) & Y_0\left(\frac{a}{b} d_n^{(0)}\right) \end{vmatrix} : \left[\frac{J_0(d_n^{(0)})}{J_0\left(\frac{a}{b} d_n^{(0)}\right)} - \frac{J_0\left(\frac{a}{b} d_n^{(0)}\right)}{J_0(d_n^{(0)})}\right]. \qquad (21\,\mathrm{b})$$

Die Größen $d_n^{(0)}$ erfüllen hierin die Gleichung

$$J_0\left(\frac{a}{b} d_n^{(0)}\right) Y_0(d_n^{(0)}) = J_0(d_n^{(0)})\, Y_0\left(\frac{a}{b} d_n^{(0)}\right) \qquad (21\,\mathrm{b}_1)$$

$$(a/b < 1; \quad 0 < \cdots d_n^{(0)} < d_{n+1}^{(0)} < \cdots \infty \quad \text{für} \quad n = 1, 2, 3 \ldots).$$

Beide Lösungen (21 a, b) zeigen die Eigenschaft, daß für $l = c$ $S_{12} = 0$ wird. Das muß auch so sein, denn da in diesem Fall die Spule ebenso lang ist wie der Kern hoch, so werden sich die magnetischen Kraftlinien nicht um die Spule herum schließen. Sie könnten allenfalls parallel zur Achse der Spule außerhalb des Kerns verlaufen. Da aber der Kern unendlich permeabel ist, längs einer magnetischen Kraftlinie das magnetische Potential jedoch abnimmt, so kann es solche Feldlinien im Luftraum der Spule gar nicht geben. Setzt man in Gl. (21 a, b) $\varrho_1 = \varrho_2$ oder umgekehrt $\varrho_2 = \varrho_1$, so erhält man die Formeln für die beiden Streuinduktivitäten S_{22} und S_{11}.

6.45 Die Selbstinduktivität einer einlagigen Spule bei einem magnetisch kurzgeschlossenen Kern von endlicher Permeabilität. Wir betrachten jetzt den allgemeinen Fall, in dem das aktive Eisen des Kerns nur eine endliche Permeabilität μ hat. Die Berechnung der Induktivität führen wir in derselben Weise durch wie in dem voranstehenden Fall. Nach Gl. (13) und (13a) besteht dafür die Formel:

$$\mathfrak{L}\left(\varrho'; a, b; c, l; \frac{\mu_0}{\mu}\right) = \pi N \frac{\varrho'}{c} \int_{-c}^{+c} \left[\frac{A_\varphi^{(t)}\left(\varrho', z'; \pm l, a, b; \frac{\mu_0}{\mu}\right)}{I'}\right] dz',$$

oder in Rücksicht auf die Gl. (7b), ($7c_1$) und (13b) die Formel:

$$\begin{aligned}\mathfrak{L}\left(\varrho'; a, b; c, l; \frac{\mu_0}{\mu}\right) &= \frac{1}{2}\pi\mu_0 \frac{\varrho'^2}{l} N^2 \left[1 + \left(\frac{\mu}{\mu_0} - 1\right)\frac{a^2}{\varrho'^2}\right] - \\ &- \frac{1}{4}\pi\mu_0 \frac{\varrho'^2}{c} N^2 \left[\frac{\partial^2}{\partial\varrho\,\partial\varrho'}\left(\int_{\mathfrak{C}}\left[1 - \frac{\operatorname{Sin} c t}{c t}\,\frac{\operatorname{Sin} t(l-c)}{\operatorname{Sin} t l}\right] \times \right.\right. \\ &\left.\left.\times \frac{D_Z^{(4)}(t)}{D_N^{(3)}(t)}\,\frac{dt}{t^3}\right)\right]_{\varrho=\varrho'}.\end{aligned} \tag{22}$$

Hierin können wir zunächst wieder das Integral, das dem Summanden 1 in der eckigen Klammer entspricht, fortlassen, da bei dem Aufbau der beiden Determinanten $D_Z^{(4)}$ und $D_N^{(3)}$ der Integrationsweg $\mathfrak{C}$ beliebig weit nach oben oder nach unten verschoben werden kann, ohne daß die Konvergenz des Integrals verlorengeht oder irgendeine Singularität dabei überschritten wird.

Das andere Integral läßt sich nach den Residuen der einfachen Pole $t = \pm\pi i \lambda/l$ mit $\lambda = 1, 2, 3 \ldots$ entwickeln. Dadurch wird man ohne weitere Schwierigkeit zu der Formel

$$\begin{aligned}\mathfrak{L}\left(\varrho'; a, b; c, l; \frac{\mu_0}{\mu}\right) &= \frac{1}{2}\,\frac{N^2}{l}\left[\mu_0\pi(\varrho'^2 - a^2) + \mu\pi a^2\right] + \\ &+ 2\pi\mu_0 N^2 \frac{\varrho'^2}{l}\left\{\sum_{\lambda=1}^{\infty}\left(\frac{\sin\left(\pi\lambda\frac{c}{l}\right)}{\pi\lambda\frac{c}{l}}\right)^2 \begin{vmatrix} I_1\left(\pi\lambda\frac{\varrho'}{l}\right) & -K_1\left(\pi\lambda\frac{\varrho'}{l}\right) \\ I_0\left(\pi\lambda\frac{b}{l}\right) & +K_0\left(\pi\lambda\frac{b}{l}\right)\end{vmatrix} \times \right. \\ &\times \begin{vmatrix} 0 & I_1\left(\pi\lambda\frac{\varrho'}{l}\right) & -K_1\left(\pi\lambda\frac{\varrho'}{l}\right) \\ \frac{\mu_0}{\mu} I_0\left(\pi\lambda\frac{a}{l}\right) & I_0\left(\pi\lambda\frac{a}{l}\right) & K_0\left(\pi\lambda\frac{a}{l}\right) \\ I_1\left(\pi\lambda\frac{a}{l}\right) & I_1\left(\pi\lambda\frac{a}{l}\right) & -K_1\left(\pi\lambda\frac{a}{l}\right)\end{vmatrix} : \\ &\left. : \begin{vmatrix} 0 & I_0\left(\pi\lambda\frac{b}{l}\right) & K_0\left(\pi\lambda\frac{b}{l}\right) \\ \frac{\mu_0}{\mu} I_0\left(\pi\lambda\frac{a}{l}\right) & I_0\left(\pi\lambda\frac{a}{l}\right) & K_0\left(\pi\lambda\frac{a}{l}\right) \\ I_1\left(\pi\lambda\frac{a}{l}\right) & I_1\left(\pi\lambda\frac{a}{l}\right) & -K_1\left(\pi\lambda\frac{a}{l}\right)\end{vmatrix}\right\}\end{aligned} \tag{22a}$$

geführt. Diese Darstellung geht für $\mu = \mu_0$ sofort in die frühere Gleichung (16) über.

Wir machen die Voraussetzung, daß $\pi a/l$ schon für $\lambda = 1$ hinreichend groß ist, um zu den asymptotischen Näherungen übergehen zu können. Dann ergibt sich z. B. für die erste der beiden oben stehenden dreireihigen Determinanten der Näherungsausdruck

$$\left(1 + \frac{\mu_0}{\mu}\right) \frac{\varrho'/(\pi^2 a)}{(2\lambda\varrho'/l)^{\frac{3}{2}}} \left[1 + \frac{\mu - \mu_0}{\mu + \mu_0} e^{-2\pi\lambda(\varrho' - a)/l}\right] e^{\pi\lambda(\varrho'/l)},$$

und im ganzen erhält man die besonders im Falle eines großen Wertes von $\pi a/l$ brauchbare Näherungsformel:

$$\mathfrak{L}\left(\varrho'; a, b; c, l; \frac{\mu_0}{\mu}\right) \approx \frac{1}{2} \frac{N^2}{l} [\mu_0 \pi (\varrho'^2 - a^2) + \mu \pi a^2] +$$

$$+ \frac{1}{2} \mu_0 N^2 \varrho' \frac{l^2}{\pi^2 c^2} \sum_{\lambda=1}^{\infty} \frac{1 - \cos\left(2\pi\lambda \frac{c}{l}\right)}{\lambda^2} \frac{1 + \frac{\mu - \mu_0}{\mu + \mu_0} e^{-2\pi\lambda(\varrho' - a)/l}}{1 + \frac{\mu - \mu_0}{\mu + \mu_0} e^{-2\pi\lambda(b - a)/l}} \times \tag{22α}$$

$$\times [1 + e^{-2\pi\lambda(b - \varrho')/l}].$$

Auch diese Formel muß natürlich für $\mu = \mu_0$ in die Näherungsformel (17b) übergehen, was auch in der Tat der Fall ist.

6.46 Die Berechnung des magnetischen Feldes durch die skalare Potentialfunktion. Es ist nicht ohne Reiz, dieselbe zu Anfang dieses Abschnitts formulierte Aufgabe unter Zuhilfenahme der skalaren Potentialfunktion anzupacken. Solange das Magnetfeld von einem einzelnen Stromring oder von einer einlagigen Wicklung erzeugt wird, die als flächenhafter Strombelag aufgefaßt werden kann, ist eine darauf basierende Lösungsmethode in der Tat möglich und zulässig. Wir wollen diese Rechnungen wenigstens bis zur Angabe der vollständigen Lösungsfunktion in aller Kürze vortragen.

Zunächst kommt es darauf an, den Ausdruck für die Anregungsfunktion selbst herzustellen, die noch keinerlei Rücksicht auf irgendwelche räumliche Begrenzungen des Feldes nimmt. Gehen wir von einer hypothetischen Flächenladung positiven Vorzeichens aus, die mit der gleichmäßigen Dichte m_F über die Kreisscheibe mit dem Abstand z' von der xy-Ebene und dem Radius ϱ_2' verteilt ist, so ist der Beitrag der im Punkte $(\varrho_2', \varphi', z')$ liegenden Flächenladung $m_F \cdot \varrho_2' \, d\varrho_2' \, d\varphi'$ zur Potentialfunktion

$$\delta^2 \Phi(\varrho, \varphi, z; \varrho'', \varphi', z') = \frac{m_F \cdot \varrho'' \cdot d\varrho'' \cdot d\varphi'}{4\pi\mu_0 \cdot r(\varrho, \varphi, z; \varrho'', \varphi', z')} \tag{23a}$$

$$= \frac{m_F \cdot \varrho'' \cdot d\varrho'' \cdot d\varphi'}{4\pi\mu_0} \int_0^{\infty} e^{-|z - z'|t} \cdot J_0\left(t \cdot \sqrt{\varrho^2 + \varrho''^2 - 2\varrho\varrho'' \cdot \cos(\varphi - \varphi')}\right) dt.$$

Der Beitrag des gleichmäßig mit der magnetischen Ladung $2\pi\varrho'' \cdot d\varrho'' \cdot m_F$ belegten schmalen Kreisrings mit dem Radius ϱ'' und der Ringbreite $d\varrho''$ ergibt sich dann aus Gl. (23a) durch eine Integration nach φ' zwischen den Grenzen $0 \ldots 2\pi$. Die Anwendung des Additionstheorems für die Funktion J_0 führt dann sofort von

Gl. (23a) zu dem Ausdruck:

$$\delta\Phi(\varrho, z; \varrho'', z', d\varrho'') = \frac{m_F \cdot \varrho'' \cdot d\varrho''}{2\mu_0} \int_0^\infty e^{-|z-z'|t} \cdot J_0(\varrho t) \cdot J_0(\varrho'' t)\, dt. \quad (23\text{b})$$

Integriert man noch diese Gleichung nach einer bekannten Formel nach ϱ'' zwischen den Grenzen $0 \ldots \varrho'$, so läßt sich die Potentialfunktion der gleichmäßig mit der gesamten positiven magnetischen Ladung $m_F \cdot \pi \varrho'^2$ belegten Kreisscheibe (ϱ', z') auf die Form bringen:

$$\Phi^{(E+)}(\varrho, z; \varrho', z') = \frac{m_F \varrho'}{2\mu_0} \int_0^\infty e^{-\frac{|z-z'|}{\varrho'} x} \cdot J_0\left(\frac{\varrho}{\varrho'} x\right) \cdot J_1(x) \cdot \frac{dx}{x}. \quad (23\text{c}_1)$$

Liegt jetzt noch eine zweite Kreisscheibe derselben Größe, die mit der entgegengesetzt gleichen magnetischen Ladungsmenge belegt ist, im Abstand $z' - \delta z'$ von der xy-Ebene, so gehört zu ihr eine Potentialfunktion mit dem Aufbau

$$\Phi^{(E-)}(\varrho, z; \varrho', z' + \delta z') = -\frac{m_F \varrho'}{2\mu_0} \int_0^\infty e^{-\frac{|z-z'+\delta z'|}{\varrho'} x} \cdot J_0\left(\frac{\varrho}{\varrho'} x\right) \cdot J_1(x) \cdot \frac{dx}{x} \quad (23\text{c}_2)$$

Beiden Scheiben zugleich kommt demnach als Potentialfunktion der Ausdruck

$$\Phi^{(D)}(\varrho, z; \varrho', z'; \delta z') = \frac{m_F \varrho'}{2\mu_0} \int_0^\infty e^{-\frac{|z-z'|}{\varrho'} x} \cdot J_0\left(\frac{\varrho}{\varrho'} x\right) \cdot J_1(x) \left[1 - e^{\mp\frac{\delta z'}{\varrho'} x}\right] \cdot \frac{dx}{x} \quad (23)$$

zu, und hierin gilt in der eckigen Klammer das obere Vorzeichen für $z > z'$ und das untere für $z < z' - \delta z'$.

Wir lassen nun in der letzten Gleichung $\delta z' \to 0$ streben. Dann strebt

$$1 - e^{\mp\frac{\delta z'}{\varrho'} x} \to \pm \frac{\delta z'}{\varrho'} x + O((\delta z')^2).$$

Demnach besteht im Grenzfall $\delta z' \to 0$, falls

$$\lim_{\delta z' = 0} (m_F \cdot \delta z') = p_F^{(m)} \quad (24)$$

ist, für die Potentialfunktion einer gleichmäßig mit einer Doppelschicht magnetischer Ladungen belegten Kreisscheibe der folgende Ausdruck:

$$\Phi^{(D)}(\varrho, z; \varrho' z') = + \frac{m_F \cdot \delta z'}{2\mu_0} \cdot \operatorname{sgn}(z - z') \int_0^\infty e^{-\frac{|z-z'|}{\varrho'} x} \cdot J_0\left(\frac{\varrho}{\varrho'} x\right) \cdot J_1(x) \cdot dx. \quad (25)$$

Da nun bekanntlich

$$\int_0^\infty J_1(t) \cdot J_0(\alpha t) \cdot dt = \begin{cases} 0 & (\alpha > 1) \\ \frac{1}{2} & (\alpha = 1) \\ 1 & (\alpha < 1) \end{cases} \quad (26)$$

ist, so erhält man gemäß Gl. (25)

$$\Phi^{(D)}(\varrho', z'; \varrho', z'_+) = +\frac{m_F \cdot \delta z'}{2\mu_0} \tag{26a}$$

$$\Phi^{(D)}(\varrho', z'; \varrho', z'_-) = -\frac{m_F \cdot \delta z'}{2\mu_0} \tag{26b}$$

$$(\varrho/\varrho' < 1),$$

und mithin ist auch im Hinblick auf Gl. 1.3 (30, 31, 32)

$$\Phi^{(D)}(\varrho', z'_+; \varrho', z') - \Phi^{(D)}(\varrho', z'_-; \varrho', z') = +\frac{m_F \cdot \delta z'}{\mu_0} = I. \tag{26c}$$

Der auf diese mehr heuristische Weise gefundene Ausdruck (25) für die Potentialfunktion zeigt also in der Tat die für eine magnetische Doppelschicht charakteristische Unstetigkeit beim Durchgang durch die Scheibe.

Das Magnetfeld des Stromrings am Orte (ϱ', z') berechnet sich also, falls er allein vorhanden ist, nach der Formel:

$$\Phi^{(D)}(\varrho, z; \varrho', z') = \tfrac{1}{2} I \cdot \operatorname{sgn}(z - z') \int_0^\infty e^{-|z-z'|/\varrho' \cdot x} \cdot J_0\left(\frac{\varrho}{\varrho'} x\right) \cdot J_1(x)\, dx$$

$$= \tfrac{1}{2} I \cdot \varrho' \cdot \operatorname{sgn}(z - z') \int_0^\infty e^{-|z-z'| t} \cdot J_0(\varrho t) \cdot J_1(\varrho' t)\, dt. \tag{27}$$

Soll nun obendrein die Feldkomponente $H_\varrho = -\partial \Phi^{(D)}/\partial \varrho$ für $z = \pm l$ verschwinden, so muß noch zu Gl. (27) der Term

$$+\tfrac{1}{2} I \cdot \varrho' \int_0^\infty [A \cdot e^{+zt} + B e^{-zt}]\, J_0(\varrho t) \cdot J_1(\varrho' t)\, dt$$

hinzugefügt werden, und es wird dann ein Verschwinden von H_ϱ für $z = \pm l$ erreicht, falls hierin A und B den Gleichungen

$$A e^{+lt} + B e^{-lt} = -e^{-(l-z')t},$$
$$A e^{-lt} + B e^{+lt} = +e^{-(l+z')t}$$

genügen. Für den Fall, daß das magnetische Feld durch den Stromring an der Stelle (ϱ', z') erregt wird, ist dann die die Bedingung $H_\varrho = 0$ für $z = \pm l$ befriedigende Lösung der Aufgabe durch die Formel

$$\Phi^{(D)}(\varrho, z; \varrho', z'; \pm l) = \operatorname{sgn}(z - z') \cdot I \varrho' \int_0^\infty \frac{\operatorname{Sin} t(l - z) \cdot \operatorname{Cof} t(l + z')}{\operatorname{Sin} 2lt} \cdot J_0(\varrho t)\, J_1(\varrho' t)\, dt$$

$$(z > z') \tag{28}$$

gegeben. Für $z < z'$ müssen in Gl. (28) unter dem Integralzeichen z und z' mit umgekehrten Vorzeichen eingesetzt werden.

Das in Gl. (28) vorkommende Integral kann nun auf ganz die nämliche Art umgeformt werden wie das Integral der Gl. (3a). Man erhält auf diese Weise die folgenden beiden Darstellungen:

$$\Phi^{(D)}(\varrho, z; \varrho', z'; \pm l) = \operatorname{sgn}(z - z') \times$$

$$\times \frac{I\varrho'}{2}\left\{\frac{l-z}{l\varrho'} + \int\limits_{-\infty+i\tau}^{+\infty+i\tau} \frac{\mathfrak{Sin}\, t(l-z)\cdot\mathfrak{Cof}\, t(l+z')}{\mathfrak{Sin}\, 2lt}\cdot J_0(\varrho t)\cdot H_1^{(1)}(\varrho' t)\, dt\right\} \quad (29\text{a})$$

$$(0 < \tau < \pi/2l, \quad z > z', \quad |z, z'| < l),$$

$$\Phi^{(D)}(\varrho, z; \varrho', z'; \pm l) = \operatorname{sgn}(z - z') \times$$

$$\times \frac{I\varrho'}{2} \int\limits_{-\infty+i\tau}^{+\infty+i\tau} \frac{\mathfrak{Sin}\, t(l-z)\cdot\mathfrak{Cof}\, t(l+z')}{\mathfrak{Sin}\, 2lt}\cdot H_0^{(1)}(\varrho t)\cdot J_1(\varrho' t)\, dt \quad (29\text{b})$$

$$(0 < \tau < \pi/2l, \quad z > z', \quad |z, z'| < l).$$

Wir lösen die Gl. (29a, b) durch Anwendung des Residuensatzes in der Weise auf, daß der oberhalb der reellen t-Achse verlaufende Integrationsweg auf die in der positiv imaginären Achse der t-Ebene liegenden einfachen Pole $t = \pi\lambda/2l.\mathrm{i}$, $\lambda = 1, 2, 3, \ldots$, zusammengezogen wird. Diese Operation ist bei der Gl. (29a) erlaubt, falls $\varrho' > \varrho$ ist, und bei der Gl. (29b), falls $\varrho' < \varrho$ ist. Man erhält auf diese Weise:

$$\Phi^{(D)}(\varrho, z; \varrho', z'; \pm l) = \operatorname{sgn}(z - z')\cdot\frac{I\varrho'}{2l}\left\{\frac{l-z}{\varrho'} - \right. \quad (29\alpha)$$

$$\left. - \sum_{\lambda=1}^{\infty}\left[\sin\left(\pi\lambda\frac{z-z'}{2l}\right) + (-)^{\lambda}\sin\left(\pi\lambda\frac{z+z'}{2l}\right)\right]\cdot I_0\left(\frac{\pi\varrho}{2l}\lambda\right)K_1\left(\frac{\pi\varrho'}{2l}\lambda\right)\right\},$$

$$\Phi^{(D)}(\varrho, z; \varrho', z'; \pm l) = \operatorname{sgn}(z - z')\cdot\frac{I\varrho'}{2l}\times \quad (29\beta)$$

$$\times \sum_{\lambda=1}^{\infty}\left[\sin\left(\pi\lambda\frac{z-z'}{2l}\right) + (-)^{\lambda}\sin\left(\pi\lambda\frac{z+z'}{2l}\right)\right]\cdot I_1\left(\frac{\pi\varrho'}{2l}\lambda\right)K_0\left(\frac{\pi\varrho}{2l}\lambda\right).$$

$$(\varrho > \varrho').$$

Auch hiernach besteht also im Bereich $0 \lesseqgtr \varrho < \varrho'$ nach Gl. (29α) ein homogenes magnetisches Feld mit der Komponente $H_z = I/2l$. Durch Integration nach der Koordinate z' könnte auch die Potentialfunktion für eine einlagige magnetische Spule hergeleitet werden. Es genügt uns, damit gezeigt zu haben, daß beide Verfahren zu gleichwertigen Ergebnissen führen.

6.51 Die von einem aufgeschlitzten, vollkommen permeablen Ringkörper eingehüllte Stromspule. Eine aus N Windungen sich zusammensetzende Spule von kreisförmigem Querschnitt sei allseitig umgeben von einem hochpermeablen, dickwandigen Hüllenleiter, der nur auf der Innenseite des Ringes in dessen Mittelebene einen sehr schmalen Schlitz aufweist, über den hinweg sich die hauptsächlich durch die Wandung des Hüllenleiters verlaufenden magnetischen Kraftlinien schließen. Die Abb. 138 stellt für ein $\zeta' < \pi$ einen Meridianschnitt durch die so abgeschirmte Stromspule dar. Spulen dieser Art werden vielfach zur magnetischen Fokussierung von Elektronenstrahlen verwendet, und im wesentlichen hat der Schlitz in der hochpermeablen Hülle dann die Wirkung, daß das die Bahn des Elektrons beeinflussende magnetische Feld eine sehr geringe axiale Länge hat.

6.511 Die primäre Potentialfunktion für einen Ring von magnetischen Dipolen. Wir beschreiben das Magnetfeld des Ringes hier mittels des skalaren magnetischen Potentials. Um dieses bei Erregung von Strömen stets vieldeutige Potential eindeutig zu machen, denken wir uns in der Kugelkappe $\xi = \xi'$, die an der Stelle $\eta = \eta_0$ den kreisförmigen Schlitz enthält, in dem Bereich $0 \gtrless \eta \leqq \eta_0$ eine Sperrfläche angeordnet, die von dem Aufpunkt (ξ, η, φ) bei seiner Wanderung durch den Außenraum des Ringkörpers $\eta = \eta_0$ niemals

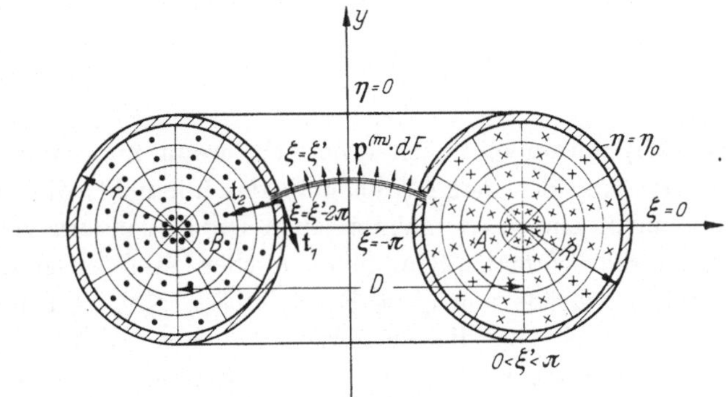

Abb. 138. Das magnetische Feld einer Stromspule, die in einem vollkommen permeablen, aber aufgeschlitzten Ringkörper untergebracht ist, wird mittels des skalaren magnetischen Potentials dargestellt. Dabei werden die Stromringe in ihrer felderzeugenden Wirkung für die Berechnung des Feldes durch Blattmagnete ersetzt

überschritten werden darf. Soll diese eine Sperrfläche zugleich die felderzeugende Wirkung aller n Kreisströme der Intensität I ersetzen, aus denen die Spule besteht, so muß der Potentialsprung an der Sperrfläche die Größe IN haben. Im Sinne der früheren Ausführungen zu Gl. 1.2 (30) kann man sich diesen Potentialsprung an der Sperrfläche auch durch eine in dieser Fläche liegende magnetische Doppelschicht erzeugt denken, die über dieser Fläche mit der gleichbleibenden Belegungsdichte $p_F^{(m)} = \mu_0 IN$ Wb/m verteilt liegt. Alle Punkte der Sperrfläche haben dieselbe toroidale Koordinate $\xi = \xi'$. Am Orte $P'(\xi', \eta', \varphi')$ der Sperrfläche mit $0 \gtrless \eta' \leqq \eta_0$ liegt dann im Hinblick auf die Gl. 2.1 (54β, γ) ein magnetischer Dipol mit dem Moment $p^{(m)}$ und der Richtung

$$\mathfrak{p}^{(m)} = -\mathfrak{t}_1 p^{(m)} = -\mathfrak{t}_1 \mu_0 IN\, ds_2\, ds_3 = -\mathfrak{t}_1 \mu_0 IN a^2 \frac{\operatorname{Sin}\eta'\, d\eta'\, d\varphi'}{(\operatorname{Cos}\eta' - \cos\xi')^2} \text{ Wbm}, \tag{1}$$

und zu diesem am Orte (ξ', η', φ') stehenden magnetischen Dipol gehört nach Gl. 1.2 (3a) die Potentialfunktion

$$\delta^2 \Phi(\xi, \eta, \varphi) = -\frac{\mathfrak{p}^{(m)}}{4\pi\mu_0} \operatorname{grad}\left(\frac{1}{R(P, P')}\right) = -\frac{p^{(m)}}{4\pi\mu_0} \mathfrak{t}_1 \operatorname{grad}'(1/R) = -\frac{p^{(m)}}{4\pi\mu_0} \frac{\operatorname{Cos}\eta' - \cos\xi'}{a} \frac{\partial}{\partial\xi'}\left(\frac{1}{R(P, P')}\right). \tag{2a}$$

Für $R(P, P') \equiv R$ ist dabei der Ausdruck 2.1 (61a) einzusetzen. Führen wir vorläufig die in Gl. (2) geforderte Differentiation nach ξ' nicht aus, so lautet nach dem Einsetzen der Doppelreihe für $1/R$ der bisher gewonnene Ausdruck wie folgt:

$$\delta^2 \Phi(\xi, \eta, \varphi; P') = -\frac{IN}{\pi^2}\sqrt{\mathfrak{Cof}\,\eta - \cos\xi}\,\frac{\mathfrak{Sin}\,\eta'\,d\eta'\,d\varphi'}{\mathfrak{Cof}\,\eta' - \cos\xi'} \times$$
$$\times \frac{\partial}{\partial \xi'}\left[\sqrt{\mathfrak{Cof}\,\eta' - \cos\xi'}\sum_{n=0}^{\infty}\sum_{m=0}^{\infty}(-)^m \frac{\cos n(\xi-\xi')\cos m(\varphi-\varphi')}{(1+\delta_{0n})(1+\delta_{0m})} \times \right. \tag{2b}$$
$$\left. \times\, \mathfrak{Q}^{+m}_{-\frac{1}{2}+n}(\mathfrak{Cof}\,\eta)\,\mathfrak{P}^{-m}_{-\frac{1}{2}+n}(\mathfrak{Cof}\,\eta')\right] \qquad (\eta > \eta').$$

Die Gl. (2b) vereinfacht sich erheblich, wenn man nun zu dem Fall einer Erregung des magnetischen Feldes übergeht, die nicht wie bisher von einem einzelnen magnetischen Dipol, sondern von einem geschlossenen, sehr schmalen Ring magnetischer Dipole ausgeht, dessen Radius durch die Größe von η' im Bereich $0 \gtreqless \eta' \leqq \eta_0$ bestimmt wird. Die Gl. (2b) braucht zu diesem Zweck nur über φ' zwischen den Grenzen $0 \cdots 2\pi$ integriert zu werden. Das führt sofort für die Potentialfunktion eines Ringes von magnetischen Dipolen am Orte (ξ', η') zu der Beziehung:

$$\delta\Phi^{(p)}(\xi, \eta; \xi', \eta') = -\frac{IN}{\pi}\sqrt{\mathfrak{Cof}\,\eta - \cos\xi}\,\frac{\mathfrak{Sin}\,\eta'\,d\eta'}{\mathfrak{Cof}\,\eta' - \cos\xi'} \times$$
$$\times \frac{\partial}{\partial \xi'}\left[\sqrt{\mathfrak{Cof}\,\eta' - \cos\xi'}\sum_{n=0}^{\infty}\frac{\cos n(\xi-\xi')}{1+\delta_{0n}}\begin{Bmatrix}\mathfrak{Q}_{-\frac{1}{2}+n}(\mathfrak{Cof}\,\eta)\cdot\mathfrak{P}_{-\frac{1}{2}+n}(\mathfrak{Cof}\,\eta')\\ \mathfrak{Q}_{-\frac{1}{2}+n}(\mathfrak{Cof}\,\eta')\cdot\mathfrak{P}_{-\frac{1}{2}+n}(\mathfrak{Cof}\,\eta)\end{Bmatrix}\right]$$
$$(\text{obere Zeile: } \eta > \eta', \qquad \text{untere Zeile: } \eta < \eta'.) \tag{2c}$$

Geht man hierin in bekannter Weise von der unendlichen Reihe zu einer Integraldarstellung über, so gelangt man zu der der Gl. (2c) gleichwertigen Darstellung:

$$\delta\Phi^{(p)}(\xi, \eta; \xi', \eta') = IN\sqrt{\mathfrak{Cof}\,\eta - \cos\xi}\,\frac{\mathfrak{Sin}\,\eta'\,d\eta'}{\mathfrak{Cof}\,\eta' - \cos\xi'} \times$$
$$\times \frac{\partial}{\partial \xi'}\left\{\sqrt{\mathfrak{Cof}\,\eta' - \cos\xi'}\left[-\frac{1}{2\pi}\mathfrak{Q}_{-\frac{1}{2}}(\mathfrak{Cof}\,\eta)\,\mathfrak{P}_{-\frac{1}{2}}(\mathfrak{Cof}\,\eta') + \right.\right. \tag{2d}$$
$$\left.\left. + \frac{1}{2\pi i}\int_{+\varepsilon-i\infty}^{+\varepsilon+i\infty}\frac{\cos s(\pi - |\xi-\xi'|)}{\sin\pi s}\mathfrak{Q}_{-\frac{1}{2}+s}(\mathfrak{Cof}\,\eta)\,\mathfrak{P}_{-\frac{1}{2}+s}(\mathfrak{Cof}\,\eta')\,ds\right]\right\}$$
$$(\eta > \eta',\ 0 < \varepsilon < \tfrac{1}{2},\ |\xi - \xi'| < \pi).$$

Für $\eta < \eta'$ sind unter dem Integralzeichen η und η' miteinander zu vertauschen. Der Integrationsweg von Gl. (2d) hat als Integrationsabszisse einen Punkt auf der reellen s-Achse zwischen 0 und $+\frac{1}{2}$.

Schließlich gehen wir in Gl. (2d), um eine weitere Vereinfachung zu erzielen, zu dem Fall über, daß die Sperrfläche im besonderen in der Mittelebene liegt und dementsprechend auch der Schlitz in dem vollkommen permeablen Ringkörper $\eta = \eta_0$ dieser Ebene angehört. Es hat dann ξ' den Wert $+\pi$, und damit geht, wenn gleichzeitig die Differentiation nach ξ' ausgeführt wird, die Gl. (2d) in die Beziehung

$$\delta\Phi^{(p)}(\xi,\eta;\pi,\eta') = I N \sqrt{\mathfrak{Cos}\,\eta - \cos\xi}\,\frac{\mathfrak{Sin}\,\eta'\,d\eta'}{\sqrt{\mathfrak{Cos}\,\eta'+1}} \times$$

$$\times \frac{1}{2\pi i}\int\limits_{\varepsilon - i\infty}^{\varepsilon + i\infty} s\,\frac{\sin(\xi s)}{\sin(\pi s)}\,\mathfrak{Q}_{-\frac{1}{2}+s}(\mathfrak{Cos}\,\eta)\,\mathfrak{P}_{-\frac{1}{2}+s}(\mathfrak{Cos}\,\eta')\,ds \tag{3}$$

$$\left(0<\varepsilon<\tfrac{1}{2},\ \eta>\eta',\ -\pi<\xi<+\pi\right)$$

über. Für $\eta < \eta'$ gilt dieselbe Bemerkung wie oben im Anschluß an Gl. (2d). Das in Gl. (3) auftretende Integral konvergiert absolut, solange $|\xi| \leqq \pi$ und $\eta \neq \eta'$ ist.

6.512 **Die vollständige Potentialfunktion.** Wir passen nun die Potentialfunktion zunächst der noch nicht berücksichtigten Forderung an, daß für alle in Frage kommenden Werte von ξ und η überall auf der Fläche $\eta = \eta_0$ die Feldkomponente B_ξ und also $\partial\Phi/\partial\xi = 0$ sein muß, d. h. daß die resultierende Potentialfunktion

$$\delta\Phi^{(\mathrm{tot})} = \delta\Phi^{(p)} + \delta\Phi^{(s)}$$

für $\eta = \eta_0$ und alle möglichen Werte von ξ verschwindet. Macht man also im Hinblick auf Gl. (3) für das sekundäre Potential $\delta\Phi^{(s)}$ den Ansatz

$$\delta\Phi^{(s)}(\xi,\eta) = I N \sqrt{\mathfrak{Cos}\,\eta - \cos\xi}\,\frac{\mathfrak{Sin}\,\eta'\,d\eta'}{\sqrt{\mathfrak{Cos}\,\eta'+1}} \times$$

$$\times \frac{1}{2\pi i}\int\limits_{\varepsilon - i\infty}^{\varepsilon + i\infty} s\,\frac{\sin(s\xi)}{\sin(s\pi)}\,A_s\,\mathfrak{P}_{-\frac{1}{2}+s}(\mathfrak{Cos}\,\eta)\,ds \quad \begin{pmatrix}0<\varepsilon<\frac{1}{2}\\ 0\lesseqgtr\eta\leqq\eta_0\end{pmatrix}, \tag{4}$$

so ist es notwendig, damit $\delta\Phi^{(\mathrm{tot})}$ für $\eta = \eta_0$ verschwindet, der Größe A_s in Gl. (4) den Wert

$$A_s = -\frac{\mathfrak{Q}_{-\frac{1}{2}+s}(\mathfrak{Cos}\,\eta_0)}{\mathfrak{P}_{-\frac{1}{2}+s}(\mathfrak{Cos}\,\eta_0)}\,\mathfrak{P}_{-\frac{1}{2}+s}(\mathfrak{Cos}\,\eta')$$

zu geben. Setzen wir dann zur Abkürzung

$$E_{-\frac{1}{2}+s}(\eta;\eta',\eta_0) = \begin{cases} \dfrac{\mathfrak{P}_{-\frac{1}{2}+s}(\mathfrak{Cos}\,\eta')}{\mathfrak{P}_{-\frac{1}{2}+s}(\mathfrak{Cos}\,\eta_0)} \begin{vmatrix} \mathfrak{P}_{-\frac{1}{2}+s}(\mathfrak{Cos}\,\eta_0) & \mathfrak{P}_{-\frac{1}{2}+s}(\mathfrak{Cos}\,\eta) \\ \mathfrak{Q}_{-\frac{1}{2}+s}(\mathfrak{Cos}\,\eta_0) & \mathfrak{Q}_{-\frac{1}{2}+s}(\mathfrak{Cos}\,\eta) \end{vmatrix} \\ \qquad (0<\eta'<\eta<\eta_0) \\ \dfrac{\mathfrak{P}_{-\frac{1}{2}+s}(\mathfrak{Cos}\,\eta)}{\mathfrak{P}_{-\frac{1}{2}+s}(\mathfrak{Cos}\,\eta_0)} \begin{vmatrix} \mathfrak{P}_{-\frac{1}{2}+s}(\mathfrak{Cos}\,\eta_0) & \mathfrak{P}_{-\frac{1}{2}+s}(\mathfrak{Cos}\,\eta') \\ \mathfrak{Q}_{-\frac{1}{2}+s}(\mathfrak{Cos}\,\eta_0) & \mathfrak{Q}_{-\frac{1}{2}+s}(\mathfrak{Cos}\,\eta') \end{vmatrix} \\ \qquad (0<\eta<\eta'<\eta_0), \end{cases} \tag{5a}$$

so läßt sich mit ihrer Hilfe die Potentialfunktion für den Ring $\eta = \eta'$ magnetischer Dipole mit dem Moment $\mu_0 I N$ pro Flächeneinheit in Gegenwart des vollkommen permeablen Torus $\eta = \eta_0$ in der Form schreiben:

$$\delta \Phi^{(\text{tot})}(\xi, \eta; \eta_0, \eta') = I N \sqrt{\mathfrak{Cof}\,\eta - \cos\xi}\, \frac{\mathfrak{Sin}\,\eta'\, d\eta'}{\sqrt{\mathfrak{Cof}\,\eta' + 1}} \times$$
$$\times \frac{1}{2\pi i} \int\limits_{\varepsilon - i\infty}^{\varepsilon + i\infty} s\, \frac{\sin(s\xi)}{\sin(s\pi)}\, E_{-\frac{1}{2}+s}(\eta; \eta', \eta_0)\, ds \quad \left(0 < \varepsilon < \frac{1}{2}\right). \tag{5}$$

Wir tun jetzt den letzten Schritt und führen in Gl. (5) die Integration nach η' für den Bereich $0 \cdots \eta_0$ aus. Mit Hilfe der in Gl. 5.2 (18b) eingeführten Hilfsfunktion $F_{-\frac{1}{2}+s}(\alpha; \eta')$ läßt sich dann die gesuchte Potentialfunktion für eine zwischen 0 und η_0 gleichförmige Verteilung von magnetischen Dipolen über die Fläche $\xi' = \pi$ in Gegenwart des vollkommen permeablen Ringkörpers durch die Beziehung

$$\Phi^{(\text{tot})}(\xi, \eta; \eta_0) = \frac{N I}{2\pi} \sqrt{\mathfrak{Cof}\,\eta - \cos\xi} \cdot \frac{1}{2\pi i} \int\limits_{\varepsilon - i\infty}^{\varepsilon + i\infty} s\, \frac{\sin(s\xi)}{\sin(s\pi)} \times$$
$$\times \begin{vmatrix} \mathfrak{P}_{-\frac{1}{2}+s}(\mathfrak{Cof}\,\eta_0) & F_{-\frac{1}{2}+s}(\pi; \eta_0) \\ \mathfrak{P}_{-\frac{1}{2}+s}(\mathfrak{Cof}\,\eta) & F_{-\frac{1}{2}+s}(\pi; \eta) \end{vmatrix} \cdot \frac{ds}{\mathfrak{P}_{-\frac{1}{2}+s}(\mathfrak{Cof}\,\eta_0)} \tag{6}$$
$$(0 < \varepsilon < \tfrac{1}{2};\; 0 \lesseqgtr \eta \leqq \eta_0;\; |\xi| \leqq \pi).$$

darstellen. In ihr muß noch die Determinante aufgelöst werden. Nun ist nach Gl. 5.2 (18c) in dem einfacheren Falle, der durch das Fehlen der Funktion $\mathfrak{P}_{-\frac{1}{2}+s}(\mathfrak{Cof}\,\eta_0)$ ausgezeichnet ist:

$$\frac{1}{2\pi i} \int\limits_{\varepsilon - i\infty}^{\varepsilon + i\infty} s\, \frac{\sin(s\xi)}{\sin(s\pi)}\, F_{-\frac{1}{2}+s}(\pi; \eta)\, ds$$
$$= 2^{\frac{5}{2}} \sum_{n=0}^{\infty} \frac{(-)^n}{1+\delta_{0n}}\, \mathfrak{Q}_{-\frac{1}{2}+n}(\mathfrak{Cof}\,\eta)\, \frac{1}{2\pi i} \int\limits_{+\varepsilon - i\infty}^{+\varepsilon + i\infty} s\, \frac{\sin(s\xi)}{\sin(s\pi)}\, \frac{ds}{s^2 - n^2} - \tag{7a}$$
$$- 2^{\frac{5}{2}} \frac{1}{2\pi i} \int\limits_{+\varepsilon - i\infty}^{+\varepsilon + i\infty} s\, \frac{\sin(s\xi)}{\sin(s\pi)} \left\{ \sum_{n=0}^{\infty} \frac{(-)^n}{1+\delta_{0n}}\, \frac{1}{s^2 - n^2} \right\} \mathfrak{Q}_{-\frac{1}{2}+s}(\mathfrak{Cof}\,\eta)\, ds$$
$$(0 < \varepsilon < \tfrac{1}{2};\; |\xi| < \pi).$$

Hierin ist in Rücksicht auf die Gl. 5.2 (22a)

$$\sum_{n=0}^{\infty} \frac{(-)^n}{1+\delta_{0n}}\, \frac{1}{s^2 - n^2} = \frac{\pi}{2s}\, \frac{1}{\sin \pi s} \tag{7α}$$

und andererseits nach Übergang von s zu $-s$

$$\frac{1}{2\pi i}\int_{\varepsilon-i\infty}^{\varepsilon+i\infty} s\,\frac{\sin(s\,\xi)}{\sin(s\,\pi)}\,\frac{d s}{s^2-n^2}=\frac{1}{2\pi i}\int_{-\varepsilon+i\infty}^{-\varepsilon-i\infty} s\,\frac{\sin(s\,\xi)}{\sin(s\,\pi)}\,\frac{d s}{s^2-n^2}$$

$$=\frac{1}{2}\left\{\frac{1}{2\pi i}\left[\int_{+\varepsilon-i\infty}^{+\varepsilon+i\infty} s\,\frac{\sin(s\,\xi)}{\sin(s\pi)}\,\frac{d s}{s^2-n^2}+\int_{-\varepsilon+i\infty}^{-\varepsilon-i\infty}\cdots\frac{d s}{s^2-n^2}\right]\right\} \tag{$7\beta_1$}$$

$$=\frac{1/2}{2\pi i}\int^{(0+)}\frac{s\sin(s\,\xi)}{\sin(s\,\pi)}\,\frac{d s}{s^2-n^2}=\begin{cases}\xi/2\pi & (n=0)\\ 0 & (n>0)\end{cases} \qquad (n=0,1,2\ldots).$$

Für $n=1,2\ldots$ verschwindet also das Integral. Mithin ist nach Gl. (7a)

$$\frac{1}{2\pi i}\int_{\varepsilon-i\infty}^{\varepsilon+i\infty} s\,\frac{\sin(\xi\,s)}{\sin(\pi\,s)}\,F_{-\frac{1}{2}+s}(\pi;\eta)\,d s$$

$$=\frac{2^{\frac{1}{2}}}{\pi}\,\xi\cdot\mathfrak{Q}_{-\frac{1}{2}}(\mathfrak{Cof}\,\eta)-2^{\frac{3}{2}}\,\frac{\pi}{2\pi i}\int_{\varepsilon-i\infty}^{\varepsilon+i\infty}\frac{\sin(s\,\xi)}{\sin^2(s\pi)}\,\mathfrak{Q}_{-\frac{1}{2}+s}(\mathfrak{Cof}\,\eta)\,d s \tag{$7\gamma_1$}$$

$$=\frac{2^{\frac{3}{2}}}{\pi}\left\{\sum_{\lambda=0}^{\infty}\left[\frac{\xi\cdot\cos\lambda\,\xi}{1+\delta_{0\lambda}}\,\mathfrak{Q}_{-\frac{1}{2}+\lambda}(\mathfrak{Cof}\,\eta)+\sin\lambda\,\xi\cdot\left(\frac{\partial\,\mathfrak{Q}_\nu(\mathfrak{Cof}\,\eta)}{\partial\,\nu}\right)_{\nu=-\frac{1}{2}+\lambda}\right]\right\}.$$

In Gl. (6) strebt aber für $\eta_0\to\infty$ die rechte Gleichungsseite gerade gegen den eben behandelten Ausdruck:

$$\frac{N I}{2\pi}\sqrt{\mathfrak{Cof}\,\eta-\cos\xi}\cdot\frac{1}{2\pi i}\int_{+\varepsilon-i\infty}^{+\varepsilon+i\infty} s\,\frac{\sin(s\,\xi)}{\sin(s\,\pi)}\,F_{-\frac{1}{2}+s}(\pi;\eta)\,d s.$$

Mithin besteht für die Potentialfunktion der in der $x\,z$-Ebene angeordneten magnetischen Doppelschicht, die von dem Kreis durch die Punkte $A\,B$ begrenzt wird, bei *Abwesenheit* des vollkommen permeablen Ringes die Beziehung:

$$\Phi^{(\text{tot})}(\xi,\eta;\infty)=\frac{2^{\frac{1}{2}}}{\pi^2}\,N I\sqrt{\mathfrak{Cof}\,\eta-\cos\xi}\sum_{\lambda=0}^{\infty}\left[\frac{\xi\cos\lambda\,\xi}{1+\delta_{0\lambda}}\,\mathfrak{Q}_{-\frac{1}{2}+\lambda}(\mathfrak{Cof}\,\eta)+\right.$$

$$\left.+\sin\lambda\,\xi\left(\frac{\partial\,\mathfrak{Q}_\nu(\mathfrak{Cof}\,\eta)}{\partial\,\nu}\right)_{\nu=-\frac{1}{2}+\lambda}\right] \tag{8a}$$

$$(-\pi\gtreqless\xi\leqq+\pi;\;0<\eta<\infty;\;\eta\neq 0).$$

Setzt man hierin $\xi=+\pi$ und wendet die Gl. 2.1 (57) an, so wird das Potential auf der Fläche $\xi=\pi$ zwischen den Punkten $\eta=0\cdots\eta\to\infty$ konstant gleich $+\frac{1}{2}N I$ und auf der Fläche $\xi=-\pi$ gleich $-\frac{1}{2}N I$, wie es sein muß. Es befriedigt auch jeder der zweigliedrigen Terme in der unendlichen Reihe von Gl. (8a) die D.Gl. von Laplace, jedoch keiner der Glieder allein. Die beiden in Gl. (8a) auftretenden unendlichen Reihen konvergieren gleichmäßig für jedes $\delta\gtreqless\eta<\infty$. Die erste verhält sich im ungünstigsten Falle wie die FOURIER-Reihe $\sum\limits_{\lambda} \cos\lambda\,\xi\cdot\lambda^{-\frac{1}{2}}$, die zweite wie die FOURIER-Reihe $\sum\limits_{\lambda} \sin\lambda\,\xi\cdot\lambda^{-\frac{3}{2}}$. Eine genauere Beurteilung der Frage der Konvergenz ermöglicht die Gl. 2.1 (60β).

Die Reihendarstellung (8a) versagt für Punkte auf der Achse $\eta = 0$, weil für diesen Wert die Funktion $\mathfrak{Q}_{-\frac{1}{2}+\lambda}(\mathfrak{Cof}\,\eta)$ eine logarithmische Singularität besitzt. Sie ist dann auch für Punkte η in unmittelbarer Nähe des Wertes Null nicht recht brauchbar. In diesem Falle kann in der Weise vorgegangen werden, daß man in Gl. ($7\gamma_1$) den Integrationsweg des Integrals in der zweiten Zeile in die imaginäre Achse der s-Ebene hineinrücken läßt, wobei der einfache Pol $s = 0$ durch einen kleinen, nach rechts ausweichenden Halbkreis mit dem sehr kleinen Radius ϱ umgangen werden muß. Diese Verschiebung des Integrationsweges in die imaginäre Achse ist in bezug auf das asymptotische Verhalten der Funktion $\mathfrak{Q}_{-\frac{1}{2}+s}(\mathfrak{Cof}\,\eta)$ nach Gl. 2.1 (60β) noch eben zulässig. Wird das Integral in dem angegebenen Sinne genommen, so wird für $\varrho \to 0$ der erste Term in der zweiten Zeile von Gl. ($7\gamma_1$) von dem Integral bereits mit berücksichtigt, und es wird dann zunächst

$$\frac{1}{2\pi i}\int\limits_{\varepsilon-i\infty}^{\varepsilon+i\infty} s\frac{\sin(\xi s)}{\sin(\pi s)}F_{-\frac{1}{2}+s}(\pi;\eta)\,ds = -2^{\frac{3}{2}}\frac{\pi}{2\pi i}\int\limits_{-i\infty}^{+i\infty}\frac{\sin(s\xi)}{\sin^2(\pi s)}\mathfrak{Q}_{-\frac{1}{2}+s}(\mathfrak{Cof}\,\eta)\,ds.$$

Wir gehen nun in dem Integral auf der rechten Gleichungsseite von s zu $-s$ über. Der Integrationsweg verläuft dann nach Umkehr der Grenzen nach wie vor im wesentlichen in der rein imaginären Achse. Die halbkreisförmige Ausbuchtung um den Punkt $s = 0$ liegt aber jetzt auf der linken Seite dieses Punktes. Es ist dann in diesem Sinne

$$\frac{1}{2\pi i}\int\limits_{\varepsilon-i\infty}^{\varepsilon+i\infty} s\frac{\sin(\xi s)}{\sin(\pi s)}F_{-\frac{1}{2}+s}(\pi;\eta)\,ds = +2^{\frac{3}{2}}\frac{\pi}{2\pi i}\int\limits_{-i\infty}^{+i\infty}\frac{\sin(\xi s)}{\sin^2(\pi s)}\mathfrak{Q}_{-\frac{1}{2}-s}(\mathfrak{Cof}\,\eta)\,ds.$$

Nunmehr sind die letzten beiden Gleichungen zu addieren. In Rücksicht auf die Gl. 2.1 (58) ergibt sich dann sofort mit $i\,s = t$

$$\frac{1}{2\pi i}\int\limits_{\varepsilon-i\infty}^{\varepsilon+i\infty} s\frac{\sin(\xi s)}{\sin(\pi s)}F_{-\frac{1}{2}+s}(\pi;\eta)\,ds = 2^{\frac{1}{2}}\pi\int\limits_{-\infty}^{+\infty}\frac{\mathfrak{Sin}\,t\,\xi}{\mathfrak{Sin}\,2\pi t}\,\mathfrak{P}_{-\frac{1}{2}+it}(\mathfrak{Cof}\,\eta)\,ds. \qquad (7\gamma_2)$$

Damit ist neben der Gl. (8a) noch die Integraldarstellung entstanden:

$$\Phi^{(\mathrm{tot})}(\xi,\eta;\infty) = NI\sqrt{\frac{1}{2}(\mathfrak{Cof}\,\eta-\cos\xi)}\int\limits_{-\infty}^{+\infty}\frac{\mathfrak{Sin}\,t\,\xi}{\mathfrak{Sin}\,2\pi t}\,\mathfrak{P}_{-\frac{1}{2}+it}(\mathfrak{Cof}\,\eta)\,dt \qquad (8\mathrm{b})$$

$$(0 \gtreqless \eta \leqq \infty;\ -\pi \leqq \xi \leqq +\pi).$$

Auch diese Beziehung läßt im Hinblick auf die Gl. 2.1 (57) sofort erkennen, daß die Funktion $\Phi^{(tot)}$ auf der Kreisscheibe $\xi = +\pi$ den Wert $+\frac{1}{2}NI$ und auf der Kreisscheibe $\xi = -\pi$ den Wert $-\frac{1}{2}NI$ annimmt. Im Gegensatz zu Gl. (8a) bleibt Gl. (8b) auch noch für $\eta = 0$ verwendbar.

Von dem Ausdruck (8a, b) ist nach Gl. (6) im Hinblick auf (7α) das im Vergleich zu (7a) wesentlich schwierigere Integral

$$\frac{1}{2\pi i}\int\limits_{\varepsilon-i\infty}^{\varepsilon+i\infty} s\frac{\sin(\xi s)}{\sin(\pi s)}\frac{\mathfrak{P}_{-\frac{1}{2}+s}(\mathfrak{Cof}\,\eta)}{\mathfrak{P}_{-\frac{1}{2}+s}(\mathfrak{Cof}\,\eta_0)}F_{-\frac{1}{2}+s}(\pi;\eta_0)\,ds \quad \left(0<\varepsilon<\frac{1}{2}\right) \qquad (7\text{b})$$

$$= 2^{\frac{5}{2}}\sum_{n=0}^{\infty}\frac{(-)^n}{1+\delta_{0n}}\mathfrak{Q}_{n-\frac{1}{2}}(\mathfrak{Cof}\,\eta_0)\frac{1}{2\pi i}\int\limits_{\varepsilon-i\infty}^{\varepsilon+i\infty} s\frac{\sin(s\xi)}{\sin(s\pi)}\frac{\mathfrak{P}_{-\frac{1}{2}+s}(\mathfrak{Cof}\,\eta)}{\mathfrak{P}_{-\frac{1}{2}+s}(\mathfrak{Cof}\,\eta_0)}\frac{ds}{s^2-n^2} -$$

$$-\frac{2^{3/2}\cdot\pi}{2\pi i}\int\limits_{\varepsilon-i\infty}^{\varepsilon+i\infty}\frac{\sin(s\xi)}{\sin^2(\pi s)}\cdot\mathfrak{Q}_{-\frac{1}{2}+s}(\mathfrak{Cof}\,\eta_0)\frac{\mathfrak{P}_{-\frac{1}{2}+s}(\mathfrak{Cof}\,\eta)}{\mathfrak{P}_{-\frac{1}{2}+s}(\mathfrak{Cof}\,\eta_0)}\,ds$$

abzuziehen, wenn noch außer der Dipolschicht das vollkommen permeable Toroid $\eta = \eta_0$ vorhanden ist.

Die zweckmäßigste Weiterbehandlung dieses Ausdrucks besteht darin, zunächst die in der zweiten Zeile von Gl. (7b) auftretende unendliche Reihe zu summieren. Dies gelingt mittels der aus Gl. 2.1 (57) hervorgehenden Integraldarstellung

$$\mathfrak{Q}_{-\frac{1}{2}+n}(\mathfrak{Cof}\,\eta) = 2^{-\frac{1}{2}}\int\limits_0^{\pi}\cos(nt)/\sqrt{\mathfrak{Cof}\,\eta-\cos t}\cdot dt(n=0,\pm 1,\pm 2). \quad (7\text{A})$$

Man gehe hiermit nach Vertauschung der Reihenfolge von Integration und Summation in die zweite Zeile von Gl. (7b) ein und beachte die Gl. 5.2 (22a) für ein $a \equiv t$ aus dem Bereich $0\cdots\pi$. Wird dann die in s gerade Funktion

$$\begin{aligned}\mathfrak{q}_{-\frac{1}{2}+s}(\mathfrak{Cof}\,\eta) &= 2^{-\frac{1}{2}}\int\limits_0^{\pi}\frac{\cos(st)}{\sqrt{\mathfrak{Cof}\,\eta-\cos t}}\,dt \\ &= \frac{2s}{\pi}\sin\pi s\sum_{n=0}^{\infty}\frac{(-)^n}{1+\delta_{0n}}\frac{\mathfrak{Q}_{-\frac{1}{2}+n}(\mathfrak{Cof}\,\eta)}{s^2-n^2}\end{aligned} \qquad (9)$$

für beliebiges s eingeführt, mit den Eigenschaften

$$\mathfrak{q}_{-\frac{1}{2}+n}(\mathfrak{Cof}\,\eta) = \mathfrak{Q}_{-\frac{1}{2}+n}(\mathfrak{Cof}\,\eta), \qquad (9\text{a})$$

$$\mathfrak{q}_{-\frac{1}{2}+s}(\mathfrak{Cof}\,\eta) = O\big(\sin(\pi s)/s\big), \quad (|s|\to\infty) \qquad (9\text{b})$$

$$\begin{aligned}F_{-\frac{1}{2}+s}(\pi,\eta) &= \frac{2^{\frac{3}{2}}\pi}{s\sin\pi s}\left[\mathfrak{q}_{-\frac{1}{2}+s}(\mathfrak{Cof}\,\eta)-\mathfrak{Q}_{-\frac{1}{2}+s}(\mathfrak{Cof}\,\eta)\right] \\ &= 2\pi/s\cdot\int\limits_0^{\infty}\frac{e^{-st}}{\sqrt{\mathfrak{Cof}\,\eta+\mathfrak{Cof}\,t}}\,dt,\end{aligned} \qquad (9\text{c})$$

so kann die Gl. (7b) in der folgenden, wesentlich durchsichtigeren Gestalt geschrieben werden:

$$\frac{1}{2\pi i}\int\limits_{\varepsilon-i\infty}^{\varepsilon+i\infty} s\,\frac{\sin(\xi s)}{\sin(\pi s)}\,\frac{\mathfrak{P}_{-\frac{1}{2}+s}(\mathfrak{Cof}\,\eta)}{\mathfrak{P}_{-\frac{1}{2}+s}(\mathfrak{Cof}\,\eta_0)}\,F_{-\frac{1}{2}+s}(\pi;\eta_0)\,ds \equiv X(\xi,\eta;\eta_0) \qquad (7\,c_1)$$

$$= \frac{2^{\frac{3}{2}}\pi}{2\pi i}\int\limits_{\varepsilon-i\infty}^{\varepsilon+i\infty}\frac{\sin\xi s}{\sin^2(\pi s)}\left[\mathfrak{q}_{-\frac{1}{2}+s}(\mathfrak{Cof}\,\eta_0)-\mathfrak{Q}_{-\frac{1}{2}+s}(\mathfrak{Cof}\,\eta_0)\right]\frac{\mathfrak{P}_{-\frac{1}{2}+s}(\mathfrak{Cof}\,\eta)}{\mathfrak{P}_{-\frac{1}{2}+s}(\mathfrak{Cof}\,\eta_0)}\,ds$$

$$(0<\varepsilon<\tfrac{1}{2}).$$

Von hier aus lassen sich sehr leicht zwei verschiedene Reihenentwicklungen für die Funktion X gewinnen.

Legt man einmal den Integrationsweg von oben und unten her an die positiv reelle s-Achse heran, was statthaft ist, und zieht dann die Schleife nach rechts über die wegen Gl. (9a) nur einfachen Pole $s=\lambda$, $\lambda=1,2,3,\ldots$, hinweg, so erhält man mit $z\equiv\mathfrak{Cof}\,\eta_0$ die folgende *erste* Entwicklung für $X(\xi,\eta,\eta_0)$:

$$X = 2^{\frac{1}{2}}\pi\left\{-\frac{2}{\pi^2}\sum_{\lambda=1}^{\infty}\sin\lambda\xi\left[\frac{\partial\,\mathfrak{q}_{-\frac{1}{2}+\nu}(z)}{\partial\nu}-\frac{\partial\,\mathfrak{Q}_{-\frac{1}{2}+\nu}(z)}{\partial\nu}\right]_{\nu=\lambda}\frac{\mathfrak{P}_{-\frac{1}{2}-\lambda}(\mathfrak{Cof}\,\eta)}{\mathfrak{P}_{-\frac{1}{2}+\lambda}(\mathfrak{Cof}\,\eta_0)}\right\}. \qquad (10\,a)$$

Um die zweite Entwicklung für $X(\xi,\eta,\eta_0)$ zu erhalten, gehen wir wie im Anschluß an Integral (7a) vor und ersetzen auf der rechten Seite von Gl. $(7\,c_1)$ s durch $-s$. Im Hinblick auf die Gl. 2.1 (58) läßt sich dann wie folgt schreiben:

$$X(\xi,\eta;\eta_0) = \frac{2^{\frac{3}{2}}\pi}{2\pi i}\int\limits_{-\varepsilon+i\infty}^{-\varepsilon-i\infty}\frac{\sin\xi s}{\sin^2(\pi s)}\left[\mathfrak{q}_{-\frac{1}{2}+s}(\mathfrak{Cof}\,\eta_0)-\mathfrak{Q}_{-\frac{1}{2}+s}(\mathfrak{Cof}\,\eta_0)\right]\times$$

$$\times\frac{\mathfrak{P}_{-\frac{1}{2}+s}(\mathfrak{Cof}\,\eta)}{\mathfrak{P}_{-\frac{1}{2}+s}(\mathfrak{Cof}\,\eta_0)}\,ds + \frac{2^{\frac{5}{2}}\pi^2}{2\pi i}\int\limits_{-\varepsilon-i\infty}^{-\varepsilon+i\infty}\frac{\sin(\xi s)}{\sin(2\pi s)}\,\mathfrak{P}_{-\frac{1}{2}+s}(\mathfrak{Cof}\,\eta)\,ds \qquad (7\,c_2)$$

$$(0\lesseqgtr\eta\leqq\eta_0,\ 0\lesseqgtr|\xi|\leqq\pi).$$

Addiert man jetzt die Gl. $(7\,c_2)$ zur Gl. $(7\,c_1)$, so bilden die Wege der beiden Integrale mit den Grenzen $\pm\varepsilon\pm i\infty$ einen die ganze imaginäre Achse der s-Ebene einhüllenden Streifen, und man erhält, wenn dieser

Schleifenweg im Hinblick auf Abb. 153 mit F bezeichnet wird, neuerdings die Darstellung:

$$X(\xi, \eta; \eta_0) = 2^{\frac{1}{2}} \pi \int\limits_{-\infty}^{+\infty} \frac{\mathfrak{Sin}\, \xi t}{\mathfrak{Sin}\, 2\pi t} \mathfrak{P}_{-\frac{1}{2}+it}(\mathfrak{Cof}\, \eta)\, dt + \\ + \frac{2^{\frac{1}{2}} \pi}{2\pi i} \int\limits_F \frac{\sin(\xi s)}{\sin^2(\pi s)} [\mathfrak{q}_{-\frac{1}{2}+s}(\mathfrak{Cof}\, \eta_0) - \mathfrak{Q}_{-\frac{1}{2}+s}(\mathfrak{Cof}\, \eta_0)] \frac{\mathfrak{P}_{-\frac{1}{2}+s}(\mathfrak{Cof}\, \eta)}{\mathfrak{P}_{-\frac{1}{2}+s}(\mathfrak{Cof}\, \eta_0)} ds. \tag{7c_3}$$

Der geschlossene Weg F enthält aber die unendlich vielen einfachen Pole $s = \pm i \nu_p$ der Funktion $\mathfrak{P}_{-\frac{1}{2}+s}(\mathfrak{Cof}\, \eta_0)$, die alle symmetrisch zum Ursprung auf der rein imaginären s-Achse liegen. Mit $\nu_p > 0$, $p = 1, 2, 3,$ ist demnach definitionsgemäß

$$\mathfrak{P}_{-\frac{1}{2} \pm i\nu_p}(\mathfrak{Cof}\, \eta_0) = 0, \ (7\beta_1) \qquad \nu_p \eta_0 \to \pi(p + 3/4) \quad (p \to \infty). \quad (7\beta_2)$$

Der Residuensatz führt damit zu der folgenden *zweiten* Darstellung:

$$X(\xi, \eta; \eta_0) = 2^{\frac{1}{2}} \pi \left\{ \int\limits_{-\infty}^{+\infty} \frac{\mathfrak{Sin}(\xi t)}{\mathfrak{Sin}(2\pi t)} \mathfrak{P}_{-\frac{1}{2}+it}(\mathfrak{Cof}\, \eta)\, dt + \sum_{p=1}^{\infty} \frac{\mathfrak{Sin}(\xi \nu_p)}{\mathfrak{Sin}^2(\pi \nu_p)} \times \right. \\ \left. \times [2\mathfrak{q}_{-\frac{1}{2}+i\nu_p}(z) - \mathfrak{Q}_{-\frac{1}{2}+i\nu_p}(z) - \mathfrak{Q}_{-\frac{1}{2}-i\nu_p}(z)] \frac{\mathfrak{P}_{-\frac{1}{2}+i\nu_p}(\mathfrak{Cof}\, \eta_0)}{(\partial \mathfrak{P}_{-\frac{1}{2}+ix}(\mathfrak{Cof}\, \eta_0)/\partial x)_{x=\nu_p}} \right\} \\ (z = \mathfrak{Cof}\, \eta_0). \tag{10b}$$

Für $\eta = \eta_0$ ist der Streifen polfrei, und es bleibt von Gl. (10b) nur die erste Zeile übrig.

Mit den wahlweise verwendbaren Ausdrücken (10a) und (10b) für $X(\xi, \eta, \eta_0)$ bietet sich soweit die endgültige Lösung der Aufgabe in der Beziehung

$$\Phi^{(\text{tot})}(\xi, \eta; \eta_0) = \Phi^{(\text{tot})}(\xi, \eta; \infty) - \frac{NI}{2\pi} \sqrt{\mathfrak{Cof}\, \eta - \cos \xi} \cdot X(\xi, \eta; \eta_0) \tag{10}$$

dar. Benutzt man allein für $X(\xi, \eta; \eta_0)$ die Gl. (10b) und beachtet noch auf der rechten Seite den Ausdruck für $\Phi^{(\text{tot})}$ von Gl. (8a), so fällt in dem entstehenden Ausdruck das Integral mit den Grenzen $\pm \infty$ heraus, und man erhält als Lösung:

$$\Phi^{(\text{tot})}(\xi, \eta; \eta_0) = NI \sqrt{\frac{\mathfrak{Cof}\, \eta - \cos \xi}{2}} \sum_{p=1}^{\infty} \frac{\mathfrak{Sin}(\xi \nu_p)}{\mathfrak{Sin}^2(\pi \nu_p)} \times \\ \times [\mathfrak{Q}_{-\frac{1}{2}+i\nu_p}(z) + \mathfrak{Q}_{-\frac{1}{2}-i\nu_p}(z) - 2\mathfrak{q}_{-\frac{1}{2}+i\nu_p}(z)] \frac{\mathfrak{P}_{-\frac{1}{2}+i\nu_p}(\mathfrak{Cof}\, \eta)}{(\partial \mathfrak{P}_{-\frac{1}{2}+ix}(\mathfrak{Cof}\, \eta_0)/\partial x)_{x=\nu_p}} \\ (z = \mathfrak{Cof}\, \eta_0; \quad -\pi \gtreqless \xi \leqq +\pi; \quad 0 \gtreqless \eta \leqq \eta_0). \tag{11a}$$

Die eckige Klammer läßt sich hierin durch ein einziges uneigentliches Integral darstellen. Es ist nämlich

$$\mathfrak{Q}_{-\frac{1}{2}+i\nu_p}(z) + \mathfrak{Q}_{-\frac{1}{2}-i\nu_p}(z) - 2\mathfrak{q}_{-\frac{1}{2}+i\nu_p}(z) = -2^{\frac{1}{2}} \mathfrak{Sin}(\pi \nu_p) \int\limits_0^{\infty} \frac{\sin(\nu_p t)\, dt}{\sqrt{z + \mathfrak{Cof}\, t}}. \tag{12}$$

Die Lösungsgl. (11a) erfüllt in der Tat die D.Gl. von LAPLACE in den toroidalen Koordinaten und die Grenzbedingung $\partial\Phi/\partial\xi = 0$ für $\eta = \eta_0$ und alle ξ.

Da die numerischen Werte von ν_p nicht einmal für einzelne Werte von $\mathfrak{Cof}\,\eta_0$ bekannt sind, ist bei Zahlenrechnungen vorerst der Lösung (10a) vor der Lösung (10b) der Vorzug zu geben. Im Hinblick auf Gl. (10) lautet in diesem Falle das Gegenstück zu Gl. (11a):

$$\Phi^{(\mathrm{tot})}(\xi, \eta; \eta_0) = NI\sqrt{\frac{\mathfrak{Cof}\,\eta - \cos\xi}{2}}\left\{\int\limits_{-\infty}^{+\infty} \frac{\mathfrak{Sin}\,t\,\xi}{\mathfrak{Sin}\,(2\pi t)}\,\mathfrak{P}_{-\frac{1}{2}+it}(\mathfrak{Cof}\,\eta)\,dt +\right.$$

$$\left.+\,2/\pi^2 \sum_{\lambda=1}^{\infty} \sin\lambda\,\xi \left[\frac{\partial\,\mathfrak{q}_{-\frac{1}{2}+\nu}(\mathfrak{Cof}\,\eta_0)}{\partial\nu} - \frac{\partial\,\mathfrak{Q}_{-\frac{1}{2}+\nu}(\mathfrak{Cof}\,\eta_0)}{\partial\nu}\right]_{\nu=\lambda} \frac{\mathfrak{P}_{-\frac{1}{2}+\lambda}(\mathfrak{Cof}\,\eta)}{\mathfrak{P}_{-\frac{1}{2}+\lambda}(\mathfrak{Cof}\,\eta_0)}\right\}$$

$$(0 \lesseqgtr |\xi| \leqq \pi;\quad 0 \lesseqgtr \eta \leqq \eta_0). \tag{11b}$$

Dieser Lösung ist es nicht ohne weiteres anzusehen, daß sie außer der D.Gl. von LAPLACE auch die Randbedingung erfüllt. Der Vergleich von Gl. (10a) mit Gl. (10b) lehrt aber, daß für $\eta = \eta_0$ das Integral in der obigen Gleichung der unendlichen Reihe innerhalb der geschweiften Klammer gerade entgegengesetzt gleich ist.

Die Praxis ist bei solchen Spulen in erster Linie am Verlauf der Komponente H_y längs der Achse des Ringes interessiert. Er ist gegeben durch die Formel

$$H_y(\xi, 0) \equiv -H_\xi(\xi, 0) = 2/a \cdot \sin^2(\xi/2)\,\big(\partial\,\Phi^{(\mathrm{tot})}(\xi, 0; \eta_0)/\partial\xi\big). \tag{12}$$

Da für $\eta = 0$ $\mathfrak{P}_\nu(1) = 1$ und

$$\int\limits_0^\infty \mathfrak{Sin}\,\xi\,t/\mathfrak{Sin}\,2\pi t \cdot dt = 1/4 \cdot \mathrm{tg}(\xi/4), \tag{13}$$

ist, so entsteht nach leichter Rechnung aus Gl. (11b) die Beziehung:

$$H_y(\xi, 0) = 2/a\,NI \sin^2(\xi/2)\left\{\frac{1}{4}\cos(\xi/2)\,\mathrm{tg}(\xi/4) + \frac{1}{8}\sin(\xi/2)\cos^2(\xi/4)\right.$$

$$+\,\frac{2}{\pi^2}\sum_{\lambda=1}^{\infty}\left[\frac{1}{2}\sin\lambda\,\xi\cos(\xi/2) + \lambda\cos\lambda\,\xi\sin(\xi/2)\right] \Big/ \mathfrak{P}_{-\frac{1}{2}+\lambda}(\mathfrak{Cof}\,\eta_0) \times$$

$$\left.\times\left[\frac{\partial\,\mathfrak{q}_{-\frac{1}{2}+\nu}(\mathfrak{Cof}\,\eta_0)}{\partial\nu} - \frac{\partial\,\mathfrak{Q}_{-\frac{1}{2}+\nu}(\mathfrak{Cof}\,\eta_0)}{\partial\nu}\right]_{\nu=\lambda}\right\}. \tag{14}$$

Für die Berechnung der Funktion $\partial\,\mathfrak{q}_{-\frac{1}{2}+\nu}/\partial\nu$ kann die unendliche Reihe

$$\left(\frac{\partial\,\mathfrak{q}_{-\frac{1}{2}+\nu}(z)}{\partial\nu}\right)_{\nu=\lambda=0,1,2\cdots} = \qquad (z = \mathfrak{Cof}\,\eta) \tag{15}$$

$$= \begin{cases} 0 & (\lambda = 0) \\ 2s \sum\limits_{n=0}^{\infty}{}'^{(\lambda)} \dfrac{(-)^{\lambda+n}}{1+\delta_{on}}\,\mathfrak{Q}_{-\frac{1}{2}+n}(\mathfrak{Cof}\,\eta)\,\dfrac{1}{\lambda^2 - n^2} + \dfrac{1}{2\lambda}\,\mathfrak{Q}_{-\frac{1}{2}+\lambda}(\mathfrak{Cof}\,\eta) & (\lambda > 0) \end{cases}$$

herangezogen werden. Im übrigen wird auf die Tabelle am Schluß des Buches verwiesen.

7 Ebene magnetische Felder

In den ersten vier Abschnitten dieses Kapitels werden die magnetischen Felder in unbegrenzt langen, hohlen Kanälen betrachtet, die von allen Seiten von einem unendlich permeablen Körper umgeben sind. Hinsichtlich der Querschnittsformen werden in derselben Reihenfolge die gleichen Fälle behandelt wie im dritten Abschnitt. Es werden also nacheinander erörtert: Der Parallelstreifen, das Rechteck, der Halbstreifen, der Kreisringsektor und der volle Kreisring. Was die Erregung des Feldes anbetrifft, so werden wir beim Parallelstreifen von der unbegrenzt langen Leiterschleife ausgehen, die aus zwei, zu den Begrenzungsflächen parallelen, linearen Leitern besteht und erst im Anschluß daran auch den Einzelleiter betrachten. Beim Kreisring wird in der umgekehrten Reihenfolge vorgegangen. Zunächst wird stets das magnetische Feld durch die Komponente A_z des Vektorpotentials

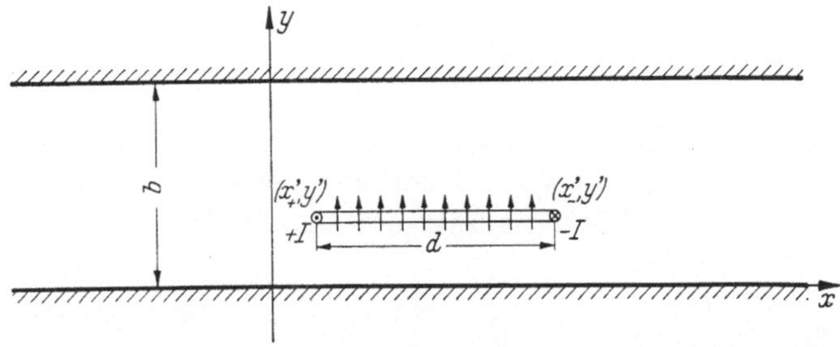

Abb. 139. Eine Leiterschleife besteht aus zwei parallelen Leitern. Sie verlaufen in dem plattenförmigen Luftraum der Höhe b zwischen zwei unendlich permeablen Halbräumen parallel zur oberen und unteren Begrenzungsfläche. Dasselbe Feld erzeugt eine Anordnung magnetischer Liniendipole, die auf dem bandförmigen Bereich zwischen den Leitern mit der gleichmäßigen Dichte $p_{L,L}^{(m)} = I\,\mu_0$ Wb/m verteilt liegt

dargestellt. Der hieran jedesmal angeschlossene Übergang zum komplexen Potential bringt es dann aber ganz von selbst mit sich, daß auch die andere Möglichkeit, das Feld aus einem zwar vieldeutigen, aber skalaren Potential abzuleiten, ihre Daseinsberechtigung erfährt. Die Kenntnis der Potentialfunktionen in den verschiedenen eben erwähnten Fällen ist unentbehrlich für die Berechnung der Felder komplizierterer Wicklungsanordnungen, wovon einige Beispiele gegeben werden.

In der Herleitung der Ergebnisse unterscheidet sich jedoch das vorliegende Kapitel durchaus von dem ihm entsprechenden dritten Kapitel. Während dort manche der Formeln durch unendliche Spiegelungsprozesse gewonnen wurden, soll hier der andere mögliche Weg beschritten und vor allem die Grundlösung für den unendlich parallelen Streifen und den Kreisring als Lösung einer Randwertaufgabe hergestellt werden. Sind dann diese Lösungen einmal gewonnen, so lassen sich die Lösungen in den übrigen Fällen notfalls durch konforme Abbildung herstellen.

7.11 Das stromdurchflossene Leiterpaar im Parallelstreifen. Hat der Leiter die in Abb. 139 gezeichnete Lage innerhalb des Parallelstreifens, so gilt nach Gl. 1.2 (23), w-Form, für die z-Komponente des primären Vektorpotentials der Ausdruck:

$$A_z^{(p)}(x, y; x'_\pm, y') = \frac{\mu_0 I}{2\pi} \ln \sqrt{\frac{(x - x'_-)^2 + (y - y')^2}{(x - x'_+)^2 + (y - y')^2}}$$

$$= \frac{\mu_0 I}{2\pi} \int_0^\infty e^{-|y-y'|v} \frac{\cos(x' - x'_+) v - \cos(x - x'_-) v}{v} dv. \tag{1a}$$

Aus A_z berechnen sich die beiden Komponenten B_x und B_y des magnetischen Flusses wegen $\mathfrak{B} = \operatorname{rot}(A_z \mathfrak{e}_3) = \operatorname{grad} A_z \times \mathfrak{e}_3$ allgemein aus den Formeln:

$$B_x = \frac{\partial A_z}{\partial y}, \quad \text{(2a)} \qquad B_y = -\frac{\partial A_z}{\partial x}. \quad \text{(2b)}$$

Da mit $A_z = A_z^{(p)}$ für $y = 0$ und $y = b$ die Randbedingung $B_x(x, 0) = B_x(x, b) = 0$ noch keineswegs erfüllt ist, fügen wir zu Gl. (1a) additiv als Lösungsansatz den Ausdruck

$$A_z^{(E)}(x, y) = \frac{\mu_0 I}{2\pi} \int_0^\infty [A\, e^{-yv} + B\, e^{+yv}] \frac{\cos(x - x'_+) v - \cos(x - x'_-) v}{v} dv \tag{1b}$$

hinzu. Formulieren wir jetzt mit $A_z = A_z^{(p)} + A_z^{(E)}$ die schon in Gl. (2a) angegebene Randbedingung, so ergeben sich als Bestimmungsgleichungen für A und B

$$A - B = e^{-y'v}, \qquad e^{-bv} A + e^{+bv} B = e^{-(b-y')v}.$$

Die Berechnung von A und B aus diesen beiden Gleichungen macht keine Schwierigkeit und führt zu der folgenden *ersten* Darstellungsform für die Lösung:

$$A_z^{(t)}(x, y; x', y') = \frac{\mu_0 I}{\pi} \int_0^\infty \frac{\cos v(x - x'_+) - \cos v(x - x'_-)}{v \operatorname{Sin} v b} \times$$

$$\times \begin{Bmatrix} \operatorname{Cof} v(b - y') \cdot \operatorname{Cof} v y & \\ \operatorname{Cof} v y' \cdot \operatorname{Cof} v(b - y) \end{Bmatrix} dv \qquad \begin{matrix} (0 \leqq y < y'), \\ (y' < y \leqq b), \end{matrix} \tag{3a}$$

Da nun der Integrand von Gl. (3a) eine in v gerade Funktion ist, so läßt sich das Integral in Gl. (3a), wenn der Faktor vor dem Integral gehälftet wird, auch als eines zwischen den Grenzen $-\infty \cdots +\infty$

schreiben. Der Integrand von Gl. (3a) ist in der v-Ebene regulär und analytisch bis auf die Stellen $\pi\, i\, \lambda/b$ mit $\lambda = \pm 1, \pm 2 \ldots$. Mithin können wir das Integral auch als ein komplexes Integral behandeln und etwa den Integrationsweg parallel zur reellen v-Achse mit den Grenzen $-\infty + i\,\sigma \cdots +\infty + i\,\sigma$ nehmen, worin $0 < \sigma < \pi/b$ ist. Da dieser neue Integrationsweg den Nullpunkt der v-Ebene nicht mehr passiert, ist es jetzt erlaubt, nachdem die Differenz der cos-Funktionen auf die Form

$$\frac{1}{2}\left[e^{+iv|x-x'_+|} - e^{+iv|x-x'_-|}\right] + \frac{1}{2}\left[e^{-iv|x-x'_+|} - e^{-iv|x-x'_-|}\right]$$

gebracht worden ist, das einzige Integral in Gl. (3a) durch die Summe zweier Integrale zu ersetzen, von denen das eine statt der Differenz der cos-Funktionen in Gl. (3a) die erste eckige Klammer in der obigen Gleichungszeile, das andere die zweite eckige Klammer enthält. Dabei sind die Integralgrenzen nach wie vor $-\infty + i\,\sigma \cdots +\infty + i\,\sigma$. Jetzt ersetzen wir in dem zweiten Integral $+v$ durch $-v$. Dann bekommt dieses zweite Integral einen Integranden, der mit dem des ersten Integrals völlig übereinstimmt. Nur sind jetzt die Integralgrenzen, nachdem man sie noch umgekehrt hat, $-\infty - i\sigma \cdots +\infty - i\,\sigma$, d. h. es verläuft der Integrationsweg dieses zweiten Integrals mit demselben Integranden wie das erste neuerdings unterhalb des Nullpunktes der v-Ebene. Wir erhalten damit als *zweite* Darstellungsform für das Vektorpotential die Beziehung:

$$A_z^{(t)}(x, y; x'_\pm, y') = \frac{\mu_0 I}{4\pi} \int\limits_{-\infty \pm i\sigma}^{+\infty \pm i\sigma} \frac{e^{iv|x-x'_+|} - e^{iv|x-x'_-|}}{v\,\mathfrak{Sin}\, v\, b} \times$$

$$\times \left\{ \begin{matrix} \mathfrak{Cos}\, v(b-y') \cdot \mathfrak{Cos}\, v\, y \\ \mathfrak{Cos}\, v\, y' \cdot \mathfrak{Cos}\, v\,(b-y) \end{matrix} \right\} dv \quad \begin{matrix} (0 \lesseqgtr y < y'), \\ (y' < y \leqq b), \end{matrix} \qquad (3\text{b})$$

$$(0 < \sigma < \pi/b).$$

Der Integrationsweg in Gl. (3b) ist hier ein Doppelweg, der dicht oberhalb und dicht unterhalb der reellen Achse der v-Ebene parallel zu ihr verläuft.

Das Integral (3b) kann mittels des Residuensatzes in eine unendliche Reihe aufgelöst werden, indem man den Integrationsweg nach oben von links und rechts her an die imaginäre Zahlenachse heranlegt und dann über die dort liegenden einfachen Pole $i\,(\pi\,\lambda/b)$ zusammenzieht. Löst man zugleich das Produkt der beiden cos-Funktionen in eine Summe auf, so resultiert als *dritte* Darstellungsform der Ausdruck:

$$A_z^{(t)}(x, y; x'_\pm, y') = \frac{\mu_0 I}{2\pi}\left\{\frac{|x - x'_-| - |x - x'_+|}{b/\pi} + \right. \tag{3c}$$

$$\left. + \sum_{\lambda=1}^{\infty} \frac{\cos\left(\pi\lambda\frac{y-y'}{b}\right) + \cos\left(\pi\lambda\frac{y+y'}{b}\right)}{\lambda}\left(e^{-\pi\lambda|x-x'_+|/b} - e^{-\pi\lambda|x-x'_-|/b}\right)\right\}.$$

Die hierin auftretenden unendlichen Reihen lassen sich nach der schon wiederholt angewandten Formel 1.2 (25) summieren, und man erhält danach für die Komponente $A_z^{(t)}$ des Vektorpotentials einer Stromschleife $(x'_\pm, y')$ die folgende *vierte*, jetzt geschlossene Darstellung:

$$A_z^{(t)}(x, y; x'_\pm, y') = \frac{\mu_0 I}{\pi} \times$$

$$\times \ln\left\{\frac{\left[\mathfrak{Cof}\left(\pi\frac{x-x'_-}{b}\right) - \cos\left(\pi\frac{y-y'}{b}\right)\right]\left[\mathfrak{Cof}\left(\pi\frac{x-x'_-}{b}\right) - \cos\left(\pi\frac{y+y'}{b}\right)\right]}{\left[\mathfrak{Cof}\left(\pi\frac{x-x'_+}{b}\right) - \cos\left(\pi\frac{y-y'}{b}\right)\right]\left[\mathfrak{Cof}\left(\pi\frac{x-x'_+}{b}\right) - \cos\left(\pi\frac{y+y'}{b}\right)\right]}\right\}. \tag{3d}$$

Der allein von x abhängende Term in der Gl. (3c) ist nunmehr verschwunden. Im Hinblick auf Gl. 2.3 (13c) und (1β) ist dann in der zugehörigen komplexen Potentialfunktion als *fünfter* Darstellungsform

$$\chi_m^{(D)}(z; z'_\pm) \equiv A_z^{(t)}(x, y; x'_\pm, y') + i\mu_0 \Phi(x, y; x'_\pm, y')$$

$$= \frac{\mu_0 I}{2\pi}\ln\left[\frac{\mathfrak{Sin}\left(\pi\frac{z-z'_-}{2b}\right)\mathfrak{Sin}\left(\pi\frac{z+\overline{z'_-}}{2b}\right)}{\mathfrak{Sin}\left(\pi\frac{z-z'_+}{2b}\right)\mathfrak{Sin}\left(\pi\frac{z+\overline{z'_+}}{2b}\right)}\right] \tag{3e}$$

$(z = x + iy,\ z' = x' + iy';\ 0 \lesseqgtr y,\ y' \leq b,\ -\infty < x,\ x' < +\infty)$

der Realteil gleich dem Vektorpotential von Gl. (3d) und der Imaginärteil gleich der skalaren Potentialfunktion $\Phi(x, y)$, aus der sich die Komponenten der magnetischen Induktion gemäß den Gl. 2.3 ($4\beta_{1,2}$) berechnen lassen.

Nun ist bekanntlich

$$\ln\mathfrak{Sin}(x + iy) = \ln\left(\sqrt{2(\mathfrak{Cof}\,2x - \cos 2y)}\right) + i\,\mathrm{arctg}(\mathfrak{Cotg}\,x\,\mathrm{tg}\,y)$$
$$|\mathrm{arctg}| < \pi/2 \quad \text{für} \quad |y| < \pi/2, \tag{4a}$$

und ferner läßt sich leicht zeigen, daß für passend gewählte Bestimmungen des arctg die Relation

$$\mathrm{arctg}(\mathfrak{Cotg}\,\xi\cdot\mathrm{tg}(\alpha-\alpha')) + \mathrm{arctg}(\mathfrak{Cotg}\,\xi\cdot\mathrm{tg}(\alpha+\alpha'))$$
$$= \mathrm{arctg}\left\{\frac{\mathfrak{Sin}\,2\xi\cdot\sin 2\alpha}{\mathfrak{Cof}\,2\xi\cos 2\alpha - \cos 2\alpha'}\right\} \tag{4b}$$

gilt. Demnach ist im Hinblick auf Gl. (3a) die skalare Potentialfunktion für das magnetische Feld der Leiterschleife von Abb. 139 im Parallelstreifen durch die Beziehung

$$\Phi(x, y; x'_\pm, y') = \frac{I}{2\pi} \times$$

$$\times \left\{ \operatorname{arctg}\left[\frac{\operatorname{tg}\left(\pi \frac{y-y'}{2b}\right)}{\mathfrak{Tg}\left(\pi \frac{x-x'_-}{2b}\right)}\right] - \operatorname{arctg}\left[\frac{\operatorname{tg}\left(\pi \frac{y-y'}{2b}\right)}{\mathfrak{Tg}\left(\pi \frac{x-x'_+}{2b}\right)}\right] + \right.$$

$$\left. + \operatorname{arctg}\left[\frac{\operatorname{tg}\left(\pi \frac{y+y'}{2b}\right)}{\mathfrak{Tg}\left(\pi \frac{x-x'_-}{2b}\right)}\right] - \operatorname{arctg}\left[\frac{\operatorname{tg}\left(\pi \frac{y+y'}{2b}\right)}{\mathfrak{Tg}\left(\pi \frac{x-x'_+}{2b}\right)}\right]\right\} \tag{3f}$$

$$= \frac{I}{2\pi} \left\{ \operatorname{arctg}\left[\frac{\mathfrak{Sin}\left(\pi \frac{x-x'_-}{b}\right) \sin\left(\pi \frac{y}{b}\right)}{\mathfrak{Cof}\left(\pi \frac{x-x'_-}{b}\right) \cos\left(\pi \frac{y}{b}\right) - \cos\left(\pi \frac{y'}{b}\right)}\right] - \right.$$

$$\left. - \operatorname{arctg}\left[\frac{\mathfrak{Sin}\left(\pi \frac{x-x'_+}{b}\right) \sin\left(\pi \frac{y}{b}\right)}{\mathfrak{Cof}\left(\pi \frac{x-x'_+}{b}\right) \cos\left(\pi \frac{y}{b}\right) - \cos\left(\pi \frac{y'}{b}\right)}\right]\right\}$$

gegeben. Die Bestimmungen der arctg-Funktionen sind hierin so zu wählen, daß etwa für $x \gg x'_\pm$ und $y = b$ die erste der vier Funktionen den Wert $\pi(1 - y'/b)/2$ hat und die dritte den Wert $\pi(1 + y'/b)/2 - \pi = -\pi(1 - y'/b)/2$. Erfolgt eine entsprechende Festsetzung bei der zweiten und vierten Funktion, so ist jedenfalls damit erreicht, daß längs der Ebene $y = b$ überall $\Phi = 0$ ist, wie man sofort durch stetigen Übergang von $x = +\infty$ zu $x = -\infty$ erkennt. Läßt man andererseits für $x \gg x'_\pm$ die Veränderliche y stetig von dem Wert $+b$ auf Null absinken, so ändern sich die erste und dritte arctg-Funktion von den oben angegebenen Werten stetig bis zu dem Werte $-\pi\, y'/2b$ bzw. $+\pi\, y'/(2b) - \pi$. Die Summe dieser beiden arctg-Funktionen ist also $-\pi$, und die Summe aller vier arctg-Funktionen wird daher wiederum Null. Fährt jetzt der Aufpunkt von $x = +\infty \cdots x = -\infty$ an der unteren Geraden $y = 0$ entlang, so ändert sich die erste arctg-Funktion stetig von $-\pi\, y'/2b$ über $-\pi/2$ bis zu $-\pi + \pi\, y'/2b$ und die dritte von $+\pi\, y'/(2b) - \pi$ über $-\pi/2$ nach $-\pi\, y'/2b$. Auch jetzt behält also die Funktion Φ stets den Wert Null.

Für das Folgende merken wir noch an, daß, wenn etwa in Gl. (5) $x'_+ \to -\infty$ und $x'_- \to +\infty$ streben, sich im Grenzfall die Gleichungen

$$\Phi(x, y; \pm\infty, y') = -\, y/b \cdot I, \tag{5a}$$

$$H_y = I/b \tag{5b}$$

ergeben. Hiernach besteht also im Parallelstreifen ein zur y-Achse paralleles, homogenes Feld von der Stärke $H_y = I/b$. Dies erscheint zunächst sehr befremdlich, da ja die Ränder $y = 0$ und $y = b$ des Streifens auf einem und demselben Potential stehen. Es ist aber zu beachten, daß das Potential beim Passieren der Stromschicht in der Höhe $y = y'$ einen Sprung von der Größe I erfährt. Vgl. M 13.

Aus physikalischen Gründen muß die Lösung (5) auch dann entstehen, wenn man sie als das Potential einer Schicht magnetischer Liniendipole deutet, die etwa wie in Abb. 139 angeordnet sind. Diese Schicht steht hier zwischen zwei vollkommen permeablen Halbräumen mit dem magnetischen Potential Null, und die Verteilungsdichte $p^{(m)}_{L,L}$ der magnetischen Dipole in dieser Schicht hat überall denselben Wert $\mu_0 I$. Nun ist im elektrostatischen Fall das entsprechende Potentialproblem bereits im Abschn. 3.1 gelöst worden. Um auf die Lösung des vorliegenden magnetostatischen Falles zu kommen, brauchen wir nur in Gl. 3.1 (3a) q_L/ε_0 durch m_L/μ_0 zu ersetzen, und es ist dann das magnetische Moment $m_L \Delta y' = \mu_0 I$. Da das magnetische Moment zwischen den Punkten x'_- und x'_+ gleichmäßig verteilt liegt, so kommt man zu der folgenden Formel:

$$\Phi(x, y; x'_\pm, y') = \frac{I}{4b} \sum_i^{0,1} \int_{x'_+}^{x'_-} \frac{\sin\left(\pi \frac{y + (-)^i y'}{b}\right)}{\mathfrak{Cof}\left(\pi \frac{x - x'}{b}\right) - \cos\left(\pi \frac{y + (-)^i y'}{b}\right)} \, dx'. \tag{6}$$

Es ist nun aber allgemein

$$\int^{\xi} \frac{d\xi}{\mathfrak{Cof}\,\xi - \cos\left(\pi \frac{y + y'}{b}\right)} = -\frac{2}{\sin\left(\pi \frac{y + y'}{b}\right)} \operatorname{arctg}\left\{\mathfrak{Cotg}\frac{\xi}{2} \operatorname{tg}\left(\pi \frac{y + y'}{2b}\right)\right\}. \tag{6α}$$

Mithin ergibt sich nach einer kleinen Zwischenrechnung wiederum der Ausdruck (5).

Die Formel (5) läßt sich, wenn im besonderen $y' = 0$ ist, auch noch auf eine andere Weise prüfen. Nach Gl. 1.2 (13a) wissen wir, daß das magnetische Potential Φ an einer die Leiter *1* und *2* verbindenden Fläche einen Sprung von der Größe $p^{(m)}_{L,L}/\mu_0 = I$ macht, wenn die Fläche im positiven Sinne durchstoßen wird. Liegen nun die beiden Leiter unmittelbar auf der Ebene $y = 0$ auf, wie es die Abb. 140 andeutet, so entsteht an den Rändern $y = 0$ und $y = b$ des streifenförmigen Bereichs die in das Bild eingetragene Potentialverteilung. Unter gewissen, hier als erfüllt anzusehenden Voraussetzungen ist aber die Potentialfunktion auch im Innern eines Bereichs bekannt, wenn man ihren Wert an den Bereichsgrenzen kennt. In der Gl. 2.3 (47a) ist der vorgelegte Bereich die obere w-Halbebene. Sind dann $w'_\pm$ die den Punkten $x'_\pm$ des Streifens entsprechenden Punkte der reellen Achse der w-Ebene, so ist nach der angeführten Gleichung die gesuchte Funktion in der w-Ebene durch die Beziehung

$$\begin{aligned} \Phi(x, y; x'_\pm, y') &= + \frac{I}{\pi} \mathfrak{Im}\left\{\ln\left[\frac{w - w'_-}{w + w'_+} \sqrt{\frac{1 + w'^2_+}{1 + w'^2_-}}\right]\right\} \\ &= - \frac{I}{\pi} \mathfrak{Im}\left\{\ln\left(\frac{w - w'_-}{w - w'_+}\right)\right\} \end{aligned} \tag{7a}$$

gegeben. Nach Gl. 2.3 (19b) wird nun der vorgelegte Streifen der z-Ebene auf die obere w-Halbebene durch die Funktion

$$w = \mathfrak{Tg}\left(\frac{\pi z}{2b}\right), \quad (7\text{b}) \qquad w'_\pm = \mathfrak{Tg}\left(\frac{\pi x'_\pm}{2b}\right) \quad (7\text{c})$$

abgebildet. Dann sind die Punkte $w'_\pm$ durch Gl. (7c) bestimmt. Aus

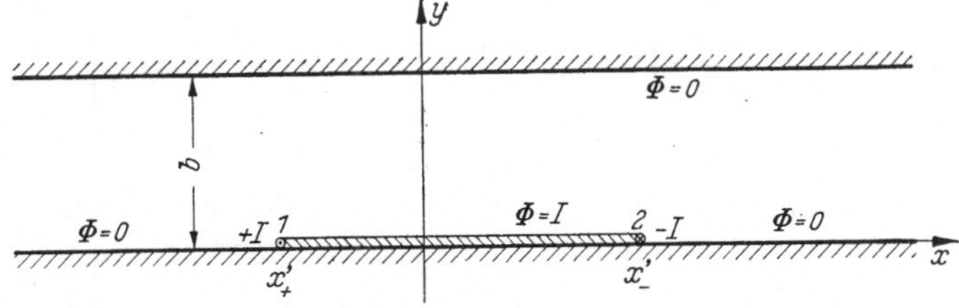

Abb. 140. Liegt die Leiterschleife auf der Grenzfläche $y = 0$ auf, so verteilt sich wegen der vollkommenen Permeabilität das magnetische Potential Φ auf den beiden Rändern des Streifens gemäß den Angaben im obigen Bild

Gl. (7a) ergibt sich dann aber weiter:

$$\Phi(x, y; x'_\pm, 0) = + \frac{I}{\pi} \mathfrak{Im}\left\{\ln \frac{\mathfrak{Sin}\left(\pi \frac{x + i y - x'_-}{2b}\right)}{\mathfrak{Sin}\left(\pi \frac{x + i y - x'_+}{2b}\right)}\right\}.$$

Trennt man hier noch im Zähler und Nenner nach Real- und Imaginärteil, so wird schließlich

$$\begin{aligned} &\Phi(x, y; x'_\pm, 0) = \\ &+ \frac{I}{\pi}\left\{\operatorname{arctg}\left[\mathfrak{Ctg}\left(\pi \frac{x - x'_-}{2b}\right) \operatorname{tg}\left(\frac{\pi y}{2b}\right)\right] - \operatorname{arctg}\left[\mathfrak{Ctg}\left(\pi \frac{x - x'_+}{2b}\right) \operatorname{tg}\left(\frac{\pi y}{2b}\right)\right]\right\}, \end{aligned} \tag{8}$$

und das ist wiederum die Gl. (5), wenn darin $y' = 0$ gesetzt wird. In Gl. (8) hat man, damit Φ das eingangs vorgeschriebene Verhalten zeigt, für $x \gg x'_\pm$ und $0 < y < b$ den beiden arctg-Funktionen einen zwischen 0 und $\pi/2$ gelegenen Wert zu geben. Weiterhin folgen dann die Werte des arctg durch stetige Fortsetzung.

7.111 Die Induktivität der Doppelleitung. An Hand der Gl. (3d) macht es keine Mühe, auch den Selbstinduktionskoeffizienten einer Doppelleitung unter den gegenwärtigen Bedingungen zu berechnen. Nach dem, was darüber schon früher z. B. in Abschn. 6.213

gesagt worden ist, stimmt dieser Selbstinduktionskoeffizient nahezu überein mit dem Koeffizienten der Gegeninduktivität zwischen den beiden Leiterschleifen $(x'_+, y') \cdots (x'_-, y')$ und $(x'_+ + \varrho_0, y') \cdots \cdots (x'_- - \varrho_0, y')$, worin ϱ_0 der sehr kleine Radius des kreisförmigen Querschnitts der beiden Leitungsdrähte bedeutet. Der Fluß zwischen diesen beiden Schleifen läßt sich aber auf Grund der Gl. 1.1 (29) leicht berechnen. Am ehesten eignet sich wohl für die Berechnung die Formel (3d). Offenbar hat man darin $x = x'_+ + \varrho_0$, und $y = y'$ zu setzen. Wird dann noch der Abstand der beiden parallelen Leiter, die die Leiterschleife bilden, mit d bezeichnet, so ergibt sich, nachdem überdies der Wert für die innere Induktivität des Drahtes hinzugeschlagen worden ist, der Ausdruck:

$$\mathfrak{L}_L(x'_\pm, \varrho_0; b, y')$$
$$= \frac{\mu_0}{\pi}\left\{\ln\left[\frac{2b}{\pi\varrho_0}\mathfrak{Sin}\left(\frac{\pi d}{2b}\right)\sqrt{\left(\mathfrak{Sin}^2\left(\frac{\pi d}{2b}\right)\Big/\sin^2\left(\frac{\pi y'}{b}\right)\right)+1}\,\right]+\frac{1}{4}\right\} \tag{4a}$$
$$(\varrho_0 \approx 0, \ \varrho_0 < y' < b - \varrho_0).$$

Für $b \to \infty$ vereinfacht sich diese Formel zu der Beziehung:

$$\mathfrak{L}_L(x'_\pm, \varrho_0; \infty, y') = \frac{\mu_0}{\pi}\left\{\ln\left[\frac{d}{\varrho_0}\sqrt{\left(\frac{d}{2y'}\right)^2+1}\,\right]+\frac{1}{4}\right\}. \tag{9b}$$

Wird schließlich auch noch y' unendlich groß, so erhält man für die Selbstinduktivität einer Doppelleitung aus zwei quasilinearen Leitern mit dem gleichen Radius ϱ_0 und dem gegenseitigen Abstand d die bekannte und in diesem Fall für jedes $\varrho_0 \lesseqgtr d/2$ richtige Formel:

$$\mathfrak{L}_L(x'_\pm, \varrho_0; \infty, \infty) = \frac{\mu_0}{\pi}\left\{\ln\left(\frac{d}{\varrho_0}\right)+\frac{1}{4}\right\}. \tag{9c}$$

7.12 Die komplexe Potentialfunktion des Einzelleiters. Rückt die Rückleitung (x'_-, y') immer mehr nach rechts ins Unendliche, so strebt in Gl. (3c) das Glied $|x'_- - x|$ gegen unendlich. Lassen wir es einfach beiseite, so ergibt sich gemäß Gl. (3c) für das Vektorpotential eines stromdurchflossenen Einzelleiters am Orte (x', y') die Relation

$$A_z^{(t)}(x, y; x'_+, y') = \frac{\mu_0 I}{2\pi} \times$$
$$\times\left\{-\frac{|x-x'_+|}{b/\pi}+\sum_{\lambda=1}^{\infty}\frac{1}{\lambda}\left[\cos\left(\pi\lambda\frac{y-y'}{b}\right)+\cos\left(\pi\lambda\frac{y+y'}{b}\right)\right]e^{-\pi\lambda(|x-x'|/b)}\right\}. \tag{10a}$$

Die Integraldarstellung für $A_z^{(t)}$, die nach Anwendung des Residuensatzes auf die Entwicklung (10a) führt, hat die Form:

$$A_z^{(t)}(x, y; x'_+, y') = \frac{\mu_0 I}{4\pi}\int\limits_{-\infty\pm i\sigma}^{+\infty\pm i\sigma}\frac{e^{iv|x-x'|}}{v\,\mathfrak{Sin}\,v\,b}\left\{\begin{matrix}\mathfrak{Cof}\,v\,(b-y')\cdot\mathfrak{Cof}\,v\,y\\ \mathfrak{Cof}\,v\,y'\cdot\mathfrak{Cof}\,v\,(b-y)\end{matrix}\right\}dv \tag{10}$$
$$\left(0 \lesseqgtr y < y' \leqq b, \ x' \equiv x'_+, \ 0 < \sigma < \frac{\pi}{b}, \ 0 \lesseqgtr y' < y \leqq b\right).$$

In Gl. (10a) ist der Term $|x - x'|(\pi/b)$ durchaus am Platze. Bildet man nämlich mit Hilfe von Gl. (10a) im Hinblick auf Gl. (2b) die Feldkomponente B_y, so kommt heraus

$$B_y(x, y; x', y') = \frac{\mu_0 I}{2b} + \cdots (x > x'_+),$$

$$B_y(x, y; x', y') = -\frac{\mu_0 I}{2b} + \cdots (x < x'_+),$$

worin die Punkte den Beitrag der unendlichen Reihe in Gl. (10a) zum Werte von B_z am Orte (x', y') andeuten sollen. Bilden wir dann

$$\int_0^b B_y(x_2, y; x'_+, y')\,dy - \int_0^b B_y(x_1, y; x'_+, y')\,dy$$

mit $x_2 > x'$ und $x_1 < x'$, so erhält man dafür den Wert $\mu_0 I$, wie es nach dem Durchflutungssatz 1.1 (18a) sein muß.

Wenden wir auf Gl. (10a) die Summenformel 1.2 (25) an, so ergibt sich in reeller Form die Darstellung:

$$A_z^{(t)}(x, y; x'_+, y') = \frac{\mu_0 I}{4\pi} \ln\left\{\frac{1/4}{\left[\mathfrak{Cof}\left(\pi\frac{x-x'_+}{b}\right) - \cos\left(\pi\frac{y-y'}{b}\right)\right]\cdot\left[\mathfrak{Cof}\left(\pi\frac{x-x'_+}{b}\right) - \cos\left(\pi\frac{y+y'}{b}\right)\right]}\right\}. \tag{10b}$$

In komplexer Form kann dafür geschrieben werden:

$$\chi^{(E)}(z; z') \equiv A_z^{(t)}(x, y; x'_+, y') + i\,\mu_0\,\Phi(x, y; x'_+, y') = \frac{\mu_0 I}{2\pi} \ln\left(\frac{1}{\mathfrak{Sin}\left(\pi\frac{z-z'_+}{b}\right)\mathfrak{Sin}\left(\pi\frac{z-\overline{z}'_+}{b}\right)}\right). \tag{10c}$$

Die auf die Einheitsquelle normierte komplexe NEUMANNsche Funktion hat demnach das Aussehen:

$$N(z, z') = -\frac{1}{2\pi} \ln\left(\frac{1}{\mathfrak{Sin}\left(\pi\frac{z-z'}{b}\right)\mathfrak{Sin}\left(\pi\frac{z-\overline{z}'}{b}\right)}\right). \tag{10d}$$

Vergleicht man Gl. (10b) mit (3e), so ist, wie zu erwarten steht,

$$\chi_m^{(D)}(z; z'_\pm) = -\mu_0 I\{N(z; z'_+) - N(z; z'_-)\}, \tag{10e}$$

und in dieser Form bleibt die Gleichung auch dann noch richtig, wenn z'_+ und z'_- innerhalb des Streifens in beliebiger Weise zueinander angeordnet sind und nicht gerade wie in Abb. 139.

7.13 Das unbegrenzte Gitter von stromdurchflossenen Einzelleitern. Der Aufpunkt liege in dem Parallelstreifen an der Stelle $x' < x < x' + 2a$, worin $2a$ der Abstand zweier aufeinanderfolgender Einzelleiter ist, die im übrigen alle in dem gleichen Abstand von der unteren Begrenzungsfläche des Streifens angeordnet sein mögen.

Wir betrachten dann von dem Gitter der stromdurchflossenen Einzelleiter zunächst nur solche Gitterstäbe $x'_\lambda = x' - 2a\,\lambda$, für die $\lambda = 0, 1, 2 \ldots$ ist. Dann ist $x - x'_\lambda = x - x' + 2a\,\lambda > 0$ und mithin in Rücksicht auf Gl. (10)

$$\sum_{\lambda=0}^{\infty} e^{iv|x-x'_\lambda|} = \sum_{\lambda=0}^{\infty} e^{iv(x-x'+2a\lambda)} = \frac{i}{2}\,\frac{e^{iv(x-x'-a)}}{\sin(a\,v)} \quad \text{für } \mathfrak{Im}(v) > 0.$$

Andererseits ist für die Gitterstäbe $x'_\lambda = x' + 2a\,\lambda$ mit $\lambda = 1, 2, 3 \ldots$ $|x - x'_\lambda| = x' - x + 2a\,\lambda > 0$, und daher wird

$$\sum_{\lambda=0}^{\infty} e^{iv|x-x'_\lambda|} = \frac{i}{2}\,\frac{e^{iv(x'-x+a)}}{\sin(a\,v)} \quad \text{für } \mathfrak{Im}(v) > 0.$$

Handelt es sich also um ein in der positiven und negativen Richtung

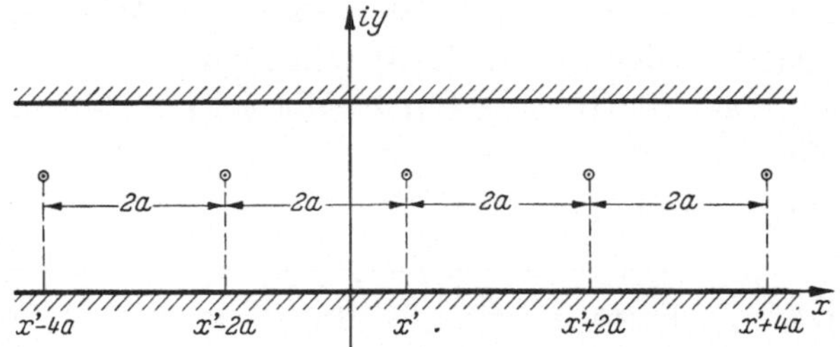

Abb. 141. Die Erregung des Feldes in dem Raum $0 \lesseqgtr y \leqq b$ geht von einem unbegrenzten Gitter stromführender Einzelleiter aus, die den gleichbleibenden Abstand $2a$ haben und in der Höhe $y = y'$ liegen

der x unbegrenztes Gitter von Einzelleitern, so hat man in Gl. (10)

$$e^{iv|x-x'|} \quad \text{durch} \quad \frac{i\cos v(x - x' - a)}{\sin(a\,v)}$$

zu ersetzen, solange $\mathfrak{Im}(v) > 0$ ist, d. h. solange es sich allein um den oberhalb des Nullpunktes der v-Ebene verlaufenden Teil des Doppelweges von Gl. (10) handelt. Nach Durchführung dieses Ersatzes ist der Integrand von Gl. (10) dann eine ungerade Funktion von v, und bei einem Integranden mit dieser Eigenschaft kann man sofort von dem einfachen Weg mit den Grenzen $-\infty + i\,\sigma \cdots + \infty + i\,\sigma$ zu einem Doppelweg nach Art des Weges $\mathfrak{C}$ in Abb. 136 übergehen, wenn man noch vor dem Integranden 4π durch 8π ersetzt und den ursprünglichen Richtungssinn des Weges umkehrt.

Für den Weg $-\infty - i\,\sigma \cdots + \infty - i\,\sigma$ kann nun in der nämlichen Weise vorgegangen werden, wie es eben beschrieben wurde. Hier setzt man einmal

$$|x - x'_\lambda| = x' - x - 2a\,\lambda < 0 \quad \text{für} \quad \lambda = 0,\ 1, 2 \ldots$$

und das andere Mal

$$|x - x'_\lambda| = x - x' + 2a\,\lambda < 0 \quad \text{für} \quad \lambda = -1, -2, -3 \ldots.$$

Die Summation über die unendlich vielen Einzelleiter führt dann im Falle eines $\Im m\,(v) < 0$, d. h. bei den Grenzen $-\infty - i\sigma \cdots +\infty - i\sigma$, zu der Maßnahme, daß in Gl. (11b)

$$e^{iv|x-x'|} \quad \text{durch} \quad -i\,\frac{\cos(v(x-x'-a))}{\sin(a\,v)}$$

zu ersetzen ist. Der Doppelweg, der statt dessen gewählt werden darf, entspricht wiederum dem Weg $\mathfrak{C}$ von Abb. 136, aber diesmal ist die Richtung, in der er durchlaufen werden muß, die gleiche wie in dieser Abbildung. Ferner ist natürlich der Faktor vor dem Integral wieder zu hälften.

Damit haben wir im Hinblick auf Abb. 141 im Falle einer unbegrenzten Aufeinanderfolge von Einzelleitern mit dem Abstand $2a$ innerhalb des Parallelstreifens für das Vektorpotential die Integraldarstellung

$$A_z^{(t)}(x, y; x', y'; 2a) = \frac{\mu_0 I}{4\pi i}\int\limits_{\mathfrak{C}} \frac{\cos v(a-(x-x'))}{\sin a v}\,\frac{\mathfrak{Cof}\,v(b-y')\,\mathfrak{Cof}\,v y}{\mathfrak{Sin}(v b)}\,\frac{dv}{v} \tag{11}$$

$$(0 \gtreqless y < y' \leqq b,\; 0 \gtreqless x - x' < 2a)$$

erhalten. Wegen des Weges $\mathfrak{C}$ wird nochmals auf Abb. 136 verwiesen. Im Falle $0 \gtreqless y' < y \leqq b$ hat man unter dem Integralzeichen y mit y' zu vertauschen, und wenn bei gleichem x' allgemein $2a\,p < x - x' < 2a(p+1)$ ist mit $p = 0, \pm 1, \pm 2 \ldots$, so muß im Argument der Funktion cos der Faktor $a(2p+1) - (x - x')$ stehen.

Aus Gl. (11) lassen sich zwei verschiedene Reihenentwicklungen herleiten. Entweder klappt man die obere oder die untere Hälfte des Weges an die obere oder untere Hälfte der imaginären Achse der v-Ebene heran, oder man geht gemäß Abb. 136 vor und zieht den Integrationsweg $\mathfrak{C}$ über die in der reellen Achse der v-Ebene gelegenen einfachen Pole des Integranden von Gl. (11) hinweg. Man erhält in dem einen oder anderen Fall die beiden folgenden unendlichen Reihen:

$$A_z^{(t)}(x, y; x', y'; 2a)$$
$$= \frac{\mu_0 I}{2\pi}\sum_{\lambda=1}^{\infty}\left[\cos\left(\pi\lambda\frac{y+y'}{b}\right) + \cos\left(\pi\lambda\frac{y-y'}{b}\right)\right]\frac{\mathfrak{Cof}\left(\pi\lambda\dfrac{a-(x-x')}{b}\right)}{\lambda\,\mathfrak{Sin}\left(\pi\lambda\dfrac{a}{b}\right)} \tag{11a}$$

$$(0 \gtreqless x - x' \leqq 2a,\; 0 \gtreqless y,\; y' \leqq b),$$

$$A_z^{(t)}(x, y; x', y'; 2a)$$
$$= \frac{\mu_0 I}{\pi}\left\{\frac{\pi}{4ab}\left[(b-y')^2 + y^2 - (a-(x-x'))^2 + \frac{1}{3}(a^2 - b^2)\right] + \right.$$
$$\left. + \sum_{\lambda=1}^{\infty}\cos\left(\pi\lambda\frac{x-x'}{a}\right)\frac{\mathfrak{Cof}\left(\pi\lambda\dfrac{b-y'}{a}\right)\mathfrak{Cof}\left(\pi\lambda\dfrac{y}{a}\right)}{\lambda\,\mathfrak{Sin}\left(\pi\lambda\dfrac{b}{a}\right)}\right\} \tag{11b}$$

$$(0 \gtreqless x - x' \leqq 2a,\; 0 \gtreqless y < y' \leqq b).$$

In Gl. (11b) müssen y und y' miteinander vertauscht werden, falls $0 \gtreqless y < y' \leqq b$ ist. Nach beiden Entwicklungen ist $B_x = \partial A_z / \partial y = 0$

für $y = 0$ und $y = b$. Die Periodizität des Feldes in Richtung der x-Achse mit der Periode a kommt in den obigen Gleichungen teils durch die FOURIER-Reihe, teils dadurch zum Ausdruck, daß die Abhängigkeit von x nur über die Differenz $x - x'$ eingeht.

Beide Reihen (11a, b) lassen sich geschlossen summieren. Vergleicht man nämlich Gl. (11b) mit M 1, Gl. (6a), so wird die erste unendliche Reihe auf der rechten Seite dieser Gleichung mit der obigen Gl. (11b) identisch, wenn man in Gl. (6a) setzt

$$\varphi = (x - x')/a, \quad y/a = \alpha - \xi, \quad (b - y')/a = \alpha + \xi', \quad 2\alpha i = i\, b/a = \tau .$$

Demnach ist die unendliche Reihe in der zweiten Zeile von Gl. (11b) gleichwertig mit

$$\frac{1}{6} \ln\left(\frac{k^{\frac{1}{2}}}{2k' q^{\frac{1}{4}}}\right) + \frac{1}{2} \Re\mathrm{e}\left[\ln\left(\frac{\vartheta_4^2(0;\tau)}{\vartheta_4\left(\frac{\bar{z} - \bar{z}' - i b}{2a};\tau\right)\vartheta_4\left(\frac{z - \bar{z}' - i b}{2a};\tau\right)}\right)\right].$$

Im Argument der ersten Theta-Funktion kann ohne weiteres, da es ja nur auf den Realteil ankommt, zu dem konjugiert komplexen Wert übergegangen werden. Somit hat man im ganzen erhalten:

$$\begin{aligned} &A_z^{(t)}(x, y; x', y'; 2a) \\ &= \frac{\mu_0 I}{2\pi}\left\{\frac{\pi}{2ab}\left[(b - y')^2 + y^2 - (a - (x - x'))^2 + \frac{1}{3}(a^2 - b^2)\right] + \right. \\ &\left. + \frac{1}{3}\ln\left(\frac{k^{\frac{1}{2}}}{2k' q^{\frac{1}{4}}}\right) + \Re\mathrm{e}\left[\ln\left(\frac{\vartheta_4^2(0;\tau)}{\vartheta_4\left(\frac{z - z' + i b}{2a};\tau\right)\vartheta_4\left(\frac{z - \bar{z}' - i b}{2a};\tau\right)}\right)\right]\right\} \end{aligned} \qquad (11\beta_1)$$

$$\left(0 \lesseqgtr x - x' < 2a, \quad 0 \lesseqgtr y < y' \leqq b; \quad \tau = i b/a; \quad q = e^{-\pi b/a}\right).$$

Die Beschränkung, der x und x' unterworfen sind, hat nur Bedeutung für die erste Zeile von Gl. $(11\beta_1)$, da die Funktion ϑ_4 darin sowieso die Periode $2a$ hat, die Beschränkung über y, y' bezieht sich jedoch auf beide Teile der Gleichung. Für $0 \lesseqgtr y' < y \leqq b$ ist in der ersten Zeile y mit y' zu vertauschen, und in der zweiten Zeile muß dann im Argument der ersten ϑ_4-Funktion $-ib$ statt $+ib$ stehen. Erst bei Beachtung dieser Vorschrift erfüllt Gl. $(11\beta_1)$ die Randbedingungen an den Ebenen $y = 0$ und $y = b$.

Andererseits ist nach M 1, Gl. (3):

$$\ln\left[\frac{\vartheta_4\left(\frac{y - y'}{2b} - i\frac{x - x' - a}{2b};\tau'\right)}{\vartheta_4(0;\tau')}\right] \equiv \ln\frac{\vartheta_4\left(\frac{z - z' - a}{2ib};\tau'\right)}{\vartheta_4(0;\tau')}$$

$$(\tau' = i\,a/b = -1/\tau)$$

$$\begin{aligned} &= \sum_{\lambda=0}^{\infty}\left[1 - \cos\left(\pi\lambda\frac{y - y'}{b}\right)\mathfrak{Cof}\left(\pi\lambda\frac{a - (x - x')}{b}\right) + \right. \\ &\left. + i\sin\left(\pi\lambda\frac{y - y'}{b}\right)\mathfrak{Sin}\left(\pi\lambda\frac{a - (x - x')}{b}\right)\right] \Big/ \left(\lambda\,\mathfrak{Sin}\left(\pi\lambda\frac{a}{b}\right)\right) \end{aligned} \qquad (12)$$

$$(0 \lesseqgtr x - x' \leqq 2a).$$

Im Anschluß an Gl. (11a) ergibt sich damit die folgende andere geschlossene Darstellung:

$$A_z^{(t)}(x, y; x', y'; 2a) = \frac{\mu_0 I}{2\pi}\left\{\frac{1}{3}\ln\left(\frac{k'^{\frac{1}{2}}}{2k\,q'^{\frac{1}{4}}}\right) + \right.$$

$$\left. + \Re\mathrm{e}\left[\ln\frac{\vartheta_4^2(0;\tau')}{\vartheta_4\left(\frac{z-z'-a}{2ib};\tau'\right)\vartheta_4\left(\frac{z-\bar{z}'-a}{2ib}\right)}\right]\right\} \qquad (11\alpha_1)$$

$$(\tau' = i\,a/b,\ q' = e^{-\pi a/b},\ 0 \gtreqless x - x' < 2a),$$

denn es ist nach M 1, Gl. (5), wegen $q' = e^{\pi i \tau'}$

$$\sum_{\lambda=1}^{\infty}\frac{1}{\lambda\,\mathfrak{Sin}(\pi\,\lambda\,(a/b))} = \frac{1}{6}\ln\frac{\vartheta_3(0;\tau')\,\vartheta_2(0,\tau')}{2q'^{\frac{1}{4}}\,\vartheta_4^2(0;\tau')} = \frac{1}{6}\ln\frac{\vartheta_3(0;\tau)\,\vartheta_4(0;\tau)}{2q'^{\frac{1}{4}}\,\vartheta_2^2(0;\tau)}$$

$$= \frac{1}{6}\ln\left(\frac{k'^{\frac{1}{2}}}{(2q'^{\frac{1}{4}}k)}\right). \qquad (13)$$

Für $2a\,p < x - x' < 2a(p+1)$ mit $p = 0, \pm 1, \pm 2\ldots$ ist in Gl. $(11\alpha_1)$ im Argument der ϑ_4-Funktion $z - a$ zu ersetzen durch $z - a(2p+1)$.

Selbstverständlich könnten in den Gl. $(11\alpha_1, \beta_1)$ alle konstanten Terme auf der rechten Seite ohne weiteres fortgelassen werden. Sie sind hier stehengelassen worden, damit die verschiedenen Formen, die oben nacheinander für $A_z^{(t)}$ hergestellt werden, auch tatsächlich immer den gleichen Wert haben.

Die Gl. $(11\alpha_1, \beta_1)$ vereinfachen sich nicht unwesentlich, wenn man darin von den ϑ_4-Funktionen zu den ϑ_1-Funktionen übergeht. Diese Umrechnungen lassen sich mittels der Transformationsformel der Theta-Funktionen leicht bewerkstelligen. Man erhält in den vorliegenden beiden Fällen:

$$A_z^{(t)}(x, y; x', y'; 2a) = \frac{\mu_0 I}{2\pi}\left\{\frac{\pi}{2ab}\left[y^2 + y'^2 - \big(a(2p+1) - \right.\right.$$

$$\left. - (x-x')\big)^2 + \frac{1}{3}(a^2 - b^2)\right] + \frac{1}{3}\ln\left(\frac{k^{\frac{1}{2}}}{2k'\,q^{\frac{1}{4}}}\right) + \qquad (11\beta_2)$$

$$\left. + \Re\mathrm{e}\left[\ln\left(\frac{\vartheta_1^2(0;\tau)}{\vartheta_1\left(\frac{z-z'}{2a};\tau\right)\vartheta_1\left(\frac{z-\bar{z}'}{2a};\tau\right)}\right)\right]\right\} \quad (p = 0, \pm 1, \pm 2\ldots)$$

$$\left(\tau = i\,b/a,\ q = e^{-\pi b/a};\ 0 \gtreqless y, y' \leqq b;\ 2ap \gtreqless x - x' \leqq 2a(p+1)\right),$$

$$A_z^{(t)}(x, y; x', y'; 2a) = \frac{\mu_0 I}{2\pi}\left\{\frac{\pi}{2ab}[2a(x-x') - a^2(2p+1)](2p+1) + \right.$$

$$\left. + \frac{1}{3}\ln\left(\frac{k'^{\frac{1}{2}}}{2k\,q'^{\frac{1}{2}}}\right) + \Re\mathrm{e}\left[\ln\left(\frac{\vartheta_1^2(0;\tau')}{\vartheta_1\left(\frac{z-z'}{2ib};\tau'\right)\vartheta_1\left(\frac{z-\bar{z}'}{2ib};\tau'\right)}\right)\right]\right\} \qquad (11\alpha_2)$$

$$(\tau' = i\,a/b = -1/\tau;\ q' = e^{-\pi a/b};\ 2a\,p < x - x' < 2a(p+1),$$
$$p = 0, \pm 1, \pm 2\ldots).$$

In Gl. ($11\beta_2$) hat jetzt die erste Zeile stets die gleiche Gestalt, gleichgültig ob $y \gtrless y'$ ist. Beide Gleichungen erfüllen an den Flächen $y = 0$ und $y = b$ die vorgeschriebenen Randbedingungen.

7.14 Die komplexe Potentialfunktion für ein unendliches Gitter von Leiterschleifen im Parallelstreifen. Die Leiterschleifen mögen in dem Parallelstreifen in der aus Abb. 142 ersichtlichen Weise angeordnet sein. Das Vektorpotential dieser Anordnung von Leiterschleifen ergibt sich dann aus Gl. ($11\alpha_2$) oder ($11\beta_2$) dadurch, daß man den Ausdruck, der zunächst aus den rechten Gleichungsseiten durch den Ersatz von x' durch x'_- hervorgeht, von dem gleichartig aufgebauten Ausdruck abzieht, nachdem x' durch x'_+ ersetzt worden ist.

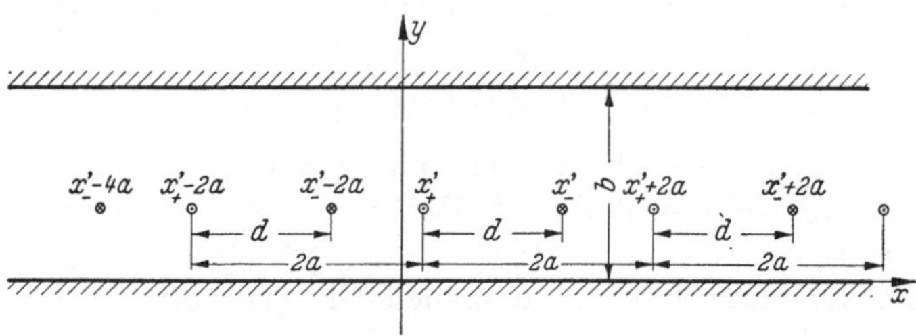

Abb. 142. Die Erregung des Feldes in dem Raum $0 \leqq y \leqq b$ geht von einem unbegrenzten Gitter von Stromschleifen aus, die aus je zwei parallelen Leitern mit dem Abstand d bestehen. Entsprechende Schleifenleiter haben den Abstand $2a$. Alle Leiter liegen in derselben Höhe $y = y'$.

Verfährt man in dieser Weise z. B. mit dem Ausdruck ($11\alpha_2$), so bleibt infolge der Differenzbildung außerhalb des Logarithmus nur der Term

$$\frac{\mu_0 I}{2b}(x'_- - x'_+)(2p+1)$$

übrig, der weiterhin außer acht gelassen werden soll, da er weder von x noch von y abhängt. Gehen wir im übrigen gleich zu komplexwertigen Funktionen über, so ist die komplexe Potentialfunktion eines unbegrenzten Gitters von Leiterschleifen, die gemäß Abb. 142 angeordnet sind, durch den für beliebige Werte von $x - x'$ gültigen Ausdruck

$$\chi_m^{(g,D)}(z, z'_\pm; 2a, d) \equiv A_z^{(t)}(x, y; x'_\pm, y'; 2a, d) + i\mu_0 \Phi(x, y; x'_\pm, y'; 2a, d)$$

$$= \frac{\mu_0 I}{2\pi} \ln\left(\frac{\vartheta_1\left(\frac{z - z'_-}{2ib}; i\frac{a}{b}\right)\vartheta_1\left(\frac{z - \overline{z'_-}}{2ib}; i\frac{a}{b}\right)}{\vartheta_1\left(\frac{z - z'_+}{2ib}; i\frac{a}{b}\right)\vartheta_1\left(\frac{z - \overline{z'_+}}{2ib}; i\frac{a}{b}\right)}\right) \tag{12a}$$

gegeben. In der Tat weist er in den Punkten $z = z'_\pm + 2ibm + 2an$ mit $m, n = 0, \pm 1, \pm 2 \ldots$ gerade diejenigen Singularitäten auf, die an den Stellen $z = z'_\pm + 2an$ auch angetroffen werden müssen. Die singulären Stellen aber, die den Werten $m \neq 0$ entsprechen, liegen gar nicht mehr im Innern des Parallelstreifens. Ferner verschwindet für $y = 0$ und $y = +b$ nach Gl. (12a) der Realteil von $\partial \chi_m^{(g,D)}(b)/\partial y$. Lassen wir schließlich $a \to \infty$ streben, d. h. in der Theta-Funktion $\vartheta_1(v;\tau)$ den Modul $\tau \to i\infty$, so strebt bekanntlich

$$\ln \vartheta_1(v;\tau) \to \ln\left(\vartheta_1'(0)/\pi \cdot \sin \pi v\right),$$

und die Gl. (12a) geht damit sofort in die frühere Gl. (3e) über.

Wir vollziehen jetzt auf der rechten Seite von Gl. (12a) die imaginäre Transformation von JACOBI. Dann führen die dafür gültigen Formeln zu der weiteren Darstellung

$$\chi_m^{(g,D)}(z, z'_\pm; 2a, d) = \frac{\mu_0 I}{2\pi}\left\{\frac{\pi}{4ab}\left[4z(x'_+ - x'_-) + (z'^2_- - z'^2_+) + \overline{(z'^2_- - z'^2_+)}\right] + \right.$$
$$\left. + \ln\left(\frac{\vartheta_1\left(\frac{z - z'_-}{2a}; i\frac{b}{a}\right)\vartheta_1\left(\frac{z - \bar{z}'_-}{2a}; i\frac{b}{a}\right)}{\vartheta_1\left(\frac{z - z'_+}{2a}; i\frac{b}{a}\right)\vartheta_1\left(\frac{z - \bar{z}'_+}{2a}; i\frac{b}{a}\right)}\right)\right\}. \tag{12b}$$

Dabei sind in Gl. (12b) zunächst alle Glieder mit aufgenommen worden, die bei der formalen Anwendung der Transformationsformel auftreten. Es genügt jedoch, wenn fernerhin allein der mit $4z$ behaftete Term beibehalten wird, da die übrigen beiden Summenglieder in der eckigen Klammer Konstanten sind. Der Term verursacht eine im Streifen konstante H_y-Komponente. Die Grenzbedingungen für $y = 0$ und $y = b$ erfüllt er also identisch.

Wir berechnen an Hand der Gl. (12a, b) die Differenz

$$\begin{aligned}\mu_0 \Phi(x, b; x'_\pm, y'; 2a, d) - \mu_0 \Phi(x, 0; x'_\pm, y'; 2a, d)\\ = \mathfrak{Im}\left\{\chi_m^{(g,D)}(x + ib; z'_\pm) - \chi_m^{(g,D)}(x; z'_\pm; 2a, d)\right\}.\end{aligned} \tag{13}$$

Was die logarithmenbehafteten Glieder in Gl. (12a, b) anbetrifft, so führt die nach Gl. (13) vorgeschriebene Differenzbildung z. B. für die linke obere Theta-Funktion in Gl. (12b) zu dem Ausdruck

$$\frac{I}{2\pi}\mathfrak{Im}\left[\ln\left(\frac{\vartheta_1\left(\frac{x - z'_-}{2a} + \frac{\tau}{2}; \tau\right)}{\vartheta_1\left(\frac{x - z'_-}{2a}; \tau\right)}\right)\right] = \frac{I}{2\pi}\mathfrak{Im}\left[\ln\frac{\vartheta_4\left(\frac{x - z'_-}{2a}; \tau\right)}{\vartheta_1\left(\frac{x - z'_-}{2a}; \tau\right)} - \right.$$
$$\left. - \frac{1}{4}\ln q - \pi i \frac{x - z'_-}{2a}\right].$$

Fügt man hierzu noch den Term hinzu, der der Thetafunktion mit dem Argument $(z - \bar{z}'_-)/2a$ entspricht, so liefern die Logarithmen dieser beiden Thetafunktionen zu der Differenz (13) den Beitrag $I\,x'_-/2a$. Der Beitrag von seiten der beiden Thetafunktionen des Nenners hat dann den Wert $-I\,(x'_+/2a)$. Berücksichtigt man schließlich noch den Anteil der ersten Zeile von Gl. (12b) an der Differenz, so ergibt sich im ganzen für den Ausdruck (13) der Wert Null. Die beiden Begrenzungsflächen $y = +b$ und $y = 0$ stehen also auf demselben magnetischen Potential. Setzt man aber in Gl. (12b) $y = 0$ oder $y = b$, so zeigt sich, daß es sich bei diesem konstanten Potentialwert um den Wert 0 selbst handelt. Trotzdem gibt es magnetische Kraftlinien, die von der Fläche $y = 0$ ausgehen und auf die Fläche $y = b$ auftreffen. Sie müssen dann notwendig die magnetischen Doppelschichten passieren, die zwischen den Stromleitern $x'_+ + 2a\lambda$ und $x'_- + 2a\lambda$ mit $\lambda = 0, \pm 1, \pm 2 \ldots$ ausgespannt liegen. Der an ihnen auftretende Potentialsprung kompensiert den Abfall der magnetischen Spannung längs der Kraftlinien. Vgl. auch S. 360 und M. 13.

Erwähnenswert ist auch noch das Verhalten der Gl. (12a, b) in dem Fall, wo $z'_- = z'_+ + 2a$ ist. In Gl. (12a) steht dann nach der Substitution von z'_- allein der Term $(\mu_0 I/b)(a - z + x')$ und in Gl. (12b) allein der Term $-\mu_0 I\,(z/b)$. Die von z abhängenden Bestandteile sind also in beiden Gleichungen durchaus dieselben und verursachen eine über die ganze Länge des Streifens konstante Feldstärkenkomponente $H_y = I/b$. Das steht in Übereinstimmung mit dem durch die Gl. (5a, b) ausgedrückten Ergebnis, denn für $z'_+ = z'_- + 2a$ löschen sich in der Tat alle im Endlichen gelegenen Stromleiter in ihrer felderzeugenden Wirkung paarweise aus, und es bleiben für die Erregung eines Feldes sozusagen nur die beiden äußersten Einzelleiter in $\pm\infty$ übrig.

7.15 Der Magnetfluß des Gitterfeldes durch eine Meßschleife. Die Meßschleife liege, wie es die Abb. 143 andeutet, mit ihren beiden

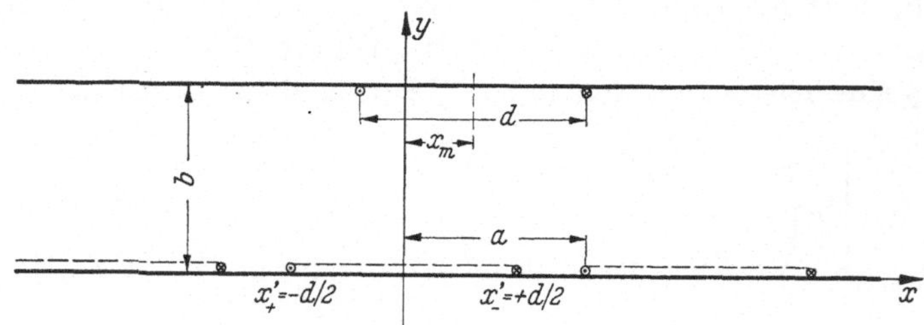

Abb. 143. Das Gitter von Leiterschleifen der Abb. 142 liegt in der Grenzfläche $y = 0$. Es beeinflußt von dort eine einzelne Leiterschleife mit der gleichen Öffnungsweite d, die in der oberen Grenzfläche $y = b$ liegt

zur Bildebene senkrechten, sehr langen Meßleitungen an den Stellen $(x_m \pm d/2, b)$, das Gitter der stromdurchflossenen Leiterpaare in der Ebene $y = 0$, und zwar möge für einen dieser beiden Leiter $x'_+ = -d/2$, für den anderen $x'_- = +d/2$ sein. Dann ist $z'_\pm = \overline{z}'_\pm$.

Wird zur Berechnung des Magnetflusses durch die Meßschleife wieder die Formel 1.1 (29) herangezogen, so errechnet sich unter Zuhilfenahme von Gl. (12a) für den Magnetfluß die Formel

$$\Psi(g;\, m) = \frac{\mu_0 I}{\pi}\,\Re\mathfrak{e}\left\{\ln \frac{\vartheta_2\left(\frac{x_m - d}{2ib};\, i\frac{a}{b}\right)\vartheta_2\left(\frac{x_m + d}{2ib};\, i\frac{a}{b}\right)}{\vartheta_2^2\left(\frac{x_m}{2ib};\, i\frac{a}{b}\right)}\right\}, \quad (13\,\mathrm{a})$$

denn es ist $\vartheta_1(v + \frac{1}{2}) = \vartheta_2(v)$ bei demselben Modul. Geht man von der Formel (12b) aus, so wird einfacher

$$\Psi(g;\, m) = \frac{\mu_0 I}{2\pi}\left\{\frac{\pi}{2}\frac{d^2}{a\,b} + \ln\left(\frac{\vartheta_4\left(\frac{x_m - d}{2a};\, i\frac{b}{a}\right)\vartheta_4\left(\frac{x_m + d}{2a};\, i\frac{b}{a}\right)}{\vartheta_4^2\left(\frac{x_m}{2a};\, i\frac{b}{a}\right)}\right)\right\}. \quad (13\,\mathrm{b})$$

Rücken die Maschen des Gitters immer weiter auseinander, so strebt mit $a \to \infty$ die Größe $q \to 0$, und da in diesem Falle

$$\ln[\vartheta_2(v;\, q)/\vartheta_2(0,\, q)] \to \ln(\cos\pi\, v)$$

strebt, so geht Gl. (13a) in die Formel

$$\mathfrak{L}_L(g,\, m) = \frac{\mu_0}{\pi}\ln\left(\frac{\mathfrak{Cof}\left(\frac{d - x_m}{2b}\right)\mathfrak{Cof}\left(\frac{d + x_m}{2b}\right)}{\mathfrak{Cof}^2\left(\frac{x_m}{2b}\right)}\right) \quad (14)$$

über. Sie gibt die Induktivität zwischen der Schleife $(-d/2,\, 0)\cdots$ $\cdots(+d/2,\, 0)$ und der Schleife $(x_m - d/2,\, b)\cdots(x_m + d/2,\, b)$ an, wenn sonst entlang der Fläche $y = 0$ überhaupt keine weiteren Leiterschleifen vorkommen. Bei kleinem Luftspalt ist $a/b \gg 1$, und die Gl. (14) ist dann ein sehr guter Näherungswert für die Induktivität, der in den meisten praktischen Fällen bereits ausreicht. Vgl. hierzu Abschn. 7.42.

7.16 Das Magnetfeld im Parallelstreifen bei Erregung durch einen sinusförmigen Strombelag. Wir nehmen jetzt an, daß die Erregung des Magnetfeldes von einer flächenhaft verteilten Strömung ausgeht, die in der Ebene $y = y'$ parallel zur x, y-Ebene fließt und in Richtung der x-Achse nach dem Gesetz

$$i\,(x') = \frac{\hat{I}}{a}\sin\left(\pi\frac{x' - x_0}{a}\right) \quad (15)$$

variiert. Von praktischer Bedeutung sind nur die Fälle $y' = 0$ und $y' = b$. Aber es ist zweckmäßig, sich zunächst hinsichtlich der Größe von y' nicht festzulegen. Dann ist auch im vorliegenden Falle die Länge $2a$ der kleinste Abstand zweier Stromfäden mit gleich großem und gleichgerichtetem Strom. Wir fassen von dem nach links und rechts unbegrenzt ausgedehnten Stromfluß den Bereich zwischen x_0 und $x_0 + 2a$ ins Auge. Liegt x' in diesem Bereich, so fließt an dieser Stelle durch den Stromfaden der Breite dx' der Strom $i(x')\,dx'$, und der Beitrag, den dieser einzelne Stromfaden zum gesamten Vektorpotential liefert, wird durch Gl. (11) angegeben, wenn darin I durch $i(x')\,\delta x'$ ersetzt wird und $x' < x$ ist. Das ist aber nach Abb. 144 nur der Fall, solange $x_0 \gtreqless x' \leqq x$ ist. Für einen Wert von x', für den $x \gtreqless x' \leqq x_0 + 2a$ ist, muß man nach den zu Gl. (1) gemachten Angaben unter dem Integralzeichen die Funktion $\cos v(a + x - x')$ benutzen, weil andernfalls das Integral nicht konvergieren würde. Um das totale Vektorpotential bei Erregung durch das Stromband

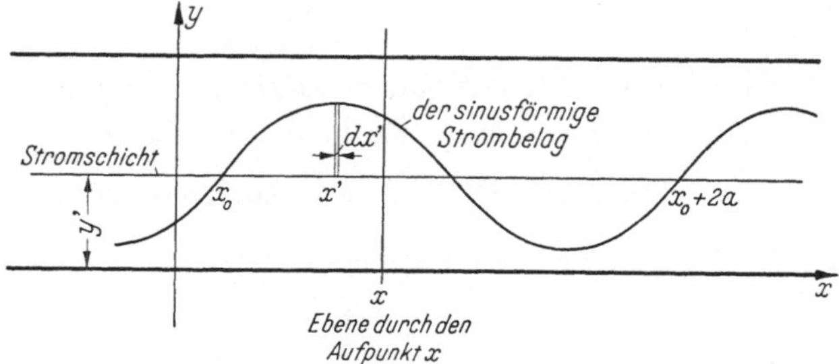

Abb 144. Die Erregung des Feldes in dem Raum $0 \gtreqless y \leqq b$ geht von einem sinusförmigen Strombelag in der Höhe $y = y' < b$ über der unteren Grenzfläche aus. Von praktischer Bedeutung sind natürlich allein die Fälle $y' = 0$ oder $y' = b$

zu erhalten, braucht dann nur noch über x' zwischen den Grenzen $x_0 \cdots x_0 + 2a$ integriert zu werden. Damit hat man vorerst für das resultierende Vektorpotential den Ausdruck

$$A^{(t)}(x, y; y', \sim) = \frac{\mu_0 \hat{I}}{4\pi a i} \int\limits_{\mathfrak{C}} \frac{\mathfrak{Cof}\, v(b - y')\, \mathfrak{Cof}\, v y}{v \sin a v\, \mathfrak{Sin}\, b v} \left\{ \int\limits_{x_0}^{x} \cos v(a - x + x') \times \right.$$

$$\left. \times \sin\frac{\pi}{a}(x' - x_0)\, dx' + \int\limits_{x}^{x_0+2a} \cos v(a + x - x') \sin\frac{\pi}{a}(x' - x_0)\, dx' \right\} dv$$

gewonnen. Für die Summe der beiden, in geschweifte Klammern eingeschlossenen Integrale findet man nun nach leichter Rechnung den Wert

$$\frac{2v}{v^2 - (\pi/a)^2} \sin a v \sin\frac{\pi}{a}(x - x_0),$$

und damit hat sich nunmehr die Beziehung

$$A_z^{(t)}(x, y; y', \sim) = \frac{\mu_0 \hat{I}}{2\pi i} \sin\frac{\pi}{a}(x - x_0) \int\limits_{\mathfrak{C}} \frac{\mathfrak{Cof}\, v(b - y')\, \mathfrak{Cof}\, v y}{\mathfrak{Sin}\, v b} \frac{d(a v)}{a^2 v^2 - \pi^2} \quad (16')$$

ergeben, in der $\mathfrak{C}$ derselbe Integrationsweg ist wie in Abb. 136.

Zieht man in Gl. (16) den Integrationsweg auf die beiden einzigen Pole $a\,v = \pm\pi$ der v-Ebene zusammen, die auf der reellen Achse liegen, so ergibt sich endgültig für das Vektorpotential der Stromschicht im Parallelstreifen die Formel

$$A_z^{(t)}(x, y; y', \sim) = \frac{\mu_0 \hat{I}}{\pi} \sin\frac{\pi}{a}(x - x_0) \frac{\mathfrak{Cof}\left(\pi \frac{b - y'}{a}\right) \mathfrak{Cof}\left(\pi \frac{y}{a}\right)}{\mathfrak{Sin}\left(\pi \frac{b}{a}\right)} \tag{16}$$

$$(0 \gtreqless y < y' \leqq b).$$

Liegt also die Stromschicht im besonderen an der unteren oder oberen Grenzebene, so ist einfacher

$$A_z^{(t)}(x, y; 0, \sim) = \frac{\mu_0 \hat{I}}{\pi} \sin\frac{\pi}{a}(x - x_0) \cdot \mathfrak{Cof}\left(\pi \frac{b - y}{a}\right) \Big/ \mathfrak{Sin}(\pi b/a), \tag{16a}$$

$$A_z^{(t)}(x, y; b, \sim) = \frac{\mu_0 \hat{I}}{\pi} \sin\frac{\pi}{a}(x - x_0) \cdot \mathfrak{Cof}(\pi y/a) / \mathfrak{Sin}(\pi b/a). \tag{16b}$$

Bildet man mit Hilfe von Gl. (16) den Ausdruck für $B_x = \partial A_z/\partial y$ sowohl für den Raum oberhalb wie unterhalb der Stromschicht und berechnet dann die Differenz $B_x(x, y'_+) - B_x(x, y'_-)$, so gewinnt man genau den Ausdruck (15) wieder.

Aus Gl. (16a) errechnet man

$$B_x = \frac{\partial A_z}{\partial y} = -\frac{\mu_0 \hat{I}}{a} \sin\frac{\pi}{a}(x - x_0) \cdot \mathfrak{Sin}\left(\pi \frac{b - y}{a}\right) \Big/ \mathfrak{Sin}(\pi b/a), \tag{17a}$$

$$B_y = -\frac{\partial A_z}{\partial x} = -\frac{\mu_0 \hat{I}}{a} \cos\frac{\pi}{a}(x - x_0) \cdot \mathfrak{Cof}\left(\pi \frac{b - y}{a}\right) \Big/ \mathfrak{Sin}(\pi b/a). \tag{17b}$$

Der magnetische Fluß hat also die Richtung von der unteren zu der oberen Begrenzungsebene zwischen den Punkten $x = x_0 + a/2 \cdots$ $\cdots x = x_0 + 3a/2$. Die linke Hälfte dieses Flusses nimmt nach Gleichung (17a) die Richtung nach links, die rechte die Richtung nach rechts, und der gesamte, zwischen den Punkten $x_0 + a \cdots x_0 + 3a/2$ aus der Fläche $y = 0$ austretende Fluß hat die Größe

$$\begin{aligned} \Psi^{\prime(h)}_{\max}\left(a; \frac{3a}{2}\right) &\equiv A_z^{(t)}(x_0 + a, 0; 0, \sim) - A_z^{(t)}\left(x_0 + \frac{3a}{2}; 0; 0, \sim\right) \\ &= \frac{\mu_0 \hat{I}}{\pi} \mathfrak{Cotg}\left(\frac{\pi b}{a}\right). \end{aligned} \tag{17α}$$

Andererseits ist der gesamte, durch den Querschnitt $x = x_0 + 3a/2$ von links nach rechts hindurchtretende Fluß

$$\begin{aligned} \Psi^{\prime(q)}_{\max}\left(\frac{3a}{2}\right) &\equiv A_z^{(t)}\left(x_0 + \frac{3a}{2}, b; 0, \sim\right) - A_z^{(t)}\left(x_0 + \frac{3a}{2}, 0; 0, \sim\right) \\ &= \frac{\mu_0 \hat{I}}{\pi} \mathfrak{Tg}\left(\frac{\pi b}{2a}\right). \end{aligned} \tag{17β}$$

Da dieser aus dem unteren Block austretende Fluß nicht in den oberen eintritt, wo er eine dort untergebrachte Wicklung beeinflussen könnte, so stellt er den Streufluß dar, und es ist dann der Streukoeffizient der auf dem Ankerumfang gleichmäßig verteilten Wicklung durch den Ausdruck

$$\tau \equiv \frac{\Psi'^{(q)}_{\max}}{\Psi'^{(h)}_{\max}} = \mathfrak{Tg}\left(\frac{\pi b}{2a}\right)\mathfrak{Tg}\left(\frac{\pi b}{a}\right) = \frac{2\,\mathfrak{Tg}^2\left(\frac{\pi b}{2a}\right)}{1+\mathfrak{Tg}^2\left(\frac{\pi b}{2a}\right)} < 1 \tag{17}$$

gegeben. Für $b \to 0$ strebt $\tau \to 0$, wie es zu erwarten steht.

7.21 Der stromdurchflossene Einzelleiter im rechteckigen Hohlkanal und die zugehörige bilineare Reihe. Wir kommen nun zu dem Fall, in dem der Einzelleiter in einem Hohlkanal von rechteckigem Querschnitt innerhalb eines unendlich ausgedehnten und vollkommen permeablen Blocks angeordnet ist. Der rechteckige Querschnitt möge in das Koordinatensystem gemäß Abb. 145 eingelagert sein und der

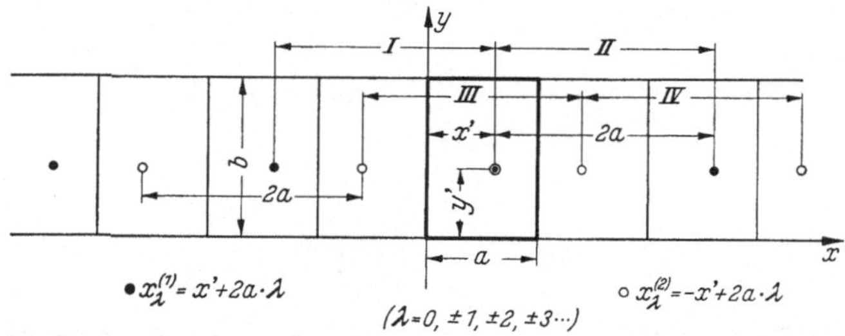

Abb. 145. Die Superposition der magnetischen Felder zweier unendlicher Gitter von parallelen Einzelleitern, die an den Stellen $x_\lambda^{(1,2)} = \pm x' + 2a\lambda$ liegen und entgegengesetzte Ströme führen, führt zu dem Feld eines Einzelleiters innerhalb eines rechteckigen Hohlkanals in einem vollkommen permeablen Block

Einzelleiter an der Stelle (x', y') stehen. Das Magnetfeld, das ein derartiger Einzelleiter im Innern eines Rechtecks erzeugt, ist bekanntlich genau das gleiche, das im Bereich dieses Rechtecks ein Doppelgitter von Einzelleitern an den Stellen $\pm x' + 2a\lambda$ mit $\lambda = 0, \pm 1, \pm 2 \ldots$ hervorruft. Halten wir uns also etwa zunächst an die Darstellung dieses Feldes durch das Integral (11), so ist offenbar nur nötig, dem Ausdruck (11), der ja für ein einfaches Gitter von Einzelleitern in den Punkten $x' + 2a\lambda$ gilt, noch einen zweiten gleichartigen Ausdruck an die Seite zu stellen, der für ein Gitter von Einzelleitern in den Punkten $-x' + 2a\lambda$ gilt. Dieser lautet offenbar

$$A_z^{(t)}(x, y; -x', y'; 2a) = \frac{\mu_0 I}{4\pi i}\int\limits_{\mathfrak{C}} \frac{\cos v\,(a-(x+x'))}{\sin (a\,v)}\,\frac{\mathfrak{Cof}\,v\,(b-y')\,\mathfrak{Cof}\,v\,y}{\mathfrak{Sin}\,(v\,b)}\,\frac{dv}{v} \tag{1}$$

$$(0 \lesseqgtr y < y' \leqq b,\quad -a < x + x' < +a).$$

Der Geltungsbereich von Gl. (11) in der angeschriebenen Form ist in Abb. 145 durch *II* gekennzeichnet, der der letzten Gleichung durch *III*. Soll Gl. (11) im Bereich *I* gelten, so muß die cos-Funktion nach den zu Gl. (11) gemachten Angaben durch $\cos v(a + x - x')$ ersetzt werden. Wegen des Integrationsweges $\mathfrak{C}$ vergleiche Abb. 136.

Das den jetzigen Betrachtungen zugrunde liegende Rechteck zwischen den Grenzen $x = 0 \cdots + a$ gehört nun nach Abb. 145 dem Bereich *III* zur Gänze an, dem Bereich *I* zwischen den Punkten $x = 0 \cdots x'$ und dem Bereich *II* zwischen den Punkten $x = x' \cdots a$. Wählt man in beiden Integraldarstellungen jeweils die dem Bereich angehörige cos-Funktion und faßt beide Integrale zusammen, so ergibt sich für das Vektorpotential eines Einzelleiters im rechteckigen Querschnitt die folgende endgültige Darstellung in Form des komplexen Integrals:

$$A_z^{(t)}(x, y; x', y'; a, b) = \frac{\mu_0 I}{4\pi i} \int_{\mathfrak{C}} \frac{\cos v(a - x') \cos v x}{\sin(a v)} \frac{\mathfrak{Cos}\, v(b - y') \mathfrak{Cos}\, v y}{\mathfrak{Sin}(v b)} \frac{dv}{v} \tag{2}$$

$$(0 \gtreqless x < x' \leqq a, \quad 0 \gtreqless y < y' \leqq b).$$

Für $0 \gtreqless x' < x \leqq a$ oder für $0 \gtreqless y' < y \leqq b$ braucht in Gl. (2) nur x und x' oder y und y' miteinander vertauscht zu werden.

Zieht man in Gl. (2) die obere Hälfte des Doppelweges auf die positiv imaginäre Achse der v-Ebene zusammen und die untere Hälfte auf die negativ imaginäre Halbachse, so gelangt man zu der folgenden, gleichmäßig konvergenten Entwicklung:

$$A_z(x, y; x', y'; a, b) = \frac{\mu_0 I}{\pi} \times \tag{2a}$$

$$\times \sum_{\lambda=1}^{\infty} \left[\cos\left(\pi \lambda \frac{y + y'}{b}\right) + \cos\left(\pi \lambda \frac{y - y'}{b}\right)\right] \frac{\mathfrak{Cos}\left(\pi \lambda \frac{a - x'}{b}\right) \mathfrak{Cos}\left(\pi \lambda \frac{x}{b}\right)}{\lambda \cdot \mathfrak{Sin}\left(\pi \lambda \frac{a}{b}\right)}$$

$$(0 \gtreqless x < x' \leqq a).$$

In ihr sind wieder x und x' für $0 \gtreqless x' < x \leqq a$ miteinander zu vertauschen.

Wird in Gl. (2) der Integrationsweg $\mathfrak{C}$ auf die reelle Achse zusammengezogen, wo die einfachen Pole $v = \pi(\lambda/a)$ mit $\lambda = 0, \pm 1, \pm 2 \ldots$ liegen, so führt jetzt der Residuensatz zu der Entwicklung

$$A_z(x, y; x', y'; a, b) = \frac{\mu_0 I}{\pi} \times$$

$$\times \left\{\frac{\pi}{2ab}\left[y^2 + (b - y')^2 - x^2 - (a - x')^2 + \frac{1}{3}(a^2 - b^2)\right] + \right. \tag{2b}$$

$$\left. + \sum_{\lambda=1}^{\infty} \left[\cos\left(\pi \lambda \frac{x + x'}{a}\right) + \cos\left(\pi \lambda \frac{x - x'}{a}\right)\right] \frac{\mathfrak{Cos}\left(\pi \lambda \frac{b - y'}{a}\right) \mathfrak{Cos}\left(\pi \lambda \frac{y}{a}\right)}{\lambda \cdot \mathfrak{Sin}\left(\pi \lambda \frac{b}{a}\right)}\right\}$$

$$(0 \gtreqless x < x' \leqq a, \; 0 \gtreqless y < y' \leqq b).$$

Für $\pi(a/b) \gg 1$ ist die Reihe (2a) besser konvergent, für $\pi(b/a) \gg 1$ zeigt diesen Vorteil die Reihe (2b). Werden in den beiden Ungleichungen, die zu Gl. (2b) gehören, x mit x' und y mit y' vertauscht, so muß dasselbe auch in der Gl. (2b) selbst geschehen.

Die Gl. (2a, b) können wie die Lösung der ersten Randwertaufgabe auch als Doppelreihe geschrieben werden. Halten wir uns etwa an die Gl. (2b), so läßt sich darin zunächst von einer Entwicklungsformel Gebrauch machen, die als Partialbruchentwicklung für den auf der rechten Gleichungsseite auftretenden Quotienten von hyperbolischen Funktionen aufgefaßt werden kann. Sie läßt sich auf die bekannte Art und Weise mittels des Residuensatzes beweisen und hat die Gestalt

$$\frac{\operatorname{Cof}\left(\pi \lambda \frac{b-y'}{a}\right) \operatorname{Cof}\left(\pi \lambda \frac{y}{a}\right)}{\lambda \operatorname{Sin}\left(\pi \lambda \frac{b}{a}\right)} = \frac{1}{\pi a b} \sum_{\nu=0}^{\infty} \frac{2}{1+\delta_{0\nu}} \frac{\cos\left(\pi \nu \frac{y}{b}\right) \cos\left(\pi \nu \frac{y'}{b}\right)}{\left(\frac{\lambda}{a}\right)^2 + \left(\frac{\nu}{b}\right)^2} \tag{3}$$

$$(0 < y < y' < b), \quad (\lambda = 1, 2, 3 \ldots).$$

Da die rechte Gleichungsseite gegen eine Vertauschung von y und y' unempfindlich ist, so muß es auch die linke Seite der Gleichung sein. Die Gl. (2b) kann mit Hilfe der Gl. (3) auf die Form gebracht werden:

$$A_z(x, y; x', y'; a, b) = \frac{\mu_0 I}{\pi} \times$$

$$\times \left\{ \frac{\pi}{2ab} [y^2 + y'^2 - 2b y' - x^2 - x'^2 + 2a x' + \frac{2}{3}(a^2 - b^2)] + \right.$$

$$+ \frac{1}{\pi a b} \sum_{\lambda=1}^{\infty} \frac{\cos\left(\pi \lambda \frac{x+x'}{a}\right) + \cos\left(\pi \lambda \frac{x-x'}{a}\right)}{\left(\frac{\lambda}{a}\right)^2} +$$

$$\left. + \frac{4}{\pi a b} \sum_{\nu=1}^{\infty} \sum_{\lambda=1}^{\infty} \frac{\cos\left(\pi \lambda \frac{x}{a}\right) \cos\left(\pi \lambda \frac{x'}{a}\right) x \cos\left(\pi \nu \frac{y}{b}\right) \cos\left(\pi \nu \frac{y'}{b}\right)}{\left(\frac{\lambda}{a}\right)^2 + \left(\frac{\nu}{b}\right)^2} \right\}.$$

Da nun bekanntlich

$$\sum_{p=1}^{\infty} \frac{\cos \pi \varphi p}{p^2} = \frac{\pi^2}{4}(1-\varphi)^2 - \frac{\pi^2}{12} = \frac{\pi^2}{12}[2 + 3\varphi^2 - 6\varphi] \quad (0 \lesseqgtr \varphi \leqq 2) \tag{4}$$

ist, so gilt z. B. auch die Beziehung

$$\frac{1}{\pi a b} \sum_{\lambda=1}^{\infty} \left[\cos\left(\pi \lambda \frac{x+x'}{a}\right) + \cos\left(\pi \lambda \frac{x-x'}{a}\right)\right] \cdot \frac{a^2}{\lambda^2}$$

$$= \frac{\pi}{2ab}\left[x^2 + x'^2 - 2a x' + \frac{2}{3} a^2\right]. \tag{4a}$$

Eine nämliche Beziehung gilt dann natürlich auch für

$$\pi[y^2 + y'^2 - 2b\, y' + \tfrac{2}{3} b^2]/(2a\, b).$$

Geht man mit diesen beiden Relationen in den zuletzt angeschriebenen Ausdruck für A_z ein, so entsteht nach kurzer Rechnung für die

Potentialfunktion eines Einzelleiters in dem Rechteck entsprechend der zweiten Randwertaufgabe die folgende bilineare Reihe:

$$A_z(x, y; x', y'; a, b) = \frac{4\mu_0 I}{\pi^2 a b} \times$$

$$\times \sum_{\lambda=0}^{\infty} \sum_{\nu=1}^{\infty} \frac{\cos\left(\pi\lambda\frac{x}{a}\right)\cos\left(\pi\lambda\frac{x'}{a}\right) x \cos\left(\pi\nu\frac{y}{b}\right)\cos\left(\pi\nu\frac{y'}{b}\right)}{(1+\delta_{0\lambda})\cdot\left[\left(\frac{\lambda}{a}\right)^2+\left(\frac{\nu}{b}\right)^2\right]}. \quad (5)$$

Die Summation über λ kann in Gl. (5) auch von $-\infty \cdots +\infty$ erfolgen, wenn gleichzeitig der Zahlenfaktor 4 auf 2 herabgesetzt wird.

In praktischer Hinsicht liegt die Bedeutung der Gl. (5) darin, daß sie sehr leicht nach x' und y' integriert werden kann. Das wird z. B. erforderlich, wenn es sich um Leiter mit einem von Null verschiedenen Querschnitt handelt.

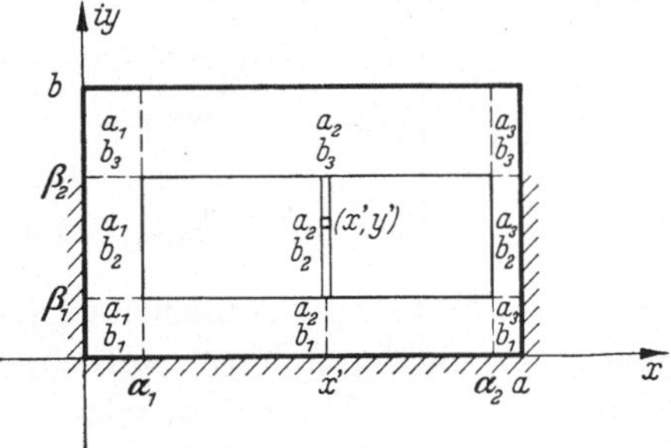

Abb. 146. Der rechteckige Hohlkanal von der Breite a und der Höhe b innerhalb eines vollkommen permeablen Körpers kann als die geschlossene Nut in einer elektrischen Maschine aufgefaßt werden. Der Querschnitt der Nut wird jetzt, wie es das Bild andeutet, größtenteils von einem rechteckigen stromdurchflossenen Leiter ausgefüllt

7.22 Der Einzelleiter mit rechteckigem Querschnitt in der geschlossenen rechteckigen Nut. Dem rechteckigen Hohlkanal sei nun ein einzelner stromführender elektrischer Leiter von rechteckigem Querschnitt nach Art von Abb. 146 eingelagert. Der ihn durchfließende Gesamtstrom I verteile sich gleichmäßig über den Querschnitt. Dann führt ein einzelner Stromfaden mit dem Querschnitt $dx'\,dy'$ an der Stelle (x', y') den Strom

$$\frac{I}{(\alpha_2-\alpha_1)(\beta_2-\beta_1)}\,dx'\,dy' \equiv g\,dx'\,dy'. \quad (6)$$

Wir passen nun den Ausdruck (2) für das Vektorpotential eines einzelnen Stromfadens zunächst der Annahme an, daß an der Stelle $x = x'$ ein Bandleiter angeordnet ist, der sich in Richtung der y-Achse von $y' = \beta_1$ bis $y' = \beta_2$ erstreckt. Des weiteren sind dann die Fälle zu unterscheiden:

1. $y < \beta_1$: In Gl. (2) ist hierbei $\operatorname{Cof} v(b-y')$ von $y' = \beta_1$ bis $y' = \beta_2$ zu integrieren.

2. $y > \beta_2$: $\operatorname{Cof} v\, y'$ muß zwischen denselben beiden Grenzen integriert werden.

3. $\beta_1 < y < \beta_2$: $\operatorname{Cof} v\, y'$ ist zwischen den Grenzen $\beta_1 \ldots y$ und $\operatorname{Cof} v(b-y')$ zwischen den Grenzen $y \ldots \beta_2$ zu integrieren.

Schreiben wir dann von jetzt ab die Gl. (2) in der Form

$$A_z^{(t)}(x, y; a, b) = \frac{\mu_0 g}{2\pi i} \int\limits_{\mathfrak{C}} \frac{H(v; x, a)}{\sin a v} \frac{S(v; y, b)}{\mathfrak{Sin}\, b v} \frac{dv}{v^3}, \tag{7}$$

so ist darin

$$S(v; y, b) = \begin{cases} \mathfrak{Cos}\, v y [\mathfrak{Sin}\, v(b-\beta_1) - \mathfrak{Sin}\, v(b-\beta_2)] & (0 \gtreqless y \leqq \beta_1), \quad (7b_1) \\ [\mathfrak{Sin}\, v b - \mathfrak{Cos}\, v y\, \mathfrak{Sin}\, v(b-\beta_2) - \mathfrak{Cos}\, v(b-y)\, \mathfrak{Sin}\, v\beta_1] & (\beta_1 \gtreqless y \leqq \beta_2), \quad (7b_2) \\ \mathfrak{Cos}\, v(b-y) [\mathfrak{Sin}\, v\beta_2 - \mathfrak{Sin}\, v\beta_1] & (\beta_2 \gtreqless y \leqq b) \quad (7b_3) \end{cases}$$

und, wie daraus sofort durch Übergang von v zu $i v$ und von b, β_1, β_2 zu a, α_1, α_2 folgt,

$$H(v; x, a) = \begin{cases} \cos v x [\sin v(a-\alpha_1) - \sin v(a-\alpha_2)] & (0 \gtreqless x \leqq \alpha_1), \quad (8a_1) \\ [\sin v a - \cos v x \sin v(a-\alpha_2) - \cos v(a-x) \sin v\alpha_1] & (\alpha_1 \gtreqless x \leqq \alpha_2), \quad (8a_2) \\ \cos v(a-x) [\sin v\alpha_2 - \sin v\alpha_1] & (\alpha_2 \gtreqless x \leqq a) \quad (8a_3) \end{cases}$$

zu setzen. Selbstverständlich muß jeweils die obere oder untere Form gleich der mittleren Form werden, wenn in Gl. (7a) $y = \beta_1$ oder β_2 wird und in Gl. (7b) $x = \alpha_1$ oder α_2. Auch müssen die Funktionen H und S als die einfachen Zählerausdrücke in der Gl. (2) wieder erscheinen, wenn $\alpha_1 = \alpha_2 = x'$ und $\beta_1 = \beta_2 = y'$ wird.

Welche der jetzigen drei Formen von H und S für einen beliebig gelegenen Aufpunkt (x, y) innerhalb des rechteckigen Querschnitts des Hohlkanals zu wählen sind, macht die Abb. 146 in übersichtlicher Weise verständlich. Danach scheint es zunächst so, daß entsprechend den 9 Bereichen auch 9 verschiedene Entwicklungen entstehen. Sobald man jedoch von der Integraldarstellung zu den Reihen selbst übergeht, erkennt man sofort, daß z. B. die Entwicklungen für $a_2 b_1$, $a_2 b_2$, $a_2 b_3$ übereinstimmen, wenn man nach den Nullstellen von $\mathfrak{Sin}\, b v$ auflöst. Wir geben als Beispiel nur die eine Entwicklung an, die sich auf den vom Leiterquerschnitt selbst besetzten Teil bezieht. Es ist dann in diesem Falle sowohl von der Funktion H als auch von der Funktion S die zweite Form heranzuziehen. Die Anwendung des Residuensatzes liefert ohne Schwierigkeit, wenn die beiden Weghälften auf die positive bzw. negative imaginäre Achse zusammengezogen werden, die folgende Entwicklung

$$A_z^{(t)}(x, y; a, b) = \frac{2\mu_0 I b^2}{\pi^3 (\alpha_2 - \alpha_1)(\beta_2 - \beta_1)} \times$$

$$\times \sum_{\lambda=1}^{\infty} \left[1 - \frac{\mathfrak{Cos}\left(\pi\lambda \frac{x}{b}\right) \mathfrak{Sin}\left(\pi\lambda \frac{a-\alpha_2}{b}\right) + \mathfrak{Sin}\left(\pi\lambda \frac{\alpha_1}{b}\right) \mathfrak{Cos}\left(\pi\lambda \frac{a-x}{b}\right)}{\mathfrak{Sin}\left(\pi\lambda \frac{a}{b}\right)} \right] \times \tag{8a}$$

$$\times \left[\sin\left(\pi\lambda \frac{\beta_2}{b}\right) - \sin\left(\pi\lambda \frac{\beta_1}{b}\right) \right] \cos\left(\pi\lambda \frac{y}{b}\right) \Big/ \lambda^3.$$

Die zu dem Summanden 1 gehörende unendliche Reihe läßt sich aber summieren. Integriert man nämlich die Gl. 6.1 (50) nach ψ oder die Gl. (4) nach φ zwischen den Grenzen $0 \ldots \varphi$, so erhält man im besonderen für $n = 0$ die Summationsformel

$$\sum_{\lambda=1}^{\infty} \frac{\sin(\pi\lambda\varphi)}{\lambda^3} = \frac{\pi^3}{12}\,\varphi(1-\varphi)(2-\varphi) \qquad (0 \gtreqless \varphi \leqq 2). \quad (9)$$

Gehörte in Gl. (9) φ dem Bereich $2n < \varphi < 2n+2$ an, so wäre rechts φ durch $\varphi - 2n$ zu ersetzen.

Im Hinblick auf diese Formel entsteht dann nach einigen einfachen Zwischenrechnungen für das Vektorpotential im Innern des Leiterquerschnitts die Entwicklung

$$A_z^{(t)}(x, y; a, b) = \frac{2\mu_0 I b^2}{\pi^3(\alpha_2-\alpha_1)(\beta_2-\beta_1)} \times$$
$$\times \left\{ \frac{\pi^3(\beta_2-\beta_1)}{12 b^3}\left[2b^2 - 3b(\beta_1+\beta_2) + \beta_1^2 + \beta_2^2 + \beta_1\beta_2 + 6y^2\right] - \right.$$
$$- \sum_{\lambda=1}^{\infty} \frac{\mathfrak{Cof}\left(\pi\lambda\frac{x}{b}\right)\mathfrak{Sin}\left(\pi\lambda\frac{a-\alpha_2}{b}\right) + \mathfrak{Sin}\left(\pi\lambda\frac{\alpha_1}{b}\right)\mathfrak{Cof}\left(\pi\lambda\frac{a-x}{b}\right)}{\lambda^3\,\mathfrak{Sin}\left(\pi\lambda\frac{a}{b}\right)} \times \quad (8\text{b})$$
$$\left. \times \left[\sin\left(\pi\lambda\frac{\beta_2}{b}\right) - \sin\left(\pi\lambda\frac{\beta_1}{b}\right)\right]\cos\left(\pi\lambda\frac{y}{b}\right)\right\} \qquad (\alpha_1 \gtreqless x \leqq \alpha_2,\ 0 \gtreqless y \leqq b),$$

und diese gilt nun nicht nur für den Bereich $\beta_1 \gtreqless y \leqq \beta_2$, sondern auch für den größeren Bereich $0 \gtreqless y \leqq b$. Dann aber verschwindet offenbar die Feldkomponente B_x für $y = 0$ und $y = b$, wie es auch zu fordern ist.

An Stelle der FOURIER-Entwicklung hinsichtlich der Variablen y entsteht eine FOURIER-Entwicklung in bezug auf die Variable x, wenn man die Gl. (2) nach den Nullstellen von $\sin a v$ auflöst.

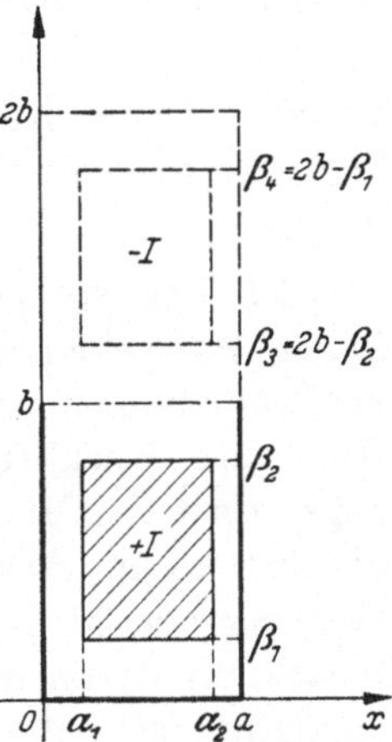

Abb. 147. Die Nut ist an der oberen, zur x-Achse parallelen Kante offen. Auch in diesem Fall läßt sich das Feld in der Nut ohne Schwierigkeit berechnen, wenn angenommen werden darf, daß im Endquerschnitt der Nut in der Höhe $y = b$ die magnetischen Feldlinien parallel zur x-Achse verlaufen

7.221 Der Einzelleiter mit rechteckigem Querschnitt in der einseitig offenen, rechteckigen Nut. Die allseitig geschlossene, rechteckige Nut des vorigen Abschnitts mit einem stromführenden Leiter im Innern findet sich unter praktischen Verhältnissen nur selten verwirklicht. In der Regel ist die Nut an einer der beiden schmalen Kanten offen. Auch dieser Fall läßt sich mit den hier bereitgestellten Hilfsmitteln erledigen, wenn man die Annahme machen darf, daß die magnetischen Feldlinien im Endquerschnitt der Nut, d. h. in der Höhe $y = b$, gemäß Abb. 147 senkrecht zu den beiden

Seitenflächen der Nut verlaufen. Das ist genaugenommen sicherlich nicht der Fall. Man wird aber diese Annahme als Arbeitshypothese gelten lassen können.

Die Lösung dieser Aufgabe läßt sich aus Gl. (8b) ohne viel Mühe entwickeln. Wir betrachten zu diesem Zweck jetzt eine geschlossene Nut von derselben Breite a wie vorher, ihre Höhe soll aber gleich $2b$ sein. Dann bringen wir in dieser Nut mit der doppelten Höhe außer dem einen Leiter, der zwischen $y = \beta_1$ und $y = \beta_2$ liegt, noch einen zweiten Leiter unter, der aber jetzt zwischen den Ebenen $y = \beta_3 = 2b - \beta_2$ und $y = \beta_4 = 2b - \beta_1$ liegt. Er soll außerdem von dem Strom I in der entgegengesetzten Richtung durchflossen werden. Dann werden sich die Felder beider Leiter überlagern, und das resultierende Vektorpotential wird gleich der Summe der beiden Einzelpotentiale sein. Das führt nach dem Übergang von b zu $2b$ zu dem Ausdruck

$$A_z^{(t)}(x, y; a, 2b) = \frac{8\mu_0 I b^2}{\pi^3(\alpha_2-\alpha_1)(\beta_2-\beta_1)}\left\{\frac{\pi^3(\beta_2-\beta_1)}{16b^2}[2b-\beta_1-\beta_2] -\right.$$
$$-2\sum_{\nu=0}^{\infty}\frac{\mathfrak{Cof}\left(\pi\left(\nu+\frac{1}{2}\right)\frac{x}{b}\right)\mathfrak{Sin}\left(\pi\left(\nu+\frac{1}{2}\right)\frac{a-\alpha_2}{b}\right)+\mathfrak{Cof}\left(\pi\left(\nu+\frac{1}{2}\right)\frac{a-x}{b}\right)\mathfrak{Sin}\left(\pi\left(\nu+\frac{1}{2}\right)\frac{\alpha_1}{b}\right)}{(2\nu+1)^3\,\mathfrak{Sin}\left(\pi\left(\nu+\frac{1}{2}\right)\frac{a}{b}\right)}\times \tag{10}$$
$$\left.\times\left[\sin\left(\pi\left(\nu+\frac{1}{2}\right)\frac{\beta_2}{b}\right)-\sin\left(\pi\left(\nu+\frac{1}{2}\right)\frac{\beta_1}{b}\right)\right]\cos\left(\pi\left(\nu+\frac{1}{2}\right)\frac{y}{b}\right)\right\}.$$

Da aus A_z die Komponente B_y durch eine Differentiation nach x hervorgeht, so ist aus Gl. (10) sofort ersichtlich, daß für $y = b$ diese Komponente in der Tat verschwindet.

7.23 Das stromdurchflossene Leiterpaar im rechteckigen Hohlkanal. Wir gehen jetzt zu dem Fall über, wo in dem hohlen, allseitig von vollkommen permeablen Wänden umschlossenen Kanal eine aus Hin- und Rückleitung bestehende Doppelleitung gemäß Abb. 148 angeordnet ist. Man kommt ihm am einfachsten bei, indem man sich die bereits im Abschn. 7.14 gewonnenen Resultate zunutze macht. Dort wurden in den Gl. (12a, b) die Beziehungen für die komplexe Potentialfunktion eines unbegrenzten Gitters von Leiterschleifen von der Öffnungsbreite d aufgestellt, die an den Stellen $(x'_{\pm} + 2a\lambda, y')$ mit $\lambda = 0, \pm 1, \pm 2 \ldots$ liegen, so daß also

$$x'_- - x'_+ = d \quad \text{und definitionsgemäß} \quad (x'_+ + x'_-)/2 = x'_m \tag{11a}$$

ist. Nun kann natürlich keine Rede davon sein, daß dieses Gitter von Stromschleifen auch schon ohne weiteres die Bedingung erfüllt, daß an den Flächen $x = 0$ und $x = a$ die Ableitung von A_z nach x verschwindet, wie es im vorliegenden Fall sein muß. Diese Forderung läßt sich aber leicht dadurch erfüllen, daß man noch ein zweites Gitter von Stromschleifen einführt, dessen Leiter an den Stellen $-x'_\pm + 2a\,\lambda$, $\lambda = 0, \pm 1, \pm 2 \ldots$, liegen. Während also beim ersten Gitter die Lage der Bezugsschleife durch $z = z'_\pm = x'_\pm + i\,y'$ angegeben werden kann, liegt beim zweiten Gitter die Bezugsschleife am Orte $-x'_\pm + i\,y' = -(x'_\pm - i\,y') = -\overline{z'_\pm}$. Die diesem zweiten Gitter zugehörige komplexe Potentialfunktion geht also aus Gl. 7.1 (12a) durch den Ersatz von $z'_\mp$ durch $-\overline{z'_\mp}$ und von $\overline{z'_\mp}$ durch $-z'_\mp$ hervor. Die komplexe Potentialfunktion für eine einzelne Leiterschleife innerhalb eines rechteckigen Querschnitts ist also demnach durch die Formel

$$\chi_m^{(D)}(z, z'_\pm; a, b; d) \equiv A_z(x, y; x'_\pm, y') + i\,\mu_0\,\Phi(x, y; x'_\pm, y')$$

$$= \frac{\mu_0 I}{2\pi} \ln\left(\frac{\vartheta_1\!\left(\frac{z-z'_-}{2ib};\tau'\right)\vartheta_1\!\left(\frac{z-\overline{z'_-}}{2ib};\tau'\right)\vartheta_1\!\left(\frac{z+z'_-}{2ib};\tau'\right)\vartheta_1\!\left(\frac{z+\overline{z'_-}}{2ib};\tau'\right)}{\vartheta_1\!\left(\frac{z-z'_+}{2ib};\tau'\right)\vartheta_1\!\left(\frac{z-\overline{z'_+}}{2ib};\tau'\right)\vartheta_1\!\left(\frac{z+z'_+}{2ib};\tau'\right)\vartheta_1\!\left(\frac{z+\overline{z'_+}}{2ib};\tau'\right)}\right) \tag{12a}$$

$$(\tau' = i\,a/b)$$

gegeben.

Auch die hierzu die Ergänzung bildende zweite Darstellung, die der früheren Gl. 7.1 (12b) entspricht, kann auf Grund der nämlichen Überlegungen sogleich hingeschrieben werden. Auch sie entsteht, indem man zu Gl. 7.1 (12b) einen zweiten Ausdruck gleicher Art hinzufügt, in dem gegenüber dem ersten durchweg $z'_\mp$ durch $-\overline{z'_\mp}$ usw. ersetzt worden ist. Läßt man darin die konstanten Glieder, die am angeführten Ort noch mit angegeben worden sind, bei der Gelegenheit ganz beiseite, so hat man damit den Ausdruck

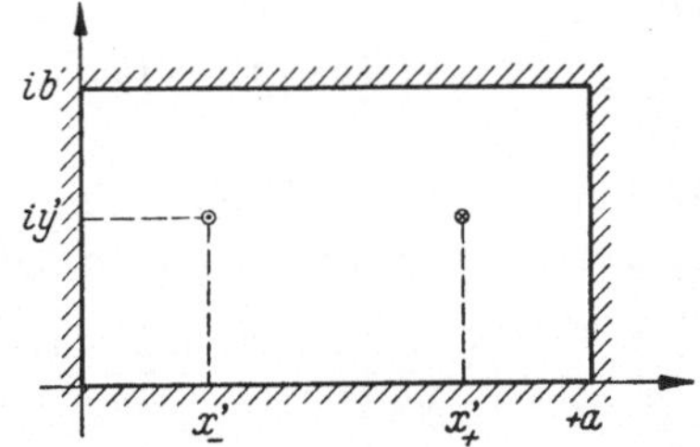

Abb. 148. Lage und Anordnung der parallelen Leiter einer sehr langen Leiterschleife mit den Strömen $\pm I$ in einem rechteckigen Hohlkanal

$$\chi_m^{(D)}(z, z'_\pm; a, b; d) \equiv A_z(x, y; x'_\pm, y; a, b; d) + i\,\mu_0\,\Phi(x, y; x'_\pm, y'; a, b; d)$$

$$= \frac{\mu_0 I}{2\pi} \ln\left(\frac{\vartheta_1\!\left(\frac{z-z'_-}{2a};\tau\right)\vartheta_1\!\left(\frac{z-\overline{z'_-}}{2a};\tau\right)\vartheta_1\!\left(\frac{z+z'_-}{2a};\tau\right)\vartheta_1\!\left(\frac{z+\overline{z'_-}}{2a};\tau\right)}{\vartheta_1\!\left(\frac{z-z'_+}{2a};\tau\right)\vartheta_1\!\left(\frac{z-\overline{z'_+}}{2a};\tau\right)\vartheta_1\!\left(\frac{z+z'_+}{2a};\tau\right)\vartheta_1\!\left(\frac{z+\overline{z'_+}}{2a};\tau\right)}\right) \tag{12b}$$

$$(\tau = i\,b/a).$$

Der mit z behaftete Term aus der früheren Gleichung fällt nämlich hier weg, da er durch die Differenzbildung herausfällt.

Die jetzigen Gl. (12a, b) zeigen nicht nur das richtige singuläre Verhalten für $z = z'_\pm$, die beiden Gleichungen erfüllen auch die vorgeschriebenen Randbedingungen an den vier Flächen $x = 0$, $x = a$

und $y = 0$, $y = b$. An Hand der Gl. (12b) soll hinsichtlich der Grenzbedingungen der Nachweis dafür ausführlicher erbracht werden. Wird zur Abkürzung

$$E_n\left(\frac{z - z'_-}{2a}\right) = \vartheta'_n\left(\frac{z - z'_-}{2a}; \tau\right) \Big/ \vartheta_n\left(\frac{z - z'_-}{2a}; \tau\right) \quad (n = 1, 2, 3, 4) \qquad (12\alpha)$$

gesetzt, so ist an der Fläche $x = 0$, wo $H_y = -\partial A_z/\partial x$ verschwinden soll, für den ersten und letzten Faktor im Zähler von Gl. (12b) ohne den Bruch vor dem Logarithmus

$$\frac{1}{2a}\left[E_1\left(\frac{iy - x'_- - iy'}{2a}\right) + E_1\left(\frac{iy + x'_- - iy'}{2a}\right)\right]$$
$$= \frac{1}{2a}\left[-E_1\left(\frac{x'_- - i(y - y')}{2a}\right) + E_1\left(\frac{x'_- + i(y - y')}{2a}\right)\right].$$

Da die übrigen sechs Faktoren sich in gleicher Weise zu drei Paaren zusammenfassen lassen, so verschwindet in der Tat der Realteil von χ_m für $x = 0$.

An der Fläche $x = a$ gilt dann die gleiche Behauptung, denn es ist z. B.

$$E_1\left(\frac{iy - x'_- - iy'}{2a} + \frac{1}{2}\right) = E_2\left(\frac{iy - x'_- - iy'}{2a}\right).$$

An der Fläche $y = 0$ muß $H_y = \partial A_z/\partial y$ zu Null werden. Wird diese Operation jetzt an den ersten beiden Faktoren des Zählers ausgeführt, so entsteht

$$\frac{i}{2a}\left[E_1\left(\frac{x - x'_- - iy'}{2a}\right) + E_1\left(\frac{x - x'_- + iy'}{2a}\right)\right].$$

Das ist aber wiederum ein rein imaginärer Ausdruck, und somit ist auch die Forderung an der Fläche $y = 0$ erfüllt. Für $y = b$ tritt im Argument der beiden letzten E-Funktionen noch der Summand $i\,b/a$ hinzu. Der so veränderte Ausdruck geht damit über in den anderen

$$\frac{i}{2a}\left[E_4\left(\frac{x - x'_- - iy'}{2a}\right) + E_4\left(\frac{x - x'_- + iy'}{2a}\right) - 2\pi i\right].$$

Da nun aber derselbe zusätzliche Summand $-2\pi i$ sich auch bei den ersten beiden E-Funktionen des Nenners einstellt, so hebt er sich im ganzen heraus. Der übrigbleibende Teil ist aber wieder rein imaginär.

Wir gehen noch auf einige besondere Fälle der Gl. (12a, b) ein. In einem häufig vorkommenden Fall liegen die beiden Leiter symmetrisch zur vertikalen Symmetrielinie des Rechtecks. Dann wird am zweckmäßigsten ein Koordinatensystem benutzt, dessen y-Achse mit dieser vertikalen Symmetrielinie zusammenfällt. Die Abb. 149 veranschaulicht die neuerdings vorliegende Anordnung. Es ist dann jetzt

$$Z = z - \frac{a}{2}, \quad (13\alpha) \qquad Z' = z' - \frac{a}{2}, \quad (13\beta)$$

$$Z'_- = \frac{d}{2} + iy', \quad (13\gamma) \qquad Z'_+ = -\frac{d}{2} + iy' = -\overline{Z'_-}, \quad (13\delta)$$

und somit wird

$$z - z'_- = Z - Z'_-, \quad (13\text{a}) \qquad z + z'_- = Z + Z'_- + a, \quad (13\text{b})$$

$$z - \overline{z'_-} = Z - \overline{Z'_-}, \quad (13\text{c}) \qquad z + \overline{z'_-} = Z + \overline{Z'_-} + a. \quad (13\text{d})$$

Die entsprechenden Gleichungen für $z - z'_+$ usw. gehen aus Gleichung (13a ⋯ d) durch den Ersatz von Z'_- durch $-\overline{Z'_-}$ usw. hervor.

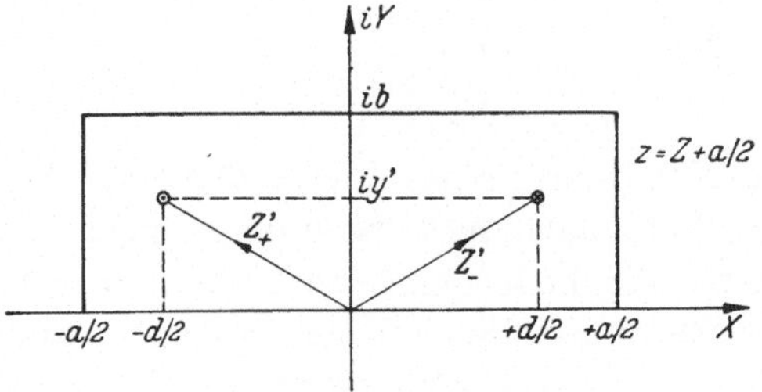

Abb. 149. Die beiden Leiter der Stromschleife haben in dem rechteckigen Hohlkanal insbesondere eine symmetrische Lage zur vertikalen Mittelebene des rechteckigen Querschnitts. Es gilt dann für die komplexe Potentialfunktion die Gl. (15)

Nach Gl. (12b) ist daher bis jetzt mit $\tau = i(b/a)$ als Modul der Theta-Funktionen

$$\chi_m^{(D)}(Z, Z'_\pm; a, b) = \frac{\mu_0 I}{2\pi} \times$$

$$\times \ln\left(\frac{\vartheta_1\left(\frac{Z - Z'_-}{2a}\right)\vartheta_2\left(\frac{Z + Z'_-}{2a}\right)\cdot\vartheta_1\left(\frac{Z - \overline{Z'_-}}{2a}\right)\vartheta_2\left(\frac{Z + \overline{Z'_-}}{2a}\right)}{\vartheta_1\left(\frac{Z + \overline{Z'_-}}{2a}\right)\vartheta_2\left(\frac{Z - \overline{Z'_-}}{2a}\right)\cdot\vartheta_1\left(\frac{Z + Z'_-}{2a}\right)\vartheta_2\left(\frac{Z - Z'_-}{2a}\right)}\right).$$

Nun ist nach bekannten Transformationsformeln aus der Theorie dieser Funktionen

$$\vartheta_3(0;\tau)\,\vartheta_4(0;\tau)\cdot\vartheta_1\left(\frac{Z - Z'_-}{2a};\tau\right)\vartheta_2\left(\frac{Z + Z'_-}{2a};\tau\right)$$

$$= \vartheta_3\left(\frac{Z'_-}{2a};\tau\right)\vartheta_4\left(\frac{Z'_-}{2a};\tau\right)\cdot\vartheta_1\left(\frac{Z}{2a};\tau\right)\vartheta_2\left(\frac{Z}{2a};\tau\right) -$$

$$- \vartheta_1\left(\frac{Z'_-}{2a};\tau\right)\vartheta_2\left(\frac{Z'_-}{2a};\tau\right)\cdot\vartheta_3\left(\frac{Z}{2a};\tau\right)\vartheta_4\left(\frac{Z}{2a};\tau\right)$$

$$= \vartheta_4^2(0;2\tau)\left[\vartheta_4\left(\frac{Z'_-}{a};2\tau\right)\vartheta_1\left(\frac{Z}{a};2\tau\right) - \vartheta_1\left(\frac{Z'_-}{a};2\tau\right)\vartheta_4\left(\frac{Z}{a};2\tau\right)\right]$$

$$= \vartheta_4^2(0;2\tau)\sqrt{\dot{k}}\,\vartheta_4\left(\frac{Z}{2a};2\tau\right)\vartheta_4\left(\frac{Z'_-}{a};2\tau\right)\left[\operatorname{sn}\left(2\dot{K}\frac{Z}{a},\dot{k}\right) - \operatorname{sn}\left(2\dot{K}\frac{Z'_-}{a},\dot{k}\right)\right].$$

Hierin sind $\dot{k}$, $\dot{K}$ definiert durch die Gleichungen

$$\dot{k} = \left(\frac{\vartheta_2(0;2\tau)}{\vartheta_3(0;2\tau)}\right)^2, \quad (14\text{a}) \qquad \dot{k}' = \left(\frac{\vartheta_4(0;2\tau)}{\vartheta_3(0;2\tau)}\right)^2, \quad (14\text{b})$$

$$\dot{K} = \frac{\pi}{2}\vartheta_3^2(0;2\tau), \quad (14\text{c}) \qquad \dot{K}' = 2\frac{b}{a}\dot{K}. \quad (14\text{d})$$

Damit hat jetzt die komplexe Potentialfunktion für das Rechteck in der durch Abb. 149 dargestellten Anordnung der beiden Leiter die folgende Form angenommen:

$$\chi_m^{(D)}(Z, Z'_\pm; a, b) = \frac{\mu_0 I}{2\pi} \times$$

$$\times \ln\left(\frac{\left[\operatorname{sn}\left(\frac{2Z}{a}\dot{K}\right) - \operatorname{sn}\left(\frac{2Z'_-}{a}\dot{K}\right)\right]\left[\operatorname{sn}\left(\frac{2Z}{a}\dot{K}\right) - \operatorname{sn}\left(\frac{2\overline{Z'_-}}{a}\dot{K}\right)\right]}{\left[\operatorname{sn}\left(\frac{2Z}{a}\dot{K}\right) + \operatorname{sn}\left(\frac{2\overline{Z'_-}}{a}\dot{K}\right)\right]\left[\operatorname{sn}\left(\frac{2Z}{a}\dot{K}\right) + \operatorname{sn}\left(\frac{2Z'_-}{a}\dot{K}\right)\right]}\right). \tag{15}$$

Die elliptische Funktion sn hat hierin den Modul $\dot{k}$ von Gl. (14a).

Eine weitere Vereinfachung tritt in dieser Formel ein, wenn $d = a$ wird, also in Abb. 149 die beiden Leiter links und rechts an den senkrecht stehenden Rechteckseiten anliegen. Es wird dann $Z'_- = a/2 + i\,y'$ und wegen Gl. (14d) auf Grund bekannter Transformationsformeln

$$\operatorname{sn}\left(\frac{2Z'_-}{a}\dot{K}, \dot{k}\right) = \operatorname{sn}\left(\dot{K} + i\frac{2y'}{a}\dot{K}, \dot{k}\right) = \operatorname{cn}\left(i\frac{2y'}{a}\dot{K}, \dot{k}\right)\Big/\operatorname{dn}\left(i\frac{2y'}{a}\dot{K}, \dot{k}\right)$$

$$= \operatorname{nd}\left(\frac{2y'}{a}\dot{K}, \dot{k}'\right) = \operatorname{nd}\left(\frac{y'}{b}\dot{K}', \dot{k}'\right) \equiv \operatorname{nd}(\eta', \dot{k}'). \tag{15α}$$

Da die Funktion dn eine gerade Funktion ist, so kommt dasselbe heraus, wenn im Argument von sn das Zeichen $\overline{Z'_-}$ an Stelle von Z'_- steht. Setzt man auch im allgemeinen Fall $Z = a/2 + i\,v$, so ist natürlich analog

$$\operatorname{ns}\left(\frac{2Z}{a}\dot{K}, \dot{k}\right) = \operatorname{dn}\left(\frac{v}{b}\dot{K}', \dot{k}'\right) \equiv \operatorname{dn}(\zeta, \dot{k}'), \tag{15'}$$

und die Gl. (15) läßt sich dann einfacher in der Form

$$\chi_m^{(D)}\left(Z; \mp\frac{a}{2} + i\,y'; a, b\right) = \frac{\mu_0 I}{\pi}\ln\left(\frac{\operatorname{dn}(\zeta, \dot{k}') - \operatorname{dn}(\eta', \dot{k}')}{\operatorname{dn}(\zeta, \dot{k}') + \operatorname{dn}(\eta', \dot{k}')}\right) \tag{15a}$$

schreiben. Das frühere Rechteck der z-Ebene hat in der ζ-Ebene nunmehr die in Abb. 150 dargestellte Lage. Die an der inneren Berandung des rechten Rechtecks dieser Figur stehenden Zahlenwerte gelten für die Funktion $\operatorname{dn}(\zeta, k')$, wenn der Punkt ζ die Berandung umläuft.

Danach ist für ein ζ zwischen den Punkten 0 und $i\dot{K}$ auf der imaginären Zahlenachse $\operatorname{dn}\zeta$ reell und größer als Eins. Der Hauptwert des Logarithmus in Gl. (15a) ist dann negativ reell, und er bleibt es bei gleichzeitiger Zunahme seines Betrages, bis ζ auf seiner Wanderung längs der Berandung des Rechtecks im mathematisch positiven Sinne bis dicht an den Punkt η' herangerückt ist. Setzen wir in der unmittelbaren Nachbarschaft dieses Punktes $\zeta = \eta' + \varrho\, e^{i\varphi}$ mit $\varrho \approx 0$, so ist daselbst

$$\operatorname{dn}(\zeta, \dot{k}') - \operatorname{dn}(\eta', \dot{k}) = \dot{k}^2 \operatorname{sn}\eta' \operatorname{cn}\eta' \,\varrho\, e^{i(\varphi - \pi)} \quad (0 \gtreqless \varphi \leq \pi).$$

Rechts vom Punkte η' zwischen 0 und $\dot{K}'$ hat also in Gl. (15a) der hinter dem Zeichen ln im Zähler stehende Ausdruck den Phasenwinkel $-\pi$, und dieser Phasenwinkel bleibt längs der Berandung unverändert bestehen, bis der Punkt ζ von rechts her an die Stelle $\eta' + 2\dot{K}i$ gelangt ist. In der unmittelbaren Nachbarschaft dieses Punktes kann nun wiederum $\zeta = \eta' + 2i\dot{K} + \varrho\, e^{i\varphi}$ gesetzt werden. Für den Nenner wird dann

$$\mathrm{dn}(\zeta, \dot{k}') + \mathrm{dn}(\eta', \dot{k}') = \varrho\, e^{i\varphi}\, \dot{k}^2 \,\mathrm{sn}\,\eta' \,\mathrm{cn}\,\eta' \qquad (-\pi \gtreqless \varphi \leqq 0).$$

Links vom Punkt $\zeta = \eta' + i\, 2\dot{K}$ hat somit jetzt auch der Nenner den

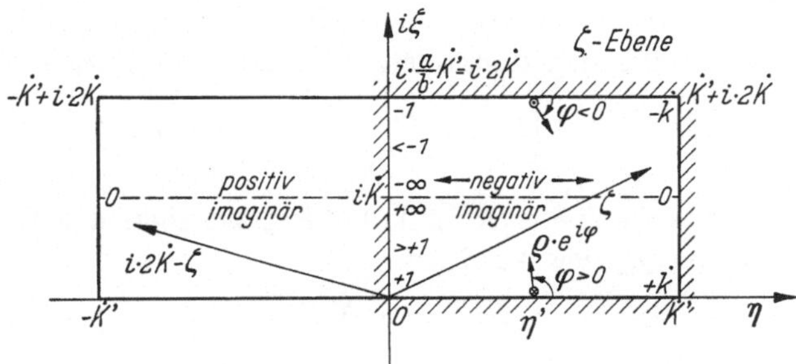

Abb. 150. Das Bild erläutert die Verteilung des Potentialbelages für das durch die Leiterschleife im Punktepaar $(0, \eta')$ und $(2K, \eta')$ erzeugte Feld

Phasenwinkel $-\pi$, so daß der Logarithmus wieder reellwertig geworden ist, und auf dem Teil der Berandung vom oberen Punkt η' bis zum Punkt $i\dot{K}$ ist dann der Logarithmus von Gl. (15a) in der Form

$$\ln\left(\frac{[\mathrm{dn}(\eta', \dot{k}') - \mathrm{dn}(\zeta, \dot{k}')]\, e^{-\pi i}}{|\mathrm{dn}(\eta', \dot{k}') + \mathrm{dn}(\zeta, \dot{k}')|\, e^{-\pi i}}\right)$$

zu schreiben. Der Imaginärteil der komplexen Potentialfunktion hat also zwischen den beiden Punkten $\eta' \cdots \eta' + i\, 2\dot{K}$ auf der rechten Hälfte den konstanten Wert $-\pi$, auf der linken Hälfte den Wert Null. Der Punkt $\zeta = i\dot{K}'$ ist für den Logarithmanden von Gl. (15a) eine reguläre Stelle.

Es gehöre jetzt, wie zur Probe auf die Richtigkeit der Gl. (15a) angenommen werden möge, das bei $Z = \mp a/2 + i\, y'$ angeordnete Leiterpaar zu einer einlagigen, aus insgesamt N Windungen bestehenden Wicklung, die an den beiden Seiten $X = \pm a/2$ des Rechtecks angeordnet ist und sich von $y' = 0$ bis $y' = b$ erstreckt. Es läßt sich dann voraussehen, daß innerhalb des Rechtecks unter dem Einfluß dieser Erregung ein zur Wicklung paralleles, homogenes Feld entstehen wird. Fließt durch die einzelne Windung der Strom I', so ist für das an der Stelle y' liegende Wicklungselement in der komplexen

Potentialfunktion (15a) I durch $N I'$ (dy'/b) zu ersetzen, und um die Wirkung der ganzen Wicklung zu erhalten, muß der so modifizierte Ausdruck (15a) nach y' zwischen den Grenzen $0 \cdots b$ integriert werden. Mit Rücksicht auf die Gl. (15a) und die Definition von $\eta' = y'/b \cdot \dot{K}'$, lautet demnach die Beziehung für die komplexe Potentialfunktion einer solchen einlagigen Wicklung:

$$\chi_m^{(DW)}(\zeta) = \frac{\mu_0 N I'}{\pi \dot{K}'} \int_0^{\dot{K}'} \ln\left(\frac{\operatorname{dn}(\zeta, \dot{k}') - \operatorname{dn}(\eta', \dot{k}')}{\operatorname{dn}(\zeta, \dot{k}') + \operatorname{dn}(\eta', \dot{k}')}\right) d\eta'. \qquad (15\alpha)$$

Der Wert dieses Integrals findet sich im Anhang unter M 7 hergeleitet. Für χ_m ergibt sich damit letzten Endes die Beziehung

$$\chi_m^{(DW)}(\zeta) = -\mu_0 N I' \left\{ i \frac{\zeta}{\dot{K}'} + \frac{a}{2b} \right\} = -\mu_0 N I'/b \cdot (X + i Y). \qquad (16)$$

Für einen Punkt $\zeta = i\,\xi + \dot{K}'$ mit $0 \gtreqless \xi \leqq 2\dot{K}$ folgt aus Gl. (16) als Imaginärteil von χ_m der Ausdruck

$$\Phi(\zeta) = -N I'.$$

Dahingegen hat $\Phi(\zeta)$ den Wert Null für ein $\zeta = i\,\xi$. Die beiden Flächen $\eta = 0$ und $\eta = \dot{K}'$ des Rechtecks von Abb. 150 stehen mithin auf dem Potential 0 und $-NI'$. Die magnetischen Feldlinien haben also die Richtung von links nach rechts, wie es bei der in das Bild eingezeichneten Stromrichtung in der Wicklung auch sein muß. Die zweite Form der Gl. (16) ergibt für die Verhältnisse in der Z-Ebene von Bild 149 ebenfalls plausible Resultate.

7.31 Der Einzelleiter und das Leiterpaar in der geschlossenen Nut von kreisringsektorförmigem Querschnitt. Eine Querschnittsform für einen Hohlkanal innerhalb eines vollkommen permeablen Blocks, die in engem Zusammenhang mit dem rechteckigem Querschnitt steht und daher am besten unmittelbar im Anschluß an diesen behandelt wird, ist die des Kreisringsektors. Er kommt mit seinem Umriß der Nut in einer elektrischen Maschine am nächsten. Die Abb. 151 zeigt in der oberen Hälfte einen derartigen Querschnitt. Er habe den gesamten Öffnungswinkel α und werde von den beiden Kreisbögen mit den Radien R_1 und $R_2 > R_1$ begrenzt. Ist $\zeta = \varrho\, e^{i\varphi}$ ein beliebiger Aufpunkt innerhalb dieses Querschnitts, so wird durch die Gleichung

$$\nu = i \ln\left(\frac{R_2}{\varrho\, e^{i\varphi}}\right) = \varphi + i \ln\left(\frac{R_2}{\varrho}\right), \quad (1\,\text{a}) \qquad \beta = \ln\left(\frac{R_2}{R_1}\right) \quad (1\,\text{b})$$

der kreisringsektorförmige Querschnitt auf den rechteckigen Querschnitt der ν-Ebene mit den Ecken $(-\alpha/2, 0)$, $(+\alpha/2, 0)$, $(\alpha/2, \beta)$, $(-\alpha/2, \beta)$ abgebildet. Hierin ist β die durch Gl. (1b) definierte Größe.

Liegt nun etwa im Kreisringsektor ein stromdurchflossener Einzelleiter an der Stelle $\zeta' = \varrho' e^{i\varphi'}$, so braucht in der Darstellung des reellen Vektorpotentials durch das Integral der Gl. 7.2 (2) oder in den beiden Reihenentwicklungen (2a, b) für A_z lediglich

$$a = \alpha, \qquad x = \frac{\alpha}{2} + \varphi, \qquad x' = \frac{\alpha}{2} + \varphi', \qquad b = \beta, \qquad y = \sigma, \qquad y' = \sigma'$$

gesetzt zu werden, und die angeführten früheren Beziehungen gelten jetzt ohne weiteres auch für das magnetische Feld im Kreisringsektor.

Ebenso kann man auch alle Gleichungen des Abschn. 7.2 in sinngemäßer Weise auf den jetzigen Fall übertragen. Das gilt z. B. auch von der Gl. 7.2 (15). Hierin ist zu setzen

$$a = \alpha, \qquad Z = \nu, \qquad Z'_- = \nu'_-, \qquad \overline{Z'_-} = \overline{\nu'_-}\,.$$

Es ist jedoch dabei zu beachten, daß, wenn im Rechteck der ν-Ebene der in der positiven Richtung durchflossene Stromleiter in der linken Hälfte des Bildes liegt, der entsprechende Leiter in der ζ-Ebene in der oberen Hälfte des Kreisbogenvierecks liegt.

Ein weiteres Eingehen auf diesen Fall dürfte sich damit erübrigen.

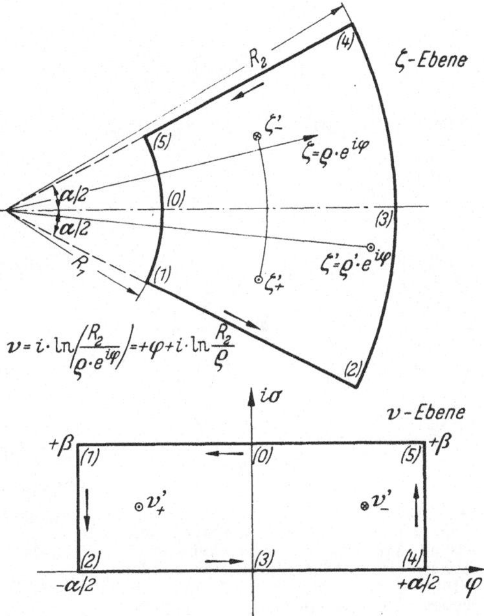

Abb. 151. Hat der Querschnitt eines Hohlkanals wie in der ζ-Ebene die Form eines Kreisringsektors, so kann dieser Fall durch konforme Abbildung auf die ν-Ebene auf den des rechteckigen Querschnitts zurückgeführt werden

7.41 Der Einzelleiter im kreisringförmigen Hohlkanal und die zugehörige komplexe Potentialfunktion. Wegen der großen Bedeutung, die der jetzt zu besprechende Fall im Hinblick auf die magnetischen Felder in den elektrischen Maschinen hat, möge das Vektorpotential des Einzelleiters innerhalb eines kreisringförmigen Hohlkanals oder Luftspaltes ab initio und nicht unter Bezugnahme auf die im vorstehenden bereits gewonnenen Ergebnisse hergeleitet werden.

Wir wollen das gesteckte Ziel auf dem Weg über die Lösung einer Randwertaufgabe anstreben. Von der Erzeugung des Feldes nehmen wir an, daß sie von einem Einzelleiter ausgeht, der im Hinblick auf

Abb. 152 an der Stelle $\zeta' = \varrho' e^{i\varphi'}$ des kreisringförmigen Querschnitts steht und von dem Strom $+I$ durchflossen wird. Dann ist das primäre Vektorpotential $A_z^{(p)}(\varrho, \varphi; \varrho', \varphi')$ gemäß Gl. 1.2 (23) durch die Reihenentwicklung

$$A_z^{(p)}(\varrho, \varphi; \varrho', \varphi') = \frac{\mu_0 I}{2\pi} \begin{Bmatrix} \ln(1/\varrho') \\ \ln(1/\varrho) \end{Bmatrix} + \sum_{\lambda=1}^{\infty} \frac{\cos\lambda(\varphi - \varphi')}{\lambda} \begin{Bmatrix} (\varrho/\varrho')^\lambda \\ (\varrho'/\varrho)^\lambda \end{Bmatrix} \begin{matrix} (\varrho < \varrho') \\ (\varrho > \varrho') \end{matrix} \tag{1a}$$

gegeben. Wir fügen hierzu als Lösungsansatz

$$\delta A_z(\varrho, \varphi) = \frac{\mu_0 I}{2\pi} \left\{ C + D \ln\varrho + \sum_{\lambda=1}^{\infty} \frac{\cos\lambda(\varphi - \varphi')}{\lambda} \left[A_\lambda \left(\frac{\varrho}{\varrho'}\right)^\lambda + B_\lambda \left(\frac{\varrho'}{\varrho}\right)^\lambda \right] \right\}. \tag{1b}$$

Die in diesem Ansatz auftretenden unbekannten Konstanten müssen aus der Forderung bestimmt werden, daß wegen Gl. (2a, b) die Ableitung von $A_z^{(p)} + \delta A_z$ sowohl für $\varrho = R_1$ als auch für $\varrho = R_2$ verschwinden muß. Das führt sofort zu den Bestimmungsgleichungen

$$A_\lambda \left(\frac{R_1}{\varrho'}\right)^\lambda - B_\lambda \left(\frac{\varrho'}{R_1}\right)^\lambda = -\left(\frac{R_1}{\varrho'}\right)^\lambda \tag{1α}$$

$$(\lambda = 1, 2, 3 \ldots).$$

$$A_\lambda \left(\frac{R_2}{\varrho'}\right)^\lambda - B_\lambda \left(\frac{\varrho'}{R_2}\right)^\lambda = \left(\frac{\varrho'}{R_2}\right)^\lambda \tag{1β}$$

Die Konstante C des Lösungsansatzes (1b) bleibt unbestimmt, und sie kann es auch getrost bleiben, denn, um die Forderung $B_\varphi = 0$ für $\varrho = R_{1,2}$ im Hinblick auf die Gleichungen

$$B_\varrho(\varrho, \varphi) = \frac{1}{\varrho} \frac{\partial A_z(\varrho, \varphi)}{\partial \varphi}, \tag{2a}$$

$$B_\varphi(\varrho, \varphi) = -\frac{\partial A_z(\varrho, \varphi)}{\partial \varrho} \tag{2b}$$

zu erfüllen, ist ja ohnehin eine Differentiation erforderlich. Die Konstante D in Gl. (1b) muß gleich 1 gesetzt werden, um den Term $\ln(1/\varrho)$, der im Bereich $\varrho' < \varrho < R_2$ von Gl. (1b) auftritt, wieder daraus zu entfernen, weil sonst B_φ nicht für $\varrho = R_2$ verschwinden könnte.

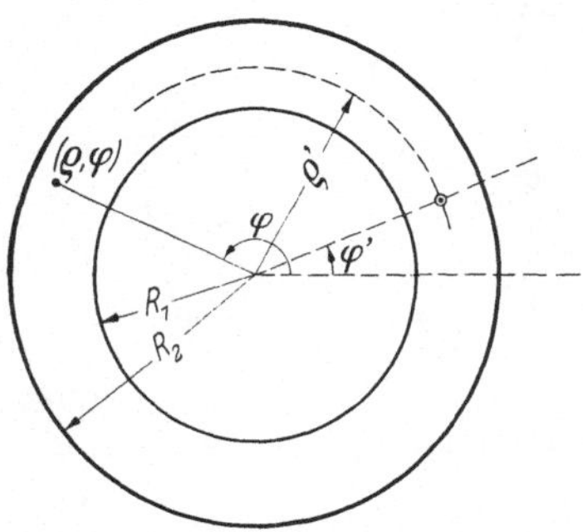

Abb. 152. In einem Hohlkanal mit vollkommen permeabler Begrenzung und einem Kreisring als Querschnitt steht ein stromführender Einzelleiter an der Stelle (ϱ', φ'). Die Gl. (5a) und (5b) geben die zugehörigen Lösungen für die Komponente $A_z^{(t)}$ des Vektorpotentials an

Löst man das obige Gleichungssystem nach den Konstanten A_λ und B_λ auf und benutzt die Abkürzungen

$$\ln\left(\frac{R_2}{\varrho}\right) = \sigma, \quad (3a) \qquad \ln\left(\frac{R_2}{\varrho'}\right) = \sigma', \quad (3b) \qquad \ln\left(\frac{R_2}{R_1}\right) = \beta, \quad (3c)$$

so erhält man die Bestimmungsgleichungen

$$A_\lambda = e^{-\lambda\sigma'} \frac{\operatorname{Cof}\lambda(\beta - \sigma')}{\operatorname{Sin}\lambda\beta}, \quad (4a) \qquad B_\lambda = e^{\lambda(\sigma' - \beta)} \frac{\operatorname{Cof}\lambda\sigma'}{\operatorname{Sin}\lambda\beta}. \quad (4b)$$

Geht man hiermit in Gl. (1b) ein und faßt diese Gleichung mit Gl. (1a) zusammen, so ergibt sich bis auf eine einzelne fortgelassene Konstante die Lösungsgleichung

$$A_z^{(t)}(\varrho, \varphi; \varrho', \varphi') = \frac{\mu_0 I}{\pi} \sum_{\lambda=1}^{\infty} \frac{\cos \lambda(\varphi - \varphi')}{\lambda} \frac{\mathfrak{Cof}\,\lambda(\beta - \sigma)\,\mathfrak{Cof}\,\lambda\sigma'}{\mathfrak{Sin}(\beta\lambda)} \tag{5a}$$
$$(0 \gtreqless \sigma' < \sigma \leqq \beta).$$

Im Falle $0 \gtreqless \sigma < \sigma' \leqq \beta$ ist es lediglich nötig, in Gl. (5a) σ mit σ' zu vertauschen. Die Randbedingungen für A_z werden von Gl. (5a) wegen Gl. (2b) offenbar erfüllt, und an der Stelle $\sigma = \sigma'$ und $\varphi = \varphi'$ hat die Reihe (5a) im Hinblick auf die Natur ihrer Konvergenz eine logarithmische Singularität.

Der Ausdruck (5a) läßt sich in bekannter Weise in ein Integral verwandeln. Man kann nämlich auch schreiben

$$A_z^{(t)}(\varrho, \varphi; \varrho', \varphi') \begin{cases} = -\dfrac{\mu_0 I}{2\pi i} \displaystyle\int_{-i\infty+\iota}^{+i\infty+\iota} \frac{\cos t(\pi - (\varphi - \varphi'))}{\sin(\pi t)} \frac{\mathfrak{Cof}\,t(\beta - \sigma)\,\mathfrak{Cof}\,t\sigma'}{\mathfrak{Sin}(\beta t)} \frac{dt}{t} \\ (0 \gtreqless |\varphi - \varphi'| \leqq \pi,\ 0 \gtreqless \sigma' < \sigma \leqq \beta,\ 0 < \varepsilon < 1) \\ = -\dfrac{\mu_0 I}{4\pi i} \displaystyle\int_F \frac{\cos t(\pi - (\varphi - \varphi'))}{\sin(\pi t)} \frac{\mathfrak{Cof}\,t(\beta - \sigma)\,\mathfrak{Cof}\,t\sigma'}{\mathfrak{Sin}(\beta t)} \frac{dt}{t}. \end{cases} \tag{5}$$

In der Tat führt die Auflösung des ersten Integrals in Gl. (5) nach dem Residuensatz, die dadurch ermöglicht wird, daß man den Integrationsweg durch den unendlich fernen Halbkreis in der rechten t-Halbebene zu einem geschlossenen Weg ergänzt, sofort auf die Entwicklung (5a) zurück. Der Übergang zum Doppelweg F in der zweiten Darstellung für A_z in Gl. (5) gelingt deswegen, weil in Gl. (5) unter dem Integralzeichen eine in t ungerade Funktion steht. Der Doppelweg ist in Abb. 153 dargestellt.

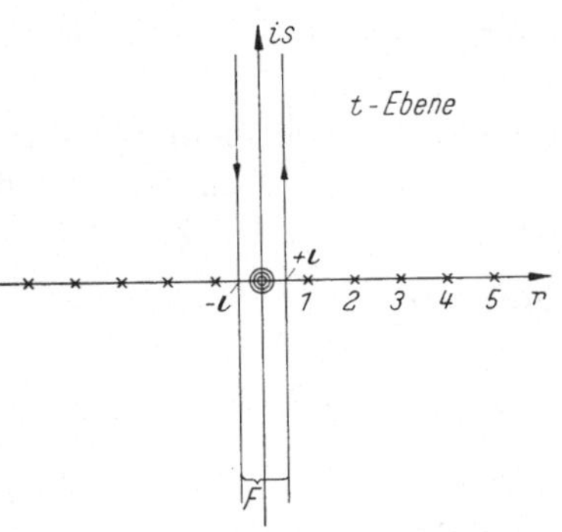

Abb. 153. Darstellung des in Gl. (5) benutzten Integrationsweges

Löst man nun dieses zweite Integral nach den einfachen, auf der imaginären Achse liegenden Polen auf, so wird man auf die Reihenentwicklung

$$A_z^{(t)}(\varrho, \varphi; \varrho', \varphi') = \frac{\mu_0 I}{2\pi} \times$$
$$\times \left\{ \frac{[\pi - (\varphi - \varphi')]^2 - \sigma'^2 - (\beta - \sigma)^2 + \frac{1}{3}(\beta^2 - \pi^2)}{2\beta} + \right. \tag{5b}$$
$$\left. + 2 \sum_{\lambda=1}^{\infty} \cos\left(\pi\lambda\frac{\sigma}{\beta}\right) \cos\left(\pi\lambda\frac{\sigma'}{\beta}\right) \frac{\mathfrak{Cof}\left(\pi\lambda\dfrac{\pi - (\varphi - \varphi')}{\beta}\right)}{\lambda\,\mathfrak{Sin}\left(\dfrac{\pi^2\lambda}{\beta}\right)} \right\} \quad \begin{matrix}(0 \gtreqless \sigma' < \sigma \leqq \beta), \\ (0 \gtreqless |\varphi - \varphi'| \leqq 2\pi)\end{matrix}$$

geführt. Die Beschränkung des Geltungsbereichs der Reihe hinsichtlich der σ und σ' bezieht sich hierin nur auf die erste Gleichungszeile.

Die unter Gl. (5a) angegebene Entwicklung läßt auf Grund der Gl. M 1 (6a) auch eine geschlossene Darstellung zu. Der Vergleich führt ohne jede Schwierigkeit zu der Formel

$$A_z^{(t)}(\varrho, \varphi; \varrho', \varphi') = \frac{\mu_0 I}{2\pi} \times$$

$$\times \Re\left\{\ln \frac{\vartheta_4^2(0; \tau')\,(k'^{\frac{1}{2}}/(2q'^{\frac{1}{4}}k))^{\frac{1}{3}}}{\vartheta_4\left(\frac{\varphi-\varphi'+i(\sigma-\sigma')}{2\pi} - \frac{\tau'}{2}; \tau'\right)\vartheta_4\left(\frac{\varphi-\varphi'-i(\sigma+\sigma')}{2\pi} + \frac{\tau'}{2}; \tau'\right)}\right\}, \quad (5\alpha_1)$$

$$(\tau' = i\beta/\pi),$$

und sie bleibt richtig, wenn für das Argument der zweiten ϑ_4-Funktion der konjugiert komplexe Wert genommen wird. Mit der ständigen Abkürzung

$$\nu = i\ln\left(\frac{R_2}{\zeta}\right) = i\ln\left(\frac{R_2}{\varrho\, e^{i\varphi}}\right) = \varphi + i\ln\left(\frac{R_2}{\varrho}\right) = \varphi + i\sigma \qquad (6)$$

kann für die beiden ϑ_4-Funktionen geschrieben werden

$$\vartheta_4\left(\frac{i}{2\pi}\ln\left(\frac{\zeta'}{\zeta}\right) - \frac{\tau'}{2}; \tau'\right)\vartheta_4\left(\frac{i}{2\pi}\ln\left(\frac{R_2^2}{\zeta\bar{\zeta}'}\right) - \frac{\tau'}{2}; \tau'\right)$$

$$= \exp\left[-\pi i + \frac{\beta}{2} - \sigma + i(\varphi-\varphi')\right]\vartheta_1\left(\frac{i}{2\pi}\ln\left(\frac{\zeta'}{\zeta}\right); \tau'\right)\vartheta_1\left(\frac{i}{2\pi}\ln\left(\frac{R_2^2}{\zeta\bar{\zeta}'}\right); \tau'\right).$$

Demnach erhält man für das Vektorpotential des Einzelleiters mit dem Strom $+I$ am Orte ζ' der Kreisringfläche den folgenden geschlossenen Ausdruck

$$A_z^{(t)}(\zeta, \zeta') = \frac{\mu_0 I}{2\pi} \times$$

$$\times \Re\left\{+\ln\left(\frac{\sqrt{R_1 R_2}}{\zeta}\right) + \ln\frac{\vartheta_4^2(0; \tau')\,(k'^{\frac{1}{2}}/(2q'^{\frac{1}{4}}k))^{\frac{1}{3}}}{\vartheta_1\left(\frac{i}{2\pi}\ln\left(\frac{\zeta'}{\zeta}\right); \tau'\right)\vartheta_1\left(\frac{i}{2\pi}\ln\frac{R_2^2}{\zeta\bar{\zeta}'}; \tau'\right)}\right\} \qquad (5\alpha)$$

$$(\tau' = i\beta/\pi,\ q' = e^{-\beta}).$$

Für die Gl. (5b) läßt sich mit Hilfe der Gl. 7.1 (12) ebenfalls eine geschlossene Darstellung angeben. Transformiert man sie sogleich auf die ϑ_1-Funktionen, so erhält man

$$A_z^{(t)}(\zeta, \zeta') = \frac{\mu_0 I}{2\pi}\left\{\frac{[(\varphi-\varphi')^2 - \sigma'^2 - (\beta-\sigma)^2 + \frac{1}{3}(\beta^2-\pi^2)]}{2\beta} + \right.$$

$$\left. + \Re\left[\ln\left(\frac{\vartheta_4^2(0; \tau)\,(k^{\frac{1}{2}}/(2q^{\frac{1}{4}}k'))^{\frac{1}{3}}}{\vartheta_1\left(\frac{1}{2\beta}\ln\left(\frac{\zeta'}{\zeta}\right); \tau\right)\vartheta_1\left(\frac{1}{2\beta}\ln\left(\frac{R_2^2}{\zeta\bar{\zeta}'}\right); \tau\right)}\right)\right]\right\} \qquad (5\beta)$$

$$(0 \gtreqless \sigma' < \sigma \leqq \beta,\ \tau = i\pi/\beta,\ q = e^{-\pi^2/\beta}).$$

Hier betrifft die Beschränkung über σ gleichfalls nur die erste Gleichungszeile, denn die zweite Zeile ist nach Gl. (5b) gegen eine Vertauschung von σ und σ' ohnehin unempfindlich.

Wendet man andererseits auf die Theta-Funktionen der Gl. ($5\alpha_2$) die imaginäre Transformation von JACOBI an, so gelangt man infolge der Relation

$$\begin{aligned} \vartheta_4^2(0,\tau')\left(\frac{k'^{\frac{1}{2}}}{2q'^{\frac{1}{4}}k}\right)^{\frac{1}{3}} &= \left(\frac{k^{\frac{1}{2}}}{2q^{\frac{1}{4}}k'}\right)^{\frac{1}{3}}\left(\frac{k'}{k}\right)^{\frac{1}{2}}\left(\frac{q}{q'}\right)^{1/12}\frac{\pi}{\beta}\,\vartheta_2^2(0;\tau) \\ &= \vartheta_4^2(0;\tau')\left(\frac{k^{\frac{1}{2}}}{2q^{\frac{1}{4}}k'}\right)^{\frac{1}{3}}\left(\frac{k}{k'}\right)^{\frac{1}{2}}\frac{\pi}{\beta}\,e^{-(\pi^2-\beta^2)/(12\beta)} \end{aligned} \tag{7}$$

ebenfalls zu der Gl. (5β).

In Anbetracht dieses Umstandes liegt es nahe, den Übergang von der reellen zur komplexen Schreibweise am besten an der Gl. ($5\alpha_2$) zu vollziehen, und zwar einfach dadurch, daß das Zeichen $\mathfrak{Re}$ hierin unterdrückt wird. Der Zähler im Logarithmanden von Gl. ($5\alpha_2$) könnte dabei weiterhin außer acht gelassen werden. Wir wollen ihn aber beibehalten und setzen abkürzend

$$C(\tau') = \vartheta_4^2(0;\tau')\cdot\left[\frac{k'^{\frac{1}{2}}}{(2q'^{\frac{1}{4}}k)}\right]^{\frac{1}{3}} \qquad \left(\tau' = i\,\frac{\beta}{\pi} = -\frac{1}{\tau}\right), \tag{8}$$

so daß sich dann die komplexe Potentialfunktion gemäß Gl. 2.3 (1β) für einen im Kreisring angeordneten Einzelleiter in der Form

$$\chi_m^{(E)}(\zeta,\zeta';R_{1,2}) = \frac{\mu_0 I}{2\pi}\ln\frac{C(\tau')\,(\sqrt{R_1R_2}/\zeta)}{\vartheta_1\!\left(\frac{i}{2\pi}\ln\left(\frac{\zeta'}{\zeta}\right);\tau'\right)\vartheta_1\!\left(\frac{i}{2\pi}\ln\left(\frac{R_2^2}{\zeta\bar{\zeta}'}\right);\tau'\right)} \tag{9a}$$

angeben läßt. Macht der Aufpunkt innerhalb des Kreisrings einen ganzen Umlauf, so multipliziert sich ζ mit $e^{2\pi i}$, und die rechte Seite von Gl. (9a) nimmt um die Größe $-\mu_0 I i$ ab. Hierin zeigt sich das bekannte mehrdeutige Verhalten der skalaren Potentialfunktion im magnetischen Feld von Strömen.

Führt man an den ϑ_1-Funktionen von Gl. (9a) die imaginäre Transformation von JACOBI durch, so entsteht der ziemlich schwerfällige Ausdruck

$$\begin{aligned} \chi_m^{(E)}(\zeta,\zeta';R_{1,2}) = \frac{\mu_0 I}{2\pi}\Bigg\{ &-\frac{1}{4\beta}\left[\left(\ln\left(\frac{\zeta'}{\zeta}\right)\right)^2 + \left(\ln\left(\frac{R_2^2}{\zeta\bar{\zeta}'}\right)\right)^2 - \frac{1}{3}(\beta^2-\pi^2)\right] + \\ &+ \ln\frac{C(\tau)\,(\sqrt{R_1R_2}/\zeta)\left(\frac{k}{k'}\right)^{\frac{1}{2}}}{\vartheta_1\!\left(\frac{1}{2\beta}\ln\left(\frac{\zeta'}{\zeta}\right);\tau\right)\vartheta_1\!\left(\frac{1}{2\beta}\ln\left(\frac{R_2^2}{\zeta\bar{\zeta}'}\right);\tau\right)}\Bigg\} \qquad \left(\tau = i\,\frac{\pi}{\beta} = -\frac{1}{\tau'}\right). \end{aligned} \tag{9b}$$

Wie wir gleich sehen werden, wird diese Formel wesentlich durchsichtiger und symmetrischer in ihrem Aufbau, sobald man vom Einzelleiter zum Leiterpaar übergeht. Die Definition für die Größe $C(\tau)$ in Gl. (9b) geht aus der für $C(\tau')$ in Gl. (8) durch Übergang von τ', k', q', k zu τ, k, q, k' hervor.

7.411 Die komplexe Potentialfunktion für das Leiterpaar im Kreisring. Mit Hilfe der Gl. (9a, b) läßt sich nun ohne Schwierigkeit auch die komplexe Potentialfunktion für ein im Kreisring in ganz beliebiger Weise angeordnetes Leiterpaar herstellen, wenn also etwa der den Strom $+I$ führende Leiter an der Stelle (ϱ'_+, φ'_+) und der den Strom $-I$ führende Leiter an der Stelle (ϱ'_-, φ'_-) steht. Wir werden uns aber hier hauptsächlich auf den Fall beschränken, wo wie in Abbildung 154 beide Leiter auf demselben Kreis mit dem Radius ϱ' liegen, während ihre Stellungswinkel $\varphi'_\pm$ natürlich voneinander verschieden sind.

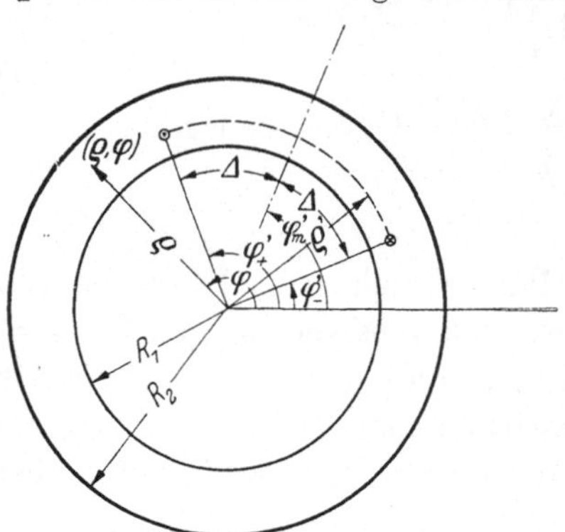

Abb. 154. In einem Hohlkanal von kreisringförmigem Querschnitt liegt an den Stellen $(\varrho', \varphi'_\pm)$ ein stromführendes Leiterpaar. Für die komplexe Potentialfunktion gelten die Gl. (10a, b).

Nach Gl. (9a) lautet in der einen Form die komplexe Potentialfunktion eines solchen Leiterpaares

$$\chi_m^{(D)}(\zeta, \zeta'_\pm; R_{1,2}) = \frac{\mu_0 I}{2\pi} \ln \frac{\vartheta_1\left(\frac{i}{2\pi}\ln\left(\frac{\zeta'_-}{\zeta}\right); \tau'\right) \vartheta_1\left(\frac{i}{2\pi}\ln\left(\frac{R_2^2}{\zeta\,\bar{\zeta}'_-}\right); \tau'\right)}{\vartheta_1\left(\frac{i}{2\pi}\ln\left(\frac{\zeta'_+}{\zeta}\right); \tau'\right) \vartheta_1\left(\frac{i}{2\pi}\ln\left(\frac{R_2^2}{\zeta\,\bar{\zeta}'_-}\right); \tau'\right)} \quad (10a)$$

$$\left(\tau' = i\,\frac{\beta}{\pi} = -\frac{1}{\tau};\ \beta = \ln\left(\frac{R_2}{R_1}\right)\right).$$

In der anderen Form ist nach Gl. (9b)

$$\chi_m^{(D)}(\zeta, \zeta'_\pm; R_{1,2}) = \frac{\mu_0 I}{2\pi}\left\{\frac{2\,\triangle'}{\beta}\left(\varphi'_m - i\ln\left(\frac{R_2}{\zeta}\right)\right) + \right.$$

$$\left. + \ln \frac{\vartheta_1\left(\frac{1}{2\beta}\ln\left(\frac{\zeta'_-}{\zeta}\right); \tau\right) \vartheta_1\left(\frac{1}{2\beta}\ln\left(\frac{R_2^2}{\zeta\,\bar{\zeta}'_-}\right); \tau\right)}{\vartheta_1\left(\frac{1}{2\beta}\ln\left(\frac{\zeta'_+}{\zeta}\right); \tau\right) \vartheta_1\left(\frac{1}{2\beta}\ln\left(\frac{R_2^2}{\zeta\,\bar{\zeta}'_+}\right); \tau\right)}\right\} \quad \left(\tau = i\,\frac{\pi}{\beta} = -\frac{1}{\tau'}\right), \quad (10b)$$

mit den ständigen Abkürzungen

$$\varphi'_+ - \varphi'_- = 2\,\triangle \equiv 2\,\triangle', \quad (11a) \qquad \varphi'_+ + \varphi'_- = 2\,\varphi'_m. \quad (11b)$$

Nimmt in den beiden Gl. (10a, b) das Argument von ζ um 2π zu, so ändert sich Gl. (10a) überhaupt nicht, die Gl. (10b) nur um einen konstanten Betrag. Wird $\zeta'_+ = \zeta'_- e^{2\pi i}$, so ist dann $\triangle = \pi$ und $\varphi'_m = \varphi'_- + \pi$, und die Gl. (10a) wird auf der rechten Seite gleich Null. Von der Gl. (10b) bleibt nur ein konstanter Betrag übrig. An beiden Darstellungen (10a, b) kann man sich im übrigen leicht davon überzeugen, daß sie für $\varrho = R_{1,2}$ die Grenzbedingungen erfüllen. Das einzelne Glied in Gl. (10b) bewirkt dabei, sowohl was den Real- als auch den Imaginärteil anbetrifft, auf Grund der Gl. (2a, b) das Auftreten der radialen Komponente $B_\varrho = -\mu_0 I \triangle / (\pi \beta \varrho)$. Die Grenzbedingungen werden von diesem Term identisch erfüllt.

Die Gl. (10a, b) vereinfachen sich weiter erheblich, wenn das Leiterpaar entweder auf dem Umfang des äußeren oder des inneren Kreises aufliegt. Im ersten Fall ist $\zeta'_\pm = R_2 e^{i\varphi'_\pm}$. Es werden dann in den beiden Gl. (10a, b) die Argumente der beiden im Zähler oder Nenner stehenden Theta-Funktionen einander gleich, und zwar gleich $\ln(R_2/\zeta \cdot e^{i\varphi'_\pm})$. Ist $\zeta'_\pm = R_1 e^{i\varphi'_\pm}$, so wird das Argument der jeweils zweiten Theta-Funktion im Zähler oder Nenner

$$\ln\left(\frac{R_2^2}{\zeta\,\bar{\zeta}'_\pm}\right) = \ln\left(\frac{R_2^2}{\zeta R_1 e^{-i\varphi'_\pm}}\right) = \ln(R_1/\zeta \cdot e^{+i\varphi'_\pm}) + 2\beta\,.$$

In der Gl. (10b) erhalten also wiederum beide Theta-Funktionen im Zähler und Nenner das gleiche Argument $R_1/\zeta\, e^{i\varphi'_\pm}$, im Falle (10a) bekommt hingegen jeweils die zweite Theta-Funktion ein um τ' größeres Argument als die erste Funktion dieser Art. Durch eine bekannte Transformationsformel kann aber auch hier wiederum eine Gleichheit der Argumente hergestellt werden. Wir stellen für den praktischen Fall diese Formeln zusammen.

Erster Fall: $\zeta'_\pm = R_2 e^{i\varphi'_\pm}$

$$\chi_m^{(D)}(\zeta;\, R_2 e^{i\varphi'_\pm};\, R_{1,2}) = \frac{\mu_0 I}{\pi} \ln \frac{\vartheta_1\left(\frac{i}{2\pi} \ln\left(\frac{R_2}{\zeta} \cdot e^{+i\varphi'_-}\right); \tau'\right)}{\vartheta_1\left(\frac{i}{2\pi} \ln\left(\frac{R_2}{\zeta} \cdot e^{+i\varphi'_+}\right); \tau'\right)} \quad \left(\tau' = i\frac{\beta}{\pi}\right), \tag{10a$_1$}$$

$$\chi_m^{(D)}(\zeta;\, R_2 e^{i\varphi'_\pm};\, R_{1,2}) = \frac{\mu_0 I}{\pi} \times$$

$$\times \left\{\frac{\triangle}{\beta}\left[\varphi'_m - i\ln\left(\frac{R_2}{\zeta}\right)\right] + \ln \frac{\vartheta_1\left(\frac{1}{2\beta} \ln\left(\frac{R_2}{\zeta} \cdot e^{+i\varphi'_-}\right); \tau\right)}{\vartheta_1\left(\frac{1}{2\beta} \ln\left(\frac{R_2}{\zeta} \cdot e^{+i\varphi'_+}\right); \tau\right)}\right\} \left(\tau = i\frac{\pi}{\beta}\right). \tag{10b$_1$}$$

Zweiter Fall: $\zeta'_\pm = R_1 e^{i\varphi'_\pm}$

$$\chi_m^{(D)}(\zeta;\, R_1 e^{i\varphi'_\pm};\, R_{1,2}) = \frac{\mu_0 I}{\pi} \times$$

$$\times \left\{ -2\pi \triangle + \ln \frac{\vartheta_1\left(\frac{i}{2\pi}\ln\left(\frac{R_1}{\zeta}\cdot e^{+i\varphi'_-}\right);\tau'\right)}{\vartheta_1\left(\frac{i}{2\pi}\ln\left(\frac{R_1}{\zeta}\cdot e^{+i\varphi'_+}\right);\tau'\right)} \right\} \quad \left(\tau' = i\frac{\beta}{\pi}\right), \tag{10a$_2$}$$

$$\chi_m^{(D)}(\zeta;\, R_1 e^{i\varphi'_\pm};\, R_{1,2}) = \frac{\mu_0 I}{\pi} \times$$

$$\times \left\{ \frac{\triangle}{\beta}\left[\varphi'_m - i\ln\left(\frac{R_2}{\zeta}\right)\right] + \ln \frac{\vartheta_1\left(\frac{1}{2\beta}\ln\left(\frac{R_1}{\zeta}\cdot e^{+i\varphi'_-}\right);\tau\right)}{\vartheta_1\left(\frac{1}{2\beta}\ln\left(\frac{R_1}{\zeta}\cdot e^{+i\varphi'_+}\right);\tau\right)} \right\} \left(\tau = i\frac{\pi}{\beta}\right), \tag{10b$_2$}$$

$$\beta = \ln\frac{R_2}{R_1}.$$

Für einen schmalen Kreisring ist β sehr klein und infolgedessen der Modul $i\pi/\beta$ sehr groß. Die Theta-Reihen von Gl. (10b, 10b$_{1,2}$) zeichnen sich dann durch eine besonders gute Konvergenz aus. Wegen der mannigfachen Anwendungen, die die Gl. (10a, b) finden können, möge an Stelle des geschlossenen Ausdrucks (10b) auch noch eine Reihenentwicklung angegeben werden. Dabei soll von den Theta-Reihen

$$\left.\begin{array}{l} \ln\left[\dfrac{\vartheta_1(v;\tau)}{\vartheta'_1(0;\tau)}\right] \\ \ln\left[\dfrac{\vartheta_2(v;\tau)}{\vartheta'_2(0;\tau)}\right] \end{array}\right\} = \ln\begin{array}{c}\sin\\ \cos\end{array}(\pi v) + 2\sum_{\lambda=1}^{\infty}\frac{(\pm)^\lambda q^{2\lambda}}{1-q^{2\lambda}}\,\frac{1-\cos(2\pi\lambda v)}{\lambda} \tag{12}$$

$$(q = e^{\pi i \tau} < 1)$$

Gebrauch gemacht werden. Mit den Abkürzungen (11a, b) berechnet sich mittels Gl. (12) aus (10b) die folgende Entwicklung

$$\chi_m^{(D)}(\zeta,\, \zeta'_\pm;\, R_{1,2}) = \frac{\mu_0 I}{2\pi} \times$$

$$\times \left\{ \ln \frac{\sin\left(\frac{\pi}{2\beta}\left(\ln\frac{\varrho'}{\varrho} + i(\varphi'_- - \varphi)\right)\right)\cdot\sin\left(\frac{\pi}{2\beta}\left(\ln\frac{R_2^2}{\varrho\varrho'} + i(\varphi'_- - \varphi)\right)\right)}{\sin\left(\frac{\pi}{2\beta}\left(\ln\frac{\varrho'}{\varrho} + i(\varphi'_+ - \varphi)\right)\right)\sin\left(\frac{\pi}{2\beta}\left(\ln\frac{R_2^2}{\varrho\varrho'} + i(\varphi'_+ - \varphi)\right)\right)} + \right.$$

$$+ 4\sum_{\lambda=1}^{\infty}\frac{e^{-\pi^2(\lambda/\beta)}}{\mathfrak{Sin}\left(\lambda\frac{\pi^2}{\beta}\right)}\left[\cos\left(\lambda\frac{2\pi}{\beta}\ln\frac{R_2}{\varrho}\right)\mathfrak{Sin}\frac{\pi\lambda}{\beta}(\varphi'_m - \varphi) + \right. \tag{10β}$$

$$\left. + i\sin\left(\lambda\frac{2\pi}{\beta}\ln\frac{R_2}{\varrho}\right)\mathfrak{Cof}\left(\frac{\pi\lambda}{\beta}(\varphi'_m - \varphi)\right)\right]\cos\left(\frac{2\pi\lambda}{\beta}\ln\frac{R_2}{\varrho'}\right)\mathfrak{Sin}\left(\frac{\pi\lambda}{\beta}\triangle'\right)$$

$$\left. + \frac{2\triangle'}{\beta}\left(\varphi'_m - \varphi - i\ln\left(\frac{R_2}{\varrho}\right)\right)\right\}.$$

Auch an der Reihe (10β) kann man sich leicht davon überzeugen, daß etwa der Realteil von χ_m, nachdem nach ϱ differenziert worden ist, sowohl für $\varrho = R_1$ als auch für $\varrho = R_2$ verschwindet. Die Reihe in Gl. (10β) konvergiert absolut, solange $\exp[-(\pi/\beta)(2\pi - |\varphi_m' - \varphi| - \triangle')] < 1$ ist.

7.42 Die gegenseitige Induktion zwischen zwei Leiterpaaren auf der Oberfläche von Ständer und Läufer. Um zunächst unter möglichst einfachen Verhältnissen den Einfluß des Eisens auf die magnetische Verkettung zweier Stromkreise zu untersuchen, betrachten wir zwei Leiterpaare in dem schon oben genommenen Sinne, von denen das eine Paar auf der Oberfläche des äußeren Kreiszylinders, das andere Paar auf der Oberfläche des inneren Zylinders befestigt sein möge, so wie es Abb. 155 erkennen läßt. Die innere leitende Schleife soll um die Achse der Trommel, auf deren Umfang sie angeordnet ist, bewegt werden können. Sie sei von den beiden Schleifen diejenige, die von einem Strom durchflossen wird. Es soll dann der magnetische Fluß berechnet werden, den diese induzierende Schleife durch das auf dem äußeren Zylinder liegende Leiterpaar hindurchschickt, d. h. also der Gegeninduktionskoeffizient der beiden Schleifen.

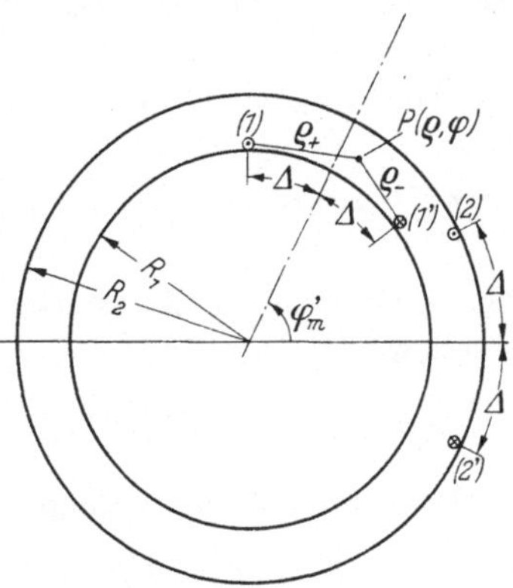

Abb. 155. Von zwei Leiterpaaren, deren beide Leiter den gleichen Winkelabstand $2\varDelta$ haben, liegt das eine Paar auf der Oberfläche des äußeren, das andere Paar auf der Oberfläche des inneren von zwei koaxialen Kreiszylindern

Zunächst berechnen wir diesen Koeffizienten bei gleicher gegenseitiger Lage der beiden Schleifen, wenn sich in deren Umgebung kein magnetisch polarisierbares Medium befindet. Es ist dann nach Gleichung 1.2 (23) im Aufpunkt $P(\varrho, \varphi)$ von Abb. 155

$$A_z(\varrho, \varphi) = \frac{\mu_0 I}{2\pi} \ln\left(\frac{\varrho_-}{\varrho_+}\right). \tag{13a}$$

Der magnetische Fluß durch die Schleife (2,2′) ist dann auf Grund der Gl. 1.1 (29), wenn die beiden Leiter des Paares in der Richtung der z-Achse als sehr lang angesehen werden können und also von einer auf die Längeneinheit bezogenen Gegeninduktivität gesprochen werden kann, durch die Formel

$$\Psi(1, 1'; 2, 2') \equiv I\,\mathfrak{L}_{1,2}^{(L)} = \frac{\mu_0 I}{2\pi} \ln \frac{\varrho_{1',2}\,\varrho_{1,2'}}{\varrho_{1',2'}\,\varrho_{1,2}} \tag{13b}$$

gegeben. Er zählt positiv, wenn er von innen nach außen durch die äußere Schleife hindurchgeht. Die in dieser Formel auftretenden vier

Längen lassen sich leicht mittels des cos-Satzes durch $R_{1,2}$, φ'_m und $\triangle'$ ausdrücken, und man erhält nach kurzer Rechnung für den Gegeninduktionskoeffizienten selbst die Beziehung

$$\mathfrak{L}_{1,2}^{(L)}(\varphi'_m) = \begin{cases} \dfrac{\mu_0}{2\pi} \ln \dfrac{[\mathfrak{Cof}\,\beta - \cos(\varphi'_m + 2\triangle')][\mathfrak{Cof}\,\beta - \cos(\varphi'_m - 2\triangle')]}{\mathfrak{Cof}\,\beta - \cos\varphi'_m} \\ \dfrac{\mu_0}{4\pi} \ln\left\{1 + (\mathfrak{Cof}\,\beta \cos\varphi'_m - \cos^2\triangle') \dfrac{4\sin^2\triangle'}{(\mathfrak{Cof}\,\beta - \cos\varphi'_m)^2}\right\}. \end{cases} \tag{14}$$

Der Verlauf von $\mathfrak{L}_{1,2}(\varphi'_m)$ nach Gl. (14) liegt demnach symmetrisch zur Geraden $\varphi'_m = \pi$.

Als Funktion von φ'_m betrachtet, hat $\mathfrak{L}_{1,2}$ eine Nullstelle dort, wo

$$\varphi'^{(0)}_m = \operatorname{arc\,cos}\left(\frac{\cos^2\triangle'}{\mathfrak{Cof}\,\beta}\right) \quad \left(0 < \varphi'^{(0)}_m < \frac{\pi}{2},\ \frac{3\pi}{2} < \varphi'^{(0)}_m < \pi\right), \tag{14a}$$

ist. Zwei relative Maxima im absoluten Sinne liegen an den beiden Stellen

$$\varphi'^{(\mathrm{Min})}_m = \pi \mp \operatorname{arc\,cos}\left(\mathfrak{Cof}\,\beta - 2\frac{\cos^2\triangle'}{\mathfrak{Cof}\,\beta}\right) \quad \left(|\operatorname{arc\,cos}(\ldots)| < \frac{\pi}{2}\right), \tag{14b}$$

und sie haben die Größen

$$\mathfrak{L}_{1,2}^{(L)}(\varphi'^{(\mathrm{Min})}_m) = -\frac{\mu_0}{4\pi} \ln \frac{\mathfrak{Cof}\,2\beta - \cos 2\triangle'}{2\cos^2\triangle'\,\mathfrak{Sin}^2\beta}. \tag{14β}$$

Schließlich treten noch zwei Extremwerte bei $\varphi'_m = 0$ und $\varphi'_m = \pi$ auf mit den Werten

$$\mathfrak{L}_{1,2}^{(L)}(0) = \frac{\mu_0}{2\pi} \ln\left(\frac{\mathfrak{Cof}\,\beta - \cos 2\triangle'}{\mathfrak{Cof}\,\beta - 1}\right), \tag{14γ_1}$$

$$\mathfrak{L}_{1,2}^{(L)}(\pi) = -\frac{\mu_0}{2\pi} \ln\left(\frac{\mathfrak{Cof}\,\beta + 1}{\mathfrak{Cof}\,\beta + \cos 2\triangle'}\right). \tag{14γ_2}$$

Der Verlauf von $\mathfrak{L}_{1,2}$ ist in Abhängigkeit von φ'_m für die vier Werte $\triangle' = \pi/8$, $\pi/4$, $3\pi/8$ und $\pi/2$ in Abb. 156 dargestellt worden für ein $R_2/R_1 = 1{,}0151$.

Für den uns nun besonders interessierenden Fall, wo dieselben beiden Schleifen in dem kreisringförmigen Raum zwischen Ständer und Läufer angeordnet sind bei sonst gleichen Dimensionen, können wir mittels der Gl. 1.1 (29) sofort für die Gegeninduktivität der beiden Schleifen bei demselben positiven Zählsinn die folgende allgemeine Formel anschreiben

$$I\,\mathfrak{L}_{1,2}^{(E)} = \Re\{\chi_m^{(D)}(R_2 e^{i\varphi_+}, R_2 e^{i\varphi'_\mp}; R_{1,2}) - \chi_m^{(D)}(R_2 e^{i\varphi_-}, R_1 e^{i\varphi'_\mp}; R_{1,2})\}. \tag{15}$$

Wir ziehen nun zunächst für $\chi_m^{(D)}$ am besten die Formel ($10\,b_2$) heran. Dann ist in dieser Formel zu setzen

$$\varrho = R_2, \quad \varphi'_\pm = \varphi'_m \pm \triangle', \quad \varphi_- = -\triangle', \quad \varphi_+ = +\triangle'.$$

Das ergibt nach kurzer Rechnung die allgemeine Beziehung

$$\mathfrak{L}_{1,2}^{(E)}(\varphi_m') = \frac{\mu_0}{\pi}\left\{-\frac{2\triangle'^2}{\beta} + \ln\frac{\vartheta_2\left(i\,\frac{\varphi_m'-2\triangle'}{2\beta};\tau\right)\vartheta_2\left(i\,\frac{\varphi_m'+2\triangle'}{2\beta};\tau\right)}{\left(\vartheta_2\left(i\,\frac{\varphi_m'}{2\beta};\tau\right)\right)^2}\right\} \qquad \left(\tau = i\,\frac{\pi}{\beta}\right). \tag{15a}$$

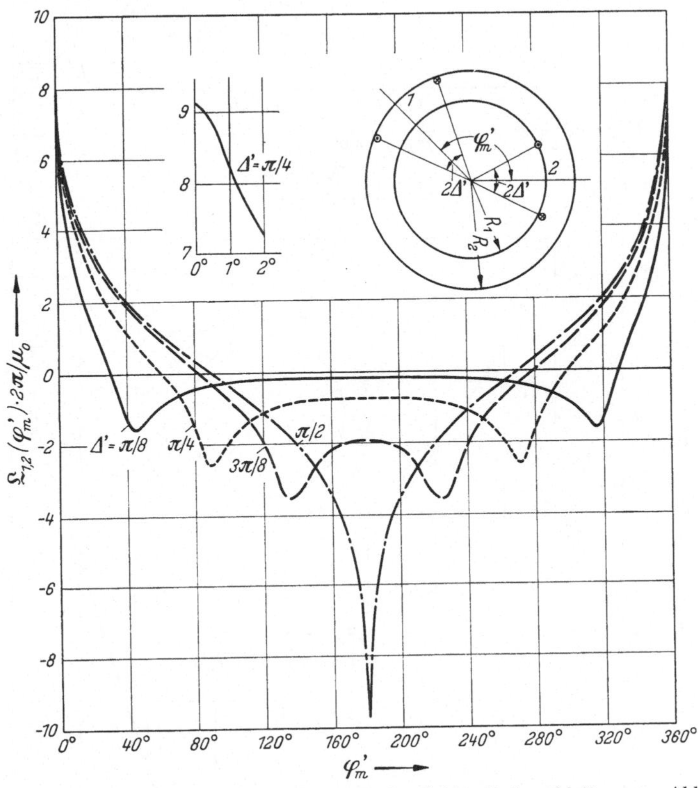

Abb. 156. Das Bild stellt die Gegeninduktivität der beiden Leiterschleifen von Abb. 155 in Abhängigkeit des Winkels φ_m' dar, der die gegenseitige Stellung der beiden Schleifen festlegt. Es werden vier verschiedene Öffnungsweiten der Schleifen von der Größe $2\Delta' = \pi/4$, $\pi/2$, $3\pi/4$ und π betrachtet. Das Verhältnis R_2/R_1 wird gleich 1,015 gesetzt. Ein permeables Medium ist hier nicht vorhanden

Dann ist im besonderen für $\varphi_m' = 0$ oder 2π

$$\mathfrak{L}_{1,2}^{(E)}(0) = \frac{\mu_0}{\pi}\left\{-\frac{2\triangle'^2}{\beta} + 2\ln\frac{\vartheta_2\left(i\,\frac{\triangle'}{\beta};\tau\right)}{\vartheta_2(0;\tau)}\right\} \qquad \left(\tau = i\,\frac{\pi}{\beta}\right) \tag{15a$_1$}$$

und für $\varphi_m' = \pi$

$$\mathfrak{L}_{1,2}^{(E)}(\pi) = \frac{\mu_0}{\pi}\left\{-\frac{2\triangle'^2}{\beta} + 2\ln\frac{\vartheta_3\left(i\,\frac{\triangle'}{\beta};\tau\right)}{\vartheta_3(0;\tau)}\right\} \qquad \left(\tau = i\,\frac{\pi}{\beta}\right). \tag{15a$_2$}$$

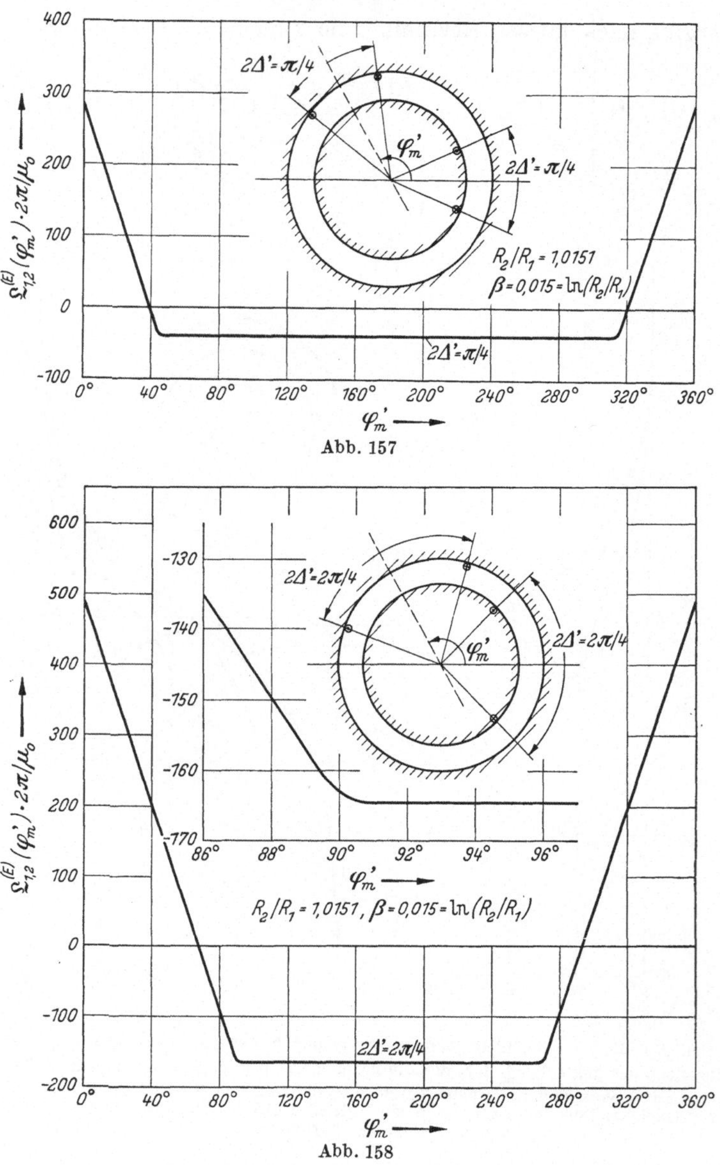

Abb. 157

Abb. 158

Umfaßt andererseits die Leiterschleife eine ganze Polbreite, d. h. hat $2\triangle'$ den Wert π, so kann man Gl. (15a) auf die Form bringen

$$[\mathfrak{L}^{(E)}_{1,2}(\varphi'_m)]_{\triangle'=\pi/2} = \frac{2\mu_0}{\pi}\ln\left[\vartheta_3\left(i\,\frac{\varphi'_m}{2\beta};\,\tau\right)\Big/\vartheta_2\left(i\,\frac{\varphi'_m}{2\beta};\,\tau\right)\right]$$

$$= \frac{2\mu_0}{\pi}\ln\frac{\operatorname{dn}\left(\varphi'_m\,\frac{K'}{\pi},\,k'\right)}{k^{\frac{1}{2}}}, \qquad (15\alpha)$$

da ja $K/\beta = K'/\pi$ ist. Es ist also in diesem besonderen Falle

$$[\mathfrak{L}_{1,2}^{(E)}(0)]_{\triangle'=\pi/2} = \frac{\mu_0}{\pi}\ln\left(\frac{1}{k}\right), \qquad [\mathfrak{L}_{1,2}^{(E)}(\pi)]_{\triangle'=\pi/2} = -\frac{\mu_0}{\pi}\ln\left(\frac{1}{k}\right),$$

$$[\mathfrak{L}_{1,2}^{(E)}]_{\triangle'=\pi/2} = 0.$$

und diese Ergebnisse erkennt man unmittelbar als richtig.

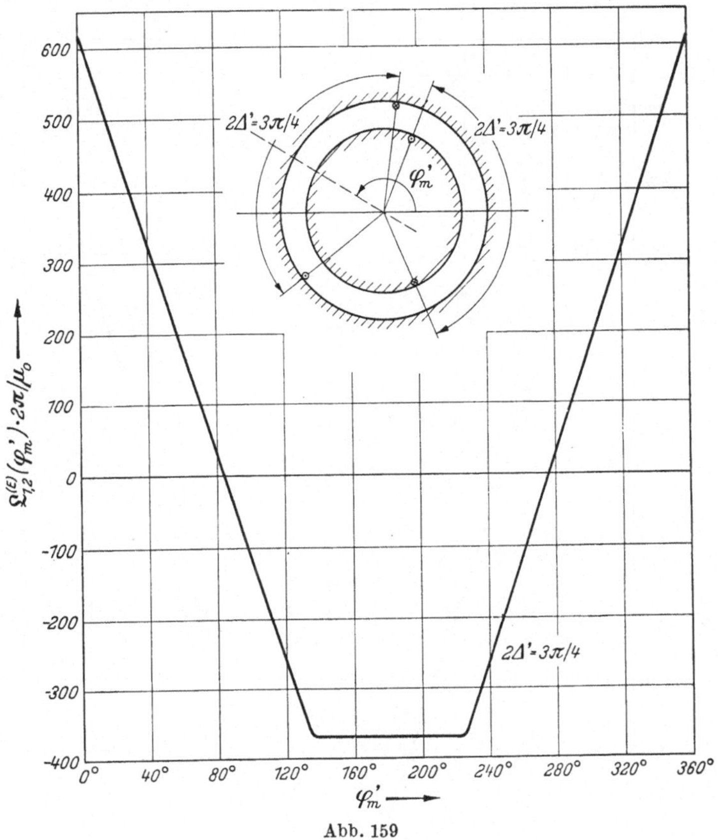

Abb. 159

Für die zahlenmäßige Berechnung von $\mathfrak{L}_{1,2}$ ist es zweckmäßiger, von vornherein die Reihe (10β) zu benutzen. Setzt man darin

$$\varrho' = R_1, \quad \varrho = R_2, \quad \varphi'_\pm = \varphi'_m \pm \triangle', \quad \varphi_\pm = \pm\triangle',$$

so ergibt sich nach kurzer Rechnung auf Grund von Gl. (15) die Darstellung

$$\mathfrak{L}_{1,2}^{(E)}(\varphi'_m) = \frac{\mu_0 I}{\pi}\left\{\ln\frac{\operatorname{Cof}\left(\pi\frac{\varphi'_m - 2\triangle'}{2\beta}\right)\operatorname{Cof}\left(\pi\frac{\varphi'_m + 2\triangle'}{2\beta}\right)}{\operatorname{Cof}^2\left(\pi\frac{\varphi'_m}{2\beta}\right)} - \frac{2\triangle'^2}{\beta} + \right. \tag{15b}$$

$$\left. + 4\sum_{\lambda=1}^{\infty}\frac{e^{-\lambda(\pi^2/\beta)}}{\operatorname{Sin}\left(\lambda\frac{\pi^2}{\beta}\right)}\operatorname{Cof}\left(\pi\lambda\frac{\varphi'_m}{\beta}\right)\left[\operatorname{Cof}\left(\pi\lambda\frac{2\triangle'}{\beta}\right) - 1\right]\right\} \quad (-\pi \lesseqgtr \varphi'_m \leqq +\pi).$$

Ein weit entferntes Glied der Reihe verhält sich wie

$$\exp[-\pi\lambda/\beta\cdot(2(\pi-\triangle')-|\varphi_m'|)].$$

Es bleibt also einzig und allein der Fall ausgeschlossen, in dem $2\triangle'=\varphi_m'=\pi$ ist, weil dann der Exponent verschwindet.

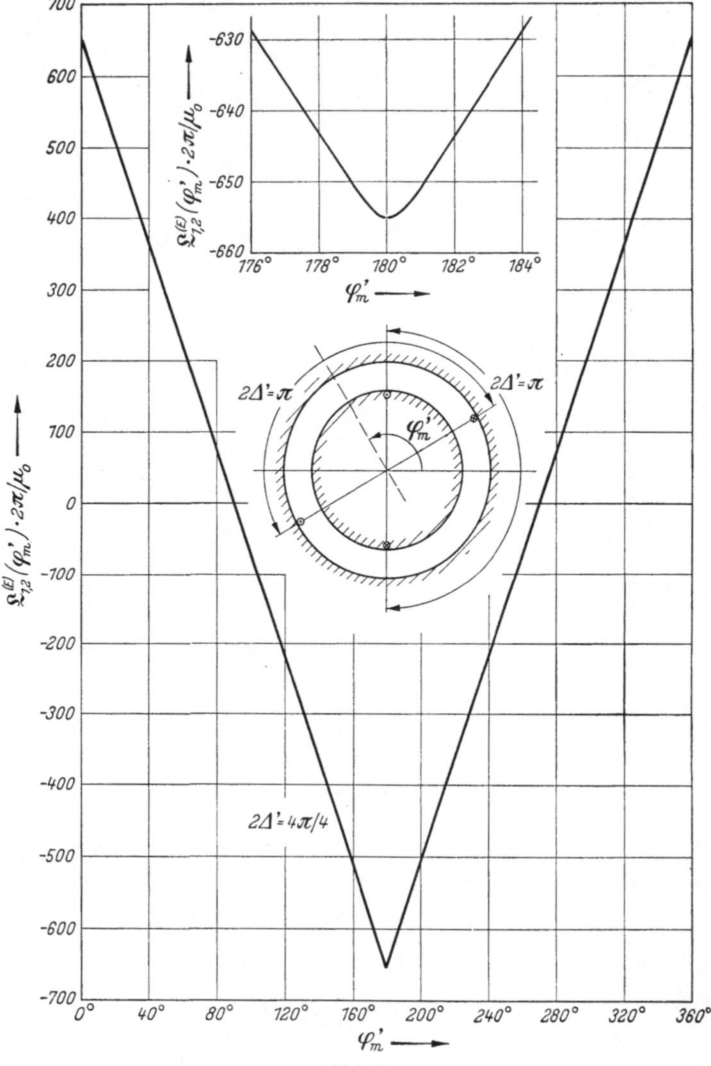

Abb. 160

Abb. 157, 158, 159 u. 160. Diese vier Bilder stellen wiederum die Gegeninduktivität zweier Leiterschleifen in Abhängigkeit von φ_m' dar, wenn der äußere Zylinder mit $\varrho \geqq R_2$ und der innere Zylinder mit $\varrho \lesseqgtr R_1$, deren einander zugekehrte Oberflächen die beiden Schleifen tragen, aus einem vollkommen permeablen Stoff bestehen. In jedem dieser Bilder hat $2\Delta'$ einen anderen der vier Werte $\pi/4$, $\pi/2$,$3\pi/4$ und $4\pi/4$

In den vier Abb. 157 ··· 160 ist nun mit Hilfe der Gl. (15b) wiederum der Verlauf von $\mathfrak{L}_{1,2}$ in Abhängigkeit von φ'_m für die vier Fälle $\triangle' = \pi/8$, $2\pi/8$, $3\pi/8$ und $4\pi/8$ dargestellt worden. Jetzt liegen also die beiden Leiterpaare in einem schmalen Luftspalt zwischen zwei vollkommen permeablen, zylindrischen Eisenblöcken. Das Verhältnis von R_2/R_1 hat auch hier wieder den Wert 1,0151. Im wesentlichen wird der Gang der Kurve in den genannten vier Bildern von den Gliedern in der ersten Zeile von Gl. (15b) bestimmt. Begnügt man sich mit dem in den Bildern gewählten Maßstab, so findet der Übergang von dem geradlinigen zu dem mittleren, parallelen Wegstück scheinbar ganz plötzlich statt, so daß scharfe Ecken entstehen. In den Abb. 158 und 160 ist deshalb der Verlauf in der Nachbarschaft der Ecken in etwas größerem Maßstab aufgezeichnet worden, so daß der natürlich

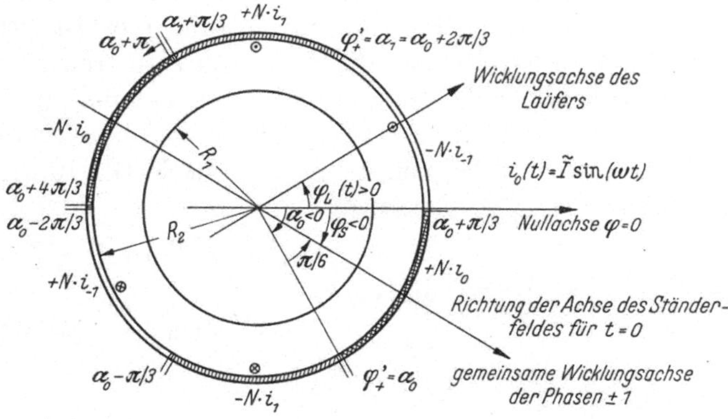

Abb. 161. Bei dem hier benutzten Modell einer Drehfeldmaschine wird angenommen, daß die Wicklung auf der Ständeroberfläche gleichmäßig verteilt liegt. Der Stromfluß in dieser flächenhaften Wicklung entspricht dem in einer Dreiphasenwicklung. Die zugehörige komplexe Potentialfunktion gibt die Gl. (22) an

in Wirklichkeit auftretende gleichmäßige Übergang deutlich erkennbar wird. Das mittlere horizontale Stück in den vier Abbildungen entspricht allein dem Glied $-2\triangle'^2/\beta$ in Gl. (15b). Die in Gl. (15b) vorkommenden unendlichen Reihen liefern bei dem Maßstab der vier Abbildungen keine nennenswerten Beiträge.

7.43 Das Luftspaltfeld der Vollpolmaschine infolge eines Strombelags auf der Ständeroberfläche. Gemäß Abb. 161 wollen wir nun annehmen, daß auf der Oberfläche $\varrho = R_2$ des Ständers ein kontinuierlicher Strombelag ausgebreitet liegt, und zwar zeige er eine Gesetzmäßigkeit, die der Erregung des Magnetfeldes durch die Drehstromwicklung des Ständers entspricht. Die $J_p(t) = \tilde{I}\sin(\omega t + p(2\pi/3))$ mit $p = 0$, ± 1 mögen die drei Phasenströme angeben, und N sei die Zahl der Windungen je Pol und Phase. Führt die Wicklung der Phase p

zu dem beliebigen Zeitpunkt t zwischen den Umfangspunkten $\alpha_p \cdots \alpha_p + \pi/3$ einen Strom in Richtung der positiven z-Achse, einen Strom also, der nach oben aus der Papierebene austritt, so fließt in dem Teil der Wicklung, der zwischen den Punkten $\alpha_p + \pi \cdots \alpha_p + \pi + \pi/3$ liegt, zu dem gleichen Zeitpunkt t ein Strom in der entgegengesetzten Richtung. Führen wir noch die auf die Bogeneinheit bezogene Umfangsdichte

$$\mathfrak{J}_p(t) = J_p(t) \cdot N \Big/ \left(\frac{\pi}{3}\right), \quad (16\text{a}) \qquad \alpha_p = \alpha_0 + p\frac{2\pi}{3} \quad (p = 0, \pm 1) \quad (16\text{b})$$

des Strombelags ein, welchem Begriff die vereinfachende Annahme zugrunde gelegt wird, daß die auf den einzelnen Pol und die einzelne Phase entfallende AW-Zahl gleichmäßig über den dafür in Frage kommenden Umfang verteilt ist, so trifft man an der Stelle φ' mit $\alpha_p \lesseqgtr \varphi'_p \leqq \alpha_p + \pi/3$ den Strom $\mathfrak{J}_p\, d\varphi'_p$ an, und dies ist genau die Größe, die z. B. in Gl. (10a) an die Stelle von I zu treten hat. Wird noch berücksichtigt, daß bei einer Zweipolmaschine in Gl. (10a) $\varphi'_- = \varphi'_+ + \pi$ ist, so lautet die komplexe Potentialfunktion des einzelnen, bei $\varphi'_+ = \varphi'_p$ gelegenen Leiterpaars nach Gl. (10a_1) bis auf eine geänderte imaginäre Konstante:

$$\delta\chi_m^{(D)}(\zeta; R_2 e^{i\varphi'_p}; R_{1,2}) = \frac{\mu_0}{\pi}(\mathfrak{J}_p\, d\varphi'_p) \ln \frac{\vartheta_2\left(\frac{i}{2\pi}\ln\left(\frac{R_2}{\varrho}\right) + \frac{\varphi - \varphi'_p}{2\pi}; \tau'\right)}{\vartheta_1\left(\frac{i}{2\pi}\ln\left(\frac{R_2}{\varrho}\right) + \frac{\varphi - \varphi'_p}{2\pi}; \tau'\right)} \quad (17\text{a})$$

$$\left(\tau' = i\frac{\beta}{\pi}\right).$$

Da vornehmlich das Feld interessiert, das von der Ständerwicklung an der Läuferoberfläche erzeugt wird, so setzen wir im Argument der Theta-Funktionen $\ln(R_2/\varrho) = \ln(R_2/R_1) + \ln(R_1/\varrho)$. Die Anwendung einer bekannten Transformationsformel macht in Gl. (17a) aus den Funktionen ϑ_2 und ϑ_1 ohne sonstige Änderung die Funktionen ϑ_3 und ϑ_4. Da sie dasselbe Argument haben, kann man ohne weiteres von den Theta-Funktionen zur elliptischen Funktion dn übergehen und bekommt dann neuerdings die Relation

$$\delta\chi_m^{(D)}(\zeta, R_2 e^{i\varphi'_\pm}; R_{1,2}) = \frac{\mu_0}{\pi}\mathfrak{J}_p\, d\varphi'_p \ln\left[k^{-\frac{1}{2}} \operatorname{dn}\left(\frac{K'}{\pi}\left(i\ln\left(\frac{R_1}{\varrho}\right) + \varphi - \varphi'_p\right); k'\right)\right]. \quad (17\text{b})$$

Um den Beitrag der ganzen Wicklung von Phase p zu bekommen, ist dieser Ausdruck über φ'_p zwischen den Grenzen $\alpha_p \cdots \alpha_p + \pi/3$ zu integrieren. Wird dann außerdem noch zur Abkürzung

$$\frac{K'}{\pi}\ln\left(\frac{\varrho}{R_1}\right) = A > 0, \quad (17\alpha) \qquad \frac{K'}{\pi}(\varphi'_p - \varphi) = x \quad (17\beta)$$

gesetzt, so berechnet sich demnach die zugehörige Potentialfunktion nach der Formel:

$$\chi_m^{(D,p)}(\zeta, R_2 e^{i\varphi'_\pm}; R_{1,2}) = \frac{\mu_0}{K'} \mathfrak{J}_p(t) \int\limits_{K'(\alpha_p-\varphi)/\pi}^{K'(\alpha_p+\pi/3-\varphi)/\pi} \ln[k^{-\frac{1}{2}} \mathrm{dn}(iA + x, k')]\, dx. \quad (18)$$

Die Auswertung von Gl. (18) dürfte kaum auf andere Weise gelingen als mit Hilfe der FOURIER-Entwicklung

$$\ln \mathrm{dn}(2K'v, k') = -4 \sum_{\lambda=0}^{\infty} \frac{q'^{2\lambda+1}}{1-q'^{2(2\lambda+1)}} \, \frac{1-\cos((2\lambda+1)2\pi v)}{2\lambda+1} \quad (q' = e^{-\beta}). \quad (19)$$

Sie führt nach der Integration der von x abhängigen Glieder zu der Beziehung

$$\begin{aligned} &\chi_m^{(D,p)}(\zeta, R_2 e^{i\varphi'_\pm}; R_{1,2}) \\ &= \mu_0 \mathfrak{J}_p(t) \left\{ \frac{1}{6} \ln\left(\frac{1}{k}\right) - \frac{2}{3} \sum_{\lambda=0}^{\infty} \frac{1}{(2\lambda+1)\,\mathfrak{Sin}\,(2\lambda+1)\beta} + \right. \\ &\left. + \frac{2}{K'} \sum_{\lambda=0}^{\infty} \frac{1}{(2\lambda+1)\,\mathfrak{Sin}\,(2\lambda+1)\beta} \int\limits_{K'(\alpha_p-\varphi)/\pi}^{K'(\alpha_p+\pi/3-\varphi)/\pi} \cos\left((2\lambda+1)\frac{\pi}{K'}(iA+x)\right) dx. \right\} \end{aligned}$$

Aus Gl. (19) folgt aber für $v = \frac{1}{4}$ die Summenformel [vgl. M 1 Gl. (5)]

$$\sum_{\lambda=0}^{\infty} \frac{1}{(2\lambda+1)\,\mathfrak{Sin}\,(2\lambda+1)\beta} = \frac{1}{4} \ln\left(\frac{1}{k}\right). \quad (19')$$

Die Auswertung des Integrals liefert schließlich die folgende endgültige Beziehung für die komplexe Potentialfunktion der eingangs beschriebenen magnetischen Erregung durch die Wicklung der Phase p:

$$\begin{aligned} \chi_m^{(D,p)}(\zeta, R_2 e^{i\varphi'_\pm}; R_{1,2}) &= \frac{4\mu_0}{\pi} \mathfrak{J}_p(t) \sum_{\lambda=0}^{\infty} \frac{\sin\left((2\lambda+1)\frac{\pi}{6}\right)}{(2\lambda+1)^2\,\mathfrak{Sin}\,(2\lambda+1)\beta} \times \\ &\times \cos\left((2\lambda+1)\cdot\left(i\ln\left(\frac{R_1}{\zeta}\right) - \alpha_p - \frac{\pi}{6}\right)\right) \end{aligned} \quad (20\text{a})$$

$$\left(\ln(\varrho/R_1) \leqq \beta,\ \zeta = \varrho e^{i\varphi},\ p = -1, 0, +1\right).$$

Es versteht sich von selbst, daß diese Funktion, ohne daß man den Weg über die GREENsche Funktion eines Kreisringes nähme, direkt durch Lösung der zugehörigen Randwertaufgabe hätte gewonnen werden können. Als Lösungsansatz bietet sich in diesem Fall in besonders einfacher Weise eine FOURIERsche Reihe dar.

Wir fassen zunächst den Einfluß der drei Phasen zusammen und bekommen dann wegen Gl. (16a) und $\mathfrak{J}_p(t) = \tilde{I}\sin(\omega t + p(2\pi\beta))$

$$\chi_m^{(D;0,\pm1)}(\zeta, R_2 e^{i\varphi'_\pm}; R_{1,2}) = \frac{6\mu_0}{\pi^2} N\tilde{I} \sum_{\lambda=0}^{\infty} \frac{\sin\frac{\pi}{6}(2\lambda+1)}{(2\lambda+1)^2 \mathfrak{Sin}(2\lambda+1)\beta} \times$$
$$\times\left[\sum_{p=0}^{-1,0,+1} 2\sin\left(\omega t + \frac{2\pi}{3}p\right)\cos\left((2\lambda+1)\left(i\ln\left(\frac{R_1}{\zeta}\right) - \alpha_0 - \frac{\pi}{6} - p\frac{2\pi}{3}\right)\right)\right]. \tag{20b}$$

Nachdem vorübergehend zur Abkürzung

$$i\ln\left(\frac{R_1}{\zeta}\right) - \alpha_0 - \frac{\pi}{6} = \varkappa = \left(i\ln\left(\frac{R_1}{\varrho}\right) - \alpha_0 - \frac{\pi}{6}\right) + \varphi = \varkappa' + \varphi \tag{20c}$$

gesetzt worden ist, kann für die zweite Zeile von Gl. (20b) auch geschrieben werden:

$$\sin\left(\omega t + (2\lambda+1)\varkappa + \frac{4\pi}{3}\lambda\right) + \sin\left(\omega t - (2\lambda+1)\varkappa - \frac{4\pi}{3}(\lambda+1)\right) +$$
$$+ \sin(\omega t + (2\lambda+1)\varkappa) + \sin(\omega t - (2\lambda+1)\varkappa) + \tag{21}$$
$$+ \sin\left(\omega t + (2\lambda+1)\varkappa - \frac{4\pi}{3}\lambda\right) + \sin\left(\omega t - (2\lambda+1)\varkappa + \frac{4\pi}{3}(\lambda+1)\right).$$

Faßt man hierin die untereinander stehenden Glieder zusammen, so resultiert

$$\sin(\omega t + (2\lambda+1)\varkappa)\left[1 + 2(-)^\lambda\cos\left(\frac{\pi}{3}\lambda\right)\right] +$$
$$+ \sin(\omega t - (2\lambda+1)\varkappa)\left[1 + 2(-)^{\lambda+1}\cos\frac{\pi}{3}(\lambda+1)\right].$$

Die eckige Klammer in der ersten Zeile hat nur für $\lambda = 0, 3, 6, 9\ldots$ den von Null verschiedenen Wert 3, für die zweite eckige Klammer gilt dasselbe für $\lambda = 2, 5, 8, 11\ldots.$ Die in Gl. (20b) auftretende Größe $2\lambda + 1$ durchläuft also alle ungeraden Zahlen mit Ausnahme der durch drei teilbaren. Zusammengefaßt ergibt sich also die folgende Schlußformel:

$$\chi_m^{(D;0,\pm1)}(\zeta, R_2 e^{i\varphi'_\pm}; R_{1,2}) \qquad (\varkappa' = i\cdot\ln(R_1/\varrho) - \alpha_0 - \pi/6)$$
$$= \frac{9\mu_0}{\pi^2} N\tilde{I}\left\{\sum_{p=0}^{\infty}(-)^p \frac{\sin(\omega t + (6p+1)\varkappa' + (6p+1)\varphi)}{(6p+1)^2\mathfrak{Sin}(6p+1)\beta} + \right. \tag{22}$$
$$\left. + \sum_{p=0}^{\infty}(-)^p\frac{\sin(\omega t - (6p+5)\varkappa' - (6p+5)\varphi)}{(6p+5)^2\mathfrak{Sin}(6p+5)\beta}\right\} \quad \left(\beta = \ln\left(\frac{R_2}{R_1}\right) > 0\right).$$

Die von den einzelnen Gliedern der ersten Summe beschriebenen magnetischen Felder stellen im Uhrzeigersinn umlaufende magnetische Drehfelder dar. Ihre Umlaufsgeschwindigkeit beträgt $\dot{\varphi} = -\omega/(6p+1)$ mit $p = 0, 1, 2\ldots.$ Die zweite unendliche Reihe beschreibt Drehfelder, die im Gegenzeigersinne mit der Geschwindigkeit $\dot{\varphi} = \omega/(6p+5)$

umlaufen. Spaltet man ein einzelnes Summenglied nach Real- und Imaginärteil auf, so erhält man z. B. für ein Glied der ersten Zeile

$$(-)^p \sin\left(\omega t + (6p+1)\left(\varphi - \alpha_0 - \frac{\pi}{6}\right)\right) \frac{\mathfrak{Cof}\,((6p+1)\ln(\varrho/R_1))}{(6p+1)^2\,\mathfrak{Sin}\,(6p+1)\,\beta}$$

$$+\, i(-)^{p+1} \cos\left(\omega t + (6p+1)\left(\varphi - \alpha_0 - \frac{\pi}{6}\right)\right) \frac{\mathfrak{Sin}\,((6p+1)\ln(\varrho/R_1))}{(6p+1)^2\,\mathfrak{Sin}\,(6p+1)\,\beta} \tag{22a}$$

$$(R_1 \gtrless \varrho \leqq R_2).$$

Es ist hier gleichgültig, ob man den Realteil von Gl. (22a) benutzt, um aus ihm mit Hilfe der Gl. (2a) B_ϱ zu berechnen, oder ob man vermöge des Imaginärteils $\mu_0\Phi$ von Gl. (22a) B_ϱ nach der Formel $B_\varrho = -\mu_0 \partial\Phi/\partial\varrho$ bestimmt. In beiden Fällen erhält man den nämlichen Ausdruck:

$$B_\varrho(\varrho, \varphi) = \frac{9\mu_0 N \tilde{I}}{\pi^2 \varrho} \times$$

$$\times \left\{ \sum_{p=0}^{\infty} (-)^p \cos\left(\omega t + (6p+1)\left(\varphi - \alpha_0 - \frac{\pi}{6}\right)\right) \frac{\mathfrak{Cof}\,((6p+1)\ln\varrho/R_1)}{(6p+1)\,\mathfrak{Sin}\,(6p+1)\,\beta} - \right. \tag{23}$$

$$\left. - \sum_{p=0}^{\infty} (-)^p \cos\left(\omega t - (6p+5)\left(\varphi - \alpha_0 - \frac{\pi}{6}\right)\right) \frac{\mathfrak{Cof}\,((6p+1)\ln(\varrho/R_1))}{(6p+5)\,\mathfrak{Sin}\,(6p+5)\,\beta} \right\}.$$

Da $\beta = \ln(R_2/R_1)$ nur klein ist, sind die Reihen (22) und (23) nicht sonderlich gut konvergent, wenn es sich natürlich auch recht vorteilhaft auswirkt, daß die Nenner der einzelnen Glieder in großen Sprüngen zunehmen. Behält man in Gl. (23) allein das erste und größte Glied bei, so wird angenähert

$$B_\varrho^{(1)}(\varrho, \varphi) = \frac{9\mu_0 \tilde{I} N}{\pi^2 R_2} \frac{1 + (R_1/\varrho)^2}{1 + (R_1/R_2)^2} \cos\left(\omega t + \varphi - \alpha_0 - \frac{\pi}{6}\right) \tag{23a}$$

$$(R_1 \gtrless \varrho \leqq R_2).$$

Hierin ist der zweite Bruch praktisch nahezu der Einheit gleich. Darüber hinaus interessiert, wie die magnetische Potentialfunktion $\mu_0\Phi(\varrho, \varphi)$ als der Imaginärteil der komplexen Potentialfunktion von Gl. (22) sich im besonderen an der Fläche $R_2 = \text{const}$ verhält. Im Hinblick auf Gl. (22) und (22a) besteht allgemein für Φ die Relation

$$\Phi(\varrho, \varphi; R_{1,2}) = -\frac{9}{\pi^2} \tilde{I} N \times$$

$$\times \left\{ + \sum_{p=0}^{\infty} \cos\left(\omega t - \frac{\pi}{6} + (6p+1)(\varphi - \alpha_0)\right) \frac{\mathfrak{Sin}\,((6p+1)\ln(\varrho/R_1))}{(6p+1)^2\,\mathfrak{Sin}\,(6p+1)\,\beta} + \right. \tag{24}$$

$$\left. + \sum_{p=0}^{\infty} \cos\left(\omega t - \frac{\pi}{6} - (6p+5)(\varphi - \alpha_0)\right) \frac{\mathfrak{Sin}\,((6p+1)\ln(\varrho/R_1))}{(6p+5)^2\,\mathfrak{Sin}\,(6p+5)\,\beta} \right\}.$$

Zunächst stellen wir an diesem Ausdruck fest, daß er überall an der inneren Oberfläche $\varrho = R_1$ verschwindet, so daß es wirklich dort keine

Komponente B_φ gibt. Längs $\varrho = R_2$ ist

$$\Phi(R_2, \varphi; R_{1,2}) = -\frac{9}{\pi^2}\tilde{I} N \times$$
$$\times \left\{ \sum_{p=0}^{\infty} \frac{1}{(6p+1)^2} \cos\left(\omega t - \frac{\pi}{6} + (6p+1)(\varphi - \alpha_0)\right) + \right. \tag{24a}$$
$$\left. + \sum_{p=0}^{\infty} \frac{1}{(6p+5)^2} \cos\left(\omega t - \frac{\pi}{6} - (6p+5)(\varphi - \alpha_0)\right)\right\}.$$

Die hierin vorkommenden beiden Reihen lassen sich summieren, denn sie sind ja aus der Gl. (20b) hervorgegangen, und da sich deren Imaginärteil auch in der Form

$$\Phi(R_2, \varphi; R_{1,2}) = -\frac{6}{\pi^2} N \tilde{I} \sum_{p}^{-1,0,+1} \sin\left(\omega t - \frac{2\pi}{3} p\right) \times$$
$$\times \left\{ \sum_{\lambda=0}^{\infty} \left[\cos\left((2\lambda+1)\left(\varphi - \alpha_0 + p\frac{2\pi}{3}\right)\right) - \right.\right. \tag{24β}$$
$$\left.\left. - \cos\left((2\lambda+1)\left(\varphi - \alpha_0 + p\frac{2\pi}{3} - \frac{\pi}{3}\right)\right)\right] \Big/ (2\lambda+1)^2 \right\}$$

schreiben läßt, so ist es im Hinblick auf die aus den beiden Gl. 6.1 (50) durch Subtraktion folgenden Beziehungen

$$2\sum_{\lambda=0}^{\infty} \frac{\cos(2\lambda+1)\pi\psi}{(2\lambda+1)^2} = \begin{cases} +[4n+1-2\psi]\,\pi^2/4 \\ -[4n+3-2\psi]\,\pi^2/4 \end{cases} \tag{25}$$
$$\begin{pmatrix} \text{obere Zeile für} & 2n \gtreqless \psi \leqq 2n+1 \\ \text{untere Zeile für} & 2n+1 \gtreqless \psi \leqq \pi\, 2n+2 \end{pmatrix}$$

tatsächlich möglich, die Reihensumme von Gl. (24a) oder (24b) anzugeben. Man erhält auf diese Weise das folgende Ergebnis: Wird

$$F_p(\varphi) \equiv \sum_{\lambda=0}^{\infty} \left\{ \cos\left((2\lambda+1)\left(\varphi - \alpha_0 + p\frac{2\pi}{3}\right)\right) - \right. \tag{26}$$
$$\left. - \cos\left((2\lambda+1)\left(\varphi - \alpha_0 + p\frac{2\pi}{3} - \frac{\pi}{3}\right)\right)\right\} \Big/ (2\lambda+1)^2$$

gesetzt, so ist im Bereich

$$\left.\begin{matrix} -\frac{2\pi}{3} \\ 0 \\ +\frac{\pi}{3} \\ +\pi \end{matrix}\right\} \gtreqless \varphi - \alpha_0 + p\frac{2\pi}{3} \leqq \left\{\begin{matrix} 0 \\ \frac{\pi}{3} \\ \pi \\ \frac{4\pi}{3} \end{matrix}\right. \quad F_p(\varphi) = \left\{\begin{matrix} \frac{\pi^2}{6} \\ \frac{\pi^2}{6} - \pi\left(\varphi - \alpha_0 + p\frac{2\pi}{3}\right) \\ -\frac{\pi^2}{6} \\ -\frac{7\pi^2}{6} + \pi\left(\varphi - \alpha_0 + p\frac{2\pi}{3}\right). \end{matrix}\right.$$

Mithin stellt $F_p(\varphi)$ in jedem der drei Fälle $p = -1, 0, +1$ eine stetige Aufeinanderfolge von Trapezen dar, wie sie in dieser Form vom AW-Diagramm her bekannt sind.

Die Reihenentwicklung in Gl. (20a) weist den besonderen Vorteil auf, daß sie das Magnetfeld im Luftspalt der Maschine als FOURIER-Reihe darstellt. Das ist die naheliegendste Darstellungsform. Auf der anderen Seite hat aber die Reihe (20a) den Nachteil, nur schwach konvergent zu sein. Wir können diesen Nachteil beseitigen, wobei dann allerdings der Charakter der Lösung als der einer FOURIER-Reihe verlorengeht.

Zu diesem Zweck schreiben wir zunächst die Gl. (20a) mit $p = -1, 0, +1$ in der Form:

$$\chi_m^{(D,p)}(\zeta;\, R_2 e^{i\varphi'_\pm};\, R_{1,2}) = \frac{\mu_0 \mathfrak{J}_p(t)}{2\pi} \times \tag{20α}$$

$$\times \sum_{\lambda=0}^{\infty} \frac{\sin\left(\left(\lambda+\frac{1}{2}\right)\left(2i\ln\left(\frac{R_1}{\zeta}\right)-2\alpha_p\right)\right)-\sin\left(\left(\lambda+\frac{1}{2}\right)\left(2i\ln\left(\frac{R_1}{\zeta}\right)-2\alpha_p-\frac{\pi}{3}\right)\right)}{\left(\lambda+\frac{1}{2}\right)^2 \operatorname{\mathfrak{Sin}} 2\beta\left(\lambda+\frac{1}{2}\right)}.$$

Die Verwandlung in ein Integral geht in der schon mehrfach beschriebenen Weise vor sich und führt zu der Darstellung:

$$\chi_m^{(D,p)}(\zeta,\, R_2 e^{i\varphi'_\pm};\, R_{1,2}) = \frac{\mu_0 \mathfrak{J}_p(t)}{8\pi i} \times$$

$$\times \int_F \frac{\cos\left(s\left(\pi-2i\ln\left(\frac{R_1}{\zeta}\right)+2\alpha_p\right)\right)-\cos\left(s\left(\pi-2i\ln\left(\frac{R_1}{\zeta}\right)+2\alpha_p+\frac{\pi}{3}\right)\right)}{s^2\cos\pi s\, \operatorname{\mathfrak{Sin}}(2\beta s)}\,ds \tag{20β}$$

$$(R_1 \gtreqless \varrho \leqq R_2,\ 0<\varphi-\alpha_p<\pi,\ 0<\varphi-\alpha_p-\pi/6<\pi;\quad \beta=\ln(R_2/R_1),\ p=-1,0,+1).$$

In Gl. (20β) ist F die schon in Abb. 152 wiedergegebene, aus zwei gegenläufigen Weghälften bestehende Integrationsbahn parallel zur imaginären Achse der s-Ebene. Die positive Größe ι in dieser Abbildung muß im vorliegenden Fall kleiner als $\frac{1}{2}$ bleiben.

Die gesuchte Entwicklung ergibt sich nun aus Gl. (20β), wenn der Integrationsweg F auf die imaginäre Achse und die dort liegenden Pole zusammengezogen wird. Als einfache Pole treten auf dieser Achse die Punkte $s = i(\pi\lambda/2\beta)$ auf mit $\lambda = 0, \pm 1, \pm 2, \pm 3 \ldots$. Berechnet man nach bekannten Regeln die Residuen in diesen Polen, so entsteht die neue Entwicklung

$$\chi_m^{(D,p)}(\zeta,\, R_2 e^{i\varphi'_\pm};\, R_{1,2}) = \frac{\mu_0 \mathfrak{J}_p(t)}{12\beta} \times$$

$$\times\left\{\frac{\pi}{6}\left[\pi-2i\ln\left(\frac{R_1}{\zeta}\right)+2\alpha_p+\frac{\pi}{6}\right]+\left(\frac{2\beta}{\pi}\right)^2\sum_{\lambda=1}^{\infty}\frac{(-)^{\lambda-1}}{\lambda^2 \operatorname{\mathfrak{Cof}}(\pi^2\lambda/2\beta)}\times\right. \tag{20γ}$$

$$\left.\times\left[\operatorname{\mathfrak{Cof}}\left(\frac{\pi\lambda}{2\beta}\left(\pi-2i\ln\left(\frac{R_1}{\zeta}\right)+2\alpha_p\right)\right)-\operatorname{\mathfrak{Cof}}\frac{\pi\lambda}{2\beta}\left(\frac{4\pi}{3}-2i\ln\left(\frac{R_1}{\zeta}\right)+2\alpha_p\right)\right]\right\}.$$

Die Konvergenz der beiden hierin vorkommenden Reihen ist gesichert, solange

$$\text{in der ersten Reihe} \quad 0 \gtrless \varphi - \alpha_p \leqq \pi\,,$$

$$\text{in der zweiten Reihe} \quad 0 \gtrless \varphi - \alpha_p - \frac{\pi}{6} \gtrless \pi$$

ist. Demnach beschreibt die Gl. (20γ) den Wert von $\chi_m^{(D,p)}$ hinsichtlich φ in einem abgeschlossenen Winkelbereich von der Größe π. Das reicht aber auch aus, denn von der Gl. (20a) her ist ja bereits bekannt, daß bei Zunahme von φ um $\pm\pi$ der Funktionswert χ_m lediglich sein Vorzeichen wechselt.

In allen praktischen Fällen hat bei einer Vollpolmaschine β einen Wert, der zwischen 0,01 bis 0,03 liegt. Selbst für $\lambda = 1$ ist dann *innerhalb* des Konvergenzbereichs jedes Reihenglied und auch die Reihensumme so klein, daß es vollauf genügt, allein die erste Zeile der Gl. (20γ) beizubehalten. Sowohl aus dem Real- wie aus dem Imaginärteil dieser Gleichungszeile folgt aber in gleicher Weise, daß im Geltungsbereich der Reihe (20γ) im Hinblick auf die Gl. (2a, b) mit $p = -1, 0, +1$

$$B_\varphi^{(p)} = 0\,, \qquad B_\varrho^{(p)} = -\frac{\mu_0\,\pi\,\mathfrak{I}_p(t)}{12\beta}\,\frac{1}{\varrho} \qquad (R_1 \gtrless \varrho \leqq R_2)$$

$$\left(0 < \varphi - \alpha_p < \pi\,,\ 0 < \varphi - \alpha_p - (\pi/6) < \pi\,,\ \beta = \ln\left(\frac{R_2}{R_1}\right) \approx \frac{R_2 - R_1}{R_1}\right)$$

ist. Liegt aber für eines der α_p der Winkel $\varphi - \alpha_p$ nicht im Geltungsbereich, so tut es gewiß in einem solchen Falle der Winkel $\varphi - \alpha_p \pm \pi$, und der gesuchte Funktionswert ist dann entgegengesetzt gleich dem für $\varphi - \alpha_p \pm \pi$ berechenbaren Wert.

Wir bestimmen noch die magnetische Energie des Luftspaltfeldes, und zwar mittels der für diesen Zweck sehr geeigneten Gl. 1.1 (28). Auf Grund von Gl. (22) gehorcht das Vektorpotential auf der Ständeroberfläche der Beziehung

$$\begin{aligned} A_z^{(S)}(R_2, \varphi; R_{1,2}) &= \frac{9\mu_0}{\pi^2} N \tilde{I} \times \\ \times \Bigg\{ \sum_{\lambda=0}^{\infty} (-)^\lambda \frac{\operatorname{Cotg}(6\lambda+1)\beta}{(6\lambda+1)^2} &\sin\left(\omega t + (6\lambda+1)\left(\varphi - \alpha_0 - \frac{\pi}{6}\right)\right) + \\ + \sum_{\lambda=0}^{\infty} (-)^\lambda \frac{\operatorname{Cotg}(6\lambda+5)\beta}{(6\lambda+5)^2} &\sin\left(\omega t - (6\lambda+5)\left(\varphi - \alpha_0 - \frac{\pi}{6}\right)\right) \Bigg\}. \end{aligned} \tag{27a}$$

Nach Gl. 1.1 (28) berechnet sich aber der Momentanwert der magnetischen Energie je Längeneinheit im vorliegenden Fall nach der Formel

$$\begin{aligned} W_m^{(S)}(t; R_{1,2}) = \frac{3N\tilde{I}}{\pi} \sum_p^{-1,0,1} \Bigg\{ \sin\left(\omega t + p\frac{2\pi}{3}\right) \times \\ \times \left[\int\limits_{\alpha_0 + p(2\pi/3)}^{\alpha_0 + p(2\pi/3) + \pi/3} A_z^{(S)}(R_2, \varphi; R_{1,2})\, d\varphi - \int\limits_{\alpha_0 + p(2\pi/3) + \pi}^{\alpha_0 + p(2\pi/3) + \pi/3 + \pi} A_z^{(S)}(R_2, \varphi; R_{1,2})\, d\varphi \right] \Bigg\}. \end{aligned} \tag{28a}$$

Nun ist nach Gl. (27a)

$$A_z^{(S)}(R_2, \varphi + \pi; R_{1,2}) = -A_z^{(S)}(R_2, \varphi; R_{1,2}),$$

und mithin ist einfacher

$$\begin{aligned} W_m^{(S)}(t; R_{1,2}) &= \frac{6N\tilde{I}}{\pi} \times \\ \times \sum_p^{-1,0,+1} \sin\left(\omega t + p\frac{2\pi}{3}\right) &\int\limits_{\alpha_0 + p(2\pi/3)}^{\alpha_0 + p(2\pi/3) + \pi/3} A_z^{(S)}(R_2, \varphi; R_{1,2})\, d\varphi. \end{aligned} \qquad (28\text{b})$$

Es ist aber z. B. im Hinblick auf Gl. (27 a)

$$\begin{aligned} &\int\limits_\gamma^{\gamma+\pi/3} \sin\left(\omega t + (6\lambda + 1)\left(\varphi - \alpha_0 - \frac{\pi}{6}\right)\right) d\varphi \\ &\qquad = 2\sin\frac{\pi}{6} \cdot \sin(\omega t + (6\lambda + 1)(\gamma - \alpha_0))/(6\lambda + 1), \end{aligned}$$

und damit berechnet sich für den Momentanwert der magnetischen Energie des Luftspaltfeldes je Längeneinheit in Richtung der Achse der Ausdruck

$$\begin{aligned} W_m^{(S)}(t; R_{1,2}) &= \frac{\mu_0}{\pi}\left(\frac{9N\tilde{I}}{\pi}\right)^2 \times \\ &\times \sum_{\lambda=0}^{\infty} (-)^\lambda \left[\frac{\mathfrak{Cotg}\,(6\lambda + 1)\beta}{(6\lambda + 1)^3} + \frac{\mathfrak{Cotg}\,(6\lambda + 5)\beta}{(6\lambda + 5)^2}\right], \end{aligned} \qquad (30)$$

denn es ist für jedes reelle t

$$2 \cdot \sum_p^{-1,0,+1} \sin^2\left(\omega t + p \cdot \frac{2\pi}{3}\right) = \sum_p^{-1,0,+1}\left(1 - \cos\left(2\omega t + p \cdot \frac{2\pi}{3}\right)\right) = 3.$$

Er hängt von der Zeit gar nicht mehr ab und stellt von selbst zugleich den zeitlichen Mittelwert dar.

Nun ist einschließlich der Vorzeichen, wie man leicht erkennt,

$$\sum_p^{-1,0,+1} (-)^{p+1}\left(\sum_{\lambda=0}^{\infty} (-)^\lambda \frac{\mathfrak{Cotg}(6\lambda + 3 + 2p)\beta}{(6\lambda + 3 + 2p)^3}\right) = \sum_{\lambda=0}^{\infty} (-)^\lambda \frac{\mathfrak{Cotg}(2\lambda + 1)\beta}{(2\lambda + 1)^3}, \quad (31)$$

und überdies kann geschrieben werden

$$\sum_{\lambda=0}^{\infty} (-)^\lambda \frac{\mathfrak{Cotg}\,(6\lambda + 3)\beta}{(6\lambda + 3)^3} = \frac{1}{27} \sum_{\lambda=0}^{\infty} (-)^\lambda \frac{\mathfrak{Cotg}\,((2\lambda + 1)3\beta)}{(2\lambda + 1)^3}. \qquad (31\text{a})$$

Setzen wir also zur Abkürzung

$$S_\nu(\beta) = \sum_{\lambda=0}^{\infty} (-)^\lambda \frac{\mathfrak{Cotg}\,(2\lambda + 1)\beta}{(2\lambda + 1)^\nu}, \quad S_\nu(\infty) = \sum_{\lambda=0}^{\infty} \frac{(-)^\nu}{(2\lambda + 1)^\nu} \equiv L(\nu), \quad (32\text{a, b})$$

so kann man dem Ausdruck für die magnetische Energie des Luftspaltfeldes bei der oben beschriebenen Art der Erregung des Feldes im Luftspalt die folgende, endgültige Form geben:

$$W_m^{(S)}(t; R_{1,2}) = \frac{\mu_0}{\pi}\left(\frac{9N\tilde{I}}{\pi}\right)^2 \left[S_3(\beta) + \frac{1}{27} S_3(3\beta)\right] \quad \left(\beta = \ln\left(\frac{R_2}{R_1}\right)\right). \quad (30\text{a})$$

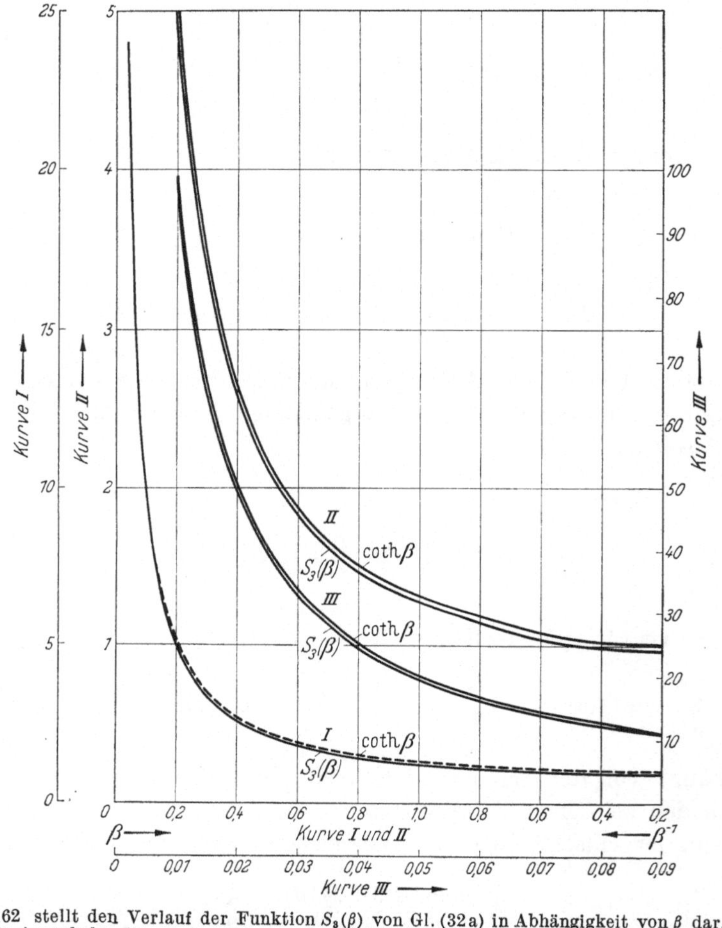

Abb. 162 stellt den Verlauf der Funktion $S_3(\beta)$ von Gl. (32a) in Abhängigkeit von β dar. Von der Abszissenskala, die zu den Kurven *I* und *II* gehört, gilt die linke Hälfte für die Werte von β aus dem Bereich $0 \cdots 1$, die rechte Hälfte für Werte von $1/\beta$ aus dem Bereich von $0{,}2 \cdots 1$. Die Abszissenskala zu Kurve *III* zählt für β selbst von $0 \cdots 0{,}09$

Da die Gl. (30a) für jeden möglichen Wert von R_2/R_1 richtig bleibt, so beschreibt sie auch noch die Energie des Luftspaltfeldes für $R_1 \to 0$. Man spricht dann von dem Bohrungsfeld der Maschine. Für $\beta \to \infty$ strebt aber $\mathfrak{Cotg}(q\,\beta)$ mit $\mathfrak{Im}(q) = 0$ gegen den Grenzwert 1, und die Funktion $S_\nu(\beta)$ geht im Hinblick auf Gl. (22b) in die mit RIEMANNS Zeta-Funktion verwandte Funktion $L(\nu)$ über. Das Bohrungsfeld der Maschine, das durch den Strombelag auf der Ständeroberfläche erzeugt wird, hat demnach auf Grund von Gl. (30a) je Längeneinheit in axialer Richtung den Energieinhalt

$$[W^{(S)}(R_{1,2})]_{R_1=0} = 84\,L(3)\,\frac{\mu_0}{\pi^2}\,N^2\tilde{I}^2\ \mathrm{Ws/m} \qquad (30\mathrm{b})$$
$$\big(L(3) = 0{,}9689461\ldots\big).$$

Die Abb. 162 stellt die Funktion $S_3(\beta)$ in Abhängigkeit von β dar. Für kleine Werte von β genügt es offensichtlich, wenn man in der Reihenentwicklung (32a) für $S_3(\beta)$ sich auf den ersten Term der Reihe beschränkt.

7.431 **Das Luftspaltfeld der Vollpolmaschine infolge eines Strombelags auf der Läuferoberfläche.** Von der Läuferwicklung der zweipoligen Vollpolmaschine möge von vornherein angenommen werden, daß infolge einer geeignet gewählten Verteilung

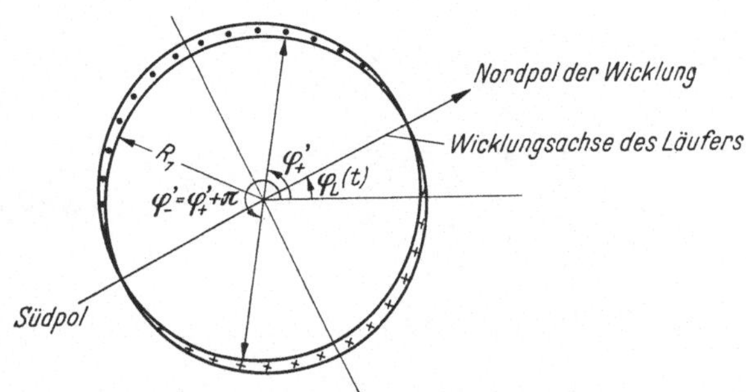

Abb. 163. Die flächenhafte Wicklung der Läuferoberfläche führt einen rein sinusförmigen Strombelag mit dem durch Gl. (32) wiedergegebenen Verteilungsgesetz

der Windungen der Erregerwicklung auf die Nuten die Dichte des Strombelags auf der Läuferoberfläche, der für die Rechnung die in Wirklichkeit in Nuten liegenden Windungsleiter ihrer felderzeugenden Wirkung nach ersetzen soll, sich im wesentlichen rein sinusförmig mit dem Stellungswinkel verändert. Bezeichnet jetzt I_1 den Strom in der einzelnen Windung und N_1 die Gesamtzahl der Windungen je Pol, so entsteht demnach für den Strombelag in seiner Abhängigkeit vom Stellungswinkel φ'_+ gemäß Abb. 163 das Verteilungsgesetz

$$\mathfrak{J}_L(\varphi'_+) = \frac{2 I_l N_l}{\pi}\sin(\varphi'_+ - \varphi_L), \qquad (32)$$

worin zunächst der Kürze halber φ_L an Stelle von $\varphi_L(t)$ steht.

Greifen wir nun auf dem Umfang des flächenhaften Strombelags zwei schmale Streifen von der Breite $d\varphi'_+$ an den Stellen φ'_+ und $\varphi'_- = \varphi'_+ + \pi$ heraus, so gehört nach Gl. (10a) zu dieser elementaren

Leiterschleife unter Fortlassung der Konstanten der folgende Beitrag zur komplexen Potentialfunktion:

$$\delta\chi_m^{(D)}(\zeta,\, R_1 e^{i\varphi'_\pm};\, R_{1,2}) = \frac{\mu_0}{\pi}\ln\left(\frac{\vartheta_2\left(\frac{i}{2\pi}\ln\left(\frac{R_1}{\zeta}\cdot e^{i\varphi'_+}\right);\tau'\right)}{\vartheta_1\left(\frac{i}{2\pi}\ln\left(\frac{R_1}{\zeta}\cdot e^{i\varphi'_+}\right);\tau'\right)}\right)\times \tag{33a}$$

$$\times\frac{2I_l N_l}{\pi}\sin(\varphi'_+ - \varphi_L)\,d\varphi'_+ \qquad \left(\tau' = i\frac{\beta}{\pi}\right).$$

Wir ziehen es auch hier wieder vor, da es uns jetzt vor allem auf das Zusammenwirken der auf der Ständeroberfläche liegenden Wicklung mit dem Läuferfeld ankommt, als Argument hinter dem Zeichen ln das Verhältnis R_2/ζ stehen zu haben. Dann kommen wir mit Hilfe bekannter Transformationsformeln aus der Theorie der Theta-Funktion und nach Ausführung der Integration nach φ'_+ zwischen den Grenzen $\varphi_L\cdots\pi+\varphi_L$ zu der Beziehung

$$\chi_m^{(L)}(\zeta;\, R_1 e^{i\varphi'_\pm};\, R_{1,2}) = \frac{2\mu_0 I_l N_l}{\pi^2}\times$$

$$\times\int_0^\pi \ln\frac{\vartheta_3\left(\frac{i}{2\pi}\ln\left(\frac{R_2}{\zeta}\cdot e^{i\varphi_L}\right)-\frac{\chi}{2\pi};\tau'\right)}{\vartheta_4\left(\frac{i}{2\pi}\ln\left(\frac{R_2}{\zeta}\cdot e^{i\varphi_L}\right)-\frac{\chi}{2\pi};\tau'\right)}\sin\chi\,d\chi. \tag{33b}$$

Nun lauten die Gl. (19) und (19′) in anderer Schreibweise

$$\ln\frac{\vartheta_3(v;\tau')}{\vartheta_4(v;\tau')} = 4\sum_{\lambda=0}^{\infty}\frac{q'^{2\lambda+1}}{1-q'^{4\lambda+2}}\,\frac{\cos 2\pi(2\lambda+1)v}{2\lambda+1} \qquad (q' = e^{-\beta}). \tag{34}$$

Geht man hiermit in Gl. (33b) ein, so bekommt man zunächst für die rechte Gleichungsseite

$$\frac{8\mu_0 I_l N_l}{\pi^2}\sum_{\lambda=0}^{\infty}\frac{q'^{2\lambda+1}}{1-q'^{4\lambda+2}}\frac{1}{2\lambda+1}\int_0^\pi\cos\left[(2\lambda+1)\left(i\ln\left(\frac{R_2}{\zeta}\cdot e^{i\varphi_L}\right)-\chi\right)\right]\sin\chi\,d\chi.$$

Hieraus ersieht man sofort, daß die Integrationen aller Reihenglieder den Wert 0 ergeben, mit Ausnahme des Gliedes $\lambda = 0$. Wir erhalten also das folgende endgültige Ergebnis:

$$\chi_m^{(L)}(\zeta,\, R_1 e^{i\varphi'\pm};\, R_{1,2}) = i\,\frac{2\mu_0 I_l N_l}{\pi}\,\frac{\mathfrak{Sin}(\ln(R_2/\zeta\cdot e^{i\varphi_L}))}{\mathfrak{Sin}\beta}$$

$$= \frac{2\mu_0 I_l N_l}{\pi\,\mathfrak{Sin}\beta}\left\{i\,\mathfrak{Sin}\left(\ln\left(\frac{R_2}{\varrho}\right)\right)\cos(\varphi-\varphi_L) + \mathfrak{Cof}\left(\ln\left(\frac{R_2}{\varrho}\right)\right)\sin(\varphi-\varphi_L)\right\}. \tag{35}$$

Bildet man mit dem reellen Bestandteil $A_z^{(L)}(\varrho,\varphi)$ dieser letzten

Gleichung und mittels der Gl. (33) für den flächenhaften Strombelag wiederum den Ausdruck

$$W_m^{(L)}(R_{1,2}) = \tfrac{1}{2}\int\limits_0^{2\pi} A_z^{(L)}(R_1, \varphi)\cdot\mathfrak{J}_L(\varphi'_+)\,d\varphi'_+ \tag{36a}$$

für die magnetische Energie der Längeneinheit, so erhält man dafür im vorliegenden Fall die einfache Beziehung

$$W_m^{(L)}(R_{1,2}) = \frac{2\mu_0}{\pi} I_l^2 N_l^2 \operatorname{Cotg}\beta = \frac{2\mu_0}{\pi}\cdot I_l^2 N_l^2\cdot\frac{R_2^2+R_1^2}{R_2^2-R_1^2}\,. \tag{36b}$$

Für $R_2 \to \infty$ strebt in Gl. (36b) $\operatorname{Cotg}\beta \to 1$.

7.432 Die Kopplungsenergie der Luftspaltfelder von Ständer und Läufer. Sind Ständer und Läufer gleichzeitig erregt, so überlagern sich unter den hier gemachten Annahmen beide Felder im Luftspalt rein additiv, und bei der Berechnung der magnetischen Energie treten dann noch zwei zusätzliche Terme auf, die der Kopplung der beiden Felder entsprechen. Sie liefern die Kopplungsenergie, für deren Gesamtbetrag wiederum im Hinblick auf Gl. 1.1 (28) die Beziehung

$$\begin{aligned} W_m^{(L,S)}(R_{1,2}) = \tfrac{1}{2}\sum_p^{-1,0,+1}\int\limits_0^{2\pi} A_z^{(L)}(R_2, \varphi)\,\mathfrak{J}_p(t)\,d\varphi\,+ \\ +\tfrac{1}{2}\int\limits_0^{2\pi} A_z^{(S)}(R_1, \varphi;\, R_{1,2})\,\mathfrak{J}_2(\varphi)\,d\varphi \end{aligned} \tag{37}$$

besteht. Da beide Anteile einander gleich sind, so genügt es, wenn etwa nur der erste Summand allein berechnet und dann einfach eine Verdoppelung vorgenommen wird. Nun hat $A_z^{(L)}(\varrho, \varphi)$ für ein um π größeres Argument φ den entgegengesetzten Wert. Demnach erhält man

$$W_m^{(L,S)}(R_{1,2}) = \frac{1}{2}4\frac{3N\tilde{I}}{\pi}\sum_p^{-1,0,+1}\sin\left(\omega t + p\frac{2\pi}{3}\right)\int\limits_{\alpha_0+p\frac{2\pi}{3}}^{\alpha_0+p\frac{2\pi}{3}+\frac{\pi}{3}} A_z^{(L)}(R_2, \varphi)\,d\varphi\,.$$

Nach Gl. (35) ist aber

$$A_z^{(L)}(R_2, \varphi) = \frac{2\mu_0 I_l N_l}{\pi \operatorname{Sin}\beta}\sin(\varphi - \varphi_L)\,. \tag{37b}$$

Infolgedessen berechnet sich für die Kopplungsenergie zwischen den Magnetfeldern der flächenhaften Strombeläge von Ständer und Läufer die folgende endgültige Beziehung

$$W_m^{(L,S)}(R_{1,2}) = 18\mu_0\frac{N N_l \tilde{I} I_l}{\pi^2 \operatorname{Sin}\beta}\cos\left(\omega t - \alpha_0 + \varphi_L(t) - \frac{\pi}{6}\right). \tag{38a}$$

Der Vergleich mit Gl. (23a) zeigt, daß der Energiebeitrag stets dasselbe Vorzeichen hat wie die Komponente $B_\varrho^{(1)}$ der Grundwelle des vom Strombelag auf der Ständeroberfläche herrührenden Feldes, wenn dabei φ mit $\varphi_L(t)$ identifiziert wird. Die Kopplungsenergie wird von der Zeit unabhängig, wenn der Winkel $\varphi_L(t)$ zwischen der Wicklungsachse des Läufers und der horizontalen Bezugsachse sich wie $-\omega t$ verändert, d. h. wenn er wie das Feld der Grundwelle im Uhrzeigersinn mit der Winklgeschwindigkeit ω umläuft.

In allen bisherigen Beziehungen wurde die räumliche Anordnung der Ständerwicklung durch den Winkel α_0 beschrieben, den der Fahrstrahl zum Anfangspunkt der Wicklung der Phase $p = 0$ mit der Bezugsachse bildet. Für das Weitere ist es vorteilhafter, zu diesem Zweck den Winkel φ_S zu benutzen, den die gemeinsame Wicklungsachse der Phasen $p = \pm 1$ mit der horizontalen Bezugsachse bildet. Es ist dann

$$\alpha_0 + \pi/6 = \varphi_S,$$

und der Ausdruck (38a) bekommt danach die Form

$$W_m^{(L,S)}(R_{1,2}) = 18\mu_0 \frac{N N_l \tilde{I} I_l}{\pi^2 \operatorname{\mathfrak{Sin}} \beta} \cos(\omega t + \varphi_L(t) - \varphi_S). \tag{38b}$$

Es sei nun $\varphi_L(t) = -\omega t + \varphi_L^{(0)}$. Dann rotiert auch der Läufer mit der Winkelgeschwindigkeit ω im Uhrzeigersinn um seine Achse, und $\varphi_L^{(0)}$ stellt den Winkel dar, um den die Wicklungsachse des Läufers zu den Zeitpunkten $\omega t \equiv 0 \pmod{2\pi}$ von der Richtung der gemeinsamen Wicklungsachse der Phasen ± 1 abweicht. Die Kopplungsenergie hat nunmehr die Größe

$$W_m^{(L,S)}(R_{1,2}) = 18\mu_0 \frac{N N_l \tilde{I} I_l}{\pi^2 \operatorname{\mathfrak{Sin}} \beta} \cos(\varphi_L^{(0)} - \varphi_S). \tag{38c}$$

Beim Zusammenfallen der beiden Wicklungsachsen von Ständer und Läufer hat also die Kopplungsenergie ihren Maximalwert.

Das auf den Läufer wirkende Drehmoment $D_L(\varphi_L)$ in Richtung zunehmender Werte von $\varphi_L^{(0)}$ hat somit den Wert

$$D_L(\varphi_L) = +\frac{\partial W_m^{(L,S)}}{\partial \varphi_L^{(0)}} = -18\mu_0 \frac{N N_l \tilde{I} I_l}{\pi^2 \operatorname{\mathfrak{Sin}} \beta} \sin(\varphi_L^{(0)} - \varphi_S). \tag{38d}$$

Für $0 < \varphi_L^{(0)} - \varphi_S < \pi$ arbeitet also die Maschine bei einem im Uhrzeigersinn umlaufenden Drehfeld als Synchronmotor, für $-\pi < \varphi_L^{(0)} - - \varphi_S < +0$ als Synchrongenerator. Es ist demnach ein Antrieb erforderlich, um die Bewegung im Uhrzeigersinn aufrechtzuerhalten.

7.51 Die zweipolige Vollpolmaschine mit exzentrisch rotierendem, zylindrischem Läufer. In diesem Teil wollen wir uns wie in der Arbeit [*34*] mit dem Fall auseinandersetzen, daß der Läufer nicht genau konzentrisch in der Bohrung des Ständers ruht, wie es die Abb. 164 in übertriebener Weise andeutet. Selbstverständlich wird dieser Zustand in der Regel nicht absichtlich angestrebt, aber er bildet sich bei großen und schnell umlaufenden Turbogeneratoren zuweilen unfreiwillig aus. Der Ständer und der Läufer der Maschinen möge in der gleichen Weise gewickelt sein wie in dem voranstehenden Fall.

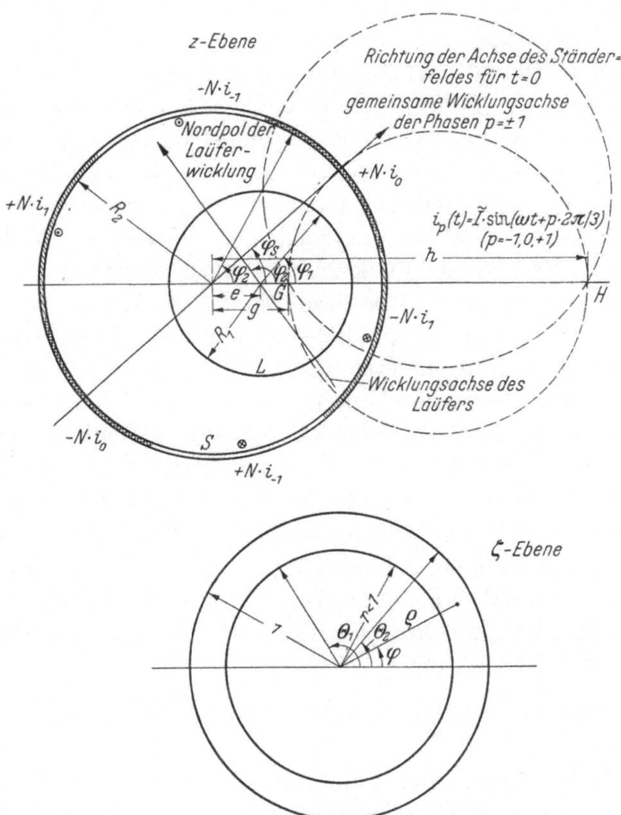

Abb. 164. Das Bild zeigt in der oberen Hälfte in übertriebener Darstellung den zum Ständerkreis exzentrisch stehenden inneren Läuferkreis. Die beiden gestrichelten Kreise gehören dem Kreisbüschel an, von dem jeder Kreis den gegebenen Ständer- und Läuferkreis senkrecht schneidet. Die Funktion der Gl. (8a, b, c) bildet den Bereich zwischen dem Ständer- und Läuferkreis der z-Ebene konform auf den Kreisring der ζ-Ebene ab

Demgemäß haben auch die in die Abbildung eingezeichneten Wicklungsachsen genau die gleiche Bedeutung wie in Abb. 161 und 163.

Wurden schon in dem einfachen Fall die einzelnen, in Wirklichkeit in Nuten liegenden Wicklungsleiter in ihrer felderzeugenden Wirkung durch flächenhafte Strombeläge auf dem Umfang von Ständer und Läufer ersetzt, so kann im jetzigen schwierigeren Fall dieser Grad der Idealisierung natürlich nicht preisgegeben werden. In gleich näher zu erläuternder Hinsicht muß er sogar noch weitergetrieben werden. Die Notwendigkeit dazu hat jedoch nicht einmal ihren Grund in der Unmöglichkeit einer rechnerischen Behandlung ohne diese weitergehende Idealisierung.

Um der Aufgabe beizukommen, könnte man sie z. B. unter Benutzung des bipolaren Koordinatensystems von Abschn. 2.113 als Randwertaufgabe anpacken. Überall in dem Luftraum zwischen dem vollkommen permeablen Ständer und Läufer genügt das Vektorpotential der D.Gl. von LAPLACE, und am inneren und äußeren Begrenzungskreis muß die Tangentialkomponente von $\mathfrak{H}$ in jedem Punkt gleich dem daselbst anzutreffenden Strombelag sein. Diese Methode hat zwar den Nachteil, umständliche und etwas eintönige Rechnungen mit sich zu bringen. Im übrigen ist sie aber von grundsätzlichen Schwierigkeiten frei. Der Weg, der im folgenden beschritten werden soll, macht von der GREENschen Funktion und von dem Satz von H. VILLAT Gebrauch, der im Abschn. 3.1 bewiesen worden ist. Er gibt unmittelbar eine Berechnungsvorschrift für diejenige komplexe Potentialfunktion an, deren Realteil an der inneren und äußeren Berandung eines kreisringförmigen Bereichs vorgegebene Werte annimmt. Wenn die Aufgabe mit Hilfe dieses Satzes bewältigt werden soll, so muß sie demnach als eine Randwertaufgabe erster Art formuliert werden. Das ist nur möglich, wenn wir das Luftspaltfeld zwischen Ständer und Läufer im vorliegenden Fall nicht länger durch das Vektorpotential A_z als dem Realteil der komplexen Funktion χ_m, sondern durch das skalare magnetische Potential Φ als deren Imaginärteil beschreiben. Dann ist es aber vorzuziehen, die komplexe Potentialfunktion des Luftspaltfeldes gemäß der Gleichung

$$\Omega(\zeta) \equiv -i\,\chi_m(\zeta) = \mu_0\,\Phi(\varrho,\varphi) + i\,[-A_z(\varrho,\varphi)] \tag{1}$$

zu definieren.

Über die Randwerte der Potentialfunktion $\Phi(R_{1,2};\varphi)$ auf dem Ständer- und Läuferumfang belehren die Gl. 7.4 (24a) und (35). Im Hinblick auf Gl. (39) ist danach auf dem Ständerumfang bei der in Abb. 163 dargestellten Wicklungsanordnung

$$\Phi^{(2)}(R_2,\varphi) = \frac{9}{\pi^2}\,\tilde{I}N\left\{\sum_{p=1}^{\infty}(-)^{p-1}\frac{\cos(\omega t + (6p+1)(\varphi-\varphi_S))}{(6p+1)^2} + \right.$$
$$\left. + \sum_{p=1}^{\infty}(-)^{p-1}\frac{\cos\left(\omega t + (6p+5)(\varphi-\varphi_S) + \frac{2\pi}{3}\right)}{(6p+5)^2}\right\} \tag{2a}$$

und auf dem Läuferumfang

$$\Phi^{(1)}(R_1,\varphi) = \frac{2}{\pi}\,N_l I_l \cos(\varphi-\varphi_L)\,, \tag{2b}$$

worin φ ein beliebiger Stellungswinkel auf den Kreisen mit den Radien R_1 und R_2 ist.

Hier nehmen wir nun an der Gl. (2a) die schon oben angekündigte weitere Vereinfachung vor, indem wir von der Fourier-Reihe, die für die Funktion $\Phi^{(2)}$ längs des Ständerumfangs besteht, weiterhin nur noch die Grundwelle berücksichtigen. Unterscheiden wir dann noch den Stellungswinkel φ, je nachdem ob er sich auf den Ständer- oder den Läuferkreis bezieht, durch φ_2 und φ_1, so betragen demnach die vorgeschriebenen Randwerte des Potentials auf dem inneren Umfang des Ständers zum Zeitpunkt $t = 0$

$$\Phi^{(2)}(R_2, \varphi_2) = \frac{9}{\pi^2} \tilde{I} N \cos(\varphi_2 - \varphi_S) + C_2 \equiv M_2 \cos(\varphi_2 - \varphi_S) + C_2, \quad (3\text{a})$$

und auf dem äußeren Umfang des Läufers

$$\Phi^{(1)}(R_1, \varphi_1) = \frac{2}{\pi} N_l I_l \cos(\varphi_1 - \varphi_L) + C_1 \equiv M_1 \cos(\varphi_1 - \varphi_L) + C_1. \quad (3\text{b})$$

Über die zunächst willkürlich wählbaren Konstanten C_1 und C_2 in diesen beiden Gleichungen, die die Größe der Feldkomponenten nicht beeinflussen, wird erst später in geeigneter Weise verfügt werden. Die Gl. (3a, b), die dem vorigen Abschnitt entstammen und also unter der Voraussetzung hergeleitet wurden, daß der Läufer koaxial zu dem Ständer gelagert ist, behalten ihre Gültigkeit auch in dem uns jetzt interessierenden Fall eines exzentrisch gelagerten Läufers. Für $t > 0$ ist in Gl. (3a) φ_2 um ωt zu vermehren.

Um den Satz von H. Villat anwenden zu können, dessen wesentlichster Inhalt in der Gl. 3.1 (34) steckt, müssen zuvor die Angaben der Gl. (3a, b) auf die Begrenzungen des Kreisringgebietes von Abb. 164 transformiert werden. Die auf die beiden Grenzkreise der ζ-Ebene bezogenen und den Gl. (3a, b) entsprechenden Angaben über die Potentialverteilung ergeben sich ganz von selbst aus der Funktion, die den zweifach zusammenhängenden Bereich der z-Ebene zwischen dem Ständer und dem dazu exzentrisch angeordneten Läufer auf das zweifach zusammenhängende Gebiet zwischen dem inneren und äußeren Kreis der ζ-Ebene abbildet.

Diese Abbildungsfunktion könnte aus der früheren Abb. 24 abgelesen werden, aber auch die direkte Herleitung ist nicht schwierig. Wir betrachten zu diesem Zweck außer den beiden gegebenen, exzentrisch gelagerten Kreisen der z-Ebene, die den Ständer und Läufer der Maschine darstellen, noch das sie orthogonal schneidende Kreisbüschel, von dem in Abb. 164 zwei dazugehörige Kreise gestrichelt eingezeichnet sind. Die beiden Schnittpunkte G und H, durch die alle Kreise dieses Büschels hindurchgehen, liegen bekanntlich auf der Zentralen der beiden gegebenen Kreise, und zwar der eine innerhalb des inneren, der andere außerhalb des äußeren der beiden Kreise. Die inneren und äußeren Verhältnisse dieser beiden Punkte müssen sowohl für den inneren wie den äußeren Kreis einander gleich sein. Diese beiden Forderungen ergeben für die Abstände g und h der beiden Schnittpunkte G und H vom Mittelpunkt des äußeren, größeren Kreises sofort die Beziehungen

$$\frac{R_2 + g}{R_2 - g} = \frac{h + R_2}{h - R_1}, \quad (4\text{a}) \qquad \frac{R_1 + (g - e)}{R_1 - (g - e)} = \frac{(h - e) + R_2}{(h - e) - R_2}. \quad (4\text{b})$$

Das Kreisbüschel durch die Schnittpunkte G und H läßt sich aber leicht in ein durch einen festen Punkt der ζ-Ebene gehendes Geradenbüschel überführen. Wird diese Transformation des Kreissystems im einzelnen so durchgeführt, daß die beiden Punkte G und H der z-Ebene in den Nullpunkt und in den unendlich fernen Punkt der ζ-Ebene übergehen, so muß die entstehende Abbildungsfunktion die Form der Gleichung

$$\zeta = A\,\frac{z - g}{z - h}$$

haben, worin A eine vorläufig noch unbekannte Größe ist. In der Tat ist ja die lineare gebrochene Funktion die einzige, die jeden Kreis (Gerade) der einen Ebene in einen Kreis (Gerade) der anderen Ebene abbildet. Andererseits wird nach Gl. (5) tatsächlich $\zeta = 0$ für $z = g$ und $\zeta = \infty$ für $z = h$.

Da durch Gl. (5) das Kreisbüschel der z-Ebene, das die beiden gegebenen Kreise dieser Ebene senkrecht schneidet, in ein durch den Nullpunkt der ζ-Ebene gehendes Strahlenbüschel übergeführt wird, müssen unter den zum Nullpunkt konzentrischen Kreisen der ζ-Ebene, die ihrerseits dieses Geradenbüschel senkrecht schneiden, die Abbildungen der beiden gegebenen Kreise der z-Ebene enthalten sein. Die Größe der Konstanten A in Gl. (5) läßt sich dann etwa dadurch finden, daß dem äußeren größeren Kreis der z-Ebene der Einheitskreis um den Nullpunkt der ζ-Ebene zugeordnet wird.

Um die gesuchte Abbildungsfunktion in möglichst knapper Form anschreiben zu können, führen wir zunächst die folgenden Hilfsgrößen ein:

$$\iota = \frac{e}{R_2 - R_1}, \quad (6\text{a}) \qquad \varkappa = \frac{R_2 - R_1}{R_2 + R_1}, \quad (6\text{b}) \qquad \xi = \varkappa\sqrt{\frac{1 - \iota^2}{1 - \varkappa^2 \iota^2}} < \varkappa, \quad (6\text{c})$$

$$\eta_2 = \frac{g}{R_2} = \frac{R_2}{h} < 1, \quad (6\text{d}) \qquad \eta_1 = \frac{g - e}{R_1} = \frac{R_1}{h - e} < 1. \quad (6\text{e})$$

Mit diesen Abkürzungen ergeben sich für $\eta_{1,2}$ in Abhängigkeit von der Exzentrizität der Läuferstellung die Beziehungen

$$\left.\begin{matrix}\eta_2\\ \eta_1\end{matrix}\right\} = [(\varkappa - \xi)/(\varkappa + \xi)]^{\frac{1}{2}} \left\{\begin{matrix}[(1 + \xi)/(1 - \xi)]^{\frac{1}{2}}\\ [(1 - \xi)/(1 + \xi)]^{\frac{1}{2}}\end{matrix}\right. \quad (\eta_2 > \eta_1). \quad (7)$$

Liegt der innere Kreis konzentrisch zum äußeren, so ist $\iota = 0$ und nach Gl. (7) auch $\eta_2 = \eta_1 = 0$. Berührt der innere Kreis den äußeren, so wird $\iota = 1$ und ebenso werden $\eta_2 = \eta_1 = 1$. Es werden also alle möglichen Lagen des Läufers innerhalb der Ständerbohrung längs einer und derselben Geraden erfaßt, wenn man ι alle möglichen Werte von $0 \cdots 1$ durchlaufen läßt.

Für den Punkt z auf dem Umfang des äußeren Kreises ist $z = \exp(i\,\varphi_2)$. Berücksichtigt man, daß für alle diese Werte $|\zeta| = 1$ werden soll, so muß $A = R_1/g = 1/\eta_2$ sein. Im vorliegenden Fall läßt sich also die Funktion, die den kreisringförmigen Bereich der z-Ebene auf den Kreisring der ζ-Ebene unter den angegebenen Bedingungen abbildet, in einer der drei Formen

$$\zeta = \frac{(z/R_2) - \eta_2}{(z/R_2)\,\eta_2 - 1}, \quad (8\text{a}) \qquad \frac{z}{R_2} = \frac{\zeta - \eta_2}{\zeta\,\eta_2 - 1}, \quad (8\text{b}) \qquad \frac{z - e}{R_1} = \frac{\zeta - r\,\eta_1}{\zeta\,\eta_1 - r} \quad (8\text{c})$$

schreiben.

Der Radius des inneren Kreises im Kreisring der ζ-Ebene ist durch die Gl. (8a, b) bereits mitbestimmt. Er kann daraus berechnet werden, wenn man $z = e + R_1 \exp(i\,\varphi_1)$ setzt und nach dem zugehörigen Wert von $|\zeta| = r$ sucht. Auf diese Weise ergibt sich unter Verwendung der Abkürzungen (6) für den inneren Radius r die Beziehung

$$r = \frac{1 - \xi}{1 + \xi} = \frac{\eta_1}{\eta_2} = (1 - \varkappa^2)/\left[\sqrt{1 - \iota^2 \varkappa^2} + \varkappa\,\sqrt{1 - \iota^2}\right]^2. \qquad (9)$$

r hängt über die beiden Größen $\eta_{1,2}$ von ι ab. Für $\iota = 0$ wird $r = (1 - \varkappa)/(1 + \varkappa) = R_1/R_2$, während für $\iota = 1$ auch $r = 1$ wird. Da R_1 wegen des kleinen Luftspaltes in den elektrischen Maschinen nur wenig kleiner als R_2 ist, so liegt r für alle in Frage kommenden Werte von ι immer in der Nähe von 1 auf der Seite der kleinen Werte.

Aus den Definitionsgleichungen für $\eta_{1,2}$ und r lassen sich ohne Mühe noch zwei weitere Beziehungen herleiten, von denen später noch mit Nutzen Gebrauch gemacht werden wird. Sie lauten

$$\iota(R_2 - R_1) = e = \eta_2 R_2 - \eta_1 R_1, \quad (10\text{a}) \qquad R_2\, r(1 - \eta_2^2) = R_1(1 - \eta_1^2). \quad (10\text{b})$$

Die Darstellung (8c) für die Abbildungsfunktion ist insbesondere eine Folge von Gl. (10a, b).

Mit Hilfe der nunmehr bekannten Abbildungsfunktion lassen sich jetzt sofort die Randbedingungen (3a, b) für das magnetische Potential in der z-Ebene als die entsprechenden Randbedingungen für den Kreisring der ζ-Ebene formulieren. Setzt man $z = R_2 \exp(i\,\varphi_2)$ und entsprechend $\zeta = \exp(i\,\varphi)$, so lassen sich mittels Gl. (8b) auch die beiden Beziehungen für $\exp(\pm i\,\varphi_2)$ angeben. Man bekommt nämlich mit $\nu = 1, 2$

$$e^{\pm i \varphi_\nu} = \eta_\nu - (1 - \eta_\nu^2)/\left(e^{\mp i \Theta_\nu} - \eta_\nu\right), \qquad (11)$$

worin die gleich angeordneten Vorzeichen zusammengehören. Für den inneren Kreis ist $z = e + R_1 \exp(i\,\varphi_1)$ und $w = r \exp(i\,\Theta_1)$. Benutzt man in diesem Fall die Beziehung (8c), so erhält man bei sonst gleichartigem Rechnungsgang für $\exp(\pm i\,\varphi_1)$ wiederum die Beziehung (11) mit $\nu = 1$.

Bildet man mit Hilfe von Gl. (11) die Gl. (3a, b) nach, so ergibt sich

$$\begin{aligned}\Phi^{(2)}(1, \Theta_2) = C_2 &+ M_2 \cos\varphi_S \frac{2\eta_2 - (1+\eta_2^2)\cos\Theta_2}{1+\eta_2^2 - 2\eta_2\cos\Theta_2} - \\ &- M_2 \sin\varphi_S \frac{(1-\eta_2^2)\sin\Theta_2}{1+\eta_2^2 - 2\eta_2\cos\Theta_2},\end{aligned} \qquad (11\,\mathrm{a})$$

$$\begin{aligned}\Phi^{(1)}(r, \Theta_1) = C_1 &+ M_1 \cos\varphi_L \frac{2\eta_1 - (1+\eta_1^2)\cos\Theta_1}{1+\eta_1^2 - 2\eta_1\cos\Theta_1} - \\ &- M_1 \sin\varphi_L \frac{(1-\eta_1^2)\sin\Theta_1}{1+\eta_1^2 - 2\eta_1\cos\Theta_1},\end{aligned} \qquad (11\,\mathrm{b})$$

und hieraus folgt dann weiter, daß

$$\int_{-\pi}^{+\pi} \Phi^{(2)}(1, \Theta_2)\, d\Theta_2 = 2\pi[C_2 + \eta_2 M_2 \cos\varphi_S], \qquad (11\,\alpha)$$

$$\int_{-\pi}^{+\pi} \Phi^{(1)}(r, \Theta_1)\, d\Theta_1 = 2\pi[C_1 + \eta_1 M_1 \cos\varphi_L) \qquad (11\,\beta)$$

ist, denn es bestehen die beiden FOURIER-Reihen

$$\frac{\eta\sin\Theta}{1+\eta^2-2\eta\cos\Theta} = \sum_{p=1}^{\infty} \eta^p \sin p\,\Theta \qquad (11\,\mathrm{A})$$

$$(|\eta| < 1),$$

$$\frac{2\eta - (1+\eta^2)\cos\Theta}{1+\eta^2-2\eta\cos\Theta} = 2\,\frac{2\eta - (1+\eta^2)\cos\Theta}{1-\eta^2} \sum_{p=0}^{\infty} \frac{\cos p\,\Theta}{1+\delta_{0p}}\,\eta^p. \qquad (11\,\mathrm{B})$$

Eine andere Darstellung von $\Phi^{(2)}(1, \Theta_2)$, die unter Umständen geeigneter ist als Gl. (11a), ergibt sich aus Gl. (3a, b) und (11) und ist durch den Ausdruck

$$\begin{aligned}\Phi^{(2)}(1, \Theta_2) = C_2 &+ M_2 \eta_2 \cos\varphi_S - \\ &- \frac{1}{2} M_2 (1-\eta_2^2)\left[\frac{e^{-i\varphi_S}}{e^{-i\Theta_2} - \eta_2} + \frac{e^{+i\varphi_S}}{e^{+i\Theta_2} - \eta_2}\right]\end{aligned} \qquad (11\,\mathrm{a}_1)$$

gegeben. Die gleiche Form gilt für $\Phi^{(1)}(r, \Theta_1)$, wenn in Gl. (11a_1) überall Θ_2 durch Θ_1 und φ_S durch φ_L ersetzt wird.

7.52 Die Herleitung der Formel für die komplexe Potentialfunktion. Nachdem die voranstehenden Rechnungen zur Kenntnis der Randwerte geführt haben, die der Realteil $\mu_0\,\Phi(\varrho, \varphi)$ des komplexen Potentials $\Omega(\zeta)$ von Gl. (1) an den beiden Begrenzungskreisen des

Ringgebietes annimmt, kann nun ohne weiteres auf die Formel 3.1 (34) zurückgegriffen werden. Hiernach ist die gesuchte Potentialfunktion $\Omega(\zeta)$ durch den Ausdruck

$$\Omega(\zeta) = \frac{\mu_0}{2\pi\beta}\left\{\int_{-\pi}^{+\pi} \Phi^{(2)}(1, \Theta_2)\frac{\vartheta_1'\left(\frac{1}{2\beta}\ln\left(\frac{1}{\zeta}\right)+\frac{i\,\Theta_2}{2\beta};\tau\right)}{\vartheta_1\left(\frac{1}{2\beta}\ln\left(\frac{1}{\zeta}\right)+\frac{i\,\Theta_2}{2\beta};\tau\right)}\,d\Theta_2 - \right. \tag{12a}$$

$$\left. - \int_{-\pi}^{+\pi} \Phi^{(1)}(r, \Theta_1)\frac{\vartheta_2'\left(\frac{1}{2\beta}\ln\left(\frac{1}{\zeta}\right)+\frac{i\,\Theta_1}{2\beta};\tau\right)}{\vartheta_2\left(\frac{1}{2\beta}\ln\left(\frac{1}{\zeta}\right)+\frac{i\,\Theta_1}{2\beta};\tau\right)}\,d\Theta_1\right\} \quad \left(\tau = i\,\frac{\pi}{\beta},\; \beta = \ln\left(\frac{1}{r}\right)\right)$$

gegeben, und dabei muß im Hinblick auf die Gl. 3.1 (34a) und (11α, β)

$$C_2 + \eta_2 M_2 \cos\varphi_S = C_1 + \eta_1 M_1 \cos\varphi_L \tag{12'}$$

sein. In Gl. (12) kann man natürlich auch jederzeit zu den Theta-Funktionen mit dem imaginären Modul $\tau' = -1/\tau$ übergehen. Da auf Grund der bekannten Transformationsformel von JACOBI

$$\frac{\vartheta_\nu'(v;\tau)}{\vartheta_1'(v;\tau)} = -2\pi i\,\frac{v}{\tau} + \frac{1}{\tau}\,\frac{\vartheta_\nu'\left(\frac{v}{\tau};\,-\frac{1}{\tau}\right)}{\vartheta_\nu\left(\frac{v}{\tau};\,-\frac{1}{\tau}\right)} \qquad (\nu = 1, 2, 3, 4) \tag{13}$$

ist, so geht die Gl. (12a) nach Berücksichtigung von Gl. (13) und (11α, β) bis auf eine neu hinzutretende, rein imaginäre Konstante in die andere Beziehung über:

$$\pi\,\Omega(\zeta) = \frac{\mu_0}{2\pi i}\int_{-\pi}^{+\pi} \Phi^{(2)}(1, \Theta_2)\frac{\vartheta_1'\left(\frac{1}{2\pi i}\ln\left(\frac{1}{\zeta}\right)+\frac{\Theta_2}{2\pi};\tau'\right)}{\vartheta_1\left(\frac{1}{2\pi i}\ln\left(\frac{1}{\zeta}\right)+\frac{\Theta_2}{2\pi};\tau'\right)}\,d\Theta_2 - \tag{12b}$$

$$- \frac{\mu_0}{2\pi i}\int_{-\pi}^{+\pi} \Phi^{(1)}(r, \Theta_1)\frac{\vartheta_4'\left(\frac{1}{2\pi i}\ln\left(\frac{1}{\zeta}\right)+\frac{\Theta_1}{2\pi};\tau'\right)}{\vartheta_4\left(\frac{1}{2\pi i}\ln\left(\frac{1}{\zeta}\right)+\frac{\Theta_1}{2\pi};\tau'\right)}\,d\Theta_1 \quad (\tau' = i\beta/\pi).$$

Wir entscheiden uns für das Weitere für die Gl. (12b) und machen dann Gebrauch von der Möglichkeit, in dieser Gleichung im Hinblick auf Gl. 3.4 (13) die logarithmischen Ableitungen der Theta-Funktion durch die JACOBIsche Zeta-Funktion auszudrücken. Ersetzen wir gleichzeitig $\Phi^{(1)}$ und $\Phi^{(2)}$ in Gl. (12b) durch (11a_1) und führen eine neue Integrationsvariable ein, so wird neuerdings

$$\begin{aligned}\Omega(\zeta)/\mu_0 = {} & M_1(1-\eta_1^2)\frac{1}{2\pi i}\int\limits_{-K'}^{+K'}\left[\frac{e^{-i\varphi_L}}{e^{-\pi i(w/K')}-\eta_1}+\frac{e^{+i\varphi_L}}{e^{+\pi i(w/K')}-\eta_1}\right]\times \\ & \times \operatorname{zn}(-N+w,\,k')\,dw - \\ & - M_2(1-\eta_2^2)\frac{1}{2\pi i}\int\limits_{-K'}^{+K'}\left[\frac{e^{-i\varphi_S}}{e^{-\pi i(w/K')}-\eta_2}+\frac{e^{+i\varphi_L}}{e^{+\pi i(w/K')}-\eta_2}\right]\times \\ & \times\left[\operatorname{zn}(-N+w+iK;\,k')+\frac{\pi i}{2K'}\right]dw - \\ & - \frac{C_1+M_1\eta_1\cos\varphi_L}{\pi i}\int\limits_{-K'}^{+K'}\operatorname{zn}(-N+w;\,k')\,dw + \\ & + \frac{C_2+M_2\eta_2\cos\varphi_S}{\pi i}\int\limits_{-K'}^{+K'}\operatorname{zn}(-N+w+iK;\,k')\,dw\end{aligned} \tag{14}$$

mit der Abkürzung

$$N=(K'/\pi i)\cdot\ln\zeta\,. \tag{14a}$$

Man gehe nun in der Funktion $\exp(\pi i(w/K'))$ von $+w$ zu $-w$ über. Dann entsteht aus Gl. (14) nach geeigneter Zusammenfassung der einzelnen Glieder und mit Rücksicht auf die Gl. (12′) die andere Beziehung

$$\begin{aligned}\Omega(\zeta)/\mu_0 = {} & M_1(1-\eta_1^2)\frac{1}{2\pi i}\int\limits_{-K'}^{+K'}[e^{-i\varphi_L}\operatorname{zn}(w-N,k') - \\ & - e^{+i\varphi_L}\operatorname{zn}(w+N,k')]\frac{dw}{e^{-\pi i(w/K')}-\eta_1} - \\ & - M_2(1-\eta_2^2)\frac{1}{2\pi i}\int\limits_{-K'}^{+K'}[e^{-i\varphi_S}\operatorname{zn}(w-N+iK,k') - \\ & - e^{+i\varphi_S}\operatorname{zn}(w+N-iK,k')]\frac{dw}{e^{-\pi i(w/K')}-\eta_2} + \\ & + \frac{C_2+M_2\eta_2\cos\varphi_S}{\pi i}\int\limits_{-K'}^{+K'}\left[\frac{d}{dw}\ln\operatorname{sn}(w-N,k')-\frac{\pi i}{2K'}\right]dw,\end{aligned} \tag{15}$$

die für die wirkliche Durchführung der Integration wesentlich bequemer ist. Der Term mit dem Integral

$$\int\limits_{-\pi}^{+\pi}\frac{d\Theta}{e^{-i\Theta}-\eta_2},$$

der bei der Herstellung der Gl. (15) zunächst auftritt, kann fortgelassen werden, da das Integral, wie man leicht erkennt, verschwindet.

Um die Integrationen in Gl. (15) auszuführen, gehen wir aus von dem Integral

$$X(N) = \frac{1}{2\pi i}\int\limits_R \frac{\operatorname{zn}(N+w,k')}{e^{-\pi i(w/K')}-\eta}\,dw \equiv \frac{1}{2\pi i}\int\limits_R F(w)\,dw\,, \tag{16}$$

das längs der Randlinien des Rechtecks mit den Ecken $+K'$, $+K' + 2n\,i\,K$, $-K' + 2n\,i\,K$, $-K'$ genommen werden soll. Dann heben sich wegen $\operatorname{zn}(w+2K',k') = \operatorname{zn}(w,k')$ die Integrale längs der beiden vertikalen Kanten des Rechtecks gegenseitig auf, da sie ja im entgegengesetzten Sinn durchlaufen werden. Längs der Kanten $w = x + 2n\,i\,K$ mit $-K' \gtreqless x \leqq +K'$ ist

$$F(x+2n\,i\,K) = \frac{\operatorname{zn}(N+x+2n\,i\,K,k')}{e^{-\pi i(x/K')+2n(K/K')}-\eta} = \frac{\operatorname{zn}(N+x,k') - n\,(\pi i/K')}{e^{-\pi i(x/K')+2n(K/K')}-\eta}\,.$$

Für $n \to \infty$ strebt also $F(x+2n\,i\,K) \to 0$, und nach dem Residuensatz ist mithin

$$X(\pm N) = \frac{1}{2\pi i}\int\limits_{-K'}^{+K'} \frac{\operatorname{zn}(w \pm N,k')}{e^{-\pi i(w/K')}-\eta_1}\,dw = \sum \mathfrak{Res}\,(F(w)) \tag{16a}$$

innerhalb des Halbstreifens $\pm K' \cdots i\,\infty$. Der Integrand von Gl. (16a) hat

1. einfache Pole in den Punkten $-\pi\,i(w/K') + 2\pi\,i\,\lambda = \ln\eta_1$, d.h. in den Punkten

$$w = 2K'\lambda - \frac{K'}{\pi}\,i\ln\left(\frac{1}{\eta_1}\right) \quad (\lambda = 0, \pm 1, \pm 2 \ldots),$$

von denen jedoch keiner innerhalb des Streifens liegt;

2. einfache Pole in den Punkten $w = \mp N + (2\lambda+1)\,i\,K = \mp K'/\pi\cdot(\Theta + i\ln(1/|\zeta|)) + (2\lambda+1)\,i\,K$. Sie liegen demnach wegen $|\Theta| \gtreqless \pi$ und wegen $0 \gtreqless K'/\pi\cdot\ln(1/|\zeta|) \leqq K'(\beta/\pi) = K$ für alle $\lambda = 0, 1, 2 \ldots$ innerhalb des Halbstreifens. Die Berechnung der zugehörigen Residuen gestaltet sich sehr einfach, und man erhält nach kurzer Rechnung als Ergebnis:

$$\begin{aligned} \frac{1}{2\pi i}\int\limits_{-K'}^{+K'} \frac{\operatorname{zn}(w \pm N,k')}{e^{-\pi i(w/K')}-\eta_1}\,dw &= \sum_{\lambda=0}^{\infty} \frac{1}{\zeta^{\pm 1}\cdot e^{(2\lambda+1)\pi(K/K')}-\eta_1} \\ &= \sum_{\lambda=0}^{\infty} \frac{r^{2\lambda+1}}{\zeta^{\pm 1} - \eta_1\,r^{2\lambda+1}}\,. \end{aligned} \tag{16b}$$

Auf dieselbe Weise läßt sich das Integral

$$X(\pm(N - iK)) = \frac{1}{2\pi i}\int\limits_R \frac{\mathrm{zn}(w \pm (N - iK), k')}{e^{-\pi i (w/K')} - \eta_2}\, dw = \frac{1}{2\pi i}\int\limits_R F(w \pm (N - iK))\, dw \tag{17}$$

berechnen. Auch hier hängt der Wert des Integrals ausschließlich ab von der Summe der Residuen der Funktion $F(w \pm (N - iK))$ innerhalb des oben gekennzeichneten Halbstreifens, und die einzigen Pole, die Residuen innerhalb dieses Halbstreifens liefern, rühren von der Funktion zn her. Sie liegen demnach bei der Funktion

$$\left.\begin{aligned}&\mathrm{zn}(w - N + iK, k'),\\ &\mathrm{zn}(w + N - iK, k')\end{aligned}\right\}\text{ an den Stellen }\left\{\begin{aligned}w &= (2\lambda + 1)\, iK + N - iK,\\ w &= (2\lambda + 1)\, iK - N + iK.\end{aligned}\right.$$

Sie fallen also in das Innere des Halbstreifens, wenn sowohl im ersten Fall als auch im zweiten Fall $\lambda \gtreqless 0$ gewählt wird. Im ganzen ergibt sich also in beiden Fällen

$$\frac{1}{2\pi i}\int\limits_{-K'}^{+K'} \frac{\mathrm{zn}(w \mp (N - iK), k')}{e^{-\pi i (w/K')} - \eta_2}\, dw = \sum_{\lambda=0}^{\infty} \frac{r^{2\lambda}}{\zeta^{\mp 1} - \eta_2 r^{2\lambda}} \qquad \left(\beta = \ln\left(\frac{1}{r}\right)\right). \tag{17a, b}$$

Der Ausdruck für die komplexe Potentialfunktion des Luftspaltfeldes nimmt nach dem Einsetzen von Gl. (16b) und (17a, b) in Gl. (15) damit die folgende endgültige Form an:

$$\begin{aligned}\Omega(\zeta)/\mu_0 = {} & M_1(1 - \eta_1^2)\left\{e^{-i\varphi_L}\sum_{\lambda=0}^{\infty}\frac{r^{2\lambda+1}}{(1/\zeta) - \eta_1 r^{2\lambda+1}} - e^{+i\varphi_L}\sum_{\lambda=0}^{\infty}\frac{r^{2\lambda+1}}{\zeta - \eta_1 r^{2\lambda+1}}\right\} - \\ & - M_2(1 - \eta_2^2)\left\{e^{-i\varphi_S}\sum_{\lambda=0}^{\infty}\frac{r^{2\lambda}}{(1/\zeta) - \eta_2 r^{2\lambda}} - e^{+i\varphi_S}\sum_{\lambda=1}^{\infty}\frac{r^{2\lambda}}{\zeta - \eta_2 r^{2\lambda}}\right\} + \\ & + C_2 + M_2\eta_2\cos\varphi_S \qquad (r < 1).\end{aligned} \tag{18}$$

An dieser Gleichung läßt sich leicht nachprüfen, daß die Funktion $\Omega(\zeta)$ sowohl für $\zeta = e^{i\Theta_2}$ als auch für $\zeta = r\, e^{i\Theta_1}$ allen an sie zu stellenden Forderungen gerecht wird. Setzt man z. B. in Gl. (18) $\zeta = e^{i\Theta_2}$, so wird, wie man sofort erkennt, die erste Zeile von Gl. (18) rein imaginär, die zweite und dritte Zeile aber ergibt

$$C_2 + M_2\eta_2\cos\varphi_S - M_2(1 - \eta_2^2)\frac{e^{-i\varphi_S}}{e^{-i\Theta_2} - \eta_2}.$$

Es ist jedoch

$$\Re\mathrm{e}\left\{\frac{e^{-i\varphi_S}}{e^{-i\Theta_2} - \eta_2}\right\} = \frac{1}{2}\left\{\frac{e^{-i\varphi_S}}{e^{-i\Theta_2} - \eta_2} + \frac{e^{+i\varphi_S}}{e^{+i\Theta_2} - \eta_2}\right\}.$$

In der Tat ist also der Realteil von $\Omega(\zeta) = \Phi^{(2)}(1, \Theta_2)$ von Gl. (11a$_1$). Ferner ist $\Omega(\zeta)$ eine innerhalb des Ringgebietes der ζ-Ebene überall eindeutige Funktion.

Die vier Funktionen, die durch die in Gl. (18) auftretenden vier unendlichen Reihen definiert sind, sind offenbar in den beiden allgemeineren Funktionen

$$F_u(z; r) = \sum_{\lambda=0}^{\infty} \frac{r^{2\lambda+1}}{1 - z r^{2\lambda+1}}, \quad (19\text{a}) \qquad F_g(z; r) = \sum_{\lambda=1}^{\infty} \frac{r^{2\lambda}}{1 - z r^{2\lambda}} \quad (19\text{b})$$

$$(r < 1)$$

als Sonderfälle enthalten. In F_u ist in bezug auf die Variable z jedes Glied der Reihe regulär analytisch, solange $|z| < 1/r$ ist. Das gleiche gilt für die Funktion F_g, falls $|z| < r^{-2}$ ist. Da andererseits für diese Werte von z und $r \lesseqgtr \gamma < 1$ beide Reihen gleichmäßig konvergieren, so ist $F_u(z)$ selbst eine reguläre analytische Funktion innerhalb des Kreises mit dem Radius r^{-1} und ebenso $F_g(z)$ innerhalb des Kreises mit dem Radius r^{-2}. Ist $z = \eta_1 \zeta$ oder $\eta_2 \zeta$, so sind für $r < 1$ wegen $\eta_{1,2} < 1$ sicherlich auch $F_{u,g}$ für alle in Frage kommenden Werte von ζ regulär, denn diese liegen ja in dem Bereich $r \lesseqgtr |\zeta| \leqq 1$. Dasselbe gilt selbst dann noch, wenn $z = \eta_1/\zeta$ oder η_2/ζ ist. Bleibt also vorläufig der Fall $r = 1$ oder $\iota = 1$ von der Betrachtung ausgeschlossen, so sind die Funktionen F_u mit $z = \eta_2 \zeta$ oder η_2/ζ und F_g mit $z = \eta_1 \zeta$ oder η_1/ζ für alle Werte von ζ im Kreisring der Zeta-Ebene regulär und eindeutig.

Zwischen den beiden, durch Gl. (19a, b) definierten Funktionen bestehen innerhalb des eben festgelegten Definitionsbereichs im Hinblick auf Gl. (9) die folgenden, leicht beweisbaren Beziehungen

$$F_u(z r; r) = \frac{1}{r} F_g(z; r), \quad (19\alpha) \qquad F_g\left(\frac{z}{r}; r\right) = r F_u(z; r), \quad (19\beta)$$

$$F_u\left(\frac{\eta_1}{z}; r\right) = \frac{z r}{z - \eta_2} + r F_g\left(\frac{\eta_2}{z}; r\right), \quad (19\gamma)$$

$$F_g(\eta_2 z; r) = -\frac{1}{1 - \eta_1 r z} + \frac{1}{r} F_u(\eta_1 z; r). \quad (19\delta)$$

Löst man in Gl. (19a) den Quotienten $\left(1/(1 - z r^{2\lambda+1})\right)$ in eine Reihe auf und wendet den Vitalischen Doppelreihensatz an, so kann die Definitionsgleichung von $F(z, r)$ auch in der Form

$$F_u(z, r) = \sum_{\lambda=0} \frac{z^\lambda r^{\lambda+1}}{1 - r^{2(\lambda+1)}} = \sum_{\lambda=0}^{\infty} \frac{z^\lambda/2}{\mathfrak{Sin}(\lambda+1)\beta} \qquad \beta = \ln\left(\frac{1}{r}\right) \quad (19')$$

geschrieben werden.

Da für das Folgende sowieso von dem Ausdruck für $\Omega(\zeta)$ der Realteil und der Imaginärteil an den beiden Bereichgrenzen bekannt sein muß, so mögen die dafür gültigen Formeln schon an dieser Stelle angeführt werden. Es ist am Umfang des *äußeren Kreises* $\zeta = e^{i\Theta_2} = v_2$ und also nach Gl. (1) und (18)

$$\Omega(e^{i\Theta_2}) = \mu_0\,\Phi(1,\Theta_2) - i\,A_z(1,\Theta_2) = \mu_0(C_2 + M_2\,\eta_2\cos\varphi_L) +$$

$$+\frac{\mu_0}{2}M_2(1-\eta_2^2)\left[-\frac{e^{-i\varphi_S}}{\bar{v}_2-\eta_2}+\frac{e^{+i\varphi_S}}{v_2-\eta_2}\right]-$$

$$-\frac{\mu_0}{2}M_2(1-\eta_2^2)\left[\frac{e^{-i\varphi_S}v_2}{\bar{v}_2-\eta_2}+\overline{\frac{e^{-i\varphi_S}v_2}{v_2-\eta_2}}\right]+ \qquad (v_2 = e^{i\Theta_2}) \qquad (18\,\mathrm{a})$$

$$+\mu_0 M_1(1-\eta_1^2)\{e^{-i\varphi_L}v_2F_u(\eta_1 v_2;r) - e^{+i\varphi_L}\bar{v}_2F_u(\eta_1\bar{v}_2;r)\} -$$

$$-\mu_0 M_2(1-\eta_2^2)\{e^{-i\varphi_S}v_2F_g(\eta_2 v_2;r) - e^{+i\varphi_S}\bar{v}_2F_g(\eta_2\bar{v}_2;r)\}.$$

Längs des Umfangs des *inneren Kreises* mit $\zeta = r\,e^{i\Theta_1} = r\,v_1$ ist hingegen

$$\Omega(r\,e^{i\Theta_1}) = \mu_0\,\Phi(r,\Theta_1) - i\,A_z(r,\Theta_1) = \mu_0(C_1 + M_1\,\eta_1\cos\varphi_S) -$$

$$-\frac{\mu_0}{2}M_1(1-\eta_1^2)\left[-\frac{e^{-i\varphi_L}}{\bar{v}_1-\eta_1}+\frac{e^{+i\varphi_L}}{v_1-\eta_1}\right]-$$

$$-\frac{\mu_0}{2}M_1(1-\eta_1^2)\left[\frac{e^{-i\varphi_L}}{\bar{v}_1-\eta_1}+\frac{s^{+i\varphi_L}}{v_1-\eta_1}\right]+ \qquad (v_1 = e^{i\Theta_1}) \qquad (18\,\mathrm{b})$$

$$+\mu_0 M_1(1-\eta_1^2)\{e^{-i\varphi_L}v_1F_g(\eta_1 v_1;r) - e^{+i\varphi_L}\bar{v}_1F_g(\eta_1\bar{v}_1;r)\} -$$

$$-\mu_0 M_2(1-\eta_2^2)\{e^{-i\varphi_S}v_1F_u(\eta_2 v_1;r) - e^{+i\varphi_S}\bar{v}_1F_u(\eta_2\bar{v}_1;r)\}.$$

Die erste und dritte Zeile in diesen beiden Gleichungen sind rein reell und stellen daher das mit μ_0 multiplizierte magnetische Potential Φ dar. Die anderen drei Zeilen sind in beiden Gleichungen rein imaginär und entsprechen dem mit dem negativen Vorzeichen versehenen Vektorpotential A_z.

7.53 Die Berechnung der magnetischen Energie des Luftspaltfeldes bei exzentrischer Läuferstellung. Wir berechnen nun die Energie des im Luftraum zwischen Ständer und Läufer aufgespeicherten magnetischen Feldes. Diese Energie ist bekanntlich gegeben durch die Gleichung

$$W_m = \frac{1}{2}\int_V \mathfrak{H}\,\mathfrak{B}\,d\,V. \qquad (20)$$

Da $\mathfrak{H} = -\operatorname{grad}\Phi$ und $\operatorname{div}(\Phi\,\mathfrak{B}) = \mathfrak{B}\operatorname{grad}\Phi$ ist wegen $\operatorname{div}\mathfrak{B} = 0$, so erhält man nach dem Gesetz von Gauss als Ausdruck für die magnetische Energie der Längeneinheit der Maschine die Formel

$$\frac{W_m}{l_z} = -\frac{1}{2}\int\limits_V \mathfrak{B}\,\mathrm{grad}\,\Phi\, dV = \frac{1}{2}\Big[\int\limits_{\text{Ständer}} \Phi^{(2)}(1, \Theta_2)\, B_n(\Theta_2)\, ds_2 + \int\limits_{\text{Läufer}} \Phi^{(1)}(r, \Theta_1)\, B_n(\Theta_1)\, ds_1\Big]. \tag{20a}$$

B_n ist hierin gemäß Abb. 165 die Komponente von $\mathfrak{B}$ in Richtung der inneren Normalen längs des äußeren und inneren Kreises, während $ds_{1,2}$ die Wegelemente auf diesen beiden Grenzkreisen bedeuten. Nun ist aber auf dem äußeren Grenzkreis $B_n = -\mu_0\, \partial\Phi/\partial n = -\partial A_z/\partial s_2$ und auf dem inneren Grenzkreis $B_n = -\partial A_z/\partial s_1$. Setzt man diese Ausdrücke in Gl. (20a) ein, so resultiert als allgemeine Berechnungsvorschrift

$$\frac{W_m}{l_z/2} = -\int\limits_{-\pi}^{+\pi} \Phi^{(2)}(1, \Theta_2)\frac{\partial A_z(1, \Theta_2)}{\partial \Theta_2} d\Theta_2 + \int\limits_{-\pi}^{+\pi} \Phi^{(1)}(1, \Theta_1)\frac{\partial A_z(r, \Theta_1)}{\partial \Theta_1} d\Theta_1$$
$$= -\int\limits_{-\pi}^{+\pi} A_z(r, \Theta_1)\, \frac{\partial \Phi^{(1)}(r, \Theta_1)}{\partial \Theta_1} d\Theta_1 + \int\limits_{-\pi}^{+\pi} A_z(1, \Theta_2)\frac{\partial \Phi^{(2)}(1, \Theta_2)}{\partial \Theta_2} d\Theta_2 . \tag{20b}$$

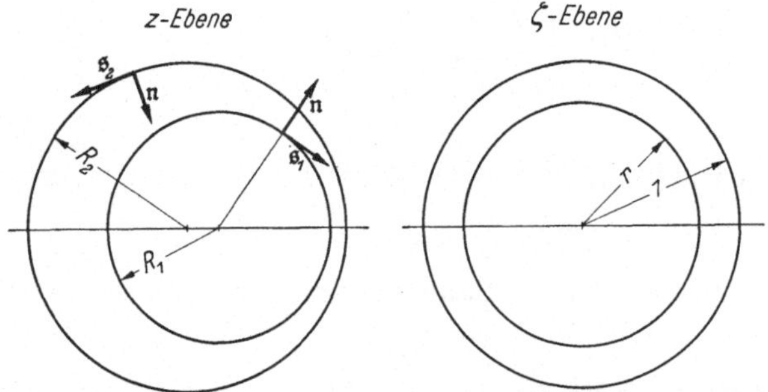

Abb. 165. Das Bild erläutert die Anwendung des GAUSSschen Satzes auf Gl. (20). Sie führt zu Gl. (20a)

Dabei entsteht die zweite Form aus der ersten durch partielle Integration. Da $\partial\Phi/\partial\Theta$ dem Strombelag entspricht, so sagt die Gl. (20b) dasselbe aus wie die Gl. 1.1 (28). Nun ist nach Gl. ($11a_1$)

$$\frac{\partial \Phi^{(2)}(1, \Theta_2)}{\partial \Theta_2} = -\frac{i}{2} M_2(1-\eta_2^2)\left[\frac{e^{-i(\varphi_S-\Theta_2)}}{(1-\eta_2\, e^{+i\Theta_2})^2} - \frac{e^{+i(\varphi_S-\Theta_2)}}{(1-\eta_2\, e^{-i\Theta_2})^2}\right],$$
$$\frac{\partial \Phi^{(1)}(r, \Theta_1)}{\partial \Theta_1} = -\frac{i}{2} M_1(1-\eta_1^2)\left[\frac{e^{-i(\varphi_L-\Theta_1)}}{(1-\eta_1\, e^{+i\Theta_1})^2} - \frac{e^{+i(\varphi_L-\Theta_1)}}{(1-\eta_1\, e^{-i\Theta_1})^2}\right]. \tag{21a}$$

Es wird dann nach dem Einsetzen dieser beiden Gleichungen in Gl. (20b) unter Berücksichtigung von Gl. (19α)

$$(-i)\int_{-\pi}^{+\pi} A_z(r,\Theta_1)\frac{\partial\Phi^{(1)}(r,\Theta_1)}{\partial\Theta_1}\,d\Theta_1$$

$$\begin{aligned}
&= i\frac{\mu_0}{2}M_1^2(1-\eta_1^2)^2\int_{-\pi}^{+\pi}\frac{d\Theta_1}{(1-\eta_1 e^{i\Theta_1})^2(1-\eta_1 e^{-i\Theta_1})}+\\
&+ i\mu_0 M_1^2(1-\eta_1^2)^2 r\int_{-\pi}^{+\pi}\frac{F_u(\eta_1 r e^{+i\Theta_1};r)}{(1-\eta_1 e^{i\Theta_1})^2}\,d\Theta_1-\\
&- i\mu_0 M_1 M_2(1-\eta_1^2)(1-\eta_2^2)\cos(\varphi_S-\varphi_L)\int_{-\pi}^{+\pi}\frac{F_u(\eta_2 e^{i\Theta_1};r)}{(1-\eta_1 e^{-i\Theta_1})^2}\,d\Theta_1,
\end{aligned} \tag{22a}$$

$$(-i)\int_{-\pi}^{+\pi} A_z(1,\Theta_2)\frac{\partial\Phi^{(2)}(1,\Theta_2)}{\partial\Theta_2}\,d\Theta_2$$

$$\begin{aligned}
&= -i\frac{\mu_0}{2}M_2^2(1-\eta_2^2)^2\int_{-\pi}^{+\pi}\frac{d\Theta_2}{(1-\eta_2 e^{-i\Theta_2})(1-\eta_2 e^{+i\Theta_2})^2}-\\
&- i\mu_0 M_2^2(1-\eta_2^2)\,r\int_{-\pi}^{+\pi}\frac{F_u(\eta_2 r e^{i\Theta_2};r)}{(1-\eta_2 e^{-i\Theta_2})^2}\,d\Theta_2+\\
&+ i\mu_0 M_1 M_2(1-\eta_1^2)(1-\eta_2^2)\cos(\varphi_S-\varphi_L)\int_{-\pi}^{+\pi}\frac{F_u(\eta_1 e^{i\Theta_2};r)}{(1-\eta_2 e^{-i\Theta_2})^2}\,d\Theta_2.
\end{aligned} \tag{22b}$$

Demnach wird bei einer axialen Länge l_z der Maschine

$$\begin{aligned}
2\frac{W_m}{l_z} &= \frac{\mu_0}{2}M_1^2(1-\eta_1^2)^2\int_{-\pi}^{+\pi}\frac{d\Theta_1}{(1-\eta_2 e^{i\Theta_1})^2(1-\eta_1 e^{-i\Theta_1})}+\frac{\mu_0}{2}M_2^2(1-\eta_2^2)^2\times\\
&\times\int_{-\pi}^{+\pi}\frac{d\Theta_2}{(1-\eta_2 e^{i\Theta_2})^2(1-\eta_2 e^{-i\Theta_2})}+\mu_0 M_1(1-\eta_1^2)^2 r\int_{-\pi}^{+\pi}\frac{F_u(\eta_1 r e^{i\Theta_1};r)}{(1-\eta_1 e^{-i\Theta_1})^2}\,d\Theta_1+\\
&+\mu_0 M_2^2(1-\eta_2^2)^2 r\int_{-\pi}^{+\pi}\frac{F_u(\eta_2 r e^{i\Theta_2};r)}{(1-\eta_2 e^{-i\Theta_2})^2}\,d\Theta_2-\mu_0 M_1 M_2(1-\eta_1^2)(1-\eta_2^2)\times\\
&\times\cos(\varphi_S-\varphi_L)\left[\int_{-\pi}^{+\pi}\frac{F_u(\eta_1 e^{i\Theta_2};r)}{(1-\eta_2 e^{-i\Theta_2})^2}\,d\Theta_2+\int_{-\pi}^{+\pi}\frac{F_u(\eta_2 e^{i\Theta_1};r)}{(1-\eta_1 e^{-i\Theta_1})^2}\,d\Theta_1\right].
\end{aligned}$$

Nun folgen aus den Definitionsgleichungen (19a, b) mit Hilfe des Residuensatzes sofort die folgenden Formeln

$$\int_{-\pi}^{+\pi} \frac{F_u(\alpha\, e^{i\Theta}; r)}{(1-\eta\, e^{-i\Theta})^2}\, d\Theta = 2\pi \sum_{\lambda=0}^{\infty} \frac{r^{2\lambda+1}}{(1-\alpha\,\eta\, r^{2\lambda+1})^2}, \tag{23a}$$

$$\int_{-\pi}^{+\pi} \frac{d\Theta}{(1-\eta_1\, e^{i\Theta})^2\,(1-\eta_1\, e^{-i\Theta})} = \frac{2\pi}{(1-\eta_1^2)^2}, \tag{23b}$$

und somit erhält man für die magnetische Energie des Luftspaltfeldes einer zweipoligen Vollpolmaschine, deren Läufer exzentrisch gelagert ist, die folgende *erste* Darstellung

$$\begin{aligned}\frac{W_m}{\mu_0\,\pi\, l_z} &= \frac{1}{2}(M_1^2 + M_2^2) + M_1^2(1-\eta_1^2)^2 \sum_{\lambda=0}^{\infty} \frac{r^{2\lambda+2}}{(1-\eta_1^2\, r^{2\lambda+2})^2} + \\ &+ M_2^2(1-\eta_2^2)^2 \sum_{\lambda=0}^{\infty} \frac{r^{2\lambda+2}}{(1-\eta_2^2\, r^{2\lambda+2})^2} - 2\, M_1 M_2 (1-\eta_1^2)(1-\eta_2^2) \times \\ &\times \cos(\varphi_S - \varphi_L) \sum_{\lambda=0}^{\infty} \frac{r^{2\lambda+1}}{(1-\eta_1\eta_2\, r^{2\lambda+1})^2}.\end{aligned} \tag{24a}$$

An dieser Stelle erscheint es zweckmäßig, zur Abkürzung die Funktion

$$S(\eta^2, r^2) \equiv (1-\eta^2)^2 \sum_{\lambda=0}^{\infty} \frac{r^{2\lambda+2}}{(1-\eta^2 r^{2\lambda+2})^2} \qquad (r<1,\ \eta \lesseqgtr 1) \tag{25}$$

einzuführen. Es ist dann wegen $\eta_1 = \eta_2\, r$ und Gl. (10b)

$$\begin{aligned}&(1-\eta_1^2)(1-\eta_2^2) \sum_{\lambda=0}^{\infty} \frac{r^{2\lambda+1}}{(1-\eta_1\eta_2\, r^{2\lambda+1})^2} \\ &\qquad = \frac{1}{r}(1-\eta_1^2)(1-\eta_2^2)\frac{S(\eta_2^2, r^2)}{(1-\eta_2^2)^2} = \frac{R_2}{R_1} S(\eta_2^2, r^2),\end{aligned}$$

und somit gilt an *zweiter* Stelle die Beziehung

$$\begin{aligned}\frac{W_m}{\mu_0\,\pi\, l_z} &= \frac{1}{2}(M_1^2 + M_2^2) + M_1^2 S(\eta_1^2, r^2) + M_2^2 S(\eta_2^2, r^2) - \\ &\quad - 2\frac{R_2}{R_1} M_1 M_2 S(\eta_2^2, r^2)\cos(\varphi_S - \varphi_L) \quad \text{Joule/m.}\end{aligned} \tag{24b}$$

Da ferner auf Grund der Gl. (25) und (10b)

$$S(\eta_1^2, r^2) = \left(\frac{R_2}{R_1}\right)^2 S(\eta_2^2, r^2) - 1 \tag{25a}$$

ist, so erhält man als weitere, *dritte* und endgültige Darstellung für W_m die Formel:

$$\frac{W_m}{\mu_0 \pi l_z} = \frac{1}{2}(M_2^2 - M_1^2) + \\ + \left[M_2^2 + \left(\frac{R_2}{R_1} M_1\right)^2 - 2 M_2 \frac{R_2}{R_1} M_1 \cos(\varphi_S - \varphi_L)\right] S(\eta_2^2, r^2). \qquad (24\text{c})$$

$$(M_1 = (2/\pi) N_l I_l, \quad M_2 = (9/\pi^2) \tilde{I} N) \quad [M_{1,2}] = A.$$

Sie enthält nur noch allein die Größe $S(\eta_2^2, r^2)$.

Wir besprechen einige allgemeine Eigenschaften dieser Funktion. Nach Gl. (25) hängt sie scheinbar von den zwei Variablen r und η ab. Da aber diese beiden Veränderlichen im Hinblick auf die Gl. (7) und (9) selbst wieder mit derselben Variablen ι verknüpft sind, so hängt die Funktion S strenggenommen nur allein von ι ab.

Für $\eta_1 = 0$, d. h. $\iota = 0$, ist nach Gl. (9) $r = R_1/R_2 < 1$, und nach Gl. (25) ist demgemäß

$$\lim_{\eta_1 = 0} S(\eta_1^2, r^2) = \frac{R_1^2}{R_2^2 - R_1^2} = \lim_{\eta_2 = 0} S(\eta_2^2, r^2). \qquad (25\text{b})$$

Andererseits strebt mit η_2 auch $r \to 1$. Nach Gl. (10b) ist aber $\eta_2^2 = (R_2/R_1 - 1/r)/(R_2/R_1 - r)$. Wird $r = e^{-\sigma}$ gesetzt, so ist σ für ein r in der Nähe von 1 eine sehr kleine Zahl, und es läßt sich daher schreiben $\eta_2^2 \approx (q - \sigma)/(q + \sigma)$ mit $q = R_2/R_1 - 1$. Untersucht man mit Hilfe dieses Näherungsausdrucks den Grenzwert von $S(\eta_1^2, r^2)$, so findet man ohne Schwierigkeit

$$\lim_{\eta_1, r = 1} S(\eta_1^2, r^2) = \left(\frac{R_1}{R_2 - R_1}\right)^2 \Psi'\left(\frac{R_2}{R_2 - R_1}\right), \qquad (25\text{c})$$

worin Ψ' die erste Ableitung der Eulerschen Ψ-Funktion ist. Die Funktion $S(\eta^2, r^2)$ von Gl. (25) bleibt also im Gegensatz zu den Funktionen $F_{u,g}$ von Gl. (19a, b) infolge des Hinzutretens des Faktors $(1 - \eta^2)^2$ auch noch für $\eta, r \to 1$ endlich. Folglich ist auch der Ausdruck für die magnetische Energie in dem ganzen, in Frage kommenden Wertebereich von η zwischen 0 und 1, d. h. für alle Lagen des Läufers innerhalb der Ständerbohrung eine durchweg endliche Größe.

Bei völlig konzentrischer Lage des Läufers innerhalb der Ständerbohrung ist nach Gl. (24c) im Hinblick auf Gl. (25b)

$$\frac{W_m}{\mu_0 \pi l_z} = \frac{1}{2} \frac{R_2^2 + R_1^2}{R_2^2 - R_1^2} (M_1^2 + M_2^2) - M_1 M_2 \frac{2 R_1 R_2}{R_2^2 - R_1^2} \cos(\varphi_L - \varphi_S). \qquad (26)$$

Die numerische Berechnung von $S(\eta^2, r^2)$ an Hand der Gl. (25) wäre unzweckmäßig, denn wegen $R_1/R_2 \gtreqless r \leqq 1$ und $0 \gtreqless \eta \leqq 1$ ist die Konvergenz dieser Reihe sehr schlecht. Sie muß daher einer Reihentransformation unterzogen werden. Das Ergebnis der dahinzielenden Rechnungen stellt die Gl. M 10 (13) dar. Diese Entwicklung hat gegenüber der von Gl. (25) den Vorteil, daß sie nicht nach Potenzen des in der Nähe von 1 liegenden Wertes von r fortschreitet, sondern nach Potenzen des gerade in diesem Falle kleinen Wertes von $\sigma = \ln(1/r)$. Im allgemeinen brauchen jetzt tatsächlich von der Summe unter dem Summenzeichen nur die ersten 3 bis 4 Glieder berücksichtigt zu werden, wenn eine Genauigkeit von fünf Dezimalstellen angestrebt wird. Allerdings ist die Reihe nicht konvergent im gewöhnlichen Sinne, da mit wachsendem p für ein bestimmtes Wertepaar σ, η_2 die Reihenglieder an Größe wieder zunehmen. Bricht man aber die Reihe an dieser Stelle ab, so bleibt auch der unvermeidliche Fehler am kleinsten. Im übrigen hängt diese Größe von dem Verhalten des Quotienten $2\sigma/(1-\eta_2^2)$ in dem Bereich zwischen $\eta_2 = 0 \cdots 1$ ab. In dieser Hinsicht liegen aber die Verhältnisse recht günstig. Durch ähnliche Überlegungen wie früher läßt sich nämlich nachweisen, daß für $\eta_2 = 1$ der Quotient $2\sigma/(1-\eta_2^2) = (R_2 - R_1)/R_1$ ist, während für $\eta_2 = 0$ der Quotient $2\sigma/(1-\eta_2^2) \to 2\ln(R_2/R_1)$ strebt. Allgemein ist

$$\frac{1-\eta_2^2}{\sigma} = \frac{2R_1}{R_2 - R_1}\,\frac{\xi}{\frac{1}{2}\ln\frac{1+\xi}{1-\xi}}\,\frac{1}{(1-\xi)(1+\xi/\varkappa)}, \tag{25d}$$

und hierhin streben für $\iota \to 1$ der zweite und dritte Bruch ebenfalls gegen 1.

Der einzige Mangel, der der Entwicklung M 10 (13) noch anhaftet, besteht darin, daß die in Gl. (13) in der Verbindung $2\sigma/(1-\eta_2^2)$ vorkommenden Größen σ und η_2 selbst in ziemlich verwickelter und unübersichtlicher Weise von den unmittelbar gegebenen Größen ι und $\varkappa$ der Aufgabe abhängen. Aus diesem Grunde empfiehlt es sich, in der Umgestaltung des Ausdrucks $S(\eta_2^2, r^2)$ noch einen Schritt weiter zu gehen und endlich die unmittelbar gegebenen Größen R_1, R_2 und ι darin einzuführen. Die Herleitung dieser Näherungsformel für $S(\eta_2^2, r^2)$ aus Gl. M 10 (13) mittels der Gl. (7) und (9) soll hier unterbleiben, da es sich dabei um ganz elementare Rechenoperationen handelt. Der so entstehende Ausdruck für die Näherungsformel läßt sich erheblich kürzer schreiben, wenn man für ι mit $0 \gtreqless \iota \leqq 1$ den Sinus eines Hilfswinkels χ substituiert. Der Näherungsausdruck für $S(\eta_1^2, r^2)$ nimmt damit die folgende Form an

$$S(\eta_1^2, r^2) \approx \frac{(1+\varkappa)^2}{2\varkappa(1+\cos\chi)} \times$$

$$\times \left\{\left(\frac{1-\varkappa}{1+\varkappa}\right)^2 + (1-\cos\chi)\cdot 2\varkappa\left[\frac{1}{(1+\varkappa)^2} - \frac{\varkappa^2}{12}(2+7\cos\chi) + O(\varkappa^3)\right]\right\} \tag{27a}$$

$$\sin\chi = \iota = \frac{e}{R_2 - R_1}, \qquad \varkappa = \frac{R_2 - R_1}{R_2 + R_1}, \qquad \frac{R_2}{R_1} = \frac{1+\varkappa}{1-\varkappa}.$$

Die entsprechende Näherungsformel für $S(\eta_2^2, r^2)$ lautet

$$S(\eta_2^2, r^2) \approx \frac{(1-\varkappa)^2}{2\varkappa(1+\cos\chi)} \times$$
$$\times \left[1 - \frac{1}{6}\varkappa^2(1-\cos\chi)(2+7\cos\chi) + (1-\cos\chi)\,O(\varkappa^4)\right]. \tag{27b}$$

Die Gl. (25b) wird auch von Gl. (27a, b) erfüllt.

7.54 Das Kräftespiel am Läufer. Die Lage des Läufers innerhalb der Ständerbohrung ist im ganzen durch drei Koordinaten bestimmt. Als erste Koordinate kann der Abstand e der Mittelpunkte von Ständer- und Läuferkreis gewählt werden. Die zweite Koordinate sei der Winkel φ_z, den die Zentrale dieser beiden Kreise mit einer beliebig gewählten, im Raum feststehenden Bezugsachse bildet. Diese beiden Koordinaten bestimmen aber erst die Lage der Läuferachse. Da auch noch eine Bewegung des Läufers um diese Achse selbst möglich ist, so ist zur eindeutigen Fixierung der Läuferstellung noch eine dritte Koordinate erforderlich. Sie werde durch den Winkel ψ angegeben, den die zum Läufer festliegende Wicklungsachse von Abb. 166 mit der Bezugsachse einschließt.

Um eine beliebige der auf diese drei Koordinaten reduzierten Kräfte zu finden, braucht lediglich die Variation des Energieausdrucks W_m für eine alleinige Änderung der betreffenden Koordinate ermittelt zu werden. Wesentlich ist dabei, daß alle drei Koordinaten unabhängig voneinander sind. Wir untersuchen zunächst die auf die Koordinaten φ und ψ reduzierten Kräfte, die beide Drehmomente sind.

Der Ausdruck (24c) für die magnetische Energie enthält zunächst nur die Koordinate e, insofern als η_2 und r davon abhängig sind. Die beiden Winkelkoordinaten φ_z und ψ kommen scheinbar in Gl. (24c) noch nicht vor. Nach Abb. 166 ist aber

$$\varphi_L = \psi - \varphi_z, \qquad \varphi_S + \varphi_z = \gamma,$$

worin γ der unveränderliche Winkel zwischen der willkürlich gewählten festen Bezugsachse und der gemeinsamen Wicklungsachse der Phasen $p = \pm 1$ ist. Mithin ist

$$\varphi_S - \varphi_L = \gamma - \psi. \tag{28}$$

In dem Energieausdruck, der an Stelle der auf die Zentrale bezogenen Winkel φ_L und φ_S die gegen die räumlich feststehende Bezugsachse orientierten Winkel ψ und φ_z enthält, tritt demnach die Koordinate φ_z gar nicht auf. Die Feldkräfte allein entwickeln infolgedessen kein Drehmoment $D(\varphi_z)$, das, wenn es allein vorhanden wäre, den Läufer bei translatorischer Bewegung seiner Elemente zu einer Rotation um den Mittelpunkt der Ständerbohrung zwänge. Die Richtung, in der sich einmal eine exzentrische Verlagerung des Läufers ausgebildet hat, wird mithin wenigstens durch die Feldkräfte nicht verändert. Man kann statt dessen auch sagen, die magnetische Zugwirkung wirkt stets in Richtung der Zentralen. Das auf die Koordinate ψ bezogene Drehmoment ist dagegen von Null verschieden. Mit Rücksicht auf Gl. (24c) ergibt sich für dieses Drehmoment um die

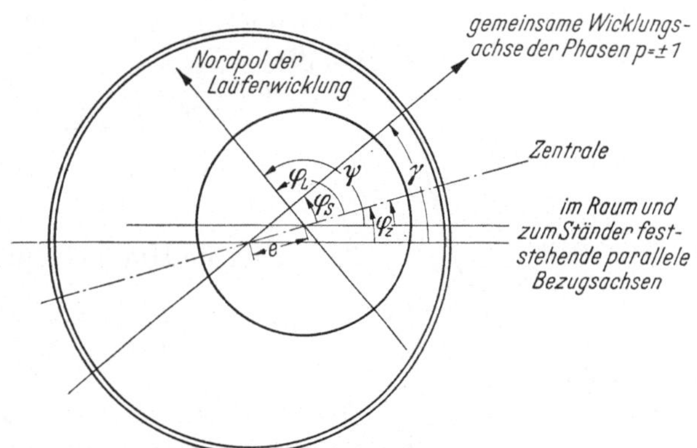

Abb. 166. Die bildliche Erklärung einiger neuer Hilfswinkel zum Zweck der Berechnung des Drehmomentes

Läuferachse in Richtung zunehmender Werte von ψ bei *exzentrischer* Stellung des Läufers die Formel

$$D(\psi) = 2\pi\,\mu_0\,l_z\,M_1\,M_2 \sin(\psi - \gamma) \cdot \frac{R_2}{R_1}\,S(\eta_2^2, r^2). \tag{29a}$$

Für $\iota \to 0$, d. h. bei koaxialer Lage des Läufers in der Ständerbohrung, ist nach Gl. (25b)

$$D(\psi) = 2\pi\,\mu_0\,l_z \frac{R_1 R_2}{R_2^2 - R_1^2} M_1\,M_2 \sin(\psi - \gamma) \qquad (\iota = 0). \tag{29b}$$

Wegen der Bedeutung von $M_{1,2}$ wird auf die Gl. (24c) verwiesen.

Nach Gl. (29a, b) gelten also hinsichtlich der Abhängigkeit des Drehmomentes vom Winkel ψ bei exzentrischer und koaxialer Lage des Läufers dieselben Gesetze. Das Drehmoment verschwindet, wenn die gleichnamigen oder aber die ungleichnamigen Potentialbeläge gerade einander gegenüberstehen. Es besteht dann entweder labiles oder stabiles Gleichgewicht. Das Drehmoment verschwindet selbstredend auch dann, wenn etwa nur M_1 oder M_2 zu Null werden.

Um eine Vorstellung davon zu geben, wie sich auf Grund von Gl. (29a) das Drehmoment um die Läuferachse mit der Exzentrizität verändert, ist in Abb. 167 gemäß Gl. M 10 (13) oder Gl. (27) der Verlauf des Drehmomentes in Abhängigkeit von ι für verschiedene Werte von $\varkappa$ aufgezeichnet worden. Die Kurve hat im Nullpunkt eine horizontale und für $\iota = 1$ eine vertikale Tangente.

Die auf den Läufer wirkende Zugkraft bestimmt sich aus der Variation von W_m mit der Exzentrizität. Wird die Zugkraft in Richtung zunehmender Werte von e, d. h. in Richtung der Zentralen mit K_z bezeichnet, so ist in Rücksicht auf Gl. (6a)

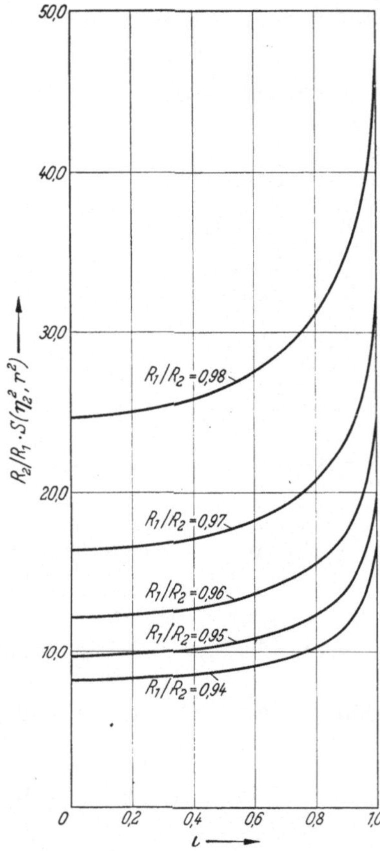

Abb. 167. Das Bild stellt den Verlauf der Funktion $R_2/R_1 \cdot S(\eta_2^2, r^2)$ z. B. in Gl. (29a) dar. Für $\iota = 1$ wird die Funktion nicht etwa unendlich, sondern sie strebt gemäß Gl. (25a, c) einem endlichen Grenzwert zu

$$K_z = \frac{\partial W_m}{\partial e} = \frac{1}{R_2 - R_1} \frac{\partial W_m}{\partial \iota} = \frac{1}{R_2} \frac{1+\varkappa}{2\varkappa} \frac{\partial W_m}{\partial \iota}. \tag{30a}$$

Ferner ist im Hinblick auf Gl. (25a)

$$\frac{\partial S(\eta_2^2, r^2)}{\partial \iota} = \left(\frac{R_2}{R_1}\right)^2 \frac{\partial S(\eta_1^2, r^2)}{\partial \iota}. \tag{30b}$$

Demnach läßt sich mit Hilfe von Gl. (24c) die Zugkraft auf den Läufer in der Form schreiben:

$$K_z = \frac{\mu_0 \pi l_z}{R_2} \frac{1+\varkappa}{2\varkappa} \times \times \left[M_2^2 + \left(\frac{R_2}{R_1}\right)^2 M_1^2 - - 2 M_2 \frac{R_2}{R_1} M_1 \cos(\varphi_S - \varphi_L)\right] \times \times \left(\frac{R_2}{R_1}\right)^2 \frac{\partial S(\eta_1^2, r^2)}{\partial \iota}. \tag{31a}$$

Für die Berechnung der Ableitung geht man am einfachsten unmittelbar von der Gl. (27b) aus. Die Differentiation nach ι wird dann zu einer Differentiation nach χ, die leicht ausführbar ist. Setzt man den gewonnenen Ausdruck in Gl. (31) ein und nimmt noch den vor der Klammer entstehenden Faktor $1 - \varkappa^2$ mit in die Klammer hinein, so erhält man endgültig die Formel:

$$K_z = \frac{\mu_0 \pi l_z}{R_2} \frac{1-\varkappa}{4\varkappa^2} \times \times \frac{\operatorname{tg}\chi}{(1+\cos\chi)^2} \left\{1 - \frac{1}{6}\varkappa^2(3 + 14\cos\chi + 7\cos^2\chi) + O(\varkappa^4)\right\} \times \times \left[M_2^2 + \left(\frac{R_2}{R_1} M_1\right)^2 - 2 M_2 \frac{R_2}{R_1} M_1 \cos(\varphi_S - \varphi_L)\right] \quad \text{Joule/m}. \tag{31b}$$

Zufolge Gl. (31 b) wird das Maximum der Zugkraft erreicht, wenn die beiden Wicklungsachsen entgegengesetzte Richtungen haben. Die positiven und negativen Potentialbeläge stehen dann gerade einander gegenüber. Selbstverständlich ist K_z immer eine Kraft, die vom Mittelpunkt fortgerichtet ist, denn die eckige Klammer in Gl. (31 b) läßt sich auch in der Form

$$\left(M_2 - \frac{R_2}{R_1} M_1\right)^2 + 4 M_2 \frac{R_2}{R_1} M_1 \sin^2 \frac{\varphi_S - \varphi_L}{2}$$

schreiben, und sie ist demzufolge stets positiv.

Was die Abhängigkeit der Zugkraft von der Exzentrizität $\iota = \sin \chi$ anbetrifft, so geht aus Gl. (31 b) hervor, daß die Zugwirkung bei koaxialer Lage des Läufers verschwindet. Streift der Läufer den Ständer, so wird K_z wegen $\chi = \pi/2$ unendlich groß. In Wirklichkeit bleibt natürlich in diesem Grenzfall die einseitige Zugkraft endlich. Das davon abweichende Resultat ist hauptsächlich darauf zurückzuführen, daß mit unendlich dünnen Stromschichten auf den Oberflächen von Ständer und Läufer gerechnet worden ist. Den Verlauf von K_z zwischen diesen beiden Grenzwerten gibt die Abbildung 168 wieder. Der Vergleich mit der gestrichelten Geraden, die den durchweg linearen Anstieg der Kraft mit der Exzentrizität bei der gleichen Anfangssteigerung darstellt, läßt erkennen, daß die Zugwirkung auf den Läufer immerhin etwa bis zu einer Exzentrizität von 25% nahezu proportional mit dieser verläuft.

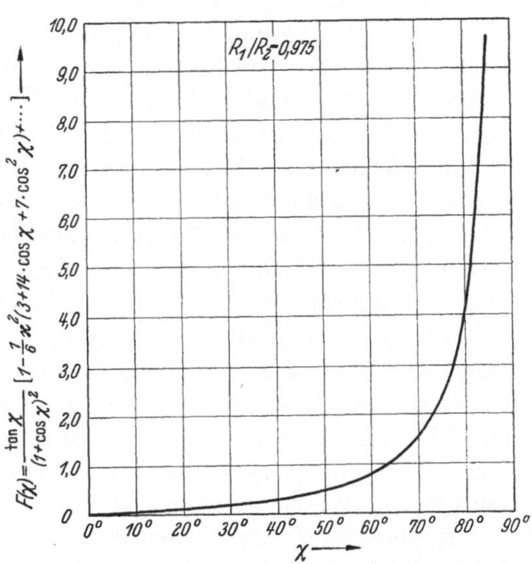

Abb. 168. Der Verlauf der Funktion $F(\chi)$ in Abhängigkeit vom Hilfswinkel χ in $\iota = \sin\chi$. Diese Funktion bildet den wesentlichen Bestandteil im Ausdruck (31 b) für die Kraft K_z, mit der der Läufer an den Ständer herangezogen wird

7.61 Die Vergrößerung der Spuleninduktivität durch offene Eisenkerne. Verbietet es sich aus betrieblichen Gründen, eine etwa kreisförmige Spule, deren Induktivität bei vorgeschriebenen Dimensionen einen möglichst großen Wert bekommen soll, mit einem geschlossenen Eisenkern zu versehen, so greift man, wie z. B. bei

Reaktanzspulen, zuweilen zu dem Mittel, wenigstens einen Teil des magnetischen Kraftlinienfeldes in Eisen verlaufen zu lassen. Wir stellen uns die Aufgabe, die auf diese Weise erreichbare Steigerung der Spuleninduktivität wenigstens auf dem Weg des Vergleichs zu ermitteln, indem wir als Maßstab die Ergebnisse eines einfacheren, aber rechnerisch beherrschbaren Falls heranziehen.

Der Fall, an den wir hauptsächlich bei der Anwendung denken, betrifft eine einlagige, kreisförmige Spule, deren N Windungen gleichmäßig dicht nebeneinander liegen und im ganzen die Höhe $2H$ erfüllen. Der eiserne Kern der Spule sei vollkommen permeabel und habe dieselbe Höhe und denselben Durchmesser $2R$ wie die Wicklung. Eine solche Spule hat ein axialsymmetrisches Feld, aber trotzdem ist die strenge Lösung dieser Aufgabe bisher noch nicht gelungen.

Aus diesem Grunde betrachten wir zum Vergleich den entsprechenden ebenen Fall: Ein System von N, über die Höhe $2H$ gleichmäßig dicht verteilten Leiterschleifen mit dem Abstand $2R$ zwischen Hin- und Rückleitung liege unmittelbar auf den beiden Seitenflächen eines vollkommen permeablen, unbegrenzt langen Eisenbarrens von der Höhe $2H$ und der Breite $2R$ auf. Es wird sich zeigen, daß sich dieser Fall [*35*] ohne Vernachlässigung durchrechnen läßt und daß letzten Endes sogar die Induktivität dieser Leiteranordnung angegeben werden kann, und zwar sowohl mit als ohne den Eisenbarren. Damit ist auch die Zunahme der Induktivität des einen gegenüber dem anderen Fall angebbar. Für die Zunahme der Induktivität wird dann aber ein Wert von nahezu der gleichen Größe auch gelten, wenn es sich um zwei kreisförmige Spulen mit oder ohne Eisenkern handelt, bei denen R und H sowohl untereinander als auch im Vergleich mit den Abmessungen im ebenen Fall dieselbe Größe haben.

Infolge der Voraussetzung der vollkommenen Permeabilität bildet die gesamte Kernoberfläche für die magnetische Potentialfunktion Φ der Gl. 7.5 (1) eine Fläche konstanten Potentials. Diesen Grundwert des Potentials auf der Kernoberfläche bei stromloser Wicklung setzen wir gleich Null. Im Abschn. 1.23 wurde nun andererseits gezeigt, daß zwischen zwei gegenüberliegenden Punkten einer Membran, die von einer linearen, den Strom I führenden Leiterschleife begrenzt wird, die skalare Potentialfunktion Φ, die zur Beschreibung des magnetischen Feldes der Leiterschleife verwendet werden kann, einen Potentialsprung von der Größe I aufweist. Betrachten wir demgemäß an der vorgelegten Spule mit Eisenkern einen einzelnen Windungsleiter von der Höhe dx' im Abstand $x' > 0$ von der y-Ebene, Abb. 169, so übernimmt er von der gesamten Stromdurchflutung der Wicklung den Anteil $I(N/2H)\,dx'$, und von dieser Größe ist dann auch der Potentialsprung an der zu dieser elementaren Windung gehörenden Membran.

Sie liegt natürlich wegen der Eisenmasse des Kerns jetzt nicht mehr in der Ebene der Windung, zu der sie gehört. Sie liegt auf der Kernoberfläche auf, und zwar zum Teil auf der Mantelfläche des Kerns zwischen den Ebenen $x = x'$ und $x = H$ und zum Teil auf der rechten Grundfläche. Für eine elementare Windung in der Ebene $x' < 0$ werden wir uns natürlich aus Gründen der Symmetrie die Membran auf der linken Grundfläche des Kerns aufliegend denken. Die Gesamtheit der Windungsleiter bewirkt dann im Zustand der Stromdurchflutung auf der Kernoberfläche für die Funktion Φ eine Potentialverteilung, die in Abb. 170 schematisch wiedergegeben ist. Längs der Kanten *1 4* und *2 3* hat das Potential die Werte $-IN/2$ und $+IN/2$, während längs der Kanten *1 2* und *4 3* das Potential linear von $-IN/2$ zu $+IN/2$ ansteigt. Im unendlich fernen Punkt der Rechteckebene, das ist die z-Ebene in Abb. 170 muß natürlich das Potential verschwinden.

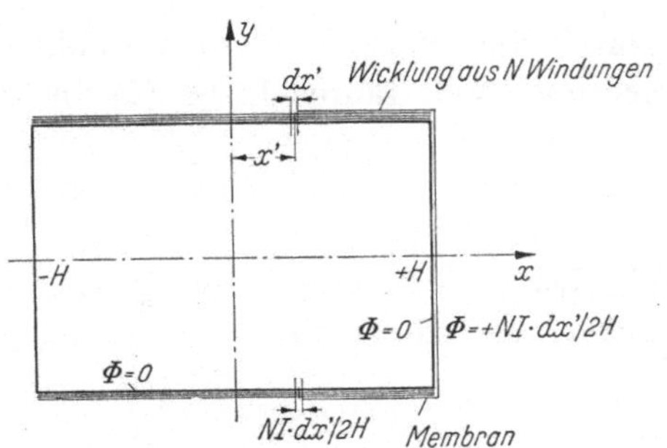

Abb. 169. Der Wicklungsbelag auf den beiden zur x-Achse parallelen Seitenflächen des vollkommen permeablen Transformatorkerns

Statt der Potentialfunktion Φ allein bestimmen wir allgemeiner das zugehörige komplexe Potential

$$\Omega(z) = \mu_0 \Phi(x, y) + i[-A_z(x, y)] \equiv -i\chi(z), \tag{1}$$

d. h. diejenige reguläre, analytische Funktion, deren reeller Teil mit der gesuchten Potentialfunktion Φ übereinstimmt. Der Sorge, daß Φ der D.Gl. von LAPLACE genügen muß, sind wir damit ein für allemal enthoben. Die Anpassung an die Grenzbedingungen werden wir hier dadurch erzielen, daß wir zunächst den Außenraum des Rechtecks auf das Innere des Einheitskreises abbilden. Durch diese Abbildung übertragen sich die früheren Vorschriften hinsichtlich der Randwerte von Φ am Rechteckumfang in entsprechender Weise auf eine Festsetzung über die Randwerte von Φ längs des Kreisumfangs. Für das so umgeänderte Problem gibt dann aber sofort der Integralsatz von POISSON die Lösung an.

7.611 Die Abbildung des Bereichs der z-Ebene auf das Innere von Einheitskreis und Rechteck. Werden die charakteristischen Punkte des Rechteckumfangs der z-Ebene in der in Abb. 170 dargestellten Weise auf den Umfang des Einheitskreises der t-Ebene verteilt, so folgt sofort aus Gl. 2.3 (37) mit $\zeta = 1/t$ für diejenige

Funktion, die das Äußere des Rechtecks der z-Ebene auf das Innere des Einheitskreises der ζ-Ebene abbildet, der Ausdruck

$$z = i\,R + C \int\limits_{-1}^{t} [(1 - t^2)^2 + 4\,t^2 \sin^2\alpha]^{\frac{1}{2}} \frac{d\,t}{t^2}\,. \tag{2}$$

Durch die Gl. (1) wird dem Punkt $z = i\,R$ der Punkt $t = +1$ zugeordnet. Wir führen in Gl. (2) die Hilfsvariable w mittels der Gleichung

$$t = i\,[1 - \mathrm{cn}(w,\,k)]/\mathrm{sn}(w,\,k) \qquad (k = \sin\alpha) \tag{3}$$

ein. Die Verwendung dieser Hilfsvariablen bringt den Vorteil mit sich, daß es auf diese Weise wenigstens möglich wird, zwischen t und w

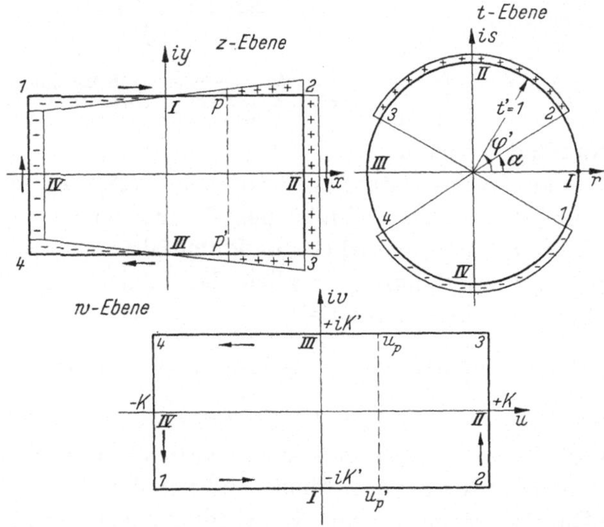

Abb. 170. Das äußere Rechteck der z-Ebene wird nacheinander abgebildet auf das Innere des Einheitskreises der w-Ebene und auf das Innere des Einheitskreises der t-Ebene. Diese Abbildungen vermitteln die Gl. (3) und (4)

einerseits und z und w andererseits eine explizite Darstellung zu gewinnen. Durch Gl. (2) wird bereits eine ganz bestimmte Zuordnung zwischen den Punkten der t- und der w-Ebene hergestellt. Sie ist aus Abb. 170 zu ersehen. Hiernach entspricht dem Punkt $t = +1$ in der w-Ebene der Punkt $w = -i\,K'$. Geht man mit Gl. (3) in Gl. (2) ein, so erhält man nach einfacher Zwischenrechnung den Zusammenhang

$$z = i\,R - 2\,i\,C \int\limits_{-i\,K'}^{w} \mathrm{ds}^2(u,\,k)\,\mathrm{d}u = i\,R + 2\,i\,C\,k^2 \int\limits_{0}^{w+i\,K'} \mathrm{cn}^2(v,\,k)\,dv, \tag{3a}$$

wenn $u = v - i\,K'$ gesetzt wird. Wegen $k'^2 = k^2 \operatorname{cn}^2 v + \operatorname{dn}^2 v$ und im Hinblick auf die Definitionsgleichung der Funktion $\operatorname{zn} v$ folgt daraus weiter

$$z = i\,R + 2i\,C\left\{\operatorname{zn}(w + i\,K') + \left(\frac{E}{K} - k'^2\right)(w + i\,K')\right\}.$$

Für $w = -i\,K'$ ist hiernach wegen $\operatorname{zn} x = 0$ für $x = 0$ in der Tat $z = i\,R$. Soll gemäß Abb. 170 für $w = i\,K'$ außerdem $z = i\,R$ sein, so muß nach der obigen Beziehung wegen $\operatorname{zn}(2i\,K') = -\pi\,i/K$

$$2i\,C = \frac{R}{E' - k^2 K'} \tag{3b}$$

gemacht werden. Mit diesem Ausdruck für die bislang unbekannte Größe C erhält man die Beziehung

$$z = \frac{R}{E' - k^2 K'}\left[\operatorname{zn}(w, k) + w\left(\frac{E}{K} - k'^2\right) + \operatorname{cn}(w, k)\operatorname{ds}(w, k)\right]. \tag{4}$$

Der Modul k der elliptischen Funktionen ist hierin immer noch nicht bekannt. Nun soll aber nach Abb. 170 dem Punkt $w = +K$ der w-Ebene der Punkt $z = +H$ der z-Ebene entsprechen. Da $\operatorname{zn} K$ und $\operatorname{cn} K$ beide gleich Null sind, so erhalten wir als Bestimmungsgleichung für den Modul k die Beziehung

$$\frac{R}{H} = \frac{E' - k^2 K'}{E - k'^2 K} = f(k^2) \quad (k^2 = 1 - k'^2). \tag{5}$$

Aus Gl. (5) folgt sofort, daß für $k = k'$ wegen $E = E'$ und $K = K'$ auch $R = H$ wird. Im Falle $k = 2^{-\frac{1}{2}}$ handelt es sich also um eine Spule, deren Durchmesser gleich der Höhe ist. Da fernerhin für zwei komplementäre Modularwinkel α in $k = \sin\alpha$ die E und K des einen gleich den E' und K' des anderen sind, so sind für zwei solche Winkel bzw. für die zwei entsprechenden k-Werte die beiden Verhältnisse R/H und H/R einander gleich.

Um eine genauere Ermittlung des zu einem bestimmten Verhältnis von R/H gehörenden Wertes von k^2 zu ermöglichen, als sie durch die Abbildung möglich ist, lassen wir noch eine Tabelle folgen. Sie bringt in Abhängigkeit vom Modularwinkel $\alpha = \arcsin k$ in vier Spalten die Werte von $E - k'^2 K$, $E' - k^2 K'$, R/H, H/R. Innerhalb des Bereichs $\alpha = 30°$ bis $50°$ sind diese Werte in Schritten von je $1°$ bis auf fünf Stellen genau berechnet worden.

Eine ins einzelne gehende Prüfung der Gl. (4) kann unterbleiben, weil die weitere Rechnung dazu sowieso noch Gelegenheit geben wird. Es genügt der Hinweis, daß in der Tat dem Punkt $w = 0$ nach Gl. (4) der Punkt $z = \infty$ entspricht, denn das letzte Glied in der eckigen Klammer von Gl. (4) weist für $w = 0$ einen Pol erster Ordnung auf.

α	$E - k'^2 K$	$E' - k^2 K'$	$\frac{R}{H} = \frac{E' - k^2 K'}{E - k'^2 K}$	$\frac{H}{R} = \frac{E - k'^2 K}{E' - k'^2 K}$	α
0	0,00000	1,00000		0,00000	90
5	0,00598	0,98356	164,518	0,00608	85
10	0,02377	0,94503	39,762	0,02516	80
15	0,05306	0,89098	16,791	0,05956	75
17,5	0,07185	0,85942	11,961	0,08360	72,5
20	0,09328	0,82540	8,84688	0,11306	70
22,5	0,11725	0,78660	6,70888	0,14906	67,5
25	0,14364	0,75146	5,23157	0,19115	65
27,5	0,17232	0,71223	4,13317	0,24194	62,5
30	0,20315	0,67193	3,30755	0,30234	60
31	0,21605	0,65557	3,03439	0,32956	59
32	0,22925	0,63911	2,78779	0,35871	58
33	0,24276	0,62256	2,56456	0,38993	57
34	0,25654	0,60594	2,36194	0,42338	56
35	0,27061	0,58928	2,17761	0,45922	55
36	0,28493	0,47258	2,00951	0,49763	54
37	0,29951	0,55587	1,85591	0,53882	53
38	0,31433	0,53915	1,71527	0,58300	52
39	0,32937	0,52246	1,58626	0,63042	51
40	0,34461	0,50580	1,46775	0,68131	50
41	0,36007	0,48920	1,36487	0,73605	49
42	0,37571	0,47266	1,25803	0,79489	48
43	0,39152	0,45620	1,16520	0,85822	47
44	0,40749	0,43985	1,07940	0,92644	46
45	0,42361	0,42361	1,00000	1,00000	45
α	$E' - k^2 K'$	$E - k'^2 K$	$\frac{H}{R} = \frac{E - k'^2 K}{E' - k^2 K'}$	$\frac{R}{H} = \frac{E' - k^2 K'}{E - k'^2 K}$	α

Mit Hilfe der Gl. (4) läßt sich nun sofort angeben, in welcher Art sich die Werte des magnetischen Potentials Φ etwa längs der Berandung des Rechtecks der w-Ebene verteilen. In der z-Ebene war nach Voraussetzung

$$\text{längs } 1\,4\colon\ \Phi = -NI/2 \quad \text{und} \quad \text{längs } 2\,3\colon \Phi = +NI/2$$
$$\text{längs } 1\,2 \quad \text{und} \quad 4\,3\colon\ \Phi(x) = x \cdot NI/2H.$$

Für die Kante *1 2* und *4 3* ist in der w-Ebene $w = u \pm i\,K'$ mit $-K \lesseqgtr u \leqq +K$. Geht man damit in Gl. (4) ein, so folgt für die gesuchte Potentialverteilung längs dieser Kanten im Hinblick auf Gl. (5)

$$\Phi(x) = x\frac{NI}{2H} \equiv \Phi(u) = \frac{1}{2}\,\frac{NI}{E - k'^2 K}\left[\operatorname{zn} u + u\left(\frac{E}{K} - k'^2\right)\right] \qquad (6)$$
$$(-K \lesseqgtr u \leqq +K).$$

An den anderen beiden Kanten *4 1* und *3 2* des Rechtecks der w-Ebene bleibt es selbstverständlich auch nach dem Übergang in die w-Ebene bei der Festsetzung, daß das Potential längs der angegebenen beiden Kanten konstante und entgegengesetzt gleiche Werte hat.

7.62 Die Herleitung der komplexen Potentialfunktion $\Omega(w)$. Ist $t' = \exp(i\,\varphi')$ ein Punkt auf dem Umfang des Einheitskreises der t-Ebene und t mit $|t| < 1$ ein beliebiger Punkt im Innern dieses Kreises, so ist bekanntlich diejenige reguläre und analytische Funktion $\Omega(t)$, deren reeller Teil auf dem Umfang des Kreises die gegebenen Werte $\mu_0\,\Phi(\varphi)$ annimmt, durch die Beziehung

$$\Omega(t) = i[-A_z(0)] + \frac{\mu_0}{2\pi}\int_0^{2\pi} \Phi(\varphi')\,\frac{t'+t}{t'-t}\,d\varphi' \tag{7}$$

gegeben. Hierin bedeutet $-A_z(0)$ den Wert des imaginären Teils von $\Omega(t)$ im Nullpunkt der t-Ebene. Da er konstant ist, so kann im vorliegenden Fall über ihn in beliebiger Weise verfügt werden. Seine Wahl soll erst späterhin erfolgen. Statt von $\varphi' = 0$ aus kann die Integration in Gl. (7) auch bei einem beliebigen anderen Wert von φ' begonnen werden. Ersetzt man in Gl. (7) $d\varphi'$ durch $dt'/i\,t'$ und zerlegt unter dem Integral in Partialbrüche, so kann statt Gl. (7) auch geschrieben werden

$$\Omega(t) = \frac{2\mu_0}{2\pi i}\int_P^{(0+)} \Phi(t')\,\frac{dt'}{t'-t} - \frac{2\mu_0}{2\pi i}\int_P^{(0+)} \Phi(t')\,\frac{dt'}{t'} + i[-A_z(0)], \tag{7'}$$

und hierin ist P ein ganz beliebiger Punkt auf dem Umfang des Einheitskreises der t-Ebene.

Wir lassen nun den Punkt P mit dem Punkt IV des Einheitskreises zusammenfallen und zerlegen dann den gesamten Integrationsweg von Gl. (7′) in die beiden Teilwege von IV nach II über I und von II nach IV über III. Ersetzt man in dem zweiten Integral t' durch $-t'$ und beachtet, daß wegen der vorausgesetzten Potentialverteilung nach Abb. 170 $\Phi(-t') = -\Phi(t')$ ist, so fällt auf der rechten Seite von Gl. (7′) der zweite Term ganz heraus, und man erhält neuerdings

$$\Omega(t) = \frac{4\mu_0}{2\pi i}\,t\int_{(IV)}^{(I,\,II)} \Phi(t')\,\frac{dt}{t'^2-t^2} + i[-A_z(0)]. \tag{8}$$

Da längs der beiden Teilwege $IV\,1$ und $2\,II$ des gesamten Integrationsweges von Gl. (8) $\Phi(t')$ konstant ist, und zwar gleich $-IN/2$ längs $IV\,1$ und gleich $+IN/2$ längs $2\,II$, so können die entsprechenden beiden Integrale nach elementaren Methoden berechnet werden, und man findet ohne Mühe, daß

$$\begin{aligned}\frac{4\mu_0}{2\pi i}\,t\,\frac{IN}{2}\left[-\int_{(IV)}^{(1)}\frac{dt'}{t'^2-t^2} + \int_{(2)}^{(II)}\frac{dt'}{t'^2-t^2}\right] &= \frac{IN\mu_0}{2\pi i}\ln\frac{1+t^2+2t\cos\alpha}{1+t^2-2t\cos\alpha}\\ &= \frac{\mu_0 IN}{2\pi i}\ln\left[\frac{\operatorname{cn} w + i\,k'\operatorname{sn} w}{\operatorname{cn} w - i\,k'\operatorname{sn} w}\right]\end{aligned}$$

ist. Für den Logarithmus dieser Gleichung wählen wir diejenige Bestimmung, die für $w = 0$ zu dem Wert 1 führt.

In dem übrigbleibenden Teil des Integrals (8), das in bezug auf t' zwischen den Grenzen $t' = \exp(-i\,\alpha) \cdots \exp(+i\,\alpha)$ zu nehmen ist, gehen wir ebenfalls unter Zuhilfenahme der Gl. (3) von der Variablen t zur Variablen w über. Die Grenzen für w sind dann im Hinblick auf Abb. 170 $-K - i\,K' \cdots +K - i\,K'$. Nun ist aber, wenn w' der Variablen t' entspricht,

$$t^2 = -\frac{(1-\operatorname{cn} w)^2}{\operatorname{sn}^2 w} = -\frac{1-\operatorname{cn} w}{1+\operatorname{cn} w}, \qquad d\,t' = i\,\frac{\operatorname{dn} w'}{1+\operatorname{cn} w'}\,d\,w',$$

$$t'^2 - t^2 = 2\,\frac{\operatorname{cn} w' - \operatorname{cn} w}{(1+\operatorname{cn} w)\,(1+\operatorname{cn} w')},$$

und also lautet der Beitrag des Integrals in Gl. (8), das zwischen den oben angegebenen Grenzen zu nehmen ist, wie folgt

$$-\frac{4\,\mu_0}{4\pi\,i}\operatorname{sn} w \int\limits_{-K-i\,K'}^{+K-i\,K'} \Phi(w' + i\,K')\,\frac{\operatorname{dn} w'}{\operatorname{cn} w' - \operatorname{cn} w}\,d\,w'.$$

Hierin ist $\Phi(w' + i\,K')$ der Ausdruck (6) mit $w' + i\,K'$ an Stelle von u. Setzen wir nun weiterhin noch $w' = \zeta' - i\,K'$ und demgemäß $w = \zeta - i\,K'$ und machen überdies von der Gl. (6) Gebrauch, so ergibt sich für die komplexe Potentialfunktion von Gl. (8) die folgende endgültige Darstellung

$$\Omega(t) \equiv \Omega(w) = \frac{\mu_0}{2\pi\,i}\,I\,N\left\{\ln\frac{\operatorname{cn} w + i\,k' \operatorname{sn} w}{\operatorname{cn} w - i\,k' \operatorname{sn} w} - \frac{S(w + i\,K')}{E - k'^2 K}\right\}, \tag{9}$$

wenn dabei zur Abkürzung

$$S(w + i\,K') \equiv S(\zeta) = \int\limits_{-K}^{+K} f(\zeta, \zeta')\,d\,\zeta' = \frac{1}{2}[S(\zeta) + S(-\zeta)], \tag{9a}$$

$$f(\zeta, \zeta') = \operatorname{cn} \zeta' \frac{\operatorname{zn} \zeta' + \zeta'\left(\dfrac{E}{K} - k'^2\right)}{\operatorname{dn} \zeta' \operatorname{sn} \zeta - \operatorname{dn} \zeta \operatorname{sn} \zeta'} \tag{9b}$$

gesetzt wird. In Gl. (9) und (9a) haben alle elliptischen Funktionen den Modul $k = \sin\alpha$.

Für die Funktion (9b) gelten die beiden Beziehungen

$$f(\zeta, \zeta') = f(-\zeta, -\zeta'), \qquad f(\zeta, -\zeta') = f(-\zeta, \zeta').$$

Zerlegt man das gesamte Integrationsintervall $-K \cdots +K$ in die beiden Teilintervalle $-K \cdots 0$ und $0 \cdots +K$ und transformiert das erste auf das zweite, so folgt aus den obigen Beziehungen sofort, daß $S(\zeta)$, wie es die Gl. (9a) auf der äußersten rechten Seite bereits zum Ausdruck bringt, eine in ζ gerade Funktion ist. Dann kann aber statt Gl. (9a) geschrieben werden:

$$\begin{aligned} S(\zeta) &= \operatorname{dn}\zeta\cdot\int\limits_{-K}^{+K}\frac{\operatorname{sn}\zeta'\operatorname{cn}\zeta'}{\operatorname{sn}^2\zeta-\operatorname{sn}^2\zeta'}\left[\operatorname{zn}\zeta'+\zeta'\left(\frac{E}{K}-k'^2\right)\right]d\zeta' \\ &\equiv \operatorname{dn}\zeta\cdot\int\limits_{-K}^{+K} g(\zeta,\zeta')\,d\zeta'. \end{aligned} \tag{9α}$$

Es bedeute vorübergehend $\mathfrak{B}$ die Kontur eines Rechtecks der ζ-Ebene mit den Ecken $-K$, $+K$, $+K+2iK'$, $-K+2iK'$. Es sei dann zunächst $\zeta^{(1)}$ ein Punkt der Rechteckseite $+K\cdots+K+2iK'$, dann ist $\zeta^{(1)}-2K$ ein Punkt der Rechteckseite $-K\cdots-K+2iK'$, und es besteht offenbar der Zusammenhang

$$g(\zeta,\zeta^{(1)}-2K)=g(\zeta,\zeta^{(1)})+\frac{\operatorname{sn}\zeta^{(1)}\operatorname{cn}\zeta^{(1)}}{\operatorname{sn}^2\zeta-\operatorname{sn}^2\zeta^{(1)}}\,2K\cdot\left(\frac{E}{K}-k'^2\right).$$

Ist andererseits $\zeta^{(2)}$ ein Punkt der Rechteckseite $-K\cdots+K$, so ist $\zeta^{(2)}+2iK'$ ein Punkt der Rechteckseite $-K+2iK'\cdots+K+2iK'$, und es besteht jetzt der Zusammenhang

$$g(\zeta,\zeta^{(2)}+2iK')=-g(\zeta,\zeta^{(2)})+\frac{\operatorname{sn}\zeta^{(2)}\operatorname{cn}\zeta^{(2)}}{\operatorname{sn}^2\zeta-\operatorname{sn}^2\zeta^{(2)}}\left[\frac{\pi i}{K}-2iK'\left(\frac{E}{K}-k'^2\right)\right].$$

Nach dem Residuensatz ist demnach, wenn $\mathfrak{B}$ in der oben angegebenen Reihenfolge durchlaufen wird,

$$\begin{aligned} \int\limits_{\mathfrak{B}} g(\zeta,\zeta')\,d\zeta' &= 2\int\limits_{-K}^{+K} g(\zeta,\zeta')\,d\zeta'-\left[\frac{\pi i}{K}-2iK'\left(\frac{E}{K}-k'^2\right)\right]\int\limits_{-K}^{+K}\frac{\operatorname{sn}\zeta'\operatorname{cn}\zeta'}{\operatorname{sn}^2\zeta-\operatorname{sn}^2\zeta'}\,d\zeta'+ \\ &+2K\left(\frac{E}{K}-k'^2\right)\int\limits_{+K}^{+K+2iK'}\frac{\operatorname{sn}\zeta'\operatorname{cn}\zeta'}{\operatorname{sn}^2\zeta-\operatorname{sn}^2\zeta'}\,d\zeta' = 2\pi i\sum_{\text{in }\mathfrak{B}}\mathfrak{Res}\big(g(\zeta,\zeta')\big). \end{aligned}$$

Die beiden hierin noch auftretenden Integrale sind aber leicht auszuwerten. Es ist nämlich

$$\begin{aligned} \int\frac{\operatorname{sn}\zeta'\operatorname{cn}\zeta'}{\operatorname{sn}^2\zeta-\operatorname{sn}^2\zeta'}\,d\zeta' &= -\frac{1}{k^2}\int\frac{d(\operatorname{dn}\zeta')}{\operatorname{sn}^2\zeta-\operatorname{sn}^2\zeta'}=-\int\frac{d(\operatorname{dn}\zeta')}{\operatorname{dn}^2\zeta'-\operatorname{dn}^2\zeta} \\ &=\frac{1}{2}\operatorname{nd}\zeta\cdot\ln\frac{\operatorname{dn}\zeta'+\operatorname{dn}\zeta}{\operatorname{dn}\zeta'-\operatorname{dn}\zeta}, \end{aligned} \tag{10}$$

und also wird

$$\int\limits_{-K}^{+K}\frac{\operatorname{sn}\zeta'\operatorname{cn}\zeta'}{\operatorname{sn}^2\zeta-\operatorname{sn}^2\zeta'}\,d\zeta'=0. \tag{10a}$$

$$\int\limits_{+K}^{+K+2iK'}\frac{\operatorname{sn}\zeta'\operatorname{sn}\zeta}{\operatorname{sn}^2\zeta-\operatorname{sn}^2\zeta'}\,d\zeta'=-\operatorname{nd}\zeta\cdot\ln\frac{\operatorname{dn}\zeta+k'}{\operatorname{dn}\zeta-k'}, \tag{10b}$$

denn in Gl. (10b) muß für $\zeta = 0$ ein negativ reeller Wert herauskommen, da längs der Integrationsbahn für $\zeta = 0$ die Funktion $\operatorname{sn}\zeta'$ rein reell und $\operatorname{cn}\zeta'$ negativ imaginär ist.

Wir haben damit bis jetzt das folgende Ergebnis erhalten:

$$S(\zeta) = K\left(\frac{E}{K} - k'^2\right)\ln\left(\frac{\operatorname{dn}\zeta + k'}{\operatorname{dn}\zeta - k'}\right) + \pi i \operatorname{dn}\zeta \sum_{\text{in } \mathfrak{B}} \mathfrak{Res}\, g(\zeta, \zeta') \qquad (11)$$
$$(\zeta = w + iK').$$

Nun hat die Funktion $g(\zeta, \zeta')$ von Gl. (9α) als Funktion von ζ' innerhalb des von $\mathfrak{B}$ begrenzten Bereichs einfache Pole in

$$1.\quad \zeta' = +iK', \qquad 2.\quad \zeta' = +\zeta, \qquad 3.\quad \zeta' = 2iK' - \zeta,$$

und man berechnet ohne Mühe für die Residuen in diesen Polen die Werte

$$\{\mathfrak{Res}\, g(\zeta, \zeta')\}_{\zeta' = +iK'} = i, \qquad (12\text{a})$$

$$\{\mathfrak{Res}\, g(\zeta, \zeta')\}_{\zeta' = \zeta} = -\frac{1}{2\operatorname{dn}\zeta}\left[\operatorname{zn}\zeta + \zeta\left(\frac{E}{K} - k'^2\right)\right], \qquad (12\text{b})$$

$$\{\mathfrak{Res}\, g(\zeta, \zeta')\}_{\zeta' = 2iK' - \zeta} = -\frac{1}{2\operatorname{dn}\zeta}\left[\frac{\pi i}{K} + \operatorname{zn}\zeta - (2iK' - \zeta)\left(\frac{E}{K} - k'^2\right)\right]. \qquad (12\text{c})$$

Nach kurzer Zwischenrechnung ergibt sich damit für $S(\zeta)$ nach Gl. (11) die Formel

$$S(\zeta) = (E - k'^2 K)\ln\frac{\operatorname{dn}\zeta + k'}{\operatorname{dn}\zeta - k'} - \pi \operatorname{dn}\zeta - \pi i\left[\operatorname{zn}\zeta + \left(\frac{E}{K} - k'^2\right)\zeta\right] + \qquad (13\text{a})$$
$$+ \pi(E' - k^2 K'),$$

worin der Logarithmus für $\zeta = 0$ als rein reelle Größe zu nehmen ist. Nach dem Übergang zur w-Ebene vermöge der Gleichung $\zeta = w + iK'$ läßt sich schreiben

$$S(w + iK') \equiv S(w) = (E - k'^2 K)\ln\left(\frac{\operatorname{cn} w + ik' \operatorname{sn} w}{\operatorname{cn} w - ik' \operatorname{sn} w}\right) -$$
$$- \pi i\left\{\operatorname{zn} w + w\left(\frac{E}{K} - k'^2\right) - (1 - \operatorname{dn} w)\operatorname{cs} w\right\}. \qquad (13\text{b})$$

Hierin muß dann der logarithmische Term für $w = 0$ eine rein reelle Größe sein. Es ergibt sich im übrigen

$$[S(w)]_{w=0} = 0.$$

Setzt man mit Hilfe von Gl. (13b) den Ausdruck (9) für die komplexe Potentialfunktion zusammen, so erhält man für sie die folgende endgültige Darstellung:

$$\Omega(w) = \mu_0 \Phi(u, v) + i[-A_z(u, v)]$$
$$= \frac{1}{2}\mu_0 \frac{IN}{E - k'^2 K}\left\{\operatorname{zn} w + \frac{w}{K}(E - k'^2 K) - (1 - \operatorname{dn} w)\operatorname{cs} w\right\}. \qquad (14)$$

In allen diesen Gleichungen haben die elliptischen Funktionen ein und denselben Modul $k = \sin\alpha$, der aus Gl. (5) berechnet werden kann und durch das Seitenverhältnis R/H eindeutig bestimmt ist.

Die Gl. (14) stellt das komplexe Potential in Abhängigkeit von w dar. Das entspricht zwar nicht dem Ideal, es unmittelbar in einer Funktion von z ausgedrückt zu haben, da aber andererseits durch die fast gleichlautende Beziehung

$$\begin{aligned} z = \frac{H}{E - k'^2 K}\left\{\operatorname{zn} w + \frac{w}{K}(E - k'^2 K) + \operatorname{cs} w \operatorname{dn} w\right\} \\ = \frac{2}{\mu_0}\frac{H}{IN}\,\Omega(w) + \frac{H}{E - k'^2 K}\operatorname{cs} w \end{aligned} \tag{4}$$

jedem Wert von w innerhalb des Rechtecks der w-Ebene eindeutig ein ganz bestimmter Wert von z zugeordnet ist, so leisten die Gl. (4) und (14) im Verein dasselbe wie eine unmittelbare Beziehung zwischen Ω und z. In Gl. (14) liegt mit anderen Worten eine komplexe Parameterdarstellung für Ω vor.

Wir untersuchen zur Probe den Ausdruck für $\Omega(w)$ für $w = u \mp iK'$. Die Anwendung der bekannten Transformationsformeln auf die Funktionen sn, cn, dn und zn liefert dann sofort nach Trennung von Real- und Imaginärteil gemäß Gl. (1) die beiden Beziehungen:

$$\Phi(u, \mp K') = \frac{1}{2}\frac{IN}{E - k'^2 K}\left\{\operatorname{zn} u + \frac{u}{K}(E - k'^2 K)\right\}, \tag{15a}$$

$$-A_z(u, \mp K') = \pm\frac{1}{2}\mu_0 IN\left\{\frac{R}{H} - \frac{\operatorname{dn} u}{E - k'^2 K}\right\}. \tag{15b}$$

Wie es sein muß, entspricht demgemäß der Verlauf von Φ längs der Kante *1 2* dem anfänglich dafür durch Gl. (6) angegebenen Gesetz.

7.63 Die magnetischen Flüsse an der idealisierten Spule. Wir verfügen jetzt über alle Hilfsgrößen, die erforderlich sind, um den magnetischen Fluß zu bestimmen, der etwa im Hinblick auf Abb. 170 aus dem Teil der Spulenoberfläche austritt, der durch die Punkte p, *2*, *II*, *3*, p' festgelegt ist. Bezeichnen wir diesen Fluß durch $\Psi_m(p, p')$, so besteht dafür die allgemeine Formel

$$\Psi^{(m)}(p, p') = A_z(u_p, -K') - A_z(u_p, +K') = \mu_0 IN\left\{\frac{\operatorname{dn} u_p}{E - k'^2 K} - \frac{R}{H}\right\}. \tag{16}$$

Der magnetische Fluß, der von der rechten Spulenhälfte auf die linke übertritt, ist demgemäß im Hinblick auf die Gl. (15) durch die Formel

$$\Psi^{(m)}(I, III) \equiv \Psi^{(m)}_{\max} = \mu_0 IN\frac{1 - (E' - k^2 K')}{E - k'^2 K} \quad \text{Wb/m} \tag{16a}$$

gegeben. Der magnetische Fluß, der allein aus der Fläche *2 3* austritt, befolgt hingegen das Gesetz

$$\Psi^{(m)}(2,3) = \mu_0 I N \frac{k' - (E' - k^2 K')}{E - k'^2 K}. \tag{16b}$$

Der Fluß (16b) ist mit allen Windungen verkettet. Der Fluß

$$\Psi^{(m)}(I, III) - \Psi^{(m)}(2,3) = \mu_0 I N \frac{1 - k'}{E - k'^2 K} \tag{16c}$$

durchsetzt die Windungen und ist daher auch nur mit einem Teil von ihnen verkettet. Der gemäß der Gleichung

$$\tau = \frac{\Psi^{(m)}(2,3)}{\Psi^{(m)}_{\max}} = \frac{[k' - (E' - k^2 K')]}{[1 - (E' - k^2 K')]} \tag{17}$$

definierte Streufaktor τ ist in Abhängigkeit von R/H in Abb. 171 graphisch dargestellt.

7.631 Der fiktive Luftspalt. Eine sehr einfache Beziehung besteht für den fiktiven Luftspalt. Darunter soll derjenige Abstand $2d$ zweier, sich unmittelbar gegenüberstehender, ebener und paralleler Polflächen verstanden werden, zwischen denen sich, wenn sie dieselben Abmessungen wie die tatsächlichen Polflächen haben, bei homogener Feldstruktur unter der gleichen Potentialdifferenz NI derselbe gesamte magnetische Fluß $\Psi^{(m)}_{\max}$ einstellt. Da die reelle Leitfähigkeit des prismenförmigen Raums zwischen diesen Polflächen je cm Kerndicke gleich $\mu_0(R/d)$ ist, so berechnet sich der fiktive Luftspalt allgemein nach der Formel

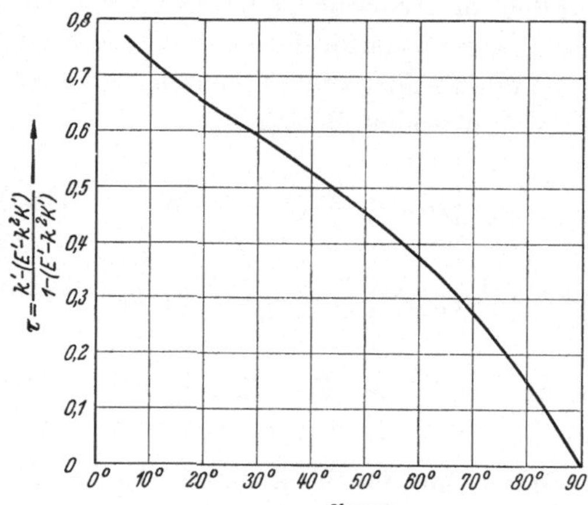

Abb. 171. Der hier in Abhängigkeit von α in $k = \sin\alpha$ dargestellte Streufaktor mißt das Verhältnis der magnetischen Flüsse, die in Richtung der x-Achse durch die Mittelebene und durch den Endquerschnitt des Kerns hindurchtreten

$$\Psi^{(m)}_{\max} = I N \mu_0 \frac{R}{d}, \tag{18a}$$

und also besteht im Hinblick auf Gl. (16a) für d die Formel

$$\frac{d}{H} = \frac{(E' - k^2 K')}{[1 - (E' - k^2 K')]}. \tag{18}$$

Sie setzt den Abstand $2d$ der Polflächen in der gedachten Anordnung im homogenen Feld unmittelbar in Beziehung zu dem im Eisen des Kerns gemessenen tatsächlichen Abstand $2H$ dieser Polflächen. Der Bruch, mit dem nach Gl. (18) die gesamte Kernhöhe multipliziert werden muß, um den fiktiven Luftspalt zu ergeben, hängt natürlich von R/H oder von k ab. Durchläuft k alle möglichen Werte von $0 \cdots 1$, so nimmt der Bruch von $\infty \cdots 0$ ab. In Abb. 172 ist der Verlauf von d/H in Abhängigkeit von $\alpha = \arcsin k$ graphisch veranschaulicht. Der Wert $d = H$ wird danach für $\alpha = 40°$ erreicht, und es ist durchweg $d > H$ für $\alpha < 40°$, d. h. für flache Spulen. Für $H = R$ ist $2d/H = 1{,}47$. Von der Bedeutung, die den beiden Grenzfällen $h = 0$ und $h = 1$ im Falle der Gl. (18) zukommt, wird im letzten Abschnitt ausführlicher die Rede sein.

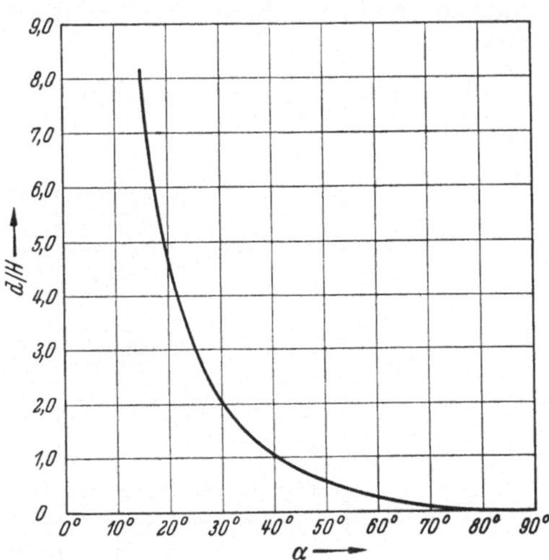

Abb. 172. Wird dem maximalen magnetischen Fluß durch die Mittelebene des Kerns gemäß Gl. (18a) ein fiktiver Luftspalt d zugeordnet, so ändert sich das Verhältnis d/H mit dem Modularwinkel α, wie es die Kurve in diesem Bild angibt

7.632 Die Selbstinduktivität der Spule. Ebenso wie der fiktive Luftspalt läßt sich auch die Selbstinduktivität der idealisierten Spule im vorliegenden Fall in geschlossener Form angeben. Aus der Kenntnis des magnetischen Flusses $\Psi(p, p')$ für einen Punkt p auf der Kante $2\,1$ folgt sofort für die Verkettung dieses Flusses je A mit den gleichmäßig verteilt gedachten Windungen am Orte p mit Hilfe von Gl. (16), (6) und (5)

$$\frac{\Psi^{(m)}(p, p')}{I} N \frac{dx}{2H} = \frac{1}{2} N^2 \mu_0 \left[\frac{\mathrm{dn}\, u}{E - k'^2 K} - \frac{R}{H}\right] \frac{\mathrm{dn}\, u - k'^2}{E - k'^2 K}.$$

Die Selbstinduktivität $\mathfrak{L}_e$ der eisenhaltigen Spule je cm Kerndicke läßt sich mithin darstellen durch das Integral

$$\mathfrak{L}_e = \frac{\frac{\mu_0}{2} N^2}{(E - k'^2 K)^2} \int_{-K}^{+K} [\mathrm{dn}\, u - (E' - k^2 K')]\,[\mathrm{dn}^2 u - k'^2]\, du. \qquad (19)$$

Führt man wieder in den Integranden $\mathrm{dn}^3 u$ und $\mathrm{dn}\, u$ eine Umlaufsintegration um das Rechteck mit den Ecken $-K$, $+K$, $+K + 2i\,K'$

und $-K + 2i\,K'$ aus und berücksichtigt dabei, daß beide Integranden innerhalb des Rechtecks in $u = i\,K'$ einen Pol dritter bzw. erster Ordnung haben, deren Residuen

$$-i\left(1 - \frac{k^2}{2}\right) \quad \text{und} \quad -i$$

sind, so ergeben sich unmittelbar die folgenden Beziehungen

$$\int\limits_{-K}^{+K} \mathrm{dn}^3 u \,\mathrm{d}u = \frac{\pi}{2}(2 - k^2), \qquad (20\,\mathrm{a}) \qquad\qquad \int\limits_{-K}^{+K} \mathrm{dn}\, u \,\mathrm{d}u = \pi. \qquad (20\,\mathrm{b})$$

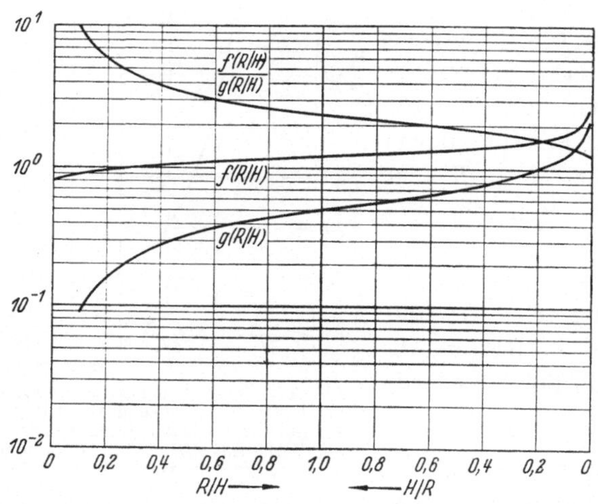

Abb. 173. Das hier dargestellte Verhältnis $f(R/H)/g(R/H)$ entspricht dem Verhältnis der beiden Induktivitäten $\mathfrak{L}_e/\mathfrak{L}_0$. $\mathfrak{L}_e$ ist dabei die Induktivität der beiden Wicklungsbeläge des Transformators, wenn zwischen ihnen ein vollkommen permeabler Kern liegt, $\mathfrak{L}_0$ die Größe derselben Induktivität ohne einen solchen Kern

Es wird daher nach gehöriger Zusammenfassung

$$\mathfrak{L}_e = \mu_0 N^2 \left[\frac{\pi}{4}\,\frac{k^2}{(E - k'^2 K)^2} - \frac{R}{H}\right] \equiv \mu_0 N^2 f\left(\frac{R}{H}\right) \quad \mathrm{H/m}. \qquad (21)$$

Vergleicht man diesen Ausdruck für die Induktivität der Spule mit Eisenkern mit der Induktivität der gleichen Leiteranordnung ohne Eisenkern, so ist dessen Selbstinduktivität durch die Formel

$$\begin{aligned}\mathfrak{L}_0 &= \frac{\mu_0}{2\pi} N^2 \left[\ln\left(1 + \frac{R^2}{H^2}\right) - \frac{R^2}{H^2} \ln\left(1 + \frac{H^2}{R^2}\right) + 4\,\frac{R}{H} \operatorname{arctg} \frac{H}{R}\right] \\ &= \mu_0 N^2 g\left(\frac{R}{H}\right)\end{aligned} \qquad (22)$$

gegeben. Das ist praktisch bis auf den Faktor N^2 die gleiche Beziehung, wie sie für die Induktivität zweier Sammelschienen gilt, die die Höhe $2h$ und den Abstand $2R$ haben und vernachlässigbar dick sind.

In beiden Fällen hängt die Selbstinduktivität allein vom Verhältnis R/H ab. Um zum Zwecke des Vergleichs einen Einblick in die Größe und den Verlauf beider $\mathfrak{L}$-Werte zu haben, sind in Abb. 173 die beiden Funktionen $f(R/H)$ und $g(R/H)$ der Gl. (21) und (22) in Abhängigkeit von R/H dargestellt worden. Damit die Abszissen hierbei auf eine endliche Länge beschränkt werden können, ist in Abb. 173 für Werte $R/H > 1$ statt dessen das reziproke Verhältnis H/R als Abszisse gewählt worden. Dabei treten natürlich bei den Kurven $f(R/H)$ und $g(R/H)$ an der Stelle $R/H = 1$ unter Umständen Knickstellen auf.

Aus der Abb. 173 ist zu ersehen, daß für $H \to 0$ beide Funktionen über alle Grenzen wachsen, und zwar wie die Funktion ln. Bleibt die über die Höhe $2H$ verteilte Windungszahl N dabei von Null verschieden, so werden auch die Selbstinduktivitäten unendlich groß. Strebt dagegen $R \to 0$ und somit $H \to 1$, so konvergiert die Funktion $f(R/H) \to \pi/4$, dagegen die Funktion $g(R/H) \to 0$. Dieses zunächst sonderbar anmutende Ergebnis wird im letzten Abschnitt dieses Paragraphen noch eingehender besprochen. Da die f-Kurve stets über der g-Kurve liegt, so ist, wie es zu erwarten steht, die Induktivität einer eisenhaltigen Spule stets größer als die einer Spule ohne Eisen. Das Verhältnis selbst ist als dritte Kurve ebenfalls in Abb. 173 eingetragen. Für $R = H$ ist z. B. nach dieser Abb. $\mathfrak{L}_e : \mathfrak{L}_0 = 2{,}38$. Dieses Verhältnis wird um so größer, je kleiner R/H ist.

7.64 Das magnetische Feld der idealisierten Spule. Wir geben schließlich noch die Beziehung für die von der Spule erzeugte magnetische Feldstärke in einzelnen Punkten oder längs einzelner charakteristischer Linien an. Allgemein ist im Hinblick auf Gl. 2.3 (1α, 3a) und 7.6 (1)

$$-\frac{d\Omega(z)}{dz} = B_x(x, y) - i\, B_y(x, y) = -\frac{d\Omega(w)}{dw}\,\frac{dw}{dz}. \tag{23}$$

Nun ist aber auf Grund von Gl. (3a, b)

$$\frac{dz}{dw} = -\frac{R}{E' - k^2 K'}\,\mathrm{ds}^2 w = -\frac{H}{E - k'^2 K}\,\mathrm{ds}^2 w \tag{23a}$$

und wegen Gl. (4)

$$\frac{d\Omega(w)}{dw} = \frac{\mu_0 IN}{2H}\left\{\frac{dz}{dw} + \frac{H}{E - k'^2 K}\,\frac{\mathrm{dn}\, w}{\mathrm{sn}^2 w}\right\}.$$

Man erhält also im ganzen für die Feldstärke oder die Induktion die folgende Parameterdarstellung

$$B_x - i\, B_y = \frac{\mu_0 NI}{2H}\,\frac{1 - \mathrm{dn}\, w}{\mathrm{dn}\, w}\quad \mathrm{Wb}. \tag{24}$$

Aus Gl. (24) läßt sich sofort ablesen:

1. Im unendlich fernen Punkt der z-Ebene ist wegen $u = 0$ auch $H_x = H_y = 0$.

2. Für Punkte der x-Achse ist $w = u$ eine reelle Zahl. Es ist daher auch die rechte Seite von Gl. (24) reell, und die Feldstärke hat somit nur eine x-Komponente, und zwar ist H_x stets positiv, da $\mathrm{dn}\,u$ in diesem Fall kleiner als 1 ist.

3. Für Punkte der y-Achse ist $w = i\,v$, d. h. rein imaginär. Für ein solches Argument ist $\mathrm{dn}\,w$ ebenfalls reell, aber größer als 1. Daher hat die Feldstärke oder die Induktion jetzt eine negative x-Komponente.

4. Längs der Polflächen *1 4* und *2 3* ist $w = \pm K + i\,v$, und daher ist dort

$$B_x - i\,B_y = \frac{\mu_0 N I}{2H} \, \frac{\mathrm{dn}(i\,v) - k'}{k'} = B_x(v)\,.$$

Die Induktion steht also auf den Polflächen senkrecht, wie es erforderlich ist, und speziell in der Mitte der Polfläche ist

$$B_x = \frac{NI}{2H}\,\mu_0 \frac{1 - k'}{k'}\,. \tag{25a}$$

5. Längs der Mantelflächen, auf denen die Wicklung liegt, ist $w = \pm i\,K' + u$. Trennt man die entstehende Gleichung nach dem reellen und imaginären Bestandteil, so ist

$$H_x = -\frac{NI}{2H}, \quad (25\mathrm{b}_1) \qquad\qquad H_y = \mp \frac{NI}{2H}\,\mathrm{sc}\,u\,. \quad (25\mathrm{b}_2)$$

Für H_x ergibt sich also tatsächlich der auf Grund von Gl. 1.1 ($24\mathrm{a}_2$) erforderliche Wert. Aus dem Ausdruck für H_y geht hervor, daß an den vier Ecken *1, 2, 3, 4*, wo $w = \pm K$ ist, die Feldstärke unendlich große Werte annimmt.

7.65 Die beiden Grenzfälle $k = 0$ und $k = 1$. Wenn auch diesen beiden Grenzfällen keine besondere praktische Bedeutung zukommt, so sollte hier doch kurz auf sie eingegangen werden, da sie einmal eine gute Kontrolle der Rechnungen abgeben und darüber hinaus durch ihre Betrachtung der Einblick in die Bedeutung der Voraussetzungen vertieft wird.

Im Grenzfall $k \to 0$ strebt auch $\alpha \to 0$, und ein Blick auf Abb. 170 belehrt sofort darüber, daß in diesem Fall die beiden Polflächen *1 4* und *2 3* dicht aneinander rücken, während die Mantelflächen *1 2* und *3 4* auf eine verschwindend kleine Länge zusammenschrumpfen, und damit $H = 0$ wird. Bleibt die Zahl der Windungen N trotzdem von Null verschieden, so handelt es sich nach dem Grenzübergang gemäß Abb. 174 um den Fall zweier parallel verlaufender Bündel von je N, dicht zusammen liegenden, linearen Leitern, die den Abstand $2R$ voneinander haben und die die Papierebene senkrecht schneiden. Der Eisenkörper entartet dabei in eine unendlich dünne Metallfolie, die längs der y-Achse zwischen den Punktepaaren *1 2* und *3 4* verläuft. Da die Folie in dieser Lage mit einer Niveaulinie des Feldes zusammenfällt, so muß das Feld im Falle $k = 0$ mit dem bekannten Feld einer Doppelleitung übereinstimmen.

Für $k = 0$, $k' = 1$ wird aber $\lim(E' - k^2 K') = 1$, $\mathrm{zn}\, u = u$, $\mathrm{cn}\, u = \cos u$, $\mathrm{sn}\, u = \sin u$ und $\mathrm{dn}\, u = 1$ und daher nach Gl. (4)

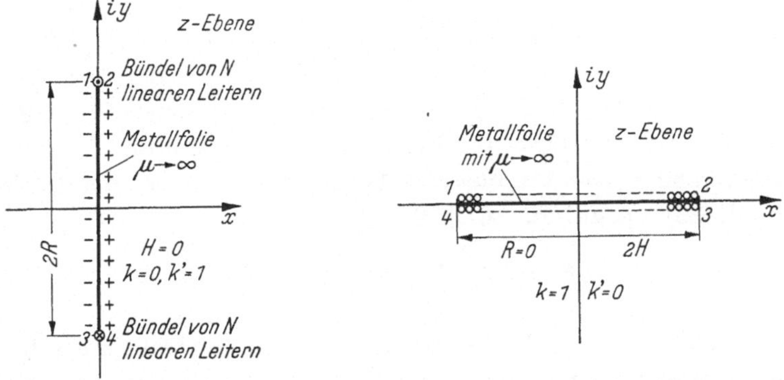

Abb. 174. Der Grenzfall $H \to 0$

Abb. 175. Der Grenzfall $R \to 0$

$z = R\,\mathrm{ctg}\, w$. Das Rechteck der w-Ebene degeneriert in einen zur y-Achse unendlich langen Streifen von der Breite π, dagegen wird aus Gl. (24) $B_x - i\,B_y = N\,I\,\mu_0 \sin^2 w/(\pi\, R)$. Drückt man hierin den sin mit Hilfe der oben abgeleiteten Gleichung durch z aus, so gelangt man zu der bekannten Beziehung

$$B_x - i\,B_y = \frac{R}{\pi}\,\frac{\mu_0 N I}{z^2 + R^2}\ \ \mathrm{Wb/m^2}. \tag{26a}$$

In der Nähe der Leiter ist $z = \pm i\,R$, und die Feldstärke wird dort unendlich groß.

Da in dem anderen Grenzfall $k \to 1$ $\alpha \to \pi/2$ strebt, so bleibt in diesem Fall H endlich, während R verschwindet. Nach Abb. 175 handelt es sich diesmal um ein die z-Ebene senkrecht schneidendes System von N gleichmäßig verteilten Leitern, von denen die eine Hälfte als die Hinleitungen auf der einen, die andere Hälfte als die Rückleitungen auf der anderen Seite einer unendlich dünnen Metallfolie liegen. Diese selbst fällt jetzt nicht mit einer Niveaulinie zusammen. Sie ist zwar unendlich dünn, da aber auch die Permeabilität des Materials als unendlich groß vorausgesetzt wurde, so beeinflußt die Folie dennoch die Feldlinienbildung, da sie als ein magnetischer

Schirm wirkt. Für $k \to 1$ wird aus der Abbildungsfunktion (4), wenn man gleichzeitig Gl. (5) berücksichtigt, $z = H \operatorname{Cotg} w$. Dahingegen entsteht aus Gl. (24)

$$B_x - i B_y = \mu_0 N I \frac{\operatorname{Cof} w - 1}{2H},$$

und daher ist

$$B_x - i B_y = \frac{\mu_0 N I}{2H} \frac{z - \sqrt{z^2 - H^2}}{\sqrt{z^2 - H^2}}. \tag{26b$_1$}$$

Für Punkte der x-Achse von Abb. 175 gilt mithin für $|x| > H$

$$B_x = \frac{\mu_0 N I}{2H} \frac{|x| - \sqrt{x^2 - H^2}}{\sqrt{x^2 - H^2}} \qquad |x| \geqq H. \tag{26b$_2$}$$

Die Feldstärke behält also dort einen durchaus endlichen Wert. Rechnet man aber die Feldstärke für Punkte dieser Achse unter der Annahme aus, es handele sich um dasselbe Leitersystem wie bei der Herleitung der Gl. (23), so gilt für $R \neq 0$

$$B_x = \frac{\mu_0 N I}{2\pi H} \operatorname{arctg}\left(\frac{2HR}{x^2 + R^2 - H^2}\right).$$

Wird in diesem Fall $R = 0$ mit $|x| > H$, so strebt auch $H_x \to 0$. Die Leiteranordnung von Abb. 175 verhält sich also im Grenzfall $R = 0$ ganz verschieden, je nachdem ob die Anwesenheit einer unendlich permeablen Folie vorausgesetzt wird oder nicht. In diesem verschiedenen Verhalten liegt auch die Erklärung dafür, daß für $k \to 1$ die eckigen Klammern in den Gl. (21) und (22) einmal einen endlichen Wert, das andere Mal einen verschwindenden Grenzwert haben. Während bei Feldern in Eisen durch das Zusammenrücken zweier gegenüberliegender, von entgegengesetzten Strömen durchflossener Leiter das resultierende Feld schließlich ausgelöscht wird, behält es bei Vorhandensein der Folie selbst in endlicher Entfernung noch einen von Null verschiedenen Wert, da durch die Schirmwirkung der unendlich permeablen Folie die sich zu Null ergänzende Überlagerung der Felder und ihrer Wirbel verhindert wird.

8 Ebene magnetische Felder — Fortsetzung

8.1 Die magnetische Energie mehrerer stromdurchflossener, paralleler Leiter

Der Berechnung der magnetischen Energie eines Systems paralleler, stromdurchflossener Leiter liegt hier ausnahmslos die Annahme zugrunde, daß die Summe der die Leiter durchfließenden Ströme in jeder Querschnittsebene verschwindet. Dann nimmt bekanntlich das Vektorpotential in genügend großer seitlicher Entfernung von dem Leitersystem umgekehrt mit der mittleren Entfernung vom Leitersystem ab, und die magnetische Energie des Stromsystems kann dann allemal im Hinblick auf die Gl. 1.1 (28) nach der Formel

$$W_m = l_z \frac{1}{2} \int \mathfrak{i}\,\mathfrak{A}\, dF = l_z \frac{1}{2} \int \mathfrak{i}_z A_z\, dF \tag{1}$$

berechnet werden, da ja bei einem Verlauf der Leiter parallel zur z-Achse dann auch das Vektorpotential nur eine z-Komponente besitzt. Der große Vorteil dieser Formel gegenüber der gewöhnlich benutzten

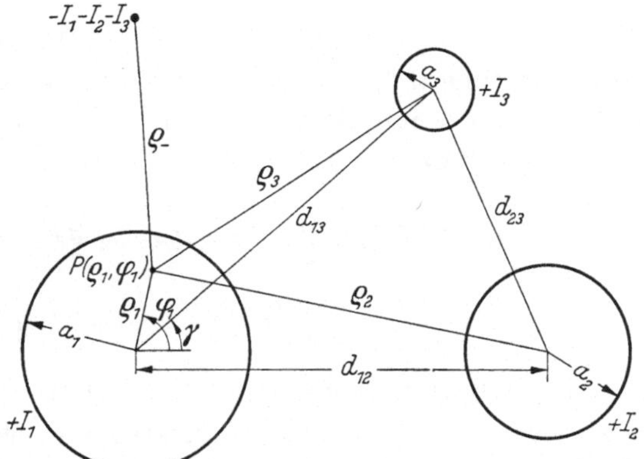

Abb. 176. Drei stromdurchflossene parallele Leiter von kreisförmigem Querschnitt bilden ein ausgeglichenes System. Ihre Permeabilitäten sind gleich der Permeabilität des Luftraums. Die magnetische Energie des Stromsystems gibt die Gl. (3) an. Die Gl. (4) stellt den entsprechenden Ausdruck für n parallele Leiter dar, die ein ausgeglichenes System bilden

mit dem skalaren Produkt aus $\mathfrak{H}$ und $\mathfrak{B}$ liegt darin, daß die Integration nur über die Teile der Querschnittsebene zu erfolgen braucht, in denen $\mathfrak{i}_z \neq 0$ ist. Das Material aller Leiter habe dieselbe Permeabilität wie der freie Raum: Das ist eine für die Gültigkeit der folgenden Rechnungen sehr wesentliche Voraussetzung.

Wir betrachten zuerst den Fall eines aus drei Leitern bestehenden Leitersystems, von denen jeder Leiter kreisförmigen Querschnitt hat. Die Ausdehnung des Ergebnisses auf den Fall eines n-Leitersystems läßt sich dann ohne jede Rechnung rein formal vollziehen. Im zweiten Fall ist neben den drei Leitern noch ein vierter Leiter mit kreisringförmigem Querschnitt vorhanden, der die drei anderen Leiter einhüllt.

8.111 Das Dreileiter- und das n-Leitersystem ohne Hüllenleiter. Die gegebenen drei Leiter mit ihrem kreisförmigem Querschnitt mögen die in Abb. 176 dargestellte, ganz beliebige Lage zueinander haben. Jedem der drei Leiter ordnen wir als Rückleitung ein und denselben, in seiner Lage ganz beliebig wählbaren, linearen

Leiter zu. Nur darf er nicht in die Querschnitte der gegebenen drei Leiter hineinfallen. Er führt mithin insgesamt den Strom $-I_1 - I_2 - I_3$, der aber nach Voraussetzung gleich Null ist. Das gesamte Vektorpotential $A_z^{(t)}$ der drei stromführenden Leiter ist dann gleich der algebraischen Summe der Vektorpotentiale der drei einzelnen Leiterschleifen, und nach Gl. 1.2 (28) besteht demnach im Punkte $P(\varrho_1, \varphi_1)$ innerhalb des Querschnitts von Leiter *1* die Formel

$$A_z^{(t)}(\varrho_1, \varphi_1) = \frac{\mu_0 I_1}{2\pi}\left\{\ln\left(\frac{\varrho_-}{a_1}\right) + \frac{1}{2}\left(1 - \frac{\varrho_1^2}{a^2}\right)\right\} + \frac{\mu_0 I_2}{2\pi}\ln\frac{\varrho_-}{\varrho_2} + \frac{\mu_0 I_3}{2\pi}\ln\frac{\varrho_-}{\varrho_3}, \quad (2)$$

worin die Längen ϱ_2 und ϱ_3 die aus Abb. 176 hervorgehende Bedeutung haben.

Bezeichnen dann $A_z^{(t)}(\varrho_2, \varphi_2)$ und $A_z^{(t)}(\varrho_3, \varphi_3)$ die Vektorpotentiale, die die drei Leiter im Innern des zweiten und dritten Leiters erzeugen und deren Aufbau mutatis mutandis dem von $A_z^{(t)}(\varrho_1, \varphi_1)$ entspricht, so ist nach Gl. (1) im ganzen

$$W_m = \frac{1}{2} l_z \left\{\int \mathfrak{i}_z^{(1)} A_z^{(t)}(\varrho_1, \varphi_1)\, dF_1 + \int \mathfrak{i}_z^{(2)} A_z^{(t)}(\varrho_2, \varphi_2)\, dF_2 + \right.$$
$$\left. + \int \mathfrak{i}_z^{(3)} A_z^{(t)}(\varrho_3, \varphi_3)\, dF_3\right\}. \quad (1\,\mathrm{a})$$

Es wird sich zeigen, daß es vollauf genügt, in Gl. (1a) etwa allein das erste Integral zu berechnen. Die beiden anderen ergeben sich dann durch zyklische Vertauschung der Zeiger.

Nun ist in diesem ersten Integral

$$dF_1 = \varrho_1\, d\varrho_1\, d\varphi_1, \qquad \mathfrak{i}_z^{(1)} = \frac{I_1}{\pi a_1^2},$$

und entsprechende Ausdrücke gelten für $dF_{2,3}$ und $\mathfrak{i}_z^{(2,3)}$. Geht man dann mit Gl. (2) in das erste Integral von Gl. (1a) ein, so ersieht man zunächst sofort, daß alle Terme mit $\ln\varrho_-$, nachdem sie zusammengefaßt worden sind, wegen der Bedingung $I_1 + I_2 + I_3 = 0$ identisch verschwinden. Die beiden letzten Summanden von Gl. (2) liefern nach dem Einsetzen in das erste Integral von Gl. (1a) die beiden Integrale

$$-\frac{\mu_0}{2\pi} I_2 \int_0^{a_1}\int_0^{2\pi} \ln\varrho_2 \cdot \varrho_1 d\varrho_1 d\varphi_1 - \frac{\mu_0}{2\pi} I_3 \int_0^{a_1}\int_0^{2\pi} \ln\varrho_3 \cdot \varrho_1 d\varrho_1 d\varphi_1.$$

Nach Abb. 176 ist aber

$$\varrho_2^2 = d_{12}^2\left[1 + \left(\frac{\varrho_1}{d_{12}}\right)^2 - 2\left(\frac{\varrho_1}{d_{12}}\right)\cos\varphi_1\right]^2,$$

$$\varrho_3^2 = d_{13}^2\left[1 + \left(\frac{\varrho_1}{d_{13}}\right)^2 - 2\left(\frac{\varrho_3}{d_{13}}\right)\cos(\varphi_1 - \gamma)\right]^2,$$

und daher im Hinblick auf die Gl. 1.2 (25)

$$\int_0^{2\pi} \ln \varrho_2 \, d\varphi_1 = 2\pi \ln d_{12}, \qquad \int_0^{\pi} \ln \varrho_3 \, d\varphi_1 = 2\pi \, d_{13}.$$

Der Beitrag der obigen beiden Integrale zu dem Wert des ersten Integrals in Gl. (1a) hat mithin im ganzen die Form

$$-\frac{\mu_0}{2\pi} \ln d_{12} \cdot I_1 I_2 - \frac{\mu_0}{2\pi} \ln d_{13} \cdot I_1 I_3.$$

Wir kommen jetzt zu dem Beitrag der ersten beiden Summanden von Gl. (2) zum ersten Integral in der geschweiften Klammer von Gl. (1a). Er lautet vor der Integration

$$\frac{\mu_0 I_1}{2\pi}\left(\frac{1}{2} - \ln a_1\right) \frac{I_1}{\pi a_1^2} \int_0^{a_1} \int_0^{2\pi} \varrho_1 \, d\varrho_1 \, d\varphi_1 - \frac{\mu_0 I_1}{2\pi} \frac{1}{2 a_1^2} \int_0^{a_1} \int_0^{2\pi} \varrho_1^3 \, d\varrho_1 \, d\varphi_1 \frac{I_1}{\pi a_1^2}$$

und also hinterher

$$\frac{\mu_0 I_1^2}{8\pi} - \frac{\mu_0 I_1^2}{2\pi} \cdot \ln a_1 .$$

Demnach hat das erste Integral in Gl. (1a) im ganzen den Wert

$$\int \mathfrak{i}_z^{(1)} A_z^{(t)}(\varrho_1, \varphi_1) \, dF_1 = -\frac{\mu_0}{2\pi} I_1 \left\{ I_1 \cdot \ln\left(a_1 - \frac{1}{4}\right) + I_2 \cdot \ln d_{12} + I_3 \cdot \ln d_{13} \right\}. \quad (1\alpha)$$

Man ist danach keinen Augenblick im Zweifel, welche Form die Beiträge der beiden anderen Integrale in Gl. (1a) haben.

Somit haben wir für die magnetische Energie des aus drei Leitern bestehenden Leitersystems den folgenden vollständigen Ausdruck für die magnetische Energie gefunden:

$$\begin{aligned} W_m = l_z \frac{\mu_0}{4\pi} \Big\{ & I_1^2 \left(\ln \frac{1}{a_1} + \frac{1}{4}\right) + I_2^2 \left(\ln \frac{1}{a_2} + \frac{1}{4}\right) + I_3^2 \left(\ln \frac{1}{a_3} + \frac{1}{4}\right) + \\ & + 2 I_1 I_2 \ln \frac{1}{d_{12}} + 2 I_1 I_3 \ln \frac{1}{d_{13}} + 2 I_2 I_3 \ln \frac{1}{d_{23}} \Big\}. \end{aligned} \quad (3)$$

In dieser Gestalt kann die für drei Leiter gefundene Formel sofort auf den Fall von n Leitern verallgemeinert werden. Werden nämlich n Leiter in Richtung der positiven z-Achse von den n Strömen I_k mit $k = 1, 2, \ldots, n$ durchflossen und handelt es sich dabei um ein ausgeglichenes Stromsystem, so ist für die Länge l_z des Systems die magnetische Energie durch die Beziehung

$$W_m = l_z \frac{\mu_0}{4\pi} \left\{ \sum_{k=1}^{n} \sum_{l=1}^{n} I_k I_l \ln \frac{1}{d_{kl}} + \frac{1}{4} \sum_{k=1}^{n} I_k^2 \right\} \text{ Joule} \quad \left(\sum_{k=1}^{n} I_k = 0 \right) \quad (4)$$

gegeben. Hierin bedeutet

für $k \neq l$ d_{kl} den Abstand der Achsen des k-ten und l-ten Leiters,

für $k = 1$ $d_{kk} = a_{kk}$ den Radius des k-ten Leiters.

Wird nun in Gl. (3) die Bedingung berücksichtigt, daß die Summe der drei Ströme in jedem Querschnitt verschwindet, so gelangt man zu der Formel

$$W_m \equiv \mathfrak{L}_{11}\frac{1}{2}I_1^2 + \mathfrak{L}_{12}I_1I_2 + \mathfrak{L}_{22}\frac{1}{2}I_2^2 = \frac{\mu_0}{\pi}l_z\left[\ln\frac{d_{13}}{\sqrt{a_1 a_3}} + \frac{1}{4}\right]\frac{1}{2}I_1^2 + \\ + \frac{\mu_0}{\pi}l_z\left[\ln\frac{d_{23}}{\sqrt{a_2 a}} + \frac{1}{4}\right]\frac{1}{2}I_2^2 + \frac{\mu_0}{2\pi}l_z\left[\ln\left(\frac{d_{13}d_{23}}{d_{12}a_3}\right) + \frac{1}{4}\right]I_1I_2, \tag{3a}$$

aus der sich sogleich die bekannten Formeln für die Selbstinduktivität einer Doppelleitung und für die Gegeninduktivität zweier Doppelleitungen mit gemeinsamem dritten Leiter ablesen lassen.

Handelt es sich um ein Vierleitersystem, in dem die Leiter 1 und 3 die Ströme $\pm I_1$ und die Leiter 2 und 4 die Ströme $\pm I_2$ führen, so muß die magnetische Energie des Systems in der Form

$$W_m = \tfrac{1}{2}\mathfrak{L}_{11}I_1^2 + \tfrac{1}{2}\mathfrak{L}_{22}I_2^2 + \mathfrak{L}_{12}I_1I_2$$

darstellbar sein, und man findet dann für die Gegeninduktivität der beiden Schleifen die bekannte Relation

$$\mathfrak{L}_{12} = \frac{\mu_0}{2\pi}\ln\left(\frac{d_{14}d_{23}}{d_{12}d_{34}}\right), \tag{5}$$

die demnach in dieser Form nicht nur für lineare Leiter, sondern auch für Leiter mit beliebigem kreisförmigem Querschnitt gilt. Ist in dem erwähnten Vierleitersystem $I_1 = I_2 = I$, so läßt sich einfacher

$$W_m = \mathfrak{L}_{11}\cdot\frac{1}{2}I^2 = \frac{\mu_0}{\pi}\left\{\ln\frac{d_{14}d_{24}d_{13}d_{23}}{d_{12}d_{34}\sqrt{a_1a_2a_3a_4}} + \frac{1}{2}\right\}\cdot\frac{1}{2}I^2 \tag{5a}$$

schreiben.

8.112 Das Drei- und n-Leitersystem mit stromdurchflossenem Hüllenleiter. Wir gehen jetzt zu dem komplizierteren Fall über, wo die drei Leiter mit kreisförmigem Querschnitt mit den Radien $a_{1,2,3}$ gemäß Abb. 177 von einem Leiter mit kreisringförmigem Querschnitt eingehüllt werden. Werden die Ströme durch die drei inneren Leiter mit $I_{1,2,3}$ und der Strom durch den Hüllenleiter mit I_4 bezeichnet, so soll natürlich auch hier wieder das Stromsystem ein ausgeglichenes sein und also die Gleichung

$$I_1 + I_2 + I_3 + I_4 = 0$$

bestehen. Über das gegenseitige Größenverhältnis dieser vier Ströme machen wir keinerlei einschränkende Annahmen.

In Rücksicht auf Gl. 1.2 (27) berechnet sich dann jetzt das totale, von allen vier Leitern z. B. im Querschnitt des Leiters *1* erzeugte Vektorpotential nach der Formel

$$\begin{aligned} A_z^{(t)}(\varrho_1, \varphi_1) = \frac{\mu_0 I_1}{2\pi}\left\{\ln\left(\frac{\varrho_-^{(1)}}{a_1}\right) + \frac{1}{2}\left(1 - \frac{\varrho_1^2}{a_1^2}\right)\right\} + \frac{\mu_0 I_2}{2\pi}\ln\frac{\varrho_-^{(1)}}{\varrho_2} + \\ + \frac{\mu_0 I_3}{2\pi}\ln\frac{\varrho_-^{(1)}}{\varrho_3} + \frac{\mu_0 I_4}{2\pi}\left[\ln\frac{\varrho_-^{(1)}}{R_2} - \frac{R_1^2}{R_2^2 - R_1^2}\ln\frac{R_2}{R_1} + \frac{1}{2}\right] \end{aligned} \tag{6a}$$

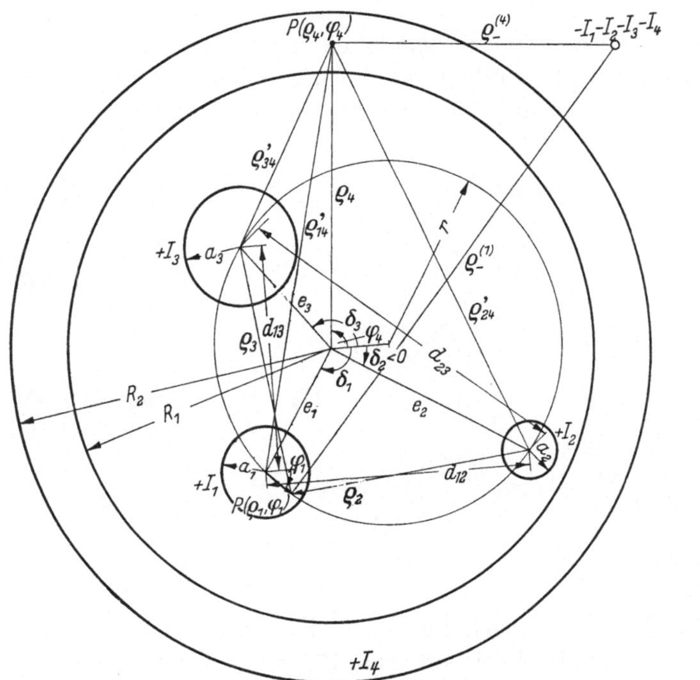

Abb. 177. Die Formeln für den Energieausdruck für 3 und n Leiter eines ausgeglichenen Stromsystems werden in Gl. (9) auf den Fall verallgemeinert, daß ein 4. oder $(n+1)$-ter Leiter von kreisringförmigem Querschnitt alle übrigen einhüllt. Die Leiter können im übrigen jede beliebige Lage zueinander haben, jedoch müssen ihre Permeabilitäten untereinander und mit der des umgebenden Luftraums übereinstimmen

und an Stelle von Gl. (1a) tritt für die Berechnung der magnetischen Energie selbst die Formel

$$\begin{aligned} W_m = \frac{1}{2} l_z \left\{ \int \mathrm{i}_z^{(1)} A_z^{(t)}(\varrho_1, \varphi_1)\, dF_1 + \int \mathrm{i}_z^{(2)} A_z^{(t)}(\varrho_2, \varphi_2)\, dF_2 + \right. \\ \left. + \int \mathrm{i}_z^{(3)} A_z^{(t)}(\varrho_3, \varphi_3)\, dF_3 + \int \mathrm{i}_z^{(4)} A_z^{(t)}(\varrho_4, \varphi_4)\, dF_4 \right\}. \end{aligned} \tag{6b}$$

Setzt man nun Gl. (6a) in das erste Integral innerhalb der geschweiften Klammer von Gl. (6b) ein, so sieht man zunächst, daß wiederum alle

Glieder mit $\ln \varrho_{-}^{(1)}$ infolge der Bedingung über die vier Ströme herausfallen. Gegenüber Gl. (1a) hat sich nur das eine geändert, daß noch ein Glied mit I_4 auf der rechten Seite hinzugekommen ist, so daß im ganzen herauskommt:

$$\int \mathfrak{i}_z^{(1)} A_z^{(t)}(\varrho_1, \varphi_1)\, dF_1 = -\frac{\mu_0}{2\pi} I_1 \Big\{ I_1 \left(\ln a_1 - \frac{1}{4}\right) + I_2 \ln d_{12} + + I_3 \ln d_{13} + I_4 \left(\ln R_2 + \frac{R_1^2}{R_2^2 - R_1^2} \ln \frac{R_2}{R_1} - \frac{1}{2}\right)\Big\}. \tag{6α}$$

Derselbe Term tritt zu dem zweiten und dritten Summanden der Gl. (6b) hinzu. Man erhält also für die ersten drei Summanden in der geschweiften Klammer von Gl. (6b) im jetzigen Fall

$$\begin{aligned} \sum_{p=1}^{3} \int \mathfrak{i}_z^{(p)} A_z^{(t)}(\varrho_p, \varphi_p)\, dF_p &= -\frac{\mu_0}{2\pi} \Big\{ \sum_{p=1}^{3} I_p^2 \left(\ln a_p - \frac{1}{4}\right) + 2 I_1 I_2 \cdot \ln d_{12} + \\ &+ 2 I_1 I_3 \ln d_{13} + 2 I_2 I_3 \ln d_{23} - I_4^2 \left(\ln R_2 + \frac{R_1^2}{R_2^2 - R_1^2} \cdot \ln \frac{R_2}{R_1} - \frac{1}{2}\right)\Big\} \\ &= \frac{\mu_0}{2\pi} \Big\{ \sum_{p=1}^{3} I_p^2 \left(\ln\left(\frac{\sqrt{R_1 R_2}}{a_p}\right) + \frac{1}{4}\right) + \\ &+ 2 \sum_{p=1}^{3} \sum_{q=p+1}^{3} I_p I_q \ln\left(\frac{\sqrt{R_1 R_2}}{d_{pq}}\right) - \frac{1}{2} I_4^2 + I_4^2 \ln\left(\frac{R_2}{R_1}\right) \frac{R_1^2 + R_2^2}{2(R_2^2 - R_1^2)} \Big\} \\ &= \frac{\mu_0}{2\pi} \Big\{ \sum_{p=1}^{3} I_p^2 \left(\ln\left(\frac{\sqrt{R_1 R_2}}{a_p}\right) - \frac{1}{4}\right) + 2 \sum_{p=1}^{3} \sum_{q=p+1}^{3} I_p I_q \times \\ &\times \left(\ln\left(\frac{\sqrt{R_1 R_2}}{d_{pq}}\right) - \frac{1}{2}\right) + \frac{1}{2} I_4^2 \ln \frac{R_2}{R_1} \cdot \frac{R_2^2 + R_1^2}{R_2^2 - R_1^2} \Big\}. \end{aligned} \tag{7}$$

Wir haben demnach nur noch den letzten Term in Gl. (6b) zu berechnen. Im Hinblick auf Abb. 177 und die Gl. 1.2 (27) ist aber

$$A_z^{(t)}(\varrho_4, \varphi_4) = -\frac{\mu_0}{2\pi} \Big\{ I_1 \ln \frac{\varrho'_{14}}{\varrho_{-}^{(4)}} + I_2 \ln \frac{\varrho'_{24}}{\varrho_{-}^{(4)}} + I_3 \ln \frac{\varrho'_{34}}{\varrho_{-}^{(4)}} + + I_4 \left[\ln \frac{\varrho_4}{\varrho_{-}^{(4)}} + \frac{R_2^2}{R_2^2 - R_1^3} \ln \frac{R_2}{\varrho_4} - \frac{1}{2} \frac{R_2^2 - \varrho_4^2}{R_2^2 - R_1^2}\right]\Big\}. \tag{8a}$$

Demnach wird

$$\begin{aligned} \int \mathfrak{i}_z^{(4)} A_z^{(4)}(\varrho_4, \varphi_4)\, dF_4 &= -\frac{\mu_0 I_4/2\pi}{\pi (R_2^2 - R_1^2)} \left(\sum_{p=1}^{3} I_p \int_{R_1}^{R_2} \int_0^{2\pi} \ln \varrho'_{p4} \cdot \varrho_4\, d\varrho_4\, d\varphi_4 - \right. \\ &- \frac{\mu_0 I_4^2/2\pi}{\pi (R_2^2 - R_1^2)} \left[\pi (R_2^2 - R_1^2) \cdot \frac{R_2^2}{R_2^2 - R_1^2} \left(\ln R_2 - \frac{1}{2}\right) - \right. \\ &- \left. \frac{2\pi R_1^2}{R_2^2 - R_1^2} \int_{R}^{R_2} \ln \varrho_4 \cdot \varrho_4\, d\varrho_4 + \frac{1}{2} \frac{2\pi}{R_2^2 - R_1^2} \int_{R_1}^{R_2} \varrho_4^3\, d\varrho_4 \right]. \end{aligned} \tag{8b}$$

Nach Abb. 177 ist aber

$$(\varrho'_{p4})^2 = e_p^2 + \varrho_4^2 - 2\,e_p\,\varrho_4 \cos(2\pi - (\varphi_4 - \delta_p)) \qquad (p = 1, 2, 3),$$

und mithin wird wegen $\varrho_4 > e_p$ für $p = 1, 2, 3$ und im Hinblick auf die Gl. 1.2 (25)

$$\begin{aligned}\int_{R_1}^{R_2}\int_0^{2\pi} \ln \varrho'_{p4}\cdot \varrho_4\, d\varrho_4 \cdot d\varphi_4 &= \pi[R_2^2 \ln R_2 - R_1^2 \ln R_1] - \frac{\pi}{2}(R_2^2 - R_1^2) \\ &= \frac{\pi}{2}(R_2^2 + R_1^2)\ln\left(\frac{R_2}{R_1}\right) + \frac{\pi}{2}(R_2^2 - R_1^2)[\ln(R_2 R_1) - 1] \\ &\qquad (p = 1, 2, 3).\end{aligned} \tag{8β}$$

Ersetzt man auch sonst in Gl. (8b) $\ln R_2$ durch $\frac{1}{2}\ln(R_1 R_2) + \frac{1}{2}\ln(R_2/R_1)$, so erhält man im ganzen

$$\int \mathfrak{i}_z^{(4)} A_z^{(t)}(\varrho_4, \varphi_4)\, dF_4 = \frac{\mu_0}{2\pi} I_4^2 \left[\ln\left(\frac{R_2}{R_1}\right)\frac{R_1^2 R_2^2}{(R_2^2 - R_1^2)^2} - \frac{1}{4}\,\frac{R_2^2 + R_1^2}{R_2^2 - R_1^2}\right]. \tag{8c}$$

Die Gl. (6b), (7) und (8c) führen damit für ein System von drei zueinander parallelen Leitern mit kreisförmigem Querschnitt, die von einem vierten Leiter kreisringförmigen Querschnitts eingehüllt werden, zu der folgenden Beziehung für die magnetische Energie

$$W_m = \frac{\mu_0}{4\pi} l_z \left\{\sum_{p=1}^{3}\sum_{q=1}^{3} I_p I_q \left(\ln\left(\frac{\sqrt{R_1 R_2}}{d_{pq}}\right) - \frac{2 - \delta_{pq}}{4}\right) + I_4^2 F\left(\frac{R_2}{R_1}\right)\right\} \tag{9}$$

mit der Erklärungsgleichung

$$F(\eta) = \frac{\eta^4 + 2\eta^2 - 1}{2(\eta^2 - 1)^2}\ln\eta - \frac{1}{4}\,\frac{\eta^2 + 1}{\eta^2 - 1}\quad (\eta \geqq 1), \quad \text{(9a)} \qquad F(1) = 0{,}5. \quad \text{(9b)}$$

Auch diese Darstellungsform läßt ohne weiteres erkennen, in welcher Weise sie zu modifizieren ist, wenn nicht drei, sondern n parallele kreisförmige Leiter von einem einzigen Hüllenleiter eingeschlossen werden. Es sind dann einfach die beiden Summationen statt über p und q von $1 \cdots n$ zu erstrecken. Der Verlauf von $F(\eta)$ ist in Abb. 178 in Abhängigkeit von η dargestellt worden. Die Funktion besitzt etwa bei $\eta = 1{,}6$ ein Minimum, das bei 0,46 liegt.

Für $I_4 = 0$ verschwindet in Gl. (9) die Summe aller Glieder, die unter dem Logarithmus $(R_1 R_2)^{\frac{1}{2}}$ enthalten sind, und man kommt, wie am ehesten aus Gl. (7) hervorgeht, auf die frühere Gl. (3) zurück.

Wir betrachten einige Sonderfälle.

a) Beim Einleiterkabel mit Hüllenleiter ist $I_2 = I_3 = 0$, $I_1 = +I$ und $I_4 = -I$. Nach einigen einfachen Zwischenrechnungen ergibt sich für die Induktivität dieses Kabels

$$\mathfrak{L} = \frac{\mu_0}{2\pi} l_z \left\{\frac{R_2^4}{(R_2^2 - R_1^2)^2}\ln\frac{R_2}{R_1} + \ln\left(\frac{R_1}{a_1}\right) - \frac{1}{2}\,\frac{R_2^2}{R_2^2 - R_1^2}\right\}\ \text{H}. \tag{10a}$$

Das ist dieselbe Formel, wie sie für die Induktivität eines koaxialen Kabels errechnet wird. Sie gilt also unverändert auch dann, wenn der Innenleiter exzentrisch zum Hüllenleiter angeordnet ist.

b) Es werde das Kabel so betrieben, daß die drei Innenleiter die Hinleiter und der Hüllenleiter die gemeinsame Rückleitung einer

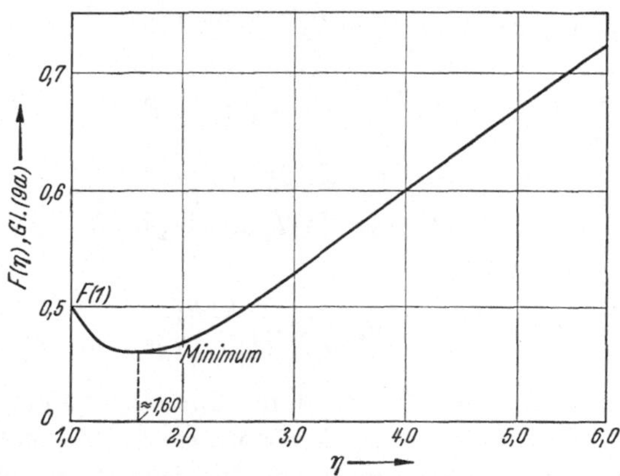

Abb. 178. Der Einfluß des Hüllenleiters auf die magnetische Energie in der Leiteranordnung von Abb. 177 wird im wesentlichen von der Funktion $F(\eta)$ mit der Definitionsgl. (9a) erfaßt. Die Abbildung stellt den Verlauf dieser Funktion in Abhängigkeit von $\eta = R_2/R_1$ dar

Leiterschleife bilden. Dann berechnet sich für die Betriebsinduktivität $\mathfrak{L}$ des so geschalteten Kabels die Formel

$$\mathfrak{L} = \frac{\mu_0}{6\pi} l_z \left\{ \ln\left(\frac{(R_1 R_2)^{3/2}}{a\, d^2}\right) - \frac{5}{4} + 3 \ln \eta \cdot \frac{\eta^4 + 2\eta^2 - 1}{2(\eta^2 - 1)^2} - \frac{3}{4} \frac{\eta^2 + 1}{\eta^2 - 1} \right\} \\ \left(\eta = \frac{R_2}{R_1};\ a_1 = a_2 = a_3 = a;\ d_{12} = d_{13} = d_{23} = d\right). \tag{10b}$$

c) Schließlich möge $I_3 = -I_1$ und $I_4 = -I_2$ sein. Man erhält dann den Ausdruck

$$W_m = \frac{\mu_0}{2\pi} l_z I_1^2 \left\{ \ln \frac{d_{13}}{\sqrt{a_1 a_3}} + \frac{1}{4} \right\} + \frac{\mu_0}{4\pi} l_z 2 I_1 I_2 \ln \frac{d_{23}}{d_{12}} + \\ + \frac{\mu_0}{4\pi} l_z I_2^2 \left\{ \ln \frac{\sqrt{R_1 R_2}}{a_2} + \ln \eta \cdot \frac{\eta^4 + 2\eta^2 - 1}{2(\eta^2 - 1)^2} - \frac{1}{2} \frac{\eta^2}{\eta^2 - 1} \right\}. \tag{10c}$$

Auf weitere Beispiele kann hier nicht eingegangen werden.

8.2 Der vorspringende, bewickelte, rechteckige Polschuh vor der glatten Ankeroberfläche

Eine sehr wichtige, aber zugleich recht schwierige Aufgabe bildet im Gebiet des Elektromaschinenbaus die Berechnung der Streu- und Nutzflüsse zwischen den Polen und zwischen Pol und Anker bei

Maschinen mit ausgeprägten Polen. Die Aufgabe wird hier in ziemlich weitgehender Idealisierung durchgerechnet. Trotzdem sind noch erhebliche rechnerische Schwierigkeiten zu überwinden.

Denkt man sich das Polbild der Maschine nebst der Ankeroberfläche in eine Ebene abgewickelt, so bildet die als glatt angenommene

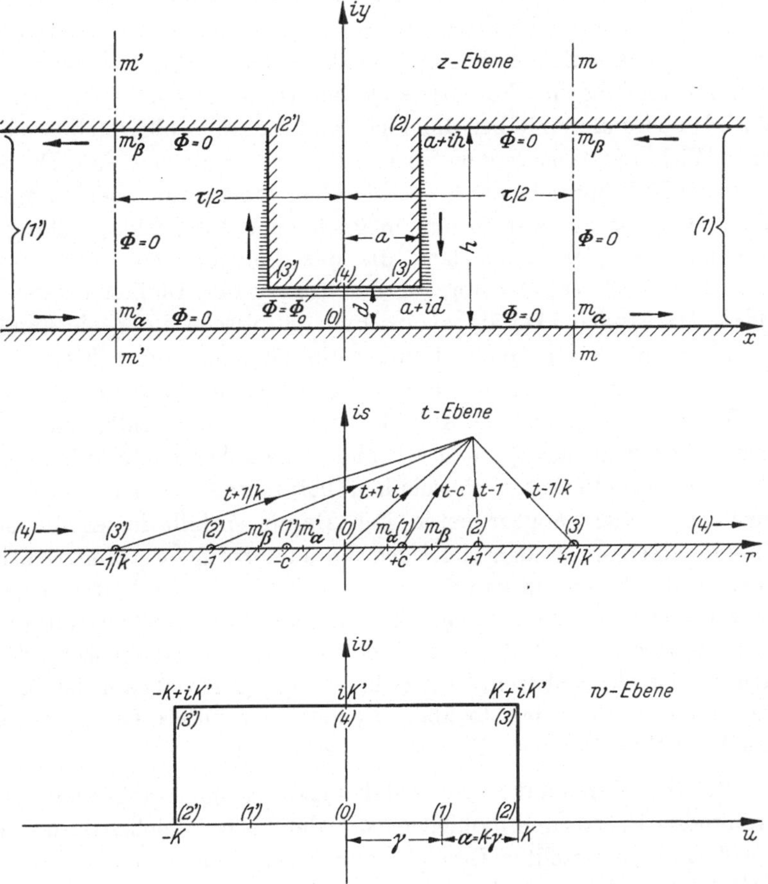

Abb. 179. Der Bereich der z-Ebene, ein unendlicher Streifen mit einem einzelnen vorspringenden rechteckigen Polschuh, wird zunächst auf die Halbebene $\mathfrak{Im}(t) \geqq 0$ und danach auf das Innere eines Rechtecks der w-Ebene abgebildet. Der Polschuh trägt eine einlagige Wicklung mit gleichmäßig über die Länge verteilten Windungsleitern. Sie erzeugt auf dem Polschuh die gestrichelt angedeutete Verteilung des magnetischen Potentials Φ. Das Material von Anker und Polschuh wird als vollkommen permeabel vorausgesetzt. Die Abbildungsfunktion gibt die Gl. (5) an mit den Bestimmungsgl. (5a, b) für α und k

Ankeroberfläche die untere Begrenzungsgerade und die Linie der Jochbögen, die in regelmäßigen Abständen von den vorspringenden Polschuhen unterbrochen wird, die obere Begrenzung eines Parallelstreifens. Der Querschnitt eines einzelnen Polschuhs habe hier die einfache Gestalt eines glatten Rechtecks, auf dem die stromführende

Wicklung gleichmäßig über die ganze Höhe verteilt liegt. In Abb. 179 ist ein einzelner solcher Polschuh wiedergegeben. Er hat als Mittellinie die y-Achse, während die Ankeroberfläche die x-Achse bildet. Die Linien $m'\,n'$ und $m\,n$ in diesem Bild sollen die Mittellinien zwischen dem eingezeichnetem Polschuh und den links und rechts davon liegenden Polschuhen vorstellen. Verleiht die Wicklung der Polfläche $3 \cdots 3'$ das maximale Potential $+\Phi_0$, so beträgt der Extremwert des Potentials auf den beiden Nachbarpolen $-\Phi_0$, und auch sonst ist die Verteilung des Potentials symmetrisch zu den Linien $m\,n$ und $m'\,n'$. Im besonderen haben die Joche und die Ankeroberfläche, solange deren Wicklung selbst keinen Strom führt, das Potential Null. Dasselbe Potential Null herrscht dann auch in allen Punkten der beiden Mittellinien. Nun ist es zwar formal möglich, eine Integraldarstellung für diejenige Funktion anzugeben, die das Polygon mit den 8 Ecken $m, n, 2, 3, 3', 2', m', n'$ etwa auf das Innere des Einheitskreises abbildet. Da es sich aber dabei um hyperelliptische Integrale handelt, bei denen unter der Quadratwurzel ein Polygon vom achten Grade steht, so ist für die weitere Rechnung nichts damit anzufangen.

Wir müssen daher die Aufgabe in einem entscheidenden Punkt noch weiter idealisieren, indem wir nicht eine unbegrenzte Aufeinanderfolge von äquidistanten Polschuhen betrachten, sondern nur einen einzelnen, isoliert angeordneten Pol. Damit entfällt leider die Möglichkeit, einen unter den sonstigen Voraussetzungen streng richtigen Wert für den Streufluß von Polschuh zu Polschuh zu erhalten. Immerhin wird aber der magnetische Fluß, den der einzelne Polschuh durch die Linie $m\,n$ oder $m'\,n'$ hindurchschickt und der jetzt jenseits dieser auch nicht mehr senkrecht durchschnittenen Linie teils auf der Ankeroberfläche, teils auf den Jochbögen endet, eine untere Grenze für den gesuchten Streufluß von Pol zu Pol darstellen.

8.21 Die Herstellung der Abbildungsfunktion. Nach dieser vorbereitenden Erörterung handelt es sich demnach zunächst darum, den in Abb. 179 dargestellten Bereich der z-Ebene, der aus einem Parallelstreifen mit einem darin hineinragenden, rechteckigen Vorsprung besteht, auf die obere t-Halbebene konform abzubilden. Den symmetrisch zur y-Achse liegenden Eckpunkten $1, 2, 3;\ 3', 2', 1'$ des Bereichs der z-Ebene mögen in der t-Ebene die symmetrisch zum Punkt $t = 0$ angeordneten Punkte $+c,\ +1,\ +1/k;\ -1/k,\ -1,\ -c$ entsprechen. Dann sind c und k ihrer Größe nach zunächst noch unbekannt.

Nach Gl. 2.3 (2b) lautet die D.Gl. für die Abbildungsfunktion

$$\frac{dz}{dt} = -\frac{C}{t^2 - c^2}\sqrt{\frac{t^2 - 1/k^2}{t^2 - 1}} \qquad \mathfrak{Im}(C) = 0. \qquad (1\text{a})$$

Wir setzen hierin

$$t = \operatorname{sn}(w, k), \qquad (1\,b_1) \qquad\qquad c = \operatorname{sn}(\gamma, k) < 1. \qquad (1\,b_2)$$

In der w-Ebene entspricht dem vorgelegten Bereich der z-Ebene das Innere des Rechtecks der w-Ebene mit den Ecken $+K$, $\pm K$, $\pm i\,K'$, $-K$. Da für $z = 0$ auch $w = 0$ ist, so wird der Zusammenhang zwischen z und w unter Benutzung der unbekannten Größe γ an Stelle von c durch die Formel

$$\begin{aligned} z &= \frac{C}{k}\int\limits_0^w \frac{\operatorname{dn}^2\zeta}{c^2-\operatorname{sn}^2\zeta}\,d\zeta = \frac{C}{k}\left\{k^2 w + (1-k^2c^2)\int\limits_0^w \frac{d\zeta}{c^2-\operatorname{sn}^2\zeta}\right\} \\ &= \frac{C}{k}\left\{k^2 w + \operatorname{dn}^2(\gamma, k)\cdot\int\limits_0^w \frac{d\zeta}{\operatorname{sn}^2\gamma-\operatorname{sn}^2\zeta}\right\} \end{aligned} \tag{1}$$

hergestellt. Nun ist auf Grund der Theorie der elliptischen Integrale, wenn alle Funktionen den Modul k haben,

$$\operatorname{sn}\gamma\operatorname{cn}\gamma\operatorname{dn}\gamma\int\limits_0^w \frac{d\zeta}{\operatorname{sn}^2\zeta-\operatorname{sn}^2\gamma} = w\operatorname{zn}\gamma + \frac{1}{2}\ln\frac{\vartheta_1\left(\frac{\gamma-w}{2K};\tau\right)}{\vartheta_1\left(\frac{\gamma+w}{2K};\tau\right)} \qquad \left(\tau = i\frac{K'}{K}\right). \tag{2}$$

Der Logarithmus ist hierin für $w = 0$ gleich 1 zu setzen. Benutzt man noch die Beziehung, die $\operatorname{zn}(K+w)$ mit $\operatorname{zn}(w)$ verknüpft, so erhält man bis jetzt die Formel

$$z = \frac{C}{k}\,\frac{\operatorname{dn}\gamma}{\operatorname{cn}\gamma\operatorname{sn}\gamma}\left\{w\operatorname{zn}(K-\gamma) + \frac{1}{2}\ln\frac{\vartheta_1\left(\frac{\gamma+w}{2K};\tau\right)}{\vartheta_1\left(\frac{\gamma-w}{2K};\tau\right)}\right\}. \tag{3a}$$

Für $w = 0$ ist $z = 0$, wie es nach Abb. 179 sein muß. Nähert sich w dem Punkt γ längs der reellen Achse der w-Ebene von links her, so wird $\gamma - w > 0$ immer kleiner, und beim Umlauf um den Punkt oberhalb der reellen Achse nimmt $\operatorname{arc}(\gamma - w)$ von 0 auf $-\pi\,i$ ab. Der logarithmische Term in Gl. (3a) hat also nach dem Umlauf die imaginäre Komponente $+\pi\,i/2$. In der z-Ebene erhält also damit z, das zwischen den Punkten *0* $\cdots$ *1* rein reell war, nach dem halben Umlauf um den Punkt *1* die imaginäre Komponente $i\,h$. Mithin besteht die Gleichung

$$\frac{C}{k}\,\frac{\operatorname{dn}\gamma}{\operatorname{cn}\gamma\operatorname{sn}\gamma} = \frac{2h}{\pi}. \tag{3α}$$

Erreicht w den Punkt $+K$, so hat z den Wert $a + i\,k$, und nach Gl. (3a) muß also sein

$$\frac{\pi a}{2h} = K\operatorname{zn}(K-\gamma), \tag{3β}$$

da $\vartheta_1(\gamma/2K + \frac{1}{2}) = \vartheta_1(\gamma/2K - \frac{1}{2} + i) = -\vartheta_1(\gamma/2K - \frac{1}{2})$ ist und -1 nach dem obigen hier die Bedeutung von $\exp(+\pi i)$ hat.

Rückt schließlich w in den Punkt $a + i\,d$ der z-Ebene hinein, so ergibt sich in diesem Falle aus Gl. (3a) die Formel

$$\frac{\pi d}{2h} = K' \operatorname{zn}(K - \gamma) + \frac{\pi}{2} \frac{K - \gamma}{K}, \tag{3γ}$$

denn es ist jetzt

$$\vartheta_1\left(\frac{\gamma}{2K} + \frac{1}{2} + \frac{\tau}{2}\right) = \vartheta_1\left(\frac{\gamma}{2K} - \frac{1}{2} - \frac{\tau}{2} + 1 + \tau\right)$$

$$= \vartheta_1\left(\frac{\gamma}{2K} - \frac{1}{2} - \frac{\tau}{2}\right) \exp\left(+\pi i \frac{1-\gamma}{K}\right).$$

Setzt man dann noch zur endgültigen Abkürzung

$$K - \gamma = \alpha, \tag{4}$$

so schreibt sich damit im Hinblick auf Gl. (3a) die fertige Abbildungsfunktion in der Form

$$\begin{aligned} \frac{\pi z}{2h} &= w \cdot \operatorname{zn}(\alpha, k) + \frac{1}{2} \ln \frac{\vartheta_2\left(\frac{\alpha - w}{2K}; \tau\right)}{\vartheta_2\left(\frac{\alpha + w}{2K}; \tau\right)} \\ &= w \cdot \operatorname{zn}(\alpha, k) + \frac{1}{2} \ln \frac{\vartheta_1\left(\frac{\gamma + w}{2K}; \tau\right)}{\vartheta_1\left(\frac{\gamma - w}{2K}; \tau\right)}, \end{aligned} \tag{5}$$

und für die unbekannten Größen α und k bestehen die beiden Bestimmungsgleichungen

$$\frac{\pi a}{2h} = K \operatorname{zn}(\alpha, k), \quad \text{(5a)} \qquad \frac{\pi d}{2h} = K' \operatorname{zn}(\alpha, k) + \frac{\pi \alpha}{2K}. \quad \text{(5b)}$$

Eliminiert man aus Gl. (5a, b) die Funktion $\operatorname{zn}(\alpha, k)$, so ist auch noch

$$\frac{d}{h} = \frac{\alpha}{K} + \frac{a}{h} \cdot \frac{K'}{K}. \tag{5c}$$

Damit ist die gesuchte Abbildungsfunktion in jeder Hinsicht bestimmt.

8.211 **Einige besondere Grenzfälle der Abbildung.** Es lohnt sich, einige Grenzfälle zu betrachten. Es strebe

1. $a \to 0$. Dann liegt der Bereich von Abb. 180 vor. Zunächst möchte man auf Grund von Gl. (5a) annehmen, daß dann auch $\alpha \to 0$ strebt. Das ist aber nach Gl. (5b) unmöglich, weil hierbei auch $d \to 0$

streben würde. Es bleibt dann wegen Gl. (5b) nur noch die Annahme übrig, es strebe für $a \to 0$ auch $k \to 0$. Da

$$\operatorname{zn}(\alpha, k) = \frac{\pi}{K} \sum_{n=1}^{\infty} \frac{\sin\left(\pi n \frac{\alpha}{K}\right)}{\operatorname{Sin}\left(\pi n \frac{K'}{K}\right)} \tag{6}$$

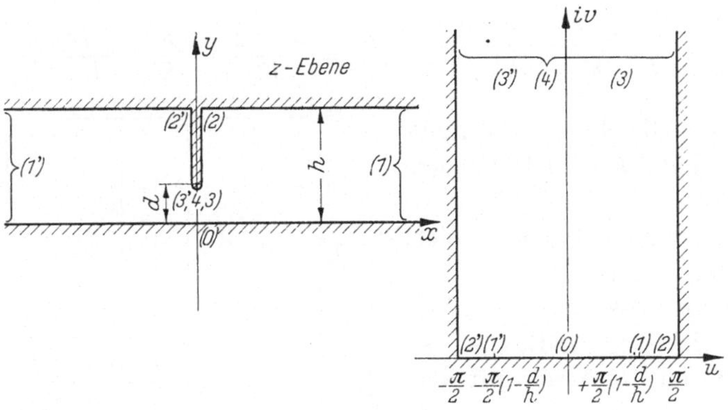

Abb. 180. In diesem Grenzfall des Bereichs der z-Ebene von Abb. 179 ist der Polschuh mit der anfänglichen Breite a zu einer vorspringenden, sehr dünnen Kante entartet. Das Rechteck der w-Ebene wird dadurch zu einem Halbstreifen. Die Abbildungsfunktion stellt die Gl. (7a, b) dar mit den Bestimmungsgl. (6a, b) für α und k

ist, so werden in der Tat für $k \to 0$ sowohl $\operatorname{zn}(\alpha, k)$ als auch $K' \operatorname{zn}(\alpha, k)$ selbst gleich Null. Nach Gl. (5b) ist dann

$$k = 0, \qquad (6a) \qquad\qquad \alpha = \pi d/2h. \qquad (6b)$$

Da andererseits für $k \to 0$ die Funktion $\vartheta_2(u, \tau) \to 2q^{\frac{1}{4}} \cos(\pi u)$ strebt, so geht die Abbildungsfunktion (5) in die Beziehung

$$\frac{\pi z}{h} = \ln \frac{\cos\left(\frac{\pi d}{2h} - w\right)}{\cos\left(\frac{\pi d}{2h} + w\right)}, \qquad (7a) \qquad \operatorname{Tg}\left(\frac{\pi z}{2h}\right) = \operatorname{tg} w \cdot \operatorname{tg}\left(\frac{\pi}{2} \frac{d}{h}\right) \qquad (7b)$$

über. Der Bildbereich ist nach Abb. 180 jetzt ein Halbstreifen.

Es strebe andererseits

2. $h \to \infty$. In diesem Grenzfall rücken nach Abb. 179 die Punkte *2* und *1* und *2'* und *1'* zusammen. Die Deutung dieses Grenzübergangs in der w-Ebene läßt sofort erkennen, daß für große Werte von h offenbar α sehr klein wird. Da nun für diesen Fall

$$\operatorname{zn}(\alpha, k) = (1 - E/K) \cdot \alpha + O(\alpha^2)$$

ist, so folgt aus Gl. (5b) die Näherungsgleichung

$$\frac{\pi d}{2h} = K' \alpha (1 - E/K) + \frac{\pi \alpha}{2K} = \frac{\alpha}{K}\left[\frac{\pi}{2} - E K' + K K'\right] = \alpha E',$$

so daß im Falle $h \to \infty$ der Parameter $\alpha \to 0$ strebt. Ist h lediglich sehr groß gegenüber d, so ist demnach in erster Näherung

$$\alpha \approx \frac{\pi/2}{E'} \frac{d}{h}, \tag{8a}$$

und nach Gl. (5c) ist dann weiter

$$\frac{d}{a} = \frac{E'}{K-E}, \quad (8\,b_1) \qquad \frac{a}{d} = \frac{K-E}{E'} = \frac{K}{K'} - \frac{\pi/2}{E'K'}. \quad (8\,b_2)$$

Aus dieser Gleichung bestimmt sich der Modul k der elliptischen Funktionen.

Für $h \to \infty$ hat der Bereich der z-Ebene das in Abb. 181 dargestellte Aussehen. Der Bildbereich in der w-Ebene ist wiederum ein Rechteck mit den Ecken $\pm K$, $\pm K + i\,K'$. Nur fallen jetzt gegenüber dem ursprünglich behandelten Fall die Punkte *1* und *1'* mit den Eckpunkten *2* und *2'* zusammen, und die Abbildungsfunktion der z-Ebene auf die w-Ebene hat auf Grund der Gl. (5) wegen $\alpha \to 0$ für $h \to \infty$ neuerdings die Form:

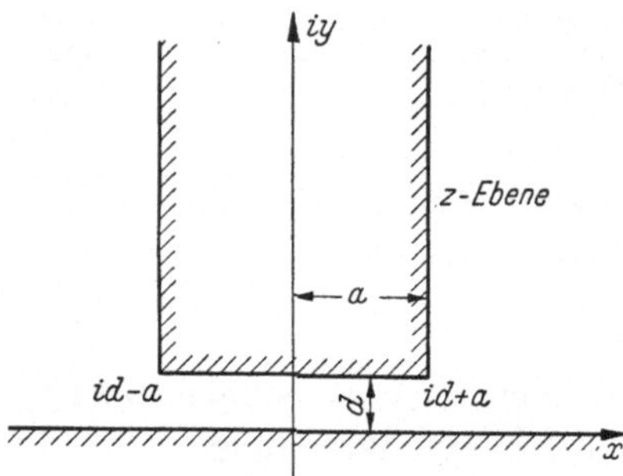

Abb. 181. Die Höhe h des Streifens, in den der Polschuh hineinragt, strebt gegen ∞. Die Größe α strebt dann gegen 0 und für die Abbildungsfunktion gilt jetzt die Gl. (8) mit der Bestimmungsgl. (8 b₁) oder (8 b₂) für k. Die Gl. (8a) gibt im Hinblick auf Abb. 179 den für alle praktischen Fälle brauchbaren Wert von α an, da für sie h in der Regel sehr groß ist

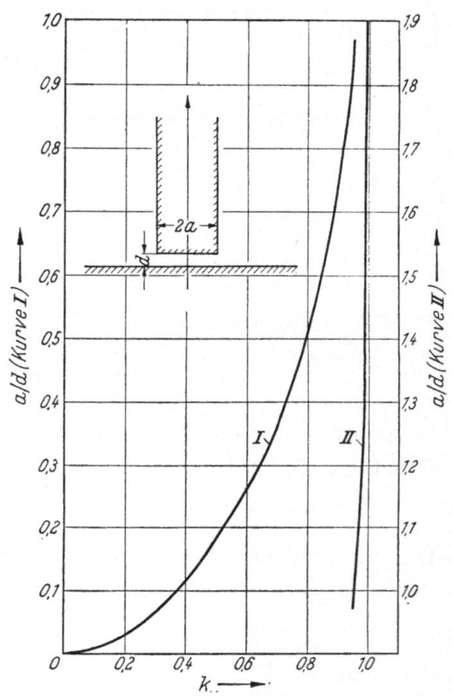

Abb. 182. Zu großen Werten von a/d, wie sie in den elektrischen Maschinen fast ausschließlich vorkommen, gehört nach diesem Bilde ein Wert von k, der nur sehr wenig kleiner ist als 1

$$\frac{z}{a} = \frac{w}{K} + \frac{1}{K-E}\left[\operatorname{cs} w \cdot \operatorname{dn} w - \operatorname{zn} w\right]. \tag{8}$$

Dabei ist noch von der Gl. 3.4 (13) Gebrauch gemacht worden.

Die Berechnung von k aus Gl. ($8\,b_2$) wird dadurch sehr erleichtert, daß unter praktischen Verhältnissen a/d immer größer als 1 ist. Nach Abb. 182 ist hierfür $k > 0{,}95$ und somit $k^2 > 0{,}9$ und $k'^2 < 0{,}1$. Es liegt also K' dicht oberhalb $\pi/2$, während K relativ groß wird. Andererseits ist

$$E\,K = -\frac{1}{4}\,\frac{\vartheta_2''(0;\tau)}{\vartheta_2(0;\tau)} = +\frac{\pi^2}{4}\,\frac{1 + 3^2 q^2 + 5^2 q^6 + 7^2 q^{12} \cdots}{1 + q^2 + q^6 + q^{12} + \cdots}\,. \tag{9}$$

Die Gl. ($8\,b_2$) kann demnach wegen $q' = \exp(-\pi\,K/K')$ auch in der Form geschrieben werden:

$$\pi\,\frac{a}{d} = \ln\frac{1}{q'} - 2\,\frac{1 + q'^2 + q'^6 + q'^{12}}{1 + 9\,q'^2 + 25\,q'^6 + 49\,q'^{12}}\,. \tag{10}$$

Es ist demnach für $a/d \ll 1$ eine bereits verbesserte Wurzel der Gl. ($8\,b_2$) durch den Ausdruck

$$q_v' = q_e'(1 - 16\,q_e'^2), \quad (10\,\text{a}) \qquad q_e' = e^{-((\pi a/d) + 2)} \ll 1 \quad (10\,\text{b})$$

gegeben.

Ein weiterer naheliegender Grenzfall liegt in der Annahme

3. $d \to h$ vor. Der Bereich in der z-Ebene entartet dann in einen Parallelstreifen, und die bis darin getrennt liegenden Punkte *1*, *3* und *1'*, *3'* fallen nunmehr zusammen. Die Abbildung des z-Bereichs auf die obere t-Halbebene läßt dann aber erkennen, daß ein Zusammenfallen der Punkte *2* und *3* oder *2'* und *3'* durch den Übergang $k \to 1$ erreicht werden kann. Für $k \to 1$ strebt aber $K \to \infty$ und $K' \to \pi/2$, und somit ist die Abbildung des Parallelstreifens der z-Ebene in der w-Ebene wiederum ein Parallelstreifen. Diese identische Abbildung hat deshalb weiter kein Interesse.

8.22 Die komplexe Potentialfunktion für eine auf dem Polschuh liegende Erregerwicklung. Die Erregung des Polschuhs möge durch eine einlagige Wicklung mit insgesamt N Windungen erfolgen, von denen jede den Strom I führt. Sie sei gleichmäßig dicht über die ganze Höhe $H = h - d$ des Polschuhs verteilt. Auf die Höhe $d\,y'$ entfällt dann ein Strom von der Größe $N\,I(d\,y'/H)$. Bei der Abbildung auf das Rechteck der w-Ebene habe diese einzelne elementare Windung, deren Öffnungsweite der gesamten Breite $2\,K$ des Rechtecks entspricht, den Abstand v' von der unteren Rechteckkante. Der Zusammenhang zwischen y' oder $y'' = h - y'$ einerseits und v' andererseits ist durch die Beziehung

$$\frac{\pi}{2}\,\frac{h - y'}{h} = \frac{\pi}{2}\,\frac{y''}{h} = -v'\,\mathrm{zn}(\alpha, k) + \frac{i}{2}\ln\frac{\vartheta_1\left(\dfrac{\alpha - i\,v'}{2K};\tau\right)}{\vartheta_1\left(\dfrac{\alpha + i\,v'}{2K};\tau\right)} \tag{11a}$$

gegeben. Sie geht aus Gl. (5) hervor, indem man darin $z = a + i\,y'$ und $w = +K + i\,v'$ setzt. Andererseits gilt nun nach Gl. 7.2 (15a) für die komplexe Potentialfunktion einer elementaren Leiterschleife, die innerhalb eines Rechtecks so angeordnet ist, wie es die Abb. 183 andeutet, die Formel

$$\delta\chi_m(w) = -\frac{\mu_0 N I}{\pi H}\,d y''\ln\frac{1-\operatorname{sn}(w,k)\operatorname{dn}(v',k')}{1+\operatorname{sn}(w,k)\operatorname{dn}(v',k')} \equiv \delta A_z + i\,\mu_0\,\delta\Phi \qquad (11\text{b})$$

$$(0 \gtreqless v' \leqq K'),$$

denn es ist ja im vorliegenden Fall $b \equiv \dot{\dot{K}}' = K'$, $a/2 \equiv \dot{K} = K$. In Gl. (12a) ist die Wertbestimmung des Logarithmus so gewählt, daß jedenfalls die Kante $2\cdots 2'$ des Rechtecks der w-Ebene auf dem

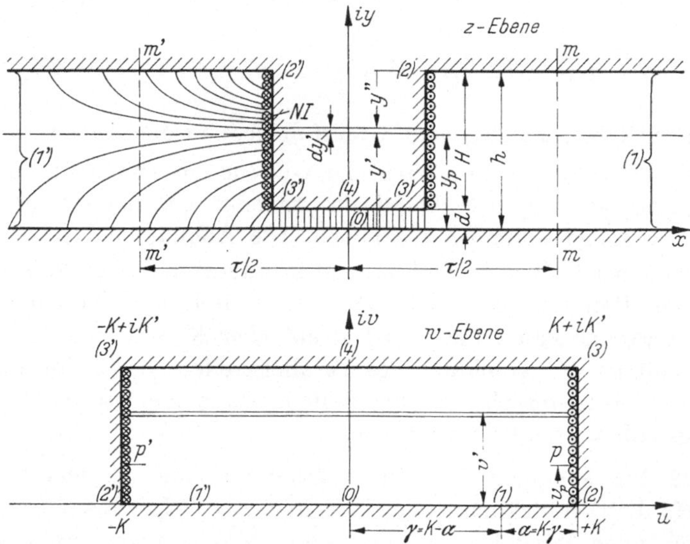

Abb. 183. Bei der Abbildung des durch den vorspringenden Polschuh unterbrochenen Streifens der z-Ebene auf das Rechteck der w-Ebene gehen die die Windung tragenden Seitenflächen des Polschuhs in die beiden vertikalen Kanten des Rechtecks über. Der darauf liegende Windungsbelag ist natürlich in der w-Ebene gemäß Gl. (11a) nicht mehr gleichmäßig verteit. Die jetzt gültige komplexe Potentialfunktion innerhalb dieses Rechtecks geben die Gl. (22a, b, c, d) an

Potential Null liegt. Demnach erhält man für das komplexe Potential der ganzen Wicklung zunächst die Beziehung

$$\chi_m(w) = +\frac{\mu_0 N I}{\pi H}\int\limits_0^H \ln\left(\frac{1+\operatorname{sn}(w,k)\operatorname{dn}(v',k')}{1-\operatorname{sn}(w,k)\operatorname{dn}(v',k')}\right) d y'' \qquad (12\text{A})$$

$$(y''=0,\ v'=0), \qquad (y''=H,\ v'=K').$$

Wir integrieren diese Gleichung teilweise und erhalten damit für die komplexe Potentialfunktion mit ζ an Stelle von v' die für die

Berechnung geeignetere Darstellung:

$$\chi_m(w) = -\frac{\mu_0 N I}{\pi}\left\{\ln\left(\frac{1-k\,\mathrm{sn}(w,k)}{1+k\,\mathrm{sn}(w,k)}\right) + \frac{2}{\pi}\frac{h}{H}k'^2\,\mathrm{sn}(w,k)\,\times\right.$$

$$\left.\times\int_{-K'}^{+K'}\left[\zeta\,\mathrm{zn}(\alpha,k) + \frac{i}{2}\ln\left(\frac{\vartheta_1\left(\frac{\alpha+i\zeta}{2K};\tau\right)}{\vartheta_1\left(\frac{\alpha-i\zeta}{2K};\tau\right)}\right)\right]\frac{\mathrm{sn}(\zeta,k')\,\mathrm{cn}(\zeta,k')}{1-\mathrm{sn}^2(w,k)\,\mathrm{dn}^2(\zeta,k')}\,d\zeta\right\}. \quad (12)$$

Für den Nenner unter dem Integralzeichen kann auch geschrieben werden

$$1-\mathrm{sn}^2(w,k)\,\mathrm{dn}^2(\zeta,k') = \frac{[\mathrm{dn}^2(i(K-w),k') - \mathrm{dn}^2(\zeta,k')]}{\mathrm{dn}^2(i(K-w),k')}. \quad (12\beta)$$

Die Nullstellen des Nenners im Integranden von Gl. (12) liegen demnach bei $\zeta = \pm i(K-w)$ oder bei $\zeta = \pm i(K+w) + \mathrm{mod}(4iK, 2K')$. Da außerdem der Integrand von Gl. (12) eine gerade Funktion von ζ ist, so ist in dem Integral sogleich unter Hälftung seines Wertes zu dem Integrationsweg $-K' \cdots +K'$ übergegangen worden.

I. Wir lösen die eckige Klammer unter dem Integralzeichen von Gl. (12) auf und setzen mit $A = i(K+w)$ zur Abkürzung

$$\begin{aligned} f(\zeta) &\equiv \frac{\mathrm{sn}(\zeta,k')\,\mathrm{cn}(\zeta,k')}{\mathrm{dn}^2(A,k') - \mathrm{dn}^2(\zeta,k')} = \mathrm{sn}^2(w,k)\frac{\mathrm{sn}(\zeta,k')\,\mathrm{cn}(\zeta,k')}{1-\mathrm{sn}^2(w,k)\,\mathrm{dn}^2(\zeta,k')} \\ &= \frac{\mathrm{sn}(w,k)}{2k'^2}\frac{d}{d\zeta}\left[\ln\left(\frac{1-\mathrm{sn}(w,k)\,\mathrm{dn}(\zeta,k')}{1+\mathrm{sn}(w,k)\,\mathrm{dn}(\zeta,k')}\right)\right]. \end{aligned} \quad (14)$$

Dann ist

$$f(\zeta+2iK) = -f(\zeta), \quad (14\text{a}) \qquad f(\zeta-2K') = f(\zeta). \quad (14\text{b})$$

Bedeutet also $\mathfrak{B}$ die Kontur des Rechtecks mit den Ecken $+K'$, $+K'+2iK$, $-K'+2iK$, $-K'$, so ist im Hinblick auf Gl. (14a, b) nach dem Residuensatz

$$\begin{aligned} \int_{\mathfrak{B}} f(\zeta)\,\zeta\,d\zeta &= 2\pi i\sum \mathfrak{Res} \\ &= 2\int_{-K'}^{+K'}\zeta f(\zeta)\,d\zeta + 2iK\int_{-K'}^{+K'}f(\zeta)\,d\zeta + 2K'\int_{K'}^{K'+2iK}f(\zeta)\,d\zeta. \end{aligned} \quad (15)$$

In Gl. (15) verschwindet auf der rechten Seite das zweite Integral, da $f(\zeta)$ ja eine ungerade Funktion ist. Für das letzte Integral aber folgt sofort aus Gl. (14) der Ausdruck

$$\int_{K'}^{K'+2iK} f(\zeta)\,d\zeta = \frac{\mathrm{sn}\,w}{k'^2}\ln\left(\frac{1+k\,\mathrm{sn}\,w}{1-k\,\mathrm{sn}\,w}\right). \quad (15\text{a})$$

Der Logarithmus ist darin für $A = 0$ und also für $w = K$ reell zu nehmen. Was die Berechnung des Residuums anbetrifft, so setzt sie die Kenntnis aller Pole des Integranden in dem Rechteck mit der Kontur $\mathfrak{B}$ voraus. Die Stelle $\zeta = +i K$, an der die drei elliptischen Funktionen einfache Pole haben, ist für die Funktion $f(\zeta)$ von Gl. (14) selbst eine reguläre Stelle. Demnach können weitere Pole nur an den schon oben erwähnten Stellen

$$\zeta_{\pm}^{\prime(p,q)} = \pm i(K - w) + 4i K q + 2K' q$$

oder

$$\zeta_{\pm}^{\prime\prime(p,q)} = \pm i(K - w) + 2i K(2p + 1) + 2K'q$$

mit $p, q = 0, \pm 1, \pm 2 \ldots$ liegen. Nun ist für

$$w = K, \qquad\qquad = K + i K',$$

$$\zeta_{\pm}^{\prime(p,q)} = 4i K p + 2K' q, \qquad 4i K p + (2q \pm 1) K',$$

und für

$$w = -K + i K', \qquad\qquad = -K,$$

$$2i K(2p \pm 1) + (2q \pm 1) K', \qquad 2i K(2p \pm 1).$$

Für die Punkte $\zeta_{\pm}^{\prime\prime(p,q)}$ sind die angegebenen Werte um $2i K$ zu erhöhen. In dem von der Kontur $\mathfrak{B}$ begrenzten rechteckigen Bereich der ζ-Ebene mit den Ecken

$$+K', \quad 2i K + K', \quad 2i K - K', \quad -K'$$

liegen demnach von allen diesen Polen einzig und allein die Polstellen $\zeta' = +A = i(K + w)$ und $\zeta'' = 2i K - A = i(K - w)$. Da nun

$$\mathfrak{Res}\{f(\zeta)\}_{\zeta = i(K+w)} = -\frac{\operatorname{sn} w}{2k'^2} \tag{16α}$$

ist, so berechnet sich für die Summe der Residuen der Ausdruck

$$\sum \mathfrak{Res}\{\zeta f(\zeta)\}_{\zeta = i(K \pm w)} = \frac{A - i K}{k'^2 \operatorname{dn}(A, k')} = -i w \frac{\operatorname{sn}(w, k)}{k'^2}. \tag{16β}$$

Im Hinblick auf Gl. (15), (15a) und (16β) wird also endgültig

$$\begin{aligned} &\int_{-K'}^{+K'} \zeta \frac{\operatorname{sn}(\zeta, k') \operatorname{cn}(\zeta, k')}{1 - \operatorname{sn}^2(w, k) \operatorname{dn}^2(\zeta, k')} d\zeta \\ &\quad = \left[\pi w - K' \ln\left(\frac{1 + k \operatorname{sn}(w, k)}{1 - k \operatorname{sn}(w, k)}\right)\right] \Big/ \left(k'^2 \operatorname{sn}(w, k)\right). \end{aligned} \tag{16}$$

Für $w = 0$ ergibt sich insbesondere der auch auf andere Weise berechenbare Wert $(\pi - 2k K')/k'^2$.

II. Wir wenden uns nun dem Teil des Integrals von Gl. (12) zu, dessen Integrand den Logarithmus zweier ϑ_1-Funktionen enthält. Da der Logarithmus eine unendlich vieldeutige Funktion ist, die Anwendung des Residuensatzes auf einen geschlossenen Integrationsweg aber verlangt, daß innerhalb des umschlungenen Bereichs die Funktion eindeutig ist, so muß zunächst die Lage der Verzweigungspunkte der logarithmischen Funktion ermittelt werden. Wir schreiben zu diesem Zweck das fragliche Integral in der folgenden Weise um:

$$\begin{aligned} i\int\limits_{-K'}^{+K'} \ln \frac{\vartheta_1\left(\frac{\alpha+i\zeta}{2K};\tau\right)}{\vartheta_1\left(\frac{\alpha-i\zeta}{2K};\tau\right)} f(\zeta)\,d\zeta &= i\int\limits_{-K'}^{+K'} \ln \frac{\vartheta_1\left(\frac{\alpha+i\zeta}{2K};\tau\right)}{\vartheta_1\left(\frac{-\alpha+i\zeta+2K}{2K};\tau\right)} f(\zeta)\,d\zeta \\ &= i\int\limits_{-K'}^{+K'} \ln \frac{\vartheta_1\left(\frac{\zeta-i\alpha}{2K'};\tau'\right)}{\vartheta_1\left(\frac{\zeta-i(2K-\alpha)}{2K'};\tau'\right)} f(\zeta)\,d\zeta - \pi\frac{K-\alpha}{K K'}\int\limits_{-K'}^{+K'} \zeta f(\zeta)\,d\zeta. \end{aligned} \tag{17}$$

Hierin ist beim Übergang vom ersten zum zweiten Integral lediglich das Vorzeichen im Argument der im Nenner stehenden ϑ_1-Funktion umgekehrt worden. Das ist ohne jede Wertänderung möglich, weil der sich vom Logarithmus dabei abspaltende Term $\pm\pi i$ zu einem Integral über $f(\zeta)$ zwischen den Grenzen $-K' \cdots + K'$ führt, das identisch verschwindet. Beim Übergang vom zweiten zum dritten Integral wurde einmal dafür gesorgt, daß der Modul der Thetafunktion mit dem der elliptischen Funktionen in $f(\zeta)$ übereinstimmt, was für die Durchführung der Integration offenbar erforderlich ist. Außerdem wurde noch darauf gesehen, daß durch die neue Schreibweise des Integrals diejenigen Nullstellen der Funktion ϑ_1, die innerhalb der bereits unter I. benutzten Kontur $\mathfrak{B}$ liegen, und damit zugleich die Verzweigungspunkte der Funktion ln unmittelbar in Evidenz gesetzt werden. In der Tat sind die beiden Punkte $\zeta = +i\alpha$ und $\zeta = i(2K - \alpha)$ die einzigen, innerhalb $\mathfrak{B}$ gelegenen Punkte, in denen die Funktion ϑ_1 verschwindet.

Wir führen nun zwischen diesen beiden Punkten einen Verzweigungsschnitt und schließen ihn zunächst, wie es die Abb. 184 andeutet, durch eine besondere, enge Wegschleife $\mathfrak{A}$ ein. Durchlaufen wir diese Schleife in der durch die beiden Pfeile gekennzeichneten Richtung, so nimmt beim Umlauf des Punktes $\zeta = +i\alpha$ der Phasenwinkel der im Zähler stehenden Thetafunktion um $+2\pi i$ zu und desgleichen beim Umlauf des Punktes $\zeta = i(2K - \alpha)$ der Phasenwinkel der im Nenner stehenden Thetafunktion. Nach einem vollen Umlauf längs der Schleife hat sich damit der anfängliche Phasenwinkel des

Quotienten beider Thetafunktionen wiederhergestellt. Wird demgemäß für das zu berechnende Integral (17)

$$i \cdot \int_{-K'}^{+K'} \ln \left(\frac{\vartheta_1\left(\frac{\zeta - i\alpha}{2K'}; \tau'\right)}{\vartheta_1\left(\frac{\zeta - i(2K-\alpha)}{2K'}; \tau'\right)} \right) f(\zeta)\, d\zeta \equiv i \cdot \int_{-K'}^{+K'} g(\zeta)\, f(\zeta)\, d\zeta \qquad (18)$$

gesetzt, so ergibt sich nach dem Residuensatz für eine Integration

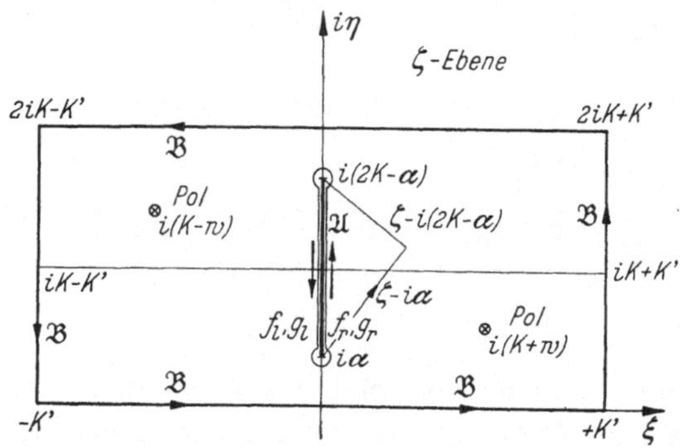

Abb. 184. Die Abbildung veranschaulicht die Auswertung des Integrals in Gl. (18b), das über die beiden Konturen 𝔅 und 𝔄 mit den Verzweigungspunkten $i\alpha$ und $i(2K-\alpha)$ zu erstrecken ist. Das Ergebnis dieser Rechnung gibt die Gl. (21) an

längs der Kontur 𝔅 die folgende Darstellung

$$\begin{aligned} \int_{\mathfrak{B}} g(\zeta)\, f(\zeta)\, d\zeta = & \int_{K'}^{K'+2iK} [f(\zeta)\, g(\zeta) - f(\zeta - 2K')\, g(\zeta - 2K')]\, d\zeta + \\ & + \int_{-K'}^{+K'} [f(\zeta)\, g(\zeta) - f(\zeta + 2iK)\, g(\zeta + 2iK)]\, d\zeta \qquad (19) \\ & = 2\pi i \left(\sum \mathfrak{Res}\right)_{\text{in}\, \mathfrak{B}} + \int_{i\alpha}^{i(2K-\alpha)} [g_r(\zeta)\, f_r(\zeta) - g_l(\zeta)\, f_l(\zeta)]\, d\zeta . \end{aligned}$$

Das letzte Integral in Gl. (19) rührt von dem Umlauf um den Verzweigungsschnitt her. Die beiden kleinen Kreise um die Verzweigungspunkte herum liefern dabei keinen Beitrag, da ja $\varrho \ln \varrho$ für $\varrho \to 0$ selbst gegen Null strebt. Nun ist nach bekannten Formeln aus der Transformationstheorie der Thetafunktionen

$$g(\zeta - 2K') = g(\zeta), \quad g(\zeta + 2iK) = g(\zeta) + \frac{2\pi(K-\alpha)}{K'}, \qquad (19\text{a, b})$$

$$f_l(\zeta) = f_r(\zeta), \qquad (19\text{c}) \qquad g_r(\zeta) = g_l(\zeta) + 2\pi i, \qquad (19\text{d})$$

und also erhält man aus Gl. (19) für den Ausdruck (18b) die Darstellung:

$$i\int_{-K'}^{+K'} f(\zeta)\,g)\zeta)\,d\zeta = -\pi\int_{i\alpha}^{i(2K-\alpha)} f(\zeta)\,d\zeta - \pi\,\{\mathfrak{Res}\,(f(\zeta)\,g(\zeta))\}_{\zeta=i(K\pm w)}; \tag{20}$$

denn das erste Integral auf der rechten Seite von Gl. (19) fällt fort, und in dem zweiten Integral verschwindet das dem von $g(\zeta)$ freien Summanden in Gl. (19b) entsprechende Glied wegen $f(-\zeta) = -f(\zeta)$. Im Hinblick auf Gl. (14) ist aber

$$\pi\int_{i\alpha}^{i(2K-\alpha)} f(\zeta)\,d\zeta = \pi\frac{\operatorname{sn} w}{k'^2}\ln\left(\frac{\operatorname{sn}(K-\alpha)+\operatorname{sn} w}{\operatorname{sn}(K-\alpha)-\operatorname{sn} w}\right), \tag{20a}$$

und für die Summe der Residuen in den beiden Punkten $\zeta = i(K\pm w)$ ergibt sich

$$\pi\sum\mathfrak{Res}\,\{f(\zeta)\,g(\zeta)\}_{\zeta=i(K\pm w)} = -\pi\frac{\operatorname{sn} w}{k'^2}\left[\ln\frac{\vartheta_1\left(\frac{(K-\alpha)+w}{2K};\tau\right)}{\vartheta_1\left(\frac{(K-\alpha)-w}{2K};\tau\right)} + \pi w\frac{K-\alpha}{K K'}\right]. \tag{20b}$$

Beide Gleichungen wurden absichtlich so geschrieben, daß die Lage der Verzweigungspunkte in der w-Ebene sofort erkennbar wird.

Setzt man die Gl. (18), (17), (18b), (20) und (20a, b) zusammen, so erhält man endgültig die Formel:

$$i\int_{-K'}^{+K'}\ln\left(\frac{\vartheta_1\left(\frac{\alpha+i\zeta}{2K};\tau\right)}{\vartheta_1\left(\frac{\alpha-i\zeta}{2K};\tau\right)}\right)f(\zeta)\,d\zeta = +\frac{\pi\operatorname{sn} w}{k'^2}\left\{\frac{K-\alpha}{K}\ln\left(\frac{1-k\operatorname{sn} w}{1+k\operatorname{sn} w}\right) - \ln\left(\frac{\operatorname{sn}(K-\alpha)+\operatorname{sn} w}{\operatorname{sn}(K-\alpha)-\operatorname{sn} w}\,\frac{\vartheta_1\left(\frac{(K-\alpha)-w}{2K}\right)}{\vartheta_1\left(\frac{(K-\alpha)+w}{2K}\right)}\right)\right\}. \tag{21}$$

Wir sind damit nun endlich in der Lage, den vollständigen Ausdruck für die komplexe Potentialfunktion der voranstehend behandelten

Aufgabe anzugeben. Nach Gl. (14), (17) und (21) stellt er sich zunächst in der Form dar:

$$\begin{aligned}\chi_m(w) = -\frac{\mu_0 N I}{\pi}\Bigg\{&\ln\left(\frac{1-k\,\mathrm{sn}\,w}{1+k\,\mathrm{sn}\,w}\right) + 2\frac{h}{H}\,\mathrm{zn}\,\alpha\left[w + \frac{K'}{\pi}\ln\left(\frac{1-k\,\mathrm{sn}\,w}{1+k\,\mathrm{sn}\,w}\right)\right] - \\ &-\frac{h}{H}\,\frac{K-\alpha}{K}\ln\left(\frac{1-k\,\mathrm{sn}\,w}{1+k\,\mathrm{sn}\,w}\right) + \\ &+\frac{h}{H}\ln\left(\frac{\mathrm{sn}(K-\alpha)-\mathrm{sn}\,w}{\mathrm{sn}(K-\alpha)+\mathrm{sn}\,w}\,\frac{\vartheta_1\left(\frac{K-\alpha+w}{2K}\right)}{\vartheta_1\left(\frac{K-\alpha-w}{2K}\right)}\right)\Bigg\} \quad (\text{Modul } \tau, k).\end{aligned} \tag{22a}$$

Fassen wir hierin die Glieder mit dem Logarithmus des Quotienten $(1 - k\,\mathrm{sn}\,w)/(1 + k\,\mathrm{sn}\,w)$ zusammen, so verschwindet der entstehende Faktor

$$1 + \frac{2h}{H}\,\frac{K'}{\pi}\,\mathrm{zn}\,\alpha - \frac{h}{H}\,\frac{K-\alpha}{K}$$

zufolge Gl. (5a). Eine weitere Vereinfachung ermöglicht dann noch die Gl. (5). Macht man davon Gebrauch, so tritt dann allerdings in dem Ausdruck für die Potentialfunktion außer der Variablen w auch noch die Variable z auf. Im ganzen erhält man damit die folgende, überraschend einfache Beziehung für die komplexe Potentialfunktion:

$$\begin{aligned}\chi_m(z) &= A_z(x, y) + i\,\mu_0\,\Phi(x, y) \qquad (\text{Modul } k) \\ &= -\mu_0 N I\left\{\frac{z(w)}{H} + \frac{h}{\pi H}\ln\left(\frac{\mathrm{sn}(K-\alpha)-\mathrm{sn}\,w}{\mathrm{sn}(K-\alpha)+\mathrm{sn}\,w}\right)\right\}.\end{aligned} \tag{22b}$$

Wir prüfen die Gl. (22a, b) zunächst auf ihre Richtigkeit. Zu diesem Zweck durchlaufen wir vom Punkt $w = 0$ aus die Kontur des Rechtecks der w-Ebene und verfolgen dabei das Verhalten des Imaginärteils von $\chi_m(z)$. Für $w = 0$ ist nach unseren Festsetzungen über die Wertbestimmung des Logarithmus auch $\chi_m(w) = 0$. Da ferner längs der Berandung des Rechtecks die Funktion $\mathrm{sn}\,w$ durchweg reell ist, so kann eine Komplexwertigkeit der Funktion auf der Berandung entweder nur durch die Größe w selbst entstehen oder dann noch dadurch, daß sich beim Durchgang durch eine Nullstelle der unter dem Logarithmus stehenden Größen der Summand $\pm\pi i$ abspaltet. Das erstemal findet das in den Gl. (22a, b), falls man von $w = 0$ aus nach rechts wandert, scheinbar an der Stelle $w = K - \alpha$ statt, und zwar in Gl. (22a) sowohl wegen des Terms $\mathrm{sn}(K - \alpha) - \mathrm{sn}\,w$ als auch wegen der Thetafunktion mit dem Argument $(K - \alpha - w)/2K$. Bei genauerem Überprüfen wird man aber gewahr, daß, wenn man die Stelle $w = K - \alpha$ oberhalb dieses Punktes auf einem kleinen Halbkreis umläuft, dabei sowohl der Phasenwinkel von $\mathrm{sn}(K - \alpha) - \mathrm{sn}\,w$ als auch der Phasenwinkel der oben erwähnten Thetafunktion um $-\pi i$ abnimmt, und da das eine Glied im Zähler, das andere im Nenner steht, so heben sich diese beiden Änderungen in den Phasenwinkeln gegenseitig auf. In der Gl. (22b) fehlt der Term mit der Thetafunktion. Hier entsteht also bei dem halben Umlauf um den Punkt $w = K - \alpha$ wegen des logarithmischen Gliedes in der zweiten Zeile eine additive imaginäre Komponente von der Größe $-\pi i h/H$. Nach Abb. 183 entspricht aber dem halben Umlauf um den Punkt 1, wie ein Blick auf die Abbildung in der z-Ebene lehrt, der Übergang von der reellen Achse zu der oberen Begrenzungsgeraden des Streifens mit der imaginären Koordinate $i h$. Dadurch entfällt also auch hier der imaginäre Teil. Nach dem Passieren des Punktes $w = K - \alpha$ steht in dem einzigen logarithmischen Glied der Gl. (22b) im Zähler $\operatorname{sn} w - \operatorname{sn}(K - \alpha)$.

Hat man den Punkt *2* erreicht und ist das Einbiegen in die Strecke *2* ⋯ *3* erfolgt, so hat jetzt die Größe $z(w)$ in Gl. (22b) den imaginären Anteil $i y$, und man bekommt den Ausdruck:

$$\mathfrak{Im}(\chi_m(w)) = \mu_0 N I \frac{h-y}{H},$$

wie es zu fordern ist. In allen Punkten der Polfläche *3* ⋯ *3'* ist der imaginäre Anteil von $\chi_m(w)$ konstant gleich $\mu_0 N I$.

Die Berechnung von $\chi_m(z)$ nach Gl. (22b) macht im allgemeinen keine Schwierigkeiten. Nur für $w = \pm(K - \alpha)$ versagt scheinbar die Gl. (22b), da hiernach der letzte Term logarithmisch unendlich wird. Es wird aber auch der Realteil von $z(w)$ unendlich groß. Um in diesem Fall den wahren Wert von $\chi_m(w)$ zu finden, benutzen wir jetzt besser die Gl. (22a). Nachdem darin berücksichtigt worden ist, daß in der Gesamtheit die Glieder mit dem Logarithmus von $(1 - k \operatorname{sn} w)/(1 + k \operatorname{sn} w)$ herausfallen, läßt sie sich einfacher in der Form

$$\chi_m(w) = -\chi_m(-w) = -\frac{\mu_0 N I}{\pi} \frac{h}{H} \times \left\{ \ln \left(\frac{\operatorname{sn}(K-\alpha) - \operatorname{sn} w}{\operatorname{sn}(K-\alpha) + \operatorname{sn} w} \frac{\vartheta_1\left(\frac{K-\alpha+w}{2K}\right)}{\vartheta_1\left(\frac{K-\alpha-w}{2K}\right)} \right) + 2 w \operatorname{zn} \alpha \right\} \qquad (22\text{c})$$

schreiben. Wir erweitern hierin unter dem Logarithmus mit zwei Funktionen ϑ_4 desselben Arguments, wie es die beiden ϑ_1-Funktionen haben, und erhalten dann für Gl. (22c) die andere Form:

$$\chi_m(w) = -\frac{\mu_0 N I}{\pi} \frac{h}{H} \times \quad (\text{Modul } k)$$
$$\times \left\{ \ln \left(\frac{\operatorname{sn}(K-\alpha) - \operatorname{sn} w}{\operatorname{sn}(K-\alpha) + \operatorname{sn} w} \frac{\operatorname{sn}(K-\alpha+w)}{\operatorname{sn}(K-\alpha-w)} \frac{\vartheta_4\left(\frac{K-\alpha+w}{2K}\right)}{\vartheta_4\left(\frac{K-\alpha-w}{2K}\right)} \right) + 2 w \operatorname{zn} \alpha \right\}. \qquad (22\text{d})$$

Setzt man hierin $w = K - \alpha + \varepsilon$ und läßt $\varepsilon \to 0$ streben, so findet man nach leichter Rechnung im Hinblick auf die Gl. (5a) als Grenzwert

$$\chi_m(K-\alpha) = -\frac{\mu_0 N I}{\pi}\frac{h}{H}\left\{\frac{\pi a}{h}\left(1-\frac{\alpha}{K}\right) + \left(\frac{\vartheta_4\left(\frac{\alpha}{K}\right)\cdot k'^2\,\mathrm{sn}^2\alpha}{\vartheta_4(0)\,(1-k^2\,\mathrm{sn}^4\alpha)}\right)\right\}. \tag{23}$$

An der Stelle $w = -(K-\alpha)$ hat die Funktion χ_m den entgegengesetzt gleichen Wert.

8.23 Die magnetischen Flüsse und die magnetische Feldstärke am Polschuh. Bei der in Abb. 183 angenommenen Stromrichtung in der Wicklung, die bei der Wahl des Vorzeichens in Gl. (12a) bereits berücksichtigt worden ist, wird zweckmäßig der Magnetfluß positiv gezählt, wenn er die Richtung der negativen y-Achse hat. Der aus der Polfläche $3' \cdots 3$ austretende Magnetfluß ist dann z. B. durch die Formel

$$-\int_{3'}^{3} B_y(x, d)\,dx = +\int_{3'}^{3}\frac{\partial A_z}{\partial x}\,dx = A_z(3) - A_z(3') \equiv \Psi(3'\,3). \tag{24}$$

gegeben. Wegen $A_z(-w) = -A_z(w)$ wird demgemäß im Hinblick auf die Gl. (22a, b, c) und (23)

$$\begin{aligned}\Psi(1'\,1) &= 2\,\mathfrak{Re}\{\chi_m(K-\alpha)\}\\ &= \mu_0 N I\frac{2a}{H}\left\{\frac{h}{\pi a}\ln\left(\frac{\vartheta_4(0)}{\vartheta_4(\alpha/K)}\,\frac{1-k^2\,\mathrm{sn}^4\alpha}{k'^2\,\mathrm{sn}^4\alpha}\right) - \left(1-\frac{\alpha}{K}\right)\right\},\end{aligned} \tag{25a}$$

$$\begin{aligned}\Psi(2'\,2) &= 2\,\mathfrak{Re}\{\chi_m(K)\}\\ &= \mu_0 N I\frac{2a}{H}\left\{\frac{h}{\pi a}\ln\left(\frac{\mathrm{dn}\,\alpha+\mathrm{cn}\,\alpha}{\mathrm{dn}\,\alpha-\mathrm{cn}\,\alpha}\right) - 1\right\} = \Psi_{\max},\end{aligned} \tag{25b}$$

$$\begin{aligned}\Psi(3'\,3) &= 2\,\mathfrak{Re}\{\chi_m(K+i\,K')\}\\ &= \mu_0 N I\frac{2a}{H}\left\{\frac{h}{\pi a}\ln\left(\frac{\mathrm{dn}\,\alpha+k\,\mathrm{cn}\,\alpha}{\mathrm{dn}\,\alpha-k\,\mathrm{cn}\,\alpha}\right) - 1\right\} = \Psi_P.\end{aligned} \tag{25c}$$

Der größte magnetische Fluß muß aus physikalischen Gründen der Fluß Ψ (2′,2) sein. Die Differenz der Flüsse

$$\Psi(2'\,2) - \Psi(3'\,3) = \Psi_W = \mu_0 N I\frac{2h}{\pi H}\ln\left[\frac{\mathrm{dn}\,\alpha+\mathrm{cn}\,\alpha}{\mathrm{dn}\,\alpha-\mathrm{cn}\,\alpha}\,\frac{\mathrm{dn}\,\alpha-k\,\mathrm{cn}\,\alpha}{\mathrm{dn}\,\alpha+k\,\mathrm{cn}\,\alpha}\right] \tag{25d}$$

ist gleich dem quer durch die Wicklung hindurchtretenden magnetischen Fluß. Er nimmt von dort aus teils die Richtung auf die Ankeroberfläche, teils die Richtung auf die Jochbögen. Der auf den linken und rechten Jochbogen zuhaltende magnetische Fluß ist offenbar wegen $\mathrm{dn}^2\alpha - \mathrm{cn}^2\alpha = k'^2\,\mathrm{sn}^2\alpha$ durch die Beziehung

$$\begin{aligned}&\Psi(2'\,2) - \Psi(1'\,1)\\ &\quad= \mu_0 N I\frac{2a}{H}\left\{\frac{h}{\pi a}\ln\left[\frac{(\mathrm{dn}\,\alpha+\mathrm{cn}\,\alpha)^2}{1-k^2\,\mathrm{sn}^4\alpha}\,\frac{\vartheta_4\left(\frac{\alpha}{K}\right)}{\vartheta_4(0)}\right] - \frac{\alpha}{K}\right\}\end{aligned} \tag{25e}$$

gegeben.

Um die Feldstärke angeben zu können, bilden wir mittels Gl. (22b)

$$\frac{d\chi_m(z)}{dz} = -\mu_0\frac{NI}{H} + \mu_0 NI\frac{h}{\pi H}\frac{2\operatorname{cn}\alpha\operatorname{dn}\alpha\operatorname{cn}w\operatorname{dn}w}{\operatorname{cn}^2\alpha - \operatorname{sn}^2 w\operatorname{dn}^2\alpha}\frac{dw}{dz}.$$

Nach Gl. (1a) errechnet sich aber sofort im Hinblick auf die Gl. (3α) und (4), daß

$$\frac{\pi}{2h}\frac{dz}{dw} = \operatorname{sn}\alpha\operatorname{cn}\alpha\operatorname{dn}\alpha\frac{\operatorname{dn}^2 w}{\operatorname{cn}^2\alpha - \operatorname{sn}^2 w\operatorname{dn}^2\alpha} \tag{26}$$

ist. Somit ergibt sich endgültig die folgende Formel:

$$\frac{d\chi_m}{dz} \equiv -B_y(x, y) - i\,B_x(x, y) = \mu_0\frac{NI}{H}\frac{\operatorname{cn}w - \operatorname{sn}\alpha\operatorname{dn}w}{\operatorname{sn}\alpha\operatorname{dn}w}. \tag{27}$$

Es ist also für $w = i\,v$ mit $0 \gtreqless v \leqq K'$

$$\frac{d\chi_m}{dz} = \mu_0\frac{NI}{H}\frac{1 - \operatorname{sn}\alpha\operatorname{dn}(v, k')}{\operatorname{sn}\alpha\operatorname{dn}(v, k')}, \tag{28a}$$

und mithin ist

$$B_y(0, d) = -\mu_0\frac{NI}{H}\frac{1 - k\operatorname{sn}\alpha}{k\operatorname{sn}\alpha}, \tag{28b}$$

$$B_y(0, 0) = -\mu_0\frac{NI}{H}\frac{1 - \operatorname{sn}\alpha}{\operatorname{sn}\alpha} < \mathrm{B}_y(0, \alpha). \tag{28c}$$

Da k für gewöhnlich nahe bei 1 liegt, so unterscheiden sich aber diese beiden B-Werte nur wenig. Macht man überdies etwa in Gl. (28c) von Gl. (8a) Gebrauch, so ist auch wegen $E' \approx \pi/2$ angenähert

$$B_y(0, 0) \approx -\mu_0 NI\frac{h}{dH} \approx -\mu_0\frac{NI}{d}.$$

An der Ankeroberfläche ist nach Gl. (27)

$$-B_y(x, 0) = \mu_0\frac{NI}{H}\left[\frac{\operatorname{cn}u}{\operatorname{dn}u\operatorname{sn}\alpha} - 1\right], \tag{28α}$$

und nach Gl. (5) und (5a) ist außerdem

$$\frac{\pi x}{2h} = \frac{\pi a}{2h}\cdot\frac{u}{K} + \frac{1}{2}\ln\frac{\vartheta_1\left(\frac{\gamma_1 + u}{2K}; \tau\right)}{\vartheta_1\left(\frac{\gamma - u}{2K}; \tau\right)}. \tag{28β}$$

In den Gl. (28α, β) dient das rechtwertige u mit $-\gamma \gtreqless u \leqq +\gamma$ als Parameter. Für $u = K - \alpha = \gamma$, d. h. in sehr großer Entfernung vom Polschuh, wird $B_y = 0$.

Setzt man in Gl. (27) $w = K + i\,v$ mit $0 < v < K'$, so ergibt sich

$$B_y(a, y) = \mu_0\frac{NI}{H}, \quad (29\text{a}) \qquad B_x(a, y) = \mu_0\frac{NI}{H}\frac{\operatorname{sn}(v, k')}{\operatorname{sn}\alpha\operatorname{cn}(v, k')}. \quad (29\text{b})$$

Da α sehr klein ist, so ist die Komponente B_x mit Ausnahme der Nachbarschaft des Punktes *2* immer wesentlich größer als die Komponente B_y. Der konstante Betrag von B_y entspricht dem gleichmäßigen Strombelag längs der Wicklung. Auf der Ankeroberfläche und auf der Oberfläche der Jochbögen steht natürlich das magnetische Feld stets senkrecht, d. h. es ist dort allein $B_y \neq 0$, denn in der w-Ebene entsprechen diesen Oberflächen reelle Werte von w zwischen $-K \cdots +K$, und für solche Werte von w sind alle drei elliptischen Funktionen in Gl. (27) selbst reell.

Schließlich stellen wir noch die Beziehung für die magnetische Induktion längs der Fläche *3'* ⋯ *3* des Polschuhs auf. Längs dieser Kante ist $w = u + i K'$ mit $-K \gtreqless u \leqq +K$. Aus Gl. (27) ergibt sich dafür sofort der Ausdruck:

$$\frac{d\chi_m}{dz} = \mu_0 \frac{N I}{H k \operatorname{sn}\alpha} \left\{ \frac{\operatorname{dn}(u, k')}{\operatorname{cn}(u, k')} - k \operatorname{sn}\alpha \right\} = -B_y(x, d). \tag{30}$$

An den beiden Ecken *3* und *3'* des Polschuhs, wo $w = K'$ ist, wird natürlich die Feldstärke unendlich groß.

Eine andere, hier interessierende Frage ist die nach der Lage derjenigen Stelle in der Wicklung, von der aus von allen oberhalb gelegenen Punkten die magnetischen Kraftlinien zum oberen linken oder rechten Jochbogen verlaufen, während alle unterhalb dieser Stelle aus der Wicklung hervorquellenden Kraftlinien zur Ankeroberfläche gehen. Der gesamte, vom Polschuh zum Joch übertretende magnetische Fluß ist durch die Gl. (25e) gegeben. Geben die Größen y_p oder v_p in Abb. 183 in ihren respektiven Linien die Lage dieser Stelle innerhalb der Wicklung an, so ist der magnetische Fluß, der zwischen den Punkten *2* ⋯ p heraustritt, durch die Differenz $A_z(2) - A_z(p)$ gegeben, und die Bestimmungsgleichung für v_p lautet dann wie folgt:

$$\chi_m(K - \alpha) = \mathfrak{Re}\{\chi_m(K + i v_p)\}. \tag{31}$$

Das ist eine allerdings recht komplizierte, transzendente Gleichung für v_p.

8.231 Die Induktivität der Erregerwicklung des Polschuhs. Auf Grund der Definition der Induktivität durch die magnetische Energie haben wir zunächst die Beziehung

$$\begin{aligned} W_m &= \tfrac{1}{2} \mathfrak{L} I^2 = \tfrac{1}{2} l_z \int \mathfrak{A}\,\mathfrak{i}\, dF = \tfrac{1}{2} l_z \int A_z(y')\, \mathfrak{J}_z(y')\, dy' \\ &= \tfrac{1}{2} l_z \int_d^h \mathfrak{J}_z(+a, y')\, [A_z(a; y') - A_z(-a, y')]\, dy'. \end{aligned} \tag{32a}$$

Tatsächlich darf auch im vorliegenden Falle in der Gl. 1.1 (28) das Flächenintegral über $\mathfrak{A} \times \mathfrak{H}$ fortgelassen werden, da es sowohl längs der im Endlichen gelegenen Grenzen als auch an den Enden (*1*) und (*1'*) des Streifens verschwindet.

In Gl. (32a) bedeutet im übrigen l_z die axiale Länge des magnetischen Systems der Maschine senkrecht zur Bildebene und $\mathfrak{J}_z(a, y') = NI(dy'/H)$ den Strombelag längs der rechten Kante des Polschuhs. Da überall $A_z(-a, y') = -A_z(a, y')$ ist, so vereinfacht sich die Formel (32a) noch weiter zu der Beziehung:

$$\frac{1}{2}\mathfrak{L} I^2 = l_z \frac{NI}{H}\int_d^h A_z(a, y')\,dy' = l_z \frac{NI}{H}\,\Re\mathrm{e}\left\{\int_d^h \chi_m(K + i v'(y'))\,dy'\right\}. \qquad (32\mathrm{b})$$

Benutzt man nun hierin für $\chi_m(z)$ die Gl. (22b) und ersetzt dann w durch $K + i v'$, so nimmt im Hinblick auf Gl. (4) die Gl. (32b) schließlich die Form an:

$$\mathfrak{L} = 2 l_z N^2 \mu_0 \frac{a}{H}\left\{\frac{h}{\pi a H}\int_0^H \ln\left(\frac{1 + \mathrm{sn}\gamma\,\mathrm{dn}(v', k')}{1 - \mathrm{sn}\gamma\,\mathrm{dn}(v', k')}\right) dy'' - 1\right\}. \qquad (32\mathrm{c})$$

In Rücksicht auf die Gl. (12A) und (23) ist jedoch das in Gl. (32c) auftretende Integral durch den Funktionswert $\chi_m(K - \alpha)$ von Gl. (23) darstellbar. Im ganzen ergibt sich also im Hinblick auf die Gl. (5a, b, c) die Formel:

$$\begin{aligned}\mathfrak{L} = \frac{2\mu_0}{\pi} l_z N^2 \left(\frac{h}{H}\right)^2 \Bigg\{\pi \frac{a^2}{h^2}\frac{K'}{K} - \frac{2\pi a}{h}\left(1 - \frac{\alpha}{K}\right) + \\ + \ln\left[\frac{\vartheta_4(0)}{\vartheta_4(\alpha/K)}\,\frac{1 - k^2\,\mathrm{sn}^4\alpha}{k'^2\,\mathrm{sn}^2\alpha}\right]\Bigg\}.\end{aligned} \qquad (33\mathrm{a})$$

Statt der beiden, vom ln freien Terme in Gl. (33a) könnte auch stehen:

$$-2\pi\frac{a}{h}\left(1 - \frac{d}{h}\right) - \pi\frac{a^2}{h^2}\frac{K'}{K} = -\frac{\pi a^2}{h^2}\left(\frac{K'}{K} + 2\frac{H}{a}\right). \qquad (33\alpha)$$

Geht man noch im Logarithmus von Gl. (33) von den Thetafunktionen mit dem Modul τ zu den Thetafunktionen mit dem Modul τ' über, so erhält man für Gl. (33a) die andere Beziehung:

$$\begin{aligned}\mathfrak{L} = \frac{2\mu_0}{\pi} l_z N^2 \cdot \left(\frac{h}{H}\right)^2 \times \\ \times \left\{-2\pi\frac{a}{h} + \pi\frac{K}{K'}\frac{d^2}{h^2} + \ln\left(\frac{\vartheta_2(0, \tau')}{\vartheta_2\left(\frac{\alpha}{iK'}; \tau'\right)} \cdot \frac{1 - k^2\,\mathrm{sn}^2\alpha}{k'^2\,\mathrm{sn}^2\alpha}\right)\right\}\end{aligned} \qquad (33\mathrm{b})$$

Unter praktischen Verhältnissen streben hierin α und $k' \to 0$. Die geschweifte Klammer ist dann in der Tat größer als 0.

8.3 Die zweipolige Drehfeldmaschine mit unbewickeltem und unrundem Läufer

Die Drehfeld- oder Drehstromsynchronmaschinen besitzen in der Regel einen zylindrischen Läufer, der sich mit nur geringem, gleichbleibendem Luftspalt innerhalb der kreisförmigen Bohrung des Ständers bewegt. Soll eine solche Maschine im synchronen Lauf des rotierenden Teils mit dem Drehfeld ein merkliches Drehmoment entwickeln können, so muß der Läufer eine Wicklung tragen, die mit Gleichstrom erregt wird. Es ist aber bekannt, daß Synchronmaschinen auch ohne Gleichstromerregung ein Drehmoment abgeben können, wenn der Luftspalt nicht längs des ganzen Ständerumfangs konstant ist, sondern in irgendeiner gesetzmäßigen Weise variiert. Wird dabei stellenweise der Luftspalt einigermaßen groß gegenüber den radialen Abmessungen des Läufers, so ist es auch nicht mehr näherungsweise möglich, die Feldverteilung nach den im Elektromaschinenbau üblichen Methoden rechnerisch vorauszubestimmen.

Nachdem bereits vor längerer Zeit in der Arbeit [*36*] dieses Problem vom Verfasser unter der Annahme behandelt worden ist, daß der Läufer die Gestalt einer ebenen Platte mit einem sehr schmalen rechteckigen Querschnitt hat, soll im folgenden dieselbe Aufgabe nochmals in Angriff genommen werden unter der der Wirklichkeit näherkommenden Voraussetzung, daß der Querschnitt des Läufers eine endliche Größe in der Form eines Ovals hat. Wir diskutieren zunächst diese mehr geometrische Seite der Aufgabe.

8.31 Die Querschnittsform, die Abmessungen des Läufers und die Abbildung des Luftspaltbereichs auf Rechteck und Kreisring. Wir halten uns wie in der älteren Arbeit an die im Abschn. 3.71 behandelte Abbildung des Bereichs zwischen einem Kreis und einer in seinem Innern dazu symmetrisch angeordneten Platte auf das Innere eines Rechtecks. Selbstverständlich muß für die Zwecke der Abbildung der zweifach zusammenhängende Bereich zwischen Kreis und Platte vorerst durch einen Einschnitt, der in Richtung der Platte bis zum Kreisumfang geführt wird, zu einem einfach zusammenhängenden gemacht werden. Die in Abb. 185 in allen Einzelheiten wiedergegebene Abbildung des durch diesen Kunstgriff vorbehandelten Bereichs zwischen Kreis und Platte auf das Rechteck der w-Ebene wird im Text durch die Abbildungsfunktion von Gl. 3.7 (3c) geleistet. Der Kreis stellt im vorliegenden Fall die innere Kontur der Ständerbohrung vor, deren Radius R selbstverständlich als gegeben anzusehen ist. Hat der unrunde Läufer der Maschine nur eine sehr schmale Form, so kann die innen liegende Platte selbst bereits die Rolle des Läufers übernehmen. Diese Annahme wurde in der schon oben erwähnten, älteren

Arbeit gemacht. Im vorliegenden Fall wollen wir aber einen Schritt weitergehen und für die Rechnung einen Läufer zugrunde legen, dessen Querschnittskontur von einer der Niveaulinien des elektrischen oder magnetischen Feldes zwischen Kreis und Platte gebildet wird. Zunächst

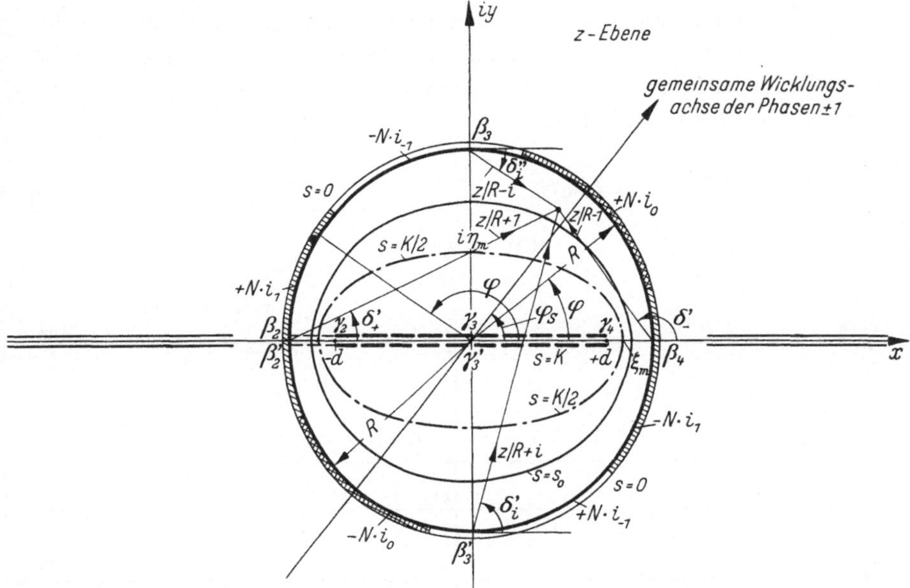

Abb. 185. Unter den Niveaulinien von Kreis und Platte mit $s = 0$ und $s = K$ gehören auch die Kurven $s = K/2$ und $s = s_0$. Stellt der Kreis $s = 0$ die Kontur der Ständerbohrung dar, so entspricht der Läuferkontur das Oval $s = K/2$. Die Phasenwinkel der Strecken $z/R \mp 1$ und $z/R \mp i$ sind in Gl. (2) so zu wählen, wie das Bild es angibt

denken wir an eine ganz beliebige unter ihnen, um den Grundgedanken klar herauszuschälen. Späterhin werden wir aber die Rechnungen nur für eine ganz bestimmte Umrißlinie unter den unendlich vielen durchführen.

Für das Weitere ist es angebracht, die Zuordnung zwischen der z-Ebene und der das Rechteck enthaltenden früheren w-Ebene abzuändern. Wir wählen jetzt die Zuordnung der Ränder beider Bereiche in der Weise, daß der Kreis in der z-Ebene mit dem Radius R in die reelle Achse der neuen Bildebene übergeht, die die t-Ebene von Abb. 186 sein möge. Die hierfür gültige Abbildungsfunktion entsteht aus der früheren Gl. (3c) im Abschn. 3.71 durch die Substitution $w = K + i\,t$, und sie lautet, wie man nach kurzer Rechnung herausfindet,

$$\frac{z}{R} = \frac{1 + k\,\mathrm{sn}(i\,t, k)}{\mathrm{dn}(i\,t, k)}, \quad (1\,\mathrm{a}) \qquad \left(\frac{z}{R}\right)^2 = \frac{\mathrm{cn}(t, k') + i\,k\,\mathrm{sn}(t, k')}{\mathrm{cn}(t, k') - i\,k\,\mathrm{sn}(t, k')}. \quad (1\,\mathrm{b})$$

Der Modul k' ist dabei durch die Formel

$$k' = 2\left(\frac{d}{R} + \frac{R}{d}\right) \tag{1}$$

bestimmt. Löst man die Gl. (1b) nach sc auf, so erhält man:

$$i k \operatorname{sc}(t, k') = \frac{(z/R-1)(z/R+1)}{(z/R-i)(z/R+i)} = \frac{(z/R)^2-1}{(z/R)^2+1}. \tag{2}$$

Für einen Punkt, der auf dem Umfang des Kreises liegt und den Stellungswinkel φ' hat, ist demnach $z'/R = \exp(i\,\varphi')$. Da ihm in der t-Ebene ein Punkt auf der reellen Achse entsprechen muß, so besteht also der Zusammenhang:

$$\operatorname{tg}\varphi = k\,\frac{\operatorname{sn}(r,k')}{\operatorname{cn}(r,k')} = k\operatorname{sc}(r,k'), \quad (3\text{a}) \qquad \cos\varphi = \operatorname{cd}(r,k'), \quad (3\text{b})$$

$$\sin\varphi = k\operatorname{sd}(r,k'). \tag{3c}$$

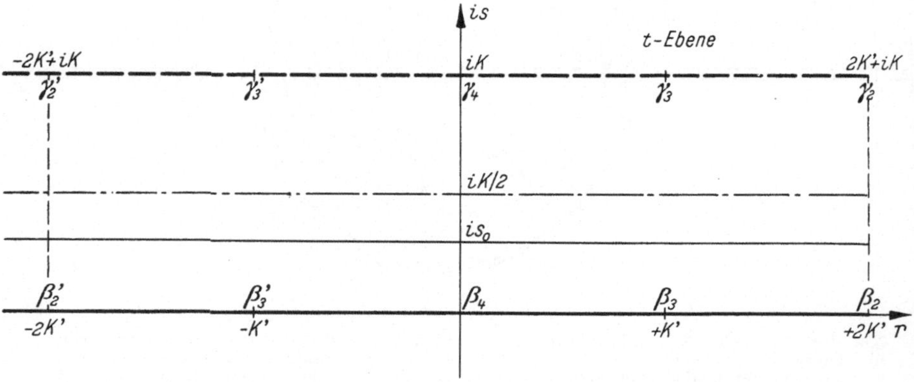

Abb. 186. Der Übergang von dem längs $\beta_2\gamma_2$ aufgeschnittenen Bereich der z-Ebene zwischen Kreis und Platte in Abb. 185 zur t-Ebene von Abb. 186 geschieht über die Gl. (1b). Die Gerade $\mathfrak{Im}\, s = K/2$ entspricht darin der Kontur des Läufers

Den zur reellen Achse der t-Ebene von Abb. 186 parallelen Geraden $s = s_0$ mit $0 \gtreqless s_0 \leqq K$ entsprechen die Niveaulinien des Feldes zwischen Platte und Kreis. Berücksichtigt man die oben durchgeführte Substitution $w = K + i\,t$ einerseits und die früheren Gl. 3.2 (6, 6a, b), so lauten jetzt die Gleichungen für die Niveaulinien in der z-Ebene:

$$(\xi^2+\eta^2)^2 - 2\,\frac{1+\operatorname{sn}^2 s_0}{1-\operatorname{sn}^2 s_0}\,(\xi^2+\eta^2) + \frac{4\operatorname{sn}^2 s_0}{1-\operatorname{sn}^2 s_0}\,\xi^2 + 1 = 0 \qquad (\xi = x/R,\ \eta = y/R). \tag{4}$$

Für $s_0 = 0$ ergibt sich als Niveaulinie ein Kreis mit dem Mittelpunkt im Zentrum der z-Ebene und mit dem Radius R.

Wir werden nun zwar späterhin die Beziehung für die komplexe Potentialfunktion ganz allgemein für einen Läufer angeben, dessen Kontur in der z-Ebene einer beliebigen Niveaulinie $s = s_0$ entspricht. Werden dabei die Größen R, $x_m < R$ und $y_m < x_m$ als gegeben angesehen, so berechnet sich daraus nach Abschn. 3.711 der Modul k

der elliptischen Funktionen und die Größe s_0 nach den Formeln:

$$k = \mathfrak{Tg}\,\alpha/\mathfrak{Tg}\,\beta \qquad (\alpha < \beta), \tag{5a}$$

$$K - s_0 = F\left(k, \arcsin\left(\frac{\mathfrak{Cof}\,\alpha}{\mathfrak{Cof}\,\beta}\right)\right) \qquad \begin{matrix}(\xi_m = x_m/R = e^{-\alpha}), \\ (\eta_m = y_m/R = e^{-\beta}).\end{matrix} \tag{5β}$$

Die ins einzelne gehende Durchrechnung der Aufgabe im Anschluß an die Aufstellung der allgemeingültigen Beziehung für die komplexe Potentialfunktion werden wir aber nicht für beliebige Werte von s_0 durchführen, sondern für den bestimmten Wert $s_0 = K/2$. Für eine dieser Niveaulinie entsprechende Läuferkontur sind natürlich nun die drei Größen R, x_m und y_m nicht mehr alle frei wählbar. Vielmehr besteht ein fester Zusammenhang zwischen x_m und y_m, d. h. zwischen α und β. Nach Gl. 7 (11) ist nämlich wegen $u_0 = K - s_0 = K/2$

$$\frac{\mathfrak{Cof}\,\alpha}{\mathfrak{Cof}\,\beta} = \frac{1}{\sqrt{1 + k'}};$$

und also wird hiernach und auf Grund der früheren Gl. (11)

$$1 - k' = \frac{\mathfrak{Sin}^2\alpha}{\mathfrak{Sin}^2\beta}, \tag{6a}$$

$$1 + k' = \frac{\mathfrak{Cof}^2\beta}{\mathfrak{Cof}^2\alpha}. \tag{6b}$$

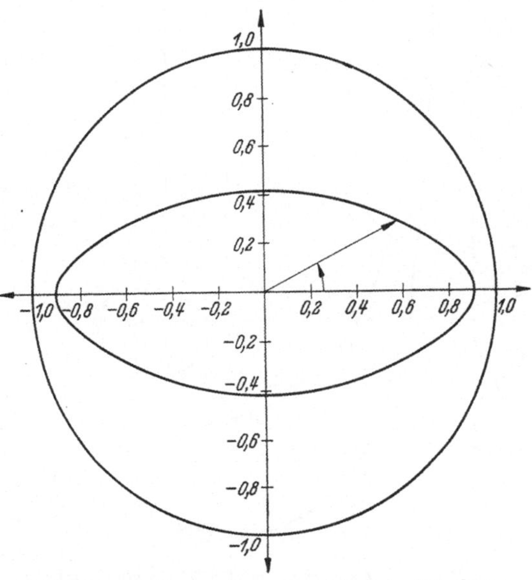

Abb. 187. Die Kontur der inneren Kurve in dem obigen Bild hat in Polarkoordinaten die Gl. (7a). Der Pfeil mit der Länge ϱ bildet mit der nach links ziehenden Horizontalen den Winkel φ. Der größte Wert von ϱ ist $\exp(-\alpha)$ und der kleinste $\exp(-\beta)$ gemäß Gl. (5β)

Nach kurzer Rechnung ergibt sich hieraus als Zusammenhang zwischen α und β das Gleichungssystem:

$$\mathfrak{Cof}^2\beta = 1 + \mathfrak{Cof}^2\alpha, \; (6') \qquad k' = \frac{1}{\mathfrak{Cof}^2\alpha}, \; (6'') \qquad k = \frac{\sqrt{\mathfrak{Cof}^4\alpha - 1}}{\mathfrak{Cof}^2\alpha}, \; (6''')$$

$$s_0 = \frac{K}{2}. \tag{6}$$

Die Gleichung für die zugehörige Niveaulinie, d. h. also die Gleichung für die Kontur des Läufers im Falle eines $s_0 = K/2$, hat dann die Form:

$$(\xi^2 + \eta^2)^2 - 2\,\mathfrak{Cof}\,2\alpha \cdot \xi^2 - \eta^2 \cdot 2\,(2 + \mathfrak{Cof}\,2\alpha) + 1 = 0. \tag{7}$$

Zum Aufzeichnen dieser Kurve verwendet man am besten die aus Gl. (7) durch Einführung der Polarkoordinaten $\xi = \varrho \cos \varphi$, $\eta = \varrho \sin \varphi$ entstehende Gleichung

$$\cos 2\varphi = \mathfrak{Cos}\, 2\alpha - \frac{1}{2}\left(\frac{1}{\varrho} - \varrho\right)^2. \tag{7a}$$

Der größte Wert von ϱ, der hierin eingesetzt werden darf, ist gleich $\exp(-\alpha)$, der kleinste Wert $\exp(-\beta)$. Die Abb. 187 zeigt die genaue Kontur des Läufers für diesen besonderen Wert von s_0. Der Gang der Parameter k', β, $\mathfrak{Cos}\,\alpha$ und y_m/R in Abhängigkeit von x/R für den ganzen möglichen Bereich $0 \cdots 1$ ist aus Abb. 188 zu ersehen.

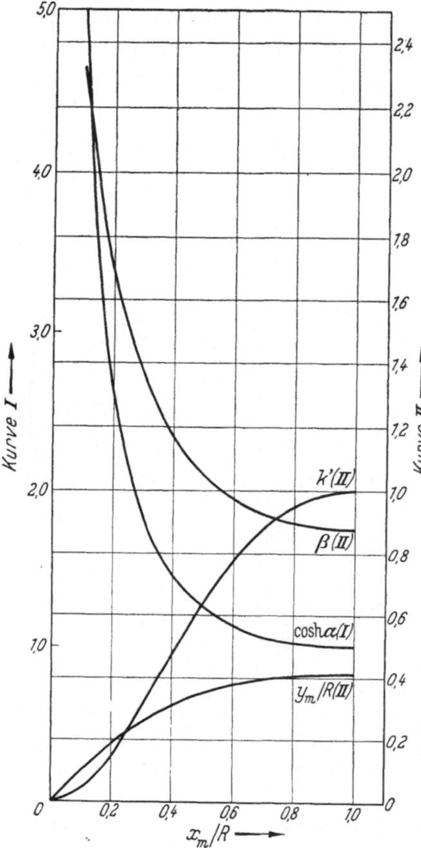

Abb. 188. Das Bild stellt den Verlauf von k' gemäß Gl. (1), von β und y_m/R gemäß Gl. (5β) und von $\cosh \alpha$ gemäß Gl. (6″) in Abhängigkeit von x_m/R dar

Die Abbildung des zwischen β_2 und γ_2 aufgeschnittenen Bereichs der z-Ebene zwischen Platte und Kreis auf das Rechteck der t-Ebene mit den Ecken $-2K'$, $+2K'$, $+2K' + iK$, $-2K' + iK$ hat entsprechend der Natur der Funktionen sn und cn, die in Gl. (1b) als zuständige Abbildungsfunktionen auftreten, in Richtung der reellen Achse der t-Ebene einen ausgesprochenen periodischen Charakter, d.h. wir könnten ebensogut behaupten, daß mittels der Gl. (1b) das Luftspaltfeld zwischen Kreis und Platte auf das gegenüber dem oben erwähnten Rechteck um die Strecke $4K'p$ mit $p = \pm 1, \pm 2 \ldots$ nach rechts oder links verschobene Rechteck abgebildet wird. Noch wieder anders läßt sich diese Tatsache auch dahingehend ausdrükken, daß das Luftspaltfeld der z-Ebene auf das Stück eines parallelen Streifens von der Länge $4K'$ in unendlicher Wiederholung abgebildet worden ist.

Nach den Voraussetzungen der Aufgabe trägt im vorliegenden Fall nur die innere Oberfläche der Ständerbohrung, das ist der Kreis in der Anordnung Kreis-Platte, eine 3-Phasenwicklung als flächenhaften Strombelag. Begnügen wir uns mit der Berücksichtigung der

Grundwelle des zugehörigen Erregerfeldes, so dürfen wir im Hinblick auf Gl. 7.4 (24) etwa annehmen, daß längs des Umfangs des Kreises mit dem Radius R in der z-Ebene die Verteilung des Strombelags gemäß der Gleichung

$$\mathfrak{J}_z(\varphi')\, R\, d\varphi' = \frac{9}{\pi^2} \tilde{I} N \cos(\varphi' - \varphi_S)\, d\varphi' \tag{8}$$

erfolgt. Nun ist nach Gl. (3b, c)

$$\cos\varphi'\, d\varphi' = k \operatorname{cd}(r', k') \operatorname{nd}(r', k')\, dr', \tag{8a}$$

$$\sin\varphi'\, d\varphi' = k^2 \operatorname{sd}(r', k') \operatorname{nd}(r', k')\, dr', \tag{8b}$$

und also lautet der Ausdruck für die Verteilung des Strombelags, bezogen auf die untere Kante des Rechtecks der w-Ebene, die dem die Wicklung tragenden Ständerkreise in der z-Ebene entspricht:

$$\mathfrak{J}_z(\varphi')\, R\, d\varphi' = \frac{9}{\pi^2} \tilde{I} N \{k \cos\varphi_S \operatorname{cn}(r', k') + \sin\varphi_S \cdot k^2 \operatorname{sn}(r', k')\} \times \\ \times \frac{dr'}{\operatorname{dn}^2(r', k')}. \tag{9}$$

Wie es sein muß, hat diese Stromverteilung entlang der r'-Achse die primitive Periode $4K'$. Nimmt r' lediglich um $2K'$ zu, so hat der Strom gerade den entgegengesetzt gleichen Wert.

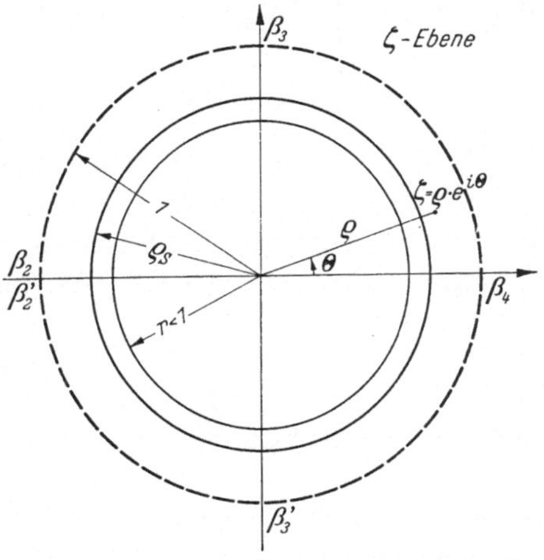

Um nun wieder den Satz von H. VILLAT anwenden zu können, bilden wir das Rechteck der t-Ebene oder den parallelen Streifen auf den Kreisring der ζ-Ebene von Abb. 189 ab. Die Abbildungsfunktion muß hier die Form $t = A + B \ln\zeta$ haben. Soll die reelle Achse der t-Ebene in den Einheitskreis der ζ-Ebene übergehen, und zwar so, daß dem Punkt $t = 0$ der Punkt $\zeta = 1$ entspricht, so muß $B = A$ und also $t = A \ln(1/\zeta)$ sein. Soll andererseits dem Punkt $t = +2K'$ der Punkt $\zeta = \exp(\pi i)$ entsprechen, so muß $A = i\, 2K'/\pi$ sein, und die Abbildungsfunktion hat damit endgültig die Form

Abb. 189. Aus dem Rechteck von Abb. 186 entsteht mittels der Abbildungsfunktion von Gl. (10) der Kreisring der ζ-Ebene. Der innere Kreis mit dem Radius $r < 1$ entspricht der ovalen Läuferkontur

$$t = i \frac{2K'}{\pi} \ln\left(\frac{1}{\zeta}\right) \qquad (\zeta = \varrho \exp(i\Theta)) \tag{10}$$

angenommen. Im besonderen besteht zwischen den Punkten der r'-Achse und den Punkten auf dem Einheitskreis der ζ-Ebene der

Zusammenhang:

$$r' = \frac{2K'}{\pi}\Theta', \qquad (10\text{a}) \qquad\qquad \Theta' = \frac{\pi r'}{2K'}. \qquad (10\text{b})$$

Gehen wir mit Gl. (10a) in (9) ein, so wird dadurch zugleich die Verteilung des Strombelags auf dem Einheitskreis der ζ-Ebene angegeben. Der diesem Strombelag entsprechende Potentialbelag $\Phi_S(r')$ könnte dem Abschn. 7.5 entnommen werden. Es ist aber im vorliegendem Fall bequemer, ihn unmittelbar aus Gl. (9) zu berechnen. Nach dieser Gleichung ist nämlich im Streifen der t-Ebene die Komponente H_r der magnetischen Feldstärke

$$H_r(r')\,dr' = -\frac{\partial\Phi_S(r')}{\partial r'}\,dr' = -\mathfrak{J}_z(\varphi')\,R\,d\varphi'.$$

Andererseits ist aber

$$\frac{\operatorname{cn}(r', k')}{\operatorname{dn}^2(r', k')} = \frac{d}{dr'}\operatorname{sd}(r', k'), \qquad (11\text{a})$$

$$k^2\frac{\operatorname{sn}(r', k')}{\operatorname{dn}^2(r', k')} = -\frac{d}{dr'}\operatorname{cd}(r', k'). \qquad (11\text{b})$$

Man erhält daraus sofort im Hinblick auf Gl. (3b, c) die Beziehung:

$$\begin{aligned}\Phi_S(1, \Theta') &= \frac{9}{\pi^2}\tilde{I}N\{k\cos\varphi_S\operatorname{sd}(r', k') - \sin\varphi_S\operatorname{cd}(r', k')\}\\ &= \frac{9}{\pi^2}\tilde{I}N\sin(\varphi' - \varphi_S).\end{aligned} \qquad (12)$$

Für das Folgende interessiert dann noch die Frage, welchen Radius ϱ_S^2 in der ζ-Ebene derjenige Kreis hat, der in der t-Ebene der horizontalen Geraden im Abstand s_0 von der reellen Achse entspricht. Er ergibt sich sofort aus Gl. (10), und zwar ist

$$\varrho_S = \exp\left(\frac{-\pi s_0}{2K'}\right). \qquad (10)$$

Damit ist alles so weit vorbereitet, daß wir an die Berechnung der komplexen Potentialfunktion herangehen können.

8.311 Die Integraldarstellung für die komplexe Potentialfunktion. Wir gehen nun weiterhin in der gleichen Weise vor wie im Abschn. 3.42, indem wir uns auf den Satz von H. VILLAT stützen, der dort bereits ausgesprochen wurde. Danach ist die komplexe Potentialfunktion

$$\Omega(\zeta) = -i\,\chi_m(\zeta) = \mu_0\,\Phi(\varrho, \Theta) + i[-A_z(\varrho, \Theta)], \qquad (13)$$

deren Randwerte auf dem äußeren Kreis $\varrho = 1$ eines Kreisrings durch die Gl. (12) gegeben sind und auf dem inneren Kreis $\varrho = \varrho_i$ durchweg verschwinden, durch die Beziehung

$$\pi i\,\Omega(\zeta) = \mu_0\int_{-\pi}^{+\pi}\Phi_S(1, \Theta')\cdot\frac{d}{d\Theta'}\left[\ln\vartheta_1\left(\frac{1}{2\pi i}\ln\left(\frac{1}{\zeta}\right) + \frac{\Theta'}{2\pi}; \tau'\right)\right]d\Theta' \qquad (14)$$

gegeben. Dabei muß die Gleichung

$$\int_{-\pi}^{+\pi} \Phi_S(1, \Theta')\, d\Theta' = \frac{\pi}{2K'} \int_{-2K'}^{+2K'} \Phi_S(1, r')\, dr' = 0 \tag{14a}$$

erfüllt sein, was im Hinblick auf Gl. (12) offenbar der Fall ist. Der Modul τ' der Funktion ϑ_1 in Gl. (14) ist durch die Beziehung

$$\dot{\tau}' = \frac{i}{\pi} \ln\left(\frac{1}{r}\right) = \frac{i}{\pi} \frac{\pi s_0}{2K'} = \frac{i s_0}{2K'} \tag{14b}$$

gegeben. Im allgemeinen stehen also der Modul der ϑ-Funktion in Gl. (14) und der Modul der elliptischen Funktionen, die gemäß Gl. (12) in der Funktion Φ_S auftreten, in keinem Zusammenhang. Für die Auswertung des Integrals (14) bleibt daher für gewöhnlich als einziger Ausweg der Übergang zu Reihenentwicklungen für Φ_S und für die logarithmische Ableitung der ϑ-Funktion.

8.32 Die Berechnung der komplexen Potentialfunktion in dem besonderen Fall $s_0 = K/2$. Hat der Läufer im besonderen die der Gl. (7) entsprechende Kontur, so kann man das Integral (14) explizite berechnen, ohne zu Reihenentwicklungen überzugehen. Nach Gl. (14b) ist dann

$$\dot{\tau}' = \frac{1}{4} \frac{iK}{K'} = \frac{\tau'}{4}, \tag{15}$$

worin τ' der k' entsprechende Modul der ϑ-Funktion ist.

Wir gehen jetzt in der Thetafunktion von Gl. (14) unter Verwertung der Gl. (15) zunächst zu den Thetafunktionen mit doppeltem Modul, aber gleichbleibendem Argument über. Das führt zu der Beziehung

$$\ln\left(\vartheta_1\left(z + \frac{\Theta'}{2\pi}; \frac{\tau'}{4}\right)\right) = \ln\left[2/\vartheta_2\left(0; \frac{\tau'}{4}\right) \cdot \vartheta_1\left(Z + \frac{\Theta'}{2\pi}; \frac{\tau'}{2}\right) \cdot \vartheta_4\left(Z + \frac{\Theta'}{2\pi}; \frac{\tau'}{2}\right)\right]. \tag{16}$$

Danach benutzen wir für die Funktionen ϑ_1 und ϑ_4 diejenige Transformation, die sowohl das Argument wie den Modul verdoppelt:

$$\begin{aligned}
&\frac{d}{d\Theta'} \ln \vartheta_1\left(Z + \frac{\Theta'}{2\pi}; \frac{\tau'}{4}\right) \\
&= \frac{1}{2} \frac{d}{d\Theta'} \ln\left\{\vartheta_2(0; \tau')\, \vartheta_3(0; \tau') \left[\vartheta_2^2\left(2Z + \frac{\Theta'}{\pi}; \tau'\right) + \vartheta_3^2\left(2Z + \frac{\Theta'}{\pi}; \tau'\right)\right] - \right. \\
&\left. - [\vartheta_2^2(0; \tau') + \vartheta_3^2(0; \tau')]\, \vartheta_2\left(2Z + \frac{\Theta'}{\pi}; \tau'\right) \vartheta_3\left(2Z + \frac{\Theta'}{\pi}; \tau'\right)\right\} \\
&= \frac{1}{2} \frac{d}{d\Theta'} \ln\left[\vartheta_2\left(2Z + \frac{\Theta'}{\pi}; \tau'\right) \vartheta_2\left(2Z + \frac{\Theta'}{\pi}; \tau'\right)\right] + \\
&+ \frac{1}{2} \frac{d}{d\Theta'} \ln\left\{\frac{\vartheta_2\left(2Z + \frac{\Theta'}{\pi}; \tau'\right)}{\vartheta_3\left(2Z + \frac{\Theta'}{\pi}; \tau'\right)} + \frac{\vartheta_3\left(2Z + \frac{\Theta'}{\pi}; \tau'\right)}{\vartheta_2\left(2Z + \frac{\Theta'}{\pi}; \tau'\right)} - \frac{\vartheta_2(0; \tau')}{\vartheta_3(0; \tau')} - \frac{\vartheta_3(0; \tau')}{\vartheta_2(0; \tau')}\right\}.
\end{aligned} \tag{17}$$

$$\left(Z = \frac{1}{2\pi i} \ln\left(\frac{1}{\zeta}\right)\right).$$

Geht man hierin teilweise von den Thetafunktionen zu den elliptischen Funktionen über, so ergibt sich im Hinblick auf Gl. (10) und (10b):

$$\frac{d}{d\Theta'}\ln\vartheta_1\left(Z+\frac{\Theta'}{2\pi};\frac{\tau'}{4}\right)=\frac{1}{2\pi}\frac{\vartheta_2'\left(2Z+\frac{\Theta'}{\pi};\tau'\right)}{\vartheta_2\left(2Z+\frac{\Theta'}{\pi};\tau'\right)}+\frac{1}{2\pi}\frac{\vartheta_3'\left(2Z+\frac{\Theta'}{\pi};\tau'\right)}{\vartheta_3\left(2Z+\frac{\Theta'}{\pi};\tau'\right)}+$$
$$+\frac{K'}{\pi}\frac{d}{dr'}\ln\{k'\operatorname{cd}(r'-t,k')+\operatorname{dc}(r'-t,k')-(1+k')\}. \tag{18}$$

Nun ist

$$k'\operatorname{cd}\alpha+\operatorname{dc}\alpha=(1+k')\frac{1-k'\operatorname{sn}^2\alpha}{\operatorname{cn}\alpha\operatorname{dn}\alpha}\qquad(\text{Modul } k').$$

Machen wir hier noch Gebrauch von der Gl. 3.1 (3b), so schreibt sich jetzt die Gl. (18) wie folgt:

$$\frac{d}{d\Theta'}\ln\vartheta_1\left(Z+\frac{\Theta'}{2\pi};\frac{\tau'}{4}\right)$$
$$=\frac{K'}{\pi}\left\{2\operatorname{zn}(r'-t,k')+\left[\frac{d}{dx}\ln\operatorname{cn}(x,k')+\frac{d}{dx}\ln\operatorname{dn}(x,k')\right]_{x=r'-t}+\right.$$
$$+\frac{d}{dr'}\ln\left[(1-k'\operatorname{sn}^2(r'-t,k')-\operatorname{cn}(r'-t,k')\operatorname{dn}(r'-t,k)\right]- \tag{19}$$
$$\left.-\left[\frac{d}{dx}\ln\operatorname{cn}(x,k')+\frac{d}{dx}\ln\operatorname{dn}(x,k')\right]_{x=r'-t}\right\}.$$

Ist nun wie bisher k' der Modul der elliptischen Funktionen, so rechnet man leicht aus, daß

$$\frac{d}{dx}\ln(1-k'\operatorname{sn}^2x-\operatorname{cn}x\operatorname{dn}x)=\operatorname{sn}x\cdot\left[2k'+\frac{(1-k')^2}{1-k'\operatorname{sn}^2x-\operatorname{cn}x\operatorname{dn}x}\right]$$

ist. Man erweitere noch den Bruch in der eckigen Klammer mit $(1-k'\operatorname{sn}^2x)+\operatorname{cn}x\operatorname{dn}x$. Dann erhält man schließlich

$$\frac{d}{dx}\ln(1-k'\operatorname{sn}^2x-\operatorname{cn}x\operatorname{dn}x)=\frac{\operatorname{cn}x\operatorname{dn}x}{\operatorname{sn}x}+\frac{1}{\operatorname{sn}x}+k'\operatorname{sn}x \tag{20}$$
$$(\text{Modul } k'),$$

und somit wird endgültig

$$\frac{d}{d\Theta'}\ln\vartheta_1\left(Z+\frac{\Theta'}{2\pi};\frac{\tau'}{4}\right)=\frac{K'}{\pi}\left\{2\operatorname{zn}(r'-t,k')+\frac{1}{\operatorname{sn}(r'-t,k')}+\right.$$
$$\left.+k'\operatorname{sn}(r'-t,k')+\operatorname{cs}(r'-t,k')\operatorname{dn}(t'-t,k')\right\}. \tag{21}$$

Wir können damit jetzt die vollständige Beziehung für die komplexe Potentialfunktion anschreiben. Dazu brauchen wir nur in Gl. (14) den Ausdruck (12) für Φ_S und den Ausdruck (21) für die logarithmische Ableitung von ϑ_1 einzusetzen. Danach möge noch r' durch $-r'$ und $r'+t=w$ gesetzt werden. Es entsteht dann mit der Abkürzung

$$F(w,k')=2\operatorname{zn}(w,k')+k'\operatorname{sn}(w,k')+\operatorname{ns}(w,k')+\operatorname{cs}(w,k')\operatorname{dn}(w,k') \tag{22a}$$

die folgende Integraldarstellung für die gesuchte komplexe Potentialfunktion:

$$2\pi i\,\Omega(\zeta) = \frac{9}{\pi^2}\tilde{I}N \int\limits_{-2K'+t}^{+2K'+t} [\cos\varphi_S \cdot k \cdot \mathrm{sd}(w-t,k') \\ + \sin\varphi_S \cdot \mathrm{cd}(w-t,k')]\,F(w,k')\,dw. \tag{22}$$

Wir gehen daran, das Integral (22) geschlossen auszuwerten.

8.321 Die explizite Darstellung der komplexen Potentialfunktion. Wir werten zunächst die Integrale aus, die dem Faktor $\mathrm{sd}(w-t,k')$ in der eckigen Klammer von Gl. (22) entsprechen, und wir tun dies mittels des Residuensatzes, indem wir als geschlossenen Integrationsweg $\mathfrak{B}_t$ den Umfang des Rechtecks mit den Ecken $-2K'+t$, $+2K'+t$, $2K'+i\,2K+t$, $-2K'+i\,2K+t$ wählen. Für alle vier Integrale, die aus Gl. (22) durch Auflösung der eckigen Klammer entstehen und die den Faktor $\mathrm{sd}(w-t)$ im Integranden enthalten, gilt übereinstimmend, daß für einen und denselben Wert von $\mathfrak{Re}(w)$ längs der beiden horizontalen Wegstrecken der jeweilige Integrand entgegengesetzt gleiche Werte hat, während für einen und denselben Wert von $\mathfrak{Im}(w)$ längs der beiden vertikalen Wegstrecken jeder der vier Integranden dieselben Werte annimmt. Bei dem Umlauf um das oben erwähnte Rechteck liefern also die beiden vertikalen Rechteckkanten keinen Beitrag, die beiden horizontalen Rechteckseiten bis auf den Term mit $\mathrm{zn}\,w$ den gleichen Beitrag.

Der Residuensatz führt demnach hier zu der Beziehung:

$$A \equiv \int\limits_{-2K'+t}^{+2K'+t} \mathrm{sd}(w-t,k')\,F(w,k')\,dw - \frac{\pi i}{2K'}\int\limits_{-2K'+t}^{+2K'+t} \mathrm{sd}(w-t,k')\,dw \\ = \pi i \sum_{\mathfrak{B}_t} \mathfrak{Res}. \tag{23}$$

Dabei sei $0 < \mathfrak{Re}(t) < 2K'$.

Das Integral über sd allein verschwindet offenbar, da der Integrand eine ungerade Funktion ist. Für die Berechnung der Residuen der Funktion $\mathrm{sd}(w-t,k')\,F(w,k')$ innerhalb $\mathfrak{B}_t$ ist zu beachten, daß wegen der Voraussetzung über t einmal einfache Pole in den Punkten $w = i\,K$ und $w = i\,K + 2K'$ vorliegen. Da die Residuen der Funktionen zn, sn, cn und dn in diesen Punkten bekannt sind, so findet man nach leichter Rechnung für die Summe der Residuen in diesem Fall

$$\sum \mathfrak{Res}[\mathrm{sd}(w-t,k')\,F(w,k')]_{\substack{w=i\,K\\ w=i\,K+2K'}} = \frac{2i}{k'}\,\mathrm{nc}(t,k'). \tag{24a}$$

Ein zweites Paar von einfachen Polen tritt infolge der im Nenner stehenden Funktion $\mathrm{sn}(w,k')$ in den Punkten $w = 2i\,K$ und

$w = 2iK + 2K'$ auf, wenn wiederum die obige Voraussetzung über t beachtet wird. Hier errechnet sich für die Summe der Residuen der Ausdruck

$$\sum \mathfrak{Res}[\mathrm{sd}(w-t, k')\, F(w, k')]_{\substack{w = iK \\ w = iK + 2K'}} = 2\,\mathrm{sd}(t, k'). \tag{24b}$$

Schließlich treten noch zwei letzte, einfache Pole auf in den Nullstellen der Funktion $\mathrm{dn}(w-t, k')$. Sie liegen bei $w = iK \pm K' + t$, und sie liefern die Residuensumme

$$\begin{aligned} &\sum \mathfrak{Res}[\mathrm{sd}(w-t, k')\, F(w, k')]_{w = iK \pm K' + t} \\ &\qquad = \frac{-2i}{k k'}(1+k')\frac{1 - k'\,\mathrm{sn}^2(t, k')}{\mathrm{cn}(t, k')\,\mathrm{dn}(t, k')}. \end{aligned} \tag{24c}$$

Im ganzen ergibt sich damit auf Grund der Gl. (23) und (24a, b, c) der folgende Ausdruck:

$$\begin{aligned} &\int\limits_{-2K'+t}^{+2K'+t} \mathrm{sd}(w-t, k')\, F(w, k')\, dw \\ &= 2\pi i\,\mathrm{sd}(t, k') - \frac{2\pi}{k'}\mathrm{nc}(t, k') + \frac{2\pi}{k k'}[\mathrm{dc}(t, k') + k'\,\mathrm{cd}(t, k')]. \end{aligned} \tag{25}$$

Ist die oben gemachte Voraussetzung über t nicht erfüllt, sondern ist statt dessen $-2K' < \mathfrak{Re}(t) < 0$, so tritt in Gl. (24a, b) an Stelle von $+2K'$ in $w = iK + 2K'$ der Summand $-2K'$. Die Residuen ändern sich dadurch nicht, da ja alle beteiligten Funktionen die reelle Periode $4K'$ haben.

Wir gehen jetzt daran, in Gl. (22) die Integrale auszuwerten, die den Faktor $\mathrm{cd}(w-t, k')$ haben. Wir bevorzugen für die Auswertung dieses Teilintegrals von Gl. (22) die Schreibweise

$$\begin{aligned} B &\equiv \int\limits_{-2K'}^{+2K'} \mathrm{cd}(w, k')\, F(w+t, k')\, dw \\ &= \int\limits_{0}^{2K'} \mathrm{cd}(w, k')[F(w+t, k') - F(w-t, k')]\, dw. \end{aligned} \tag{26}$$

Nun ist

$$\begin{aligned} &2\,\mathrm{zn}(w+t, k') - 2\,\mathrm{zn}(w-t, k') \\ &\qquad = 4\,\mathrm{zn}(t, k') - 4\frac{\mathrm{cs}(t, k')\,\mathrm{dn}(t, k')\,\mathrm{sn}^2(w, k')}{\mathrm{sn}^2(t+iK, k') - \mathrm{sn}^2(w, k')}, \end{aligned} \tag{27a}$$

$$k'[\mathrm{sn}(w+t, k') - \mathrm{sn}(w-t, k')] = \frac{2}{k'}\frac{\mathrm{ns}(t, k')\,\mathrm{cn}(w, k')\,\mathrm{dn}(w, k')}{\mathrm{sn}^2(t+iK, k') - \mathrm{sn}^2(w, k')}, \tag{27b}$$

$$\mathrm{ns}(w+t, k') - \mathrm{ns}(w-t, k') = 2\frac{\mathrm{sn}(t, k')\,\mathrm{cn}(w, k')\,\mathrm{dn}(w, k')}{\mathrm{sn}^2(t, k') - \mathrm{sn}^2(w, k')}, \tag{27c}$$

$$\begin{aligned}
&\operatorname{cs}(w+t,k')\operatorname{dn}(w+t,k')-\operatorname{cs}(w-t,k')\operatorname{dn}(w-t,k')\\
&=\frac{d}{dw}\ln\left[\frac{\operatorname{sn}(w+t,k')}{\operatorname{sn}(w-t,k')}\right]=\frac{d}{dt}\ln[\operatorname{sn}(w+t,k')\cdot\operatorname{sn}(w-t,k')]\\
&=\frac{d}{dt}\ln\frac{\operatorname{sn}^2(w,k')-\operatorname{sn}^2(t,k')}{1-k'^2\operatorname{sn}^2(w,k')\operatorname{sn}^2(t,k')}=2\frac{\operatorname{sn}(t,k')\operatorname{cn}(t,k')\operatorname{dn}(t,k')}{\operatorname{sn}^2(t,k')-\operatorname{sn}^2(w,k')}+\\
&+2\frac{\operatorname{cs}(t,k')-\operatorname{dn}(t,k')\operatorname{sn}^2(w,k')}{\operatorname{sn}^2(t+iK,k')-\operatorname{sn}^2(w,k')}.
\end{aligned}\tag{27d}$$

Die Summe der linken Seite der Gl. (27a $\cdots$ d) entspricht nach Gl. (22a) dem Faktor $F(w+t,k')-F(w-t,k')$ in Gl. (26). Bilden wir diese Gleichung nach, so verschwindet zunächst einmal wegen

$$\int\operatorname{cd}(w,k')\,dw=\frac{1}{2k'}\ln\left[\frac{1+k'\operatorname{sn}(w,k')}{1-k'\operatorname{sn}(w,k')}\right]\tag{28}$$

der Term mit $\operatorname{zn}(t,k')$ in Gl. (27a). Im übrigen ergibt sich nach Gl. (26):

$$\begin{aligned}
B=&\frac{4K'}{k'}\operatorname{ns}(t,k')+4K'\operatorname{sn}(t,k')+2\operatorname{sn}(t,k')\operatorname{cn}^2(t,k')\times\\
&\times\int_0^{2K'}\frac{dw}{\operatorname{sn}^2(t,k')-\operatorname{sn}^2(w,k')}-\frac{2}{k'^3}\frac{\operatorname{dn}^2(t,k')}{\operatorname{sn}^3(t,k')}\int_0^{2K'}\frac{dw}{\operatorname{sn}^2(t+iK,k')-\operatorname{sn}^2(w,k')}+\\
&+2\frac{\operatorname{cn}(t,k')\operatorname{dn}(t,k')}{k'^2\operatorname{sn}^3(t,k')}\int_0^{2K'}\frac{\operatorname{cd}(w,k')\,dw}{\operatorname{sn}^2(w,k')-\operatorname{sn}^2(t+iK,k')}-\\
&-2\operatorname{sn}(t,k')\operatorname{cn}(t,k')\operatorname{dn}(t,k')\int_0^{2K'}\frac{\operatorname{cd}(w,k')\,dw}{\operatorname{sn}^2(w,k')-\operatorname{sn}^2(t,k')}.
\end{aligned}\tag{29}$$

Die Werte der beiden Integrale in der zweiten Zeile der letzten Gleichung sind bereits in Gl. 8.2 (2) angegeben worden. Danach liefert diese zweite Zeile mitsamt dem noch in der ersten Zeile stehenden Faktor ausgerechnet den Beitrag

$$\begin{aligned}
&-\frac{4K'}{k'}\left[(1+k')\frac{1-k'\operatorname{sn}^2(t,k')}{\operatorname{cn}(t,k')\operatorname{dn}(t,k')}\operatorname{zn}(t,k')+\frac{\operatorname{dn}^2(t,k')}{\operatorname{sn}(t,k')}\right]+\frac{2\pi i}{k'}\operatorname{dc}(t,k')-\\
&-\operatorname{cd}(t,k')\ln\frac{\vartheta_1\left(\frac{t}{2K'}-1;\tau'\right)}{\vartheta_1\left(\frac{t}{2K'}+1;\tau'\right)}-\frac{1}{k'}\operatorname{dc}(t,k')\ln\frac{\vartheta_1\left(\frac{t}{2K'}+\frac{\tau'}{2}-1;\tau'\right)}{\vartheta_1\left(\frac{t}{2K'}+\frac{\tau'}{2}+1;\tau'\right)}.
\end{aligned}$$

Das letzte Glied in der ersten Zeile stammt von dem Ausdruck für $\operatorname{zn}(t+iK,k')$. Die beiden Glieder der zweiten Zeile entsprechen dem logarithmischen Term in der Gl. 8.3 (2). Die darin vorkommenden Logarithmen haben beide den Wert $+2\pi i$. Dann hebt sich das letzte Glied der zweiten Zeile gegen das letzte Glied der ersten Zeile fort. Die Integrale in den beiden letzten Zeilen der Gl. (29) verschwinden, denn setzt man etwa darin $w=w'+K'$, so lautet der Integrand

$$-\operatorname{sn}(w',k')\operatorname{dn}^2(w',k')/[\operatorname{cn}^2(w',k')-\operatorname{dn}^2(w',k')\operatorname{sn}^2(t,k')].$$

Er ist also eine ungerade Funktion von w', und da er zwischen den Grenzen $-K' \cdots +K'$ zu integrieren ist, so tritt in der Tat Verschwinden ein. Faßt man nun zusammen, so erhält man als Ergänzung zu Gl. (25) die Formel:

$$\int_{-2K'+t}^{+2K'+t} \mathrm{cd}(w-t,k')\,F(w,k')\,dw = -2\pi i\,\mathrm{cd}(t,k') + \\ + 4K'\frac{1+k'}{k'}\left[k'\,\mathrm{sn}(t,k') - \mathrm{zn}(t,k')\frac{1-k'\,\mathrm{sn}^2(t,k')}{\mathrm{cn}(t,k')\,\mathrm{dn}(t,k')}\right]. \tag{30}$$

Damit sind wir jetzt endgültig in der Lage, die Gl. (22) für die komplexe Potentialfunktion in aufgelöster, geschlossener Form anzugeben. Sie lautet nach zugehöriger Zusammenfassung der einzelnen Glieder:

$$\begin{aligned} \Omega(\zeta) &\equiv \Omega(t) = \frac{9}{\pi^2}\tilde{I}N\mu_0[k\cos\varphi_S\,\mathrm{sd}(t,k') - \sin\varphi_S\cdot\mathrm{cd}(t,k')] - \\ &- i\frac{9}{\pi^2}\tilde{I}N\mu_0\left\{\left(\frac{1}{k'}\right)\cos\varphi_S\left[(1+k')\frac{1-k'\,\mathrm{sn}^2(t,k')}{\mathrm{cn}(t,k')\,\mathrm{dn}(t,k')} - k\,\mathrm{nc}(t,k')\right] + \right. \\ &\left. + \sin\varphi_S\cdot\frac{K'}{\pi/2}\,\frac{1+k'}{k'}\left[k'\,\mathrm{sn}(t,k') - \mathrm{zn}(t,k')\frac{1-k'\,\mathrm{sn}^2(t,k')}{\mathrm{cn}(t,k')\,\mathrm{dn}(t,k')}\right]\right\} \\ &\equiv \mu_0\,\Phi(r,s) + i[-A_z(r,s)] \qquad (t = r + i s). \end{aligned} \tag{31}$$

Wir erkennen unmittelbar an dieser Gleichung, daß der Realteil von $\Omega(t)$ für reellwertiges t in der Tat mit dem durch Gl. (12) vorgeschriebenen Ausdruck für Φ längs der reellen Achse der t-Ebene, das ist in der z-Ebene der Umfang des Ständerkreises, übereinstimmt. Weit schwieriger ist der nicht zu umgehende Nachweis, daß der Realteil von $\Omega(t)$ für ein $t = r + i\,K/2$ zumindest ein von r unabhängiger Wert sein muß. Nun ist bekanntlich

$$\mathrm{sn}(i\,K/2, k') = i\,k'^{-\frac{1}{2}}, \quad \text{(32a)} \qquad \mathrm{cn}(i\,K/2, k') = \left(\frac{1+k'}{k'}\right)^{\frac{1}{2}}, \quad \text{(32b)}$$

$$\mathrm{dn}(i\,K/2, k') = (1+k')^{\frac{1}{2}}, \tag{32c}$$

$$\mathrm{zn}(i\,K/2, k') = i\frac{1+k'}{2} - i\frac{\pi}{4K'}.$$

Aus dem Additionstheorem der elliptischen Funktionen berechnet sich weiter, da r selbst reellwertig ist:

$$\mathrm{sn}\left(r + \frac{1}{2}i\,K, k'\right) \\ = k'^{-\frac{1}{2}}[\mathrm{sn}(r,k')(1+k') + i\,\mathrm{cn}(r,k')\,\mathrm{dn}(r,k')]/N(r,k'), \tag{33a}$$

$$\mathrm{cn}\left(r + \frac{1}{2}i\,K, k'\right) \\ = \left(\frac{1+k'}{k'}\right)^{\frac{1}{2}}[\mathrm{cn}(r,k') - i\,\mathrm{sn}(r,k')\,\mathrm{dn}(r,k')]/N(r,k'), \tag{33b}$$

$$\operatorname{dn}\left(r + \frac{1}{2} i K, k'\right) = (1 + k')^{\frac{1}{2}} [\operatorname{dn}(r, k') - i k' \operatorname{zn}(r, k') \operatorname{cn}(r, k')]/N(r, k'), \tag{33c}$$

$$\begin{aligned} \operatorname{zn}\left(r + \frac{1}{2} i K, k'\right) &= k'[\operatorname{cn}(r, k') \operatorname{dn}(r, k') - i(1 + k') \operatorname{sn}(r, k')] \operatorname{sn}(r, k')/N(r, k') + \\ &\quad + \operatorname{zn}(r, k') + i \frac{1 + k'}{2} - i \frac{\pi}{4K'}, \end{aligned} \tag{33d}$$

$$N(r, k') = 1 + k' \operatorname{sn}^2(r, k'). \tag{33e}$$

Daraus folgt dann

$$\begin{aligned} &\operatorname{cn}\left(r + \frac{1}{2} i K, k'\right) \operatorname{dn}\left(r + \frac{1}{2} i K, k'\right) \\ &= \frac{1 - k' \operatorname{sn}^2(r, k')}{[1 + k' \operatorname{sn}^2(r, k')]^2} \frac{1 + k'}{k'^{\frac{1}{2}}} [\operatorname{cn}(r, k') \operatorname{dn}(r, k') - i(1 + k') \operatorname{sn}(r, k')], \end{aligned} \tag{34a}$$

$$\begin{aligned} &1 - k' \operatorname{sn}^2\left(r + \frac{1}{2} i K, k'\right) \\ &= \frac{2 \operatorname{cn}(r, k') \operatorname{dn}(r, k')}{[1 + k' \operatorname{sn}^2(r, k')]^2} [\operatorname{cn}(r, k') \operatorname{dn}(r, k') - i(1 + k') \operatorname{sn}(r, k')]. \end{aligned} \tag{34b}$$

Somit ist also

$$\frac{1 - k' \operatorname{sn}^2(r + \frac{1}{2} i K, k')}{\operatorname{cn}(r + \frac{1}{2} i K, k') \operatorname{dn}(r + \frac{1}{2} i K, k')} = 2 \frac{k'^{\frac{1}{2}}}{1 + k'} \frac{\operatorname{dn}(r, k') \operatorname{cn}(r, k')}{1 - k' \operatorname{sn}^2(r, k')}, \tag{35a}$$

$$\frac{1}{k'} \operatorname{nc}\left(r + \frac{1}{2} i K, k'\right) = [k'(1 + k')]^{-\frac{1}{2}} \frac{\operatorname{cn}(r, k') + i \operatorname{sn}(r, k') \operatorname{dn}(r, k')}{1 - k' \operatorname{sn}^2(r, k')}, \tag{35b}$$

$$\operatorname{sd}\left(r + \frac{1}{2} i K, k'\right) = [k'(1 + k')]^{-\frac{1}{2}} \frac{\operatorname{sn}(r, k') \operatorname{dn}(r, k') + i \operatorname{cn}(r, k')}{1 - k' \operatorname{sn}^2(r, k')}, \tag{35c}$$

$$\operatorname{cd}\left(r + \frac{1}{2} i K, k'\right) = k'^{-\frac{1}{2}} \frac{\operatorname{cn}(r, k') \operatorname{dn}(r, k') - i(1 - k') \operatorname{sn}(r, k')}{1 - k' \operatorname{sn}^2(r, k')}. \tag{35d}$$

Aus Gl. (35b, c) geht sofort hervor, daß für alle reellen Werte von r

$$\operatorname{sd}\left(r + \frac{1}{2} i K, k'\right) + \Re e\left\{\frac{i}{k'} \operatorname{nc}\left(r + \frac{1}{2} i K, k'\right)\right\} = 0$$

ist, und damit ist im Hinblick auf Gl. (31) bereits der Nachweis erbracht, daß der mit $\cos \varphi_S$ multiplizierte Anteil der Potentialfunktion $\Phi(r, s)$ auf der Geraden $s = 1/2\, i\, K$ tatsächlich verschwindet. Ebenso läßt sich durch Einsetzen der Gl. (33a), (33d), (35a) und (35d) in Gl. (31) zeigen, daß auch der mit dem Faktor $\sin \varphi_S$ behaftete, reelle Teil der Funktion $\Omega(t)$ für jedes r gleich Null ist. Eine Glied für Glied durchgeführte Kontrollrechnung würde hier zu weit führen.

Für die weiteren Untersuchungen geben wir hier noch die Beziehung für das Vektorpotential $A_z(r, K/2)$ an, d. h. den Ausdruck für das Vektorpotential auf der Oberfläche des Läufers. Man erhält hierfür auf Grund der Gl. (31) die Formel:

$$\begin{aligned} -A_z\left(r, \frac{1}{2}K\right)\Big/\left(\frac{9\mu_0}{\pi^2}\tilde{I}N\right) &= \cos\varphi_S \cdot k'^{-\frac{1}{2}} \frac{2\,\mathrm{cn}(r, k')}{1 - k'\,\mathrm{sn}^2(r, k')} \times \\ &\times \left[\sqrt{1-k'} - \mathrm{dn}(r, k')\right] + \sin\varphi_S \cdot k'^{-\frac{1}{2}} \frac{(1-k')\,\mathrm{sn}(r, k')}{1 - k'\,\mathrm{sn}^2(r, k')} - \\ &- \sin\varphi_S \cdot k'^{-\frac{1}{2}} \frac{K'}{\pi/2}\left[(1+k')^2 \frac{\mathrm{sn}(r, k')}{1 + k'\,\mathrm{sn}^2(r, k')} - \right. \\ &\left. - 2k'\,\mathrm{sn}(r, k') \frac{\mathrm{cn}^2(r, k')\,\mathrm{dn}^2(r, k')}{1 - k'^2\mathrm{sn}^4(r, k')} - 2\frac{\mathrm{cn}(r, k')\,\mathrm{dn}(r, k')}{1 - k'\,\mathrm{sn}^2(r, k')}\,\mathrm{zn}(r, k')\right]. \end{aligned} \tag{36}$$

Wir werden sie späterhin dazu benutzen, die Flußverteilung auf der Läuferoberfläche zu bestimmen.

8.33 Die magnetische Energie des Luftspaltfeldes. Wir berechnen nun die uns am meisten interessierende, im Luftspalt zwischen Ständer und Läufer aufgespeicherte magnetische Energie. Wir bedienen uns dazu im vorliegenden Fall am zweckmäßigsten wiederum der Gl. 1.1 (28), da die dazu nötigen Formeln für die Verteilung des Erregerstroms und des Vektorpotentials an der Ständeroberfläche durch die Gl. (8) und (31) bereits bekannt sind.

Wir setzen zunächst der Kürze halber im Hinblick auf Gl. (31)

$$g_a(r, k') = \frac{1}{k'}\left[(1+k')\frac{1 - k'\,\mathrm{sn}^2(r, k')}{\mathrm{cn}(r, k')\,\mathrm{dn}(r, k')} - k\,\mathrm{nc}(r, k')\right], \tag{37a}$$

$$u_a(r, k') = \frac{K'}{\pi/2}\,\frac{1+k'}{k'}\left[k'\,\mathrm{sn}(r, k') - \mathrm{zn}(r, k')\,\frac{1 - k'\,\mathrm{sn}^2(r, k')}{\mathrm{cn}(r, k')\,\mathrm{dn}(r, k')}\right] \tag{37b}$$

und im Hinblick auf die Gl. (8) und (9)

$$g_i(r, k') = k\frac{\mathrm{cn}(r', k')}{\mathrm{dn}^2(r', k')}, \quad (38a) \qquad u_i(r, k') = k^2\frac{\mathrm{sn}(r', k')}{\mathrm{dn}^2(r', k')}. \quad (38b)$$

Dann lautet die Beziehung für die magnetische Energie je Längeneinheit in axialer Richtung, ausgedrückt in den Koordinaten der t-Ebene von Abb. 186,

$$\begin{aligned} W_m = \frac{1}{2}\mu_0\left(\frac{9}{\pi^2}\tilde{I}N\right)^2 \int_{-2K'}^{+2K'} &[\cos\varphi_S \cdot g_a(r,k') + \sin\varphi_S \cdot u_a(r,k')] \times \\ &\times [\cos\varphi_S \cdot g_i(r, k') + \sin\varphi_S \cdot u_i(r, k')]\,dr, \end{aligned} \tag{39a}$$

oder anders geschrieben:

$$\begin{aligned} W_m = \frac{1}{4}\mu_0\left(\frac{9}{\pi^2}\tilde{I}N\right)^2 \Bigg\{ &\int_{-2K'}^{+2K'} (g_i g_a + u_i u_a)\,dr + \\ &+ \cos 2\varphi_S \int_{-2K'}^{+2K'} (g_i g_a - u_i u_a)\,dr + \sin 2\varphi_S \int_{-2K'}^{+2K'} (g_i u_a + u_i g_a)\,dr \Bigg\}. \end{aligned} \tag{39b}$$

Das letzte Integral in Gl. (39) verschwindet, da der Integrand eine ungerade Funktion ist. In der Tat lehrt ein Blick auf Abb. 186, daß die magnetische Energie eine gerade Funktion von φ_S sein muß.

Wir berechnen die beiden noch übrigbleibenden Integrale. Es ist nach Gl. (37a), (38a):

$$X_g \equiv \int_{-2K'}^{+2K'} g_i(r,k')\, g_a(r,k')\, dr = \frac{k}{k'}(1+k') \int_{-2K'}^{+2K'} \frac{1-k'\,\mathrm{sn}^2(r,k')}{\mathrm{dn}^3(r,k')}\, dr - \\ - \frac{k^2}{k'} \int_{-2K'}^{+2K'} \mathrm{nd}^2(r,k')\, dr. \tag{40a}$$

Nun ist allgemein

$$\int \mathrm{nd}^2(w,k')\, dw = \frac{w}{k^2}\frac{E'}{K'} + \frac{1}{k^2}\left[\mathrm{zn}(w,k') - k'^2 \frac{\mathrm{sn}(w,k')\,\mathrm{cn}(w,k')}{\mathrm{dn}(w,k')}\right] \tag{41}$$

und also im besonderen

$$\int_{-2K'}^{+2K'} \mathrm{nd}^2(r,k')\, dr = 4\frac{E'}{k^2}. \tag{41a}$$

Das zweite Integral in Gl. (40a) möge mittels des Residuensatzes ausgewertet werden, indem mit dem Integranden das Rechteck mit den vier Ecken $-2K'$, $+2K'$, $+2K'+2i\,K$, $-2K'+2i\,K$ umfahren wird. Da sich die Beiträge der beiden vertikalen Rechteckseiten dabei aufheben, während sich die der beiden horizontalen Rechteckseiten einfach verdoppeln, so erhält man

$$\int_{-2K'}^{+2K'} \frac{1-k'\,\mathrm{sn}^2(w,k')}{\mathrm{dn}^3(w,k')}\, dw = 2\pi i \sum \mathfrak{Res} = \frac{2\pi}{k^3}\left[1 - k' + k^2\right], \tag{41b}$$

denn die beiden einzigen Pole innerhalb des angegebenen Rechtecks sind $\pm K' + i\,K$. Demzufolge ist im ganzen

$$X_g = \pi\left(1 + \frac{2}{k'}\right) - 4\frac{E'}{k'}, \tag{41}$$

$$\lim_{k'\to 0} X_g = \pi. \tag{41'}$$

Schließlich ist noch die wesentlich schwierigere Funktion

$$X_u \equiv \int_{-2K'}^{+2K'} u_i(r,k')\, u_a(r,k')\, dr = k^2 \frac{K'}{\pi/2}(1+k') \int_{-2K'}^{+2K'} \mathrm{sd}^2(w,k')\, dw - \\ - \frac{k^2}{k'}\frac{K'}{\pi/2}(1+k') \int_{-2K'}^{+2K'} \mathrm{sn}(r,k')\,\mathrm{zn}(r,k')\, \frac{1-k'\,\mathrm{sn}^2(r,k')}{\mathrm{cn}(r,k')\,\mathrm{dn}^3(r,k')}\, dr \tag{40b}$$

auszuwerten. Wegen $\mathrm{dn}^2 = 1 - k'^2 \,\mathrm{sn}^2$ ergibt sich zunächst im Hinblick auf Gl. (41a):

$$\int\limits_{-2K'}^{+2K'} \mathrm{sd}^2(w, k')\, dw = \frac{4}{(k^2 k'^2)} (E' - k^2 K'). \tag{42a}$$

Das zweite Integral von Gl. (40b) werten wir hier in der folgenden Weise aus. Es ist nach dem Ersatz von r durch $w + K'$, falls alle Funktionen den Modul k' haben:

$$\begin{aligned}\int\limits_0^{2K'} \mathrm{sn} r\, \mathrm{zn} r \frac{1 - k' \mathrm{sn}^2 r}{\mathrm{cn} r\, \mathrm{dn}^3 r} dr &= \frac{1-k'}{k^4} \int\limits_{-K'}^{+K'} \mathrm{cn} w\, \mathrm{dn} w [1 + k' \mathrm{sn}^2 w] \times \\ \times \left[k'^2 \mathrm{cd} w - \frac{\mathrm{zn} w}{\mathrm{sn} w}\right] dw &= \frac{1-k'}{k^4} \left[k'^2 \int\limits_{-K'}^{+K'} \mathrm{cn}^2 w [1 + k' \mathrm{sn}^2 w] dw - \right. \\ &\left. - \int\limits_{-K'}^{+K'} \frac{\mathrm{zn} w}{\mathrm{sn} w} \mathrm{cn} w\, \mathrm{dn} w (1 + k' \mathrm{sn}^2 w)\, dw \right].\end{aligned} \tag{42b}$$

Nun ist einmal

$$\begin{aligned}&\mathrm{cn}^2 w [1 + k' \mathrm{sn}^2 w] \\ &= \frac{1}{k'^3} [-\mathrm{dn}^4 w + (2 + k'(1 - k'))\, \mathrm{dn}^2 w - (1 + k') k^2] \qquad (\text{Modul } k')\end{aligned} \tag{43a}$$

und infolgedessen wegen

$$k'^2 \frac{d}{dw} [\mathrm{sn} w\, \mathrm{cn} w\, \mathrm{dn} w] = 3\, \mathrm{dn}^4 w - 2(1 + k^2)\, \mathrm{dn}^2 w + k^2, \tag{43b}$$

(Modul k')

$$\begin{aligned}\int\limits_0^{K'} \mathrm{dn}^4 w\, dw &= \frac{2}{3}(1 + k^2) \int\limits_0^{K'} \mathrm{dn}^2 w\, dw - \frac{1}{3} k^2 K' \\ &= \frac{1}{3} [2(1 + k^2) E' - k^2 K'].\end{aligned} \tag{43c}$$

Mithin erhält man im ganzen:

$$\begin{aligned}&\int\limits_{-K'}^{+K'} \mathrm{cn}^2(w, k') [1 + k' \mathrm{sn}^2(w, k')]\, dw \\ &\qquad = \frac{2}{3} k'^{-3} \{(1 + k^2 + 3k') E' - k^2 K' (2 + 3k')\}.\end{aligned} \tag{43}$$

Schließlich läßt sich für das letzte und unangenehmste Integral in Gl. (42b) schreiben:

$$\begin{aligned}&\int\limits_{-K'}^{+K'} \frac{\mathrm{zn} w}{\mathrm{sn} w} \mathrm{cn} w\, \mathrm{dn} w (1 + k' \mathrm{sn}^2 w)\, dw \qquad (\text{Modul } k'). \\ &\qquad = 2 \int\limits_0^{K'} \frac{\mathrm{zn} w}{\mathrm{sn} w} \mathrm{cn} w\, \mathrm{dn} w\, dw + k' \int\limits_0^{K'} \mathrm{zn} w\, d(\mathrm{sn}^2 w).\end{aligned} \tag{44}$$

Nun ist im Hinblick auf Gl. (43c) nach einer Teilintegration

$$\int_0^{K'} \operatorname{zn} w \, d(\operatorname{zn}^2 w) = -k'^{-2} \int_0^{K'} \operatorname{zn} w \, d(\operatorname{dn}^2 w) = k'^{-2} \int_0^{K'} \operatorname{dn}^2 w \times$$

$$\times \left[\operatorname{dn}^2 w - \frac{E'}{K'}\right] dw = \frac{1}{3} k'^{-2} \left\{2(1+k^2)E' - k^2 K' - 3\frac{E'^2}{K'}\right\} \tag{44a}$$

$$(\text{Modul } k').$$

Der in der geschweiften Klammer stehende Ausdruck verschwindet mit k' in der Ordnung k'^4, so daß für $k' \to 0$ überhaupt beide Seiten der Gleichung verschwinden. Um das erste Integral auf der rechten Seite der Gl. (44a) geschlossen auswerten zu können, machen wir Gebrauch von M 11, Gl. (3) und (4). Hiernach ist im Hinblick auf den hier in Frage kommenden Modul k'

$$\frac{\partial}{\partial k'}(\operatorname{ns}(w, k'))$$

$$= \frac{1}{k' k^2}\left[\frac{\operatorname{zn} w}{\operatorname{sn}^2 w} \operatorname{cn} w \operatorname{dn} w - \left(k^2 - \frac{E'}{K'}\right) w \frac{\operatorname{cn} w \operatorname{dn} w}{\operatorname{sn}^2 w}\right] - \frac{k'}{k^2} \frac{\operatorname{cn}^2 w}{\operatorname{sn} w}. \tag{45a}$$

Daraus berechnet sich die Beziehung:

$$\frac{\operatorname{zn}(w,k')}{\operatorname{sn}(w,k')} \operatorname{cn}(w,k') \operatorname{dn}(w,k') = \left(k^2 - \frac{E'}{K'}\right) w \frac{\operatorname{cn}(w,k') \operatorname{dn}(w,k')}{\operatorname{sn}(w,k')} +$$

$$+ k'^2 \operatorname{cn}^2(w,k') - k' k^2 \operatorname{ns}(w,k') \frac{\partial}{\partial k'}(\operatorname{sn}(w,k')). \tag{45b}$$

Die Integration dieser Gleichung nach w über das Intervall $0 \cdots K'$ führt dann weiter zu dem Ausdruck:

$$\int_0^{K'} \frac{\operatorname{zn}(w,k')}{\operatorname{sn}(w,k')} \operatorname{cn}(w,k') \operatorname{dn}(w,k') \, dw = \left(k^2 - \frac{E'}{K'}\right) \int_0^{K'} w \, d \ln \operatorname{sn}(w,k') +$$

$$+ k'^2 K' - k'^2 \int_0^{K'} \operatorname{sn}^2(w,k') \, dw - k' k^2 \frac{\partial}{\partial k'}\left(\int_0^{K'} \ln \operatorname{sn}(w,k') \, dw\right), \tag{45c}$$

denn es ist nach bekannten Regeln

$$\frac{\partial}{\partial k'}\left(\int_0^{K'} \ln \operatorname{sn}(w,k') \, dw = \int_0^{K'} \frac{\partial}{\partial k'} \operatorname{sn}(w,k') \frac{dw}{\operatorname{sn}(w,k')} + \frac{\partial K'}{\partial k'} \ln \operatorname{sn}(K',k')\right).$$

Wir benötigen daher zunächst einmal der Kenntnis des Integrals über $\ln \operatorname{sn} w$, das sich zwischen den Grenzen $0 \cdots K'$ erstreckt. Dieses Integral berechnet sich am einfachsten mittels der unendlichen Reihe

$$\ln \operatorname{sn}(w,k') = \ln\left(\frac{K'}{\pi/2} \sin\frac{\pi w}{2K'}\right) - 2\sum_{\lambda=1}^{\infty} \frac{q'^{\lambda}}{\lambda(1+q'^{\lambda})}\left[1 - \cos\left(\pi\lambda\frac{w}{K'}\right)\right] \tag{46a}$$

$$(q' = e^{-\pi K/K'}).$$

In Rücksicht auf die Gl. M 11 (3) läßt sich dafür auch schreiben:

$$\ln \operatorname{sn}(w, k') = \ln\left(\frac{2q'^{\frac{1}{4}}}{k'^{\frac{1}{2}}}\right) + \ln\left(\sin\frac{\pi w}{2K'}\right) + \\ + 2\sum_{\lambda=1}^{\infty} \frac{q'^{\lambda}}{\lambda(1+q'^{\lambda})} \cos\left(\pi\lambda\frac{w}{K'}\right). \tag{46b}$$

Nun ist bekanntlich

$$\ln\left(\sin\frac{\pi w}{2K'}\right) = -\ln 2 - \sum_{\nu=1}^{\infty} \frac{1}{\nu} \cos\left(\pi\nu\frac{w}{K'}\right). \tag{47}$$

Wegen der gleichmäßigen Konvergenz darf die unendliche Reihe in Gl. (46b) und (47) gliedweise integriert werden, und somit erhält man ohne weitere Schwierigkeit:

$$\int_0^{K'} \ln \operatorname{sn}(w, k')\, dw = K' \ln\left(\frac{q'^{\frac{1}{4}}}{k'^{\frac{1}{2}}}\right) = -\int_0^{K'} w\, d\,(\ln \operatorname{sn}(w, k')) \\ = -\frac{\pi}{4}K - \frac{1}{2}K' \ln k'. \tag{48}$$

Daraus berechnet sich dann weiter

$$-k' k^2 \frac{\partial}{\partial k'}\left(\int_0^{K'} \ln \operatorname{sn}(w, k')\, dw\right) \\ = -\frac{\pi}{4}(E - k'^2 K) + \frac{1}{2}k^2 K' + \frac{1}{2}\ln k' \cdot [E' - k^2 K']. \tag{49}$$

Wir können jetzt das Integral (45c) zusammensetzen und erhalten dafür den Ausdruck

$$\int_0^{K'} \frac{\operatorname{zn}(w, k')}{\operatorname{sn}(w, k')} \operatorname{cn}(w, k') \operatorname{dn}(w, k')\, dw = E - \frac{1}{2}k^2 K' - \frac{\pi^2}{8K'}. \tag{44b}$$

Auf dieselbe Weise hätten wir unter Benutzung der Gl. (45a) das zweite Integral auf der rechten Seite von Gl. (44) auswerten können. Dieses Vorgehen wäre allerdings in diesem Fall wegen der Umständlichkeit nicht zu empfehlen gewesen. Es führt aber jedenfalls zu dem gleichen Ergebnis. Im übrigen verschwinden beide Seiten der Gl. (44b) mit k' in der Ordnung k'^2. Zu dem gleichen Ergebnis von Gl. (44b) führt die Rechnung im Anhang M 12 auf dem Wege über den Residuensatz.

Im Hinblick auf Gl. (44a) und (44) selbst ergibt sich dann weiter die Formel

$$\int_{-K'}^{+K'} \frac{\operatorname{zn}(w, k')}{\operatorname{sn}(w, k')} \operatorname{cn}(w, k') \operatorname{dn}(w, k') [1 + k' \operatorname{sn}^2(w, k')]\, dw \\ = 2E' - k^2 K' - \frac{\pi^2}{4K'} + \frac{1}{3k'}[2(1+k^2)E' - k^2 K' - 3E'^2/K'], \tag{44}$$

und damit wird nach Gl. (42b) und (43):

$$\int_0^{2K'} \operatorname{sn}(r,k')\operatorname{zn}(r,k')\frac{1-k'\operatorname{sn}^2(r,k')}{\operatorname{cn}(r,k')\operatorname{dn}^3(r,k')}\,dr = \frac{1-k'}{k'k^4}\left[\frac{\pi^2}{4}k' + E'^2 - (1+k')k^2K'^2\right]\Big/K'. \tag{50}$$

Setzt man nun nach Vorschrift von Gl. (40b) den Ausdruck für X_u zusammen, so bekommt man schließlich heraus:

$$X_u = \frac{4}{\pi}K'\frac{1+k'}{k'^2}(2E' - k^2K') - \frac{4}{\pi}\left(\frac{E'}{k'}\right)^2 - \frac{\pi}{k'}, \tag{51}$$

$$\lim_{k'=0} X_u = \pi. \tag{51'}$$

Mit Hilfe der Größen X_g und X_u von Gl. (41) und (51) läßt sich aber der Ausdruck für die magnetische Feldenergie bei einer axialen Länge l_z der Maschine in der Form

$$W_m = \frac{1}{4}\mu_0 l_z\left(\frac{9}{\pi^2}\tilde{I}N\right)^2[X_g + X_u]\left\{1 + \cos 2\varphi_S\cdot\frac{X_u - X_g}{X_u + X_g}\right\}\text{Ws} \tag{52}$$

wiedergeben, und hierin ist nach Gl. (41) und (51):

$$X_u - X_g = -\pi + \frac{4E'}{k'} - \frac{3\pi}{k'} - \frac{4}{\pi}\left(\frac{E'}{k'}\right)^2 + \frac{4}{\pi}K'\frac{1+k'}{k'^2}(2E' - k^2K') > 0, \tag{53a}$$

$$X_u + X_g = +\pi - \frac{4E'}{k'} + \frac{\pi}{k'} - \frac{4}{\pi}\left(\frac{E'}{k'}\right)^2 + \frac{4}{\pi}K'\frac{1+k'}{k'^2}(2E' - k^2K') > 0. \tag{53b}$$

Auf Grund von Gl. (41′) und (51′) wird für $k' \to 0$ nach Gl. (52) die magnetische Energie W_m unabhängig von φ_S, da der Faktor von $\cos 2\varphi_S$ für $k' = 0$ verschwindet. Das ist in der Ordnung, denn für $k' = 0$ ist der Läufer im Innern der Bohrung auf Null zusammengeschrumpft. Nach Gl. (52) beträgt also in diesem Grenzfall die magnetische Energie

$$[W_m]_{k'=0} = \frac{1}{2}\pi l_z\mu_0\cdot\left(\frac{9}{\pi^2}\tilde{I}N\right)^2 \quad \text{Ws}, \tag{52α}$$

das entspricht dem schon früher für die Energie des Bohrungsfeldes angegebenen Wert.

8.34 Das im synchronen Lauf auf den Läufer ausgeübte Drehmoment. Es möge von jetzt ab, wie es die Abb. 190 andeutet, die Längsachse des ovalen Läufers nicht mehr die besondere horizontale Richtung haben wie in Abb. 185, sondern sie soll mit der im Raum feststehenden horizontalen Bezugsachse den Winkel φ_L bilden. Auch die in Abb. 190 eingezeichnete Wicklungsachse der Phasen ± 1 des Ständers, die zugleich mit der Nullachse des Potentialbelags auf dem

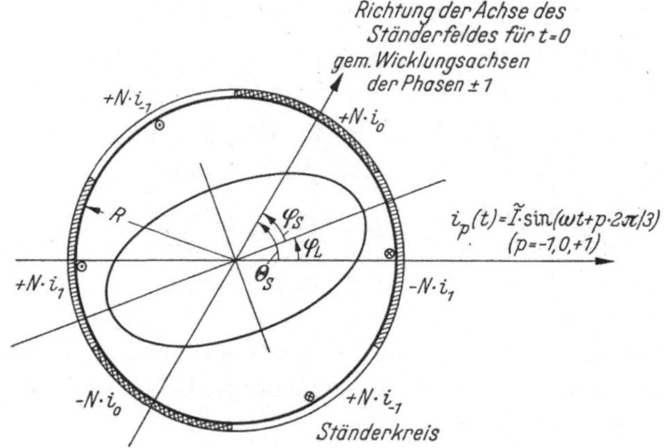

Abb. 190. Die Richtung der gemeinsamen Wicklungsachse der beiden Phasen $p = \pm 1$ der Ständerwicklung und die Richtung der Längsachse des ovalen Läufers werden hier auf eine neue, im Raum feststehende horizontale Achse bezogen. Das auf den Läufer ausgeübte Drehmoment ist dann durch Gl. (55) gegeben

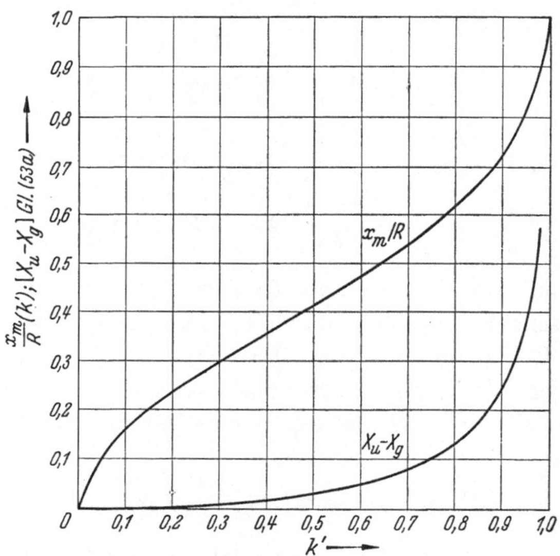

Abb. 191. Das auf den Läufer ausgeübte Drehmoment hängt wesentlich von dem Faktor $X_u - X_g$ von Gl. (53a) ab. Das obige Bild stellt diesen Faktor in Abhängigkeit von k' dar. Gleichzeitig ist in dem Bild auch die Abhängigkeit des Verhältnisses x_m/R von k' mit eingezeichnet, so daß sich auch das Anwachsen von $X_u - X_g$ in Abhängigkeit von x_m/R aus dem Bild entnehmen läßt

Ständerumfang zusammenfällt, beziehen wir jetzt besser auf dieselbe horizontale Achse. Dieser neue Richtungswinkel werde mit Θ_S bezeichnet. Dann ist in Gl. (52) φ_S durch $\Theta_S - \varphi_L$ zu ersetzen.

Nun dreht sich bei einer Kreisfrequenz ω des Drehstroms in der Ständerwicklung die Wicklungsachse mit der Winkelgeschwindigkeit ω, so daß wir etwa setzen können

$$\varphi_S = \omega t + \varphi_S^{(0)}. \tag{54a}$$

Dreht sich der Läufer mit derselben Winkelgeschwindigkeit wie das Drehfeld und in demselben Sinne, so hat man entsprechend die weitere Gleichung

$$\varphi_L = \omega t + \varphi_L^{(0)}. \tag{54b}$$

Dann ist die magnetische Energie des Luftspaltfeldes nach Gl. (52) unabhängig von der Zeit, und das Drehmoment, das auf den Läufer ausgeübt wird, berechnet sich aus W_m durch Differentiation nach dem Winkel φ_L. Es ergibt sich also für dieses Drehmoment im ganzen der Ausdruck:

$$D_L[\varphi_L^{(0)} - \varphi_S^{(0)}] = \frac{l_z}{2}\mu_0\left(\frac{9}{\pi^2}\tilde{I}N\right)^2[X_u - X_g]\cdot\sin 2(\varphi_L^{(0)} - \varphi_S^{(0)}). \tag{55}$$

Die Frage nach der Größe des Drehmomentes ist damit bereits entschieden, wenn der Strom I in den drei Phasen als gegeben angesehen werden kann. Auch die Abhängigkeit des Drehmomentes von den beiden Winkeln φ_S und φ_L ist äußerst einfach. Das größte Drehmoment tritt auf, wenn $\varphi_L - \varphi_S = \pi/4$ ist. Die Abhängigkeit vom

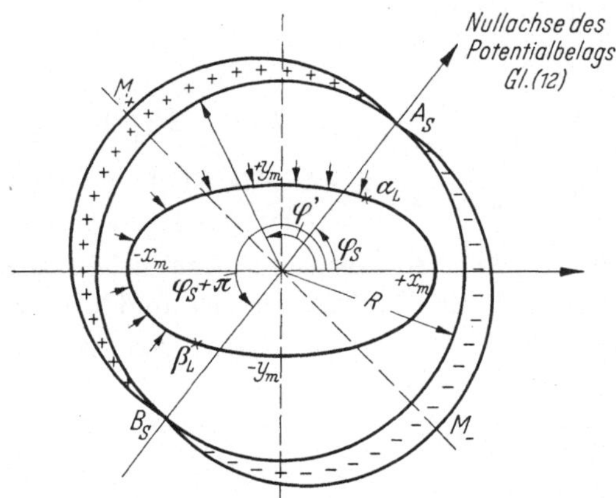

Abb. 192. Die Gerade $A_S B_S$ verbindet die Nullpunkte des Potentials auf der Ständeroberfläche miteinander. Die Punkte α_L, β_L stellen diejenigen beiden Punkte in der Oberfläche des Läufers dar, in denen die Normalkomponente der magnetischen Induktion verschwindet. Längs der durch die Pfeile markierten Hälfte der Läuferoberfläche tritt der magnetische Fluß in den Läufer ein. Dieser natürlich von φ_S abhängige magnetische Fluß wird im Text mit $\Psi_L(\alpha_L, \beta_L; \varphi_S)$, der aus der Ständeroberfläche zwischen A_S und B_S austretende magnetische Fluß, der ebenfalls von φ_S abhängt, wird im Text mit $\Psi_S(A_S, B_S; \varphi_S)$ bezeichnet

Modul k', d. h. von der Gestalt und Größe des Läufers und damit gemäß Gl. (6″) von x_m/R stellt die Abb. 191 dar.

8.35 Die magnetischen Flüsse in der Maschine. Neben den Kraftwirkungen in der Maschine sind von besonderem Interesse die Größen der verschiedenen magnetischen Flüsse. Wir berechnen zunächst den magnetischen Fluß, der im Hinblick auf Abb. 192 zwischen den beiden einander diametral gegenüberliegenden Punkten A_S und B_S längs des Umfangs des Ständerkreises austritt und also in den Luftraum zwischen Ständer und Läufer eintritt. Dieser Fluß werde mit $\Psi_S(A_S, B_S; \varphi_S)$ bezeichnet. Er berechnet sich in Rücksicht auf die Gl. (31) nach der Formel:

$$\Psi_S(A_S, B_S; \varphi_S) = +\mu_0 \int_{\varphi_S}^{\varphi_S+\pi} \left(\frac{\partial \Phi_S}{\partial \varrho}\right)_{\varrho=R} R\, d\varphi = -\int_{\varphi_S}^{\varphi_S+\pi} \left(\frac{\partial A}{\partial \varphi}\right)_{\varrho=R} d\varphi$$
$$= A_z(R, \varphi_S) - A_z(R, \varphi_S + \pi). \tag{56}$$

Dieser Fluß ist natürlich stets positiv. Teils endet er unmittelbar auf dem mit negativen Potentialwerten belegten Teil des Ständerumfangs, teils setzt er zunächst auf den Läufer auf. Es steht also zu erwarten, daß sowohl der Gesamtfluß Ψ_S von Gl. (56) als auch die Aufteilung dieses Gesamtflusses in die oben erwähnten beiden Teilflüsse stark von der Stellung des Läufers, d. h. von dem Winkel φ_S abhängen wird. Diese Abhängigkeit wollen wir näher bestimmen.

Nach Abb. 185 geht bei der Abbildung des zwischen dem Ständer und dem Läufer gelegenen Bereichs der z-Ebene auf die t-Ebene der Umfang des Ständerkreises in die reelle Achse der t-Ebene über, längs der $t = r$ ist. Dem Punkt φ_S auf dem Ständerkreis der z-Ebene entspricht in der t-Ebene der Punkt r_S. Dann entspricht dem Punkt $\varphi_S + \pi$ in der t-Ebene der Punkt $r_S + 2K'$.

In der t-Ebene ist aber nach Gl. (31)

$$A_z(R, \varphi) \equiv A_z(r, 0)$$
$$= \frac{9}{\pi^2} \tilde{I} N \mu_0 \left\{ \cos\varphi_S \cdot \frac{1}{k'} \left[(1 + k') \frac{1 - k' \operatorname{sn}^2(r, k')}{\operatorname{cn}(r, k') \operatorname{dn}(r, k')} - k \operatorname{nc}(r, k') \right] + \right.$$
$$\left. + \sin\varphi_S \cdot \frac{K'}{\pi/2} \frac{1 + k'}{k'} \left[k' \operatorname{sn}(r, k') - \operatorname{zn}(r, k') \frac{1 - k' \operatorname{sn}^2(r, k')}{\operatorname{cn}(r, k') \operatorname{dn}(r, k')} \right] \right\}. \tag{57}$$

Ersetzt man hierin r durch $r + 2K'$, so wechseln bekanntlich $\operatorname{sn} r$ und $\operatorname{cn} r$ ihre Vorzeichen, während die Funktionen $\operatorname{zn} r$ und $\operatorname{dn} r$ es behalten. Nach Gl. (57) ist also $A_z(r, 0) = -A_z(r + 2K', 0)$. In Abhängigkeit von r ist also nach Gl. (57)

$$-A_z(r + 2K', 0) + A_z(r, 0)$$
$$= \frac{18}{\pi^2} \tilde{I} N \mu_0 \left\{ \cos\varphi_S \left[\frac{1 + k'}{k'} \frac{1 - k' \operatorname{sn}^2(r, k')}{\operatorname{cn}(r, k') \operatorname{dn}(r, k')} - \frac{k}{k'} \operatorname{nc}(r, k') \right] + \right.$$
$$\left. + \sin\varphi_S \cdot \frac{K'}{\pi/2} \frac{1 + k'}{k'} \left[k' \operatorname{sn}(r, k') - \operatorname{zn}(r, k') \frac{1 - k' \operatorname{sn}^2(r, k')}{\operatorname{cn}(r, k') \operatorname{dn}(r, k')} \right] \right\}. \tag{57a}$$

Wir brauchten in dieser Gleichung dann nur noch r durch r_S zu ersetzen, wobei dann r_S und φ_S gemäß den Gl. (3a, b, c) zusammenhängen, und wir hätten in Gl. (57a) den Ausdruck für $\Psi_S(A_S, B_S)$ von Gl. (56) vor uns mit der Variablen r_S an Stelle von φ_S.

Zur Not würde diese Parameterdarstellung der linken Seite von Gl. (57a) für unsere Zwecke bereits ausreichen, da es jedoch im vorliegenden Fall mit Ausnahme der Funktion $\operatorname{zn}(r, k')$ möglich ist, die Abhängigkeit des Flusses in Ψ_S in einfacher Weise direkt durch φ_S auszudrücken, so möge die Formel (57a) in diesem Sinne noch etwas weiter umgeformt werden.

Aus den Gl. (3a, b, c) gehen nämlich ohne Schwierigkeit die folgenden Umkehrformeln hervor:

$$\operatorname{cn}(r, k') = \frac{k\cos\varphi}{\sqrt{1-k'^2\cos^2\varphi}}, \qquad \operatorname{sn}(r, k') = \frac{\sin\varphi}{\sqrt{1-k'^2\cos^2\varphi}}, \tag{58a, b}$$

$$\operatorname{dn}(r, k') = \frac{k}{\sqrt{1-k'^2\cos^2\varphi}}, \qquad \sqrt{1-k'^2\cos^2\varphi} = \sqrt{k^2+k'^2\sin^2\varphi}. \tag{58c, d}$$

Sie verknüpfen unmittelbar r mit φ. Offenbar entsprechen den Punkten $-2K'$, $-K'$, 0, $+K'$, $+2K'$ der r-Achse die Punkte $\varphi = -\pi$, $-\pi/2$, 0, $+\pi/2$, $+\pi$ des Ständerkreises, wie es nach Gl. (10b) sein muß. Nach Gl. (58b) ist dann nach Übergang zu den inversen Funktionen

$$r = F\left[\arcsin\left(\frac{\sin\varphi}{\sqrt{1-k'^2\cos^2\varphi}}\right), k'\right]. \tag{58β}$$

worin $F(\vartheta, k')$ das bekannte Symbol für das elliptische Integral erster Gattung ist.

Geht man nun mit Gl. (58a, b, c) in Gl. (57a) ein, so ermittelt man nach kurzer Rechnung für den magnetischen Fluß $\Psi_S(A_S, B_S; \varphi_S)$ von Gl. (56) den folgenden Ausdruck:

$$\begin{aligned} \Psi_S(A_S, B_S; \varphi_S) &= 2A_z(r_S, 0) = +\frac{18}{\pi^2}\tilde{I}N\mu_0 \times \\ &\times \left\{\frac{1}{k'}\left[(1+k'\cos^2\varphi_S) - \sqrt{1-k'^2\cos^2\varphi_S}\right] + \right. \\ &\left. + \sin\varphi_S\cdot\frac{K'}{\pi/2}\left[\frac{(1+k')\sin\varphi_S}{\sqrt{1-k'^2\cos^2\varphi_S}} - \frac{1+k'\cos^2\varphi_S}{k'}\,\frac{\operatorname{zn}(r_S, k')}{\cos\varphi_S}\right]\right\}, \end{aligned} \tag{59}$$

und hierin hängt r_S mit φ_S in der nämlichen Weise zusammen wie in Gl. (58) r mit φ. Strebt in Gl. (59) $k' \to 0$, so entsteht in diesem Grenzfall, da die Funktion zn mit k' in der Ordnung k'^2 verschwindet, die einfache Formel:

$$\lim_{k'=0}\Psi_S(A_S, B_S; \varphi_S) = \frac{18}{\pi^2}\mu_0\tilde{I}N \equiv \Psi_B(A_S, B_S). \tag{58'}$$

Sie gibt die Größe des magnetischen Flusses an, der sich infolge der rein sinusförmigen Erregung gemäß Gl. (8) in der hohlen Ständerbohrung von der mit positiven Potentialwerten belegten Hälfte des Ständerkreises zu der mit negativen Potentialwerten belegten anderen Hälfte herüberzieht. Das sich dazwischen ausspannende Feld ist bekanntlich homogen.

Man beachte, daß die Gl. (59) für $\varphi_S = \pm\pi/2$ so wenig wie die Gl. (57) oder (57a) für $r = \pm K'$ trotz dem Verschwinden von $\cos\varphi_S$

oder von $\operatorname{cn}(r, k')$ an den angegebenen Stellen Singularitäten aufweisen. Im Falle der Gl. (57) oder (57a) macht man sich dies leicht klar, indem man etwa $r = \pm K' + \varepsilon$ setzt und die unmittelbare Umgebung der Stelle $\varepsilon = 0$ untersucht. Im Falle der Gl. (59) verschwindet in dem mit $\sin\varphi_S$ behafteten Term für $\varphi_S = \pm\pi/2$ nicht bloß der Nenner $\cos\varphi_S$, sondern auch der Zähler $\operatorname{zn}(r_S, k')$, denn für $r_S = \pm K'$ ist bekanntlich $\operatorname{zn}(r_S, k') = 0$.

Zwei Werte von Ψ_S, Gl. (59), interessieren ganz besonders. Der eine betrifft den Wert für $\varphi_S = 0$. Im Hinblick auf Gl. (58′) errechnet sich hierfür ohne Mühe

$$\Psi_S(A_S, B_S; 0) = \Psi_B(A_S, B_S)\,[1 + k' - k]/k', \tag{59a}$$

$$[\Psi_S(A_S, B_S; 0)]_{k'=0} = \frac{18}{\pi^2} N\tilde{I}\mu_0. \tag{59α}$$

Der andere Fall liegt vor in $\varphi_S = \pi/2$. Um den hierzu gehörenden Wert von Ψ_S nach Gl. (59) angeben zu können, muß zunächst der Grenzwert des Verhältnisses $\operatorname{zn}(r_S, k')/\cos\varphi_S$ für $\varphi_S \to \pm\pi/2$ bestimmt werden. Nun ist für $\varphi_S = \pm(\pi/2 - \varepsilon)$ mit $\varepsilon \to 0$

$$\sin\varphi_S \approx \pm\left(1 - \frac{1}{2}\varepsilon^2 \ldots\right), \quad (60\text{a}) \qquad \cos\varphi_S \approx \varepsilon + O(\varepsilon^3). \quad (60\text{b})$$

Andererseits ist nach Gl. (58β)

$$r_S \approx F\left[\arcsin\left(\frac{\pm(1 - \frac{1}{2}\varepsilon^2)}{\sqrt{1 - k'^2\varepsilon^2}}; k'\right)\right] = \pm F[\arcsin(1 - \frac{1}{2}\varepsilon^2 k^2); k'] \approx$$

$$\approx \pm F\left(\frac{\pi}{2} - \varepsilon k; k'\right) = \pm\int_0^{\frac{\pi}{2} - \varepsilon k} \frac{d\vartheta}{\sqrt{1 - k'^2\sin^2\vartheta}} \tag{60α}$$

$$= \pm\left[K' - \int_0^{\varepsilon k} \frac{d\gamma}{\sqrt{1 - k'^2\cos^2\gamma}}\right] = \pm\left[K' - \int_0^{\varepsilon k} \frac{d\gamma}{\sqrt{k^2 + k'^2\sin^2\gamma}}\right]$$

$$= \pm[K' - \varepsilon].$$

Da nun

$$\operatorname{zn}(r_S, k') \approx \pm\operatorname{zn}(K' - \varepsilon; k') \tag{60β}$$

ist, so erhält man endgültig die Formel:

$$\lim_{\varphi_S = \frac{\pi}{2}} \frac{\operatorname{zn}(r_S, k')}{\cos\varphi_S} = \pm\left(\frac{E'}{K'} - k^2\right). \tag{60}$$

Nach Gl. (59) ergibt sich dann:

$$\Psi_S\left(A_S, B_S; \frac{\pi}{2}\right) = \Psi_B(A_S, B_S)\frac{K'}{\pi/2}\left[1 + \frac{1}{k'}\left(1 - \frac{E'}{K'}\right)\right]. \tag{59b}$$

Im Hinblick auf Abb. 190 bedeutet $\Psi_S(A_S, B_S; 0)$, Gl. (59a), den magnetischen Fluß, der von dem Teil $A_S\ M_+\ B_S$ der Ständeroberfläche zum Teil $A_S\ M_-\ B_S$ übertritt, falls $\varphi_S = 0$ ist, der Läufer also diesem Fluß seine Breitseite zukehrt. Dagegen berechnet sich der magnetische Fluß nach Gl. (59b), wenn $\varphi_S = \pi/2$ ist und der Läufer dem von $A_S\ M_+\ B_S$ nach $A_S\ M_-\ B_S$ übertretenden Fluß die schmale Seite zuwendet. Die Abhängigkeit dieser beiden Flüsse von der Größe des Läufers, d. h. bei gegebenem R des Ständerkreises von k', ist in den beiden Kurven von Abb. 193 wiedergegeben. Der sich stetig mit φ_S ändernde magnetische Fluß, der aus dem Teil $A_S\ M_+\ B_S$ austritt und durch Gl. (59) angegeben wird, findet man für die drei Werte $k' = 0{,}5$, $0{,}75$, $0{,}95$ in Abb. 194 in Abhängigkeit von φ_S dargestellt.

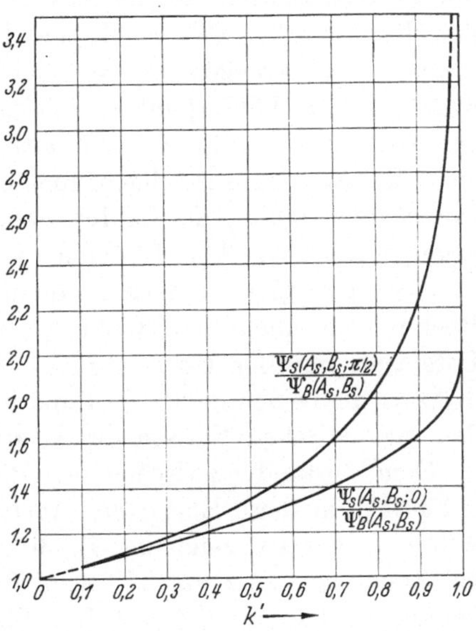

Abb. 193. Dieses Bild stellt das Verhältnis des aus dem Ständer für $\varphi_S = 0$ und $\varphi_S = \pi/2$ zwischen A_S und B_S austretenden magnetischen Flusses zum magnetischen Fluß des Bohrungsfeldes in seiner Abhängigkeit von k' dar. Für $k' = 0$ ist $\Psi_B(A_S, B_S) = \Psi_S(A_S, B_S; \varphi_S)$

Wir können nun ohne Schwierigkeit mittels der Gl. (36) für die beiden besonderen Werte $\varphi_S = 0$ und $\varphi_S = \pi/2$ auch den maximalen

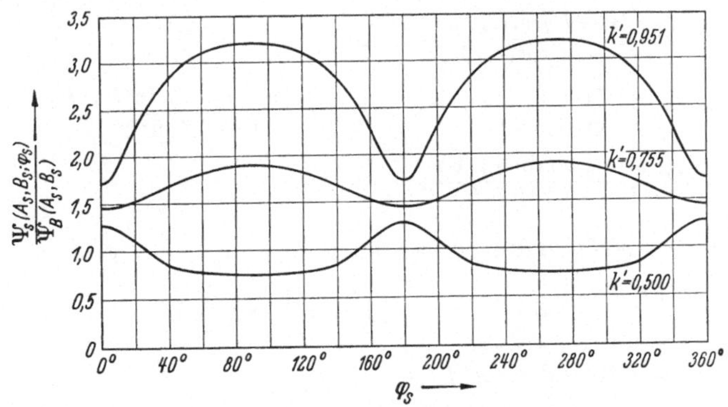

Abb. 194. Die Abbildung stellt das Verhältnis des Magnetfeldes $\Psi_S(A_S, B_S; \varphi_S)$ zum magnetischen Fluß des Bohrungsfeldes in Abhängigkeit vom Winkel φ_S dar

magnetischen Fluß bestimmen, der in den Läufer eintritt. Für $\varphi_S = 0$ wird dieser maximale Fluß zwischen den linken und rechten Endpunkten der großen Achse des Läufers eintreten, d. h. zwischen den Punkten $\pm x_m/R$ von Abb. 190 im Falle $\varphi_S = \pi/2$ zwischen den oberen und unteren Endpunkten der kleinen Achse des Läufers, d. h. zwischen den Punkten $\pm y_m/R$. Auch im allgemeinen Fall $\varphi_S \neq 0$ oder $\pi/2$ liegen übrigens wegen der Symmetrie der Anordnung die Stellungswinkel zweier Läuferpunkte, zwischen denen der magnetische Fluß entweder nur eintritt oder nur austritt, stets um den Winkel π auseinander. Nun ist es im allgemeinen Fall nicht von vornherein bekannt, wo auf dem Umfang des Läufers der Anfangspunkt oder der Endpunkt liegen werden. In Abb. 190 sind diese beiden Punkte mit α_L und β_L bezeichnet worden, und es ist dann eben hier nicht ohne besondere Rechnung möglich, den Winkel φ_S anzugeben, den die Nullachse des Potentials mit der Horizontalen bilden müßte, damit etwa α_L und $\beta_L > \alpha_L$ die beiden neutralen Punkte zwischen den ein- und austretenden magnetischen Flüssen des Läufers abgeben.

Dem Abstand π zwischen den Punkten α_L und β_L in der z-Ebene entspricht in der t-Ebene der Abstand $2K'$ in Richtung der reellen Achse. In der Tat zeigt die Gl. (36), daß der Ausdruck für $A_z(r, \frac{1}{2}K)$ bei Zunahme von r um $2K'$ sein Vorzeichen wechselt. Es möge nun bei der Abbildung der z- auf die t-Ebene der Punkt α_L auf der Läuferoberfläche in den Punkt $(r_\alpha, K/2)$ der t-Ebene übergehen, so daß dann $r_\beta = r_\alpha + 2K'$ ist. Dann ist nach Gl. (36) und (56) mit $\Psi_L(\alpha_L, \beta_L; \varphi_S)$ als dem maximalen Fluß, der bei der durch φ_S charakterisierten Lage der Nullachse des Potentialbelags auf dem Ständer zwischen den Punkten α_L und $\beta_L = \alpha_L + \pi$ der Läuferoberfläche hindurchtritt:

$$\begin{aligned}\frac{\Psi_L(\alpha_L, \beta_L; \varphi_S)}{\Psi_B(A_S, B_S)} &= +\cos\varphi_S \frac{2k'^{\frac{1}{2}}\,\mathrm{cn}(r_\alpha, k')}{1-k'\,\mathrm{sn}^2(r_\alpha, k')}\left[-\sqrt{1-k'} + \mathrm{dn}(r_\alpha, k')\right] - \\ &- \sin\varphi_S \cdot k'^{-\frac{1}{2}} \frac{(1-k')\,\mathrm{sn}(r_\alpha, k')}{1-k'\,\mathrm{sn}^2(r_\alpha, k')} + \sin\varphi_S \cdot k'^{-\frac{1}{2}} \cdot \frac{2K'}{\pi} \times \\ &\times \left[(1+k')^2 \frac{\mathrm{sn}(r_\alpha, k')}{1+k'\,\mathrm{sn}^2(r_\alpha, k')}\right] - 2k'\,\mathrm{sn}(r_\alpha, k')\frac{\mathrm{cn}^2(r_\alpha, k')\,\mathrm{dn}^2(r_\alpha, k')}{1-k'^2\,\mathrm{sn}^4(r_\alpha, k')} - \\ &- 2\,\mathrm{zn}(r_\alpha, k')\frac{\mathrm{cn}(r_\alpha, k')\,\mathrm{dn}(r_\alpha, k')}{1-k'\,\mathrm{sn}^2(r_\alpha, k')}.\end{aligned} \tag{61}$$

Im besonderen ist also mit $\varphi_S = 0$ und $r_\alpha = 0$

$$\frac{\Psi_L(\alpha_L, \beta_L; 0)}{\Psi_B(A_S, B_S)} = 2k'^{-\frac{1}{2}}\left[1 - \sqrt{1-k'}\right] \to k'^{\frac{1}{2}} \text{ für } k' \to 0 \tag{61a}$$

und mit $\varphi_S = \pi/2$ und $r_\alpha = K'$

$$\frac{\Psi_L(\alpha_L, \beta_L; \pi/2)}{\Psi_B(A_S, B_S)} = k'^{-\frac{1}{2}}\left[\frac{2K'}{\pi}(1+k') - 1\right] \to k'^{\frac{1}{2}} \text{ für } k' \to 0. \tag{61b}$$

Kombiniert man die Gl. (61a) mit (59a) und (61b) mit (59b), so entstehen die beiden folgenden Formeln für die Streukoeffizienten

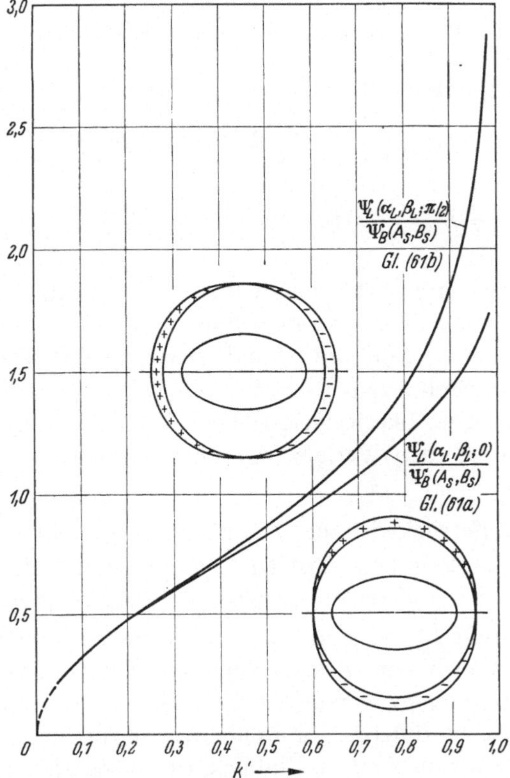

Abb. 195. Im Fall $\varphi_S = 0$ wendet der Läufer dem positiven Potentialbelag des Ständers die Breitseite zu (unteres Bild), im Falle $\varphi_S = \pi/2$ die schmale Seite (oberes Bild). In diesem Bilde ist das Verhältnis des in diesen beiden Lagen in den Läufer austretenden magnetischen Flußes zum magnetischen Fluß des Bohrungsfeldes in Abhängigkeit von k' aufgetragen

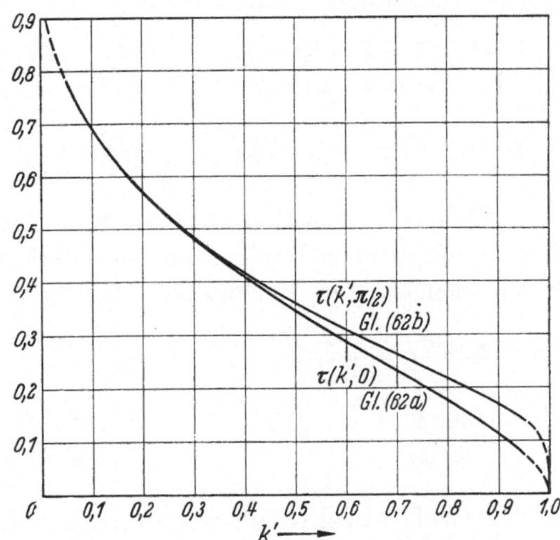

Abb. 196. In diesem Bild ist der gemäß Abb. 192 zwischen den Punkten α_L, β_L der Läuferoberfläche in den Läufer eintretende magnetische Fluß für die beiden Fälle $\varphi_S = 0$ und $\varphi_S = \pi/2$ ins Verhältnis gesetzt zu dem magnetischen Fluß des Bohrungsfeldes. Dieses Verhältnis ist in Abhängigkeit von k' dargestellt. Die Abhängigkeit von x_m/R von k' kann wieder aus Bild 191 ersehen werden

zwischen der Ständerwicklung und dem Läufer:

$$\tau(k'; 0) = 1 - 2\frac{k'^{\frac{1}{2}}(1-(1-k')^{\frac{1}{2}})}{1+k'-k}, \tag{62a}$$

$$\tau\left(k'; \frac{\pi}{2}\right) = 1 - k'^{\frac{1}{2}}\frac{1+k'-(\pi/2K')}{1+k'-(E'/K')}. \tag{62b}$$

Die erste Formel entspricht dem Fall, wo der Läufer dem Fluß die Breitseite zuwendet, die zweite dem Fall, wo der Läufer dem aus dem Ständer austretenden Fluß die schmale Seite zukehrt. Die beiden vom Läufer in den Stellungen $\varphi_S = 0$ und $\varphi_S = \pi/2$ aufgenommenen Flüsse sind in Abb. 195 wiedergegeben. Die Abb. 196 zeigt in Abhängigkeit von k' den Verlauf der beiden Streukoeffizienten von Gl. (62a, b).

8.36 Die Läuferrückwirkung. Die bisher aufgestellten Beziehungen für die charakteristischen Größen des Luftspaltfeldes gelten nur so lange, als der Ständerstrom in jeder der drei Phasen stets die angenommene Größe $\tilde{I}$ und den rein sinusförmigen Verlauf hat. Die rückwirkend von diesem Feld in den einzelnen Phasenwicklungen induzierten Spannungen versuchen diese Ströme sowohl nach Größe als nach Verlauf zu ändern. Wir wollen uns in diesem Abschnitt über diese Ankerrückwirkung einen Einblick zu verschaffen versuchen.

Um zum Ziele zu kommen, ist es am zweckmäßigsten, den Ausdruck für das Vektorpotential an der inneren Oberfläche des Ständers, der für $t = r$, $\mathfrak{Im}(r) = 0$, unmittelbar durch Gl. (31) gegeben ist, in eine Fourier-Reihe zu zerlegen. Man hat zunächst

$$\begin{aligned}\frac{A_z(r,0)}{(9/\pi^2\cdot\mu_0\tilde{I}N)} &= \left[\frac{1+k'}{k'}\,\frac{1-k'\,\mathrm{sn}^2(r,k')}{\mathrm{cn}(r,k')\,\mathrm{dn}(r,k')} - \frac{k}{k'}\,\mathrm{nc}(r,k')\right]\cos\varphi_S + \\ &+ \frac{2K'}{\pi}\,\frac{1+k'}{k'}\left[k'\,\mathrm{sn}(r,k') - \mathrm{zn}(r,k')\frac{1-k'\,\mathrm{sn}^2(r,k')}{\mathrm{cn}(r,k')\,\mathrm{dn}(r,k')}\right]\sin\varphi_S.\end{aligned} \tag{63a}$$

Macht man hierin Gebrauch von den Gl. (58a, b, c), indem man soweit wie möglich die elliptischen Funktionen eliminiert, so ergibt sich weiterhin nach rein elementaren Rechnungen die Relation

$$\begin{aligned}\frac{A_z(r,0)}{(9/\pi^2\cdot\mu_0\tilde{I}N)} &= \frac{1+k'\cos^2\varphi-\sqrt{1-k'^2\cos^2\varphi}}{k'\cos\varphi}\cos\varphi_S + \\ &+ \frac{K'}{\pi/2}\,\frac{1+k'}{k'}\left[\frac{k'\sin\varphi}{\sqrt{1-k'^2\cos^2\varphi}} - \mathrm{zn}(r,k')\frac{1+k'\cos^2\varphi}{(1+k')\cos\varphi}\right]\sin\varphi_S,\end{aligned} \tag{63b}$$

und hierin gilt für die Größe r in $\mathrm{zn}(r, k')$ wiederum die frühere Gl. (58β), d. h. also, es ist

$$r = F\left[\arcsin\left(\frac{\sin\varphi}{\sqrt{1-k'^2\cos^2\varphi}}\right); k'\right] \equiv F(\beta; k'). \tag{63α}$$

Nun ist

$$(1 - k'^2 \cos^2\varphi)^{-\frac{1}{2}} = \frac{2^{\frac{1}{2}}}{k'}\left[\frac{2-k'^2}{k'^2} - \cos 2\varphi\right]^{-\frac{1}{2}}$$
$$= \frac{2^{\frac{1}{2}}}{k'}\left[1 + 2\left(\frac{k}{k'}\right)^2 - \cos 2\varphi\right]^{-\frac{1}{2}} \tag{64}$$

und mithin im Hinblick auf Gl. 2 (69)

$$(1 - k'^2 \cos^2\varphi)^{-\frac{1}{2}} = \frac{4}{\pi k'}\sum_{\lambda=0}^{\infty}\frac{\cos 2\lambda\varphi}{1+\delta_{0\lambda}}\,\mathfrak{Q}_{-\frac{1}{2}+\lambda}\left(1 + 2\frac{k^2}{k'^2}\right), \tag{64a}$$

$$\frac{\sin\varphi}{\sqrt{1-k'^2\cos^2\varphi}} = \frac{2}{\pi k'}\sum_{\lambda=0}^{\infty}\sin(2\lambda+1)\varphi \times$$
$$\times\left[\mathfrak{Q}_{\lambda-\frac{1}{2}}\left(\frac{1+k^2}{1-k^2}\right) - \mathfrak{Q}_{\lambda+\frac{1}{2}}\left(\frac{1+k^2}{1-k^2}\right)\right]. \tag{64b}$$

Man beachte dabei, daß für $k' \to 0$

$$\mathfrak{Q}_{-\frac{1}{2}+\lambda}\left(\frac{1+k^2}{1-k^2}\right) \to \pi^{\frac{1}{2}}\frac{\Gamma(\lambda+\frac{1}{2})}{\lambda!}\left(\frac{k'}{2}\right)^{2\lambda+1}$$

strebt.

Für die erste Zeile von Gl. (63b) läßt sich schreiben:

$$\frac{1 + k'\cos^2\varphi - \sqrt{1-k'^2\cos^2\varphi}}{k'\cos\varphi} = \cos\varphi + \frac{1-\sqrt{1-k'^2\cos^2\varphi}}{k'\cos\varphi}. \tag{65}$$

Die hierin auf der rechten Seite auftretende Funktion ist überall stetig und bleibt auch in den Punkten $\pi/2$, mod 1, endlich. Sie muß sich mithin in eine FOURIER-Reihe entwickeln lassen, und da der Ausdruck (65) auf einen Vorzeichenwechsel nicht reagiert, so muß im besonderen gelten

$$X(\varphi) = \frac{1-\sqrt{1-k'^2\cos^2\varphi}}{k'\cos\varphi} = \sum_{\lambda=0}^{\infty} A_\lambda \cos(2\lambda+1)\varphi, \tag{65a}$$

$$2\pi A_\lambda = \int_{-\pi}^{+\pi} X(\varphi)\cos(2\lambda+1)\varphi\,d\varphi. \tag{65b}$$

Nun ist

$$1 - \sqrt{1-k'^2\cos\varphi} = 1 - \sum_{\nu=0}^{\infty}\binom{\frac{1}{2}}{\nu}(-)^\nu k'^{2\nu}\cos^{2\nu}\varphi$$
$$= \sum_{\nu=1}^{\infty}\binom{\frac{1}{2}}{\nu}(-)^{\nu-1} k'^{2\nu}\cos^{2\nu}\varphi,$$

und also dient zur Berechnung der Koeffizienten A_λ die Formel:

$$A_\lambda = \frac{1}{2\pi k'} \sum_{\nu=1}^{\infty} (-)^{\nu-1} \binom{\frac{1}{2}}{\nu} k'^{2\nu} \int_{-\pi}^{+\pi} \cos(2\lambda+1)\varphi \cdot \cos^{2\nu-1}\varphi \cdot d\varphi$$

$$= \frac{2}{\pi} \sum_{\nu=1}^{\infty} (-)^{\nu-1} \binom{\frac{1}{2}}{\nu} k'^{2\nu-1} \int_{0}^{\pi/2} \cos(2\lambda+1)\varphi \cdot \cos^{2\nu-1}\varphi \cdot d\varphi \qquad (65\text{c})$$

$$(\lambda = 1, 2, 3 \ldots),$$

denn der Integrand in Gl. (65c) ist eine gerade Funktion von φ. Die Möglichkeit der nochmaligen Hälftung des Integrationsweges erkennt man sofort, indem man das Integral mit den Grenzen $0 \cdots \pi/2$ und $\pi/2 \cdots \pi$ in zwei Integrale zerlegt und im zweiten die Substitution $\varphi = \pi - \varphi'$ durchführt. Das verbleibende Integral kann nach einer allgemeinen Formel durch einen Quotienten von Γ-Funktionen ausgedrückt werden, so daß sich schließlich das folgende Ergebnis einstellt:

$$A_\lambda = \frac{k'^{2\lambda+1}}{2\pi} \sum_{p=0}^{\infty} (k'^2)^p \frac{\lambda+p+\frac{1}{2}}{\lambda+p+1} \frac{\Gamma^2(\lambda+p+\frac{1}{2})}{p!(2\lambda+1+p)!} \quad (\lambda = 0, 1, 2 \ldots). \qquad (65\text{d})$$

Die Konvergenz dieser Reihe ist nicht sonderlich gut, denn für $p \to \infty$ verhält sich ein weit entferntes Reihenglied wie $(k'^2)^p/p^2$, so daß für $k' \approx 1$ ziemlich viel Reihenglieder für die numerische Berechnung erforderlich sind.

Am schwierigsten gestaltet sich die Umwandlung des Terms

$$Y(\varphi) = \text{zn}(r, k') \frac{1 + k' \cos^2\varphi}{k' \cos\varphi} = \sum_{\lambda=0}^{\infty} B_\lambda \sin(2\lambda+1)\varphi \qquad (66)$$

in eine FOURIER-Reihe. Für die noch unbekannten Koeffizienten B_λ dieser Reihe besteht dann bekanntlich die Formel:

$$B_\lambda = \frac{1}{\pi k'} \int_{0}^{2\pi} \text{zn}(r, k') \frac{1 + k' \cos^2\varphi}{\cos\varphi} \sin(2\lambda+1)\varphi \, d\varphi. \qquad (66\text{a})$$

Nun ist

$$\sin(2\lambda+1)\varphi = (2\lambda+1)\sin\varphi \cdot {}_2F_1(-\lambda, \lambda+1; \tfrac{3}{2}; \sin^2\varphi), \qquad (67)$$

und somit kann auch geschrieben werden

$$B_\lambda = \frac{2\lambda+1}{\pi k'} \sum_{p=0}^{\lambda} \frac{(-\lambda)_p (\lambda+1)_p}{(\frac{3}{2})_p \, p!} I_p(k'), \qquad (66\text{b})$$

wenn zur Abkürzung

$$I_p(k') \equiv \int_{-\pi}^{+\pi} \mathrm{zn}(r, k') \frac{1 + k' \cos^2\varphi}{\cos\varphi} \sin^{2p+1}\varphi \, d\varphi \quad (p = 0, 1, 2, \ldots) \quad (68\text{a})$$

gesetzt wird. Zwecks Berechnung von $I_p(k')$ kehren wir in Gl. (68a) unter dem Integralzeichen mittels der Gl. (58a, b, c) zu den elliptischen Funktionen zurück und erhalten damit die Darstellung:

$$\begin{aligned} I_p(k') = (k^2)^{p+1} \int_{-2K'}^{+2K'} \mathrm{zn}(r, k') [\mathrm{dc}(r, k') + k' \mathrm{cd}(r, k')] \times \\ \times (\mathrm{sd}(r, k'))^{2p+1} \mathrm{nd}(r, k') \, dr. \end{aligned} \quad (68\text{b})$$

Von den Integralgrenzen $-2K' \cdots +2K'$ kann hierin sofort durch zweifache Verdoppelung zu den Integralgrenzen $0 \cdots K'$ übergegangen werden.

Wir betrachten zunächst allein das Integral, das dem zweiten Summanden in der eckigen Klammer des Integranden von Gl. (68b) entspricht. Es gilt dafür:

$$\begin{aligned} & 4k' (k^2)^{p+1} \int_0^{K'} \mathrm{zn}(r, k') \frac{\mathrm{cn}(r, k') \, \mathrm{sn}(r, k')}{\mathrm{dn}^3(r, k')} \left[\frac{1 - \mathrm{dn}^2(r, k')}{k'^2 \, \mathrm{dn}^2(r, k')}\right]^p dr \\ & = \frac{2 k^{2p+2}}{(k')^{2p+1}} \int_0^{K'} \mathrm{zn}(r, k') [\mathrm{nd}^2(r, k') - 1]^p \, d(\mathrm{nd}^2(r, k')) \\ & = \frac{2k}{p+1} \left(\frac{k}{k'}\right)^{2p+1} \int_0^{K'} \mathrm{zn}(r, k') \, d([\mathrm{nd}^2(r, k') - 1]^{p+1}). \end{aligned}$$

Eine Teilintegration führt von hier aus weiter zu der Schlußformel:

$$\begin{aligned} & k^{2p+2} \int_{-2K'}^{2K'} \mathrm{zn}(r, k') [k' \mathrm{cd}(r, k')] (\mathrm{sd}(r, k'))^{2p+1} \frac{dr}{\mathrm{dn}(r, k')} \\ & = -\frac{2k}{p+1} \left(\frac{k}{k'}\right)^{2p+1} \int_0^{K'} \left[\frac{1}{\mathrm{dn}^2(r, k')} - 1\right]^{p+1} \left[\mathrm{dn}^2(r, k') - \frac{E'}{K'}\right] dr. \end{aligned} \quad (68\text{b}_1)$$

Das rechts entstandene Integral kann für jedes endliche und ganzzahlige p nach den bekannten Formelsammlungen [4] ausgewertet werden.

In dem Integral, das dem ersten Summanden in der eckigen Klammer des Integranden von Gl. (68b) entspricht, setzen wir nach Übergang zu den Integralgrenzen $0 \cdots K'$ am besten $r = K' - x$ und erhalten dann

$$4k^{2p+2}\int_0^{K'} \mathrm{zn}(r, k')\,(\mathrm{sd}\,(r, k'))^{2p}\,\mathrm{sc}\,(r, k')\,\frac{dr}{\mathrm{dn}(r, k')}$$

$$= 4k'^2\int_0^{K'} [\mathrm{cn}(x, k')]^{2p+2}\,dx - 4\int_0^{K'} \mathrm{zn}(x, p')\,\mathrm{cn}^{2p}(x, k') \times \qquad (68\mathrm{b}_2)$$

$$\times \frac{\mathrm{cn}(x, k')\,\mathrm{dn}(x, k')}{\mathrm{sn}\,(x, k')}\,dx.$$

Der Wert des Integrals über cn^{2p+2} läßt sich wiederum bekannten Formelsammlungen entnehmen. Für das zweite Integral auf der rechten Seite kann wegen $\mathrm{cn}^2 = 1 - \mathrm{sn}^2$ geschrieben werden:

$$\int_0^{K'} \mathrm{zn}(x, k')\,\mathrm{cn}^{2p}(x, k')\,\frac{\mathrm{cn}\,(x, k')\,\mathrm{dn}\,(x, k')}{\mathrm{sn}\,(x, k')}\,dx$$

$$= \sum_{\lambda=1}^{\infty} (-)^{\lambda} \binom{p}{\lambda} \int_0^{K'} \mathrm{zn}\,x\,\mathrm{cn}\,x\,\mathrm{dn}\,x\,\mathrm{sn}^{2\lambda-1}\,x\,dx \qquad (69)$$

$$= \int_0^{K'} \mathrm{zn}(x, k')\,\frac{\mathrm{cn}\,(x, k')\,\mathrm{dn}\,(x, k')}{\mathrm{sn}\,(x, k')}\,dx +$$

$$+ \sum_{\lambda=1}^{p} \frac{(-)^{\lambda}}{2\lambda} \binom{p}{\lambda} \int_0^{K'} \mathrm{zn}(x, k')\,d(\mathrm{sn}^{2\lambda}(x, k')).$$

Weiterhin wird aber

$$\int_0^{K'} \mathrm{zn}(x, k')\,d(\mathrm{sn}^{2\lambda}(x, k'))$$

$$= \left[\frac{E'}{K'} - 1\right] \int_0^{K'} \mathrm{sn}^{2\lambda}(x, k')\,dx + k'^2 \int_0^{K'} \mathrm{sn}^{2\lambda+2}(x, k')\,dx. \qquad (69\,\mathrm{a})$$

Für $p = 0$ reduziert sich in Gl. (69) der Wert des links stehenden Integrals auf das rechts stehende Integral, das nach Gl. (44b) bereits bekannt ist. Damit ist nachgewiesen, daß alle bei der Fourier-Zerlegung von $A_z(r, 0)$, Gl. (63b), auftretenden Integrale nötigenfalls auch wirklich berechnet werden können.

Mit den in den Gl. (64b), (65), (65a, d), (66), (68a, b_1, b_2) gewählten Beziehungen schreibt sich nun der Ausdruck für das Vektorpotential

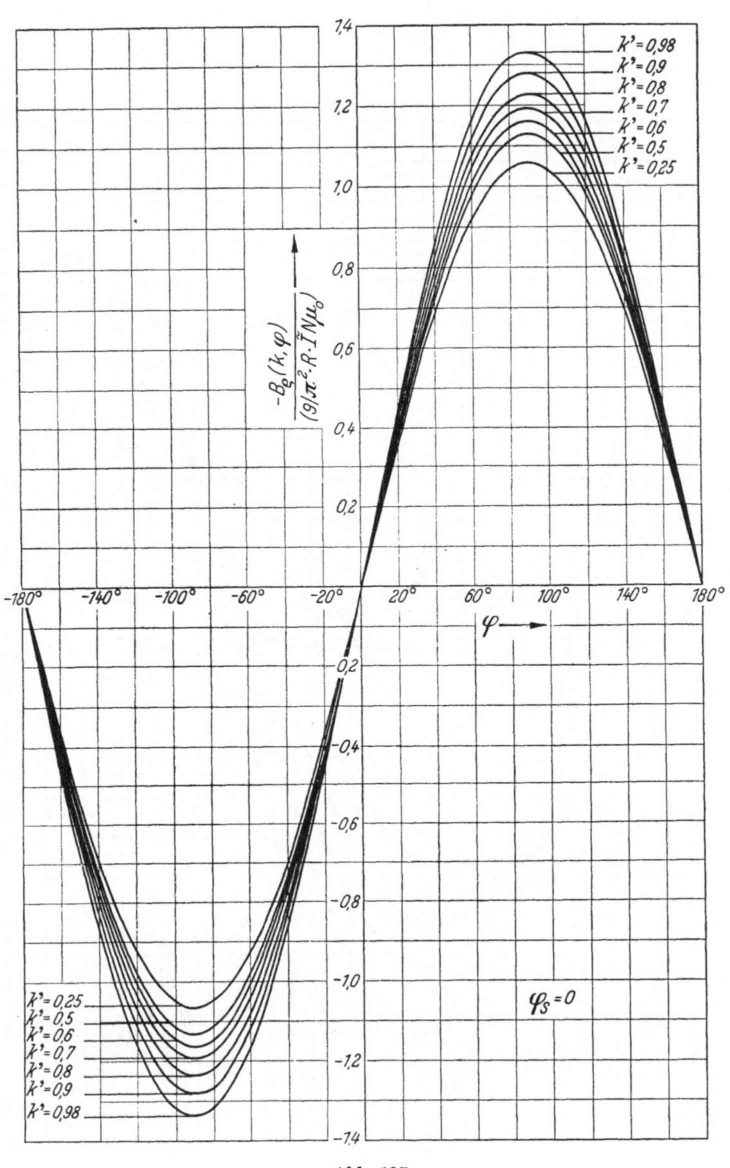

Abb. 197

Abb. 197—201. Diese fünf Abbildungen zeigen unter den gleichen Bedingungen die bezogene ϱ-Komponente der magnetischen Induktion des Grundfeldes für die fünf verschiedenen Werte $\varphi_S = 0°$, 30° 45°, 60°, 90° in Abhängigkeit des Winkels φ im Bereich $-180° \leqq \varphi \leqq +180°$. Für k' werden jedesmal die sieben verschiedenen Werte 0,25, 0,5 (0,1) 0,9 und 0,98 in Betracht gezogen

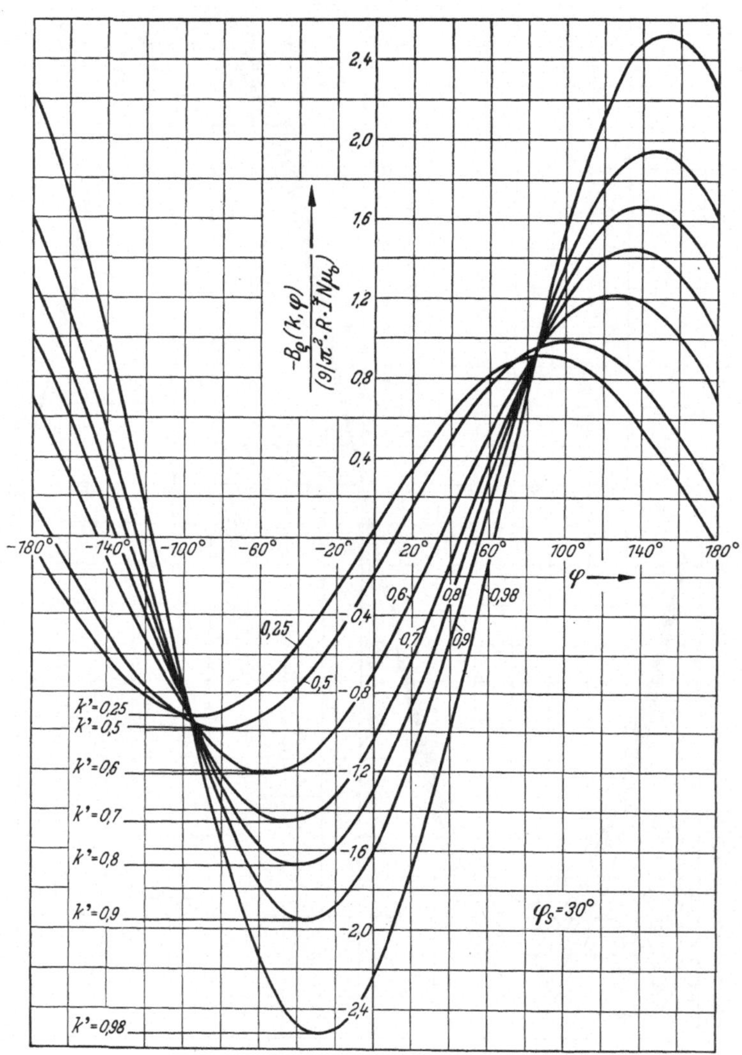
2,4
2,0
1,6
1,2
0,8
0,4
-0,4
-0,8
-1,2
-1,6
-2,0
-2,4
$-B_\varrho(k,\varphi) / (9/\pi^2 \cdot R \cdot I N \mu_0)$
-180°
-140°
-100°
-60°
-20°
20°
60°
100°
140°
180°
φ
0,25
0,5
0,6
0,7
0,8
0,9
0,98
k'=0,25
k'=0,5
k'=0,6
k'=0,7
k'=0,8
k'=0,9
k'=0,98
$\varphi_s = 30°$

Abb. 198

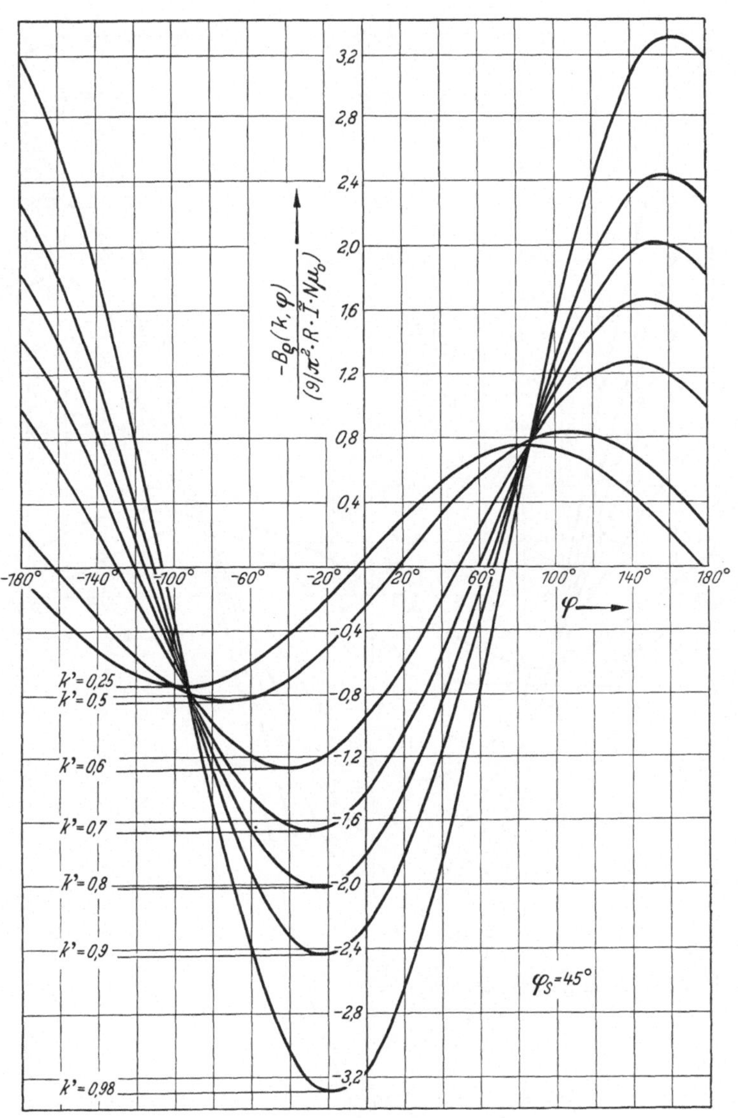
3,2
2,8
2,4
2,0
1,6
1,2
0,8
0,4
$-B_{\underset{\sim}{\delta}}(k,\varphi)$ / $(9/\pi^2 \cdot R \cdot \tilde{I} \cdot N\mu_0)$
-180°
-140°
-100°
-60°
-20°
20°
60°
100°
140°
180°
φ
-0,4
-0,8
-1,2
-1,6
-2,0
-2,4
-2,8
-3,2
k' = 0,25
k' = 0,5
k' = 0,6
k' = 0,7
k' = 0,8
k' = 0,9
k' = 0,98
$\varphi_S = 45°$

Abb. 199

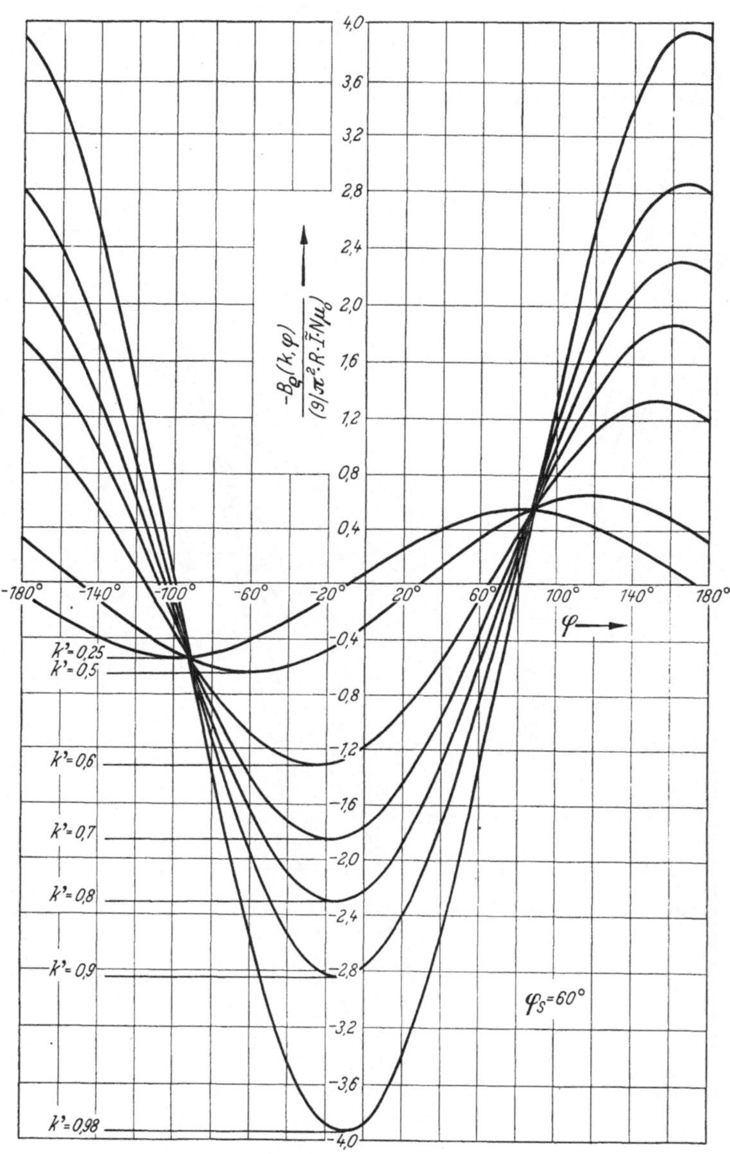
4,0
3,6
3,2
2,8
2,4
2,0
1,6
1,2
0,8
0,4
-0,4
-0,8
-1,2
-1,6
-2,0
-2,4
-2,8
-3,2
-3,6
-4,0
$\frac{-B_\varrho(k,\varphi)}{(9/\pi^2 \cdot R \cdot \tilde{I} \cdot N \mu_0)}$
-180°
-140°
-100°
-60°
-20°
20°
60°
100°
140°
180°
φ
k'=0,25
k'=0,5
k'=0,6
k'=0,7
k'=0,8
k'=0,9
k'=0,98
φ_S=60°

Abb. 200

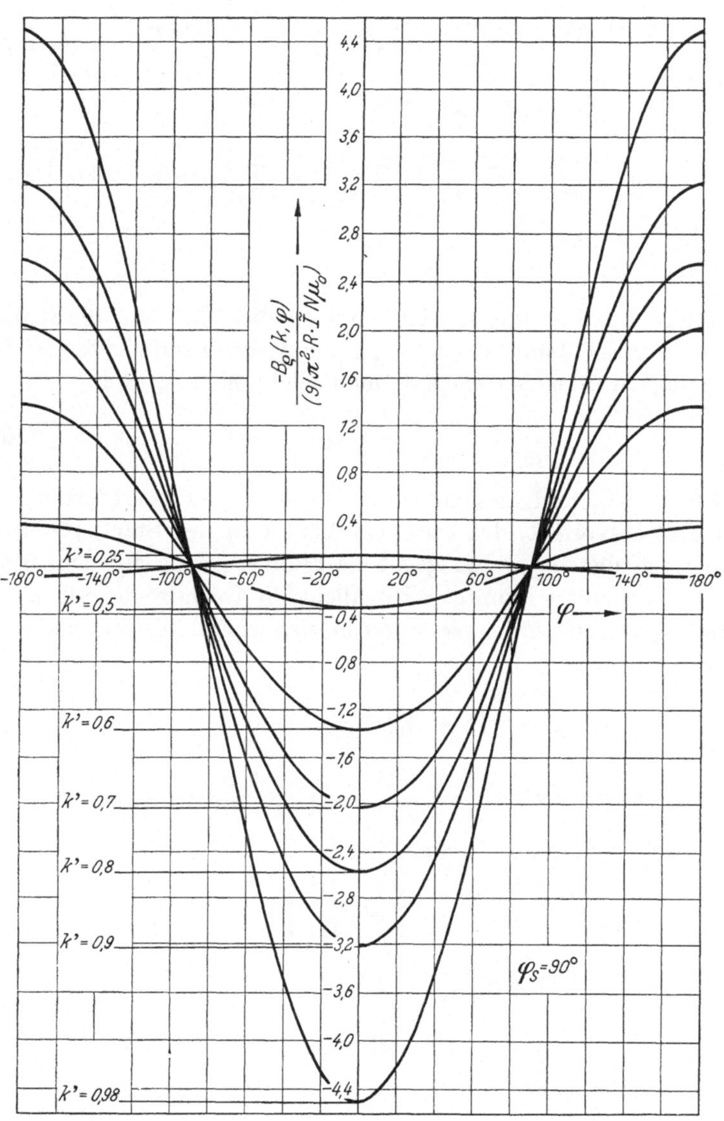

4,4
4,0
3,6
3,2
2,8
2,4
2,0
1,6
1,2
0,8
0,4
-0,4
-0,8
-1,2
-1,6
-2,0
-2,4
-2,8
-3,2
-3,6
-4,0
-4,4
$\frac{-B_\varrho(k,\varphi)}{(9/\pi^2 \cdot R \cdot \tilde{I}\, N \mu_0)}$
-180°
-140°
-100°
-60°
-20°
20°
60°
100°
140°
180°
φ
k' = 0,25
k' = 0,5
k' = 0,6
k' = 0,7
k' = 0,8
k' = 0,9
k' = 0,98
$\varphi_S = 90°$

Abb. 201

an der Stelle r oder φ des Ständerumfangs, wobei r und φ nach Gl. (58β) zusammenhängen, in der Form

$$\begin{aligned}\frac{A_z(r,0)}{(9/\pi^2\cdot\mu_0\tilde{I}N)} &= \cos\varphi\cos\varphi_S + \cos\varphi_S\sum_{\lambda=0}^{\infty}A_\lambda\cos(2\lambda+1)\,\varphi + \\ &+ \frac{2K'}{\pi}\sin\varphi_S\left\{\frac{2}{\pi}\,\frac{1+k'}{k'}\sum_{\lambda=0}^{\infty}\sin(2\lambda+1)\,\varphi\times\right. \\ &\times\left[\mathfrak{Q}_{-\frac{1}{2}+\lambda}\left(\frac{1+k^2}{1-k^2}\right)-\mathfrak{Q}_{+\frac{1}{2}+\lambda}\left(\frac{1+k^2}{1-k^2}\right)\right]-\left.\sum_{\lambda=0}^{\infty}B_\lambda\sin(2\lambda+1)\,\varphi\right\} \\ &\equiv \frac{A_z(R,\varphi)}{(9/\pi^2\cdot\mu_0\tilde{I}N)}.\end{aligned} \tag{70}$$

Im Hinblick auf das, was im Anschluß an die Gl. (64b), (69b) über das Verhalten der Funktionen $\mathfrak{Q}_{-\frac{1}{2}+\lambda}$ und der Koeffizienten B_λ für $k'\to 0$ gesagt worden ist, rechnet man leicht heraus, daß

$$\frac{A_z(r,0)}{(9/\pi^2\cdot\mu_0\tilde{I}N)}\to\cos(\varphi-\varphi_S) \tag{70a}$$

strebt für $k'\to 0$, und dies muß auch so sein, weil der Wert $k'=0$ ja dem Fall entspricht, daß gar kein Läufer in der Ständerbohrung vorhanden ist, der die primär gegebene Flußverteilung auf dem Ständerumfang verändern könnte. Wird allein die Grundwelle mit $p=0$ in Betracht gezogen werden, so lautet in diesem Fall der Ausdruck (70) für $A_z(r,0)$:

$$\begin{aligned}\frac{A_z^{(1)}(r,0)}{(9/\pi^2\cdot\mu_0\hat{I}N)} &= \cos\varphi_S\cos\varphi\,[1+A_0] + \\ &+\frac{2K'}{\pi}\sin\varphi_S\cdot\sin\varphi\left[-B_0+\frac{2}{\pi}\,\frac{1+k'}{k'}\left(\mathfrak{Q}_{-\frac{1}{2}}\left(\frac{1+k^2}{1-k^2}\right)-\mathfrak{Q}_{+\frac{1}{2}}\left(\frac{1+k^2}{1-k^2}\right)\right)\right].\end{aligned} \tag{71a}$$

Nun ist nach bekannten Formeln

$$\mathfrak{Q}_{-\frac{1}{2}}\left(\frac{1+k^2}{1-k^2}\right) = 2\sqrt{\frac{1-k}{1+k}}\,K\left(\frac{1-k}{1+k}\right) = k'\,K', \tag{72a}$$

$$\begin{aligned}\mathfrak{Q}_{+\frac{1}{2}}\left(\frac{1+k^2}{1-k^2}\right) &= 2\sqrt{\frac{1+k}{1-k}}\left[K\left(\frac{1-k}{1+k}\right)-E\left(\frac{1-k}{1+k}\right)\right] \\ &= \frac{1}{k'}\,[(1+k^2)\,K'-2E'],\end{aligned} \tag{72b}$$

und somit ergibt sich

$$\mathfrak{Q}_{-\frac{1}{2}}\left(\frac{1+k^2}{1-k^2}\right)-\mathfrak{Q}_{+\frac{1}{2}}\left(\frac{1+k^2}{1-k^2}\right) = \frac{2}{k'}\,[E'-k^2K']. \tag{72}$$

Für die rechte Seite der Gl. (68$b_{1,2}$) errechnen sich für $p=0$ die Werte

$$\frac{2}{k'}\,\frac{(E'^2-k^2K'^2)}{K'}, \quad (68\,b_1) \qquad \left(\frac{\pi^2}{2K'}\right)-2k^2K', \quad (68\,b_2)$$

und demnach wird

$$I_0(k') = \frac{\pi^2}{2K'} + \frac{2K'}{k'}\left(\frac{E'^2}{K'^2} - k^2\right) - 2k^2 K'. \tag{68c}$$

Für $k' \to 0$ strebt $I_0(k')$ wie $\pi/2\,k'^2 \to 0$. Der FOURIER-Koeffizient

$$B_0 = \frac{I_0(k')}{\pi k'} \tag{66b$_1$}$$

in der FOURIER-Entwicklung für $Y(\varphi)$ in Gl. (66) strebt ebenfalls gegen Null, und zwar wie k' selbst.

Schließlich ist nach Gl. (65d) im besonderen für $\lambda = 0$

$$\begin{aligned} A_z &= \frac{k'}{2\pi}\sum_{p=0}^{\infty}\frac{\Gamma(p+\frac{1}{2})\,\Gamma(p+\frac{3}{2})}{(p+1)!\,(p+1)!}k'^{2p} = \frac{1}{2\pi k'}\sum_{p=1}^{\infty}\frac{\Gamma(p-\frac{1}{2})\,\Gamma(p+\frac{1}{2})}{p!\,p!}k'^{2p} \\ &= \left(-\frac{1}{k'}\right)\cdot\left[{}_2F_1\left(-\frac{1}{2}, +\frac{1}{2}; 1; k'^2\right) - 1\right] = \frac{1}{k'}\left[1 - \frac{2}{\pi}E'\right]. \end{aligned} \tag{73}$$

Demnach wird jetzt im ganzen

$$\begin{aligned} \frac{A_z^{(1)}(R,\varphi)}{(9/\pi^2\cdot\tilde{I}N\mu_0)} &= \cos(\varphi-\varphi_S) + \cos\varphi\cos\varphi_S\frac{\left[1-\frac{2}{\pi}E'\right]}{k'} - \\ &- \sin\varphi\sin\varphi_S K'\cdot\left(\frac{2}{\pi k'}\right)^2\left[(1+k')(k^2K'-2E') + \frac{E'^2}{K'} + \frac{\pi^2}{4}\frac{k'}{K'}\right]. \end{aligned} \tag{71b}$$

Die Glieder in der eckigen Klammer der zweiten Zeile sind hierin so beschaffen, daß bei Entwicklung nach wachsenden Potenzen von k' die erste, nicht verschwindende Potenz k'^3 ist, so daß sich also auch in der Schreibweise der Gl. (71b) $A_z^{(1)}$ auf das Glied $\cos(\varphi - \varphi_S)$ reduziert, wenn $k' \to 0$ strebt.

Ein sehr anschauliches Bild von der Rückwirkung des Läufers auf das primäre Luftspaltfeld der Ständerwicklung gewährt die Radialkomponente der Grundwelle der magnetischen Induktion längs des Ständerumfangs. Aus Gl. (71b) ergibt sich hierfür sofort die Formel

$$\begin{aligned} \frac{-R\,B_\varrho(R,\varphi)}{(9/\pi^2\cdot\tilde{I}N\mu_0)} &= \sin(\varphi-\varphi_S) + \sin\varphi\cos\varphi_S\frac{\left[1-\frac{2}{\pi}E'\right]}{k'} + \\ &+ \cos\varphi\sin\varphi_S\cdot K'\left(\frac{2}{\pi k'}\right)^2\left[(1+k')(k^2K'-2E') + \frac{E'^2}{K'} + \frac{\pi^2 k'}{4K'}\right], \end{aligned} \tag{74}$$

denn es ist ja $B_\varrho = \partial A_z(R,\varphi)/(R\,\partial\varphi)$. Dieser Verlauf von $-B_\varrho$ ist in den Abb. 197, 198, 199, 200 und 201 in dem Bereich $-180° \lesseqgtr \varphi \leqq +180°$ über φ als Abszisse für die 7 Werte von $k' = 0{,}98$, $0{,}9$ $(0{,}1)$ $0{,}5$ und

0,25 aufgetragen worden. Für φ_S sind die fünf verschiedenen Werte 0, 30°, 45°, 60°, 90° zugrunde gelegt worden.

Die Abb. 202 zeigt den Verlauf des Maximalwertes von $-B_\varrho/(9/\pi^2 \tilde{I} N \mu_0)$ in Abhängigkeit von φ_S innerhalb des Bereiches $0 \leqq \varphi_S \leqq \pi/2$ für die angegebenen fünf verschiedenen Werte von k'. Die Kurve auf dieser

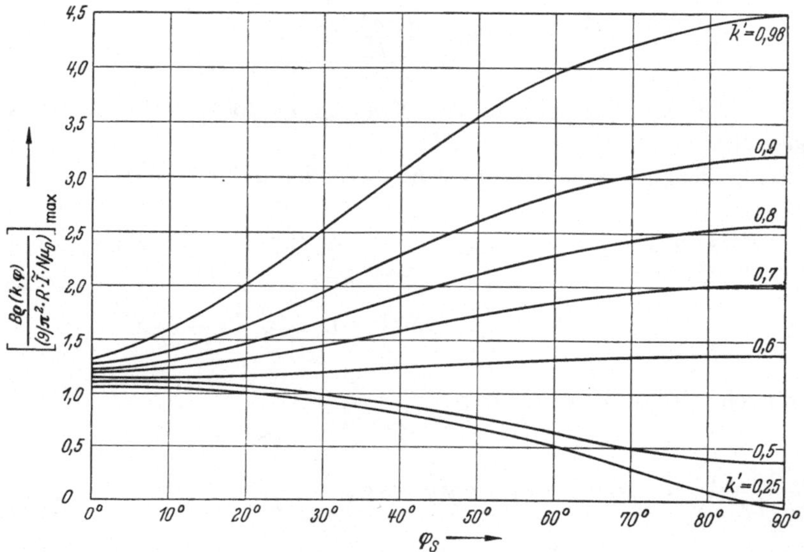

Abb. 202. Das Bild stellt die für jeden der sieben Werte von k' in Abhängigkeit von φ errechneten Maximalwerte der bezogenen Normalkomponente B_ϱ in Abhängigkeit von φ_S dar

letzten Abbildung wurde aus den Angaben der fünf voranstehenden Bilder abgeleitet. Wegen des Zusammenhangs zwischen k' und dem entsprechenden Wert von x_m/R, der eine deutlichere Vorstellung ermöglicht, wird auf Abb. 192 verwiesen.

M Mathematischer Anhang

1. Summenformeln für einige mit den Theta-Funktionen zusammenhängende Reihen. Wir gehen aus von den beiden Reihen

$$S_1(\varphi; \alpha - \xi; \alpha + \xi') = \sum_{\lambda=1}^{\infty} \frac{1 - \cos(\pi\lambda\varphi - i\pi\lambda(\alpha + \xi' + \alpha - \xi))}{\lambda \operatorname{Sin}(2\pi\alpha\lambda)} \tag{1}$$
$$(-2\alpha < (\alpha + \xi') + (\alpha - \xi) < 2\alpha),$$

$$S_2(\varphi; \alpha - \xi; \alpha + \xi') = \sum_{\lambda=1}^{\infty} \frac{1 - \cos(\pi\lambda\varphi - i\pi\lambda(\alpha + \xi') - (\alpha - \xi))}{\lambda \operatorname{Sin}(2\pi\alpha\lambda)} \tag{2}$$
$$(-2\alpha < (\alpha + \xi') - (\alpha - \xi) < 2\alpha).$$

Auf Grund der Formel

$$\sum_{\lambda=1}^{\infty} \frac{1 - \cos(2\pi\lambda v)}{\lambda \operatorname{Sin}\lambda\beta} = \ln \frac{\vartheta_4\left(v; i\frac{\beta}{\pi}\right)}{\vartheta_4\left(0; i\frac{\beta}{\pi}\right)} \qquad \left(\begin{array}{c}|\mathfrak{Im}(v)| < \dfrac{\beta}{2\pi}\\ \mathfrak{Im}\,\beta = 0\end{array}\right) \tag{3}$$

lassen sich die Reihen (1) und (2) sofort summieren. Es ergibt sich:

$$\begin{aligned} S_1(\varphi; \alpha - \xi; \alpha + \xi') &= \ln \frac{\vartheta_4\left(+\frac{\varphi}{2} - \frac{1}{2} i(2\alpha - \xi + \xi'); \tau\right)}{\vartheta_4(0; \tau)} \qquad (\tau = 2i\alpha) \\ &= \ln \frac{\vartheta_4\left(\frac{\varphi}{2} + \frac{1}{2} i(\xi - \xi') - \frac{\tau}{2}; \tau\right)}{\vartheta_4(0; \tau)} \\ &= -\frac{\pi i}{2}(1 - \varphi) + \frac{\pi}{2}(\alpha - \xi + \xi') + \ln \frac{\vartheta_1\left(\frac{\varphi}{2} + \frac{1}{2} i(\xi - \xi'); \tau\right)}{\vartheta_4(0; \tau)}, \end{aligned} \tag{4a}$$

$$S_2(\varphi; \alpha - \xi, \alpha + \xi') = \ln \frac{\vartheta_4\left(+\frac{\varphi}{2} - \frac{1}{2} i(\xi + \xi'); \tau\right)}{\vartheta_4(0; \tau)} \qquad (\tau = 2i\alpha). \tag{4b}$$

Ferner hat man mit $q < 1$

$$\begin{aligned} 2 \ln \prod_{n=1}^{\infty} (1 - q^{2n-1}) &= 2 \sum_{n=1}^{\infty} \ln(1 - q^{2n-1}) = -2 \sum_{n=1}^{\infty} \sum_{\lambda=1}^{\infty} \frac{q^{(2n-1)\lambda}}{\lambda} \\ &= -2 \sum_{\lambda=1}^{\infty} \frac{q^{\lambda}}{\lambda(1 - q^{2\lambda})}. \end{aligned}$$

Nun ist nach der Theorie der Thetafunktionen mit $q_0 \equiv \prod_{n=1}^{\infty}(1-q^{2n})$

$$\prod_{n=1}^{\infty}(1-q^{2n-1}) \equiv q_3 = \left(\frac{\vartheta_4(0)}{q_0}\right)^{\frac{1}{2}} = \left[\vartheta_4^3(0)\,\frac{2\pi\, q^{\frac{1}{4}}}{\vartheta_1'(0)}\right]^{\frac{1}{6}}$$

$$= \left[2q^{\frac{1}{4}}\,\frac{(\vartheta_4(0))^2}{\vartheta_2(0)\,\vartheta_3(0)}\right]^{\frac{1}{6}} = \left[2q^{\frac{1}{4}}\,\frac{k'}{k^{\frac{1}{2}}}\right]^{\frac{1}{6}}.$$

Es kann also geschrieben werden: [vgl. hiermit Gl. 7.4 (19')]

$$\sum_{\lambda=1}^{\infty}\frac{1}{\lambda\,\mathfrak{Sin}(2\pi\alpha\lambda)} = \ln\frac{1}{\prod\limits_{n=1}^{\infty}(1-q^{2n-1})} = \frac{1}{6}\ln\left(\frac{k^{\frac{1}{2}}}{2q^{\frac{1}{4}}\,k'}\right) = \frac{1}{6}\ln\left(\frac{\vartheta_2(0)\,\vartheta_3(0)}{2q^{\frac{1}{4}}\,\vartheta_4^2(0)}\right)$$

$$\left(q = e^{-2\pi\alpha},\ k^{\frac{1}{2}} = \frac{\vartheta_2(0;\tau)}{\vartheta_3(0;\tau)},\ k'^{\frac{1}{2}} = \frac{\vartheta_4(0;\tau)}{\vartheta_3(0;\tau)},\ \tau = 2i\alpha\right). \tag{5}$$

Man bilde jetzt die Summe aus den beiden Funktionen (1) und (2), verwandle die Summe der beiden cos in das Produkt zweier cos und zerlege nach Real- und Imaginärteil. Dann entstehen auf diese Weise die folgenden, im gemeinsamen Konvergenzbereich der Reihen (1) und (2) gültigen Formeln:

$$2\sum_{\lambda=1}^{\infty}\cos(\pi\lambda\varphi)\,\frac{\mathfrak{Cos}\,\pi\lambda(\alpha+\xi')\,\mathfrak{Cos}\,\pi\lambda(\alpha-\xi)}{\lambda\,\mathfrak{Sin}(2\pi\alpha\lambda)} + \qquad (-\alpha \gtreqless \xi' < \xi \leqq +\alpha)$$

$$+2i\sum_{\lambda=1}^{\infty}\sin(\pi\lambda\varphi)\,\frac{\mathfrak{Cos}\,\pi\lambda(\alpha-\xi)\,\mathfrak{Sin}\,\pi\lambda(\alpha+\xi')}{\lambda\,\mathfrak{Sin}(2\pi\alpha\lambda)} = \frac{1}{3}\ln\left(\frac{k^{\frac{1}{2}}}{2k'\,q^{\frac{1}{4}}}\right) + \tag{6a}$$

$$+\ln\frac{\vartheta_4^2(0;\tau)}{\vartheta_4\left(\frac{\varphi}{2}-i\frac{1}{2}(\alpha+\xi'+(\alpha-\xi));\tau\right)\vartheta_4\left(\frac{\varphi}{2}-i\frac{1}{2}(\alpha+\xi'-(\alpha-\xi));\tau\right)}$$

$$(\tau = 2i\alpha).$$

Zieht man die beiden Ausdrücke (1) und (2) voneinander ab und behandelt die Differenz in derselben Weise, wie es eben beschrieben wurde, so erhält man

$$-2\sum_{\lambda=1}^{\infty}\cos(\pi\lambda\varphi)\,\frac{\mathfrak{Sin}\,\pi\lambda(\alpha+\xi')\,\mathfrak{Sin}\,\pi\lambda(\alpha-\xi)}{\lambda\,\mathfrak{Sin}(2\pi\alpha\lambda)} - \qquad (-\alpha \gtreqless \xi' < \xi \leqq \alpha)$$

$$-2i\sum_{\lambda=1}^{\infty}\sin(\pi\lambda\varphi)\,\frac{\mathfrak{Sin}\,\pi\lambda(\alpha-\xi)\,\mathfrak{Cos}\,\pi\lambda(\alpha+\xi')}{\lambda\,\mathfrak{Sin}(2\pi\alpha\lambda)}$$

$$= \frac{\pi}{2}[\alpha-(\xi-\xi')] - i\,\frac{\pi}{2}(1-\varphi) + \ln\frac{\vartheta_1\left(\frac{\varphi}{2}+\frac{i}{2}(\xi-\xi');\tau\right)}{\vartheta_4\left(\frac{\varphi}{2}-\frac{i}{2}(\xi+\xi');\tau\right)} \qquad (\tau = 2i\alpha)$$

$$= \ln\frac{\vartheta_4\left(\frac{\varphi}{2}+i\frac{1}{2}(\xi-\alpha-(\xi'+\alpha));\tau\right)}{\vartheta_4\left(\frac{\varphi}{2}-i\frac{1}{2}(\xi-\alpha+(\xi'+\alpha));\tau\right)} \qquad (\tau = 2i\alpha) \tag{6b}$$

$$= \pi\,\xi + \ln\frac{\vartheta_1\left(\frac{\varphi}{2}+i\frac{1}{2}(\xi-\alpha-(\xi'-\alpha));\tau\right)}{\vartheta_1\left(\frac{\varphi}{2}-i\frac{1}{2}(\xi-\alpha+(\xi'-\alpha));\tau\right)} \qquad (\tau = 2i\alpha).$$

2. Bestimmung eines Grenzwertes. Strebt in dem Ausdruck

$$X(\beta) = 2\,\mathfrak{Sin}\,\beta \sum_{\lambda=0}^{\infty} \frac{e^{-(\lambda+\frac{1}{2})\nu\cdot 2\beta}}{1+e^{2\beta(\lambda+\frac{1}{2})}} \qquad (\mathfrak{Im}\,\beta = 0,\ \mathfrak{Re}(\nu+1) > 0) \tag{1}$$

$\beta \to 0$, so nimmt er die unbestimmte Form $0\cdot\infty$ an. Jedoch versagen die in diesem Fall für die Grenzwertbestimmung üblichen Methoden.

Wir gehen daher anders vor, setzen

$$f(x) = \frac{2e^{-2\nu\beta x}}{1+e^{2\beta x}} \tag{2}$$

und bestimmen die MELLINsche Transformierte dieser Funktion:

$$\mathfrak{F}(s) \equiv \int_0^\infty f(x)\,x^{s-1}\,ds = 2\int_0^\infty \frac{x^{s-1}}{1+e^{2\beta x}}\,e^{-2\nu\beta x}\,dx = \frac{2}{(2\beta)^s}\int_0^\infty \frac{t^{s-1}\,e^{-\nu t}}{1+e^t}\,dt. \tag{3}$$

Das hier rechts stehende Integral kann durch die von LERCH eingeführte Funktion

$$\Phi(z,s;v) = \sum_{n=0}^{\infty} \frac{z^n}{(v+n)^s} = \frac{1}{\Gamma(s)}\int_0^\infty \frac{t^{s-1}\,e^{-(v-1)t}}{e^t - z}\,dt \tag{4}$$

(Reihe: $|z|<1,\ v \neq 0, -1, -2, \ldots$)
(Integral: $\mathfrak{Re}(v) > 0,\ |z| \lesseqgtr 1,\ \mathfrak{Re}(s) > 0$)

ausgedrückt werden. Im Hinblick auf die in der Theorie der Ψ-Funktion bewiesene Beziehung

$$\frac{1}{2}\left[\Psi\left(\frac{1+v}{2}\right) - \Psi\left(\frac{v}{2}\right)\right] = \sum_{n=0}^{\infty} \frac{(-)^n}{v+n} \equiv \Phi(-1,1;v) \tag{5}$$

läßt sie sich für $z = -1$ und $s = +1$ durch die Differenz zweier Ψ-Funktionen darstellen. Gemäß ihrer Definition durch das Integral in Gl. (4) ist die Funktion $\Phi(z,s,v)$ eine in der s-Halbebene $\mathfrak{Re}(s) > -1$ reguläre analytische Funktion. Die Funktion $\mathfrak{F}(s)$ von Gl. (3) läßt sich mit ihrer Hilfe durch die Beziehung

$$\mathfrak{F}(s) = 2(2\beta)^{-s}\,\Gamma(s)\,\Phi(-1,s;\nu+1) \tag{6}$$

darstellen.

Nun folgt aus dem Umkehrsatz der MELLIN-Transformation gemäß Gl. (3)

$$f(x) = \frac{1}{2\pi i}\int_{\sigma-i\infty}^{\sigma+i\infty} \mathfrak{F}(s)\,x^{-s}\,ds, \qquad (\sigma > 1), \tag{7}$$

und somit wird

$$X(\beta) = \mathfrak{Sin}\,\beta \sum_{\lambda=0}^{\infty} f\left(\frac{1}{2}+\lambda\right) = \frac{\mathfrak{Sin}\,\beta}{2\pi i}\int_{\sigma-i\infty}^{\sigma+i\infty} \mathfrak{F}(s)\left(\sum_{\lambda=0}^{\infty}\left(\lambda+\frac{1}{2}\right)^{-s}\right)ds.$$

Die hierin unter dem Integral auftretende Summe ist identisch mit der verallgemeinerten RIEMANNschen Zeta-Funktion $\zeta(s,\frac{1}{2})$, so daß sich also im Hinblick auf Gl. (6) auch die Beziehung

$$X(\beta) = \frac{2\,\mathfrak{Sin}\,\beta}{2\pi i}\int_{\sigma-i\infty}^{\sigma+i\infty} \zeta\left(s,\frac{1}{2}\right)\Gamma(s)\,\Phi(-1,s;1+\nu)\,(2\beta)^{-s}\,ds \qquad (\sigma > 1)$$

ergibt. Um für das Integral eine nach steigenden Potenzen von 2β fortschreitende Entwicklung zu erhalten, verschieben wir hierin den Integrationsweg nach links über die erste singuläre Stelle $s = 1$ hinweg, die von der Funktion $\zeta(s, \frac{1}{2})$ herrührt. Da sie in $s = 1$ das Residuum 1 hat, so erhält man:

$$X(\beta) = \frac{\mathfrak{Sin}\,\beta}{\beta}\,\Phi(-1, 1; \nu + 1) + \\ + \frac{2\,\mathfrak{Sin}\,\beta}{2\pi i}\int\limits_{\sigma-1-i\infty}^{\sigma-1+i\infty} \zeta\left(s, \frac{1}{2}\right)\Gamma(s)\,\Phi(-1, s; 1+\nu)\frac{ds}{(2\beta)^s}.$$

Für $\beta \to 0$ strebt das Integral selbst gegen Null, und im Hinblick auf Gl. (5) wird daher

$$\lim_{\beta=0} X(\beta) = \frac{1}{2}\left[\Psi\left(1 + \frac{\nu}{2}\right) - \Psi\left(\frac{1+\nu}{2}\right)\right]. \tag{8}$$

Für $\nu = 0$ hat der Grenzwert im besonderen den Wert $\ln 2$.

3. Eine Integraltransformation. Mit $u = v/i$ ist für $\alpha > 0$ und $\Re(s) > -\frac{1}{2}$

$$\int\limits_0^\infty \cos u\alpha\, I_s(u\varrho)\, K_s(u\varrho')\,du = \frac{1}{2}\int\limits_0^{i\infty} (e^{\alpha v} + e^{-\alpha v})\, I_s\left(\varrho\frac{v}{i}\right) K_s\left(\varrho'\frac{v}{i}\right)\frac{dv}{i}$$

$$= -\frac{i}{2}\int\limits_0^{\infty i} (e^{\alpha v} + e^{-\alpha v})\, e^{-\pi i s/2} J_s(\varrho v)\,\frac{\pi i}{2}\, e^{\pi i s/2} H_s^{(1)}(\varrho' v)\,dv$$

$$= \frac{\pi}{4}\int\limits_0^{\infty i} e^{\alpha v} J_s(\varrho v)\, H_s^{(1)}(\varrho' v)\,dv + \frac{\pi}{4}\int\limits_0^{\infty i} e^{-\alpha v} J_s(\varrho v)\, H_s^{(1)}(\varrho' v)\,dv$$

$$= \frac{\pi}{4}\int\limits_0^{-\infty} e^{+\alpha v} J_s(\varrho v)\, H_s^{(1)}(\varrho' v)\,dv + \frac{\pi}{4}\int\limits_0^{+\infty} e^{-\alpha v} J_s(\varrho v)\, H_s^{(1)}(\varrho' v)\,dv$$

$$= -\frac{\pi}{4}\int\limits_0^{\infty} e^{-\alpha w} J_s(\varrho w e^{+\pi i})\, H_s^{(1)}(\varrho' w e^{+\pi i})\,dw + \frac{\pi}{4}\int\limits_0^{+\infty} e^{-\alpha v} J_s(\varrho v)\, H_s^{(1)}(\varrho' v)\,dv$$

$$= +\frac{\pi}{4}\int\limits_0^{\infty} e^{-\alpha w} e^{\pi i s} J_s(\varrho w)\, e^{-\pi i s} H_s^{(2)}(\varrho' w)\,dw + \frac{\pi}{4}\int\limits_0^{\infty} e^{-\alpha v} J_s(\varrho v)\, H_s^{(1)}(\varrho' v)\,dv$$

$$(v = e^{+\pi i} w).$$

Da nun

$$H_s^{(1)}(\varrho' v) + H_s^{(2)}(\varrho' v) = 2\,J_s(\varrho' v)$$

ist, so wird endgültig nach einer bei G. N. Watson [23], S. 389, angegebenen Formel

$$\int\limits_0^\infty \cos u\alpha\, I_s(u\varrho)\, K_s(u\varrho')\,du = \frac{\pi}{2}\int\limits_0^\infty e^{-\alpha v} J_s(\varrho v)\, J_s(\varrho' v)\,dv \\ = \frac{\pi}{2}\,\frac{1}{\pi\sqrt{\varrho\varrho'}}\,\mathfrak{Q}_{-\frac{1}{2}+s}\left(1 + \frac{\alpha^2 + (\varrho - \varrho')^2}{2\varrho\varrho'}\right) \tag{1}$$

(Im 1. Integral $\alpha \gtrless 0$, $\varrho \gtreqless \varrho'$; im 2. Integral $\alpha \geqq 0$, $\varrho \gtrless \varrho'$).

Nach Gl. (1) ist im besonderen

$$\int_0^\infty \cos \nu u\, I_m(u)\, K_m(u)\, du = \frac{1}{2}\, \mathfrak{Q}_{-\frac{1}{2}+m}\left(1 + \frac{1}{2}\nu^2\right). \tag{2a}$$

Integriert man Gl. (2a) nach ν zwischen den Grenzen $0 \cdots 2\pi$ und dann nach dem Ersatz von β durch ν ein zweites Mal nach ν zwischen denselben Grenzen, so erhält man die weiteren Formeln:

$$\int_0^\infty \frac{\sin 2\beta u}{u} I_m(u)\, K_m(u)\, du = 2^{-\frac{3}{2}} \int_1^{1+2\beta^2} \mathfrak{Q}_{-\frac{1}{2}+m}(z) \frac{dz}{\sqrt{z-1}}, \tag{2b}$$

$$\int_0^\infty \frac{\sin^2 \beta u}{u^2} I_m(u)\, K_m(u)\, du = 2^{-3} \int_1^{1+2\beta^2} \left\{ \int_1^{z_1} \mathfrak{Q}_{-\frac{1}{2}+m}(z) \frac{dz}{\sqrt{z-1}} \right\} \frac{dz_1}{\sqrt{z_1-1}}. \tag{2c}$$

Da

$$\mathfrak{Q}_{-\frac{1}{2}}(\mathfrak{Cof}\,\eta) = 2\, e^{-\eta/2} K(e^{-\eta}) \quad (3\alpha) \qquad \mathfrak{Q}_{+\frac{1}{2}}(\mathfrak{Cof}\,\eta) = 2\, e^{\eta/2} [K(e^{-\eta}) - E(e^{-\eta})] \quad (3\beta)$$

ist, so wird es dadurch von vornherein wahrscheinlich gemacht, daß sich für alle ganzzahligen Werte von m die drei Integrale (2a, b, c) durch die beiden vollständigen elliptischen Integrale erster und zweiter Gattung und ihre Module werden darstellen lassen, wobei allerdings nur für $m = 0$ und $m = 1$ einigermaßen einfache Ausdrücke entstehen. Die Herleitung ist jedoch keineswegs ganz einfach und erfordert eine Modultransformation, um ein möglichst brauchbares Ergebnis zu erhalten. Wir geben daher hier noch einen anderen Beweis.

Es sei auszuwerten

$$X_\nu(\gamma) = \int_0^\infty \left(\frac{\sin v\gamma}{v}\right)^2 I_\nu(v)\, K_\nu(v)\, dv \qquad (\mathfrak{Im}(\gamma) = 0,\ \mathfrak{Re}(v) \geqq 0). \tag{4}$$

Wir ziehen die Integraldarstellung

$$I_\nu(x)\, K_\nu(x) = \frac{1}{2\sqrt{\pi}} \frac{1}{2\pi i} \int_{-\infty i-\varepsilon}^{+\infty i-\varepsilon} \frac{\Gamma(-t)\, \Gamma(\nu - t)\, \Gamma(\frac{1}{2} + t)}{\Gamma(t + \nu + 1)} x^{2t}\, dt \tag{5}$$
$$(x > 0,\ \mathfrak{Re}(\nu) \gtreqless 0,\ 0 < \varepsilon < \tfrac{1}{2})$$

heran, gehen damit in die Gl. (4) ein und vertauschen die Reihenfolge der beiden Integrationen, was hier als erlaubt nachgewiesen werden kann. Der Wert des entstehenden inneren Integrals

$$\int_0^\infty v^{2t} \left(\frac{\sin v\gamma}{v}\right)^2 dv \equiv \frac{\pi}{2} \int_0^\infty J_{\frac{1}{2}}(x)\, J_{\frac{1}{2}}(x) \left(\frac{x}{\gamma}\right)^{2t-1} dx = -\frac{\sqrt{\pi}}{4} \gamma^{1-2t} \frac{\Gamma(t - \frac{1}{2})}{\Gamma(1-t)} \tag{6a}$$
$$(-\tfrac{1}{2} < \mathfrak{Re}(t) < +\tfrac{1}{2}),$$

mit der nach γ genommenen Ableitung

$$\int_0^\infty v^{2t} \frac{\sin \gamma v}{v} dv = \frac{\sqrt{\pi}}{2} \gamma^{-2t} \frac{\Gamma(t + \frac{1}{2})}{\Gamma(1-t)} \qquad (-\tfrac{1}{2} < \mathfrak{Re}(t) < +\tfrac{1}{2}), \tag{6b}$$

läßt sich im Hinblick auf die x-Form von Gl. (6a) mit den Funktionen $J_{\frac{1}{2}}$ dem Lehrbuch [23] von G. N. WATSON entnehmen. Man erhält danach für X_ν das MELLIN-BARNESsche Integral

$$X_\nu(\gamma) = \frac{\gamma}{8}\,\frac{1}{2\pi i}\int\limits_{-\infty i-\varepsilon}^{+\infty i-\varepsilon} \frac{\Gamma(\nu-t)\,\Gamma(t+\frac{1}{2})\,\Gamma(t-\frac{1}{2})\,\gamma^{-2t}}{t\,\Gamma(t+\nu+1)}\,dt \tag{7}$$

$$(\nu \gtreqless 0,\ 0 < \varepsilon < \tfrac{1}{2}).$$

Für $|1/\gamma^2| < 1$ darf in Gl. (7) der Integrationsweg beliebig weit nach rechts über die einfachen Pole $t=0$, $t=\frac{1}{2}$ und $t=\nu+\lambda$ mit $\lambda = 0, 1, 2\ldots$ hinweggeschoben werden. Die Berechnung der Residuen in diesen Polen führt zu der Reihenentwicklung

$$X_\nu(\gamma) = \frac{\pi\gamma}{4\nu} - \frac{1}{4\nu^2-1} + \frac{\sqrt{\pi}\,\gamma}{8\,(2\gamma)^{2\nu}}\,\frac{\Gamma(\nu-\frac{1}{2})}{\Gamma(\nu+1)}\sum_{\lambda=0}^{\infty}\frac{(\nu+\frac{1}{2})_\lambda\,(\nu-\frac{1}{2})_\lambda}{(2\nu+1)_\lambda\,(\nu+\lambda)}\,\frac{(-1/\gamma^2)^\lambda}{\lambda!} \tag{7a}$$

$$(\Re e(\nu) > 0,\ \nu \neq 0,\ \gamma^2 > 1),$$

die unter den angegebenen Beschränkungen für beliebiges ν gültig ist. Für $1/\gamma^2 > 1$ darf in Gl. (7) der Integrationsweg beliebig weit nach rechts verschoben werden. Die daraus entstehende Entwicklung

$$X_\nu(\gamma) = \frac{\gamma^2}{8}\sum_{\nu=0}^{\infty}\frac{(\nu+\frac{1}{2})_\lambda\,(-\nu+\frac{1}{2})_\lambda}{(\frac{1}{2}+\lambda)\,\lambda!\,(\lambda+1)!}\left[\ln\left(\frac{1}{\gamma^2}\right) - \pi\,\mathrm{tg}\,\pi\nu + \frac{1}{\frac{1}{2}+\lambda} + \right.$$

$$\left. + \frac{1}{1+\lambda} + 2\Psi(\lambda+1) - \Psi\left(\lambda+\frac{1}{2}+\nu\right) - \Psi\left(\lambda+\frac{1}{2}-\nu\right)\right]\cdot(-\gamma^2)^\lambda \tag{7b}$$

$$(\gamma < 1)$$

bestätigt die auch an Gl. (4) festzustellende Eigenschaft der Funktion $X_\nu(\gamma)$, mit γ in der Ordnung γ^2 gegen Null zu streben. Für $\nu = 0$ lautet die der Gl. (7a) entsprechende Entwicklung:

$$X_0(\gamma) = \frac{\pi\gamma}{2}\ln(4\gamma) - \frac{\pi\gamma}{2} + 1 - \frac{\pi\gamma}{4}\sum_{\lambda=1}^{\infty}\frac{(\frac{1}{2})_\lambda\,(-\frac{1}{2})_\lambda}{\lambda!\,\lambda!\,\lambda}\left(-\frac{1}{\gamma^2}\right)^\lambda \quad (\gamma^2 > 1). \tag{7α}$$

Von den Formeln (7) und (7a, b) machen wir an dieser Stelle eine Anwendung auf den Fall $\nu = 1$. Schreibt man die Gl. (7a) für diesen Fall an, so sieht man sofort, daß sich das erste Glied auf der rechten Seite mit der unendlichen Reihe vereinigen läßt und damit im ganzen die Relation entsteht:

$$X_1(\gamma) = -\frac{1}{3} + \frac{\pi\gamma}{4}\,{}_2F_1\left(-\frac{1}{2}, +\frac{1}{2}; 2; -\frac{1}{\gamma^2}\right). \tag{8}$$

Nun ist auf Grund bekannter Transformationsformeln aus der Theorie der GAUSSschen hypergeometrischen Funktion

$$\begin{aligned} &\frac{3}{2}z\cdot{}_2F_1\left(-\frac{1}{2}, -\frac{1}{2}; 2; z\right) \\ &= (1+z)\,{}_2F_1\left(-\frac{1}{2}, +\frac{1}{2}; 1; z\right) - (1-z)\,{}_2F_1\left(\frac{1}{2}, \frac{1}{2}; 1; z\right) \\ &= (1-z)^{\frac{1}{2}}\left\{(1+z)\,{}_2F_1\left(-\frac{1}{2}, +\frac{1}{2}; 1; \frac{z}{z-1}\right) - F\left(\frac{1}{2}, \frac{1}{2}; 1; \frac{z}{z-1}\right)\right\}. \end{aligned} \tag{9}$$

Setzt man also

$$k^2 = \frac{z}{z-1}, \quad (10\,\mathrm{a}) \qquad z = -\frac{k^2}{1-k^2}, \quad (10\,\mathrm{b})$$

$$1+z = \frac{1-2k^2}{1-k^2}, \quad (10\,\mathrm{c}) \qquad 1-z = \frac{1}{1-k^2}, \quad (10\,\mathrm{d})$$

und identifiziert z im Hinblick auf Gl. (8) und (9) mit $-1/\gamma^2$, so daß

$$k^2 = \frac{1}{1+\gamma^2} < 1, \quad (10\alpha) \qquad \gamma = \frac{k'}{k}, \quad (10\beta) \qquad \frac{d\gamma}{dk} = -\frac{1}{k^2 k'} \quad (10\gamma)$$

wird, so hat man endgültig in Rücksicht auf die Gl. (4), (8) und (9) die Relation

$$\begin{aligned} X_1(\gamma) \equiv \int\limits_0^\infty \left(\frac{\sin v\gamma}{v}\right)^2 I_1(v)\, K_1(v)\, dv \\ = -\frac{1}{3} + \frac{1}{3k^3}\left\{K(k) - \left(1 - \frac{k^2}{k'^2}\right) E(k)\right\}, \end{aligned} \quad (11)$$

worin k^2 durch Gl. (10α) gegeben ist. Bildet man von Gl. (11) die Ableitung nach γ und beachtet, daß

$$\frac{dK}{dk} = \frac{E(k) - k'^2 K(k)}{k k'^2}, \quad (12\,\mathrm{a}) \qquad \frac{dE}{dk} = \frac{E(k) - K(k)}{k} \quad (12\,\mathrm{b})$$

ist, so erhält man die weitere Formel

$$\int\limits_0^\infty \frac{\sin 2\gamma v}{v} I_1(v)\, K_1(v)\, dv = \frac{k'}{k^2}\left[K(k) - E(k)\right], \quad (13)$$

worin wiederum der Zusammenhang zwischen k und γ durch Gl. (10α) gegeben ist.

4. Beweis einer Summationsformel. Mit Hilfe des Residuensatzes läßt sich in bekannter Weise die gleichmäßig und absolut konvergente Partialbruchentwicklung

$$\frac{\mathfrak{Sin}\, \nu x}{\mathfrak{Cos}\, \nu x - \cos \nu\varphi} = \sum_{n=-\infty}^{+\infty} \frac{2\nu x}{(2\pi n + \nu\varphi)^2 + x^2\nu^2} = \frac{2}{\nu} \sum_{n=-\infty}^{+\infty} \frac{x}{\left(2\pi\frac{n}{\nu} + \varphi\right)^2 + x^2} \quad (1)$$

herleiten, worin ν eine beliebige reelle oder komplexe Zahl sein darf.

Es möge nun im besonderen $\nu = m$ eine positive, ganze Zahl sein. Setzen wir dann in Gl. (1)

$$n = pm + k \qquad \begin{pmatrix} p = 0, \pm 1, \pm 2 \ldots \\ k = 0 \cdots m-1 \end{pmatrix}$$

und geben für jedes $p = 0, \pm 1, \pm 2 \ldots$ dem Buchstaben k nacheinander die Werte $0, 1 \cdots m-1$, so läßt sich auch auf diese Weise erreichen, daß n, wie es die Gl. (1) verlangt, die Werte aller ganzen Zahlen von $-\infty \cdots +\infty$ gerade einmal annimmt. Mit dem obigen Wert von v folgt aber nacheinander aus Gl. (1)

$$\begin{aligned} \frac{\mathfrak{Sin}\, m x}{\mathfrak{Cos}\, m x - \cos m\varphi} &= \frac{2}{m} \sum_{k=0}^{m-1} \left\{ \sum_{p=-\infty}^{+\infty} \frac{x}{\left(\varphi + 2\pi\frac{k}{m} + 2\pi p\right)^2 + x^2} \right\} \\ &= \frac{1}{m} \sum_{k=0}^{m-1} \frac{\mathfrak{Sin}\, x}{\mathfrak{Cos}\, x - \cos\left(\varphi + 2\pi\frac{k}{m}\right)}. \end{aligned} \quad (2)$$

Ein anderer Beweis für die Formel (2) wird bei E. HEINE [*10*] angedeutet. Er beruht auf der Formel

$$a^{2n} + b^{2n} - 2a^n b^n \cos n\varphi = \prod_{p=0}^{n-1} \left[a^2 + b^2 - 2ab\cos\left(\varphi + \frac{2\pi p}{n}\right)\right] \tag{3}$$

und verläuft vervollständigt wie folgt:

$$\begin{aligned} \frac{n \cdot \mathfrak{Sin}\, n x}{\mathfrak{Cof}\, n x - \cos n\varphi} &= \frac{d}{dx} \ln[\mathfrak{Cof}\, n x - \cos n\varphi] \\ &= \frac{d}{dx} \ln\left[e^{-nx}(e^{2nx} - 2e^{nx}\cos n\varphi +)\right] \\ &= \sum_{p=0}^{n-1} \frac{d}{dx} \ln\left\{e^{-x}\left[e^{2x} - 2e^{x}\cos\left(\varphi + \frac{2\pi p}{n}\right) + 1\right]\right\} \\ &= \sum_{p=0}^{n-1} \frac{\mathfrak{Sin}\, x}{\mathfrak{Cof}\, x - \cos\left(\varphi + \frac{2\pi p}{n}\right)}. \end{aligned} \tag{4}$$

5. Eine weitere Summationsformel. Wir betrachten die Reihe

$$X(\alpha; p) = \sum_{\lambda=1}^{\infty} \frac{1 - \cos(2\alpha\lambda)}{(\alpha\lambda)^2} \lambda^{-2p-1} \qquad \left(\begin{matrix} p = 0, 1, 2 \ldots \\ \mathfrak{Im}\,\alpha = 0 \end{matrix}\right), \tag{1}$$

und stellen uns die Aufgabe, sie nach Potenzen von α zu entwickeln. Wie man sofort mittels des Residuensatzes beweisen kann, läßt sich schreiben:

$$\frac{1 - \cos 2z}{z^2} = -\pi^{\frac{1}{2}} \frac{1}{2\pi i} \int_{-\infty i - \varepsilon}^{+\infty i - \varepsilon} \frac{\Gamma(-s-1)}{\Gamma(s+\frac{3}{2})} z^{2s}\, ds \qquad (0 < \varepsilon < 1). \tag{2}$$

Setzt man diesen Ausdruck in Gl. (1) ein und vertauscht, was hier ebenfalls als zulässig nachgewiesen werden kann, die Reihenfolge von Summation und Integration, so resultiert zunächst

$$X(\alpha; p) = -\pi^{\frac{1}{2}} \frac{1}{2\pi i} \int_{-\infty i - \varepsilon}^{+\infty i - \varepsilon} \frac{\Gamma(-s-1)}{\Gamma(s+\frac{3}{2})} \alpha^{2s} \left(\sum_{\lambda=0}^{\infty} \lambda^{2s-2p-1}\right) ds.$$

Selbst für $p = 0$ konvergiert die in runde Klammern eingeschlossene Summe absolut für jedes $\mathfrak{Re}(s) < 0$ und stellt bekanntlich die RIEMANNsche ζ-Funktion $\zeta(2p - 2s + 1)$ dar. Wendet man überdies die Verdoppelungsformel der Γ-Funktion an, so erhält man die Darstellung

$$\begin{aligned} X(\alpha; p) &\equiv \sum_{\lambda=1}^{\infty} \frac{1 - \cos 2\alpha\lambda}{(\alpha\lambda)^2} \frac{1}{\lambda^{2p+1}} \\ &= -\frac{4\pi}{2\pi i} \int_{-\infty i - \varepsilon}^{+\infty i - \varepsilon} \frac{\zeta(2p + 1 - 2s)}{\Gamma(2s+3)\sin\pi s} (2\alpha)^{2s}\, ds \qquad (p = 0, 1, 2 \ldots). \end{aligned} \tag{3}$$

Behandelt man das in Gl. (3) auftretende Integral nach dem Residuensatz, indem man etwa den Integrationsweg nach rechts beliebig weit verschiebt, so entsteht die folgende Reihenentwicklung:

$$\sum_{\lambda=1}^{\infty} \frac{1-\cos 2\alpha\lambda}{(\alpha\lambda)^2} \frac{1}{\lambda^{2p+1}} = 2\sum_{\lambda=1}^{\infty}\left(\frac{\sin\alpha\lambda}{\alpha\lambda}\right)^2 \frac{1}{\lambda^{2p+1}}$$
$$= \frac{4}{(2p+2)!}\left[\ln\frac{1}{2\alpha}+\left(1+\frac{1}{2}+\cdots\frac{1}{2p+2}\right)\right](-4\alpha^2)^p +$$
$$+4\sum_{\lambda=0}^{p-1}\frac{\zeta(2p+1-2\lambda)}{(2\lambda+2)!}(-4\alpha^2)^\lambda - \tag{4}$$
$$-4(-4\alpha^2)^{p+1}\sum_{\lambda=0}^{\infty}\frac{B_{2\lambda+2}\cdot(-4\alpha^2)^\lambda}{(2\lambda+2)(2\lambda+2p+4)!} \quad (|\alpha|<\pi;\ p=0,1,2,\ldots)$$

Da sich auf dem unendlich fernen Halbkreis der rechten s-Halbebene der Integrand von Gl. (3) im wesentlichen wie

$$\exp[-(2p+3)\ln|2s|+2|s|\ln(\alpha/\pi)]$$

verhält, so ist die Konvergenz der unter Gl. (4) angegebenen Reihenentwicklung an die Voraussetzung $|\alpha|<\pi$ gebunden. Von den Bernouillischen Zahlen $B_{2\lambda}$ haben die ersten acht die Zahlenwerte

$$B_2=\frac{1}{6},\quad B_4=-\frac{1}{30},\quad B_6=\frac{1}{42},\quad B_8=-\frac{1}{30},$$
$$B_{10}=\frac{5}{66},\quad B_{12}=-\frac{691}{2730},\quad B_{14}=+\frac{7}{6},\quad B_{16}=-\frac{3617}{510}.$$

Wegen weiterer Formeln ähnlicher Art wird auf die Arbeit [*37*] verwiesen.

6. Die asymptotische Entwicklung für $I'_m(m\operatorname{ctg}\psi)$ und $K'_m(m\operatorname{ctg}\psi)$. Die asymptotischen Entwicklungen für $I'_m(m\operatorname{ctg}\psi)$ oder $K'_m(m\operatorname{ctg}\psi)$ für große Werte von m oder von $\operatorname{ctg}\psi$ oder von beiden zugleich werden in diesem Fall am besten auf direktem Wege mittels der beiden Integraldarstellungen

$$I'_m(m\operatorname{ctg}\psi) = \frac{1}{2\pi i}\int_{\infty-\pi i}^{\infty+\pi i} e^{m[\operatorname{ctg}\psi\operatorname{Cof}u-u]}\operatorname{Cof}u\,du, \tag{1a}$$

$$K'_m(m\operatorname{ctg}\psi) = -\frac{1}{2}\int_{-\infty}^{+\infty} e^{-m[\operatorname{ctg}\psi\operatorname{Cof}u-u]}\operatorname{Cof}u\,du \tag{1b}$$

nach der Sattelpunktsmethode hergeleitet. Allerdings könnten die gesuchten Entwicklungen auch durch die hier zulässige Differentiation der asymptotischen Entwicklung von I_m und K_m selbst gewonnen werden. Diese Differentiationen sind aber ziemlich mühsam auszuführen, so daß sich kaum eine Arbeitsersparnis ergibt. Eine Unterscheidung nach den beiden Fällen $\operatorname{ctg}\psi \gtrless 1$, die bekanntlich bei der Herleitung von $J_m(m\operatorname{ctg}\psi)$ notwendig wird, ist hier nicht erforderlich, da der Sattelpunkt u_0 des Integranden zufolge der Gl. $\operatorname{Sin}u_0=\operatorname{tg}\psi$ stets auf der reellen Achse der u-Ebene liegt. Die nach bekannten Regeln aus Gl. (1a, b) entstehenden Entwicklungen gelten also bei genügend großen Werten von m einheitlich in dem ganzen Bereich $\operatorname{ctg}\psi>0{,}1\cdots0{,}2$. Sie haben einschließlich der Korrekturglieder bis zur Ordnung m^{-2} die Form:

$$\left.\begin{matrix} I'_m(m\operatorname{ctg}\psi) \\ K'_m(m\operatorname{ctg}\psi)\end{matrix}\right\} \sim \left\{\begin{matrix}1\\-\pi\end{matrix}\right\}\left(\frac{\sin\psi}{2\pi m\cos^2\psi}\right)^{\frac{1}{2}}\left[e^{1/\sin\psi}\operatorname{tg}\left(\frac{\pi}{4}-\frac{\psi}{2}\right)\right]^{\pm m}\times$$
$$\times\left[1\mp\frac{3\sin\psi}{8m}\left(1-\frac{7}{9}\sin^2\psi\right)-\frac{15\sin^2\psi}{128m^2}\left(1-\frac{22}{5}\sin^2\psi+\frac{91}{27}\sin^4\psi\right)\cdots\right]. \tag{2}$$

Bei gleichem Argument folgt daraus für das Produkt beider Funktionen die besondere Darstellung:

$$\begin{aligned} -I'_m(m\operatorname{ctg}\psi)\,K'_m(m\operatorname{ctg}\psi) &\sim \frac{\sin\psi}{2m\cos^2\psi}\times \qquad \left(\text{oder}\ \begin{matrix} m\to\infty \\ \operatorname{ctg}\psi\to\infty\end{matrix}\right) \\ &\times\left[1-\frac{3\sin^2\psi}{8m^2}\left(1-\frac{10}{3}\sin^2\psi+\frac{7}{3}\sin^4\psi\right)\right]\equiv R'_m(m\operatorname{ctg}\psi)\,. \end{aligned} \tag{3}$$

Die in den eckigen Klammern stehenden Korrekturglieder verlieren um so mehr an Einfluß, je größer m wird oder je mehr sich ψ dem Wert Null nähert oder beides zugleich der Fall ist. Vgl. auch die Arbeit [*40*].

Um die zahlenmäßige Berechnung von Reihen der Form

$$S(\alpha;\operatorname{ctg}\psi) = -\sum_{\lambda=1}^{\infty}\left(\frac{\sin\alpha\,\lambda}{\alpha\,\lambda}\right)^2 I'_\lambda(\lambda\operatorname{ctg}\psi)\,K'_\lambda(\lambda\operatorname{ctg}\psi)\,, \tag{4a}$$

wie sie im Abschn. 6.1 wiederholt auftreten, zu bewerkstelligen, geht man im Hinblick auf Gl. (3), da eine geschlossene Summenformel nicht angegeben werden kann, zweckmäßig in der Weise vor, daß man die Gl. (4a) in der Gestalt

$$\begin{aligned} S(\alpha;\operatorname{ctg}\psi) &= -\sum_{\lambda=1}^{\infty}\left(\frac{\sin\alpha\,\lambda}{\alpha\,\lambda}\right)^2 [I'_\lambda(\lambda\operatorname{ctg}\psi)\,K'_\lambda(\lambda\operatorname{ctg}\psi)+R'_\lambda(\lambda\operatorname{ctg}\psi)]+ \\ &\quad+\sum_{\lambda=1}^{\infty}\left(\frac{\sin\alpha\,\lambda}{\alpha\,\lambda}\right)^2 R'_\lambda(\lambda\operatorname{ctg}\psi) \end{aligned} \tag{4b}$$

anschreibt. Hierin streben die Glieder der ersten Reihe mit wachsenden Werten von λ sehr rasch gegen Null, wenn $\operatorname{ctg}\psi$ nicht gerade sehr klein ist. Für die zweite Reihe aber kann nach Gl. (3) gesetzt werden

$$\begin{aligned} \sum_{\lambda=1}^{\infty}\left(\frac{\sin\alpha\,\lambda}{\alpha\,\lambda}\right)^2 R'_\lambda(\lambda\operatorname{ctg}\psi) &= \frac{\sin\psi}{2\cos^2\psi}\,\frac{1}{\alpha^2}\sum_{\lambda=1}^{\infty}\frac{\sin^2\alpha\,\lambda}{\lambda^3} - \\ &- \frac{3}{16\alpha^2}\sin\psi\operatorname{ctg}^2\psi\left(1-\frac{10}{3}\sin^2\psi+\frac{7}{3}\sin^4\psi\right)\sum_{\lambda=1}^{\infty}\frac{\sin^2\alpha\,\lambda}{\lambda^5}\,. \end{aligned} \tag{5}$$

Die letzte der beiden, auf der rechten Seite der Gl. (4) auftretenden Reihen kann notfalls schon ohne weitere Reihentransformation berechnet werden. Bei der ersten oder beiden unendlichen Reihen wird man in der Regel mit Vorteil von M 5 Gl. (4) Gebrauch machen können.

7. Partialbruchentwicklungen für Ausdrücke mit Determinanten, die Zylinderfunktionen enthalten. Wir setzen für vorläufig beliebige Werte von ν und z, aber positiv reelle Werte von $\beta > \alpha$

$$\begin{aligned} \triangle_\nu(z;\alpha,\beta) &= \begin{vmatrix} J_\nu(\alpha z) & J_\nu(\beta z) \\ H_\nu^{(1)}(\alpha z) & H_\nu^{(1)}(\beta z)\end{vmatrix} = i\begin{vmatrix} J_\nu(\alpha z) & J_\nu(\beta z) \\ Y_\nu(\alpha z) & Y_\nu(\beta z)\end{vmatrix} \\ &= \frac{i}{\sin\pi\nu}\begin{vmatrix} J_{-\nu}(\alpha z) & J_{-\nu}(\beta z) \\ J_\nu(\alpha z) & J_\nu(\beta z)\end{vmatrix}. \end{aligned} \tag{1a}$$

Dann ist

$$\triangle_\nu(iz;\alpha,\beta) = \frac{2}{\pi i}\begin{vmatrix} I_\nu(\alpha z) & I_\nu(\beta z) \\ K_\nu(\alpha z) & K_\nu(\beta z)\end{vmatrix}. \tag{1b}$$

Aus der an anderer Stelle [38] bewiesenen Beziehung mit $\beta > \alpha > 0$:

$$\triangle_\nu(z;\alpha,\beta) = \frac{i}{\pi}\int\limits_{-\ln(\beta/\alpha)}^{+\ln(\beta/\alpha)} e^{\nu\varphi} J_0\left(z\sqrt{\alpha^2+\beta^2-2\alpha\beta\,\mathfrak{Cos}\,\varphi}\right) d\varphi \tag{2}$$

und aus Gl. (1a) geht sofort hervor, daß $\triangle_\nu$ sowohl in der z- wie in der ν-Ebene eine eindeutige, gerade und ganze transzendente Funktion ist.

Ferner besteht für $\triangle_\nu$ nach bekannten Formeln in der z-Ebene die asymptotische Darstellung

$$\triangle_\nu(z;\alpha,\beta) \to \frac{2i}{\pi\sqrt{\alpha\beta}}\,\frac{\sin(\beta-\alpha)z}{z} \qquad (z\to\infty,\ \beta>\alpha>0), \tag{3a}$$

so daß für $|z|\to\infty$ und $z = |z|\exp(i\zeta)$ auch geschrieben werden kann:

$$|\triangle_\nu(z;\alpha,\beta)| \to \frac{1}{\pi\sqrt{\alpha\beta}}\, e^{|z||\sin|\zeta|(\beta-\alpha)} \qquad \begin{pmatrix}\zeta \neq 0,\ \beta>\alpha, \\ |\operatorname{arc}\zeta| < \pi\end{pmatrix} \tag{3α}$$

In der ν-Ebene ergibt sich als asymptotische Darstellung für $\triangle_\nu$ auf Grund der Potenzreihe und des durch Gl. (1a) gegebenen Zusammenhangs die Formel:

$$\triangle_\nu(z;\alpha,\beta) \sim \frac{2i}{\pi\nu}\,\mathfrak{Sin}\,(\nu\cdot\ln(\beta/\alpha)) \qquad \left(|\nu|\to\infty,\ |\operatorname{arc}\nu| \leqq \frac{\pi}{2}\right). \tag{3b}$$

Die Funktion $\triangle_\nu(z;\alpha,\beta)$ besitzt außerdem, solange $\Re(\nu) > -\frac{1}{2}$ ist, bei positiven Werten von α und β eine unbegrenzte Zahl von einfachen positiven und wegen der Eigenschaft der geraden Funktion auch eine unbegrenzte Folge von einfachen negativen Nullstellen. Die für $\Re(\nu) > 0$ zusätzlich auftretende, triviale Nullstelle $z = 0$ möge außer Betracht bleiben. Sie soll auch nicht mitgezählt werden. Bezeichnet dann $d_n^{(\nu)}$ die n-te positive Nullstelle, so ist angenähert für genügend große Werte von n

$$d_n^{(\nu)} = \frac{\pi n}{(\beta/\alpha)-1} + \frac{4\nu^2-1}{8\pi n}\left(1-\frac{\alpha}{\beta}\right) + \cdots \qquad \begin{pmatrix} n\to\infty \\ \beta>\alpha>0\end{pmatrix}, \tag{4}$$

und im übrigen ist nach Definition

$$J_\nu(\alpha\, d_n^{(\nu)})\, Y_\nu(\beta\, d_n^{(\nu)}) = J_\nu(\beta\, d_n^{(\nu)})\, Y_\nu(\alpha\, d_n^{(\nu)}). \tag{4a}$$

In der Ebene der Variablen z sind dann die Nullstellen der Determinanten

$$\begin{matrix} \triangle_\nu(z;\alpha/\beta,1) & & \beta\, d_n^{(\nu)} \\ & \text{gegeben durch} & \\ \triangle_\nu(z;1,\beta/\alpha) & & \alpha\, d_n^{(\nu)}. \end{matrix} \tag{4b}$$

In dem besonderen Falle $\nu = +\frac{1}{2}$ ist

$$\triangle_{\frac{1}{2}}(z;\alpha,\beta) = \frac{2i}{\pi\sqrt{\alpha\beta}}\,\frac{\sin(\beta-\alpha)z}{z}, \tag{5}$$

und mithin ist in dann

$$d_n^{(\frac{1}{2})} = \frac{\pi n}{\beta-\alpha}. \tag{5a}$$

Wir definieren nun weiterhin die Funktion

$$i F_\nu(z) = \triangle_\nu(z;\alpha,\varrho)\,\frac{\triangle_\nu(z;\varrho',\beta)}{\triangle_\nu(z;\alpha,\beta)} \qquad (\alpha<\varrho<\varrho'<\beta) \tag{6}$$

und bilden damit in der komplexen w-Ebene das Integral

$$I_q = \frac{i}{2\pi i}\int\limits_{K_n} F_\nu(w)\,\frac{w\,dw}{z^2-w^2}, \tag{6a}$$

das längs des Kreises K_n mit dem Mittelpunkt im Ursprung der w-Ebene genommen werden soll und dessen Radius R_n mit $d_n^{(\nu)} < R_n < d_{n+1}^{(\nu)}$ über alle Grenzen wachsen möge. Dann ist im Hinblick auf Gl. (6) und (3a)

$$|F_\nu(w)| \sim \frac{\exp[-|w|\sin|\chi|(\varrho'-\varrho)]}{z\sqrt{\varrho\,\varrho'}\,|w|} \qquad (|\chi| \neq 0,\ |\operatorname{arc}\chi| < \pi), \tag{6b}$$

und auf dem Umfang des unendlich fernen Kreises K_ν verschwindet somit $|F_\nu(w)|$ so stark, daß der absolute Betrag des Integrals unter jede beliebig kleine Grenze hinuntergedrückt werden kann. Das Integral (6a) hat nun einfache Pole in den Punkten

A. $w = \pm z$ mit den Residuen

$$\mathfrak{Res}\left(F_\nu(w)\frac{w}{z^2-w^2}\right)_{w=\pm z} = -\frac{1}{2}F_\nu(z), \tag{7α}$$

B. $w = \pm d_n^{(\nu)}$ mit den Residuen

$$\frac{\pm d_n^{(\nu)}}{z^2 - d_n^{(\nu)2}}\,\mathfrak{Res}(F_\nu(w))_{w=\pm d_n^{(\nu)}}. \tag{7β}$$

Es ist aber für $w = d_n^{(\nu)} + \varepsilon$ bis auf Größen erster Ordnung in ε mit $d \equiv d_n^{(\nu)}$

$$\triangle_\nu(w;\alpha,\beta) \approx \varepsilon\left(\frac{\partial\triangle_\nu}{\partial w}\right)_{w=d_n^{(\nu)}} = \varepsilon\alpha i\begin{vmatrix} J_\nu'(\alpha d) & J_\nu(\beta d)\\ Y_\nu'(\alpha d) & Y_\nu(\beta d)\end{vmatrix} + \varepsilon\beta i\begin{vmatrix} J_\nu(\alpha d) & J_\nu'(\beta d)\\ Y_\nu(\alpha d) & Y_\nu'(\beta d)\end{vmatrix}$$

$$= \varepsilon\alpha i\begin{vmatrix} J_\nu'(\alpha d) & J_\nu(\alpha d)\\ Y_\nu'(\alpha d) & Y_\nu(\alpha d)\end{vmatrix}\frac{Y_\nu(\beta d)}{Y_\nu(\alpha d)} + \varepsilon\beta i\begin{vmatrix} J_\nu(\beta d) & J_\nu'(\beta d)\\ Y_\nu(\beta d) & Y_\nu'(\beta d)\end{vmatrix}\frac{J_\nu(\alpha d)}{J_\nu(\beta d)}.$$

Mithin ist im ganzen

$$\triangle_\nu(w;\alpha,\beta) \approx \varepsilon i\frac{2}{\pi d_n^{(\nu)}}\frac{J_\nu(\beta d_n^{(\nu)})}{J_\nu(\alpha d_n^{(\nu)})}\left\{\left(\frac{J_\nu(\alpha d_n^{(\nu)})}{J_\nu(\beta d_n^{(\nu)})}\right)^2 - 1\right\} + O(\varepsilon^2). \tag{7a}$$

Ebenso findet man

$$\triangle_\nu(d_n^{(\nu)};\varrho',\beta) = i\frac{J_\nu(\beta d_n^{(\nu)})}{J_\nu(\alpha d_n^{(\nu)})}\begin{vmatrix} J_\nu(\varrho' d_n^{(\nu)}) & J_\nu(\alpha d_n^{(\nu)})\\ Y_\nu(\varrho' d_n^{(\nu)}) & Y_\nu(\alpha d_n^{(\nu)})\end{vmatrix}. \tag{7b}$$

Das Residuum (7β) kann damit angegeben werden. Im ganzen erhält man im Endresultat die folgende, für alle $|z - d_n^{(\nu)}| > \delta$ gleichmäßig konvergente Entwicklung:

$$\frac{\triangle_\nu(z;\alpha,\varrho)\,\triangle_\nu(z;\varrho',\beta)}{\triangle_\nu(z;\alpha,\beta)} = \pi i\sum_{n=1}^{\infty}\frac{d_n^{(\nu)2}}{d_n^{(\nu)2} - z^2}\,\frac{\triangle_\nu(d_n^{(\nu)};\alpha,\varrho)\,\triangle_\nu(d_n^{(\nu)};\alpha,\varrho')}{1 - [J_\nu(\alpha d_n^{(\nu)})/J_\nu(\beta d_n^{(\nu)})]^2} \tag{8}$$

$$(\alpha \gtreqless \varrho < \varrho' \leqq \beta).$$

Diese sehr allgemeine Formel umfaßt eine große Zahl von Sonderfällen. Setzt man z. B. $\nu = +\frac{1}{2}$, in welchem Fall aus den Besselschen Funktionen im wesentlichen die trigonometrischen Funktionen entstehen, so ergibt sich mit $z = iu$, $\alpha = -b$, $\beta = +b$, $\varrho = x$ und $\varrho' = x'$ die bekannte Formel:

$$\frac{\mathfrak{Sin}\,u(b+x)\,\mathfrak{Sin}\,u(b-x')}{u\,\mathfrak{Sin}\,2bu} = \frac{1}{b}\sum_{\lambda=1}^{\infty}\frac{\sin\left(\pi\lambda\frac{b+x}{2b}\right)\sin\left(\pi\lambda\frac{b+x'}{2b}\right)}{u^2 + (\pi\lambda/2b)^2} \tag{9}$$

$$(-b < x < x' < +b).$$

Die eben erhaltenen Beziehungen lassen sich verallgemeinern, wenn man, anstatt von der Gl. (6a) auszugehen, seinen Ausgang von der Formel

$$L_q = \frac{i}{2\pi i}\int_{K_n} F_\nu(w)\frac{w}{z^2-w^2}\frac{dw}{w^{2p}} \qquad (p=1,2,3\ldots) \qquad (6\alpha)$$

nimmt, worin K_n die gleiche Bedeutung wie früher hat. Hier führt dann im Grenzfall $n\to\infty$ der Residuensatz zu der Beziehung:

$$\begin{gathered}\frac{\triangle_\nu(z;\alpha,\varrho)\,\triangle_\nu(z;\varrho',\beta)}{\triangle_\nu(z;\alpha,\beta)} = i z^{2p}\,\mathfrak{Res}\left\{\frac{F_\nu(w)}{z^2-w^2}\,\frac{1}{w^{2p-1}}\right\}_{w=0} + \\ + \pi i z^{2p}\sum_{n=1}^{\infty}\frac{(d_n^{(\nu)})^{-2p+2}}{d_n^{(\nu)2}-z^2}\,\frac{\triangle_\nu(d_n^{(\nu)};\alpha,\varrho)\,\triangle_\nu(d_n^{(\nu)};\alpha,\varrho')}{1-(J_\nu(\alpha d_n^{(\nu)})/J_\nu(\beta d_n^{(\nu)}))^2} \qquad (10)\\ (p=0,1,2\ldots;\ \alpha \gtreqless \varrho < \varrho' \leqq \beta;\ d_n^{(\nu)} \text{ nach Gl. (4a)}).\end{gathered}$$

Zieht man für die Berechnung des Residuums die Gl. 6.4 (18) heran, so wird z. B. im Falle $p=1$

$$\begin{aligned}&\mathfrak{Res}\left\{\frac{F_\nu(w)}{z^2-w^2}\,\frac{1}{w}\right\}_{w=0} \\ &= \frac{2e^{-\pi i\nu}}{\pi\Gamma(\nu+1)}\,\mathfrak{Q}_0^\nu\left(\frac{\varrho^2+\alpha^2}{\varrho^2-\alpha^2}\right)\mathfrak{Q}_0^\nu\left(\frac{\beta^2+\varrho'^2}{\beta^2-\varrho'^2}\right)\Big/\left(z^2\,\mathfrak{Q}_0^\nu\left(\frac{\beta^2+\alpha^2}{\beta^2-\alpha^2}\right)\right). \qquad (10\text{a})\end{aligned}$$

Für $\nu=0$ ist im besonderen

$$\mathfrak{Q}_0\left(\frac{\varrho^2+\alpha^2}{\varrho^2-\alpha^2}\right) = \ln\left(\frac{\varrho}{\alpha}\right), \qquad (11)$$

und somit lautet in diesem Falle die Entwicklungsgleichung wie folgt:

$$\begin{gathered}\frac{\triangle_0(z;\alpha,\varrho)\,\triangle_0(z;\varrho',\beta)}{\triangle_0(z;\alpha,\beta)} = \frac{2i}{\pi}\ln\left(\frac{\varrho}{\alpha}\right)\ln\left(\frac{\beta}{\varrho'}\right)\Big/\ln\left(\frac{\beta}{\alpha}\right) + \\ + \pi i z^2\sum_{n=1}^{\infty}\frac{1}{d_n^{(0)2}-z^2}\,\frac{\triangle_0(d_n^{(0)};\alpha,\varrho)\,\triangle_0(d_n^{(0)};\alpha,\varrho')}{1-(J_0(\alpha d_n^{(0)})/J_0(\beta d_n^{(0)}))^2} \qquad (10\text{A})\\ (\alpha \gtreqless \varrho < \varrho' \leqq \beta).\end{gathered}$$

8. Auswertung eines Integrals mit dem Logarithmus elliptischer Funktionen im Integranden. Es handelt sich um das Integral

$$X = \int_0^K \ln\frac{A-\mathrm{dn}(w,k)}{A+\mathrm{dn}(w,k)}\,dw \qquad (A\equiv \mathrm{dn}(\zeta,k)), \qquad (1)$$

worin ζ variabel ist. Für ein rein imaginäres ζ aus dem Bereich $0<\mathfrak{Im}\,\zeta<K'$ ist A reell und größer als Eins. In Gl. (1) soll dann auch der Logarithmus als rein reelle Zahl genommen werden. Integriert man Gl. (1) partiell, so bekommt man wegen $\mathrm{dn}(K,k)=k'$:

$$\int_0^K \ln\left(\frac{A-\mathrm{dn}(w,k)}{A+\mathrm{dn}(w,k)}\right)dw = K\ln\frac{A-k'}{A+k'} + A k^2\int_{-K}^{+K}\frac{\mathrm{sn}(w,k)\,\mathrm{cn}(w,k)}{A^2-\mathrm{dn}^2(w,k)}\,w\,dw. \qquad (2)$$

Bedeutet $\mathfrak{B}$ einen Umlauf um das Rechteck mit den Ecken $(-K,0)$, $(+K,0)$, $(+K,2iK')$ und $(-K,2iK')$, so läßt sich mit der vorübergehenden Abkürzung

$$f(w) \equiv \frac{\mathrm{sn}\,w\,\mathrm{cn}\,w}{A^2-\mathrm{dn}^2 w} = -\frac{1}{k^2}\,\frac{\mathrm{dn}'w}{A^2-\mathrm{dn}^2 w} = \frac{1}{2Ak^2}\,\frac{d}{dw}\left(\ln\frac{A-\mathrm{dn}\,w}{A+\mathrm{dn}\,w}\right) \qquad (3)$$

(Modul k)

schreiben:

$$\int_{\mathfrak{B}} f(w)\,w\,dw = \int_{-K}^{+K} f(w)\,w\,dw - \int_{-K+2iK'}^{+K+2iK'} f(w)\,w\,dw + \int_{+K}^{+K+2iK'} f(w)\,w\,dw -$$

$$-\int_{-K}^{-K+2iK'} f(w)\,w\,dw = 2\pi i \sum \mathfrak{Res} = \int_{-K}^{+K} f(w)\,w\,dw - \int_{-K}^{+K} f(w+2iK')(w+2iK')\,dw +$$

$$+\int_{K}^{K+2iK'} f(w)\,w\,dw - \int_{K}^{K+2iK'} f(w-2K)(w-2K)\,dw.$$

Es ist aber

$$f(w+2iK') = -f(w), \qquad f(w-2K) = f(w),$$

und mithin wird

$$\int_{-K}^{+K} f(w)\,w\,dw = \pi i \sum \mathfrak{Res} - iK' \int_{-K}^{+K} f(w)\,dw - K \int_{K}^{K+2iK'} f(w)\,dw. \tag{4}$$

Nun ist nach Gl. (3)

$$\int f(w)\,dw = \frac{1}{2Ak^2} \ln \frac{A - \operatorname{dn}(w,k)}{A + \operatorname{dn}(w,k)}, \tag{5}$$

und somit ergibt sich:

$$\int_{-K}^{+K} f(w)\,dw = 0, \quad (5\text{a}) \qquad \int_{K}^{K+2iK'} f(w)\,dw = \frac{1}{Ak^2} \ln\left(\frac{A+k'}{A-k'}\right). \quad (5\text{b})$$

Andererseits sind die einzigen singulären Stellen von $f(w)$ innerhalb des eben erwähnten Rechtecks bei der durch Gl. (1) angegebenen Bedeutung von A die einfachen Pole $w = \zeta$ und $w = 2iK' - \zeta$ und damit

$$2\pi i \sum \mathfrak{Res} = \frac{\pi i \zeta}{k^2 A} + \frac{\pi i \zeta + 2\pi K'}{k^2 A} = \frac{2\pi (i\zeta + K')}{k^2 A}. \tag{6}$$

Demnach hat man im ganzen

$$\int_0^K \ln \frac{A + \operatorname{dn}(w,k)}{A - \operatorname{dn}(w,k)}\,dw = \pi (i\zeta + K') \qquad (A = \operatorname{dn}(\zeta, k)), \tag{7}$$

falls ζ dem Bereich $-K < \mathfrak{Re}(\zeta) < +K$ und $0 < \mathfrak{Im}\,\zeta < 2K'$ angehört.

Differenziert man die Gl. (7) nach ζ, so entsteht die weitere Formel:

$$\int_0^K \frac{\operatorname{dn}(w,k)}{\operatorname{dn}^2(\zeta,k) - \operatorname{dn}^2(w,k)}\,dw = \frac{\pi i}{2k^2 \operatorname{sn}(\zeta,k)\operatorname{cn}(\zeta,k)}. \tag{8}$$

Ihre Richtigkeit kann auf demselben Wege bewiesen werden wie oben die Gl. (7).

9. Das Verhalten der Funktion $S(\eta^2; r^2)$ in Gl. 7.5 (25) für $r \to 1$. Wir setzen in der Definitionsgleichung 7.5 (25)

$$r = e^{-\sigma} \tag{1}$$

und haben dann im Hinblick auf die Gl. 7.5 (19b) zunächst die Formel

$$F_g(\alpha; r) = \sum_{\lambda=1}^{\infty} \frac{r^{2\lambda}}{1 - \alpha r^{2\lambda}} = \sum_{\lambda=1}^{\infty} \frac{e^{-2\sigma\lambda}}{1 - \alpha e^{-2\sigma\lambda}} \tag{2a}$$

und mit Hilfe von F_g die Möglichkeit, die Funktion $S(\alpha; r^2)$ gemäß der Beziehung

$$S(\alpha; r^2) = (1-\alpha)^2 \left[F_g(\alpha; r) + \alpha \frac{\partial}{\partial \alpha} F_g(\alpha; r)\right] \tag{3}$$

darzustellen. Bilden wir jetzt von der Funktion

$$f(x) = \frac{e^{-2\sigma x}}{1-\alpha e^{-2\sigma x}} = \frac{1}{e^{2\sigma x}-\alpha} \tag{4}$$

die MELLIN-Transformierte gemäß der Vorschrift

$$\mathfrak{F}(s) = \int_0^\infty f(x)\, x^{s-1}\, dx = (2\sigma)^{-s} \int_0^\infty \frac{z^{s-1}\, dz}{e^z - \alpha} = (2\sigma)^{-s}\, \Gamma(s)\, \Phi(\alpha, s; 1), \tag{5}$$

worin Φ die bereits in M 2 Gl. (4) eingeführte Funktion ist, so liefert die Umkehrformel M 2 (7) der MELLIN-Transformation die Beziehung

$$f(x) = \frac{1}{2\pi i} \int_{\varepsilon - i\infty}^{\varepsilon + i\infty} \Gamma(s)\, \Phi(\alpha, s; 1) \frac{ds}{(2\sigma x)^s} \qquad (\varepsilon > 1), \tag{6a}$$

so daß

$$F_g(\alpha; r) \equiv \sum_{\lambda=1}^{\infty} f(\lambda) = \frac{1}{2\pi i} \int_{\varepsilon - i\infty}^{\varepsilon + i\infty} \Gamma(s)\, \Phi(\alpha, s; 1) \frac{\zeta(s)}{(2\sigma)^s}\, ds \qquad (\varepsilon > 1) \tag{6b}$$

ist. Da nun nach der Definitionsgleichung der Funktion $\Phi(\alpha, s; v)$ von LERCH insbesondere für $v = 1$

$$\Phi(\alpha, s; 1) + \alpha \frac{\partial \Phi(\alpha, s; 1)}{\partial \alpha} = \Phi(\alpha, s-1; 1) \tag{7}$$

ist, so hat man auch im Hinblick auf Gl. (3) die Darstellung

$$S(\alpha; r^2) = (1-\alpha)^2 \frac{1}{2\pi i} \int_{\varepsilon - i\infty}^{\varepsilon + i\infty} \Gamma(s)\, \Phi(\alpha, s-1; 1) \frac{\zeta(s)}{(2\sigma)^s}\, ds \qquad (\varepsilon > 1). \tag{8}$$

Wir ziehen in Gl. (8) den Integrationsweg nach links über die einfachen Pole $s = 1, 0, -1 \cdots -2n-1$ hinweg; dann ergibt sich zunächst:

$$\begin{aligned} S(\alpha; r^2) = (1-\alpha)^2 \Bigg\{ &\frac{1}{1-\alpha} \frac{1}{2\sigma} + \sum_{\lambda=0}^{2n+1} \frac{(-)^\lambda}{\lambda!} \Phi(\alpha, -1-\lambda; 1)\, \zeta(-\lambda)\, (2\sigma)^\lambda + \\ &+ \frac{1}{2\pi i} \int_{-v-i\infty}^{-v+i\infty} \Gamma(s)\, \Phi(\alpha, s-1; 1)\, \zeta(s)\, (2\sigma)^{-s}\, ds \Bigg\} \quad (2n+1 < v < 2n+3). \end{aligned} \tag{9a}$$

Da für $m = 1, 2, 3 \cdots$ $\zeta(-2m) = 0$ ist, so kann der letzten Gleichung auch die Form

$$\begin{aligned} S(\alpha; r^2) = \frac{1-\alpha}{2\sigma} &+ (1-\alpha)^2 \times \\ \times \Bigg\{ -\frac{1}{2} \Phi(\alpha, -1; 1) &+ \sum_{p=0}^{n} \frac{\Phi(\alpha, -2p-2; 1)}{(2p+2)!} B_{2p+2} \cdot (2\sigma)^{2p+1} + O(\sigma^{2n+3}) \Bigg\} \end{aligned} \tag{9b}$$

gegeben werden. Hierin bedeuten B_{2p+2} die BERNOULLIschen Zahlen mit den in Abschn. 5 dieses Anhangs angegebenen Werten.

Die in Gl. (9b) auftretenden Φ-Funktionen lassen sich als Ableitungen von $\mathfrak{Cotg}\,\delta$ darstellen, wobei definitionsgemäß

$$\alpha \equiv \eta_2^2 = e^{-2\delta}, \qquad (10\mathrm{a}) \qquad\qquad \ln(1/\alpha) = 2\delta \qquad (10\mathrm{b})$$

gesetzt werden mag. Um diesen Zusammenhang mit der Funktion $\Phi(\alpha, s, 1)$ zu erkennen, machen wir von der Darstellung dieser Funktion durch das Konturintegral

$$\Phi(z, s; v) = -\frac{\Gamma(1-s)}{2\pi i} \int_{\infty}^{(0+)} (-t)^{s-1} \frac{e^{-vt}}{1 - z e^{-t}}\, dt \quad \begin{pmatrix} \mathfrak{Re}\,|v| > 0, \\ |\operatorname{arc}(-t)| \lesseqgtr \pi \end{pmatrix} \tag{11}$$

Gebrauch, dessen Wegschleife einzig und allein die Polstelle $t = 0$ umläuft und keinen anderen Pol des Integranden. Für $z = \alpha$, $s = -m$ und $v = 1$ wird dann

$$\Phi(\alpha, -m; v) = \frac{(-)^m\, m!}{2\pi i} \oint \frac{e^{(1-v)t}}{e^t - \alpha} \frac{dt}{t^{m+1}}, \qquad (m = 1, 2, \ldots) \tag{11a}$$

da der Integrand jetzt eindeutig ist und daher die Wegschleife $\infty \cdots (0+)$ zu einem geschlossenen Umlauf um die Stelle $t = 0$ zusammengezogen werden kann. Dann ist nach dem Integralsatz von CAUCHY wegen Gl. (10a), wenn noch die Substitution $t + 2\delta = w$ durchgeführt wird:

$$\begin{aligned}
\Phi(\alpha, -m; v) &= (-)^m \left[\frac{d^m}{dt^m}\left(\frac{e^{(1-v)t}}{e^t - \alpha}\right)\right]_{t=0} = (-)^m \left[\frac{d^m}{dt^m}\left(\frac{e^{(1-v)t+2\delta}}{e^{t+2\delta} - 1}\right)\right]_{t=0} \\
&= (-)^m e^{2\delta v} \left[\frac{d^m}{dw^m}\left(\frac{e^{w(1-v)}}{e^w - 1}\right)\right]_{w=2\delta} = \frac{(-)^m}{2^m} e^{2\delta v} \frac{d^m}{d\delta^m}\left(\frac{e^{2\delta(1-v)}}{e^{2\delta} - 1}\right) \qquad (11\alpha) \\
&= \frac{(-)^m}{2^{m+1}} e^{2\delta v} \frac{d^m}{d\delta^m}\left(\frac{e^{\delta(1-2v)}}{\mathfrak{Sin}\,\delta}\right).
\end{aligned}$$

Somit ist auch wegen $e^{-\delta} = \mathfrak{Cof}\,\delta - \mathfrak{Sin}\,\delta$ für $m = 1, 2, \ldots$

$$\Phi(\alpha, -m; 1) = (-)^m \frac{e^{2\delta}}{2^{m+1}} \frac{d^m}{d\delta^m}\left(\frac{e^{-\delta}}{\mathfrak{Sin}\,\delta}\right) = \frac{(-)^m}{2^{m+1}} e^{2\delta}\, \mathfrak{Cotg}^{(m)}\,\delta. \tag{11β}$$

Setzt man mit Hilfe von Gl. (11α) die Gl. (9b) zusammen, so erhält man die weitere Formel:

$$S(\eta_2^2; r^2) = \frac{1-\eta_2^2}{2\sigma} - \frac{1}{2} + \mathfrak{Sin}^2\delta \cdot \sum_{p=0}^{n} \frac{B_{2p}}{(2p)!} \sigma^{2p-1} \mathfrak{Cotg}^{(2p)}\,\delta + O(\mathfrak{Cotg}^{(2n+2)}\,\delta). \tag{12}$$

Berechnet man die ersten sechs Ableitungen der Funktion $\mathfrak{Cotg}$, so stellt sich nach einigen Zwischenrechnungen die folgende, handliche asymptotische Entwicklung ein:

$$S(\eta_2^2; r^2) = \frac{1-\eta_2^2}{2\sigma} - \frac{1}{2} + (1+\eta_2^2) \sum_{p=1}^{n} \frac{B_{2p}\, P_{2p}(\eta_2^2)}{(2p)!} \left(\frac{2\sigma}{1-\eta_2^2}\right)^{2p-1} + R_{n+1}. \tag{13}$$

Hier und nur hier bedeuten $P_{2p}(\eta^2)$ die folgenden symmetrischen Polynome:

$$\begin{aligned}
P_2(\eta^2) &= 1 & P_2(1) &= \tfrac{1}{2}\, 2! \\
P_4(\eta^2) &= 1 + 10\eta^2 + \eta^4 & P_4(1) &= \tfrac{1}{2}\, 4! \\
P_6(\eta^2) &= 1 + 56\eta^2 + 264\eta^4 + 56\eta^6 + \eta^8 & P_6(1) &= \tfrac{1}{2}\, 6!
\end{aligned}$$

R_{n+1} in Gl. (13) ist ein positiver Rest, der kleiner als der Absolutwert des ersten, nicht berücksichtigten Reihengliedes ist. Wegen einer anderen Herleitung der obigen Gl. (13) vergleiche man die Arbeit [*34*].

Bei der Anwendung der Gl. (12) im Text strebt mit $e \to 1$ nicht bloß $\sigma \to 0$, sondern auch $\eta_2^2 \to 1$. Der Grenzwert des Quotienten $(1-\eta_2^2)/\sigma$ ist aber nach Gl. 7.5 (25d) immer noch sehr klein, nämlich gleich $2R_1/(R_2-R_1)$, d. h. gleich dem Verhältnis von Luftspalt zu Läuferdurchmesser.

10. Berechnung einer besonderen Reihensumme. Es soll die Summe

$$N(q) = \sum_{\lambda=1}^{\infty} \frac{q^\lambda}{\lambda(1+q^\lambda)} \qquad (q = e^{\pi i \tau} < 1) \qquad (1)$$

berechnet werden. Durch Übergang zu einer Doppelreihe mit anschließender Reihenumstellung ergibt sich:

$$N(q) = \sum_{\lambda=1}^{\infty} \frac{q^\lambda}{\lambda(1+q^\lambda)} = \sum_{\lambda=1}^{\infty} \frac{q^\lambda}{\lambda}\left(\sum_{\nu=0}^{\infty}(-)^\nu q^{\lambda\nu}\right) = \sum_{\nu=0}^{\infty}(-)^\nu\left(\sum_{\lambda=1}^{\infty}\frac{1}{\lambda}(q^{\nu+1})^\lambda\right)$$

$$= -\sum_{\nu=0}^{\infty}(-)^\nu \ln(1-q^{1+\nu}) = \ln\left(\prod_{n=1}^{\infty}(1-q^{2n}) \Big/ \prod_{n=1}^{\infty}(1-q^{2n-1})\right) = \ln\left(\frac{q_0}{q_3}\right).$$

Nun ist aus der Theorie der Thetafunktionen bekannt, daß

$$q_0 = q^{-\frac{1}{12}}\left(\frac{\vartheta_2(0)\,\vartheta_3(0)\,\vartheta_4(0)}{2}\right)^{\frac{1}{3}}, \qquad q_3 = q^{\frac{1}{24}}\left(\frac{2\,\vartheta_4^2(0)}{\vartheta_2(0)\,\vartheta_3(0)}\right)^{\frac{1}{6}} \qquad (2\text{a, b})$$

ist mit τ als Modul. Mithin erhält man im ganzen die Formel:

$$N(q) = \sum_{\lambda=1}^{\infty} \frac{q^\lambda}{\lambda(1+q^\lambda)} = \ln\left[\left(\frac{K}{\pi}\right)^{\frac{1}{2}} \frac{k^{\frac{1}{4}}}{q^{\frac{1}{8}}}\right] = \frac{1}{2}\ln\left[\frac{\vartheta_2(0,\tau)\,\vartheta_3(0,\tau)}{2\,q^{\frac{1}{4}}}\right]. \qquad (3)$$

11. Die partielle Ableitung der Funktion sn (u, k) nach dem Modul. Die Funktion sn(u, k) wird bekanntlich durch die Formel:

$$u = \int_0^{\mathrm{sn}(u,k)} \frac{dx}{\sqrt{(1-x^2)(1-k^2x^2)}} \qquad (1)$$

definiert. Aus ihr geht u. a. hervor, daß u in sn(u, k) im allgemeinen ebenfalls von k abhängt. Differenziert man die Gl. (1) bei konstant gehaltenem u nach k, so erhält man

$$0 = \frac{\partial\,\mathrm{sn}(u,k)}{\partial k}\cdot\frac{1}{\mathrm{cn}(u,k)\,\mathrm{dn}(u,k)} - k\int_0^{\mathrm{sn}(u,k)} \frac{x^2}{1-k^2x^2}\,\frac{dx}{\sqrt{(1-x^2)(1-k^2x^2)}}.$$

Mit $x = \mathrm{sn}(t, k)$ schreibt sich das Integral in der Form

$$\int_0^u \mathrm{sd}^2(u,k)\,\mathrm{du} = \frac{1}{k^2}\left[-u + \frac{1}{k'^2}\left(\mathrm{zn}(u,k) + \frac{E}{K}u - k^2\,\mathrm{sn}(u,k)\,\mathrm{cd}(u,k)\right)\right]. \qquad (2)$$

Daraus ergibt sich schließlich:

$$\frac{\partial}{\partial k}\mathrm{sn}(u,k) = \frac{\mathrm{cn}(u,k)\,\mathrm{dn}(u,k)}{k'^2 k}\times$$
$$\times\left\{-\mathrm{zn}(u,k) + u\left(k'^2 - \frac{E}{K}\right) + k^2\,\mathrm{sn}(u,k)\,\mathrm{cd}(u,k)\right\}. \qquad (3)$$

Da

$$\frac{\partial}{\partial k}\mathrm{cn}(u,k) = \frac{1}{2\,\mathrm{cn}(u,k)}\,\frac{\partial}{\partial k}(\mathrm{cn}^2(u,k)) = -\mathrm{sc}(u,k)\,\frac{\partial}{\partial k}\mathrm{sn}(u,k)$$

ist, so erlaubt die Formel (3) auch sofort, die partiellen Ableitungen von $\operatorname{cn}(u, k)$ und $\operatorname{dn}(u, k)$ anzugeben. Ferner ist selbstverständlich

$$\frac{\partial}{\partial k}\operatorname{sn}^{-1}(u, k) = -\frac{1}{\operatorname{sn}^2(u, k)}\frac{\partial}{\partial k}\operatorname{sn}(u, k) \tag{4}$$

und auch die Produkte verschiedener elliptischer Funktionen lassen sich auf diese Weise sofort gewinnen.

12. Die Auswertung eines weiteren bestimmten Integrals über elliptische Funktionen. Es handelt sich um das bisher noch nicht berechnete Integral der Gl. 8.3 (45c)

$$\int_{-K}^{+K} \operatorname{zn} w \cdot \frac{\operatorname{cn} w \cdot \operatorname{dn} w}{\operatorname{sn} w}\, dw \equiv \int_{-K}^{+K} \operatorname{zn} w \cdot f(w) \cdot dw \qquad (\text{Modul } k). \tag{1}$$

Jedenfalls steht es auch nicht in der kürzlich herausgekommenen, sehr reichhaltigen Formelzusammenstellung im Handbuch der elliptischen Integrale [4].

Wir vollziehen mit dem Integranden einen Umlauf um das Rechteck mit den Ecken $-K, +K, +K+Ki', -K+iK'$. Die geradlinige Verbindung der Punkte $+K+iK' \cdots -K+iK'$ ginge durch den Pol 2. Ordnung $w = iK'$. Aus diesem Grunde möge der Integrationsweg in einem endlichen Abstand an dem Pol vorbeiziehen. Ob das unterhalb oder oberhalb geschieht, ist gleichgültig, da diese Polstelle ein verschwindendes Residuum hat. Es gibt dann überhaupt keinen Pol mit einem von Null verschiedenen Residuum innerhalb des Rechtsecks, und es ist daher

$$\begin{aligned}\int_{-K}^{+K} \operatorname{zn} w \cdot f(w) \cdot dw + \int_{K}^{K+iK'} [\operatorname{zn} w \cdot f(w) - \operatorname{zn}(w-2K) \cdot f(w-2K)]\, dw\, - \\ - \int_{-K+iK'}^{+K+iK'} \operatorname{zn} w \cdot f(w) \cdot dw = 0.\end{aligned} \tag{2}$$

Das mittlere Integral verschwindet wegen $\operatorname{zn}(w-2K) = \operatorname{zn} w$ und $f(w-2K) = f(w)$. Für das letzte Integral läßt sich nach der Substitution $w = v + iK'$ unter Mitberücksichtigung des Vorzeichens schreiben:

$$\begin{aligned}-\int_{-K}^{+K} \operatorname{zn}(v+iK') \cdot f(v+iK')\, dv &= \int_{-K}^{+K} \left[\operatorname{zn} v + \frac{\operatorname{cn} v \cdot \operatorname{dn} v}{\operatorname{sn} v} - \frac{\pi i}{2K}\right] \cdot f(v) \cdot dv = \\ &= \int_{-K}^{+K} \operatorname{zn} v \cdot f(v) \cdot dv + \int_{-K}^{+K} f(v)^2 \cdot dv - \frac{\pi i}{2K}\int_{-K}^{+K} f(v)\, dv.\end{aligned}$$

Der Integrationsweg verläuft hierin in allen drei Fällen gemäß der obigen Vereinbarung etwa in einem nach oben offenen, flachen Bogen unterhalb des Nullpunkts der v-Ebene von $-K$ nach $+K$. Da jedoch der Integrand im ersten Integral der letzten Zeile sich in allen Punkten der gradlinigen Verbindungsstrecke von $-K$ nach $+K$ regulär verhält, so kann er in diesem Falle auch längs der reellen v-Achse selbst verlaufen. Des Integral ist dann nicht mehr von dem ersten Integral der Gl. (2) verschieden. Im zweiten Integral der letzten Zeile läßt sich die Quadratur ausführen, nachdem in dem Integranden durchweg zur Funktion $sn^2 v$ übergegangen worden ist. Nach bekannten Formeln berechnet sich auf diese Weise

$$\int_{-K}^{+K} f(v)^2 dv = \int_{-K}^{+K} \operatorname{ns}^2 v\, dv - (1+k^2) \cdot 2K + k^2 \int_{-K}^{+K} \operatorname{sn}^2 v \cdot dv = 2K - 4E - 2k^2 K. \tag{3a}$$

Das dritte Integral der letzten Zeile ist keineswege Null, wie vielleicht auf Grund der Eigenschaft, daß $f(v)$ eine in v ungerade Funktion ist, zunächst geschlossen werden könnte. Wegen der Vorschrift über den Verlauf des Weges zwischen $-K$ und $+K$ kann es nämlich nicht so eingerichtet werden, daß auf dem ganzen Wege zu einem Punkt $+v$ der Integrationsbahn auch ein Punkt $-v$ gehört der ebenfalls auf dem Integrationsweg liegt. Es ist aber statthaft, den Weg von $-K \cdots + K$ in diesem dritten Integral bis auf einen sehr kleinen halbkreisförmigen Bogen, der unterhalb des Punktes $v = 0$ verläuft, in die reelle Achse hineinzuverlegen. Dann bleibt wegen $f(-v) = -f(v)$ von diesem Integral nur der halbe Umlauf um den Punkt $v = 0$ übrig, und da dort $f(v)$ nahezu gleich $1/v$ ist, so errechnet sich der einfache Ausdruck:

$$\int_{-K}^{+K} f(v)\, dv = \pi i. \tag{3b}$$

Die Gl. (2) hat damit im ganzen zu dem Ergebnis geführt: Es ist

$$2 \cdot \int_{-K}^{+K} \operatorname{zn} w \cdot f(w) \cdot dw + 2K(1 - k^2) - 4E + \pi^2/2K = 0$$

oder

$$\int_0^K \operatorname{zn} w \cdot \frac{\operatorname{cn} w \cdot \operatorname{dn} w}{\operatorname{sn} w} \cdot dw = E - \frac{1}{2} k'^2 K - \pi^2/(8K). \tag{4}$$

Das stimmt mit der im Text benutzten Formel überein.

13. Der Parallelstreifen als Grenzfall eines einfach und eines zweifach zusammenhängenden Bereichs. Man lese zum besseren Verständnis diesen Text unmittelbar im Anschluß an Zeile 2 auf S. 360. Siehe auch S. 370 oben.

Man fände das Ergebnis natürlicher, daß nach dem Grenzübergang $x'_\pm \to \mp\infty$ der Parallelstreifen feldfrei ist. Unter den obigen Annahmen läßt sich aber diesem Ergebnis der Gl. (5a, b) nicht ausweichen, es sei dann, man faßt den Parallelstreifen als das im Endlichen gelegene Stück eines Kreisringes auf, dessen mittlerer Radius sich ständig vergrößert. Dann könnte nämlich die Sprungfläche des Blattmagneten zwischen den Leitern x'_+ und $x'_- > x'_+$ in der Weise verlaufen, daß sie von x'_+ kommend zunächst nach $-\infty$ zieht, dann oben oder unten herum nach $+\infty$ übertritt, um von rechts herkommend im Leiter x'_- zu enden. Jetzt wird in der Tat im Falle $x'_\pm \to \mp\infty$ der Parallelstreifen feldfrei. Das erste Ergebnis ist also charakteristich für den Parallelstreifen als Grenzfall des einfach zusammenhängenden Bereichs eines Rechtecks, das zweite für den Parallelstreifen als einen in dem obigen Sinne zu nehmenden Grenzfall des zweifach zusammenhängenden Bereichs des Kreisringes. Diese Überlegungen findet man bestätigt, wenn man in den Gl. 7.4 (10a, b) unter der Annahme $\sqrt{R_1 R_2} \to \infty$ vom Kreisring zum Parallelstreifen übergeht.

Tabelle der Bessel*schen Funktionen* $I'_{\lambda}(\lambda \operatorname{ctg} \psi_b)$

ctg ψ \ λ	1	2	3	4
0	0,5	—	—	—
0,2	0,53033489	0,22198251	0,10419818	0,051463
0,4	0,62543392	0,59235146	0,62431847	0,690572
0,6	0,79816063	1,35299591	2,53220521	4,963608
0,8	1,07197400	2,99156734	9,17353618	29,443411
1,0	1,48426688	4,87973258	31,71182457	160,805513
1,2	2,09170507	14,27158589	107,05993560	841,732934
1,4	2,97834920	31,03532176	356,6683323	4300,580207
1,6	4,26775285	67,41953979	1178,8941132	21650,21950
1,8	6,14081938	146,40871891	3877,792296	107969,02274
2,0	8,86205567	317,9741789	12717,143959	535096,0666

ctg ψ \ λ	5	6	7
0	—	—	—
0,2	0,02616437	0,01355308	0,00711297
0,4	0,78537026	0,90948722	1,06671504
0,6	9,99616464	$2,04916257 \cdot 10^{1}$	$4,25372847 \cdot 10^{1}$
0,8	$9,70795375 \cdot 10^{1}$	$3,25813709 \cdot 10^{2}$	$1,10730114 \cdot 10^{3}$
1,0	$8,37896395 \cdot 10^{2}$	$4,44482414 \cdot 10^{3}$	$2,38791577 \cdot 10^{4}$
1,2	$6,80324879 \cdot 10^{3}$	$5,59925436 \cdot 10^{4}$	$4,66767618 \cdot 10^{5}$
1,4	$5,33305034 \cdot 10^{4}$	$6,73584548 \cdot 10^{5}$	$8,61826634 \cdot 10^{6}$
1,6	$4,09083070 \cdot 10^{5}$	$7,87435303 \cdot 10^{6}$	$1,5356019 \cdot 10^{8}$
1,8	$3,09406426 \cdot 10^{6}$	$9,034179 \cdot 10^{7}$	$2,9986405 \cdot 10^{9}$
2,0	$2,31804623 \cdot 10^{7}$	$1,0233074 \cdot 10^{9}$	$4,5775015 \cdot 10^{10}$

ctg ψ \ λ	8	9	10
0	—	—	—
0,2	0,00376935	0,00201242	0,00108078
0,4	1,26300596	1,50636937	1,80708400
0,6	$8,91295540 \cdot 10^{1}$	$1,88110655 \cdot 10^{2}$	$3,99306321 \cdot 10^{2}$
0,8	$3,79862679 \cdot 10^{3}$	$1,31260061 \cdot 10^{4}$	$4,56188443 \cdot 10^{4}$
1,0	$1,29502389 \cdot 10^{5}$	$7,07460550 \cdot 10^{5}$	$3,88729148 \cdot 10^{6}$
1,2	$3,92826959 \cdot 10^{6}$	$3,3303501 \cdot 10^{7}$	$2,8399999 \cdot 10^{8}$
1,4	$1,1133010 \cdot 10^{8}$	$1,4498945 \cdot 10^{9}$	$1,8965913 \cdot 10^{10}$
1,6	$3,0253185 \cdot 10^{9}$	$5,9982713 \cdot 10^{10}$	$1,1969694 \cdot 10^{12}$
1,8	$7,984216 \cdot 10^{10}$	$2,4038462 \cdot 10^{12}$	$7,2748211 \cdot 10^{13}$
2,0	$2,0677287 \cdot 10^{12}$	$9,410534 \cdot 10^{13}$	$4,3086434 \cdot 10^{15}$

Tabelle der BESSEL*schen Funktionen* $I'_\lambda(\lambda \operatorname{ctg} \psi)$

ctg ψ \ λ	1	2	3	4
0	0,5	—	—	—
0,2	0,50752086	0,10268674	0,02335445	0,00559393
0,4	0,53033489	0,22198251	0,10419818	0,05146394
0,6	0,56920532	0,37701847	0,27905858	0,21706226
0,8	0,62543392	0,59235146	0,62431847	0,69057194
1,0	0,70090678	0,90168841	1,28545881	1,92100007
1,2	0,79816063	1,35299591	2,53220521	4,96360765
1,4	0,92047226	2,01576962	4,85981404	12,26536847
1,6	1,07197400	2,99156734	9,17353618	29,44341136
1,8	1,25779979	4,42940671	17,12350553	69,29478723
2,0	1,48426688	6,54837047	31,71182457	160,8055132

ctg ψ \ λ	5	6	7
0	—	—	—
0,2	0,00137981	0,00033824	0,00008760
0,4	0,02616437	0,01355309	0,00711297
0,6	0,17369439	0,14157025	0,11688578
0,8	0,78537026	0,90948722	1,06671504
1,0	2,95026022	4,61269290	7,30341951
1,2	9,99616465	20,49162569	42,53728465
1,4	31,79983155	83,91881692	224,25318290
1,6	97,07953748	325,8137086	1107,30114260
1,8	288,1004448	1219,3269370	4683,322272
2,0	837,8963946	4444,824135	23879,15774

ctg ψ \ λ	8	9	10
0	—	—	—
0,2	0,00002273	0,00000589	0,00000154
0,4	0,00376935	0,00201831	0,00108078
0,6	0,09743225	0,08181702	0,06910775
0,8	1,26300596	1,50636937	1,80708400
1,0	11,67271112	18,79170129	30,42758634
1,2	89,12955404	188,11065495	399,30632055
1,4	604,8876811	1643,426312	4490,834914
1,6	3798,626788	13126,006138	45618,8443 3
1,8	22609,76937	98533,32604	431895,16995
2,0	129502,38878	707460,5997	3887291,477

Funktionswerte von $\mathfrak{P}_{-\frac{1}{2}+n}(\operatorname{Cosh}\eta)$

η	$n=0$	$n=1$	$n=2$	$n=3$	$n=4$
0,2	0,99750	1,00750	1,03778	1,08928	1,16353
0,4	0,99009	1,03002	1,15467	1,37925	1,73135
0,6	0,97795	1,06763	1,36154	1,94191	2,97388
0,8	0,96140	1,12045	1,67757	2,91756	5,49097
1,0	0,9408(6)	1,1886(8)	2,1320(1)	4,5505(9)	10,5147(2)
1,1	0,92923	1,22929	2,42363	5,73302	14,66709
1,2	0,91679	1,27361	2,76674	7,25183	20,53332
1,3	0,90359	1,32209	3,16917	9,20152	28,82368
1,4	0,88970	1,37483	3,64009	11,70355	40,55391
1,5	0,8752(1)	1,4289(5)	4,1902(1)	14,9139(9)	57,1506(9)
1,6	0,8601(5)	1,4894(8)	4,8320(5)	19,0333(9)	80,6477(8)
1,7	0,8446(0)	1,5543(8)	5,5801(6)	24,3192(9)	113,9272(2)
1,8	0,8286(3)	1,6237(7)	6,4515(4)	31,1025(1)	161,0778(4)
1,9	0,81226	1,70637	7,46589	39,80759	227,89865
2,0	0,7956(5)	1,7765(1)	8,6461(4)	50,9796(7)	322,6164(8)

Funktionswerte von $\mathfrak{Q}_{-\frac{1}{2}+n}(\operatorname{Cosh}\eta)$

η	$n=0$	$n=1$	$n=2$	$n=3$	$n=4$
0,2	3,68050	1,71238	1,10216	0,73481	0,56170
0,4	2,96932	1,06907	0,55120	0,31201	0,18451
0,6	2,54099	0,72827	0,30432	0,14026	0,06768
0,8	2,22682	0,51424	0,17494	0,06582	0,02595
1,0	1,9753(6)	0,3699(5)	0,1027(0)	0,0315(8)	0,0101(8)
1,1	1,86668	0,31559	0,07906	0,02200	0,00644
1,2	1,76590	0,26964	0,06101	0,01534	0,00403
1,3	1,67236	0,23084	0,04716	0,01072	0,00259
1,4	1,58513	0,19799	0,03651	0,00751	0,00173
1,5	1,5029(9)	0,1687(5)	0,0283(0)	0,0052(7)	0,0010(3)
1,6	1,4263(3)	0,1447(3)	0,0219(5)	0,0037(0)	0,0006(5)
1,7	1,3541(8)	0,1242(2)	0,0170(4)	0,0026(0)	0,0004(2)
1,8	1,2861(4)	0,1099(2)	0,0132(4)	0,0018(0)	0,0002(6)
1,9	1,22178	0,09423	0,01036	0,00129	0,00016
2,0	1,1610(7)	0,0787(5)	0,0080(0)	0,0009(0)	0,00010

Die Funktion $\partial \mathfrak{P}_\nu(\mathfrak{Cof}\,\eta)/\partial \nu_{\nu=-\frac{1}{2}+n}$ *in Abhängigkeit von* η

η \ n	0	1	2	3	4
0,2	−7,81453	0,14731	2,89895	4,76578	6,40091
0,4	−7,69752	0,15153	3,16830	5,91319	9,32724
0,6	−7,50743	0,16180	3,65327	8,14366	15,7061
0,8	−7,25115	0,18218	4,41298	12,0296	28,6054
1,0	−6,93752	0,21831	5,54102	18,5922	54,4049
1,1	−6,76231	0,24469	6,28472	23,3878	75,8169
1,2	−6,57660	0,27746	7,17761	29,5965	106,198
1,3	−6,38171	0,31801	8,24746	37,6390	149,374
1,4	−6,17900	0,36738	9,52757	48,0651	210,852
1,5	−5,96978	0,42496	11,0578	61,5928	298,491
1,6	−5,75531	0,49463	12,8860	79,1605	423,603
1,7	−5,53682	0,56289	15,0692	101,994	602,425
1,8	−5,31549	0,67176	17,6752	131,695	858,282
1,9	−5,09234	0,78925	20,7851	170,356	1224,69
2,0	−4,86862	0,90797	24,4953	220,709	1749,84

Die Funktion $\partial \mathfrak{Q}_\nu(\mathfrak{Cof}\,\eta)_{\nu=-\frac{1}{2}+n}$ *in Abhängigkeit von* η

η \ n	0	1	2	3	4
0,2	−22,9145	−0,60701	6,13892	10,5531	14,3478
0,4	−17,2679	−0,73388	4,42624	8,81412	14,1361
0,6	−13,8486	−0,83301	3,50040	8,59000	17,0285
0,8	−11,3572	−0,92430	2,83987	9,02147	22,5143
1,0	− 9,39817	−1,01035	2,26882	9,80712	31,0963
1,1	− 8,56031	−1,05084	1,98823	10,2737	36,8385
1,2	− 7,79890	−1,08962	1,70071	10,7599	43,7486
1,3	− 7,10419	−1,12615	1,40029	11,2409	51,9965
1,4	− 6,47092	−1,16021	1,08175	11,6871	61,7749
1,5	− 5,88633	−1,19241	0,74042	12,0619	73,2590
1,6	− 5,35172	−1,22122	0,37195	12,3202	86,6267
1,7	− 4,86068	−1,25209	−0,02762	12,4055	102,003
1,8	− 4,40947	−1,26755	−0,46283	12,2462	119,454
1,9	− 3,99483	−1,28736	−0,93715	11,7544	138,908
2,0	− 3,61369	−1,30629	−1,45498	10,8198	160,088

Die HAHN-*Funktion* $S_0(\alpha) = \sum_{n=1}^{\infty} \frac{\sin^2 n \pi \alpha}{\alpha^2 n^3}$

α	$S_0(\alpha)$	α	$S_0(\alpha)$	α	$S_0(\alpha)$	α	$S_0(\alpha)$
0,005	49,944	0,165	14,522	0,40	6,151	0,72	1,428
0,010	42,117	0,170	14,232	0,41	5,930	0,73	1,339
0,015	38,115	0,175	13,950	0,42	5,716	0,74	1,252
0,020	35,276	0,180	13,678	0,43	5,508	0,75	1,169
0,025	33,074	0,185	13,412	0,44	5,306	0,76	1,087 7
0,030	31,276	0,190	13,154	0,45	5,110	0,77	1,009 5
0,035	30,742	0,195	12,903	0,46	4,919	0,78	0,934 03
0,040	28,439	0,200	12,659	0,47	4,733	0,79	0,861 25
0,045	27,259	0,205	12,420	0,48	4,553	0,80	0,791 16
0,050	26,924	0,210	12,188	0,49	4,378	0,81	0,723 77
0,055	25,299	0,215	11,961	0,50	4,207	0,82	0,659 07
0,060	24,442	0,220	11,741	0,51	4,041	0,83	0,597 06
0,065	23,653	0,225	11,525	0,52	3,880	0,84	0,537 75
0,070	22,924	0,230	11,315	0,53	3,722	0,85	0,481 15
0,075	22,245	0,235	11,108	0,54	3,569	0,86	0,427 28
0,080	21,611	0,240	10,907	0,55	3,421	0,87	0,376 16
0,085	21,014	0,245	10,710	0,56	3,276	0,88	0,327 84
0,090	20,453	0,250	10,518	0,57	3,135	0,89	0,282 34
0,095	19,921	0,26	10,14	0,58	2,997	0,90	0,239 73
0,100	19,418	0,27	9,787	0,59	2,864	0,91	0,200 06
0,105	18,939	0,28	9,443	0,60	2,734	0,92	0,163 41
0,110	18,483	0,29	9,113	0,61	2,607	0,93	0,129 88
0,115	18,047	0,30	8,795	0,62	2,484	0,94	0,099 584
0,120	17,630	0,31	8,488	0,63	2,365	0,95	0,072 684
0,125	17,230	0,32	8,192	0,64	2,248	0,96	0,049 373
0,130	16,847	0,33	7,906	0,65	2,135	0,97	0,029 917
0,135	16,478	0,34	7,630	0,66	2,025	0,98	0,014 692
0,140	16,123	0,35	7,364	0,67	1,918	0,99	0,004 297 2
0,145	15,780	0,36	7,105	0,68	1,814	1,00	0
0,150	15,450	0,37	6,856	0,69	1,713		
0,155	15,130	0,38	6,613	0,70	1,615		
0,160	14,822	0,39	6,379	0,71	1,520		

Die Werte 0,005 (0,01) 0,245 wurden mittels der Gl. M 5(4) selbst berechnet. S. J. R. WHINNER and H. W. JAMIESON: Equivalent Circuits for Discontinuities in Transmission Lines. Proc. Inst. Rad. Eng., Bd. 32 (1944), p. 98—114.

Literaturverzeichnis

I. Bücher

[1] ABRAHAM, M., u. R. BECKER: Theorie der Elektrizität, Bd. I, 9. Aufl. Leipzig 1932.

[2] BATEMAN, H.: Partial Differential Equations of math. Physics. Dover Publications, New-York 1944.

[3] BERGMAN, H., u. M. SCHIFFER: Kernel functions and Elliptic Differential Equations in Math. Physics. New-York 1953.

[4] BYRD, P. F., u. M. D. FRIEDMAN: Handbook of Elliptic Integrals for Engineers and Physicists. Grundlehren der math. Wissenschaften, Bd. 67. Berlin/Göttingen/Heidelberg: Springer 1954.

[5] COURANT, R., u. D. HILBERT: Methoden der mathematischen Physik I. Grundlagen der math. Wissenschaften, Bd. 12. Berlin: Springer 1931.

[6] COHN, E.: Das elektromagnetische Feld. Vorlesungen über die Maxwellsche Theorie. Leipzig 1900.

[7] COHN, E., u. F. EMDE: Das elektromagnetische Feld, 2. Aufl. Berlin 1927.

[8] FRANK, Ph., u. R. v. MISES: Die Differential- und Integralgleichungen der Mechanik und Physik, I. u. II. Teil, 2. Aufl. Braunschweig 1935.

[9] FRENKEL, J.: Lehrbuch der Elektrodynamik. Berlin 1928.

[10] HEINE, E.: Handbuch der Kugelfunktionen, Bd. II. Berlin 1881.

[11] JEANS, J. H.: The mathematical Theory of Electricity and Magnetism. Cambridge 1925.

[12] KELLOGG, O. D.: Foundations of Potentialtheory. Grundlehren der math. Wissenschaften, Bd. 31. Berlin: Springer 1929.

[13] KOTTLER, F.: Elektrostatik der Leiter. Kap. 4 in Bd. XII des Handbuchs der Physik. Berlin: Springer 1927.

[14] KÜPFMÜLLER, K.: Einführung in die Theoretische Elektrotechnik, 5. Aufl. Berlin/Göttingen/Heidelberg: Springer 1955.

[15] LAGALLY, M.: Vorlesungen über Vektorrechnung, 4. Aufl. Leipzig 1949.

[16] LENSE, J.: Kugelfunktionen. Leipzig 1950.

[17] NIELSEN, N.: Handbuch der Theorie der Γ-Funktion. Leipzig 1904.

[18] OBERHETTINGER, F., u. W. MAGNUS: Anwendung der elliptischen Funktionen in Physik und Technik. Grundlehren der math. Wissenschaften, Bd. 55. Berlin/Göttingen/Heidelberg: Springer 1949.

[19] OLLENDORFF, FR.: Potentialfelder der Elektrotechnik. Berlin 1932.

[20] SMYTHE, W.: Static and Dynamic Electricity. New York and London 1939.

[21] SOMMERFELD, A.: Partielle Differentialgleichungen der math. Physik. Bd. VI der Vorl. über theor. Physik. Leipzig 1947.

[22] TANNARY J., et E. MOLK: Théorie des fonctions élliptiques, t. I—IV. Paris 1898.

[23] WATSON, G. N.: Theory of Besselfunctions, 1. ed. Cambridge 1922.

II. Zeitschriftenaufsätze

3. Kapitel

[24] Buchholz, H.: Das elektrostatische Feld zwischen einer ebenen Platte und dem sie umhüllenden, koaxialen Kreiszylinder. Mh. Math. Phys. Bd. 40 (1933) S. 65—87.

[25] Villat, H.: Le problème de Dirichlet dans une aire annulaire. Rendiconti Circolo math. Palermo, Bd. 33 (1912) S. 134—175.

[26] Whipple, F. J. W.: Equal parallel Cylindrical Conductors in Electrical Problems. Inst. Royal Soc. London, Ser. A, Vol. 96 (1921) p. 465—475.

4. Kapitel

[27] Buchholz, H.: Die Störfähigkeit und die Störanfälligkeit konzentrischer Leitungen mit Längsschlitzen im Schirmleiter. Elektr. Nachr.-Techn. Bd. 14 (1937) S. 408—444.

5. Kapitel

[28] Hobson, E. W.: On Green's Function for a Circular Disc with applications to Electrostatic Problems. Trans. Cambr. Phil. Soc. Bd. 18 (1900) S. 277 bis 291.

[29] Spreadbury, H.: Electronics. New-York 1947.

Weitere Arbeiten über das Keilproblem des Potentialfeldes

Sommerfeld, A.: Über verzweigte Potentiale im Raum. Proc. London Math. Soc. (1), Bd. 28 (1897) S. 395.

Herglotz, G.: Die Greensche Funktion der Wellengleichung für eine keilförmige Begrenzung. Math. Ann. Bd. 124 (1952) S. 219.

Rice, S. O.: The electric field produced by a point charge located outside a dielectric edge. Phil. Mag. (7), Bd. 29 (1940) S. 36.

Grünberg, G. A.: Eine Methode zur Lösung einer bestimmten Klasse elektrostatischer und verwandter Probleme. Journal of Physics, Bd. 3 (1940) S. 401–416.

6. Kapitel

[30] Buchholz, H.: Besondere Reihenentwicklungen für eine häufig vorkommende zweireihige Determinante mit Zylinderfunktionen und ihre Nullstellen. ZAMM Bd. 29 (1949) 356—367.

Druckfehler in dieser Arbeit: S. 360. In Gl. (6) muß rechts als erste Ziffer $2^{3/2}$ statt 2 stehen. Ebenso in Gl. (6a) auf derselben Seite. Ferner ist in dieser zweiten Gleichung hinter dem Summenzeichen das z in dem Klammerausdruck $\left((R-r)/(z\cdot\sqrt{Rr})\right)^{2\lambda+1}$ zu streichen.

[31] Buchholz, H.: Die hochfrequente Wirbelströmung im kreiszylindrischen Schirmleiter verdrillter Leiterpaare. Arch. Elektrotechn. Bd. 31 (1937) S. 507—523.

[32] Chang, K. K. N.: Optimum Design of periodic magnetic Structures for Electron Beam Froussing. RCA-Review, Vol. 16 (1955) S. 65—81.

[33] Kirschstein, F.: Über den günstigsten Querschnitt des symmetrischen Breitbandkabels. Elektr. Nachr.-Techn. Bd. 13 (1936) S. 284—295.

7. Kapitel

[34] Buchholz, H.: Die mechanischen Kräfte auf den exzentrisch rotierenden zylindrischen Läufer einer zweipoligen Drehfeldmaschine mit flächenhaft verteilten Strombelägen. Arch. Elektrotechn. Bd. 27 (1933) S. 423—447.

[35] Buchholz, H.: Beitrag zur Theorie der Reaktanzspulen mit offenem Eisenkern. Arch. Elektrotechn. Bd. 24 (1930) S. 285—304.

[35a] Roth, Ed.: Moyens d'Investigation des Champs Physiques dans les Machines Electriques. Bull. Soc. franc. Electriciens, Bd. 7 (1937) S. 1—118.

8. Kapitel

[36] Buchholz, H.: Die zweipolige Drehfeldmaschine mit flachem Läufer. ZAMM Bd. 12 (1932) S. 321—342.

Mathematischer Anhang

[37] Buchholz, H.: Eine einfache Reihentransformation bei einer sehr allgemeinen Fourierreihe. ZAMM Bd. 22 (1942) S. 277—285.

[38] Buchholz, H.: Näherungsformeln für eine häufig vorkommende Differenz von Produkten zweier Zylinderfunktionen. Phil. Mag. Ser. 7, Bd. 27 (1939) S. 407—420.

[39] Buchholz, H.: Die mechanischen Kräfte auf den exzentrisch rotierenden zylindrischen Läufer einer zweipoligen Drehfeldmaschine mit flächenhaft verteilten Strombelägen. Arch. Elektrotechn. Bd. 27 (1933) S. 423—447.

[40] Olver, F. W. J.: The Asymptotic Expansion of Besselfunctions of large Order. Phil. Transact. Roy. Soc., London Ser. A, Bd. 247 (1954) S. 328—368.

Sachverzeichnis

721/4/56 — III/18/203